U0038898

计算机科学丛书

原书第2版

TCP/IP详解

卷1：协议

[美] 凯文 R. 福尔（Kevin R. Fall） W. 理查德·史蒂文斯（W. Richard Stevens）著
吴英 张玉 许昱玮 译
吴功宜 审校

TCP/IP Illustrated

Volume 1: The Protocols Second Edition

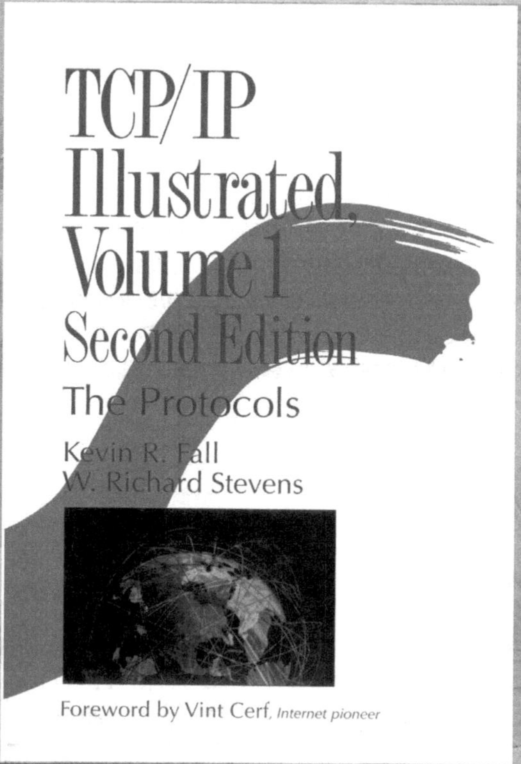

TCP/IP Illustrated, Volume 1 Second Edition

The Protocols

Kevin R. Fall

W. Richard Stevens

Foreword by Vint Cerf, *Internet pioneer*

图书在版编目（CIP）数据

TCP/IP 详解　卷 1：协议（原书第 2 版）/（美）福尔（Fall, K. R.），（美）史蒂文斯（Stevens, W. R.）著；吴英，张玉，许昱玮译．—北京：机械工业出版社，2016.6（2025.4 重印）
（计算机科学丛书）
书名原文：TCP/IP Illustrated, Volume 1: The Protocols, Second Edition

ISBN 978-7-111-45383-3

I. T…　II. ①福…　②史…　③吴…　④张…　⑤许…　III. 计算机网络 – 通信协议
IV. TN915.04

中国版本图书馆 CIP 数据核字（2016）第 109829 号

北京市版权局著作权合同登记　图字：01-2012-1000 号。

已故专家 W. Richard Stevens 的《 TCP/IP 详解》是一部经典之作！第 1 版自 1994 年出版以来深受读者欢迎，但其内容有些已经陈旧，而且没有涉及 IPv6。现在，这部世界领先的 TCP/IP 畅销书已由网络顶级专家 Kevin R. Fall 博士彻底更新，反映了新一代基于 TCP/IP 的网络技术。本书主要讲述 TCP/IP 协议，展示每种协议的实际工作原理的同时还解释了其来龙去脉，新增了 RPC、访问控制、身份认证、隐私保护、NFS、SMB/CIFS、DHCP、NAT、防火墙、电子邮件、Web、Web 服务、无线、无线安全等内容，每章最后还描述了针对协议的攻击方法，帮助读者轻松掌握领域知识。

本书内容丰富、概念清晰、论述详尽，适合任何希望理解 TCP/IP 协议实现的人阅读，更是 TCP/IP 领域研究人员和开发人员的权威参考书。无论是初学者还是功底深厚的网络领域高手，本书都是案头必备。

出版发行：机械工业出版社（北京市西城区百万庄大街 22 号　邮政编码：100037）

责任编辑：刘立卿	责任校对：殷　虹
印　　刷：北京建宏印刷有限公司	版　　次：2025 年 4 月第 1 版第 20 次印刷
开　　本：185mm×260mm　1/16	印　　张：44
书　　号：ISBN 978-7-111-45383-3	定　　价：129.00 元

客服电话：（010）88361066　68326294

译者序

21 世纪的一个重要特征是数字化、网络化与信息化，支撑这一切的正是功能日益强大的计算机网络。目前，计算机网络已成为支撑现代社会运行的基础设施，并成为影响社会的政治、经济、科学与文化发展的重要因素。

我们知道，TCP/IP 已成为计算机网络事实上的标准。在关于 TCP/IP 的著作中，最有影响的著作之一就是 W. Richard Stevens 著的《TCP/IP 详解 卷 1：协议》，本书第 2 版由 Kevin R. Fall 在原著的基础上修订而成。

本书的特点是内容丰富，概念清晰，论述详细，图文并茂。本书每章开头都有一个引言，然后对某个技术或协议进行详细介绍，最后给出相关的安全问题、总结与参考文献。本书通过很多例子来说明问题，并在最后给出了书中用到的缩略语，这对读者了解相关术语有很大的帮助。

本书的前言、第 1 ~ 6 章和缩略语由吴英翻译，第 7 ~ 12 章由张玉翻译，第 13 ~ 18 章由许昱玮翻译，全书由吴功宜教授审校。我们在翻译过程中尽可能尊重原著的思想，但是限于译者的学识，书中难免存在疏漏和理解错误之处，敬请读者指正。

译者

2016 年 1 月

于南开大学计算机与控制工程学院

“这本书肯定能成为 TCP/IP 开发人员和用户的权威指南。在我随手翻阅的短短几分钟内，我就看到了过去曾困扰我和同事的几个问题。Stevens 揭开了很多曾经只有网络专家才能领会的奥秘。作为一名多年从事 TCP/IP 开发的技术人员，我认为这是迄今为止最好的一本书。”

——Robert A. Ciampa，3COM 公司 Synernetics 部网络工程师

“Stevens 所有的书都具有很强的可读性和技术性，这本书尤其如此。尽管已经有很多描述 TCP/IP 协议的书问世，但 Stevens 在书中提供了别人没有的深度和实现细节。他采用可视化方法使读者深入 TCP/IP 内部，以便了解该协议是如何工作的。”

——Steven Baker，《Unix 评论》网络专栏作者

“对于开发人员、网络管理员以及其他需要理解 TCP/IP 技术的人来说，本书是一本优秀的参考书。它覆盖面广泛，涉及 TCP/IP 各方面的主题。对专家来说，它提供足够的细节；对于初学者来说，它给出详细的背景和注释。”

——Bob Williams，NetManage 公司市场部副总监

“……区别在于 Stevens 不仅希望给出协议的描述，而且还对它们进行解释。他的主要教学方法是直接阐述，并逐个字节地给出头部中的各字段以及类似的内容，另外还给出了真实的通信例子。”

——Walter Zintz，《Unix 世界》

“比纯理论要好得多……W. Richard Stevens 将基于多主机的配置作为解释 TCP/IP 的例子。本书根据实例来描述理论，使得该书和其他相关主题的书有所区别，不但可读性强，而且信息量大。”

——Peter M. Haverlock，IBM 公司 TCP/IP 开发部顾问

“他使用的图表都很好，写作风格清晰易懂。总的来说，Stevens 使一个复杂的问题变得容易理解。这本书值得每个人关注。本书值得阅读和收藏。”

——Elizabeth Zinkann，系统管理员

“W. Richard Stevens 写了一本优秀的教材和参考书。这本书组织结构良好，文笔清新，提供了很多好的例子来详细解释 IP、TCP，以及支撑协议和应用程序的内部逻辑与操作细节。”

——Scott Bradner，哈佛大学 OIT/NSD 顾问

序

读者很少能找到这样一本历史和技术全面且非常准确地讨论众所周知主题的书籍。我佩服这项工作的原因之一是它给出的方案都让人信服。TCP/IP 体系结构在构思时就是一个产品。在适应多方面呈百万倍或以上不断增长的需求，更不用说大量的应用程序方面，它是非凡的。理解体系结构的范围和局限性以及它的协议，可以为思考未来的演变甚至革命奠定良好的基础。

在早期互联网体系结构的制定中，"企业"的概念并没有被真正认识。因此，大多数网络都有自己的 IP 地址空间，并在路由系统中直接"公布"自己的地址。在商业服务被引入之后，Internet 服务提供商像中介那样"公布"自己客户的 Internet 地址块。因此，大多数的地址空间被分配为"提供商依赖"方式。"提供商独立"编址很少见。这种网络导致路由汇聚和全球路由表大小的限制。虽然这种方式有好处，但它也带来了"多归属"问题，这是由于用户的提供商依赖地址在全球路由表中没有自己的条目。IP 地址"短缺"也导致了网络地址转换，它也没有解决提供商依赖和多归属问题。

通过阅读这本书可以唤起读者对复杂性的好奇——这种复杂性由工作在几种网络和应用环境下的一组相对简单的概念发展而来。当各章展开时，读者可以看见复杂性程度随着日益增长的需求而变化——这部分是由新的部署情况和挑战决定的，系统规模的激增就更不必说了。

"企业"用户网络安全的问题迫使人们使用防火墙提供边界安全。这样做虽然有用，但是很明显对本地 Internet 基础设施的攻击可以通过内部（例如将一台受感染的计算机放入内部网络，或用一个受感染的便携驱动器通过 USB 端口感染一台内部计算机）进行。

很明显，除了需要通过引入 IPv6 协议（它有 340×10^{36} 个地址）扩大 Internet 地址空间之外，还强烈需要引入各种安全增强机制，例如域名系统安全扩展（DNSSEC）等。

究竟是什么使这本书看起来很独特？据我估计是对细节的重视和对历史的关注。它提供了解决已经演变的网络问题的背景和意义。它在确保精确和揭露剩余问题方面不懈努力。对于一位希望完善和确保 Internet 操作安全，或探索持续存在的问题的其他解决方案的工程师来说，这本书所提供的见解将是非常宝贵的。作者对当前 Internet 技术的彻底分析是值得称赞的。

Vint Cerf
Woodhurst
2011 年 6 月

第 2 版前言

TCP/IP Illustrated, Volume 1: The Protocols, Second Edition

欢迎阅读本书的第 2 版。这本书致力于对 TCP/IP 协议族进行详细了解。不仅描述协议如何操作，还使用各种分析工具显示协议如何运行。这可以帮助你更好地了解协议背后的设计决策，以及它们如何相互影响。同时为你揭露协议的实现细节，而不需要你阅读实现的软件源代码，或者设置一个实验性的实验室。当然，阅读源代码或设置一个实验室将不只是有助于加深你的理解。

网络在过去 30 年中已经发生了巨大的变化。Internet 最初作为一个研究项目和令人好奇的对象，现在已经成为一个全球性的通信设施，并被各国政府、企业和个人所依赖。TCP/IP 协议族定义了 Internet 中每个设备交换信息的基本方法。经过十多年的发展，Internet 和 TCP/IP 自身正在向兼容 IPv6 的方向进化。在整本书中，我们将讨论 IPv6 和目前的 IPv4，着重关注它们之间的重要不同点。遗憾的是，它们不直接进行互操作，因此需要关心和注意其演变的影响。

本书的读者对象是希望更好地了解当前的 TCP/IP 协议族以及它们如何运作的人员：网络操作员和管理员、网络软件开发人员、学生，以及需要掌握 TCP/IP 的用户。我们提供的材料包括读者感兴趣的新材料和第 1 版已有的材料，希望读者能从中找到有用和有趣的新旧材料。

第 1 版的评论

距本书第 1 版出版已过去近 20 年。对于希望了解 TCP/IP 协议细节的学生和专业人士而言，本书仍然是一个宝贵的资源，这些细节在许多其他同类教材中是难以获得的。目前，它仍是有关 TCP/IP 协议运行的详细信息的最好参考。但是，即使是信息和通信技术领域最好的书籍，经过一段时间之后也会过时，当然本书也不例外。在这个版本中，我希望通过引入新材料来彻底更新 Stevens 博士的前期工作，同时能够保持前作的极高水准和对其很多书籍都包含的知识的详细介绍。

第 1 版涵盖了各种类型的协议和它们的操作，范围从链路层到应用和网络管理的所有方面。目前，将如此广泛的材料综合在一卷中篇幅将会很长。因此，第 2 版特别关注核心协议：那些级别相对较低的协议，常用于为 Internet 提供配置、命名、数据传输和安全等基础性服务。关于应用、路由、Web 服务和其他重要主题被放到后续卷中。

从第 1 版出版以来，对 TCP/IP 相应规范的实现在鲁棒性和规范性方面的改进已取得相当大的进展。第 1 版中很多例子出现明显的实现错误或不符合要求的行为，这些问题在当前可用的系统中已经得到解决，至少对于 IPv4 如此。考虑到在过去 18 年中 TCP/IP 协议的应用日益广泛，这个事实并不令人吃惊。不符合要求的实现是比较罕见的，这证明了协议族整体是比较成熟的。当前，在核心协议的运行中遇到的问题，通常涉及不常使用的协议功能。在第 1 版中不太关注的安全问题，在第 2 版中花费了相当的笔墨来讨论。

21 世纪的互联网环境

Internet 使用模式和重要性自第 1 版出版以来已经发生了很大变化。最明显的具有分水岭意义的事件是万维网在 20 世纪 90 年代初的建立和随后开始的激烈的商业化。这个事件大大加快了大量有不同目的（有时冲突）的人对 Internet 的使用。因此，这个最初实现在一个小规模的学术合作环境中的协议和系统已受限于有限的可用地址，并且需要增加安全方面的考虑。

为了应对安全威胁，网络和安全管理员纷纷为网络引入专门的控制单元。无论是大型企业还是小型企业和家庭，现在常见的做法是将防火墙布置在 Internet 的连接点。随着过去十年 IP 地址和安全需求的增长，网络地址转换（NAT）现在几乎被所有路由器支持，并且得到广泛的使用。它可以缓解地址短缺的压力，允许站点从服务提供商（对每个同时在线的用户）获得一组相对较少的可路由的 Internet 地址，无须进一步协调就可以为本地主机提供大量的地址。部署 NAT 的结果是减缓了向 IPv6（它提供了几乎不可思议的大量地址）的迁移，解决了一些旧协议的互操作性问题。

随着 PC 用户在 20 世纪 90 年代中期开始要求连接 Internet，最大的 PC 软件供应商（微软）放弃了其原来只提供专用 Internet 协议的策略，转而努力在自己的大部分产品中兼容 TCP/IP。此后，运行 Windows 操作系统的 PC 变为接入 Internet 的主体。随着时间的推移，基于 Linux 系统的主机数量显著上升，意味着这种系统现在有可能取代微软的领跑者地位。其他操作系统，包括 Oracle 的 Solaris 和 Berkeley 的基于 BSD 的系统，曾经代表了接入 Internet 的大多数系统，而现在只占一小部分。苹果的 OS X 操作系统（基于 Mac）已成为一个新的竞争者并日益普及，特别是在便携式计算机用户中。2003 年，便携式计算机（笔记本电脑）的销量超过了台式机，成为个人电脑销售的主力类型，它们的快速增长带来了对支持高速上网的无线基础设施的需求。根据预测，2012 年以后访问 Internet 的最常用方法是智能手机。平板电脑也是一个快速增长的重要竞争者的代表。

现在有大量场所提供了无线网络，例如餐厅、机场、咖啡馆，以及其他公共场所。它们通常使用办公或家庭环境的局域网设备，提供短距离、免费或低费用、高速、无线 Internet 连接。一系列基于蜂窝移动电话标准（例如 LTE、UMTS、HSPA、EV-DO）的“无线宽带”替代技术已广泛用于世界发达地区（一些发展中地区争相采用较新的无线技术），为了提供更大范围的运营，通常需要在一定程度上减少带宽和降低基于流量的定价。两种类型的基础设施满足了用户使用便携式计算机或更小的设备在移动过程中访问 Internet 的需要。在任何情况下，移动终端用户通过无线网络访问 Internet 都会带来两个对 TCP/IP 协议体系结构的技术挑战。首先，移动性影响了 Internet 的路由和寻址结构，打破了主机基于附近的路由器分配地址的假设。其次，无线链路可能因更多原因而断开并导致数据丢失，这些原因与典型的有线链路（通常不会丢失太多数据，除非网络中有太多流量）不同。

最后，Internet 已经促进了由对等应用形成的“覆盖”网络的兴起。对等应用不依赖于中心服务器完成一项任务，而是通过一组对等计算机之间的通信和交互完成一项任务。对等计算机可以由其他终端用户来操作，并且可能快速进入或离开一个固定的服务器基础设施。“覆盖”的概念刻画了如下事实：由这些交互的对等方形成一个网络，并且覆盖在传统的基于 TCP/IP 的网络上（在低层的物理链路之上实现覆盖）。对于那些对网络流量和电子商务有浓厚兴趣的研究者而言，对等应用的发展没有对卷 1 中所描述的核心协议产生深远的影响，但是覆盖网络的概念在网络技术研究中普遍受到重视。

第 2 版的内容变化

第 2 版的最重要的变化是对第 1 版全部内容的整体重组和安全方面材料的显著增加。第 2 版没有尝试覆盖 Internet 的每个层次中使用的所有常用协议，而是关注正在广泛使用的非安全的核心协议，或者预计在不久的将来广泛使用的协议：以太网（802.3）、Wi-Fi（802.11）、PPP、ARP、IPv4、IPv6、TCP、UDP、DHCP 和 DNS。系统管理员和用户可能都会用到这些协议。

第 2 版通过两种方法来讨论安全性。首先，每章中都有专门的一节，用于介绍对本章所描述协议的已知攻击和对策。这些描述没有介绍攻击的方法，而是提示了协议实现（或规范，在某些情况下）不够健全时可能出现的问题。在当前的 Internet 中，对于不完整的规范或不健全的实现，即使是相对简单的攻击，也可能导致关键的任务系统受到损坏。

第二个重要的安全性讨论出现在第 18 章，对安全和密码学中的一些细节进行研究，包括协议，例如 IPsec、TLS、DNSSEC 和 DKIM。目前，这些协议对希望保持完整性或安全操作的任何服务或应用的实现都是非常重要的。随着 Internet 在商业上的重要性的增加，安全需求（以及威胁的数量）已成比例增加。

虽然 IPv6 没有被包括在第 1 版中，但是未分配的 IPv4 地址块在 2011 年 2 月已耗尽，现在有理由相信 IPv6 的使用可能会显著加快速度。IPv6 主要是为了解决 IPv4 地址耗尽问题，随着越来越多的小型设备（例如移动电话、家用电器和环境传感器）接入 Internet，IPv6 正在变得越来越重要。如世界 IPv6 日（2011 年 6 月 8 日）这种事件有助于表明 Internet 可以继续工作，即使是对底层协议进行重大修改和补充。

对第 2 版结构变化的第二个考虑是淡化那些不再常用的协议，以及更新那些自第 1 版出版以来已大幅修订的内容。那些涉及 RARP、BOOTP、NFS、SMTP 和 SNMP 的章节已从书中删除，SLIP 协议的讨论已被废弃，而 DHCP 和 PPP（包括 PPPoE）的讨论篇幅被扩大。IP 转发（第 1 版中的第 9 章）功能已被集成在这个版本的第 5 章的 IPv4 和 IPv6 协议的整体描述中。动态路由协议（RIP、OSPF、BGP）的讨论已被删除，因为后两个协议都应该单独通过一本书来讨论。从 ICMP 开始到 IP、TCP 和 UDP，针对 IPv4 与 IPv6 操作上差异明显的情况，对每种操作的影响进行了讨论。这里没有专门针对 IPv6 的一章，而是在合适位置说明它对每个现有的核心协议的影响。第 1 版中的第 15 章和第 25 ~ 30 章，致力于介绍 Internet 应用和它们的支持协议，其中的大部分章节已删除，仅在必要时保留对底层的核心协议操作的说明。

多个章节添加了新内容。第 1 章从网络问题和体系结构的常规介绍开始，接着是对 Internet 进行具体介绍。第 2 章涵盖 Internet 的寻址体系结构。第 6 章是新的一章，讨论主机配置和在系统中如何"显示"网络。第 7 章介绍了防火墙和网络地址转换（NAT），包括 NAT 如何用于可路由和不可路由的地址空间。第 1 版所用的工具集已被扩大，现在包括 Wireshark（一个免费的具有图形用户界面的网络流量监控应用程序）。

第 2 版的目标读者与第 1 版保持一致。阅读本书不需要具备网络概念的先期知识，但高级读者可以从细节和参考文献中获得更大收获。每章包括一份丰富的参考文献集，供有兴趣的读者查看。

第 2 版的编辑变化

第 2 版中内容的整体组织流程仍然类似于第 1 版。在介绍性的内容（第 1 章和第 2 章）之后，采用自底向上方式介绍 Internet 体系结构中涉及的协议，以说明前面提到的网络通信是如何实现的。与第 1 版一样，捕获的真实数据包用于在适当的位置说明协议的操作细节。自第 1 版出版以来，免费的图形界面的数据包捕获和分析工具已经问世，它们扩展了第 1 版中使用的 tcpdump 程序的功能。在第 2 版中，如果基于文本的数据包捕获工具的输出很容易解释，就使用 tcpdump。但是，在大多数情况下，使用 Wireshark 工具的屏幕截图。需要注意的是，为了清楚地说明问题，有些输出列表（包括 tcpdump 输出的快照）经过包装或简化。

数据包跟踪内容说明了本书封二所描述的网络的一个或多个部分的行为。它代表了一个宽带连接的“家庭”环境（通常用于客户端访问或对等网络）、一个“公共”环境（例如咖啡厅）和一个企业环境。在例子中使用的操作系统包括 Linux、Windows、FreeBSD 和 Mac OS X。目前，各种操作系统及不同版本被用于 Internet 中。

每章的结构相对第 1 版已稍作修改。每章开头是对该章主题的介绍，接着是历史记录（在某些情况下），然后是本章详细资料、总结和一组参考文献。在大多数章中，章末都描述了安全问题和攻击。每章的参考文献体现了第 2 版的变化。它们使得每章更具自包含性，读者几乎不需要“长距离页面跳转”就能找到参考文献。有些参考文献通过增加网址来提供更容易的在线访问。另外，论文和著作的参考文献格式已变为一种相对更紧凑的格式，包括每个作者姓氏的首字母和一个两位数表示的年（例如，以前的 [Cerf and Kahn 1974] 现在缩短为 [CK74]）。对于使用的众多 RFC 参考文献，用 RFC 编号代替了作者姓名。这样做遵循了典型的 RFC 规范，并将所有引用的 RFC 集中在参考文献列表中。

最后说明的是，继续保持本书的印刷惯例。但是，我们选择使用的编辑和排版格式，与 Stevens 博士和 Addison-Wesley Professional Computing Series 系列丛书的其他作者使用的 Troff 系统不同。因此，最后的审稿任务利用了文字编辑 Barbara Wood 的专业知识。我们希望大家很高兴看到这个结果。

Kevin R. Fall
Berkeley，California
2011 年 9 月

介绍

本书采用一种不同于其他教科书的方式描述了 TCP/IP 协议族。用一个流行的诊断工具来观察这些协议的运作过程，而不是简单地描述这些协议以及它们做些什么。通过观察这些协议在不同环境下的运行过程，我们可以更好地理解它们是如何工作的，以及为什么要那样设计。另外，本书还对协议的实现进行了概述，而无须读者费力阅读数千行的源代码。

在 20 世纪 60 年代到 80 年代期间开发网络协议时，需要昂贵的专用硬件才能观察分组“通过线路”的情况。同时，要理解硬件所显示的分组信息还需要对协议本身极其熟悉。硬件分析器的功能受限于硬件本身的设计。

现在，对局域网进行监测的工作站随处可见，情况发生了巨大的变化 [Mogul 1990]。只需要在网络上连接一个工作站，并运行一些可公开获得的软件，就可以对线路上的流通情况进行观察。许多人认为它只是一个诊断网络故障的工具，但是它也是一个理解网络协议运行的强有力的工具，这才是本书的目标。

本书适用于那些希望理解 TCP/IP 协议如何运行的人：编写网络应用程序的程序员，负责维护计算机系统和 TCP/IP 网络的系统管理员，以及经常与 TCP/IP 应用程序打交道的用户。

排版约定

当我们显示交互式的输入和输出时，输入显示为加粗字体，计算机的输出显示为正常字体。添加的注释为斜体字。

```
bsdi % telnet svr4 discard              connect to the discard server
Trying 140.252.13.34...                 this line and next output by Telnet client
Connected to svr4.
```

另外，我们始终将系统名称作为 shell 提示符的一部分（这个例子中的主机 bsdi）显示在运行该命令的主机上。

注意 在整本书中，我们将使用缩进的楷体字以及像这样插入的“注意”来描述历史要点或实现细节。

有时我们会参考 Unix 手册中关于某个命令的完整描述，如 ifconfig(8)。命令名后面跟一个带括号的数字是参考 Unix 命令的一般方法。括号中的数字是该命令位于 Unix 手册中的节号，在那里可以找到关于该命令的其他信息。遗憾的是，并不是所有的 Unix 系统都以同样方式组织手册结构，即通过节号来区分不同的命令组。这里，我们采用的是 BSD 风格（BSD 派生系统都是一样的，如 SunOS 4.1.3），但是你的用户手册可能采用不同的组织方式。

致谢

虽然在封面上仅出现了作者的名字，但出版一本高质量的教材需要很多人的共同努力。

首先，最需要感谢的是作者的家庭，他们花费很多时间陪伴作者编写这本书。再次感谢你们，Sally、Bill、Ellen 和 David。

毫无疑问，顾问编辑 Brian Kernighan 对这本书是最重要的。他是第一个阅读书稿的各种草稿并用红笔做了很多标记的人。他对细节的关注、对文本可读性的严格要求和对书稿的彻底审查，对作者来说是一笔巨大的财富。

技术评审提供了不同的观点，并通过查找技术错误来保持作者的忠实。他们的意见、建议和（最重要的）批评对终稿提供了很大帮助。我要感谢 Steve Bellovin、Jon Crowcroft、Pete Haverlock 和 Doug Schmidt 对整个书稿的意见。同样宝贵的意见来自提供了部分书稿的 Dave Borman（他彻底查看了所有的 TCP 章节），以及应列为附录 E 合著者的 Bob Gilligan。

一个作者不能在隔绝的状态下工作，因此我在这里感谢提供大量小帮助，特别是通过电子邮件回复问题的以下人员：Joe Godsil、Jim Hogue、Mike Karels、Paul Lucchina、Craig Partridge、Thomas Skibo 和 Jerry Toporek。

这本书是我被要求回答大量的 TCP/IP 问题，并且没有找到快速、直接答案的结果。那时我意识到，获得答案的最简单方法是运行小测试，查看在某些情况下会发生什么。我感谢 Peter Haverlock 提出了很多尖锐的问题，以及 Van Jacobson 提供的这么多可用于回答本书中问题的公开软件。

关于网络的书需要一个可以访问 Internet 的真实网络。我要感谢国家光学天文观测台（NOAO），特别是 Sidney Wolff、Richard Wolff 和 Steve Grandi，他们提供了对自己的网络和主机的访问。特别感谢 Steve Grandi 回答了很多问题，并提供了不同主机上的账号。我还要感谢加州大学伯克利分校 CSRG 的 Keith Bostic 和 Kirk McKusick，他们提供了对最新的 4.4 BSD 系统的访问。

最后，出版商将所有东西集中起来，并按需要将最终作品提供给读者。这一切都与编辑 John Wait 的工作分不开。与 John 和 Addison-Wesley 出版社的其他专业人士一起工作是一种乐趣。他们的专业精神和对细节的关注都显示在最终结果中。

本书的排版由作者（Troff 的铁杆）使用 James Clark 编写的 Groff 软件生成。

W. Richard Stevens

亚利桑那州，图森

1993 年 10 月

概　　述

有效沟通取决于使用共同的语言。这一观点对于人类、动物以及计算机而言都是适用的。当一种语言用于一组行为时，需要使用一种协议。根据《新牛津美国辞典》，对协议的第一定义是：

> 国家事务或外交场合的正式程序或规则系统。

我们每天执行很多协议：询问和回答问题、谈判商业交易、协同工作等。计算机也会执行各种协议。一系列相关协议的集合称为一个*协议族*。指定一个协议族中的各种协议之间的相互关系并划分需要完成的任务的设计，称为协议族的*体系结构*或*参考模型*。TCP/IP 是一个实现 Internet 体系结构的协议族，它来源于 ARPANET *参考模型*（ARM）[RFC0871]。ARM 受到了早期分组交换工作的影响，这些工作包括美国的 Paul Baran[B64] 和 Leonard Kleinrock [K64]、英国的 Donald Davies [DBSW66]、法国的 Louis Pouzin [P73]。虽然数年之后制定了其他协议体系结构（例如，ISO 协议体系结构 [Z80]、Xerox 的 XNS [X85] 和 IBM 的 SNA [I96]），但 TCP/IP 已成为最流行的协议族。这里有几本有趣的书籍，它们关注计算机通信的历史和 Internet 的发展，例如 [P07] 和 [W02]。

值得一提的是，TCP/IP 体系结构来源于实际工作，用于满足多种不同的分组交换计算机网络的互联需求 [CK74]。这由一组*网关*（后来称为*路由器*）来实现，网关可以在互不兼容的网络之间提供翻译功能。随着越来越多的提供各种服务的节点投入使用，由此产生的“串联”网络或*多类型网络*（catenet）——后来称为*互联网络*（internetwork）将更加有用。在协议体系结构全面发展之前的几年，有人已经设想了全球性网络可能提供的服务类型。例如，在 1968 年，J. C. R. Licklider 和 Bob Taylor 已预见到支持“超级通信”的全球性互联通信网络的潜在用途 [LT68]： 1

> 今天的在线社区彼此在功能和地理位置上是分离的。每个成员只能看到以自己社区为中心的设施的处理、存储和软件能力等功能。但是，现在的变化趋势是分离的社区之间的互联，从而将它们变成我们所说的超级社区。互联使所有社区中的所有成员能访问整个超级社区中的程序和数据资源……这个变化将形成一个由很多网络组成的不稳定网络，该网络无论在内容还是配置上都在变化。

因此，支撑 ARPANET 和后来的 Internet 的全球网络概念，很明显是针对我们今天使用的很多服务类型而设计的。但是，要做到这点是不容易的。其成功来源于对设计和实现的重视，创新型用户和开发人员，以及提供足够多的资源，促使概念转化为原型系统，并最终转化为商业化的网络产品。

本章是对 Internet 体系结构和 TCP/IP 协议族的概述，提供了一些历史知识，并为后续章节建立足够的背景支撑。体系结构（协议和物理）实际上是一组设计决策，涉及支持哪些特点和在哪里实现这些特点。设计一个体系结构更多的是艺术而不是科学，但我们将讨论体系结构中随着时间推移被认为可行的那些特点，网络体系结构的主题已在 Day[D08] 中被广泛讨论，它是这方面的几种方案之一。

1.1 体系结构原则

TCP/IP 协议族允许计算机、智能手机和嵌入式设备之间通信，它们可以采用各种尺寸、来自不同计算机生产商和运行各种软件。在 21 世纪到来之际，这已成为现代通信、娱乐和商务活动的必要需求。TCP/IP 确实是一个*开放的系统*，协议族定义和很多实现是公开的，收费很少或根本不收费。它构成全球*因特网*（Internet）的基础（因特网是一个拥有遍布全球的大约 20 亿用户（2010 年，占全球人口的 30%）的广域网）。尽管很多人认为因特网和*万维网*
2 是可互换的术语，但我们通常认为因特网在计算机之间提供了消息通信能力，而万维网是一种使用因特网来通信的具体应用。在 20 世纪 90 年代早期，万维网恐怕是最重要的因特网应用，并使因特网技术得到全世界的重视。

Internet 体系结构在几个目标的指导下建立。在 [C88] 中，Clark 描述首要目标是“发展一种重复利用已有的互联网络的技术”。这句话的本质是 Internet 体系结构应将多种网络互联起来，并在互联的网络上同时运行多个应用。基于这个首要目标，Clark 提供了以下的二级目标列表：

- Internet 通信在网络或网关失效时必须能持续。
- Internet 必须支持多种类型的通信服务。
- Internet 体系结构必须兼容多种网络。
- Internet 体系结构必须允许对其资源的分布式管理。
- Internet 体系结构必须是经济有效的。
- Internet 体系结构必须允许低能力主机的连接。
- Internet 中使用的资源必须是可统计的。

上面列出的很多目标将被最终的设计决策所采纳。但是，在制定这些体系结构原则时，这些原则影响到设计者所做的选择，最后少数几种设计方案脱颖而出。我们将提到其中几种重要方案及其结果。

1.1.1 分组、连接和数据报

直到 20 世纪 60 年代，网络的概念主要是基于电话网络。它是针对在一次通话中连接双方通话而设计的。一次通话通常要在通话双方之间建立一条*连接*。建立一个连接意味着，在一次通话过程中，通话双方之间需要建立一条线路（最初是一条物理电路）。当一次通话结束时，这条连接被释放，允许这条线路用于其他用户通话。通话时间和连接端身份用于用户计费。当一次连接建立后，它为用户提供一定数量的带宽或容量，以便传输信息（通常是语音）。电话网从最初的模拟网络演变到数字网络，这样极大地提高了自身的可靠性和性
3 能。在线路一端输入的数据，沿着某些预先建立的经过网络交换机的路径，通常具有某个时间（*延迟*）上限，在线路另一端以一种可预测方式出现。这样，在用户需要且线路可用的情况下，可以提供可预测的服务。线路是一条通过网络的路径，它为一次通话过程而保留，即使在并不繁忙的情况下。关于电话网络的常识是：在一次通话期间，即使我们没有说任何话，也要为这段时间而付费。

20 世纪 60 年代出现的一个重要概念（如 [B64] 中）是*分组交换*思想。在分组交换中，包含一定字节数的数字信息“块”（分组）独立通过网络。来自不同来源或发送方的块可以组合，而且以后可以分解，这称为“（*多路*）*复用*”。这些块在到达目的地的过程中，需要在交换设备之间传输，并且路径可以改变。这样做有两个潜在的优点：网络更有弹性（设计者不用担心网络受到物理攻击），基于*统计复用*可更好地利用网络链路和交换设备。

当一台分组交换机接收到分组时，它们通常存储在*缓存*或*队列*中，并通过*先到达先服务*（FCFS）的方式处理。这是最简单的分组处理*调度*方式，又称为*先进先出*（FIFO）。FIFO 缓冲区管理和按需调度很容易结合起来实现统计复用，它是 Internet 中用来处理不同来源的混合流量的主要方法。在统计复用中，流量基于到达的统计或时间模式而混合在一起。这种多路复用是简单而有效的，因为如果网络带宽被使用和有流量通过，那么网络中的每个瓶颈或阻塞点将会繁忙（高利用率）。这种方法的缺点是可预测性有限，通过某些特定应用的性能可看出，它依赖于对共享网络的其他应用的统计。统计复用就像是一条高速公路，车辆可以变换车道，但是最终会分散在各处，任何点的收缩都可能造成道路繁忙。

某些替代性的技术，例如*时分复用*（TDM）和*静态复用*，通常在每个连接上为数据保留一定量的时间或其他资源。虽然这种技术可能具有更好的可预测性，可用于支持恒定比特率的电话通话功能，但它可能无法充分利用网络带宽，这是由于保留的带宽可能未使用。注意，当电路是通过 TDM 技术来实现时，*虚电路*（VC）会表现出很多电路行为，但是不依赖于物理的电路交换机，而通过顶层的面向连接的分组来实现。这是流行的 X.25 协议的基础，该技术直到 20 世纪 90 年代初才开始被帧中继大规模取代，并最终被*数字用户线*（DSL）技术和支持 Internet 连接的电缆调制解调器所取代（见第 3 章）。 4

对于虚电路抽象和面向连接的分组网络（例如 X.25），需要在每个交换机中为每个连接存储一些信息或*状态*。原因是每个分组只携带少量的额外信息，以提供到某个状态表的索引。例如，在 X.25 中，12 位的*逻辑信道标识符*（LCI）或*逻辑信道号*（LCN）被用于这个目的。在每台交换机中，LCI 或 LCN 和交换机中的每个*流状态*相结合，以决定分组交换路径中的下一台交换机。在使用信令协议在一条虚电路上交换数据之前，每个流状态已经建立，该协议支持连接建立、清除和状态信息。因此，这种网络称为*面向连接的*。

无论是建立在线路还是交换的基础上，面向连接的网络是多年来最流行的联网方式。在 20 世纪 60 年代后期，*数据报*作为另一种可选方案而得到发展。数据报起源于 CYCLADES[P73] 系统，它是一个特定类型的分组，有关来源和最终目的地的所有识别信息都位于分组中（而不是分组交换机中）。虽然这通常需要较大的数据包，但不需要在交换机中维护连接状态，它可用于建立一个*无连接的*网络，并且没必要使用复杂的信令协议。数据报很快被早期的 Internet 设计者所接受，这个决定对协议族其他部分有深远影响。

另一个相关的概念是*消息边界*或*记录标记*。如图 1-1 所示，当一个应用将多个信息块发送到网络中，这些信息块可能被通信协议保留，也可能不被通信协议保留。大多数数据报协议保存消息边界。这样设计是很自然的，因为数据报本身有一个开始和结束。但是，在电路交换或虚电路网络中，一个应用程序可能需要发送几块数据，接收程序将所有数据作为一个块或多个块来读取。这些类型的协议不保留消息边界。在底层协议不保留消息边界，而应用程序需要它的情况下，应用程序必须自己来提供这个功能。

1.1.2 端到端论点和命运共享

当我们设计一个大的系统（例如操作系统或协议族）时，随之而来的问题通常是在什么位置实现某个功能。影响 TCP/IP 协议族设计的一个重要原则称为*端到端论点* [SRC84]：

> 只有在通信系统端角度的应用知识的帮助下，才能完全和正确地实现问题中提到的功能。因此，作为通信自身的一个特点，不可能提供有疑问的功能。(有时，通信系统提供的一个功能不完整的版本可能用于提高性能。)

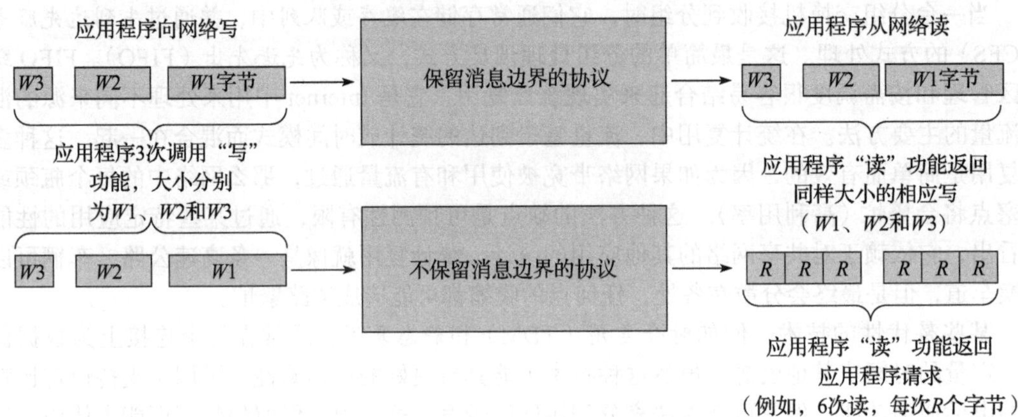

图 1-1 应用程序将协议携带的数据写入消息。消息边界是两次写入之间的位置或字节偏移量。保留消息边界的协议由接收方给出发送方的消息边界。不保留消息边界的协议（例如，像 TCP 这样的流协议）忽略这类信息，并使它在接收方无效。这样做的结果是，如果这个功能是必需的，应用程序需要自己实现发送方的消息边界

在第一次阅读时，这种观点看起来似乎相当直观，它可能对通信系统设计产生深远影响。它认为*只有*涉及通信系统的应用程序或最终用户，其正确性和完整性才可能得到实现。即使为正确实现应用程序做了努力，其功能可能注定不会很完善。总之，这个原则认为重要功能（例如差错控制、加密、交付确认）通常不会在大型系统的低层（见 1.2.1 节）实现。但是，低层可以提供方便端系统工作的功能，并最终可能改善性能。这种观点表明低层功能不应以完美为目标，这是因为对应用程序需求做出完美推测是不可能的。

端到端论点倾向于支持一种使用“哑”网络和连接到网络的“智能”系统的设计方案。这是我们在 TCP/IP 设计中所看到的，很多功能（例如，保证数据不丢失、发送方控制发送速率）在端主机的应用程序中实现。选择哪些功能在同一计算机、网络或软件栈中实现，这是另一个称为命运共享的相关原则 [C88]。

5~6

*命运共享*建议将所有必要的状态放在通信端点，这些状态用于维护一个活动的通信关联（例如虚拟连接）。由于这个原因，导致通信失效的情况也会导致一个或更多端点失效，这样显然会导致整个通信的失败。命运共享是一种通过虚拟连接（例如，由 TCP 实现）维持活动的设计理念，即便网络连接在一段时间内失效。命运共享也支持一种“带智能终端主机的哑网络”模型，当前 Internet 中的矛盾是：哪些功能在网络中实现，哪些功能不在网络中实现。

1.1.3 差错控制和流量控制

在网络中存在数据损坏或丢失的情况。这可能出于各种原因，例如硬件问题、数据传输中被修改、在无线网络中超出范围，以及其他因素。对这种错误的处理称为*差错控制*，它可

以在构成网络基础设施的系统、连接到网络的系统或其他组合中实现。显然，端到端论点和命运共享建议在应用程序附近或内部实现差错控制。

通常，在只有少数位出错的情况下，我们关注的是，当数据已被接收或正在传输过程中，有些数学代码可用于检测和修复这种位差错 [LC04]。这个任务通常在网络中执行。当更多严重损坏发生在分组网络时，整个分组通常被重新发送或*重新传输*。在线路交换或虚电路交换网络（例如 X.25）中，重新传输通常在网络内部进行。这对那些顺序要求严格和无差错交付的应用是有用的，但有些应用不需要这种功能或不希望为数据可靠交付而付出代价（例如连接建立和重新传输延迟）。一个可靠的文件传输应用并不关心交付的文件数据块的顺序，最终将所有块无差错地交付并按原来顺序重新组合即可。

针对网络中可靠、按顺序交付的实现开销，帧中继和 Internet 协议采用一种称为*尽力而为交付*的服务。在尽力而为的交付中，网络不会花费很大努力来确保数据在没有差错或缺陷的情况下交付。某些差错通常用差错检测码或*校验和*来检测，例如那些可能影响一个数据报定向的差错，当检测到这种差错时，出错的数据报仅被丢弃而没有进一步行动。

如果尽力而为的交付成功，发送方能以超过接收方处理能力的速度生成信息。在尽力而为的 IP 网络中，降低发送方的发送速度可通过*流量控制*机制实现，它在网络外部或通信系 7
统高层中运行。注意，TCP 会处理这种问题，我们将在第 15 章和第 16 章中详细讨论。这与端到端论点一致：TCP 在端主机中实现速率控制。它也与命运共享一致：这种方案在网络基础设施中有些单元失效的情况下，不会影响网络设备的通信能力（只要有些通信路径仍然可用）。

1.2　设计和实现

虽然建议用一个特定方法实现一个协议体系结构，但是这通常不是强制的。因此，我们对协议体系结构和*实现体系结构*加以区分，实现体系结构定义了协议体系结构中的概念如何用于软件形式的实现中。

很多负责实现 ARPANET 协议的人员都熟悉操作系统的软件结构，一篇有影响力的论文描述的“THE”多编程系统 [D68]，主张使用一种层次结构的处理方式，以检查一个大型软件实现逻辑的稳健性和正确性。最终，这有助于形成一种网络协议的设计理念，它涉及实现（和设计）的多个层次。这种方案现在称为*分层*，它是实现协议族的常用方案。

1.2.1　分层

通过分层，每层只负责通信的一个方面。采用多层是有益的，这是因为分层设计允许开发人员分别实现系统的不同部分，它们通常由在不同领域的专业人员完成。最常提到的协议分层概念基于一个称为*开放系统互连标准*（OSI）的模型 [Z80]，该模型是由国际标准化组织（ISO）定义的。图 1-2 显示了标准的 OSI 层次，包括它们的名称、编号和若干例子。Internet 的分层模型比较简单，我们将在 1.3 节中介绍。

尽管 OSI 模型建议的 7 个逻辑层在协议体系结构的模块化实现中是可取的，但是通常认为 TCP/IP 体系结构包含 5 层。在 20 世纪 70 年代初，已有很多关于 OSI 模型的相对优势和不足，以及 ARPANET 模型优于它的争论。公平地说，尽管 TCP/IP 最终取得“胜利”，但来自 ISO 协议族（由 ISO 遵循 OSI 模型进行标准化）的一些思想，甚至整个协议已被用于 TCP/IP 中（例如 IS-IS[RFC3787]）。 8

如图 1-2 的简要介绍，每层都有不同任务。自下而上，*物理层*定义了一种通过某种通信介质（例如一条电话线或光纤电缆）传输数字信息的方法。以太网和无线局域网（Wi-Fi）标准的一部分也在这层，但我们不打算在本书中深入介绍。*链路层*或*数据链路层*包含为共享相同介质的邻居建立连接的协议或方法。有些链路层网络（例如 DSL）只连接两个邻居。当超过一个邻居可以访问共享网络时，这个网络称为*多接入*网络。Wi-Fi 和以太网是这种多接入链路层网络的例子，特定协议用于协调多个站在任何时间访问共享介质。我们将在第 3 章中讨论。

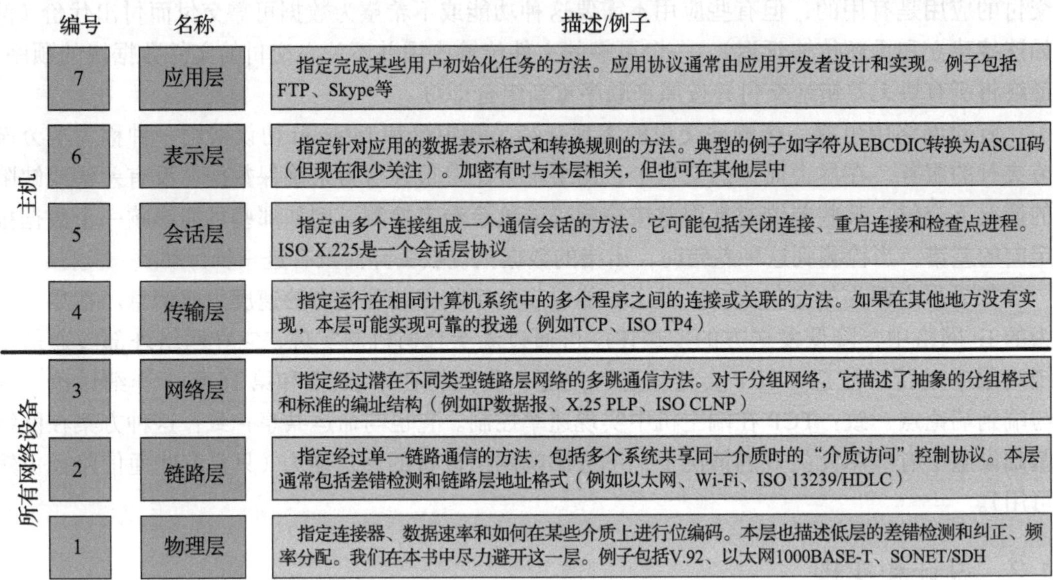

编号
名称
描述/例子
主机
所有网络设备
7
应用层
指定完成某些用户初始化任务的方法。应用协议通常由应用开发者设计和实现。例子包括FTP、Skype等
6
表示层
指定针对应用的数据表示格式和转换规则的方法。典型的例子如字符从EBCDIC转换为ASCII码（但现在很少关注）。加密有时与本层相关，但也可在其他层中
5
会话层
指定由多个连接组成一个通信会话的方法。它可能包括关闭连接、重启连接和检查点进程。ISO X.225是一个会话层协议
4
传输层
指定运行在相同计算机系统中的多个程序之间的连接或关联的方法。如果在其他地方没有实现，本层可能实现可靠的投递（例如TCP、ISO TP4）
3
网络层
指定经过潜在不同类型链路层网络的多跳通信方法。对于分组网络，它描述了抽象的分组格式和标准的编址结构（例如IP数据报、X.25 PLP、ISO CLNP）
2
链路层
指定经过单一链路通信的方法，包括多个系统共享同一介质时的“介质访问”控制协议。本层通常包括差错检测和链路层地址格式（例如以太网、Wi-Fi、ISO 13239/HDLC）
1
物理层
指定连接器、数据速率和如何在某些介质上进行位编码。本层也描述低层的差错检测和纠正、频率分配。我们在本书中尽力避开这一层。例子包括V.92、以太网1000BASE-T、SONET/SDH

图 1-2　ISO 定义的标准 7 层 OSI 模型。每个网络设备（至少从理论上）并不需要实现所有协议。OSI 的术语和层数被广泛使用

在层次结构中，我们对*网络层*或*互联网络层*最有兴趣。对于分组网络（例如 TCP/IP），它提供了一种可互操作的分组格式，可通过不同类型的链路层网络来连接。本层也包括针对主机的地址方案和用于决定将分组从一台主机发送到另一台主机的路由算法。对于上述 3 层，我们发现协议（至少在理论上）仅实现在端主机中，这也包括*传输层*。我们对传输层也
9 有很大兴趣，它提供了一个会话之间的数据流，而且可能相当复杂，这取决于它提供的服务类型（例如，分组网络的可靠交付可能会丢弃数据）。*会话*表示运行中的应用（例如，cookies 用于 Web 浏览器的 Web 登录会话过程中）之间的交互，会话层协议可提供例如连接初始化和重新启动、增加*检查点*（保存到目前为止已完成的工作）等功能。在会话层之上是*表示层*，它负责信息的格式转换和标准化编码。正如我们所看到的，Internet 协议不包括正式的会话层或表示层，如果需要的话，这些功能由应用程序来实现。

最高层是*应用层*。各种应用通常会实现自己的应用层协议，它们对用户来说是最容易看到的。目前已存在大量的应用层协议，并且程序员仍在不断开发新协议。因此，应用层是创新最多，以及新功能开发和部署的地方。

1.2.2　分层实现中的复用、分解和封装

分层体系结构的一个主要优点是具有*协议复用*的能力。这种复用形式允许多种协议共存于同一基础设施中。它也允许相同协议对象（例如连接）的多个实例同时存在，并且不会被混淆。

复用可以发生在不同层，并在每层都有不同类型的标识符，用于确定信息属于哪个协议或信息流。例如，在链路层，大多数的链路技术（例如以太网和 Wi-Fi）在每个分组中包含一个协议标识符字段，用于指出链路层帧携带的协议（IP 是这种协议）。当某层的一个称为协议数据单元（PDU）的对象（分组、消息等）被低层携带时，这个过程称为在相邻低层的封装（作为不透明数据）。因此，第 *N* 层的多个对象可以通过第 *N*–1 层的封装而复用。图 1-3 显示了封装的工作过程。第 *N*–1 层的标识符在第 *N* 层的分解过程中用于决定正确的接收协议或程序。

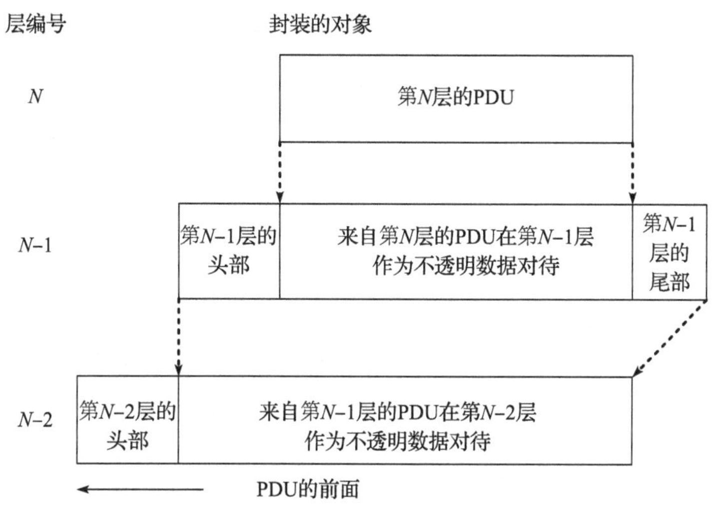

图 1-3　封装通常与分层一起使用。单纯的封装涉及获得某层的 PDU，并在低层将它作为不透明（无须解释）的数据来处理。封装发生在发送方，拆封（还原操作）发生在接收方。多数协议在封装过程中使用头部，少数协议也使用尾部

在图 1-3 中，每层都有自己的消息对象（PDU）的概念，对应于负责创建它的那个特定层。例如，如果第 4 层（传输层）协议生成一个分组，将它称为第 4 层 PDU 或传输层 PDU（TPDU）更准确。如果某层获得由它的上层提供的 PDU，它通常“承诺”不查看 PDU 中的具体内容。这是封装的本质，每层都将来自上层的数据看成不透明、无须解释的信息。最常见的处理是某层在获得的 PDU 前面增加自己的头部，有些协议是增加尾部（不是 TCP/IP）。头部用于在发送时复用数据，接收方基于一个分解（拆分）标识符执行分解。在 TCP/IP 网络中，这类标识符通常是硬件地址、IP 地址和端口号。头部中也包含一些重要的状态信息，例如一条虚电路是正在建立还是已经建立。由此产生的对象是另一个 PDU。

图 1-2 建议的分层的另一个重要特点是：在单纯的分层中，并不是所有网络设备都需要实现所有层。图 1-4 显示在某些情况下，如果设备只希望执行特定操作，那么它只需要实现少数几层。

在图 1-4 中，有些理想化的小型互联网络包括两种端系统，即交换机和路由器。在本图中，每个编号对应于在特定层中的一种协议。正如我们所见，每个设备实现协议栈的一个子集。左侧的主机对应的物理层实现了 3 种链路层协议（D、E 和 F），以及运行在同一网络层协议上的 3 种传输层协议（A、B 和 C）。端主机实现了所有层，交换机实现到第 2 层（这台交换机实现了 D 和 G），路由器实现到第 3 层。由于路由器具有互联不同类型的链路层网络的能力，因此它必须为互联的每种网络实现链路层协议。10～11

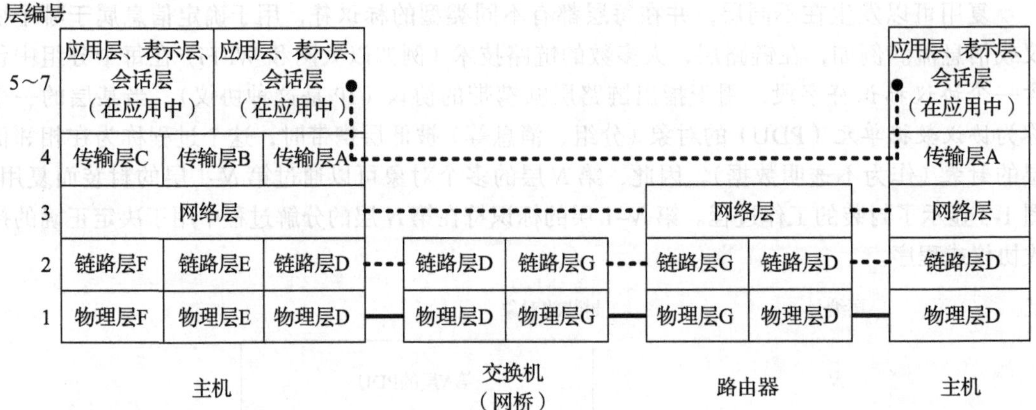

图 1-4　不同的网络设备实现协议栈的不同子集。端主机通常实现所有层。路由器实现传输层之下的各层。这种理想化的结构经常被破坏，这是由于路由器和交换机通常包括类似于主机的功能（例如管理和建立），因此它们需要实现所有层，即使有些层很少使用

图 1-4 所示的互联网络是理想化的，当前的交换机和路由器通常实现更多协议，这已超出单纯实现数据转发的需要。这里有很多原因，包括管理方面。在这种情况下，路由器和交换机等设备有时需要充当主机，并支持远程登录这类服务。为了做到这点，它们通常需要实现传输层和应用层协议。

尽管我们只显示两台主机之间的通信，但是链路层和物理层网络（标记为 D 和 G）可能连接多台主机。如果这样，可以在任意两台实现相应的高层协议的系统之间通信。在图 1-4 中，针对一个特定的协议族，可以区分为*端系统*（两边的两台主机）和*中间系统*（中间的路由器）。网络层之上的各层使用*端到端*协议。在我们的描述中，只有端系统需要这些层次。但是，网络层提供了一种*逐跳*协议，它用于两个端系统和每个中间系统。通常不认为交换机或桥接是一个中间系统，这是由于它们没有使用互联网络协议的地址格式来编址，并在很大程度上以透明于网络层协议的方式运行。从路由器和端系统的角度来看，交换机或网桥实际是不可见的。

顾名思义，路由器有两个或更多的网络接口（由于它连接两个或多个网络）。有多个接口的系统称为*多宿主*。一台主机也可以是多宿主的，但除非它专门将分组从一个接口转发到
12 另一个接口，否则不能把它称为路由器。另外，路由器不一定只是在网络中转发分组的特殊硬件设备。在多数的 TCP/IP 实现中，如果正确配置的话，允许多宿主主机作为路由器使用。在这种情况下，我们可以把该系统称为主机（当它运行*文件传输协议*（FTP）[RFC0959] 或 Web 应用时）或路由器（当它将分组从一个网络转发到另一个网络时）。我们将结合上下文使用相关的术语。

互联网络的目标之一是对应用隐藏所有关于物理布局（拓扑）和低层协议的异构性的细节。虽然在图 1-4 所示的由两个网络组成的互联网络中并不明显，但应用层不关心（不在乎）以下事实：尽管连接在网络中的主机都采用链路层协议 D（例如以太网），但主机之间由采用链路层协议 G 的路由器和交换机隔开。主机之间可能有 20 个路由器，它们可采用其他类型的物理连接，应用程序无须修改即可运行（虽然性能可能有所不同）。以这种方式对细节加以抽象是促使互联网络概念变得强大和有用的原因。

1.3　TCP/IP 协议族结构和协议

到目前为止，我们已讨论了体系结构、协议、协议族和抽象的实现技术。在本节中，我们将讨论构成 TCP/IP 协议族的体系结构和特定协议。虽然这已成为 Internet 使用的协议的既定术语，但是也有很多 TCP 和 IP 之外的协议被包含在 Internet 使用的协议集或协议族中。我们将从最终形成 Internet 协议分层基础的 ARPANET 参考模型开始，研究它与前面讨论的 OSI 参考模型的区别。

1.3.1　ARPANET 参考模型

图 1-5 描述了源于 ARPANET 参考模型的分层，它最终被 TCP/IP 协议族采纳。它的结构比 OSI 模型更简单，但在实现中包括一些特定协议，并且不适合于常规层次的简化。

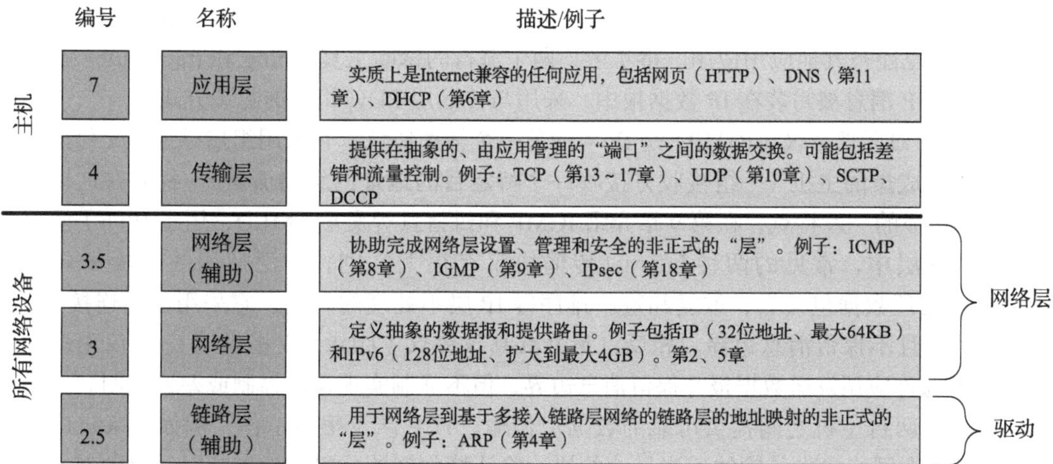

图 1-5　基于 ARM 或 TCP/IP 的协议分层被用于 Internet。这里没有正式的会话或表示层。另外，这里有几个不适合归入标准层的“附属”或辅助协议，它们为其他协议的运行提供重要功能。其中有些协议没有被 IPv6 使用（例如 IGMP 和 ARP）

从图 1-5 底部沿着协议栈上移，我们首先看到的层次是 2.5，这是一个“非正式”的层。有几个协议工作在这层，一个最古老和最重要的协议是*地址解析协议*（ARP）。它是 IPv4 的专用协议，只用于多接入链路层协议（例如以太网和 Wi-Fi），完成 IP 层使用的地址和链路层使用的地址之间的转换。我们将在第 4 章讨论这个协议。IPv6 的地址映射功能作为 ICMPv6 的一部分，我们将在第 8 章讨论。 13

我们在图 1-5 中编号为 3 的层中看到 IP，它是 TCP/IP 中最重要的网络层协议。我们将在第 5 章讨论它的细节。IP 发送给链路层协议的 PDU 称为 *IP 数据报*，它的大小是 64KB（IPv6 将它扩大为 4GB）。在很多情况下，当使用的上下文是清晰的，我们将会使用简化的术语“分组”来表示 IP 数据报。大的分组放入链路层 PDU（称为帧）时需要进行缩小处理，这个过程称为*分片*，它通常由 IP 主机和某些路由器在必要时执行。在分片的过程中，大数据报的一部分被放入多个称为*分片*的小数据报中，并在到达目的地后组合（称为*重组*）。我们将在第 10 章中讨论分片。

在本书中，我们使用术语 IP 表示 IP 版本 4 和 6，使用 IPv6 表示 IP 版本 6，并使用 IPv4 表示 IP 版本 4，它是当前最流行的版本。在讨论体系结构时，我们很少关注 IPv4 和 IPv6 的细节。当我们讨论寻址和配置的工作原理（第 2 章和第 6 章）时，这些细节将变得更重要。

由于每个 IP 分组都是一个数据报，所以都包含发送方和接收方的第 3 层地址。这些地址称为 *IP 地址*，即 32 位的 IPv4 地址或 128 位的 IPv6 地址；我们将在第 2 章详细讨论它们。IP 地址长度不同是 IPv4 和 IPv6 之间的最大差别。每个数据报的目的地址用于决定将该数据报发送到哪里，而做出此决定和发送数据报到下一跳的过程称为*转发*。路由器和主机都能进
14 行转发，但更多的是由路由器实现转发。这里有 3 种类型的 IP 地址，地址类型决定如何进行转发：*单播*（目的地是一台主机）、*广播*（目的地是一个指定网络中的所有主机）和*组播*（目的地是属于一个组播组中的一组主机）。第 2 章将详细介绍与 IP 一起使用的地址类型。

Internet 控制消息协议（ICMP）是 IP 的一个辅助协议，我们将它标注为 3.5 层协议。IP 层使用它与其他主机或路由器的 IP 层之间交换差错消息和其他重要信息。ICMP 有两个版本：IPv4 使用的 ICMPv4，IPv6 使用的 ICMPv6。ICMPv6 是相当复杂的，包括地址自动配置和邻居发现等功能，它们在 IPv4 网络中由其他协议（例如 ARP）处理。虽然 ICMP 主要由 IP 使用，但它也能被其他应用使用。事实上，两个流行的诊断工具（ping 和 traceroute）都使用 ICMP。ICMP 消息被封装在 IP 数据报中，采用与传输层 PDU 相同的封装方式。

Internet 组管理协议（IGMP）是 IPv4 的另一个辅助协议。它采用组播寻址和交付来管理作为*组播组*成员的主机（一组接收方接收一个特定目的地址的组播流量）。我们在这里只描述广播和组播的一般特点，在第 9 章介绍 IGMP 和*组播监听发现*（MLD，用于 IPv6）协议。

在第 4 层中，常见的两种 Internet 传输协议有很大区别。广泛使用的*传输控制协议*（TCP）会处理数据包丢失、重复和重新排序等 IP 层不处理的问题。它采用面向连接（VC）的方式，并且不保留消息边界。相反，*用户数据报协议*（UDP）仅提供比 IP 协议稍多的功能。UDP 允许应用发送数据报并保留消息边界，但不强制实现速率控制或差错控制。

TCP 在两台主机之间提供可靠的数据流传输。TCP 涉及很多工作，例如将来自应用的数据分解成在网络层中传输的适当尺寸的块，确认接收到的分组和设置超时，以便对方能够确认自己发送的分组。由于传输层提供这种可靠的数据流，所以应用层可以忽略这些细节。TCP 发送到 IP 的 PDU 称为 *TCP 段*。

另一方面，UDP 为应用层提供一种更简单的服务。它允许将数据报从一台主机发送到另一台主机，但不保证数据报能到达另一端。任何可靠性都需要由应用层提供。事实上，UDP 所做的是提供一套端口号，用于复用、分解数据和校验数据的完整性。正如我们所看到的，即使 UDP 和 TCP 在同一层次，它们也是完全不同的。这里给出每种传输层协议的用途，我
15 们可看到使用 TCP 和 UDP 的不同应用。

这里还有两个传输层协议，它们相对比较新，并被用于某些系统中。由于它们的使用还不是很广泛，所以我们没对它们进行太多讨论，但它们是值得注意的。首先是*数据报拥塞控制协议*（DCCP），它在 [RFC4340] 中定义。它提供了一种介于 TCP 和 UDP 之间的服务类型：面向连接、不可靠的数据报交换，但具有拥塞控制功能。拥塞控制包括发送方控制发送速率的多种技术，以避免流量堵塞整个网络。我们将在第 16 章中结合 TCP 详细介绍拥塞控制。

另一个是*流控制传输协议*（SCTP），它在 [RFC4960] 中定义，是用于某些特定系统的传输协议。SCTP 提供类似于 TCP 的可靠交付，但不要求严格保持数据的顺序。它还允许多个数据流逻辑上在同一连接上传输，并提供了一个消息抽象，这是它与 TCP 的主要区别。SCTP 用于在 IP 网络上携带信令消息，这类似于某些电话网络中的用途。

在传输层之上，应用层负责处理特定应用的细节。有很多常见的应用，几乎每个应用的

实现都是基于 TCP/IP 的。应用层与应用的细节有关，但与网络中的数据传输无关。较低的三层则相反：它们对具体应用一无所知，但需要处理所有的通信细节。

1.3.2 TCP/IP 中的复用、分解和封装

我们已讨论了协议复用、分解和封装的基础内容。每层都会有一个标识符，允许接收方决定哪些协议或数据流可复用在一起。每层通常也有地址信息，它用于保证一个 PDU 被交付到正确的地方。图 1-6 模拟了如何在一台 Internet 主机上进行分解。

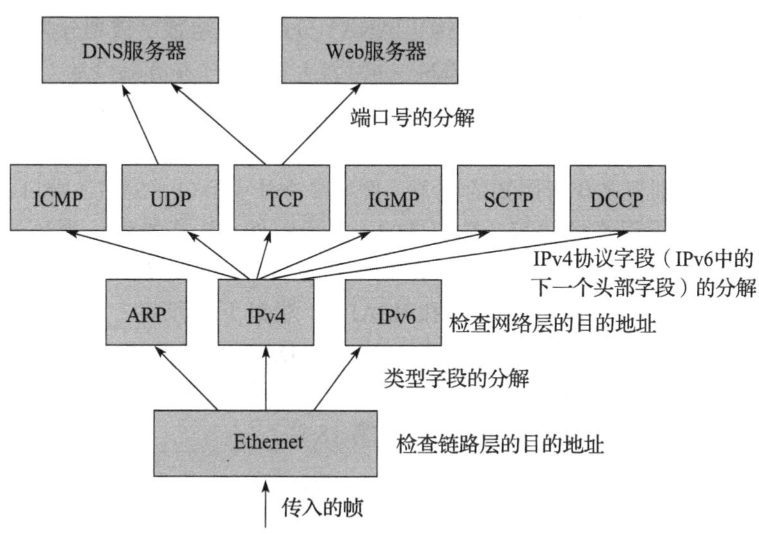

图 1-6　TCP/IP 协议栈将地址信息和协议分解标识符相结合，以决定一个数据报是否被正确接收，以及哪个实体将会处理该数据报。有几层还会检测数值（例如校验和），以保证内容在传输中没有损坏

虽然它不是 TCP/IP 协议族的真实部分，但我们也能自底向上地说明从链路层开始如何进行分解，这里使用以太网作为例子。我们在第 3 章讨论几种链路层协议。以太网帧包含一个 48 位的目的地址（又称为链路层或介质访问控制（MAC）地址）和一个 16 位的以太网类型字段。0x0800（十六进制）表示这个帧包含 IPv4 数据报。0x0806 和 0x86DD 分别表示 ARP 和 IPv6。假设目的地址与接收方的一个地址匹配，这个帧将被接收并校验差错，以太网类型字段用于选择处理它的网络层协议。

如果接收到的帧包含一个 IP 数据报，以太网头部和尾部信息将被清除，并将剩余字节（包含帧的有效载荷⊖）交给 IP 来处理。IP 检测一系列的字段，包括数据报中的目的 IP 地址。如果 16
目的地址与自己的一个 IP 地址匹配，并且数据报头部（IP 不检测有效载荷）没有错误，则检测 8 位的 IPv4 协议字段（在 IPv6 中称为下一个头部字段），以决定接下来调用哪个协议来处理。常见的值包括 1（ICMP）、2（IGMP）、4（IPv4）、6（TCP）和 17（UDP）。数值 4（和 41，表示 IPv6）的含义是有趣的，因为它表示一个 IP 数据报可能出现在另一个 IP 数据报的有效载荷中。它违反了分层和封装的原有概念，但是作为隧道技术的基础，我们在第 3 章进行更多讨论。

如果网络层（IPv4 或 IPv6）认为传入的数据报有效，并且已确定正确的传输层协议，则将数据报（必要时由分片重组而成）交给传输层处理。在传输层中，大部分协议（包括 TCP 和 UDP）通过端口号将复用分解到适当的应用。

⊖ 在不产生歧义的情况下，“有效载荷”（payload）也简称为“负载”。——译者注

1.3.3 端口号

端口号是 16 位的非负整数（范围是 0 ~ 65535）。这些数字是抽象的，在物理上没有指
17 任何东西。相反，每个 IP 地址有 65 536 个可用的端口号，每个传输协议可使用这些端口号（在大多数情况下），它们被用于确定正确的接收数据的具体服务。对于客户机 / 服务器应用（见 1.5.1 节），一台服务器首先“绑定”到一个端口号，然后一个或多个客户机可使用某种特定的传输协议与一台服务器上的端口号建立连接。从这个意义上来说，端口号的功能更像电话号码的扩展，差别是它们通常是由某个标准来分配。

标准的端口号由 Internet 号码分配机构（IANA）分配。这组数字被划分为特定范围，包括熟知端口号（0 ~ 1023）、注册端口号（1024 ~ 49151）和动态 / 私有端口号（49152 ~ 65535）。在传统上，服务器需要绑定到（即在上面提供服务）一个熟知端口，它需要管理员或“根”访问这样的特殊权限。

熟知端口用于识别很多众所周知的服务，例如安全外壳协议（SSH，端口 22）、FTP（端口 20 和 21）、Telnet 远程终端协议（端口 23）、电子邮件 / 简单邮件传输协议（SMTP，端口 25）、域名系统（DNS，端口 53）、超文本传输协议或 Web（HTTP 和 HTTPS，端口 80 和 443）、交互式邮件访问协议（IMAP 和 IMAPS，端口 143 和 993）、简单网络管理协议（SNMP，端口 161 和 162）、轻量级目录访问协议（LDAP，端口 389），以及其他几种服务。拥有多个端口的协议（例如 HTTP 和 HTTPS）通常使用不同端口号，这取决于是否将传输层安全（TLS）与基础的应用层协议共同使用（见第 18 章）。

注意 如果我们测试这些标准服务和其他 TCP/IP 服务（Telnet、FTP、SMTP 等）使用的端口号，会发现它们大多数是奇数。这是有历史原因的，这些端口号从 NCP 端口号派生而来（NCP 是网络控制协议，在 TCP 之前作为 ARPANET 的传输层协议）。NCP 虽然简单，但不是全双工的，因此每个应用需要两个连接，并为每个应用保留奇偶成对的端口号。当 TCP 和 UDP 成为标准的传输层协议时，每个应用只需要一个端口号，因此来自 NCP 的奇数端口号被使用。

注册端口号提供给有特殊权限的客户机或服务器，但 IANA 会维护一个为特定用途而保留的注册表，开发新应用时通常应避免使用这些端口号，除非你已购买某些 IANA 分配的端口号。动态 / 私有端口号基本不受监管。正如我们所看到的，在某些情况下（例如在客户端），端口号的值无关紧要，这是因为它们只是短期被使用。这些端口号又称为临时端口号。
18 它们被认为是临时的，因为客户机只需支持一个应用的客户程序，并不需要被服务器发现以建立一个连接。相反，服务器通常需要不变的名称和端口号，以便被客户机所发现。

1.3.4 名称、地址和 DNS

在 TCP/IP 中，每台计算机（包括路由器）的每个链路层接口至少有一个 IP 地址。IP 地址足以识别主机，但它们不方便被人们记忆或操作（尤其是更长的 IPv6 地址）。在 TCP/IP 环境中，DNS 是一个分布式数据库，提供主机名和 IP 地址之间的映射（反之亦然）。域名建立是有层次的，以 .com、.org、.gov、.in、.uk 和 .edu 等域结尾。DNS 是一个应用层协议，因此它的运行依赖于其他协议。虽然大多数 TCP/IP 协议不必关心域名，但用户（例如使用 Web 浏览器）通常会频繁使用域名，因此如果 DNS 不能正常工作，正常的 Internet 访问也难以使用。第 11 章将详细介绍 DNS。

执行域名操作的应用可以调用一个标准的 API 函数（见 1.5.3 节），将需要查找的 IP 地址（或地址）对应到一个主机名。同样，另一个函数提供反向查找功能，为一个给定的 IP 地址查找对应的主机名。大多数应用程序将主机名作为输入，但是经常也需要一个 IP 地址。Web 浏览器支持这种功能。例如，在浏览器中输入统一资源定位符（URL），http://131.243.2.201/index.html 和 http://[2001:400:610:102::C9]/index.html， 它们等效于 http://ee.lbl.gov/index.html（在写作时，第二个例子需要成功建立 IPv6 连接）。

1.4 Internet、内联网和外联网

如前所述，Internet（因特网）已发展成为由很多网络互联起来的网络集合。小写字母开头的 internet 表示使用常见协议族互联的多个网络。大写字母开头的 Internet 表示可使用 TCP/IP 通信的世界范围的主机集合。Internet 是一个 internet，但反过来说是错误的。

组网在 20 世纪 80 年代得到快速发展的原因之一，那就是很多相互隔离的单机系统组合起来后作用并不明显。几个独立的系统连接起来组成一个网络。虽然已向前迈进了一步，但我们在 20 世纪 90 年代意识到，不能互操作的独立网络不如一个更大的网络有价值。这个概念是 Metcalfe 定律的基础，计算机网络价值大致与连接的端系统（例如用户或设备）数量的平方成正比。Internet 构想和它支持的协议使不同网络互联成为可能。实际上，这个看似简 19
单的概念非常有用。

最容易的方式是构造一个由路由器连接两个或多个网络的互联网络。路由器通常是连接网络的一台专用设备，其优点是提供很多不同物理网络的连接，例如以太网、Wi-Fi、点到点链路、DSL、电缆 Internet 服务等。

> **注意**　这些设备又被称为 IP 路由器，但我们将使用路由器这个术语。这些设备在历史上曾被称为网关，这个术语用于很多比较旧的 TCP/IP 文献中。当前的网关术语用于表示应用层网关（ALG），它为一个特定应用（通常是电子邮件或文件传输）连接两个不同协议族（TCP/IP 和 IBM 的 SNA）。

近年来，一些其他术语已被采用 TCP/IP 协议的各种互联网络所采纳。内联网是一个用于描述专用互联网络的术语，它通常由一个商业机构或其他企业来运行。大多数情况下，内联网提供的访问资源只供特定企业的成员使用。用户可使用虚拟专用网（VPN）连接到（例如企业）内联网。VPN 有助于保证内联网中潜在的敏感资源只供授权用户访问，它通常使用前面提到的隧道概念。我们将在第 7 章详细讨论 VPN。

在很多情况下，一个企业或商业机构可能希望建立一个网络，其中包含可供合作伙伴或其他相关公司通过 Internet 访问的服务器。这种涉及 VPN 的网络通常被称为外联网，由连接在提供服务的企业防火墙之外的计算机组成（见第 7 章）。从技术上来说，内联网、外联网和 Internet 之间的差别不大，但使用方式和管理策略通常不同，并由此出现更多的专业术语。

1.5 设计应用

到目前为止，我们已接触的网络概念提供了一个简单的服务模型 [RFC6250]：在运行于不同（或相同）计算机上的程序之间传输数据。通过这种能力可完成任何有用的事。我们需要使用网络应用来提供服务或执行计算。网络应用的典型结构基于少数几种模式。最常见的模式是客户机 / 服务器模式和对等模式。

1.5.1 客户机/服务器

大多数网络应用被设计为一端是客户机，而另一端是服务器。服务器为客户机提供某类
20 服务，例如访问服务器主机中的文件。我们可以将服务器分为两类：*迭代*和*并发*。迭代服务器经过以下步骤：

I1. 等待客户机请求到达。

I2. 处理客户机请求。

I3. 将响应发送给请求的客户机。

I4. 回到步骤 I1。

迭代服务器的问题是步骤 I2 需要经过较长时间。在此期间，无法为其他客户机服务。并发服务器经过以下步骤：

C1. 等待客户机请求到达。

C2. 启用一个新服务器实例来处理客户机请求。这可能涉及创建一个新的进程、任务或线程，它依赖于底层操作系统的支持。这个新的服务器处理一个客户机的全部请求。当请求的任务完成后，这个新的服务器终止。同时，原有服务器实例继续执行 C3。

C3. 回到步骤 C1。

并发服务器的优点是服务器只产生其他服务器实例，并由它们来处理客户机请求。本质上，每个客户都有自己的服务器。假设操作系统支持多个程序（目前所有操作系统基本都支持），则多个客户机可以同时得到服务。我们将原因归于服务器而不是客户机，这是由于客户机通常无法判断与它通信的是迭代或并发服务器。大多数服务器通常是并发的。

注意，我们使用术语*客户机*和*服务器*表示应用，而不是应用所运行的特定计算机系统。相似的术语有时用于表示执行客户机或服务器应用的硬件。虽然这些术语有时并不准确，但它们在实际应用中表现良好。因此，我们通常发现一个服务器（硬件）上运行着多个服务器（应用）。

1.5.2 对等

有些应用以更分布式的形式设计，其中没有专门的服务器。相反，每个应用既是客户机，又是服务器，有时同时是两者，并能转发请求。有些很流行的应用（例如
21 Skype[SKYPE]、BitTorrent[BT]）采用这种形式。这种应用称为*对等*或 *P2P* 应用。并发的 P2P 应用接收到传入的请求，确定它是否能响应这个请求，如果不能，将这个请求转发给其他对等方。因此，一组 P2P 应用共同形成一个应用网络，也称为*覆盖网络*。目前，这种覆盖网络是常见的，并且功能强大。例如，Skype 已发展成国际电话呼叫的最大运营商。根据某些估计，在 2009 年，BitTorrent 已占所有 Internet 流量的一半以上 [IPIS]。

P2P 网络的一个主要问题是*发现服务*。也就是说，一个对等方如何在一个网络中发现提供它所需的数据或服务的其他对等方，以及可能进行交互的那些对等方的位置？这通常由一个引导程序来处理，以便每个客户机在最初配置中使用它所需的对等方的地址和端口号。一旦连接成功，新的参与者向其他活跃的对等方发出请求，并根据协议获得对等方提供的服务或文件。

1.5.3 应用程序编程接口

无论是 P2P 或客户机/服务器，都需要表述其所需的网络操作（例如建立一个连接、写入或读取数据）。这通常由主机操作系统使用一个网络*应用程序编程接口*（API）来实现。最

流行的 API 被称为套接字或 Berkeley 套接字，它最初由 [LJFK93] 开发。

本书不是讲述网络编程的，我们只是通过介绍它说明 TCP/IP 的特点，以及哪个特点是由套接字 API 提供的。针对套接字的编程例子细节见 [SFR04]。对于 IPv6 的套接字修改的描述，大量在线文档 [RFC3493][RFC3542][RFC3678] [RFC4584][RFC5014] 免费提供。

1.6 标准化进程

刚接触 TCP/IP 协议族的新手通常不了解谁负责各种协议的制定和标准化，以及它们如何运作。有些组织负责解决这个问题。我们最常关注的组织是 Internet 工程任务组（IETF）[RFC4677]。这个组织每年在世界不同地点举行 3 次会议，以便开发、讨论和通过 Internet 的“核心”协议标准。究竟什么构成“核心”是有争论的，但常见协议（例如 IPv4、IPv6、TCP、UDP 和 DNS）显然属于此列。IETF 会议对所有人开放，但它不是免费的。

IETF 是一个论坛，它选举出称为 Internet 架构委员会（IAB）和 Internet 工程指导组（IESG）的领导组织。IAB 负责提供 IETF 活动指导和执行其他任务，例如任命其他标准制定组 22
织（SDO）的联络员。IESG 具有决策权力，可以修改现有标准，以及建立和审批新的标准。“繁重”或细致的工作通常由 IETF 工作组执行，工作组主席负责协调执行此任务的志愿者。

除了 IETF，还有另外两个重要组织与 IETF 密切合作。Internet 研究任务组（IRTF）讨论那些没有成熟到足以形成标准的协议、体系结构和程序。IRTF 主席是 IAB 的列席成员。IAB 和 Internet 协会（ISOC）共同影响和促进世界范围的有关 Internet 技术和使用的政策和培训。

1.6.1 RFC

Internet 社会中的每个官方标准都以一个 RFC（征求意见）的形式发布。RFC 可以通过多种方式创建，RFC 发布者（RFC 编者）对一个已发布的 RFC 创建多个文件。当前文件（在 2010 年）包括 IETF、IAB、IRTF 和独立提交的文件。在被接受并作为 RFC 发布之前，文件将作为临时的 Internet 草案存在，在编辑和审查过程中将接收意见和公布进展。

不是所有 RFC 都是标准。只有标准跟踪类别的 RFC 被认为是官方标准。其他类别包括当前最佳实践（BCP）、信息、实验和历史。重要的是，一个文件成为一个 RFC，并不意味着 IETF 已采纳它作为标准。事实上，针对现有 RFC 有明显分歧。

RFC 的大小不等，从几页到几百页。每个 RFC 由一个数字来标识，例如 RFC 1122，新 RFC 被赋予更大的数字。它们可以从一些站点免费获得，包括 http://www.rfceditor.org。由于历史原因，下载的 RFC 通常是基本的文本文件，虽然有些 RFC 已使用更先进的文件格式来格式化或撰写。

许多 RFC 具有特殊意义，它们总结、澄清或解释其他一些特殊标准。例如，[RFC5000] 定义了一组其他 RFC（这个 RFC 最近正在撰写中），它们在 2008 年中期被视为官方标准。一个更新列表见当前标准站点 [OIPSW]。主机需求 RFC（[RFC1122] 和 [RFC1123]）定义 Internet 中 IPv4 主机的协议实现，路由器需求 RFC[RFC1812] 对路由器进行相同定义。节点需求 RFC[RFC4294] 对 IPv6 系统进行上述定义。 23

1.6.2 其他标准

虽然 IETF 负责我们在书中讨论的大部分协议的标准化，但是其他 SDO 负责定义的协议同样值得我们注意。这些重要组织包括电气和电子工程师学会（IEEE）、万维网联盟（W3C）

以及国际电信联盟（ITU）。在本书描述的相关活动中，IEEE关注第3层以下标准（例如Wi-Fi和以太网），W3C关注应用层协议，特别是那些涉及Web的技术（例如基于HTML的语法）。ITU特别是ITU-T（原来的CCITT）标准化的协议用于电话和蜂窝网络，它正成为Internet中一个越来越重要的组成部分。

1.7 实现和软件分发

实际上，标准的TCP/IP实现来自加州大学伯克利分校计算机系统研究组（CSRG）。它们通过4.x BSD系统发布，直到20世纪90年代中期才出现BSD网络发布版。这个源代码已成为许多其他实现的基础。今天，每个流行的操作系统都有自己的实现。在本书中，我们倾向于以Linux、Windows的TCP/IP实现为例，有时也采用FreeBSD和Mac OS（两者都由BSD版本派生而来）。在大多数情况下，某些特定实现通常无关紧要。

图1-7显示了各种BSD版本的年代列表，给出了我们在后面章节中涉及TCP/IP的重要特点。它也显示了Linux和Windows开始支持TCP/IP的时间。BSD网络发布版显示在第二列，它是免费提供的公共源代码发布版，其中包括所有网络代码，既包括协议本身，又包括很多应用程序和实用工具（例如Telnet远程终端程序和FTP文件传输程序）。

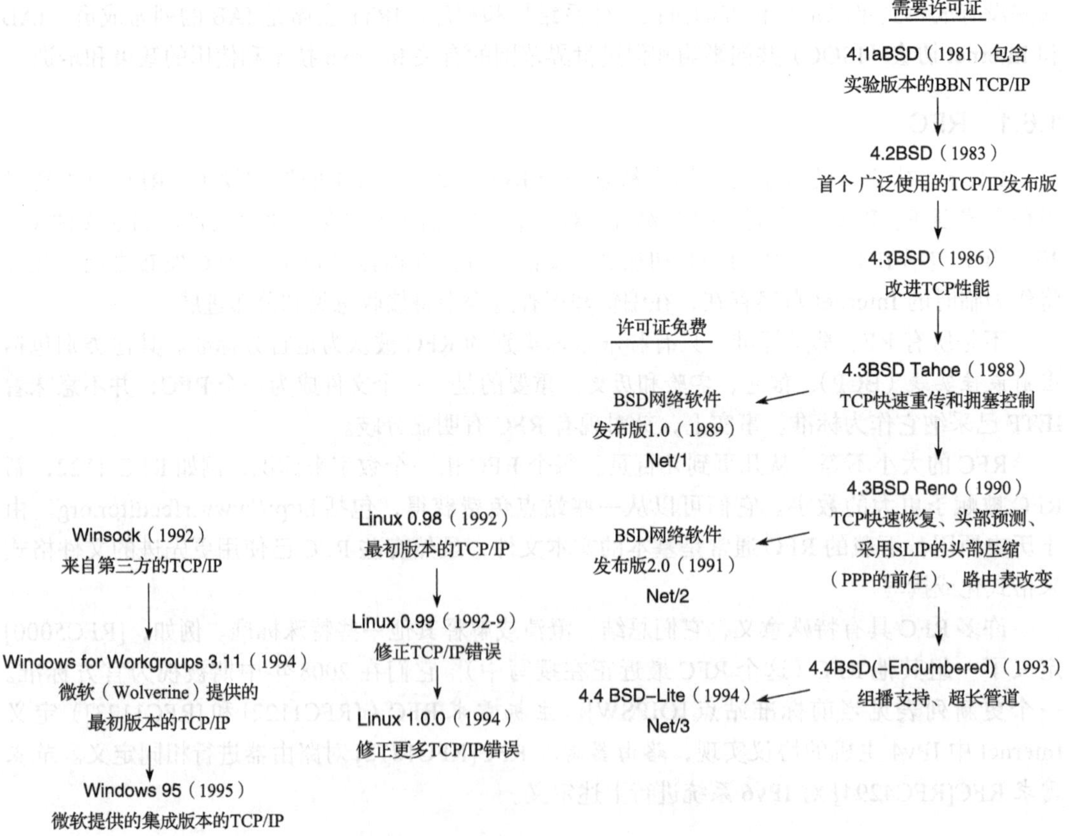

图1-7 软件版本支持TCP/IP的历史可追溯到1995年。各种BSD版本率先支持TCP/IP。在20世纪90年代早期，由于BSD版本的合法性不确定，Linux最初是为PC用户量身定制的代替品。几年后，微软开始在Windows中支持TCP/IP

20 世纪 90 年代中期，Internet 和 TCP/IP 已很好地被实现。随后，所有流行的操作系统都开始支持 TCP/IP 协议。通过研究 TCP/IP 的新特点发现，之前首先出现在 BSD 版本中的功能，现在通常首先出现在 Linux 版本中。最近，Windows 已实现了一个新的 TCP/IP 协议栈（从 Windows Vista 开始），它具备很多新特点和本地 IPv6 功能。Linux、FreeBSD、Mac OS X 也支持 IPv6，并且不需要设置任何特殊配置选项。

1.8 与 Internet 体系结构相关的攻击

在整本书中，我们将简要描述攻击和漏洞，这些内容在讨论设计或实现主题时已谈到。很少有攻击将 Internet 体系结构整体作为目标。但是，值得注意的是，Internet 体系结构交付 IP 数据报是基于目的 IP 地址。因此，恶意用户能在自己发送的每个 IP 数据报的源地址字段 24~25
中插入任何 IP 地址，这种行为称为*欺骗*。生成的数据报被交付到目的地，但难以确定它的*真实来源*。也就是说，很难或不能确定从 Internet 中接收的数据报来源。

欺骗可以与 Internet 中出现的各种攻击相结合。*拒绝服务*（DoS）攻击通常涉及消耗大量的重要资源，以导致合法用户被拒绝服务。例如，向一台服务器发送大量 IP 数据报，使它花费所有时间处理接收的分组和执行其他无用的工作，这是一种类型的 DoS 攻击。有些 DoS 攻击可能涉及以很多流量堵塞网络，导致其无法发送其他分组。这通常需要使用很多计算机来发送，并形成一个*分布式* DoS（DDoS）攻击。

*未授权访问*攻击涉及以未授权方式访问信息或资源。它可以采用多种技术来实现，例如利用协议实现上的错误来控制一个系统（称为*占有*这个系统，并将它变成一个*僵尸*）。它也可以涉及各种形式的伪装，例如攻击者的代理冒充一个合法用户（例如运行用户证书）。有些更恶毒的攻击涉及使用恶意软件（malware）控制很多远程系统，并以一种协同、分布式的方式（称为*僵尸网络*（botnets））使用它们。那些出于（非法）获利或其他恶意目的而有意开发恶意软件和利用系统的程序员通常称为*黑帽*。所谓的*白帽*也在利用同样的技术做这方面的事情，但他们只是通知系统存在漏洞而不是利用它们。

关于 Internet 体系结构，值得注意的是，最初的 Internet 协议没有进行任何加密，加密可用于支持认证、完整性或保密。因此，恶意用户仅通过分析网络中的分组，通常就可以获得私人信息。如果具有修改传输中的分组的能力，他就可以冒充用户或更改消息内容。虽然这些问题由于加密协议（见第 18 章）而显著减少，但旧的或设计不当的协议有时在简单的窃听攻击面前仍很脆弱。由于无线网络的流行，“嗅探”其他人发送的分组比较容易，因此应避免使用旧的或不安全的协议。注意，虽然可在某层（例如 Wi-Fi 网络的链路层）启用加密，但只有主机到主机的加密（IP 层或以上）能保护穿过多个网段，以及可能采用遍历方式到达最终目的地的 IP 数据报。

1.9 总结

本章快速浏览了网络体系结构和设计，特别是 TCP/IP 协议族的概念，后面章节将详细讨论它们。Internet 体系结构被设计成支持现有不同网络互联，同时提供了广泛的服务和协 26
议操作。选择使用数据报的分组交换是看中它的鲁棒性和效率。数据安全性和交付可预测性（例如有限的延迟）是次要原因。

基于对操作系统分层和模块化软件设计的理解，早期的 Internet 协议实现者采纳了经过封装的分层设计。TCP/IP 协议族的 3 个主要层次是网络层、传输层和应用层，我们前面提到过每层具有不同功能。我们还提到了链路层，它与 TCP/IP 协议关系密切。我们将在以后的章节中详细讨论。

在 TCP/IP 中，网络层和传输层之间的区别至关重要：网络层（IP）提供了一个不可靠的数据报服务，必须由 Internet 中所有可寻址的系统来实现，而传输层（TCP 和 UDP）为端主机上运行的应用程序提供了端到端服务。主要的传输层协议有根本性的差异。TCP 提供了带流量控制和拥塞控制的有序、可靠的流交付。除了用于多路分解的端口号和错误检测机制之外，UDP 提供的功能基本没有超越 IP。但是，与 TCP 不同，UDP 支持组播交付。

每层都使用地址和分解标识符，用以避免混淆不同协议或相同协议的不同关联 / 连接。链路层多接入网络通常使用 48 位地址；IPv4 使用 32 位地址，IPv6 使用 128 位地址。TCP 和 UDP 传输协议使用一系列不同的端口号。有些端口号由标准来分配，有些端口号是临时使用的，通常由客户端与服务器通信时使用。端口号并不代表任何实际内容，它们只是作为应用程序与对方通信的一种方式。

虽然端口号和 IP 地址通常足以识别 Internet 中的一个服务，但它们不方便人们记忆或使用（特别是 IPv6 地址）。因此，Internet 使用了一种层次结构的主机名，可以通过 DNS 将主机名转换为 IP 地址（或者反过来），而 DNS 是一个运行在 Internet 上的分布式数据库应用程序。DNS 已成为 Internet 基础设施中的重要组成部分，我们应尽力使它以更安全的方式运行（见第 18 章）。

互联网络（internet）是一个网络集合，其中最常见的基本设备是路由器，它被用于在 IP 层连接多个网络。Internet 是一个遍布全球和互联近两亿用户的互联网络（在 2010 年）。专用的互联网络称为内联网，通常使用特殊设备（防火墙，在第 10 章讨论）连接 Internet，它可以防止未授权的访问企图。外联网通常由一个机构的多个内联网组成，它能以有限的方式被合作伙伴或分支机构所访问。

网络应用通常采用客户机 / 服务器或对等模式设计。客户机 / 服务器是更流行、更传统的
27 模式，但对等模式也获得了巨大成功。无论哪种设计模式，应用程序都要调用 API 执行网络任务。最常见的 TCP/IP 网络 API 称为套接字。它由 BSD UNIX 发布版提供，其软件版本率先使用 TCP/IP。20 世纪 90 年代末，TCP/IP 协议族和套接字 API 被用于所有流行的操作系统。

安全性不是 Internet 体系结构的主要设计目标。由于端主机易于篡改不安全的 IP 数据报的源 IP 地址，接收方难以确定分组的来源。分布式 DoS 攻击仍是一个挑战，作为受害者的端主机形成僵尸网络进行 DDoS 和其他攻击，而主机所有者通常对这些并不知情。最后，早期的 Internet 协议难以保护敏感信息的隐私，但这些协议中的大多数当前已过时，其现代版本通常采用加密方式为主机之间通信提供保密和认证。

1.10 参考文献

[B64] P. Baran, "On Distributed Communications: 1. Introduction to Distributed Communications Networks," RAND Memorandum RM-3420-PR, Aug. 1964.

[BT] http://www.bittorrent.com

[C88] D. Clark, "The Design Philosophy of the DARPA Internet Protocols," *Proc. ACM SIGCOMM*, Aug. 1988.

[CK74] V. Cerf and R. Kahn, "A Protocol for Packet Network Intercommunication," *IEEE Transactions on Communications*, COM-22(5), May 1974.

[D08] J. Day, *Patterns in Network Architecture: A Return to Fundamentals* (Prentice Hall, 2008).

[D68] E. Dijkstra, "The Structure of the 'THE'-Multiprogramming System," *Communications of the ACM*, 11(5), May 1968.

[DBSW66] D. Davies, K. Bartlett, R. Scantlebury, and P. Wilkinson, "A Digital Communications Network for Computers Giving Rapid Response at Remote Terminals," *Proc. ACM Symposium on Operating System Principles*, Oct. 1967.

[I96] IBM Corporation, *Systems Network Architecture—APPN Architecture Reference*, Document SC30-3422-04, 1996.

[IPIS] Ipoque, *Internet Study 2008/2009*, http://www.ipoque.com/resources/internet-studies/internet-study-2008_2009

[K64] L. Kleinrock, *Communication Nets: Stochastic Message Flow and Delay* (McGraw-Hill, 1964).

[LC04] S. Lin and D. Costello Jr., *Error Control Coding, Second Edition* (Prentice Hall, 2004). 28

[LJFK93] S. Leffler, W. Joy, R. Fabry, and M. Karels, "Networking Implementation Notes—4.4BSD Edition," June 1993.

[LT68] J. C. R. Licklider and R. Taylor, "The Computer as a Communication Device," *Science and Technology*, Apr. 1968.

[OIPSW] http://www.rfc-editor.org/rfcxx00.html

[P07] J. Pelkey, *Entrepreneurial Capitalism and Innovation: A History of Computer Communications 1968–1988*, available at http://historyofcomputercommunications.info

[P73] L. Pouzin, "Presentation and Major Design Aspects of the CYCLADES Computer Network," NATO Advanced Study Institute on Computer Communication Networks, 1973.

[RFC0871] M. Padlipsky, "A Perspective on the ARPANET Reference Model," Internet RFC 0871, Sept. 1982.

[RFC0959] J. Postel and J. Reynolds, "File Transfer Protocol," Internet RFC 0959/STD 0009, Oct. 1985.

[RFC1122] R. Braden, ed., "Requirements for Internet Hosts—Communication Layers," Internet RFC 1122/STD 0003, Oct. 1989.

[RFC1123] R. Braden, ed., "Requirements for Internet Hosts—Application and Support," Internet RFC 1123/STD 0003, Oct. 1989.

[RFC1812] F. Baker, ed., "Requirements for IP Version 4 Routers," Internet RFC 1812, June 1995.

[RFC3493] R. Gilligan, S. Thomson, J. Bound, J. McCann, and W. Stevens, "Basic Socket Interface Extensions for IPv6," Internet RFC 3493 (informational), Feb. 2003.

[RFC3542] W. Stevens, M. Thomas, E. Nordmark, and T. Jinmei, "Advanced Sockets Application Program Interface (API) for IPv6," Internet RFC 3542 (informational), May 2003.

[RFC3678] D. Thaler, B. Fenner, and B. Quinn, "Socket Interface Extensions for Multicast Source Filters," Internet RFC 3678 (informational), Jan. 2004.

[RFC3787] J. Parker, ed., "Recommendations for Interoperable IP Networks Using Intermediate System to Intermediate System (IS-IS)," Internet RFC 3787 (informational), May 2004.

[RFC4294] J. Loughney, ed., "IPv6 Node Requirements," Internet RFC 4294 (informational), Apr. 2006.

[RFC4340] E. Kohler, M. Handley, and S. Floyd, "Datagram Congestion Control Protocol (DCCP)," Internet RFC 4340, Mar. 2006.

[RFC4584] S. Chakrabarti and E. Nordmark, "Extension to Sockets API for Mobile IPv6," Internet RFC 4584 (informational), July 2006.

[RFC4677] P. Hoffman and S. Harris, "The Tao of IETF—A Novice's Guide to the Internet Engineering Task Force," Internet RFC 4677 (informational), Sept. 2006.

[RFC4960] R. Stewart, ed., "Stream Control Transmission Protocol," Internet RFC 4960, Sept. 2007.

[RFC5000] RFC Editor, "Internet Official Protocol Standards," Internet RFC 5000/STD 0001 (informational), May 2008.

[RFC5014] E. Nordmark, S. Chakrabarti, and J. Laganier, "IPv6 Socket API for Source Address Selection," Internet RFC 5014 (informational), Sept. 2007.

[RFC6250] D. Thaler, "Evolution of the IP Model," Internet RFC 6250 (informational), May 2011.

[SFR04] W. R. Stevens, B. Fenner, and A. Rudoff, *UNIX Network Programming, Volume 1, Third Edition* (Prentice Hall, 2004).

[SKYPE] http://www.skype.com

[SRC84] J. Saltzer, D. Reed, and D. Clark, "End-to-End Arguments in System Design," *ACM Transactions on Computer Systems*, 2(4), Nov. 1984.

[W02] M. Waldrop, *The Dream Machine: J. C. R. Licklider and the Revolution That Made Computing Personal* (Penguin Books, 1992).

[X85] Xerox Corporation, *Xerox Network Systems Architecture—General Information Manual*, XNSG 068504, 1985.

29 ~ 30 [Z80] H. Zimmermann, "OSI Reference Model—The ISO Model of Architecture for Open Systems Interconnection," *IEEE Transactions on Communications*, COM-28(4), Apr. 1980.

第 2 章

TCP/IP Illustrated, Volume 1: The Protocols, Second Edition

Internet 地址结构

2.1 引言

本章介绍了 Internet 中使用的网络层地址，又称为 IP 地址。我们讨论了如何为 Internet 中的设备分配地址，有助于路由可扩展性的地址层次结构分配方式，以及特殊用途的地址，包括广播、组播和任播地址。我们还讨论了 IPv4 和 IPv6 地址结构和用途的区别。

连接到 Internet 的每个设备至少有一个 IP 地址。基于 TCP/IP 协议的专用网络中使用的设备也需要 IP 地址。在任何情况下，IP 路由器（见第 5 章）实现的转发程序使用 IP 地址来识别流量去向。IP 地址也表示流量来源。IP 地址在某些方面与电话号码相似，但最终用户通常知道并直接使用电话号码，而 IP 地址通常被 Internet 中的 DNS（见第 11 章）屏蔽在用户视线之外，DNS 让大多数用户使用名字而不是数字地址。当用户需要自己建立网络或 DNS 由于某种原因失效时，用户需要直接处理 IP 地址。为了了解 Internet 如何识别主机和路由器，并在它们之间实现流量的交付，我们必须了解 IP 地址的作用。因此，我们对它们的管理、结构和用途感兴趣。

当一台设备连接到全球性的 Internet 时，为它们分配地址就必须经过协调，这样就不会重复使用网络中的其他地址。对于专用网络，使用的 IP 地址必须经过协调，以避免在专用网络中出现类似的重复。成组的 IP 地址被分配给用户和组织。这些地址的拥有者再将它们分配给设备，这通常根据某些“编号方案”进行。对于全球性的 Internet 地址，一个分层结构管理实体帮助用户和服务提供商分配地址。个人用户通常由 Internet 服务提供商（ISP）分配地址，通过支付费用来获得地址和执行路由。 31

2.2 表示 IP 地址

大多数 Internet 用户熟悉 IP 地址，并且了解最流行的地址类型：IPv4 地址。这些地址通常采用所谓的点分四组或点分十进制表示法，例如 165.195.130.107。点分四组表示法由四个用点分隔的十进制数组成。每个这样的数字是一个非负整数，范围为 [0, 255]，代表整个 IP 地址的四分之一。点分四组表示法是编写完整的 IPv4 地址（一个用于 Internet 系统的 32 位非负整数）的简单方式，它使用便捷的十进制数。在很多情况下，我们将关注这种地址的二进制结构。很多 Internet 站点，例如 http://www.subnetmask.info 和 http://www.subnetcalculator.com，包含用于 IP 地址和相关信息之间格式转换的计算器。表 2-1 给出了几个 IPv4 地址的例子，以及对应的二进制表示，供大家开始学习。

表 2-1 用点分四组和二进制表示法写的 IPv4 地址

点分四组表示	二进制表示
0.0.0.0	00000000 00000000 00000000 00000000
1.2.3.4	00000001 00000010 00000011 00000100
10.0.0.255	00001010 00000000 00000000 11111111
165.195.130.107	10100101 11000011 10000010 01101011
255.255.255.255	11111111 11111111 11111111 11111111

在 IPv6 中，地址的长度是 128 位，是 IPv4 地址长度的 4 倍。一般来说，大多数用户对它不太熟悉。IPv6 地址的传统表示方法是采用称为块或字段的四个十六进制数，这些被称为块或字段的数由冒号分隔。例如，一个包含 8 个块的 IPv6 地址可写为 5f05:2000:80ad:5800:0058:0800:2023:1d71。虽然不像用户熟悉的十进制数，但将十六进制数转换为二进制更容
32 易。另外，一些已取得共识的 IPv6 地址简化表示法已被标准化 [RFC4291]：

1. 一个块中前导的零不必书写。在前面的例子中，地址可写为 5f05:2000:80ad:5800:58:800:2023:1d71。

2. 全零的块可以省略，并用符号 :: 代替。例如，IPv6 地址 0:0:0:0:0:0:0:1 可简写为 ::1。同样，地址 2001:0db8:0:0:0:0:0:2 可简写为 2001:db8::2。为了避免出现歧义，一个 IPv6 地址中符号 :: 只能使用一次。

3. 在 IPv6 格式中嵌入 IPv4 地址可使用混合符号形式，紧接着 IPv4 部分的地址块的值为 ffff，地址的其余部分使用点分四组格式。例如，IPv6 地址 ::ffff:10.0.0.1 可表示 IPv4 地址 10.0.0.1。它被称为 *IPv4 映射的 IPv6 地址*。

4. IPv6 地址的低 32 位通常采用点分四组表示法。因此，IPv6 地址 ::0102:f001 相当于地址 ::1.2.240.1。它被称为 *IPv4 兼容的 IPv6 地址*。需要注意，IPv4 兼容地址与 IPv4 映射地址不同；它们只是在能用类似 IPv4 地址的方式书写或由软件处理方面给人以兼容的感觉。这种地址最初用于 IPv4 和 IPv6 之间的过渡计划，但现在不再需要 [RFC4291]。

表 2-2 介绍了一些 IPv6 地址的例子以及它们的二进制表示。

表 2-2 IPv6 地址和它的二进制表示的几个例子

十六进制表示	二进制表示
5f05:2000:80ad:5800:58:800:2023:1d71	0101111100000101 0010000000000000 1000000010101101 0101100000000000 0000000001011000 0000100000000000 0010000000100011 0001110101110001
::1	0000000000000000 0000000000000000 0000000000000000 0000000000000000 0000000000000000 0000000000000000 0000000000000000 0000000000000001
::1.2.240.1 或 ::102:f001	0000000000000000 0000000000000000 0000000000000000 0000000000000000 0000000000000000 0000000000000000 0000000100000010 1111000000000001

33

在某些情况下（例如表示一个包含地址的 URL 时），IPv6 地址中的冒号分隔符可能与其他分隔符混淆，例如 IP 地址和端口号之间使用的冒号。在这种情况下，用括号字符 [和] 包围 IPv6 地址。例如，URL

```
http://[2001:0db8:85a3:08d3:1319:8a2e:0370:7344]:443/
```

是指 IPv6 主机 2001:0db8:85a3:08d3:1319:8a2e:0370:7344 中的端口号 443 使用 HTTP、TCP 和 IPv6 协议。

[RFC4291] 提供的灵活性造成了不必要的混淆，这是因为能用多种方式表示相同的 IPv6 地址。为了弥补这种情况，[RFC5952] 制定了一些规则，以缩小选择范围，同时与 [RFC4291] 保持兼容。这些规则如下：

1. 前导的零必须压缩（例如，2001:0db8::0022 变成 2001:db8::22）。

2. :: 只能用于影响最大的地方（压缩最多的零），但并不只是针对 16 位的块。如果多个块中包含等长度的零，顺序靠前的块将被替换为 ::。

3. a 到 f 的十六进制数字应该用小写表示。

在大多数情况下，我们会遵守这些规则。

2.3 基本的 IP 地址结构

IPv4 地址空间中有 4 294 967 296 个可能的地址，而 IPv6 的地址个数为

340 282 366 920 938 463 463 374 607 431 768 211 456

由于拥有大量地址（特别是 IPv6），可以方便地将地址空间划分成块。IP 地址可根据类型和大小分组。大多数 IPv4 地址块最终被细分为一个地址，用于识别连接 Internet 或某些专用的内联网的计算机网络接口。这些地址称为单播地址。IPv4 地址空间中大部分是单播地址空间。IPv6 地址空间中大部分目前未使用。除了单播地址，其他类型的地址包括广播、组播和任播地址，它们可能涉及多个接口，还有一些特殊用途的地址，我们将在后面讨论它们。在开始介绍当前地址结构的细节之前，理解 IP 地址的历史演变是有用的。

2.3.1 分类寻址

当最初定义 Internet 地址结构时，每个单播 IP 地址都有一个*网络部分*，用于识别接口使 34
用的 IP 地址在哪个网络中可被发现；以及一个*主机地址*，用于识别由网络部分给出的网络中的特定主机。因此，地址中的一些连续位称为*网络号*，其余位称为*主机号*。当时，大多数主机只有一个网络接口，因此术语*接口地址*和*主机地址*有时交替使用。

现实中的不同网络可能有不同数量的主机，每台主机都需要一个唯一的 IP 地址。一种划分方法是基于当前或预计的主机数量，将不同大小的 IP 地址空间分配给不同的站点。地址空间的划分涉及五大类。每类都基于网络中可容纳的主机数量，确定在一个 32 位的 IPv4 地址中分配给网络号和主机号的位数。图 2-1 显示了这个基本思路。

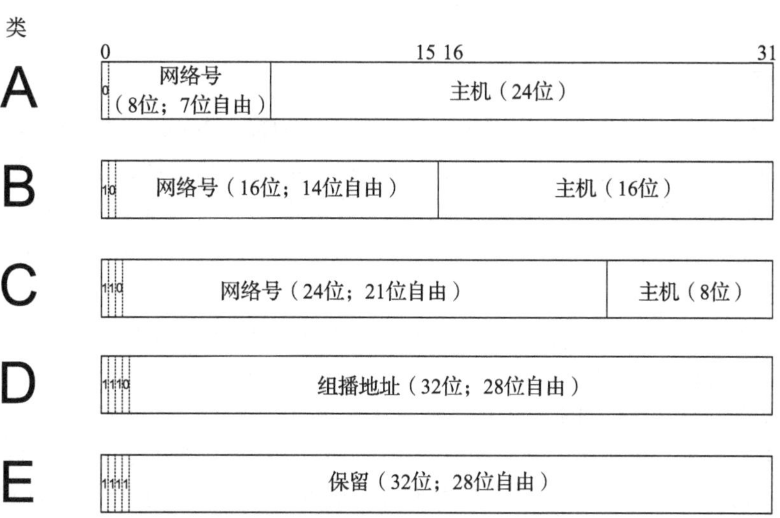

图 2-1 IPv4 地址空间最初分为五大类。A、B、C 类用于为 Internet（单播地址）中的接口分配地址，以及其他一些特殊情况下使用。类由地址中的头几位来定义：0 为 A 类，10 为 B 类，110 为 C 类等。D 类地址供组播使用（见第 9 章），E 类地址保留

这里，我们看到5个类被命名为A、B、C、D和E。A、B、C类空间用于单播地址。如果我们仔细看这些地址结构，可看到不同类的相对大小，以及在实际使用中的地址范围。
35 表2-3给出了这种类结构（有时被称为分类地址结构）。

表2-3 最初（“分类”）的IPv4地址空间划分

类	地址范围	高序位	用途	百分比	网络数	主机数
A	0.0.0.0 ~ 127.255.255.255	0	单播/特殊	1/2	128	16 777 216
B	128.0.0.0 ~ 191.255.255.255	10	单播/特殊	1/4	16 384	65 536
C	192.0.0.0 ~ 223.255.255.255	110	单播/特殊	1/8	2 097 152	256
D	224.0.0.0 ~ 239.255.255.255	1110	组播	1/16	N/A	N/A
E	240.0.0.0 ~ 255.255.255.255	1111	保留	1/16	N/A	N/A

该表显示了分类地址结构的主要使用方式，如何将不同大小的单播地址块分配给用户。类划分基于给定大小的可用网络数和给定网络中的可分配主机数之间的折中。例如，某个站点分配了一个A类网络号18.0.0.0（MIT），其中有2^{24}个地址分配给主机（即IPv4地址使用范围18.0.0.0 ~ 18.255.255.255），但在整个Internet中只有127个A类网络。某个站点分配了一个C类网络号，例如192.125.3.0，只能容纳256台主机（也就是说在范围192.125.3.0 ~ 192.125.3.255内），但有超过200万的C类网络号是可用的。

> **注意** 这些数字是不准确的。有几个地址通常不作为单播地址使用。特别是，地址块中的第一个和最后一个地址通常不使用。在我们的例子中，站点分配的地址块为18.0.0.0，实际能分配多达$2^{24}-2=16\ 777\ 214$个单播IP地址。

Internet地址分类方法在经历Internet增长（20世纪80年代）的第一个十年中没有变化。此后，它开始出现规模问题，当每个新的网段被添加到Internet中，集中协调为其分配一个新的A类、B类或C类网络号变得很不方便。另外，A类和B类网络号通常浪费太多主机号，而C类网络号不能为很多站点提供足够的主机号。

2.3.2 子网寻址

36 Internet发展初期首先遇到一个困难，那就是很难为接入Internet的新网段分配一个新的网络号。在20世纪80年代初，随着局域网（LAN）的发展和增加，这个问题变得更棘手。为了解决这个问题，人们很自然想到一种方式，在一个站点接入Internet后为其分配一个网络号，然后由站点管理员进一步划分本地的子网数。在不改变Internet核心路由基础设施的情况下解决这个问题将会更好。

实现这个想法需要改变一个IP地址的网络部分和主机部分的限制，但这样做只是针对一个站点自身而言；Internet其余部分将只能“看到”传统的A类、B类和C类部分。支持此功能的方法称为*子网寻址*[RFC0950]。通过子网寻址，一个站点被分配一个A类、B类或C类的网络号，保留一些剩余主机号进一步用于站点内分配。该站点可能将基础地址中的主机部分进一步划分为一个*子网号*和一个主机号。从本质上来说，子网寻址为IP地址结构增加了一个额外部分，但它没有为地址增加长度。因此，一个站点管理员能在子网数和每个子网中预期的主机数之间折中，同时不需要与其他站点协调。

子网寻址提供额外灵活性的代价是增加成本。由于当前的子网字段和主机字段的定义是由站点指定的（不是由网络号分类决定），一个站点中所有路由器和主机需要一种新的方式，以确定地址中的子网部分和其中的主机部分。在出现子网之前，这个信息可直接从一个网络号中获得，只需知道是 A 类、B 类或 C 类地址（由地址的前几位表示）。图 2-2 给出了使用子网寻址的例子，显示了一个 IPv4 地址可能的格式。

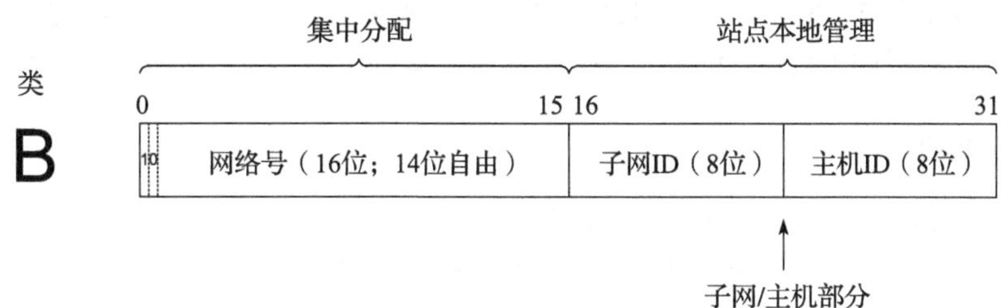

图 2-2　一个 B 类地址被划分子网的例子。它使用 8 位作为子网 ID，提供 256 个子网和每个子网中 254 台主机。这种划分可由网络管理员改变 37

图 2-2 是一个 B 类地址被“划分子网”的例子。假设 Internet 中的一个站点已被分配一个 B 类网络号。该站点将每个地址的前 16 位固定为某些特定号码，这是由于这些位已被分配给核心机构。后 16 位（仅用于在无子网的 B 类网络中创建主机号）现在可以由站点的网络管理员按需分配。在这个例子中，8 位被选定为子网号，剩下 8 位为主机号。这个特殊配置允许站点支持 256 个子网，每个子网最多可包含 254 台主机（当前每个子网的第一个和最后一个地址无效，即从整个分配范围中除去第一个和最后一个地址）。注意，只有划分子网的网络中的主机和路由器知道子网结构。在需要进行子网寻址之前，Internet 其他部分仍将它作为站点相关的地址来看待。图 2-3 显示了如何工作。

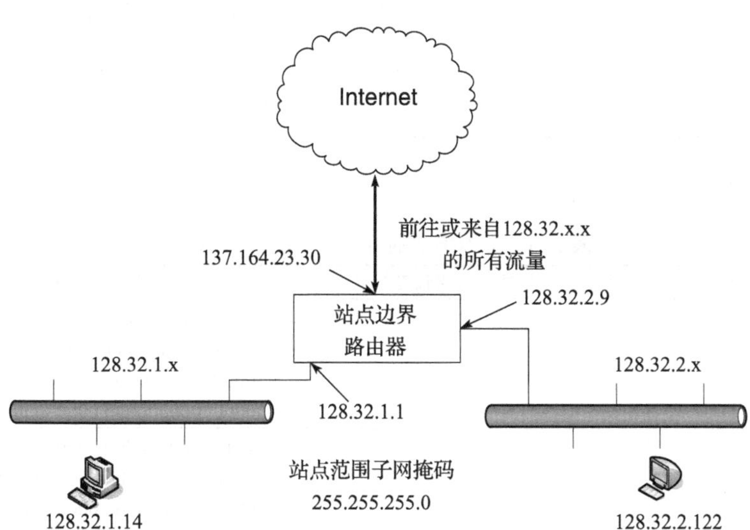

图 2-3　某个站点被分配一个典型的 B 类网络号 128.32。网络管理员决定用于站点范围内的子网掩码为 255.255.255.0，提供 256 个子网，每个子网可容纳 256 – 2 = 254 台主机。同一子网中每台主机的 IPv4 地址拥有相同子网号。左侧的局域网段中主机的 IPv4 地址开始于 128.32.1，右侧的所有主机开始于 128.32.2 38

本图显示了一个虚拟的站点，使用一个边界路由器（即 Internet 的一个连接点）连接 Internet 和两个内部局域网。x 的值可以是 [0,255] 范围内的任意值。每个以太网是一个 IPv4

子网，整体分配为 B 类地址的网络号 128.32。Internet 中的其他站点要访问这个站点，目的地址以 128.32 开始的所有流量直接由 Internet 路由系统交给边界路由器（特别是其接口的 IPv4 地址 137.164.23.30）。在这点上，边界路由器必须区分 128.32 网络中的不同子网。特别是，它必须能区分和分离目的地址为 128.32.1.x 和目的地址为 128.32.2.x. 的流量。这些地址分别表示子网号 1 和 2，它们都采用 128.32 的 B 类网络号。为了做到这点，路由器必须知道在地址中如何找到子网 ID。这可通过一个配置参数实现，我们将在后面加以讨论。

2.3.3 子网掩码

*子网掩码*是由一台主机或路由器使用的分配位，以确定如何从一台主机对应 IP 地址中获得网络和子网信息。IP 子网掩码与对应的 IP 地址长度相同（IPv4 为 32 位，IPv6 为 128 位）。它们通常在一台主机或路由器中以 IP 地址相同的方式配置，既可以是静态的（通常是路由器），也可以使用一些动态方式，例如*动态主机配置协议*（DHCP；见第 6 章）。对于 IPv4，子网掩码以 IPv4 地址相同的方式（即点分十进制）编写。虽然最初不需要以这种方式分配，当前子网掩码由一些 1 后跟一些 0 构成。这样安排，就可以用容易记的格式表示掩码，只需给出一些连续位的 1（左起）的掩码。这种格式是当前最常见的格式，有时也被称为*前缀长度*。表 2-4 列出了 IPv4 的一些例子。

表 2-4 各种格式的 IPv4 子网掩码的例子

点分十进制表示	容易记的格式（前缀长度）	二进制表示
128.0.0.0	/1	10000000 00000000 00000000 00000000
255.0.0.0	/8	11111111 00000000 00000000 00000000
255.192.0.0	/10	11111111 11000000 00000000 00000000
255.255.0.0	/16	11111111 11111111 00000000 00000000
255.255.254.0	/23	11111111 11111111 11111110 00000000
255.255.255.192	/27	11111111 11111111 11111111 11100000
255.255.255.255	/32	11111111 11111111 11111111 11111111

39

表 2-5 列出了 IPv6 的一些例子。

表 2-5 各种格式的 IPv6 子网掩码的例子

十六进制表示	容易记的格式（前缀长度）	二进制表示
ffff:ffff:ffff:ffff::	/64	1111111111111111 1111111111111111 1111111111111111 1111111111111111 0000000000000000 0000000000000000 0000000000000000 0000000000000000
ff00::	/8	1111111100000000 0000000000000000 0000000000000000 0000000000000000 0000000000000000 0000000000000000 0000000000000000 0000000000000000

掩码由路由器和主机使用，以确定一个 IP 地址的网络 / 子网部分的结束和主机部分的开始。子网掩码中的一位设为 1 表示一个 IP 地址的对应位与一个地址的网络 / 子网部分的对应位相结合，并将结果作为转发数据报的基础（见第 5 章）。相反，子网掩码中的一位设为 0，表示一个 IP 地址的对应位作为主机 ID 的一部分。例如，我们在图 2-4 中可以看到，当子网掩码为 255.255.255.0 时，如何处理 IPv4 地址 128.32.1.14。

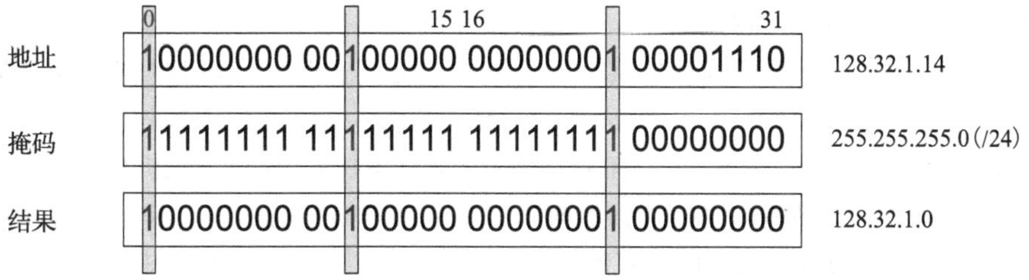

	0	15 16	31	
地址	10000000 00100000 00000001 00001110			128.32.1.14
掩码	11111111 11111111 11111111 00000000			255.255.255.0 (/24)
结果	10000000 00100000 00000001 00000000			128.32.1.0

图 2-4　一个 IP 地址可以与一个子网掩码使用按位与操作，以形成用于路由的地址的网络 / 子网标识符（前缀）。在这个例子中，IPv4 地址 128.32.1.14 使用长度为 24 的掩码得到前缀 128.32.1.0/24

这里，我们看如何将地址中的每位与子网掩码中的对应位进行与运算。回顾按位与运算，如果掩码和地址中的对应位都是 1，则结果位都只能是 1。在这个例子中，我们看到地址 128.32.1.14 属于子网 128.32.1.0/24。图 2-3 中是边界路由器需要的信息，以确定一个目的 40
地址为 128.32.1.14 的数据报需要转发到的系统所在的子网。注意，Internet 路由系统其余部分不需要子网掩码的知识，因为站点之外的路由器做出路由决策只基于地址的网络号部分，并不需要网络 / 子网或主机部分。因此，子网掩码纯粹是站点内部的局部问题。

2.3.4　可变长度子网掩码

目前为止，我们已讨论如何将一个分配给站点的网络号进一步细分为多个可分配的大小相同的子网，并根据网络管理员的合理要求使每个子网能支持相同数量的主机。我们发现在同一站点的不同部分，可将不同长度的子网掩码应用于相同网络号。虽然这样增加了地址配置管理的复杂性，但也提高了子网结构的灵活性，这是由于不同子网可容纳不同数量的主机。目前，大多数主机、路由器和路由协议支持*可变长度子网掩码*（VLSM）。要了解 VLSM 如何工作，可以看图 2-5 所示的网络拓扑，它使用 VLSM 为图 2-3 扩展了两个额外的子网。

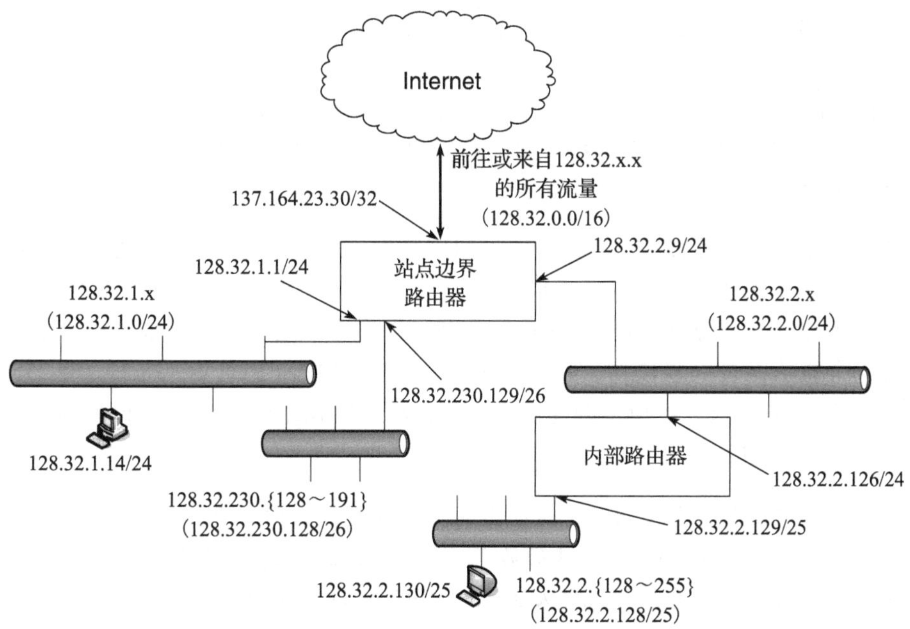

图 2-5　VLSM 可用于分割一个网络号，使每个子网支持不同数量的主机。每个路由器和主机除了 IP 地址，还需要配置一个子网掩码。大多数软件支持 VLSM，除了一些旧的路由协议（例如 RIP 版本 1） 41

在图 2-5 显示的更复杂的例子中，三个不同的子网掩码被用于站点中的子网 128.32.0.0/16：/24、/25 和 /26。这样，每个子网可提供不同数量的主机。主机数受 IP 地址中没有被网络 / 子网号使用的剩余位限制。对于 IPv4 和 /24 前缀，允许有 32 – 24 = 8 位（256 台主机）；对于 /25，有 1/2 数量（128 台主机）；对于 /26，有 1/4 数量（64 台主机）。注意，主机和路由器的每个接口都需要用 IP 地址和子网掩码来描述，但掩码决定了网络拓扑的不同。基于路由器中运行的动态路由协议（例如 OSPF、IS-IS、RIPv2），流量能正确地在同一站点中的主机之间流动，以及通过 Internet 前往或来自外部站点。

尽管这可能并不显而易见，但有一个常见情况，即一个子网中只包含两台主机。当路由器之间被一条点到点链路连接，则每个端点都需要分配一个 IP 地址，常见做法是 IPv4 使用 /31 为前缀，目前也有建议 IPv6 使用 /127 为前缀 [RFC6164]。

2.3.5 广播地址

在每个 IPv4 子网中，一个特殊地址被保留作为子网广播地址。子网广播地址通过将 IPv4 地址的网络 / 子网部分设置为适当值，以及主机部分的所有位设置为 1 而形成。我们看图 2-5 中最左边的子网，它的前缀是 128.32.1.0/24。子网广播地址的构建方式为：对子网掩码取反（即将所有的 0 位改变为 1，反之亦然），并与子网中任意计算机的地址（或等值的网络 / 子网前缀）进行按位或运算。注意，如果两个输入位之一为 1，按位或运算的结果为 1。图 2-6 显示了这个计算过程，其中使用 IPv4 地址 128.32.1.14。

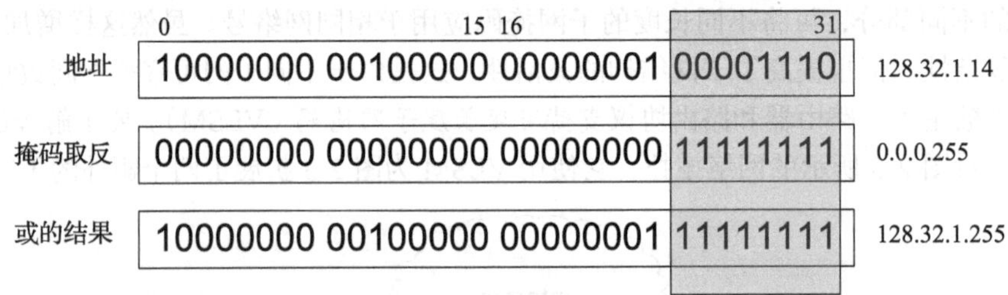

图 2-6 子网广播地址由子网掩码首先取反，然后与 IPv4 地址进行或运算构建而成。在这种情况下，一个 /24 的子网掩码，剩余的 32 – 24 = 8 位设置为 1，得到一个十进制值 255 和子网广播地址
42 128.32.1.255

如图 2-6 所示，子网 128.32.1.0/24 的子网广播地址是 128.32.1.255。从历史上看，使用这种地址作为目的地的数据报，也被称为定向广播。至少在理论上，这种广播可作为一个单独的数据报通过 Internet 路由直至到达目标子网，再作为一组广播数据报发送给子网中所有主机。对这个想法做进一步概括，我们可形成一个目的 IPv4 地址为 128.32.255.255 的数据报，并且通过图 2-3 或图 2-5 所示的连接网络将它发送到 Internet。这时，该数据报将发送给目标站点中的所有主机。

注意 定向广播是一个大问题，从安全的角度来看，它们至今在 Internet 中仍被禁用。[RFC0919] 描述了针对 IPv4 的各类广播，[RFC1812] 建议支持由路由器转发定向广播，它不仅可用，而且默认启用。[RFC2644] 使这个策略发生逆转，路由器现在默认禁止转发定向广播，甚至完全省略支持能力。

除了子网广播地址，特殊用途地址 255.255.255.255 被保留为本地网络广播（也称为有限广播)，它根本不会被路由器转发（详见 2.5 节中的特殊用途地址）。注意，虽然路由器可能不转发广播，但子网广播和连接在同一网络中的计算机的本地网络广播将工作，除非被终端主机明确禁用。这种广播不需要路由器；如果有的话，链路层的广播机制用于支持它们（见第 3 章）。广播地址通常与某些协议一起使用，例如 UDP/IP（第 10 章）或 ICMP（第 8 章），因为这些协议不涉及 TCP/IP 那样的双方会话。IPv6 没有任何广播地址；广播地址可用于 IPv4 中，而 IPv6 仅使用组播地址（见第 9 章）。

2.3.6 IPv6 地址和接口标识符

除了比 IPv4 地址长 4 倍这个因素，IPv6 地址还有一些额外的特点。IPv6 地址使用特殊前缀表示一个地址范围。一个 IPv6 地址范围是指它可用的网络规模。有关范围的重要例子包括节点本地（只用于同一计算机中通信）、链路本地（只用于同一网络链路或 IPv6 前缀中的节点）或全球性（Internet 范围）。在 IPv6 中，大部分节点通常在同一网络接口上使用多个地址。虽然 IPv4 中也支持这样做，但是并不常见。一个 IPv6 节点中需要一组地址，包括组 43
播地址（见 2.5.2 节），它来源于 [RFC4291]。

注意 另一个范围层次称为站点本地，使用的前缀为 fec0::/ 10，最初是由 IPv6 支持的，后来被 [RFC3879] 放弃并用于单播地址。主要问题包括如何处理这种地址，这是由于它可能被重用于多个站点，以及如何准确定义一个“站点”。

链路本地 IPv6 地址（和一些全球性 IPv6 地址）使用接口标识符（IID）作为一个单播 IPv6 地址的分配基础。除了地址是以二进制值 000 开始之外，IID 在所有情况下都作为一个 IPv6 地址的低序位，这样它们必须在同一网络中有唯一前缀。IID 的长度通常是 64 位，并直接由一个网络接口相关的链路层 MAC 地址形成，该地址使用修改的 EUI-64 格式 [EUI64]，或者由其他进程随机提供的值形成，以提供可防范地址跟踪的某种程度的隐私保护（见第 6 章）。

在 IEEE 标准中，EUI 表示扩展唯一标识符。EUI-64 标识符开始于一个 24 位的组织唯一标识符（OUI），接着是一个由组织分配的 40 位扩展标识符，它由前面 24 位识别。OUI 由 IEEE 注册权威机构 [IEEERA] 来维护和分配。EUI 可能是“统一管理”或“本地管理”的。在 Internet 环境下，这种地址通常是统一管理的。

多年来，很多 IEEE 标准兼容的网络接口（例如以太网）在使用短格式的地址（48 位的 EUI）。EUI-48 和 EUI-64 格式之间的显著区别是它们的长度（见图 2-7）。

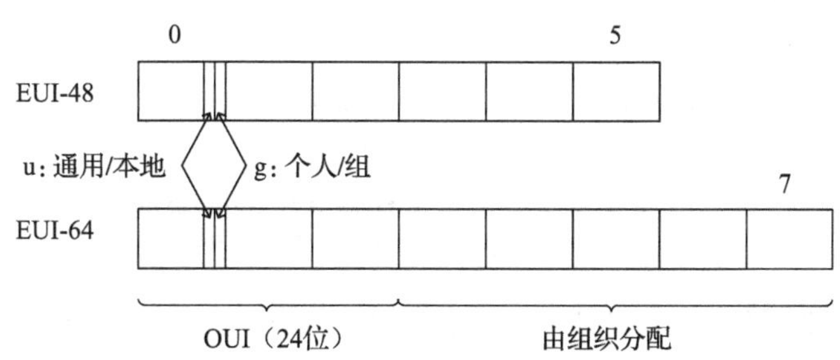

图 2-7 EUI-48 和 EUI-64 格式由 IEEE 定义。这些都是用于 IPv6 的地址，它们是通过将接口标识符取反 u 位来形成的 44

OUI 的长度是 24 位，并占据 EUI-48 和 EUI-64 地址的前 3 个字节。这些地址的第一个字节的低两位分别是 u 位和 g 位。当 u 位被设置时，表示该地址是本地管理。当 g 位被设置时，表示该地址是一组或组播类型的地址。目前，我们只关心 g 位未被设置的情况。

一个 EUI-64 地址可以由 EUI-48 地址形成，将 EUI-48 地址的 24 位 OUI 值复制到 EUI-64 地址，并将 EUI-64 地址的第 4 和第 5 个字节的 16 位替换为 1111111111111110（十六进制 FFFE），然后复制由组织分配的剩余位。例如，EUI-48 地址 00-11-22-33-44-55 在 EUI-64 地址中将会变成 00-11-22-FF-FE-33-44-55。这个映射的第一步是当可以用基本 EUI-48 地址时由 IPv6 构造接口标识符。修改的 EUI-64 用于形成 IPv6 地址的 IID，但是需要对 u 位取反。

当一个 IPv6 接口标识符需要一种接口，并且该接口没有由制造商提供 EUI-48 地址，但是有其他类型的基本地址时（例如 AppleTalk），基本地址可用 0 从左侧填充形成接口标识符。当接口标识符是为缺乏任意形式标识符的接口（例如隧道、串行链路）创建时，它可由相同节点上（不在同一子网中）的其他接口，或者与节点有关联的某些标识符派生。在缺乏其他选择的情况下，手动分配是最后的方案。

2.3.6.1 例子

我们探讨使用 Linux 的 ifconfig 命令形成一个链路本地 IPv6 地址的方式：

```
Linux% ifconfig eth1
eth1      Link encap:Ethernet  HWaddr 00:30:48:2A:19:89
          inet addr:12.46.129.28  Bcast:12.46.129.127
          Mask:255.255.255.128
          inet6 addr: fe80::230:48ff:fe2a:1989/64 Scope:Link
          UP BROADCAST RUNNING MULTICAST  MTU:1500  Metric:1
          RX packets:1359970341 errors:0 dropped:0 overruns:0 frame:0
          TX packets:1472870787 errors:0 dropped:0 overruns:0 carrier:0
          collisions:0 txqueuelen:1000
          RX bytes:4021555658 (3.7 GiB)  TX bytes:3258456176 (3.0 GiB)
          Base address:0x3040 Memory:f8220000-f8240000
```

这里，我们可看到以太网硬件地址 00:30:48:2A:19:89 如何被映射为一个 IPv6 地址。首先，它被转换为 EUI-64 形成地址 00:30:48:ff:fe:2a:19:89。接着，u 位被取反，形成 IID 值 02:30:48:ff:fe:2a:19:89。为了完成链路本地 IPv6 地址，我们使用保留的链路本地前缀
45 fe80::/10（见 2.5 节）。总之，这样形成完整地址 fe80::230:48ff:fe2a:1989。/64 是标准长度，用于从一个 IPv6 地址中识别子网 / 主机部分，它由 [RFC4291] 要求的一个 IID 派生。

另一个有趣的例子来自支持 IPv6 的 Windows 系统。在这个例子中，我们将看到一个特殊的隧道端点，它被用于使 IPv6 流量通过仅支持 IPv4 的网络：

```
c:\> ipconfig /all
...
Tunnel adapter Automatic Tunneling Pseudo-Interface:

   Connection-specific DNS Suffix  . : foo
   Description . . . . . . . . . . . : Automatic Tunneling
                                       Pseudo-Interface

   Physical Address. . . . . . . . . : 0A-99-8D-87
   Dhcp Enabled. . . . . . . . . . . : No
   IP Address. . . . . . . . . . . . : fe80::5efe:10.153.141.135%2
   Default Gateway . . . . . . . . . :
   DNS Servers . . . . . . . . . . . : fec0:0:0:ffff::1%2
```

```
                                       fec0:0:0:ffff::2%2
                                       fec0:0:0:ffff::3%2
  NetBIOS over Tcpip. . . . . . . . : Disabled
...
```

在这个例子中，我们可以看到一个特殊的隧道接口为 ISATAP[RFC5214]。实际上，所谓的物理地址是 IPv4 地址的十六进制编码：0A-99-8D-87 与 10.153.141.135 相同。这里，使用的 OUI（00-00-5E）是由 IANA 分配的 [IANA]。它被用于与十六进制值 fe 组合，表示一个嵌入的 IPv4 地址。然后，这个组合与标准的链路本地前缀 fe80::/10 组合，最终形成地址 fe80::5efe:10.153.141.135。附加在地址结尾的 %2 在 Windows 中称为区域 ID，表示主机中对应于 IPv6 地址的接口索引号。IPv6 地址通常由一个自动配置过程创建，我们在第 6 章详细讨论这个过程。

2.4 CIDR 和聚合

20 世纪 90 年代初，在采用子网寻址缓解增长带来的痛苦后，Internet 开始面临更严重的规模问题。有三个问题很重要，需要立即引起注意：

1. 到 1994 年，一半以上的 B 类地址已被分配。预计，B 类地址空间大约在 1995 年将被用尽。 46

2. 32 位的 IPv4 地址被认为不足以应付 Internet 在 21 世纪初的预期规模。

3. 全球性路由表的条目数（每个网络号对应一条），1995 年大约为 65 000 个条目，目前仍在增长中。随着越来越多 A 类、B 类和 C 类路由条目的出现，路由性能将受到影响。

从 1992 年开始，这些问题受到 IETF 中的 ROAD（路由和寻址）小组的关注。他们认为问题 1 和 3 将很快来临，问题 2 需要一个长期的解决方案。他们提出的短期解决方案是有效清除 IP 地址的分类缺陷，并提高层次化分配的 IP 地址的聚合能力。这些措施将有助于解决问题 1 和 3。IPv6 被设想用于解决问题 2。

2.4.1 前缀

为了帮助缓解 IPv4 地址（特别是 B 类地址）的压力，分类寻址方案通常使用一个类似 VLSM 的方案，扩展 Internet 路由系统以支持*无类别域间路由*（CIDR）[RFC4632]。这提供了一种方便的分配连续地址范围的方式，包含多于 255 台但少于 65 536 台主机。也就是说，不只是单个 B 类或多个 C 类网络号可分配给站点。使用 CIDR，未经过预定义的任何地址范围可作为一个类的一部分，但需要一个类似于子网掩码的掩码，有时也称为 *CIDR 掩码*。CIDR 掩码不再局限于一个站点，而对全球性路由系统都是可见的。因此，除了网络号之外，核心 Internet 路由器必须能解释和处理掩码。这个数字组合称为*网络前缀*，它用于 IPv4 和 IPv6 地址管理。

消除一个 IP 地址中网络和主机号的预定义分隔，将使更细粒度的 IP 地址分配范围成为可能。与分类寻址类似，地址空间分割成块最容易通过数值连续的地址来实现，以便用于某种类型或某些特殊用途。目前，这些分组普遍使用地址空间的前缀表示。一个 n 位的前缀是一个地址的前 n 个位的预定义值。对于 IPv4，n（前缀长度）的值通常在范围 0 ~ 32；对于 IPv6，通常在范围 0 ~ 128。它通常被追加到基本 IP 地址，并且后面跟着一个 / 字符。表 2-6 给出了一些前缀的例子，以及相应的 IPv4 或 IPv6 地址范围。

表 2-6　前缀的例子及其相应的 IPv4 或 IPv6 地址范围

前缀	前缀（二进制）	地址范围
0.0.0.0/0	00000000 00000000 00000000 00000000	0.0.0.0 ~ 255.255.255.255
128.0.0.0/1	10000000 00000000 00000000 00000000	128.0.0.0 ~ 255.255.255.255
128.0.0.0/24	10000000 00000000 00000000 00000000	128.0.0.0 ~ 128.0.0.255
198.128.128.192/27	11000110 10000000 10000000 11000000	198.128.128.192 ~ 198.128.128.223
165.195.130.107/32	10100101 11000011 10000010 01101011	165.195.130.107
2001:db8::/32	0010000000000001 0000110110111000 0000000000000000 0000000000000000 0000000000000000 0000000000000000 0000000000000000 0000000000000000	2001:db8:: ~ 2001:db8:ffff:ffff

在这个表中，由前缀来定义并固定的位被圈在一个框中。剩余位可设置为 0 和 1 的任意组合，从而涵盖可能的地址范围。显然，一个较小的前缀长度可对应于一个更大的地址范围。另外，早期的分类寻址方案易于被这个方案覆盖。例如，C 类网络号 192.125.3.0 可以写成前
47 缀 192.125.3.0/24 或 192.125.3/24。分类的 A 类和 B 类网络号可分别用前缀长度 /8 和 /16 表示。

2.4.2 聚合

通过取消分类结构的 IP 地址，能分配各种尺寸的 IP 地址块。但是，这样做没有解决问题列表中的第三个问题，它并没有帮助减少路由表条目数。一条路由表条目告诉一个路由器向哪里发送流量。从本质上来说，路由器检查每个到达的数据报中的目的 IP 地址，找到一条匹配的路由表条目，并从该条目中提取数据报的“下一跳”。这有点像驾驶汽车去一个特定地址，并在沿路每个路口找到一个标志，指示沿着哪个方向去目的地路线的下一个路口。如果你能理解在每个路口设置很多标志，以指向每个可能的目的地的情形，就能认识到 20 世纪 90 年代初 Internet 面临的一些问题。

当时，没什么技术可以解决以下问题：在维护 Internet 中到所有目的地的最短路径的同时，又能够显著减少路由表条目数。最有名的方法是 20 世纪 70 年代末由 Kleinrock 和 Kamoun 发表的*分层路由*研究 [KK77]。他们发现，如果将网络拓扑排列为一棵树㊀，并且以对这个网络拓扑“敏感的”方式来分配地址，这样可获得一个非常小的路由表，同时保持到所有目的地的最短路径。大家可以看图 2-8。

在图 2-8 中，圆表示路由器，线表示它们之间的网络链路。图的左侧和右侧显示树状网络。它们之间的区别是路由器的地址分配方式。在图 2-8a 中，地址基本上是随机的，树中的路由器地址和位置之间没有直接关系。在图 2-8b 中，地址根据路由器在树中的位置分配。
48 如果考虑每个顶层路由器需要的条目数，就可以看到这是一个重大区别。

图 2-8 中左侧树的根（顶级）是标记为 19.12.4.8 的路由器。为了知道每个可能的目的地的下一跳，它需要一个树中在其“下面的”所有路由器的条目：190.16.11.2、86.12.0.112、159.66.2.231、133.17.97.12、66.103.2.19、18.1.1.1、19.12.4.9 和 203.44.23.198。对于任何其他目的地，它只需简单地路由到标有“网络其他部分”的云中。结果共有 9 个条目。相比之下，右侧树的根被标记为 19.0.0.1，并要求其路由表中只有 3 个条目。注意，右树中左侧

㊀ 在图论中，一棵树是一个没有循环的连接图。对于一个网络中的路由器和链路，这意味着在任意两台路由器之间有且只有一条简单的（不重复的）路径。

的所有路由器以前缀 19.1 开始，右侧的所有路由器以前缀 19.2 开始。因此，路由器 19.0.0.1 的表中只需将以 19.1 开始的目的地显示下一跳为 19.1.0.1，而将以 19.2 开始的目的地显示下一跳为 19.2.0.1。任何其他目的地都被路由到标有“网络其他部分”的云中。结果共有 3 个条目。注意，这种行为是递归的，图 2-8b 所示树中的任意路由器，需要的条目数都不会超过它拥有的链路数。这是这种特殊的地址分配方法所带来的直接结果。即使越来越多的路由器加入图 2-8b 所示的树，这个良好的属性也保持不变。这是 [KK77] 的分层路由思想的精髓。

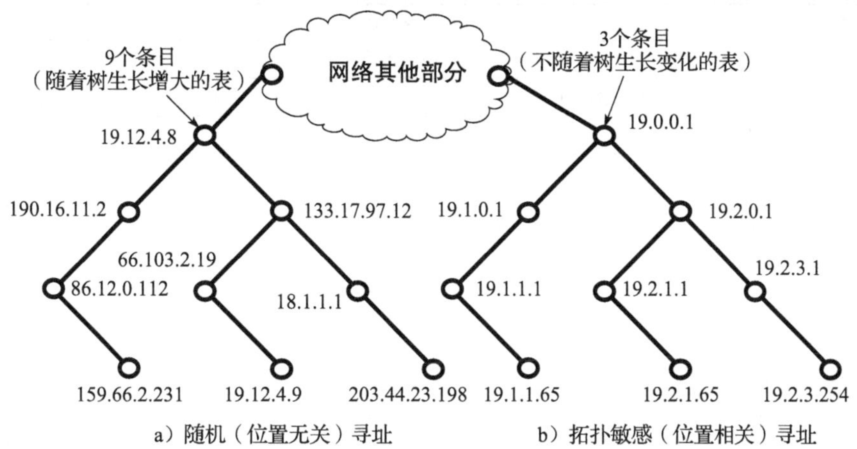

图 2-8　在树状拓扑的网络中，网络地址可采用特殊方式分配，以限制需保存在路由器中的路由信息（“状态”）数量。如果不以这种（左侧的）方式分配地址，没有存储与需到达的节点数量成正比的状态，则最短路径无法得到保证。当以保存状态的树状拓扑敏感的方式分配地址时，如果网络拓扑发生变化，通常需要重新分配地址 49

在 Internet 环境中，可采用分层路由思想以一种特定方式减少 Internet 路由条目数。这通过一个称为路由聚合的过程来实现。通过将相邻的多个 IP 前缀合并成一个短前缀（称为一个聚合或汇聚），可以覆盖更多地址空间。我们可以看图 2-9。

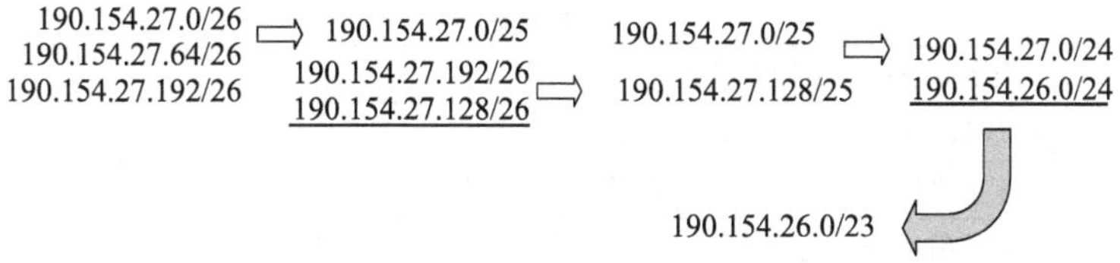

190.154.27.0/26
190.154.27.64/26 ⇨ 190.154.27.0/25
190.154.27.192/26
190.154.27.192/26
190.154.27.128/26 ⇨ 190.154.27.128/25
190.154.27.0/25
190.154.27.128/25 ⇨ 190.154.27.0/24
190.154.27.0/24
190.154.26.0/24 ⇨ 190.154.26.0/23

图 2-9　在这个例子中，箭头表示将两个地址前缀聚合为一个，带下划线的前缀是每一步的结果。第一步，190.154.27.0/26 和 190.154.27.64.0/26 可以聚合，这是由于它们数值相邻，但是 190.154.27.192/26 不能聚合。通过与 190.154.27.128/26 相加，它们可经过两步聚合形成 190.154.27.0/24。最后，通过与相邻的 190.154.26.0/24 相加，生成聚合结果 190.154.26.0/23

首先看图 2-9 中左侧的三个地址前缀。前两个（190.154.27.0/26 和 190.154.27.64/26）数值相邻，因此可被组合（聚合）。箭头表示聚合发生的地方。前缀 190.154.27.192/26 不能在第一步被聚合，由于它们并非数值相邻。当增加一个新前缀 190.154.27.128/26（下划线），前缀 190.154.27.192/26 和 190.154.27.128/26 可能被聚合，并形成 190.154.27.128/25 前缀。这个聚合现在与聚合 190.154.27.0/25 相邻，因此它们可进一步聚合成 190.154.27.0/24。当增加前缀 190.154.26.0/24（下划线），两个 C 类的前缀可以聚合成 190.154.26.0/23。这样，原来的三个前缀和两个增加的前缀可聚合成一个前缀。

2.5 特殊用途地址

IPv4 和 IPv6 地址空间中都包括几个地址范围，它们被用于特殊用途（因此不能用于单
50 播地址分配）。对于 IPv4，这些地址显示在表 2-7 中 [RFC5735]。

表 2-7 IPv4 特殊用途地址（定义于 2010 年 1 月）

前缀	特殊用途	参考文献
0.0.0.0/8	本地网络中的主机。仅作为源 IP 地址使用	[RFC1122]
10.0.0.0/8	专用网络（内联网）的地址。这种地址不会出现在公共 Internet 中	[RFC1918]
127.0.0.0/8	Internet 主机回送地址（同一计算机）。通常只用 127.0.0.1	[RFC1122]
169.254.0.0/16	“链路本地”地址，只用于一条链路，通常自动分配。见第 6 章	[RFC3927]
172.16.0.0/12	专用网络（内联网）的地址。这种地址不会出现在公共 Internet 中	[RFC1918]
192.0.0.0/24	IETF 协议分配（IANA 保留）	[RFC5736]
192.0.2.0/24	批准用于文档中的 TEST-NET-1 地址。这种地址不会出现在公共 Internet 中	[RFC5737]
192.88.99.0/24	用于 6to4 中继（任播地址）	[RFC3068]
192.168.0.0/16	专用网络（内联网）的地址。这种地址不会出现在公共 Internet 中	[RFC1918]
198.18.0.0/15	用于基准和性能测试	[RFC2544]
198.51.100.0/24	TEST-NET-2 地址。被批准用于文档中	[RFC5737]
203.0.113.0/24	TEST-NET-3 地址。被批准用于文档中	[RFC5737]
224.0.0.0/4	IPv4 组播地址（以前的 D 类），仅作为目的 IP 地址使用	[RFC5771]
240.0.0.0/4	保留空间（以前的 E 类），除了 255.255.255.255	[RFC1112]
255.255.255.255/32	本地网络（受限的）广播地址	[RFC0919] [RFC0922]

在 IPv6 中，许多地址范围和个别地址用于特定用途，它们都列在表 2-8 中 [RFC5156]。

表 2-8 IPv6 特殊用途地址（定义于 2008 年 4 月）

前缀	特殊用途	参考文献
::/0	默认路由条目。不用于寻址	[RFC5156]
::/128	未指定地址，可作为源 IP 地址使用	[RFC4291]
::1/128	IPv6 主机回送地址，不用于发送出本地主机的数据报中	[RFC4291]
::ffff:0:0/96	IPv4 映射地址。这种地址不会出现在分组头部，只用于内部主机	[RFC4291]
::{ipv4-address}/96	IPv4 兼容地址。已过时，未使用	[RFC4291]
2001::/32	Teredo 地址	[RFC4380]
2001:10::/28	ORCHI（覆盖可路由加密散列标识符）。这种地址不会出现在公共 Internet 中	[RFC4843]
2001:db8::/32	用于文档和实例的地址范围。这种地址不会出现在公共 Internet 中	[RFC3849]
2002::/16	6to4 隧道中继的 6to4 地址	[RFC3056]
3ffe::/16	用于 6bone 实验。已过时，未使用	[RFC3701]
5f00::/16	用于 6bone 实验。已过时，未使用	[RFC3701]
fc00::/7	唯一的本地单播地址，不用于全球性的 Internet	[RFC4193]
fe80::/10	链路本地单播地址	[RFC4291]
ff00::/8	IPv6 组播地址，仅作为目的 IP 地址使用	[RFC4291]

对于 IPv4 和 IPv6，没有指定作为特殊、组播或保留地址的地址范围可供单播使用。一些单播地址空间（IPv4 的前缀 10/8、172.16/12 和 192.168/16，以及 IPv6 的前缀 fc00::/7）被保留用于构建专用网络。来自这些范围的地址可用于一个站点或组织内部的主机和路由器之间的通信，但不能跨越全球性的 Internet。因此，这些地址有时也被称为不可路由的地址。也就是说，它们不能在公共 Internet 中路由。

专用、不可路由的地址空间管理完全由本地决定。IPv4 专用地址在家庭网络、中等规模和大型企业内部网络中很常见。它们经常与网络地址转换（NAT）结合使用，在 IP 数据报进入 Internet 时修改其中的 IP 地址。我们在第 7 章详细讨论 NAT。 51

2.5.1 IPv4/IPv6 地址转换

在有些网络中，可能需要在 IPv4 和 IPv6 之间转换 [RFC6127]。目前，已制定了一个用于单播转换的框架 [RFC6144]，以及一个正在开发的用于组播转换的方案 [IDv 4v6mc]。一个基本功能是提供自动、基于算法的地址转换。例如，使用“知名的”IPv6 前缀 64:ff9b::/96 或其他指定前缀，[RFC6052] 定义了如何在单播地址中实现它。

该方案使用一种特殊地址格式，称为嵌入 IPv4 的 IPv6 地址。这种地址在 IPv6 地址内部包含 IPv4 地址。它可采用 6 种格式之一来编码，IPv6 前缀长度必须是下列数值之一：32、40、48、56、64 或 96。图 2-10 显示了可用的格式。

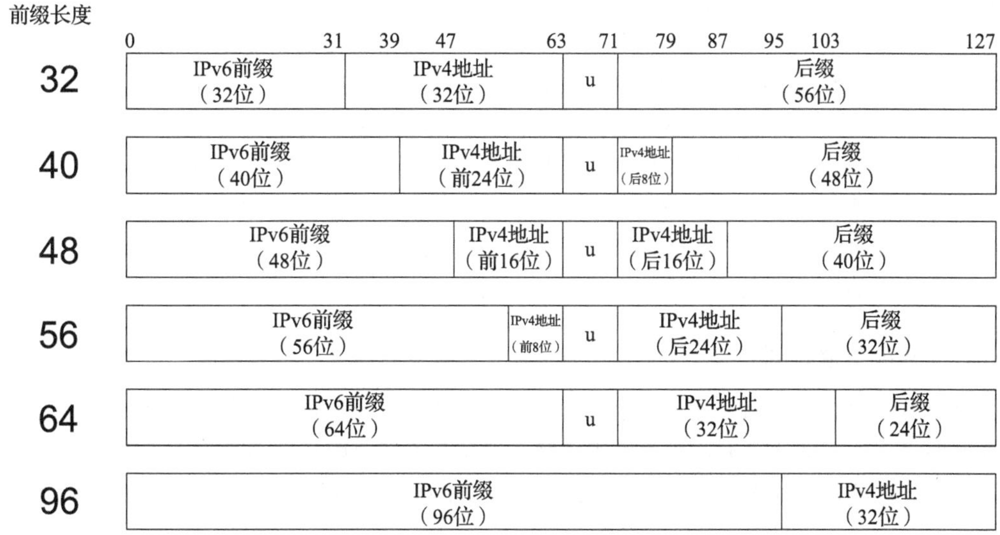

图 2-10 IPv4 地址可以嵌入 IPv6 地址中，形成一个嵌入 IPv4 的 IPv6 地址。有 6 种不同的格式可用，这取决于使用的 IPv6 前缀长度。众所周知的前缀 64:ff9b::/96 可用于 IPv4 和 IPv6 单播地址之间的自动转换

在该图中，前缀既可以是一个众所周知的前缀，也可以是组织为转换器分配的唯一前缀。第 64 至 71 位必须设置为 0，以保持与 [RFC4291] 指定标识符的兼容性。后缀的位被保留，并且应设置为 0。然后，采用简单方法来生成嵌入 IPv4 的 IPv6 地址：将 IPv6 前缀与 32 位的 IPv4 地址相串联，并确保第 64 至 71 位被设置为 0（如果有必要，插入）。在后缀的后面增加 0，直到生成一个 128 位地址。嵌入 IPv4 的 IPv6 地址使用 96 位前缀选项，该选项

通常用前面提到的 IPv6 映射地址来表示（[RFC4291] 中的 2.2(3) 节）。例如，嵌入 IPv4 地址 198.51.100.16 和众所周知的前缀，生成地址 64:ff9b::198.51.100.16。

2.5.2 组播地址

IPv4 和 IPv6 支持组播寻址。一个 IP 组播地址（也称为组或组地址）标识一组主机接口，而不是单个接口。一般来说，一个组可以跨越整个 Internet。一个组所覆盖的网络部分称为组的范围 [RFC2365]。常见的范围包括节点本地（同一计算机）、链路本地（同一子网）、站点本地（适用于一些站点）、全球（整个 Internet）和管理。管理范围的地址可用于一个网络区域内已手动配置到路由器的地址。站点管理员可将路由器配置为管理范围边界，这意味着相关组的组播流量不会被路由器转发。注意，站点本地和管理范围只在使用组播寻址时有效。

52~53 在软件的控制下，每个 Internet 主机中的协议栈能加入或离开一个组播组。当一台主机向一个组发送数据时，它会创建一个数据报，使用（单播）IP 地址作为源地址，使用组播 IP 地址作为目的地址。已加入组的所有主机将接收发送到该组的任何数据报。发送方通常不知道主机是否接收到数据报，除非它们明确做出应答。事实上，发送方甚至不知道通常有多少台主机接收它的数据报。

至此，原有的组播服务模型已成为大家所知的任意源组播（ASM）。在这种模型下，任何发送方可以发送给任何组；一个加入组的接收方被指定唯一的组地址。一种新方案称为源特定组播（SSM）[RFC3569][RFC4607]，在每个组中只使用一个发送方（见 [RFC4607] 的勘误表）。在这种情况下，当一台主机加入一个组后，它会被指定一个信道地址，其中包括一个组地址和一个源 IP 地址。SSM 避免了 ASM 模型部署时的复杂性。尽管有多种组播形式在整个 Internet 中广泛使用，但 SSM 是当前更受欢迎的候选者。

在 Internet 社区中，对广域组播的理解和实现已经过十年以上的不懈努力，并且已经开发出大量的广域组播协议。全球性 Internet 组播如何工作的细节超出本文的范围，有兴趣的读者可以查看 [IMR02]。第 9 章详细介绍本地 IP 组播如何工作。现在，我们要讨论 IPv4 和 IPv6 组播地址的格式和意义。

2.5.3 IPv4 组播地址

对于 IPv4，D 类空间（224.0.0.0 ~ 239.255.255.255）已被保留支持组播。28 位空闲意味着可提供 2^{28} = 268 435 456 个主机组（每个组是一个 IP 地址）。这个地址空间被分为几个主要部分，它建立在对路由分配和处理的基础上 [IP4MA]。表 2-9 列出了这些主要部分。

表 2-9 用于支持组播的 IPv4 的 D 类地址空间的主要部分

范围（包含）	特殊用途	参考文献
224.0.0.0 ~ 224.0.0.255	本地网络控制；不转发	[RFC5771]
224.0.1.0 ~ 224.0.1.255	互联网络控制；正常转发	[RFC5771]
224.0.2.0 ~ 224.0.255.255	Ad hoc 块 1	[RFC5771]
224.1.0.0 ~ 224.1.255.255	保留	[RFC5771]
224.2.0.0 ~ 224.2.255.255	SDP/SAP	[RFC4566]
224.3.0.0 ~ 224.4.255.255	Ad hoc 块 2	[RFC5771]
224.5.0.0 ~ 224.255.255.255	保留	[IP4MA]
225.0.0.0 ~ 231.255.255.255	保留	[IP4MA]

（续）

范围（包含）	特殊用途	参考文献
232.0.0.0 ~ 232.255.255.255	源特定组播（SSM）	[RFC4607] [RFC4608]
233.0.0.0 ~ 233.251.255.255	GLOP	[RFC3180]
233.252.0.0 ~ 233.255.255.255	Ad hoc 块 3（233.252.0.0/24 为文档保留）	[RFC5771]
234.0.0.0 ~ 234.255.255.255 235.0.0.0 ~ 238.255.255.255	基于单播前缀的 IPv4 组播地址保留	[RFC6034] [IP4MA]
239.0.0.0 ~ 239.255.255.255	管理范围	[RFC2365]

到 224.255.255.255 的地址块被分配给某些应用协议或组织使用。这些分配工作由 IANA 或 IETF 完成。本地网络控制块限制为发送方的本地网络；发送到这些地址的数据报不会被组播路由器转发。“所有主机”组（224.0.0.1）是这个块中的一个组。互联网络控制块类似于本地网络控制范围，其目的是控制需要被路由到本地链路的流量。该地址块的一个例子是网络时间协议（NTP）组播组（224.0.1.1）[RFC5905]。

第一个 Ad hoc（特定）块用于保留一些地址，避免它们落入本地或互联网络控制块。在此范围内的大多数分配是用于商业服务，其中一些不（或永远不）需要全球地址分配；它们可能最终被返还以支持 GLOP ⊖寻址（见下一段落）。在 SDP/ SAP 块中包含某些应用所使用的地址，例如会话目录工具（SDR）[H96]，它使用会话通告协议（SAP）发送组播会议通告 [RFC2974]。新的会话描述协议（SDP）[RFC4566] 最初只是 SAP 的一个组成部分，当前它不仅用于 IP 组播，而且与其他机制一起描述多媒体会话。

其他主要地址块的出现稍晚于 IP 组播的演变。如前面所述，某些应用使用 SSM 块实现 SSM，结合自己的单播源地址形成一个 SSM 信道。在 GLOP 块中，组播地址基于主机的自治系统（AS）号，该主机处于应用分配地址的一端。AS 号用于 ISP 之间的 Internet 范围的路由协议，以聚合路由器和实现路由策略。AS 号最初是 16 位，但现在已扩展到 32 位 [RFC4893]。GLOP 地址的生成是将一个 16 位 AS 号放在 IPv4 组播地址的第 2 和第 3 字节，并且保留 1 字节的空间表示可能的组播地址（即多达 256 个地址）。因此，它可在一个 16 位 AS 号和与这个 AS 号相关联的 GLOP 组播地址之间来回映射。这个计算过程很简单，目前 54~55
已开发出几个在线计算器。⊜

最近，IPv4 组播地址分配机制将多个组播地址与一个 IPv4 单播地址前缀关联。这被称为基于单播前缀的组播寻址（UBM），它在 [RFC6034] 中描述。它基于 IPv6 发展早期的一个类似结构，我们在前面 2.5.4 节讨论过。UBM 的 IPv4 地址范围是 234.0.0.0 至 234.255.255.255。单播地址需分配一个 /24 或更短的前缀以使用 UBM 地址。分配更短的地址（即 /25 或更长的前缀）必须使用一些其他机制。UBM 地址被构造成前缀 234/8、分配的单播前缀和组播组 ID 的串联。图 2-11 显示了这个格式。

为了确定与一个单播分配相关的 UBM 地址，分配前缀只是简单地在前面添加前缀 234/8。例如，单播 IPv4 地址前缀 192.0.2.0/24 有一个关联的 UBM 地址 234.192.0.2。通过对组播地址简单地“左平移”8 位，有可能确定一个组播地址的所有者。例如，我们知道组播地址范围 234.128.32.0/24 被分配给加州大学伯克利分校，这是由于相应的单播 IPv4 地址空

⊖ GLOP 不是一个缩写，它只是一部分地址空间的名称。

⊜ 例如，http://gigapop.uoregon.edu/glop/。

间 128.32.0.0/16（234.128.32.0 的“左移”版本）是由加州大学伯克利分校所拥有（可以使用 WHOIS 查询来确定，见 2.6.1.1 节）。

0 7	8 N	31
234 （8位）	单播前缀 （最多24位）	组ID （最多16位）

图 2-11 IPv4 的 UBM 地址格式。为单播地址分配 /24 或更短的前缀，关联的组播地址分配基于前缀 234/8、分配的单播前缀和组播组 ID 的串联。因此，较短的单播前缀分配包含更多单播和组播地址

UBM 地址比其他类型的组播地址分配有更多优点。例如，用于 GLOP 寻址时，它们可以不受 16 位 AS 号限制。另外，它们可作为已存在的单播地址空间的分配结果。因此，使用组播地址的站点知道哪些地址可用，并且不需要进一步协调。最后，UBM 地址可以比 GLOP 地址更好地分配，对应的 AS 号可分配到更细粒度。在今天的 Internet 中，一个 AS 号可以与多个站点关联，但令人沮丧的是 UBM 支持在地址和所有者之间的简单映射。

管理范围的地址块可用于限制分布在路由器和主机的特定集合中的组播流量。它可以看作组播对专用单播 IP 地址的模拟。这种地址不能用于将组播分发到 Internet，这是因为其中
56 大多数流量被阻塞在企业边界。大型站点有时会划分管理范围的组播地址，以用于某些特定范围（例如，工作组、部门和地理区域）。

2.5.4 IPv6 组播地址

对于 IPv6，对组播的使用相当积极，前缀 ff00::/8 已被预留给组播地址，并且 112 位可用于保存组号，可提供的组数为 2^{112} = 5 192 296 858 534 827 628 530 496 329 220 096。其一般格式如图 2-12 所示。

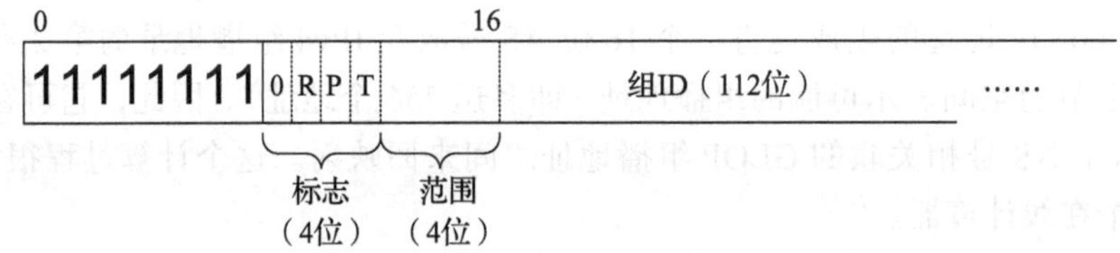

图 2-12 基本的 IPv6 组播地址格式包括 4 个标志位（0，保留；R，包含会合点；P，使用单播前缀；T，是临时的）。4 位范围值表示组播的范围（全球、本地等）。组 ID 编码在低序的 112 位中。如果 P 或 R 位被设置，则使用一种代替格式

IPv6 组播地址的第 2 字节包含一个 4 位标志字段和一个 4 位范围 ID 字段。范围字段表示到某些组播地址的数据报的分配限制。十六进制值 0、3 和 f 保留。十六进制值 6、7 和 9 ~ d 未分配。表 2-10 给出了这些值（根据 [RFC4291] 中的 2.7 节）。

表 2-10 IPv6 范围字段的值

值	范围	值	范围	值	范围
0	保留	4	管理	9 ~ d	未分配
1	接口 / 机器本地	5	站点本地	e	全球
2	链路 / 子网本地	6 ~ 7	未分配	f	保留
3	保留	8	组织本地		

57

很多 IPv6 组播地址由 IANA 分配为永久使用，并且故意跨越多个地址范围。这些组播地址对每个范围都有一定偏移量（由于这个原因，这些地址被称为*相对范围*或*可变范围*）。例如，可变范围的组播地址 ff0x::101 是由 [IP6MA] 为 NTP 服务器预留。x 表示可变范围，表 2-11 显示了一些预留定义的地址。

表 2-11　针对 NTP（101）的永久可变范围的 IPv6 组播地址保留的例子

地址	含　义
ff01::101	同一机器中的所有 NTP 服务器
ff02::101	同一链路 / 子网中的所有 NTP 服务器
ff04::101	某些管理定义范围内的所有 NTP 服务器
ff05::101	同一站点中的所有 NTP 服务器
ff08::101	同一组织中的所有 NTP 服务器
ff0e::101	Internet 中的所有 NTP 服务器

在 IPv6 中，当 P 和 R 位字段设置为 0 时，使用图 2-12 中给出的组播地址格式。当 P 设置为 1，无须基于每个组的全球性许可，对组播地址有两个可选方法。它们被描述在 [RFC3306] 和 [RFC4489] 中。第一种方法称为*基于单播前缀的* IPv6 组播地址分配，由 ISP 或地址分配机构提供单播前缀分配，并且有效分配一个组播地址集合，从而限制了因避免重复而需全球协调的数量。第二种方法称为*链路范围的* IPv6 组播，使用接口标识符，并且组播地址是基于主机的 IID。为了了解这些不同格式如何工作，首先要了解 IPv6 组播地址中位字段的使用细节。它们被定义在表 2-12 中。

表 2-12　IPv6 组播地址标志

位字段（标志）	含　义	参考文献
R	会合点标志（0，常规的；1，包括 RP 地址）	[RFC3956]
P	前缀标志（0，常规的；1，基于单播前缀的地址）	[RFC3306]
T	临时标志（0，永久分配的；1，临时的）	[RFC4291]

当 T 位字段被设置时，表示组地址是临时或动态分配的；它不是 [IP6MA] 中定义的标准地址。当 P 位字段被设置为 1，T 位也必须被设置为 1。当这种情况发生时，使用基于单播地址前缀的特殊格式的 IPv6 组播地址，如图 2-13 所示。 58

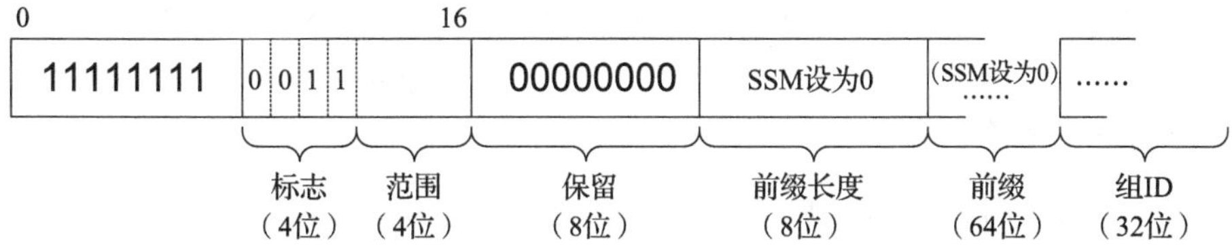

图 2-13　IPv6 组播地址可以基于单播 IPv6 地址来创建 [RFC3306]。在这样做时，P 位字段设置为 1，单播前缀和 32 位的组 ID 被加入地址。这种形式的组播地址分配简少了全球地址分配协议的需求

这里，我们可以看到如何使用基于单播前缀的地址改变组播地址格式，包括一个单播前缀及其长度，以及一个更小的（32 位）组 ID。该方案的目的是提供全球唯一的 IPv6 组播地址分配方式，同时不需要提出新的全球性机制。由于 IPv6 单播地址已分配全球性的前缀单

元（见 2.6 节），所以在组播地址中可以使用这个前缀中的位，从而在组播应用中利用现有的单播地址分配方法。例如，一个组织分配了一个单播前缀 3ffe:ffff:1::/48，那么它随之分配了一个基于单播的组播前缀 ff3x:30:3ffe:ffff:1::/96，其中 x 是任何有效范围。SSM 通过设置前缀长度和将前缀字段设置为 0 来支持这种格式，以便有效地将前缀 ff3x::/32（其中 x 是任何有效的范围值）用于所有这类 IPv6 SSM 组播地址。

为了创建唯一的链路本地范围的组播地址，可使用一种基于 IID 的方法 [RFC4489]，当只需要链路本地范围时，这种方法是基于单播前缀分配的首选。在这种情况下，可使用另一种形式的 IPv6 组播地址结构（见图 2-14）。

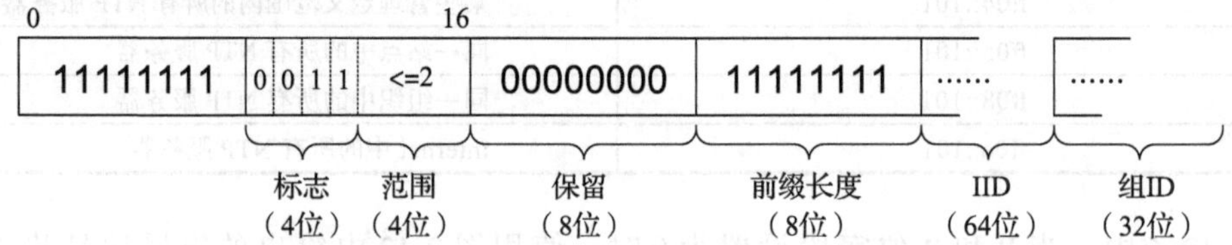

图 2-14　IPv6 链路范围的组播地址格式。只适用于链路（或更小）范围内的地址，组播地址可以结合 IPv6 接口 ID 和组 ID 来形成。这种映射是直接的，所有地址使用前缀形式 ff3:0011/32，其中 x 是范围 ID 并且小于 3

图 2-14 所示的地址格式与图 2-13 的格式相似，除了前缀长度字段被设置为 255，并将
59 随后字段中的前缀替换为 IPv6 的 IID。这个结构的优点是不需要提供前缀以形成组播地址。在不需要路由器的 Ad hoc（无线自组织）网络中，一台单独的计算机可基于自己的 IID 形成唯一的组播地址，而无须运行一个复杂的许可协议。如前所述，这种格式只适用于本地链路或节点组播范围。但是，当需要更大的范围时，无论是基于单播前缀的地址还是永久组播地址都可使用。作为这种格式的一个例子，一个 IID 为 02-11-22-33-44-55-66-77 的主机将使用组播地址 ff3x:0011:0211:2233:4455:6677:gggg:gggg，其中 x 是一个等于或小于 2 的范围值，gggg:gggg 是一个 32 位组播组 ID 的十六进制表示。

我们还要讨论的位字段是 R 位字段。当使用基于单播前缀的地址（P 位被设置）时，它表示组播路由协议需要知道一个会合点。

注意　会合点（RP）是一个路由器中用于处理一个或多个组播组的组播路由的 IP 地址。RP 用于 PIM-SM 协议 [RFC4601]，以帮助参加同一组播组中的发送方和接收方找到对方。Internet 范围的组播部署遇到的问题之一是会合点定位。这种方法重载 IPv6 组播地址以包含一个 RP 地址。因此，从一个组地址找到一个 RP 是简单的，只需从中选择合适的位的子集。

当标志 P 被设置时，图 2-15 显示了组播地址修改后的格式。

图 2-15 所示的格式与图 2-13 类似，但不使用 SSM（这样前缀长度不能为零）。另外，新引入了一个称为 RIID 的 4 位字段。为了形成图 2-15 所示格式的基于 RP 地址的 IPv6 地
60 址，前缀长度字段表示的位数从前缀字段提取，并放置在一个新的 IPv6 地址的高位。然后，RIID 字段值被用作 RP 地址的低 4 位。剩余的部分用零填充。作为一个例子，我们看一个组播地址 ff75:940:2001:db8:dead:beef:f00d:face。在这个例子中，范围为 5（站点本地），RIID 字段值为 9，前缀长度为 0x40 = 64 位。因此，前缀本身为 2001:db8:dead:beef，RP 地址为 2001:db8:dead:beef::9。更多的例子见 [RFC3956]。

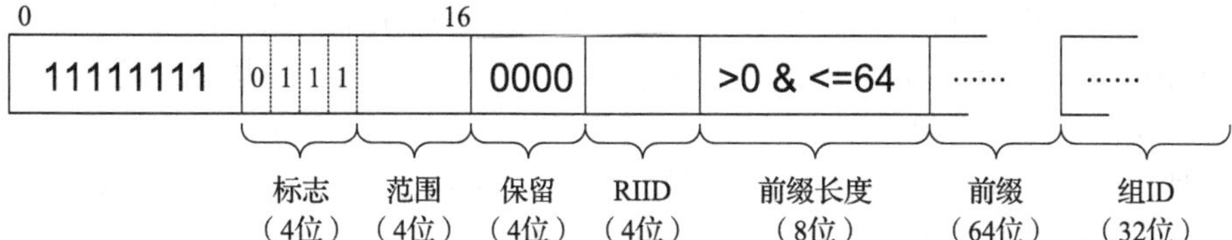

图 2-15　RP 的单播 IPv6 地址可嵌入 IPv6 组播地址 [RFC3956]。这样，它可以直接找到用于路由的 RP 关联的地址。RP 被用于组播路由系统，以协调不在同一子网中的组播发送方和接收方

与 IPv4 相似，IPv6 也有一些保留的组播地址。除了前面提到的可变范围地址，这些地址还根据范围划分成组。表 2-13 给出了一个 IPv6 组播空间中的保留列表。[IP6MA] 提供了更多的信息。

表 2-13　IPv6 组播地址空间中的保留地址

地　址	范　围	特殊用途	参考文献
ff01::1	节点	所有节点	[RFC4291]
ff01::2	节点	所有路由器	[RFC4291]
ff01::fb	节点	mDNSv6	[IDChes]
ff02::1	链路	所有节点	[RFC4291]
ff02::2	链路	所有路由器	[RFC4291]
ff02::4	链路	DVMRP 路由器	[RFC1075]
ff02::5	链路	OSPFIGP	[RFC2328]
ff02::6	链路	基于 OSPFIGP 设计的路由器	[RFC2328]
ff02::9	链路	RIPng 路由器	[RFC2080]
ff02::a	链路	EIGRP 路由器	[EIGRP]
ff02::d	链路	PIM 路由器	[RFC5059]
ff02::16	链路	支持 MLDv2 的路由器	[RFC3810]
ff02::6a	链路	所有探测器	[RFC4286]
ff02::6d	链路	LL-MANET 路由器	[RFC5498]
ff02::fb	链路	mDNSv6	[IDChes]
ff02::1:2	链路	所有 DHCP 代理	[RFC3315]
ff02::1:3	链路	LLMNR	[RFC4795]
ff02::1:ffxx:xxxx	链路	请求节点地址范围	[RFC4291]
ff05::2	站点	所有路由器	[RFC4291]
ff05::fb	站点	mDNSv6	[IDChes]
ff05::1:3	站点	所有 DHCP 服务器	[RFC3315]
ff0x::	可变的	保留	[RFC4291]
ff0x::fb	可变的	mDNSv6	[IDChes]
ff0x::101	可变的	NTP	[RFC5905]
ff0x::133	可变的	聚合服务器访问协议	[RFC5352]
ff0x::18c	可变的	所有 AC 的地址（CAPWAP）	[RFC5415]
ff3x::/32	（特殊的）	SSM 块	[RFC4607]

61

2.5.5　任播地址

任播地址是一个单播 IPv4 或 IPv6 地址，这些地址根据它所在的网络确定不同的主机。

这是通过配置路由器通知 Internet 中多个站点有相同单播路由来实现。因此，一个任播地址不是指 Internet 中的一台主机，而是对于任播地址“最合适”或“最接近”的一台主机。任播地址最常用于发现一台提供了常用服务的计算机 [RFC4786]。例如，某个数据报发送到一个任播地址，可用于找到 DNS 服务器（见第 11 章），6to4 网关将 IPv6 流量封装在 IPv4 隧道中 [RFC3068]，或用于组播路由的 RP 中 [RFC4610]。

2.6 分配

IP 地址空间通常被分配为大的块，这由一些分层次组织的*权威机构*完成。权威机构是为各种“所有者”分配地址空间的组织，“所有者”通常是 ISP 或其他较小的权威机构。权威机构经常参与全球单播地址空间分配，但有时也分配其他类型的地址（组播和特殊用途）。权威机构为用户分配一个不限时的地址块，或是一个限时（例如实验）的地址块。这个层次结构的顶部是 IANA[IANA]，它负责分配 IP 地址和 Internet 协议使用的其他号码。

2.6.1 单播

对于单播 IPv4 和 IPv6 的地址空间，IANA 将分配权限主要委托给几个*地区性 Internet 注册机构*（RIR）。RIR 之间通过一个组织互相协作，即 2003 年创建的号码资源组织（NRO）[NRO]。表 2-14 给出了本书写作时（2011 年中期）的一组 RIR，它们都加入了 NRO。截至 2011 年初，IANA 拥有的剩余的 IPv4 单播地址空间将移交给这些 RIR 分配。

表 2-14 加入 NRO 的地区性 Internet 注册机构

RIR 名称	负责的地区	参考文献
AfriNIC——非洲网络信息中心	非洲	http://www.afrinic.net
APNIC——亚洲太平洋地区网络信息中心	亚洲 / 太平洋地区	http://www.apnic.net
ARIN——美洲 Internet 号码注册机构	北美洲	http://www.arin.net
LACNIC——拉丁美洲和加勒比地区的 IP 地址注册	拉丁美洲和一些加勒比岛屿	http://lacnic.net/en/index.html
RIPE NCC——欧洲网络协调中心	欧洲、中东、中亚	http://www.ripe.net

这些实体通常处理较大的地址块 [IP4AS][IP6AS]。他们为一些国家（例如澳大利亚和新加坡）运营的小型注册机构和大型 ISP 分配地址空间。接下来，ISP 为自己和自己的客户提供地址空间。当用户登记 Internet 服务时，他们通常以地址前缀形式使用 ISP 地址空间的一部分（通常很小）。这些地址范围由客户的 ISP 拥有和管理，并被称为*供应商聚合*（PA）的地
62 址，这是由于它们包含一个或多个前缀，并可与 ISP 的其他前缀实现聚合。这种地址有时也称为*不可移植的地址*。交换供应商通常需要客户自己修改连接到 Internet 的所有主机和路由器的 IP 前缀（这种不愉快的操作通常称为*重新编号*）。

一种可选的地址空间类型称为*供应商独立*（PI）的地址空间。从 PI 空间分配的地址可以直接分配给用户，并且可以由任何 ISP 来使用。但是，由于这些地址是客户拥有的，它们没有与 ISP 的地址在数字上相邻，因此它们不能聚合。一个 ISP 需要为客户的 PI 地址提供路由，客户可能需要为路由服务支付额外费用，或根本不支持这种服务。在某种意义上，一个 ISP 同意为客户的 PI 地址提供路由，相对于其他客户有一个额外成本，它会增加自己的路由表大小。另一方面，很多站点喜欢使用 PI 地址，他们可能愿意支付额外费用，因为有助于转换 ISP 时避免重新编号（这被称为*供应商锁*）。

2.6.1.1 例子

这时，可能需要使用 Internet 中的 WHOIS 服务，以确定如何分配地址空间。例如，我们可通过访问相应的 URL http://whois.arin.net/rest/ip/72.1.140.203.txt，形成一个对 IPv4 地址 72.1.140.203 的信息查询：

```
NetRange:       72.1.140.192 - 72.1.140.223
CIDR:           72.1.140.192/27
OriginAS:
NetName:        SPEK-SEA5-PART-1
NetHandle:      NET-72-1-140-192-1
Parent:         NET-72-1-128-0-1
NetType:        Reassigned
RegDate:        2005-06-29
Updated:        2005-06-29
Ref:            http://whois.arin.net/rest/net/NET-72-1-140-192-1
```

63

这里，我们看到地址 72.1.140.203 实际上是网络 SPEK-SEA5-PART-1 的一部分，并且已分配地址范围 72.1.140.192/27。另外，我们可以看到，SPEK-SEA5-PART-1 的地址范围是 NET-72-1-128-0-1 的 PA 地址空间的一部分。我们可生成一个关于该网络的信息查询，需要访问 URL http://whois.arin.net/rest/net/NET-72-1-128-0-1.txt。

```
NetRange:       72.1.128.0 - 72.1.191.255
CIDR:           72.1.128.0/18
OriginAS:
NetName:        SPEAKEASY-6
NetHandle:      NET-72-1-128-0-1
Parent:         NET-72-0-0-0-0
NetType:        Direct Allocation
RegDate:        2004-09-09
Updated:        2009-05-19
Ref:            http://whois.arin.net/rest/net/NET-72-1-128-0-1
```

这个记录指出地址范围 72.1.128.0/18（称为“句柄”或名称 NET-72-1-128-0-1）已被直接分配，它在 ARIN 管理的地址范围 72.0.0.0/8 之外。有关 ARIN 支持的数据格式和多种方法的更多细节，可以通过 WHOIS 查询在 [WRWS] 中看到。

通过其他 Internet 注册机构，我们可以看到不同的结果。例如，如果使用 Web 查询接口 http://www.ripe.net/whois 搜索有关 IPv4 地址 193.5.93.80 的信息，我们将获得下面的结果：

```
% This is the RIPE Database query service.
% The objects are in RPSL format.
%
% The RIPE Database is subject to Terms and Conditions.
% See http://www.ripe.net/db/support/db-terms-conditions.pdf
%
% Note: This output has been filtered.
%       To receive output for a database update, use the "-B" flag.
% Information related to '193.5.88.0 - 193.5.95.255'
inetnum:         193.5.88.0 - 193.5.95.255
netname:         WIPONET
descr:           World Intellectual Property Organization
descr:           UN Specialized Agency
descr:           Geneva
country:         CH
admin-c:         AM4504-RIPE
tech-c:          AM4504-RIPE
status:          ASSIGNED PI
mnt-by:          CH-UNISOURCE-MNT
```

mnt-by: DE-COLT-MNT
64 source: RIPE # Filtered

我们可以看到，地址 193.5.93.80 是分配给 WIPO 的地址块 193.5.88.0/21 的一部分。注意，这个块的状态为 ASSIGNED PI，意味着该地址块是供应商独立类型。RPSL 的参考文献表示数据库记录使用*路由策略规范语言* [RFC2622][RFC4012]，ISP 用它来表示自己的路由策略。这些信息允许网络运营商配置路由器，以帮助缓解 Internet 中的路由不稳定。

2.6.2 组播

在 IPv4 和 IPv6 中，组播地址（即组地址）可根据其范围来描述，它们需要确定组播方式（静态、动态的协议或算法），以及是否使用 ASM 或 SSM。这些组的分配策略已被制定（[RFC5771] 针对 IPv4；[RFC3307] 针对 IPv6），整体架构在 [RFC6308] 中详细描述。全球范围之外的组（例如管理范围的地址和 IPv6 链路范围的组播地址）可在 Internet 的各个部分重复使用，并由网络管理员配置管理范围之外的地址块或由端主机自动选择。静态分配的全球范围地址通常是固定的，并且可能被硬件编码到应用中。这种地址空间是有限的，特别是在 IPv4 中，这种地址实际上计划被用于任何其他 Internet 站点。通过算法确定的全球范围地址可以像 GLOP 基于 AS 号创建，或是根据相关的单播前缀分配。注意，SSM 可使用全球范围的地址（即来自 SSM 块）、管理范围的地址，或前缀实际为 0 的基于单播前缀的 IPv6 地址。

我们可以看到，大量的协议和复杂的组播地址格式，导致组播地址管理成为一个难题（更不用说全球组播路由 [RFC5110]）。从用户的角度来看，组播很少使用，可能受到的关注有限。从程序员的角度来看，在应用设计中支持组播可能是有价值的，[RFC3170] 提供了一些这方面的设想。当网络管理员需要实现组播时，与服务提供商的交流可能是必要的。另外，一些组播地址分配方案已由厂商开发 [CGEMA]。

2.7 单播地址分配

一个站点分配了单播 IP 地址范围后——通常是从自己的 ISP 处获得，站点或网络管理员需要决定如何为每个网络接口指定地址，以及如何建立子网结构。如果这个站点只有一个
65 物理网段（例如大多数家庭），这个过程相对简单。对于规模较大的企业，尤其是那些由多个 ISP 提供服务，并且多个物理网段分布在很大地理区域的企业，这个过程可能非常复杂。我们来看在以下情况下如何工作，家庭用户使用一个专用地址和一个 ISP 提供的 IPv4 地址。这是目前常见的场景。接着，我们继续介绍一些更复杂的情况。

2.7.1 单个供应商 / 无网络 / 单个地址

目前，我们可获得的最简单的 Internet 服务是由 ISP 提供一个在一台计算机上使用的 IP 地址（在美国通常只是 IPv4）。例如，对于 DSL 服务，单个地址可被分配到一个点到点链路的一端，并可能只是暂时的。例如，如果用户的计算机通过 DSL 连接 Internet，它可能在某天被分配了一个地址 63.204.134.177。在计算机上运行的任何程序可以发送和接收 Internet 流量，这些流量将采用 63.204.134.177 作为 IPv4 源地址。一台主机同样也有其他活动的 IP 地址。这些地址包括本地的“回送”地址（127.0.0.1）和一些组播地址，至少包括所有主机的组播地址（224.0.0.1）。如果主机正在运行 IPv6，它至少使用所有节点的 IPv6 组播地址

（ff02::1）、ISP 分配的任何 IPv6 地址、IPv6 回送地址（::1）和为每个网络接口配置的一个用于 IPv6 的链接本地地址。

为了在 Linux 上查看一台主机使用的组播地址（组），我们可使用 ifconfig 和 netstat 命令查看正在使用的 IP 地址和组：

```
Linux% ifconfig ppp0
ppp0      Link encap:Point-to-Point Protocol
          inet addr:71.141.244.213
          P-t-P:71.141.255.254  Mask:255.255.255.255
          UP POINTOPOINT RUNNING NOARP MULTICAST  MTU:1492  Metric:1
          RX packets:33134 errors:0 dropped:0 overruns:0 frame:0
          TX packets:41031 errors:0 dropped:0 overruns:0 carrier:0
          collisions:0 txqueuelen:3
          RX bytes:17748984 (16.9 MiB)  TX bytes:9272209 (8.8 MiB)

Linux% netstat -gn
IPv6/IPv4 Group Memberships
Interface       RefCnt Group
--------------- ------ ---------------------
lo              1      224.0.0.1
ppp0            1      224.0.0.251
ppp0            1      224.0.0.1
lo              1      ff02::1
```

这里，我们看到设备 ppp0 关联的一条点到点链路，它已分配 IPv4 地址 71.141.244.213；但没有分配 IPv6 地址。这台主机系统已启用 IPv6，但当检查它的组成员时，我们看到其 66
本地回送（lo）接口出现在"所有 IPv6 节点"组播组中。我们也可以看到，IPv4 所有节点组正在使用，以及 mDNS（组播 DNS）服务 [IDChes]。mDNS 协议使用静态 IPv4 组播地址 224.0.0.251。

2.7.2 单个供应商 / 单个网络 / 单个地址

很多拥有多台计算机的 Internet 用户发现，只有一台计算机连接到 Internet 并不是理想情况。因此，他们通常拥有家庭局域网（LAN）或无线局域网（WLAN），并使用一台路由器或主机作为路由器连接 Internet。这种配置与单个计算机的情况相似，除了路由器将分组从家庭网络转发到 ISP，它们也执行 NAT（见第 7 章；在 Windows 中称为 Internet 连接共享（ICS）），在与 ISP 通信时重写分组中的 IP 地址。从 ISP 的角度来看，只有一个 IP 地址被使用。目前，这些操作大部分是自动的，因此需要手动配置的地址很少。路由器使用 DHCP 为家庭用户提供自动地址分配。如果有必要，它们也为与 ISP 建立链路提供地址分配。第 6 章详细介绍 DHCP 操作和主机配置。

2.7.3 单个供应商 / 多个网络 / 多个地址

很多组织发现仅分配一个单播地址，特别是当它只是暂时分配时，通常无法满足自己的上网需求。对于运行 Internet 服务器（例如 Web 站点）的组织，通常希望拥有一个固定的 IP 地址。这些站点经常有多个局域网，其中有些是内部的（通过防火墙和 NAT 设备与 Internet 分离），有些可能是外部网（为 Internet 提供服务）。对于这样的网络，通常需要有一个站点或网络管理员，以确定站点需要多少个 IP 地址，如何构建网站的子网，以及哪些子网是内部或外部网。图 2-16 显示了典型的中小规模企业方案。

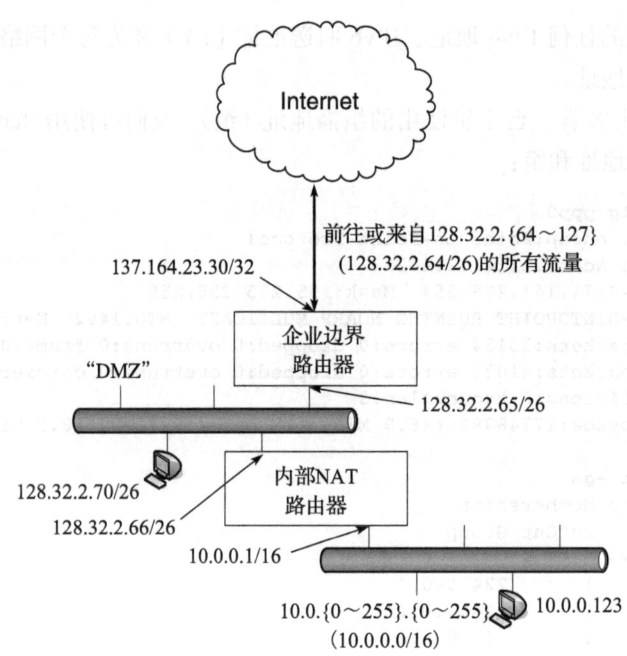

图 2-16　一个典型的小型到中型规模的企业网络。该网站已被分配 128.32.2.64/26 范围内的 64 个公开（可路由）的 IPv4 地址。"DMZ"网络包含 Internet 中可见的服务器。内部路由器使用 NAT 为企业内部的计算机提供 Internet 访问

在该图中，一个站点已分配前缀 128.32.2.64/26，提供最多 64（减 2）个可路由的 IPv4 地址。"DMZ"网络（"非军事区"网络，在主防火墙之外，见第 7 章）用来连接服务器，以便 Internet 中的用户可以访问它们。这种计算机通常提供 Web 访问、登录服务器和其他服务。这些服务器的 IP 地址来自前缀范围的一小部分；很多站点只拥有少数的公共服务器。站点前缀中的保留地址交给 NAT 路由器，将它们作为一个"NAT 池"（见第 7 章）的基础。NAT 路由器可以使用池中的任何地址重写进入或离开内部网络的数据报。图 2-16 显示的网络设置很方便，这里主要有两个原因。

首先，将内部网络与 DMZ 分隔开，有助于保护内部的计算机免受破坏，并由 DMZ 服务器来面对攻击。另外，它会设置区域内的 IP 地址。在边界路由器、DMZ 和内部 NAT 路由器建立后，可在内部使用任何地址结构，其中可以使用很多（专用的）IP 地址。当然，这个例子只是建立小型的企业网络的一种方式，其他因素（例如成本）可能最终决定路由器、网络和 IP 地址在小型或中型规模的企业中的部署方式。

2.7.4　多个供应商 / 多个网络 / 多个地址（多宿主）

67～68 对于一些依赖 Internet 接入来保证持续运营的组织，他们通常使用一个以上的供应商（称为*多宿主*），以便在失效时或其他情况下提供冗余连接。由于 CIDR，只有一个 ISP 的组织通常拥有与该 ISP 相关联的 PA 地址。如果他们又使用一个 ISP，这样会出现每个主机使用哪个 IP 地址的问题。目前，已有针对多个 ISP 同时运行的方法，以及在 ISP 之间转换的指导原则（其中提出了一些类似问题）。对于 IPv4，[RFC4116] 讨论了 PI 或 PA 地址如何用于多宿主。我们看图 2-17 所示的情况。

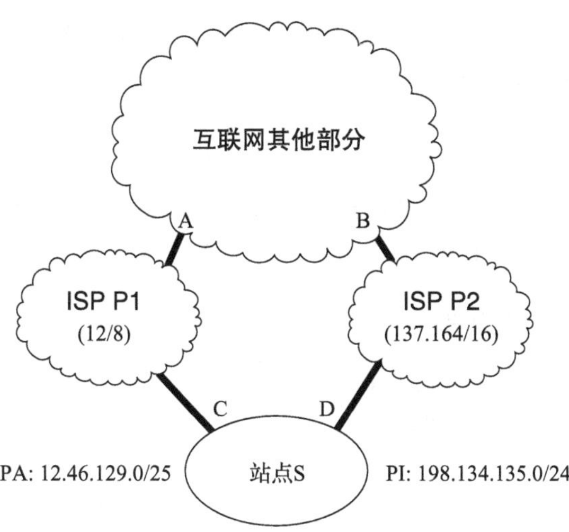

图 2-17　供应商聚合和供应商独立的 IPv4 地址用于一个假设的多宿主企业。如果 PI 地址是可用的，站点运营者倾向于选择使用 PI 空间。ISP 更喜欢 PA 空间，因为它可促进前缀聚合，减少路由表的大小

这里，一个虚拟的站点 S 有两个 ISP，即 P1 和 P2。如果它使用来自 P1 块（12.46.129.0/25）的 PA 地址空间，将在 C 和 D 点把该前缀分别通知 P1 和 P2。这个前缀可被 P1 聚合到自己的 12/8 块，并在 A 点将它通知 Internet 其他部分，但 P2 不能在 B 点聚合该前缀，因为它与自己的前缀（137.164/16）在数值上不相邻。另外，从 Internet 其他部分的一些主机的角度来看，12.46.129.0/25 的流量趋向于 ISP P2 而不是 ISP P1，因为站点 S 的前缀比它通过 P1 时更长（“更具体”）。这是 Internet 路由（详情见第 5 章）采用*最长匹配前缀算法*工作方式的结果。本质上，一台 Internet 其他部分的主机经过 A 点匹配的前缀 12.0.0.0/8 或 B 点匹配的前缀 12.46.129.0/25 都可到达 12.46.129.1。由于每个前缀都匹配（即目的地址 12.46.129.1 中包含一组共同的前缀位），则具有更大或更长的那个前缀是首选，在这种情况下是 P2。因此，P2 69
位于无法聚合来自 S 的前缀的位置，并需要携带更多站点 S 的流量。

如果站点 S 决定使用 PI 空间而不是 PA 空间，这个情况更对称。但是，不聚合是可能的。在这种情况下，它在 C 和 D 点将 PI 前缀 198.134.135.0/24 分别通知 P1 和 P2，但任何 ISP 都不能聚合它，因为它与 ISP 地址块中任何一个数值都不相邻。因此，每个 ISP 在 A 点和 B 点通知可识别的前缀 198.134.135.0/24。在这种方式下，在 Internet 路由中执行“自然的”最短路径计算，站点 S 可通过更靠近发送主机的 ISP 到达。另外，如果站点 S 决定切换另一个 ISP，它不需要改变其分配的地址。不幸的是，无法聚合这种地址可能关系到 Internet 未来的扩展性，因此 PI 空间相对供不应求。

IPv6 多宿主已成为 IETF 近年来的研究课题，并出现了 Multi6 体系结构 [RFC4177] 和 Shim6 协议 [RFC5533]。Multi6 概括了一些已提出处理意见的方法。从广义上来说，上述选择包括使用一种相当于前面提到的 IPv4 多宿主的路由方式、使用*移动* IPv6 的能力 [RFC6275]，以及采用一种将节点标识符与定位符分离的新方法。当前，IP 地址作为连接 Internet 的一个网络接口*标识符*（本质上是一种名称）和*定位符*（一种路由系统理解的地址）。这种分离使得将来即使在底层 IP 地址改变的情况下网络协议也能够实现。提供这种分离的协议有时称为*标识符 / 定位符分离*或 *id/loc 分离*协议。

Shim6介绍了一个网络层协议“隔离层”（shim），传输层协议使用它分离来自IP地址的“上层协议标识符”。多宿主通过选择使用的IP地址（定位符）来实现，基于动态网络环境且不需要PI地址分配。通信主机（端点）之间对使用的定位符及交换的时机进行协商。标识符与定位符分离是其他几项工作的主题，包括实验性的*主机标识协议*（HIP）[RFC4423]，它使用加密的主机标识符来标识主机。这种标识符实际上是与主机相关的公共/私人密钥对中的公钥，因此来源于一个特定主机的HIP流量可被认证。第18章将详细讨论安全问题。

2.8　与IP地址相关的攻击

IP地址基本上都是数字，只有少数网络攻击涉及它们。一般情况下，执行攻击可发送“欺骗”数据包（见第5章）或其他相关活动。也就是说，IP地址现在有助于查明涉嫌不良
70 活动的个体（例如，对等网络中的版权侵权或非法材料分发）。这样做可能被以下几个原因所误导。例如，在很多情况下，IP地址只是暂时的，并在不同时间重新分配给不同用户。因此，在精确计时中出现任何错误，容易造成数据库中的IP地址到用户的映射出错。另外，访问控制没有被广泛和安全地部署；用户可能通过一些公共的接入点，或一些无意中开放的家庭或办公室的无线路由器连接Internet。在这种情况下，不知情的家庭或企业所有者可能因IP地址而成为嫌疑人，即使这个人并不是网络流量的发送者。这种情况也可能因受攻击的主机被用于组成僵尸网络而发生。目前，这类计算机（和路由器）可通过基于Internet的黑市来租赁，并被用于执行攻击、非法内容服务和其他违法活动[RFC4948]。

2.9　总结

IP地址用于识别和定位整个Internet系统（单播地址）中设备的网络接口。它也用于识别多个接口（组播、广播或任播地址）。每个接口有一个最少32位的IPv4地址，并且通常有几个128位的IPv6地址。单播地址由一些分层次组织的管理机构分配成块。由这些机构分配的前缀表示一个单播IP地址空间块，这些块通常分配给ISP，并由它们为自己的用户分配地址。这种前缀通常是ISP地址块的子区间（称为供应商聚合的地址或PA地址），但也可能代之为用户拥有的地址（称为供应商独立的地址或PI地址）。数值相邻的地址前缀（PA地址）可被聚合，以节省路由表空间和提高Internet扩展性。这种方法出现于由A、B、C类网络号组成的“有类别”Internet网络结构被无类别域间路由（CIDR）所取代时。CIDR允许根据对地址空间的不同需求，将不同大小的地址块分配给某个组织，CIDR实际上可以更有效地分配地址空间。任播地址是根据发送者位置指向不同主机的单播地址；这种地址常用于发现可能出现在不同位置的网络服务。

IPv6单播地址与IPv4地址有所不同。最重要的是，IPv6地址有一个范围的概念，无论是单播地址还是组播地址，都需要明确指出地址的有效范围。典型的范围包括节点本地、链路本地和全球范围。链路本地地址通常基于一个标准前缀和一个IID创建，这个IID可由低层协
71 议（例如硬件/MAC地址）基于地址提供或取随机值。这种方法有助于自动配置IPv6地址。

IPv4和IPv6都支持同时指向多个网络接口的地址格式。IPv4支持广播地址和组播地址，但IPv6只支持组播地址。广播允许一人对所有人通信，而组播允许一人对多人通信。发送方向组播组（IP地址）的发送，其行为有点像电视频道；发送方并不知道接收方信息或一个信道中有多少个接收方。Internet中的全球性组播已发展了十多年，并且涉及很多协议，有些是针对路由，有些是针对地址分配和协调，有些是针对主机希望加入或离开一个组的信

息。无论是 IPv4 还是 IPv6，特别是 IPv6，都有很多类型和用途的组播地址。IPv6 组播地址格式变化提供了基于单播前缀分配组的方法，在组中嵌入路由信息（RP 地址），并且能基于 IID 创建组播地址。

可以说 CIDR 的开发和部署是 Internet 核心路由系统的一个根本性变化。CIDR 成功地为分配地址空间提供更多灵活性，并通过聚合提升路由的可扩展性。另外，IPv6 在 20 世纪 90 年代初开始受到更多重视，这是出于很快将会需要更多地址的想法。当时没有预见的是，NAT（见第 7 章）的广泛使用显著推迟了 IPv6 的使用，这是因为连接 Internet 的每台主机不再需要唯一的地址。相反，大型网络使用专用地址空间已司空见惯。但是，可用于路由的 IP 地址数量最终将减少到零，因此未来将会出现一些变化。2011 年 2 月，IANA 分配了最后 5 个 /8 的 IPv4 地址前缀，5 个 RIR 各分配 1 个前缀。2011 年 04 月 15 日，APNIC 用尽了其所有可分配的前缀。剩余前缀由不同 RIR 持有，预计最多只能几年保持未分配状态。[IP4R] 是一个关于当前 IPv4 地址利用率的统计。

2.10 参考文献

[CGEMA] Cisco Systems, "Guidelines for Enterprise IP Multicast Address Allocation," 2004, http://www.cisco.com/warp/public/cc/techno/tity/prodlit/ipmlt_wp.pdf

[EIGRP] B. Albrightson, J. J. Garcia-Luna-Aceves, and J. Boyle, "EIGRP—A Fast Routing Protocol Based on Distance Vectors," *Proc. Infocom*, 2004.

[EUI64] Institute for Electrical and Electronics Engineers, "Guidelines for 64-Bit Global Identifier (EUI-64) Registration Authority," Mar. 1997, http://standards.ieee.org/regauth/oui/tutorials/EUI64.html 72

[H96] M. Handley, "The SDR Session Directory: An Mbone Conference Scheduling and Booking System," Department of Computer Science, University College London, Apr. 1996, http://cobweb.ecn.purdue.edu/~ace/mbone/mbone/sdr/intro.html

[IANA] Internet Assigned Numbers Authority, http://www.iana.org

[IDChes] S. Cheshire and M. Krochmal, "Multicast DNS," Internet draft-cheshire-dnsext-multicastdns, work in progress, Oct. 2010.

[IDv4v6mc] S. Venaas, X. Li, and C. Bao, "Framework for IPv4/IPv6 Multicast Translation," Internet draft-venaas-behave-v4v6mc-framework, work in progress, Dec. 2010.

[IEEERA] IEEE Registration Authority, http://standards.ieee.org/regauth

[IMR02] B. Edwards, L. Giuliano, and B. Wright, *Interdomain Multicast Routing: Practical Juniper Networks and Cisco Systems Solutions* (Addison-Wesley, 2002).

[IP4AS] http://www.iana.org/assignments/ipv4-address-space

[IP4MA] http://www.iana.org/assignments/multicast-addresses

[IP4R] IPv4 Address Report, http://www.potaroo.net/tools/ipv4

[IP6AS] http://www.iana.org/assignments/ipv6-address-space

[IP6MA] http://www.iana.org/assignments/ipv6-multicast-addresses

[KK77] L. Kleinrock and F. Kamoun, "Hierarchical Routing for Large Networks, Performance Evaluation and Optimization," *Computer Networks*, 1(3), 1977.

[NRO] Number Resource Organization, http://www.nro.net

[RFC0919] J. C. Mogul, "Broadcasting Internet Datagrams," Internet RFC 0919/ BCP 0005, Oct. 1984.

[RFC0922] J. C. Mogul, "Broadcasting Internet Datagrams in the Presence of Subnets," Internet RFC 0922/STD 0005, Oct. 1984.

[RFC0950] J. C. Mogul and J. Postel, "Internet Standard Subnetting Procedure," Internet RFC 0950/STD 0005, Aug. 1985.

[RFC1075] D. Waitzman, C. Partridge, and S. E. Deering, "Distance Vector Multicast Routing Protocol," Internet RFC 1075 (experimental), Nov. 1988.

[RFC1112] S. E. Deering, "Host Extensions for IP Multicasting," Internet RFC 1112/STD 0005, Aug. 1989.

[RFC1122] R. Braden, ed., "Requirements for Internet Hosts—Communication Layers," Internet RFC 1122/STD 0003, Oct. 1989.

[RFC1812] F. Baker, ed., "Requirements for IP Version 4 Routers," Internet RFC 1812/STD 0004, June 1995.

[RFC1918] Y. Rekhter, B. Moskowitz, D. Karrenberg, G. J. de Groot, and E. Lear, "Address Allocation for Private Internets," Internet RFC 1918/BCP 0005, Feb. 1996.

[RFC2080] G. Malkin and R. Minnear, "RIPng for IPv6," Internet RFC 2080, Jan. 1997.

[RFC2328] J. Moy, "OSPF Version 2," Internet RFC 2328/STD 0054, Apr. 1988.

[RFC2365] D. Meyer, "Administratively Scoped IP Multicast," Internet RFC 2365/ BCP 0023, July 1998.

[RFC2544] S. Bradner and J. McQuaid, "Benchmarking Methodology for Network Interconnect Devices," Internet RFC 2544 (informational), Mar. 1999.

[RFC2622] C. Alaettinoglu, C. Villamizar, E. Gerich, D. Kessens, D. Meyer, T. Bates, D. Karrenberg, and M. Terpstra, "Routing Policy Specification Language (RPSL)," Internet RFC 2622, June 1999.

[RFC2644] D. Senie, "Changing the Default for Directed Broadcasts in Routers," Internet RFC 2644/BCP 0034, Aug. 1999.

[RFC2974] M. Handley, C. Perkins, and E. Whelan, "Session Announcement Protocol," Internet RFC 2974 (experimental), Oct. 2000.

[RFC3056] B. Carpenter and K. Moore, "Connection of IPv6 Domains via IPv4 Clouds," Internet RFC 3056, Feb. 2001.

[RFC3068] C. Huitema, "An Anycast Prefix for 6to4 Relay Routers," Internet RFC 3068, June 2001.

[RFC3170] B. Quinn and K. Almeroth, "IP Multicast Applications: Challenges and Solutions," Internet RFC 3170 (informational), Sept. 2001.

[RFC3180] D. Meyer and P. Lothberg, "GLOP Addressing in 233/8," Internet RFC 3180/BCP 0053, Sept. 2001.

[RFC3306] B. Haberman and D. Thaler, "Unicast-Prefix-Based IPv6 Multicast Addresses," Internet RFC 3306, Aug. 2002.

[RFC3307] B. Haberman, "Allocation Guidelines for IPv6 Multicast Addresses," Internet RFC 3307, Aug. 2002.

[RFC3315] R. Droms, ed., J. Bound, B. Volz, T. Lemon, C. Perkins, and M. Carney, "Dynamic Host Configuration Protocol for IPv6 (DHCPv6)," Internet RFC 3315, July 2003.

[RFC3569] S. Bhattacharyya, ed., "An Overview of Source-Specific Multicast (SSM)," Internet RFC 3569 (informational), July 2003.

[RFC3701] R. Fink and R. Hinden, "6bone (IPv6 Testing Address Allocation) Phaseout," Internet RFC 3701 (informational), Mar. 2004.

[RFC3810] R. Vida and L. Costa, eds., "Multicast Listener Discovery Version 2 (MLDv2) for IPv6," Internet RFC 3810, June 2004.

[RFC3849] G. Huston, A. Lord, and P. Smith, "IPv6 Address Prefix Reserved for Documentation," Internet RFC 3849 (informational), July 2004.

[RFC3879] C. Huitema and B. Carpenter, "Deprecating Site Local Addresses," Internet RFC 3879, Sept. 2004.

[RFC3927] S. Cheshire, B. Aboba, and E. Guttman, "Dynamic Configuration of IPv4 Link-Local Addresses," Internet RFC 3927, May 2005.

[RFC3956] P. Savola and B. Haberman, "Embedding the Rendezvous Point (RP) Address in an IPv6 Multicast Address," Internet RFC 3956, Nov. 2004.

[RFC4012] L. Blunk, J. Damas, F. Parent, and A. Robachevsky, "Routing Policy Specification Language Next Generation (RPSLng)," Internet RFC 4012, Mar. 2005.

[RFC4116] J. Abley, K. Lindqvist, E. Davies, B. Black, and V. Gill, "IPv4 Multihoming Practices and Limitations," Internet RFC 4116 (informational), July 2005.

[RFC4177] G. Huston, "Architectural Approaches to Multi-homing for IPv6," Internet RFC 4177 (informational), Sept. 2005.

[RFC4193] R. Hinden and B. Haberman, "Unique Local IPv6 Unicast Addresses," Oct. 2005.

[RFC4286] B. Haberman and J. Martin, "Multicast Router Discovery," Internet RFC 4286, Dec. 2005.

[RFC4291] R. Hinden and S. Deering, "IP Version 6 Addressing Architecture," Internet RFC 4291, Feb. 2006.

[RFC4380] C. Huitema, "Teredo: Tunneling IPv6 over UDP through Network Address Translations (NATs)," Internet RFC 4380, Feb. 2006.

[RFC4423] R. Moskowitz and P. Nikander, "Host Identity Protocol (HIP) Architecture," Internet RFC 4423 (informational), May 2006.

[RFC4489] J.-S. Park, M.-K. Shin, and H.-J. Kim, "A Method for Generating Link-Scoped IPv6 Multicast Addresses," Internet RFC 4489, Apr. 2006.

[RFC4566] M. Handley, V. Jacobson, and C. Perkins, "SDP: Session Description Protocol," Internet RFC 4566, July 2006.

[RFC4601] B. Fenner, M. Handley, H. Holbrook, and I. Kouvelas, "Protocol Independent Multicast-Sparse Mode (PIM-SM): Protocol Specification (Revised)," Internet RFC 4601, Aug. 2006.

[RFC4607] H. Holbrook and B. Cain, "Source-Specific Multicast for IP," Internet RFC 4607, Aug. 2006.

[RFC4608] D. Meyer, R. Rockell, and G. Shepherd, "Source-Specific Protocol Independent Multicast in 232/8," Internet RFC 4608/BCP 0120, Aug. 2006.

[RFC4610] D. Farinacci and Y. Cai, "Anycast-RP Using Protocol Independent Multicast (PIM)," Internet RFC 4610, Aug. 2006.

[RFC4632] V. Fuller and T. Li, "Classless Inter-domain Routing (CIDR): The Internet Address Assignment and Aggregation Plan," Internet RFC 4632/BCP 0122,

Aug. 2006.

[RFC4786] J. Abley and K. Lindqvist, "Operation of Anycast Services," Internet RFC 4786/BCP 0126, Dec. 2006.

[RFC4795] B. Aboba, D. Thaler, and L. Esibov, "Link-Local Multicast Name Resolution (LLMNR)," Internet RFC 4795 (informational), Jan. 2007.

[RFC4843] P. Nikander, J. Laganier, and F. Dupont, "An IPv6 Prefix for Overlay Routable Cryptographic Hash Identifiers (ORCHID)," Internet RFC 4843 (experimental), Apr. 2007.

[RFC4893] Q. Vohra and E. Chen, "BGP Support for Four-Octet AS Number Space," Internet RFC 4893, May 2007.

[RFC4948] L. Andersson, E. Davies, and L. Zhang, eds., "Report from the IAB Workshop on Unwanted Traffic March 9–10, 2006," Internet RFC 4948 (informational), Aug. 2007.

[RFC5059] N. Bhaskar, A. Gall, J. Lingard, and S. Venaas, "Bootstrap Router (BSR) Mechanism for Protocol Independent Multicast (PIM)," Internet RFC 5059, Jan. 2008.

[RFC5110] P. Savola, "Overview of the Internet Multicast Routing Architecture," Internet RFC 5110 (informational), Jan. 2008.

[RFC5156] M. Blanchet, "Special-Use IPv6 Addresses," Internet RFC 5156 (informational), Apr. 2008.

[RFC5214] F. Templin, T. Gleeson, and D. Thaler, "Intra-Site Automatic Tunnel Addressing Protocol (ISATAP)," Internet RFC 5214 (informational), Mar. 2008.

[RFC5352] R. Stewart, Q. Xie, M. Stillman, and M. Tuexen, "Aggregate Server Access Protocol (ASAP)," Internet RFC 5352 (experimental), Sept. 2008.

[RFC5415] P. Calhoun, M. Montemurro, and D. Stanley, eds., "Control and Provisioning of Wireless Access Points (CAPWAP) Protocol Specification," Internet RFC 5415, Mar. 2009.

[RFC5498] I. Chakeres, "IANA Allocations for Mobile Ad Hoc Network (MANET) Protocols," Internet RFC 5498, Mar. 2009.

[RFC5533] E. Nordmark and M. Bagnulo, "Shim6: Level 3 Multihoming Shim Protocol for IPv6," Internet RFC 5533, June 2009.

[RFC5735] M. Cotton and L. Vegoda, "Special Use IPv4 Addresses," Internet RFC 5735/BCP 0153, Jan. 2010.

[RFC5736] G. Huston, M. Cotton, and L. Vegoda, "IANA IPv4 Special Purpose Address Registry," Internet RFC 5736 (informational), Jan. 2010.

[RFC5737] J. Arkko, M. Cotton, and L. Vegoda, "IPv4 Address Blocks Reserved for Documentation," Internet RFC 5737 (informational), Jan. 2010.

[RFC5771] M. Cotton, L. Vegoda, and D. Meyer, "IANA Guidelines for IPv4 Multicast Address Assignments," Internet RFC 5771/BCP 0051, Mar. 2010.

[RFC5952] S. Kawamura and M. Kawashima, "A Recommendation for IPv6 Address Text Representation," Internet RFC 5952, Aug. 2010.

[RFC5905] D. Mills, J. Martin, ed., J. Burbank, and W. Kasch, "Network Time Protocol Version 4: Protocol and Algorithms Specification," Internet RFC 5905, June 2010.

[RFC6034] D. Thaler, "Unicast-Prefix-Based IPv4 Multicast Addresses," Internet RFC 6034, Oct. 2010.

[RFC6052] C. Bao, C. Huitema, M. Bagnulo, M. Boucadair, and X. Li, "IPv6 Addressing of IPv4/IPv6 Translators," Internet RFC 6052, Oct. 2010.

[RFC6217] J. Arkko and M. Townsley, "IPv4 Run-Out and IPv4-IPv6 Co-Existence Scenarios," Internet RFC 6127 (experimental), May 2011.

[RFC6144] F. Baker, X. Li, C. Bao, and K. Yin, "Framework for IPv4/IPv6 Translation," Internet RFC 6144 (informational), Apr. 2011.

[RFC6164] M. Kohno, B. Nitzan, R. Bush, Y. Matsuzaki, L. Colitti, and T. Narten, "Using 127-Bit IPv6 Prefixes on Inter-Router Links," Internet RFC 6164, Apr. 2011.

[RFC6275] C. Perkins, ed., D. Johnson, and J. Arkko, "Mobility Support in IPv6," Internet RFC 3775, July 2011.

[RFC6308] P. Savola, "Overview of the Internet Multicast Addressing Architecture," Internet RFC 6308 (informational), June 2011. 73 ~ 78

[WRWS] http://www.arin.net/resources/whoisrws

第 3 章

TCP/IP Illustrated, Volume 1: The Protocols, Second Edition

链 路 层

3.1 引言

在第 1 章中，我们知道 TCP/IP 协议族中设计链路层的目的是为 IP 模块发送和接收 IP 数据报。它可用于携带一些支持 IP 的辅助性协议，例如 ARP（见第 4 章）。TCP/IP 支持多种不同的链路层，它依赖于使用的网络硬件类型：有线局域网，例如以太网；*城域网*（MAN），例如服务供应商提供的有线电视和 DSL 连接；有线语音网络，例如支持调制解调器的电话线；无线网络，例如 Wi-Fi（无线局域网）；基于蜂窝技术的各种无线数据服务，例如 HSPA、EV-DO、LTE 和 WiMAX。在本章中，我们将详细讨论以下内容：在以太网和 Wi-Fi 的链路层中，如何使用*点到点协议*（PPP），如何在其他（链路或更高层）协议中携带链路层协议，以及一种称为隧道的技术等。详细描述当前使用的每种链路技术需要专门一本书才行，因此我们将注意力集中在一些常用的链路层协议，以及 TCP/IP 中如何使用它们。

大多数链路层技术都有一个相关的协议，描述由网络硬件传输的相应 PDU 格式。在描述链路层的 PDU 时，我们通常使用术语帧，以区分那些更高层的 PDU 格式，例如描述网络层和传输层 PDU 的分组和段。帧格式通常支持可变的帧长度，范围从几字节到几千字节。这个范围的上限称为*最大传输单元*（MTU），我们将在后续章节中提到链路层的这一特点。有些网络技术（例如调制解调器和串行线路）不强制规定最大的帧，因此它们可以由用户来

79 配置。

3.2 以太网和 IEEE 802 局域网 / 城域网标准

*以太网*这个术语通常指一套标准，由 DEC、Intel 公司和 Xerox 公司在 1980 年首次发布，并在 1982 年加以修订。第一个常见格式的以太网，目前被称为“10Mb/s 以太网”或“共享以太网”，它被 IEEE 采纳（轻微修改）为 802.3 标准。这种网络的结构通常如图 3-1 所示。

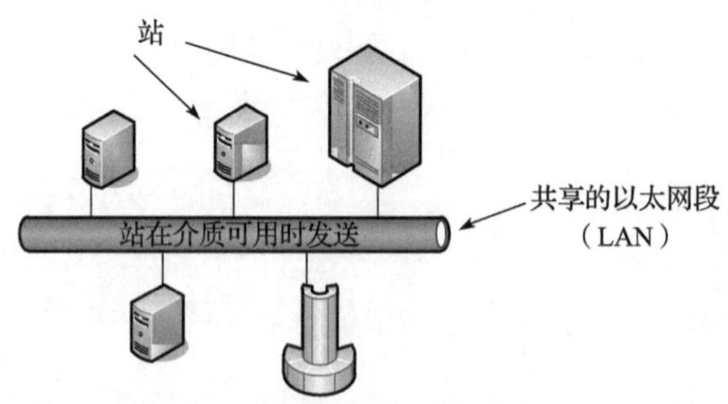

图 3-1 基本的共享以太网包含一个或多个站（例如工作站、超级计算机），它们都被连接到一个共享的电缆段上。当介质被确定为空闲状态时，链路层的 PDU（帧）可从一个站发送到一个或更多其他站。如果多个站同时发送数据，可能因信号传播延迟而发生碰撞。碰撞可以被检测到，它会导致发送站等待一个随机时间，然后重新发送数据。这种常见的方法称为带冲突检测的载波侦听多路访问

由于多个站共享同一网络，该标准需要在每个以太网接口实现一种分布式算法，以控制一个站发送自己的数据。这种特定方法称为带冲突（或称碰撞）检测的载波侦听多路访问（CSMA/CD），它协调哪些计算机可访问共享的介质（电缆），同时不需要其他特殊协议或同步。这种相对简单的方法有助于降低成本和促进以太网技术普及。

采用 CSMA/CD，一个站（例如计算机）首先检测目前网络上正在发送的信号，并在网络空闲时发送自己的帧。这是协议中的“载波侦听”部分。如果其他站碰巧同时发送，发生重叠的电信号被检测为一次碰撞。在这种情况下，每个站等待一个随机时间，然后再次尝试发送。这个时间量的选择依据一个统一的概率分布，随后每个碰撞被检测到的时间长度加 80
倍。最终，每个站会得到机会发送，或者在尝试一定次数（传统以太网为 16）后超时。采用 CSMA/CD，在任何给定的时间内，网络中只能有一个帧传输。如 CSMA/CD 这样的访问方法更正式的名称为介质访问控制（MAC）协议。MAC 协议有很多类型，有些基于每个站尝试独立使用网络（例如 CSMA/CD 的基于竞争的协议），有些基于预先安排的协调（例如依据为每个站分配的时段发送）。

随着 10Mb/s 以太网的发展，更快的计算机和基础设施使得局域网速度不断提升。由于以太网的普及，已取得以下显著创新和成果：其速度从 10Mb/s 增加到 100Mb/s、1000Mb/s、10Gb/s，现在甚至更高。10Gb/s 技术在大型数据中心和大型企业中越来越普遍，并且已被证实可达到 100Gb/s 的速度。最早（研究）的以太网速度为 3Mb/s，但 DIX（Digital、Intel、Xerox）标准可达到 10Mb/s，它在一条共享的物理电缆或由电子中继器互联的一组电缆上运行。20 世纪 90 年代初，共享的电缆已在很大程度上被双绞线（类似电话线，通常称为“10BASE-T”）代替。随着 100Mb/s（也称为“快速以太网”，最流行的版本是“100BASE-TX”）的发展，基于竞争的 MAC 协议已变得不流行。相反，局域网中每个站之间的线路通常不共享，而是提供了一个专用的星形拓扑结构。这可以通过以太网交换机来实现，如图 3-2 所示。

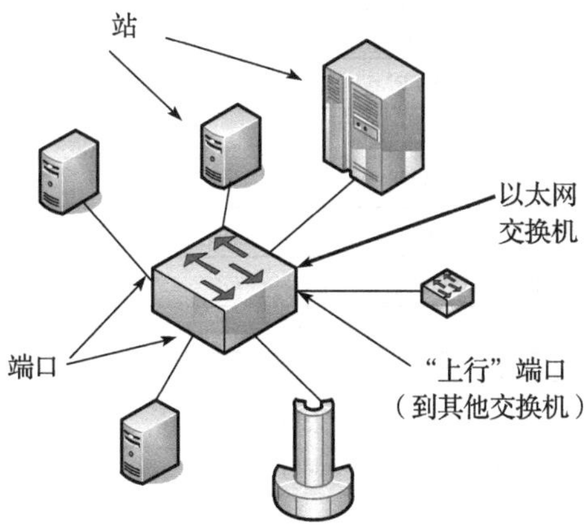

图 3-2 一个交换式以太网包含一个或多个站，每个站使用一条专用的线路连接到一个交换机端口。在大多数情况下，交换式以太网以全双工方式运行，并且不需要使用 CSMA/CD 算法。交换机可以通过交换机端口级联形成更大的以太网，该端口有时也称为“上行”端口 81

目前，交换机为以太网中的每个站提供同时发送和接收数据的能力（称为“全双工以太网”）。虽然 1000Mb/s 以太网（1000BASE-T）仍支持半双工（一次一个方向）操作，但相对于全双工以太网来说，它很少使用。下面我们将详细讨论交换机如何处理 PDU。

当前连接 Internet 的最流行技术之一是无线网络，常见的无线局域网（WLAN）IEEE 标准称为无线保真或 Wi-Fi，有时也称为“无线以太网”或 802.11。虽然这个标准与 802 有线以太网标准不同，但帧格式和通用接口大部分来自 802.3，并且都是 IEEE 802 局域网标准的一部分。因此，TCP/IP 用于以太网的大部分功能，也可用于 Wi-Fi 网络。我们将详细探讨这些功能。首先，我们描绘一个建立家庭和企业网络的所有 IEEE 802 标准的蓝图。这里也包括那些涉及城域网的 IEEE 标准，例如 IEEE 802.16（WiMAX）和蜂窝网络中的异构网络无缝切换标准（IEEE 802.21）。

3.2.1 IEEE 802 局域网 / 城域网标准

原始的以太网帧格式和工作过程由前面提到的行业协议所描述。这种格式被称为 DIX 格式或 Ethernet II 格式。对这种类型的以太网稍加修改后，由 IEEE 标准化为一种 CSMA/CD 网络，称为 802.3。在 IEEE 标准中，带 802 前缀的标准定义了局域网和城域网的工作过程。当前最流行的 802 标准包括 802.3（以太网）和 802.11（WLAN/Wi-Fi）。这些标准随着时间推移而演变，经过独立修订后名称发生改变（例如 802.11g），并最终被纳入修订过的标准。表 3-1 显示了一个相当完整的列表，包括截至 2011 年年中支持 TCP/IP 的相关 IEEE 802 局域网和城域网标准。

表 3-1 有关 TCP/IP 协议的局域网和城域网 IEEE 802 标准（2011）

名 称	描 述	官方参考
802.1ak	多注册协议（MRP）	[802.1AK-2007]
802.1AE	MAC 安全（MACSec）	[802.1AE-2006]
802.1AX	链路聚合（以前的 802.3ad）	[802.1AX-2008]
802.1d	MAC 网桥	[802.1D-2004]
802.1p	流量类 / 优先级 /QoS	[802.1D-2004]
802.1q	虚拟网桥的局域网 /MRP 的更正	[802.1Q-2005/Corl-2008]
82 802.1s	多生成树协议（MSTP）	[802.1Q-2005]
802.1w	快速生成树协议（RSTP）	[802.1D-2004]
802.1X	基于端口的网络访问控制（PNAC）	[802.1X-2010]
802.2	逻辑链路控制（LLC）	[802.2-1998]
802.3	基本以太网和 10Mb/s 以太网	[802.3-2008]（第 1 节）
802.3u	100Mb/s 以太网（“快速以太网”）	[802.3-2008]（第 2 节）
802.3x	全双工运行和流量控制	[802.3-2008]
802.3z/802.3ab	1000Mb/s 以太网（“千兆以太网”）	[802.3-2008]（第 3 节）
802.3ae	10Gb/s 以太网（“万兆以太网”）	[802.3-2008]（第 4 节）
802.3ad	链路聚合	[802.1AX-2008]
802.3af	以太网供电（PoE, 15.4W）	[802.3-2008]（第 2 节）
802.3ah	以太网接入（第一公里以太网）	[802.3-2008]（第 5 节）
802.3as	帧格式扩展（2000 字节）	[802.3-2008]
802.3at	以太网供电增强（“PoE +”，30W）	[802.3at-2009]
802.3ba	40/100Gb/s 以太网	[802.3ba-2010]
802.11a	运行在 5GHz 的 54Mb/s 的无线局域网	[802.11-2007]
802.11b	运行在 2.4GHz 的 11Mb/s 的无线局域网	[802.11-2007]
802.11e	针对 802.11 的 QoS 增强	[802.11-2007]

（续）

名　　称	描　　述	官方参考
802.11g	运行在 2.4GHz 的 54Mb/s 的无线局域网	[802.11-2007]
802.11h	频谱 / 电源管理扩展	[802.11-2007]
802.11i	安全增强 / 代替 WEP	[802.11-2007]
802.11j	运行在 4.9 ～ 5.0GHz（日本）	[802.11-2007]
802.11n	运行在 2.4GHz 和 5GHz 的 6.5 ～ 600Mb/s 的无线局域网，使用可选的 MIMO 和 40MHz 信道	[802.11n-2009]
802.11s（草案）	网状网，拥塞控制	开发中
802.11y	运行在 3.7GHz 的 54Mb/s 的无线局域网（许可的）	[802.11y-2008]
802.16	微波存取全球互通技术（WiMAX）	[802.16-2009]
802.16d	固定的无线城域网标准（WiMAX）	[802.16-2009]
802.16e	固定 / 移动的无线城域网标准（WiMAX）	[802.16-2009]
802.16h	改进的共存机制	[802.16h-2010]
802.16j	802.16 中的多跳中继	[802.16j-2009]
802.16k	802.16 网桥	[802.16k-2007]
802.21	介质无关切换	[802.21-2008]

83

除了 802.3、802.11、802.16 标准定义的特定类型的局域网之外，还有一些相关标准适用于所有 IEEE 标准的局域网技术。最常见的是定义逻辑链路控制（LLC）的 802.2 标准，其帧头部在 802 网络的帧格式中常见。在 IEEE 的术语中，LLC 和 MAC 是链路层的“子层”，LLC（多数帧格式）对每种网络都是通用的，而 MAC 层可能有所不同。虽然最初的以太网使用 CSMA/CD，但无线局域网常使用 CSMA/CA（CA 是“冲突避免”）。

注意 不幸的是，802.2 和 802.3 共同定义了与 Ethernet II 不同的帧格式，这个情况直到 802.3x 才最终纠正。它已经被纳入 [802.3-2008]。在 TCP/IP 世界中，[RFC0894] 和 [RFC2464] 定义了针对以太网的 IP 数据报封装，但旧的 LLC/SNAP 封装仍发布在 [RFC1042] 中。虽然这不再是一个大问题，但它曾经令人关注，并偶尔出现类似问题 [RFC4840]。

直到最近，帧格式在本质上还一直相同。为了获得该格式的详细信息，并了解它是如何演变的，我们现在将焦点转向这些细节。

3.2.2 以太网帧格式

所有的以太网（802.3）帧都基于一个共同的格式。在原有规范的基础上，帧格式已被改进以支持额外功能。图 3-3 显示了当前的以太网帧格式，以及它与 IEEE 提出的一个相对新的术语 IEEE 分组（一个在其他标准中经常使用的术语）的关系。

以太网帧开始是一个前导字段，接收器电路用它确定一个帧的到达时间，并确定编码位（称为时钟恢复）之间的时间量。由于以太网是一个异步的局域网（即每个以太网接口卡中不保持精确的时钟同步），从一个接口到另一个接口的编码位之间的间隔可能不同。前导是一个公认的模式（典型值为 0xAA），在发现帧起始分隔符（SFD）时，接收器使用它“恢复时钟”。SFD 的固定值为 0xAB。 84

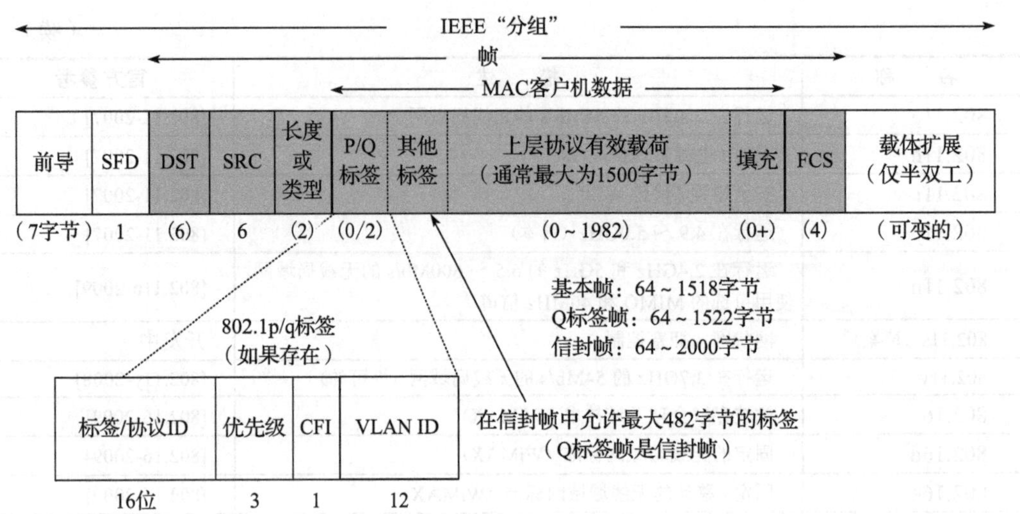

图 3-3　以太网（IEEE 802.3）帧格式包含一个源地址和目的地址、一个重载的长度 / 类型字段、一个数据字段和一个帧校验序列（CRC32）。另外，基本帧格式提供了一个标签，其中包含一个 VLAN ID 和优先级信息（802.1p/q），以及一个最近出现的可扩展标签。前导和 SFD 被用于接收器同步。当以太网以半双工模式运行在 100Mb/s 或以上速率时，其他位可能被作为载体扩展添加到短帧中，以确保冲突检测电路的正常运行

注意　最初以太网的位编码使用两个电压等级的曼彻斯特相位编码（MPE）。通过 MPE，每位被编码为电压变化，而不是绝对值。例如，0 位被编码为从 –0.85V 到 + 0.85V 的变化，1 位被编码为从 + 0.85V 到 –0.85V 的变化（0V 指共享线路处于空闲状态）。10Mb/s 以太网规范要求网络硬件使用 20MHz 振荡器，因为 MPE 的每位需要两个时钟周期。字节 0xAA（二进制为 10101010）在以太网的前导中，表示为一个 + 0.85 和 –0.85V 之间的 10MHz 频率的方波。在其他以太网标准中，曼彻斯特编码被替换为不同编码，以提高效率。

这个基本的帧格式包括 48 位（6 字节）的目的地址（DST）和源地址（SRC）字段。这些地址有时也采用其他名称，例如“MAC 地址”、“链路层地址”、“802 地址”、“硬件地址”或“物理地址”。以太网帧的目的地址也允许寻址到多个站点（称为“广播”或“组播”，见第 9 章）。广播功能用于 ARP 协议（见第 4 章），组播功能用于 ICMPv6 协议（见第 8 章），以实现网络层地址和链路层地址之间的转换。

源地址后面紧跟着一个类型字段，或一个长度字段。在多数情况下，它用于确定头部后面的数据类型。TCP/IP 网络使用的常见值包括 IPv4（0x0800）、IPv6（0x86DD）和 ARP（0x0806）。0x8100 表示一个 Q 标签帧（可携带一个“虚拟局域网”或 802.1q 标准的
85 VLAN ID）。一个以太网帧的基本大小是 1518 字节，但最近的标准将该值扩大到 2000 字节。

注意　最初的 IEEE（802.3）规范将长度 / 类型字段作为长度字段而不是类型字段使用。因此，这个字段被重载（可用于多个目的）。关键是看字段值。目前，如果字段值大于或等于 1536，则该字段表示类型，它是由标准分配的超过 1536 的值。如果字段值等于或小于 1500，则该字段表示长度。[ETHERTYPES] 给出了类型的完整列表。

在上述字段之后，[802.3-2008] 提供了多种标签包含由其他 IEEE 标准定义的各种协议字段。其中，最常见的是那些由 802.1p 和 802.1q 使用的标签，它提供虚拟局域网和一些服务质量（QoS）指示符。这些在 3.2.3 节讨论。

> **注意**　当前的 [802.3-2008] 标准采用修改后的 802.3 帧格式，提供最大为 482 字节的“标签”，它携带在每个以太网帧中。这些较大的帧称为信封帧，长度最大可能达到 2000 字节。包含 802.1p/q 标签的帧称为 Q 标签帧，也是信封帧。但是，并非所有信封帧必然是 Q 标签帧。

在这些讨论过的字段之后，是帧的数据区或有效载荷部分。这里是放高层 PDU（例如 IP 数据报）的地方。传统上，以太网的有效载荷一直是 1500 字节，它代表以太网的 MTU。目前，大多数系统为以太网使用 1500 字节的 MTU，虽然在必要时它也可设置为一个较小的值。有效载荷有时被填充（添加）数个 0，以确保帧总体长度符合最小长度要求，这些我们将在 3.2.2.2 节讨论。

3.2.2.1　帧校验序列 / 循环冗余校验

在以太网帧格式中，有效载荷区域之后的最后字段提供了对帧完整性的检查。循环冗余校验（CRC）字段位于尾部，有 32 位，有时称之为 IEEE/ANSI 标准的 CRC32 [802.3-2008]。要使用一个 *n* 位 CRC 检测数据传输错误，被检查的消息首先需要追加 *n* 位 0 形成一个扩展消息。然后，扩展消息（使用模 2 除法）除以一个（*n* + 1）位的值，这个作为除数的值称为生成多项式。放置在消息的 CRC 字段中的值是这次除法计算中余数的二进制反码（商被丢弃）。生成多项式已被标准化为一系列不同的 *n* 值。以太网使用 *n* = 32，CRC32 的生成多项式是 33 位的二进制数 100000100110000010001110110110111。为了理解如何使用（mod 2）二进制除法计算余数，我们看一个 CRC4 的简单例子。国际电信联盟（ITU）将 CRC4 的生成多项式值标准化为 10011，这是在 G.704 [G704] 标准中规定的。如果我们要发送 16 位的消息 1001111000101111，首先开始进行图 3-4 所示的（mod 2）二进制除法。 86~87

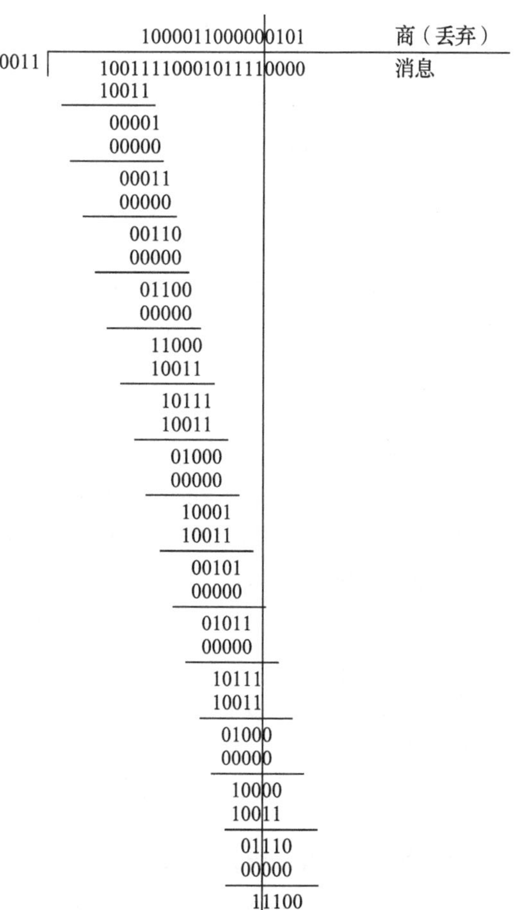

图 3-4　长（mod 2）二进制除法演示了 CRC4 的计算过程

在该图中，我们看到这个除法的余数是 4 位的值 1111。通常，该余数的反码（0000）将放置在帧的 CRC 或帧校验序列（FCS）字段中。在接收到数据之后，接收方执行相同的除法计算出余数，并判断该值与

FCS 字段的值是否匹配。如果两者不匹配，帧可能在传输过程中受损，通常被丢弃。CRC 功能可用于提示信息受损，因为位模式的任何改变极可能导致余数的改变。

3.2.2.2 帧大小

以太网帧有最小和最大尺寸。最小的帧是 64 字节，要求数据区（有效载荷）长度（无标签）最小为 48 字节。当有效载荷较小时，填充字节（值为 0）被添加到有效载荷尾部，以确保达到最小长度。

> **注意** 最小长度对最初的 10Mb/s 以太网的 CSMA/CD 很重要。为了使传输数据的站能知道哪个帧发生了冲突，将一个以太网的最大长度限制为 2500m（通过 4 个中继器连接的 5 个 500m 的电缆段）。根据电子在铜缆中传播速度约为 0.77*c*（约 2.31×10^8m/s），可得到 64 字节采用 10Mb/s 时的传输时间为 $64 \times 8/10\,000\,000 =$ 51.2μs，最小尺寸的帧能在电缆中传输约 11 000m。如果采用一条最长为 2500m 的电缆，从一个站到另一个站之间的最大往返距离为 5000m。以太网设计者确定最小帧长度基于安全因素，在完全兼容（和很多不兼容）的情况下，一个输出帧的最后位在所需时间后仍处于传输过程中，这个时间是信号到达位于最大距离的接收器并返回的时间。如果这时检测到一个冲突，传输中的站能知道哪个帧发生冲突，即当前正在传输中的那个帧。在这种情况下，该站发送一个干扰信号（高电压）提醒其他站，然后启动一个随机的二进制指数退避过程。

传统以太网的最大帧长度是 1518 字节（包括 4 字节 CRC 和 14 字节头部）。选择这个值出于一种折中：如果一个帧中包括一个错误（接收到不正确的 CRC 校验），只需重发 1.5KB 以修复该问题。另一方面，MTU 大小限制为 1500 字节。为了发送一个更大的消息，则需要多个帧（例如，对于 TCP/IP 网络常用的较大尺寸 64KB，需要至少 44 个帧）。

由多个以太网帧构成一个更大的上层 PDU 的后果是，每个帧都贡献了一个固定开销
88 （14 字节的头部和 4 字节的 CRC）。更糟的是，为了允许以太网硬件接收电路正确恢复来自网络的数据，并为其他站提供将自己的流量与已有流量区分开的机会，以太网帧在网络中不能无缝地压缩在一起。Ethernet II 规范除了在帧开始处定义了 7 字节前导和 1 字节 SFD 之外，还指定了 12 字节的包间距（IPG）时间（10Mb/s 为 9.6μs，100Mb/s 为 960ns，1000Mb/s 为 96ns，10 000Mb/s 为 9.6ns）。因此，Ethernet II 的每帧效率最多为 $1500/(12 + 8 + 14 + 1500 + 4) =$ 0.975 293，约 98%。一种提高效率的方式是，在以太网中传输大量数据时，尽量使帧尺寸更大一些。这可采用以太网巨型帧 [JF] 来实现，它是一种非标准的以太网扩展（主要在 1000Mb/s 以太网交换机中使用），通常允许帧尺寸高达 9000 字节。有些环境使用的帧称为超级巨型帧，它们通常超过 9000 字节。在使用巨型帧时要谨慎，这些较大的帧无法与较小的 1518 字节的帧互操作，因为它们无法由大多数传统以太网设备处理。

3.2.3 802.1p/q：虚拟局域网和 QoS 标签

随着交换式以太网的使用越来越多，位于同一以太网中的每台主机互连已成可能。这样做的好处是，任何主机都可直接与其他主机通信，它们使用 IP 和其他网络层协议，并很少或根本不需要管理员配置。另外，广播和组播流量（见第 9 章）被分发到所有希望接收的主机，而不必建立特殊的组播路由协议。虽然这是很多主机位于同一以太网的优势，但在很多

主机使用广播时，广播到每台主机将带来大量网络流量，并出于某些安全因素可能要禁止任意站之间通信。

为了解决大型多用途交换网络运行中的问题，IEEE 采用一种称为*虚拟局域网*（VLAN）的功能扩展 802 LAN 标准，它被定义在 802.1q [802.1Q-2005] 标准中。兼容的以太网交换机将主机之间的流量分隔为常见的 VLAN。注意，正是由于这种分隔，连在同一交换机但在不同 VLAN 中的两台主机，它们之间的流量需要一台路由器来传递。已研发出交换机 / 路由器组合设备来满足这种需求，路由器性能最终得到改进以匹配 VLAN 交换性能。因此，VLAN 的吸引力已有所减弱，现代高性能路由器逐渐取代它们。尽管如此，它们仍在使用，在某些环境中仍受欢迎，因此有必要了解它们。

工作站到 VLAN 的映射有几种方法。通过端口分配 VLAN 是一种简单而常见的方法，交换机端口所连接的站被分配在一个特定 VLAN 中，这样连接的任意站就都成为 VLAN 中的成员。其他选择包括基于 MAC 地址的 VLAN，以太网交换机使用表将一个站的 MAC 地 89
址映射到一个 VLAN。如果有些站改变它们的 MAC 地址（由于某些用户行为，有时需要这样做），它们可能变得难以管理。IP 地址也可用作分配 VLAN 的基础。

当不同 VLAN 中的站连接在同一交换机时，交换机确保流量不在两个 VLAN 之间泄漏，无论这些站使用哪种类型的以太网接口。当多个 VLAN 跨越多个交换机（*中继*）时，在以太网帧发送到另一台交换机之前，需要使用 VLAN 来标记该帧的归属。本功能使用一个称为 VLAN 标签（或头部）的标记，其中包含 12 位 *VLAN 标识符*（提供 4096 个 VLAN，但保留 VLAN 0 和 VLAN 4095）。它还包含支持 QoS 的 3 位优先级（定义在 802.1p 标准中），如图 3-3 所示。在很多情况下，管理员必须配置交换机端口，以便发送 802.1p/q 帧时能中继到适当的端口。为了使这项工作更加容易，有些交换机通过中继端口支持*本地* VLAN 选项，这意味着未标记的帧默认与本地 VLAN 相关。中继端口用于互连带 VLAN 功能的交换机，其他端口通常用于直接连接工作站。有些交换机还支持专用的 VLAN 中继方法，例如思科*内部交换链路*（ISL）协议。

802.1p 规定了在帧中表示 QoS 标识符的机制。802.1p 头部包括一个 3 位*优先级*字段，它用于表明一个 QoS 级别。这个标准是 802.1q VLAN 标准的扩展。这两个标准可以一起工作，并在同一头部中共享某些位。它用 3 个有效位定义了 8 个服务级别。0 级为最低优先级，用于传统的尽力而为的流量。7 级为最高优先级，可用于关键路由或网管功能。这个标准规定了优先级如何被编码在分组中，但没指定如何控制哪些分组采用哪个级别，以及实现优先级服务的底层机制，这些可由具体的实现者来定义。因此，一个优先级流量相对于另一个的处理方式是由实现或供应商定义的。注意，如果 802.1p/q 头部中的 VLAN ID 字段被设置为 0，802.1p 可以独立于 VLAN 使用。

控制 802.1p/q 信息的 Linux 命令是 vconfig。它可用来添加和删除虚拟接口，即与物理接口相关联的 VLAN ID。它也可用来设置 802.1p 优先级，更改虚拟接口确定方式，改变由特定 VLAN ID 标记的分组之间的映射，以及协议在操作系统中处理时如何划分优先级。下面的命令为 VLAN ID 为 2 的接口 eth1 添加、删除虚拟接口，修改虚拟接口的命名方式并添加新接口：

```
Linux# vconfig add eth1 2
Added VLAN with VID == 2 to IF -:eth1:-
Linux# ifconfig eth1.2
```
90

```
eth1.2 Link encap:Ethernet HWaddr 00:04:5A:9F:9E:80
          BROADCAST MULTICAST MTU:1500 Metric:1
          RX packets:0 errors:0 dropped:0 overruns:0 frame:0
          TX packets:0 errors:0 dropped:0 overruns:0 carrier:0
          collisions:0 txqueuelen:0
          RX bytes:0 (0.0 b) TX bytes:0 (0.0 b)
Linux# vconfig rem eth1.2
Removed VLAN -:eth1.2:-
Linux# vconfig set_name_type VLAN_PLUS_VID
Set name-type for VLAN subsystem. Should be visible in
          /proc/net/vlan/config
Linux# vconfig add eth1 2
Added VLAN with VID == 2 to IF -:eth1:-
Linux# ifconfig vlan0002
vlan0002 Link encap:Ethernet HWaddr 00:04:5A:9F:9E:80
          BROADCAST MULTICAST MTU:1500 Metric:1
          RX packets:0 errors:0 dropped:0 overruns:0 frame:0
          TX packets:0 errors:0 dropped:0 overruns:0 carrier:0
          collisions:0 txqueuelen:0
          RX bytes:0 (0.0 b) TX bytes:0 (0.0 b)
```

这里，我们可以看到在 Linux 中，虚拟接口命名的默认方法是将相关物理接口与 VLAN ID 串联。例如，VLAN ID 2 与接口 eth1 关联为 eth1.2。这个例子还显示了另一种命名方法，VLAN 被枚举为名称 vlan <*n*>，其中 <*n*> 是 VLAN 的标识符。一旦这样设置，VLAN 设备发送帧会如期望的那样被标记为 VLAN ID。我们可通过 Wireshark 看到，如图 3-5 所示。

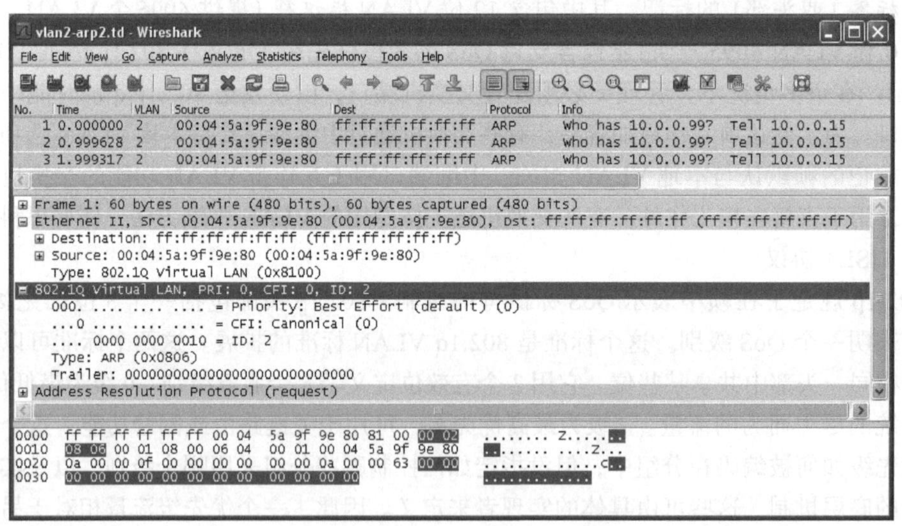

图 3-5　VLAN ID 标记的帧显示在 Wireshark 中。默认的列和设置已被修改，
91 以显示 VLAN ID 和原始以太网地址

本图显示了一个在 VLAN 2 中传输的 ARP 分组（见第 4 章）。我们可以看到，该帧大小为 60 字节（不包括 CRC）。该帧用 Ethernet II 封装（类型 0x8100），表示一个 VLAN。另外，VLAN 头部表明该帧属于 VLAN 2，优先级为 0，并且是普通帧。其他字段如我们预期的是一个普通 ARP 分组。

3.2.4　802.1AX：链路聚合（以前的 802.3ad）

有些系统配备多个网络接口，具有绑定（bonding）或链路聚合能力。通过链路聚合，两个或更多接口被视为一个，通过冗余或将数据分割（分拆）到多个接口，提高性能并获得更好的可靠性。IEEE 修订的 802.1AX [802.1AX-2008] 定义了最常用的链路聚合方法，以及可管理这些链路的链路聚合控制协议（LACP）。LACP 使用一种特定格式的 IEEE 802 帧（称为 LACPDU）。

以太网交换机支持的链路聚合是一个替代方案，它比支持更高速网络接口的性价比高。如果多个端口聚合能提供足够的带宽，则可能并不需要高速接口。链路聚合不仅可被网络交换机支持，而且可在一台主机上跨越多个网络接口卡（NIC）。在通常情况下，聚合的端口必须是同一类型，并工作在同一模式（半双工或全双工）下。

Linux 可实现跨越不同类型设备的链路聚合（绑定），使用以下命令：

```
Linux# modprobe bonding
Linux# ifconfig bond0 10.0.0.111 netmask 255.255.255.128
Linux# ifenslave bond0 eth0 wlan0
```

这组命令中的第一个用于加载绑定驱动，它是一个支持链路聚合的特殊设备驱动程序。第二个命令使用 IPv4 地址来创建 bond0 接口。虽然 IP 相关信息对创建聚合接口不是必需的，但它是典型的。在 ifenslave 命令执行后，绑定设备 bond0 用 MASTER 标志来标记，而设备 eth0 和 wlan0 用 SLAVE 标志来标记：

```
bond0 Link encap:Ethernet HWaddr 00:11:A3:00:2C:2A
           inet addr:10.0.0.111 Bcast:10.0.0.127 Mask:255.255.255.128
           inet6 addr: fe80::211:a3ff:fe00:2c2a/64 Scope:Link
           UP BROADCAST RUNNING MASTER MULTICAST MTU:1500 Metric:1
           RX packets:2146 errors:0 dropped:0 overruns:0 frame:0
           TX packets:985 errors:0 dropped:0 overruns:0 carrier:0
           collisions:18 txqueuelen:0
           RX bytes:281939 (275.3 KiB) TX bytes:141391 (138.0 KiB)
eth0 Link encap:Ethernet HWaddr 00:11:A3:00:2C:2A
           UP BROADCAST RUNNING SLAVE MULTICAST MTU:1500 Metric:1
           RX packets:1882 errors:0 dropped:0 overruns:0 frame:0
           TX packets:961 errors:0 dropped:0 overruns:0 carrier:0
           collisions:18 txqueuelen:1000
           RX bytes:244231 (238.5 KiB) TX bytes:136561 (133.3 KiB)
           Interrupt:20 Base address:0x6c00
wlan0 Link encap:Ethernet HWaddr 00:11:A3:00:2C:2A
           UP BROADCAST SLAVE MULTICAST MTU:1500 Metric:1
           RX packets:269 errors:0 dropped:0 overruns:0 frame:0
           TX packets:24 errors:0 dropped:0 overruns:0 carrier:0
           collisions:0 txqueuelen:1000
           RX bytes:38579 (37.6 KiB) TX bytes:4830 (4.7 KiB)
```

92

在这个例子中，我们将一个有线以太网接口和一个 Wi-Fi 接口绑定在一起。为主设备 bond0 分配了 IPv4 地址信息，通常分配给两个独立接口之一，它默认使用第一个从设备的 MAC 地址。当 IPv4 流量通过 bond0 虚拟接口发送时，很可能使用不同的从设备来发送。在 Linux 中，当绑定的驱动程序被加载时，可使用系统提供的参数选择选项。例如，模式选项决定了能否做以下工作：在接口之间使用循环交付，一个接口作为另一个接口的备份使用，基于对 MAC 源地址和目的地址执行的异或操作选择接口，将帧复制到所有接口，执行 802.3ad 标准的链路聚合，或采用更先进的负载平衡选项。第二种模式用于高可用性系统，当一个链路停止运行时（由 MII 监控来检测；更多细节见 [BOND]），这种系统将故障部分转移到冗余的网络基础设施上。第三种模式是基于流量的流向选择从接口。如果目的地完全不同，两个站之间的流量被固定到一个接口。在希望尽量少尝试重新排序，并保证多个接口负载平衡的情况下，这种模式可能是有效的。第四种模式针对容错。第五种模式用于支持802.3ad的交换机，在同类链路上实现动态聚合能力。

LACP协议旨在通过避免手工配置，以简化链路聚合的建立工作。在LACP“主角”（客户端）和“参与者”（服务器）启用后，它们通常每秒都会发送LACPDU。LACP自动确定哪些成员链路可被聚合成一个链路聚合组（LAG），并将它们聚合起来。这个过程的实现需要通过链路发送一系列信息（MAC地址、端口优先级、端口号和密钥）。一个接收站可比较来自
93 其他端口的值，如果匹配就执行聚合。LACP协议的细节见[802.1AX-2008]。

3.3 全双工、省电、自动协商和802.1X流量控制

当以太网最初被开发出来时，它仅工作在半双工模式，并使用一条共享的电缆。也就是说，同一时间内只能在一个方向发送数据，因此在任何时间点只有一个站可发送一个帧。随着交换式以太网的发展，网络不再是单一的共享线路，而代之以很多链路的组合。因此，多个站之间可以同时进行数据交换。另外，以太网被修改为全双工操作，这样可以有效禁用冲突检测电路。这样也可以增加以太网的物理长度，因为半双工操作和冲突检测的相关时间约束被取消。

在Linux中，ethtool程序可用于查询是否支持全双工，以及是否正在执行全双工操作。这个工具也可显示和设置以太网接口的很多属性：

```
Linux# ethtool eth0
Settings for eth0:
          Supported ports: [ TP MII ]
          Supported link modes: 10baseT/Half 10baseT/Full
          100baseT/Half 100baseT/Full
          Supports auto-negotiation: Yes
          Advertised link modes: 10baseT/Half 10baseT/Full
          100baseT/Half 100baseT/Full
          Advertised auto-negotiation: Yes
          Speed: 10Mb/s
          Duplex: Half
          Port: MII
          PHYAD: 24
          Transceiver: internal
          Auto-negotiation: on
          Current message level: 0x00000001 (1)
          Link detected: yes
Linux# ethtool eth1
Settings for eth1:
          Supported ports: [ TP ]
          Supported link modes: 10baseT/Half 10baseT/Full
                    100baseT/Half 100baseT/Full
                    1000baseT/Full
          Supports auto-negotiation: Yes
          Advertised link modes: 10baseT/Half 10baseT/Full
                    100baseT/Half 100baseT/Full
                    1000baseT/Full
          Advertised auto-negotiation: Yes
          Speed: 100Mb/s
          Duplex: Full
          Port: Twisted Pair
          PHYAD: 0
          Transceiver: internal
94        Auto-negotiation: on
          Supports Wake-on: umbg
          Wake-on: g
```

```
Current message level: 0x00000007 (7)
Link detected: yes
```

在这个例子中，第一个以太网接口（eth0）连接到一个半双工的 10Mb/s 网络。我们看到它能够自动协商，这是一种来源于 802.3u 的机制，使接口能交换信息（例如速度）和功能（例如半双工或全双工运行）。自动协商信息在物理层通过信号交换，它可在不发送或接收数据时发送。我们可以看到，第二个以太网接口（eth1）也支持自动协商，它的速率为 100Mb/s，工作模式为全双工。其他值（Port、PHYAD、Transceiver）指出物理端口类型、地址，以及物理层电路在 NIC 内部还是外部。当前消息级别用于配置与接口操作模式相关的日志消息，它的行为由使用的驱动程序指定。我们在下面的例子讨论如何设置这些值。

在 Windows 中，我们可以看到以下细节，首先进入“控制面板”中的“网络连接”，然后在感兴趣的接口上单击鼠标右键并选择“属性”，然后单击“配置”框并选择“高级”选项卡。这时，将打开一个类似图 3-6（这个例子来自 Windows 7 机器上的以太网接口）所示的对话框。 95

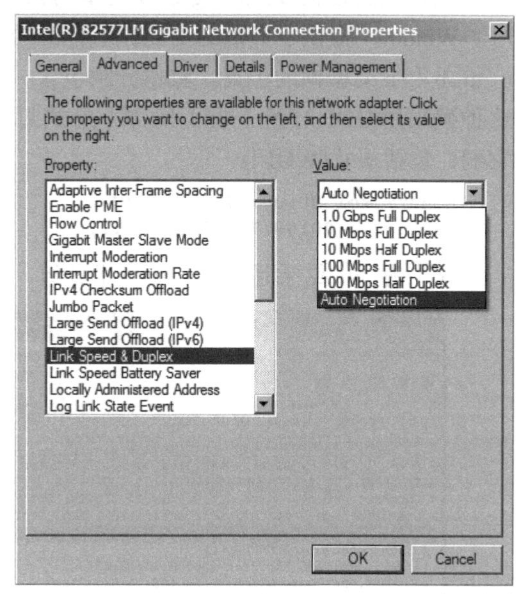

图 3-6 Windows（7）的网络接口属性的“高级”选项卡。该控件允许用户提供网络设备驱动程序的运行参数

在图 3-6 中，我们可看到通过适配器的设备驱动程序来配置的特殊功能。对于这个特殊的适配器和驱动程序，802.1p/q 标签可启用或禁用，也可提供流量控制和唤醒功能（见 3.3.2 节）。我们可以手工设置速率和双工模式，或使用更典型的自动协商选项。

3.3.1 双工不匹配

自动协商曾经有一些互操作性问题，特别是一台计算机及其相关的交换机端口使用不同的双工配置时，或者当自动协商只在链路的一端被禁用时。在这些情况下，可能会发生*双工不匹配*。令人惊讶的是，当这种状况发生时，连接不会完全失败，但可能带来显著的性能下降。当网络中出现中等程度的双向流量繁忙时（例如，在大数据传输期间），一个半双工接口会将输入的流量检测为冲突，从而触发以太网 MAC 的 CSMA/CD 的指数退避功能。同时，导致这个冲突的数据被丢弃，这可能需要更高层协议（例如 TCP）重传。因此，性能下降可能只在半双工接口发送数据，同时又有大量流量需要接收时才是明显的，站处于轻负载时通常不会发生这种情况。一些研究者已试图开发分析工具来检测这种问题 [SC05]。

3.3.2 局域网唤醒（WoL）、省电和魔术分组

在 Linux 和 Windows 的例子中，我们看到一些电源管理方面的功能。Windows *唤醒功能*和 Linux *唤醒*选项用于使网络接口或主机脱离低功耗（睡眠）状态，这是基于某类分组的传输来实现的。这种分组用来触发可配置的功率状态改变。在 Linux 中，用于唤醒的值可以是零，

或者是多个用于低功耗状态唤醒的位，它们可以被以下几种帧所触发：任何物理层（PHY）活动（p）、发往站的单播帧（u）、组播帧（m）、广播帧（b）、ARP 帧（a）、魔术分组帧（g），以及包括密码的魔术分组帧。这些都可以使用 ethtool 的选项来配置。例如，可以使用以下命令：

```
Linux# ethtool -s eth0 wol umgb
```

当接收到任何 u、m、g 或 b 类型的帧时，这个命令将 eth0 设备配置为发送一个唤醒信号。Windows 提供了类似的功能，但标准的用户接口只支持魔术分组帧，以及一个预定义的
96 u、m、b 和 a 类型帧的子集。魔术分组包含一个字节值 0xFF 的特定重复模式。在通常情况下，这种帧采用 UDP 分组（见第 10 章）形式封装在以太网广播帧中发送。有几个工具可以生成它们，包括 wol [WOL]：

```
Linux# wol 00:08:74:93:C8:3C
Waking up 00:08:74:93:C8:3C...
```

这个命令的结果是构造一个魔术分组，我们可以使用 Wireshark 查看（见图 3-7）。

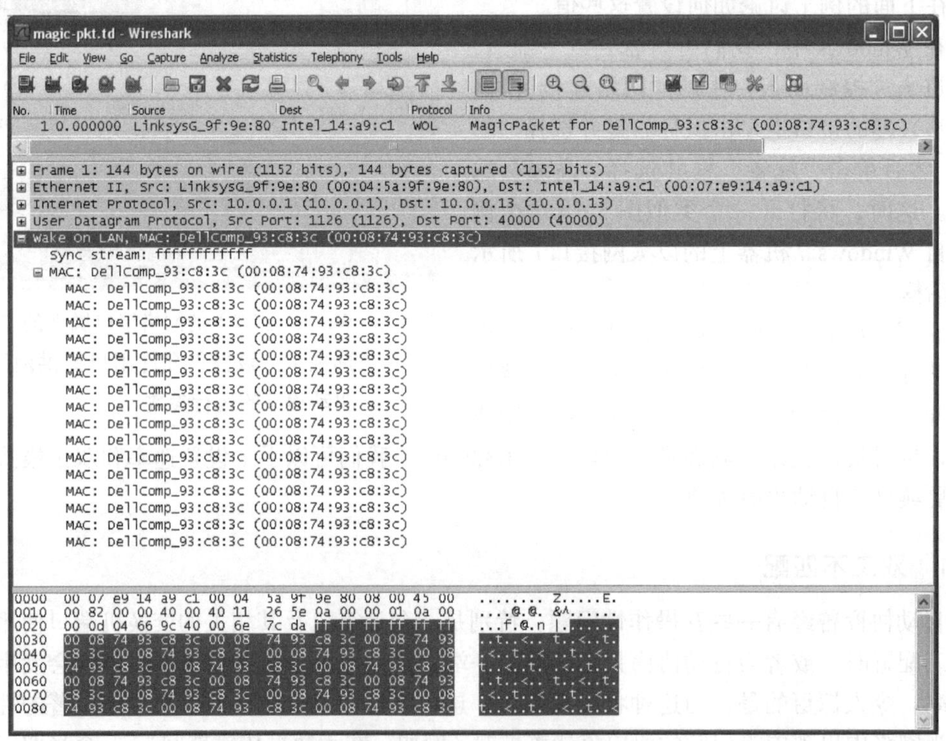

图 3-7 Wireshark 中的一个魔术分组帧，开始是 6 字节的 0xFF，然后重复 MAC 地址 16 次

图 3-7 中显示的分组多数是传统的 UDP 分组，但端口号（1126 和 40000）是任意的。分组中最特别的是数据区域。它以一个 6 字节的值 0xFF 开始，其余部分包含重复 16 次的目
97 的 MAC 地址 00:08:74:93:C8:3C。该数据的有效载荷模式定义了魔术分组。

3.3.3 链路层流量控制

以全双工模式运行扩展的以太网和跨越不同速率的网段时，可能需要由交换机将帧缓存（保存）一段时间。例如，当多个站发送到同一目的地（称为输出端口争用），这种情况可能发生。如果一个站聚合的流量速率超过该站的链路速率，那么帧就开始存储在中间交换机

中。如果这种情况持续一段时间，这些帧可能被丢弃。

缓解这种情况的一种方法是在发送方采取*流量控制*（使它慢下来）。一些以太网交换机（和接口）通过在交换机和网卡之间发送特殊信号帧来实现流量控制。流量控制信号被发送到发送方，通知它必须放慢传输速率，但规范将这些细节留给具体实现来完成。以太网使用 PAUSE *消息*（也称为 PAUSE *帧*）实现流量控制，它由 802.3x[802.3-2008] 来定义。

PAUSE 消息包含在 MAC 控制帧中，通过将以太网*长度/类型*字段值设为 0x8808，以及使用 MAC 控制操作码 0x0001 来标识。如果一个站接收到这种帧，表示建议它减缓发送速度。PAUSE 帧总是被发送到 MAC 地址 01:80:C2:00:00:01，并且只能在全双工链路上使用。它包含一个保持关闭（hold-off）时间值（指定量为 512 比特的时间），表明发送方在继续发送之前需要暂停多长时间。

MAC 控制帧采用如图 3-3 所示的常规封装的帧格式，但紧跟在*长度/类型*字段后的是一个 2 字节的操作码。PAUSE 帧实际上是唯一一种使用 MAC 控制帧的帧类型。它包括一个 2 字节的保持关闭时间。"整个" MAC 控制层（基本只是 802.3x 流量控制）的实现是可选的。

以太网层次的流量控制可能有重大负面影响，因此通常并不使用它。当多个站通过一台过载的交换机发送时（见下一节），该交换机通常向所有主机发送 PAUSE 帧。不幸的是，交换机的内存使用可能对发送主机不均衡，因此有些主机可能被惩罚（流量控制），即使它们对交换机流量过载没有多少责任。

3.4 网桥和交换机

IEEE 802.1d 标准规定了网桥的操作，交换机本质上是高性能的网桥。网桥或交换机用于连接多个物理的链路层网络（例如一对物理的以太网段）或成组的站。最基本的设置涉及连接两个交换机来形成一个扩展的局域网，如图 3-8 所示。 98

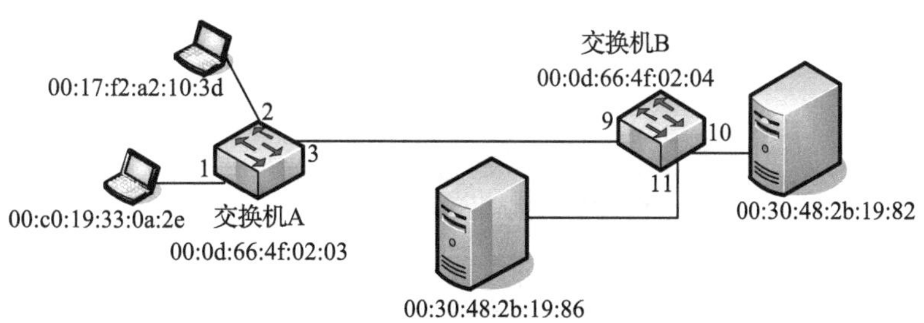

图 3-8 一个包括两台交换机的扩展以太网。每个交换机端口有一个编号，每个站（包括每个交换机）有自己的 MAC 地址

图中的交换机 A 和 B 互连形成一个扩展的局域网。在这个特定例子中，客户端系统都连接到 A，服务器都连接到 B，端口编号供参考。注意，每个网络单元（包括每个交换机）有自己的 MAC 地址。每个网桥经过一段时间对域外 MAC 地址的"学习"后，最终每个交换机会知道每个站可由哪个端口到达。每个交换机基于每个端口（也可能是每个 VLAN）的列表被存储在一张表（称为*过滤数据库*）中。图 3-9 显示每个交换机了解每个站的位置后，形成的包含这些信息的数据库例子。

当第一次打开一个交换机（网桥）时，它的数据库是空的，因此它不知道除自己之外的任何站的位置。当它每次接收到一个目的地不是自己的帧时，它为除该帧到达的端口之外的

99 所有端口做一个备份，并向所有端口发送这个帧的备份。如果交换机（网桥）未学习到站的位置，每个帧将会被交付到每个网段，这样会导致不必要的开销。学习能力可以显著降低开销，它是交换机和网桥的一个基本功能。

站	端口
00:17:f2:a2:10:3d	2
00:c0:19:33:0a:2e	1
00:0d:66:4f:02:03	3
00:0d:66:4f:02:04	3
00:30:48:2b:19:82	3
00:30:48:2b:19:86	3

交换机A的数据库

站	端口
00:17:f2:a2:10:3d	9
00:c0:19:33:0a:2e	9
00:0d:66:4f:02:03	9
00:0d:66:4f:02:04	9
00:30:48:2b:19:82	10
00:30:48:2b:19:86	11

交换机B的数据库

图 3-9 交换机 A 和 B 中的过滤数据库是从图 3-8 经过一段时间"学习"，通过查看交换机端口上的帧的源地址来创建

目前，多数操作系统支持网络接口之间的网桥功能，这意味着具有多个接口的计算机可用作网桥。例如，在 Windows 中，多个接口可被桥接，进入"控制面板"的"网络连接"菜单，选中（突出显示）需要桥接的接口，点击鼠标右键，并选择"网桥连接"。这时，出现一个表示网桥功能的新图标。许多接口相关的正常网络属性消失，取而代之的是网桥设备（见图 3-10）。

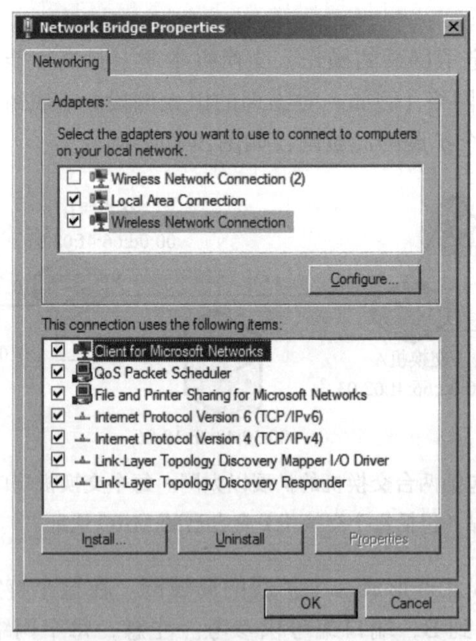

图 3-10 在 Windows 中，通过选中需要桥接的网络接口，鼠标右击并选择桥接网络接口，可创建网桥设备。在网桥建立之后，可进一步修改网桥设备

图 3-10 显示 Windows 7 中的虚拟网桥设备的属性面板。网桥设备的属性包括一个被桥接的相关设备列表，以及在网桥上运行的一组服务（例如，Microsoft 网络客户端、文件和打印机共享等）。Linux 以类似方式工作，它使用命令行参数。在这个例子中，我们使用图 3-11
100 所示的拓扑结构。

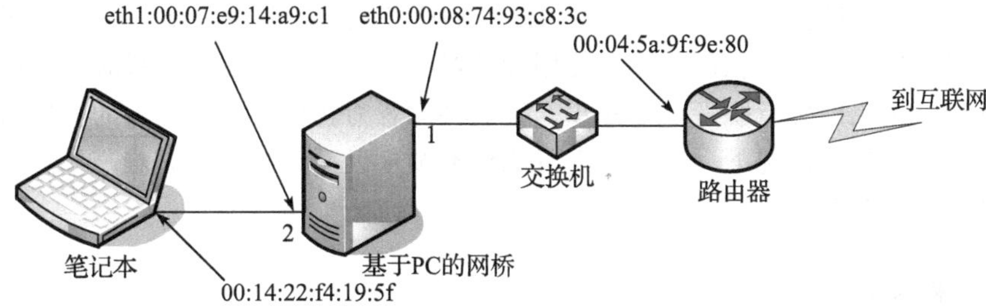

图 3-11 在这个简单的拓扑中，一台基于 Linux 的 PC 被配置为网桥，它在两个以太网之间实现互联。作为一个处于学习中的网桥，它不断积累并建立一些表，其中包含有关哪个端口可到达扩展局域网中的其他系统的信息

在图 3-11 中，这个简单的网络使用一台基于 Linux、带两个端口的 PC 作为网桥。只有一个站连接到端口 2，网络其他部分都连接到端口 1。以下命令可启用网桥：

```
Linux# brctl addbr br0
Linux# brctl addif br0 eth0
Linux# brctl addif br0 eth1
Linux# ifconfig eth0 up
Linux# ifconfig eth1 up
Linux# ifconfig br0 up
```

以下几个命令可创建一个网桥设备 br0，并为网桥增加接口 eth0 和 eth1。brctl delif 命令可用于删除接口。在建立接口之后，brctl showmacs 命令可用于检查过滤数据库（称为**转发数据库**，用 Linux 的术语称为 fdbs）：

```
Linux# brctl show
bridge name bridge id         STP enabled interfaces
br0         8000.0007e914a9c1 no          eth0 eth1

Linux# brctl showmacs br0
port no mac addr is local? ageing timer
  1 00:04:5a:9f:9e:80 no 0.79
  2 00:07:e9:14:a9:c1 yes 0.00
  1 00:08:74:93:c8:3c yes 0.00
  2 00:14:22:f4:19:5f no 0.81
  1 00:17:f2:e7:6d:91 no 2.53
  1 00:90:f8:00:90:b7 no 17.13
```

这个命令的输出显示关于网桥的其他细节。由于站可能出现移动、网卡更换、MAC 地址改变或其他情况，所以就算网桥曾发现一个 MAC 地址可通过某个端口访问，这个信息也 101
不能假设永远是正确的。为了解决这个问题，在每次学习一个地址后，网桥启动一个计时器（通常默认为 5 分钟）。在 Linux 中，每个学习条目使用一个与网桥相关的固定时间。如果在指定的“有效期”内，没有再次看到该条目中的地址，则将这个条目删除，如下所示：

```
Linux# brctl setageing br0 1
Linux# brctl showmacs br0
port no mac addr is local? ageing timer
  1 00:04:5a:9f:9e:80 no 0.76
  2 00:07:e9:14:a9:c1 yes 0.00
  1 00:08:74:93:c8:3c yes 0.00
  2 00:14:22:f4:19:5f no 0.78
  1 00:17:f2:e7:6d:91 no 0.00
```

为了方便演示，我们选择了一个比平时数值低的值作为**有效期**。当一个条目因有效期满而被删除时，后续的帧将被发送到接收端口之外的所有端口（称为洪泛），并更新过滤数据库中的这个条目。实际上，过滤数据库的使用和学习有利于优化性能，如果表是空的，网络将花费更多开销，但仍能履行职责。下一步，我们将注意力转移到两个以上的网桥通过冗余链路互联的情况。在这种情况下，帧的洪泛可能导致帧永远循环的洪泛灾难。显然，我们需要一种方法来解决这个问题。

3.4.1 生成树协议

网桥可能单独或与其他网桥共同运行。当两个以上的网桥使用（或交换机端口交叉连接）时，由于存在级联的可能性，因此可能形成很多组的循环帧。我们看如图 3-12 所示的网络。

假设图 3-12 中的多个交换机刚被打开，并且它们的过滤数据库为空。当站 S 发送一个帧时，交换机 B 在端口 7、8 和 9 复制该帧。这时，最初的帧已被“放大”3 倍。这些帧被交换机 A、D 和 C 接收。交换机 A 在端口 2 和 3 生成该帧的副本。交换机 D 和 C 分别在端口 20、22 和 13、14 生成更多副本。当这些副本在交换机 A、C 和 D 之间双向传输，这时放大倍数已增大为 6。当这些帧到达时，转发数据库开始出现震荡，这是由于网桥反复尝试查找通过哪些端口可到达站 S。显然，这种情况是不能容忍的。如果允许这种情况发生，采用这种配置的网桥将无法使用。幸运的是，有一种协议可避免这种情况，这种
102 协议称为生成树协议（STP）。我们将介绍 STP 的一些细节，解释网桥和交换机采用哪些方法抑制放大。在当前的标准 [802.1D-2004] 中，传统的 STP 被快速生成树协议（RSTP）代替，我们将在了解传统 STP 的基础上再介绍它。

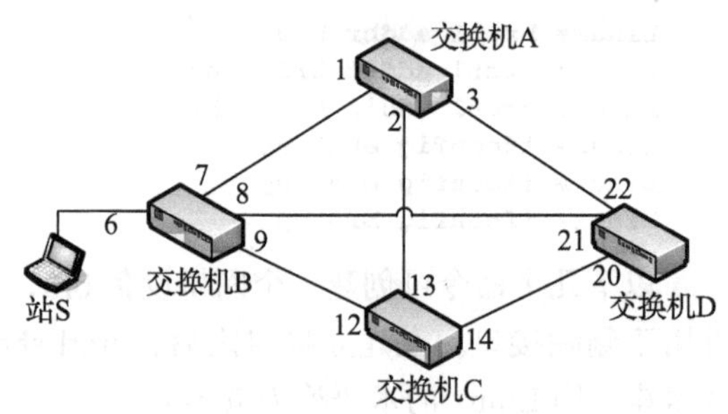

图 3-12 一个扩展的以太网包括 4 台交换机和多条冗余链路。如果在这个网络中采用简单的洪泛转发帧，由于多余的倍增流量（所谓的广播风暴），将会导致一场大的灾难。这种情况需要使用 STP

STP 通过在每个网桥禁用某些端口来工作，这样可避免拓扑环路（即两个网桥之间不允许出现重复路径），但如果拓扑结构未分区，则仍可到达所有站。在数学上，一个生成树是一张图中所有节点和一些线的集合，从任何节点到其他节点（跨越图）有一条路径或路由，但是没有环路（这些线的集合构成一棵树）。一张图可能存在多个生成树。STP 用于找出这张图的其中一个生成树，该图将网桥作为节点并将链路作为线（或称“边”）。
103 图 3-13 说明了这个想法。

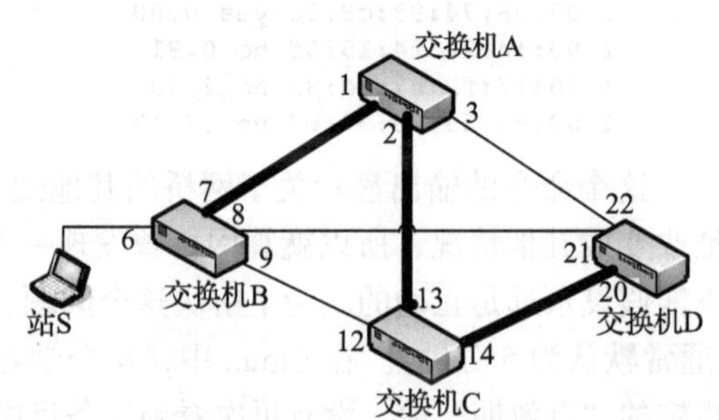

图 3-13 通过 STP，链路 B-A、A-C 和 C-D 在生成树中是活跃的。端口 6、7、1、2、13、14 和 20 处于转发状态；所有其他端口被阻塞（即不转发）。这样可以防止帧循环，避免广播风暴。如果配置发生变化或某台交换机故障，则将阻塞端口改变为转发状态，并由网桥计算一个新生成树

在本图中，粗线表示网络中被 STP 选择用于转发帧的链路。其他链路没有被使用，端口 8、9、12、21、22 和 3 被阻塞。通过

使用 STP，早期的各种问题并没有出现，这些帧只是作为另一个抵达帧的副本而被创建。这里没有出现放大的问题。由于任意两个站之间只有一条路径，因此可以避免循环。生成树的形成和维护由多个网桥完成，在每个网桥上运行一个分布式算法。

用于转发数据库时，STP 必须处理以下情况，例如网桥启用和关闭、接口卡更换或 MAC 地址改变。显然，这种变化可能影响生成树运行，因此 STP 必须适应这些变化。这种适应通过交换一种称为网桥协议数据单元（BPDU）的帧来实现。这些帧用来形成和维护生成树。这棵树“生长”自一个网桥——该网桥由其他网桥选举为“根网桥”。

如前所述，一个网络可能存在多个生成树。如何确定哪棵生成树最适于转发帧，这基于每条链路和根网桥位置的相关成本。这个成本是一个与链路速度成反比的整数（建议）。例如，一条 10Mb/s 链路的成本为 100，100Mb/s 和 1000Mb/s 链路的成本分别为 19 和 4。STP 计算到根网桥的成本最小的路径。如果必须遍历多条链路，相关成本是这些链路成本之和。

3.4.1.1 端口状态和角色

为了理解 STP 的基本操作，我们需要了解网桥端口的状态机，以及 BPDU 内容。网桥端口可能有 5 个状态：阻塞、侦听、学习、转发和禁用。在图 3-14 所示的状态转换图中，我们可以看出它们之间的关系。

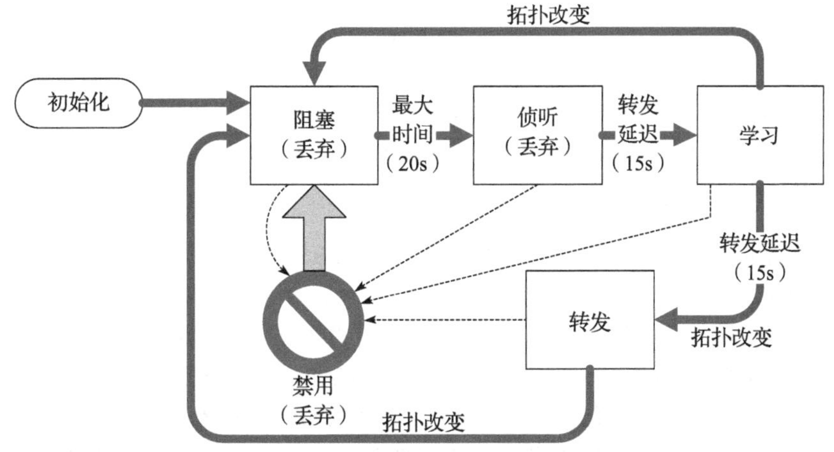

图 3-14 在正常的 STP 操作中，端口在 4 个主要状态之间转换。在阻塞状态下，帧不被转发，但一次拓扑变化或超时可能导致向侦听状态转换。转发状态是活跃的交换机端口承载数据流量的正常状态。括号中的状态名用于表示 RSTP 相关的端口状态

在图 3-14 显示的生成树中，实线箭头表示端口的正常转换，小的虚线箭头表示由管理配置引起的改变。在初始化后，一个端口进入阻塞状态。在这种状态下，它不进行地址学习、数据转发或 BPDU 发送，但它会监控接收的 BPDU，并在它需要被包含在将到达的根网桥的路径中的情况下，使端口转换到侦听状态。在侦听状态下，该端口允许发送和接收 BPDU，但不进行地址学习或数据转发。经过一个典型的 15 秒的转发延迟，端口进入学习状态。这时，它被允许执行数据转发之外的所有操作。在进入转发状态并开始转发数据之前，需要等待另一个转发延迟。

相对于端口状态机，每个端口都扮演一定的角色。由于 RSTP（见 3.4.1.6 节）的出现，这个术语变得越来越重要。端口可能扮演根端口、指定端口、备用端口或备份端口等角色。 104
根端口是生成树中位于指向根的线段终点的那些端口。指定端口是指处于转发状态，并与根

相连线段中路径成本最小的端口。备用端口是与根相连线段中成本更高的端口。它们不处于转发状态。备份端口是指连接到同一线段中作为同一网桥指定端口使用的端口。因此，备份端口可轻易接管一个失效的指定端口，而不影响生成树拓扑的其余部分，但是它不能在全部网桥失效的情况下提供一条到根的备用路径。

3.4.1.2 BPDU 结构

为了确定生成树中的链路，STP 使用图 3-15 所示的 BPDU。

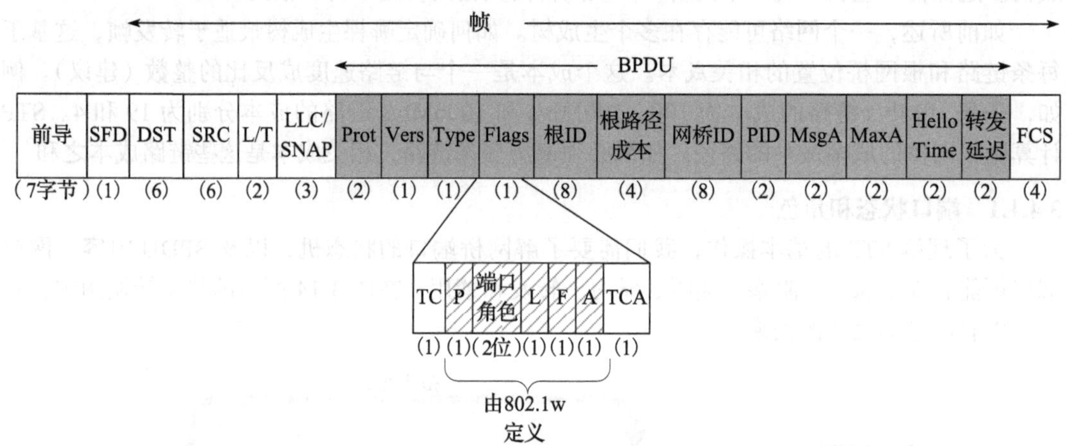

图 3-15　BPDU 被放置在 802 帧的有效载荷区，并在网桥之间交换以建立生成树。重要的字段包括源、根节点、到根的成本和拓扑变化提示。在 802.1w 和 [802.1D-2004] 中（包括快速 STP 或 RSTP），附加字段显示端口状态

图 3-15 所示的格式适用于最初的 STP，以及新的 RSTP（见 3.4.1.6 节）。BPDU 总被发送到组地址 01:80:C2:00:00:00（链路层组和因特网组播寻址的详细信息见第 9 章），并且不会通过一个未修改的网桥转发。在该图中，DST、SRC 和 L/T（长度 / 类型）字段是携带 BPDU 的传统以太网（802.3）帧头部的一部分。3 字节的 LLC/SNAP 头部由 802.1 定义，并针对 BPDU 被
105 设置为常数 0x424203。并非所有 BPDU 都使用 LLC/SNAP 封装，但这是一个常见的选项。

协议（Prot）字段给出协议 ID 号，它被设置为 0。版本（Vers）字段被设置为 0 或 2，取决于使用 STP 还是 RSTP。类型（Type）字段的分配与版本类似。标志（Flags）字段包含拓扑变化（TC）和拓扑变化确认（TCA）位，它们由最初的 802.1d 标准定义。附加位被定义为建议（P）、端口角色（00 为未知，01 为备用，10 为根，11 为指定）、学习（L）、转发（F）和协议（A）。这些都作为 RSTP 内容在 3.4.1.6 节中讨论。根 ID 字段给出发送方使用的根网桥标识符，即从网桥 ID 字段中获得的 MAC 地址。这些 ID 字段都用一种特殊方式编码，包括 MAC 地址之前的一个 2 字节的优先级字段。优先级的值可通过管理软件来设置，以强制要求生成树采用某个特定网桥作为根（例如，Cisco 在自己的 Catalyst 交换机中使用默认值 0x8000）。

根路径成本是在根 ID 字段中指定的计算出的到达某个网桥的成本。PID 字段是端口标识符和由发送帧给出的端口号，它被附加在一个可配置的 1 字节的优先级字段（默认为 0x80）之后。消息有效期（MsgA）字段指出消息有效期。最大有效期（MaxA）字段指出超时（默认为 20 秒）的最大期限。欢迎时间（Hello Time）字段指出配置帧的传输周期。转发
106 延迟字段指出处于学习和侦听状态的时间。所有的有效期和时间字段可在 1/256 秒内获得。

消息有效期字段不像其他的时间字段那样是固定值。当根网桥发送一个 BPDU 时，它将该字段设置为 0。网桥转发接收到的不是根端口的帧，并将消息有效期字段加 1。从本质上来说，该字段是一个跳步计数器，用于记录 BPDU 经过的网桥数量。当一个 BPDU 被一个端口接收时，其包含的信息在内存和 STP 算法参与者中被保存至超时（超时发生在（MaxA-MsgA）时刻）。如果超过这个时间，根端口没有接收到另一个 BPDU，根网桥被宣布"死亡"，并重新开始根网桥选举过程。

3.4.1.3 建立生成树

STP 的第一个工作是选举根网桥。根网桥是在网络（或 VLAN）中标识符最小（优先级与 MAC 地址结合）的网桥。当一个网桥初始化时，它假设自己是根网桥，并用自己的网桥 ID 作为根 ID 字段的值发送配置 BPDU 消息，如果它检测到一个 ID 更小的网桥，则停止发送自己的帧，并基于接收到的 ID 更小的帧构造下一步发送的 BPDU。发出根 ID 更小的 BPDU 的端口被标记为根端口（即端口在到根网桥的路径上）。剩余端口被设置为阻塞或转发状态。

3.4.1.4 拓扑变化

STP 的另一个重要工作是处理拓扑变化。虽然可用前面所述的数据库有效期机制适应拓扑变化，但这是一个比较差的方法，因为有效期计时器需要花费很长时间（5 分钟）删除错误条目。相反，STP 采用一种方法检测拓扑变化，并快速通知它们所在的网络。在 STP 中，当一个端口进入阻塞或转发状态时，意味着发生拓扑变化。当网桥检测到一个连接变化（例如一条链路故障），它向根端口之外的端口发送*拓扑变化通知*（TCN）BPDU，通知自己在树中的父网桥，直到根为止。树中通向根的下一个网桥向发送通知的网桥确认 TCN BPDU，并将它们转发到根。当接收到拓扑变化通知时，根网桥在后续的周期性配置消息中设置 TC 位。这种消息被网络中的每个网桥所转发，并被处于阻塞或转发状态的端口接收。设置这个位允许网桥减小转发延时计时器的有效期，将有效期以秒代替推荐的 5 分钟。这样，数据库中已有的错误条目可被快速清除和重新学习，同时允许访问那些被误删除的条目。

3.4.1.5 例子

在 Linux 中，网桥功能默认禁用 STP。假设在多数情况下拓扑相对简单，一台普通计算机可被用作网桥。可执行以下命令为当前使用的网桥启用 STP： 107

```
Linux# brctl stp br0 on
```

执行该命令的结果如下：

```
Linux# brctl showstp br0

br0

 bridge id              8000.0007e914a9c1
 designated root        8000.0007e914a9c1
 root port                 0                  path cost                 0
 max age                  19.99               bridge max age        19.99
 hello time                 1.99              bridge hello time      1.99
 forward delay            14.99               bridge forward delay  14.99
 ageing time               0.99
 hello timer                1.26              tcn timer              0.00
 topology change timer      3.37              gc timer               3.26

 flags                  TOPOLOGY_CHANGE TOPOLOGY_CHANGE_DETECTED
```

```
eth0 (0)
 port id              0000                    state            forwarding
 designated root      8000.0007e914a9c1       path cost           100
 designated bridge    8000.0007e914a9c1       message age timer    0.00
 designated port      8001                    forward delay timer 0.00

 designated cost      0                       hold timer          0.26

 flags

eth1 (0)
 port id              0000                    state            forwarding
 designated root      8000.0007e914a9c1       path cost            19
 designated bridge    8000.0007e914a9c1       message age timer    0.00
 designated port      8002                    forward delay timer 0.00
 designated cost      0                       hold timer          0.26
 flags
```

我们看到一个简单的桥接网络的 STP 设置。网桥设备 br0 保存网桥的整体信息。这些信息包括网桥 ID（8000.0007e914a9c1），它由图 3-11 中基于 PC 的网桥（端口 1）的最小 MAC 地址生成。可在几秒钟内获得主要的配置参数（例如欢迎时间、拓扑变化计时器等）。标志
108 值表示最近的拓扑变化，用于获得最近的网络连接变化的实际情况。输出的其余部分描述每个端口的信息，即 eth0（网桥端口 1）和 eth1（网桥端口 2）。注意，eth0 的路径成本大约是 eth1 成本的 10 倍。这个结果与 eth0 是一个 10Mb/s 以太网而 eth1 是一个 100Mb/s 全双工网络是一致的。

我们可使用 Wireshark 查看一个 BPDU。在图 3-16 中，我们看到一个 52 字节的消息内容。消息长度为 52 字节（由于 Linux 捕获功能会拆除填充，因此它小于以太网的 64 字节的最小限制），这个长度是由以太网头部中的长度 / 类型字段加 14 得到的。目的地址是预期的组地址 01:80:C2:00:00:00。有效载荷长度是 38 字节，这个值包含在长度字段中。SNAP/LLC 字段包含常数 0x424243，并且封装帧是一个生成树（版本 0）帧。其余协议字段表明站 00:07:e9:14:a9:c1 认为自己是生成树的根，优先级为 32768（低优先级），并且 BPDU 从端口 2 以优先级 0x80 发送。另外，最大有效期是 20 秒，欢迎时间是 2 秒，转发延迟是 15 秒。

3.4.1.6 快速生成树协议（以前的 802.1w）

传统 STP 的问题之一是在拓扑变化之后，只能通过一定时间内未接收到 BPDU 来检测。如果这个超时很大，收敛时间（沿着生成树重新建立数据流的时间）可能比预期大。IEEE 802.1w 标准（[802.1D-2004] 的一部分）改进了传统 STP，它定义了采用新名称的快速生成树协议（Rapid Spanning Tree Protocol，RSTP）。在 RSTP 中，对 STP 的主要改进是监视每个端口的状态，并在故障时立即发送一个拓扑变化通知。另外，RSTP 使用 BPDU 的标志字段中的全部 6 位来支持网桥之间的协议，以避免由计时器来启动协议操作。它将正常的 STP 端口状态由 5 个减少到 3 个（丢弃、学习和转发，由图 3-14 的括号中的状态名表示）。RSTP 的丢弃状态代替了传统 STP 的禁止、阻塞和侦听状态。RSTP 创建了一个称为备用端口的新角色，作用是在根端口停止运行时立即代替它。

由于 RSTP 只使用一种类型的 BPDU，因此这里没有专门的拓扑变化 BPDU。正如所说的那样，RSTP 的 BPDU 使用版本和类型号 2 而不是 0。在 RSTP 中，检测到一次拓扑变化

的交换机会发送一个表示拓扑变化的 BPDU，任何接收到它的交换机立即清除自己的过滤数据库。这个改变可显著影响协议的收敛时间。这时，无须等待拓扑变化传递到根网桥再经过转发延迟后返回，而是立即清除相关条目。总之，在大多数情况下，收敛时间可从几十秒减少到几分之一秒。

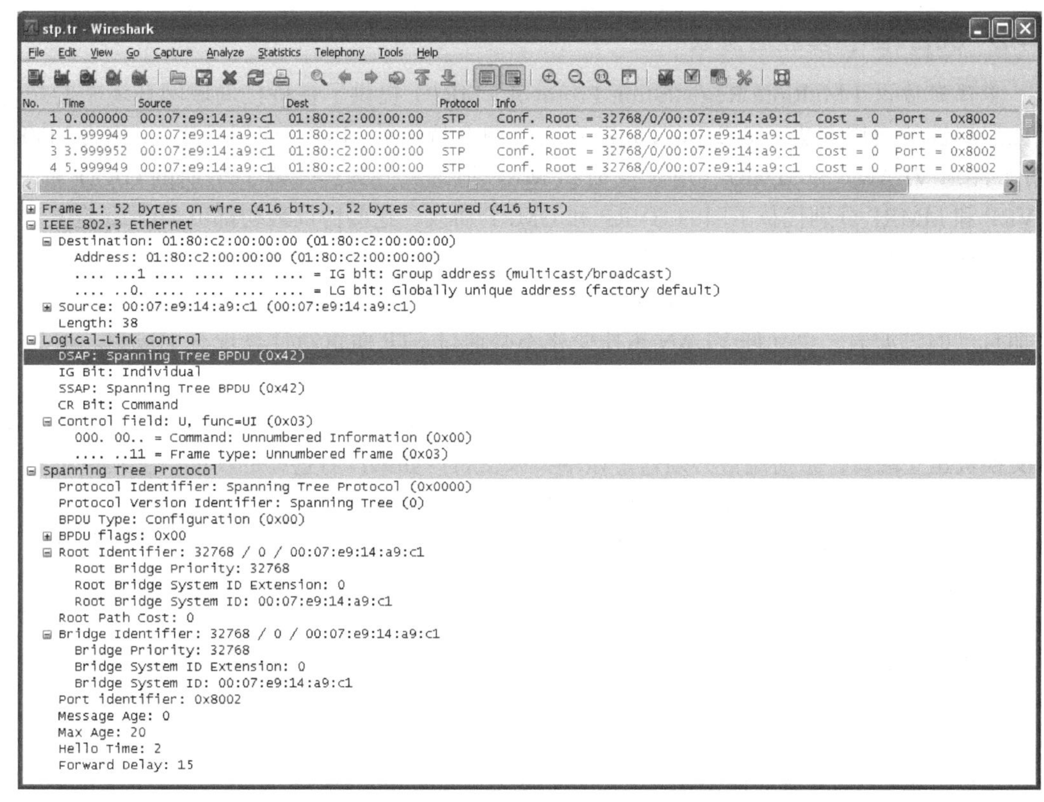

图 3-16　Wireshark 显示一个 BPDU。以太网帧的目的地址是一个通过网桥（01:80:c2:00:00:00）的组地址

RSTP 使*边缘端口*（只连接到端站的端口）和正常的生成树端口之间，以及点到点链路和共享链路之间都有区别。边缘端口和点到点链路上的端口通常不会形成循环，因此允许它们跳过侦听和学习状态，直接进入转发状态。当然，如果假设一个边缘端口可能被入侵，例如两个端口交叉连接，它们可携带任何形式的 BPDU（简单的端站通常不处理 BPDU），这时它们将被重新分类为生成树端口。点到点链路可根据接口操作模式来识别。如果这个接口运行在全双工模式下，则这条链路是点到点链路。

在普通的 STP 中，BPDU 通常由一个通知网桥或根网桥来转发。在 RSTP 中，BPDU 为了“保持活跃”而由所有网桥来定期发送，以便确定相连的邻居是否正常运行。大多数高层路由协议也会这样做。注意，在 RSTP 中，拓扑变化没有像普通 STP 那样包括边缘端口连接或断开。当检测到一次拓扑变化时，通知网桥发送 TC 位被设置的 BPDU，不仅到根网桥而且到所有网桥。这样做允许将拓扑变化通知整个网络，并且比传统 STP 更快速。当一个网桥接收到这些消息时，它会更新除边缘端口之外的所有相关条目。 109 ~ 110

RSTP 的很多功能由 Cisco 和其他公司开发，他们有时需要在自己的产品中为普通 STP 做专门的扩展。IEEE 委员会将这些扩展纳入 802.1d 标准的更新中，该标准涵盖所有类型的

STP，因此扩展局域网可在某些网段中运行传统STP，同时在其他部分中运行RSTP（虽然RSTP的优势将丧失）。RSTP已被扩展到VLAN [802.1Q-2005]中，它采用一种称为多生成树协议（MSTP）的协议。这个协议保留了RSTP（和STP）报文格式，因此它有可能做到向后兼容，也支持形成多个生成树（每个VLAN一个生成树）。

3.4.2 802.1ak：多注册协议

多注册协议（Multiple Registration Protocol，MRP）提供了在桥接局域网环境中的站之间注册属性的通用方法。[802.1ak-2007]定义了两个特殊的MRP“应用程序”，称为MVRP（用于注册VLAN）和MMRP（用于注册组MAC地址）。MRP代替了早期的GARP框架；MVRP和MMRP分别代替了旧的GVRP和GMRP协议。这些协议最初都由802.1q定义。

在使用MVRP时，当一个站被配置为一个VLAN成员时，该信息被传输到它所连接的交换机，并由该交换机将站加入VLAN通知其他交换机。这允许交换机根据站的VLAN ID添加自己的过滤表，也允许VLAN拓扑变化不必通过STP而重新计算现有生成树。避免重新计算STP是从GVRP向MVRP迁移的原因之一。

MMRP是一个站注册其感兴趣的组MAC地址（组播地址）的方法。这个信息可能被用于交换机建立端口，组播流量必须通过该端口来交付。如果没有这样的功能，交换机将不得不广播所有的组播流量，这样可能导致不必要的开销。MMRP是一个第2层协议，它与第3层协议IGMP和MLD相似，并在很多交换机中支持“IGMP/MLD探听”能力。我们将在第9章讨论IGMP、MLD和探听。

3.5 无线局域网——IEEE 802.11（Wi-Fi）

目前，*无线保真*（Wi-Fi）是访问Internet的最流行技术之一，其众所周知的IEEE标准名称为802.11，它是一种常用的无线以太网标准。Wi-Fi已发展成为一
111 种廉价、高效、便捷的方式，为大多数应用提供可接受的连通性和性能。Wi-Fi网络很容易建立。当前多数的便携式电脑和智能手机包含接入Wi-Fi基础设施的必要硬件。很多咖啡馆、机场、宾馆和其他公共设施提供了Wi-Fi“热点”，Wi-Fi在那些可能难以提供其他基础设施的发展中国家发展甚至更快。图3-17显示了IEEE 802.11网络体系结构。

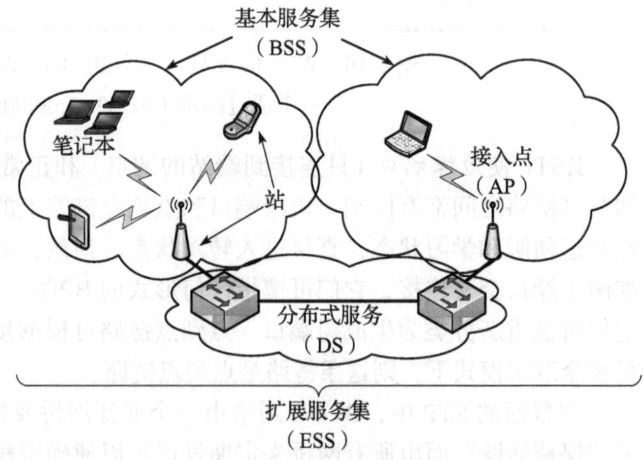

图3-17 一个无线局域网的802.11术语。接入点可采用一种分布式服务（一个无线或有线的主干）来连接，以形成一个扩展的无线局域网（称为一个ESS）。站（包括AP和移动设备）之间的通信构成一个基本服务集。在通常情况下，每个ESS有一个指定的ESSID，它的功能是作为一个网络的名称

图3-17中的网络包括多个*站*（STA）。在通常情况下，站和*接入点*（AP）组成一个操作子集。一个AP和相关的站被称为一个*基本服务集*（BSS）。AP之间通常使用一种有线的*分布式服务*（称为DS，基本是

“主干”）连接，形成一个扩展服务集（ESS）。这种方式通常被称为基础设施模式。802.11 标准也提供了一种 Ad hoc（自组织）模式。在这种配置中没有 AP 或 DS，而是直接采用站到站（对等）的通信。在 IEEE 的术语中，加入一个 Ad hoc 网络的 STA 形成一个独立基本服务集（IBSS）。由 BSS 或 IBSS 的集合形成的无线局域网称为服务集，它由一个服务集标识符（SSID）来标识。扩展服务集标识符（ESSID）是由 SSID 命名的一个 BSS 集合，它实际上是一个最长 32 个字符的局域网名称。在 WLAN 第一次建立时，该名称通常分配给 AP。 112

3.5.1 802.11 帧

802.11 网络有一个常见的总体框架，但包括多种类型的帧格式。每种类型的帧不一定包含所有字段。图 3-18 显示了常见帧格式和（最大尺寸的）数据帧。

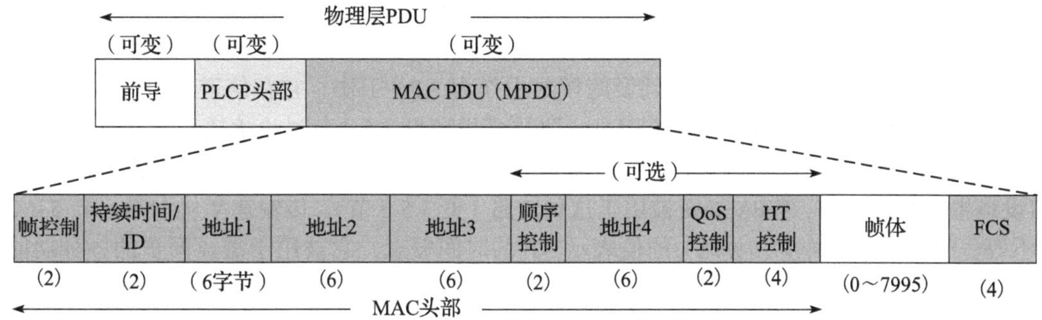

图 3-18 802.11 基本数据帧格式（见 [802.11n-2009]）。MPDU 格式类似于以太网，但取决于接入点之间使用的 DS 类型：帧是发送到 DS 还是来自它，以及帧是否被聚合。QoS 控制字段用于特殊功能，HT 控制字段用于控制 802.11n 的“高吞吐量”功能

图 3-18 所示的帧包括一个用于同步的前导码，它取决于正在使用的 802.11 协议类型。接下来，物理层会聚程序（PLCP）头部以独立于物理层的方式提供特定的物理层信息。帧的 PLCP 部分的传输速率通常比其余部分低。这样做有两个目的：提高正确交付的概率（较低速度通常具有更好的容错性能），提供对传统设备的兼容性和防止慢速操作的干扰。帧的 MAC PDU（MPDU）与以太网相似，但是有一些额外的字段。

MPDU 以帧控制字开始，其中包括 2 位的类型字段，用于识别该帧的类型。这里有三种类型的帧：管理帧、控制帧和数据帧。每种类型有不同的子类型。[802.11n-2009，表 7-1] 给出了有关类型和子类型的完整列表。剩余字段由帧类型（如果有的话）来决定，后面将单独讨论。

3.5.1.1 管理帧

管理帧用于创建、维持、终止站和接入点之间的连接。它们也被用于确定是否采用加密，传输网络名称（SSID 或 ESSID），支持哪种传输速率，以及采用的时间数据库等。当一个 Wi-Fi 接口“扫描”临近的接入点时，这些帧被用于提供必要的信息。 113

扫描是一个站发现可用的网络及相关配置信息的过程。这涉及每个可用频率和流量的侦听过程，以确定可用的接入点。一个站可以主动探测网络，在扫描时传输一个特殊的管理帧（“探测请求”）。这些探测请求有一定的限制，以保证 802.11 流量不在非 802.11（例如医疗服务）频率上传输。下面是在 Linux 系统中手工启动扫描的例子：

```
Linux# iwlist wlan0 scan
wlan0 Scan completed :
          Cell 01 - Address: 00:02:6F:20:B5:84
                    ESSID:"Grizzly-5354-Aries-802.11b/g"
                    Mode:Master
                    Channel:4
                     Frequency:2.427 GHz (Channel 4)
                    Quality=5/100 Signal level=47/100
                    Encryption key:on
                    IE: WPA Version 1
                       Group Cipher : TKIP
                       Pairwise Ciphers (2) : CCMP TKIP
                       Authentication Suites (1) : PSK
                    Bit Rates:1 Mb/s; 2 Mb/s; 5.5 Mb/s; 11 Mb/s;
                        6 Mb/s; 12 Mb/s; 24 Mb/s; 36 Mb/s; 9 Mb/s;
                         18 Mb/s; 48 Mb/s; 54 Mb/s
                    Extra:tsf=0000009d832ff037
```

这里，我们看到在无线接口 wlan0 上手工启动扫描的结果。一个 MAC 地址为 00:02:6F:20:B5:84 的 AP 作为主角（即在基础设施模式中作为 AP）工作。它在信道 4（2.427GHz）上广播 ESSID“Grizzly-5354-Aries-802.11b/g”（更多细节见 3.5.4 节讨论信道和频率时对信道选择的描述）。信号质量和强度决定执行扫描的站从 AP 接收信号的好坏，但相应值的含义可能因设备生产商而不同。WPA 加密被用于这种链路（见 3.5.5 节），传输速率从 1Mb/s 到 54Mb/s 不等。tsf（*时间、同步、功能*）的值表示 AP 的时间概念，它被用于需要同步的各种功能，例如省电模式（见 3.5.2 节）。

当一个 AP 广播它的 SSID 时，任何站可尝试与 AP 建立连接。当一个连接建立时，大多数 Wi-Fi 网络会提供必要的配置信息，以便为站提供 Internet 接入（见第 6 章）。但是，AP
114 的运营商可能希望控制使用网络的站。有些运营商故意使连接变得更困难，AP 不广播其 SSID 被作为一项安全措施。这种方法提供了有限的安全性，这是由于 SSID 可以被猜测。链路加密和密码可提供更可靠的安全性，我们将在 3.5.5 节讨论。

3.5.1.2 控制帧：RTS/CTS 和 ACK

控制帧与帧确认被用于一种流量控制方式。流量控制有助于接收方使一个过快的发送方降低发送速度。帧确认有助于发送方知道哪些帧已正确接收。这些概念也适用于传输层的 TCP 协议（见第 15 章）。802.11 网络支持可选的*请求发送 / 明确发送*（RTS/CTS），通过放缓传输来进行流量控制。当 RTS/CTS 启用时，一个站在发送数据帧之前发送一个 RTS 帧，当接收方愿意接收额外的流量时，它会响应一个 CTS 帧。在 RTS/CTS 交换之后，这个站开启一个时间窗口（在 CTS 帧中标识），用于向确认接收的站发送数据帧。这种协同传输方法在无线网络中是常见的，模拟流量控制信号多年前已被用于有线的串行线路（有时称为硬件流量控制）。

RTS/CTS 交换有助于避免*隐藏终端问题*，通过在允许发送时对每个站加以指导，以便发现对方站同时进行的传输。由于 RTS 和 CTS 帧比较短，因此它们不会长期使用信道。如果一个分组的大小足够大，AP 通常为每个分组启动一次 RTS/CTS 交换。在通常情况下，AP 提供一个称为*分组大小阈值*（或类似）的配置选项。超过阈值的帧将会导致一个 RTS 帧优先于数据帧发送。如果需要执行 RTS/CTS 交换，大多数设备生产商设置的默认值为 500 字节。在 Linux 中，RTS/CTS 阈值可通过以下方式设置：

```
Linux# iwconfig wlan0 rts 250
wlan0 IEEE 802.11g ESSID:"Grizzly-5354-Aries-802.11b/g"
```

```
Mode:Managed
Frequency:2.427 GH
Access Point: 00:02:6F:20:B5:84
Bit Rate=24 Mb/s Tx-Power=0 dBm
Retry min limit:7 RTS thr=250 B Fragment thr=2346 B
Encryption key:xxxx- ... -xxxx [3]
Link Quality=100/100 Signal level=46/100
Rx invalid nwid:0 Rx invalid crypt:0 Rx invalid frag:0
Tx excessive retries:0 Invalid misc:0 Missed beacon:0
```

iwconfig 命令可用于设置多种变量，包括 RTS 和分片阈值（见 3.5.1.3 节）。它也可用于确定统计数据，例如错误的网络 ID（ESSID）或加密密钥而导致的帧出错数量。它也可用于给出过多的重试次数（即重传次数），这是一个用于衡量链路可靠性的粗略指标，在无线网 115
络中常用于指导路由决策 [ETX]。在覆盖范围有限的 WLAN 中，隐藏终端问题通常很少发生，可将站的 RTS 阈值设置为很大（1500 或更大）来禁用 RTS/CTS。这可避免每个分组执行 RTS/CTS 交换带来的开销。

在有线的以太网中，冲突较少意味着正确接收帧的概率较高。在无线网络中，更多的因素导致帧交付可能出错，例如信号不够强或受到干扰。为了帮助解决这些潜在问题，802.11 采用一种重传 / 确认（ACK）方法来扩展 802.3 重传机制。确认是对预期在一定时间内接收的一个单播帧（802.11a/b/g）或一组帧（802.11n 或带“块确认”的 802.11e）的响应。组播或广播帧没有相关的确认，以避免出现“ACK 爆炸”问题（见第 9 章）。在指定时间内没有接收到对应的 ACK 会导致帧的重传。

重传可能在网络中形成重复的帧。当任何帧是某个帧的一次重传时，帧控制字中的重试（Retry）位需要设置为相应的值。接收站可通过它删除重复的帧。每个站需要保持一个小的缓存条目，以说明最近查看的地址和序列号 / 分片号。当一个接收帧与一个条目匹配时，则丢弃该帧。

发送一个帧和接收一个 ACK 所需时间与链路距离和时隙（802.11 MAC 协议的一个基本时间单位，见 3.5.3 节）相关。在大多数系统中，可配置等待的 ACK 时间（以及时隙），我们可采用不同方法完成配置。在大多数情况下，例如在家庭或办公室中使用，默认值是足够的。在长距离的 Wi-Fi 中，这些值可能需要调整（例如见 [MWLD]）。

3.5.1.3 数据帧、分片和聚合

在一个繁忙的网络中看到的帧大多数是数据帧，它们如大家所期望的那样携带数据。在通常情况下，802.11 帧和链路层（LLC）帧之间存在一对一关系，它们保证更高层协议（例如 IP）是可用的。但是，802.11 支持帧分片，可将一个帧分为多个分片。根据 802.11n 的规定，它也支持帧聚合，可将多个帧合并发送以减少开销。

当使用帧分片时，每个分片有自己的 MAC 头部和尾部的 CRC，并且它们独立于其他分片处理。例如，到不同目的地的分片可以交错。当信道有明显的干扰时，分片有助于提高性能。除非使用块确认功能，否则每个分片将被单独发送，并由接收方为每个分片产生一个ACK。由于分片小于全尺寸的帧，如果需要启动一次重传，则只需要重传少量数据。 116

分片仅用于目的地址为单播（非广播或组播）的帧。为了具备这种能力，顺序控制字段包含一个分片号（4 位）和一个序列号（12 位）。如果一个帧经过分片，所有分片包含相同的序列号值，而每个相邻的分片的分片号之差为 1。由于分片号字段长度为 4 位，同一帧最多可能有 15 个分片。帧控制字中的更多标志字段表示更多分片还没有到达。最后一个分片

将这个位设置为 0。接收方将接收到的同一序列号的分片根据分片号重组成原始帧。当所有包含同一序列号的分片被接收，并且最后一个分片将更多标志字段设为 0 时，这个帧被重组并交给更高层协议来处理。

分片并不常使用，因为它需要经过调整。如果不调整就使用，可能导致性能下降。当帧大小更小的情况下，出现位差错的概率（参见下一段）更小。分片大小通常可设为 256 字节至 2048 字节，并作为一个阈值（只有那些超过阈值的帧才被分片）。很多 AP 通常设置更高的阈值（例如 Linksys 品牌 AP 的 2437 字节），这样就会默认不使用分片。

分片有用的原因在于其出错的概率。如果误码率（Bit Error Rate，BER）为 P，1 位数据成功交付的概率为 $(1-P)$，N 位成功交付的概率为 $(1-P)^N$。随着 N 的增长，这个值逐渐减小。因此，如果我们减小一个帧的大小，理论上可改善错误交付的概率。当然，如果我们将一个 N 位大小的帧分成 K 个分片，我们可发送至少 $\lceil N/K \rceil$ 个分片。我们给出一个具体的例子，假设要发送一个 1500 字节（12 000 位）的帧。如果假设 $P = 10^{-4}$（一个相对较高的误码率），不分片时的成功交付概率为 $(1-10^{-4})^{12\,000}=0.301$，那么只有约 30% 机会将这个帧成功交付，即平均发送三或四次可使它成功接收。

如果我们对同样的例子使用分片，并将分片阈值设置为 500，这时将产生 3 个 4000 位的分片。每个分片成功交付的概率为 $(1-10^{-4})^{4000} = 0.670$。因此，每个分片约有 67% 的机会成功交付。当然，我们必须在交付成功后重组该帧。3 个分片、2 个分片、1 个分片与 0 个分片成功交付的概率分别为 $(0.67)^3 = 0.30$、$3(0.67)^2(0.33) = 0.44$、$3(0.67)(0.33)^2 = 0.22$、$(0.33)^3= 0.04$。因此，虽然所有分片未重传而被成功交付的概率与未分片被成功交付的概率相同，但两个或三个分片被成功交付的机会相对较大。如果发生这种情况，顶多是一个分片需要重
117 传，这比发送 1500 字节的未分片帧显然节省时间（大约三分之一）。当然，每个分片需要花费一些开销，如果误码率实际为 0，分片只会因创建更多帧而降低性能。

802.11n 提供的增强功能之一是支持两种形式的帧聚合。一种形式称为**聚合的 MAC 服务数据单元**（A-MSDU），它可将多个完整的 802.3（以太网）帧聚合在一个 802.11 帧中。另一种形式称为**聚合的 MAC 协议数据单元**（A-MPDU），它可将多个具有相同的源、目的和 QoS 的 MPDU 聚合为短帧。图 3-19 描述了两种类型的聚合。

对于一次单一的聚合，A-MSDU 方法在技术上更有效率。每个 802.3 头部通常为 14 字节，相对 36 字节的 802.11 MAC 头部更短。因此，仅一个 802.11 MAC 头部对应于多个 802.3 帧，每聚合一个帧最多可节约 22 字节。一个 A-MSDU 可能高达 7935 字节，可容纳 100 多个小（例如 50 字节）的分组，但只能容纳少数（5 个）较大（1500 字节）的数据分组。A-MSDU 仅对应一个 FCS。更大的 A-MSDU 帧会增大交付出错的概率，由于整个聚合只是针对一个 FCS，因此在出错时将不得不重传整个帧。

A-MPDU 聚合是另一种形式的聚合，多个（最多 64 个）802.11 帧可聚合起来，每个帧有自己的 802.11 MAC 头部和 FCS，每个帧最多 4095 字节。A-MPDU 可携带最多 64KB 的数据，足够包含 1000 多个小的分组和大约 40 个较大（1.5KB）的分组。由于每个子帧都携带自己的 FCS，因此可有选择地重传那些出错的子帧。这使得 802.11n（最初在 802.11e）中的**块确认**功能成为可能，它是一种扩展的确认形式，为发送方提供哪个 A-MPDU 子帧交付成功的反馈信息。这种功能在目的上类似，但在细节上不同，我们将在 TCP（见第 14 章）中介绍选择确认。因此，A-MSDU 提供的聚合类型在无差错网络中传输大量小的分组时可能更有效率，但在实际运行中可能不如 A-MPDU 聚合好 [S08]。

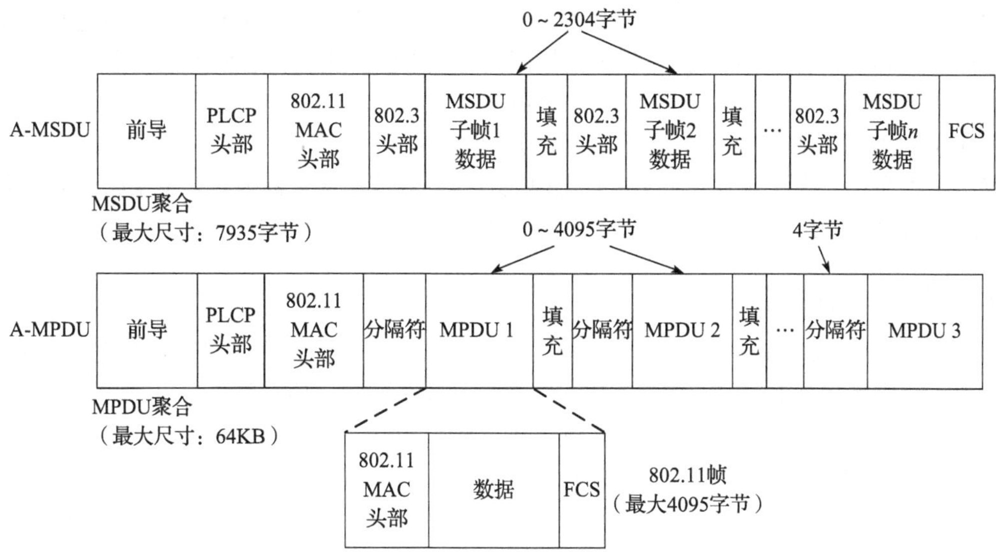

图 3-19 802.11n 中的帧聚合包括 A-MSDU 和 A-MPDU。A-MSDU 使用一个 FCS 聚合多个帧。A-MPDU 在聚合的每个 802.11 帧之间使用一个 4 字节的分隔符。每个 A-MPDU 子帧拥有自己的 FCS，并可以分别使用 ACK 确认，以及在必要时重传

3.5.2 省电模式和时间同步功能

802.11 规范提供一种使站进入有限电源状态的方式，称为*省电模式*（PSM）。PSM 的设计目标是为了节省电源，STA 可在某个时间关闭无线电收发器电路。在不使用 PSM 时，收发器电路将始终运行，并消耗能量。在使用 PSM 时，STA 的输出帧在*帧控制字*中设置 1 位。当 AP 发现某些帧的该位被设置时，它会缓冲该帧直到该站需要时为止。AP 发送信标帧（一种管理帧）提供不同信息，例如 SSID、信道和认证信息。当某个站使用 PSM 时，AP 可向该站提示存在缓冲的帧，只需在发送帧的*帧控制字*中设置一个标识。在某个站执行 PSM 后，它会一直保持这样，直到接收到下一个 AP 信标帧，这时它将苏醒过来，并确定 AP 中是否有为它缓存的帧。

我们应了解和关注 PSM 的使用。虽然它可能延长电池寿命，但是在大多数无线设备中，NIC 不是唯一可节约电源的模块。系统其他部分（例如屏幕和硬盘驱动器）也是电源的主要消耗者，因此总的电池寿命可能不会延长太多。另外，PSM 可能显著影响在帧传输之间空闲期间的吞吐量，时间被过多花费在模式切换上 [SHK07]。

在正确的时间（即一个 AP 打算发送一个信标帧时）唤醒 STA 检查等候帧的能力，取决于这个 AP 和它所服务的站对时间的感知。Wi-Fi 采用*时间同步功能*（TSF）。每个站保持一个 64 位计数器的参考时间（微秒），这个时间与网络中的其他站保持同步。同步保持在 4μs 加 PHY（速率为 1Mb/s 或以上）最大传播延迟之内。这是通过多个站接收一个 TSF 更新（另 118～119
一个站发送的 64 位计数器副本），并检查其中的值是否比自己的值更大来实现。如果是，接收站将自己的时间更新为更大的值。这种方法可确保时钟总是向前走，但它也会带来一些问题，如果不同站的时钟速率稍有差异，较慢的站就会被最快的站的时钟所同步。

通过将 802.11e（QoS）功能纳入 802.11 中，802.11 的 PSM 扩展为提供定期批处理缓冲帧功能。这个频率用信标帧的数量来表示。这个功能被称为*自动省电交付模式*（APSD），它

使用 QoS 控制字中的一些子字段。APSD 对电源有限的设备可能非常有用，因为它们不像传统 802.11 PSM 那样，并不需要在每个信标间隔都被唤醒。相反，它们可选择在自己所选的较长时间内关闭无线电收发器电路。802.11n 也扩展了 PSM 基本功能，允许一个 STA 装备的多个射频电路（见 3.5.4.2 节 MIMO）共同工作，关闭所有而不是其中一个电路，直到准备好一个帧为止。这被称为空间复用省电模式。这个规范还包括称为省电多重轮询的增强型 APSD，它提供同时双向（例如，到达 AP 和来自 AP）传输帧的方法。

3.5.3 802.11 介质访问控制

与有线网络（例如 802.3 局域网）相比，在无线网络中检测“冲突”具有更大挑战性。实际上，介质是相对单一的，无论是集中方式还是分布方式，都需要协同传输，避免多个站同时发送。802.11 标准采用三种方法控制共享的无线介质，它们分别称为点协调功能（PCF）、分布式协调功能（DCF）和混合协调功能（HCF）。HCF 被纳入 802.11 规范 [802.11-2007]，在 802.11e 中增加支持 QoS，它也被用于 802.11n。某些类型的站或 AP 强制实现 DCF，也可选择实现 PCF，但 PCF 使用得并不广泛（因此我们不详细讨论）。相对较新的支持 QoS 的 Wi-Fi 设备通常会实现 HCF，例如 802.11n 的 AP 和更早的 802.11e 的 AP。现在，我们将注意力转移到 DCF 上，并在下面的 QoS 内容中描述 HCF。

DCF 是一种 CSMA/CA 类型，是基于竞争的介质访问方法。它可用于基础设施和 Ad hoc 网络。通过 CSMA/CA，一个站可查看介质是否空闲，如果空闲，它将有机会传输。如果不空闲，它在一段随机的时间内避免发送，直到它再次查看介质是否空闲为止。这个行为与有线局域网中使用的 CSMA/CD 检测方法相似。802.11 信道仲裁是对 CSMA/CA 的改进，提供优先访问某些站或帧的功能。

120 802.11 载波侦听能以物理和虚拟方式实现。一个站在准备发送时，通常需要等待一段时间（称为分布式帧间间隔（DIFS）），以允许更高优先级的站访问信道。如果信道在 DIFS 期间变得繁忙，该站再次开始一个等待时间。当介质出现空闲时，希望发送数据的站将启动 3.5.3.3 节所述的冲突避免 / 退避过程。这个过程在一次成功（失败）的传输后，通过一个 ACK 知道数据被接收（或没有接收）后启动。在传输不成功的情况下，经过不同时间（称为扩展帧间间隔（EIFS））启动退避过程。现在，我们将详细地讨论 DCF 实现，包括虚拟和物理载波侦听机制。

3.5.3.1 虚拟载波侦听、RTS/CTS 和网络分配向量

在 802.11 MAC 协议中，虚拟载波侦听机制会检查每个 MAC 帧中的持续时间字段。这通过站的侦听而非引导流量来实现。RTS 和 CTS 帧中都有一个持续时间字段，它们像普通帧那样在传输之前可选择是否交换，并估计介质将处于繁忙状态的时间。

发送方基于帧长度、传输速率和 PHY 特性（例如速率等）设置持续时间字段。每个站保持一个称为网络分配向量（NAV）的本地计数器，它被用于估计介质传输当前帧所需的时间，以及尝试下一次传输之前需等待的时间。当一个站侦听到一个持续时间大于自己的 NAV 时，它将自己的 NAV 更新为这个值。由于 RTS 和 CTS 帧中都有持续时间字段，如果使用 NAV，在其范围内的任何站（无论是发送方还是接收方）都能看到持续时间字段值。NAV 采用单位时间来维护，并基于本地时钟递减。当本地 NAV 不为 0 时，介质被认为是繁忙的。在接收到一个 ACK 后，本地 NAV 将复位为 0。

3.5.3.2 物理载波侦听（CCA）

每个 802.11 PHY 规范（例如，对于不同的频率和无线电技术）需提供一种评估信道是否空闲的功能，它基于能量和波形识别（通常是一个完好的 PLCP）。这个功能称为空闲信道评估（Clear Channel Assessment，CCA），它的实现依赖于 PHY。CCA 功能是针对 802.11 MAC 的物理载波侦听功能，用于了解介质当前是否繁忙。它通常与 NAV 结合使用，以确定一个站在传输之前是否需要推迟（等待）。

3.5.3.3 DCF 冲突避免 / 退避过程

在确定某个信道可能空闲时（已到达 NAV 持续时间，并且 CCA 没有提示信道繁忙），一个站在传输之前需推迟访问该信道。由于很多站可能在等待信道变空闲，每个站在发送之前需计算和等待一个退避时间。退避时间等于一个随机数和时隙的乘积（除非该站已有一个非零的退避时间尝试传输，在这种情况下无须重新计算）。时隙依赖于 PHY，通常是几十微秒。随机数是一个在区间 [0, CW] 中均匀分布的数值，竞争窗口（CW）是一个整数，其中包含许多等待时隙，且 aCWmin ≤ CW ≤ aCWmax（该限制由 PHY 定义）。CW 值的集合从 PHY 指定的常数 aCWmin 开始，以 2 的幂（减 1）增加，直到每个连续传输尝试次数的常数 aCWmax 为止。这样做与以太网中由冲突检测事件引发的退避过程相似。 121

在无线环境中，冲突检测是不实际的。由于难以发现发送方和接收方同时发送，也难以监听自己之外的传输，因此采用冲突避免来代替冲突检测。另外，ACK 是针对单播帧的响应，以确定一个帧是否成功传递。当一个站正确接收一个帧时，在等待一小段时间（称为短帧间间隔（SIFS））后开始传输 ACK，并且不考虑介质的忙碌 / 空闲状态。这样做不会导致问题，由于 SIFS 的值始终比 DIFS 小，因此该站产生的 ACK 可优先访问信道，以完成接收确认。源站在一定时间内没有接收到 ACK，则意味着一次传输失败。在失败后，源站启动前面讨论的退避过程，并重新尝试发送帧。如果在一定时间（CTStimeout 常数）内没有接收到对较早 RTS 响应的 CTS，则启动同样的过程。

3.5.3.4 HCF 和 802.11e/n 的 QoS

802.11 标准 [802.11-2007] 中的条款 5、6、7 和 9 都基于 IEEE 802.11e 工作组的部分工作，常用的术语有 802.11e、Wi-Fi QoS 和 WMM(基于 Wi-Fi 的多媒体)。它们涉及 QoS 功能：修改 802.11 MAC 层和系统接口以支持多媒体应用，例如 IP 语音（VoIP）和流媒体。QoS 功能实际是否必要，取决于网络层拥塞和应用类型。如果网络利用率较低，可能不必要支持 QoS 的 MAC，虽然其他 802.11e 功能可能有用（例如块确认和 APSD）。在网络利用率和拥塞较高的情况下，需要为 VoIP 等服务提供低抖动交付能力，这时支持 QoS 可能是可取的。这些规范相对较新，支持 QoS 的 Wi-Fi 设备通常比不支持 QoS 的设备更昂贵和更复杂。

QoS 功能引入了新的术语，例如 QoS 站（QSTA）、QoS 接入点（QAP）和 QoS BSS（QBSS，支持 QoS 的 BSS）。在一般情况下，支持 QoS 功能的设备也支持传统的非 QoS 操作。802.11n“高吞吐量”站（又称为 HT STA）也是 QSTA。混合协调功能（HCF）是一种新的协调功能，支持基于竞争和可控制的信道访问，尽管可控制的信道访问技术很少使用。在 HCF 中，有两种专门的信道访问方法可协同工作：HFCA 控制信道访问（HCCA）和更流行的增强型 DCF 信道访问（EDCA），它们分别对应于基于预约和基于竞争的访问。这里也有一些对准入控制的支持，它们可在高负载下完全拒绝访问。 122

EDCA 建立在基本的 DCF 访问之上。通过 EDCA，8 个用户优先级（UP）被映射为 4 个访问类别（AC）。用户优先级使用与802.1d优先级标记相同的结构，并被编号为1至7（在2和3之间还有一个优先级0），其中7为最高优先级。4个访问类别分别为背景、尽力而为、视频和音频流量。优先级1和2用于背景AC，优先级0和3用于尽力而为AC，优先级4和5用于视频AC，优先级6和7用于音频AC。对于每个AC，DCF的一个变种竞争信道访问许可，称为传输机会（TXOP），为较高优先级的流量使用可选的MAC参数。在EDCA中，很多来自DCF的MAC参数（例如，DIFS、aCWmin、aCWmax）作为配置参数是可调整的。这些值可通过管理帧传输给QSTA。

HCCA松散地建立在PCF之上，并使用轮询来控制信道访问。它属于同步方式的访问控制，并优先于基于竞争的EDCA访问。混合协调（HC）位于一个AP中，并优先于信道访问分配。在一次传输之前，一个站可为其流量发布一个流量规范（TSPEC），并使用8和15之间的UP值。HC可为这种请求分配保留的TXOP，它被用于基于EDCA的帧传输之前的短期控制访问阶段的帧交换。HC可拒绝TXOP的基于网络管理员设置的管理控制策略的TSPEC。HCF利用前面讨论过的虚拟载波侦听机制和DCF，以避免基于竞争的站被不基于竞争的访问所干扰。注意，在包括QSTA和常规站的网络中，可同时运行HCF和DCF，并在两者之间切换，但Ad hoc网络不支持HC，因此它不处理TSPEC和不执行管理控制。这种网络可能仍运行HCF，但TXOP通过基于EDCA的竞争来获得。

3.5.4　物理层的细节：速率、信道和频率

目前，[802.11-2007]标准包括以下较早的修订版：802.11a、802.11b、802.11d、802.11g、802.11h、802.11i、802.11j和802.11e。802.11n标准在2009年被采纳为802.11的修订版
123 [802.11n-2009]。大多数的修订版为802.11网络提供额外的调制、编码和工作频率，但802.11n还增加了多种数据流和一种聚合多帧方法（见3.5.1.3节）。我们尽量避免详细讨论物理层，这里只是看一下可选的内容。表3-2包括802.11标准中特别描述的物理层部分。

表3-2　802.11标准中描述的物理层部分

标准（条款）	速率（Mb/s）	频率范围；调制	信道设置
802.11a（第17条）	6、9、12、18、24、36、48、54	5.16GHz ~ 5.35GHz和5.725 ~ 5.825GHz；OFDM	37 ~ 165（根据国家不同），20MHz/10MHz/5MHz信道宽度选项
802.11b（第18条）	1、2、5.5、11	2.401GHz ~ 2.495GHz；DSSS	1 ~ 14（根据国家不同）
802.11g（第19条）	1、2、5.5、6、9、11、12、18、24、36、48、54（加22、23）	2.401GHz ~ 2.495GHz；OFDM	1 ~ 14（根据国家不同）
802.11n	6.5 ~ 600，很多选项（最多4个MIMO流）	2.4GHz和5GHz模式，信道宽度20MHz或40MHz；OFDM	1 ~ 13（2.4GHz频段）；36 ~ 196（5GHz频段）（根据国家不同）
802.11y	（与802.11-2007相同）	3.650GHz ~ 3.700GHz（需要许可）；OFDM	1 ~ 25、36 ~ 64、100 ~ 161（根据国家不同）

第一列给出了标准的原有名称和在[802.11-2007]中的当前位置，并增加802.11n和802.11y修订版的细节。在这个表中，需要注意的是，802.11b/g工作在2.4GHz的工业、科学和医疗（ISM）频段，802.11a仅工作在更高的5GHz的无须许可的国家信息基础设施（U-NII）频段，而802.11n可工作在这两个频段。802.11y修订版在美国工作在需要许可的3.65 ~ 3.70GHz频段。我们应注意的一个重要的实践结论是：802.11b/g设备与802.11a设备

不会互操作或干扰，但是如果不认真进行部署，802.11n 设备可能被任何设备干扰。

3.5.4.1 信道和频率

监管机构（例如美国联邦通信委员会）将电磁波谱划分为不同频率范围，并分配给世界各地的不同应用。对于每个频率范围及其用途，根据本地政策可能需要或不需要申请许可证。在 802.11 中，多个信道可能以不同方式、不同功率水平工作，这取决于所在地区或国家的监管。Wi-Fi 信道在某个基本中心频率的基础上以 5MHz 为单位进行编号。例如，信道 36 124
的基本中心频率为 5.00GHz，则信道 36 的中心频率为 5000 + 36*5 = 5180MHz。虽然信道的中心频率之间以 5MHz 为间隔，但信道宽度可能超过 5MHz（802.11n 高达 40MHz）。因此，信道集中的某些频段内的信道经常重叠。实际上，这意味着一个信道上的传输可能干扰附近信道上的传输。

图 3-20 给出了 802.11b/g 信道在 2.4GHz 的 ISM 频段内的信道与频率映射。每个信道宽度为 22MHz。并非所有信道都可在每个国家合法使用。例如，信道 14 仅被授权在日本使用，信道 12 和 13 被授权在欧洲使用，而美国只能使用信道 1 ~ 11。其他国家可能更严格（见 802.11 标准的 Annex J 和修订版）。注意，政策和许可要求可能随时间而改变。

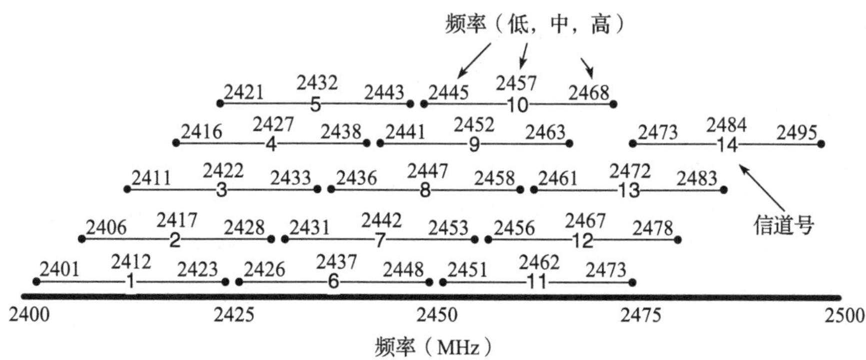

图 3-20　802.11b 和 802.11g 标准使用 2.4GHz 和 2.5GHz 之间的频段。这个频段被划分为 14 个 22MHz 宽的重叠信道，其中一些子集是否可合法使用取决于所在国家。在同一地区运行多个基站，分配非重叠的信道是可取的做法，例如美国的 1、6 和 11。只有一个 40MHz 的 802.11n 信道可用于此频段而不会发生重叠

如图 3-20 所示，重叠信道的影响是明显的。例如，一个传输方工作在信道 1 上，它与信道 2、3、4 和 5 重叠，但与更高的信道不重叠。在可使用多个接入点的环境中，选择使用哪条信道是很重要的，当同一区域中有多个接入点为多个网络提供服务时，如何选择信道至关重要。在美国，常用方法是同一区域中的 3 个 AP 使用不重叠的信道 1、6 和 11，信道 11 在美国是无须许可即可使用的最高频率信道。在其他无线局域网也在同一频段运行的情况下，应该由所有受影响的 WLAN 管理员共同规划信道。 125

如图 3-21 所示，802.11a/n/y 共享一个有些复杂的信道设置，但提供了更多的不重叠信道（即美国的 12 个无须许可的 20MHz 信道）。

在图 3-21 中，信道以 5MHz 为单位递增，但存在不同的信道宽度：5MHz、10MHz、20MHz 和 40MHz。40MHz 信道宽度是 802.11n 的一个选项（见 3.5.4.2 节），可将几个不同所有者的 Wi-Fi 系统聚合为 2 个 20MHz 信道（称为信道绑定）。

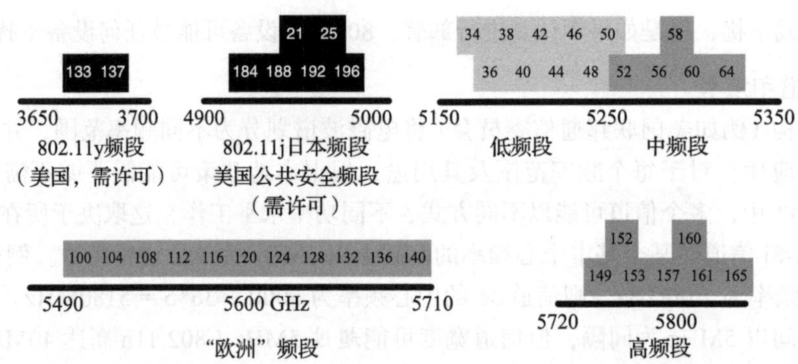

图 3-21　20MHz 信道中的一些可用的 802.11 信道号和中心频率。最常见的无须许可使用的频率范围包括 U-NII 频段，它们均在 5GHz 之上。较低频段被批准可用于大多数国家。"欧洲"频段被批准用于大多数欧洲国家，高频段被批准用于美国和中国。802.11a/y 信道的典型宽度为 20MHz，但 802.11n 的信道宽度可能为 40MHz。另外，在日本也可使用窄信道和某些信道（未显示）

对于典型的 Wi-Fi 网络，在 AP 安装过程中需要指定其运行信道，并由用户所在的站修改信道以便连接到 AP。当运行在 Ad hoc 模式时，没有起控制作用的 AP，因此一个站通常需要为 AP 手工配置信道。可用的信道和运行功率可能受限于监管环境、硬件功能，以及所支持的驱动程序软件。

3.5.4.2　更高吞吐量的 802.11/802.11n

2009 年年底，IEEE 将 [802.11-2007] 修订为 802.11n [802.11n-2009]。它对 802.11 做了一些重要改变。为了支持更高吞吐量，它采用多输入多输出（MIMO）管理空间流（Spatial Stream），即由多个天线同时传输的多个数据流。一个给定信道上最多支持 4 个这种空间流。802.11n 信道宽度可以是 40MHz（使用两个相邻的 20MHz 信道），这是传统 802.11a/b/g/y 信
126 道宽度的两倍。因此，它可将 802.11a/g 的最大传输速率（54Mb/s）提高 8 倍，达到 432Mb/s。802.11n 也提高了单个流的性能，使用一种更高效的调制方案（802.11n 采用 MIMO- 正交频分复用（OFDM），每个 20MHz 信道最多承载 52 个数据载波，每个 40MHz 信道最多承载 108 个数据载波，代替 802.11a 和 802.11g 中的 48 个），以及一种更有效的转发纠错编码（以编码率 5/6 代替 3/4），将每个流性能提升到 65Mb/s（20MHz 信道）或 135Mb/s（40MHz 信道）。通过将保护间隔（GI，一个强制的符号之间的空闲时间）从传统的 800ns 减少到 400ns，每个流的最大性能可提高到 72.2Mb/s（20MHz 信道）和 150Mb/s（40MHz 信道）。通过 4 个空间流的完美协同操作，这样可提供最高 600Mb/s 的传输速率。

802.11n 标准支持大约 77 种调制和编码选项组合，其中包括 8 种对应单个流的选项，24 种可在所有流中使用的平等调制（EQM）选项，以及 43 种可在多个流上使用的不平等调制（UEQM）选项。表 3-3 给出了调制和编码方案的一些组合，对应于调制和编码方案（MCS）的前 33 个值。更大的值（33 ~ 76）包括 2 个信道（值 33 ~ 38）、3 个信道（39 ~ 52）和 4 个信道（53 ~ 76）的组合。MCS 值 32 是一个特殊组合，即 40MHz 信道的两路信号包含相同信息。每行给出了 2 个数据传输速率，一个使用早期的 800ns GI，一个使用较短的 400ns GI 以获得更大传输速率。两个带下划线的值 6Mb/s 和 600Mb/s，分别表示最小和最大吞吐率。

表 3-3　802.11n 的 MCS 值包括平等和不平等调制，不同的 FEC 编码率，使用 20MHz 或 40MHz 信道宽度的 4 个空间流，以及 800ns 或 400ns GI 的组合。77 种组合提供从 6Mb/s 到 600Mb/s 的数据传输速率

MCS 值	调制类型	FEC 编码率	空间流	速率（Mb/s）（20MHz）[800/400ns]	速率（Mb/s）（40MHz）[800/400ns]
0	BPSK	1/2	1	6.5/7.2	13.5/15
1	QPSK	1/2	1	13/14.4	27/30
2	QPSK	3/4	1	19.5/21.7	40.5/45
3	16-QAM	1/2	1	26/28.9	54/60
4	16-QAM	3/4	1	39/43.3	81/90
5	64-QAM	2/3	1	52/57.8	108/120
6	64-QAM	3/4	1	58.5/65	121.5/135
7	64-QAM	5/6	1	65/72.2	135/150
8	BPSK	1/2	2	13/14.4	27/30
…	…	…	…	…	…
15	64-QAM	5/6	2	130/144.4	270/300
16	BPSK	1/2	3	19.5/21.7	40.5/45
…	…	…	…	…	…
31	64-QAM	5/6	4	260/288.9	540/600
32	BPSK	1/2	1	N/A	6/6.7
…	…	…	…	…	…
76	64x3/16x1-QAM	3/4	4	214.5/238.3	445.5/495

127

表 3-3 显示了可用于 802.11n 的各种编码组合，包括二进制相移键控（BPSK）、正交相移键控（QPSK），以及各种正交幅度调制（16-QAM 和 64-QAM）。这些调制方案为给定的信道提供更大的传输速率。但是，性能更高和更复杂的调制方案，通常更容易受到噪声干扰。转发纠错（FEC）包括一套方法，在发送方引入一些冗余位，用于检测和修改传输过程中的错误。对于 FEC，编码率是可用传输速率与底层信道规定速率之比。例如，1/2 编码率表示每发送 2 位数据，只有 1 位有效交付。

802.11n 可工作在 3 种模式下。在 802.11n 环境中，可选择所谓的绿地模式，PLCP 包含特殊位序列（“训练序列”），它仅被 802.11n 设备获得，不与传统设备进行互操作。为了保持兼容性，802.11n 提供了 2 种互操作模式。但是，这些模式对纯 802.11n 设备会带来性能损失。一种模式称为非 HT 模式，禁止所有 802.11n 功能，但仍与原有设备兼容。这不是一种很有趣的模式，因此我们不再进一步讨论。另一种模式称为 HT 混合模式，支持 802.11n 和传统操作，这取决于与哪个站进行通信。PLCP 给出了向 HT STA 提供 AP 的 802.11n 功能和保护传统 STA 所需的信息，PLCP 被修订为包含 HT 和传统信息，并以一个比绿地模式慢的速度传输，以便传统设备来得及处理。在一个传统站使用共享信道时，HT 保护还要求 HT AP 使用自定向 CTS 帧（或 RTS/CTS 帧交换）以传统速率通知传统站。尽管 RTS/CTS 帧是短的，但由于它们是以传统速率（6Mb/s）发送，所以这将显著降低 802.11n WLAN 性能。

在部署一个 802.11n AP 时，应考虑分配适当的信道。在使用 40MHz 信道时，802.11n AP 应运行在 5GHz 以上的 U-NII 频段，2.4GHz 的 ISM 频段中根本没有足够的可用频段提供这么宽的信道。一种可选的 BSS 功能称为分阶段共存操作（PCO），允许一个 AP 定期在

20MHz和40MHz信道宽度之间切换，更好地提供802.11n AP之间的共存，以一些额外流量代价为附近的传统设备提供服务。最后值得一提的是，802.11n AP通常比传统AP消耗更多能量。这种比基本的15W更高的电源功率，可由802.3af以太网供电（PoE）系统提供，这意味着需要使用PoE +（802.3at能提供30W），除非有其他形式的电源（例如一个外接
128 电源）。

3.5.5 Wi-Fi安全

802.11网络的安全模型有很大变化。早期，802.11采用一种称为有线等效保密（WEP）的加密方法。WEP后来被证明安全性薄弱，并出现了替换它的需求。工业界通过Wi-Fi保护访问（WPA）来回应，它使用加密块（见第18章的密码学基础知识）代替密钥方式。在WPA中，采用一种称为临时密钥完整性协议（TKIP）的方案，确保每个帧都用不同密钥加密。它还包括一种称为Michael的消息完整性检查，以弥补WEP中的主要弱点之一。WPA被创建为一个占位符，可通过硬件升级方式使设备支持WEP功能。IEEE 802.11i工作组制定了一个功能更强的标准，最终被吸收到[802.11-2007]的第8条，并被工业界称为“WPA2”。WEP和WPA都使用RC4加密算法[S96]。WPA2使用高级加密标准（AES）算法[AES01]。

我们刚才讨论的加密技术，用于在站和AP之间提供隐私保护（假设站拥有访问网络的合法授权）。在使用WEP、WPA或WPA2的小规模环境中，授权通常通过预先设置一个共享密钥或密码来实现，它在每个站和AP的配置过程中生成。知道这个密钥的用户拥有访问网络的合法授权。这些密钥常用于保护隐私的加密密钥的初始化。这种预共享密钥（PSK）具有局限性。例如，管理员为授权用户提供密钥，这可能是相当麻烦的事。如果一个新的用户被授权，必须更换PSK并通知所有合法用户。这种方法难以用于有很多用户的环境。因此，WPA和后期标准支持基于端口的网络访问控制标准，称为802.1X [802.1X-2010]。它提供了一种在IEEE 802局域网（称为EAPOL，包括802.3和802.11 [RFC4017]）中使用扩展身份验证协议（EAP）[RFC3748]的方式。EAP可使用多种标准和非标准化的认证协议。它也可用于建立密钥，包括WEP密钥。第18章将详细讨论这些协议。我们在3.6节讨论PPP时也会看到EAP的使用。

随着IEEE 802.11i工作组的工作完成，WPA和RC4/TKIP组合扩展为一个称为CCMP的新方案，它被作为WPA2的一部分。CCMP是基于计数器模式（CCM [RFC3610]）的AES，以确保用于认证和完整性的密码块链接消息认证码（CBC-MAC；注意术语MAC在这里的“其他”用途）的安全。AES采用128位的块和128位的密钥。CCMP和TKIP形成了Wi-Fi安全体系结构的基础，称为强健安全网络（RSN），并支持强健安全网络访问（RSNA）。早期的一些方法（如WEP）称为预RSNA方法。RSNA要求支持CCMP（TKIP可选），而
129 802.11n标准完全不使用TKIP。表3-4总结了这种复杂情况。

表3-4 Wi-Fi安全已从不安全的WEP演变到WPA，再到当前标准的WPA2方案

名称/标准	密码	密钥流管理	认证
WEP（预RSNA）	RC4	（WEP）	PSK，（802.1X/EAP）
WPA	RC4	TKIP	PSK，802.1X/EAP
WPA2/802.11（i）	CCMP	CCMP，（TKIP）	PSK，802.1 X/EAP

在所有情况下，预共享密钥和802.1X可用于认证和初始化密钥。802.1X/EAP的主要吸

引力在于其可管理的认证服务器，它基于 AP 为每个用户提供访问控制决策。出于这个原因，使用 802.1X 的认证有时称为“企业”（例如 WPA 企业）。EAP 本身可封装各种认证协议，我们将在第 18 章详细讨论这些协议。

3.5.6 Wi-Fi 网状网（802.11s）

IEEE 正在制定 802.11s 标准，其中包括 Wi-Fi 的*网状网*（Mesh）操作。通过 Mesh 操作，无线站点可用作数据转发代理（像 AP 那样）。在作者编写本书期间（2011 年中期），这个标准仍未完成。802.11s 草案定义了*混合无线路由协议*（HWRP），它基于 Ad hoc *按需距离向量*（AODV）路由 [RFC3561] 和*优化链路状态路由*（OLSR）协议 [RFC3626] 等 IETF 标准。Mesh *站*（Mesh STA）是一种 QoS 站，它可能参与 HWRP 或其他路由协议，但兼容节点必须包括 HWRP 实现和相关*通话时间链路度量*。Mesh 节点使用 EDCA 来协同工作，或使用一种可选的称为 Mesh *确定性访问*的协同功能。Mesh *点*（MP）是与邻居形成 Mesh 连接的那些节点。那些包含 AP 功能的 Mesh 点称为 Mesh AP（MAP）。常规 802.11 站可使用 AP 或 MAP 访问无线局域网的其他部分。

802.11s 草案为 RSNA 制定了一种可选的新安全方案，称为基于对等同时认证（SAE）的认证 [SAE]。这种安全协议与其他协议有些区别，它并不需要一个特定的发起者和响应者之间的操作同步。相反，所有站都被平等对待，先发现其他站的任何站可启动一次安全交换（这可能导致两个站同时启动一次交换）。

3.6 点到点协议

PPP 表示*点到点协议* [RFC1661] [RFC1662] [RFC2153]。这是一种在串行链路上传输 IP 数据报的流行方法，从低速的拨号调制解调器到高速的光链路 [RFC2615]。它被一些 DSL 服 130
务供应商广泛部署，也可分配 Internet 系统的参数（例如，最初的 IP 地址和域名服务器；见第 6 章）。

PPP 实际上是一个协议集合，而不是一个单一的协议。它支持建立链接的基本方法——称为*链路控制协议*（Link Control Protocol，LCP），以及一系列 NCP 协议，在 LCP 建立了基本链路之后，用于为各种协议（包括 IPv4、IPv6 和非 IP 协议）建立网络层链路。一些相关标准涉及对 PPP 的压缩和加密控制，以及在链接建立后的一些认证方法。

3.6.1 链路控制协议

PPP 的 LCP 用于在点到点链路上建立和维护低层的双方通信路径。因此，PPP 操作只需关注一条链路的两端，它不需要像以太网和 Wi-Fi 的 MAC 层协议那样处理共享资源访问的问题。

PPP 通常对底层的点到点链路有最低要求，LCP 更是这样。链路必须支持双向操作（LCP 使用的确认），以及异步或同步操作。通常，LCP 使用简单的位级别帧格式，基于*高级数据链路控制*（HDLC）建立链路协议。在 PPP 设计时，HDLC 就已建立了一种良好的帧格式 [ISO3309] [ISO4335]。IBM 将它修改为*同步数据链路控制*（SDLC），在其专用的*系统网络体系结构*（SNA）协议族中用作链路层协议。HDLC 协议还用作 802.2 中 LLC 标准的基础，并最终被用于 PPP。图 3-22 显示了这种格式。

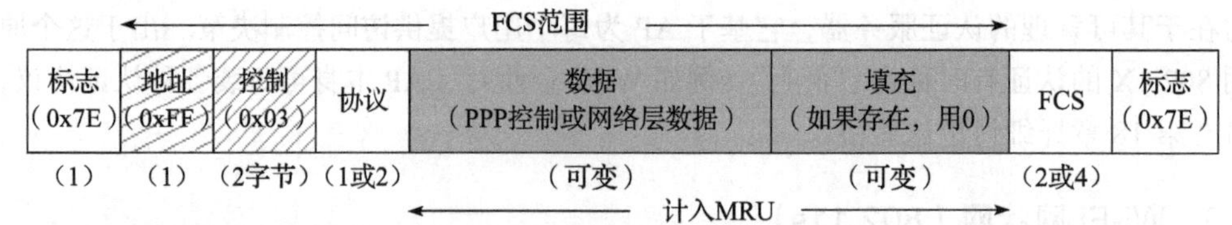

图3-22 PPP基本帧格式借用了HDLC的格式。它包括一个协议标识符、有效载荷区域，以及2或4字节的FCS。其他字段是否存在取决于压缩选项

在通常情况下，PPP帧格式类似于图3-22所示的HDLC帧，由2个1字节的包含固定值0x7E的标志字段“包围”。点到点链路的两个端点使用这些字段来发现一个帧的开始和
131 结束。如果0x7E值出现在帧内部，这时会带来一个小问题。它可通过两种方式来处理，这取决于PPP工作在异步还是同步链路上。对于异步链路，PPP使用*字符填充*（也称为字节填充）。如果标志字符出现在帧中其他地方，则用2字节序列0x7D5E（0x7D称为“PPP转义字符”）替换。如果转义字符本身出现在帧中，则用2字节序列0x7D5D替换。因此，接收方用0x7E替换接收的0x7D5E，并用0x7D替换接收的0x7D5D。在同步链路（例如T1线路、T3线路）上，PPP使用*位填充*。注意，标志字符的位模式为01111110（连续6个1的位序列），在除了标志字符之外的任何地方，位填充在5个连续1之后填充一个0。这样做意味着，发送的字节可能超过8位，但这通常是正常的，因为低层串行处理硬件能去掉填充的比特流，并将它恢复成未填充时的样子。

在第一个标志字段之后，PPP采用HDLC的地址（Addr）和控制字段。在HDLC中，地址字段用于指定哪个站正在处理，但是由于PPP只关心一个目的地，这个字段总是被设置为0xFF（所有站）。HDLC控制字段用于指示帧序列和重传行为。由于这些链路层的可靠性功能通常不是由PPP实现，所以控制字段设置为固定值0x03。由于地址和控制字段在PPP中都是固定的常数，所以在传输过程中经常通过一个称为*地址和控制字段压缩*（ACFC）的选项来省略它们，该选项实质上是消除了这两个字段。

> **注意** 链路层网络应提供多少可靠性，多年来一直存在相当大的争议。在以太网中，在放弃之前可尝试重传多达16次。通常，PPP被配置为不重传，尽管确实有增加重传的规范[RFC1663]。折中方案是巧妙的，但它依赖于携带的流量类型。[RFC3366]详细讨论了要考虑的有关因素。

PPP帧的协议字段表明携带的数据类型。在一个PPP帧中，可携带多种不同类型的协议。正式列表和用于协议字段的分配号显示在“点到点协议字段分配”文档中[PPPn]。根据HDLC规范，协议号的分配方式为：高位字节的最低有效位为0，低位字节的最低有效位为1。0x0000 ~ 0x3FFF（十六进制）范围内的值表示网络层协议，0x8000 ~ 0xBFFF范围内的值表示NCP的相关数据。0x4000 ~ 0x7FFF范围内的值用于NCP不相关的“很少使用的”
132 协议。0xC000 ~ 0xEFFF范围内的值表示控制协议，例如LCP。在某些情况下，如果*协议字段压缩*（PFC）选项在链路建立时协商成功，协议字段可被压缩为1字节。0x0000 ~ 0x00FF范围内的协议号适用于包括大多数流行的网络层协议在内的协议。注意，LCP分组总是使用2字节的未压缩格式。

PPP帧的最后部分包含一个16位的FCS（一个CRC16，生成多项式为10001000000100001），涵盖除FCS字段本身和标志字节之外的整个帧。注意，FCS的值涵盖任何字节或位被填充之

前的帧。LCP 选项（见 3.6.1.2 节）可将 CRC 从 16 位扩展到 32 位。在这种情况下，可采用与前面提到的以太网相同的 CRC32 多项式。

3.6.1.1 LCP 操作

LCP 在基本 PPP 分组之上进行了简单的封装。如图 3-23 所示。

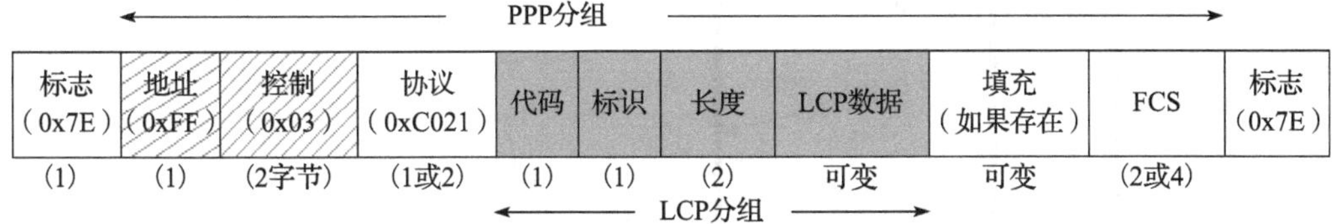

图 3-23 LCP 分组采用很普通的格式，能识别封装数据的类型和长度。LCP 帧主要用于建立 PPP 链路，这种格式已成为很多网络控制协议的基础

LCP 的 PPP 协议字段值始终是 0xC021，它不能用 PFC 删除，以免产生歧义。*标识*字段是由 LCP 请求帧的发送方提供的序列号，并随着每个后续消息进行递增。在生成一个回复（ACK、NACK 或 REJECT 响应）时，这个字段通过复制响应分组请求中包含的值来构造。采用这种方式，请求方可通过匹配标识符来识别相应请求的应答。*代码*字段给出了请求或响应的操作类型：配置请求（0x01）、配置 ACK（0x02）、配置 NACK（0x03）、配置 REJECT（0x04）、终止请求（0x05）、终止 ACK（0x06）、代码 REJECT（0x07）、协议 REJECT（0x08）、回送请求（0x09）、回送应答（0x0A）、放弃请求（0x0B）、标识（0x0C）和剩余时间（0x0D）。ACK 消息通常表明接受一组选项，NACK 消息用建议选项表明部分拒绝。REJECT 消息完全拒绝一个或多个选项。拒绝代码表明前一个分组包含的某些字段值未知。*长度*字段给出了 LCP 分组的字节长度，它不能超过链路的*最大接收单元*（MRU），我们稍后讨论一种建议的最大帧限制。注意，长度字段是 LCP 协议的一部分；PPP 协议通常不提供这种字段。 133

LCP 的主要工作是使一条点到点链路达到最低要求。*配置*消息使链路两端开始基本配置过程，并建立商定的选项。*终止*消息用于在完成后清除一条链路。LCP 也提供了前面提到的一些附加功能。*回送请求/应答*消息可由 LCP 在一条活跃链路上随时交换，以验证对方的操作。*放弃请求*消息可用于性能测试，指示对方丢弃没有响应的分组。*标识*和*剩余时间*消息用于管理目的：了解对方的系统类型，指出链路保持建立的时间（例如出于管理或安全原因）。

从历史上来看，如果一个远程工作站处于*环回模式*（或者说“回路”），这时点到点链路会出现一个常见问题。电话公司的广域数据线路有时会为了测试而设置成环回模式，由一方发送的数据直接由另一方返回。虽然这可能对线路测试有用，但它对数据通信完全没有帮助，所以 LCP 包括一种发送*魔术数字*（由发送方选择的任意数字）的方式，并查看是否立即返回相同类型的消息。如果是的话，该线路被检测为处于回路，并可能需要进行维护。

为了对 PPP 链路建立和选项协商有一个更好的认识，图 3-24 显示了一个简化的分组交换时间表和一个简化的状态机（在链路两端实现）。

一旦底层协议表明一个关联变为活跃（例如调制解调器检测到载波），则认为这个链路已被建立。链路质量测试包含链路质量报告和确认交换（见 3.6.1.2 节），它也可以在此期间完成。如果链接需要认证（这是常见的），例如当拨号到一个 ISP 时，可能需要一些额外的信息交换，以认证链路上的一方或双方的身份。当底层协议或硬件表明一个关联已停止（例如载波消失），或发送一个链路终止请求，并从对方接收到一个终止响应，则认为这个链路已被终止。

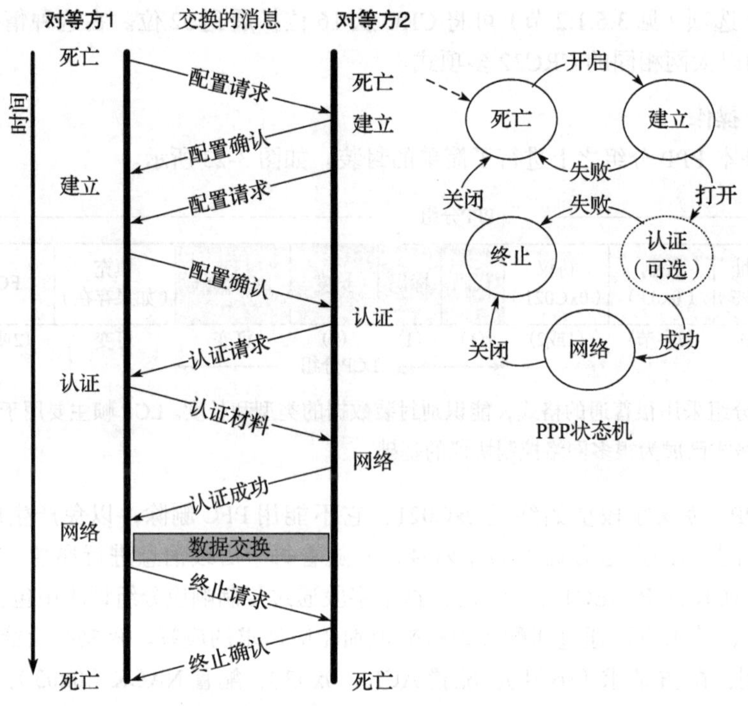

图 3-24 LCP用于建立PPP链路和各方商定选项。典型的交换过程包括一对包含选项列表的配置请求和配置确认、一个认证交换、数据交换（未画出）和一个终止交换。因为PPP是一个包括很多部分的通用协议，所以在一条链路建立和终止之间可能发生很多其他类型的操作

3.6.1.2 LCP 选项

当LCP建立一条由一个或多个NCP使用的链路时，可以对一些选项进行协商。我们将讨论两种或更多的常见情况。异步控制字符映射（ACCM）或简称“asyncmap”选项定义哪些控制字符（即0x00 ~ 0x1F范围内的ASCII字符）需要被“转义”为PPP操作。转义一个字符表示不发送这个字符的真实值，而将PPP转义字符（0x7D）放在控制字符原始值和0x20异或形成的值之前。例如，XOFF字符（0x13）将转换为（0x7D33）发送。ACCM用于控制字符可能影响底层硬件操作的情况。例如，如果软件流控制能够使用XON/XOFF字符，而XOFF字符未经转义就通过链路传输，则硬件直到看到一个XON字符才停止数据传输。asyncmap选项通常是一个32位的十六进制数，其中第n个最低有效位被设置为1，表示值为n的控制字符应被转义。因此，asyncmap为0xffffffff表示转义所有控制字符，为0x00000000表示不转义任何控制字符，为0x000A0000表示转义XON（0x11）和XOFF（0x13）。虽然0xffffffff是默认值，但当前很多链路可在asyncmap被设置为0x00000000时安全运行。 134~135

由于PPP缺少一个长度字段，并且串行线路通常不提供帧封装，所以在理论上对一个PPP帧的长度没有硬性限制。实际上，最大帧大小通常由MRU指定。当一台主机指定一个MRU选项（类型0x01）时，它要求对方不发送比MRU选项提供的值更长的帧。MRU值是数据字段的字节长度，它不计算其他PPP开销字段（即协议、FCS、标志字段）。它的典型值是1500或1492，但也可能多达65 535。IPv6操作需要的长度最小为1280。PPP标准要求具体实现能接收最大1500字节的帧，MRU更多的是建议对方选择帧大小，而不是硬性限制帧大小。当小分组和大分组在同一条PPP链路上交错传输时，较大分组可能占用一条低带宽

链路的大部分带宽，并影响小分组的正常传输。这可能导致抖动（延迟变化），对交互式应用（例如远程登录和 VoIP）产生负面影响。配置较小的 MRU（或 MTU）有助于缓解这个问题，但会产生更大的开销。

PPP 支持一种交换链路质量报告信息的机制。在选项协商期间，可能包括一个包含所请求的特定质量协议的配置信息。选项中的第 16 位被保留给特定协议，但最常见的是一个包括链路质量报告（LQR）的 PPP 标准 [RFC1989]，它在 PPP 协议字段中使用值 0xC025。如果启用该选项，则要求对方按某个周期间隔提供 LQR。LQR 请求之间的最大周期间隔被编码为一个 32 位数字，它被保存在配置选项中，并以 1/100 秒为单位表示。对方可能比这个要求更频繁地生成 LQR。LQR 包括以下信息：一个魔术数字、发送和接收的分组数和字节数、出错的输入分组数和丢弃的分组数，以及交换的 LQR 总数。在一个典型的实现中，允许用户设置对方发送 LQR 的频繁程度。如果链路质量无法满足某些配置阈值，有些实现也提供了终止链路的方法。LQR 可在 PPP 链路进入建立状态后请求。每个 LQR 被赋予一个序列号，因此它能确定一段时间内的趋势，甚至在 LQR 重新排序时也能确定。

很多 PPP 实现支持一种回叫功能。在一次典型的回叫建立过程中，PPP 拨号回叫客户端呼叫 PPP 回叫服务器，并提供认证信息，而服务器断开连接并回叫客户端。在呼叫费用不对称或对于某些安全级别的情况下，这种做法可能是有用的。LCP 选项针对用于协商回叫的协议，该选项值为 0x0D [RFC1570]。如果许可，回叫控制协议（CBCP）完成协商。

PPP 使用的一些压缩和加密算法在处理时需要一定的最小字节数，称为块大小。在数据不够长的情况下，通过填充增加数据长度，达到一个甚至多个块的大小。如果存在填充，它通 136
常位于数据区后面，并位于 PPP FCS 字段之前。一种填充方法称为自描述填充 [RFC1570]，它将填充值变为非零值。这时，每个字节获得填充区域的偏移量值。因此，填充的第一个字节值为 0x01，最后一个字节包含填充字节数。最多支持 255 字节的填充。自描述填充选项（类型 10）用于让对方了解填充类型和最大填充值（MPV），它是这个关联允许的最大填充值。由于基本 PPP 帧缺少一个明确的长度字段，因此一个接收方可使用自描述填充，以确定应从接收的数据区删除多少填充字节。

为了减小每个帧包含一个头部的固定开销，提出了一种将多个不同协议的有效载荷聚合成 PPP 帧的方法，称为 PPPMux [RFC3153] 方法。主要 PPP 头部的协议字段被设置为聚合帧（0x0059），然后每个有效载荷块被插入帧中。通过在每个有效载荷块之前插入 1 ~ 4 字节的子帧头部来实现。在子帧头部中，1 位（称为 PFF）说明子帧头部中是否包含协议字段，1 位（称为 LXT）说明后面的长度字段是 1 字节还是 2 字节。除此之外，1 或 2 字节的协议 ID 使用与外部的 PPP 头部相同的值和压缩方法。在子帧与默认 PID（该 PID 在配置阶段通过 PPPMux 控制协议（PPPMuxCP）建立）匹配时，PFF 可以为 0（意味着不存在 PID 字段）。

PPP 帧格式如图 3-22 所示，普通 PPP/HDLC 的 FCS 可以是 16 或 32 位。默认的 FCS 为 16 位，但 32 位的 FCS 值可通过 32 位的 FCS 选项来启用。其他的 LCP 选项包括使用 PFC 和 ACFC，以及认证算法的选择。

国际化 [RFC2484] 提供了一种使用语言和字符集的表示方式。字符集是一个来自“字符集注册表”[IANA-CHARSET] 的标准值，并从 [RFC5646] [RFC4647] 的列表中选择语言。

3.6.2 多链路 PPP

PPP 的一个特殊版本称为多链路 PPP（MP）[RFC1990]，可用于将多条点到点链路聚合为一条链路。这种想法与前面讨论过的链路聚合相似，并被用于多个电路交换信道（例如 ISDN B 信道）的聚合。MP 包含一个特殊的 LCP 选项，表示支持多链路，以及一个用于多链路上 PPP 帧分片与重组的协商协议。一条聚合链路（称为一个捆绑）可作为一条完整的虚拟链路来操作，并包含自己的配置信息。链路捆绑由大量成员链路组成。每个成员链路可能
137 有自己的选项集。

实现 MP 的典型方法是使分组轮流经过各个成员链路传输。这种方法称为*银行柜员算法*，它可能导致分组重新排序，可能为其他协议带来不良的性能影响。（例如，虽然 TCP/IP 可以正确处理重新排序后的分组，但也可能不如没有重新排序处理得好。）MP 在每个分组中添加一个 2 ~ 4 字节的*序列头部*，而远程 MP 接收方的任务是重建正确的顺序。图 3-25 显示了这种数据帧。

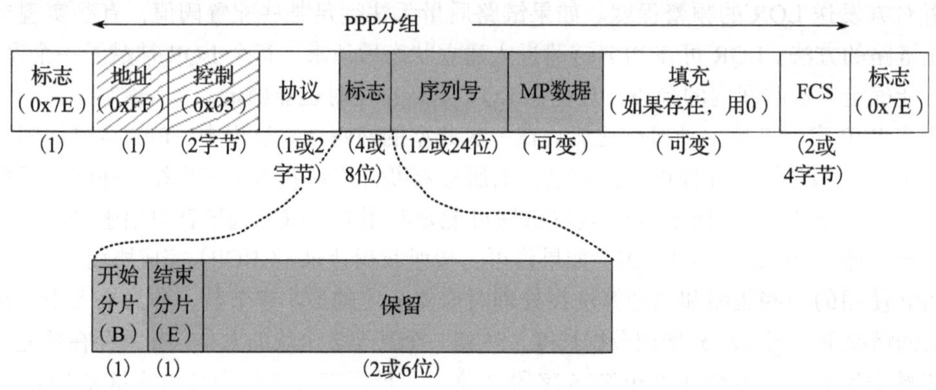

图 3-25　一个 MP 分片包含一个序列头部，允许在一个多链路捆绑的远端对分片重新排序。这个头部支持 2 种格式：短头部（2 字节）和长头部（4 字节）

在图 3-25 中，我们看到一个 MP 分片的开始分片（B）、结束分片（E）位字段和*序列号*字段。这里，需要注意的是长格式（4 字节用于分片信息）和短格式（2 字节用于分片信息）。在选项协商阶段，LCP 的*短序列号*选项（类型 18）用于选择使用的格式。如果一个帧没有被分片，但使用这种格式传输，则 B 和 E 位都被置位，表明该分片是第一个和最后一个（即它是整个帧）。否则，第一个分片的 B、E 位组合被设置为 10，最后一个分片的 B、E 位组合被设置为 01，它们之间的所有分片被设置为 00。序列号给出相对第一个分片的分组号偏移量。

MP 使用一个称为*多链路最大接收重构单元*（MRRU，类型 18）的 LCP 选项，它可将一系列更大的 MRU 应用于捆绑中。大于成员链路 MRU 的帧仍被允许通过这个 MP 链路，直到达到这个值的上限为止。

由于一个 MP 捆绑可能跨越多条成员链路，因此需要一种方法来确定成员链路属于同一
138 捆绑。同一捆绑中的成员链路由 LCP *端点鉴别*（类型 19）选项识别。端点鉴别可使用电话号码、从 IP 或 MAC 地址中提取的数字，以及其他可管理的字符串。除了每个成员链路的常见内容，对这个选项的格式没有多少限制。

建立 MP 的基本方法定义在 [RFC1990] 中，希望各个成员链路可对称使用，相近数量的分片被分配到号码固定的每条链路上。为了实现更复杂的分配，[RFC2125] 中规定了*带宽分配协议*（BAP）和*带宽分配控制协议*（BACP）。BAP 用于为一个捆绑动态添加或删除链路，而 BACP 用于交换如何使用 BAP 添加或删除链路的信息。这种功能有助于实现*按需带宽*（BOD）。在一些需要分配固定资源以满足应用（例如一定数量的电话连接）对带宽需求的

网络中，BOD 通常需要监测流量，在应用需求高时创建新的连接，以及在应用需求低时删除连接。在某些开销和连接数量相关的情况下，这种功能是有用的。

BAP/BACP 使用一种新的*链路鉴别* LCP 选项（LCP 选项类型为 23）。这个选项包含一个 16 位的数字值，一个捆绑中的每条成员链路有不同的值。它被 BAP 用于确定需要添加或删除哪些链路。在一条 PPP 链路的网络阶段，每个捆绑都需要使用 BACP 协商。它的主要目的是找出*首选对端*。也就是说，如果在多个对端之间同时建立多个捆绑时，将会优先为首选对端分配成员链路。

BAP 包括 3 种分组类型：请求、响应和标识。请求用于向一个捆绑添加一条链路，或从一个捆绑中删除一条链路。标识用于为原始或被确认的请求返回结果。响应是对这些请求的 ACK 或 NACK。更多细节见 [RFC2125]。

3.6.3 压缩控制协议

从历史上来看，PPP 是相对较慢的拨号调制解调器使用的协议。因此，针对 PPP 链路上压缩后发送数据已提出一些方法。压缩类型是不同的，无论是调制解调器硬件支持的压缩类型（例如 V.42bis、V.44），还是我们以后讨论的协议*头部压缩*。目前，有几个压缩选项可选。可在一条 PPP 链路的两个方向做出选择，LCP 可协商一个使*压缩控制协议*（CCP）[RFC1962] 生效的选项。CCP 的作用就像 NCP（见 3.6.5 节），只不过在 LCP 链路建立交换阶段指明压缩选项时才开始处理配置压缩细节。

CCP 在行为上很像 NCP，仅在链路进入网络状态时协商。它使用与 LCP 相同的分组交 139
换过程和格式（除协议字段被设置为 0x80FD 之外），另外还有一些特殊选项，并对常见的代码字段值（1 ~ 7）定义了 2 个新的操作：复位请求（0x0e）和复位确认（0x0f）。如果在一个压缩帧中检测到一个错误，复位请求可用于要求对方复位压缩状态（例如字典、状态变量、状态机等）。在复位后，对方响应一个复位确认。

一个或多个压缩帧可作为一个 PPP 帧的一部分（即包括 LCP 数据和可能的填充部分）。压缩帧携带的协议字段值为 0x00FD，但是如何指明存在多个压缩帧，这依赖于使用的特定压缩算法（见 3.6.6 节）。当 CCP 与 MP 结合使用时，既可用于一个捆绑，也可用于多条成员链路的某些组合。如果只用于成员链路，协议字段设置为 0x00FB（单个的链路压缩数据报）。

CCP 可使用十几个压缩算法之一 [PPPn]。大多数算法不是官方标准的 IETF 文档，虽然它们可能已在 RFC 中加以描述（例如，[RFC1977] 描述了 BSD 压缩方案，[RFC2118] 描述了 Microsoft *点对点压缩协议*（MPPC））。如果使用压缩，PPP 帧在进一步处理之前需要重构，因此高层的 PPP 操作通常不关心压缩帧的细节。

3.6.4 PPP 认证

在一条 PPP 链路处于网络状态之前，通常有必要使用某种*认证*（身份验证）机制，以识别建立链路的对方身份。基本的 PPP 规范默认不提供认证，因此图 3-24 中的认证交换在这种情况下不会出现。但是，某种形式的认证在多数时候是需要的，一些经过多年演变的协议被用于应对这种情况。在本章中，我们仅从高层的角度展开讨论，并将细节留给关于安全的章节（第 18 章）。与不提供认证相比，最简单、安全性最低的认证方案是*密码认证协议*（PAP）。这种协议非常简单，一方请求另一方发送一个密码。由于该密码在 PPP 链路上未加密传输，窃听者在线路上可轻易捕获密码并使用它。由于这个重大的漏洞，不建议使用 PAP

进行认证。PAP分组像LCP分组那样编码，协议字段值设置为0xC023。

查询 - 握手认证协议（CHAP）[RFC1994] 提供了一种更安全的认证方法。在使用CHAP时，一个随机值从一方（称为认证方）发送到另一方。响应通过一种特殊的单向（即不可逆）
140 功能，将一个随机值和一个共享密钥（通常由密码生成）结合形成响应中的一个数字。在接收到这个响应之后，认证方能更可靠地验证对方密钥是否正确。这个协议在链路上不会以明文（未加密）形式发送密钥或密码，因此窃听者难以了解相关信息。由于每次使用不同的随机值，每个查询 / 响应的结果会改变，即使一个窃听者有可能捕捉到这个值，也无法通过重新使用（回放）来欺骗对方。

EAP [RFC3748] 是一个可用于各种网络的认证框架。它支持很多（约40个）不同的认证方法，从简单密码（例如PAP和CHAP）到更可靠的认证类型（例如智能卡、生物识别）。EAP定义了一种携带各种认证的消息格式，但需要额外的规范定义EAP消息如何在特定的链路上传输。

当EAP被用于PPP时，前面讨论过的基本认证方法不变。EAP不是在链路建立（LCP建立）阶段协商一种认证方法，认证操作将被推迟到认证状态（网络状态的前一个状态）。这允许更多信息类型用于影响远程访问服务器（RAS）的访问控制决策。当某种标准的协议用于执行各种认证机制，网络访问服务器可能无须处理EAP消息内容，但可依靠其他基础设施的认证服务器（例如RADIUS服务器 [RFC2865]）确定访问控制决策。这是当前的企业网和ISP设计中的首选方案。

3.6.5 网络控制协议

虽然多种NCP可用于一条PPP链路（甚至同时），但我们将关注支持IPv4和IPv6的NCP。对于IPv4，NCP被称为IP控制协议（IPCP）[RFC1332]。对于IPv6，NCP被称为IPV6CP [RFC5072]。在LCP完成链路建立和认证之后，该链路每端都进入网络状态，并使用一个或多个NCP（例如典型的是一个IPCP）进行网络层的相关协商。

IPCP（针对IPv4的标准NCP）可用于在一条链路上建立IPv4连接，以及配置Van Jacobson头部压缩（VJ压缩）[RFC1144]。IPCP分组在PPP状态机进入网络状态之后交换。IPCP分组使用与LCP相同的分组交换机制和分组格式，除了协议字段被设置为0x8021，并且代码字段被限制在范围0 ~ 7。代码字段的值对应于消息类型：特定供应商（见 [RFC2153]）、配置请求、配置ACK、配置REJECT、终止请求、终止ACK和代码REJECT。IPCP可协商
141 一系列选项，包括IP压缩协议（2）、IPv4地址（3）和移动IPv4（4）[RFC2290]。其他选项可用于获得主要和次要的域名服务器（见第11章）。

IPV6CP使用与LCP相同的分组交换机制和分组格式，但它有两种不同的选择：接口标识符和IPv6压缩协议。接口标识符选项用于传输一个64位的IID值（见第2章），它作为形成一个链路本地IPv6地址的基础。由于它仅在本地链路上使用，因此不需要具有全球唯一性。这通过在IPv6地址的高位使用标准链路本地前缀，在低位设置某种功能的接口标识符来实现。这里模拟了IPv6自动配置过程（见第6章）。

3.6.6 头部压缩

PPP拨号线路的速率一直较慢（54 000b/s或更少），很多小的分组通常使用TCP/IP（例如TCP确认，见第15章）。这些分组大部分包含TCP和IP头部，同一TCP连接上的分组

之间变化不大。其他高层协议的行为相似。因此，压缩（或消除）高层协议头部是一种有用的方法，这样就可在相对较慢的点到点链路上传输更少字节。现代的压缩或消除头部方法一直在随着时间演变。我们将从前面提到的 VJ 压缩开始，按时间顺序讨论它们。

在 VJ 压缩中，部分高层（TCP 和 IP）头部被 1 字节的连接标识符代替。[RFC1144] 讨论了这种方法的起源，它最初来源于一种旧的、称为 CSLIP（压缩串行线路 IP）的点到点协议。一个典型 IPv4 头部的长度是 20 字节，一个没有选项的 TCP 头部的长度也是 20 字节。因此，一个常见的 TCP/IPv4 头部组合是 40 字节，并且很多字段在分组间没有变化。另外，很多字段在分组间只有很小或有限的变化。如果不变的值通过一条链路（或一段时间内）传输并被保存在一张表中，则在后续分组中可用一个小的索引代替该值。变化有限的值可以仅编码差异部分（即仅发送变化的部分）。因此，整个 40 字节头部通常可有效压缩到 3 或 4 字节。这样可显著提高在低速链路上的 TCP/IP 性能。

头部压缩的下一步演化简称为 *IP 头部压缩* [RFC2507] [RFC3544]。它提供了一种压缩多个分组头部的方式，使用 TCP 或 UDP 传输层协议，以及 IPv4 或 IPv6 网络层协议。这种技术是 VJ 压缩技术的一种逻辑上的扩展，可用于多种协议以及 PPP 链路之外的其他链路。[RFC2507] 指出了底层链路层的一些强大的差错检测机制的必要性，因为，如果压缩头部在运输过程中损坏，出错的分组可在离开链路层时被构造。我们需要认识到，当头部压缩用于链路上时，可能不会像 PPP 的 FCS 计算那样强大。 142

头部压缩的最新改进方案称为*鲁棒性头部压缩*（ROHC）[RFC5225]。它进一步改进了 IP 头部压缩以涵盖更多的传输协议，并允许同时处理多种头部压缩方式。前面提到的 IP 头部压缩可适用于不同类型的链路，包括 PPP。

3.6.7 例子

我们查看一台 PPP 服务器的调试输出，它通过拨号的调制解调器与客户机交互。客户机是一台有 IPv6 功能的运行 Microsoft Windows Vista 的计算机，服务器是一台运行 Linux 的计算机。客户机配置为可在单一链路上协商多链路功能（属性 | 选项 | PPP 设置），出于演示目的，服务器配置为使用 CCP 协商加密协议（见以下代码清单中的 MPPE）:

```
data dev=ttyS0, pid=28280, caller='none', conn='38400',
     name='',cmd='/usr/sbin/pppd', user='/AutoPPP/'
pppd 2.4.4 started by a_ppp, uid 0
using channel 54
Using interface ppp0
ppp0 <--> /dev/ttyS0
sent [LCP ConfReq id=0x1 <asyncmap 0x0> <auth eap>
     <magic 0xa5ccc449><pcomp> <accomp>]
rcvd [LCP ConfNak id=0x1 <auth chap MS-v2>]
sent [LCP ConfReq id=0x2 <asyncmap 0x0> <auth chap MS-v2>
     <magic 0xa5ccc449><pcomp> <accomp>]
rcvd [LCP ConfAck id=0x2 <asyncmap 0x0> <auth chap MS-v2>
     <magic 0xa5ccc449><pcomp> <accomp>]
rcvd [LCP ConfReq id=0x2 <asyncmap 0x0> <magic 0xa531e06>
     <pcomp> <accomp><callback CBCP> <mrru 1614>
     <endpoint [local:12.92.67.ef.2f.fe.44.6e.84.f8.
                  c9.3f.5f.8c.5c.41.00.00.00.00]>]
sent [LCP ConfRej id=0x2 <callback CBCP> <mrru 1614>]
rcvd [LCP ConfReq id=0x3 <asyncmap 0x0> <magic 0xa531e06>
     <pcomp> <accomp>
     <endpoint [local:12.92.67.ef.2f.fe.44.6e.84.f8.
```

```
        c9.3f.5f.8c.5c.41.00.00.00.00]>]
sent [LCP ConfAck id=0x3 <asyncmap 0x0> <magic 0xa531e06>
     <pcomp> <accomp>
     <endpoint [local:12.92.67.ef.2f.fe.44.6e.84.f8.
               c9.3f.5f.8c.5c.41.00.00.00.00]>]
sent [CHAP Challenge id=0x1a <4d53c52b8e7dcfe7a9ea438b2b4daf55>,
      name = "dialer"]
rcvd [LCP Ident id=0x4 magic=0xa531e06 "MSRASV5.20"]
rcvd [LCP Ident id=0x5 magic=0xa531e06 "MSRAS-0-VISTA"]
rcvd [CHAP Response id=0x1a
     <4b5dc95ed4e1788b959025de0233d4fc0000000
      0000000033a555d2a77bd1fa692f2a0af707cd 4f0c0072c379c82e0f00>,
     name = "dialer"]
sent [CHAP Success id=0x1a
143  "S=7E0B6B513215C87520BEF6725EF8A9945C28E918M=Access granted"]
sent [CCP ConfReq id=0x1 <mppe +H -M +S +L -D -C>]
rcvd [IPV6CP ConfReq id=0x6 <addr fe80::0000:0000:dead:beef>]
sent [IPV6CP TermAck id=0x6]
rcvd [CCP ConfReq id=0x7 <mppe -H -M -S -L -D +C>]
sent [CCP ConfNak id=0x7 <mppe +H -M +S +L -D -C>]
rcvd [IPCP ConfReq id=0x8 <compress VJ 0f 01> <addr 0.0.0.0>
      <ms-dns1 0.0.0.0> <ms-wins 0.0.0.0> <ms-dns3 0.0.0.0>
      <ms-wins 0.0.0.0>]
sent [IPCP TermAck id=0x8]
rcvd [CCP ConfNak id=0x1 <mppe -H -M +S -L -D -C>]
sent [CCP ConfReq id=0x2 <mppe -H -M +S -L -D -C>]
rcvd [CCP ConfReq id=0x9 <mppe -H -M +S -L -D -C>]
sent [CCP ConfAck id=0x9 <mppe -H -M +S -L -D -C>]
rcvd [CCP ConfAck id=0x2 <mppe -H -M +S -L -D -C>]
MPPE 128-bit stateful compression enabled
sent [IPCP ConfReq id=0x1 <compress VJ 0f 01> <addr 192.168.0.1>]
sent [IPV6CP ConfReq id=0x1 <addr fe80::0206:5bff:fedd:c5c3>]
rcvd [IPCP ConfAck id=0x1 <compress VJ 0f 01> <addr 192.168.0.1>]
rcvd [IPV6CP ConfAck id=0x1 <addr fe80::0206:5bff:fedd:c5c3>]
rcvd [IPCP ConfReq id=0xa <compress VJ 0f 01>
      <addr 0.0.0.0> <ms-dns1 0.0.0.0>
      <ms-wins 0.0.0.0> <ms-dns3 0.0.0.0> <ms-wins 0.0.0.0>]
sent [IPCP ConfRej id=0xa <ms-wins 0.0.0.0> <ms-wins 0.0.0.0>]
rcvd [IPV6CP ConfReq id=0xb <addr fe80::0000:0000:dead:beef>]
sent [IPV6CP ConfAck id=0xb <addr fe80::0000:0000:dead:beef>]
rcvd [IPCP ConfAck id=0x1 <compress VJ 0f 01> <addr 192.168.0.1>]
rcvd [IPV6CP ConfAck id=0x1 <addr fe80::0206:5bff:fedd:c5c3>]
local LL address fe80::0206:5bff:fedd:c5c3
remote LL address fe80::0000:0000:dead:beef
rcvd [IPCP ConfReq id=0xc <compress VJ 0f 01>
     <addr 0.0.0.0> <ms-dns1 0.0.0.0> <ms-dns3 0.0.0.0>]
sent [IPCP ConfNak id=0xc <addr 192.168.0.2> <ms-dns1 192.168.0.1>
      <ms-dns3 192.168.0.1>]
sent [IPCP ConfAck id=0xd <compress VJ 0f 01> <addr 192.168.0.2>
      <ms-dns1 192.168.0.1> <ms-dns3 192.168.0.1>]
local IP address 192.168.0.1
remote IP address 192.168.0.2
... data ...
```

这里，我们可看到一些涉及 PPP 的交换，它是从服务器的角度来看的。PPP 服务器进程创建的（虚拟）网络接口为 ppp0，它在连接串行端口 ttyS0 的拨号调制解调器上等待连接请求（称为“输入连接”）。当有连接请求到达时，服务器依次发送 0x0 的异步控制字符映射（asyncmap）、EAP 认证、PFC 和 ACFC 请求。客户拒绝 EAP 认证，并建议使用 MS-CHAP-v2（ConfNak）[RFC2759]。服务器再次尝试发送请求，并使用 MS-CHAP-v2，这次请求被接受和确认（ConfAck）。接下来，“输入”请求包括 CBCP，一个与 MP 支持相关的 1614 字节的 MRRU，以及一个端点 ID。服务器拒绝 CBCP 和多链路操作（ConfRej）请求。客户机发送不带 MRRU 的端点鉴别请求，并被接收和确认。下一步，服务器发送一个名为 144
dialer 的 CHAP 查询。在该查询的响应到达之前，两个标识消息到达，表明对方以字符串 MSRASV5.20 和 MSRAS-0-VISTA 来标识。最后，CHAP 响应到达并验证通过，表明许可访问。这时，PPP 转换为网络状态。

当进入网络状态时，CCP、IPCP 和 IPV6CP NCP 被交换。CCP 尝试协商*微软点对点加密*（MPPE）[RFC3078]。MPPE 有些不同之处，因为它是一种加密协议，而不是一种压缩协议，它实际将分组扩大了 4 字节。但是，它提供了一个相对简单的方法，早在协商过程中就完成了加密。选项 + H – M + S + L – D – C 表明 MPPE 是否采用无状态操作（H)、使用哪种加密密钥强度（安全，S ；中等，M ；低，L)、是否存在过时的 D 位，以及是否需要单独、专用的 MPPC 的压缩协议（C）[RFC2118]。最终，双方同意在有状态模式下使用强大的 128 位密钥（– H，+ S）。注意，在这次协商过程中，客户机尝试发送一个 IPCP 请求，但服务器响应的是一个主动的 TermAck（一个 LCP 定义、ICPC 采纳的消息）。它用于向对方指出服务器“需要重新谈判”[RFC1661]。

在 MPPE 协商成功之后，服务器请求使用 VJ 头部压缩，并提供它的 IPv4 地址和 IPv6 地址，分别为 192.168.0.1 和 fe80::0206:5bff:fedd:c5c3。这个 IPv6 地址是从服务器的以太网 MAC 地址 00:06:5B:DD:C5:C3 而来。客户机最初使用 IPCP 建议的 IPv4 地址和域名服务器 0.0.0.0，但被拒绝。客户机请求使用 fe80::0000:0000:dead:beef 作为 IPv6 地址，这个请求被接受和确认。最后，客户机确认服务器的 IPv4 和 IPv6 地址，并且表明自己已建立 IPv6 地址。接着，客户机再次请求 IPv4 和服务器地址 0.0.0.0，再次被拒绝。192.168.0.1 被接受和确认。

我们从这次交换中可看到，PPP 协商是既灵活又烦琐的。很多选项可以尝试、拒绝和重新协商。虽然在低延时链路上这可能不是一个大问题，但这种交换中的每个消息都需要花费几秒（或更长）到达目的地。如果在一条卫星链路上，则可能出现很大的超时。对用户来说，链路建立明显是一个太长的过程。

3.7 环回

尽管可能看起来很奇怪，但在很多情况下，客户机可能希望使用 Internet 协议（例如 TCP/IP）与同一计算机上的服务器通信。为了实现这个目标，大多数实现支持一种工作在网络层的*环回*（或称“回送”）能力——通常使用一个虚拟的环回网络接口来实现。它就像一个 145
真正的网络接口，但实际上是一个由操作系统提供的专用软件，可通过 TCP/IP 与同一主机的其他部分通信。以 127 开始的 IPv4 地址就是为这个目的而保留，IPv6 地址 ::1（见第 2 章的 IPv4 和 IPv6 寻址约定）用于同样目的。传统上，类 UNIX 系统（包括 Linux）为环回接口分配的 IPv4 地址为 127.0.0.1（IPv6 地址为 ::1），为它分配的名称为 localhost。发送到环回接口的 IP 数据报不会出现在任何网络中。尽管我们可以想象传输层检测到另一端是一个环回地址，并跳过某些传输层逻辑和所有网络层逻辑，但大多数的实现在传输层和网络层对数据执行完整的处理流程，并仅在数据报离开网络层时将其回送给网络层协议栈。这种处理对于性能测试可能有用，例如在没有任何硬件开销的情况下，测量执行协议栈软件所需的时间。在 Linux 中，环回接口被称为 lo。

```
Linux% ifconfig lo
lo Link encap:Local Loopback
          inet addr:127.0.0.1 Mask:255.0.0.0
          inet6 addr: ::1/128 Scope:Host
          UP LOOPBACK RUNNING MTU:16436 Metric:1
          RX packets:458511 errors:0 dropped:0 overruns:0 frame:0
          TX packets:458511 errors:0 dropped:0 overruns:0 carrier:0
          collisions:0 txqueuelen:0
          RX bytes:266049199 (253.7 MiB)
          TX bytes:266049199 (253.7 MiB)
```

这里，我们看到本地环回接口的 IPv4 地址为 127.0.0.1，子网掩码为 255.0.0.0（对应于分级寻址中的 A 类网络号 127）。IPv6 地址 ::1 有一个 128 位的前缀，它表示只有一个地址。这个接口支持 16KB 的 MTU（可配置为更大尺寸，最大可达 2GB）。从主机在两个月前初始化开始，巨大的流量（接近 50 万个分组）无差错地通过该接口。我们不希望在本地环回设备上看到错误，假设它实际上没有在任何网络上发送分组。

在 Windows 中，默认情况下没安装 Microsoft 环回适配器，尽管这样仍支持 IP 环回功能。这个适配器可用于测试各种网络配置，甚至在一个物理网络接口不可用的情况下。在 Windows XP 下安装该适配器，可选择“开始 | 控制面板 | 添加硬件 | 从列表中选择网络适配器 | 选择 Microsoft 作为制造商 | 选择 Microsoft 环回适配器”。对于 Windows Vista 或 Windows 7，在命令提示符下运行程序 hdwwiz，并手动添加 Microsoft 环回适配器。在执行
146 上述操作后，ipconfig 命令显示如下（这个例子来自 Windows Vista 环境）：

```
C:\> ipconfig /all
...
Ethernet adapter Local Area Connection 2:
   Connection-specific DNS Suffix . :
   Description . . . . . . . . . . . : Microsoft Loopback Adapter
   Physical Address. . . . . . . . . : 02-00-4C-4F-4F-50
   DHCP Enabled. . . . . . . . . . . : Yes
   Autoconfiguration Enabled . . . . : Yes
   Link-local IPv6 Address . . . . . :
      fe80::9c0d:77a:52b8:39f0%18(Preferred)
   Autoconfiguration IPv4 Address. . : 169.254.57.240(Preferred)
   Subnet Mask . . . . . . . . . . . : 255.255.0.0
   Default Gateway . . . . . . . . . :
   DHCPv6 IAID . . . . . . . . . . . : 302121036
   DNS Servers . . . . . . . . . . . : fec0:0:0:ffff::1%1
      fec0:0:0:ffff::2%1
      fec0:0:0:ffff::3%1
   NetBIOS over Tcpip. . . . . . . . : Enabled
```

这里，我们可看到该接口已被创建，分配了 IPv4 和 IPv6 地址，并显示为一系列的虚拟以太网设备。现在，这台计算机具有以下环回地址：

```
C:\> ping 127.1.2.3
Pinging 127.1.2.3 with 32 bytes of data:
Reply from 127.1.2.3: bytes=32 time<1ms TTL=128
Reply from 127.1.2.3: bytes=32 time<1ms TTL=128
Reply from 127.1.2.3: bytes=32 time<1ms TTL=128
Reply from 127.1.2.3: bytes=32 time<1ms TTL=128
Ping statistics for 127.1.2.3:
    Packets: Sent = 4, Received = 4, Lost = 0 (0% loss),
Approximate round trip times in milli-seconds:
    Minimum = 0ms, Maximum = 0ms, Average = 0ms
```

```
C:\> ping ::1
Pinging ::1 from ::1 with 32 bytes of data:
Reply from ::1: time<1ms
Reply from ::1: time<1ms
Reply from ::1: time<1ms
Reply from ::1: time<1ms
Ping statistics for ::1:
      Packets: Sent = 4, Received = 4, Lost = 0 (0% loss),
Approximate round trip times in milli-seconds:

      Minimum = 0ms, Maximum = 0ms, Average = 0ms

C:\> ping 169.254.57.240
Pinging 169.254.57.240127.1.2.3 with 32 bytes of data:
Reply from 169.254.57.240: bytes=32 time<1ms TTL=128
Reply from 169.254.57.240: bytes=32 time<1ms TTL=128
Reply from 169.254.57.240: bytes=32 time<1ms TTL=128
Reply from 169.254.57.240: bytes=32 time<1ms TTL=128
Ping statistics for 169.254.57.240:
Packets: Sent = 4, Received = 4, Lost = 0 (0% loss),
Approximate round trip times in milli-seconds:
      Minimum = 0ms, Maximum = 0ms, Average = 0ms
```

147

我们可以看到，IPv4 中以 127 开始的目的地址被环回。但是，对于 IPv6，只有地址 ::1 被定义用于环回操作。我们还可以看到，地址为 169.254.57.240 的环回适配器如何立即返回数据。我们将在第 9 章讨论组播或广播数据报是否被复制并返回给发送主机（通过环回接口）。每个应用程序都可做出这种选择。

3.8 MTU 和路径 MTU

我们可以从图 3-3 中看到，在很多链路层网络（例如以太网）中，携带高层协议 PDU 的帧大小是有限制的。以太网有效载荷的字节数通常被限制为 1500，PPP 通常采用相同大小以保持与以太网兼容。链路层的这种特征被称为*最大传输单元*（MTU）。大多数的分组网络（例如以太网）都有固定的上限。大多数的流类型网络（串行链路）提供可设置的上限，它可被帧协议（例如 PPP）所使用。如果 IP 需要发送一个数据报，并且这个数据报比链路层 MTU 大，则 IP 通过*分片*将数据报分解成较小的部分，使每个分片都小于 MTU。我们将在第 5 章和第 10 章讨论 IP 分片。

当同一网络中的两台主机之间通信时，本地链路的 MTU 在会话期间对数据报大小有直接影响。当两台主机之间跨越多个网络通信时，每条链路可能有不同大小的 MTU。在包含所有链路的整个网络路径上，最小的 MTU 称为*路径 MTU*。

任何两台主机之间的路径 MTU 不会永远不变，这取决于当时使用的路径。如果网络中的路由器或链路故障，MTU 可能改变。另外，路径通常不对称（主机 A 到 B 路径可能不是 B 到 A 的反向路径），路径 MTU 不需要在两个方向上相同。

[RFC1191] 规定了 IPv4 *路径 MTU 发现*（PMTUD）机制，[RFC1981] 描述了用于 IPv6 的相应机制。[RFC4821] 描述了一个补充方案，以解决这些机制中的一些问题。PMTUD 用于确定某个时间的路径 MTU，它在 IPv6 实现中是需要的。在后面的章节中，针对前面描述的 ICMP 和 IP 分片，我们将观察这个机制如何运行。我们在讨论 TCP 和 UDP 时，也会讨论它对传输性能的影响。 148

3.9 隧道基础

在某些情况下，两台计算机通过 Internet 或其他网络建立一条虚拟链路是有用的。虚拟专用网络（VPN）提供这种服务。实现这类服务的最常用方法称为*隧道*。一般来说，隧道是在高层（或同等层）分组中携带低层数据。例如，在一个 IPv4 或 IPv6 分组中携带 IPv4 数据，在一个 UDP、IPv4 或 IPv6 分组中携带以太网数据。隧道转变了在头部中协议严格分层的思路，并允许形成*覆盖网络*（即这些“链路”实际是其他协议实现的虚拟链路，而不是物理连接的网络）。这是一个非常强大和有用的技术。这里，我们讨论了一些隧道方案的基础。

为某个协议层的分组或另一层的分组建立隧道有多种方法。用于建立隧道的 3 个常见协议包括：*通用路由封装*（GRE）[RFC2784]、Microsoft 专用的*点对点隧道协议*（PPTP）[RFC2637] 和*第 2 层隧道协议*（L2TP）[RFC3931]。其他协议包括早期非标准的 IP-in-IP 隧道协议 [RFC1853]。GRE 和 L2TP 后来发展成为标准，并分别代替了 IP-in-IP 和 PPTP（但这两种协议仍在使用）。我们将重点放在 GRE 和 PPTP，但更关注 PPTP，因为它是个人用户的常用协议，即使它并不是一个 IETF 标准。L2TP 本身不提供安全保障，它常用于 IP 层安全（IPsec；见第 18 章）。由于 GRE 和 PPTP 有密切关系，我们现在看图 3-26 中的 GRE 头部，它们分别基于原来的标准和修订后的标准。

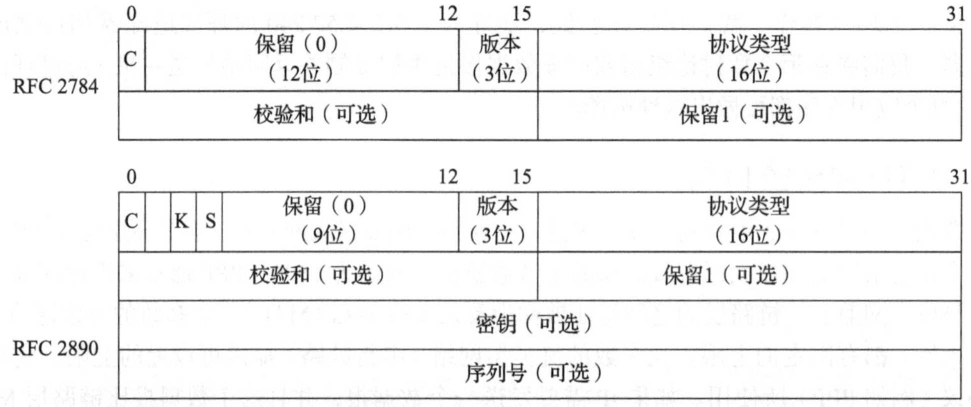

图 3-26　基本的 GRE 头部只有 4 字节，包括一个 16 位的校验和选项（很多 Internet 协议中的典型选项）。后来，这个头部被扩展为包括一个标识符（密钥字段），该标识符是同一流中的多个分组
149 共有的，还包括一个序列号（用于顺序混乱的分组重新排序）

从图 3-26 中的头部可以看出，基本 GRE 规范 [RFC2784] 是相当简单的，它只提供了对其他分组的最简化的封装。第一个位字段（C）指出是否存在*校验和*。如果是，*校验和*字段中包含相同类型的校验和，它在很多 Internet 相关协议中可看到（见 5.2.2 节）。如果*校验和*字段存在，*保留 1* 字段也存在，并被设置为 0。[RFC2890] 扩展了基本格式，包括可选的*密钥*和*序列号*字段，如果有这两个字段的话，图 3-26 中的 K 和 S 位字段分别被设置为 1。*密钥*字段在多个分组中被分配了一个同样的值，表示它们是属于同一流中的分组。如果分组顺序被打乱（例如通过不同链路），可利用*序列号*字段对分组重新排序。

虽然 GRE 是 PPTP 的基础，并被 PPTP 使用，但这两个协议的目的不同。GRE 隧道常用于网络基础设施内的流量传输，例如 ISP 之间或企业内部网与分支机构之间，虽然 GRE 隧道可与 IPsec 结合，但这个流量通常没必要加密。相反，PPTP 常用于用户和 ISP 或企业内部网之间，并需要加密（例如使用 MPPE）。PPTP 本质上是 GRE 和 PPP 的结合，因此 GRE 可基于 PPP 提供虚拟的点到点链路。GRE 使用 IPv4 或 IPv6 携带流量，因此它更像是一种第 3 层隧道技术。PPTP 常用于携带第 2 层帧（例如以太网），因此需要模拟一条直接的局域网（链路层）连接。例如，它可用于对企业网络的远程访问。PPTP 采用的是对标准 GRE 头部的改进方案（见图 3-27）。

图 3-27　PPTP 头部基于一个旧的、非标准的 GRE 头部。它包括一个序列号、一个累积的分组确认号和一些标识信息。多数字段在第一次使用时设置为 0

我们可看到图 3-27 与标准 GRE 头部的一些差异，包括额外的 R、S 和 A 位字段，以及*标志*字段和*回溯*（Recur）字段。它们中的多数设置为 0，并且没有使用（它们的分配是基于一个旧的、非标准的 GRE 版本）。K、S 和 A 位字段分别表示*密钥*、*序列号*和*确认号*字段是否存在。如果存在，*序列号*字段保存对方可看到的最大分组数。 150

我们现在建立一个 PPTP 会话，稍后对 PPTP 的其他功能进行简单讨论。下面的例子类似于前面给出的 PPP 链路建立的例子，区别在于现在不常使用拨号连接，PPTP 为 PPP 提供了一条"原始"链路。第二个客户端使用 Windows Vista 系统，服务器使用 Linux 系统。当调试选项启用时，这个输出保存在 /var/log/messages 文件中：

```
pptpd: MGR: Manager process started
pptpd: MGR: Maximum of 100 connections available
pptpd: MGR: Launching /usr/sbin/pptpctrl to handle client
pptpd: CTRL: local address = 192.168.0.1
pptpd: CTRL: remote address = 192.168.1.1
pptpd: CTRL: pppd options file = /etc/ppp/options.pptpd
pptpd: CTRL: Client 71.141.227.30 control connection started
pptpd: CTRL: Received PPTP Control Message (type: 1)
pptpd: CTRL: Made a START CTRL CONN RPLY packet
pptpd: CTRL: I wrote 156 bytes to the client.
pptpd: CTRL: Sent packet to client
pptpd: CTRL: Received PPTP Control Message (type: 7)

pptpd: CTRL: Set parameters to 100000000 maxbps, 64 window size
pptpd: CTRL: Made a OUT CALL RPLY packet
pptpd: CTRL: Starting call (launching pppd, opening GRE)
pptpd: CTRL: pty_fd = 6
pptpd: CTRL: tty_fd = 7
pptpd: CTRL (PPPD Launcher): program binary = /usr/sbin/pppd
pptpd: CTRL (PPPD Launcher): local address = 192.168.0.1
pptpd: CTRL (PPPD Launcher): remote address = 192.168.1.1
pppd: pppd 2.4.4 started by root, uid 0
pppd: using channel 60
pptpd: CTRL: I wrote 32 bytes to the client.
pptpd: CTRL: Sent packet to client
pppd: Using interface ppp0
```

```
pppd: Connect: ppp0 <--> /dev/pts/1
pppd: sent [LCP ConfReq id=0x1 <asyncmap 0x0> <auth chap MS-v2>
           <magic 0x4e2ca200> <pcomp> <accomp>]
pptpd: CTRL: Received PPTP Control Message (type: 15)
pptpd: CTRL: Got a SET LINK INFO packet with standard ACCMs
pptpd: GRE: accepting packet #0
pppd: rcvd [LCP ConfReq id=0x0 <mru 1400> <magic 0x5e565505>
           <pcomp> <accomp>]
pppd: sent [LCP ConfAck id=0x0 <mru 1400> <magic 0x5e565505>
           <pcomp> <accomp>]
pppd: sent [LCP ConfReq id=0x1 <asyncmap 0x0> <auth chap MS-v2>
           <magic 0x4e2ca200> <pcomp> <accomp>]
pptpd: GRE: accepting packet #1
pppd: rcvd [LCP ConfAck id=0x1 <asyncmap 0x0> <auth chap MS-v2>
           <magic 0x4e2ca200> <pcomp> <accomp>]
pppd: sent [CHAP Challenge id=0x3
           <eb88bfff67d1c239ef73e98ca32646a5>, name = "dialer"]
pptpd: CTRL: Received PPTP Control Message (type: 15)
```

151

```
pptpd: CTRL: Ignored a SET LINK INFO packet with real ACCMs!
pptpd: GRE: accepting packet #2
pppd: rcvd [CHAP Response id=0x3<276f3678f0f03fa57f64b3c367529565000000
           0000000000fa2b2ae0ad8db9d986f8e222a0217a620638a24
           3179160900>, name = "dialer"]
pppd: sent [CHAP Success id=0x3
           "S=C551119E0E1AAB68E86DED09A32D0346D7002E05
           M=Accessgranted"]
pppd: sent [CCP ConfReq id=0x1 <mppe +H -M +S +L -D -C>]
pptpd: GRE: accepting packet #3
pppd: rcvd [IPV6CP ConfReq id=0x1 <addr fe80::1cfc:fddd:8e2c:e118>]
pppd: sent [IPV6CP TermAck id=0x1]
pptpd: GRE: accepting packet #4
pppd: rcvd [CCP ConfReq id=0x2 <mppe +H -M -S -L -D -C>]
pppd: sent [CCP ConfNak id=0x2 <mppe +H -M +S +L -D -C>]
pptpd: GRE: accepting packet #5
pptpd: GRE: accepting packet #6
pppd: rcvd [IPCP ConfReq id=0x3 <addr 0.0.0.0> <ms-dns1 0.0.0.0>
           <ms-wins 0.0.0.0> <ms-dns3 0.0.0.0> <ms-wins 0.0.0.0>]
pptpd: GRE: accepting packet #7
pppd: sent [IPCP TermAck id=0x3]
pppd: rcvd [CCP ConfNak id=0x1 <mppe +H -M +S -L -D -C>]
pppd: sent [CCP ConfReq id=0x2 <mppe +H -M +S -L -D -C>]
pppd: rcvd [CCP ConfReq id=0x4 <mppe +H -M +S -L -D -C>]
pppd: sent [CCP ConfAck id=0x4 <mppe +H -M +S -L -D -C>]
pptpd: GRE: accepting packet #8
pppd: rcvd [CCP ConfAck id=0x2 <mppe +H -M +S -L -D -C>]
pppd: MPPE 128-bit stateless compression enabled
pppd: sent [IPCP ConfReq id=0x1 <addr 192.168.0.1>]
pppd: sent [IPV6CP ConfReq id=0x1 <addr fe80::0206:5bff:fedd:c5c3>]
pptpd: GRE: accepting packet #9
pppd: rcvd [IPCP ConfAck id=0x1 <addr 192.168.0.1>]
pptpd: GRE: accepting packet #10
pppd: rcvd [IPV6CP ConfAck id=0x1 <addr fe80::0206:5bff:fedd:c5c3>]
pptpd: GRE: accepting packet #11
pppd: rcvd [IPCP ConfReq id=0x5 <addr 0.0.0.0>
           <ms-dns1 0.0.0.0> <ms-wins 0.0.0.0>
           <ms-dns3 0.0.0.0> <ms-wins 0.0.0.0>]
pppd: sent [IPCP ConfRej id=0x5 <ms-wins 0.0.0.0> <ms-wins 0.0.0.0>]
pptpd: GRE: accepting packet #12
pppd: rcvd [IPV6CP ConfReq id=0x6 <addr fe80::1cfc:fddd:8e2c:e118>]
pppd: sent [IPV6CP ConfAck id=0x6 <addr fe80::1cfc:fddd:8e2c:e118>]
pppd: local LL address fe80::0206:5bff:fedd:c5c3
```

```
pppd: remote LL address fe80::1cfc:fddd:8e2c:e118
pptpd: GRE: accepting packet #13
pppd: rcvd [IPCP ConfReq id=0x7 <addr 0.0.0.0>
          <ms-dns1 0.0.0.0> <ms-dns3 0.0.0.0>]
pppd: sent [IPCP ConfNak id=0x7 <addr 192.168.1.1>
          <ms-dns1 192.168.0.1> <ms-dns3 192.168.0.1>]
pptpd: GRE: accepting packet #14
pppd: rcvd [IPCP ConfReq id=0x8 <addr 192.168.1.1>
          <ms-dns1 192.168.0.1> <ms-dns3 192.168.0.1>]
pppd: sent [IPCP ConfAck id=0x8 <addr 192.168.1.1>
          <ms-dns1 192.168.0.1> <ms-dns3 192.168.0.1>]      152
pppd: local IP address 192.168.0.1
pppd: remote IP address 192.168.1.1
pptpd: GRE: accepting packet #15
pptpd: CTRL: Sending ECHO REQ id 1
pptpd: CTRL: Made a ECHO REQ packet
pptpd: CTRL: I wrote 16 bytes to the client.
pptpd: CTRL: Sent packet to client
```

这个输出类似于前面看过的 PPP 的例子，区别在于一个 pppd 过程和一个 pptpd 过程。这些进程协同工作以建立到服务器的 PPTP 会话。整个建立过程开始于用 pptpd 接收 1 个类型为 1 的控制消息，表示客户机希望建立一个控制连接。PPTP 使用分离的控制流和数据流，因此首先需要建立一个控制流。在响应这个请求之后，服务器接收到一个类型为 7 的控制消息（表示对方发送的呼叫请求）。最大速度（b/s）设置为一个很大的值 100 000 000，实际上意味着它是无限制的。窗口设置为 64，这是在传输协议例如 TCP（见第 15 章）中经常看到的一个概念。这里，窗口用于流量控制。也就是说，PPTP 使用自己的序列号和确认号来确定多少帧成功到达目的地。如果成功交付的帧太少，发送者需要减小发送速率。为了确定帧确认的等待时间，PPTP 使用一种自适应的超时机制，根据链路的往返时间进行估算。当我们学习 TCP 时将看到这种计算过程。

在设置窗口后不久，pppd 应用开始运行和处理 PPP 数据，就像我们之前在拨号例子中看到的那样。两者之间唯一的区别在于：pptpd 在分组到达和离开时转发给 pppd 过程，以及 pptpd 处理的少量特殊 PPTP 消息（例如 set link info 和 echo request）。这个例子说明了 PPTP 协议如何实际运行，就像一个针对 PPP 分组的 GRE 隧道。由于现有 PPP 实现（这里是 pppd）可处理封装的 PPP 分组，因此它是很方便的。注意，虽然 GRE 本身通常封装在 IPv4 分组中，但类似功能也可使用 IPv6 隧道分组 [RFC2473]。

3.9.1 单向链路

当链路仅在一个方向工作时出现一个有趣的问题。这种在一个方向工作的链路称为单向链路（UDL），由于它们需要交换信息（例如 PPP 配置消息），因此前面介绍的很多协议在这种情况下不能正常运行。为了解决这种问题提出了一种标准，可在辅助 Internet 接口上创建隧道，它可与 UDL 操作相结合 [RFC3077]。典型情况是由卫星提供下行流量（流向用户）而
形成一条 Internet 连接，或者是调制解调器提供上行流量而形成一条拨号链路。这在卫星连 153
接的用户主要是下载而不是上传的情况下是有用的，并且通常用于早期的卫星 Internet 连接。它使用 GRE 将链路层的上行流量封装在 IP 分组中。

为了在接收方自动建立和维护隧道，[RFC3077] 规定了一种动态隧道配置协议（DTCP）。DTCP 涉及在下行链路中发送组播 Hello 消息，因此任何有兴趣的接收方都可知道已有 UDL 及其 MAC 和 IP 地址。另外，Hello 消息表示网络中一个隧道端点的接口，它可通过用户端

的辅助接口到达。在用户选择隧道端点之后，DTCP 在 GRE 隧道中将同一 MAC 作为 UDL 封装返回流量。服务提供商接收由 GRE 封装的这些第 2 层帧（通常是以太网），将它们从隧道中提取并适当转发。因此，上游（提供商）UDL 需要手工配置隧道，下游（很多用户）自动配置隧道。注意，这种 UDL 处理方法实际上是为上层协议不对称地“隐藏”链路。因此，这条链路“两个”方向上的性能（延迟、带宽）可能非常不对称，并可能对高层协议产生不利影响 [RFC3449]。

这个例子说明，隧道的一个重要问题是配置的工作量，这个工作从前一直由手工完成。在通常情况下，隧道配置涉及选择一个隧道端点，以及用对方的 IP 地址配置位于隧道端点的设备，也许还需要选择协议和提供认证信息。一些相关技术已经出现，以协助自动配置或使用隧道。一种从 IPv4 向 IPv6 的过渡方法称为 6to4 [RFC3056]。在 6to4 中，IPv6 分组在一个 IPv4 网络中通过隧道传输，[RFC3056] 中规定它采用的封装方式。当相应主机经过了网络地址转换（见第 7 章），采用这种方法就会出现一个问题。这在当前是常见的，特别是对于家庭用户。自动配置隧道的 IPv6 过渡处理方法规定在 Teredo 技术方案中 [RFC4380]。Teredo 在 UDP/IPv4 分组上形成 IPv6 分组的隧道。理解这种方法需要一些 IPv4、IPv6 和 UDP 的背景知识，我们将在第 10 章详细讨论这种隧道自动配置选项。

3.10 与链路层相关的攻击

对 TCP/IP 以下的层进行攻击以影响 TCP/IP 网络运行一直是常见的做法，这是由于大部
154 分链路层信息不被高层共享，因而难以检测。不过，现在大家已知道很多这种攻击，我们在这里提到其中一些，以更好地理解链路层问题如何影响高层运行。

在传统的有线以太网中，接口可被设置为*混杂模式*，这允许它接收目的地不是自己的流量。在早期的以太网中，当介质是名副其实的共享电缆时，该功能允许任何一台连接以太网电缆的计算机“嗅探”别人的帧并检查其内容。当时很多高层协议包含密码等敏感信息，仅通过查看一个分组并解码就能轻易获得密码。两个因素对这种方法的影响很大：交换机部署和高层协议加密部署。在使用交换机后，只有连接到交换机端口的站提供流量，流量的目的地也是其他站（或其他桥接的站），以及广播 / 组播流量。这种流量很少包含敏感信息（例如密码），可在很大程度上阻止攻击。但是，在更高层使用加密更有效，这在当前是常见的。在这种情况下，嗅探分组难以获得多少好处，因为基本无法直接获取内容。

另一种攻击的目标是交换机。交换机中有一个基于每个端口的站列表。如果这种表能被快速填充（例如被大量伪装的站快速填充），交换机可能被迫放弃合法条目，从而导致中断对合法站的服务。一个相关但可能更严重的攻击是使用 STP。在这种情况下，一个站可伪装成一个到根网桥拥有低成本路径的站，从而吸引流量直接导向它。

随着 Wi-Fi 网络的使用，有线以太网中存在的一些窃听和伪装问题变得更严重，这是由于任何站都可进入监控模式并嗅探分组（802.11 接口置于监控模式通常比以太网接口置于混杂模式更有挑战性，这样做依赖于一个适当的设备）。一些早期“攻击”（可能不是真的被攻击，依据相关的法律框架）涉及扫描中的简单漫游，寻找提供 Internet 连接的接入点（即*驾驶攻击*）。虽然很多接入点使用加密来限制授权用户的访问，但有些人却能打开或使用*捕获门户*技术访问注册网页，然后进行基于 MAC 地址的过滤访问。通过观察站注册以及冒充合法注册用户来“劫持”连接，捕获门户系统已被破坏。

一种更先进的 Wi-Fi 攻击涉及对加密保护的攻击，尤其是很多早期接入点使用的 WEP

加密。针对 WEP [BHL06] 的攻击有显著的破坏性，它促使 IEEE 修订了自己的标准。新的 WPA2（和 WPA）加密体系明显更强，因此不再推荐使用 WEP。 155

如果攻击者可访问两个端点之间的信道，它可采用很多方式来攻击 PPP 链路。对于很简单的认证机制（例如 PAP），嗅探可用于捕获密码，以便后续的非法访问。取决于 PPP 链路（例如路由流量）上的更高层流量，可以诱发额外不需要的行为。

从攻击的角度看，隧道经常是目标，有时也成为攻击工具。作为目标，隧道穿过一个网络（通常是 Internet），它是被截获和分析的目标。隧道端点配置也可被攻击，尝试由端点建立更多隧道（一个 DoS 攻击）或攻击配置自身。如果该配置被攻破，可能打开一个未授权的隧道端点。在这点上，隧道变成工具而不再是目标，有些协议（例如 L2TP）提供一种与协议无关的简便方法，以在链路层访问私有的内部网络。在一种 GRE 相关的攻击中，例如将流量简单地插入一个非加密隧道，它到达隧道端点并被注入“私有”网络，虽然它本来只应被送往端点本地。

3.11 总结

在本章中，我们探讨 Internet 协议族的低层，也就是我们关注的链路层。我们首先介绍以太网的演变，速度从 10Mb/s 增加到 10Gb/s 及以上，功能上的变化包括 VLAN、优先级、链路聚合和帧格式等方面。我们介绍了交换机如何通过网桥改善性能，这主要通过在多个独立站的集合之间提供直连电路来实现，以及由全双工操作取代早期半双工操作。我们还介绍了 IEEE 802.11 无线局域网 Wi-Fi 标准的一些细节，并说明它与以太网的相似点和区别。它已成为最流行的 IEEE 标准之一，并通过两个主要频段 2.4GHz 和 5GHz 提供无须许可的网络访问。我们还介绍了 Wi-Fi 安全方法的演变，从较弱的 WEP 到更强的 WPA 和 WPA2 框架。在 IEEE 标准的基础上，我们讨论了点到点链路和 PPP 协议。PPP 实际上可封装任何类型的分组，可用于 TCP/IP 和非 TCP/IP 网络，采用一种类似 HDLC 的帧格式，并且可用于从低速拨号调制解调器到高速光纤线路。它本身是一整套协议，涉及压缩、加密、认证和链路聚合。它只支持两个参与者之间通信，无法处理对共享介质的访问控制，例如以太网或 Wi-Fi 的 MAC 协议。 156

大多数实现提供了环回接口。通过特殊的环回地址，通常为 127.0.0.1（IPv6 为 ::1），或将 IP 数据报发送到主机自己的 IP 地址，都可访问该接口。环回数据可被传输层处理，并在网络层被 IP 处理。我们描述了链路层的一个重要特点，即 MTU 和路径 MTU 的相关概念。

我们也讨论了隧道的使用，涉及在更高层（或同等层）分组中携带低层协议。这种技术可形成覆盖网络，在 Internet 中将隧道作为网络基础设施的其他层中的链路。这项技术已变得非常流行，包括新功能的实验（例如在一个 IPv4 网络上运行的一个 IPv6 覆盖网络）和实际使用（例如 VPN）。

最后简要讨论了链路层涉及的各种攻击类型，它们既是目标又是工具。很多攻击涉及流量截取与分析（例如查找密码），但很多复杂攻击涉及伪造端点和修改传输中的流量。其他攻击涉及修改控制信息，例如隧道端点或 STP 信息，以将流量导向其他意想不到的位置。链路层访问也提供了一种执行 DoS 攻击的通用方式。这方面最著名的攻击是干扰通信信号，这种攻击几乎从无线电问世以来就有了。

本章仅涵盖了当前 TCP/IP 使用的一些常见链路技术。TCP/IP 成功的原因之一在于它能工作在几乎任何一种链路技术之上。从本质上来说，IP 只要求发送方和接收方之间存在某条路径，它们可能经过一些级联的中间链路。这是一个相对适中的要求，很多研究的目标甚至延伸得更远，发送方和接收方之间可能永远没有一条端到端路径 [RFC4838]。

3.12 参考文献

[802.11-2007] "IEEE Standard for Local and Metropolitan Area Networks, Part 11: Wireless LAN Medium Access Control (MAC) and Physical Layer (PHY) Specifications," June 2007.

[802.11n-2009] "IEEE Standard for Local and Metropolitan Area Networks, Part 11: Wireless LAN Medium Access Control (MAC) and Physical Layer (PHY) Specifications Amendment 5: Enhancements for Higher Throughput," Oct. 2009.

[802.11y-2008] "IEEE Standard for Local and Metropolitan Area Networks, Part 11: Wireless LAN Medium Access Control (MAC) and Physical Layer (PHY) Specifications Amendment 3: 3650-3700 MHz Operation in USA," Nov. 2009.

[802.16-2009] "IEEE Standard for Local and Metropolitan Area Networks, Part 16:
157 Air Interface for Fixed Broadband Wireless Access Systems," May 2009.

[802.16h-2010] "IEEE Standard for Local and Metropolitan Area Networks, Part 16: Air Interface for Fixed Broadband Wireless Access Systems Amendment 2: Improved Coexistence Mechanisms for License-Exempt Operation," July 2010.

[802.16j-2009] "IEEE Standard for Local and Metropolitan Area Networks, Part 16: Air Interface for Fixed Broadband Wireless Access Systems Amendment 1: Multihop Relay Specification," June 2009.

[802.16k-2007] "IEEE Standard for Local and Metropolitan Area Networks, Part 16: Air Interface for Fixed Broadband Wireless Access Systems Amendment 5: Bridging of IEEE 802.16," Aug. 2010.

[802.1AK-2007] "IEEE Standard for Local and Metropolitan Area Networks, Virtual Bridged Local Area Networks Amendment 7: Multiple Registration Protocol," June 2007.

[802.1AE-2006] "IEEE Standard for Local and Metropolitan Area Networks Media Access Control (MAC) Security," Aug. 2006.

[802.1ak-2007] "IEEE Standard for Local and Metropolitan Area Networks—Virtual Bridged Local Area Networks—Amendment 7: Multiple Registration Protocol," June 2007.

[802.1AX-2008] "IEEE Standard for Local and Metropolitan Area Networks—Link Aggregation," Nov. 2008.

[802.1D-2004] "IEEE Standard for Local and Metropolitan Area Networks Media Access Control (MAC) Bridges," June 2004.

[802.1Q-2005] IEEE Standard for Local and Metropolitan Area Networks Virtual Bridged Local Area Networks," May 2006.

[802.1X-2010] "IEEE Standard for Local and Metropolitan Area Networks Port-Based Network Access Control," Feb. 2010.

[802.2-1998] "IEEE Standard for Local and Metropolitan Area Networks Logical Link Control" (also ISO/IEC 8802-2:1998), May 1998.

[802.21-2008] "IEEE Standard for Local and Metropolitan Area Networks, Part 21: Media Independent Handover Services," Jan. 2009.

[802.3-2008] "IEEE Standard for Local and Metropolitan Area Networks, Part 3: Carrier Sense Multiple Access with Collision Detection (CSMA/CD) Access Method and Physical Layer Specifications," Dec. 2008.

[802.3at-2009] "IEEE Standard for Local and Metropolitan Area Networks—Specific Requirements, Part 3: Carrier Sense Multiple Access with Collision Detection (CSMA/CD) Access Method and Physical Layer Specifications Amendment 3: Date Terminal Equipment (DTE) Power via the Media Dependent Interface (MDI) Enhancements," Oct. 2009.

[802.3ba-2010] "IEEE Standard for Local and Metropolitan Area Networks, Part 3: Carrier Sense Multiple Access with Collision Detection (CSMA/CD) Access Method and Physical Layer Specifications, Amendment 4: Media Access Control Parameters, Physical Layers, and Management Parameters for 40Gb/s and 100Gb/s Operation," June 2010.

[802.11n-2009] "IEEE Standard for Local and Metropolitan Area Networks, Part 11: Wireless LAN Medium Access Control (MAC) and Physical Layer (PHY) Specifications, Amendment 5: Enhancements for Higher Throughput," Oct. 2009.

[AES01] U.S. National Institute of Standards and Technology, FIPS PUB 197, "Advanced Encryption Standard," Nov. 2001.

[BHL06] A. Bittau, M. Handley, and J. Lackey, "The Final Nail in WEP's Coffin," *Proc. IEEE Symposium on Security and Privacy*, May 2006.

[BOND] http://bonding.sourceforge.net

[ETHERTYPES] http://www.iana.org/assignments/ethernet-numbers

[ETX] D. De Couto, D. Aguayo, J. Bicket, and R. Morris, "A High-Throughput Path Metric for Multi-Hop Wireless Routing," *Proc. Mobicom*, Sep. 2003.

[G704] ITU, "General Aspects of Digital Transmission Systems: Synchronous Frame Structures Used at 1544, 6312, 2048k, 8488, and 44736 kbit/s Hierarchical Levels," ITU-T Recommendation G.704, July 1995.

[IANA-CHARSET] "Character Sets," http://www.iana.org/assignments/character-sets

[ISO3309] International Organization for Standardization, "Information Processing Systems—Data Communication High-Level Data Link Control Procedure—Frame Structure," IS 3309, 1984.

[ISO4335] International Organization for Standardization, "Information Processing Systems—Data Communication High-Level Data Link Control Procedure—Elements of Procedure," IS 4335, 1987.

[JF] M. Mathis, "Raising the Internet MTU," http://www.psc.edu/~mathis/MTU

[MWLD] "Long Distance Links with MadWiFi," http://madwifi-project.org/wiki/UserDocs/LongDistance

[PPPn] http://www.iana.org/assignments/ppp-numbers

[RFC0894] C. Hornig, "A Standard for the Transmission of IP Datagrams over Ethernet Networks," Internet RFC 0894/STD 0041, Apr. 1984.

[RFC1042] J. Postel and J. Reynolds, "Standard for the Transmission of IP Datagrams over IEEE 802 Networks," Internet RFC 1042/STD 0043, Feb. 1988.

[RFC1144] V. Jacobson, "Compressing TCP/IP Headers for Low-Speed Serial Links," Internet RFC 1144, Feb. 1990.

[RFC1191] J. Mogul and S. Deering, "Path MTU Discovery," Internet RFC 1191, Nov. 1990.

[RFC1332] G. McGregor, "The PPP Internet Protocol Control Protocol," Internet RFC 1332, May 1992.

[RFC1570] W. Simpson, ed., "PPP LCP Extensions," Internet RFC 1570, Jan. 1994.

[RFC1661] W. Simpson, "The Point-to-Point Protocol (PPP)," Internet RFC 1661/ STD 0051, July 1994.

[RFC1662] W. Simpson, ed., "PPP in HDLC-like Framing," Internet RFC 1662/ STD 0051, July 1994.

[RFC1663] D. Rand, "PPP Reliable Transmission," Internet RFC 1663, July 1994.

[RFC1853] W. Simpson, "IP in IP Tunneling," Internet RFC 1853 (informational), Oct. 1995.

[RFC1962] D. Rand, "The PPP Compression Protocol (CCP)," Internet RFC 1962, June 1996.

[RFC1977] V. Schryver, "PPP BSD Compression Protocol," Internet RFC 1977 (informational), Aug. 1996.

[RFC1981] J. McCann and S. Deering, "Path MTU Discovery for IP Version 6," Internet RFC 1981, Aug. 1996.

[RFC1989] W. Simpson, "PPP Link Quality Monitoring," Internet RFC 1989, Aug. 1996.

[RFC1990] K. Sklower, B. Lloyd, G. McGregor, D. Carr, and T. Coradetti, "The PPP Multilink Protocol (MP)," Internet RFC 1990, Aug. 1996.

[RFC1994] W. Simpson, "PPP Challenge Handshake Authentication Protocol (CHAP)," Internet RFC 1994, Aug. 1996.

[RFC2118] G. Pall, "Microsoft Point-to-Point (MPPC) Protocol," Internet RFC 2118 (informational), Mar. 1997.

[RFC2125] C. Richards and K. Smith, "The PPP Bandwidth Allocation Protocol (BAP)/The PPP Bandwidth Allocation Control Protocol (BACP)," Internet RFC 2125, Mar. 1997.

[RFC2153] W. Simpson, "PPP Vendor Extensions," Internet RFC 2153 (informational), May 1997.

[RFC2290] J. Solomon and S. Glass, "Mobile-IPv4 Configuration Option for PPP IPCP," Internet RFC 2290, Feb. 1998.

[RFC2464] M. Crawford, "Transmission of IPv6 Packets over Ethernet Networks," Internet RFC 2464, Dec. 1988.

[RFC2473] A. Conta and S. Deering, "Generic Packet Tuneling in IPv6 Specification," Internet RFC 2473, Dec. 1998.

[RFC2484] G. Zorn, "PPP LCP Internationalization Configuration Option," Internet RFC 2484, Jan. 1999.

[RFC2507] M. Degermark, B. Nordgren, and S. Pink, "IP Header Compression," Internet RFC 2507, Feb. 1999.

[RFC2615] A. Malis and W. Simpson, "PPP over SONET/SDH," Internet RFC 2615, June 1999.

[RFC2637] K. Hamzeh, G. Pall, W. Verthein, J. Taarud, W. Little, and G. Zorn, "Point-to-Point Tunneling Protocol (PPTP)," Internet RFC 2637 (informational), July 1999.

[RFC2759] G. Zorn, "Microsoft PPP CHAP Extensions, Version 2," Internet RFC 2759 (informational), Jan. 2000.

[RFC2784] D. Farinacci, T. Li, S. Hanks, D. Meyer, and P. Traina, "Generic Routing Encapsulation (GRE)," Internet RFC 2784, Mar. 2000.

[RFC2865] C. Rigney, S. Willens, A. Rubens, and W. Simpson, "Remote Authentication Dial In User Service (RADIUS)," Internet RFC 2865, June 2000.

[RFC2890] G. Dommety, "Key and Sequence Number Extensions to GRE," Internet RFC 2890, Sept. 2000.

[RFC3056] B. Carpenter and K. Moore, "Connection of IPv6 Domains via IPv4 Clouds," Internet RFC 3056, Feb. 2001.

[RFC3077] E. Duros, W. Dabbous, H. Izumiyama, N. Fujii, and Y. Zhang, "A Link-Layer Tunneling Mechanism for Unidirectional Links," Internet RFC 3077, Mar. 2001.

[RFC3078] G. Pall and G. Zorn, "Microsoft Point-to-Point Encryption (MPPE) Protocol," Internet RFC 3078 (informational), Mar. 2001.

[RFC3153] R. Pazhyannur, I. Ali, and C. Fox, "PPP Multiplexing," Internet RFC 3153, Aug. 2001.

[RFC3366] G. Fairhurst and L. Wood, "Advice to Link Designers on Link Automatic Repeat reQuest (ARQ)," Internet RFC 3366/BCP 0062, Aug. 2002.

[RFC3449] H. Balakrishnan, V. Padmanabhan, G. Fairhurst, and M. Sooriyabandara, "TCP Performance Implications of Network Path Asymmetry," Internet RFC 3449/BCP 0069, Dec. 2002.

[RFC3544] T. Koren, S. Casner, and C. Bormann, "IP Header Compression over PPP," Internet RFC 3544, July 2003.

[RFC3561] C. Perkins, E. Belding-Royer, and S. Das, "Ad Hoc On-Demand Distance Vector (AODV) Routing," Internet RFC 3561 (experimental), July 2003.

[RFC3610] D. Whiting, R. Housley, and N. Ferguson, "Counter with CBC-MAC (CCM)," Internet RFC 3610 (informational), Sept. 2003.

[RFC3626] T. Clausen and P. Jacquet, eds., "Optimized Link State Routing Protocol (OLSR)," Internet RFC 3626 (experimental), Oct. 2003.

[RFC3748] B. Aboba et al., "Extensible Authentication Protocol (EAP)," Internet RFC 3748, June 2004.

[RFC3931] J. Lau, M. Townsley, and I. Goyret, eds., "Layer Two Tunneling Protocol—Version 3 (L2TPv3)," Internet RFC 3931, Mar. 2005.

[RFC4017] D. Stanley, J. Walker, and B. Aboba, "Extensible Authentication Protocol (EAP) Method Requirements for Wireless LANs," Internet RFC 4017 (informational), Mar. 2005.

[RFC4380] C. Huitema, "Teredo: Tunneling IPv6 over UDP through Network Address Translations (NATs)," Internet RFC 4380, Feb. 2006.

[RFC4647] A. Phillips and M. Davis, "Matching of Language Tags," Internet RFC 4647/BCP 0047, Sept. 2006.

[RFC4821] M. Mathis and J. Heffner, "Packetization Layer Path MTU Discovery," Internet RFC 4821, Mar. 2007.

[RFC4838] V. Cerf et al., "Delay-Tolerant Networking Architecture," Internet RFC 4838 (informational), Apr. 2007.

[RFC4840] B. Aboba, ed., E. Davies, and D. Thaler, "Multiple Encapsulation Methods Considered Harmful," Internet RFC 4840 (informational), Apr. 2007.

[RFC5072] S. Varada, ed., D. Haskins, and E. Allen, "IP Version 6 over PPP," Internet RFC 5072, Sept. 2007.

[RFC5225] G. Pelletier and K. Sandlund, "RObust Header Compression Version 2 (ROHCv2): Profiles for RTP, UDP, IP, ESP, and UDP-Lite," Internet RFC 5225, Apr. 2008.

[RFC5646] A. Phillips and M. Davis, eds., "Tags for Identifying Languages," Internet RFC 5646/BCP 0047, Sept. 2009.

[S08] D. Skordoulis et al., "IEEE 802.11n MAC Frame Aggregation Mechanisms for Next-Generation High-Throughput WLANs," *IEEE Wireless Communications*, Feb. 2008.

[S96] B. Schneier, *Applied Cryptography, Second Edition* (John Wiley & Sons, 1996).

[SAE] D. Harkins, "Simultaneous Authentication of Equals: A Secure, Password-Based Key Exchange for Mesh Networks," *Proc. SENSORCOMM*, Aug. 2008.

[SC05] S. Shalunov and R. Carlson, "Detecting Duplex Mismatch on Ethernet," *Proc. Passive and Active Measurement Workshop*, Mar. 2005.

158~164 [SHK07] C. Sengul, A. Harris, and R. Kravets, "Reconsidering Power Management," Invited Paper, *Proc. IEEE Broadnets*, 2007.

[WOL] http://wake-on-lan.sourceforge.net

第 4 章

TCP/IP Illustrated, Volume 1: The Protocols, Second Edition

地址解析协议

4.1 引言

IP 协议的设计目标是为跨越不同类型物理网络的分组交换提供互操作。这需要网络层软件使用的地址和底层网络硬件使用的地址之间进行转换。网络接口硬件通常有一个主要的硬件地址（例如以太网或 802.11 无线接口的 48 位地址）。由硬件交换的帧需要使用正确的硬件地址定位到正确的接口；否则，无法传输数据。但是，一个传统 IPv4 网络需要使用自己的地址：32 位的 IPv4 地址。如果一台主机要将一个帧发送到另一台主机，仅知道这台主机的 IP 地址是不够的，还需要知道主机在网络中的有效硬件地址。操作系统软件（即以太网驱动程序）必须知道目的主机的硬件地址，以便直接向它发送数据。对于 TCP/IP 网络，地址解析协议（ARP）[RFC0826] 提供了一种在 IPv4 地址和各种网络技术使用的硬件地址之间的映射。ARP 仅用于 IPv4，IPv6 使用邻居发现协议，它被合并入 ICMPv6（见第 8 章）。

这里需要注意的是，网络层地址和链路层地址是由不同部门分配的。对于网络硬件，主地址是由设备制造商定义的，并存储在设备的永久性内存中，所以它不会改变。因此，工作在特定硬件技术上的任意协议族，必须利用特定类型的地址。这允许不同协议族中的网络层协议同时运行。另一方面，网络接口的 IP 地址是由用户或网络管理员分配的，并且可以按需选择。为便携设备分配的 IP 地址可能改变，例如设备移动时。IP 地址通常从 165
维护附近网络连接点的地址池中获得，它在系统启用或配置时分配（见第 6 章）。当两个局域网的主机之间传输的以太网帧包含 IP 数据报时，由 48 位以太网地址确定该帧的目的接口。

地址解析是发现两个地址之间的映射关系的过程。对于使用 IPv4 的 TCP/IP 协议族，这是由运行的 ARP 来实现的。ARP 是一个通用的协议，从这个意义上来看，它被设计为支持多种地址之间的映射。实际上，ARP 几乎总是用于 32 位 IPv4 地址和以太网的 48 位 MAC 地址之间的映射。这种情况在 [RFC0826] 中进行描述，它也是我们感兴趣的。在本章中，我们将互换使用以太网地址和 MAC 地址。

ARP 提供从网络层地址到相关硬件地址的动态映射。我们使用动态这个术语是因为它会自动执行和随时间变化，而不需要系统管理员重新配置。也就是说，如果一台主机改变它的网络接口卡，从而改变了它的硬件地址（但保留其分配的 IP 地址），ARP 可以在一定延时后继续正常运作。ARP 操作通常与用户或系统管理员无关。

注意 提供 ARP 反向映射的协议称为 RARP，它用于缺少磁盘驱动器（通常是无盘工作站或 X 终端）的系统。它在当前已很少使用，而且需要系统管理员手动配置。详情见 [RFC0903]。

4.2 一个例子

当我们使用 Internet 服务时，例如在浏览器中打开一个网页，本地计算机必须确定如何与相关的服务器联系。它首先是判断该服务位于本地（同一 IP 子网的一部分）还是远程。如果是远程的，需要一台可到达目的地的路由器。仅在到达位于同一 IP 子网的系统时，ARP 才能工作。那么，对于这个例子，我们假设使用 Web 浏览器打开以下网址：

```
http://10.0.0.1
```

166 注意，这个 URL 包含一个 IPv4 地址，而不是更常见的域名或主机名。这里使用地址的原因是要强调一个事实，例子中是共享相同 IPv4 前缀的相关系统（见第 2 章）。这里，我们使用包含地址的 URL，以确定一个本地的 Web 服务器，并探索*直接交付*的运行原理。随着嵌入式设备（例如打印机和 VoIP 适配器）使用内置 Web 服务器进行配置，这种本地服务器越来越常见。

4.2.1 直接交付和 ARP

在本节中，我们列出了直接交付的步骤，重点集中在 ARP 的运行上。直接交付发生在一个 IP 数据报被发送到一个 IP 地址，而该地址与发送方具有相同 IP 前缀的情况下。在 IP 数据报转发（见第 5 章）的常见方式中，它扮演着一个重要角色。下面用前面的例子列出 IPv4 直接交付的基本操作：

1. 在这种情况下，应用程序是一个 Web 浏览器，调用一个特殊函数来解析 URL，看它是否包含主机名。这里不是，应用程序使用 32 位 IPv4 地址 10.0.0.1。

2. 应用程序要求 TCP 协议建立一条到 10.0.0.1 的连接。

3. 通过向 10.0.0.1 发送一个 IPv4 数据报，TCP 尝试向远程主机发送一个连接请求（第 15 章将介绍细节）。

4. 我们假设地址 10.0.0.1 使用与发送主机相同的网络前缀，数据报可被直接发送到这个地址而不经过任何路由器。

5. 假设以太网兼容地址被用于 IPv4 子网，发送主机必须将 32 位的 IPv4 目的地址转换为 48 位的以太网地址。使用 [RFC0826] 的术语，就是需要从*逻辑* Internet 地址向对应*物理*硬件地址进行转换。这是 ARP 功能。ARP 工作在正常模式下，仅适用于*广播网络*，链路层能将一个消息交付到它连接的所有网络设备。这是 ARP 运行的一个重要要求。在非广播网络（有时被称为*非广播多路访问*（NBMA））中，可能需要更复杂的映射协议 [RFC2332]。

6. 在一个共享的链路层网段上，ARP 向所有主机发送一个称为 *ARP 请求*的以太网帧。这被称为*链路层广播*。图 4-1 的斜线阴影中显示了一个*广播域*。ARP 请求包含目的主机的 IPv4 地址（10.0.0.1），并寻找以下问题的答案："如果你将 IPv4 地址 10.0.0.1 配置为自己的
167 地址，请向我回应你的 MAC 地址。"

7. 通过 ARP，同一广播域中的所有系统可接收 ARP 请求。这包括可能根本不运行 IPv4 或 IPv6 协议的系统，但不包括位于不同 VLAN 中的系统，即使支持它们（VLAN 详细信息见第 3 章）。如果某个系统使用请求中指出的 IPv4 地址，它仅需要响应一个 *ARP 应答*。这个应答包含 IPv4 地址（与请求相匹配）和对应的 MAC 地址。这个应答通常不是广播，而是仅直接发送给请求的发送方。同时，接收 ARP 请求的主机学习 IPv4 到 MAC 地址的映射，并记录在内存中供以后使用（见 4.3 节）。

8. ARP 应答被原始请求的发送方接收，现在可发送引起这次 ARP 请求 / 应答交换过程的数据报。

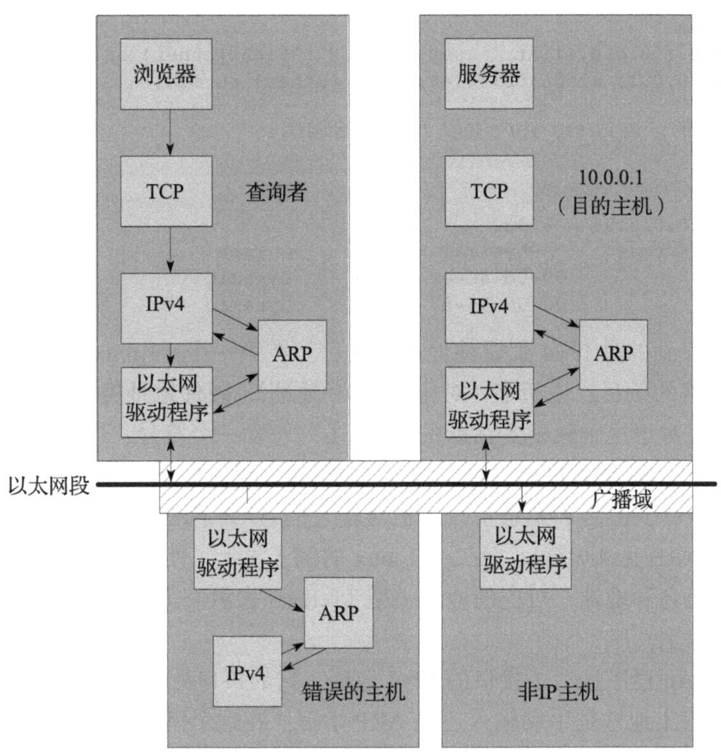

图 4-1　以太网主机在同一广播域中。ARP 查询使用链路层广播帧发送，并被所有主机接收。IP 地址匹配的主机直接向请求主机返回响应。IP 地址不匹配的主机主动丢弃 ARP 查询 168

9. 发送方可将数据报封装在以太网帧中直接发送到目的主机，并使用由 ARP 交换学到的以太网地址作为目的地址。由于这个以太网地址仅指向正确的目的主机，所以其他主机或路由器不会接收到这个数据报。因此，当仅使用直接交付时，并不需要经过路由器。

ARP 用于运行 IPv4 的多接入链路层网络，每个主机都有自己首选的硬件地址。点到点链路（例如 PPP）不使用 ARP（见第 3 章）。当这些链路被建立后（通常是由用户或系统来发起创建），在链路两端通知正在使用的地址。由于不涉及硬件地址，因此不需要地址解析或 ARP。

4.3 ARP 缓存

ARP 高效运行的关键是维护每个主机和路由器上的 ARP *缓存*（或表）。该缓存使用地址解析为每个接口维护从网络层地址到硬件地址的最新映射。当 IPv4 地址映射到硬件地址时，它对应于高速缓存中的一个条目，其正常到期时间是条目创建开始后的 20 分钟，这在 [RFC1122] 中描述。

我们可在 Linux 或 Windows 中使用 arp 命令查看 ARP 缓存。选项 -a 用于显示这两个系统的缓存中的所有条目。在 Linux 中，运行 arp 会产生以下输出：

```
Linux% arp
Address                 HWtype  HWaddress           Flags Mask Iface
gw.home                 ether   00:0D:66:4F:60:00   C          eth1
printer.home            ether   00:0A:95:87:38:6A   C          eth1
```

```
Linux% arp -a
printer.home (10.0.0.4) at     00:0A:95:87:38:6A [ether] on eth1
gw.home (10.0.0.1) at 00:0D:66:4F:60:00 [ether] on eth1
```

在 Windows 中，运行 arp 会产生以下类似的输出：

```
c:\> arp -a

Interface: 10.0.0.56 --- 0x2
  Internet Address       Physical Address      Type
  10.0.0.1             00-0d-66-4f-60-00     dynamic
  10.0.0.4             00-0a-95-87-38-6a     dynamic
```

这里，我们看到的是 IPv4 到硬件地址的缓存。在第一个（Linux）例子中，每个映射是
169 一个包含 5 个元素的条目：主机名（对应一个 IP 地址）、硬件地址类型、硬件地址、标志和本地网络接口（它对于这个映射是活跃的）。标志列包含一个符号：C、M 或 P。C 类条目由 ARP 协议动态学习，M 类条目通过手工输入（arp –s；见 4.9 节），而 P 类条目的含义是“发布”。也就是说，对于任何 P 类条目，主机对输入的 ARP 请求返回一个 ARP 应答。这个选项用于配置代理 ARP(见 4.7 节)。第二个 Linux 的例子显示了使用“BSD 风格”的类似信息。这里，给出了主机名和地址，对应的地址类型（[ether] 表示一个以太网类型的地址），以及映射活跃在哪个接口上。

Windows 的 arp 程序显示了接口的 IPv4 地址，它的接口号是十六进制数（这里的 0x2）。Windows 版本还指出地址是手动输入还是 ARP 学习。在这个例子中，两个条目都是动态的，这意味着它们来自 ARP 学习（如果通过手工输入，它们是静态的）。注意，48 位 MAC 地址被显示为 6 个十六进制数，在 Linux 中使用冒号分隔，在 Windows 中使用短杠（dash）分隔。在传统上，UNIX 系统一直使用冒号，而 IEEE 标准和其他操作系统倾向于使用短杠。我们在 4.9 节中讨论 arp 命令的附加功能和其他选项。

4.4 ARP 帧格式

图 4-2 显示了在以太网中转换一个 IPv4 地址时常用的 ARP 请求和应答分组的格式（正如前面所说，ARP 通常也能用于 IPv4 以外的地址，虽然这是非常少见的）。前 14 字节构成标准的以太网头部，假设没有 802.1p/q 或其他标记，其余部分由 ARP 协议来定义。ARP 帧的前 8 个字节是通用的，这个例子中的剩余部分专门用于将 IPv4 地址映射到 48 位的以太网地址。

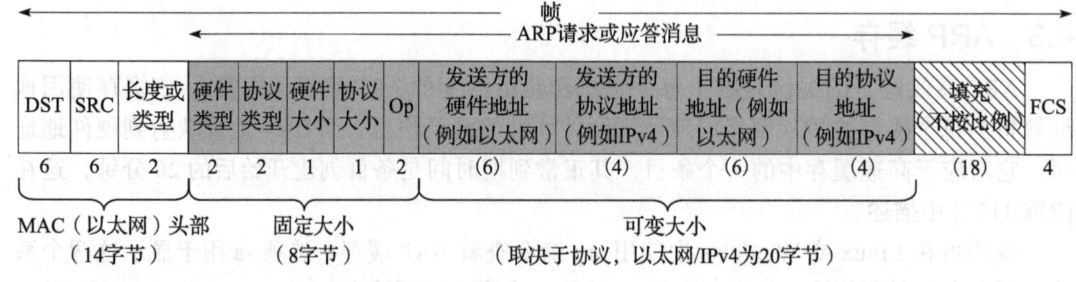

170 图 4-2 IPv4 地址映射到 48 位的 MAC（以太网）地址时使用的 ARP 帧格式

在图 4-2 所示的 ARP 帧的以太网头部中，前两个字段包含目的和源以太网地址。对于 ARP 请求，目的以太网地址 ff:ff:ff:ff:ff:ff（全部为 1）是广播地址，在同一广播域中的所有以太网接口可接收这些帧。在以太网帧中，对于 ARP（请求或应答），2 字节的长度或类型字

段必须为 0x0806。

长度 / 类型字段之后的前 4 个字段指定了最后 4 个字段的类型和大小。这些值由 IANA [RFC5494] 来指定。术语硬件和协议用于描述 ARP 分组中的字段。例如，一个 ARP 请求询问协议地址（在这种情况下是 IPv4 地址）对应的硬件地址（在这种情况下是以太网地址）。这些术语很少被用于 ARP 之外。相对来说，硬件地址的常见术语有 MAC、物理或链路层地址（或以太网地址，当网络基于 IEEE 802.3/ 以太网的一系列规范时）。硬件类型字段指出硬件地址类型。对于以太网，该值为 1。协议类型字段指出映射的协议地址类型。对于 IPv4 地址，该值为 0x0800。当以太网帧包含 IPv4 数据报时，这可能与以太网帧的类型字段值一致。对于下面两个 1 字节的字段，硬件大小和协议大小分别指出硬件地址和协议地址的字节数。对于以太网中使用 IPv4 地址的 ARP 请求或应答，它们的值分别为 6 和 4。Op 字段指出该操作是 ARP 请求（值为 1）、ARP 应答（2）、RARP 请求（3）或 RARP 应答（4）。由于 ARP 请求和 ARP 应答的长度 / 类型字段相同，因此这个字段是必需的。

紧跟在后面的 4 个字段是发送方硬件地址（在这个例子中是以太网 MAC 地址）、发送方协议地址（IPv4 地址）、目的硬件地址（MAC/ 以太网地址）和目的协议地址（IPv4 地址）。注意，这里存在一些重复的信息：以太网头部和 ARP 消息都包含发送方硬件地址。对于一个 ARP 请求，除了目的硬件地址（设为 0）之外，其他字段都需要填充。当一个系统接收到一个 ARP 请求，它填充自己的硬件地址，将两个发送方地址和两个接收方地址互换，将 Op 字段设置为 2，然后发送生成的应答。

4.5 ARP 例子

在本节中，我们将使用 tcpdump 命令查看在执行一个正常的 TCP/IP 应用（例如 Telnet）时运行 ARP 所实际发生的过程。Telnet 是一个简单的应用程序，可用于在两个系统之间建立一条 TCP/IP 连接。

4.5.1 正常的例子

为了查看 ARP 运行，我们将执行 telnet 命令，使用 TCP 端口 80（称为 www）连接到主机 10.0.0.3 上的 Web 服务器。 171

```
C:\> arp -a                       验证ARP缓存为空
No ARP Entries Found
C:\> telnet 10.0.0.3 www          连接到Web服务器[端口80]
Connecting to 10.0.0.3...
Escape character is '^]'.
```

按下 CTRL + 右括号键获得 Telnet 客户机的提示。

```
Welcome to Microsoft Telnet Client
Escape Character is 'CTRL+]'
Microsoft Telnet> quit
```

指令 quit 用于退出程序。

在这些命令执行的同时，我们在另一个系统上运行 tcpdump 命令，并观察交换的流量信息。使用 -e 选项可以显示 MAC 地址（这个例子中是 48 位以太网地址）。

下面列出的内容包含来自 tcpdump 的输出。我们删除了输出的最后 4 行，它们用于终止连接（我们将在第 13 章中详细讨论），但与这里的讨论无关。注意，不同系统中的 tcpdump 版本提供的输出细节可能稍有不同。

```
Linux#  tcpdump -e
1       0.0 0:0:c0:6f:2d:40 ff:ff:ff:ff:ff:ff arp 60:
        arp who-has 10.0.0.3 tell 10.0.0.56
2       0.002174 (0.0022)0:0:c0:c2:9b:26 0:0:c0:6f:2d:40 arp 60:
        arp reply 10.0.0.3 is-at 0:0:c0:c2:9b:26
3       0.002831 (0.0007)0:0:c0:6f:2d:40 0:0:c0:c2:9b:26 ip 60:
        10.0.0.56.1030 > 10.0.0.3.www: S 596459521:596459521(0)
        win 4096 <mss 1024> [tos 0x10]
4       0.007834 (0.0050)0:0:c0:c2:9b:26 0:0:c0:6f:2d:40 ip 60:
        10.0.0.3.www > 10.0.0.56.1030: S 3562228225:3562228225(0)
        ack 596459522 win 4096 <mss 1024>
5       0.009615 (0.0018)0:0:c0:6f:2d:40 0:0:c0:c2:9b:26 ip 60:
        10.0.0.56.1030 > 10.0.0.3.discard: . ack 1 win 4096 [tos 0x10]
```

在分组 1 中，源硬件地址为 0:0:c0:6f:2d:40。目的硬件地址为 ff:ff:ff:ff:ff:ff，它是一个以太网广播地址。同一广播域（在同一局域网或 VLAN 中的所有主机，无论它们是否运行 TCP/IP）中的所有以太网接口接收并处理该帧，如图 4-1 所示。分组 1 的下一个输出字段为 arp，意味着帧类型字段为 0x0806，表明它是 ARP 请求或 ARP 应答。在前 5 个分组中，arp 和 ip 后面打印的值 60 是以太网帧的长度。ARP 请求或 ARP 应答的大小是 42 字节（ARP 消息为 28 字节，以太网头部为 14 字节）。每个帧均填充为最小以太网帧：60 字节数据和 4 字
172 节 CRC（见第 3 章）。

分组 1 的下一部分（即 arp who-has）用于标识该帧是 ARP 请求，目的地址是 IPv4 地址 10.0.0.3，源地址是 IPv4 地址 10.0.0.56。tcpdump 显示默认 IP 地址对应的主机名，但在这里没有显示（由于没有为它们建立反向 DNS 映射；第 11 章介绍 DNS 的细节）。接下来，我们使用 -n 选项查看 ARP 请求中的 IP 地址，无论它们是否进行 DNS 映射。

我们从分组 2 中看到，虽然 ARP 请求是广播的，但 ARP 应答的目的地址是（单播）MAC 地址 0:0:c0:6f:2d:40。因此，ARP 应答是直接发送到请求主机，它并不是通常的广播（在 4.8 节的一些情况下，这个规则可能会改变）。tcpdump 显示出该帧的 ARP 应答，以及响应者的 IPv4 地址和硬件地址。第 3 行是请求建立连接的第一个 TCP 段。其目的硬件地址属于目的主机（10.0.0.3）。我们将在第 13 章涉及这部分的细节。

对于每个分组，分组号后面的数字是 tcpdump 接收分组时的相对时间（秒）。除第一个之外的每个分组都包含从前一时间到现在的时间差（秒），该值放在括号中。我们可看到发送 ARP 请求和接收 ARP 应答之间的时间约为 2.2ms。第一个 TCP 段在此后 0.7ms 发送。在这个例子中，ARP 动态地址解析的开销少于 3ms。注意，如果主机 10.0.0.3 的 ARP 表项在 10.0.0.56 的 ARP 缓存中是有效的，最初的 ARP 交换并不会发生，最初的 TCP 段可能已使用目的以太网地址立即发送。

有关 tcpdump 输出的一个微妙问题是，在向 10.0.0.56（第 4 行）发送自己的第一个 TCP 段之前，我们没看到来自 10.0.0.3 的 ARP 请求。10.0.0.3 在自己的 ARP 缓存中可能已有一个 10.0.0.56 的条目，通常当系统接收到发送给它的 ARP 请求时，除了发送 ARP 应答外，它还会在 ARP 缓存中保存请求者的硬件地址和 IP 地址。这是一个基于逻辑假设的优化，如果请求者发送一个数据报，该数据报的接收者可能发送一个应答。

4.5.2　对一个不存在主机的 ARP 请求

如果 ARP 请求中指定的主机关闭或不存在，将会发生什么？为了查看这种情况，我们

尝试访问一个不存在的本地 IPv4 地址，其前缀对应本地子网，但没有主机使用该地址。在这个例子中，我们使用 IPv4 地址 10.0.0.99。

```
Linux% date ; telnet 10.0.0.99 ; date
Fri Jan 29 14:46:33 PST 2010
Trying 10.0.0.99...
telnet: connect to address 10.0.0.99: No route to host
Fri Jan 29 14:46:36 PST 2010                 3s after previous date

Linux% arp -a
? (10.0.0.99) at <incomplete> on eth0
```

173

这是 tcpdump 的输出：

```
Linux# tcpdump -n arp
21:12:07.440845 arp who-has 10.0.0.99 tell 10.0.0.56
21:12:08.436842 arp who-has 10.0.0.99 tell 10.0.0.56
21:12:09.436836 arp who-has 10.0.0.99 tell 10.0.0.56
```

由于我们已知使用广播地址发送 ARP 请求，因此本次并没有指定 -e 选项。ARP 请求的频率接近每秒一次，这是 [RFC1122] 建议的最大值。Windows 系统中（没有给出图示）的测试显示出不同的行为。不是 3 个请求之间各间隔 1 秒，而是根据使用的应用程序或其他协议改变间隔。对于 ICMP 和 UDP（分别见第 8 章和第 10 章），使用的间隔约为 5 秒，而 TCP 使用的间隔为 10 秒。对于 TCP，在 TCP 放弃尝试建立一条连接之前，10 秒间隔足以发送 2 个无须应答的 ARP 请求。

4.6 ARP 缓存超时

超时通常与 ARP 缓存中的每个条目相关（我们在后面将会看到，arp 命令允许管理员设置缓存条目永远不超时）。在大多数实现中，完整条目的超时为 20 分钟，而不完整条目的超时为 3 分钟（我们在前面的例子中看到一个不完整条目，它强迫执行一次到不存在主机的 ARP 请求）。这些实现通常在每次使用一个条目后为它重新启动 20 分钟的超时。[RFC1122] 是描述主机需求的 RFC，它规定每个条目即使在使用也应启动超时，但很多实现并不这样做，它们在每次使用条目后重新启动超时。

注意，这是关于*软状态*的一个重要例子。软状态是指在超时到达前没有更新而被丢弃的信息。如果网络条件发生改变，软状态有助于启动自动重新配置，因此很多 Internet 协议使用软状态。软状态的成本是协议必须刷新状态以避免过期。在一些协议设计中，经常包括"软状态刷新"，以保持软状态的活跃。

4.7 代理 ARP

代理 ARP [RFC1027] 使一个系统（通常是一台专门配置的路由器）可回答不同主机的 174
ARP 请求。它使 ARP 请求的发送者认为做出响应的系统就是目的主机，但实际上目的主机可能在其他地方（或不存在）。ARP 代理并不常见，通常应尽量避免使用它。

代理 ARP 也被称为*混杂 ARP* 或 *ARP 黑客*。这些名称来自 ARP 代理的历史用途：两个物理网络相互隐蔽自己。在这种情况下，两个物理网络可使用相同的 IP 前缀，只要将中间的路由器配置为一个代理 ARP，在一个网络中由代理响应对其他网络中主机的 ARP 请求。这种技术可用于向一组主机隐藏另一组主机。从前，这样做有两个常见原因：有些系统无法进行子网划分，有些系统使用比较旧的广播地址（全 0 的主机 ID，而不是当前的全 1 的主机

ID)。

Linux 支持一种称为*自动代理* ARP 的功能。它可通过在文件 /proc/sys/net/ipv4/conf/*/proxy_arp 中写入字符 1，或使用 sysctl 命令来启用。它支持使用代理 ARP 功能，而不必为被代理的每个可能的 IPv4 地址手工输入 ARP 条目。这样做允许自动代理一个地址范围，而不是单个地址。

4.8 免费 ARP 和地址冲突检测

ARP 的另一个功能被称为*免费* ARP。它发生在一台主机发送 ARP 请求以寻找*自己*的地址时。它通常出现在启动时，当接口被配置为“上行”时常这样做。下面是一个例子，在一台 Linux 机器上跟踪显示 Windows 主机的启动：

```
Linux#        tcpdump -e -n arp
1             0.0 0:0:c0:6f:2d:40 ff:ff:ff:ff:ff:ff arp 60:
                  arp who-has 10.0.0.56 tell 10.0.0.56
```

（我们为 tcpdump 增加 -n 标志，以打印数字化的点分十进制地址而不是主机名。）就 ARP 请求字段而言，*发送方协议地址*和*目的协议地址*相同：10.0.0.56。另外，以太网头部中的*源地址*字段被 tcpdump 显示为 0:0:c0:6f:2d:40，它等于发送方硬件地址。免费 ARP 需要达到两个目标：

1. 允许一台主机确定另一台主机是否配置相同的 IPv4 地址。发送免费 ARP 的主机并不期望它的请求获得应答。但是，如果它接收到一个应答，通常显示的是错误消息“从以太网地址……发送的重复 IP 地址”。这是对系统管理员和用户的警告，在同一广播域（例如局域网或 VLAN）中有一个系统配置出错。
175

2. 如果发送免费 ARP 的主机已改变硬件地址（关闭主机或替换接口卡，然后重新启动主机），该帧导致任何接收广播并且其缓存中有该条目的其他主机，将该条目中的旧硬件地址更新为与该帧一致。如前面所述，如果一台主机接收到一个 ARP 请求，该请求来自一个已存在接收方缓存中的 IPv4 地址，则缓存条目更新为 ARP 请求中发送方的硬件地址。这由接收到 ARP 请求的主机完成，免费 ARP 正好利用这个特性。

虽然免费 ARP 提供的一些迹象显示，多个站可尝试使用相同 IPv4 地址，但它实际上没有对这种情况提供解决机制（除了显示一个消息，实际由系统管理员完成）。为了解决这个问题，[RFC5227] 描述了 *IPv4 地址冲突检测*（ACD）。ACD 定义了 ARP *探测*分组和 ARP *通告*分组。ARP 探测分组是一个 ARP 请求分组，其中*发送方协议*（IPv4）*地址*字段被设置为 0。探测分组用于查看一个候选 IPv4 地址是否被广播域中的任何其他系统所使用。通过将*发送方协议地址*字段设置为 0，避免候选 IPv4 地址被另一台主机使用时的缓存污染，这是它与免费 ARP 工作方式的一个差别。ARP 通告与 ARP 探测相同，除了其*发送方协议地址*和*目的协议地址*字段被填充为候选 IPv4 地址外。它用于通告发送方使用候选 IPv4 地址的意图。

为了执行 ACD，当一个接口被启用或从睡眠中唤醒，或一个新链路建立（例如，当一个新的无线网络关联建立）时，这台主机发送一个 ARP 探测分组。在发送 3 个探测分组之前，首先需要等待一个随机时间（范围为 0 ~ 1 秒，均匀分布）。当多个系统同时启用时，通过延迟来避免启用带来的拥塞，否则都立即执行 ACD，这将导致网络流量激增。探测分组之间存在一个随机的时间间距，大约 1 ~ 2 秒的延迟（均匀分布）。

当请求站发送自己的探测时，它可能接收到 ARP 请求或应答。对其探测的应答表明其他站已使用候选 IP 地址。从不同系统发送的请求，其*目的协议地址*字段中包含相同的候选 IPv4 地址，表明其他系统也在同时尝试获得候选 IPv4 地址。在这两种情况下，该系统将会显示一个地址冲突消息，并采用其他可选地址。例如，当使用 DHCP（见第 6 章）分配地址时，这是推荐的行为。[RFC5227] 对尝试获得地址设置了 10 次的冲突限制，在请求的主机进入限速阶段之前，它被允许每 60 秒执行一次 ACD，直至成功。 176

根据前面所描述的过程，如果发送请求的主机没有发现冲突，它会间隔 2 秒向广播域中发送 2 个 ARP 通告，以表明它现在使用这个 IPv4 地址。在这个通告中，*发送方协议地址*和*目的协议地址*字段被设置为其声称的地址。发送这些通告的目的是确保更新缓存地址映射，以正确反映发送方当前使用的地址。

ACD 被认为是一个持续的过程，这是它与免费 ARP 的区别。当一台主机通告它正使用的地址后，它会继续检查输入的 ARP 流量（请求和应答），查看自己的地址是否出现在*发送方协议地址*字段中。如果是的话，说明其他系统与自己在使用相同的地址。在这种情况下，[RFC5227] 提供了 3 种可能的解决方案：停止使用这个地址；保留这个地址，但发送一个“防御性”ARP 通告，如果冲突继续，则停止使用它；不理会冲突，仍继续使用。对于最后一个选择，仅建议那些真正需要一个固定、稳定地址的系统（例如打印机或路由器等嵌入式设备）使用。

[RFC5227] 还说明了使用链路层广播发送 ARP 应答的潜在好处。虽然这不是传统的 ARP 工作方式，但同一网段中所有站需处理 ARP 流量时，这样做可带来一些好处。广播应答可以更快地执行 ACD，这是由于所有站都会注意到这个应答，并在发现冲突时使自己的缓存无效。

4.9 arp 命令

在 Windows 和 Linux 中，我们使用带有 -a 标志的 arp 命令显示 ARP 缓存中的所有条目（在 Linux 上，我们可不使用 -a 而获得类似信息）。超级用户或管理员可指定 -d 选项来删除 ARP 缓存中的条目（这在运行一些例子前用于强制执行一次 ARP 交换。）

我们也可以使用 -s 选项增加条目。它需要一个 IPv4 地址（或使用 DNS 从 IPv4 地址转换的主机名）和一个以太网地址。这个 IPv4 地址和以太网地址作为一个条目被添加在缓存中。这个条目是半永久性的（即它在缓存中不会超时，但在系统重启时消失）。

Linux 版本的 arp 比 Windows 版本提供更多功能。当在命令行结尾使用关键字 temp，并使用 -s 增加一个条目时，这个条目被认为是临时的，并与其他 ARP 条目一样会超时。当在命令行结尾使用关键字 pub 并使用 -s 时，系统对该条目做出 ARP 应答。系统对 ARP 请求的 IPv4 地址以相应的以太网地址来应答。如果通告地址是系统自己的地址之一，该系统可作为 177
一个指定 IPv4 地址的代理 ARP（见 4.7 节）。如果用 arp –s 启用代理 ARP，Linux 会对指定地址做出应答，即使 /proc/sys/net/ipv4/conf/*/ proxy_arp 文件中包含 0。

4.10 使用 ARP 设置一台嵌入式设备的 IPv4 地址

随着越来越多的嵌入式设备与以太网、TCP/IP 协议兼容，那些无法直接输入网络配置信息的联网设备越来越普遍（例如，它们没有键盘，难以输入自己使用的 IP 地址）。这些设备通常采用以下两种方式之一配置：一种是使用 DHCP 自动分配地址和其他信息（见第 6 章）；另一种是使用 ARP 设置 IPv4 地址，虽然这种方法并不常见。

通过 ARP 为嵌入式设备配置 IPv4 地址不是协议的初衷，这是由于它不是完全自动的。它的基本思路是为设备手动建立一个 ARP 映射（使用 arp –s 命令），然后向这个地址发送一个 IP 分组。由于相应 ARP 条目已存在，因此不会产生 ARP 请求 / 应答。相反，硬件地址可以立即使用。当然，设备的以太网（MAC）地址必须已知。它通常印在设备上，有时兼作制造商的设备序列号。当设备接收到一个目标为自身硬件地址的分组时，这个数据报包含的目的地址用于指定其初始 IPv4 地址。此后，这台设备可用其他方式（例如通过一个嵌入式 Web 服务器）完成配置。

4.11 与 ARP 相关的攻击

目前已有一系列涉及 ARP 的攻击。最直接的是使用代理 ARP 功能假扮主机，对 ARP 请求做出应答。如果受害主机不存在，这很直观，而且可能难以发现。如果该主机仍在运行，这被认为更困难，因为每个 ARP 请求可能有多个应答，这样比较容易发现。

一种更巧妙的攻击可被 ARP 触发，它涉及一台主机被连接到多个网络，并且一个接口的 ARP 条目被其他 ARP 表“遗漏”的情况，这是由 ARP 软件的一个错误造成的。利用这种漏洞可将流量引导到错误网段上。Linux 提供了一个直接影响该行为的方式，可通过修改文件 /proc/sys/net/ipv4/conf/*/arp_filter 实现。如果将数值 1 写入这个文件，当输入的 ARP 请求到达一个接口时，就进行一次 IP 转发检查。这时需要查找请求者的 IP 地址，以确定哪个
178 接口将用于发送返回的 IP 数据报。如果到达的 ARP 请求与返回发送方的 IP 数据报使用不同的接口，这个 ARP 应答被抑制（触发它的 ARP 请求被丢弃）。

更具破坏性的 ARP 攻击涉及静态条目处理。如前所述，当查找对应一个特定 IP 地址的以太网（MAC）地址时，静态条目可用于避免 ARP 请求 / 应答。这种条目已被用于尝试增强安全性。它的思路是在 ARP 缓存中对重要主机使用静态条目，以快速检测任何针对该 IP 地址的主机欺骗。不幸的是，大多数 ARP 实现通常用 ARP 应答提供的条目代替静态缓存条目。这样的后果是，接收到 ARP 应答（即使它没发送 ARP 请求）的主机被欺骗，并使用攻击者提供的条目代替自己的静态条目。

4.12 总结

ARP 是 TCP/IP 实现中的一个基本协议，但它通常在应用程序或用户没有察觉的情况下运行。ARP 用于确定本地可达的 IPv4 子网使用的 IPv4 地址对应的硬件地址。它在数据报的目的地与发送方处于同一子网时使用，还用于数据报的目的地不在当前子网（在第 5 章详细说明）时将其转发到一台路由器。ARP 缓存是其运行的基础，我们可使用 arp 命令查看和处理缓存。缓存中每个条目都有一个计时器，用于清除不完整的条目和完整的条目。arp 命令可显示和修改 ARP 缓存中的条目。

我们深入了解特殊 ARP 的正常运行：代理 ARP（一台路由器回答主机通过另一台路由器接口访问的 ARP 请求）和免费 ARP（发送自己拥有的 IP 地址的 ARP 请求，通常用于引导）。我们还讨论了 IPv4 地址冲突检测，采用一种持续运行的类似免费 ARP 的交换，来避免在同一广播域中地址重复。最后，我们讨论了一系列涉及 ARP 的攻击。如果高层协议没有强大的安全措施，这可能会导致高层协议出现问题（见第 18 章）。

4.13 参考文献

[RFC0826] D. Plummer, "Ethernet Address Resolution Protocol: Or Converting Network Protocol Addresses to 48.bit Ethernet Address for Transmission on Ethernet Hardware," Internet RFC 0826/STD 0037, Nov. 1982. 179

[RFC0903] R. Finlayson, T. Mann, J. C. Mogul, and M. Theimer, "A Reverse Address Resolution Protocol," Internet RFC 0903/STD 0038, June 1984.

[RFC1027] S. Carl-Mitchell and J. S. Quarterman, "Using ARP to Implement Transparent Subnet Gateways," Internet RFC 1027, Oct. 1987.

[RFC1122] R. Braden, ed., "Requirements for Internet Hosts," Internet RFC 1122/STD 0003, Oct. 1989.

[RFC2332] J. Luciani, D. Katz, D. Piscitello, B. Cole, and N. Doraswamy, "NBMA Next Hop Resolution Protocol (NHRP)," Internet RFC 2332, Apr. 1998.

[RFC5227] S. Cheshire, "IPv4 Address Conflict Detection," Internet RFC 5227, July 2008.

[RFC5494] J. Arkko and C. Pignataro, "IANA Allocation Guidelines for the Address Resolution Protocol (ARP)," Internet RFC 5494, Apr. 2009. 180

第 5 章

TCP/IP Illustrated, Volume 1: The Protocols, Second Edition

Internet 协议

5.1 引言

IP 是 TCP/IP 协议族中的核心协议。所有 TCP、UDP、ICMP 和 IGMP 数据都通过 IP 数据报传输。IP 提供了一种尽力而为、无连接的数据报交付服务。“尽力而为”的含义是不保证 IP 数据报能成功到达目的地。虽然 IP 不是简单丢弃所有不必要流量，但它也不对自己尝试交付的数据报提供保证。当某些错误发生时，例如一台路由器临时用尽缓冲区，IP 提供一个简单的错误处理方法：丢弃一些数据（通常是最后到达的数据报）。任何可靠性必须由上层（例如 TCP）提供。IPv4 和 IPv6 都使用这种尽力而为的基本交付模式。

“无连接”意味着 IP 不维护网络单元（即路由器）中数据报相关的任何链接状态信息，每个数据报独立于其他数据报来处理。这也意味着 IP 数据报可不按顺序交付。如果一个源主机向同一目的地发送两个连续的数据报（第一个为 A，第二个为 B），每个数据报可以独立路由，通过不同路径，并且 B 可能在 A 之前到达。IP 数据报也可能发生其他问题：它们可能在传输过程中被复制，可能改变内容从而导致错误。此外，IP 之上的一些协议（通常是 TCP）需要处理这些潜在问题，以便为应用提供无差错的交付。

本章我们首先看一下 IPv4（见图 5-1）和 IPv6（见图 5-2）头部中的字段，然后描述 IP
181 如何转发。[RFC0791] 是针对 IPv4 的正式规范。描述 IPv6 的一系列 RFC 从 [RFC2460] 开始。

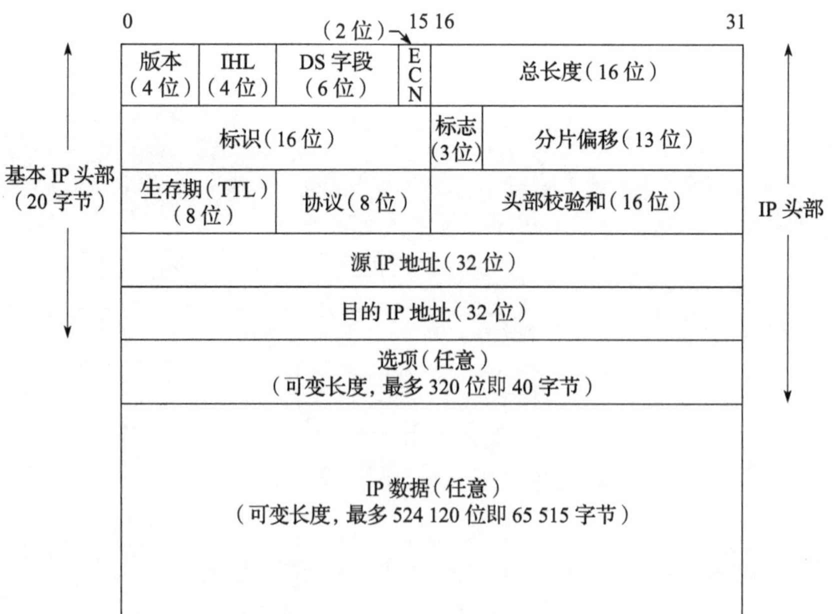

图 5-1 IPv4 数据报。头部大小可变，4 位的 IHL 字段被限制为 15 个 32 位字（60 字节）。一个典型的 IPv4 头部包含 20 字节（没有选项）。源地址和目的地址的长度为 32 位。第二个 32 位字的大部分用于 IPv4 分片功能。头部校验和有助于确保头部字段被正确发送到目的地，但不保护数据内容

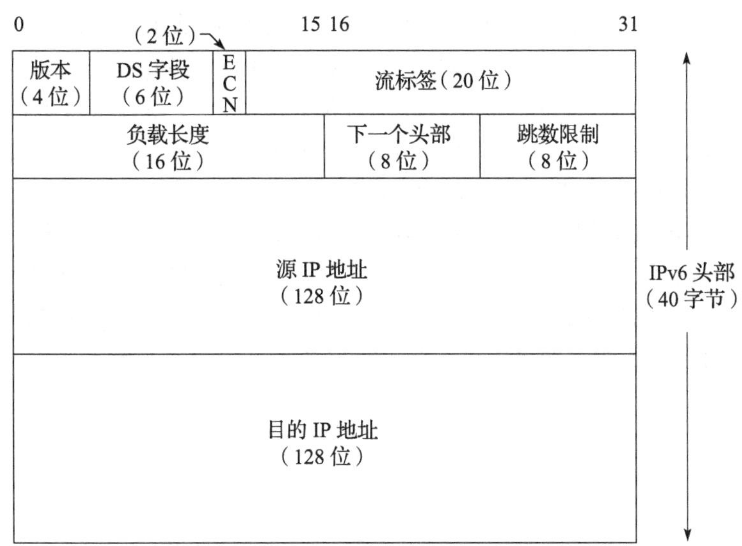

图 5-2 IPv6 头部大小固定（40 字节），并包含 128 位源地址和目的地址。下一个头部字段用于说明 IPv6 头部之后其他扩展头部的存在和类型，它们形成一条包括特殊扩展或处理指令的头部链。应用数据跟在这条头部链之后，通常紧跟着是一个传输层头部 182

5.2 IPv4 头部和 IPv6 头部

图 5-1 显示了 IPv4 数据报格式。正常的 IPv4 头部大小为 20 字节，除非存在选项（这种情况很少见）。IPv6 头部长度是它的两倍，但没有任何选项。它可以有扩展头部，可提供类似的功能，我们将在后面看到。在关于 IP 头部和数据报的印象中，最高有效位在左侧且编号为 0，一个 32 位值的最低有效位在右侧且编号为 31。

一个 32 位值的 4 字节按以下顺序传输：首先是 0 ~ 7 位，然后是 8 ~ 15 位，接着是 16 ~ 23 位，最后是 24 ~ 31 位。这就是所谓的*高位优先*字节序，它是 TCP/IP 头部中所有二进制整数在网络中传输时所需的字节顺序。它也被称为*网络字节序*。计算机的 CPU 使用其他格式存储二进制整数，例如大多数 PC 使用低位优先字节序，在传输时必须将头部值转换为网络字节序，并在接收时再转换回来。

5.2.1 IP 头部字段

第一个字段（只有 4 位或半个字节）是*版本*字段。它包含 IP 数据报的版本号：IPv4 为 4，IPv6 为 6。IPv4 头部和 IPv6 头部除*版本*字段位置相同外再无其他是一样的。因此，这两个协议不能直接互操作，主机或路由器必须分别处理 IPv4 或 IPv6（或两者，称为*双栈*）。虽然也提出并发展了其他 IP 版本，但只有版本 4 和 6 经常使用。IANA 负责保存这些版本号的正式注册信息 [IV]。

Internet 头部长度（IHL）字段保存 IPv4 头部中 32 位字的数量，包括任何选项。由于它是一个 4 位的字段，所以 IPv4 头部被限制为最多 15 个 32 位字，即 60 字节。后面，我们将看到，这种限制使一些选项（例如“记录路由”选项）当前几乎无法使用。这个字段的正常值（当没有选项时）是 5。IPv6 中不存在这个字段，其头部长度固定为 40 字节。

在头部长度之后，IPv4[RFC0791] 的最初规范指定了一个*服务类型*（ToS）字段，

IPv6[RFC2460] 指定了一个等效的通信类型字段。由于它们从来没被广泛使用，因此最终这个 8 位长的字段被分为两个部分，并由一组 RFC（[RFC3260][RFC3168][RFC2474] 和其他 RFC）重新定义。目前，前 6 位被称为区分服务字段（DS 字段），后 2 位是*显式拥塞通知*（ECN）字段或指示位。现在，这些 RFC 适用于 IPv4 和 IPv6。这些字段被用于数据报转发时的特殊处理。我们将在 5.2.3 节中详细讨论它们。

*总长度*字段是 IPv4 数据报的总长度（以字节为单位）。通过这个字段和 IHL 字段，我们知道数据报的数据部分从哪里开始，以及它的长度。由于它是一个 16 位的字段，所以 IPv4 183 数据报的最大长度（包括头部）为 65 535 字节。由于一些携带 IPv4 数据报的低层协议不能（精确）表达自己封装的数据报大小，所以需要在头部中给出*总长度*字段。例如，以太网会将短帧填充到最小长度（64 字节）。虽然以太网最小有效载荷为 46 字节（见第 3 章），但一个 IPv4 数据报也可能会更小（20 字节）。如果没有提供*总长度*字段，IPv4 实现将无法知道一个 46 字节的以太网帧是一个 IP 数据报，还是经过填充的 IP 数据报，这样可能会导致混淆。

尽管可发送一个 65 535 字节的 IP 数据报，但大多数链路层（例如以太网）不能携带这么大的数据，除非将它分（拆）成更小的片。另外，主机不需要接收大于 576 字节的 IPv4 数据报。（在 IPv6 中，主机需要能处理所连接链路 MTU 大小的数据报，而最小链路 MTU 为 1280 字节。）很多使用 UDP 协议（见第 10 章）传输数据（例如 DNS、DHCP 等）的应用程序，限制为使用 512 字节大小的数据，以避免 576 字节的 IPv4 限制。TCP 根据额外信息（见第 15 章）选择自己的数据报大小。

当一个 IPv4 数据报被分为多个更小的分片时，每个分片自身仍是一个独立的 IP 数据报，*总长度*字段反映具体的分片长度。第 10 章中将详细介绍分片和 UDP。IPv6 头部不支持分片，其长度可由*负载长度*字段获得。这个字段提供 IPv6 数据报长度，不包括头部长度，但扩展头部包括在*负载长度*中。对于 IPv4，这个 16 位的字段限制其最大值为 65 535。对于 IPv6，*负载长度*被限制为 64KB，而不是整个数据报。另外，IPv6 还支持一个*超长数据报*选项（见 5.3.1.2 节），它至少在理论上提供了可能性，即单个分组的有效载荷可达到 4GB（4 294 967 295 字节）！

*标识*字段帮助标识由 IPv4 主机发送的数据报。为了避免将一个数据报分片和其他数据报分片混淆，发送主机通常在每次（从它的一个 IP 地址）发送数据报时都将一个内部计数器加 1，并将该计数器值复制到 IPv4 *标识*字段。这个字段对实现分片很重要，因此我们将在第 10 章中进一步讨论，另外还会讨论*标志*和*分片偏移*字段。在 IPv6 中，这个字段显示在分片扩展头部中，我们将在 5.3.3 节中讨论。

生存期（TTL）字段用于设置一个数据报可经过的路由器数量的上限。发送方将它初始化为某个值（[RFC1122] 建议为 64，但 128 或 255 也不少见），每台路由器在转发数据报时将该值减 1。当这个字段值达到 0 时，该数据报被丢弃，并使用一个 ICMP 消息通知发送方 184 （见第 8 章）。这可以防止由于出现不希望的路由环路而导致数据报在网络中永远循环。

注意 TTL 字段最初指定 IP 数据报的最大生存期在几秒钟内，但路由器总需要将这个值至少减 1。实际上，当前路由器在正常操作下通常不会持有数据报超过 1 秒钟，因此较早的规则现在已被忽略或遗忘，这个字段在 IPv6 中根据实际用途已被重新命名为*跳数限制*。

IPv4 头部中的协议字段包含一个数字，表示数据报有效载荷部分的数据类型。最常用的值为 17（UDP）和 6（TCP）。这提供了多路分解的功能，以便 IP 协议可用于携带多种协议类型的有效载荷。虽然该字段最初仅用于指定数据报封装的传输层协议，但它现在用于识别其中封装的协议是否为一种传输层协议。其他封装也是可能的，例如 IPv4-in-IPv4（值为 4）。数字分配页面 [AN] 给出了可能的协议字段值的正式列表。IPv6 头部中的下一个头部字段给出了 IPv4 中的协议字段。它用于指出 IPv6 头部之后的头部类型。这个字段可能包含由 IPv4 协议字段定义的任何值，或 5.3 节中描述的 IPv6 扩展头部的相关值。

头部校验和字段仅计算 IPv4 头部。理解这一点很重要，因为这意味着 IP 协议不检查 IPv4 数据报有效载荷（例如 TCP 或 UDP 数据）的正确性。为了确保 IP 数据报的有效载荷部分已正确传输，其他协议必须通过自己的数据完整性检验机制来检查重要数据。我们看到，封装在 IP 中的几乎所有协议（ICMP、IGMP、UDP 和 TCP）在自己头部中都有一个涵盖其头部和数据的校验和，也涵盖它们认为重要的 IP 头部的某些部分（一种“违反分层”的形式）。令人惊讶的是，IPv6 头部没有任何校验和字段。

注意 IPv6 头部省略校验和字段是一个有争议的决定。这个行动背后的理由大致如下：在 IP 头部中，更高层协议为确定正确性，必须计算它们自己的校验和，这需要涵盖它们认为重要的数据。IP 头部中的错误带来的后果是：数据被投递到错误的目的地、指示数据来源错误，或在交付过程中错位。由于位错误比较少见（受益于 Internet 流量的光纤传输），而且其他字段提供了更有力的确保正确性的机制（更高层次的校验和或其他检查），因此决定从 IPv6 头部中删除这个字段。 185

大多数使用校验和的其他 Internet 相关协议也使用该校验和计算算法，因此有时称之为 Internet 校验和。注意，当一个 IPv4 数据报经过一台路由器时，TTL 字段减 1 带来的结果是其头部校验和必须改变。我们将在 5.2.2 节详细讨论校验和计算方法。

每个 IP 数据报包含发送者的源 IP 地址和接收者的目的 IP 地址。这些针对 IPv4 的 32 位地址和针对 IPv6 的 128 位地址，通常标识一台计算机的一个接口，但组播地址和广播地址（见第 2 章）不符合本规则。虽然一个 32 位地址可容纳看似很多 Internet 实体（2^{32} 个），但一个广泛的共识是这个数字仍不够，这是向 IPv6 迁移的一个主要动机。IPv6 的 128 位地址可容纳数量庞大的 Internet 实体。[H05] 进行了重新统计，IPv6 拥有 3.4×10^{38} 个地址。引用 [H05] 和其他人的话：“乐观估计将使地球上每平方米表面拥有 3 911 873 538 269 506 102 个地址。”这确实看起来可持续很长一段时间。

5.2.2 Internet 校验和

Internet 校验和是一个 16 位的数字和，它能以相当高的概率确定接收的消息或其中的部分内容是否与发送的相匹配。注意，Internet 校验和算法与常见的循环冗余校验（CRC）[PB61] 不同，后者提供了更强的保护功能。

为了给输出的数据报计算 IPv4 头部校验和，首先将数据报的校验和字段值设置为 0。然后，对头部（整个头部被认为是一个 16 位字的序列）计算 16 位二进制反码和。这个 16 位二进制反码和被存储在校验和字段中。二进制反码加法可通过“循环进位（end-round-carry）加法”实现：当使用传统（二进制补码）加法产生一个进位时，这个进位以二进制值 1 加在高位。图 5-3 显示了这个例子，消息内容使用十六进制表示。

```
发送
消息:            E3 4F 23 96 44 27 99 F3 [00 00] ←—— 校验和字段 = 0000
二进制补码和:     1E4FF
二进制反码和:     E4FF + 1 = E500
二进制反码:       ~(E500) = ~(1110 0101 0000 0000) = 0001 1010 1111 1111
                          =1AFF(校验和)

接收
消息 + 校验和 =   E34F + 2396 + 4427 + 99F3 + 1AFF = E500 + 1AFF = FFFF
                 ~(消息 + 校验和) = 0000
```

图 5-3 Internet 校验和是一个被校验数据（如果被计算的字节数为奇数，用 0 填充）的 16 位反码和的反码。如果被计算数据包括一个校验和字段，该字段在进行校验和运算之前被设置为 0，然后将计算出的校验和填充到该字段。为了检查一个包含校验和字段（头部、有效载荷等）的数据输入是否有效，需要对整个数据块（包括校验和字段）同样计算校验和。由于校验和字段本质上是其余数据校验和的反码，对正确接收的数据计算校验和应产生一个值 0

当一个 IPv4 数据报被接收时，对整个头部计算出一个校验和，包括校验和字段自身的值。假设这里没有错误，计算出的校验和值为 0（值 FFFF 的反码）。注意，对于任何不正常的分组或头部，分组中的校验和字段值不为 FFFF。如果是这样，这个和（在发送方的最后一次反码运算之前）将为 0。通过反码加法得到的和不能永远为 0，除非所有字节都是 0，这在任何合法 IPv4 头部中都不可能出现。当发现一个头部出错（计算的校验和不为 0）时，IPv4 实现将丢弃接收到的数据报。但是，不会生成差错信息。更高层以某种方式检测丢失的数据报，并在必要时重新传输。

5.2.2.1 Internet 校验和的数学性质

在数学上，16 位的十六进制值集合 $V = \{0001, \cdots, FFFF\}$ 与其反码和运算“+”共同形成一个阿贝尔群。将一个集合和一个运算符组合到一个群时，必须符合以下性质：闭包、结合性、存在一个恒等元素，以及存在可逆。要形成一个阿贝尔（可交换的）群，还必须满足交换性。如果我们仔细观察，可看到所有特性实际上都服从：

- 对于 V 中的任何 X、Y，$(X+Y)$ 在 V 中 [闭包]
- 对于 V 中的任何 X、Y、Z，$X+(Y+Z) = (X+Y)+Z$ [结合性]
- 对于 V 中的任何 X，$e + X = X + e = X$，其中 $e = FFFF$ [恒等]
- 对于 V 中的任何 X，有一个 X' 在 V 中，使得 $X + X' = e$ [可逆]
- 对于 V 中的任何 X、Y，$(X+Y) = (Y+X)$ [交换性]

关于集合 V 和群 $<V, +>$，有趣的是我们已删除 0000。如果我们将数字 0000 放入集合 V，这时 $<V, +>$ 不再是一个群。为了看清这点，我们首先观察 0000 和 FFFF 作为 0（加性
186~187 恒等）出现在使用“+”的运算中的情况。例如，AB12 + 0000 = AB12 = AB12 + FFFF。但是，在一个群中只能有一个恒等元素。如果我们包含元素 12AB，并假设恒等元素为 0000，那么我们就需要某个可逆数 X' 使得（12AB + X'）= 0000，但我们发现，在 V 中没有满足此条件的 X' 存在。因此，我们需要排除 0000 作为 $<V, +>$ 中的恒等元素，通过将它从集合 V 中删除，使得这种结构成为一个满足要求的群。这里仅对抽象代数做一个简单介绍，读者若希望详细阅读这方面内容，可参考 Pinter [P90] 的畅销书。

5.2.3 DS 字段和 ECN（以前称为 ToS 字节或 IPv6 流量类别）

IPv4 头部的第 3 和第 4 字段（IPv6 头部的第 2 和第 3 字段）分别是区分服务（称为 DS 字段）和 ECN 字段。区分服务（称为 DiffServ）是一个框架和一组标准，用于支持 Internet [RFC2474][RFC2475][RFC3260] 上不同类型的服务（即不只是尽力而为服务）。IP 数据报以某种方式（通过预定义模式设置某些位）被标记，使它们的转发不同于（例如以更高的优先级）其他数据报。这样做可能导致网络中排队延时的增加或减少，以及出现其他特殊效果（可能与 ISP 收取的特殊费用相关）。DS 字段中的数字称为区分服务代码点（DSCP）。“代码点”指的是预定义的具有特定含义的位。在通常情况下，如果数据报拥有一个分配的 DSCP，它在通过网络基础设施交付过程中会保持不变。但是，某些策略（例如在一段时间内可发送多少个高优先级的分组）可能导致一个数据报中的 DSCP 在交付过程中改变。

当通过一台具有内部排队流量的路由器时，头部中的 2 位 ECN 位用于为数据报标记拥塞标识符。一台持续拥塞的具有 ECN 感知能力的路由器在转发分组时会设置这两位。这种功能的设计思路是，当一个被标记的分组被目的节点接收时，有些协议（例如 TCP）会发现分组被标记并将这种情况通知发送方，发送方随后会降低发送速度，这样可在路由器因过载而被迫丢弃流量之前缓解拥塞。这种机制是避免或处理网络拥塞的方法之一，我们将在第 16 章中详细探讨。虽然 DS 字段和 ECN 字段并不密切相关，但它们被用作代替以前定义的 IPv4 服务类型和 IPv6 流量类别字段。因此，它们经常被放在一起讨论，术语“ToS 字节”和“流量类别字节”仍在广泛使用。

尽管原来的 ToS 和流量类别字节没得到广泛支持，但 DS 字段结构仍提供了一些对它们的兼容能力。为了对其如何工作有更清楚的了解，我们首先回顾服务类型字段 [RFC0791] 的原始结构，如图 5-4 所示。 188

0　　　　2	3	4	5	6　　　7
优先级（3 位）	D	T	R	保留（0）

图 5-4　原来的 IPv4 服务类型和 IPv6 流量类别字段结构。优先级子字段用于表示哪些分组具有更高优先级（较大的值意味着更高的优先级）。D、T 和 R 子字段分别用于表示延时、吞吐量和可靠性。如果这些字段值为 1，分别对应于低延时、高吞吐量和高可靠性

D、T 和 R 子字段表示数据报在延时、吞吐量和可靠性方面得到良好的处理。相应值为 1 表示更好的处理（分别为低延时、高吞吐量和高可靠性）。优先级取值范围是从 000（常规）到 111（网络控制），表示优先级依次递增（见表 5-1）。它们都基于一个称为多级优先与抢占（MLPP）的方案，该方案可追溯到美国国防部的 AUTOVON 电话系统 [A92]，其中较低优先级的呼叫可被更高优先级的呼叫抢占。这些术语仍在使用，并被纳入 VoIP 系统中。

表 5-1　原来的 IPv4 服务类型和 IPv6 流量类别的优先级子字段值

值	优先级名称	值	优先级名称
000	常规	100	瞬间覆盖
001	优先	101	严重
010	立即	110	网间控制
011	瞬间	111	网络控制

在定义DS字段时，优先级的值已定义在[RFC2474]中，以提供有限的兼容性。在图5-5中，6位DS字段用于保存DSCP，提供对64个代码点的支持。特定DSCP值可通知路由器对接收的数据报进行转发或特殊处理。不同类型的转发处理表示为*每跳行为*（PHB），因此DSCP值可有效通知路由器哪种PHB被应用于数据报。DSCP的默认值通常为0，对应于常规的尽力而为的Internet流量。64个可能的DSCP值分为不同用途，它们
189 可从[DSCPREG]中获得，如表5-2所示。

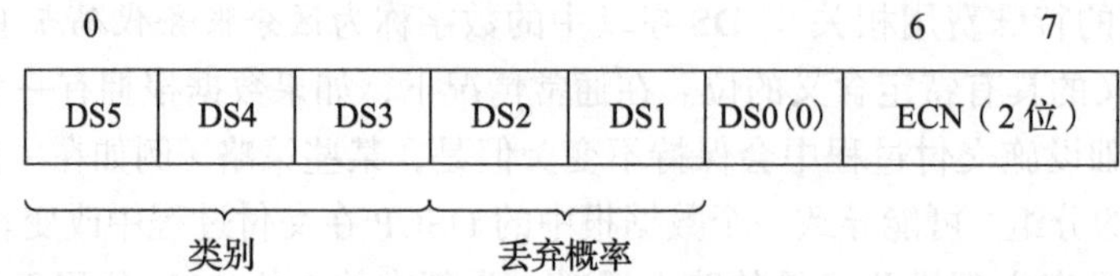

图5-5　DS字段包含6位（其中5位当前是标准的，表示当接收的数据报应转发时，可由一台兼容的路由器转发）。后面2位用作ECN，当数据报通过持续拥塞的路由器时设置。当这些数据报到达目的地时，稍后发送一个包含拥塞指示的数据报给发送方，通知该数据报经过一台或多台拥塞的路由器

表5-2　DSCP值被分成3个池：标准的、实验/本地用途的（EXP/LU）和最终打算标准化的实验/本地用途的（*）

池	代码点前缀	策　略
1	xxxxx0	标准的
2	xxxx11	EXP/LU
3	xxxx01	EXP/LU(*)

这个方案供研究人员和操作人员用于实验或本地用途。以0作为结尾的DSCP用于标准用途，以1作为结尾的DSCP用于实验或本地用途。以01作为结尾的DSCP最初打算用于实验或本地用途，但最终会走向标准化。

在图5-5中，DS字段中的类别部分包含前3位，并基于较早定义的服务类型的优先级子字段。路由器通常先将流量分为不同类别。常见类别的流量可能有不同的丢弃概率，如果路由器被迫丢弃流量，允许路由器确定首先丢弃哪些流量。3位的类别选择器提供了8个定义的代码点（称为*类别选择代码点*），它们对应于一个指定最小功能集的PHB，提供与早期的IP优先级相似的功能。它们称为*类别选择兼容的*PHB，目的是支持部分兼容的最初定义的IP优先级子字段[RFC0791]。xxx000形式的代码点总被映射为这种PHB，但是其他值也可映射到相同PHB。

表5-3给出了类别选择器的DSCP值，以及[RFC0791]定义的IP优先级字段的相应术
190 语。*保证转发*（AF）组对固定数量的独立AF类别的IP分组提供转发，它有效地概括了优先级的概念。某个类别的流量与其他类别的流量分别转发。在一个流量类别中，数据报被分配一个*丢弃优先级*。在一个类别中，较高丢弃优先级的数据报优先于那些较低丢弃优先级的数据报处理（即以较高优先级转发）。结合流量类别和丢弃优先级，名称AFij对应于保证转发类别i的丢弃优先级j。例如，一个标记为AF32的数据报的流量类别为3，丢弃优先级为2。

表 5-3 DS 字段值设计为兼容服务类型和 IPv6 流量类别字段中指定的 IP 优先级子字段。AF 和 EF 提供比简单的“尽力而为”更好的服务

名　称	值	参考文献	描　述
CS0	000000	[RFC2474]	类别选择（尽力而为 / 常规）
CS1	001000	[RFC2474]	类别选择（优先）
CS2	010000	[RFC2474]	类别选择（立即）
CS3	011000	[RFC2474]	类别选择（瞬间）
CS4	100000	[RFC2474]	类别选择（瞬间覆盖）
CS5	101000	[RFC2474]	类别选择（CRITIC/ECP）
CS6	110000	[RFC2474]	类别选择（网间控制）
CS7	111000	[RFC2474]	类别选择（控制）
AF11	001010	[RFC2597]	保证转发（1，1）①
AF12	001100	[RFC2597]	保证转发（1，2）
AF13	001110	[RFC2597]	保证转发（1，3）
AF21	010010	[RFC2597]	保证转发（2，1）
AF22	010100	[RFC2597]	保证转发（2，2）
AF23	010110	[RFC2597]	保证转发（2，3）
AF31	011010	[RFC2597]	保证转发（3，1）
AF32	011100	[RFC2597]	保证转发（3，2）
AF33	011110	[RFC2597]	保证转发（3，3）
AF41	100010	[RFC2597]	保证转发（4，1）
AF42	100100	[RFC2597]	保证转发（4，2）
AF43	100110	[RFC2597]	保证转发（4，3）
EF PHB	101110	[RFC3246]	加速转发
VOICE-ADMIT	101100	[RFC5865]	容量许可的流量

① (i, j) 表示中，i、j 分别表示流量类别和丢弃优先级。

加速转发（EF）提供了非拥塞的网络服务，也就是说，EF 流量应享受较低的延时、抖动和丢包率。直观地说，EF 流量要求路由器的输出速率至少比输入速率大。因此，在一台路由器的队列中，EF 流量仅排在其他 EF 流量之后。 191

为了在 Internet 中提供差异化服务，目前已持续进行十多年的努力。虽然大部分机制的标准化开始于 20 世纪 90 年代末，但其中有些功能直到 21 世纪才被实现。[RFC4594] 给出了一些关于如何配置系统以利用该功能的指导。差异化服务的复杂性在于：差异化服务和假设的差异化定价结构之间的联系，以及由此产生的公平问题。这种经济关系是复杂的，并且不在我们讨论的范围内。关于这个问题和相关主题的更多信息，详见 [MB97] 和 [W03]。

5.2.4 IP 选项

IP 支持一些可供数据报选择的选项。[RFC0791] 介绍了大多数的选项，当时处于 IPv4 设计阶段，Internet 的规模相当小，对来自恶意用户的威胁关注较少。由于 IPv4 头部大小的限制以及相关的安全问题，因此很多选项不再是实用或可取的。在 IPv6 中，大部分选项已被删除或改变，不再是 IPv6 基本头部的一部分，而被放在 IPv6 头部之后的一个或多个扩展头部中。IP 路由器接收到一个包含选项的数据报，通常需要对该数据报进行特殊处理。在某些情况下，尽管 IPv6 路由器可以处理扩展头部，但很多头部被设计为仅由终端主机处理。在有些路由器中，带选项或扩展的数据报不会像普通数据报那样被快速转发。作为相关的背

景知识，我们简要讨论 IPv4 选项，以及 IPv6 如何实现扩展头部和选项。表 5-4 显示了经过多年标准化的 IPv4 选项。

表 5-4 给出了保留的 IPv4 选项，它们可在描述性的 RFC 中找到。这个完整的列表会定期更新，并可在 [IPPARAM] 中在线查看。选项的范围总是以 32 位为界。如果有必要，数值 0 作为填充字节被添加。这确保 IPv4 头部始终是 32 位的倍数（IHL 字段的要求）。表 5-4 中的"编号"列是选项编号。"值"列给出了放在类型字段中的编号，以表示该选项的存在。由于类型字段有另外的结构，所以这两列中的相应值不必相同。特别指出的是，第 1（高序）位表示如果相关数据报被分片，该选项是否被复制到分片中。后面 2 位表示该选项的类别。目前，除了"时间戳"和"跟踪"使用类别 2（调试和测量）外，表 5-4 中的所有选项使用类别 0（控制）。类别 1 和 3 被保留。

表 5-4 如果选项存在，它在 IPv4 分组中紧跟在基本 IPv4 头部之后。选项由一个 8 位的类型字段标识。这个字段被细分为 3 个子字段：复制（1 位）、类别（2 位）和编号（5 位）。选项 0 和 1 的长度是 1 字节，多数的其他选项的长度可变。可变选项包括 1 字节的类型标识符、1 字节的长度以及选项自身

名称	编号	值	长度	描　述	参考文献	注释
列表结尾	0	0	1	表示没有更多选项	[RFC0791]	如果需要
没有操作	1	1	1	表示没有操作执行（用于填充）	[RFC0791]	如果需要
源路由	3 9	131 137	可变	发送方列出分组转发时遍历的路由器"航点"。松散意味着其他路由器可以包含在航点（3，131）中。严格意味着（9，137）中的所有航点都要按顺序遍历	[RFC0791]	很少，经常被过滤
安全和处理标签	2 5	130 133	11	在美国军事环境下如何为 IP 数据报指定安全标签和处理限制	[RFC1108]	历史的
记录路由	7	7	可变	在分组的头部中记录经过的路由器	[RFC0791]	很少
时间戳	4	68	可变	在分组的源和目的地记录日期和时间	[RFC0791]	很少
流 ID	8	136	4	携带 16 位的 SATNET 流标识符	[RFC0791]	历史的
EIP	17	145	可变	扩展 Internet 协议（20 世纪 90 年代早期的一个实验）	[RFC1385]	历史的
跟踪	18	82	可变	增加一个路由跟踪选项和 ICMP 报文（20 世纪 90 年代早期的一个实验）	[RFC1393]	历史的
路由器警告	20	148	4	表示一个路由器需要解释数据报的内容	[RFC2113] [RFC5350]	偶然
快速启动	25	25	8	表示启动快速传输协议（实验性的）	[RFC4782]	很少

192~193 目前，多数标准化选项在 Internet 中很少或从未使用。例如，源路由和记录路由选项需要将 IPv4 地址放在 IPv4 头部中。由于头部（总计 60 字节，其中 20 字节是基本 IPv4 头部）空间有限，这些选项在当前基于 IPv4 的 Internet 中用处不大，其中一条 Internet 路径的平均路由器跳步数约为 15[LFS07]。另外，这些选项主要用于诊断目的，它们为防火墙的构建带来麻烦和风险。因此，IPv4 选项通常在企业网络边界处被防火墙拒绝或剥离（见第 7 章）。

在企业网络内部，路径的平均长度更小，对恶意用户的防护可能考虑得更少，这些选项仍然可以使用。另外，路由器警告选项提示可能由于在 Internet 上使用其他选项而有异常问题。由于它的设计目标主要是优化性能，并不会改变路由器的基本行为，所以该选项通常比其他选项更常用。正如前面所提到的，有些路由器会实现高度优化的内部路径，用于那些不包含选项的 IP 流量转发。路由器警告选项用于通知路由器，一个分组需使用超出常规的转发算法来处理。在表 5-4 的结尾处，实验性的“快速启动”选项适用于 IPv4 和 IPv6，我们将在下一节讨论 IPv6 扩展头部和选项时介绍它。

5.3 IPv6 扩展头部

在 IPv6 中，那些由 IPv4 选项提供的特殊功能，通过在 IPv6 头部之后增加扩展头部实现。IPv4 路由和时间戳功能都采用这种方式，其他功能（例如分片和超大分组）很少在 IPv6 中使用（但仍需要），因此没有为它们在 IPv6 头部分配相应的位。基于这种设计，IPv6 头部固定为 40 字节，扩展头部仅在需要时添加。在选择 IPv6 头部为固定大小时，要求扩展头部仅由终端主机（仅有一个例外）处理，IPv6 设计者简化了高性能路由器的设计和实现，这是因为 IPv6 路由器处理分组所需的命令比 IPv4 简单。实际上，分组处理性能受很多因素影响，包括协议复杂性、路由器硬件和软件功能，以及流量负载等。

扩展头部和更高层协议（例如 TCP 或 UDP）头部与 IPv6 头部链接起来构成级联的头部（见图 5-6）。每个头部中的下一个头部字段表示紧跟着的头部的类型，它可能是一个 IPv6 扩展头部或其他类型。值 59 表示这个头部链的结尾。下一个头部字段的可能值定义在 [IP6PARAM] 中，并在表 5-5 中列出了其中的大多数。 194

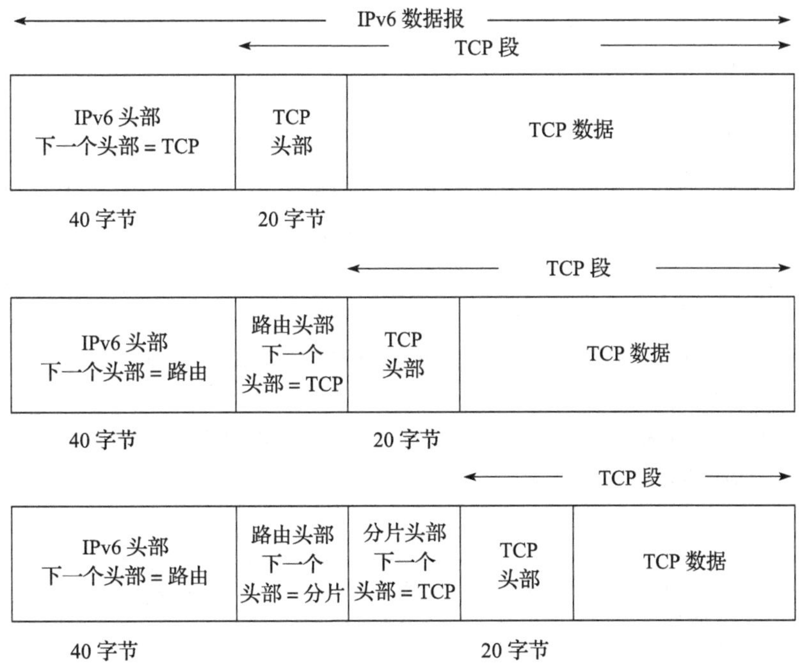

图 5-6 IPv6 头部使用下一个头部字段形成一个链。链中的头部可以是 IPv6 扩展头部或传输层头部。IPv6 头部出现在数据报的开头，并且长度始终为 40 字节

表 5-5 IPv6 下一个头部字段值可能表示扩展头部或其他协议头部。在适当的情况下，它与 IPv4 协议字段使用相同值

头部类型	顺序	值	参考文献
IPv6 头部	1	41	[RFC2460][RFC2473]
逐跳选项（HOPOPT）	2	0	[RFC2460]，紧跟在 IPv6 头部之后

（续）

头部类型	顺序	值	参考文献
目的地选项	3，8	60	[RFC2460]
路由	4	43	[RFC2460][RFC5095]
分片	5	44	[RFC2460]
封装安全载荷（ESP）	7	50	（见第 18 章）
认证（AH）	6	51	（见第 18 章）
移动（MIPv6）	9	135	[RFC6275]
（无——没有下一个头部）	最后	59	[RFC2460]
ICMPv6	最后	58	（见第 8 章）
UDP	最后	17	（见第 10 章）
TCP	最后	6	（见第 13 ~ 17 章）
195 各种其他高层协议	最后	—	见 [AN] 中的完整列表

我们从表 5-5 中可以看到，IPv6 扩展头部机制将一些功能（例如路由和分片）与选项加以区分。除了“逐跳选项”的位置之外（它是强制性的），扩展头部的顺序是建议性的，因此一个 IPv6 实现必须按接收的顺序处理扩展头部。只有“目的地选项”头部可以使用两次，第一次是指出包含在 IPv6 头部中的目的 IPv6 地址，第二次（位置 8）是关于数据报的最终目的地。在某些情况下（例如使用路由头部），当数据报被转发到最终目的地时，IPv6 头部中的目的 IP 地址字段将会改变。

5.3.1 IPv6 选项

我们已经看到，相对于 IPv4，IPv6 提供了一种更灵活和可扩展的方式，将扩展和选项相结合。由于 IPv4 头部空间的限制，那些来自 IPv4 的选项已停止使用，而 IPv6 可变长度的扩展头部或编码在特殊扩展头部中的选项可适应当前更大的 Internet。如果选项存在，可放入逐跳选项（与一个数据报传输路径上的每个路由器相关）或目的地选项（仅与接收方相关）。逐跳选项（称为 HOPOPT）是唯一由分组经过的每个路由器处理的选项。逐跳选项和目的地选项的编码格式一样。

逐跳选项和目的地选项头部的出现可以超过一次。这些选项均被编码为类型 - 长度 - 值（TLV）集合，对应于图 5-7 中所示格式。

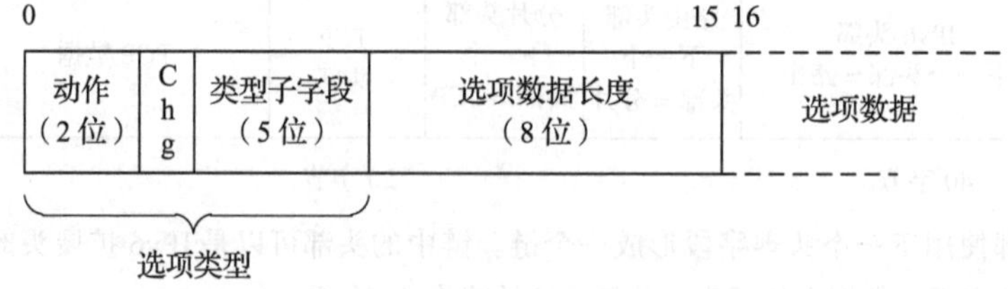

图 5-7 逐跳选项和目的地选项编码为 TLV 集合。第一字节给出了选项类型，包括一些子字段，在选项没被识别时指示一个 IPv6 节点如何动作，以及在数据报转发时选项数据是否改变。选项数据长度字段给出了选项数据的字节长度

TLV 结构如图 5-7 所示，它的长度为 2 字节，后面是可变长度的数据字节。第一字节表示选项类型，其中包括 3 个子字段。当 5 位的类型子字段无法由选项识别时，第一个子字段

给出了一个 IPv6 节点尝试执行的动作。表 5-6 显示了所有可能的值。 196

表 5-6　一个 IPv6 的 TLV 选项类型的 2 个高序位，表示如果这个选项没有被识别，一个 IPv6 节点是转发还是丢弃该数据报，以及是否向发送方返回一个消息，提示这个数据报的处理结果

值	动　作
00	跳过选项，继续处理
01	丢弃这个数据报（沉默）
10	丢弃这个数据报，并向源地址发送一个“ICMPv6 参数问题”消息
11	与 10 相同，但仅在分组的目的地不是组播时，发送这个 ICMPv6 消息

如果一个发往组播目的地的数据报中包括一个未知选项，那么大量节点将生成返回源节点的流量。这可通过将*动作*子字段设置为 11 来避免。*动作*子字段的灵活性在开发新的选项时是有用的。一个新的选项可携带在一个数据报中，并被那些无法理解它的路由器所忽略，这样有助于促进新选项的增量部署。当选项数据可能在数据报转发过程改变时，*改变*位字段（图 5-7 中的 Chg）设置为 1。表 5-7 中所示的选项已被 IPv6 定义。

表 5-7　IPv6 选项携带在逐跳（H）选项或目的地（D）选项扩展头部中。选项*类型*字段包含来自“类型”列以及*动作*和*改变*子字段中的二进制值。“长度”列包含来自图 5-7 的*选项数据长度*字节中的值。填充 1 是唯一没有该字节的选项

选项名	头部	动作	改变	类型	长度	参考文献
填充 1	HD	00	0	0	N/A	[RFC2460]
填充 N	HD	00	0	1	可变	[RFC2460]
超大有效载荷	H	11	0	194	4	[RFC2675]
隧道封装限制	D	00	0	4	4	[RFC2473]
路由器警告	H	00	0	5	4	[RFC2711]
快速启动	H	00	1	6	8	[RFC4782]
CALIPSO	H	00	0	7	8+	[RFC5570]
家乡地址	D	11	0	201	16	[RFC6275]

5.3.1.1　填充 1 和填充 N

由于 IPv6 选项需要与 8 字节的偏移量对齐，因此较小的选项用 0 填充到长度为 8 字节。这里有两个填充选项，分别称为填充 1 和填充 N。填充 1 选项（类型 0）是唯一缺少长度字段和值字段的选项。它仅有 1 字节长，取值为 0。填充 N 选项（类型 1）向头部的选项区域填充 2 字节或更多字节，它使用图 5-7 所示格式。对于 n 个填充字节，*选项数据长度*字段包含的值为（$n-2$）。 197

5.3.1.2　IPv6 超大有效载荷

在某些 TCP/IP 网络中，例如那些用于互连超级计算机的网络，由于正常的 64KB 的 IP 数据报大小限制，在传输大量数据时会导致不必要的开销。IPv6 超大有效载荷选项指定了一种有效载荷大于 65 535 字节的 IPv6 数据报，称为超大报文。这个选项无法由 MTU 小于 64KB 的链路连接的节点来实现。超大有效载荷选项提供了一个 32 位的字段，用于携带有效载荷在 65 535 ~ 4 294 967 295 字节之间的数据报。

当一个用于传输的超大报文形成时，其正常负载长度字段被设置为 0。我们将在后面看到，TCP 协议使用负载长度字段，计算由前面所述的 Internet 校验和算法得到的校验和。当使用超大有效载荷选项时，TCP 必须使用来自选项的长度值，而不是基本头部中的长度字段值。虽然这个过程并不困难，但更大有效载荷使得未检测出错误的可能性增大 [RFC2675]。

5.3.1.3　隧道封装限制

隧道是指将一个协议封装在另一个协议中（见第 1 章和第 3 章）。例如，IP 数据报可能被封装在另一个 IP 数据报的有效载荷部分。隧道可用于形成虚拟的覆盖网络，在覆盖网络中，一个网络（例如 Internet）可作为另一个 IP 的链路层使用 [TWEF03]。隧道可以嵌套，从这个意义上来说，一条隧道中的数据报本身也可采用递归方式封装在另一条隧道中。

在发送一个 IP 数据报时，发送者通常无法控制最终用于封装的隧道层次。发送者可使用这个选项设置一个限制。一台路由器打算将一个 IPv6 数据报封装在一条隧道中，它首先检查隧道封装限制选项是否存在并置位。如果这个限制选项的值为 0，该数据报被丢弃，并将一个“ICMPv6 参数问题”消息（见第 8 章）发送到数据报源端（即之前的隧道入口点）。如果这个限制选项的值不为 0，该数据报可进行隧道封装，但新形成（封装）的 IPv6 数据报必须包括一个隧道封装限制选项，其值比封装之前的数据报中的封装限制选项值减 1。实际上，封装限制行动类似于 IPv4 的 TTL 和 IPv6 的跳数限制字段，只不过采用隧道封装层次代替转发跳步。

5.3.1.4　路由器警告

路由器警告选项指出数据报包含需要路由器处理的信息。它与 IPv4 的路由器警告选项
198 的目的相同。[RTAOPTS] 给出了这个选项的当前设置值。

5.3.1.5　快速启动

快速启动（QS）选项和 [RFC4782] 定义的 TCP/IP 实验性“快速启动”程序配合使用。它适用于 IPv4 和 IPv6，但目前建议仅用于专用网络，而不是全球性的 Internet。选项包括发送者需要的以比特 / 秒为单位的传输速率的编码值、QS TTL 值和一些额外信息。如果沿途的路由器认为可以接受所需的速率，在这种情况下它们将递减 QS TTL，并在转发数据报时保持所需的速率不变。如果路由器不同意（即其支持的速率较低），它将该速率减小到一个可接受的速率。如果路由器不能识别 QS 选项，它将不递减 QS TTL。接收方将向发送方提供反馈，包括接收到的数据报的 IPv4 TTL 或 IPv6 跳数限制字段和自己的 QS TTL 之间的差异，以及获得的速率可能被沿途的路由器所调整。这个信息被发送方用于确定发送速率（否则可能超出 TCP 使用的速率）。对 TTL 值进行比较的目的是确保沿途每台路由器参与 QS 谈判。如果发现任何路由器递减 IPv4 TTL（或 IPv6 跳数限制）字段，但没有修改 QS TTL 值，则说明它没有启用 QS。

5.3.1.6　CALIPSO

这个选项用于在某些专用网络中支持通用体系结构标签 IPv6 安全选项（CALIPSO）[RFC5570]。它提供了一种为数据报做标记的方法，包括一个安全级别标识符和一些额外的信息。需要注意的是，它用于多级安全网络环境（例如，政府、军队和银行），其中所有数据的安全级别必须以某种形式的标签注明。

5.3.1.7 家乡地址

当使用 IPv6 移动选项时，这个选项保存发送数据报的 IPv6 节点的“家乡”地址。移动 IP（见 5.5 节）规定了 IP 节点的一系列处理过程，这些节点可能改变自己的网络接入点，同时不会断开自己的高层网络连接。这里存在一个节点的“家乡”的概念，它来自其典型位置的地址前缀。当远离家乡漫游时，通常为该节点分配一个不同的 IP 地址。该选项允许这个节点提供自己正常的家乡地址，以及它在漫游时的新地址（通常是临时分配）。当其他 IPv6 节点需要与移动节点通信时，它可以使用该节点的家乡地址。如果家乡地址选项存在，包含它的目的地选项头部必须出现在路由头部之后，并且在分片、认证和 ESP 头部（见第 18 章）之前（如果这些头部也存在）。我们将在移动 IP 中详细讨论这个选项。 199

5.3.2 路由头部

IPv6 路由头部为发送方提供了一种 IPv6 数据报控制机制，以控制（至少部分控制）数据报通过网络的路径。目前，路由扩展头部有两个不同版本，分别称为类型 0（RH0）和类型 2（RH2）。RH0 出于安全方面的考虑已被否决 [RFC5095]，RH2 被定义为与移动 IP 共同使用。为了更好地理解路由头部，我们首先讨论 RH0，然后研究它为什么被放弃，以及它和 RH2 的不同之处。RH0 规定了数据报转发时可“访问”的一个或多个 IPv6 节点。图 5-8 显示了这个头部。

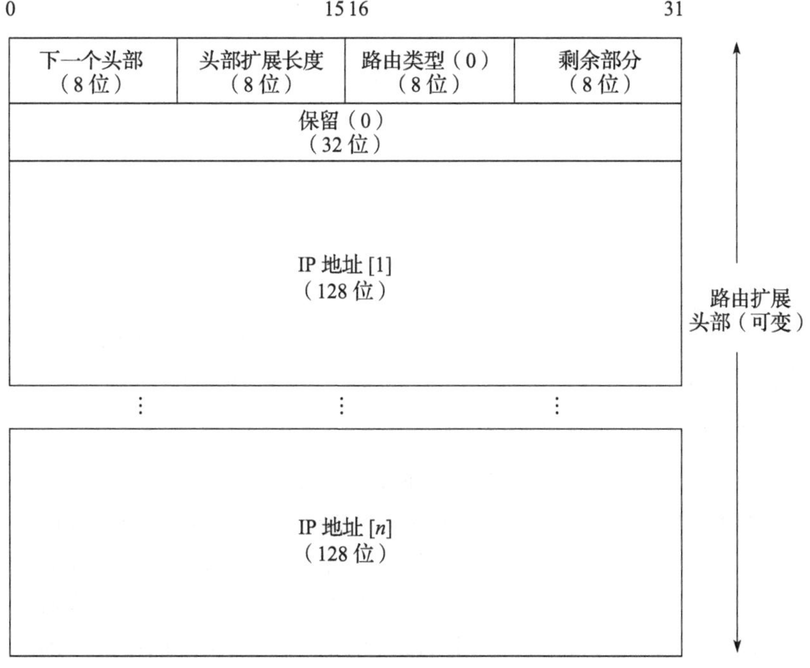

图 5-8 目前已废弃的路由头部类型 0（RH0）涵盖了 IPv4 的宽松和严格的源路由和记录路由选项。它在数据报转发时由发送方构造，其中包括转发路径上的 IPv6 节点地址。每个地址可指定为一个宽松或严格的地址。一个严格的地址必须经过一个 IPv6 跳步到达，而一个松散的地址可能经过一个或多个其他跳步到达。在 IPv6 基本头部中，目的 IP 地址字段修改为包含数据报转发的下一个转发地址

图 5-8 所示的 IPv6 路由头部涵盖了来自 IPv4 的宽松源路由和记录路由选项。它还支持
200 采用 IPv6 地址之外的其他标识符路由的可能性，这个功能是不规范的，这里没有进一步讨论。对于标准化的 IPv6 地址的路由，RH0 允许发送方指定一个指向目的地址的向量。

这个头部包含一个 8 位的路由类型标识符和一个 8 位的剩余部分字段。对于 RH0，IPv6 地址类型标识符为 0；对于 RH2，该标识符为 2。剩余部分字段指出还有多少段路由需要处理，也就是说，在到达最终目的地之前仍需访问的中间节点数。它是一个 32 位的从保留字段开始的地址块，由发送方设置为 0，并由接收方忽略。在数据报转发时，这些地址并非可访问的组播 IPv6 地址。

IPv6 路由头部在转发过程中不会处理，直至目的 IP 地址字段中包含的地址所在的节点。这时，剩余部分字段用于确定来自地址向量的下一跳地址，并将该地址与 IPv6 头部中的目的 IP 地址字段交换。因此，在这个数据报转发过程中，剩余部分字段将会变得越来越小，头部中的地址列表反映转发数据报的节点地址。这个转发过程可通过一个例子更好地理解（见图 5-9）。

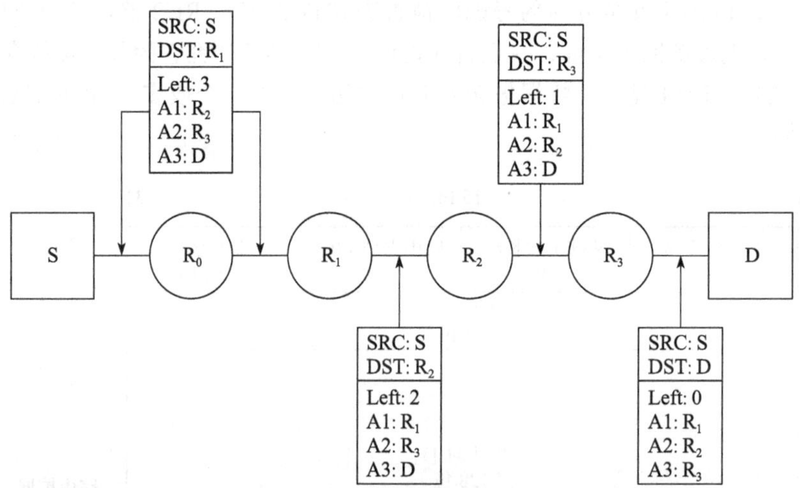

图 5-9 通过一个 IPv6 路由头部（RH0），发送方（S）可指定数据报经过中间节点 R_2 和 R_3。经过的其他节点由正常 IPv6 路由来确定。注意，在经过路由头部指定的每个跳步时，IPv6 头部中的目的地址将会更新

在图 5-9 中，我们可看到中间节点如何处理路由头部。发送方（S）使用一个目的地址 R_1 以及一个包含地址 R_2、R_3 和 D 的路由头部（类型 0）来构造数据报。数据报的最终目的地是列表中的最后一个地址（D）。剩余部分字段（在图 5-9 中标为“Left”）从 3 开始。数据
201 报由 S 和 R_0 自动向 R_1 转发。由于 R_0 的地址在数据报中不存在，因此 R_0 没有修改路由头部或地址。当数据报到达 R_1 时，将基本头部的目的地址和路由头部的第一个地址交换，并将剩余部分字段递减 1。

当数据报被转发时，重复上述将目的地址与路由头部地址列表中下一个地址交换的过程，直至路由头部中的最后一个目的地址为止。

通过 Windows XP 中的一个简单的 ping6 命令（Windows Vista 和更高版本只提供 ping 命令，其中包括对 IPv6 的支持）的选项，可设置包含一个路由头部：

```
C:\> ping6 -r -s 2001:db8::100 2001:db8::1
```

当向 2001:db8::100 发送一个 ping 请求时，这个命令使用源地址 2001:db8::100。-r 选项用于包含一个路由头部（RH0）。我们可使用 Wireshark 来查看输出请求（见图 5-10）。

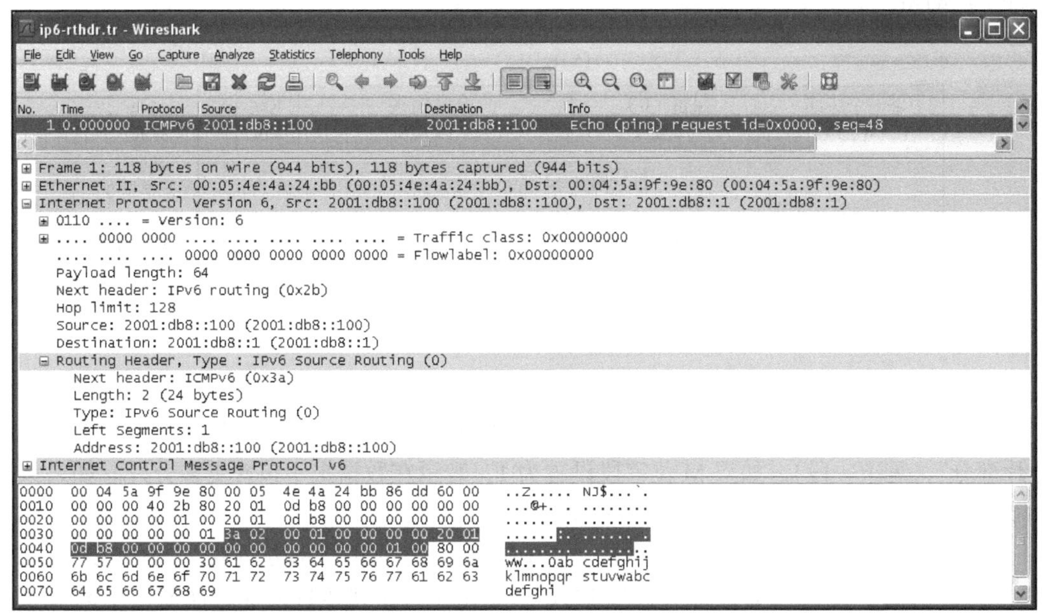

图 5-10 ping 请求在 Wireshark 中显示为一个 ICMPv6 回显请求。IPv6 头部包括一个下一个头部字段，指出该分组包含一个类型 0 的路由头部，后面跟着一个 ICMPv6 头部。在 RH0 中需处理的剩余网段数为 1（2001:db8::100）

ping 消息显示为一个 ICMPv6 回显请求分组（见第 8 章）。通过查看下一个头部字段的值，我们看到在基本头部后面跟着一个路由头部。在路由头部中，我们看到其类型为 0（表示为 RH0），还剩余一个网段（跳步）需处理。这个跳步由地址列表（编号 0）中的第一个值指定：2001:db8::100。 202

正如前面提到的，出于安全方面的担心，RH0 已在 [RFC5095] 中被废弃，因为 RH0 可用于增加 DoS 攻击效果。RH0 的问题是允许在路由头部的多个位置指定相同地址。这可能导致流量在一条特定路径上的两台或多台主机或路由器之间重复转发。大量的流量负载可能在网络中沿着特定路径创建，与相同路径上的其他流量竞争带宽而造成干扰。因此，RH0 目前已过时，IPv6 唯一支持的路由头部是 RH2。RH2 与 RH0 基本相当，区别在于它只容纳一个地址，而且在路由类型字段中使用的值不同。

5.3.3 分片头部

分片头部用于 IPv6 源节点向目的地发送一个大于路径 MTU 的数据报。对于路径 MTU 以及如何确定它，我们将在第 13 章中详细讨论，但 1280 字节是整个网络中针对 IPv6 定义的链路层最小 MTU（见 [RFC2460] 的第 5 节）。在 IPv4 中，如果数据报大小超过下一跳 MTU，任何主机或路由器可将该数据报分片，IPv4 头部中第二个 32 位字段表示分片信息。在 IPv6 中，仅数据报的发送者可以执行分片操作，在这种情况下需要添加一个分片头部。

分片头部包括的信息与 IPv4 头部中的相同，只不过标识符字段是 32 位，而不是 IPv4 中采用的 16 位。这个更大的字段提供了在网络中容纳更多分片的能力。图 5-11 显示了分片头部采用的格式。

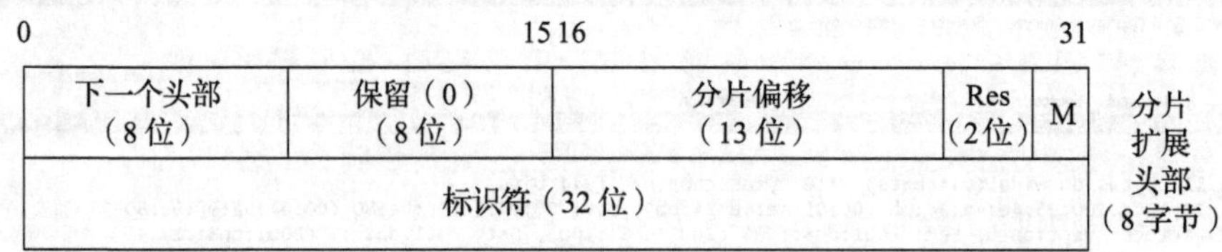

图 5-11　IPv6 分片头部包含一个 32 位的标识符字段（它是 IPv4 中标识符字段的两倍）。M 位字段表明该分片是否为原始数据报的最后一个分片。与 IPv4 一样，分片偏移字段给出了有效载荷在原始数据报中以 8 字节为单位的偏移量

在图 5-11 中，保留字段和 2 位的 Res 字段都为 0，并且都会被接收方所忽略。*分片偏移*字段表明数据以 8 字节为单位的偏移量放置在分片头部之后（相对于原始 IPv6 数据报的“可分片部分”，见下一段）。如果 M 位字段设置为 1，表示在数据报中包含更多分片。如果该值
203 为 0，表示该分片是原始数据报的最后一个分片。

在分片过程中，输入的数据报称为“原始数据报”，它由两部分组成：“不可分片部分”和“可分片部分”。不可分片部分包括 IPv6 头部和任何在到达目的地之前需由中间节点处理的扩展头部（即包括路由头部之前的所有头部，如果有逐跳选项扩展头部，则是该头部之前的所有头部）。可分片部分包括数据报的其余部分（即目的选项头部、上层头部和有效载荷数据）。

当原始数据报被分片后，将会产生多个分片，其中每个分片都包含一个原始数据报中不可分片部分的副本，但是需要修改每个 IPv6 头部的*负载长度*字段，以反映它所描述的分片的大小。在不可分片部分之后，每个新的分片都包含一个分片头部，其中包含一个分片相应的*分片偏移*字段（例如第一个分片的偏移量为 0），以及一个原始分组的*标识符*字段的副本。最后一个分片的 M（*更多分片*）位字段设置为 0。

下面的例子演示了 IPv6 源节点对数据报的分片过程。在图 5-12 所示的例子中，一个 3960 字节的有效载荷被分片，其中分片的大小都没有超过 1500 字节（一个典型的以太网 MTU），分片数据的大小仍为 8 字节的倍数。

在图 5-12 中，我们看到较大的原始数据报被分为 3 个较小的分片，每个分片都包含一个分片头部。IPv6 头部的*负载长度*字段被修改，以反映数据和新生成的分片头部的大小。每个分片中的分片头部包含一个公共*标识符*字段，以确保网络中不同的原始数据报在其生存期内不会被分配相同的标识符字段值。

分片头部中的*偏移量*字段以 8 字节为单位，因此分片需要在 8 字节的边界处进行，这就是第一个和第二个分片包含 1448 字节，而不是 1452 字节的原因。因此，除了最后一个分片之外的所有分片都是 8 字节的倍数（最后一个分片也可能是）。接收方在对分片进行重组之前，必须确保已接收原始数据报的所有分片。重组过程需要聚合所有分片以形成原始数据报。与 IPv4 分片一样（见第 10 章），分片可能不按顺序到达接收方，但需要按顺序重组为一个数据报，以便交给高层的其他协议处理。

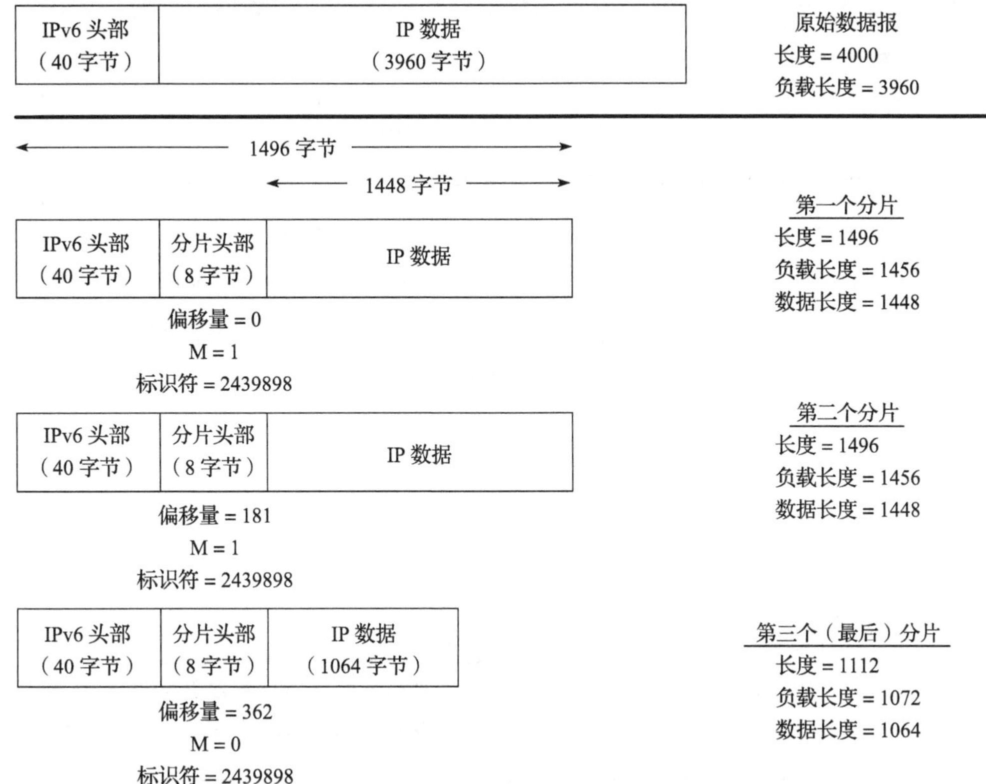

图 5-12 IPv6 分片的例子，1 个 3960 字节的有效载荷被分为 3 个 1448 字节或更小的分片。每个分片包含一个带相同的标识符字段的分片头部。除了最后一个分片，所有分片的更多分片（M）字段设置为 1。偏移量以 8 字节为单位，例如最后一个分片包含的数据是从原始数据开始处偏移（362*8）= 2896 字节。这个方案与 IPv4 中的分片相似

在 Windows 7 中构造一个 IPv6 分片可使用以下命令：

```
C:\> ping -l 3952 ff01::2
```

204～205

图 5-13 显示了该操作在网络中运行时的 Wireshark 输出。

在图 5-13 中，我们看到分片由 4 个发送到 IPv6 组播地址 ff01::2 的 ICMPv6 回显请求消息构成。每个请求都需要分片，–l 3952 选项表示 3952 字节的数据携带在每个 ICMPv6 消息的数据区中（由于有 8 字节的 ICMPv6 头部，因此生成的 IPv6 负载长度是 3960 字节）。为了确定目的地的链路层组播地址，需要执行一个针对 IPv6 的特定映射过程，见第 9 章中的相关信息。ICMPv6 回显请求（由 ping 程序生成）被分散在几个分片中，Wireshark 可显示所有分片的重组过程。图 5-14 显示了第二个分片的细节。

在图 5-14 中，正如预期的那样，我们看到了 IPv6 头部以及负载长度为 1448 字节。下一个头部字段包含一个值 44（0x2c），我们通过表 5-5 可以知道，它表示在 IPv6 头部之后跟着一个分片头部。分片头部指出下一个头部为 ICMPv6，这意味着没有更多的扩展头部。偏移量字段为 181，表示这个分片包含原始数据报中从字节偏移量 1448 开始的数据。由于更多分片字段设置为 1（在 Wireshark 中显示为 Yes），所以我们知道它不是最后一个分片。图 5-15 显示了 ICMPv6 回显请求数据报的最后一个分片。

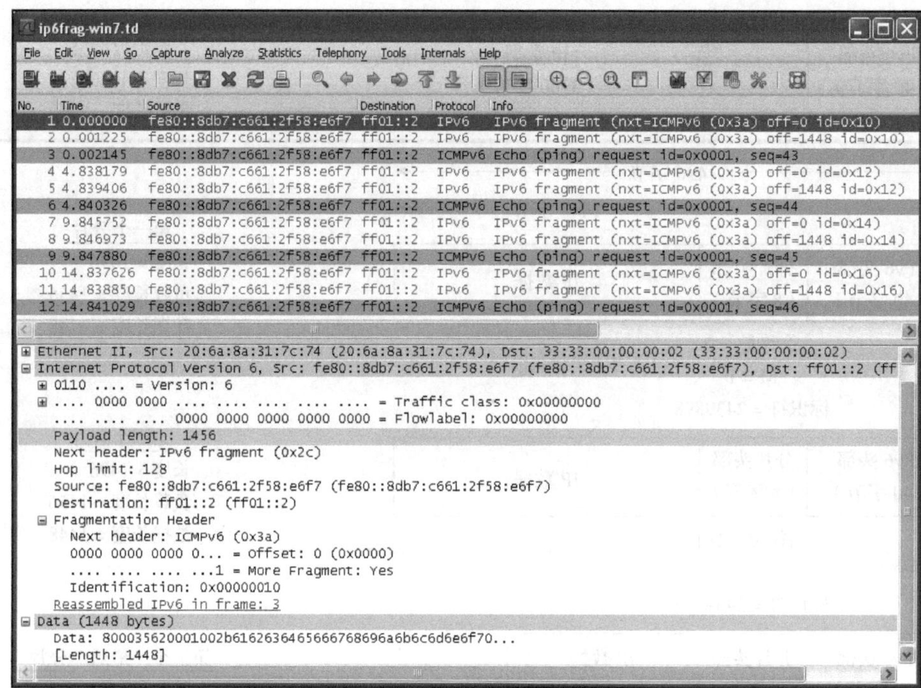

图 5-13　在这个例子中，ping 程序生成了 ICMPv6 分组（见第 8 章），其中包含 3960 字节的 IPv6 有效载荷。这些分组被分成 3 个分片，每个分片都足够小，以适合以太网的 1500 字节 MTU 大小

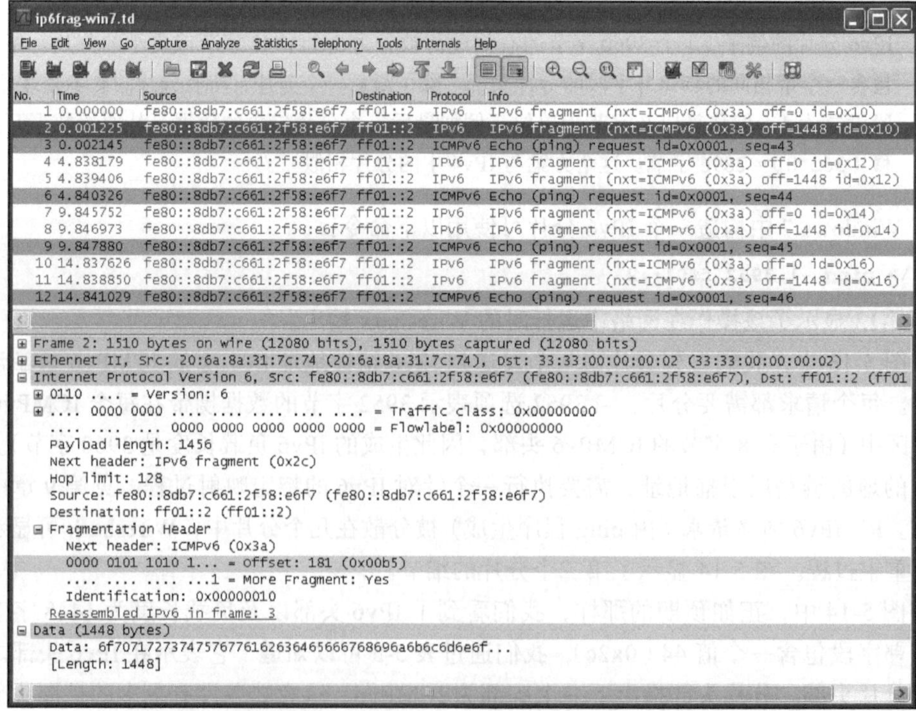

图 5-14　ICMPv6 回显请求数据报的第二个分片包含 1448 字节的 IPv6 有效载荷，以及 8 字节的分片头部。分片头部表明整个数据报在源节点被分片，偏移量字段的 181 表示该分片包含的数据从字节偏移量 1448 开始。*更多分片*（M）位字段被设置，表示需要其他分片共同重组数据报。同一原始数据报的所有分片包含相同的*标识符*字段（在这个例子中为 2）

在图 5-15 中，我们看到偏移量字段值为 362，它是以 8 字节为单位的，也就是说，它相对于原始数据报的字节偏移量为 362*8 = 2896。总长度字段值为 1072，其中包括 8 字节的分片头部。Wireshark 为我们计算了分片方式，第一个分片和第二个分片分别包含第一组和第二组的 1448 字节，最后一个分片包含 1064 字节。总的来说，分片过程增加了 40*2 + 8*3 = 104 字节（2 个额外的 IPv6 头部和每个分片有 8 字节的分片头部），它们需要由网络层携带。如果加上链路层的开销，总计 104 + (2*18) = 140 字节（每个以太网帧包括一个 14 字节的头部和一个 4 字节的 CRC）。

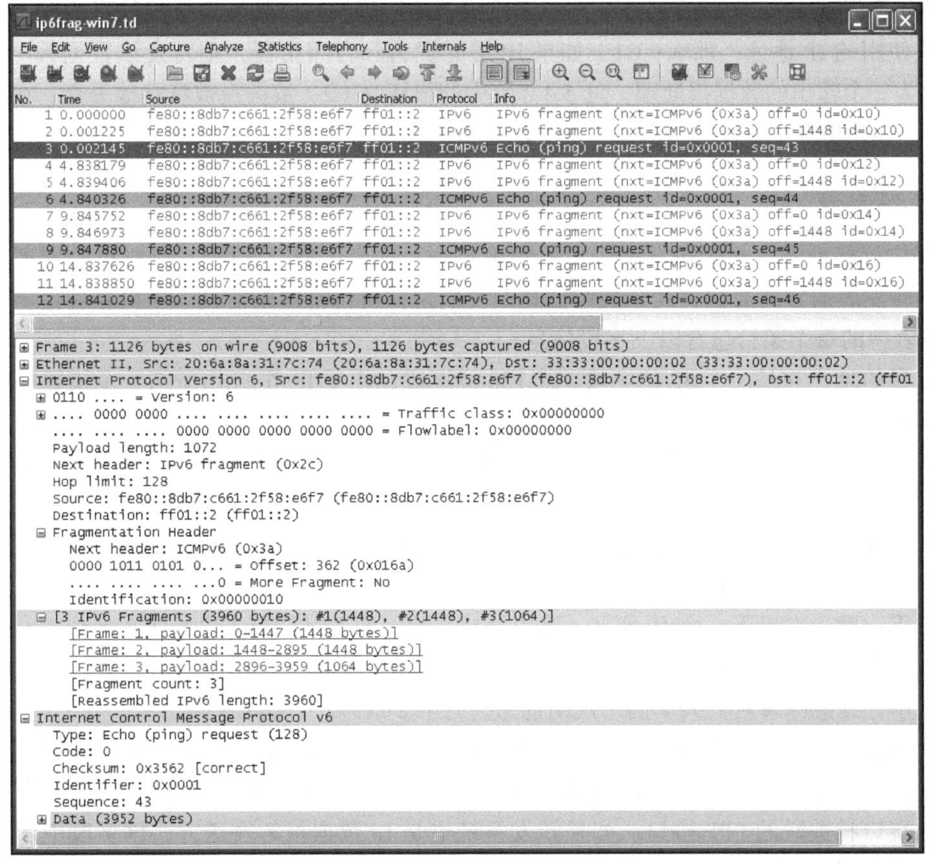

图 5-15　第一个 ICMPv6 回显请求数据报的最后一个分片有 362 × 8 = 2896 字节的偏移量和 1072 字节的有效载荷（原始数据报的有效载荷 1064 字节加上分片头部的 8 字节）。更多分片字段设置为 0 表示这是最后一个分片，原始数据报的有效载荷总长度为 2896 + 1064 = 3960 字节（ICMP 数据的 3956 字节加上 ICMPv6 头部的 8 字节；见第 8 章） 206~207

5.4 IP 转发

从概念上来说，IP 转发是很简单的，特别是对于一个主机。如果目的地是直接相连的主机（例如点到点链接）或共享网络（例如以太网），IP 数据报直接发送到目的地，不需要或者不使用路由器。否则，主机将数据报发送到一台路由器（称为*默认路由器*），由该路由器将数据报交付到目的地。这个简单方案适用于大多数主机配置。

在本节中，我们讨论这种简单情况的细节，以及如何在复杂情况下转发 IP 数据报。首先，我们注意到当前的大多数主机既可配置为路由器，也可配置为主机，很多家庭网络使用一台连接到 Internet 的 PC 作为路由器（也可能是一个防火墙，我们将在第 7 章中讨论）。主机与路由器处理 IP 数据报的区别在于：主机不转发那些不是由它生成的数据报，但是路由器会这样做。

在整个方案中，IP 协议可接收一个数据报，它可来自同一主机上的其他协议（TCP、UDP 等），也可来自一个网络接口。IP 层包括一些位于内存中的信息，通常称为*路由表*或*转发表*，每次转发一个数据报时需要从中查找信息。当一个网络接口接收到一个数据报时，IP 模块首先检查目的地址是否为自己的 IP 地址（与自己的某个网络接口相关的 IP 地址），或是它可以接收其流量的一些其他地址，例如 IP 广播或组播地址。如果是的话，数据报交付给由 IPv4 头部的协议字段或 IPv6 头部的*下一个头部*字段指定的协议模块。如果数据报的目的地不是本地 IP 模块使用的 IP 地址，那么：（1）如果 IP 层配置为一台路由器，则转发该数据报（也就是说，作为一个输出的数据报处理，见 5.4.2 节中的描述）；（2）数据报被默默地丢弃。在某些情况下（例如在情况 1 中没有路由），ICMP 消息可能发送回源节点，以表明发生了一个错误。

5.4.1 转发表

IP 协议标准没有规定转发表所需的精确数据，这个选择工作留给 IP 协议的实现者。但是，IP 转发表通常需要包含几个关键信息，我们现在将讨论这些信息。至少在理论上，路由
208 或转发表中的每个条目包含以下字段信息：

- **目的地**：它是一个 32 位字段（或 128 位字段，用于 IPv6），用于与一个掩码操作结果相匹配（见下文）。针对涵盖所有目的地的“默认路由”的情况，目的地可简单地设为零；对于仅描述一个目的地的“主机路由”的情况，目的地可设为完整长度的 IP 地址。
- **掩码**：它是一个 32 位字段（或 128 位字段，用于 IPv6），用作数据报目的 IP 地址按位与操作的掩码，其中的目的 IP 地址是要在转发表中查找的地址。掩码结果与转发表条目中的多个目的地进行比较。
- **下一跳**：它是下一个 IP 实体（路由器或主机）的 32 位 IPv4 地址或 128 位 IPv6 地址，数据报将被转发到该地址。下一跳实体通常在一个网络中由执行转发查找的系统所共享，这意味着它们共享同一网络前缀（见第 2 章）。
- **接口**：它包含一个由 IP 层使用的标识符，以确定将数据报发送到下一跳的网络接口。例如，它可能是一台主机的 802.11 无线接口、一个有线的以太网接口或一个与串行端口相关联的 PPP 接口。如果转发系统也是 IP 数据报的发送方，该字段用于选择输出数据报的源 IP 地址（见 5.6.2.1 节）。

IP 转发*逐跳*进行。我们从这个转发表的信息中看到，路由器和主机不包含到任何目的地的完整转发路径（除了那些直接连接主机或路由器的目的地）。IP 转发只提供数据报发送的下一跳实体的 IP 地址。它假设下一跳比执行转发的系统“更接近”目的地，并且下一跳路由器与执行转发的系统直接连接（即共享同一网络前缀）。它通常也假设与下一跳实体之间没有“环路”，数据报不会在网络中循环，直至其 TTL 或跳数限制到期。由一个或多个路由协议来确保路由表正确。多种*路由协议*能做好这项工作，包括 RIP、OSPF、BGP 和 IS-IS，这里仅列出几种（例如，[DC05] 给出路由协议的更多细节）。

5.4.2 IP 转发行动

当一台主机或路由器中的 IP 层需要向下一跳的路由器或主机发送一个数据报时，它首
209 先检查数据报中的目的 IP 地址（D）。在转发表中使用该值 D 来执行*最长前缀匹配*算法：

1. 在表中搜索具有以下属性的所有条目：$(D \wedge m_j) = d_j$，其中 m_j 是索引为 j 的转发条目 e_j 的掩码字段值，d_j 是转发条目 e_j 的目的地字段值。这意味着目的 IP 地址 D 与每个转发表条目中的掩码（m_j）执行按位与，并将该结果与同一转发条目中的目的地（d_j）比较。如果满足这个属性，该条目（这里为 e_j）与目的 IP 地址相“匹配”。当进行匹配时，该算法查看这个条目的索引（这里为 j），以及在掩码 m_j 中有多少位设置为 1。设置为 1 的位数越多，说明匹配得“越好”。

2. 选择最匹配的条目 e_k（即掩码 m_k 中最多位为 1 的条目），并将其下一跳字段 n_k 作为转发数据报的下一跳 IP 地址。

如果在转发表中没有发现匹配的条目，这个数据报无法交付。如果在本地出现（在这台主机）无法交付的数据报，通常向生成数据报的应用程序返回一个“主机不可达”错误。在一台路由器上，ICMP 消息通常返回给发送数据报的主机。

在某些情况下，可能有多个条目是匹配的（即为 1 的位数一样）。例如当多个默认路由可用时会发生这种情况（如连接到多个 ISP 时，称为多宿主）。在这种情况下，协议标准没有规定终端系统的具体行为，而是由具体操作系统的协议实现来决定。通常是简单地选择第一个匹配的结果。更复杂的系统可能尝试在多个路由上平衡负载或拆分流量。研究表明，多宿主可能不仅对大型企业有用，也包括家庭用户 [THL06]。

5.4.3 例子

为了对简单的局部环境（例如同一 LAN）和某些更复杂的多跳环境（全球 Internet）中的 IP 转发工作有深刻的理解，我们将讨论以下两种情况。第一种情况，所有系统使用相同的网络前缀，这称为*直接交付*；另一种情况为*间接交付*（见图 5-16）。

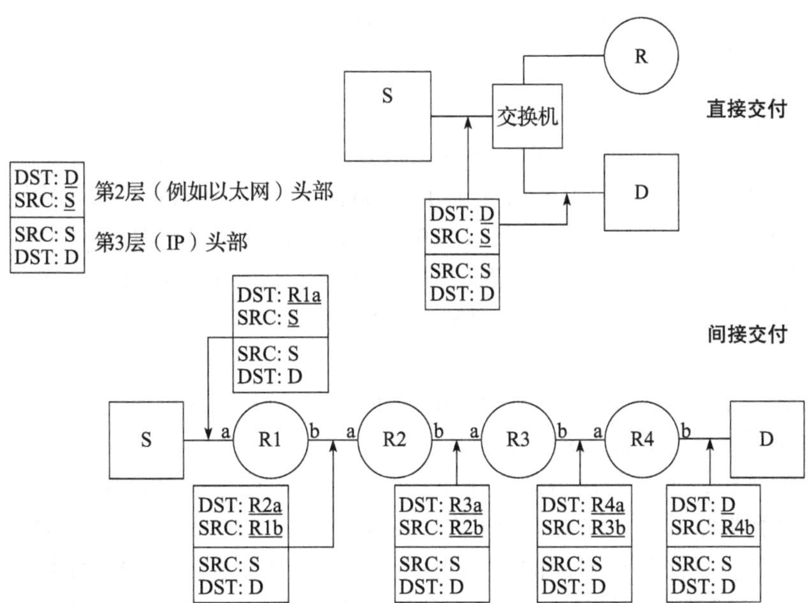

图 5-16　直接交付不需要路由器，IP 数据报封装在一个链路层帧中，它可以直接识别数据来源或目的地。间接交付涉及路由器，数据转发到这台路由器，并使用该路由器的链路层地址作为目的地址。路由器的 IP 地址没有出现在 IP 数据报中（除非路由器自己是源主机或目的主机，或者使用源路由时）

5.4.3.1 直接交付

我们看一个简单的例子。Windows XP 主机（IPv4 地址 S 和 MAC 地址 S）称为 S；一个 IP 数据报发送到 Linux 主机（IPv4 地址 D 和 MAC 地址 D），该主机称为 D。这些系统通过一台交换机互连起来。两台主机都在同一以太网中（见封二插图）。图 5-16（上）显示了这个数据报的传输过程。当 S 的 IP 层接收到一个来自上层（例如 TCP 或 UDP）的数据报，它将会查找自己的转发表。我们预期，S 的转发表包含的信息如表 5-8 所示。

表 5-8 主机 S 中的（单播）IPv4 转发表只包含两个条目。主机 S 配置了 IPv4 地址和子网掩码 10.0.0.100/25。对于目的地址在 10.0.0.1 到 10.0.0.126 范围内的数据报，使用转发表第二个条目，并采用直接交付来发送。其他数据报使用第一个条目，并交付给 IPv4 地址为 10.0.0.1 的路由器 R

目的地	掩　码	网关（下一跳）	接　口
0.0.0.0	0.0.0.0	10.0.0.1	10.0.0.100
10.0.0.0	255.255.255.128	10.0.0.100	10.0.0.100

在表 5-8 中，目的 IPv4 地址 D（10.0.0.9）与第一和第二个转发表条目的匹配。由于它与第二个条目匹配得更好（25 位），所以“网关”或下一跳地址为 10.0.0.100，即地址 S。该
210~211
条目的网关部分包含发送主机的网络接口（没有涉及路由器），说明采用直接交付来发送数据报。

这个数据报被封装在一个低层帧中，并发送给目的主机 D。如果目的主机的低层地址未知，可能需要使用 ARP 协议（对于 IPv4，见第 4 章）或邻居请求（对于 IPv6，见第 8 章）操作，以确定正确的低层地址 D。如果已经知道该地址，数据报中的目的地址是 D 的 IPv4 地址（10.0.0.9），并将 D 放在低层头部的目的 IP 地址字段中。这台交换机基于低层地址 D 交付该帧，它并不关心 IP 地址。

5.4.3.2 间接交付

现在看另一个例子。我们的 Windows 主机有一个 IP 数据报发送到主机 ftp.uu.net，其 IPv4 地址为 192.48.96.9。图 5-16（下）显示了通过 4 台路由器的数据报传输路径（在理论上）。首先，Windows 主机在自己的转发表中查找，但在本地网络中没有找到匹配的前缀。这时，它使用自己的默认路由条目（匹配每个目的地，但没有“1”位）。这个默认路由条目指出适当的下一跳网关为 10.0.0.1（路由器 R1 的“a 侧”）。这是一个家庭网络的典型情况。

我们回想一下直接交付的情况，源 IP 地址和目的 IP 地址对应于相应的源主机和目的主机。对于低层（例如以太网）地址也是这样。在间接交付中，IP 地址对应于前面的源主机和目的主机，但是低层地址不对应。实际上，低层地址决定哪台机器在每跳的基础上接收包含数据报的帧。在这个例子中，需要的低层地址为下一跳路由器 R1 的 a 侧接口的以太网地址，低层地址对应的 IPv4 地址为 10.0.0.1。这由 ARP（如果在例子中使用 IPv6 则是一个邻居请求）在互联 S 和 R1 的网络上完成。R1 通过其 a 侧的低层地址响应后，S 将向 R1 发送数据报。S 向 R1 交付仅根据低层头部（更具体地说是低层的目的地址）的处理进行。在接收到这个数据报之后，R1 将检查自己的转发表。表 5-9 中的信息是典型的。

表 5-9 R1 的转发表说明需要对流量进行地址转换。路由器一侧是一个私有地址（10.0.0.1），另一侧是一个公有地址（70.231.132.85）。地址转换用于使来自 10.0.0.0/25 网络的数据报，看起来像是从 70.231.132.85 发送到 Internet

目的地	掩　码	网关（下一跳）	接　口	注　意
0.0.0.0	0.0.0.0	70.231.159.254	70.231.132.85	NAT
10.0.0.0	255.255.255.128	10.0.0.100	10.0.0.1	NAT

212

当 R1 接收到数据报时，它发现数据报的目的 IP 地址不是自己，因此它将转发这个数据报。R1 搜索转发表，并使用默认的条目。在这种情况下，该默认条目的下一跳位于 ISP 服务的网络中，即 70.231.159.254(这是 R2 a 侧的接口)。这个地址正好在 SBC 的 DSL 网络中，它有一个较长的名称 adsl-70-231-159-254.dsl.snfc21.sbcglobal.net。由于这台路由器位于全球 Internet 中，并且 Windows 机器的源地址为私有地址 10.0.0.100，R1 对数据报进行网络地址转换（NAT），以使它在 Internet 中可路由。对数据报进行 NAT 处理，结果是生成新的源地址 70.231.132.85，它对应于 R1 的 b 侧接口。不使用私有地址（例如 ISP 和大型企业）的网络不需要执行最后一步，并且保持原来的源地址不变。我们将在第 7 章中详细介绍 NAT。

当路由器 R2（在 ISP 内部）接收到数据报，它的操作步骤与本地路由器 R1 相同（除了 NAT 操作外）。如果数据报的目的地不是自己的 IP 地址，则转发这个数据报。在这种情况下，路由器通常不仅有一个默认路由，而且有多个其他路由，这取决于它连接的 Internet 的其他部分，以及它的本地策略。

注意，IPv6 转发与传统 IPv4 转发只有很少改变。除了更长的地址之外，IPv6 还使用一种稍微不同的机制（邻居请求消息），以确定它的下一跳的低层地址。我们将在第 8 章中详细介绍它（作为 ICMPv6 的一部分）。另外，IPv6 定义了链路本地地址和全球地址（见第 2 章）。全球地址的处理方式就像普通的 IP 地址，链路本地地址只能用于同一链路上。另外，所有的链路本地地址共享相同的 IPv6 前缀（fe80::/10），在发送一个目的地为链路本地地址的数据报时，一台多宿主主机可能需要用户来决定使用哪个接口。

为了说明如何使用链路本地地址，我们在自己的 Windows XP 主机上运行（假设 IPv6 已启用并且可操作）：

```
C:\> ping6 fe80::204:5aff:fe9f:9e80

Pinging fe80::204:5aff:fe9f:9e80 with 32 bytes of data:

No route to destination.
  Specify correct scope-id or use -s to specify source address.
  ...

C:\> ping6 fe80::204:5aff:fe9f:9e80%6

Pinging fe80::204:5aff:fe9f:9e80%6
from fe80::205:4eff:fe4a:24bb%6 with 32 bytes of data:

Reply from fe80::204:5aff:fe9f:9e80%6: bytes=32 time=1ms
Reply from fe80::204:5aff:fe9f:9e80%6: bytes=32 time=1ms
Reply from fe80::204:5aff:fe9f:9e80%6: bytes=32 time=1ms
Reply from fe80::204:5aff:fe9f:9e80%6: bytes=32 time=1ms

Ping statistics for fe80::204:5aff:fe9f:9e80%6:
    Packets: Sent = 4, Received = 4, Lost = 0 (0% loss),
```

213

```
Approximate round trip times in milli-seconds:
    Minimum = 1ms, Maximum = 1ms, Average = 1ms
```

这里，由于没有为链路本地流量指定输出接口，我们将看到一个错误提示。在 Windows XP 中，我们可指定一个范围 ID 或一个源地址。在这个例子中，我们指定的范围 ID 是一个使用 %6 扩展目的地址的接口号。当发送一个 ping 流量时，通知系统使用接口号 6 作为正确的接口。

为了查看一条到达 IP 目的地的路径，我们可使用 traceroute 程序（在 Windows 中称为 tracert，它包括的选项稍有不同），使用 -n 选项表示不将 IP 地址转换为名称：

```
Linux% traceroute -n ftp.uu.net
traceroute to ftp.uu.net (192.48.96.9), 30 hops max, 38 byte packets
 1  70.231.159.254  9.285 ms  8.404 ms  8.887 ms
 2  206.171.134.131  8.412 ms  8.764 ms  8.661 ms
 3  216.102.176.226  8.502 ms  8.995 ms  8.644 ms
 4  151.164.190.185  8.705 ms  8.673 ms  9.014 ms
 5  151.164.92.181  9.149 ms  9.057 ms  9.537 ms
 6  151.164.240.134  9.680 ms  10.389 ms  11.003 ms
 7  151.164.41.10  11.605 ms  37.699 ms  11.374 ms
 8  12.122.79.97  13.449 ms  12.804 ms  13.126 ms
 9  12.122.85.134  15.114 ms  15.020 ms  13.654 ms
     MPLS Label=32307 CoS=5 TTL=1 S=0
10  12.123.12.18  16.011 ms  13.555 ms  13.167 ms
11  192.205.33.198  15.594 ms  15.497 ms  16.093 ms
12  152.63.57.102  15.103 ms  14.769 ms  15.128 ms
13  152.63.34.133  77.501 ms  77.593 ms  76.974 ms
14  152.63.38.1  77.906 ms  78.101 ms  78.398 ms
15  207.18.173.162  81.146 ms  81.281 ms  80.918 ms
16  198.5.240.36  77.988 ms  78.007 ms  77.947 ms
17  198.5.241.101  81.912 ms  82.231 ms  83.115 ms
```

这个程序列出了将多个数据报发送到目的地 ftp.uu.net（192.48.96.9）经过的每个 IP 跳步。traceroute 程序使用 UDP 数据报（随着时间增大 TTL）和 ICMP 消息（用于在 UDP 数据报到期时检测每个跳步）共同完成任务。针对每个 TTL 值发送 3 个 UDP 分组，以便为每个跳步测量 3 次往返时间。在传统上，traceroute 曾经仅携带 IP 信息，但在这里我们也看到以下信息：

214

```
MPLS Label=32307 CoS=5 TTL=1 S=0
```

这表明该路径上使用了多协议标签交换（MPLS）[RFC3031]，标签 ID 为 32307，服务等级为 5，TTL 为 1，并且该消息并不位于 MPLS 标签栈底部（S = 0；见 [RFC4950]）。MPLS 是一种链路层网络，它能够承载多种网络层协议。[RFC4950] 描述了它和 ICMP 之间的交互，[RFC6178] 描述了 IPv4 分组（包括选项）的处理。很多网络运营商将它用于流量工程（即控制通过自己网络的流量）。

5.4.4 讨论

在上述例子中，我们应牢记关于 IP 单播转发的几个关键点：

1. 在这个例子中，大多数主机和路由器使用默认路由，其中包含一个以下形式的转发表条目：掩码为 0，目的地为 0，下一跳为 <某些 IP 地址>。事实上，在 Internet 边缘，大多数主机和路由器会使用一个对所有地址而不是本地网络中的目的地址的默认路由，这是因为只有一个接口可连接 Internet 的其他部分。

2. 在传统的 Internet 中，数据报中的源 IP 地址和目的 IP 地址从不改变。除非是在使用源路由的情况下，或沿着传输路径遇到其他功能（例如这个例子中的 NAT），否则情况永远如此。

3. 不同的低层头部用于每种链路上的寻址，低层的目的地址（如果存在）总是包含下一跳的低层地址。因此，当数据报沿着到目的地的每个跳步移动时，低层头部经常发生变化。在我们的例子中，以太网封装的链路层头部中包含下一跳的以太网地址，但是在 DSL 链路上不会这样做。对于 IPv4 来说，低层地址通常通过 ARP（见第 4 章）获得；对于 IPv6 来说，则使用 ICMPv6 邻居发现（见第 8 章）。

5.5 移动 IP

到目前为止，我们已讨论了 IP 数据报通过 Internet 转发的传统方式，以及使用 IP 的专用网络。这个模型的假设是一台主机的 IP 地址与附近主机和路由器共享同一前缀。如果这样一台主机在网络中的连接点改变，但仍保留与链路层网络的连接，它的所有上层（例如 215
TCP）连接将会失效，这是因为它的 IP 地址必须改变，或路由不能将分组正确交付给（移动后的）主机。针对它的研究已开展多年（实际上已有几十年），*移动 IP* 解决了这个问题（有人已提出其他协议，见 [RFC6301]）。虽然有各种版本的移动 IP——针对 IPv4 的 [RFC5944]（称为 MIPv4）和针对 IPv6 的 [RFC6275]，但我们更关注移动 IPv6（称为 MIPv6），因为它更灵活和更容易解释。另外，它似乎更容易在快速增长的智能手机上应用。注意，我们不会全面讨论移动 IPv6，它是非常复杂的，值得专门通过一本书来讨论（例如 [RC05]）。但是，我们将介绍它的基本概念和原则。

移动 IP 基于一台主机拥有一个“家乡”网络，但可以不时地访问其他网络的想法。当主机位于家乡内部时，普通转发基于本章讨论的算法。当主机离开家乡时，它保持平时在家乡使用的 IP 地址，但采用一些特殊的路由和转发手段，使主机可以在这个网络中与其他系统通信，就好像它仍连接在自己的家乡网络中那样。该方案依赖于一种特殊类型的路由器，它被称为“家乡代理”，用于为移动节点提供路由。

MIPv6 的复杂性主要涉及信令消息，以及如何保证它们的安全。这些消息使用各种形式的移动扩展头部（表 5-5 中的*下一个头部*字段值为 135，通常直接称为*移动头部*），因此移动 IP 自身实际上是一种特殊的协议。IANA 维护各种头部类型注册信息（目前 17 被保留），以及很多与 MIPv6 相关的参数 [MP]。我们将关注 [RFC6275] 定义的基本信息。其他消息用于实现“快速切换”[RFC5568]、改变家乡代理 [RFC5142] 和实验目的 [RFC5096]。为了理解 MIPv6，我们开始介绍 IP 移动的基本模型以及相关术语。

5.5.1 基本模型：双向隧道

图 5-17 显示了 MIPv6 运行中涉及的实体。大部分术语也适用于 MIPv4 [RFC5944]。一台可能移动的主机称为*移动节点*（MN），与它通信的主机称为*通信节点*（CN）。MN 被赋予一个由家乡网络的网络前缀获得的 IP 地址。这个地址称为*家乡地址*（HoA）。当它漫游到一个可访问的网络时，它被赋予了另一个地址，称为*转交地址*（CoA）。在基本模型中，当一个 CN 与一个 MN 通信时，该流量需要通过 MN 的*家乡代理*（HA）来路由。HA 是一种特殊类型的路由器，它像其他重要系统（例如路由器和 Web 服务器）一样部署在网络基础设施中。MN 的 HoA 和 CoA 之间的关联称为 MN *绑定*。

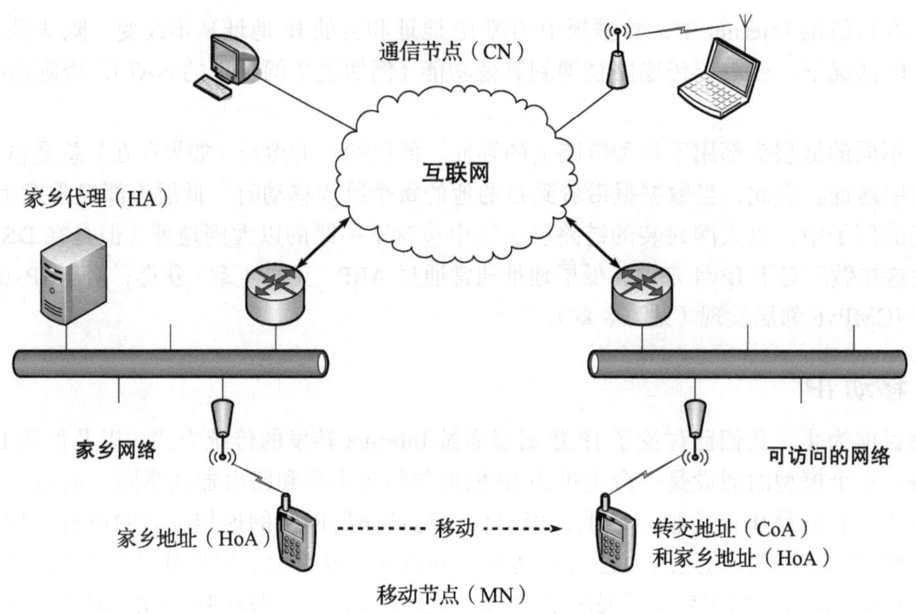

图 5-17 移动 IP 支持节点改变自己的网络连接点，同时保持网络连接操作的能力。移动节点的家乡代理为移动服务转发流量，并对路由加以优化，通过允许移动，以及在通信节点之间直接通信，从而极大地提高了路由性能

基本模型（见图 5-17）工作在一个 MN 的 CN 不使用 MIPv6 协议的情况下。在整个网络移动的情况下，这个模型用于支持网络移动（称为“NEMO”[RFC3963]）。当 MN（或移动网络的路由器）连接到网络中的一个新位置时，它接收自己的 CoA，并向自己的 HA 发送一个*绑定更新*消息。这个 HA 使用一个*绑定确认*来响应。如果一切顺利，这个 MN 和 CA 之间的流量通过 MN 的 HA 来路由，并使用一种双向的 IPv6 分组隧道，称为*双向隧道*[RFC2473]。这些消息通常使用 IPsec 的*封装安全有效负载*（ESP）来保护（见第 18 章）。这样做可确保一个 HA 不会在接收到一个伪造的 MN 绑定更新时被欺骗。

5.5.2 路由优化

双向隧道使 MIPv6 工作在一种相对简单的方式下，并使用那些不被移动 IP 所感知的 CN，但是路由效率可能非常差，特别是在 MN 与 CN 之间距离近，但与 HA 之间距离较远的情况下。为了改善 MIPv6 中可能出现的低效路由，可使用一种称为*路由优化*（RO）的方法，只要它被涉及的各个节点支持。正如我们所见，确保 RO 安全和可用的方法相当复杂。我们将描述它的基本操作。更详细的内容见 [RFC6275] 和 [RFC4866]。RO 安全相关的设计原理见 [RFC4225]。

216~217

在使用 RO 时涉及一个*通信注册*过程，一个 MN 将当前 CoA 通知相应 CN，允许它们执行无须 HA 协助的路由。RO 操作分为两部分：一部分涉及注册绑定的建立和维护；另一部分涉及所有绑定建立后的数据报交换方法。为了与自己的 CN 建立一个绑定，MN 必须向每个 CN 证明自己的真实身份。这通过一个*返回路由程序*（RRP）来完成。支持 RRP 的消息在 MN 和 HA 之间不使用 IPsec。在 MN 和 CN 之间工作的 IPsec 被认为并不可靠（IPv6 需要 IPsec 支持，但不要求必须使用它）。虽然 RRP 不像 IPsec 那样强大，但是它更简单，并涵盖移动 IP 设计者关注的大多数安全威胁。

RRP 使用以下这些移动消息，它们是 IPv6 移动扩展头部的子类型：家乡测试初始化（HoTI）、家乡测试（HoT）、转交测试初始化（CoTI）和转交测试（CoT）。这些消息向 CN 验证一个特定 MN 的家乡地址（HoTI 和 HoT 消息）和转交地址（CoTI 和 CoT 消息）可到达。这个协议如图 5-18 所示。

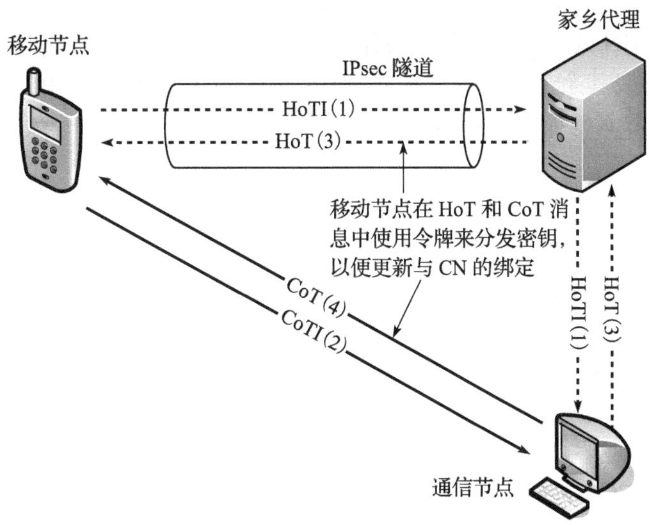

图 5-18 返回路由检查过程用于从 MN 向 CN 发送绑定更新，以确保路由的优化。该检查的目的是向 CN 显示 MN 的家乡地址和转交地址都可到达。在本图中，通过间接路由的消息都用虚线箭头表示。数字表示消息顺序，HoTI 和 CoTI 消息可由 MN 同时发送 218

为了理解 RRP，我们来看一个简单例子：只有一个 MN 及其 HA，以及一个 CN，如图 5-18 所示。MN 开始向 CN 发送 HoTI 和 CoTI 消息。HoTI 消息在到达 CN 途中通过 HA 转发。CN 以某种顺序接收到这两种消息，并分别以 HoT 和 CoT 消息响应。HoT 消息经由 HA 发送到 MN。这些消息中包含称为令牌的随机字符串，MN 使用它形成一个加密密钥（见第 18 章中对加密和密钥基础知识的讨论）。随后，这个密钥被用于生成发送给 CN 的经过认证的绑定更新。如果成功的话，路由可优化，数据可以在 MN 与 CN 之间直接传输，如图 5-19 所示。

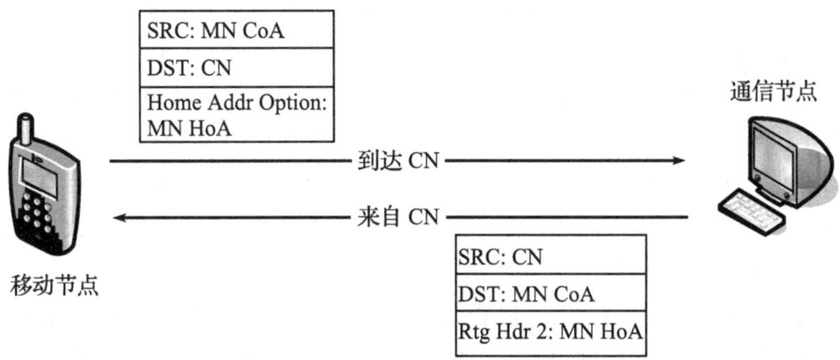

图 5-19 当 MN 与 CN 之间的绑定建立时，数据可以直接在它们之间传输。从 MN 到 CN 的方向使用 IPv6 家乡地址目的地选项。相反方向使用类型 2 的路由头部（RH2）

当一个绑定成功建立后，数据可直接在MN和CN之间流动，而无须使用效率低的双向隧道。对于从MN到CN的流量，可使用IPv6 *家乡地址目的地选项*；对于相反方向的流量，可使用类型2的路由头部（RH2），详见图5-19。从MN到CN的分组中包括MN的CoA的*源IP地址*字段，从而避免入口过滤问题[RFC2827]，它可能导致包含MN的HoA的*源IP地址*字段的分组被丢弃。由于包含在家乡地址选项中的MN的HoA不会被路由器处理，因此它可不经修改通过路由器到达CN。在返回的路径上，分组被发送到MN的CoA。在成功接收返回的分组后，MN处理扩展头部并用包含在RH2中的HoA替换目的IP地址。这个分组被交付给MN协议栈其余部分，因此应用程序"相信"自己正在使用的是MN的HoA，而
219 不是用于建立连接和其他操作的CoA。

5.5.3 讨论

有很多关于移动IP的问题。它被设计为可处理某种类型的地址移动：一个节点的IP地址可能改变，同时底层的链路层或多或少保持连接。这种用法对于便携式计算机并不常见，它们在不同地点之间移动的过程中，通常会关机或进入休眠状态。在需要移动IP（特别是MIPv6）的使用模型中，更常见的设备是大量采用IP的智能手机。这些设备可能会运行有延时要求的实时应用（例如VoIP）。因此，为了减少执行绑定更新所需的时间，目前已有几种方法正在探索中。这些方法包括快速切换[RFC5568]、一种称为分层MIPv6（HMIPv6）的MIPv6修改方案[RFC5380]，以及MN所需的移动信号由代理执行的修改方案（称为代理MIPv6或PMIPv6 [RFC5213]）。

5.6 IP数据报的主机处理

虽然路由器在转发分组时通常不会考虑将哪个IP地址放在分组的*源IP地址*和*目的IP地址*字段中，但主机必须考虑它们。应用程序（例如Web浏览器）可能尝试连接一台指定的主机或服务器，它们也可能有多个地址。因此，发送数据报时使用哪个地址（和IP版本）就有问题。我们将探讨一个更微妙的事，如果流量到达一个错误的接口（即接收的数据报中存在未配置的目的地址），是否接收发送到本地IP地址的流量。

5.6.1 主机模式

虽然可能有一个简单的决策方法，确定一个单播数据报是否匹配一台主机的IP地址并被处理，它取决于接收系统的*主机模式*[RFC1122]，以及它是否为最相关的多宿主主机。这里存在两种主机模式：*强主机模式*和*弱主机模式*。在强主机模式中，只有当*目的IP地址*字段中包含的IP地址与数据报到达的接口配置的IP地址匹配时，才同意把将数据报交付本地协议栈。在弱主机模式的系统实现中，实际情况相反，一个数据报携带的目的地址与它到达的任何接口的任何本地地址匹配，无论它到达哪个网络接口，它都会被接收的协议栈处理。主机模式也适用于发送行为。也就是说，只有当接口配置的地址与发送数据报的*源IP地址*
220 字段匹配时，这台采用强主机模式的主机才可从这个特定接口发送数据报。

图5-20显示了一种应用主机模式的情况。在这个例子中，两台主机（A和B）通过全球Internet连接，但也可以通过本地网络连接。如果主机A设置为强主机模式，它从Internet接收到一个目的地为203.0.113.1的分组，或从本地网络中接收到一个目的地为192.0.2.1的分组，这些分组都会被丢弃。如果主机B配置为弱主机模式，另一种情况可能会出现。它可

能选择使用本地网络（这样可能更方便或更快）向 192.0.2.1 发送分组。不幸的是，当主机 A 接收到某些似乎完全合法的分组，只是由于它运行在强主机模式下，该主机会丢弃这些分组。因此，我们要提出的一个问题是：为什么强主机模式曾是一个好的方案？

与强主机模式的吸引力相对应的是安全问题。如图 5-20 所示，恶意用户在 Internet 中生成一个目的地址为 203.0.113.2 的分组。这个分组可能还包括伪造（“欺骗”）的源 IP 地址（例如 203.0.113.1）。如果 Internet 将这个分组路由到主机 B，B 中运行的应用程序可能被欺骗，相信它接收的流量来源于主机 A。如果应用程序执行基于源 IP 地址的访问控制决策，这样可能带来明显的负面后果。

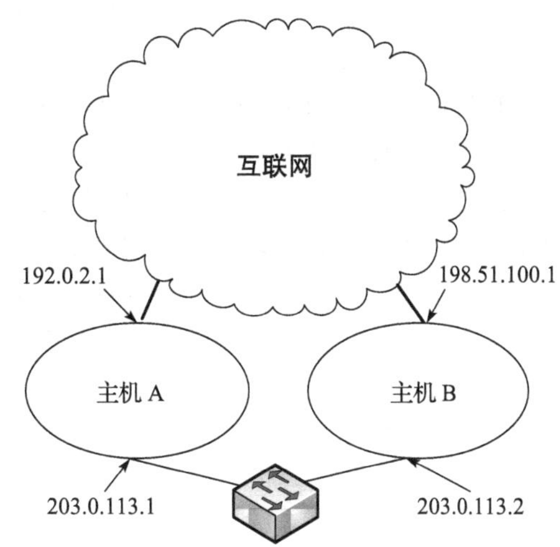

图 5-20 主机可能通过多个接口连接。在这种情况下，它们必须决定哪些地址用于分组的源 IP 地址和目的 IP 地址字段。这些地址取决于每台主机的转发表、地址选择算法应用 [RFC 3484]，以及主机操作使用弱或强主机模式等 221

无论用于发送还是接收行为，都可在一些操作系统中配置主机模式。在 Windows（Vista 和更高版本）中，强主机模式是 IPv4 和 IPv6 发送和接收的默认模式。在 Linux 中，IP 操作默认采用弱主机模式。BSD（包括 Mac OS X）使用强主机模式。在 Windows 中，以下命令用于配置基于弱主机的接收和发送行为：

```
C:\> netsh interface ipvX set interface <ifname> weakhostreceive=Yabled

C:\> netsh interface ipvX set interface <ifname> weakhostsend=Yabled
```

对于这些命令，<ifname> 替换为相应接口名称；X 替换为 4 或 6，具体取决于配置的是哪个版本的 IP；而 Y 替换为 en 或 dis，取决于启用还是禁用弱主机模式。

5.6.2 地址选择

当一台主机发送一个 IP 数据报时，它必须决定将它的哪个 IP 地址写入源 IP 地址字段，也必须决定如果知道目的主机有多个地址时使用目的主机的哪个目的地址。在有些情况下源地址是已知的，这是因为它可以由一个应用程序提供，或者为响应同一连接的前一个分组而发送该分组（详见第 13 章中如何用 TCP 管理地址）。

在当前的 IP 实现中，数据报的源 IP 地址和目的 IP 地址字段中使用的 IP 地址，是通过一组称为源地址选择程序和目的地址选择程序获得的。从历史上来看，大多数 Internet 主机只有一个 IP 地址用于外部通信，因此选择地址并不是很困难。随着一个接口可使用多个地址和支持多个地址范围的 IPv6 的使用，有些程序必须开始使用。当两台实现 IPv4 和 IPv6（“双协议栈”主机见 [RFC4213]）的主机之间通信时，这个情况变得更复杂。地址选择失败可能导致非对称路由、不必要的过滤或丢弃分组。解决这些问题将是一个挑战。

[RFC3484] 给出了 IPv6 默认地址的选择规则，纯 IPv4 主机通常不会面临这样复杂的问题。一般情况下，应用程序可调用特定的 API 执行默认操作，正如上面所提到的那样。即使这样，棘手的部署问题还是可能出现 [RFC5220]。[RFC3484] 中的默认规则是优先在相同范

围内选择成对的源 / 目的地址，优先选择更小而不是更大的范围以避免在其他地址可用时使
222 用临时地址，以及优先选择具有更长的通用前缀的成对地址。当全球地址有效时，优先选择它而不是临时地址。这个规范也包括"管理覆盖"默认规则的方法，但这是具体的部署问题，我们不做进一步讨论。

默认地址选择通过一个*策略表*来控制，它（至少在理论上）存在于每台主机中。它是一个最长匹配前缀查找表，类似于 IP 路由使用的转发表。对于一个地址 A，在该表中进行一次查找过程，对 A 生成一个*优先级* P(A)，以及一个*标签* L(A)。优先级的数值越大，表示更加偏好。标签用于相似地址类型的分组。例如，如果 L(S) = L(D)，该算法倾向于使用该对 (S，D) 作为源 / 目的地址对。如果没有规定其他策略，[RFC3484] 建议使用表 5-10 中的策略值。

表 5-10　[RFC3484] 的默认主机策略表。更高的优先级数值表明一个更大的偏好

前　缀	优先级 P()	标签 L()
::1/128	50	0
::/0	40	1
2002::/16	30	2
::/96	20	3
::ffff：0:0/96	10	4

这个表或一个按管理配置参数在站点中配置的表，用于驱动地址选择算法。函数 CPL(A，B) 或"通用前缀长度"，是在 IPv6 地址 A 和 B 中从最左边的位开始的一个最长通用前缀的位长度。函数 S(A) 将 IPv6 地址 A 的范围映射到一个数值，范围越大，映射的值越大。如果 A 是链路范围，B 是全球范围，则 S(A) < S(B)。函数 M(A) 将 IPv4 地址 A 映射为一个 IPv4 映射的 IPv6 地址。由于 IPv4 地址范围是基于地址自身，因此需要定义以下关系：S(M(169.254.xx) = S(M(127.xxx)) < S（M（专用地址空间））< S（M（任何其他地址））。符号 Λ(A) 是地址的生命周期（见第 6 章）。如果 A 是一个*过期*地址（不鼓励使用的地址），而 B 是一个*首选*地址（优先选择使用的地址），则 Λ(A) < Λ(B)。最后，如果 A 是一个家乡地址，则 H(A) 为真；如果 A 是一个转交地址，则 C(A) 为真。最后两个术语仅用于移动 IP 中。

5.6.2.1　源地址选择算法

223 源地址选择算法定义了一个源地址的*候选集合* CS(D)，它基于一个特定的目的地址 D。这里有一个限制，对于任何 D，任播、组播和未指定地址从未出现在 CS(D) 中。我们使用符号 R(A) 表示地址 A 在集合 CS(D) 中的等级。在 CS(D) 中，A 比 B 的等级更高（即 R(A) 值更大），表示 R(A) > R(B)，意味着优先选择 A 而不是 B 作为到达地址 D 的源地址。表达式 R(A) * > R(B) 表示在 CS(D) 中为 A 分配一个比 B 更高的等级。符号 I(D) 表示选择（通过前面所述的最长匹配前缀转发算法）到达目的地 D 的接口。符号 @(i) 是分配给接口 i 的地址集合。如果 A 是一个临时地址（见第 6 章），T(A) 为布尔值 true；否则，T(A) 为 false。

以下规则用于为目的地 D 建立地址 A 和 B 在 CS(D) 中的局部顺序：

1. 优先选择相同地址：if A = D，R(A) *> R(B)；if B = D，R(B) *> R(A)。

2. 优先选择适当范围：if S(A) < S(B) and S(A) < S(D)，R(B) *> R(A) else R(A)*> R(B)；if S(B) < S(A) and S(B) < S(D)，R(A) *> R(B) else R(B) *> R(A)。

3. 避免过期地址：if S(A) = S(B)，{if Λ(A) < Λ(B)，R(B) *> R(A) else R(A) *> R(B)}。

4. 优先选择家乡地址：if H(A) and C(A) and ¬ (C(B) and H(B))，R(A) *> R(B) ; if H(B) and C(B) and ¬ (C(A) and H(A))，R(B) *> R(A) ; if (H(A) and ¬ C(A)) and (¬ H(B) and C(B))，R(A) *> R(B)；if (H(B) and ¬ C(B)) and (¬ H(A) and C(A))，R(B) *> R(A)。

5. 优先选择输出接口：if A ∈ @ (I(D)) and B ∈ @ (I(D)),R(A) *> R((B); if B ∈ @ (I((D)) and A ∈ @ (I(D))，R(B) *> R(A)。

6. 优先选择匹配标签：if L(A) = L(D) and L(B) ≠ L(D)，R(A) *> R(B) ; if L(B) = L(D) and L(A) ≠ L(D)，R(B) *> R(A)。

7. 优先选择非临时地址：if T(B) and ¬T(A)，R(A) *> R(B) ; if T(A) and ¬T(B)，R(B) *> R(A)。

8. 使用最长匹配前缀：if CPL(A，D) > CPL(B，D)，R(A) *> R(B) ; if CPL(B，D) > CPL(A，D)，R(B) *> R(A)。

局部顺序规则可用于形成 CS(D) 中所有候选地址的全局顺序。Q(D) 表示为目的地 D 选择一个最高等级的源地址，它由目的地址选择算法来使用。如果 Q(D) = Ø（空），可能无法为目的地 D 确定源地址。

5.6.2.2 目的地址选择算法

我们讨论默认目的地址选择问题。该算法指定了一种类似于源地址选择的方式。回想一 224
下，Q(D) 是上面例子中为目的地 D 选择的源地址。如果目的地 B 不可到达，则令 U(B) 为布尔值 true。E(A) 表示采用某些“封装传输”（例如，隧道路由）可到达目的地 A。集合 SD(S) 采用与前面的成对元素 A 和 B 相同的结构，我们可获得以下规则：

1. 避免不可用的目的地：if U(B) or Q(B) = Ø，R(A) *> R(B) ; if U(A) or Q(A) = Ø，R(B) *> R(A)。

2. 优先选择匹配范围：if S(A) = S(Q(A)) and S(B) ≠ S(Q(B))，R(A) *> R(B) ; if S(B) = S(Q(B)) and S(A) ≠ S(Q(A))，R(B) *>R(A)。

3. 避免过期地址：if Λ(Q(A)) < Λ(Q(B))，R(B) *> R(A) ; if Λ(Q(B)) < Λ(Q(A))，R(A) *> R(B)。

4. 优先选择家乡地址：if H(Q(A)) and C(Q(A)) and ¬ (C(Q(B)) and H(Q(B)))，R(A) *> R(B) ; if (Q(B)) and C(Q(B)) and ¬ (C(Q(A)) and H(Q(A)))，R(B) *> R(A) ; if (H(Q(A)) and ¬ C(Q(A))) and (¬ H(Q(B)) and C(Q(B)))，R(A) *> R(B); if (H(Q(B)) and ¬ C(Q(B))) and (¬ H(Q(A)) and C(Q(A)))，R(B) *> R(A)。

5. 优先选择匹配标签：if L(Q(A)) = L(A) and L(Q(B)) ≠ L(B),R(A) *> R(B); if L(Q(A)) ≠ L(A) and L(Q(B)) = L(B)，R(B) *> R(A)。

6. 优先选择更高优先级：if P(A) > P(B)，R(A) *> R(B)；if P(A) < P(B)，R(B) *> R(A)。

7. 优先选择本地传输：if E(A) and ¬ E(B)，R(B) *> R(A) ; if E(B) and ¬ E(A)，R(A) *> R(B)。

8. 优先选择更小范围：if S(A) < S(B)，R(A) *> R(B) else R(B) *> R(A)。

9. 使用最长匹配前缀：if CPL(A，Q(A)) > CPL(B，Q(B))，R(A) *> R(B) ; if CPL(A，Q(A)) < CPL(B，Q(B))，R(B) *> R(A)。

10. 否则，保持等级顺序不变。

针对源地址的选择问题，这些规则形成一个在可能的目的地集合 SD（S）中两个元素之间的偏序。最高等级地址给出了目的地址选择算法的输出。正如前面所说，这个算法操作（例如目的地址选择的第 9 步可能导致 DNS 轮询问题，见第 11 章）会带来一些问题。因此，[RFC3484- 修订] 正考虑对 [RFC3484] 加以更新。重要的是，该修订解决了地址选择算法如何处理唯一本地 IPv6 单播地址（ULA）的问题 [RFC4193]。ULA 是全球范围的 IPv6 地址，
225 它被限制只能用于专用网络中。

5.7 与 IP 相关的攻击

前些年已有一些针对 IP 协议的攻击，主要是基于选项操作，或利用专用代码中的错误（例如分片重组）。由于一个或多个 IP 头部字段无效（例如错误的头部长度或版本号），简单的攻击就能让一台路由器崩溃或性能下降。通常情况下，当前 Internet 中的路由器会忽略或剥离 IP 选项，并在基本分组的处理中修复错误。因此，这些类型的简单攻击不是大问题。涉及分片的攻击可使用其他方法解决 [RFC1858] [RFC3128]。

如果没有身份认证或加密（或在 IPv6 中被禁用），IP 欺骗攻击是有可能发生的。一些早期的攻击涉及对源 IP 地址的伪造。早期的访问控制机制基于源 IP 地址，很多这样的系统已不再使用。欺骗有时与源路由选项组合使用。在某些情况下，远程攻击者的计算机可能看起来像本地网络中的一台主机（甚至是同一计算机）在请求某种服务。虽然 IP 地址的欺骗当前仍然受关注，但有几种方法可限制其危害，包括入口过滤 [RFC2827][RFC3704]——ISP 通过入口过滤检查客户流量的源地址，以确保数据报包含一个指定的 IP 前缀。

IPv6 和移动 IP 相对较新，至少相对于 IPv4 来说，它的所有漏洞无疑尚未被发现。由于有更新、更灵活的选项头部类型，攻击者可对 IPv6 分组的处理有相当大的影响。例如，路由头部（类型 0）被发现有严重的安全问题，目前已完全废弃使用它。其他可能的问题包括源地址和 / 或路由头部的欺骗，使分组看起来好像来自其他地方。这些攻击可通过配置分组过滤防火墙，并查看路由头部内容来避免。值得一提的是，如果仅简单地过滤所有包含 IPv6 扩展头部和选项的分组，这将会严重限制其使用。特别是，禁用扩展头部将影响移动 IPv6 的正常运行。

5.8 总结

在本章中，我们首先介绍 IPv4 和 IPv6 头部，讨论一些相关的功能，例如 Internet 校验和与分片。我们分析 IPv6 如何增加地址空间，改进方案包括在分组中使用扩展头部，以及从 IPv4 头部中删除一些不重要的字段。随着这些功能的增加，IP 头部大小增大为原来的 2
226 倍，但地址空间增大为原来的 4 倍。IPv4 和 IPv6 头部不能直接兼容，并且只共享了 4 位的版本字段。因此，IPv4 和 IPv6 节点互连需要某个层次的转换。双协议栈主机需要同时实现 IPv4 和 IPv6，但必须选择何时使用哪种协议。

IP 从出现开始就包含一个头部字段，表示每个数据报的流量类型或服务类别。这种机制近年来已被重新定义，以便在 Internet 上支持差异化的服务。如果它被广泛实现，Internet 可能以标准的方式为某些流量或用户提供更好的性能。这种情况能进展到何种程度，部分取决于围绕差异化服务能力的商业模式的发展。

IP 转发描述了 IP 数据报通过单一和多跳网络的传输方式。除了那些需特殊处理的情况，IP 转发在逐跳的基础上进行。数据报的目的 IP 地址经过每跳时都不改变，但是链路层封装和链路层目的地址在每跳时会改变。主机和路由器使用转发表和最长前缀匹配算法，以确定

匹配得最好的转发条目，以及沿着一条转发路径的下一跳。在很多情况下，最简单的表只包含一个默认路由就足够了，只要它能公平匹配所有可能的目的地。

通过一组特殊的安全和信令协议，移动 IP 在移动节点的家乡地址和转交地址之间建立安全绑定。这些绑定可用于与移动节点通信，即使它并不在家乡内部。这个基本功能涉及通过家乡代理的隧道流量，但这可能会导致非常低效的路由。一些额外的功能可支持路由优化，允许移动节点与其他远程节点直接通信，反之亦然。这要求移动节点的主机支持 MIPv6 和路由优化，它是一个可选的功能。当前研究致力于减少路由优化绑定更新过程中的延时。

我们也讨论了强主机或弱主机模式如何影响 IP 数据报的处理。在强主机模式下，只允许每个接口接收或发送包含该接口相关地址的数据报，而弱主机模式的限制较少。弱主机模式允许在某些特殊情况下通信，但它可能更容易遭受某些形式的攻击。主机模式还涉及主机如何选择通信时使用的地址。早期，大多数主机只有一个 IP 地址，因此做出决定相当简单。一台 IPv6 主机可能有多个 IP 地址，多宿主主机可能使用多个网络接口，这时要做出决定并不容易，并可能对路由产生很大的影响。目前已经有一些地址选择算法（针对源和目的地址），这些算法倾向于选择范围有限、永久性的地址。 227

我们讨论了一些针对 IP 协议的攻击。这种攻击通常涉及地址欺骗，包括利用选项来改变路由行为，以及试图利用 IP 实现中的漏洞，特别是有关分片的漏洞。很多协议实现中的漏洞在现代操作系统中已修复，在大多数情况下，企业边缘路由器通常会禁用选项。尽管欺骗仍会受到某些关注，但入口过滤器这类程序有助于解决这个问题。

5.9 参考文献

[A92] P. Mersky, "Autovon: The DoD Phone Company," http://www.chips.navy.mil/archives/92_oct/file3.htm

[AN] http://www.iana.org/assignments/protocol-numbers

[DC05] J. Doyle and J. Carroll, *Routing TCP/IP, Volume 1, Second Edition* (Cisco Press, 2005).

[DSCPREG] http://www.iana.org/assignments/dscp-registry/dscp-registry.xml

[H05] G. Huston, "Just How Big Is IPv6?—or Where Did All Those Addresses Go?" *The ISP Column*, July 2005, http://cidr-report.org/papers/isoc/2005-07/ipv6size.html

[IP6PARAM] http://www.iana.org/assignments/ipv6-parameters

[IPPARAM] http://www.iana.org/assignments/ip-parameters

[IV] http://www.iana.org/assignments/version-numbers

[LFS07] J. Leguay, T. Friedman, and K. Salamatian, "Describing and Simulating Internet Routes," *Computer Networks*, 51(8), June 2007.

[MB97] L. McKnight and J. Bailey, eds., *Internet Economics* (MIT Press, 1997).

[MP] http://www.iana.org/assignments/mobility-parameters

[P90] C. Pinter, *A Book of Abstract Algebra, Second Edition* (Dover, 2010; reprint of 1990 edition).

[PB61] W. Peterson and D. Brown, "Cyclic Codes for Error Detection," *Proc. IRE*, 49(228), Jan. 1961.

[RC05] S. Raab and M. Chandra, *Mobile IP Technology and Applications* (Cisco

Press, 2005).

[RFC0791] J. Postel, "Internet Protocol," Internet RFC 0791/STD 0005, Sept. 1981.

[RFC1108] S. Kent, "U.S. Department of Defense Security Options for the Internet
228 Protocol," Internet RFC 1108 (historical), Nov. 1991.

[RFC1122] R. Braden, ed., "Requirements for Internet Hosts—Communication Layers," Internet RFC 1122/STD 0003, Oct. 1989.

[RFC1385] Z. Wang, "EIP: The Extended Internet Protocol," Internet RFC 1385 (informational), Nov. 1992.

[RFC1393] G. Malkin, "Traceroute Using an IP Option," Internet RFC 1393 (experimental), Jan. 1993.

[RFC1858] G. Ziemba, D. Reed, and P. Traina, "Security Consideration for IP Fragment Filtering," Internet RFC 1858 (informational), Oct. 1995.

[RFC2113] D. Katz, "IP Router Alert Option," Internet RFC 2113, Feb. 1997.

[RFC2460] S. Deering and R. Hinden, "Internet Protocol, Version 6 (IPv6)," Internet RFC 2460, Dec. 1998.

[RFC2473] A. Conta and S. Deering, "Generic Packet Tunneling in IPv6 Specification," Internet RFC 2473, Dec. 1998.

[RFC2474] K. Nichols, S. Blake, F. Baker, and D. Black, "Definition of the Differentiated Services Field (DS Field) in the IPv4 and IPv6 Headers," Internet RFC 2474, Dec. 1998.

[RFC2475] S. Blake, D. Black, M. Carlson, E. Davies, Z. Wang, and W. Weiss, "An Architecture for Differentiated Services," Internet RFC 2475 (informational), Dec. 1998.

[RFC2597] J. Heinanen, F. Baker, W. Weiss, and J. Wroclawski, "Assured Forwarding PHB Group," Internet RFC 2597, June 1999.

[RFC2675] D. Borman, S. Deering, and R. Hinden, "IPv6 Jumbograms," Internet RFC 2675, Aug. 1999.

[RFC2711] C. Partridge and A. Jackson, "IPv6 Router Alert Option," Internet RFC 2711, Oct. 1999.

[RFC2827] P. Ferguson and D. Senie, "Network Ingress Filtering: Defeating Denial of Service Attacks Which Employ IP Source Address Spoofing," Internet RFC 2827/BCP 0038, May 2000.

[RFC3031] E. Rosen, A. Viswanathan, and R. Callon, "Multiprotocol Label Switching Architecture," Internet RFC 3031, Jan. 2001.

[RFC3128] I. Miller, "Protection Against a Variant of the Tiny Fragment Attack," Internet RFC 3128 (informational), June 2001.

[RFC3168] K. Ramakrishnan, S. Floyd, and D. Black, "The Addition of Explicit Congestion Notification (ECN) to IP," Internet RFC 3168, Sept. 2001.

[RFC3246] B. Davie, A. Charny, J. C. R. Bennett, K. Benson, J. Y. Le Boudec, W. Courtney, S. Davari, V. Firoiu, and D. Stiliadis, "An Expedited Forwarding PHB (Per-Hop Behavior)," Internet RFC 3246, Mar. 2002.

[RFC3260] D. Grossman, "New Terminology and Clarifications for Diffserv," Internet RFC 3260 (informational), Apr. 2002.

[RFC3484] R. Draves, "Default Address Selection for Internet Protocol Version 6 (IPv6)," Internet RFC 3484, Feb. 2003.

[RFC3484-revise] A. Matsumoto, J. Kato, T. Fujisaki, and T. Chown, "Update to

RFC 3484 Default Address Selection for IPv6," Internet draft-ietf-6man-rfc3484-revise, work in progress, July 2011.

[RFC3704] F. Baker and P. Savola, "Ingress Filtering for Multihomed Hosts," Internet RFC 3704/BCP 0084, May 2004.

[RFC3963] V. Devarapalli, R. Wakikawa, A. Petrescu, and P. Thubert, "Network Mobility (NEMO) Basic Support Protocol," Internet RFC 3963, Jan. 2005.

[RFC4193] R. Hinden and B. Haberman, "Unique Local IPv6 Unicast Addresses," Internet RFC 4193, Oct. 2005.

[RFC4213] E. Nordmark and R. Gilligan, "Basic Transition Mechanisms for IPv6 Hosts and Routers," Internet RFC 4213, Oct. 2005.

[RFC4225] P. Nikander, J. Arkko, T. Aura, G. Montenegro, and E. Nordmark, "Mobile IP Version 6 Route Optimization Security Design Background," Internet RFC 4225 (informational), Dec. 2005.

[RFC4594] J. Babiarz, K. Chan, and F. Baker, "Configuration Guidelines for Diffserv Service Classes," Internet RFC 4594 (informational), Aug. 2006.

[RFC4782] S. Floyd, M. Allman, A. Jain, and P. Sarolahti, "Quick-Start for TCP and IP," Internet RFC 4782 (experimental), Jan. 2007.

[RFC4866] J. Arkko, C. Vogt, and W. Haddad, "Enhanced Route Optimization for Mobile IPv6," Internet RFC 4866, May 2007.

[RFC4950] R. Bonica, D. Gan, D. Tappan, and C. Pignataro, "ICMP Extensions for Multiprotocol Label Switching," Internet RFC 4950, Aug. 2007.

[RFC5095] J. Abley, P. Savola, and G. Neville-Neil, "Deprecation of Type 0 Routing Headers in IPv6," Internet RFC 5095, Dec. 2007.

[RFC5096] V. Devarapalli, "Mobile IPv6 Experimental Messages," Internet RFC 5094, Dec. 2007.

[RFC5142] B. Haley, V. Devarapalli, H. Deng, and J. Kempf, "Mobility Header Home Agent Switch Message," Internet RFC 5142, Jan. 2008.

[RFC5213] S. Gundavelli, ed., K. Leung, V. Devarapalli, K. Chowdhury, and B. Patil, "Proxy Mobile IPv6," Internet RFC 5213, Aug. 2008.

[RFC5220] A. Matsumoto, T. Fujisaki, R. Hiromi, and K. Kanayama, "Problem Statement for Default Address Selection in Multi-Prefix Environments:

Operational Issues of RFC 3484 Default Rules," Internet RFC 5220 (informational), July 2008.

[RFC5350] J. Manner and A. McDonald, "IANA Considerations for the IPv4 and IPv6 Router Alert Options," Internet RFC 5350, Sept. 2008.

[RFC5380] H. Soliman, C. Castelluccia, K. ElMalki, and L. Bellier, "Hierarchical Mobile IPv6 (HMIPv6) Mobility Management," Internet RFC 5380, Oct. 2008.

[RFC5568] R. Koodli, ed., "Mobile IPv6 Fast Handovers," Internet RFC 5568, July 2009.

[RFC5570] M. StJohns, R. Atkinson, and G. Thomas, "Common Architecture Label IPv6 Security Option (CALIPSO)," Internet RFC 5570 (informational), July 2009.

[RFC5865] F. Baker, J. Polk, and M. Dolly, "A Differentiated Services Code Point (DSCP) for Capacity-Admitted Traffic," Internet RFC 5865, May 2010.

[RFC5944] C. Perkins, ed., "IP Mobility Support for IPv4, Revised," Internet RFC 5944, Nov. 2010.

[RFC6178] D. Smith, J. Mullooly, W. Jaeger, and T. Scholl, "Label Edge Router Forwarding of IPv4 Option Packets," Internet RFC 6178, Mar. 2011.

[RFC6275] C. Perkins, ed., D. Johnson, and J. Arkko, "Mobility Support in IPv6," Internet RFC 6275, June 2011.

[RFC6301] Z. Zhu, R. Rakikawa, and L. Zhang, "A Survey of Mobility Support in the Internet," Internet RFC 6301 (informational), July 2011.

[RTAOPTS] http://www.iana.org/assignments/ipv6-routeralert-values

[THL06] N. Thompson, G. He, and H. Luo, "Flow Scheduling for End-Host Multihoming," *Proc. IEEE INFOCOM*, Apr. 2006.

[TWEF03] J. Touch, Y. Wang, L. Eggert, and G. Flinn, "A Virtual Internet Architecture," *Proc. ACM SIGCOMM Future Directions in Network Architecture Workshop*, Mar. 2003.

229 ~ 232 [W03] T. Wu, "Network Neutrality, Broadband Discrimination," *Journal of Telecommunications and High Technology Law*, 2, 2003 (revised 2005).

第 6 章

TCP/IP Illustrated, Volume 1: The Protocols, Second Edition

系统配置：DHCP 和自动配置

6.1 引言

为了使用 TCP/IP 协议族，每台主机和路由器需要一定的配置信息。配置信息用于为系统指定本地名称，以及为接口指定标识符（例如 IP 地址）。它还用于提供或使用各种网络服务，例如*域名系统*（DNS）和移动 IP 家乡代理。多年来，已有很多方法可提供和获得这种信息，但基本上采用 3 种方法：手工获得信息，通过一个系统获得使用的网络服务，或使用某种算法自动确定。我们将讨论上述的每种方法，了解它们如何用于 IPv4 和 IPv6。掌握如何配置系统是很重要的，它是每个系统管理员需要面对的问题，几乎每个终端用户或多或少都要和它打交道。

我们回忆第 2 章的内容，TCP/IP 网络中的每个接口都需要一个 IP 地址、子网掩码和广播地址（IPv4）。广播地址通常可通过地址和掩码来确定。系统只要有最基本的信息，就能与同一子网中的其他系统通信。为了与本地子网之外的系统通信（在第 5 章中称为间接交付），系统需要一个路由或转发表，以确定到达不同目的地的路由器。为了能够使用某些服务（例如 Web 和 E-mail），使用 DNS（见第 11 章）将用户可理解的域名映射为低层协议所需的 IP 地址。由于 DNS 是一个分布式的服务，使用它的任何系统必须知道如何到达至少一台 DNS 服务器。拥有一个 IP 地址和子网掩码，以及 DNS 服务器和路由器的 IP 地址，这是一 233
个系统能够在 Internet 上运行并提供常用服务（例如 Web 和 E-mail）的“基本要素”。为了使用移动 IP，系统还需要知道如何找到一个家乡代理。

在本章中，我们将主要关注在 Internet 客户端主机中用于建立基本要素的协议和程序：*动态主机配置协议*（DHCP）以及 IPv4 和 IPv6 中的*无状态地址自动配置*。我们还将讨论 ISP 如何使用 PPP 结合以太网来配置客户端系统。服务器和路由器常通过手工配置，通常将相关配置信息输入一个文件或图形用户界面。这种区别出于以下几个原因。第一，客户端主机通常比服务器和路由器更容易移动，这意味着应提供灵活的重新分配其配置信息的机制。第二，服务器主机和路由器都希望“永远可用”和相对自治。因此，它们的配置信息不依赖于其他网络服务，能为它们提供更好的可靠性。第三，与服务器或路由器相比，客户机属于某个组织是更常见的情况，通过一种集中服务来动态分配客户端主机的配置信息，这样将会更简单也更不容易出错。第四，客户机操作者通常比服务器和路由器管理者拥有更少的系统管理经验，因此由一个有经验的管理者对多数客户机进行集中管理更不容易出错。

除了上述基本要素之外，主机或路由器的配置信息可能还需要很多其他要素，这取决于它使用或提供的服务类型。它们可能包括家乡代理、组播路由器、VPN 网关和*会话发起协议*（SIP）/VoIP 网关的位置。有些服务有标准化的机制和支持协议，以便获得相关的配置信息；有些服务没有相关的协议，但要求用户输入必要的信息。

6.2 动态主机配置协议

DHCP[RFC2131] 是一种流行的客户机 / 服务器协议，它用于为主机（有时也为路由器）

指定配置信息。DHCP 在企业和家庭网络中广泛使用，甚至最基础的家庭路由器设备都支持嵌入式 DHCP 服务器。几乎所有常用的客户端操作系统和大量的嵌入式设备（例如网络打印机和 VoIP 电话）都支持 DHCP 客户机。这些设备通常使用 DHCP 获得 IP 地址、子网掩码、路由器的 IP 地址、DNS 服务器的 IP 地址。其他服务的相关信息（例如使用 VoIP 的 SIP 服务器）也可通过 DHCP 传输。由于 DHCP 的最初设想是供 IPv4 使用，因此本章中讨论它及其与 IP 的关系时都指的是 IPv4 版本，除非另外加以说明。IPv6 使用的 DHCP 版本是 DHCPv6
234 [RFC3315]，我们将在 6.2.5 节加以讨论，但 IPv6 还支持自己的自动程序来确定配置信息。在一种混合配置模式中，IPv6 自动配置和 DHCPv6 可结合使用。

DHCP 的设计基于一种早期协议——称为 *Internet 引导程序协议*（BOOTP）[RFC0951] [RFC1542]，它目前已过时。BOOTP 为客户提供有限的配置信息，并且没有提供一种机制来支持改变已提供的信息。DHCP 使用*租用*的概念来扩展 BOOTP 模型 [GC89]，并且可提供主机操作所需的所有信息。租用允许客户机使用一个商定的时间来配置信息。客户机可向 DHCP 服务器请求续订租约，并继续操作。在这个意义上，BOOTP 和 DHCP 是向后兼容的，纯 BOOTP 客户端可使用 DHCP 服务器，DHCP 客户端也可使用纯 BOOTP 服务器。因此，BOOTP 和 DHCP 同样使用 UDP/IP（见第 10 章）。客户机使用端口 68，服务器使用端口 67。

DHCP 由两个主要部分组成：地址管理和配置数据交付。地址管理用于 IP 地址的动态分配，并为客户机提供地址租用。配置数据交付包括 DHCP 协议的消息格式和状态机。DHCP 服务器可配置为提供三种地址分配：自动分配、动态分配和手动分配。三者之间的差异是地址分配是否基于客户机的身份，以及该地址是否可撤销或变更。最常用方法是动态分配，客户机从服务器配置的地址池（通常为一个预定义的范围）中获得一个可撤销的 IP 地址。自动分配使用的是相同方法，但地址不可撤销。在手动分配中，DHCP 协议用于传输地址，但地址对于请求的客户机是不变的（即它不是由服务器维护的可分配池的一部分）。在最后一种模式中，DHCP 的作用如同 BOOTP。我们将专注于动态分配，它是最有趣和最常见的情况。

6.2.1 地址池和租用

在动态分配中，DHCP 客户机请求分配一个 IP 地址。服务器从可用的地址池中选择一个地址作为响应。在通常情况下，这个池是专门为 DHCP 用途而分配的一个连续的 IP 地址范围。分配给客户机的地址只在一段特定时间内有效，这段时间称为*租用期*。客户机可使用这个地址直到租用期到期，尽管它能提出延长租用期的要求。在大多数情况下，客户机可在希望延长租用期时续订租约。

租用期是 DHCP 服务器的一个重要配置参数。租用期范围可从几分钟到几天或更长时间（“无限”是可能的，但不推荐这样做，除非是简单的网络）。确定租用期的最佳数值需要对
235 预期客户数、地址池大小和地址稳定性等因素加以权衡。较长的租用期通常会较快耗尽可用的地址池，但能提供更稳定的地址和减小网络开销（因为续租请求较少）。较短的租用期可为其他客户提供可用性更高的地址池，随之而来的是稳定性减小和网络流量负荷增大。常见的默认值包括 12 ~ 24 小时，取决于使用的 DHCP 服务器。例如，微软建议较小的网络采用 8 天，较大的网络采用 16 ~ 24 天。客户机在租用期过半时开始尝试续订租约。

当发送 DHCP 请求时，客户机需要向服务器提供信息。这些信息可包括客户机名称、请求的租用期、已使用或最后使用过的地址副本和其他参数。当服务器接收到这个请求时，它可利用客户机提供的信息（包括 MAC 地址请求），结合其他从外部获得的信息（例如一天的

时间、接收请求的接口)，决定在响应中提供的地址和配置信息。当服务器向客户机提供租用期时，服务器将租用信息保存在持久性存储器中，通常是非易失性内存或磁盘中。如果 DHCP 服务器重新启动并且运行良好，租约将保持完好。

6.2.2 DHCP 和 BOOTP 消息格式

DHCP 扩展了 BOOTP（它是 DHCP 的前身）。DHCP 消息格式的定义采用扩展 BOOTP 的方式，以保持两种协议之间的兼容性，这样即使在没有安装 DHCP 服务器的网络中，BOOTP 客户机仍可使用 DHCP 服务器和 BOOTP 中继代理（见 6.2.6 节）支持 DHCP 服务。消息格式包括一个固定长度的初始部分和一个可变长度的尾部（见图 6-1）。

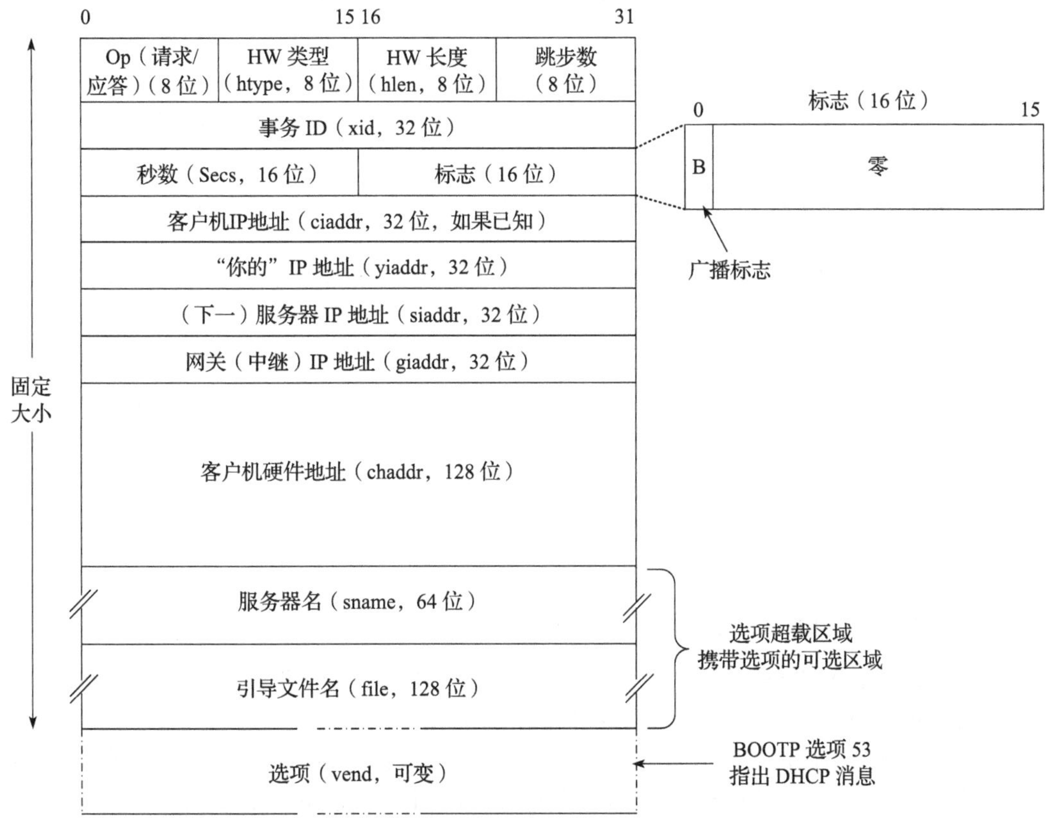

图 6-1 BOOTP 消息格式，包括来自 [RFC0951]、[RFC1542] 和 [RFC2131] 的字段名。BOOTP 消息格式采用适当的分配方案保存 DHCP 消息。通过这种方式，BOOTP 中继代理可处理 DHCP 消息，BOOTP 客户机可使用 DHCP 服务器。如果有必要，服务器名和引导文件名字段可携带 DHCP 选项

图 6-1 所示的消息格式由 BOOTP 和 DHCP 定义在几个 RFC（[RFC0951]、[RFC1542] 和 [RFC2131]）中。Op（操作）字段标识消息是请求（1）或应答（2）。HW 类型（htype）字段的分配基于 ARP（见第 4 章）使用的值，并定义在相应的 IANA ARP 参数页中 [IARP]，最常见的值是 1（以太网）。HW 长度（hlen）字段用于存放硬件（MAC）地址，对于类似以太网的网络，该值通常为 6。跳步字段用于保存消息传输过程中的中继次数。消息发送方将该值设置为 0，并在每次中继时递增。事务 ID 是由客户机选择的一个（随机）数，服务器需要将它复制到响应中。它用于将应答与请求匹配。

秒数（Secs）字段由客户机设置，它是第一次尝试申请或重新申请地址经过的秒数。标志字段当前只包含一个经过定义的位，称为广播标志。客户机可能在请求中设置该位，表示它们不能或不愿处理单播 IP 数据报，但可处理广播数据报（例如，由于它们没有 IP 地址）。通过设置该位通知服务器和中继代理，广播地址可用于响应中。

> **注意** 在 Windows 环境中使用广播标志曾遇到一些困难。Windows XP 和 Windows 7 的 DHCP 客户机不能设置该标志，但 Windows Vista 的客户机可设置它。在实际使用中，有些 DHCP 服务器不能正确处理该标志，这导致在支持 Vista 客户机时出现明显的困难，即使 Vista 实现是 RFC 兼容的。更多信息见 [MKB928233]。

236~237 接下来的四个字段是不同的 IP 地址。客户机 IP 地址（ciaddr）字段包括请求者的 IP 地址（如果已知），否则为 0。“你的”IP 地址（yiaddr）字段由服务器填写，以便向请求者提供服务器地址。下一服务器 IP 地址（siaddr）字段给出下一个服务器的地址，它用于客户机的引导过程（例如，如果客户机需要下载一个可能需要由 DHCP 服务器之外的另一台服务器完成的操作系统镜像）。网关（中继）IP 地址（giaddr）字段由 DHCP 或 BOOTP 中继器填写，它们在转发 DHCP（BOOTP）消息时返回自己的地址。客户机硬件地址（chaddr）字段保存客户机的唯一标识符，并可由服务器以不同方式来使用，包括当某个客户机每次发送地址请求时为其分配相同 IP 地址。这个字段通常保存客户机的 MAC 地址，它被用作一个标识符。目前，客户机标识符（6.2.3 节和 6.2.4 节中描述的选项）是它的首选。

其余字段包括服务器名（sname）和引导文件名（file）字段。这些字段并不是每次都需要填写，它们分别包含 64 字节或 128 字节 ASCII 字符，表示服务器名或启动文件路径。这些字符串以 null 结尾，如同在 C 编程语言中那样。如果空间紧张（见 6.2.3 节），它们可用于保存 DHCP 选项。最后一个字段最初在 BOOTP 中称为供应商扩展字段，其长度固定，现在称为选项字段，但是长度可变。正如我们将要看到的，选项广泛应用于 DHCP 中，以区分 DHCP 消息与传统 BOOTP 消息。

6.2.3 DHCP 和 BOOTP 选项

DHCP 是对 BOOTP 的扩展，DHCP 需要的有些字段 BOOTP 设计之初是不存在的，这些字段可通过选项来携带。选项采用标准格式，开始以 8 位标签表示选项类型。对于有些选项来说，跟在标签后面的固定数量的字节包含选项值。其他选项的标签之后跟着的 1 字节包含选项值长度（不包括标签或长度），紧接着是包含选项值自身的可变数量的字节。

大量选项对于 DHCP 是有效的，其中一些选项也被 BOOTP 支持。当前列表由 BOOTP/DHCP 参数页 [IBDP] 提供。前 77 个选项包括最常见的选项，它们由 [RFC2132] 定义。常见选项包括填充（0）、子网掩码（1）、路由器地址（3）、域名服务器（6）、域名（15）、请求的 IP 地址（50）、地址租用期（51）、DHCP 消息类型（53）、服务器标识符（54）、参数请求列表（55）、DHCP 错误消息（56）、租约更新时间（58）、租约重新绑定时间（59）、客户机标识符（61）、域搜索列表（119）和结束（255）。

DHCP 消息类型选项（53）是 1 字节长的选项，DHCP 消息一定会使用它，它有以下这些可能值：DHCPDISCOVER（1）、DHCPOFFER（2）、DHCPREQUEST（3）、DHCPDECLINE（4）、DHCPACK（5）、DHCPNAK（6）、DHCPRELEASE（7）、DHCPINFORM（8）、DHCPFORCE-
238 RENEW（9）[RFC3203]、DHCPLEASEQUERY（10）、DHCPLEASEUNASSIGNED（11）、DHCPLEASEUNKNOWN（12）和 DHCPLEASEACTIVE（13）。最后四个值由 [RFC4388] 定义。

选项可由 DHCP 消息中的选项字段携带，也可以由前面提到的服务器名和引导文件名字段携带。当选项携带在后两个位置时，称为选项超载，将包含一个特殊的超载选项（52）来表明哪些字段适合携带选项。对于长度超过 255 字节的选项，[RFC3396] 定义了一种特殊的长选项机制。实际上，如果同一选项在同一消息中重复出现多次，它们的内容按出现在消息中的顺序组合，并将结果作为一个选项来处理。如果一个长选项用于表示选项超载，这时的处理顺序是从后向前：选项字段、引导文件名字段和服务器名字段。

选项通常提供相对简单的配置信息，或者支持一些其他协商协议。例如，[RFC2132] 定义了大多数传统配置信息的选项，传统配置信息指的是 TCP/IP 节点所需的信息（地址信息、服务器地址、初始 TTL 值，以及布尔值指定的配置信息，例如启用 IP 转发）。下列规范分别描述了 NetWare 简单配置信息 [RFC2241][RFC2242]、用户类 [RFC3004]、FQDN[RFC4702]、Internet 存储名称服务器（iSNS，用于存储网络）[RFC4174]、广播和组播服务控制器（BCMCS，用于 3G 蜂窝网络）[RFC4280]、时区 [RFC4833]、自动配置 [RFC2563]、子网选择 [RFC3011]、域名服务选择（见第 11 章）[RFC2937] 以及网络接入认证信息承载协议（PANA）服务器（见第 18 章）[RFC5192]。这些选项用于支持后面（6.2.7 节开始介绍）描述的其他协议和功能。

6.2.4 DHCP 协议操作

DHCP 消息是带有一组特殊选项的 BOOTP 消息。当一台新的客户机连接到网络时，它首先发现可用的 DHCP 服务器，以及它们能够提供的地址。然后，它决定使用哪台服务器和哪个地址，并向提供该地址的服务器发送请求（同时将其选择通知所有服务器）。除非服务器在此期间已将该地址分配出去，否则它通过确认将地址分配给请求的客户机。图 6-2 描述了典型的客户机和服务器之间事件的时间序列。

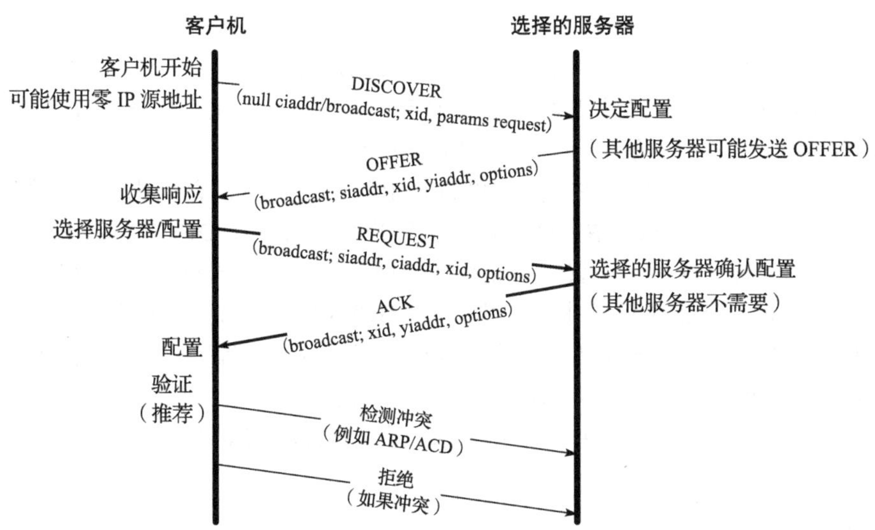

图 6-2 一次典型的 DHCP 交换。客户机通过广播消息发现一组服务器和可提供的地址，它请求自己想获得的地址，并接收到选定服务器的确认。事务 ID（xid）用于将请求和响应匹配，服务器 ID（一个选项）指出哪台服务器提供地址，并承诺将它与客户机绑定。如果客户机知道它想获得的地址，该协议可简化为仅使用 REQUEST 和 ACK 消息

发送请求的客户机将 BOOTP 的 Op 字段设置为 BOOTREQUEST，并将选项字段的前 4 字节分别设置为十进制值 99、130、83 和 99（来自 [RFC2132] 的魔术 cookie 值）。客户机向服务器发送消息，使用 UDP/IP 数据报，其中包含一个 BOOTP 的 BOOTREQUEST 操作和相应的 DHCP 消息类型（通常为 DHCPDISCOVER 或 DHCPREQUEST）。这种消息从地址
239 0.0.0.0（端口 68）发送到受限广播地址 255.255.255.255（端口 67）。其他方向（从服务器到客户机）的消息从服务器 IP 地址和端口 67 发送到本地 IP 广播地址和端口 68（有关 UDP 的详细信息见第 10 章）。

在一次典型的 DHCP 交换中，客户机首先广播一个 DHCPDISCOVER 消息。对于接收到请求的每台服务器，无论是直接接收还是通过中继代理，它们都会响应一个 DHCPOFFER 消息，并在“你的”IP 地址字段中包含提供的 IP 地址。其他配置选项（例如 DNS 服务器的 IP 地址、子网掩码）也经常包括在内。DHCPOFFER 消息中包含*租用时间*（T），它提供了在不更新租约的情况下地址可被租用的时间上限。这个消息还包含*更新时间*（T1），它是客户机从获得租约到尝试要求服务器更新租约的时间，以及*重新绑定时间*（T2），它是客户机尝试要求 DHCP 服务器更新其地址的时间。在默认情况下，T1 =（T/2），T2 =（7T/8）。

当接收到来自一台或多台服务器的 DHCPOFFER 消息后，客户机确定自己想接受哪个 DHCPOFFER，并广播一个包括*服务器标识符*选项的 DHCPREQUEST 消息。*请求的 IP 地址*选项设置为由选中的 DHCPOFFER 消息提供的地址。多台服务器可能接收到
240 广播的 DHCPREQUEST 消息，但只有 DHCPREQUEST 消息中标识的服务器同意将该地址进行绑定；其他服务器清除与该请求相关的状态。在完成绑定后，选中的服务器响应一个 DHCPACK 消息，通知客户机现在可使用该地址。如果服务器无法分配包含在 DHCPREQUEST 消息中的地址（例如，已通过其他方式分配或无法使用），该服务器将会响应一个 DHCPNAK 消息。

当客户机接收 DHCPACK 消息和其他相关的配置信息时，它可探测网络以确保获得的地址未被使用（例如，向该地址发送一个 ARP 请求以执行 ACD，详见第 4 章）。如果客户机确定该地址已被使用，客户机就不使用该地址，并向服务器发送一个 DHCPDECLINE 消息，通知该地址不能使用。在经过默认的 10 秒延时后，客户机可重试。如果一台客户机在租约到期前放弃该地址，它将发送一个 DHCPRELEASE 消息。

在客户机已有一个 IP 地址并希望仅更新其租约的情况下，它可跳过最初的 DHCPDISCOVER/DHCPOFFER 消息。取而代之的是，客户机通过一个 DHCPREQUEST 消息请求当前正在使用的地址。此后，协议工作流程如前面所述：服务器可能同意该请求（通过一个 DHCPACK），也可能拒绝该请求（通过一个 DHCPNAK）。另一种情况，当客户机已有一个地址时，它不需要更新该地址，但需要其他（非地址的）配置信息。在这种情况下，它可使用 DHCPINFORM 消息来代替 DHCPREQUEST 消息，以表明它使用现有地址，但希望获得额外的信息。这种消息导致服务器返回一个 DHCPACK 消息，其中包括请求的额外信息。

6.2.4.1 例子

为了观察 DHCP 的行为，我们查看一台运行微软 Vista 的笔记本电脑连接到一个无线局域网时交换的数据包，该网络由一台基于 Linux 的 DHCP 服务器（与 Windows 7 系统几乎相同）支持。客户机最近使用不同的 IP 前缀来访问不同的无线网络，它现在正连接在新的网络中。由于客户机会记住在之前网络中的地址，它首先尝试通过一个 DHCPREQUEST 消息继

续使用该地址（见图 6-3）。

注意　现在有一个检测网络附件（DNA）的协商过程，分别针对 IPv4[RFC4436] 和 IPv6[RFC6059] 加以规范。这些规范不包含新的协议，而是建议将单播 ARP（针对 IPv4）和单播或多播邻居请求 / 路由器发现消息（针对 IPv6，见第 8 章）相组合，它们可在一台主机切换网络链接时减少获取配置信息的延迟。由于这些规范相对较新（特别是针对 IPv6），因此并非所有系统都实现了它们。 241

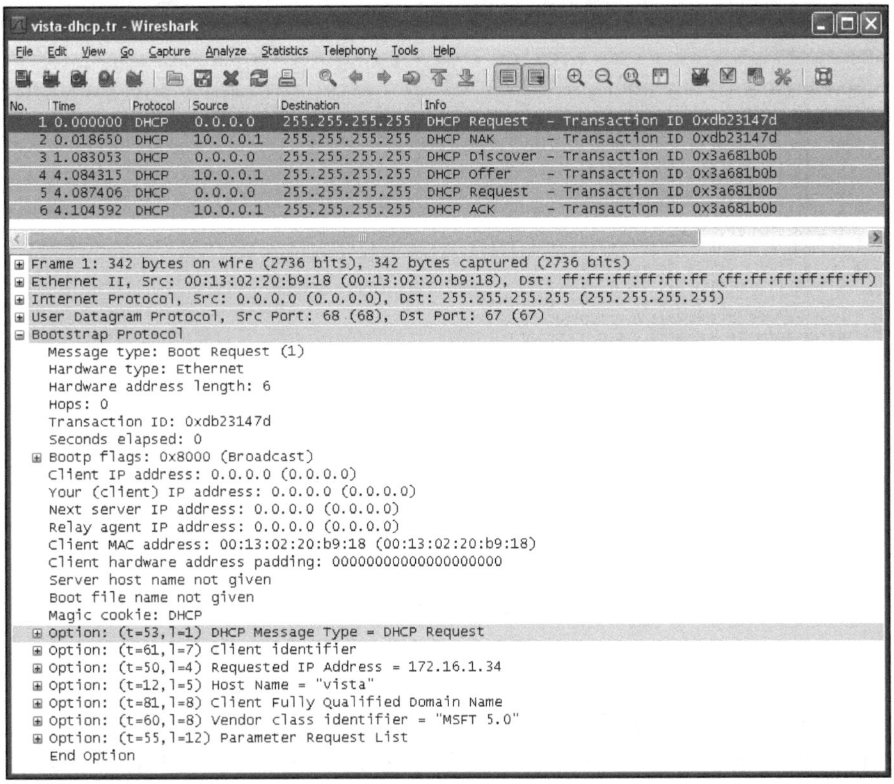

```
vista-dhcp.tr - Wireshark
File  Edit  View  Go  Capture  Analyze  Statistics  Telephony  Tools  Help
No. Time       Protocol Source    Destination      Info
  1 0.000000   DHCP     0.0.0.0   255.255.255.255  DHCP Request  - Transaction ID 0xdb23147d
  2 0.018650   DHCP     10.0.0.1  255.255.255.255  DHCP NAK      - Transaction ID 0xdb23147d
  3 1.083053   DHCP     0.0.0.0   255.255.255.255  DHCP Discover - Transaction ID 0x3a681b0b
  4 4.084315   DHCP     10.0.0.1  255.255.255.255  DHCP Offer    - Transaction ID 0x3a681b0b
  5 4.087406   DHCP     0.0.0.0   255.255.255.255  DHCP Request  - Transaction ID 0x3a681b0b
  6 4.104592   DHCP     10.0.0.1  255.255.255.255  DHCP ACK      - Transaction ID 0x3a681b0b

⊞ Frame 1: 342 bytes on wire (2736 bits), 342 bytes captured (2736 bits)
⊞ Ethernet II, Src: 00:13:02:20:b9:18 (00:13:02:20:b9:18), Dst: ff:ff:ff:ff:ff:ff (ff:ff:ff:ff:ff:ff)
⊞ Internet Protocol, Src: 0.0.0.0 (0.0.0.0), Dst: 255.255.255.255 (255.255.255.255)
⊞ User Datagram Protocol, Src Port: 68 (68), Dst Port: 67 (67)
⊟ Bootstrap Protocol
    Message type: Boot Request (1)
    Hardware type: Ethernet
    Hardware address length: 6
    Hops: 0
    Transaction ID: 0xdb23147d
    Seconds elapsed: 0
  ⊞ Bootp flags: 0x8000 (Broadcast)
    Client IP address: 0.0.0.0 (0.0.0.0)
    Your (client) IP address: 0.0.0.0 (0.0.0.0)
    Next server IP address: 0.0.0.0 (0.0.0.0)
    Relay agent IP address: 0.0.0.0 (0.0.0.0)
    Client MAC address: 00:13:02:20:b9:18 (00:13:02:20:b9:18)
    Client hardware address padding: 00000000000000000000
    Server host name not given
    Boot file name not given
    Magic cookie: DHCP
  ⊞ Option: (t=53,l=1) DHCP Message Type = DHCP Request
  ⊞ Option: (t=61,l=7) Client identifier
  ⊞ Option: (t=50,l=4) Requested IP Address = 172.16.1.34
  ⊞ Option: (t=12,l=5) Host Name = "vista"
  ⊞ Option: (t=81,l=8) Client Fully Qualified Domain Name
  ⊞ Option: (t=60,l=8) Vendor class identifier = "MSFT 5.0"
  ⊞ Option: (t=55,l=12) Parameter Request List
    End Option
```

图 6-3　一台客户机已切换网络，但它尝试通过 DHCPREQUEST 消息向新网络中的 DHCP 服务器请求自己的旧地址 172.16.1.34

在图 6-3 中，我们可看到用链路层广播帧发送的 DHCP 请求（目的地为 ff:ff:ff:ff:ff:ff），它使用未指定的源 IP 地址 0.0.0.0 和受限的广播目的地址 255.255.255.255。由于客户机不知道请求的地址是否成功分配，也不知道它连接的网络所使用的网络前缀，它将不得不使用这些地址。这个消息是由 BOOTP 客户机的端口 68（bootpc）向服务器的端口 67（bootps）发送的 UDP/IP 数据报。当 DHCP 作为 BOOTP 的一部分时，使用的协议是引导程序协议，消息类型是 BOOTREQUEST（1），硬件类型设置为 1（以太网），地址长度为 6 字节。事务 ID 为 0xdb23147d，它是由客户机选择的一个随机数。这个消息中设置了 BOOTP 广播标志，意味着该消息的响应通过广播地址发送。请求的地址 172.16.1.34 包含在几个选项之一中。我们将在 6.2.9 节详细介绍 DHCP 消息中出现的选项类型。 242

附近的 DHCP 服务器会接收到客户机的 DHCPREQUEST 消息，其中包括请求的 IP 地址 172.16.1.34。但是，服务器无法分配这个地址，这是由于 172.16.1.34 不在当前网络中。因此，服务器将会发送一个 DHCPNAK 消息，拒绝客户机的请求（见图 6-4）。

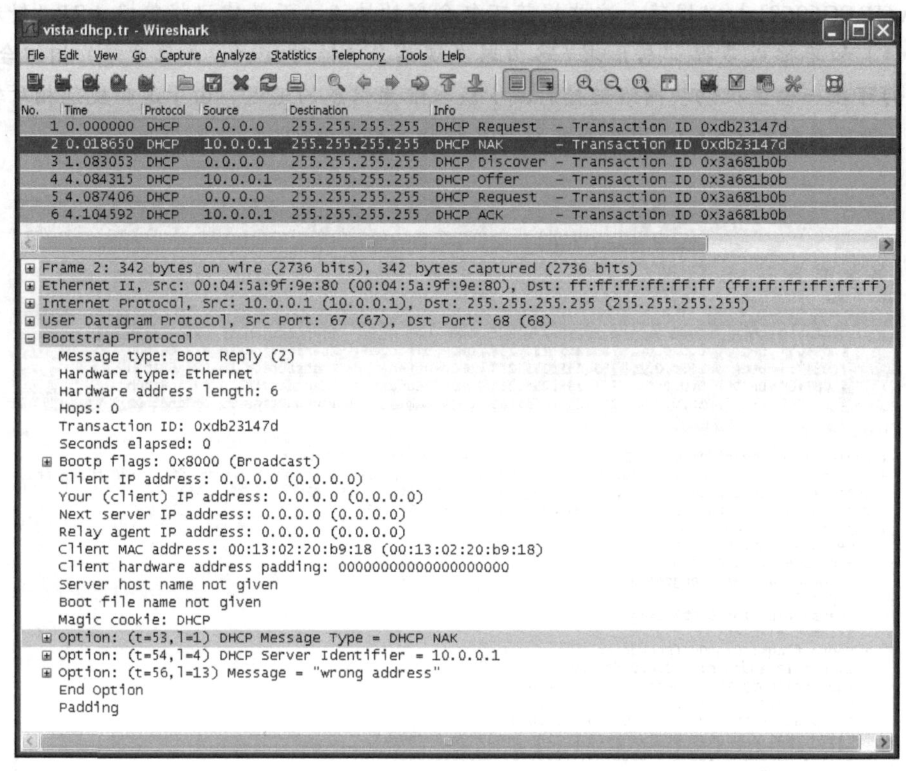

图 6-4 DHCP 服务器发送一个 DHCPNAK 消息，表示客户机不应尝试使用 IP 地址 172.16.1.34。事务 ID 使客户机知道该消息对应的地址请求

图 6-4 所示的 DHCPNAK 消息是服务器发送的一个广播 BOOTP 响应。它包括 DHCPNAK 消息类型、与客户机请求匹配的事务 ID、包含 10.0.0.1 的服务器标识符选项、客户机标识符（在这种情况下是 MAC 地址）的副本，以及一个表示错误类型的文本字符串“wrong address”。此后，客户机不再使用旧地址 172.16.1.34，而是通过一个
243 DHCPDISCOVER 消息（见图 6-5）重新寻找它能找到的服务器和地址。

客户机发送的 DHCPDISCOVER 消息如图 6-5 所示，它与 DHCPREQUEST 消息相似，包括之前使用的已请求的 IP 地址（它没有任何其他要请求的地址），但包含了更丰富的选项和一个新的事务 ID（0x3a681b0b）。除了客户机 MAC 地址出现在*客户机硬件地址*（chaddr）字段中，大多数主要的 BOOTP 字段保留空并设置为 0。注意，这个地址如预期那样与以太网帧的源 MAC 地址匹配，这是由于分组并不通过 BOOTP 中继代理来转发。DISCOVER 消息的其他部分包含 8 个选项，其中大部分在图 6-6 的屏幕截图中展开了，因此我们可看到多个选项的子类型。

图 6-6 给出了 BOOTP 请求消息中包含的选项。第一个选项表示该消息是一个 DHCPDISCOVER 消息。第二个选项表示客户机是否采用*地址自动配置* [RFC2563]（见 6.3 节）。如果不能通过 DHCP 获取地址，则允许它自己决定是否作为 DHCP 服务器使用。

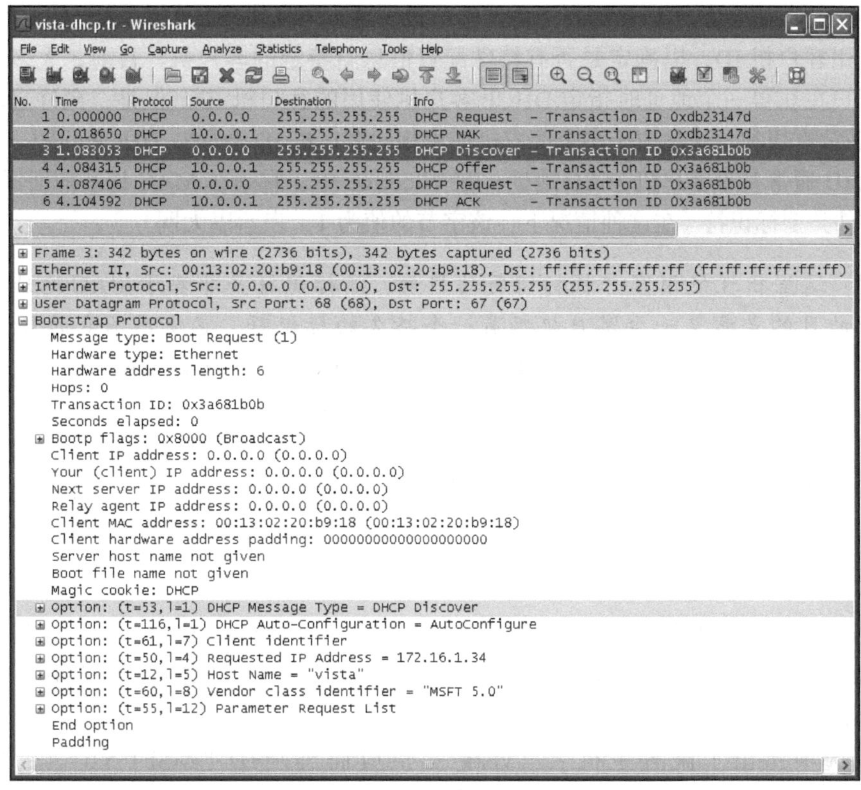

图 6-5　DHCPDISCOVER 消息表明在之前的 DHCPREQUEST 消息失败后，客户机正在重新尝试获得一个地址 244

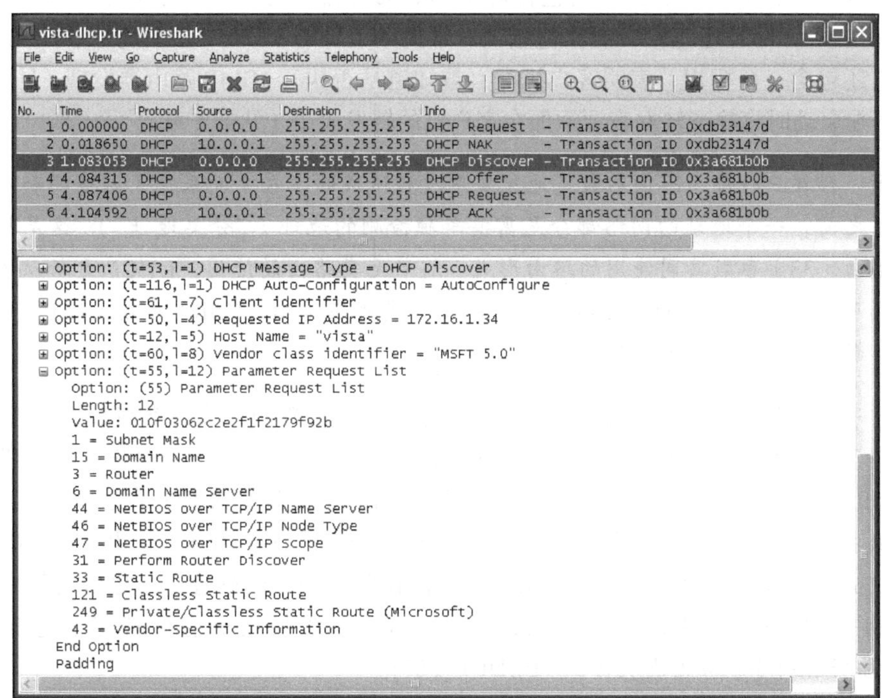

图 6-6　DHCPDISCOVER 消息可能包含丰富的参数请求，说明客户机需要哪些配置信息

下一个选项表示客户机标识符（ID）选项设置为0100130220B918（未显示）。DHCP服务器可使用客户机ID，以确定是否有特殊配置信息给特定的客户机。目前，大多数操作系统允许用户在获得一个地址时指定DHCP客户机使用的客户机ID。但是，允许自动选择客户机ID通常更便利，这是由于多个客户机使用相同客户机ID会导致DHCP问题。自动选择的客户机ID通常基于客户机MAC地址。在Windows中，它是在MAC地址前面添加一个1字节的硬件类型标识符（在这种情况下，该字节的值为1，表示以太网）。

注意 这里出现使用客户机标识符的举动，该标识符并非基于MAC地址。这样做的目的是希望一台客户机拥有一个持久的标识符，它使用不变的IPv4或IPv6地址，即使系统中的网络接口硬件改变（通常会导致其MAC地址改变）。
245 [RFC4361]指定了用于IPv4节点的标识符，它使用一种最初为IPv6定义的方案。它涉及使用DHCP唯一标识符（DUID）和身份关联标识符（IAID），它们是为DHCPv6[RFC3315]（见6.2.5.3节和6.2.5.4节）定义的，但可用于传统DHCPv4中。它不支持在DHCP消息中使用客户机硬件地址（chaddr）字段。但是，这种方案还没有被广泛应用。

下一个（请求的IP地址）选项表示客户机请求的IP地址为172.16.1.34。这是它在以前的无线网络中使用的IP地址。正如前面所述，这个地址在新的网络中无法使用，这是由于它使用了不同的网络前缀。

其他选项指出了配置主机名“vista”、供应商类别ID“MSFT 5.0”（由Microsoft Windows 2000及更高版本系统使用）和一个参数请求列表。参数请求列表选项为DHCP服务器提供客户机请求的配置信息。它包含一个由多个字节组成的字符串，每个字节表示一个特定的选项号。我们可以看到，它包含传统Internet信息（子网掩码、域名、DNS服务器、默认的路由器），而且还包含一些其他选项，常见的是针对Microsoft系统（即NetBIOS）的选项。它还包含一个标识，表明客户机有兴趣知道是否执行ICMP路由器发现（见第8章），以及是否在启动时将静态转发表项添加在客户机的转发表中（见第5章）。

注意 存在三种静态路由参数是地址发展过程造成的。在全面采用子网掩码和网络前缀之前，一个地址的网络部分是需要单独检测的地址（“分类地址”），这是与静态路由（33）参数共同使用的路由形式。随着无类路由的使用，DHCP更新以保持掩码可用，这导致了[RFC3442]定义的无分类静态路由（CSR）参数（121）的出现。微软的改进方案（使用代码249）与之相似。

最后一个参数（43）是针对特定供应商的信息。它通常与供应商类别标识符选项（60）共同使用，以便允许客户机接收非标准的信息。其他方案结合供应商身份与特定供应商信息[RFC3925]，提供一种由供应商提供特定信息的方法（即使只有一台客户机）。在采用Microsoft系统的情况下，特定供应商信息用于选择使用的NetBIOS，指出一个DHCP租约是否在关机时释放，以及如何衡量一条默认路由在转发表中的处理。它也可用于Microsoft网络访问保护（NAP）系统[MS-DHCPN]。Mac OS系统使用供应商特定信息支持苹果
246 NetBoot服务和引导服务器发现协议（BSDP）[F07]。

在接收一个DHCPDISCOVER消息后，DHCP服务器会响应一个IP地址、租约和其他

配置信息的确认，它们包含在一个 DHCPOFFER 消息中。在图 6-7 所示的例子中只有一台 DHCP 服务器（它也是路由器和 DNS 服务器）。

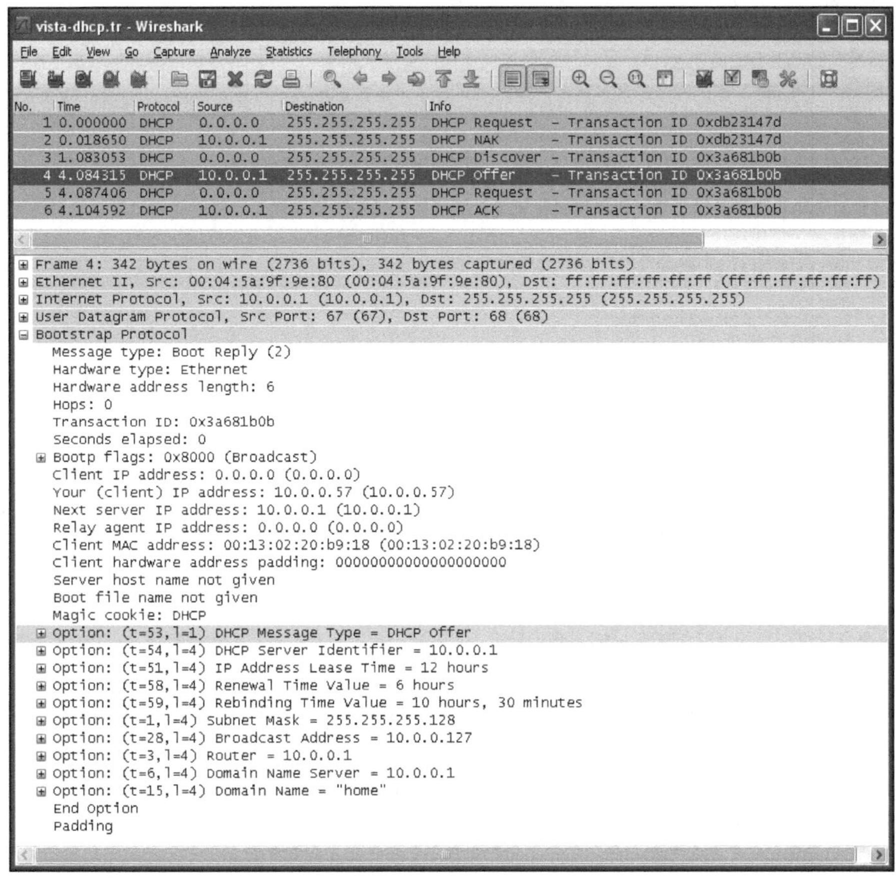

图 6-7 10.0.0.1 的 DHCP 服务器发送的 DHCPOFFER 提供有效期长达 12 小时的 IP 地址 10.0.0.57。其他信息包括 DNS 服务器地址、域名、默认路由器的 IP 地址、子网掩码和广播地址。在这个例子中，该系统是 IP 地址为 10.0.0.1 的默认路由器、DHCP 服务器和 DNS 服务器

在图 6-7 所示的 DHCPOFFER 消息中，我们再次看到消息格式中包含 BOOTP 部分，以及一组涉及 DHCP 地址处理的选项。BOOTP 消息类型是 BOOTREPLY。由服务器提供的客户机 IP 地址为 10.0.0.57，它位于“你的”[客户机] IP 地址字段中。注意，该地址不匹配 247
DHCPDISCOVER 消息中包含的请求值 172.16.1.34，这是由于 172.16/12 前缀不能用于该本地网络中。

包含在这组选项中的其他信息包括服务器的 IP 地址（10.0.0.1）、提供的 IP 地址的租用期（12 小时）、T1（更新）和 T2（重新绑定）的超时时间（分别为 6h 和 10.5h）。另外，服务器向客户机提供了子网掩码（255.255.255.128）、正确的广播地址（10.0.0.127）、默认路由器和 DNS 服务器（均为 10.0.0.1，与 DHCP 服务器一样）和默认域名“home”。该域名在格式上不是标准的，并且不能用于专用网络之外。这个例子是一个家庭网络，采用作者常用的 <name>.home 格式的机器名。当客户机接收到一个 DHCPOFFER 消息，并决定租用服务器提供的 IP 地址 10.0.0.57，它会发送第二个 DHCPREQUEST 消息（见图 6-8）。

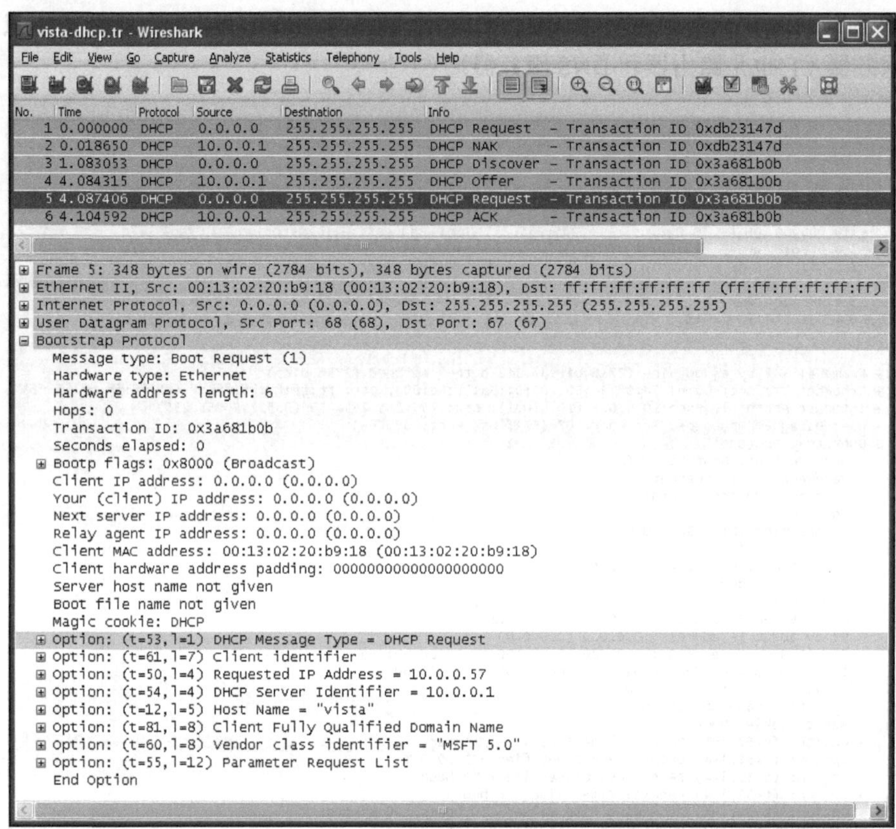

图 6-8　第二个 DHCPREQUEST 表示客户机希望使用 IP 地址 10.0.0.57。该消息通过广播地址来发送，并在服务器标识符选项中包含地址 10.0.0.1。这样任何其他服务器都可以接收广播，并且知道
248 客户机选择的 DHCP 服务器和地址

图 6-8 所示的第二个 DHCPREQUEST 消息与 DHCPDISCOVER 消息类似，除了请求的 IP 地址现在设置为 10.0.0.57，DHCP 消息类型设置为 DHCPREQUEST，DHCP 自动配置选项不存在，服务器标识符选项现在已填充了服务器地址（10.0.0.1）。注意，与 DHCPDISCOVER 消息相似，这个消息采用广播方式发送，因此本地网络中的任何服务器或客户机都能接收它。服务器标识符选项字段用于避免未选中的服务器提交地址绑定。当选中的服务器接收到 DHCPREQUEST 并同意绑定，它通常使用一个 DHCPACK 消息来响应，如图 6-9 所示。

图 6-9 所示的 DHCPACK 消息与前面的 DHCPOFFER 消息非常相似。但是，客户机的 FQDN 选项现在包括在内。在这种情况下（未显示），它被设置为 vista.home。此后，客户机免费使用地址 10.0.0.57，直到 DHCP 服务器失效为止。目前，建议使用 ACD（在第 4 章中描述）技术，以确保地址不被其他主机使用。

当一个系统启动或连接到一个新的网络时，这个例子中交换的 DHCP 消息是典型的。它也可能导致一个系统手工释放或获得 DHCP 配置消息。例如，在 Windows 中，以下命令将释放使用 DHCP 获得的数据：

```
C:\> ipconfig /release
```

下面的命令将获得数据：

```
C:\> ipconfig /renew
```

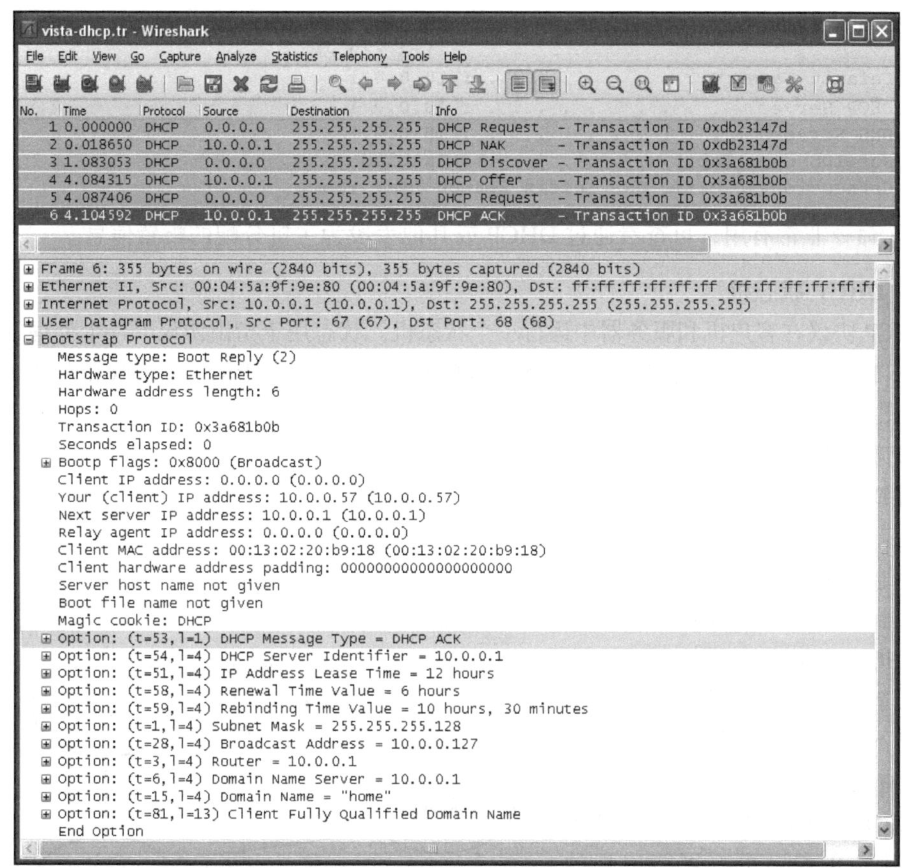

图 6-9　DHCPACK 消息为客户机（和其他服务器）分配地址 10.0.0.57，其有效期长达 12 小时

在 Linux 中，以下命令可获得同样结果：

```
Linux# dhclient -r
```

用于释放一个租约，以及

```
Linux# dhclient
```

用于更新一个租约。

通过 DHCP 获得并分配给本地系统的信息类型，可在 Windows 中通过一个 ipconfig 命令的选项来查看。下面是来自该命令的一段输出：

```
C:\> ipconfig /all
...
Wireless LAN adapter Wireless Network Connection:

   Connection-specific DNS Suffix  . : home
   Description . . . . . . . . . . . : Intel(R) PRO/Wireless 3945ABG
                                       Network Connection
   Physical Address. . . . . . . . . : 00-13-02-20-B9-18
   DHCP Enabled. . . . . . . . . . . : Yes
   Autoconfiguration Enabled . . . . : Yes
   IPv4 Address. . . . . . . . . . . : 10.0.0.57(Preferred)
   Subnet Mask . . . . . . . . . . . : 255.255.255.128
   Lease Obtained. . . . . . . . . . : Sunday, December 21, 2008
                                       11:31:48 PM
```

249~250

```
Lease Expires . . . . . . . . . . : Monday, December 22, 2008
                                    11:31:40 AM
Default Gateway . . . . . . . . . : 10.0.0.1
DHCP Server . . . . . . . . . . . : 10.0.0.1
DNS Servers . . . . . . . . . . . : 10.0.0.1
NetBIOS over Tcpip. . . . . . . . : Enabled
Connection-specific DNS Suffix Search List :home
```

这个命令非常有用，可查看通过 DHCP 或其他手段为主机分配的配置信息。

6.2.4.2 DHCP 状态机

DHCP 协议在客户机和服务器中运行一个状态机。状态用于指出协议下一个处理的消息类型。图 6-10 描述了客户机的状态机。状态之间的转换（箭头）源于消息的接收和发送或超时。

如图 6-10 所示，客户机开始于 INIT（初始）状态，这时没有信息，并广播 DHCPDISCOVER 消息。在选择状态时，它接收 DHCPOFFER 消息，直到决定自己使用哪个地址和服务器。当它做出选择时，通过一个 DHCPREQUEST 消息来响应，并进入请求状态。这时，它可能接收来自不需要的地址的 ACK。如果它没有发现需要的地址，发送一个 DHCPDECLINE 消息，并转换到 INIT 状态。但是，更有可能出现的情况是，它接收到一个自己需要的地址的 DHCPACK 消息，接受它，获得超时值 T1 和 T2，并进入绑定状态，这时就能使用这个地址直至到期。当第一个计时器（T1）到期时，客户机进入更新状态并尝试重新建立租约。如果它接收到一个新的 DHCPACK（客户机进入绑定状态），这个过程成功。如果不成功，T2 最终到期，并导致客户机尝试从任意服务器重新获得一个地址。如果租用期最终到期，客户机必须放弃所租用的地址，如果没有可选的地址或可用的网络连接，这时它将断开网络连接。

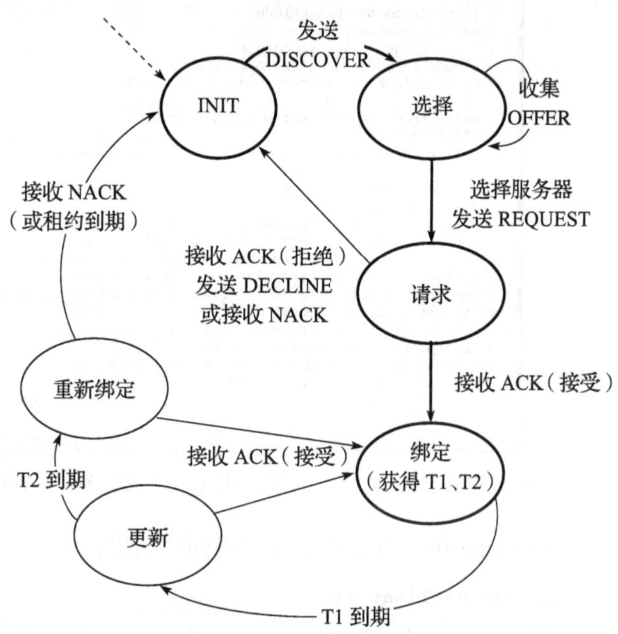

图 6-10　DHCP 客户机的状态机。粗体的状态和转换通常涉及客户机首次获得租用地址。虚线和 INIT 状态表示协议开始

6.2.5 DHCPv6

虽然 IPv4 和 IPv6 的 DHCP 协议希望实现类似目标，但它们各自的协议设计和部署选项不同。DHCPv6[RFC3315] 可使用一种“有状态”模式，其工作原理非常像 DHCPv4，它也可以使用一种“无状态”模式，并结合无状态地址自动配置（见 6.3 节）。在无状态模式下，IPv6 客户机认为自己能配置 IPv6 地址，但需要通过 DHCPv6 获得额外信息（例如 DNS 服务器地址）。另一种选择可使用 ICMPv6 路由器通告消息（见第 8 章、第 11 章和 [RFC6106]）

获得一台 DNS 服务器的位置。

6.2.5.1 IPv6 地址生命周期

IPv6 主机的每个接口通常拥有多个地址，并且每个地址都拥有一组计时器，以指出相应地址可使用多长时间和用于什么目的。在 IPv6 中，地址分配包含一个*首选生命周期*和一个*有效生命周期*。这些生命周期用于判断超时，将地址在自己的状态机中从一种状态转换为另一种状态（见图 6-11）。

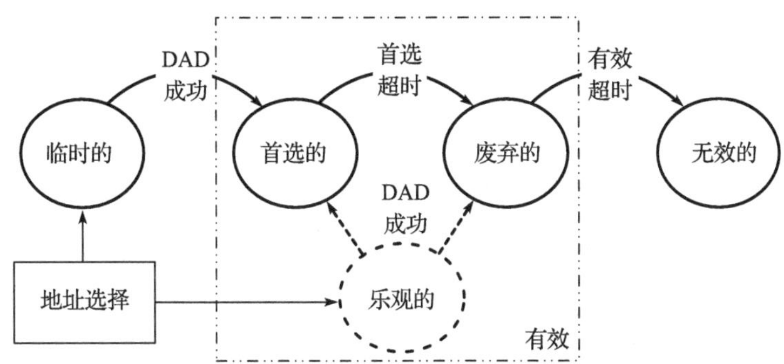

图 6-11 IPv6 地址的生命周期。临时地址仅用于 DAD，直至被验证为唯一。此后，它们成为首选地址，并可无限制地使用，直至超时将其状态更改为废弃。废弃地址不能用于初始化新连接，并且可能在有效超时期满后不能使用 251～252

图 6-11 给出了一个 IPv6 地址的生命周期。当一个地址处于首选状态时，它可用于一般用途，并可作为源或目的 IPv6 地址。当首选状态的超时到达时，相应的首选地址将废弃。当该地址处于废弃状态时，它仍可用于现有传输（例如 TCP）连接，但不能用于启动新的连接。

当一个地址第一次被选择使用时，它进入一个*临时*或*乐观*状态。在处于临时状态时，它可能仅用于 IPv6 邻居发现协议（见第 8 章）。这时，它不可用作任何其他目的的源或目的地址。同时，该状态的地址要检测重复，看看同一网络中的其他节点是否已使用该地址。这个过程称为*重复地址检测*（DAD），我们将在 6.3.2.1 节详细介绍。常规 DAD 的替代方案称为*乐观* DAD[RFC4429]，通过它选择的地址可用于一组有限的用途，直至 DAD 完成。因为一个乐观状态的地址实际上仅是针对 DAD 的一组特殊规则，它不是一个真正完整的状态。乐观地址对大多数目的而言是废弃的。特别是，一个地址可能同时是乐观的和废弃的，这取决于首选和有效生命周期。

6.2.5.2 DHCPv6 消息格式

DHCPv6 消息封装为 UDP/IPv6 数据报，它使用客户机端口 546 和服务器端口 547（见第 10 章）。消息发送到中继代理或服务器，它使用一台主机的链路范围的源地址。这里存在两种消息格式，一种用于客户机与服务器之间，另一种用于中继代理（见图 6-12）。 253

图 6-12 左侧给出了基本 DHCPv6 消息格式，右侧给出了一种扩展版本，其中包括*链路地址*和*对等方地址*字段。右侧的格式用于 DHCPv6 中继代理和 DHCPv6 服务器之间。*链路地址*字段给出了全局 IPv6 地址，服务器用它标识客户机所处的链路。*对等方地址*字段包含中继代理地址或客户机地址（要中继的消息来自该客户机）。注意，中继过程可能是链状的，某个中继可能转发来自其他中继的消息。6.2.6 节中描述了针对 DHCPv4 和 DHCPv6 的中继。

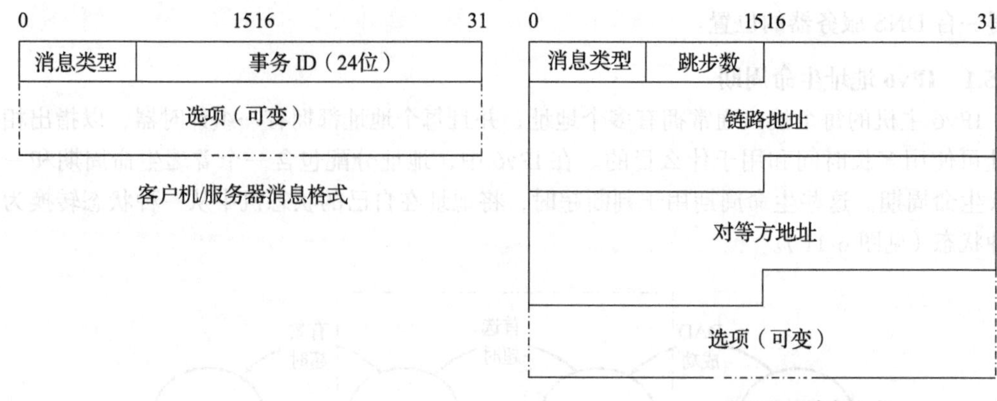

图 6-12　基本 DHCPv6 消息格式（左）和中继代理消息格式（右）。在 DHCPv6 中，最有意义的信息携带在选项中

左侧的消息格式中的消息类型包括典型的 DHCP 消息（REQUEST、REPLY 等），右侧的消息格式中的消息类型包括 RELAY-FORW 和 RELAY-REPL，分别表示从中继代理转发和目的地是中继代理的消息。右侧的选项字段包括一个中继消息选项，其中包含中继转发的完整消息。其他选项也可包含在内。

DHCPv4 和 DHCPv6 之间的区别之一是 DHCPv6 使用 IPv6 组播地址的方式。客户机将请求发送到所有 DHCP 中继代理和服务器的组播地址（ff02::1:2）。源地址在链路本地范围。在 IPv6 中，没有保留 BOOTP 消息格式。但是，这个消息的语义类似。表 6-1 给出了 DHCPv6 的消息类型、取值和定义它的 RFC，以及针对 DHCPv4 的同类消息和定义它的 RFC。

表 6-1　DHCPv6 消息的类型、值和标准。右侧给出了针对 DHCPv4 的同类消息

DHCPv6 消息	DHCPv6 值	参考文献	DHCPv4 消息	参考文献
SOLICIT	1	[RFC3315]	DISCOVER	[RFC2132]
ADVERTISE	2	[RFC3315]	OFFER	[RFC2132]
REQUEST	3	[RFC3315]	REQUEST	[RFC2132]
CONFIRM	4	[RFC3315]	REQUEST	[RFC2132]
RENEW	5	[RFC3315]	REQUEST	[RFC2132]
REBIND	6	[RFC3315]	DISCOVER	[RFC2132]
REPLY	7	[RFC3315]	ACK/NAK	[RFC2132]
RELEASE	8	[RFC3315]	RELEASE	[RFC2132]
254 DECLINE	9	[RFC3315]	DECLINE	[RFC2132]
RECONFIGURE	10	[RFC3315]	FORCERENEW	[RFC3203]
INFORMATION-REQUEST	11	[RFC3315]	INFORM	[RFC2132]
RELAY-FORW	12	[RFC3315]	N/A	
RELAY-REPL	13	[RFC3315]	N/A	
LEASEQUERY	14	[RFC5007]	LEASEQUERY	[RFC4388]
LEASEQUERY-REPLY	15	[RFC5007]	LEASE{UNASSIGNED, UNKNOWN, ACTIVE}	[RFC4388]
LEASEQUERY-DONE	16	[RFC5460]	LEASEQUERYDONE	[ID4LQ]
LEASEQUERY-DATA	17	[RFC5460]	N/A	N/A
N/A	N/A	N/A	BULKLEASEQUERY	[ID4LQ]

在 DHCPv6 中，最有意义的信息携带在选项中，包括地址、租用时间、服务位置，以及客户端标识符和服务器标识符。这些选项使用的两个重要概念是身份关联（IA）和 DHCP 唯一标识符（DUID）。我们将在后面加以讨论。

6.2.5.3 身份关联

身份关联（IA）是用在 DHCP 客户机和服务器之间的一个标识符，用于指向一个地址集。每个 IA 包括一个 IA 标识符（IAID）和相关配置信息。每个请求 DHCPv6 分配地址的客户机接口至少需要一个 IA。每个 IA 可以仅与一个接口相关联。客户机选择的 IAID 唯一地标识每个 IA，并将这个值与服务器共享。

IA 相关的配置信息包括一个或多个地址，以及相关的租约信息（T1、T2 和总的租用时间值）。IA 的每个地址都有一个首选的和一个有效的生命周期 [RFC4862]，它定义了地址的整个生命周期。请求的地址类型可以是常规地址或临时地址 [RFC4941]。临时地址由随机数的一部分派生而来，用于协助改善 IPv6 主机地址跟踪的隐私问题。临时地址通常与非临时地址同时分配，但需要频繁使用不同的随机数重新生成。

当服务器响应一个请求时，它为客户机的 IA 分配一个或多个地址，分配时基于服务器管理员确定的一组地址分配策略。在通常情况下，这些策略依赖于请求所到达的链路、客 255
户机的标准信息（见 6.2.5.4 节的 DUID），以及 DHCP 选项中由客户机提供的其他信息。图 6-13 给出了非临时地址和临时地址的 IA 选项格式。

0 1516 31

OPTION_IA_NA	选项长度
IAID（4 字节）	
T1	
T2	
IA_NA 选项（可变）	

针对非临时地址选项的 IA

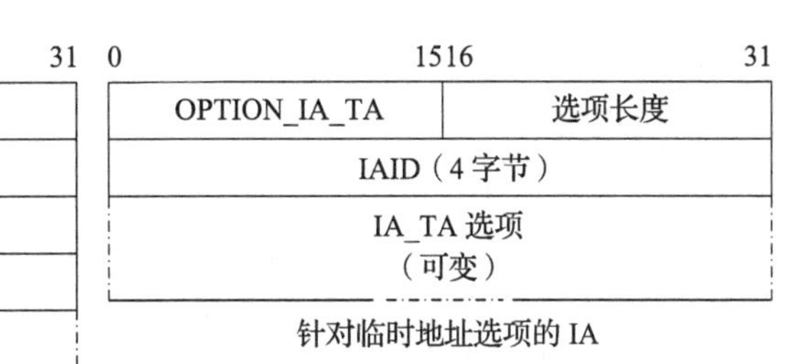

图 6-13 非临时地址（左）和临时地址（右）的 DHCPv6 IA 格式。每个选项可能包括额外的选项，以便描述特定 IPv6 地址和相应的租约

如图 6-13 所示，对于非临时地址和临时地址的 IA 选项，主要区别是非临时地址包括 T1 和 T2 值。这些值是已知的，它们也是 DHCPv4 使用的值。对于临时地址，可能缺少 T1 和 T2，因为生命周期通常基于分配给非临时地址的 T1 和 T2 值确定，这些值之前是已知的。[RFC4941] 给出了临时地址的细节。

6.2.5.4 DHCP 唯一标识符

DHCP 唯一标识符（DUID）用于标识一台 DHCPv6 客户机或服务器，并被设计为可持续一段时间。服务器用它标识所选地址（作为 IA 的一部分）对应的客户机和配置信息，客户机用它标识感兴趣的服务器。DUID 长度是可变的，对于大多数用途来说，客户机和服务器将它看作一个不透明的值。

DUID 是全球唯一的，但它很容易生成。为了同时满足这些关系，[RFC3315] 定义了三种可能的DUID类型，但也不是只能创建这三种类型。三种DUID类型如下：

1）DUID-LLT：基于链路层地址和时间的DUID。

2）DUID-EN：基于企业编号和供应商分配的DUID。

256 3）DUID-LL：仅基于链路层地址的DUID。

一个标准格式的DUID编码开始于一个2字节的标识符，用于指出是哪种类型的DUID。当前列表由IANA维护 [ID6PARAM]。在DUID-LLT和DUID-LL中，紧跟着是一个来自 [RFC0826] 的16位的硬件类型；在DUID-EN中，则是一个32位的专用企业编号。

注意 专用企业编号（PEN）是一个32位的值，它由IANA分配给一个企业。它通常与SNMP协议共同用于网络管理目的。到2011年中期，已分配大约38 000个编号。当前列表可从IANA获得 [IEPARAM]。

第一种格式的DUID（即DUID-LLT）是推荐的格式。在硬件类型之后，它包括一个32位的时间戳，其中的秒数开始于2000年1月1日午夜（UTC）(mod 2^{32})。它将在2136年归零（返回0）。最后部分是一个可变长度的链路层地址。链路层地址可由任何主机接口选择，并使用相同的DUID，一旦选定，它可用于与任何接口的通信。这种格式的DUID是稳定的，即使网络接口从该DUID中移除。因此，它需要主机系统固定存储相关信息。DUID-LL格式非常相似，但推荐给缺少固定存储（但有一个固定的链路层地址）的系统。RFC指出DUID-LL不能用于某些客户机或服务器，它们不能确定自己使用的链路层地址是否与一个可删除的接口有关。

6.2.5.5 协议操作

DHCPv6协议操作与DHCPv4的对应部分相似。一台客户机是否启用DHCP，取决于这台主机接收的ICMPv6路由器通告消息中的配置选项（见第8章）。路由器通告包括两个重要的位字段。M位是可管理地址配置标志，表示IPv6地址可使用DHCPv6获得。O位是其他配置标志，表示IPv6地址之外的其他信息可使用DHCPv6获得。这两个字段和其他字段定义在 [RFC5175] 中。M和O位字段可以任意组合，但M启用和O关闭可能是最不实用的组合。如果两者都关闭，则不使用DHCPv6，并在分配地址时使用无状态地址自动分配（见6.3节）。M关闭和O启用表示客户机使用无状态DHCPv6，并使用无状态地址自动配置获得地址。DHCPv6协议操作使用表6-1定义的消息，如图6-14所示。

在通常情况下，一台客户机首先确定使用的链路本地地址，然后执行ICMPv6路由器发现操作（见第8章），以确定所在网络中是否存在一台路由器。路由器通告包括前面
257 提到的M和O位字段。如果正在使用DHCPv6，则至少设置M位字段，并且由客户机来组播（见第9章）DHCPSOLICIT消息，以便发现DHCPv6服务器。如果存在一个或多个DHCPADVERTISE响应消息，表示至少存在一台DHCPv6服务器。这些消息由2次称为四消息交换的DHCPv6操作构成。

在已知一台DHCPv6服务器位置，或不需要分配地址（例如无状态DHCPv6或使用快速确认选项，见6.2.9节）的情况下，“四消息交换”可简化为“两消息交换”，在这种情况下只使用请求和应答消息。DHCPv6服务器确认DUID、IA类型（临时、非临时或前缀，见6.2.5.3节）和IAID结合而成的绑定。IAID是由客户机选择的一个32位数字。每个绑定可以有一个或多个租约，一个或多个绑定可通过一个DHCPv6事务来处理。

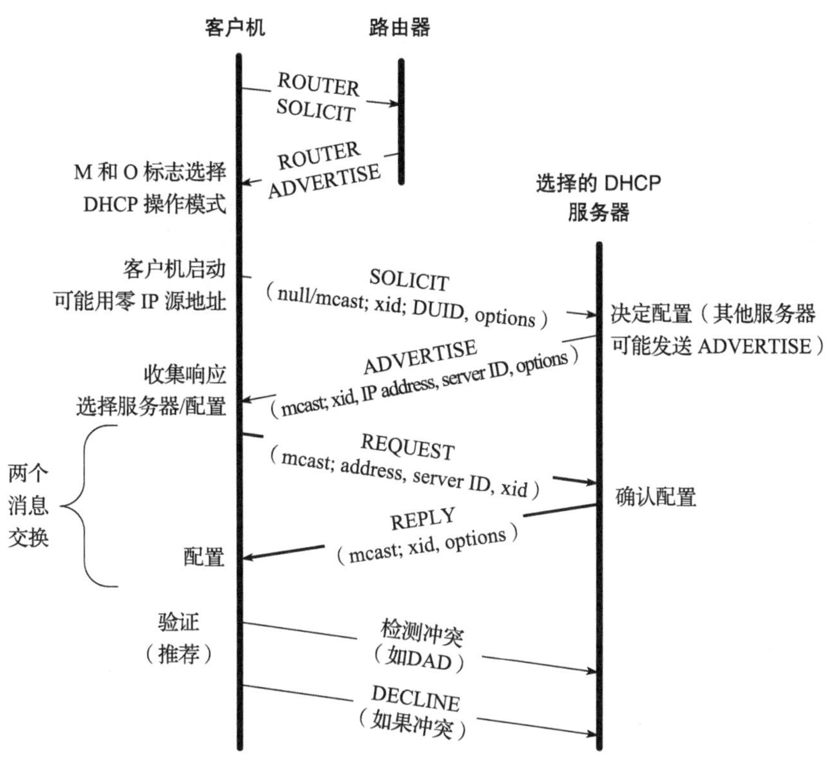

图 6-14 DHCPv6 的基本操作。客户机通过 ICMPv6 路由器通告中的信息决定是否使用 DHCPv6。如果使用，DHCPv6 操作与 DHCPv4 相似，但在细节上有显著不同

6.2.5.6 扩展的例子

图 6-15 给出了一个例子，一台 Windows Vista（Service Pack 1）机器连接到一个无线网络。它的 IPv4 协议栈已被禁用。它首先分配自己的链路本地地址，并检查该地址是否已被使用。 258

在图 6-15 中，我们看到 ICMPv6 邻居请求（DAD）为客户机分配的乐观地址为 fe80::fd26:de93:5ab7:405a。（我们在 6.3.2.1 节讨论无状态地址自动配置时，详细描述了 DAD。）分组发送到对应的目的节点地址 ff02::1:ffb7:405a。它乐观地假设该地址没有在链路上使用，因此它立即发送一个路由器请求（RS）（见图 6-16）。

图 6-16 中所示的 RS 发送到所有路由器的组播地址 ff02::2。这导致网络中的每台路由器都响应一个路由器通告（RA），其中携带重要的 M 位和 O 位，客户需要通过它们来决定下一步怎样做。

注意 这个例子显示了从乐观地址发送的一个路由器请求，其中包括一个源链路层地址选项（SLLAO），这违反了 [RFC4429] 中的规定。这里的问题是对任何处于侦听状态的 IPv6 路由器邻居缓存的潜在污染。它们将处理这个选项，并在自己的邻居缓存中建立临时地址和链路层地址之间的映射，这可能重复。但是，这种情况通常很少发生，并且不怎么被关注。尽管如此，如果待定的“乐观”选项 [IDDN] 是标准的，将允许路由器请求包含一个用于避免此问题的 SLLAO。

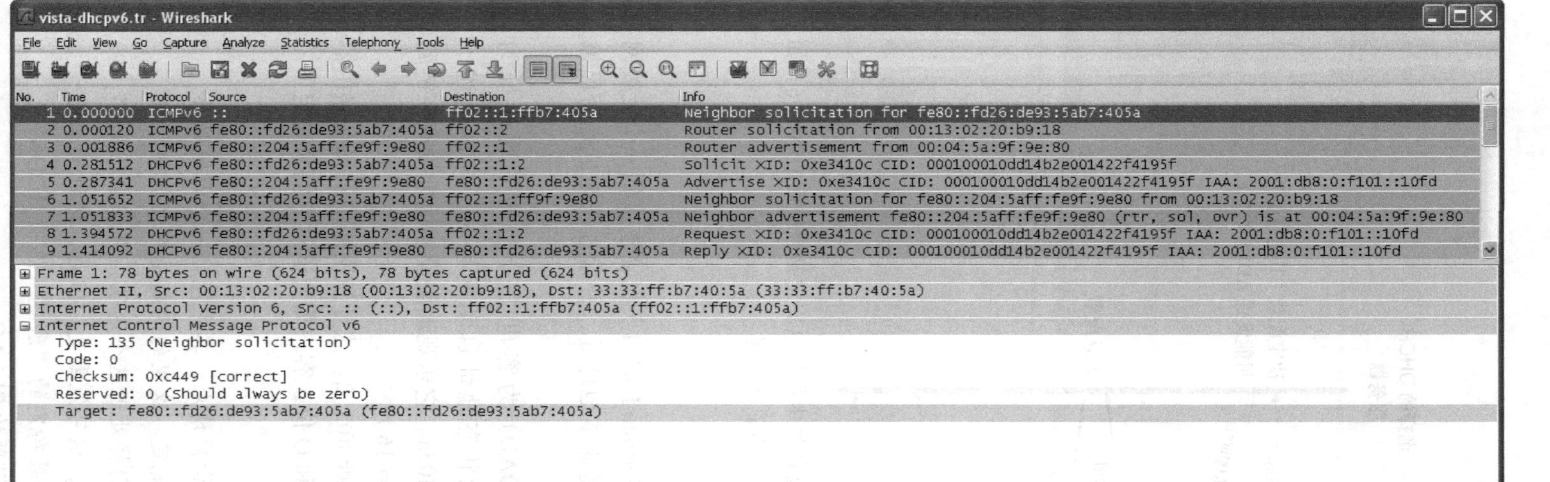

图 6-15 客户机系统链路本地地址的 DAD 是一个对自己 IPv6 地址的邻居请求

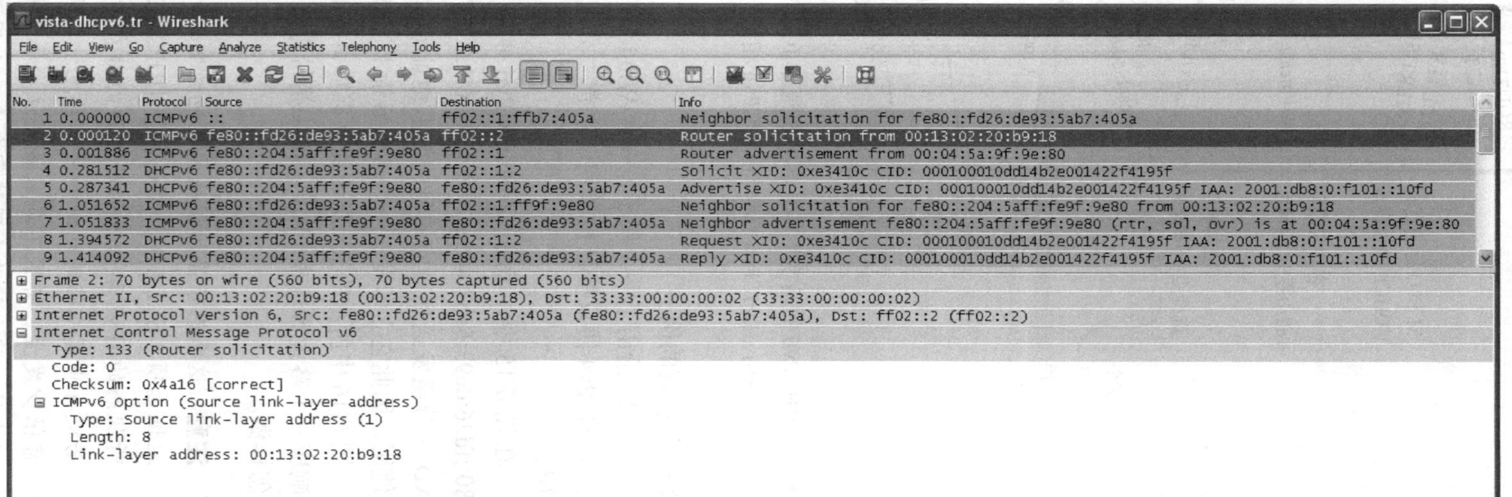

图 6-16 路由器请求导致一台临近的路由器发送了一个路由器通告。请求消息被发送到所有路由器地址（ff02 ::2）

图 6-17 中的 RA 表示一台路由器存在，包括 00:04:5a:9f:9e:80 的 SLLAO，它对客户机封装目的地为该路由器的后续链路层帧是有用的。标志字段表示 M 位和 O 位字段都启用（设置为 1），因此客户机应继续使用 DHCPv6，以便获得自己的地址和其他配置信息。这个过程通过请求一台 DHCPv6 服务器来完成（见图 6-18）。

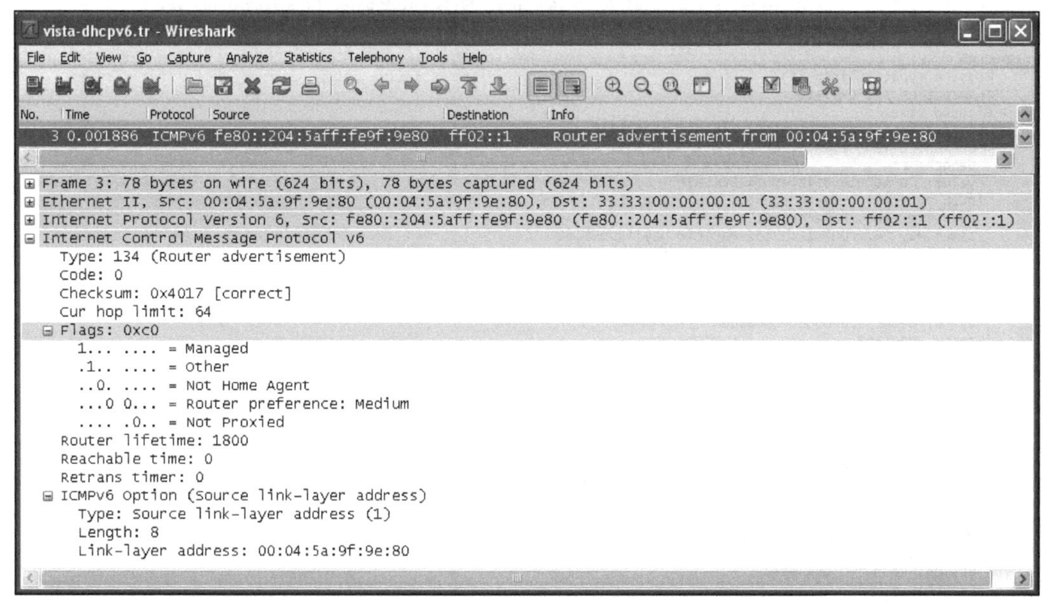

图 6-17　一个路由器通告指出地址可被管理（可使用 DHCPv6 分配），以及可使用 DHCPv6 获得的其他信息（例如 DNS 服务器）。这个网络使用有状态 DHCPv6。IPv6 路由器通告消息使用 ICMPv6（见第 8 章）

图 6-18 中显示了 DHCPv6 SOLICIT 消息，其中包括事务 ID（与 DHCPv4 相似）、经历的时间（0，图中未显示），以及一个包含时间和 6 字节 MAC 地址的 DUID。在这个例子中，MAC 地址 00:14:22:f4:19:5f 是这台客户机的有线以太网接口 MAC 地址，它不是用来发送 SOLICIT 消息的接口。回想 DUID-LL 和 DUID-TLL 类型的 DUID，其中的链路层信息对不同接口应该是一样的。IA 是一个非临时的地址，并且客户机已选择 IAID 为 09001302。这个请求中的时间值为 0，意味着客户机没有特定的期望，它们将由服务器来决定。

下一个选项是 [RFC4704] 规定的 FQDN 选项。它用于携带客户机的 FQDN，但会影响 DHCPv6 和 DNS 之间的交互（见 6.4 节中的 DHCP 和 DNS 交互）。259～261 这个选项用于启用由客户机或服务器动态更新的 FQDN 到 IPv6 地址的映射。（反向通常由服务器来处理。）这个选项的第一部分包含 3 位：N（服务器不执行更新）、O（服务器忽略客户机请求）和 S（服务器执行更新）。这个选项的第二部分包含一个域名，它可能是完全限定域名，也可能不是。

注意　Wireshark 工具显示图 6-18 中记录的 FQDN 名称异常，并推测该分组可能是由一个 MS Vista 客户机生成的。字段异常的原因是这个选项的最初规范允许使用 ASCII 字符编码的简单域名。这种方法在 [RFC4704] 中已被废弃，并且两种编码不直接兼容。微软提供了一个修补程序，为 Vista 系统解决这个问题。微软 Windows 7 系统的行为符合 [RFC4704]。

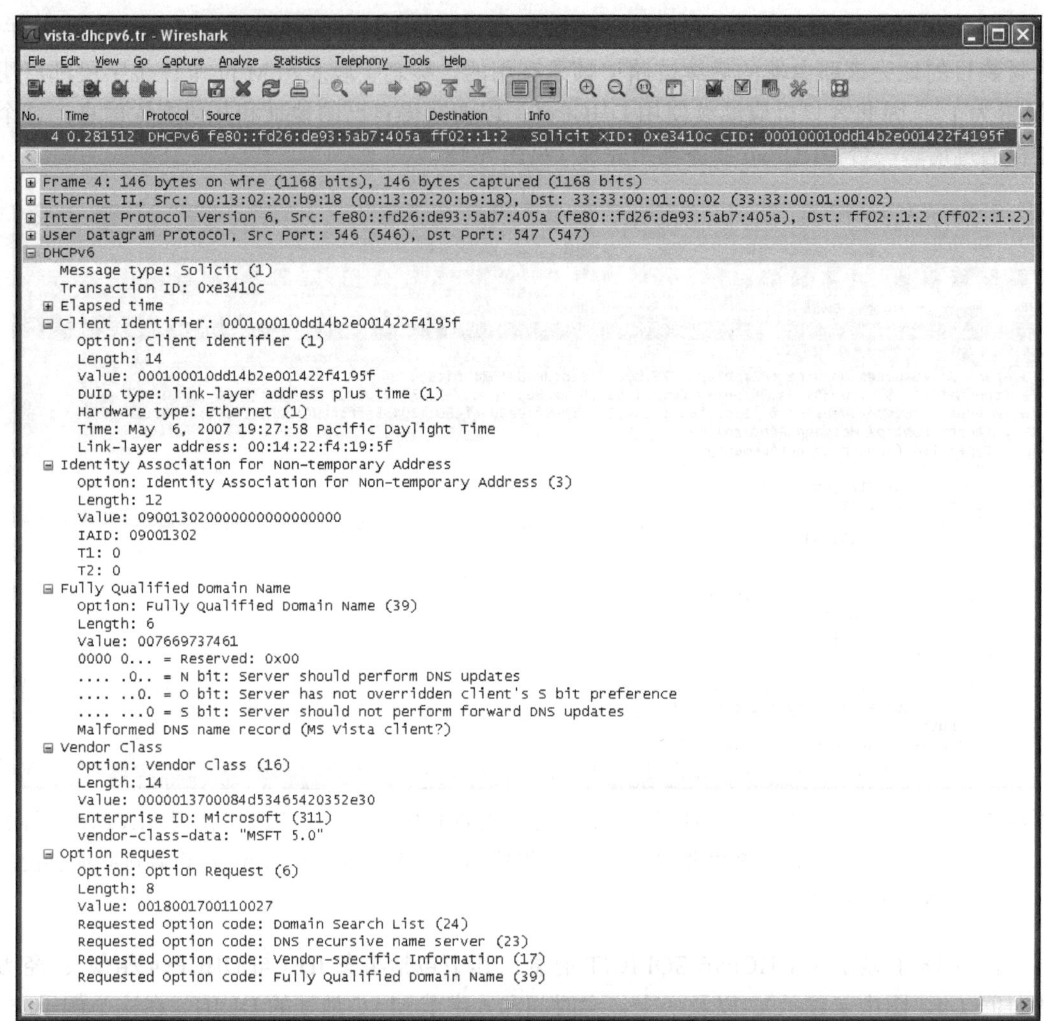

图 6-18 DHCPv6 SOLICIT 消息请求一个或多个 DHCPv6 服务器的位置，以及用于识别客户机的信息和它感兴趣的选项

请求消息中的其他信息包括供应商类别标识符和请求选项列表。在这种情况下，供应商类别数据包括字符串“MSFT 5.0”，它可由一台 DHCPv6 服务器使用，以确定客户机能进行哪些类型的处理。为了响应客户机的请求，服务器响应一个通告消息（见图 6-19）。

图 6-19 所示的 ADVERTISE 消息为客户机提供了更多信息。客户机标识符选项与客户机配置信息相呼应。服务器标识符选项给出了一个时间和一个链路层地址 10:00:00:00:09:20
262~263 来标识服务器。IA 拥有一个 IAID 值 09001302（由客户机提供），并包括一个全球地址 2001:db8:0:f101::10fd，其首选生命周期和有效生命周期分别为 130s 和 200s（超时时间相当短）。状态码为 0 表示成功。与 DHCPv6 通告一起提供的还有 DNS 递归名称服务器选项 [RFC3646]，它指出一个服务器地址 2001:db8:0:f101::1 和一个包含 home 字符串的域名搜索列表选项。注意，服务器并不包括 FQDN 选项，这是由于它不需要执行这个选项。

下面两个分组是常规的邻居请求和邻居通告消息，它们在客户机与路由器之间交换，我们不会进一步描述它们。这个交换开始于客户机请求确认一个全球非临时地址 2001:db8:0:f101::10fd（见图 6-20）。

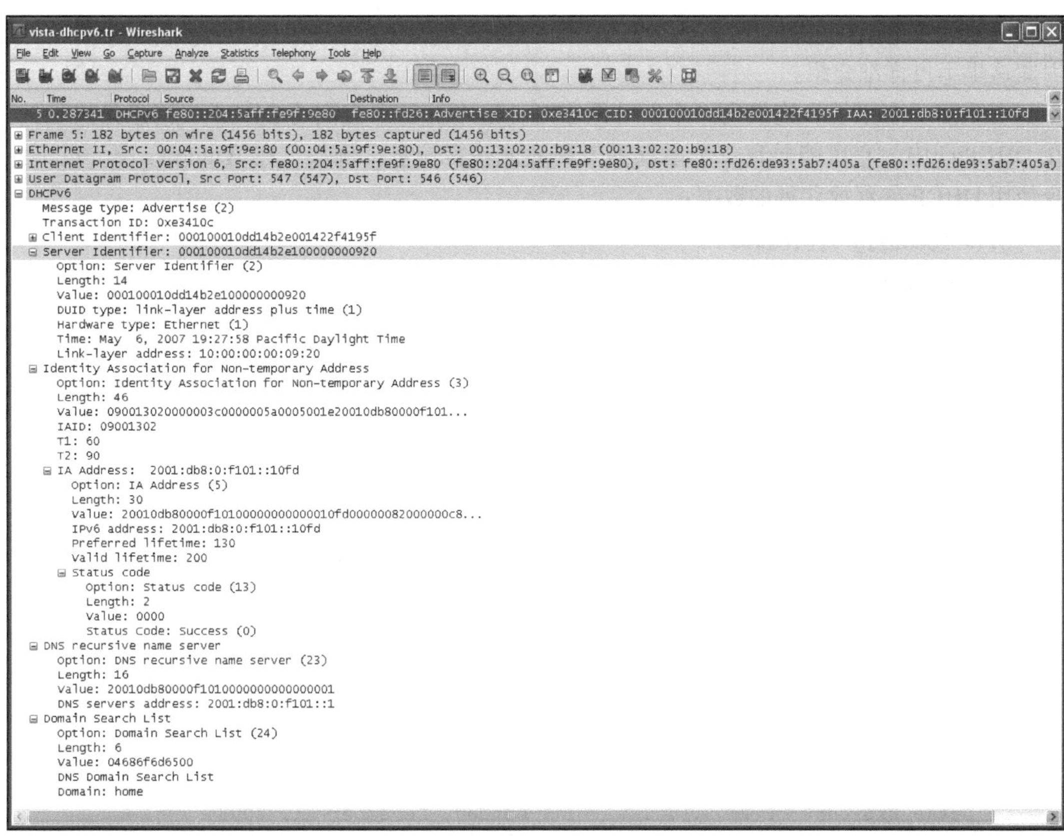

图 6-19　DHCPv6 ADVERTISE 消息包括地址、租约，以及 DNS 服务器的 IPv6 地址和域名搜索列表

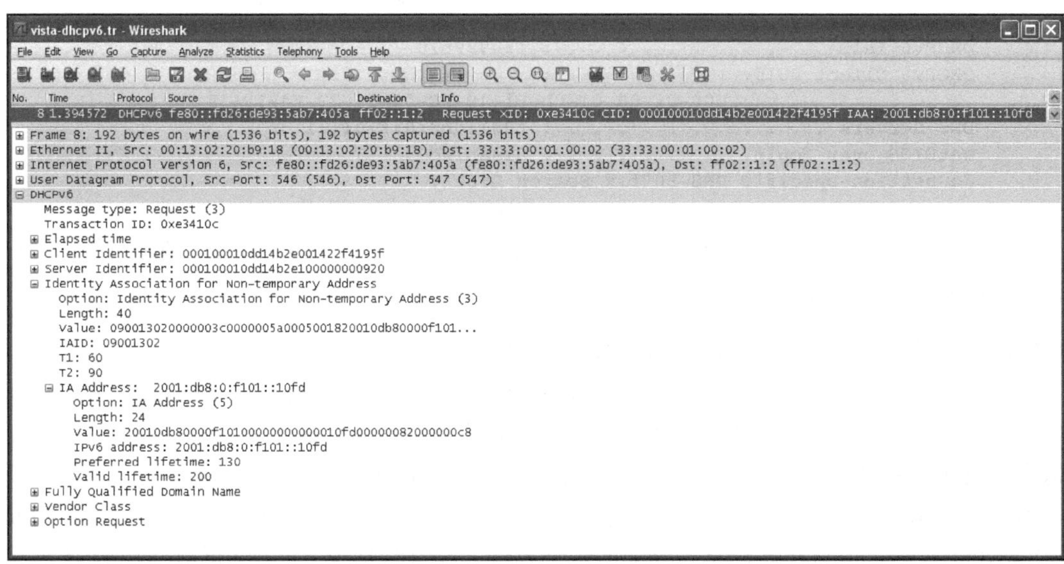

图 6-20　DHCPv6 REQUEST 消息与 SOLICIT 消息相似，但它包含从服务器 ADVERTISE 消息中学习到的信息

图 6-20 所示的 REQUEST 消息与 SOLICIT 消息相似，但它包含来自服务器的 ADVERTISE 消息中携带的信息（地址及 T1 和 T2 值）。我们看到的所有 DHCPv6 消息中的事务 ID 相同。

这个交换通过 REPLY 消息完成，它与 ADVERTISE 消息除了消息类型不同之外其余都相同，因此这里不再详细介绍。

在重启一个系统和连接到一个新的网络时，这个例子中交换的 DHCPv6 消息是典型的。在 DHCPv4 中，它可能导致一个系统手工释放或获得信息。例如，在 Windows 中，以下命令使用 DHCPv6 释放获得的数据：

```
C:\> ipconfig /release6
```

以下命令用于获得它：

```
C:\> ipconfig /renew6
```

通过 DHCP 获得并分配给本地接口的信息类型，可使用之前看过的该命令的另一个选项来查看。下面是其输出的一部分：

264
~
265

```
C:\> ipconfig /all
...
Wireless LAN adapter Wireless Network Connection:

   Connection-specific DNS Suffix  . : home
   Description . . . . . . . . . . . : Intel(R) PRO/Wireless 3945ABG
                                       Network Connection
   Physical Address. . . . . . . . . : 00-13-02-20-B9-18
   DHCP Enabled. . . . . . . . . . . : Yes
   Autoconfiguration Enabled . . . . : Yes
   IPv6 Address. . . . . . . . . . . : 2001:db8:0:f101::12cd(Preferred)
   Lease Obtained. . . . . . . . . . : Sunday, December 21, 2008
                                       11:30:45 PM
   Lease Expires . . . . . . . . . . : Sunday, December 21, 2008
                                       11:37:04 PM
   Link-local IPv6 Address . . . . . :
                                fe80::fd26:de93:5ab7:405a%9(Preferred)
   Default Gateway . . . . . . . . . : fe80::204:5aff:fe9f:9e80%9
   DHCPv6 IAID . . . . . . . . . . . : 150999810
   DHCPv6 Client DUID. . . . . . . . :
                          00-01-00-01-0D-D1-4B-2E-00-14-22-F4-19-5F
   DNS Servers . . . . . . . . . . . : 2001:db8:0:f101::1
   NetBIOS over Tcpip. . . . . . . . : Disabled
   Connection-specific DNS Suffix Search List :
                                       home
```

这里，我们可以看到该系统的链路层地址（00:13:02:20:b9:18）。注意，在这个例子中，该地址从未作为形成 IPv6 地址的基础而使用。

6.2.5.7 DHCPv6 前缀委托（DHCPv6-PD 和 6rd）

目前为止的讨论围绕着配置主机，但 DHCPv6 也可用于配置路由器。这通过一台路由器向另一台路由器委托一个地址空间范围来实现。这个地址范围可描述为一个 IPv6 地址前缀。这个前缀在 [RFC3633] 定义的 DHCP 前缀选项中。这用于路由器委托的情况，它现在可像一个 DHCPv6 服务器那样工作，而不需要前缀网络的详细拓扑信息。这种情况可能发生，例如 ISP 给出了一个可由潜在客户重新分配的地址范围。在这种情况下，ISP 可能使用 DHCPv6-PD 向客户设备委托一个前缀。

前缀委托定义了一种新格式的 IA，称为 IA_PD。每个 IA_PD 由一个 IAID 和相关的配置信息构成，它在地址上与前面讨论的 IA 相似。DHCPv6-PD 不只对固定路由器的前缀委托有用，它也可用于移动路由器（及其连接的子网）[RFC6276]。

目前，已创建一种特殊格式的 PD（6rd，见 [RFC5569]）以支持服务提供商快速部署 IPv6。在 OPTION_6RD（212）选项 [RFC5969] 中保存 IPv6 6rd 前缀，它用于根据客户已分配的 IPv4 地址为客户网站分配 IPv6 地址。IPv6 地址是通过算法来分配的，它将服务提供商提供的 6rd 前缀作为前 *n* 位（推荐 *n* 小于 32）。客户分配的单播 IPv4 地址作为后面的 32（或更少）位，这种 IPv6 6rd 委托前缀同样可用 DHCPv6-PD 处理，并推荐 64 位或更短长度用于自动地址配置（见 6.4 节）。 266

OPTION_6RD 选项长度可变，包括以下几个值：IPv4 掩码长度、6rd 前缀长度、6rd 前缀和 6rd 中继地址列表（提供 6rd 中继的 IPv4 地址）。IPv4 掩码长度给出了用于分配 IPv6 地址的 IPv4 地址位数（从左侧开始计算）。

6.2.6 使用 DHCP 中继

在最简单的网络中，一个 DHCP 服务器可供同一局域网中的客户机使用。但是，在更复杂的网络中，可通过一个或更多 DHCP 中继代理来中继 DHCP 流量，这样做很有必要，而且可能更方便，如图 6-21 所示。

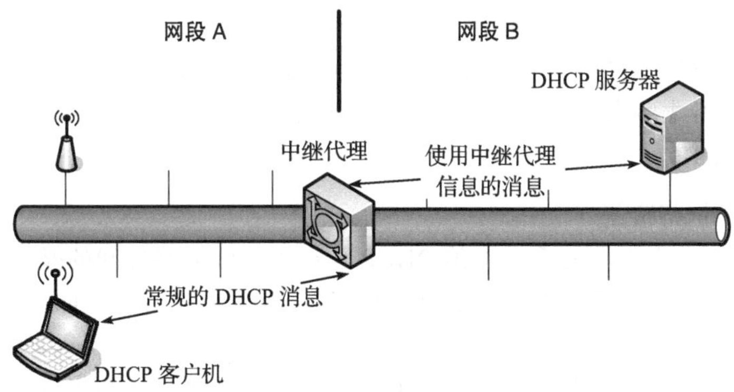

图 6-21 DHCP 中继代理将 DHCP 操作扩展到一个网段之外。中继和 DHCPv4 服务器之间的信息可携带在中继代理信息选项中。DHCPv6 中继以类似的方式工作，但是它拥有一组不同的选项

中继代理用于将 DHCP 操作扩展到跨越多个网段。在图 6-21 中，网段 A 和 B 之间的中继会转发 DHCP 消息，并通过选项或填充空白字段使用额外信息来标识消息。注意，在一般情况下，中继不会参与客户机和服务器之间的所有 DHCP 流量交换。相反，它仅中继那些广播消息（或 IPv6 中的组播）。这种消息通常在客户机首次获得自己的地址时交换。当一台客户机获得一个 IP 地址，并且服务器的 IP 地址使用服务器标识选项时，它可与服务器进行单播通信而不经过中继。注意，中继代理在传统上是第 3 层设备，并且通常结合了路由功能。在讨论第 3 层中继的基本知识后，我们将简要介绍在第 2 层的可替代操作。 267

6.2.6.1 中继代理信息选项

在 BOOTP 或 DHCP 中继的最初概念中 [RFC2131]，中继代理的目的只是将一个消息从一个子网中继到另一个，而不需要经过一台路由器。这允许系统从一个集中位置不执行间接传递就获得一个地址。它对于企业基于管理权限进行网络操作是有利的，但在客户采用 DHCP 和其他地方（例如 ISP）提供 DHCP 基础设施的情况下，这样做有可能需要更多的信息。这里有很多可能的原因。例如，ISP 可能不完全信任用户，或计费和日志可能与基本 DHCP 协议中没有的其他信息相关。因此，在中继和服务器之间传递的消息中包含额外信息

变得有用。中继代理信息选项（针对 DHCPv4，简称 RAIO）[RFC3046] 提供了使 IPv4 网络包括这种信息的方法。IPv6 的工作方式不同，我们将在以后章节中介绍。

DHCPv 4 的 RAIO 定义在 [RFC3046] 中，它实际是一个元选项，从某种意义上来说，它仅定义了一个框架，其中可定义许多子选项。很多这样的子选项已被定义，包括几个被 ISP 用于标识一个请求来自哪个用户、链路或网络的选项。在很多情况下，我们看到 DHCPv4 信息选项中的每个子选项都有对应的 IPv6 选项。

由于中继和服务器之间传输的一些信息对安全至关重要，因此在 [RFC4030] 中定义了 RAIO 的 DHCP 认证子选项。它提供了一种确保中继和服务器之间消息交换完整性的方法。这种方法与 DHCP 延期认证方法非常相似（见 6.2.7 节），只不过它用 SHA-1 算法代替了 MD5 算法（见第 18 章）。

6.2.6.2 中继代理远程 ID 子选项和 IPv6 远程 ID 选项

中继的共同需求是通过超出客户机自身提供的信息之外的信息来标识发送 DHCP 请求的客户机。中继代理信息选项的一个子选项称为远程 ID 子选项，它提供了一种标识发送请求的 DHCP 客户机的方法，即采用一系列本地解释的命名方法（例如呼叫方 ID、用户名、调制解调器 ID、一条点到点链路的远程 IP 地址）。DHCPv6 中继代理远程 ID 选项 [RFC4649] 提供了相同的功能，它还包括一个额外的字段（企业编号），以表明与供应商相关的识别信息。这种远程 ID 信息格式后来以一种基于企业编号的特定供应商方式定义。一种常用的方法是将 DUID 用于远程 ID。

6.2.6.3 服务器标识符覆盖

268 在某些情况下，中继可能希望干预 DHCP 客户机和服务器之间的操作。这可采用一个特殊的服务器标识符覆盖子选项来实现 [RFC5107]。这个子选项是前面提到的 RAIO 的一个选项。

在通常情况下，一个中继会转发 SOLICIT 消息，并在消息从客户机传递到服务器的过程中，可能为这些消息附加某些选项。中继在这种情况下是必要的，因为客户机可能还没有一个可接受的 IP 地址，并且仅用广播或组播方式将消息发送到本地子网。当一台客户机接收并选择自己的地址之后，它可使用服务器标识符选项中携带的服务器标识直接与 DHCP 服务器通信。实际上，这将削弱中继在客户机和服务器之间后续事务中的作用。

允许中继为不同类型的消息（例如除了 SOLICT 外的 REQUEST）提供不同选项（例如 RAIO 携带一个电路 ID），这通常是有用的。这种选项包括一个 4 字节的值，以指定服务器生成的 DHCPREPLY 消息中的服务器标识符选项中使用的 IPv4 地址。服务器标识符覆盖选项建议与中继代理标志子选项一起使用 [RFC5010]。这个 RAIO 的子选项是一组标志，它们可携带从中继到服务器的信息。到目前为止，只有一个关于这种标志的定义：客户机是否使用广播或单播地址作为初始消息中的目的地址。服务器可能根据这个标志设置做出不同的地址分配决定。

6.2.6.4 租约查询和大批量租约查询

在某些环境下，允许第三方系统（如中继或接入集中器）学习一个特定 DHCP 客户机的地址绑定是有用的。这个功能由 DHCP 租约查询（针对 DHCPv 4 的 [RFC4388] [RFC6148]，或针对 DHCPv6 的 [RFC5007]）来提供。在 DHCPv6 中，它也可为委托前缀提供租约信息。在图 6-21 中，中继代理可能从经过的 DHCP 分组中“搜集”信息，以影响那些提供给 DHCP 服务器的信息。这些信息可能由中继保存，但也可能在中继失败时丢弃。DHCPLEASEQUERY 消息允许一个代理根据需要重新获得这种信息，它通常发生在一个中继流量已失去绑定的情况下。对于 DHCPv4，DHCPLEASEQUERY 消息支持 4 种查询：IPv4 地址、MAC 地址、客户机标识符和远程 ID。对于 DHCPv6，它支持两种查询：IPv6 地址和客户机标识符（DUID）。

DHCPv4 服务器可能用以下几种消息响应租约查询：DHCPLEASEUNASSIGNED、DHCPLEASEACTIVE 或 DHCPLEASEUNKNOWN。第一个消息指出该查询值的响应服务器是授权的，但目前没有分配相应租约。第二种形式表示一个租约是有效的，并提供了租约参数（包括 T1 和 T2）。这里没有对此信息用途的特定建议，无论出于何种目的，都希望提供给请求者。DHCPv6 服务器使用一个 LEASEQUERY-REPLY 消息来响应，其中包含一个*客户机数据*选项。这个选项依次包括以下选项：客户机 ID、IPv6 地址、IPv6 前缀和 269
客户机的最后事务时间。最后一个值是服务器最后一次询问客户机的时间（以秒为单位）。LEASEQUERY-REPLY 消息也可包含以下两个选项：中继数据和客户机链路。第一个选项包括中继最后一次发送的相关查询的数据，第二个选项指出特定客户机拥有一个或多个地址绑定的链路。再次指出，这个信息可用于请求者希望的任何目的。

租约查询的扩展称为*大批量租约查询*（BL）[RFC5460][ID4LQ]，它可以同时查询多个绑定关系，使用 TCP/IP 而不是 UDP/IP，并支持更大范围的查询类型。BL 被设计为一种获得绑定信息的特定服务，它实际上不是传统 DHCP 的一部分。因此，客户机可能希望不使用 BL 而获得常规配置信息。BL 的一个特殊用途表现在 DHCP 用于前缀委托时。在这种情况下，最常见的是一台路由器作为一个 DHCP-PD 客户机使用。它获得一个前缀，并从该前缀代表的一个地址范围中获得一个地址，以分配给传统的 DHCP 客户机。但是，如果一台路由器出现故障或重新启动，它可能会丢失这个前缀信息，并在一段时间内难以恢复，这是因为传统的租约查询机制需要绑定一个用于查询的标识符。通过扩展一组可能的查询类型，BL 有助于缓解这种以及其他情况。

BL 提供了对基本租约查询的几个扩展。首先，它使用 TCP/IP（用于 IPv6 的端口 547 和用于 IPv4 的端口 67）而不是 UDP/IP。这种改变使一次查询可获得大量查询信息，这在检索大量委托前缀时是必要的。BL 也提供了一个*中继标识符*选项，允许查询者更容易地识别查询。BL 查询可基于中继标识符、链路地址（网段）或中继 ID。

DHCPv6 *中继 ID* 选项和 DHCPv4 *中继 ID* 子选项 [ID4RI] 可能包括一个用于标识中继代理的 DUID。中继可在自己转发的消息中插入这个选项，服务器可用它关联自己接收的由特定中继提供的绑定。BL 支持基于地址和 DUID 的查询（定义在 [RFC5007] 和 [RFC4388] 中），也支持基于中继 ID、链路地址和远程 ID 的查询。这些新查询只被基于 TCP/IP 并支持 BL 的服务器所支持。相反，BL 服务器仅支持 LEASEQUERY 消息，而不是整套的普通 DHCP 消息。

BL 通过 LEASEQUERY-DATA 和 LEASEQUERY-DONE 消息扩展基本的租约查询机制。当一个查询被成功响应时，一台服务器首先返回一个 LEASEQUERY-REPLY 消息。如果附加信息是可用的，那么它包括一组 LEASEQUERY-DATA 消息，每个消息对应一个绑定，并通过一个 LEASEQUERY-DONE 消息来完成设置。属于相同绑定组的所有消息共享相同的事务 ID，每个相同值由初始的 LEASEQUERY REQUEST 消息提供。

6.2.6.5 第 2 层中继代理

在一些网络环境中，第 2 层设备（例如交换机、网桥等）更靠近端系统，它们会中继和 270

处理 DHCP 请求。这些第 2 层设备没有完整的 TCP/IP 协议栈，并且不使用 IP 进行寻址。因此，它们不能作为传统的中继代理。为了解决这个问题，[IDL2RA] 和 [RFC6221] 分别针对 IPv4 和 IPv6 规定了第 2 层“轻量级”DHCP 中继代理（LDRA）如何工作。当针对中继行为时，接口被标记为面向客户或面向网络，以及可信或不可信。面向网络的接口在拓扑结构上更接近 DHCP 服务器，可信的接口是那些假设到达的分组不存在欺骗的接口。

IPv4 LDRA 的首要问题是如何处理 DHCP 的 giaddr 字段，以及在 LDRA 本身没有 IP 层信息时插入一个 RAIO。[IDL2RA] 推荐的方法是：LDRA 在客户机接收的 DHCP 请求中插入 RAIO，但不填写 giaddr 字段。DHCP 消息以广播方式发送给一个或多个 DHCP 服务器，以及其他处于接收状态的 LDRA。这种消息一直被洪泛（即在所有接口上发送，除了获得该消息的接口），直到被一个不可信的接口接收。当 LDRA 接收到一个包含 RAIO 的这种消息，它不会添加其他的同类选项，但会继续执行洪泛。通过广播发送的响应（例如 DHCPOFFER 消息）可能被 LDRA 拦截，这时需要剥离 RAIO 并使用其中的信息，以便将响应发送给发出请求的客户机。很多 LDRA 也拦截单播的 DHCP 流量。在这些情况下，创建或剥离 RAIO 也是必要的。注意，兼容的 DHCP 服务器必须支持处理和返回这样的 DHCP 消息：无论是用单播发送还是广播发送，其包含的 RAIO 中没有有效的 giaddr 字段。

IPv6 的 LDRA 通过创建 RELAY-FORW 和 RELAY-REPL 消息处理 DHCPv6 流量。面向客户的接口将会丢弃接收到的 ADVERTISE、REPLY、RECONFIGURE 和 RELAY-REPL 消息。另外，不可信的面向客户的接口也会出于安全原因丢弃接收到的 RELAY-FORW 消息。RELAY-FORW 消息包含标识面向客户接口的选项（即链路地址字段、对等方地址字段和接口 ID 选项）。链路地址字段设置为 0，对等方地址字段设置为客户机 IP 地址，接口 ID 选项设置为 LDRA 中配置的值。当接收到一个链路地址字段为 0 的 RELAY-REPL 消息时，LDRA 解封所包含的信息，并将其发送到由接口 ID 选项（由服务器提供）指定的客户机接口。面向客户的接口修改接收的 RELAY-FORW 消息的跳步数。面向网络的接口将会丢弃接收的除 RELAY-REPL 之外的消息。

6.2.7　DHCP 认证

虽然我们通常在每章末尾（正如我们在本章中所做）讨论各种安全漏洞，但在这里提一
271 下 DHCP 的安全问题是值得的。显而易见，如果 DHCP 的顺利运行被干扰，主机很可能配置为错误的信息，并可能导致严重的服务中断。不幸的是，正如我们已讨论过的那样，DHCP 并没有提供安全保障，因此可能建立一些未授权的 DHCP 客户机或服务器，无论是有意的还是无意的，这可能严重破坏一个网络的其他功能。

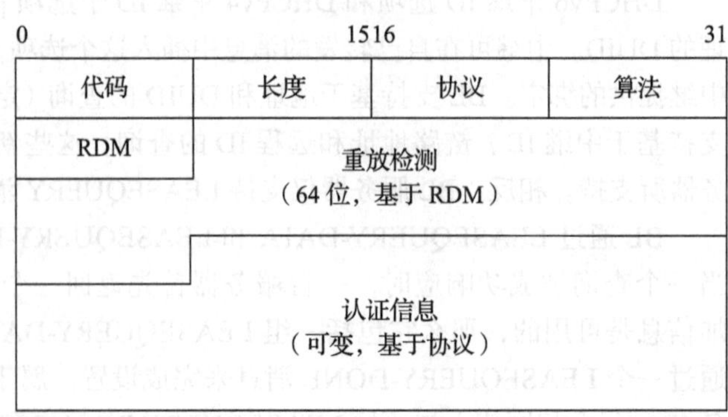

图 6-22　DHCP 认证选项包括重放检测，可使用不同方法进行认证。在 2001 年制定规范时，这个选项没有像今天这样广泛使用

为了缓解这些问题，[RFC3118] 规定了一种认证 DHCP 消息的方法。它定义了一个 DHCP 选项，即认证选项，采用如图 6-22 所示的格式。

认证选项的目的是确定 DHCP

消息是否来自一个授权的发送方。代码字段设置为 90，长度字段给出选项中的字节数（不包括代码或长度字段）。如果协议和算法字段值为 0，认证信息字段保存一个简单的共享配置令牌。只要客户机和服务器的配置令牌匹配，相应的消息可以接收。例如，它可用于保存一个密码或类似的文本字符串，但这种流量可能被攻击者截获，因此这种方法并不很安全。但是，它可能有助于抵御偶然的 DHCP 问题。

一种比较安全的方法称为延期认证，具体看协议和算法字段是否设置为 1。在这种情况下，客户机的 DHCPDISCOVER 或 DHCPINFORM 消息中包含一个认证选项，并且服务器在 DHCPOFFER 和 DHCPACK 消息中包含响应的认证信息。这个认证信息中包括一个消息认证码（MAC；见第 18 章），它提供对发送方的认证和消息内容完整性的检验。假设服务器和客户机有一个共享的密钥，MAC 可确保客户机被服务器信任，反之亦然。它也用于确保客户机和服务器之间交换的 DHCP 消息没有被修改，或是由早期 DHCP 消息重放而来。重 272
放检测方法（RDM）由 RDM 字段值来确定。如果 RDM 设置为 0，重放检测字段包含一个单向递增的值（例如时间戳）。检测接收的消息以确保该值总是增加。如果这个值没有增加，很可能是对一个早期 DHCP 消息的重放（捕获、存储并在此后重新发送）。我们可以想象，在数据包重新发送的情况下，重放检测字段中的值不会增加。但是，在一个局域网（DHCP 普遍用于其中）中也可能无法说明问题，这是因为 DHCP 客户机和服务器之间通常只经过一跳路由。

DHCP 认证没有广泛使用（至少）有两个原因。第一，这种方法需要在 DHCP 服务器和每个需要认证的客户机之间分发共享密钥。第二，认证选项的定义出现在 DHCP 已广泛使用之后。尽管如此，[RFC4030] 建立在这个规范之上，以帮助 DHCP 消息通过中继代理安全转发（见 6.2.6 节）。

6.2.8 重新配置扩展

在普通操作中，DHCP 客户机启动对地址绑定的更新。[RFC3203] 定义了重新配置扩展和相关的 DHCPFORCERENEW 消息。这个扩展允许服务器引发一个客户机改变更新状态，并通过别的普通操作（即 DHCPREQUEST）尝试更新租约。一台不希望更新租约的服务器可能响应一个 DHCPNAK，导致客户机重新启动为 INIT 状态。这台客户机稍后使用一个 DHCPDISCOVER 消息重新开始。

这个扩展的目的是当网络中出现一些明显的状态改变时，使客户端能重新建立一个地址或丢弃自己的地址。例如，如果网络在管理中关闭或重新编号，这种情况很可能会发生。由于这种消息经常被 DoS 攻击所利用，因此它必须通过 DHCP 认证加以验证。由于 DHCP 认证没有得到广泛使用，因此重新配置扩展同样没有流行起来。

6.2.9 快速确认

DHCP 快速确认选项 [RFC4039] 允许一台 DHCP 服务器通过一个 DHCPACK 来响应 DHCPDISCOVER 消息，从而有效跳过 DHCPREQUEST 消息，并最终使用两消息交换来代替四消息交换。这个选项的设计目的是快速配置可能频繁改变其网络接入点的主机（例如移动主机）。当仅有一台可用的 DHCP 服务器并且地址充足时，我们可以不关注这个选项。 273

要使用快速确认，客户机可在 DHCPDISCOVER 消息中包含该选项，但在任何其他消息中不能包含该选项。同样，服务器仅在 DHCPACK 消息中使用该选项。当一台服务器使用该选项来响应时，接收消息的客户机知道该返回地址可立即使用。如果后来确定该地址已用于另一个系统（例如通过 ARP），客户机发送一个 DHCPDECLINE 消息，并放弃该地址。客户机也可能通过一个 DHCPRELEASE 消息自愿放弃接收到的地址。

6.2.10 位置信息（LCI 和 LoST）

在某些情况下，将主机配置为知道自己的位置是有用的。这样的信息可编码使用，例如纬度、经度和海拔高度。IETF 的一个众所周知的成果是 Geoconf（“地理配置”）[RFC6225]，[RFC6225] 规定了如何使用 GeoConf（123）和 GeoLoc（144）的 DHCP 选项，为客户机提供这种地理空间*位置配置信息*（LCI）。地理空间 LCI 不仅包括纬度、经度和高度坐标，也为每个信息提供分辨率指标。LCI 可用于一系列目的，包括紧急服务。如果一个呼叫者使用 IP 电话请求紧急援助，LCI 可指示发生紧急情况的位置。

尽管刚提到的物理位置信息对找到特定的个人或系统是有用的，但有时知道一个实体的*市政位置*也是重要的。市政位置根据行政地理表示位置，例如国家、城市、区、街道，以及其他类似的参数。市政位置信息可通过 DHCP 以物理位置所采用的方式提供，使用的 LCI 结构与地理空间 LCI 中使用的一样。[RFC4776] 定义了携带市政位置的 GEOCONF_CIVIC（99）选项。这种格式的 LCI 比地理空间信息更麻烦，这是因为各个国家在行政地理上命名位置的方法不同。由于这种名称除了需要 DHCP 常用的英语、ASCII 语言和字符集外，可能还需要其他语言和字符集的支持，这会带来额外的复杂性。不仅是 DHCP 方面，这里还存在位置的隐私问题。IETF 在 Geopriv 框架中讨论了这个问题。例如，参见 [RFC3693] 了解更多信息。

一个可供选择的高层协议称为*启用 HTTP 的位置投递*（HELD）协议 [RFC5985]，它可用于提供位置信息。代替在 DHCP 消息中直接编码 LCI，而是采用 DHCP 选项 OPTION_V4_ACCESS_DOMAIN（213）和 OPTION_V6_ACCESS_DOMAIN（57）分别为 IPv4 和 IPv6 提供一台 HELD 服务器的 FQDN [RFC5986]。

当一台主机知道自己的位置时，它可能需要使用该位置的相关服务（例如位置最近的医
274 院）。IETF 的*位置到服务转换*（LoST）框架 [RFC5222] 通过一个使用位置相关 URI 访问的应用层协议来实现上述功能。DHCP 选项 OPTION_V4_LOST（137）和 OPTION_V6_LOST（51）为一个 FQDN 提供可变长度的编码，FQDN 分别为 DHCPv4 和 DHCPv6 指定一台 LoST 服务器的名称 [RFC5223]。这个编码与 DNS 的域名编码采用相同格式（见第 11 章）。

6.2.11 移动和切换信息（MoS 和 ANDSF）

随着使用移动计算机和智能手机通过蜂窝技术访问 Internet 的用户逐渐增多，定义了有关蜂窝配置和不同无线网络之间切换的框架和相关 DHCP 选项。目前，存在两套有关该信息的 DHCP 选项：IEEE 802.21 *移动服务*（MoS）发现，以及*接入网发现和选择功能*（ANDSF）。后一个框架已被 3GPP（第三代合作伙伴计划）标准化，3GPP 是负责建立蜂窝数据通信标准的组织之一。

IEEE 802.21 标准 [802.21-2008] 规定了一个不同类型网络之间的*介质无关切换*（MIH）的框架，包括那些由 IEEE（802.3、802.11、802.16）、3GPP 和 3GPP2 定义的类型。[RFC5677] 中提供了 IETF 背景下设计的这种框架。MoS 提供了 3 种类型的服务：信息服务、命令服务

和事件服务。粗略地说，这些服务提供了有关可用网络、控制链路参数功能和链路状态变化通知的信息。MoS 发现 DHCP 选项 [RFC5678] 为移动节点获得地址或域名提供了一种手段，无论提供这些服务的服务器使用 DHCPv4 还是 DHCPv6。对于 IPv4，OPTION-IPv4_Address-MoS 选项（139）包含一个子选项的向量，其中包含提供每种服务的服务器的 IP 地址。OPTION-IPv4_FQDN-MoS 选项（140）的一个子选项为每种服务的服务器提供了一个 FQDN 向量。其他类似选项有 OPTION-IPv6_Address-MoS（54）和 OPTION-IPv6_FQDN（55），它们为 IPv6 提供了同等功能。

基于 3GPP 的 ANDSF 规范，[RFC6153] 定义了携带 ANDSF 信息的 DHCPv4 和 DHCPv6 选项。特别是，它定义了移动设备发现 ANDSF 服务器地址的选项。ANDSF 服务器由蜂窝基础设施运营商来配置，并可能保存多种传输网络（例如同时使用 3G 和 Wi-Fi）的可用性和访问策略等信息。

ANDSF IPv4 地址选项（142）包含一个 ANDSF 服务器的 IPv4 地址向量。这些地址按优先顺序（第一个是最合适的）提供。ANDSF IPv6 地址选项（143）包含一个 ANDSF 服务器的 IPv6 地址向量。要使用 DHCPv4 请求 ANDSF 信息，移动节点可在参数请求列表中包括 ANDSF IPv4 地址选项。要使用 DHCPv6 请求 ANDSF 信息，客户机可在选项请求选项（ORO）中包含 ANDSF IPv6 地址选项（见 [RFC3315] 的 22.7 节）。 275

6.2.12 DHCP 嗅探

DHCP“嗅探”是某些交换机厂商在其产品中提供的一种能力，可用于检查 DHCP 消息内容，以确保只有访问控制列表中列出的地址才可交换 DHCP 流量。这样有助于防止两个潜在的问题。首先，将一个“欺骗性”DHCP 服务器的危害限制在一定范围内，这是因为其他主机无法接收到它提供的 DHCP 地址。另外，这项技术可限制一组特定 MAC 地址的分配。虽然该技术提供了一些保护，但是通过操作系统提供的命令，在一个系统中很容易改变 MAC 地址，因此这种技术只能提供有限的保护。

6.3 无状态地址自动配置

大多数路由器通过手动配置地址，主机既可手动配置地址，也可使用一种如 DHCP 的分配协议或某种算法来自动配置地址。这里存在两种形式的自动配置，它们取决于需要生成什么类型的地址。对于只用于一条链路的地址（链路本地地址），一台主机只需找到一些在链路上未使用的合适地址。但是，对于要用于全球性连接的地址，这类地址的某些部分通常必须被管理。IPv4 和 IPv6 都有用于链路本地地址自动配置的机制，一台主机基本不需要协助就可以决定自己的地址。这就是所谓的*无状态地址自动配置*（SLAAC）。

6.3.1 IPv4 链路本地地址的动态配置

在一台主机没有任何手工配置的地址，并且所在网络没有 DHCP 服务器的情况下，基于 IP 的通信是不可能发生的，除非主机使用某种方式生成 IP 地址。[RFC3927] 描述了一种机制，主机通过该机制可自动从链路本地范围 169.254.1.1 至 169.254.254.254 使用 16 位子网掩码 255.255.0.0 生成自己的 IPv4 地址（见 [RFC5735]）。这种方法称为链路本地地址的动态配置或*自动专用 IP 寻址*（APIPA）。从本质上来说，就是一台主机从一个范围中随机选择一个地址，并检查该地址是否已在本子网中被其他系统使用。这种检查通过 IPv4 ACD 来实现（见第 4 章）。

6.3.2 链路本地地址的 IPv6 SLAAC

276 IPv6 SLAAC 的目标是允许节点自动（和自主）分配链路本地 IPv6 地址。[RFC4862] 中描述了 IPv6 SLAAC。它包括 3 个主要步骤：获得一个链路本地地址，使用无状态自动配置获取全球地址，检测链路本地地址是否已在链路中使用。无状态自动配置可用于没有路由器的环境，在这种情况下只分配链路本地地址。当路由器存在时，由一个路由器通告的前缀和本地产生的信息组合成一个全球地址。SLAAC 也可结合 DHCPv6（或手动分配地址）使用，以允许一台主机获得除自己地址外的其他信息（称为“无状态”DHCPv6）。当网络采用有状态或无状态 DHCPv6 配置时，执行 SLAAC 的主机可用于同一网络中。在通常情况下，有状态 DHCPv6 用于需要为主机更精确分配地址时，但无状态 DHCPv6 和 SLAAC 结合是最常见的部署选择。

在 IPv6 中，临时（或乐观）链路本地地址由 [RFC4291] 和 [RFC4941] 规定的过程来选择。它们只用于具有组播能力的网络，并在建立时分配了极大的首选和有效生命周期。为了形成数字化的地址，在熟知的链路本地前缀 fe80::0（适当长度）之后附加了一个唯一的编号。这是通过将地址中最右边的 N 位设为 N 位数字，最左边的 10 位设为 10 位链路本地前缀 1111111010，并且其余位设为 0 来实现的。生成的地址设置为临时（或乐观）状态，并检查该地址是否重复（见下一节）。

6.3.2.1 IPv6 重复地址检测（DAD）

IPv6 DAD 使用 ICMPv6 邻居请求和邻居通告消息（见第 8 章），以确定一个特定（临时或乐观）IPv6 地址是否已在连接链路上使用。本次讨论只针对临时地址，但 DAD 也适用于乐观地址。[RFC4862] 中定义了 DAD，并建议在为一个接口分配 IPv6 地址时使用，无论手动分配还是自动配置或 DHCPv6 分配。如果发现地址重复，将不使用该临时地址。如果 DAD 成功，临时地址转换为优先状态，并可不受限制地使用。

DAD 按以下步骤执行：一个节点首先加入临时地址的所有节点组播地址和请求节点组播地址（见第 9 章）。为了检查使用的地址是否重复，一个节点发送一个或多个 ICMPv6 邻居请求消息。这些消息的源和目的 IPv6 地址分别是未指定地址和被检查目的地址的请求节点地址。目的地址字段设置为被检查的地址（临时地址）。如果在响应中接收到一个邻居通告
277 消息，说明 DAD 失败，并放弃被检查的地址。

> **注意** 加入组播组的结果之一是发送 MLD 消息（见第 9 章），但其传输延迟了一个随机时间（根据 [RFC4862] 确定），以避免很多节点同时加入所有主机组（例如在一次电源恢复后）引起网络拥塞。对于 DAD，这些 MLD 消息用于在必要时通知 MLD 嗅探交换机转发组播流量。

当一个地址未成功完成 DAD 时，任何针对它的邻居请求被视为一种特殊情况，说明其他主机有使用相同地址的意图。如果接收到这些消息，丢弃它们，放弃当前的临时地址，并且 DAD 失败。

如果 DAD 失败，通过接收一个来自其他节点的邻居请求或一个到目的地址的邻居通告，说明这个地址未分配给一个接口，并且不会成为一个首选地址。如果这个地址是一个基于由本地 MAC 地址导出的接口标识符配置的链路本地地址，不可能通过相同过程最终生成一个不冲突的地址，这时应放弃使用该地址并要求管理员输入地址。如果这个地址是基于不同形式的接口标识符，IPv6 操作可能尝试使用基于别的临时地址的其他地址。

6.3.2.2 全球地址的 IPv6 SLAAC

在一个节点已获得一个链路本地地址后，它可能需要一个或多个全球地址。全球地址的形成过程类似于链路本地 SLAAC，但需要使用一个由路由器提供的前缀。这种前缀携带在一个路由器通告（见第 8 章）的前缀选项中，并且由一个标志来表示这个前缀是否用于与 SLAAC 共同形成全球地址。如果是，这个前缀与接口标识符（如果不采用隐私扩展方式，它与形成链路本地地址相似）组合形成一个全球地址。这种地址的首选和有效生命周期也由前缀选项表示的信息来确定。

6.3.2.3 例子

图 6-23 显示了一台 IPv6（Windows Vista/SP1）主机使用 SLAAC 分配地址时的一系列事件。这个系统首先选择一个基于链路本地前缀 fe80::/64 和一个随机数的链路本地地址。这种方法会随着时间改变主机地址 [RFC4941]，以加强对用户隐私的保护。另一种常见方法是使用 MAC 地址中的某些位形成链路本地地址。这时需要对这个地址（fe80::fd26:de93:5ab7:405a）执行 DAD 以发现冲突。 278

图 6-23 显示了 DAD 操作，主机首先发送一个 NS，查看自己选定的链路本地地址是否被使用。它紧接着执行一个 RS，以确定如何继续执行（见图 6-24）。

图 6-24 中显示的路由器请求消息发送到所有路由器组播地址（ff02::2），并使用自动配置的链路本地 IPv6 地址作为源地址。这个响应在 RA 中发送到所有系统组播地址（ff02::1），因此连接的所有系统都可看见（见图 6-25）。

图 6-25 中所示的 RA 从路由器的链路本地地址 fe80::204:5aff:fe9f:9e80 发送到所有系统组播地址 ff02::1。RA 中的标志字段可能包含几个配置选项和扩展 [RFC5175]，标志字段设置为 0 表示该地址在这条链路上不是由 DHCPv6 来“管理”。前缀选项表示这个全球前缀 2001:db8::/64 用于这条链路上。这里没有携带 64 位的前缀长度，而是根据 [RFC4291] 中定义的值确定。与前缀选项相关的标志字段值为 0xc0，表示前缀用于链路（可与路由器一起使用）和设置了自动标志，这意味着主机可用该前缀自动配置其他地址。它也包含递归 DNS 服务器（RDNSS）选项 [RFC6106]，表示可用的 DNS 服务器地址为 2001::db8::1。SLLAO 指出路由器 MAC 地址为 00:04:5a:9f:9e:80。这个信息可用于任何节点填充自己的邻居高速缓存（IPv4 ARP 缓存与 IPv6 中等价；邻居发现将在第 8 章中讨论）。

在客户机和路由器之间交换邻居请求和邻居通告消息后，客户机对自己选择的新（全球）地址执行另一个 DAD 操作（见图 6-26）。

根据以前收到的路由器通告中携带的前缀 2001::db8，客户机选择了地址 2001:db8::fd26:de93:5ab7:405a。这个地址中的低序位采用的随机数与配置其链路本地地址的相同。因此，两个地址执行 DAD 的请求节点组播地址 ff02::1:ffb7:405a 是相同的。在这个地址被检测为重复后，客户机分配另一个地址，并对它执行 DAD（见图 6-27）。

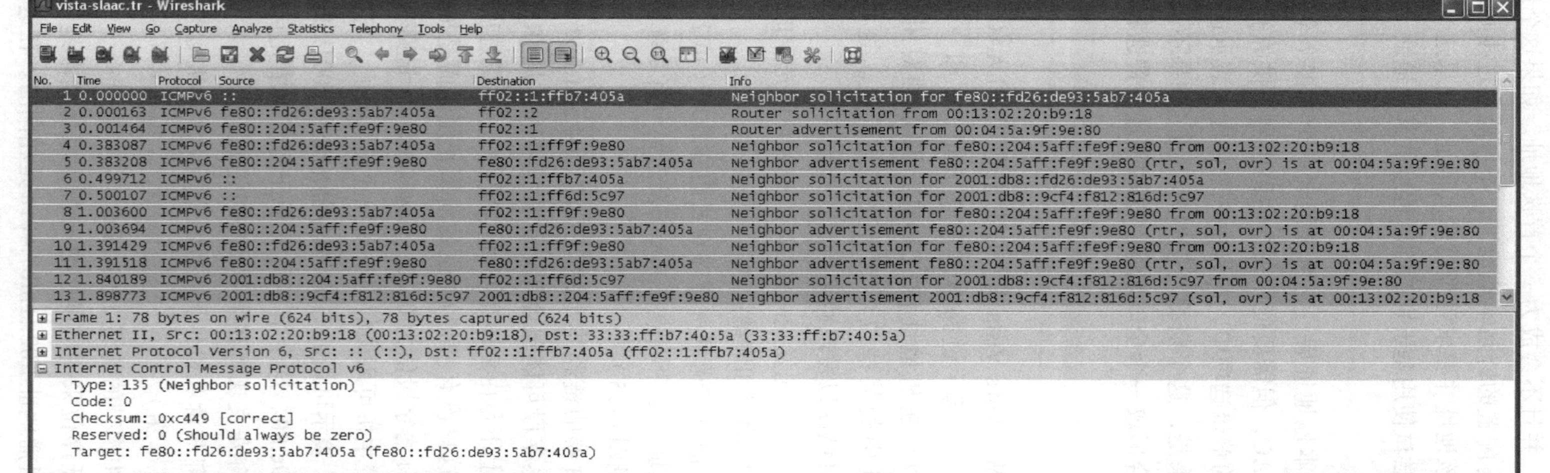

图 6-23 在 SLAAC 过程中，一台主机对自己希望使用的临时链路本地地址执行 DAD，它从未指定的地址向这个地址发送一个 ICMPv6 邻居请求消息

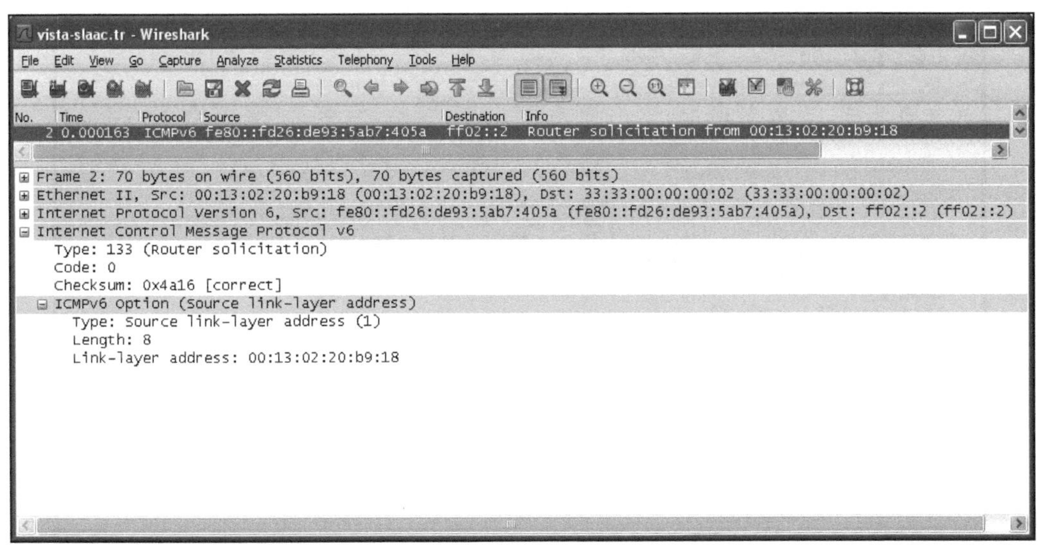

图 6-24 ICMPv6 RS 消息导致一台临近的路由器提供配置信息，例如它所在网络上的全球网络前缀

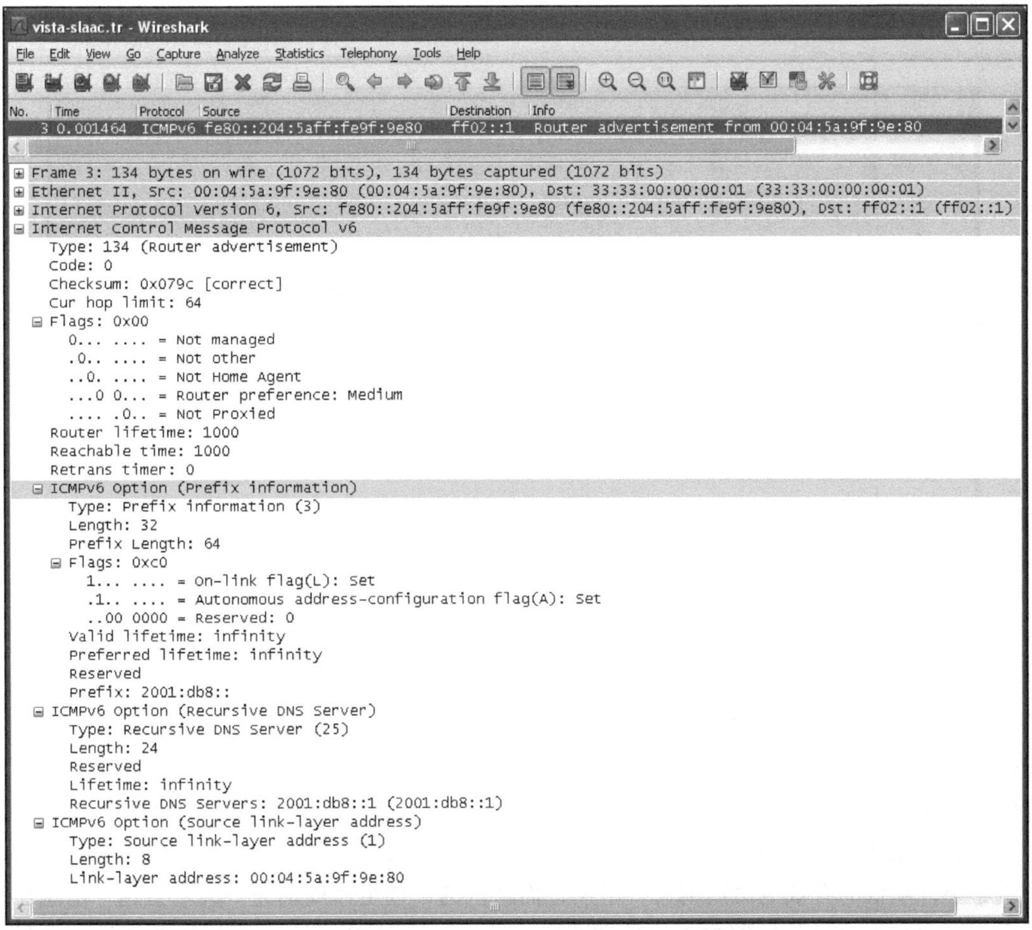

```
vista-slaac.tr - Wireshark
File Edit View Go Capture Analyze Statistics Telephony Tools Help
No. Time Protocol Source Destination Info
3 0.001464 ICMPv6 fe80::204:5aff:fe9f:9e80 ff02::1 Router advertisement from 00:04:5a:9f:9e:80
Frame 3: 134 bytes on wire (1072 bits), 134 bytes captured (1072 bits)
Ethernet II, Src: 00:04:5a:9f:9e:80 (00:04:5a:9f:9e:80), Dst: 33:33:00:00:00:01 (33:33:00:00:00:01)
Internet Protocol Version 6, Src: fe80::204:5aff:fe9f:9e80 (fe80::204:5aff:fe9f:9e80), Dst: ff02::1 (ff02::1)
Internet Control Message Protocol v6
  Type: 134 (Router advertisement)
  Code: 0
  Checksum: 0x079c [correct]
  Cur hop limit: 64
  Flags: 0x00
    0... .... = Not managed
    .0.. .... = Not other
    ..0. .... = Not Home Agent
    ...0 0... = Router preference: Medium
    .... .0.. = Not Proxied
  Router lifetime: 1000
  Reachable time: 1000
  Retrans timer: 0
  ICMPv6 Option (Prefix information)
    Type: Prefix information (3)
    Length: 32
    Prefix Length: 64
    Flags: 0xc0
      1... .... = On-link flag(L): Set
      .1.. .... = Autonomous address-configuration flag(A): Set
      ..00 0000 = Reserved: 0
    Valid lifetime: infinity
    Preferred lifetime: infinity
    Reserved
    Prefix: 2001:db8::
  ICMPv6 Option (Recursive DNS Server)
    Type: Recursive DNS Server (25)
    Length: 24
    Reserved
    Lifetime: infinity
    Recursive DNS Servers: 2001:db8::1 (2001:db8::1)
  ICMPv6 Option (Source link-layer address)
    Type: Source link-layer address (1)
    Length: 8
    Link-layer address: 00:04:5a:9f:9e:80
```

图 6-25 ICMPv6 RA 消息提供了网络中的默认路由器和全局地址前缀的位置以及是否可用的信息。它也包括一个 DNS 服务器的位置，并表明该路由器是否可像移动 IPv6 家乡代理（本例中没有）那样发送通告。客户机在配置操作中可能使用部分或全部信息 279~281

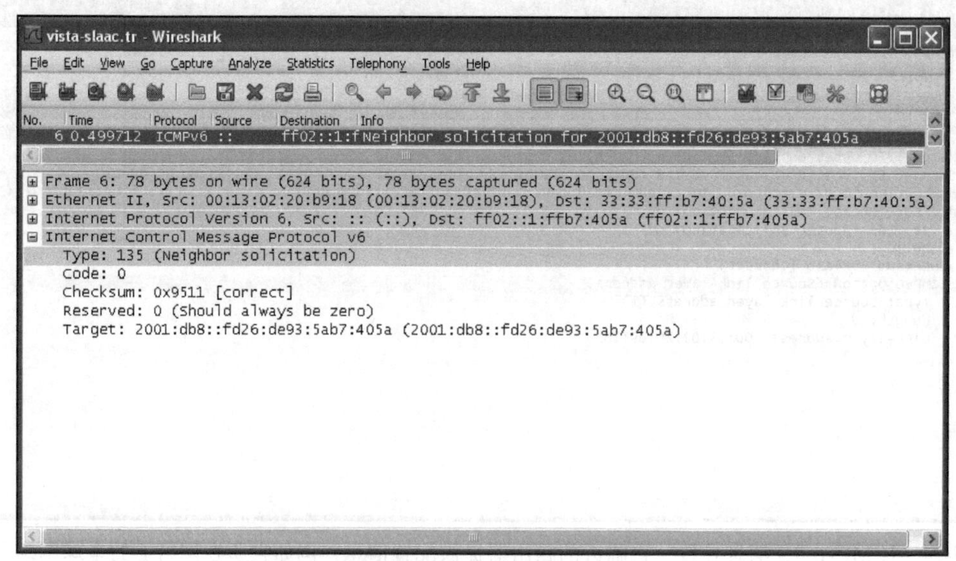

图 6-26 对前缀 2001:db8::/64 导出的全球地址的 DAD，作为第一个数据包发送到相同请求节点的组播地址

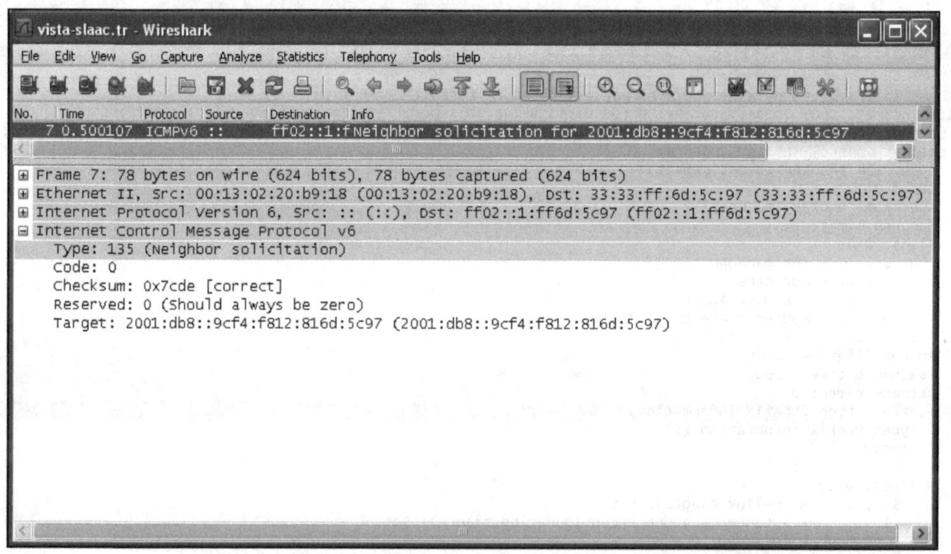

图 6-27 对地址 2001:db8::9cf4:f812:816d:5c97 的 DAD

图 6-27 中的 DAD 操作针对地址 2001:db8::9cf4:f812:816d:5c97。这个地址是一个临时
282 IPv6 地址，出于隐私保护的原因，它的低序位使用一个不同的随机数来生成。两个全球地址之间的区别是临时地址的生命周期较短。生命周期是由以下两个值中较小的值计算得到：RA 中接收到的前缀信息选项中包含的生命周期和一对本地默认的生命周期。在 Windows Vista 的例子中，默认的有效生命周期为一星期，而默认的首选生命周期为一天。当这个消息已完成后，客户机对自己的链路本地地址和两个全球地址执行 SLAAC。通过这些地址信息足以进行本地或全球通信。临时地址将定期更改，以协助增强隐私保护。在不需要隐私保护的情况下，可使用以下命令在 Windows 中禁用该功能：

```
C:\> netsh interface ipv6 set privacy state=disabled
```

在 Linux 中，使用以下命令启用临时地址：

```
Linux# sysctl -w net.ipv6.conf.all.use_tempaddr=2

Linux# sysctl -w net.ipv6.conf.default.use_tempaddr=2
```

使用以下命令禁用临时地址：

```
Linux# sysctl -w net.ipv6.conf.all.use_tempaddr=0

Linux# sysctl -w net.ipv6.conf.default.use_tempaddr=0
```

6.3.2.4 无状态 DHCP

我们已提到 DHCPv6 可用于一种“无状态”模式，在这种模式下，DHCPv6 服务器不指定地址（或保留任何一台客户机的状态），但提供其他配置信息。无状态 DHCPv6 定义在 [RFC3736] 中，并将 SLAAC 和 DHCPv6 相结合。有人认为这种结合是一种有吸引力的部署方案，网络管理员在部署 DHCPv4 时不必直接关心地址池。

在一个无状态 DHCPv6 部署方案中，假设节点采用 DHCPv6 之外的方法获得自己的地址。因此，DHCPv6 服务器不需要处理定义在表 6-1 中的地址管理消息。另外，它不需要处理建立 IA 绑定所需的选项。这大大简化了服务器软件和配置工作。中继代理的操作没有改变。

无状态 DHCPv6 客户机使用 DHCPv6 的 INFORMATION-REQUEST 消息请求信息，该信息由服务器发送的 REPLY 消息提供。INFORMATION-REQUEST 消息包含一个选项请求 283
选项，给出客户机想了解的更多信息的选项。INFORMATION-REQUEST 可能包含一个客户机标识符选项，它允许为特定的客户机定制答案。

为了实现标准的无状态 DHCPv6 服务器，相应系统必须实现以下这些消息：INFORMATION-REQUEST、REPLY、RELAY-FORW 和 RELAY-REPL。它还必须实现以下这些选项：选项请求、状态代码、服务器标识符、客户机消息、服务器消息和接口 ID。最后三个选项在作为中继代理时使用。作为一台可用的无状态 DHCPv6 服务器，其他几个选项可能是必要的：DNS 服务器、DNS 搜索列表和可能的 SIP 服务器。其他可能有用但不是必需的选项主要包括：优先级、经历的时间、用户类别、供应商类别、供应商特定信息、客户机标识符和认证。

6.3.2.5 地址自动配置的用途

IP 地址自动配置的用途通常是有限的，这是由于路由器可能需要为同一网络中的客户机配置特定范围的 IP 地址，而这台客户机自动配置的地址与该范围不一致。它在 IPv4（APIPA）环境中是好用的，这是因为专用链路本地前缀 169.254/16 不能用于路由器中。因此，自己分配 IP 地址的结果是本地子网访问可能正常，但 Internet 路由和名称服务（DNS）很可能不正常。当 DNS 不正常时，大部分常见 Internet “体验”无法实现。因此，一台客户机无法获得一个 IP 地址（相对容易检测），相对于获得一个实际不能有效使用的 IP 地址，前者通常更有用。

> **注意** 其他可能用于链路本地编址的名字服务包括 Bonjour/ZeroConf（Apple）、LLMNR 和 NetBIOS（Microsoft）。随着时间推移，这些来自不同厂商的服务没有成为 IETF 标准，在本地环境中将名称映射到地址时的行为有很大差别。关于 DNS 本地替代者的详细信息见第 11 章。

我们可以禁止使用 APIPA，防止系统自己分配一个 IP 地址。在 Windows 中，这是通过创建以下注册表项（注册表项是一行，这里为了说明而换了行）来完成：

```
HKLM\SYSTEM\CurrentControlSet\Services\Tcpip\Parameters\
IPAutoconfigurationEnabled
```

REG_DWORD 值可设置为 0，对所有网络接口禁用 APIPA。在 Linux 中，文件 /etc/
284 sysconfig/network 可修改为包括以下指令：

```
NOZEROCONF=yes
```

这将禁止所有网络接口使用 APIPA。通过修改每个接口的配置文件（例如，第一个以太网设备的 /etc/sysconfig/network-scripts/ifcfg-eth0），也可禁止特定接口使用 APIPA。

在 IPv6 SLAAC 的情况下，获得一个全局 IPv6 地址相对容易，但一个名称和其地址之间的关系并不安全，从而导致潜在的安全问题（参见第 11 章和第 18 章）。因此，在部署中暂时仍希望避免使用 SLAAC。对 IPv6 全局地址禁用 SLAAC 有两种方法。首先，在本地路由器提供的路由器通告消息的前缀选项中关闭“自动”标志（配置为不提供前缀选项，如前面的例子中所示）。另外，可通过本地配置来避免客户机进行全局地址的自动配置。

在一台 Linux 客户机中禁用 SLAAC，可使用以下命令：

```
Linux# sysctl -w net.ipv6.conf.all.autoconf=0
```

在 Mac OS 或 FreeBSD 系统中禁用 SLAAC（至少是针对本地链路地址），可使用以下命令：

```
FreeBSD# sysctl -w net.inet6.ip6.auto_linklocal=0
```

而 Windows 系统中的相应禁用命令为：

```
C:\> netsh
netsh> interface ipv6
netsh interface ipv6> set interface {ifname} managedaddress=disabled
```

其中，{Ifname} 应替换为相应接口的名称（在这个例子中是“Wireless Network Connection”）。注意，随着时间推移，这些配置命令的行为有时会发生变化。如果这些变化没有如预期那样执行，请查看针对当前方法的操作系统文件。

6.4 DHCP 和 DNS 交互

当一台 DHCP 客户机获得一个 IP 地址时，它接收的配置信息的重要部分是一台 DNS 服务器的 IP 地址。它允许客户机系统将 DNS 名称转换为 IPv4 和 / 或 IPv6 地址，该地址是进行传输层连接时协议实现所需要的。如果没有 DNS 服务器或其他方式将域名映射为 IP 地址，大多数用户会发现他们几乎难以访问互联网系统。如果本地 DNS 工作正常，它将 Internet 作为一个整体来提供地址映射，但如果配置正确，也可针对本地的专用网络（如前面
285 提到的 .home）。

由于本地专用网络的 DNS 映射通常采用烦琐的手工管理，因此，将指定 DHCP 地址与相应地址的 DNS 映射更新方法结合起来将会带来方便。这可通过组合 DHCP/DNS 服务器或动态 DNS（见第 11 章）来实现。

组合 DNS/DHCP 服务器（如 Linux dnsmasq 包）是一个服务器程序，它可配置为提供 IP 地址租约以及其他信息，也可读取一个 DHCPREQUEST 中的客户机标识符或域名，并在使

用 DHCPACK 进行响应之前，通过“名称到地址”的绑定更新内部 DNS 数据库。这样，由 DHCP 客户机或与相同 DNS 服务器交互的其他系统发起的任何后续 DNS 请求，能够在客户机名称和新分配的 IP 地址之间转换。

6.5 以太网上的 PPP

对于大多数局域网和一些广域网连接，DHCP 提供了最常用的客户机系统配置方法。对于广域网连接（例如 DSL），常用另一种基于 PPP 的方法代替它。这种方法涉及在以太网中携带 PPP，因此称为*以太网上的 PPP*（PPPoE）。PPPoE 用于广域网连接设备（例如 DSL 调制解调器）作为一个交换机或网桥而不是使用路由器的情况下。PPP 作为某些 ISP 建立连接的首选，这是因为它可提供比其他配置选项（例如 DHCP）更细致的配置控制和审计日志。为了提供 Internet 连接，有些设备（例如用户 PC）必须实现 IP 路由和寻址功能。图 6-28 显示了典型的使用情况。 286

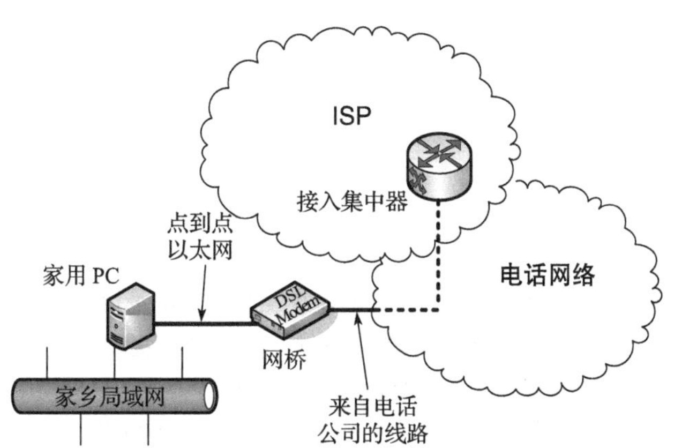

图 6-28 为客户提供使用 PPPoE 的 DSL 服务的简化视图。家用 PC 实现了 PPPoE 协议，并向 ISP 进行用户身份认证。它也可作为家乡局域网中的路由器、DHCP 服务器、DNS 服务器或 NAT 设备

该图显示了一个 ISP 使用 DSL 为很多客户提供服务。DSL 提供一条点到点的数字链路，它可与一条传统的模拟电话线（称为*普通老式电话业务*或 POTS）同时工作。对物理电话线的同时使用是通过频分复用来实现的，DSL 信息在比 POTS 更高的频率上传输。当连接到传统的电话听筒时，需要用一个过滤器来避免更高的 DSL 频率的干扰。DSL 调制解调器为 PPP 端口提供桥接服务，该端口位于 ISP 的*接入集中器*（AC）中，连接客户的调制解调器线和 ISP 的网络设备。调制解调器和 AC 也支持 PPPoE 协议，在这个例子中，该用户选择将一台家用 PC 连接到 DSL 调制解调器，并使用一个点到点的以太网络（即仅使用一根电缆的以太网）。

在 DSL 调制解调器与 ISP 成功建立一条低层链路后，PC 可以开始进行 PPPoE 交换，它被定义在信息文档 [RFC2516] 中，如图 6-29 所示。

这个协议包括一个*发现*阶段和一个 PPP *会话*阶段。发现阶段涉及交换几个 PPPoE *主动发现*（PAD）消息：PADI（初始化）、PADO（提供）、PADR（请求）和 PADS（会话确认）。在这个交换完成后，由以太网封装的一次 PPP 会话开始，并最终由任何一方发送 PADT（终止）消息来终止。如果低层连接中断，这个会话也会终止。PPPoE 消息使用图 6-30 所示的格式，并封装在以太网的有效载荷区。

在图 6-30 中，PPPoE *版本*和*类型*字段的长度都是 4 位，并包含当前 PPPoE 版本的值 0x1。*代码*字段中包含 PPPoE 消息类型的提示，如图 6-30 的右下部分所示。*会话 ID* 字段包含值 0x0000 表示 PADI、PADO 和 PADR 消息，并在后续消息中包含一个唯一的 16 位数字。在 PPP 会话阶段会保持相同的值。PAD 消息包含一个或多个*标签*，它们按 TLV 方式排列为

一个16位的TAG_TYPE字段，随后是一个16位的TAG_LENGTH字段和一个数据可变的标签值。表6-2给出了TAG_TYPE字段的值和含义。

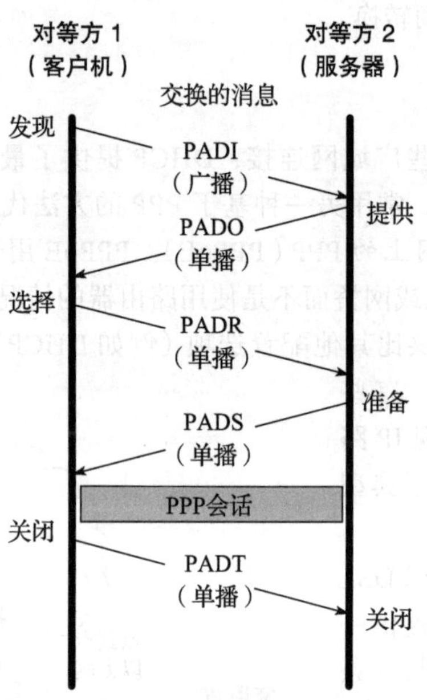

图6-29 PPPoE消息交换开始于发现阶段及建立PPP会话阶段。每个消息是一个PAD消息。PADI请求来自PPPoE服务器的响应。PADO提供连接。PADR表示客户机可以从多个可能的服务器中做出选择。PADS从选中的服务器向客户机提供一个确认。经过PAD交换，一次PPP会话开始。PPP会话可由任何一方发送PADT消息来终止，或在低层链路出现故障时关闭

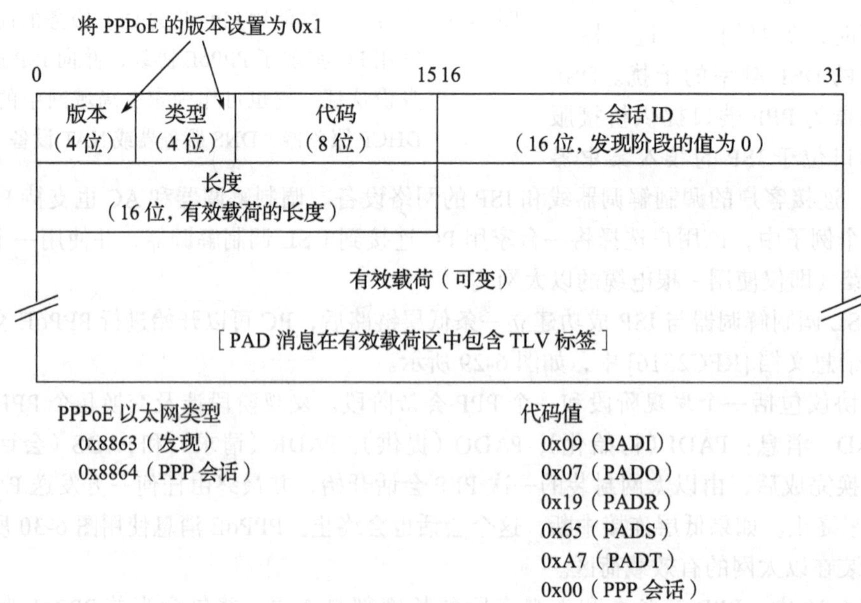

287~288 图6-30 PPPoE消息携带在以太网帧的有效载荷区。以太网类型字段在发现阶段设置为0x8863，而设置为0x8864表示携带PPP会话数据。对于PAD消息，采用TLV方式携带配置信息，这类似于DHCP选项。服务器选择一个PPPoE会话ID，并在PADS消息中传输

表 6-2 PPPoE 的 TAG_TYPE 字段的值、名称和用途。PAD 消息可能包含一个或多个标签

值	名 称	用 途
0x0000	End-of-List	表示没有更多标签存在。TAG_LENGTH 必须为 0
0x0101	Service-Name	包含一个 UTF-8 编码的服务名称（供 ISP 使用）
0x0102	AC-Name	包含一个 UTF-8 编码的字符串，用于表示访问集中器
0x0103	Host-Uniq	由客户机使用的二进制数据，用于匹配消息；不能被 AC 解释
0x0104	AC-Cookie	由 AC 使用的二进制数据，用于防止 DoS；由客户机回显
0x0105	Vendor-Specific	不推荐；更多细节见 [RFC2516]
0x0110	Relay-Session-ID	中继增加该值以转发 PAD 流量
0x0201	Service-Name-Error	请求的 Service-Name 标签不能被 AC 认可
0x0202	AC-System-Error	AC 在执行请求的操作时出现一个错误
0x0203	Generic-Error	包含一个 UTF-8 编码的字符串，用于描述一个不可恢复的错误

为了查看 PPPoE 的行为，我们可监控图 6-28 所示的一个家用系统（例如家用 PC）与一台接入集中器之间的数据交换。图 6-31 显示了发现阶段和第一次 PPP 会话数据包。

图 6-31 显示了预期的 PADI、PADO、PADR 和 PADS 消息交换。每个消息包含一个值为 9c3a0000 的 Host-Uniq 标签。来自集中器的消息也包含一个值为 90084090400368-rback37.snfcca 的 AC-Name 标签。图 6-32 显示了 PADS 消息的详细信息。

在图 6-32 中，PADS 消息表示为客户机建立一次 PPP 会话，并使用 0xecbd 作为会话 ID。AC-Name 标签仍然保持，表示使用原来的 AC。至此，发现阶段已完成，可开始一次普通的 PPP 会话（见第 3 章）。图 6-33 显示了第一次 PPP 会话的数据包。

该图说明 PPPoE 交换中的 PPP 会话阶段开始。PPP 会话开始于链路配置（PPP LCP），这里由客户机发送一个*配置请求*（见第 3 章）。它表明客户机想使用密码认证协议（一种相对不安全的方法）向 AC 认证自己。当认证交换已完成，并交换了各种链路参数（例如 MRU），IPCP 用于获取和配置 IP 地址。注意，这时可能需要额外的配置信息（例如，ISP 的 DNS 服务器的 IP 地址），它取决于 ISP 的配置（即手工配置）。 289

6.6 与系统配置相关的攻击

针对系统和网络配置的攻击多种多样。从未授权客户机或未授权服务器对 DHCP 的干扰，到耗尽资源的各种形式的 DoS 攻击，例如申请一台服务器可能提供的所有可能的 IP 地址。这些问题很常见，这是由于地址配置基于旧的 IPv4 协议，其设计出发点是假设网络可信，而到目前为止新的协议还很少部署（安全部署就更少见）。因此，无法通过典型 DHCP 部署来防御这些攻击，虽然链路层认证（例如，Wi-Fi 网络使用的 WPA2）有助于限制连接到一个特定网络的未授权客户机数量。

IETF 致力于为 IPv6 *邻居发现*提供安全性，哪个邻居、什么时间或是否已部署 SLAAC，这些因素将直接影响网络运行的安全性。[RFC3756] 概括了 2004 年以来的信任及威胁假设，[RFC3971] 定义了*安全邻居发现*（SEND）协议。SEND 将 IPsec（见第 18 章）用于*邻居发现*数据包，并结合使用加密生成的地址（CGA）[RFC3972]。这种地址由密钥散列函数而获得，所以它们只能由系统保存的适当关键信息生成。

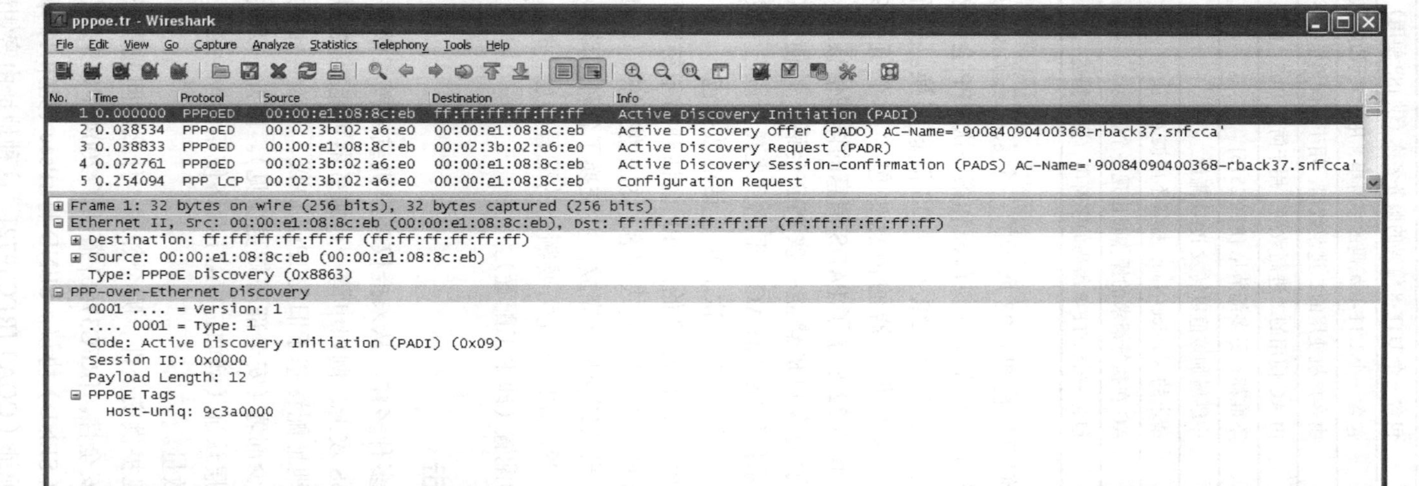

图 6-31　PPPoE 交换开始于一个发送到以太网广播地址的 PADI 消息。后续消息使用单播地址。在这个交换中，仅使用 Host-Uniq 和 AC-Name 标签。PPP 会话开始于第 5 个数据包，它开始一个 PPP 链路配置交换，最终使用 IPCP 为系统分配 IPv4 地址（见第 3 章）

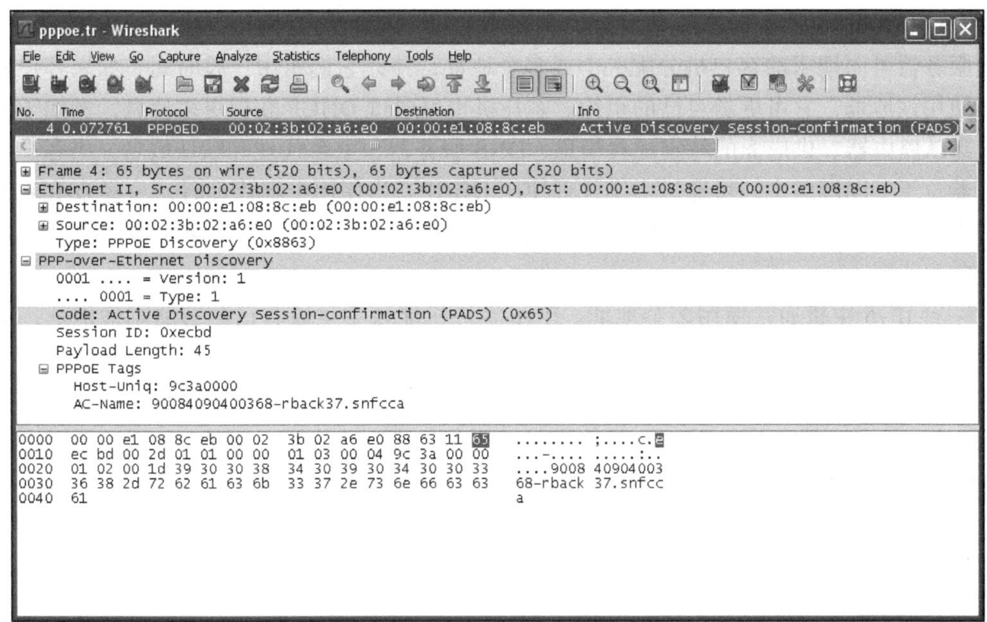

图 6-32 PPPoE 的 PADS 消息用于确认客户机和接入集中器之间的关联。这个消息还将会话 ID 设置为 0xecbd，它用于后续 PPP 会话数据包中

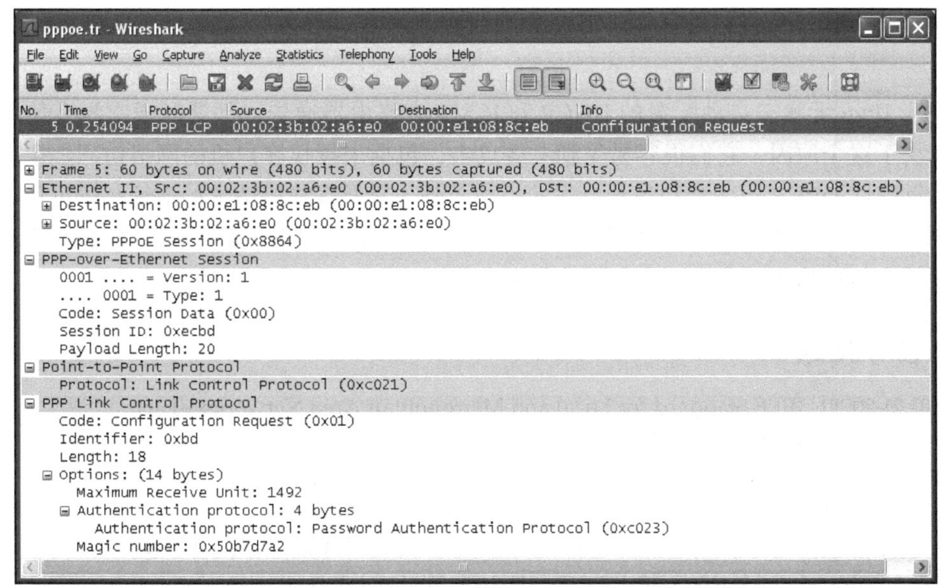

图 6-33 PPPoE 会话的第一个 PPP 消息是一个*配置请求*。以太网类型更改为 0x8864，表示这是一次主动的 PPP 会话，并且*会话* ID 设置为 0xecbd。在这个例子中，PPP 客户机使用相对不安全的密码认证协议进行身份认证

6.7 总结

主机或路由器使用 Internet 协议在 Internet 或专用网络中运行时需要一组基本的配置信息。路由器通常至少需要分配寻址信息，而主机需要地址、下一跳路由器和 DNS 服务器的

位置。DHCP 可同时用于 IPv4 和 IPv6，但两者之间不能直接互操作。通过 DHCP，适当配置的服务器可向请求的客户机分配一个或多个地址，并让它们租用一段时间。如果客户机想继续使用该地址，它可更新自己的租约。客户机也可通过 DHCP 获得更多信息，例如子网掩码、默认路由器、供应商的特定配置信息、DNS 服务器、家乡代理和默认域名。当客户机和服务器位于不同网络中，可通过中继代理使用 DHCP。当使用中继代理时，一些 DHCP 扩展允许在中继代理和服务器之间携带额外信息。DHCPv6 也可用于为一台路由器委托一个 IPv6 地址空间范围。

290~292 一台 IPv6 主机通常使用多个地址。IPv6 客户机能自主生成自己的链路本地地址，这是通过将一个特定的链路本地 IPv6 前缀与其他本地信息（例如从自己的 MAC 地址中获得的特殊位或有助于保护隐私的随机数）相结合来实现的。要获得一个全局地址，客户机可从 ICMP 路由器通告消息或 DHCPv6 服务器获得一个全球地址前缀。DHCPv6 服务器可工作在“有状态”模式，为请求的客户机提供 IPv6 地址租用；它也可工作在“无状态”模式，提供地址之外的其他配置信息。

PPPoE 协议通过以太网携带 PPP 消息以与 ISP 建立 Internet 连接，特别是那些使用 DSL 提供服务的 ISP。当使用 PPPoE 时，用户通常有一台带以太网端口的 DSL 调制解调器，该端口就像一个网桥或交换机。PPPoE 首先交换一组发现消息，以确定一个访问控制器的身份，并建立一次 PPP 会话。在发现阶段完成后，PPP 流量可封装在以太网帧中，并携带不同协议（例如 IP），这可能持续到 PPPoE 会话终止（不管是有意为之还是因为低层链路断开）。当使用 PPPoE 时，PPP 协议配置功能，例如 IPCP（在第 3 章中讨论），最终负责为客户机分配 IP 地址。

用于 IPv6 无状态自动配置的 DHCP 和 ICMPv6 路由器通告，部署时通常没有使用安全机制。由于这个原因，它们很容易受到一些攻击，包括未授权客户机的网络访问、生成伪造地址的欺骗性 DHCP 服务器和各种形式的拒绝服务，以及客户机请求的地址超过可用地址的资源耗尽攻击等。大多数攻击可通过为 DHCP 增加安全机制来缓解，例如 DHCP 认证和最近出现的 SEND 协议。但是，它们目前仍很少使用。

6.8 参考文献

[802.21-2008] "IEEE Standard for Local and Metropolitan Area Networks—Part 21: Media Independent Handover Services," Nov. 2008.

[F07] R. Faas, "Hands On: Configuring Apple's NetBoot Service, Part 1," *Computerworld*, Sept. 2007.

[GC89] C. Gray and D. Cheriton, "Leases: An Efficient Fault-Tolerant Mechanism for Distributed File Cache Consistency," *Proc. ACM Symposium on Operating System Principles (SOSP)*, 1989.

[IARP] http://www.iana.org/assignments/arp-parameters

[IBDP] http://www.iana.org/assignments/bootp-dhcp-parameters

[ID4LQ] K. Kinnear, B. Volz, M. Stapp, D. Rao, B. Joshi, N. Russell, and P. Kurapati, "Bulk DHCPv4 Lease Query," Internet draft-ietf-dhc-dhcpv4-bulk-leasequery,
293 work in progress, Apr. 2011.

[ID4RI] B. Joshi, R. Rao, and M. Stapp, "The DHCPv4 Relay Agent Identifier Suboption," Internet draft-ietf-dhc-relay-id-suboption, work in progress, June 2011.

[ID6PARAM] http://www.iana.org/assignments/dhcpv6-parameters

[IDDN] G. Daley, E. Nordmark, and N. Moore, "Tentative Options for Link-Layer Addresses in IPv6 Neighbor Discovery," Internet draft-ietf-dna-tentative (expired), work in progress, Oct. 2009.

[IDL2RA] B. Joshi and P. Kurapati, "Layer 2 Relay Agent Information," Internet draft-ietf-dhc-l2ra, work in progress, Apr. 2011.

[IEPARAM] http://www.iana.org/assignments/enterprise-numbers

[MKB928233] Microsoft Knowledge Base Article 928233 at http://support.microsoft.com

[MS-DHCPN] Microsoft Corporation, "[MS-DHCPN]: Dynamic Host Configuration Protocol (DHCP) Extensions for Network Access Protection (NAP)," http://msdn.microsoft.com/en-us/library/cc227316.aspx, Oct. 2008.

[RFC0826] D. Plummer, "Ethernet Address Resolution Protocol: Or Converting Network Protocol Addresses to 48.bit Ethernet Address for Transmission on Ethernet Hardware," Internet RFC 0826/STD 0037, Nov. 1982.

[RFC0951] W. J. Croft and J. Gilmore, "Bootstrap Protocol," Internet RFC 0951, Sept. 1985.

[RFC1542] W. Wimer, "Clarifications and Extensions for the Bootstrap Protocol," Internet RFC 1542, Oct. 1993.

[RFC2131] R. Droms, "Dynamic Host Configuration Protocol," Internet RFC 2131, Mar. 1997.

[RFC2132] S. Alexander and R. Droms, "DHCP Options and BOOTP Vendor Extensions," Internet RFC 2132, Mar. 1997.

[RFC2241] D. Provan, "DHCP Options for Novell Directory Services," Internet RFC 2241, Nov. 1997.

[RFC2242] R. Droms and K. Fong, "NetWare/IP Domain Name and Information," Internet RFC 2242, Nov. 1997.

[RFC2516] L. Mamakos, K. Lidl, J. Evarts, D. Carrel, D. Simone, and R. Wheeler, "A Method for Transmitting PPP over Ethernet (PPPoE)," Internet RFC 2516 (informational), Feb. 1999.

[RFC2563] R. Troll, "DHCP Option to Disable Stateless Auto-Configuration in IPv4 Clients," Internet RFC 2563, May 1999.

[RFC2937] C. Smith, "The Name Service Search Option for DHCP," Internet RFC 2937, Sept. 2000.

[RFC3004] G. Stump, R. Droms, Y. Gu, R. Vyaghrapuri, A. Demirtjis, B. Beser, and J. Privat, "The User Class Option for DHCP," Internet RFC 3004, Nov. 2000.

[RFC3011] G. Waters, "The IPv4 Subnet Selection Option for DHCP," Internet RFC 3011, Nov. 2000.

[RFC3046] M. Patrick, "DHCP Relay Agent Information Option," Internet RFC 3046, Jan. 2001.

[RFC3118] R. Droms and W. Arbaugh, eds., "Authentication of DHCP Messages," Internet RFC 3118, June 2001.

[RFC3203] Y. T'Joens, C. Hublet, and P. De Schrijver, "DHCP Reconfigure Extension," Internet RFC 3203, Dec. 2001.

[RFC3315] R. Droms, ed., J. Bound, B. Volz, T. Lemon, C. Perkins, and M. Carney, "Dynamic Host Configuration Protocol for IPv6 (DHCPv6)," Internet RFC 3315,

July 2003.

[RFC3396] T. Lemon and S. Cheshire, "Encoding Long Options in the Dynamic Host Configuration Protocol (DHCPv4)," Internet RFC 3396, Nov. 2002.

[RFC3442] T. Lemon, S. Cheshire, and B. Volz, "The Classless Static Route Option for Dynamic Host Configuration Protocol (DHCP) Version 4," Internet RFC 3442, Dec. 2002.

[RFC3633] O. Troan and R. Droms, "IPv6 Prefix Options for Dynamic Host Configuration Protocol (DHCP) Version 6," Internet RFC 3633, Dec. 2003.

[RFC3646] R. Droms, ed., "DNS Configuration Options for Dynamic Host Configuration Protocol for IPv6 (DHCPv6)," Internet RFC 3646, Dec. 2003.

[RFC3693] J. Cuellar, J. Morris, D. Mulligan, J. Peterson, and J. Polk, "Geopriv Requirements," Internet RFC 3693 (informational), Feb. 2004.

[RFC3736] R. Droms, "Stateless Dynamic Host Configuration Protocol (DHCP) Service for IPv6," Internet RFC 3736, Apr. 2004.

[RFC3756] P. Nikander, ed., J. Kempf, and E. Nordmark, "IPv6 Neighbor Discovery (ND) Trust Models and Threats," Internet RFC 3756 (informational), May 2004.

[RFC3925] J. Littlefield, "Vendor-Identifying Vendor Options for Dynamic Host Configuration Protocol Version 4 (DHCPv4)," Internet RFC 3925, Oct. 2004.

[RFC3927] S. Cheshire, B. Aboba, and E. Guttman, "Dynamic Configuration of IPv6 Link-Local Addresses," Internet RFC 3927, May 2005.

[RFC3971] J. Arkko, ed., J. Kempf, B. Zill, and P. Nikander, "SEcure Neighbor Dicovery (SEND)," Internet RFC 3971, Mar. 2005.

[RFC3972] T. Aura, "Cryptographically Generated Addresses (CGA)," Internet RFC 3972, Mar. 2005.

[RFC4030] M. Stapp and T. Lemon, "The Authentication Suboption for the Dynamic Host Configuration Protocol (DHCP) Relay Agent Option," Internet RFC 4030, Mar. 2005.

[RFC4039] S. Park, P. Kim, and B. Volz, "Rapid Commit Option for the Dynamic Host Configuration Protocol Version 4 (DHCPv4)," Internet RFC 4039, Mar. 2005.

[RFC4174] C. Monia, J. Tseng, and K. Gibbons, "The IPv4 Dynamic Host Configuration Protocol (DHCP) Option for the Internet Storage Name Service," Internet RFC 4174, Sept. 2005.

[RFC4280] K. Chowdhury, P. Yegani, and L. Madour, "Dynamic Host Configuration Protocol (DHCP) Options for Broadcast and Multicast Control Servers," Internet RFC 4280, Nov. 2005.

[RFC4291] R. Hinden and S. Deering, "IP Version 6 Addressing Architecture," Internet RFC 4291, Feb. 2006.

[RFC4361] T. Lemon and B. Sommerfield, "Node-Specific Client Identifiers for Dynamic Host Configuration Protocol Version Four (DHCPv4)," Internet RFC 4361, Feb. 2006.

[RFC4388] R. Woundy and K. Kinnear, "Dynamic Host Configuration Protocol (DHCP) Leasequery," Internet RFC 4388, Feb. 2006.

[RFC4429] N. Moore, "Optimistic Duplicate Address Detection (DAD) for IPv6," Internet RFC 4429, Apr. 2006.

[RFC4436] B. Aboba, J. Carlson, and S. Cheshire, "Detecting Network Attachment in IPv4 (DNAv4)," Internet RFC 4436, Mar. 2006.

[RFC4649] B. Volz, "Dynamic Host Configuration Protocol (DHCPv6) Relay Agent Remote-ID Option," Internet RFC 4649, Aug. 2006.

[RFC4702] M. Stapp, B. Volz, and Y. Rekhter, "The Dynamic Host Configuration Protocol (DHCP) Client Fully Qualified Domain Name (FQDN) Option," Internet RFC 4702, Oct. 2006.

[RFC4704] B. Volz, "The Dynamic Host Configuration Protocol for IPv6 (IPv6) Client Fully Qualified Domain Name (FQDN) Option," Internet RFC 4704, Oct. 2006.

[RFC4776] H. Schulzrinne, "Dynamic Host Configuration Protocol (DHCPv4 and DHCPv6) Option for Civic Addresses Configuration Information," Internet RFC 4776, Nov. 2006.

[RFC4833] E. Lear and P. Eggert, "Timezone Options for DHCP," Internet RFC 4833, Apr. 2007.

[RFC4862] S. Thomson, T. Narten, and T. Jinmei, "IPv6 Stateless Address Autoconfiguration," Internet RFC 4862, Sept. 2007.

[RFC4941] T. Narten, R. Draves, and S. Krishnan, "Privacy Extensions for Stateless Address Autoconfiguration in IPv6," Internet RFC 4941, Sept. 2007.

[RFC5007] J. Brzozowski, K. Kinnear, B. Volz, and S. Zeng, "DHCPv6 Leasequery," Internet RFC 5007, Sept. 2007.

[RFC5010] K. Kinnear, M. Normoyle, and M. Stapp, "The Dynamic Host Configuration Protocol Version 4 (DHCPv4) Relay Agent Flags Suboption," Internet RFC 5010, Sept. 2007.

[RFC5107] R. Johnson, J. Kumarasamy, K. Kinnear, and M. Stapp, "DHCP Server Identifier Override Suboption," Internet RFC 5107, Feb. 2008.

[RFC5175] B. Haberman, ed., and R. Hinden, "IPv6 Router Advertisement Flags Option," Internet RFC 5175, Mar. 2008.

[RFC5192] L. Morand, A. Yegin, S. Kumar, and S. Madanapalli, "DHCP Options for Protocol for Carrying Authentication for Network Access (PANA) Authentication Agents," Internet RFC 5192, May 2008.

[RFC5222] T. Hardie, A. Newton, H. Schulzrinne, and H. Tschofenig, "LoST: A Location-to-Service Translation Protocol," Internet RFC 5222, Aug. 2008.

[RFC5223] H. Schulzrinne, J. Polk, and H. Tschofenig, "Discovering Location-to-Service Translation (LoST) Servers Using the Dynamic Host Configuration Protocol (DHCP)," Internet RFC 5223, Aug. 2008.

[RFC5460] M. Stapp, "DHCPv6 Bulk Leasequery," Internet RFC 5460, Feb. 2009.

[RFC5569] R. Despres, "IPv6 Rapid Deployment on IPv4 Infrastructures (6rd)," Internet RFC 5569 (informational), Jan. 2010.

[RFC5677] T. Melia, ed., G. Bajko, S. Das, N. Golmie, and JC. Zuniga, "IEEE 802.21 Mobility Services Framework Design (MSFD)," Internet RFC 5677, Dec. 2009.

[RFC5678] G. Bajko and S. Das, "Dynamic Host Configuration Protocol (DHCPv4 and DHCPv6) Options for IEEE 802.21 Mobility Services (MoS) Discovery," Internet RFC 5678, Dec. 2009.

[RFC5735] M. Cotton and L. Vegoda, "Special-Use IPv4 Addresses," Internet RFC 5735/BCP 0153, Jan. 2010.

[RFC5969] W. Townsley and O. Troan, "IPv6 Rapid Deployment on IPv4 Infrastructures (6rd)—Protocol Specification," Internet RFC 5969, Aug. 2010.

[RFC5985] M. Barnes, ed., "HTTP-Enabled Location Delivery (HELD)," Internet RFC 5985, Sept. 2010.

[RFC5986] M. Thomson and J. Winterbottom, "Discovering the Local Location Information Server (LIS)," Internet RFC 5986, Sept. 2010.

[RFC6059] S. Krishnan and G. Daley, "Simple Procedures for Detecting Network Attachment in IPv6," Internet RFC 6059, Nov. 2010.

[RFC6106] J. Jeong, S. Park, L. Beloeil, and S. Madanapalli, "IPv6 Router Advertisement Options for DNS Configuration," Internet RFC 6106, Nov. 2010.

[RFC6148] P. Kurapati, R. Desetti, and B. Joshi, "DHCPv4 Lease Query by Relay Agent Remote ID," Internet RFC 6148, Feb. 2011.

[RFC6153] S. Das and G. Bajko, "DHCPv4 and DHCPv6 Options for Access Network Discovery and Selection Function (ANDSF) Discovery," Internet RFC 6153, Feb. 2011.

[RFC6221] D. Miles, ed., S. Ooghe, W. Dec, S. Krishnan, and A. Kavanagh, "Lightweight DHCPv6 Relay Agent," Internet RFC 6221, May 2011.

[RFC6225] J. Polk, M. Linsner, M. Thomson, and B. Aboba, ed., "Dynamic Host Configuration Protocol Options for Coordinate-Based Location Configuration Information," Internet RFC 6225, Mar. 2011.

294 ~ 298 [RFC6276] R. Droms, P. Thubert, F. Dupont, W. Haddad, and C. Bernardos, "DHCPv6 Prefix Delegation for Network Mobility (NEMO)," Internet RFC 6276, July 2011.

第 7 章

TCP/IP Illustrated, Volume 1: The Protocols, Second Edition

防火墙和网络地址转换

7.1 引言

在因特网（Internet）以及协议发展的最初几年，大多数网络设计师和开发人员都来自于大学或其他从事研究的机构。这些研究人员普遍是友好和合作的，当时的互联网系统虽然容易遭受攻击，但并没有多少人有兴趣去攻击它。在 20 世纪 80 年代末，特别是 20 世纪 90 年代初至中期，互联网得到了大家的普遍关注，致使人们开始感兴趣去攻陷它。成功的攻击成了家常便饭，互联网主机在软件实现中的各种错误及未定义的协议操作造成了大量问题。因为一些网站有大量的、各种版本的操作系统软件，对于系统管理员而言，要确保所有这些后端系统中的各种错误均已被修复是非常困难的。此外，对于已经被淘汰的系统，要完成这项工作几乎是不可能的。为了解决这个问题，需要一种方法来控制互联网中网络流量的流向。今天，这项工作由*防火墙*来完成，它是一种能够限制所转发的流量类型的路由器。

随着部署防火墙来保护企业，另一个问题变得越来越重要：可用的 IPv4 地址数量正面临枯竭的威胁。必须采取有效的措施来管理 IP 地址的分配和使用。除了 IPv6 之外，一种最为重要的解决机制就是*网络地址转换*（Network Address Translation，NAT）。采用 NAT 之后，互联网地址就不再需要是全球唯一的，因此可以在互联网的不同部分（称为*地址范围*（address realm））被重复使用。允许在多个范围中的同一地址重复使用，大大缓解了地址耗
尽的问题。正如我们所看到的，NAT 与防火墙相结合生成的复合设备，已经演变成用于连接 299
终端用户的最为常见的路由器类型，包括连接家庭网络和小型企业网络至互联网的。现在，我们将进一步探讨防火墙和 NAT 的细节。

7.2 防火墙

保证终端系统的软件是最新的和不存在任何错误需要承担巨大的管理压力，因此确保终端系统免受攻击的焦点转为如何利用防火墙来过滤部分流量以限制流量流向终端系统。今天防火墙很常见，并已经演化出多种不同的类型。

最为常用的两种防火墙是*代理防火墙*（proxy firewall）和*包过滤防火墙*（packet-filter firewall）。它们之间的主要区别是所操作的协议栈的层次及由此决定的 IP 地址和端口号的使用。包过滤防火墙是一个互联网路由器，能够丢弃符合（或者不符合）特定条件的数据包。从 Internet 客户端的角度来看，代理防火墙则是一个多宿主的服务器主机。也就是说，它是 TCP 和 UDP 传输关联的终点，通常不会在 IP 协议层中路由 IP 数据报。

7.2.1 包过滤防火墙

包过滤防火墙作为互联网路由器，能够*过滤*（filter）（丢弃）一些网络流量。它们一般都可以配置为丢弃或转发数据包头中符合（或不符合）特定标准的数据包，这些标准称为*过滤器*（filter）。简单的过滤器包括网络层或传输层报头中各个部分的范围比较。最流行的过

滤器包括 IP 地址或者选项、ICMP 报文的类型，以及根据数据包中端口号确定的各种 UDP 或 TCP 服务。正如我们将看到的，最简单的包过滤防火墙是无状态的，而更复杂的防火墙是有状态的。无状态的包过滤防火墙单独处理每一个数据报，而有状态的防火墙能够通过关联已经或者即将到达的数据包来推断流或者数据报的信息，即那些属于同一个传输关联（transport association）的数据包或构成同一个 IP 数据报（参见第 10 章）的 IP 分片。IP 分片使得防火墙的工作变得更为复杂，无状态包过滤防火墙极易被其混淆。

图 7-1 所示为一个典型的包过滤防火墙。在这里防火墙是一个有着三个网络接口的互联网路由器：一个“内”接口，一个“外”接口和第三个“非军事区”（DMZ）接口。DMZ 子网能够访问外联网或 DMZ，其中部署的服务器可供互联网用户访问。网络管理员会安装过滤器或访问控制列表（Access Control Lists，ACL）（ACL 列出了什么类型的数据包需要被丢弃或转发的基本政策）到防火墙中。通常情况下，这些过滤器将会全力拦截来自外网的恶意
300 流量，但不会限制从内网到外网的流量。

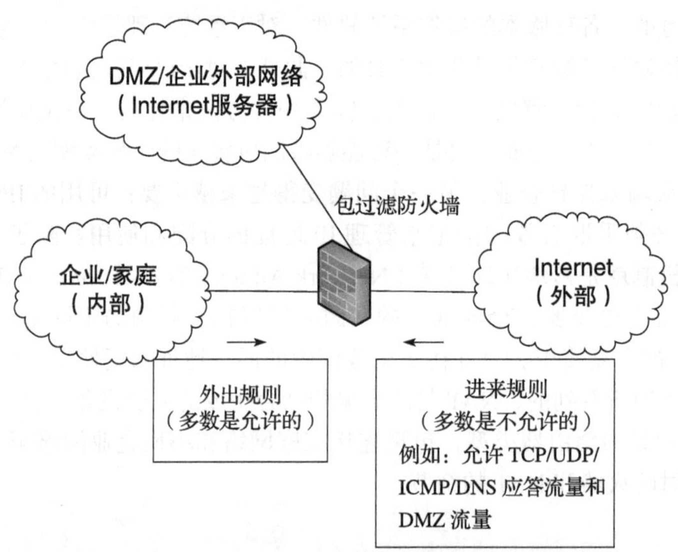

图 7-1 一个典型的包过滤防火墙的配置。防火墙作为 IP 路由器位于一个“内”网和“外”网之间，有时是在第三个“DMZ”或外联网，只允许某些特定的流量通过。一种常见的配置是允许所有从内网到外网的流量通过，但相反的方向只允许小部分的流量。当使用一个 DMZ 时，只允许从 Internet 访问其中的某些特定服务

7.2.2 代理防火墙

包过滤的防火墙作为一个路由器可以选择性地丢弃数据包。其他类型的防火墙，如代理防火墙，并不是真正意义上的互联网路由器。相反，它们本质上是运行一个或多个应用层网关（Application-Layer Gateways，ALG）的主机，该主机拥有多个网络接口，能够在应用层中继两个连接 / 关联之间的特定类型的流量。它们通常不像路由器那样做 IP 转发，虽然现在已经有结合了各种功能的更复杂的代理防火墙。

图 7-2 说明了一个代理防火墙。对于这种类型的防火墙，防火墙内的客户端通常会做特殊配置以便关联（或者连接）到代理防火墙，而不是连接到实际提供所需服务的真正的终端主机。（能够和代理防火墙以这种方式交互的应用需要提供相应的配置选项。）通常这些防火

墙作为多宿主主机，即便具备 IP 转发的能力也是被禁用的。与包过滤防火墙一样，一种常见的配置是为“外”接口分配一个全局路由的 IP 地址，为“内”接口分配一个私有的 IP 地址。因此，代理防火墙支持使用私有地址范围。 301

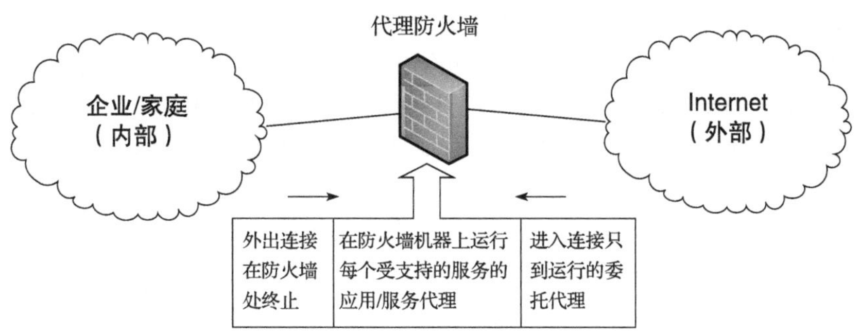

图 7-2　代理防火墙作为一个多宿主的 Internet 主机，终止在应用层的 TCP 和 UDP 的连接。它不像一个传统的 IP 路由器，而更像一个 ALG。单个应用程序或代理为了其所支持的每个服务，必须具备和代理防火墙进行通信交互的能力

虽然这种类型的防火墙是非常安全的（一些人认为，这种类型的防火墙从根本上比包过滤防火墙安全），但它是以脆性（brittleness）和缺乏灵活性为代价的。特别是，因为这种类型的防火墙必须为每个传输层服务设置一个代理，任何要使用的新服务必须安装一个相应的代理，并通过该代理来操作发起连接。此外，必须配置每个客户端以便能够找到代理（例如，使用 Web 代理自动发现协议或 WPAD[XIDAD]，当然也有一些替代的方法，如所谓的捕捉代理就能够处理某种类型的所有流量，而不管其目标地址如何）。至于部署方面，这些防火墙在所有被访问的网络服务均能提前确定的环境中能工作得很好，但是添加额外的服务可能需要网络运营者的重大干预。

代理防火墙的两种最常见的形式是 HTTP *代理防火墙*（HTTP proxy firewall）[RFC2616] 和 SOCKS *防火墙*（SOCKS firewall）[RFC1928]。第一种类型也称为 Web 代理，只能用于 HTTP 和 HTTPS 协议（Web），这些协议是非常普遍的，因此这些代理会被经常使用。这些代理对于内网用户来说就像是 Web 服务器，对于被访问的外部网站来说就像是 Web 客户端。这种代理往往也提供 Web *缓存*（Web cache）功能。这些缓存保存网页的副本，以便后续访问可以直接从缓存中获取，而不再需要访问原始的 Web 服务器。这样做的好处是可以减少显示网页的延迟，提高用户访问网站的体验。一些 Web 代理也经常被用作*内容过滤器*（content filter），能够基于“黑名单”来阻止用户访问某些 Web 网站。相反，在互联网上还可以找到一些所谓的*隧道代理服务器*（tunneling proxy server）。这些服务器（例如 psiphon 和 CGIProxy）本质上执行相反的功能，以避免用户被内容过滤器封阻。 302

SOCKS 协议比 HTTP 代理访问使用更为广泛，可用于 Web 之外的其他服务。目前正在使用的 SOCKS 有两个版本：版本 4 和版本 5。第 4 版为代理传输提供了基本的支持，而第 5 版增加了强大的认证、UDP 传输和 IPv6 寻址。为使用 SOCKS 代理，应用程序在开发时必须添加 SOCKS 代理支持功能（即它必须是能够被代理的），同时通过配置应用程序能够获知代理的位置及其版本。一旦配置完成，客户端使用 SOCKS 协议请求代理进行网络连接，也可以选择性地进行 DNS 查找。

7.3 网络地址转换

NAT 本质上是一种允许在互联网的不同地方重复使用相同的 IP 地址集的机制。建立 NAT 的主要动机是正在急剧减少的有限 IP 地址空间。使用 NAT 最常见的情况是，唯一与 Internet 连接的站点仅被分配了很少的几个 IP 地址（甚至只有一个 IP 地址），但是内部却有多台主机需要同时上网。当所有进出的流量均通过一个单独的 NAT 设备时，该设备将内部系统的地址空间和全球互联网地址空间分割开，因此所有的内部系统可以使用本地分配的私有 IP 地址访问互联网。然而，为分配了私有地址空间的系统在互联网上提供服务是一项更为复杂的工作。我们在 7.3.4 节讨论这种情况。

NAT 的引入用以解决两个问题：IP 地址枯竭和关于路由可扩展性的担忧。在刚推出的时候（20 世纪 90 年代初），NAT 仅作为权宜之计，是一种临时的措施，直到一些具有更大地址数量的协议（最终是 IPv6）被广泛部署为止。无类域间路由（CIDR，见第 2 章）的发展解决了路由可扩展性问题。NAT 是受欢迎的，因为它减少了对具备全局路由的互联网地址的需求，同时提供了一些防火墙功能，并且仅需要很少的配置。但具有讽刺意味的是，快速发展和广泛使用的 NAT 却严重影响了 IPv6 的推进进程。在 IPv6 的诸多益处中，其中一项就是使得不再需要 NAT[RFC4864]。

NAT 尽管很流行，但是存在几个缺点。最明显的是，需要做特殊配置才能使处于 NAT 内部的主机能够提供可供互联网访问的服务，因为互联网上的用户无法直接访问具备私有地址的主机。此外，为了使 NAT 正常工作，每一个隶属于同一个连接或关联的双向数据包都必须通过相同的 NAT。这是因为 NAT 必须重写每个数据包的寻址信息，以便私有地址空间的系统和 Internet 主机之间能够正常通信。在许多方面，NAT 和互联网协议的基本宗旨是背
303 道而驰的：“智能边缘”（smart edge）和“哑巴中间”（dumb middle）。为完成工作，NAT 需要跟踪每个关联（per-association）（或每个连接（per-connection））的连接状态，其操作贯穿多个协议层，并不像传统的路由器。修改 IP 层地址也需要同时修改传输层的校验码（见第 10 章和第 13 章关于伪头部的校验）。

NAT 会对一些应用协议造成困扰，尤其是那些在应用层的有效载荷内记录 IP 地址信息的协议。文件传输协议（File Transfer Protocol，FTP）[RFC0959] 和 SIP[RFC5411] 就是这种类型的协议代表。它们需要一种特殊的应用层网关功能来重写应用程序的内容，以便能够毫无修改地采用 NAT 或者其他的 NAT 传输方法工作，这些传输方法允许应用程序自行确定如何在 NAT 上工作。关于 NAT 的一个更完整的问题清单出现在 [RFC3027]。尽管存在许多问题，但 NAT 的使用非常广泛，并且被大多数网络路由器（基本上包括所有低端家用路由器）所支持。今天，NAT 是如此普遍，以至于应用程序设计者被鼓励开发“NAT 友好”的应用 [RFC3235]。值得一提的是，尽管存在缺点，但是 NAT 所支持的基本协议（例如，电子邮件和浏览器）被数以百万计的客户端系统在访问互联网时所采用。

NAT 的工作原理就是重写通过路由器的数据包的识别信息。这种情况常发生在数据传输的两个方向上。在这种最基本的形式中，NAT 需要重写往一个方向传输的数据包的源 IP 地址，重写往另一个方向传输的数据包的目的 IP 地址。这允许传出的数据包的源 IP 地址变为 NAT 路由器中面向 Internet 的网络接口地址，而不是原始主机的接口地址。因此，在互联网上的主机看来，数据包是来自于具备全局路由 IP 的 NAT 路由器，而不是位于 NAT 内部的私
304 有地址的主机。

大多数的 NAT 同时执行转换（translation）和包过滤（packet filtering），包过滤的标准取

决于 NAT 的动态状态。包过滤策略的选择可能会有不同的粒度，例如，NAT 如何处理非请求的数据包（它们和源自于 NAT 内部的数据包没有任何关联）取决于源和目标 IP 地址和 / 或源和目的端口号。处理的行为在不同的 NAT 上会有所不同，有时甚至在同一个 NAT 上也会随时间变化而变化。这为必须运行在 NAT 后面的应用程序带来了各种挑战。

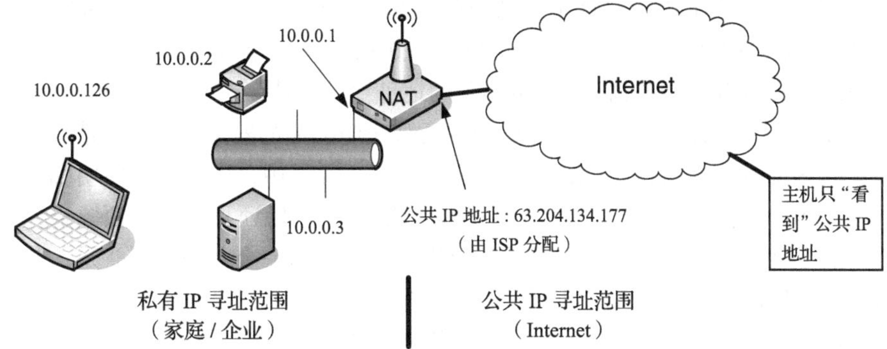

图 7-3　一个将私有地址及其内部系统与互联网隔离的 NAT。私有地址的数据包不会在互联网上直接路由，相反在进入和离开私有网络时必须通过 NAT 路由器。互联网主机看到流量来自于 NAT 的一个公共 IP 地址

7.3.1　传统的 NAT：基本 NAT 和 NAPT

很多年来都没有精确定义 NAT 的行为。尽管如此，根据 NAT 思想行为的不同实现，已经对出现的 NAT 类型进行了分类。所谓的*传统 NAT*（traditional NAT）包括*基本 NAT*（basic NAT）和*网络地址端口转换*（Network Address Port Translation，NAPT）[RFC3022]。基本 NAT 只执行 IP 地址的重写。本质上就是将私有地址改写为一个公共地址——往往取自于一个由 ISP 提供的地址池或公有地址范围。这种类型的 NAT 不是最流行的，因为它无助于减少需要使用的 IP 地址数量，全局可路由的地址数量必须大于或等于希望同时访问 Internet 的内部主机数量。一个比较流行的做法是采用 NAPT。NAPT 使用传输层标识符（即 TCP 和 UDP 端口，ICMP 查询标识符）来确定一个特定的数据包到底和 NAT 内部的哪台私有主机关联（见图 7-4）。这使得大量的内部主机（即好几千台）能够同时访问互联网，而使用的公有地址数量却很少，通常只需要一个。除非进行区分很重要，否则我们所说的 NAT 将同时包括传统的 NAT 和 NAPT。

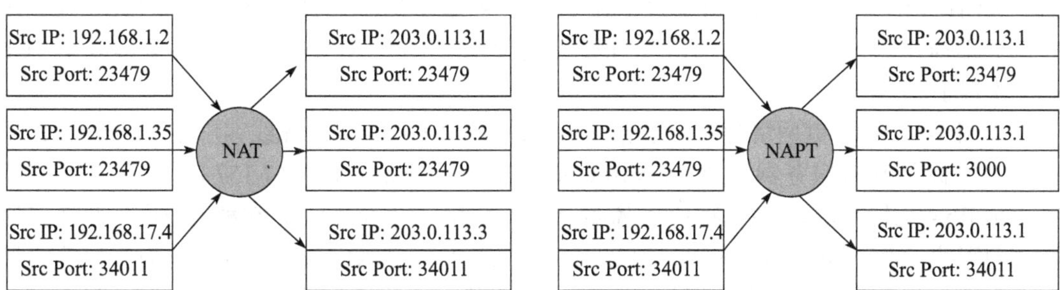

图 7-4　一个基本的 IPv4 NAT（左）利用地址池中的地址重写 IP 地址，但是保留端口号不变。NAPT（右）也称为 IP 伪装，通常将所有的地址都重写到一个地址。NAPT 有时必须重写端口号，以避免冲突。在这种情况下，第二个实例的端口号 23479 被重写为 3000，以便区分返回的 192.168.1.2 和 192.168.1.35 的流量

305

在 NAT“后面”或者“内部”使用的私有地址范围不受除了本地网络管理人员之外的任何人的限制。因此，有可能在私有范围内采用全局地址空间。原则上，这是可以接受的。然而，当这样的全局地址也被互联网上的另一个实体所使用时，在私有范围内的本地系统极有可能无法达到使用相同地址的公共系统，这是因为采用相同地址的本地系统会屏蔽掉使用相同地址的远端系统。为了避免这种不良情况的发生，保留了三个 IPv4 地址范围作为私有地址范围使用 [RFC1918 中]：10.0.0.0/8，172.16.0.0/12，192.168.0.0/16。这些地址范围经常被用来作为嵌入式 DHCP 服务器（见第 6 章）的地址池的默认值。

正如刚才所说，NAT 提供了一定程度上的类似于防火墙的安全性。默认情况下，从互联网上无法访问 NAT 私有端的所有系统。在大多数 NAT 部署中，内部系统使用私有地址。因此，必须借助 NAT 的参与（根据其使用策略和行为），才能保证私人地址领域和公共领域中的主机之间的正常通信。虽然在实践中可以使用各种策略，一个共同的策略是：几乎允许所有的传出及其返回流量（与传出流量相对应的）通过 NAT，但几乎阻断所有传入的新连接请求。此行为抑制了试图确定可利用的活动主机的 IP 地址“探测”攻击。此外，NAT（尤其是 NAPT）对外“隐藏”内部地址的数量和配置。一些用户认为这些拓扑信息是专有的，并应保密。NAT 有助于这种所谓的拓扑隐藏。

正如我们所探讨的，NAT 需要适合它们所支持的协议和应用程序，所以很难在隔离 NAT 所处理的协议的条件下单独讨论 NAT 的行为。因此，我们现在考察 NAT 是如何处理其支持的每个主要传输协议的，以及如何在 IPv4/IPv6 混合环境中被使用。这其中的许多行为细节一直是 IETF 的 BEHAVE（Behavior Engineering for Hindrance Avoidance）工作组的讨论主题。从 2007 年开始，BEHAVE 已经完成了一些文件，阐明了 NAT 的一致行为。这些文件对于应用程序编写者和 NAT 开发者是非常有用的，可以了解 NAT 是如何操作的。

7.3.1.1 NAT 和 TCP

回想第 1 章介绍的内容，互联网中最为主要的传输层协议是 TCP，使用一个 IP 地址和端口号来标识一个连接的每一端。每个连接由两端组成，每个 TCP 连接由两个 IP 地址和
306 两个端口号唯一标识。当发起一个 TCP 连接时，“主动发起者”或客户端通常发送同步包（SYN）到“被动发起者”或服务器端。服务器端通过回复一个自己的 SYN 数据包进行响应，同时还包括一个对客户端的 SYN 数据包进行确认的 ACK 数据包。客户端回复一个 ACK 数据包给服务器端。这样，通过“三次握手”创建了连接。类似的结束（FIN）数据包被用于优雅地关闭连接。当然，连接也能通过重置（RST）数据包来强行关闭（请参阅第 13 章 TCP 连接的详细描述）。与 TCP 相关的传统 NAT 行为要求定义在 [RFC5382] 中，主要涉及了 TCP 的三次握手。

以图 7-3 中的家庭网络为例，考察一个由地址为 10.0.0.126 的无线客户端发起的 TCP 连接，其目标是 Web 服务器主机 www.isoc.org（IPv4 地址 212.110.167.157）。使用以下符号来表示 IPv4 地址和端口号：（源 IP ：源端口；目标 IP ：目标端口），在私人段内发起连接的数据包可表示为（10.0.0.126:9200; 212.110.167.157:80）。NAT/ 防火墙设备作为客户端的默认路由器，将会收到第一个数据包。NAT 注意到传入的数据包是一个新的连接（因为 TCP 报头中的 SYN 标志位是打开的，见第 13 章）。如果策略允许（通常会，因为这是一个向外发起的连接），数据包的源 IP 地址会被修改为 NAT 路由器的外部接口的 IP 地址。因此，当 NAT 转发这个数据包的时候，其寻址是（63.204.134.177:9200; 212.110.167.157:80）。除了

转发数据包之外，NAT 还创建一个内部状态记住当前正在处理一个新连接（称为 *NAT 会话*（NAT session））。这种状态至少包括一个由客户端的源端口号和 IP 地址组成的条目（称为 *NAT 映射*（NAT mapping））。当 Internet 服务器回复时会用到这些信息。服务器会采用客户端初始选择使用的端口号来回复端点（63.204.134.177:9200），即 NAT 的外部地址。这种行为被称为*端口保留*（port preservation）。通过比对收到的数据包的目的端口号与 NAT 映射条目，NAT 能够确定发起请求的客户端的内部 IP 地址。在我们的例子中，这个地址是 10.0.0.126，所以 NAT 将回复的数据包从（212.110.167.157:80; 63.204.134.177:9200）改为（212.110.167.157:80; 10.0.0.126:9200），并对其进行转发。然后客户端收到对其请求的响应，这样在多数情况下表示已经连接到服务器。

这个例子说明了在正常情况下是如何建立一个基本 NAT 会话的，但并未说明该会话是如何被清除的。会话状态将会在交换 FIN 数据包之后被删除，但并不是所有的 TCP 连接都是正常关闭的。有时只是简单地将主机关闭，这样会导致应该被清除的 NAT 映射仍保留在内存中。因此当流量很少时（或者用一个 RST 段表示存在其他问题），NAT 必须清除这些被认为已经“死亡”的映射条目。

大多数的 NAT 包括一个 TCP 连接建立的简化版本，并可以区分连接成功还是失败了。特别地，NAT 在检测到一个传出的 SYN 数据包后会激活*连接计时器*（connection timer），如果回复的 ACK 数据包在计时器到期之前还未到达，则该会话状态将被清除。如果 ACK 数据包到达了，计时器将被清除，并创建一个超时较长的*会话计时器*（session timer）（如用小时来 307
代替分钟）。当发生这种情况时，NAT 可能会向内部的端点发送一个额外的数据包，用于确认该会话是否已经终止了（称为*探测*（probing））。如果收到 ACK，NAT 认识到该连接仍然是活跃的，则重置会话计时器，并不会删除会话。如果没有收到响应（在*关闭计时器*（close timer）超时之后）或者收到一个 RST 数据包，表明该连接已经终止，状态将被清除。

[RFC5382] 是 BEHAVE 工作组的一个成果，指出一个 TCP 连接可以被配置为发送“存活”（keepalive）数据包（见第 17 章），在该配置被启用时其默认的发送速率是每两个小时一个数据包。否则，一个 TCP 连接可以一直保持下去。然而，当一个连接被建立或清除时，其最大的空闲时间是 4 分钟。因此，[RFC5382] 要求（REQ-5）NAT 在判定所创建的连接是否已经断开前至少需要等待 2 小时 4 分钟，而在判定部分打开或关闭的连接是否已经断开前至少需要等待 4 分钟。

一个 TCP NAT 面临的棘手问题是如何处理位于多个 NAT 内部的主机上运行的对等（peer-to-peer）应用 [RFC5128]。一部分应用程序采用了“*同时发起连接*”（simultaneous open）的技术，让连接的每一端均作为客户端同时发送 SYN 数据包。TCP 能够响应 SYN ＋ACK 的数据包，完成连接的速度比三次握手还要快，但目前有许多 NAT 并不能正确地处理这种情况。为此，[RFC5382] 要求（REQ-2）NAT 处理所有有效的 TCP 包交换，尤其是这种连接同时打开的情况。某些对等应用程序（如网络游戏）便采用了这种行为。此外，[RFC5382] 还规定 NAT 将会静默丢弃那些一无所知的传入的 SYN 数据包。这可能会发生在同时发起一个连接时，即当外部主机的 SYN 数据包先于内部主机的 SYN 数据包到达 NAT 主机时。虽然这种情况发生的可能性不大，但在出现时钟错误时确实会发生。如果传入的外部 SYN 数据包被丢弃，内部的 SYN 数据包还有时间来建立这个由外部的 SYN 数据包代表的 NAT 映射。如果在 6s 之内没有接收到内部的 SYN 数据包，NAT 可能会向外部主机发送一个错误信号。

7.3.1.2 NAT 和 UDP

针对单播 UDP 的 NAT 行为要求定义在 [RFC4787] 中。NAT 在处理一系列 UDP 数据报时所出现的问题，与处理 TCP 时出现的问题大多数一样。但是 UDP 有些不同，不像 TCP，它没有连接建立和清除的过程。更具体地说，它没有标识位，如用 SYN、FIN 和 RST 这些位来表示一个会话的创建或销毁。此外，一个关联中的参与者也未必完全清楚。UDP 不像 TCP 那样采用一个 4 元组来标识一个连接，相反，它是基于两个端点的地址 / 端口号的组合。为了处理这些问题，如果一个绑定在“近期”没有被使用，UDP NAT 会采用一个映射
308 计时器（mapping timer）来清除 NAT 的状态。用多大的计时器值来表示“最近”变化很大，而 [RFC4787] 要求计时器至少为 2 分钟，推荐 5 分钟。一个相关的问题是计时器何时刷新。当数据包从内部传输到外部时 NAT 就刷新（NAT 的对外刷新行为）或反之亦然（NAT 的对内刷新行为）。[RFC4787] 要求 NAT 保证对外的刷新行为。对内的刷新行为是可选的。

正如我们在第 5 章所讨论的（会在第 10 章再次看到），UDP 和 IP 数据包可以被分片。分片允许一个 IP 数据报跨越多个块（碎片），其中每个都是作为一个独立的数据报。但是，由于 UDP 是在 IP 层之上，为此除了第一个分片之外，其他的分片并没有包含端口号信息，而这是保证 NAPT 正确操作所必需的信息。这同样也适用于 TCP 和 ICMP。因此，在一般情况下，分片并不能被 NAT 或 NAPT 正确处理。

7.3.1.3 NAT 和其他的传输协议（DCCP，SCTP）

尽管 TCP 和 UDP 是迄今为止使用最广泛的互联网传输协议，但还有两种其他协议，NAT 已经为或正在为它们定义行为。数据报拥塞控制协定（Datagram Congestion Control Protocol，DCCP）[RFC4340] 提供拥塞控制的数据报服务。[RFC5597] 给出了针对 DCCP 的 NAT 行为要求，[RFC5596] 修改了 DCCP 用于支持类似于 TCP 的同时发起连接的过程。流控制传输协议（Stream Control Transmission Protocol，SCTP）[RFC4960] 提供了可靠的报文处理服务，可容纳拥有多个地址的主机。[HBA09] 及 [IDSNAT] 给出了 NAT 与 SCTP 中应注意的事项。

7.3.1.4 NAT 和 ICMP

ICMP 是 Internet 控制报文协议，在第 8 章中有详细描述。它提供了关于 IP 数据包的状态信息，也能够用于测量和收集网络状态信息。[RFC5508] 中定义了 ICMP 的 NAT 行为要求。在 ICMP 中使用 NAT 时需要考虑两个问题。ICMP 有两类报文：信息类的和出错类的。出错类报文通常包含一个引起错误条件的 IP 数据包（全部或部分）的副本。它们从错误被检测到的端点，通常是在网络中，发送到数据报的原始发送方。按说，这并没有任何困难，但是当一个 ICMP 错误报文通过 NAT 时，需要改写“错误数据报”的 IP 地址，以便它们能被终端客户机识别（称为 ICMP 的修复行动（ICMP fix-up））。信息类的报文也存在同样的问题，但在这种情况下，大多数的报文类型是查询 / 响应或客户机 / 服务器性质的，还包括一个类似于 TCP 或 UDP 端口号的查询 ID（Query ID）字段。因此，处理这些类型信息的 NAT 能够
309 识别向外传输的信息请求，并设置计时器用于等待响应。

7.3.1.5 NAT 和隧道数据包

在某些情况下，隧道数据包（见第 3 章）也需要通过 NAT 发送。当发生这种情况时，NAT 不仅要修改 IP 包头，还需要修改封装在其中的其他数据包的包头和有效载荷。一个这样的例子是使用点对点隧道协议（PPTP，见第 3 章）的通用路由封装（GRE）包头。当 GRE

包头通过 NAT 时，它的 Call-ID 域会与 NAT（或其他主机的隧道连接）冲突。如果 NAT 没能妥善处理这一映射，便不能通信。正如我们可以想象的，更多的封装层次只会使 NAT 的工作进一步复杂化。

7.3.1.6 NAT 和组播

到目前为止，我们只讨论了 NAT 的单播 IP 流量。NAT 也可以被配置成支持组播流量（见第 9 章），虽然这比较少见。[RFC5135] 给出了 NAT 在处理组播流量时的要求。实际上，为了支持组播流量，需要用 IGMP 代理来增强 NAT（见 [RFC4605] 和第 9 章）。此外，从位于 NAT 内部的主机发送到外部的数据包的目的 IP 地址和端口不会被修改。从内部传输到外部的流量，其源地址和端口号可根据单播 UDP 行为修改。

7.3.1.7 NAT 和 IPv6

鉴于 NAT 在 IPv4 中的广泛使用，很自然地会想到是否能够在 IPv6 中使用 NAT。目前，这是一个有争议的问题 [RFC5902]。对于许多协议设计者而言，NAT 出现了一个必要却不可取的“缺点”——大大地增加了设计其他协议的复杂性。由于在 IPv6 中没有必要节省地址空间，而其他的 NAT 特性（例如，防火墙功能，拓扑隐藏和隐私）也能通过本地网络保护（Local Network Protection，LNP）来提供，因此人们坚决抵制在 IPv6 中使用 NAT [RFC4864]。LNP 代表在 IPv6 中达到或者超过 NAT 性能的技术集合。

除了具备包过滤属性，NAT 还支持多个地址范围共存，能够避免当站点切换 ISP 时需要改变其 IP 地址的问题。例如，[RFC4193] 定义了唯一的本地 IPv6 单播地址（Unique Local IPv6 Unicast Addresses，ULA），能够为被称为 NPTv6[RFC6296] 的尚处于实验阶段的 IPv6 到 IPv6 前缀转换所采用。它采用了一种算法而不是一个表格，基于前缀将一个 IPv6 地址转换为其他的（不同的）IPv6 地址（例如，在不同的地址范围中），因此不需要像传统的 NAT 那样需要维护单个连接的状态。此外，该算法需要修改地址以保证通用传输协议（TCP，UDP）的“校验和”计算值保持不变。由于不需要修改网络层之上的数据包中的数据，也不 310
需要访问传输层的端口号，因此该方法显著地降低了 NAT 的复杂性。然而，需要访问 NAT 外部地址的应用程序必须使用 NAT 穿越方法或依赖于 ALG。此外，NPTv6 本身并不提供防火墙的包过滤功能，因此必须考虑额外的部署。

7.3.2 地址和端口转换行为

NAT 的操作方式差别很大。大部分的细节涉及具体的地址和端口映射。IETF 工作组 BEHAVE 的主要目标之一是要阐明共同行为，规定哪些是最合适的。为了更好地理解所涉及的问题，我们从一个通用的 NAT 映射例子开始（见图 7-5）。

在图 7-5 中，我们使用符号 $X{:}x$ 表示在私有地址范围（内部主机）中的主机使用 IP 地址 X、端口号 x（对于 ICMP，采用查询 ID 代替端口号）。通常 X 取自于定义在 [RFC1918] 中的私有 IPv4 地址空间。为了连接到远程地址 / 端口组合 $Y{:}y$，NAT 需要使用一个外部地址（通常是公共的和全局路由的）$X1'$ 和端口号 $x1'$ 来创建一个映射。假设内部主机先连接到 $Y1{:}y1$，再连接到 $Y2{:}y2$，NAT 则需先创建映射 $X1'{:}x1'$，再创建映射 $X2'{:}x2'$。在大多数情况下，$X1'$ 等于 $X2'$，因为大多数网站只使用一个全局路由的 IP 地址。如果 $x1'$ 等于 $x2'$，映射则被认为是重复使用的。如果 $x1'$ 和 $x2'$ 均与 x 相等，NAT 实现前面提到过的端口保留。在某些情况下，端口保留是不可能的，所以 NAT 必须处理图 7-4 所示的端口冲突。

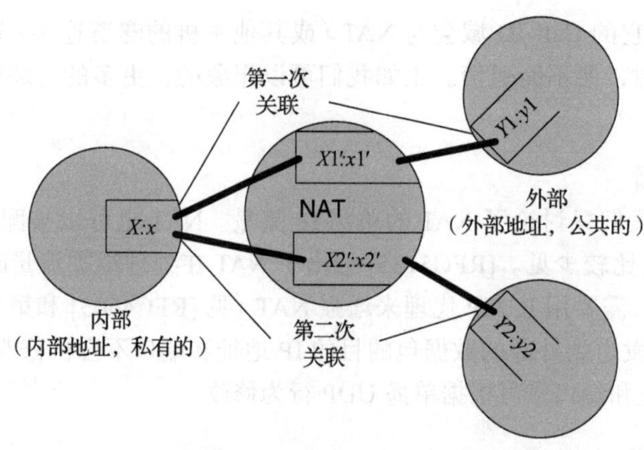

图 7-5　NAT 地址和端口行为是由映射基于的内容刻画的。内部主机使用 IP 地址 : 端口 *X:x* 来联系 *Y1:y1* 和 *Y2:y2*。在 NAT 这些关联中使用的地址和端口分别是 *X1′:x1′* 和 *X2′:x2′*。如果对于任何 *Y1:y1* 或者 *Y2:y2*，*X1′:x1′* 等于 *X2′:x2′*，则 NAT 存在独立于端点的映射。若当且仅当 *Y1* 等于 *Y2* 时，*X1′:x1′* 才等于 *X2′:x2′*，则 NAT 存在地址相关的映射。若当且仅当 *Y1:y1* 等于 *Y2:y2* 时，*X1′:x1′* 才等于 *X2′:x2′*，则 NAT 存在地址和端口相关的映射。若 NAT 的外部地址是在没有考虑内部或者外部地址情况下选择的，则拥有多个外部地址的 NAT（即其中 *X1′* 可能不等于 *X2′*）有一个任意地址池行为。另外还有一个选择，它可能有一个配对池行为，在这种情况下任何与 *Y1* 相关的关联均使用相同的 *X1*

表 7-1 和图 7-5 概括了由 [RFC4787] 定义的各种 NAT 端口和地址行为。表 7-1 使用类似的术语定义了在 7.3.3 节中介绍过的过滤行为。在所有常见的传输层协议中，包括 TCP 和 UDP，所需的 NAT 地址和端口处理行为是独立于端点的（在 ICMP 中推荐使用类似行为）。这项规定的目的是帮助应用程序确定一个确保流量能够正常工作的外部地址。我们将在 7.4 节讨论 NAT 穿越时更加详细地讨论这些。

表 7-1　NAT 的全局行为将由其转换和过滤行为定义。这些都可能是独立于主机地址、依赖于地址，或依赖于地址和端口号

行为名称	转换行为	过滤行为
独立于端点的	对于所有的 *Y2:y2*，*X1′:x1′* = *X2′:x2′*（必需的）	只要任何 *X1′:x1′* 存在，就允许 *X1:x1* 的任何数据包（推荐用于最大透明性）
依赖于地址的	*X1′:x1′* = *X2′:x2′* 当且仅当 *Y1* = *Y2*	只要 *X1* 之前联系过 *Y1*，就允许从 *Y1:y1* 到 *X1:x1* 的数据包（推荐用于更为严格的过滤）
依赖于地址和端口的	*X1′:x1′* = *X2′:x2′* 当且仅当 *Y1:y1* = *Y2:y2*	只要 *X1* 之前联系过 *Y1:y1*，就允许从 *Y1:y1* 到 *X1:x1* 的数据包

如前所述，NAT 可能有几个可用的外部地址。这个地址集通常被称为 *NAT 池*（NAT pool）或者 *NAT 地址池*（NAT address pool）。多数中型到大型的 NAT 使用地址池。请注意，NAT 地址池和在第 6 章中讨论的 DHCP 地址池不同，当然一台设备可能需要同时处理 NAT 和 DHCP 地址池。在这种环境中的一个问题是，当位于 NAT 后的一个主机同时发起多个连接，此时是不是为每个连接分配相同的外部 IP 地址（称为*地址配对*（pairing））？如果没有

限制哪个外部地址用于关联，一个 NAT 的 *IP 地址池的行为*（IP address pooling behavior）被认为是任意（arbitrary）的。如果它实现地址配对，它就被称为*被配对*（paired）。配对是所有 311~312
传输层的推荐 NAT 行为。如果未使用配对，内部主机的通信对等端可能会错误地断定，它正与不同的主机进行通信。对于只有一个外部地址的 NAT，这显然不成问题。

一种脆弱的 NAT 类型不仅需要重载地址，也需要重载端口（称为*端口重载*（port overloading））。在这种情况下，多个内部主机的流量可能被修改为相同的外部 IP 地址和*端口号*（port number）。这是一种危险的情况，因为如果多台内部主机同时访问同一台外部主机上的服务，那么当流量从外部主机返回时便无法找到适当的目的地址。对于 TCP 而言，这是由多个外部连接共享连接标识符的 4 元组（源和目标地址及端口号）所导致的结果。现在这种行为是不允许的。

一些 NAT 实现了一个特殊的功能，称为*端口奇偶性*（port parity）。这种 NAT 尝试保持端口号（奇数或偶数）的奇偶性。因此，如果 $x1$ 是偶数，那么 $x1'$ 也是偶数，反之亦然。虽然不如端口保留那么强大，但这样的行为有时对于使用特殊端口的特定应用协议还是非常有用的（例如，简称为 RTP 的*实时协议*（Real-Time Protocol），历来使用多个端口，当然也有方法来避免出现这种问题 [RFC5761]）。NAT 推荐保持端口的奇偶性，但并不是必需的。随着更复杂的 NAT 传输方法的普及，这种特性也变得越来越不重要。

7.3.3 过滤行为

当 NAT 为一个 TCP 连接、UDP 关联或各种形式的 ICMP 流量创建一个绑定，不仅要创建地址和端口映射，作为一个防火墙，还必须确定返回流量的过滤行为，这是非常常见的情况。NAT 所执行的过滤类型，尽管在逻辑上与地址和端口处理行为不同，但常常是相关的。尤其是使用相同的术语：独立于端点，依赖于地址，依赖于地址和端口。

一个 NAT 的过滤行为通常与它是否已经建立了一个地址映射相关。显然，若 NAT 中缺乏任何形式的地址映射，那么它无法转发从外到内的任何流量，这是由于它不知道需要使用的内部目标。对于外出流量最为常见的情况，是当创建一个绑定时，相关返回流量的过滤功能将被禁止。对独立于端点的 NAT 行为，只要为内部主机创建了映射，无论来源如何，都将允许任何传入的流量。对依赖于地址的过滤行为，仅当 $X1{:}x1$ 之前访问过 $Y1$ 时，才允许 $Y1{:}y1$ 传输流量到 $X1{:}x1$。对于那些依赖于地址和端口的 NAT 过滤行为，仅当 $X1{:}x1$ 之前访问过 $Y1{:}y1$ 时，才允许 $Y1{:}y1$ 传输流量到 $X1{:}x1$。最后两个之间的区别是，后面那个只是将端口号 $y1$ 考虑进去了。 313

7.3.4 位于 NAT 之后的服务器

采用 NAT 的主要问题之一，就是从外网无法直接访问位于 NAT 之后的主机提供的服务。再次考虑图 7-3 中的例子。如果地址为 10.0.0.3 的主机向互联网提供服务，如果没有 NAT 的参与便无法被访问到，至少存在如下两个原因。首先，NAT 作为互联网路由器，它必须同意转发目的地为 10.0.0.3 的传入流量。其次，更为重要的是，从互联网无法路由到 IP 地址 10.0.0.3，互联网中的主机也无法识别该地址。相反，NAT 的外部地址被用于查找服务器，NAT 必须妥善重写和转发到达服务器的适当流量，以便它可以操作。这个过程通常称为*端口转发*（port forwarding）或*端口映射*（port mapping）。

通过端口转发，进入 NAT 的流量被转发到一个位于 NAT 后面的特定配置的目的地址。

通过采用 NAT 端口转发，就可以让服务器给互联网提供服务，即使它们被分配了私有的、不可路由的地址。端口转发，通常需要采用转发到的服务器的地址和端口号来静态配置 NAT。端口转发就像一个始终存在的静态 NAT 映射。如果服务器的 IP 地址被更改，NAT 必须更新寻址信息。端口转发也有局限性，只有一个端口号集合用于绑定每个（IP 地址，传输协议）组合。因此，如果 NAT 只有一个外部 IP 地址，它最多将相同传输协议的一个端口转发到一个内部机器（例如，它不能支持通过 TCP 80 端口访问内部的两台独立的 Web 服务器）。

7.3.5 发夹和 NAT 环回

当客户希望访问位于同一个 NAT 私有地址空间内的服务器时，会导致一个有趣的问题。能够支持这种场景的 NAT 需要实现*发夹*（hairpinning）或者 *NAT 环回*（NAT loopback）。参考图 7-6，假设主机 X1 试图建立一个到主机 X2 的连接。如果 X1 知道私有地址信息，X2: x2，这没有任何问题，因为可以直接进行连接。然而，在某些情况下 X1 只知道公用地址信息，X2′:x2′。在这些情况下，X1 借助 NAT 采用目的地址 X2′:x2′ 尝试连接 X2。当 NAT 意识到在 X2′:x2′ 和 X2:x2 之间存在映射，并将数据包转发到位于 NAT 私有地址空间内的 X2:x2 时，会触发发夹过程。此时会出现一个问题，目的是 X2:x2 的数据包头部中的源地址应该是 X1:x1 还是 X1′:x1′？

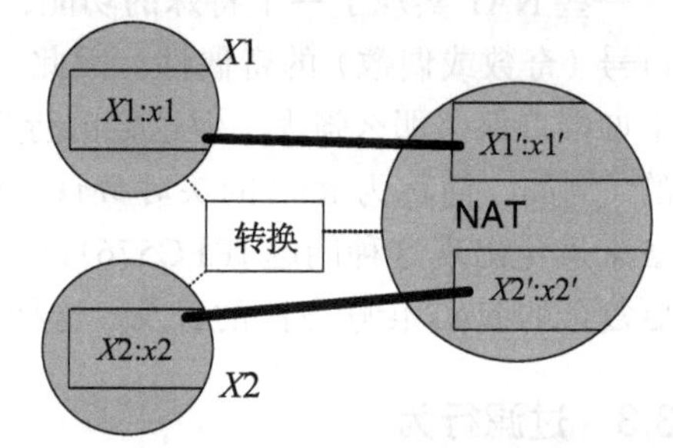

图 7-6 一个实现了发夹或者 NAT 环回的 NAT 允许一个客户机使用服务器的外部 IP 地址和端口号到达位于 NAT 侧的服务器。也就是说，X1 能够采用地址信息 X2′:x2′ 到达 X2:x2

如果 NAT 给 X2 的发夹数据包的源地址信息是 X1′:x1′，那么这种 NAT 被称为有“外部源 IP 地址和端口”的发夹行为。这种行为是 TCP NAT
314 所必需的 [RFC5382]。之所以需要这种行为，是为了均采用全局路由地址的应用能够识别对方。在我们的例子中，X2 可能期望一个来自于 X1′（例如，因为第三方系统的协调）的连接。

7.3.6 NAT 编辑器

总之，大多数 IP 流量均使用 UDP 和 TCP 传输协议在互联网上进行传输。这些传输协议，自己就可以很好地被 NAT 支持，而无须增加额外的复杂性，这是因为它们的格式是很好理解的。当应用层协议与它们一起携带传输层或更低层的信息，如 IP 地址，NAT 的问题就会变得复杂得多。最常见的例子是 FTP[RFC0959]。在正常操作中，它交换传输及网络层的端点信息（IP 地址和端口号），所以当要传输大量数据时可以增加额外的连接。这需要 NAT 不仅改写数据报的 IP 和 TCP 部分中的 IP 地址和端口号，而且也需要修改有些应用的有效载荷本身。具有这种能力的 NAT 有时也被称为 *NAT 编辑器*（NAT editor）。如果 NAT 改变了包的应用载荷大小，接着需要更多的工作要做。例如，TCP 为数据传输中的每个字节分配了一个序列号（见第 15 章），所以如果一个数据包的大小改变了，序列号也需要相应地修改。PPTP[RFC2637] 在进行透明操作时便需要 NAT 编辑器（见第 3 章）。

7.3.7 服务提供者 NAT 和服务提供者 IPv6 转换

一个相对较新的发展方向是将 NAT 从客户端移动到 ISP 端。这被称为*服务提供者 NAT*

（service provider NAT，SPNAT）、运营商级 NAT（carrier-grade NAT，CGN），或大规模 NAT（large-scale NAT，LSN），目的是为了进一步减轻 IPv4 地址枯竭的问题。采用 SPNAT，可以 315
想象许多 ISP 的客户可以共享一个单一的全局 IPv4 地址。实际上，这是将汇聚点从客户这边转移到了 ISP 那边。在基本形式中，常规 NAT 和 SPNAT 之间没有功能上的差异，区别只在于推荐的使用域。然而，将 NAT 功能从客户端转移到 ISP 端也带来了新的安全隐患，最终用户是否能够部署网络服务器和控制防火墙策略也成了一个问题 [MBCB08]。2009 年以来的研究发现，很多用户由于使用了对等程序，因此愿意接受进来的连接 [ANM09]。

SPNAT 有助于解决 IPv4 地址枯竭的问题，但 IPv6 才是最终的解决方案。然而出于各种已经讨论过的原因，IPv6 部署已落后于预期。最初，双协议栈方案（见 [RFC4213]），即每个系统同时使用 IPv6 和 IPv4 地址，被提出用于支持向 IPv6 过渡，但这种做法在 IPv4 地址耗尽之前只是暂时、不那么必要的。目前正在采用更为务实的方法，就是在各种配置中结合隧道、地址转换、双协议栈系统多种技术。在介绍完为处理现有的 NAT 而开发的方法之后，我们将在 7.6 节中探讨这些。

7.4 NAT 穿越

鉴于将 ALG 和 NAT 编辑器放置于 NAT 设备中的复杂性，一种可替代的方法是应用程序自己尝试执行 NAT 穿越（NAT traversal）。此时应用程序需要确定其流量通过 NAT 时使用的外部 IP 地址和端口号，并对其协议操作做相应的修改。如果一个应用程序分布在整个网络中（例如，有多个客户端和服务器，其中一些并不在 NAT 后），服务器可为位于 NAT 后的客户端之间传递（拷贝）数据，或者使这样的客户端发现对方的 NAT 绑定，并促成它们之间的直接通信。使用一台服务器在客户端之间进行数据拷贝是不得已的选择，因为这其中会涉及负载和潜在的滥用。因此，大多数时候是尝试提供一些方法，以便允许客户机之间直接通信。

直接通信的方法在对等文件共享、游戏和通信应用中已经非常广泛。然而，这种技术往往局限于某一特定的应用程序，这意味着每一个需要 NAT 穿越的新分布式应用程序，均倾向于实现自己的方法。这可能会导致冗余和互操作性问题，最终增加了用户的挫败感和成本。为了应付这种情况，已经建立了一个处理 NAT 穿越的标准方法，它取决于几个我们在下面的章节中讨论的不同从属协议。现在，我们先从其中一个为分布式应用所采用、健壮但尚未成为标准的方法开始。紧接着，我们来标准化 NAT 穿越的框架。 316

7.4.1 针孔和打孔

如前所述，一个 NAT 通常包括流量重写和过滤功能。当一个 NAT 映射创建时，针对特定应用程序的流量通常允许在 NAT 的两个方向传输。这种映射是临时的，通常只适用于在执行时间内的单一应用程序。这类映射被称为*针孔*（pinhole），因为它们被设计为只允许通过一部分的临时信息流量（例如，一对 IP 地址和端口号组合）。随着程序之间的通信，针孔通常动态地创建和删除。

通过采用针孔试图使位于 NAT 之后的两个或两个以上的系统直接通信的方法称为*打孔*（hole punching）。[RFC5128] 的 3.3 节描述了针对 UDP 的打孔，3.4 节描述针对 TCP 的打孔。为了打一个孔，一个客户机需通过一个向外的连接来访问一台已知的服务器，这样便在本地的 NAT 中创建了一个映射。当另一个客户机访问同一台服务器时，由于服务器和每个客户机均有连接，因此知道它们的外部寻址信息。它然后在客户机之间交换它们的外部寻址信息。一旦知道了这个信息，一个客户机便可以尝试直接连接到其他的客户机。流行的对等应用 Skype 便使用了这种方法（和其他一些方法）。

参照图 7-7，假设客户机 A 访问服务器 S1，然后客户机 B 也访问服务器 S1。S1 会知道 A 和 B 的外部寻址信息：分别为 IPv4 地址 192.0.2.201 和 203.0.113.100。将 B 的信息发送给 A（反之亦然），A 可以尝试利用 B 的外部地址直接联系 B（反之亦然）。这是否有效取决于已部署的 NAT 类型。对于连接（A,S1），其 NAT 状态在 N1 中，对于连接（B,S1），其 NAT 状态同时在 N2 和 N3 中。如果所有 NAT 独立于端点，这些信息便足够使直接通信成为可能。由于任何其他类型的 NAT 将不会接受除了 S1 之外的流量，从而阻止直接通信。换句话说，如果两台主机均位于具备依赖于地址或者同时依赖于地址和端口映射行为的 NAT 之后，那么这种方法是行不通的。

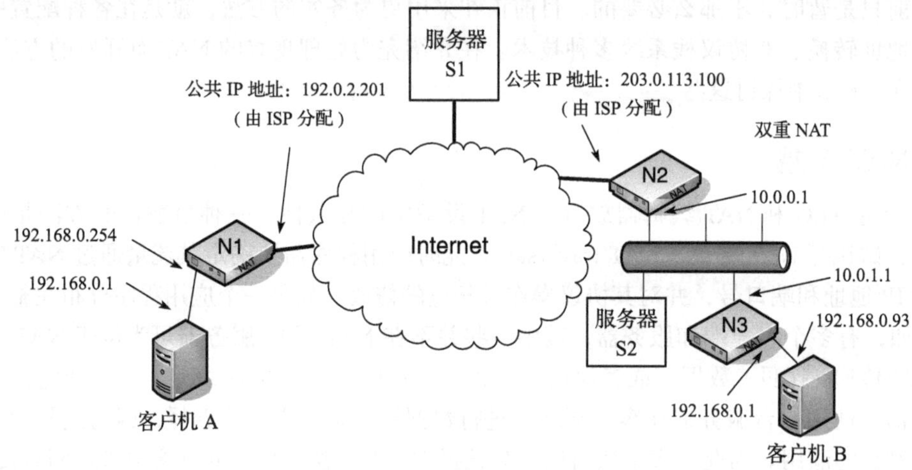

图 7-7 位于 NAT 后的客户机上运行的应用程序可能需要一台服务器的协助，以便能够直接进行通信。在打孔中，专门运行特定应用程序的服务器为客户机之间交换信息用以建立 NAT 状态，如果可能的话便可直接进行通信。当通过 NAT 时，通过使用标准的通用协议，一些应用尝试“确定”（确定和维护）其流量将被分配的地址（和端口号）。在某些情况下这些方法将会遇到麻烦，如在多层次的 NAT 环境中。在这个例子中，在 S1 中客户机 A 的外部可见地址是 192.0.2.201，客户机 B 的是 203.0.113.100。然而在 S2 中，客户机 B 的外部地址是 10.0.1.1

7.4.2 单边的自地址确定

应用程序使用一系列方法来定位其流量在通过 NAT 时所采用的地址。这便称为*确定*（fixing）（学习和维护）地址信息。地址确定的方法分为直接和间接两种。间接方法涉及通过与 NAT 交换流量来推测其行为。直接方法涉及应用程序和 NAT 本身之间通过一个或者多个特殊协议（目前还不是 IETF 的标准）来进行直接会话。IETF 花费了很大的精力来发展被特定应用程序所广泛采用的间接方法，其中为最知名的便是 VoIP 应用。目前部分 NAT 也能够
317 支持一些直接方法。这些方法也为 NAT 的基本配置做准备，因此我们将在 NAT 的安装和配置中对其进行讨论。

在没有 NAT 协助的情况下一个应用程序尝试确定地址，所执行的地址确定被称为是单边类型的。这样做的应用程序被称为是执行*单边的自地址确定*（UNilateral Self-Address Fixing，UNSAF）[RFC3424]。顾名思义，这种方法从长远来看被认为是不可取的，但暂时

却是必要的。UNSAF 会涉及一套启发式，它们并不能保证在所有情况下都能工作，特别是因为 NAT 的行为受供应商和特定环境的影响变化很大。之前提到的 BEHAVE 文档，其目标就是让 NAT 的行为更为一致。如果被广泛采用，UNSAF 方法工作起来将更为可靠。

在大多数感兴趣的情况下，UNSAF 采用类似打孔的客户机 / 服务器操作方式，但增加了普适性。图 7-7 说明了一些在这种情况下可能出现的危害。其中一个问题就是每一台 NAT 缺乏一个单一的“外部”地址范围。在这个例子中，在客户端 B 和服务器 S1 之间有两层 NAT。这种情况可能会导致复杂性。例如，如果 B 上的应用希望通过一台服务器的 UNSAF 获得其“外”地址，根据它是和服务器 S1 通信还是和服务器 S2 通信，将会收到不同的回复。最后，因为 UNSAF 使用不同于 NAT 的服务器，始终存在这种可能性，即 NAT 的行为报告 318
会随时间而改变，或者与 UNSAF 方法报告不一致。

鉴于 NAT 和 UNSAF 存在的各种问题，IAB——一个在 IETF 中被推选出来的架构顾问组，指出 UNSAF 协议方案必须回答针对它们规格的考虑：

1. 定义一个“短期”的 UNSAF 方案解决有限范围问题。
2. 定义一个退出策略 / 过渡计划。
3. 讨论什么设计方案使得该方法变得“脆弱”。
4. 确定长期、完善的技术解决方案的要求。
5. 讨论任何知名的实际问题，或已知的经验。

这是针对协议规范规定提出的一个不寻常的列表，但它来自于不同的 NAT 和 NAT 穿越技术之间长期存在的互操作性问题。尽管存在上述问题，UNSAF 方法还是被经常使用，部分原因是当前许多 NAT 并没有一致的行为。我们现在就来看看这些方法如何使用积木的方式来构建强大的、通用的 NAT 传输技术，以最大限度地促成位于 NAT 后的系统之间的通信，甚至使跨越多个 NAT 系统之间的通信成为可能，正如图 7-7 所示。

7.4.3 NAT 的会话穿越工具

一个 UNSAF 和 NAT 穿越的主要功能，就是 *NAT 会话穿越工具*（Session Traversal Utilities for NAT, STUN）[RFC5389]。STUN 源自于 *UDP 简单隧道穿越 NAT*（Simple Tunneling of UDP through NAT），现在被称为“经典的 STUN”。经典 STUN 已经在 VoIP/SIP 应用中使用了一段时间，但已被修改为一个可以为其他需要 NAT 穿越的协议使用的工具。需要完整 NAT 穿越解决方案的应用，建议先从我们将在 7.4.5 节讨论（例如，ICE 和 SIP 出站）的其他机制开始。这些框架可以以一种或多种特定方式来使用 STUN，被称为 *STUN 用法*（usage）。用法可能会扩展 STUN 的基本操作、报文类型，或在 [RFC5389] 定义的错误代码集。

STUN 是一个相对简单的客户机 / 服务器协议，它能够在多种环境中确定在 NAT 中使用的外部 IP 地址和端口号。它也可以通过保持激活的信息来维持当前的 NAT 绑定。它需要在 NAT 一侧存在一台有效的“其他”合作服务器，以及几台被配置了全局 IP 地址的可在互联网上被访问到的公共 STUN 服务器。STUN 服务器的主要工作是回显发送给它的 STUN 请求，以确定客户端的寻址信息。与一般 UNSAF 方法相比，该方法并非万无一失。但是 STUN 的 319
好处是它并不需要修改网络路由器、应用协议或者服务器。它仅需要客户端实现 STUN 请求协议，以及至少一台在适当位置可用的 STUN 服务器。STUN 被设想为一种“临时”的解决方案，直到制定和实施更复杂的直接协议，或由于 IPv6 的广泛采用而使得 NAT 成为过时的

（正如目前许多在创建之后被普遍使用了 10 年甚至更长时间的标准协议）。

STUN 操作使用 UDP、TCP 或具备传输层安全性（Transport Layer Security，TLS）的 TCP（见第 18 章）。STUN 用法规范定义特定用法所支持的传输协议。它为 UDP 和 TCP 使用 3478 端口，为 TCP/TLS 使用 3479 端口。STUN 基础协议有两种类型的事务：*请求/响应事务*（request/response transactions）和*标志事务*（indication transactions）。标志不需要响应，并可以通过客户机或服务器生成。所有的信息包含类型、长度、值为 0x2112A442 的魔术 cookie，以及一个随机的 96 位事务 ID 用于匹配请求与响应或调试。每个报文始于 2 个 0 位，并可能包含零个或多个*属性*（attribute）。支持特定的 STUN 使用的*方法*（method）在 STUN 报文类型中定义。各种 STUN 参数，包括方法和属性数量，均由 IANA[ISP] 维护。属性有自己的类型，并可以改变长度。在一个 IP 数据包中，基本的 STUN 头通常紧挨着 UDP 传输头，如图 7-8 所示。

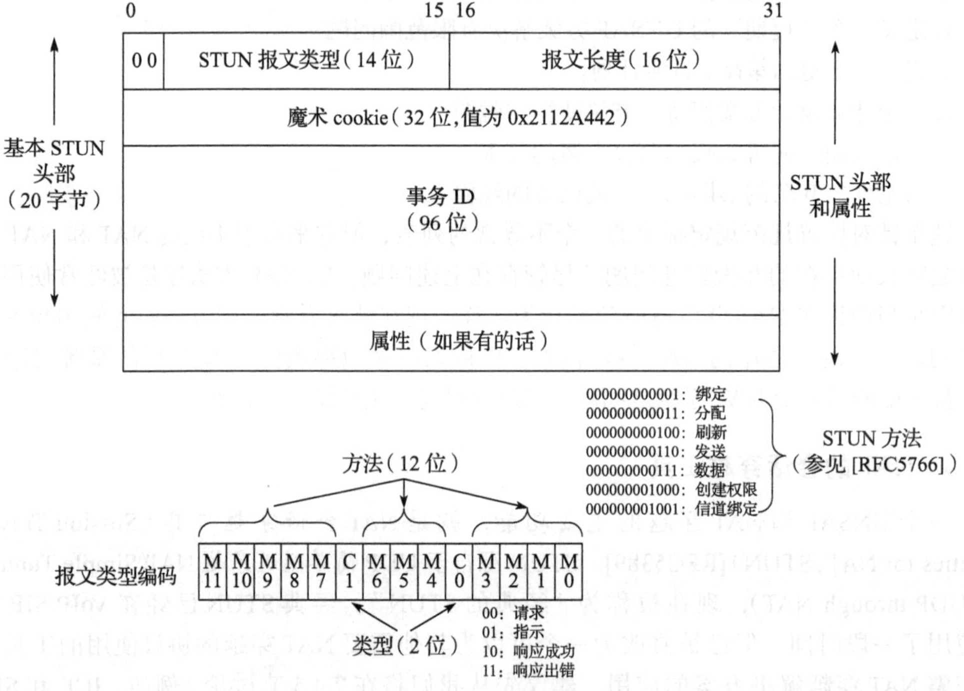

图 7-8 STUN 报文总是以 2 个 0 比特位开始，并且封装在 UDP 中，当然 TCP 也是允许的。报文类型字段同时给出了方法（例如，绑定）和类型（请求，响应，错误，成功）。事务 ID 是一个长为 96 位的数字，用于匹配请求和响应，或者在标志情况中用于调试。每个 STUN 报文能够包含 0 个或者多个属性，这取决于 STUN 的特定用法

基本的 STUN 头的长度是 20 字节（见图 7-8），*报文长度*（Message Length）字段提供了一个最大为 $2^{16}-1$ 字节的完整的 STUN 报文长度（报文长度字段不包括 20 字节的报头长度），由于报文总是用多个 4 字节来填充的，所以长度字段的低 2 位总是为 0。通过 UDP/IP 发出的 STUN 报文所形成 IP 数据包，若预先知道路径 MTU 的大小，为避免分片，其大小应小于 MTU（见第 10 章）。如果不知道 MTU，整个数据报的长度（包括 IP 和 UDP 头和任何选项）应小于 576 个字节（IPv4）或 1280 字节（IPv6）。STUN 没有规定如何处理回复的报文超过相反方向路径 MTU 的情况，所以服务器应当安排使用大小适当的报文。

通过 UDP/IP 传递的 STUN 报文是不可靠的，因此 STUN 应用程序都需要自己来实现可靠性。这是通过重发认为丢失的报文来实现的。重传间隔是通过估计向对方发送和接受一个报文的时间来计算的，称为*往返时间*（round-trip time，RTT）。在我们讨论 TCP 时（见第 14 章）,RTT 的计算及重传计时器的设置是一个需要重点考虑的地方。STUN 使用了类似的做法，但在标准的 TCP 上稍做了修改。更多细节请参考 [RFC5389]。通过 TCP/IP 或带有 TLS/IP 的 TCP 来传输的 STUN 报文的可靠性问题由 TCP 来处理。基于 TCP 的连接可以支持多个待定的 STUN 事务。

STUN 的属性被编码在一个 TLV 布局中，这也为许多其他互联网协议所采用。TLV 的类型和长度字段均是 16 比特，值部分是长度可变的（最多到 64KB，如果支持的话），紧随其后的是多个 4 字节的填充（填充的比特可能为任意值）。在同一个 STUN 报文中，属性类型可能会出现多次，尽管只有第一个对接受者来说才是必需的。属性值低于 0x8000 的是*必须包含*（comprehension-required）的属性，而其他的则称为*可选包含*（comprehension-optional）的属性。假如一个代理收到一个拥有必须包含属性的报文但却并不知道该如何处理，就生成一个错误。到目前为止，多数定义的属性是必须包含的 [ISP]。

[RFC5389] 定义了一个称之为*绑定*（binding）的 STUN 方法，能够在请求 / 响应或者标志事务中用于地址确定和保持 NAT 绑定。它同时定义了 11 个属性，如表 7-2 所示。 320～321

表 7-2 定义在 [RFC5389] 中的 STUN，有时也称为 STUN2，它取代了经典 STUN。这 11 个属性可能被兼容于 STUN2 的客户机和服务器所使用

名　称	值	目的 / 用途
MAPPED-ADDRESS	0x0001	包含一个地址簇指示器和反向传输层地址（IPv4 或 IPv6）
USERNAME	0x0006	用户名称和密码，用来检验报文的完整性（达到 513 字节）
MESSAGE-INTEGRITY	0x0008	在 STUN 报文中的报文证书代码值（参见第 18 章和 [RFC5389]）
ERROR-CODE	0x0009	包括 3 位差错类型、8 位差错代码值和长度可变的差错文本描述
UNKNOWN-ATTRIBUTES	0x000A	和差错报文一起使用来表示未知属性（每个属性 16 位值）
REALM	0x0014	指示长期信任的证书“范围”名称
NONCE	0x0015	为了阻止重放攻击，在请求和应答中选择性地携带的非重复值
XOR-MAPPED-ADDRESS	0x0020	MAPPED-ADDRESS 的异或（XOR）版本
SOFTWARE	0x8022	发送报文的软件的文本描述（例如，制造商和版本号）
ALTERNATE-SERVER	0x8023	提供了另一个 IP 地址供客户机使用，与 MAPPED-ADDRESS 一起被编码
FINGERPRINT	0x8028	报文的 CRC-32 和 0x5354554E 进行异或（XOR），如果使用的话必须是最后的属性（可选的）

参考图 7-5，地址信息为 $X{:}x$ 的客户机总是有兴趣确定 $X1'{:}x1'$，即*反向传输地址*（reflexive transport address）或者*映射地址*（mapped address）。位于 $Y1{:}y1$ 的 STUN 服务器将反向传输地址包含在一个 STUN 报文的 MAPPED-ADDRESS 属性中，并将其回复给客户机。

MAPPED-ADDRESS 属性包含一个 8 位的地址族（Address Family）字段，一个 16 位的端口号（Port Number）字段，以及一个 32 位或 128 位的地址（Address）字段，这取决于地址族字段（IPv4 为 0x01，IPv6 为 0x02）指定是 IPv4 还是 IPv6。之所以包含这个属性是为了与经典的 STUN 保持向后兼容。更重要的属性是 XOR-MAPPED-ADDRESS 属性，其中包含与 MAPPED-ADDRESS 完全相同的属性值，但需要与魔术 cookie 值（对于 IPv4）或事务 ID 与魔术的 cookie 串联值（对于 IPv6）异或。以这种方式使用异或值的原因是为了检测并绕过通用 ALG，防止它们查看和改写通过的任何 IP 地址。这种 ALG 是很脆弱的，因为它们可能改写像 STUN 这样的协议所必需的信息。经验表明，在数据包负载中异或 IP 地址足以绕过
322 ALG。

一个 STUN 客户机，包括多数的 VoIP 设备和软件电话应用如 pjsua[PJSUA]，初始时均需要配置一个或者多个 STUN 服务器的 IP 地址或者名称。之所以希望使用 STUN 服务器是因为当该应用程序最终与对方对话时它能看到相同的 IP 地址，尽管要确定可能有点困难。通常使用布局在互联网中的 STUN 服务器（例如，stun.ekiga.net, stun.xten.com, numb.viagenie.ca）便足够了。一些服务器能够通过 DNS 服务（SRV）记录来发现（参见第 11 章）。图 7-9 所示的就是一个 STUN 绑定请求的例子。

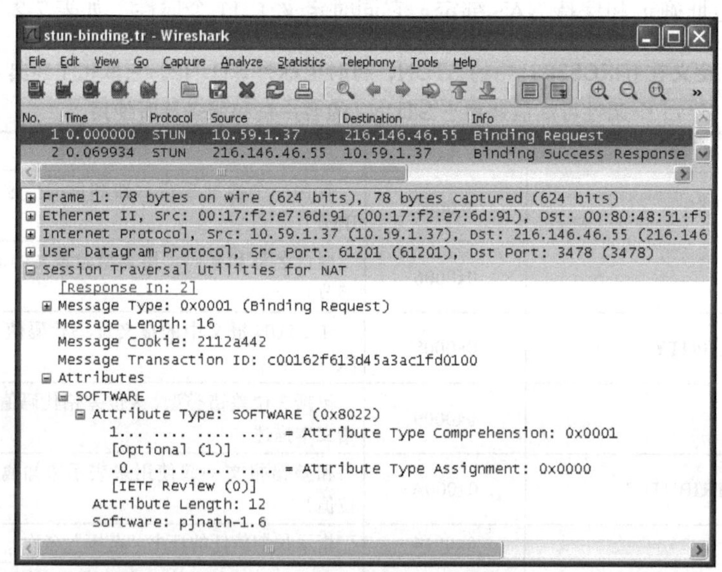

图 7-9 一个 STUN 绑定请求。该请求包含一个 96 位的事务 ID 和一个用于识别发起请求的客户机的 SOFTWARE 属性。属性包含了 10 个字符，但是其值向上舍入为 4 的倍数，给出的属性值是 12。报文长度 16 包含了用于包含属性类型和长度的 4 个字节（并未包含 STUN 头部）

图 7-9 所示的 STUN 绑定请求例子由客户机先初始化。事务 ID 是随机选择的，其请求将被发送到 numb.viagenie.ca（IPv4 地址为 216.146.46.55 和 216.146.46.59），这既是一台 STUN 服务器，也是一台 TURN 服务器（参见 7.4.4 节）。请求中包含了用于识别客户应用的 SOFTWARE 属性。在这种情况下，请求由 pinath-1.6 初始化。这是包含在 pjsua 中的“PJSIP NAT 助手”应用。信息长度包含用于属性类型和长度的 4 字节，加上用于保持属性的 12 个字节。pjnath-1.6 的长度只有 10 字节，但是属性长度总是向上取整为接近 4 字节的倍数。在
323 穿越过一个 NAT 之后，所得的应答如图 7-10 所示。

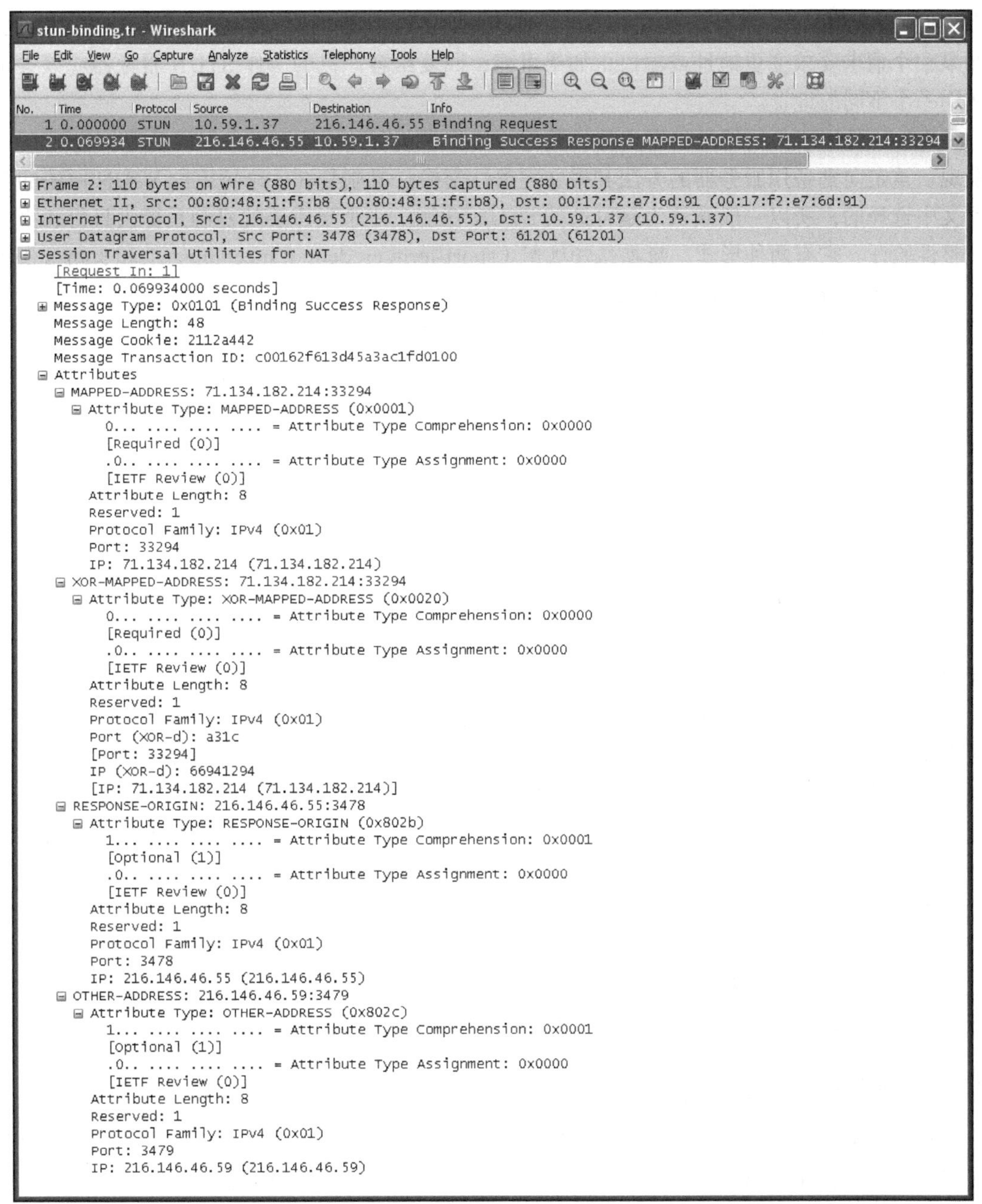

图 7-10 包含 4 个属性的 STUN 绑定回复。MAPPED-ADDRESS 和 XOR-MAPPED-ADDRESS 属性包含服务器反向寻址信息。其他的属性用于实验性质的 NAT 行为发现机制 [RFC5780] 324

图 7-10 所示的绑定回复以编码为属性集合的方式为客户机提供了有用的信息。MAPPED-ADDRESS 和 XOR-MAPPED-ADDRESS 属性表明，STUN 服务器确定了服务器反向地址 71.134.182.214:33294。RESPONSE-ORGIN 和 OTHER-ADDRESS 属性被实验设施用于发现 NAT 行为 [RFC5780]。第一个属性给出了用来发送 STUN 报文的通信终端（216.146.46.55:3478，与发送 IPv4 地址和 UDP 端口号相匹配）。第二个属性表示假如客户机请求“更改地址”或“改变端口”的行为，哪个 IPv4 源地址和端口号（216.146.45.59:3479）

将被使用。后者的属性相当于现在已经过时的经典 STUN 中的 CHANGED-ADDRESS 属性。如果一个请求要求变更地址或端口，如果可能，回复给客户机的协作 STUN 服务器应该尝试使用一个不同的地址。

STUN 可用于执行地址确定之外的其他一些称为*机制*（mechanisms）的功能，包括 DNS 发现、重定向到备用服务器的方法和报文完整性交换。机制是在一个特定的 STUN 用法的上下文中选择的，所以一般被认为是可选的 STUN 功能。一个更重要的机制是提供身份和报文完整性验证。它有两种形式：*短期信任机制*（short-term credential mechanism）和*长期信任机制*（long-term credential mechanism）。

短期信任持续一个会话；特定时间由 STUN 用法来定义。长期信任支持多个会话；它们对应一个登录 ID 或账户。短期信任通常用于特定的信息交换，长期信任在分配某些特定资源时才使用（例如和 TURN 一起，见 7.4.4 节）。在能够被截获的地方，从来不用明文来发送密码。

短期信任机制使用 USERNAME 和 MESSAGE-INTEGRITY 这两个属性。两者在任何请求中都是必需的。USERNAME 属性暗示需要哪种凭证，允许信息的发送方使用合适的共享密码来形成一个报文的完整性校验（基于报文内容计算一个 MAC 值，见第 18 章）。使用短期信任时，假定某种形式的凭证信息（例如，用户名和密码）在前期已经被交换过。用于形成 STUN 信息完整性校验的凭证被编码在 MESSAGE-INTEGRITY 属性中。能够形成一个有效的 MESSAGE-INTEGRIT 属性值，意味着发送方当前持有的凭证是正确和最新的。

长期信任机制通过一种称为*摘要挑战*（digest challenge）的方法来保证凭证是最新的。使用这个机制，客户端在初始化请求时不需要提供任何认证信息。服务器会先拒绝请求，但在响应中会包含一个 REALM 属性。这可以被客户端用来确定需要提供何种凭证才能通过验证，当然客户端可能有各种服务的凭据（例如，多个 VoIP 账户）。和 REALM 一起，服务器会提供一个永不重用的 NONCE 值，客户端能够用它来形成后续的请求。这种机制还采用了
325 MESSAGE-INTEGRITY 属性，但其完整性功能是通过包含 NONCE 值来计算的。因此，偷听了之前长期信任交换的窃贼很难回复一个有效的请求（因为 NONCE 值是不同的）。如何在凭证中使用 NONCE 及相关问题在第 18 章有详细讨论。长期信任机制无法用来保护 STUN 标志，因为这些事务不是以请求 / 响应对来操作的。

7.4.4 利用 NAT 中继的穿越

利用 NAT 中继的穿越（Traversal Using Relays around NAT，TURN）[RFC5766] 为两个或多个系统提供了一种通信方式，即使它们均位于并未协作的 NAT 后。作为支持在这种情况下通信的最后手段，它需要一个中继服务器在无法通信的系统之间传递数据。使用 STUN 和一些 TURN 特定报文的扩展，即使大多数其他方法都失败了它也能照样支持通信，只要每个客户端均能连接到不在 NAT 后的公共服务器。如果所有的 NAT 均与 BEHAVE 标准兼容，TURN 就没有必要存在了。直接通信的方法（即不使用 TURN）总是优于采用 TURN 服务器的方法。

根据图 7-11，通常位于 NAT 后的 TURN 客户机会访问位于公共互联网上的 TURN 服务器，并暗示了它希望连接的其他系统（称为*对等*（peer））。通过使用一种特殊的 DNS NAPTR 记录（见第 11 章和 [RFC5928]），或通过手动配置，便可以找到用于通信的服务器的地址和相应的协议。客户端从服务器端获得的地址和端口信息，称为*中继传输地址*（relayed transport address)，就是 TURN 服务器用于和其他对等客户机通信的地址和端口号。客户端也获得了它自己的服务器反向传输地址。对等客户机也得到了代表它们外部地址的服务器反向传输地址。这些地址是客户端和服务器用来连接客户机及其对等所必需的。交换寻址信息的方法并没有在 TURN 中定义。相反，为了能够更加有效地使用 TURN 服务器，这些信息必须使用其他一些机制来完成交换（例如，7.4.5 节的 ICE）。

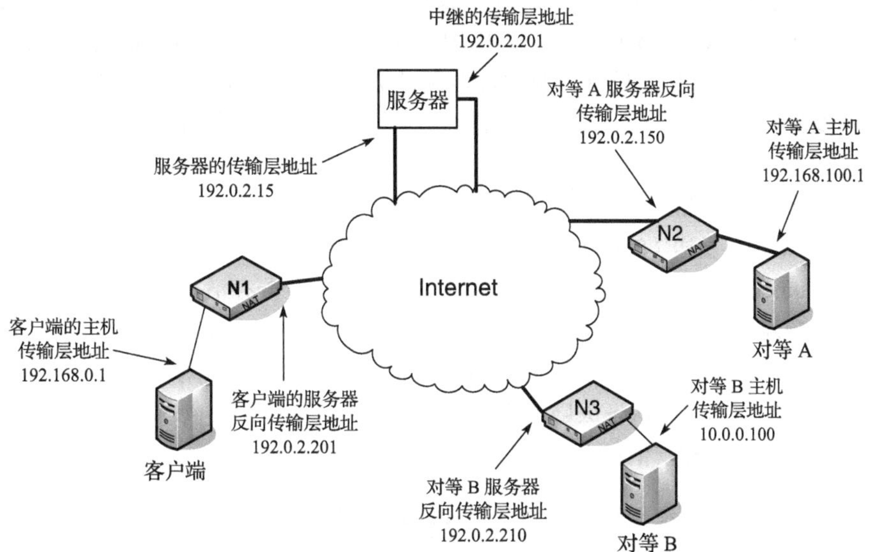

图 7-11　根据 [RFC5766]，一个 TURN 服务器通过中继来帮助位于“坏”（bad）NAT 之后的客户机之间通信。客户端和服务器之间的流量可采用 TCP、UDP 或使用了 TLS 的 TCP。服务器和一个或多个对等客户机之间的流量使用 UDP。中继是通信的最后手段，直接的方法才是首选

客户端使用 TURN 命令来创建和维护服务器上的分配（allocation）。一个分配类似于一个多路 NAT 绑定，包括（唯一）中继传输地址，每个对等客户机需要使用它到达本机。通过 UDP/IPv4 使用传统的 TURN 报文来发送服务器 / 对等数据。通过增强也能支持 TCP [RFC6062] 和 IPv6（IPv4 和 IPv6 之间的中继）[RFC6156]。封装的客户 / 服务器数据内包括发送信息或者接受相关数据的相应的对等客户机的信息。客户 / 服务器连接已被指定为使用 326
UDP/IPv4、TCP/IPv4 和采用 TLS 的 TCP/IPv4。建立一个分配要求验证客户端的身份，通常使用 STUN 长期信任机制。

TURN 支持两种客户端和对等之间拷贝数据的方法。第一种使用 STUN 方法来编码数据，称为发送（Send）和数据（Data），定义在 [RFC5766] 中，这是 STUN 指示器（indicator），因此无须认证。其他的方法采用特定于 TURN 的概念，称为隧道（channel）。隧道是客户端和对等之间的通信路径，相对于发送和数据方法负载较轻。通过隧道传递的报文使用一个较小的、4 个字节的报头，与 TURN 使用的较大的 STUN 格式报文是不兼容的。一个分配最多可以拥有 16K 个隧道。发展隧道方法，有助于减小一些数据包比较小的应用的延迟和开销，如 VoIP 等。

在操作中，客户端使用一个 TURN 定义的 STUN 分配（Allocate）方法来发出一个获取分配的请求。如果成功，服务器响应一个成功指示器和已经分配的中继传输地址。如果客户未能提供足够的验证信息，服务器可能会拒绝请求。现在，客户端必须发送更新的报文以保

持分配活跃。如果客户机 10 分钟内不发送信息，那么分配就到期，除非客户机在分配请求中包含了一个用于指定不同生命周期值的 STUN LIFETIME 属性。通过请求一个生命周期为
327 0 的分配，就能将其删除。分配到期时，与其相关的所有隧道便也到期了。

分配通常使用"5 元组"表示。在客户端，5 元组包括客户端的主机地址和端口号、服务器传输地址和端口号以及用于与服务器通信的传输协议。除了客户端的主机传输地址和端口被替换为服务器的反向地址和端口之外，服务器端使用了相同的五元组。一个分配可能有零个或多个相关联的*权限*（permission），以限制允许通过 TURN 服务器的连接模式。每个权限包括一个 IP 地址的限制，只有当源地址匹配的数据包到达 TURN 服务器，其数据有效载荷才会被转发到相应的客户端。如果不能在 5 分钟内刷新，权限将被删除。

TURN 通过 6 种方法、9 个属性以及 6 个错误响应代码增强 STUN。这些大致可以分为支持建立和维护分配、认证以及操作隧道。6 种方法和它们的方法号如下：分配（Allocate）(3)，刷新（Refresh）(4)，发送（Send）(6)，数据（Data）(7)，创建权限（CreatePermission）(8)，隧道绑定（ChannelBind)(9)。前两种方法用于建立并保持分配存活。Send 和 Data 使用 STUN 报文封装从客户端发送到服务器的数据，反之亦然。GreatePermission 用于创建或刷新一个权限，ChannelBind 通过一个 16 位的隧道号与一个特定的对等客户端相关联。错误报文表明与 TURN 功能相关的问题，如认证失败或资源耗尽（例如，隧道数）。表 7-3 给出了由 TURN 定义的 9 个 STUN 属性名称、值以及目的。

表 7-3　由 TURN 定义的 STUN 属性

名　称	值	目的 / 用处
CHANNEL-NUMBER	0x000C	表示和数据关联的信道
LIFETIME	0x000D	请求分配超时（秒）
XOR-PEER-ADDRESS	0x0012	一个对等的地址和端口号，采用异或（XOR）编码
DATA	0x0013	为一个发送或者数据指示保存数据
XOR-RELAYED-ADDRESS	0x0016	为一个客户机分配的服务器地址和端口
EVEN-PORT	0x0018	中继的传输层地址信息使用一个偶数端口的请求，选择性地按顺序请求分配下一个端口
REQUESTED-TRANSPORT	0x0019	一个客户机用来请求采用一个特定的传输层来形成传输层地址，值来自于 IPv4 协议或者 IPv6 下一跳头部字段值
DONT-FRAGMENT	0x001A	请求设置发送到对等数据包中的 IPv4 头部中的"不分片"位
328 RESERVATION-TOKEN	0x0022	服务器保存的一个中继传输层地址的唯一标志，这个值作为一个引用提供给客户端

TURN 请求采用了 STUN 报文的形式，其中报文类型是一个分配请求。图 7-12 给出了一个例子。根据 STUN 的长期信任机制，图 7-12 所示的初始分配请求没有包括认证信息，因此会被服务器拒绝。如图 7-13 所示的一个分配错误响应表示服务器拒绝了请求。

图 7-13 中的错误信息提供了 REALM 属性（viagenie. ca）和客户端需要形成它下一个请求的 NONCE 值。报文还包括了 MESSAGE-INTEGRITY 属性，所以客户端可以检查该报文没有被修改，请求中属性 REALM 和 NONCE 是正确的。随后的请求中包含的属性有 USERNAME、NONCE 和 MESSAGE-INTEGRITY。参见图 7-14。

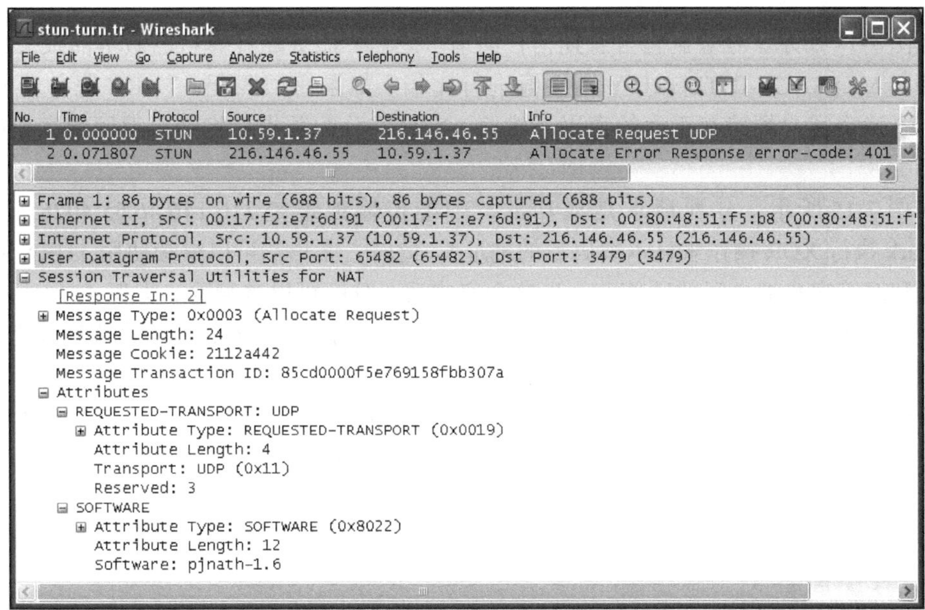

图 7-12 TURN 分配请求是一个使用报文类型 0x0003 的 STUN 报文。这一请求还包括 REQUESTED-TRANSPORT 和 SOFTWARE 属性。但是并未包含认证信息。根据 STUN 的长期信任，这个请求将失败

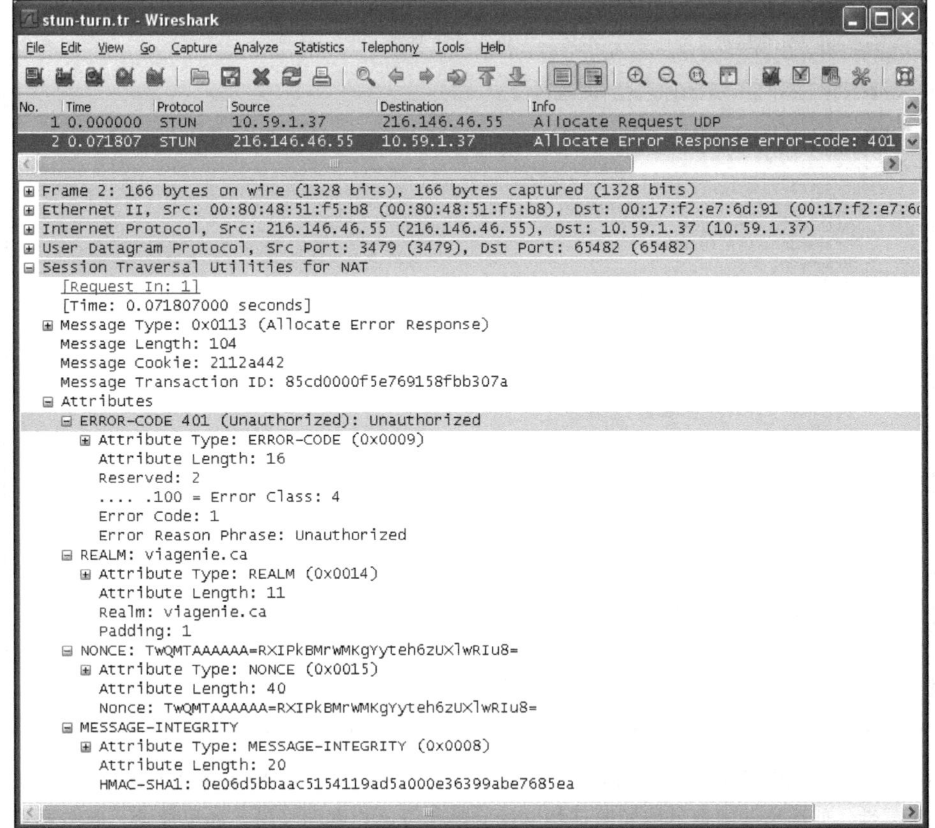

图 7-13 TURN 分配错误响应包含属性值为 401 的 ERROR-CODE 属性（未授权）。该报文是受完整性保护的，并包含了客户端为形成下一个认证分配请求所必需的 REALM 和 NONCE 属性

如图 7-14 所示，在收到包含长期信任的请求之后，服务器计算自己版本的报文完整性值，并与 MESSAGE-INTEGRITY 属性值进行比较。如果它们匹配，TURN 服务器便有足够的信息确定客户端持有正确的密码。然后，它允许分配并指示将结果返回给客户端（见图 7-15）。

如图 7-15 所示，分配请求是成功的，中继传输地址是 216.146.46.55:49261（注意，Wireshark 执行 XOR 操作来显示解码后的地址）。此时，客户端可以继续使用 TURN 服务器来中继和对等客户端之间的通信。一旦这个完成后，分配可以被删除。大概 4s 后，图 7-15 所示的包 5 和 6 表明客户端请求删除分配。这个请求作为一个刷新，其生命周期设为 0。服务器响应一个表示成功的指示器，并清除分配。请注意，BANDWIDTH 属性已包含在分配 329~330 和刷新成功指示器中。此属性定义在 [RFC5766] 初稿中，但最终被弃用，本来打算用于保存在分配中允许的峰值带宽，单位是 KB/s。在未来可能会重新定义该属性。

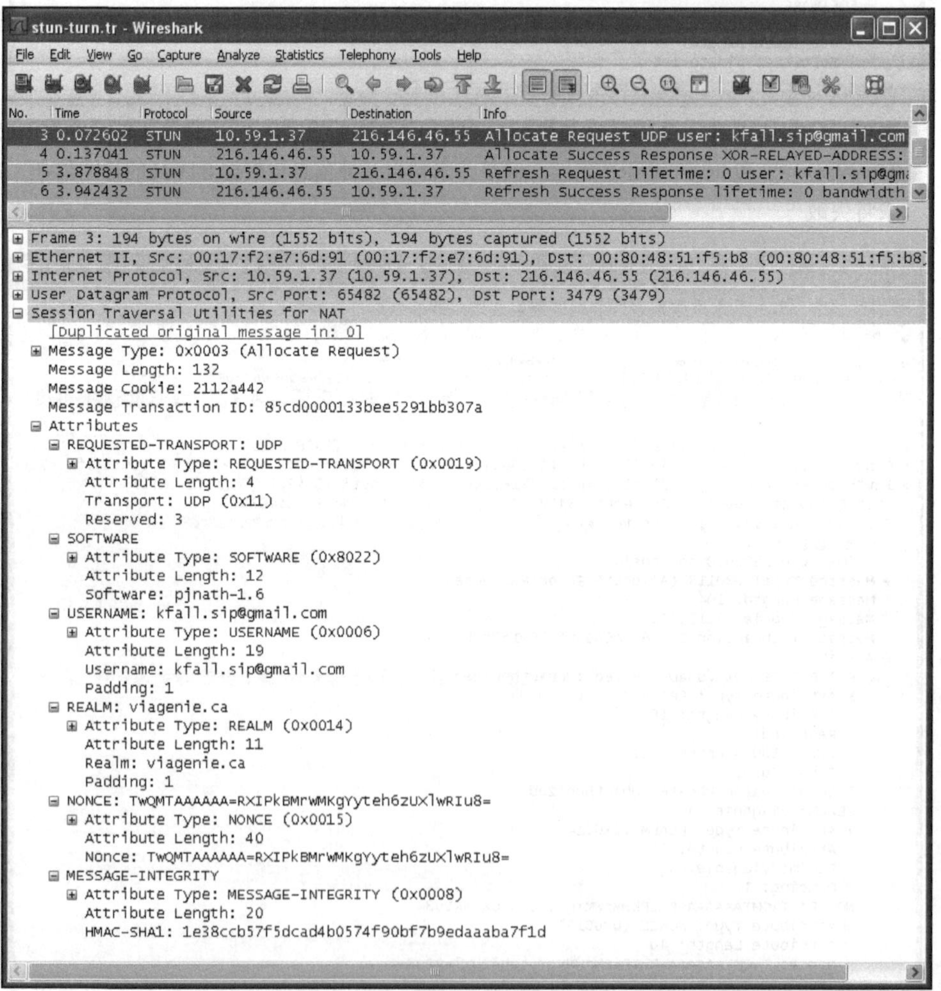

图 7-14 第二个 TURN 分配请求包括了 USERNAME、REALM、NONCE 和 MESSAGE-INTEGRITY 属性。使用这些服务器能够验证报文的完整性及客户端的身份。如果成功，服务器将验证请求并进行分配

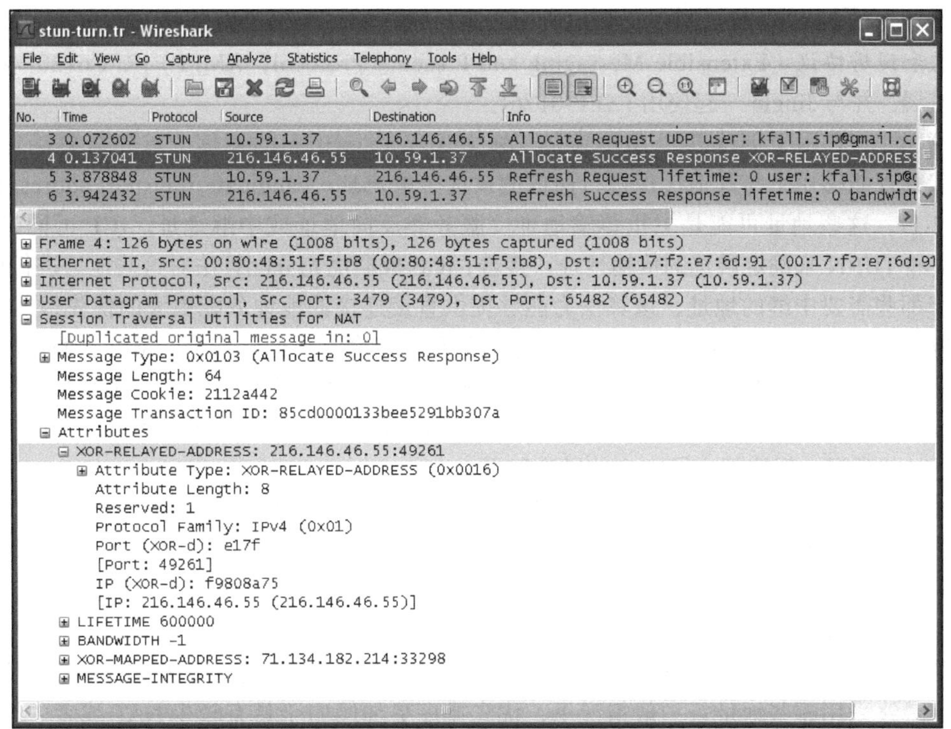

图 7-15　一个 TURN 分配成功响应。报文是受到完整性保护的，包括了用于确定由 TURN 服务器分配的端口和地址的 XOR-RELAYED-ADDRESS 属性。如果不刷新的话，分配将被删除

正如前面提到的，TURN 存在的缺点是流量必须通过 TURN 服务器进行中继，这可能会导致低效的路由（即 TURN 服务器可能会离客户端和最优的对等客户端距离较远）。此外，其他某些从对等到客户端的流量内容并不会通过 TURN 服务器。这包括 ICMP 值（见第 8 章）、TTL（*跳数限制*）字段值和 IP DS 字段（DS field）值。此外，请求 TURN 的客户端必须实现 STUN 长期信任机制，并有由 TURN 服务器操作员分配的登录凭证或账户。这有助于避免不加控制地使用开放 TURN 服务器，但也增加了配置的复杂度。

7.4.5　交互连接建立

鉴于 NAT 的广泛部署及各种为穿越它们所必须采用的机制，一种称为*交互式连接建立*（Interactive Connectivity Establishment，ICE）[RFC5245] 的通用功能被发展出来，用于帮助位于 NAT 后的 UDP 应用程序主机建立连接。ICE 是一套启发式，利用它应用程序能够以一个相对可预见的方式来执行 UNSAF。在它的操作中，ICE 使用了其他协议，如 TURN 和 STUN。有一种方法可以扩展 ICE 使其支持基于 TCP 的应用 [IDTI]。

ICE 使用并扩展了“请求 / 应答”协议，如单播 SIP 连接建立时的会话描述协议（SDP）[RFC3264]。这些协议会提供一项拥有一组服务参数的服务，还包括一组选定的选项。找到 ICE 客户并纳入使用 SDP/SIP 建立通信的 VoIP 应用已经变得越来越普遍。然而在这种情况下，ICE 被用于建立媒体流（如使用 RTP[RFC3550] 或 SRTP[RFC3711] 通话中的音频或视频部分）的 NAT 穿越，而另一种称为 *SIP 出站*（SIP outbound）的机制 [RFC5626] 用于处理 SIP 信令，如谁是被叫方。尽管在实际中，ICE 主要用于基于 SIP/SDP 的应用，它也可以作 331~332

为一个通用的NAT穿越机制用于其他应用程序。这样的一个例子就是将ICE定义为可扩展的报文和现场协议（Extensible Messaging and Presence Protocol，XMPP）[RFC6120] 核心的一个扩展，并与Jingle一起使用 [XEP-0176]。

通常，ICE用于创建两个SDP实体（称为代理（agent））的通信，首先需要确定一组每个代理都能够用来与其他代理进行通信的候选传输地址（candidate transport address）。参照图7-11，这些地址可能是主机传输地址、服务器反向地址或中继地址。ICE可同时使用STUN和TURN来确定候选的传输地址。接着，ICE根据优先分配算法对这些地址进行排序。相比于那些需要中继的地址，该算法为能够提供直接连接的地址分配更大的优先级。然后，ICE为对等代理提供优先的地址集合，其中对等代理也会有类似的行为。最终，两个代理商量好一套最好的可用地址，并将选择的结果告知对方。使用一系列编码为STUN报文的检查（check）可用于确定哪些候选的传输层地址是可用的。ICE通过几项优化可以减少同意选定候选地址的延迟，但这超出了本文的讨论范围。

ICE开始试图发现所有可用的候选地址。这些地址可能是本地分配的传输层地址（如果是多宿主代理便有多个主机）、服务器反向地址，或由TURN确定的中继地址。在为每个地址分配一个优先级后，每个代理使用SDP将优先级列表发送给对等方。对等代理执行相同的操作，这导致每个代理会有两个优先名单。然后每个代理通过连接2个列表形成一个完全相同的优先候选对（candidate pair）集合。采用特定的顺序在候选对中执行一系列的检查可以确定最终采用哪些地址。一般情况下，优先排序更加倾向于具有较少NAT或者中继的候选对。一个由ICE指派的控制代理（controlling agent）将确定最终选择的候选对。控制代理根据其优先顺序指定（nominate）使用哪个有效的候选对。控制代理可能会尝试所有对，并随后做出选择（称为常规选择（regular nomination）），或者可能使用第一个可行的对（称为积极选择（aggressive nomination））。通过一个用于指定特定对的STUN报文中的标志来表示常规选择，而通过在每个请求中设置选择标志来表示积极选择。

利用被检查的地址信息在两个代理中交换STUN绑定请求信息，就是发送检查。检查是由计时器触发，或者受来自于对等代理连接的调度（称为触发检查（triggered check））。通过包含地址信息的STUN绑定回复表示响应。在某些情况下这可能会揭示一个新的用于代理的服务器反向地址（例如，当STUN或者TURN服务器最初确定候选地址后，代理之间又使用
333 了一个新的不同于以往的NAT）。如果发生这样的情况，代理获得了一个称为对等反向候选（peer-reflexive candidate）的新地址，该地址将被ICE添加到候选地址中。ICE检查是通过使用基于STUN短期信任机制的完整性检查及STUN的FINGERPRINT属性来完成的。当采用TURN时，ICE客户机用TURN权限来限制针对感兴趣的远端候选地址的TURN绑定。

ICE采用了不同的实现概念。Lite实现是专为没有采用NAT的系统部署所设计的。它们永远不会充当控制代理，除非与另一个Lite实现进行交互。它们也不会执行前面提到的完全（full）实现所做的检查。发出的STUN报文会表明ICE实现的类型。所有ICE实现必须遵守STUN[RFC5389]，但Lite实现将永远只能充当STUN服务器。ICE通过表7-4中所述的属性扩展STUN。

表 7-4　由 ICE 定义的 STUN 属性

名　　称	值	目的 / 用处
PRIORITY	0x0024	计算出相关候选地址的优先级
USE-CANDIDATE	0x0025	通过控制代理来指示选择候选地址

（续）

名　称	值	目的 / 用处
ICE-CONTROLLED	0x8029	指示报文的发送者就是被控制的代理
ICE-CONTROLLING	0x802A	指示报文的发送者就是控制代理

检查是一个包含 PRIORITY 属性的 STUN 绑定请求。该值等于由 4.1.2 节描述的算法所指定的值 [RFC5245]。当发送方是正在控制或者被控制的代理时，STUN 请求中会分别包含 ICE-CONTROLLING 和 ICE-CONTROLLED 属性。一个控制代理可能还包括一个 USE-CANDIDATE 属性。如果存在，这种属性指示控制代理在后续使用中想要选择的代理。

7.5 配置包过滤防火墙和 NAT

NAT 通常只需很少的配置（除非端口转发正在使用），但是防火墙通常需要进行配置，有时它们需要大量的配置。大多数家庭网络中，同一台设备需要同时提供 NAT、IP 路由和防火墙等功能，并可能需要一些配置。虽然每个配置在逻辑上是独立的，但是配置文件、命令行界面、网页控件或其他网络管理工具有时会合并。 334

7.5.1 防火墙规则

包过滤防火墙，必须给予一套说明匹配条件的指令来选择丢弃或者转发流量。现在配置一个路由器，网络管理员通常配置一个或多个 ACL。每个 ACL 包含一个规则列表，其中每个规则通常包含*模式匹配条件*（pattern-matching criteria）及其对应的*动作*（action）。匹配条件通常允许规则表达网络层或传输层中的包字段值（例如，源和目的地 IP 地址、端口号、ICMP 类型字段等）以及*方向*（direction）的说明。方向模式采用基于方向的方式来匹配流量，允许不同的规则集分别应用于传入与传出的流量。许多防火墙还允许在处理顺序中的某一点应用防火墙规则。这方面的例子包括能够在 IP 路由决策过程之前或之后指定一个 ACL。在某些情况下（尤其是当使用多个接口时），这种灵活性就变得很重要。

当一个包到达时，在适当的 ACL 中按照顺序匹配其中的匹配条件。对于大多数的防火墙而言，按照第一个匹配的规则采取动作。典型动作包括阻止或加速符合某项规则的流量，还可以调整计数器或写一个日志条目。一些防火墙可能也包括附加功能，如将特定的数据包发往应用程序或其他主机。每个防火墙厂商通常有自己的方法来指定规则，其中思科系统的 ACL 格式已成为许多企业级路由器厂商所广泛支持的一种格式。家庭用户的 ACL 配置通常使用一个简单的 Web 界面。

一个非常流行的用于构建防火墙的系统是包含在现代版本 Linux 中的 iptables，它是使用一个称为 NetFilter [NFWEB] 的网络过滤功能来构建的。这是早先称为 ipchains 功能的演变，iptables 能够提供无状态和有状态包过滤以及 NAT 和 NAPT 的支持。我们应研究它是如何工作的，以更好地理解防火墙以及现代 NAT 提供的各种功能。

iptables 包含过滤*表格*（table）和过滤*链*（chain）的概念。一个表格包括许多预定义的链，也可能包含 0 个或者多个用户自定义的链。三个预先定义的表格为：filter，nat 和 mangle。默认的 filter 表格用来处理基本的包过滤，包括了预先定义的 INPUT、FORWARD 和 OUTPUT 三条链。这些动作分别对应于目的地是防火墙路由器本身运行程序的流量、路由时通过防火墙的流量以及从该防火墙主机发出的流量。nat 表格包含了 PREROUTING、

OUTPUT 和 POSTROUTING 三条链。mangle 表格有五条链，主要用于任意修改数据包。

每条过滤链是一个规则列表，每条规则包含匹配条件及其对应的动作。这个动作（也称为*目标*（target））可能是执行一条用户自定义的链或者执行如下预定义的动作：ACCEPT，
335 DROP，QUEUE 和 RETURN。当一个数据包匹配上述之一的规则时，便立即采取相应的动作。ACCEPT（DROP）是指数据包将被转发（丢弃）。QUEUE 是指数据包将被提交给一个用户程序处理，RETURN 是指处理将在之前触发的一条链中继续，形成了一种包过滤链子调用。

一个完整的防火墙配置设计是非常复杂的，而且针对用户特定需求和它们所需要的服务类型，因此我们不会在此尝试穷举每一个。相反，下面的例子只是给出了 iptables 中一小部分可能的用法。下面的例子给出了一个 Linux 防火墙配置文件。它是由一个 shell 触发的，如 bash：

```
EXTIF="ext0"
INTIF="eth0"
LOOPBACK_INTERFACE="lo"
ALL="0.0.0.0/0"                    # matches all

# set default filter table policies to drop
iptables -P INPUT DROP
iptables -P OUTPUT DROP
iptables -P FORWARD DROP

# all local traffic OK
iptables -A INPUT -i $LOOPBACK_INTERFACE -j ACCEPT
iptables -A OUTPUT -i $LOOPBACK_INTERFACE -j ACCEPT

# accept incoming DHCP requests on internal interface
iptables -A INPUT -i $INTIF -p udp -s 0.0.0.0 \
      --sport 67 -d 255.255.255.255 --dport 68 -j ACCEPT

# drop unusual/suspect TCP traffic with no flags set
iptables -A INPUT -p tcp --tcp-flags ALL NONE -j DROP
```

这个例子说明了用户在设置一个过滤规则列表时的灵活性。初始时，所有的链都采用默认规则（-P 选项），将会影响所有没有匹配上规则的数据包。通过设置 filter 表中的 INPUT 和 OUTPUT 链，所有进出本计算机（采用*伪接口*（pseudo interface）lo 表示）的流量都被设置为 ACCEPT（即接受）。其中，-j 选项意味着“跳转”到一个特定的处理目标。接下来，从 IPv4 地址 0.0.0.0 进来的 UDP 广播流量，以及目的地采用 DHCP 端口号（67，68）的本地 / 子网广播流量，都经由内部接口被允许通过。接着，将所有进来的 TCP 段（参见第 13 章）的标志（Flags）字段和 1（ALL）相与（AND），再将结果与 0（NONE）比较。当所有的标志字段都为 0 时匹配成功，说明这不是一个非常有用的 TCP 段（正常情况下，第一个 TCP 段包含 SYN 标志位，其后的每个 TCP 段将包含一个有效的 ACK 标志位）。

尽管这个例子所阐明的语法是针对 iptables 的，但是它的功能却不是。多数过滤性防火
336 墙都能够执行类似的检查和动作。

7.5.2 NAT 规则

在多数简单的路由器中，NAT 能够配置为和防火墙一起工作。在基本的 Windows 系统中，NAT 被称为*互联网连接共享*（Internet Connection Sharing，ICS），在 Linux 中被称为 *IP 伪装*（IP masquerading）。以 Windows XP 为例，ICS 有一些独有的特征。它为运行 ICS 的主

机分配了 192.168.0.1 的“内部”IPv4 地址，同时启动了一个 DHCP 服务器和 DNS 服务器。其他的主机地址从 192.168.0/24 子网段中分配，并将 ICS 主机作为 DNS 服务器。因此，在已经有其他的主机或者路由器提供了上述服务或者存在地址冲突的网络中，ICS 不应该被启用。通过修改注册配置能够修改默认的地址范围。

在 Windows XP 中为一个互联网连接启动 ICS 可以通过网络设置向导来完成，或者在一个已经运行了的互联网连接中改变“高级”属性（在“配置 | 网络连接”中）。至此，用户可能决定允许别的用户来控制或者关闭共享网络连接。这个功能也被称为*互联网网关设备发现和控制*（Internet Gateway Device Discovery and Control，IGDDC），它采用了通用的即插即用的框架，允许在一个客户机中控制本地互联网网关，该内容在 7.5.3 节中有介绍。所支持的功能包括连接、断开，同时读取各种状态信息。与 ICS 一起工作的 Windows 防火墙功能支持创建*服务定义*（service definition）。服务定义等同于之前定义的端口转发。为了使之有效，需要选中互联网连接中的“高级”属性标签，再添加一个新的服务（或者编辑一个现有的服务）。然后，用户在外部接口和内部服务器中便能够填入合适的 TCP 和 UDP 端口号。这样也为进来的连接提供了一种配置 NAPT 的方法。

和 Windows 一样，Linux 也将伪装功能和防火墙实现结合在一起。下面的脚本以一种简单的方式来配置伪装。注意这种脚本是用来说明的，并不建议在产品中推荐使用。

```
EXTIF="ext0"
echo "Default FORWARD policy: DROP"
iptables -P FORWARD DROP

echo "Enabling NAT on $EXTIF for hosts 192.168.0.0/24"
iptables -t nat -A POSTROUTING -o $EXTIF -s 192.168.0.0/24 \
      -j MASQUERADE

echo "FORWARD policy: DROP unknown traffic"
iptables -A INPUT -i $EXTIF -m state --state NEW,INVALID -j DROP
iptables -A FORWARD -i $EXTIF -m state --state NEW,INVALID -j DROP
```

此处，filter 表格中 FORWARDING 链的默认策略被设置为 DROP。在路由已经决定采取哪个合适的外部接口时，下一个项目是对从 192.168.0.0/24 子网中获取了 IPv4 地址的主机 337 流量的地址进行重写（通过 NAT 中的 nat 表格和 -t nat 选项来实现）。由于 NAT 的有状态的工作方式，目前将有可能调整 filter 表格的规则以只允许为 NAT 所知的连接的流量通过。最后的两行调整了 INPUT 和 FORWARD 链，将丢弃任何无效或者未知（NEW）的传入流量。特殊的操作符 NEW 和 INVALID 是在 iptables 命令之内定义的。

7.5.3 与 NAT 和防火墙的直接交互：UPnP、NAT-PMP 和 PCP

在多数情况下，一个客户系统希望或者需要和防火墙直接交互。例如，一个防火墙需要为不同的服务配置或者再配置，以保证针对特定端口的网络流量不会被丢弃（创建一个“小孔”）。在一个代理防火墙正在被使用的情况下，每个客户机必须被告知代理的身份。否则的话，就无法越过防火墙进行通信。目前已经开发了许多支持客户机和防火墙之间进行通信的协议。其中两个最为流行的是*通用即插即用*（Universal Plug and Play，UPnP）和 *NAT 端口映射协议*（NAT Port Mapping Protocol，NAT-PMP）。UPnP 这个标准是由一个称为 UPnP 论坛的工业组开发的。NAT-PMP 目前是 IETF 中一个到期的草稿文件。NAT-PMP 为绝大多数的 Mac OS 系统所支持。UPnP 在 Windows 系统中是原生支持的，也能够被添加到 Mac OS

和 Linux 系统。UPnP 也被数字生活网络联盟（DLNA）[DLNA] 用于家庭网络中支持消费电子设备发现协议。

通过采用 UPnP，被控制的设备通过第一个 DHCP 来配置 IP 地址，如果 DHCP 不可用的话，就采用动态链接 – 本地地址配置（参见第 6 章）。接着，简单服务发现协议（Simple Service Discovery Protocol，SSDP）[XIDS] 向控制点（例如，客户机）宣布设备的存在，同时允许控制点来查询设备的其他信息。SSDP 使用了基于 UDP 的两个 HTTP 变种来代替更为标准的 TCP，它们被称为 HTTPU 和 HTTPMU[XIDMU]，其中后者使用组播寻址（IPv4 地址 239.255.255.250，端口 1900）。如果使用基于 IPv6 的 SSDP，那么将采用如下的地址：ff01::c（本地节点），ff02::c（本地连接），ff05::c（本地站点），ff08::c（本地组织），ff0e::c（全局）。

后续的控制和事件通知（eventing）是由通用事件通知架构（General Event Notification Architecture，GENA）控制的，它采用了简单对象访问协议（Simple Object Access Protocol，SOAP）。SOAP 支持客户 / 服务器远程过程调用（Remote Procedure Call，RPC）机制，使用编码在可扩展标记语言（eXtensible Markup Language，XML）中的报文（XML 通常用于 Web 网页中）。UPnP 被消费电子设备所广泛采用，包含音频和视频回放和存储设备。NAT 和防火墙设备是采用互联网网关设备（Internet Gateway Device，IGD）协议控制的 [IGD]。
338 IGD 支持一些别的功能，包括学习 NAT 映射和配置端口转发的能力。感兴趣的读者可以从 MiniUPnP 项目主页 [UPNPC] 中得到一个简单的 IGD 客户端用于实验。UPnP IGD 的第二个版本 [IGD2] 增加了对 IPv6 的支持。

UPnP 是一个包含 NAT 控制及其他不相关规范的广泛架构，而 NAT-PMP 是另外一种方法，它针对与 NAT 设备进行程序通信。NAT-PMP 是苹果公司用于零配置网络的服务器搜索协议 Bonjour 规范的一部分。NAT-PMP 并没有采用发现过程，这是由于被管理的设备通常就是可通过 DHCP 获取的默认网关。NAT-PMP 使用 UDP 端口 5351。NAT-PMP 支持一个用于学习 NAT 外部地址和配置端口映射的请求 / 响应协议。它也支持一个基本的事件机制，当 NAT 外部地址发生改变时能够通知监听者。这是在外部地址发生改变时通过采用一个 UDP 组播报文发送到地址 224.0.0.1（即所有主机的地址）来完成的。NAT-PMP 使用 UDP 端口号 5350 用于客户机 / 服务器的交互，5351 端口用于组播事件通知。根据端口控制协议（Port Control Protocol，PCP）[IDPCP] 的建议，NAT-PMP 的概念可被扩展用于支持 SPNAT。

7.6 IPv4/IPv6 共存和过渡中的 NAT

随着最后一个顶层单播 IPv4 地址在 2011 年早期被分配出去，向 IPv6 的过渡便开始加速了。曾经认为通过为主机配备双栈功能（例如，实现完整的 IPv4 和 IPv6 协议栈）[RFC4213]，网络服务就会过渡到只有 IPv6 的操作。目前认为 IPv4 和 IPv6 将会共存更长一段时间，甚至可能是无限期的，这是由于各种经济原因网络基础设施可能会使用 IPv4 或者 IPv6 或者两者同时使用。假设这是真的，那就需要支持 IPv4 和 IPv6 系统之间的通信，无论它们是否拥有双协议栈。目前用于支持 IPv4 和 IPv6 组合的两种主要方法是隧道和转换。隧道方法包括 Teredo（见第 10 章）、双协议栈精简版（DS-Lite）和 IPv6 快速部署（6rd）。虽然 DS-Lite 采用 SPNAT 作为其架构的一部分，但在 [RFC6144] 描述的框架中给出了一种更单一的转换方法，它使用了我们在第 2 章中见到过的嵌入了 IPv4 的 IPv6 地址。我们将在本节更为详尽地讨论 DS-Lite 和转换架构的细节。

7.6.1 双协议栈精简版

DS-Lite（Dual Stack Lite，双协议栈精简版）[RFC6333] 是一种希望在内部运行 IPv6 的服务提供者更容易过渡到 IPv6（同时支持传统的 IPv4 用户）的方法。从本质上讲，它可以让供应商把重点放在部署一个可操作的 IPv6 核心网上，还通过使用少数的 IPv4 地址为客户提供了 IPv4 和 IPv6 连接。该方法结合了在 IPv6 中的 IPv4（IPv4-in-IPv6）的“软电线”（softwire）隧道与 SPNAT[RFC5571]。图 7-16 显示了这种部署的设想。 339

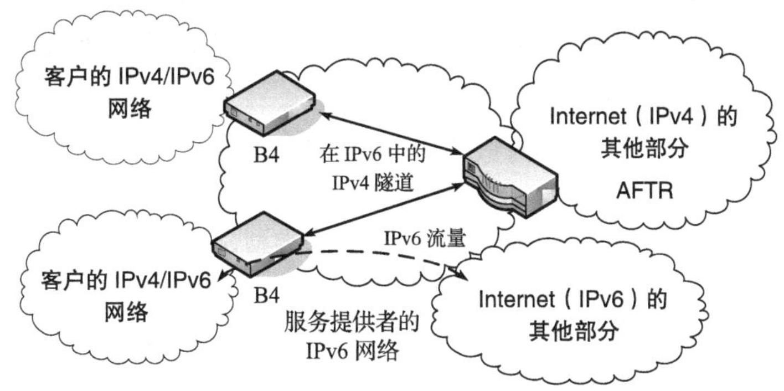

图 7-16 DS-Lite 通过使用一个只有 IPv6 的架构使服务提供者能够支持 IPv4 和 IPv6 客户网络。通过在服务提供者边缘使用 SPNAT，能够最大限度地减少 IPv4 的使用

在图 7-16 中，每个客户网络运行 IPv4 和 IPv6 的任意组合。假定仅使用 IPv6 来管理服务提供者的网络。客户对 IPv6 互联网的访问是通过采用传统的 IPv6 路由来完成的。对于 IPv4 的访问，每个客户使用一个特殊的“前”网关（在图 7-16 中标记为“B4”）。一个 B4 设备提供了基本的 IPv4 服务（如 DHCP 服务，DNS 代理等），但也以多点到点的隧道方式封装了客户的 IPv4 流量，并在“后”设备（图 7-16 中标记为“AFTR”）处终止。这个 AFTR 设备为目标是 IPv4 互联网的流量执行了解封操作，并为相反方向的流量执行封装操作。AFTR 还执行了 NAT，并作为一种形式的 SPNAT。更具体地说，AFTR 可以利用客户隧道终端的标志信息来消除从 IPv4 互联网返回到 AFTR 的流量的二义性。这将允许多个客户使用相同的 IPv4 地址空间。通过利用 DHCPv6 中的一个 AFTR-Name 选项 [RFC6334]，一个 B4 设备能够学习到它所对应的 AFTR 设备的名称。

回忆一下第 6 章中对 IPv6 快速部署（6rd）的讨论是非常有益的。鉴于 DS-Lite 通过一个服务提供者的 IPv6 网络为客户提供了到 IPv4 的访问，6rd 的目标是通过一个服务提供者的 IPv4 网络为客户提供到 IPv6 的访问。本质上，它们使用类似的框架组件，但却采取了相反的做法。然而，6rd 中从 IPv6 地址映射到相应的 IPv4 隧道端点（反之亦然）的计算，是通过一个无状态的地址映射算法完成的。框架中也使用了无状态地址转换，用于 IPv4 和 IPv6 之间的全协议转换，这是我们接下来需要讨论的。

7.6.2 使用 NAT 和 ALG 的 IPv4/IPv6 转换

采用隧道技术解决 IPv4 和 IPv6 共存问题的最大缺点是，采用一种地址类型的主机上的网络服务无法被采用了另一种地址类型的主机直接访问。由此，一个只有 IPv6 的主机就只能够与其他支持 IPv6 的系统进行通信。这种状况是不能接受的，因为只支持 IPv6 的新系统将无法访问在传统的 IPv4 互联网上提供的服务。为了解决这个问题，在 2008 年至 2010 340

年间花了很大的努力开发了一个能够直接在 IPv4 和 IPv6 间进行转换的框架。借鉴 NAT-PT[RFC2766] 已有的糟糕经验，这个框架被认为太脆弱了，针对今后不断变化的使用也没有可扩展性，因此最终被舍弃了 [RFC4966]。

IPv4 和 IPv6 转换的框架在 [RFC6144] 中有描述。这个基本的转换架构同时采用了有状态的和无状态的方法来完成 IPv4 和 IPv6 地址之间的转换、DNS 的转换（参见第 11 章），以及在任何必要情况下（包括 ICMP 和 FTP）添加的行为或者 ALG 的定义。本节我们将讨论的内容包括基于 [RFC6145] 和 [RFC6146] 的有状态和无状态的 IP 地址转换，以及第 2 章中讨论过的源于 [RFC6052] 的寻址。其他针对特定协议的转换问题将在后续的章节中讨论。

7.6.2.1 已转换的 IPv4 地址和可转换的 IPv4 地址

在第 2 章，我们已经讨论了内嵌有 IPv4 的 IPv6 地址结构。这样的地址是 IPv6 地址，但是将其作为一个函数的输入，则能够输出一个对应的 IPv4 地址。这个函数也能轻易地被反转。内嵌 IPv4 的 IPv6 地址存在两种重要的类型，称为*已转换的 IPv4 地址*（IPv4-converted address）和*可转换的 IPv4 地址*（IPv4-translatable address）。每个提到的地址类型是其他类型的一个子集。也就是说，如果我们将每个地址类型看作一个集合，那么会有（可转换的 IPv4）⊂（已转换的 IPv4）⊂（内嵌的 IPv4）⊂（IPv6）。可转换的 IPv4 地址是能够通过有状态的方式来确定一个 IPv4 地址的 IPv6 地址（参见 7.6.2.2 节）。

IPv4 和 IPv6 地址之间的算法转换涉及使用第 2 章中讨论过的前缀。这个前缀可能是一个知名前缀（WKP）64:ff9b::/96 或者另外一个为服务提供者所有并和转换器一起使用的特定于网络的前缀。WKP 只用于表示常规的全局可路由的 IPv4 地址，不能表示私有地址 [RFC1918]。此外，WKP 也不能用于创建可转换的 IPv4 地址。这样的地址应该在服务提供者网络内部被定义，因此不适合在一个全局范围中使用。

WKP 是很有趣的，因为相对于 Internet 校验和，它是*校验和中立*（checksum-neutral）的。回想一下第 5 章介绍的 Internet 校验和的计算方法。假如我们将前缀 64:ff9b::/96 看作是十六进制值 0064, ff9b, 0000, 0000, 0000, 0000, 0000, 0000 组成的，这些值的和是 ffff，它的补码正好是 0。因此，当一个 IPv4 地址包含 WKP 前缀时，包中作为转换结果（例如，在 IPv4 头部中的 TCP 或者 UDP 校验和）的相关 Internet 校验和是不会受影响的。自然地，恰
341 当选择的特定于网络的前缀也能是校验和中立的。

在接下来的两个小节中，我们将使用符号 To4(A6, P) 来表示从前缀为 P 的 IPv6 地址 A 中得到的 IPv4 地址。P 可以是 WKP 或者是某个特定于网络的前缀。我们将使用符号 To6(A4, P) 来表示从前缀为 P 的 IPv4 地址 A 中得到的 IPv6 地址。注意，除了一些特殊的情况之外，A6 = To6(To4(A6,P),P) 和 A4 = To4(To6(A4,P),P)。

7.6.2.2 无状态转换

无状态的 IP/ICMP 转换（Stateless IP/ICMP Translation，SIIT）是指不采用状态表格进行 IPv4 和 IPv6 数据包转换的方法 [RFC6145]。转换中无须查找表格，只需要使用一个可转换的 IPv4 地址及一个预定义的用于转换 IP 头部的计划。大部分情况下，IPv4 选项是不需要转换的（被忽略），IPv6 扩展头部也不需要转换（分片头部例外）。唯一的例外是未到期的 IPv4 源路由选项。如果存在这种选项，数据包将被丢弃，并产生相应的 ICMP 差错报文（目的不可达，源路由失败，见第 8 章）。表 7-5 描述了当转换一个 IPv4 报文到 IPv6 时，IPv6 头部字段是如何赋值的。

表 7-5　当从 IPv4 转换到 IPv6 时创建一个 IPv6 头部的方法

IPv6 字段	分配方法
版本（Version）	设置为 6
DS 字段 /ECN（DS Field/ECN）	拷贝自 IPv4 头部中的相同值
流标志（Flow Label）	设置为 0
负载长度（Payload Length）	设置为 IPv4 的总长度减去 IPv4 头部长度（包含选项）
下一个头部（Next Header）	设置为 IPv4 协议字段（或者 58，如果协议字段值为 1） 设置为 44 来表示是一个分片头部，如果创建的 IPv6 数据报是一个分片或者 DF 位没有被设置
跳数限制（Hop Limit）	设置为 IPv4 TTL 字段减去 1（如果这个值为 0，则该报文将被丢弃，同时产生一个 ICMP 超时报文，参见第 8 章）
源 IP 地址（Source IP Address）	设置为 6（IPv4 源 IP 地址，P）
目的 IP 地址（Destination IP Address）	设置为 6（IPv4 目的 IP 地址，P）

在转换的过程中，IPv4 头部被抽离，取而代之的是 IPv6 头部。假如到达的 IPv4 数据报相对于下一个链路的 MTU 来说太大了，并且其头部中的 DF 位也未设置，那么将会产生多个 IPv6 分片数据包，其中每个将包含一个分片头部。当到达的 IPv4 数据报是一个分片时，也会发生这种情况。[RFC6145] 建议当到达的 IPv4 数据报头部的 DF 位值为 0 时，不管转换 342
器是否需要执行分片，也不管达到的数据报是否是一个分片，都需要在结果 IPv6 数据报中包含一个分片头部。这将允许 IPv6 接收者知道 IPv4 的发送者并没有采用 PMTUD。当包含了一个分片头部时，需要根据表 7-6 所列的方法来设置字段值。

表 7-6　从 IPv4 到 IPv6 转换时为分片头部中字段赋值的方法

分片头部字段	分配方法
下一个头部（Next Header）	设置为 IPv4 中的协议字段
分片偏移（Fragment Offset）	拷贝自 IPv4 分片偏移字段
更多分片位（More Fragments Bit）	拷贝自 IPv4 中的更多分片（M）位字段
标识（Identification）	低 16 位根据 IPv4 中的标识字段设置。高 16 位设置为 0

在相反的方向（IPv6 到 IPv4 转换）上会涉及创建一个 IPv4 数据报，并根据到达的 IPv6 头部字段值来设置该头部字段值。显然，范围更广的 IPv6 地址空间不可能允许一个只有 IPv4 的主机访问 IPv6 互联网上的每一台主机。当一个未分片的 IPv6 数据报到达时，表 7-7 给出的方法能给传出的 IPv4 数据报头部的字段赋值。

表 7-7　将一个未分片的 IPv6 数据报转换为 IPv4 时用于创建 IPv4 头部的方法

IPv4 头部字段	分配方法
版本（Version）	设置为 4
IHL	设置为 5（没有 IPv4 选项）
DS 字段 /ECN（DS Field/ECN）	拷贝自 IPv6 头部中的相同值
总长度（Total Length）	IPv6 中负载长度字段值加上 20
标识（Identification）	设置为 0（可以选择设置为其他一些预设的值）
标志（Flags）	更多分片（M）设置为 0；不分片（Don't Fragment)(DF）设置为 1
分片偏移（Fragment Offset）	设置为 0
TTL	IPv6 中跳数限制字段值减去 1

（续）

IPv4 头部字段	分配方法
协议（Protocol）	拷贝自 IPv6 的第一个下一个头部字段，不涉及分片头部、HOPOPT、IPv6-Route 或者 IPv6-Opts。将值 58 改变为 1 来支持 ICMP（参见第 8 章）
头部校验和（Header Checksum）	为新创建的 IPv4 头部而计算
源 IP 地址（Source IP Address）	To4（IPv6 源 IP 地址，P）
343 目的 IP 地址（Destination IP Address）	To4（IPv6 目的 IP 地址，P）

假如到达的一个 IPv6 数据报包含一个分片头部，将采用从表 7-7 修改而来的赋值方法来为传出的 IPv4 数据报字段赋值。表 7-8 给出了这种情况。

表 7-8　当转换一个分片的 IPv6 到 IPv4 时用于创建 IPv4 头部的方法

IPv4 头部字段	分配方法
总长度（Total Length）	IPv6 负载长度字段值减去 8 加上 20
标识（Identification）	拷贝自 IPv6 分片头部标识字段中的低 16 位
标志（Flags）	更多分片（M）拷贝自 IPv6 分片头部中的 M 位字段。不分片（DF）设置为 0 以便允许 IPv4 网络中的分片
分片偏移（Fragment Offset）	拷贝自 IPv6 分片头部中的分片偏移字段

在分片 IPv6 数据报的情况下，转换器将生成分片的 IPv4 报文。注意在 IPv6 中标识（Identification）字段更大，假如来自于同一台主机的多个不同的 IPv6 数据报被分片了，并且它们的标识字段共享了一个低 16 位值，这些分片将可能无法重组。但是，这种情况的危险性低于传统的 IPv4 的标识字段中出现的环绕情况。况且，更高层次上的完整性检查将大大打消这种顾虑。

7.6.2.3　有状态的转换

在有状态的转换中，NAT64[RFC6146] 被用于支持只有 IPv6 的客户机与其他 IPv4 服务器进行通信。当许多重要的服务继续只用 IPv4 来提供时，这将显得非常重要。针对头部的转换方法与 7.6.2.2 节中介绍的无状态转换方法几乎一样。作为一个 NAT，NAT64 符合 BEHAVE 规格，支持独立于端点的映射，以及独立于端点和依赖于地址的过滤。因此，它是和我们前面讨论过的 NAT 穿越技术（如 ICE、STUN、TURN）兼容的。缺乏这些附加协议，NAT64 仅支持由 IPv6 主机发起的与 IPv4 主机通信的动态转换。

NAT64 在跨越多个地址类型时像传统的 NAT（NAPT）那样工作，除了从 IPv4 到 IPv6 这个方向的转换比相反方向的转换更加简单。一个 NAT64 设备被赋予一个 IPv6 前缀，能用于形成一个有效的 IPv6 地址，该地址是通过第 2 章和 [RFC6052] 描述的机制从 IPv4 上直接转换过来的。由于 IPv4 地址空间的不足，在 IPv6 到 IPv4 这个方向的转换利用了一个动态管
344 理的 IPv4 地址池。这需要 NAT64 支持 NAPT 的功能，据此多个不同的 IPv6 地址可能会映射到一个相同的 IPv4 地址上。NAT64 目前定义了由 IPv6 节点初始化的 TCP、UDP 和 ICMP 报文的转换方法。（在 ICMP 查询和应答的情况下，ICMP 标识符字段被用来代替传输层的端口号，见第 8 章。）

NAT64 处理分片不同于其有状态部分。对于到达的传输层校验和不为 0 的 TCP 或者 UDP 分片（见第 10 章），NAT64 可能会将分片排队，然后一起或者单独地转换它们。NAT64 必须处理分片，即便是那些乱序到达的。一个 NAT64 可能被配置一个时限，限制分片被缓

存的时间（至少为 2s）。否则，NAT 可能受到 DoS 攻击，耗尽保存分片的包缓冲空间。

7.7 与防火墙和 NAT 相关的攻击

鉴于部署防火墙的主要目的是减少攻击的风险，因此防火墙的缺点比终端主机或路由器少一些也不奇怪。这就是说，它们不是没有缺点的。最常见的防火墙问题是由不完整或不正确配置导致的。配置防火墙不是一个简单的任务，尤其是大型企业，其中许多服务需要每天使用。其他形式的攻击利用了某些防火墙的弱点，包括其中许多防火墙（尤其是比较老的）没有能力来处理 IP 分片。

一种类型的问题出现在 NAT/ 防火墙受到外部劫持，进而为攻击者提供伪装能力。如果防火墙的配置启用了 NAT，那么在其外部接口到达的流量会被重写，因此这些流量看起来好像是来自于 NAT 设备的，从而隐藏了攻击者的实际地址。更糟糕的是，从 NAT 的角度来看这是“正常”的行为，但它恰恰是从外面得到的输入数据包而不是在内部得到的。这是一个在 Linux 上基于 ipchains 的 NAT/ 防火墙规则的特定问题。最简单的设置伪装的配置

```
Linux# ipchains -P FORWARD MASQUERADE
```

将会允许这种攻击发生，因此并不推荐。正如所看到的，它将默认策略设置为 MASQUERADE，潜在地对任何 IP 实行转发。

另一种与防火墙和 NAT 规则相关的问题是，它们可能过时了。尤其是，它们可能包含端口转发条目或其他所谓的小孔，允许已不存在的服务的流量通过。一个相关的问题是，一些路由器将多个防火墙规则副本保存在内存中，路由器必须明确指示使用哪个规则。最后，另一个常见的配置问题是当添加新的规则时，许多路由器将新、旧防火墙规则一起合并 345
（merge）了。如果操作者不知道这种行为的话，这将导致意想不到的结果。

与分片有关的问题是如何构造 IP 分片。当一个 IP 数据报被分片时（见第 10 章），包含了端口号的传输层头部只出现在第一个分片中，在别的分片中没有。这是分层和封装的 TCP /IP 协议体系结构直接导致的结果。不幸的是对于防火墙而言，如果收到的分片不是一个的话，它所提供的关于与该数据包相关联的传输层或者服务信息将会非常少。唯一明显的解决方法是找到第一个分片（如果有的话），这显然需要一个有状态的防火墙，为此可能会遭到资源耗尽攻击。即使是状态防火墙也可能功亏一篑：如果第一个分片在后续分片之后达到，防火墙可能无法在过滤操作之前执行分片重组。在某些情况下，防火墙丢弃不能完全识别的分片，这可能会给突然使用了大数据报的流量造成麻烦。

7.8 总结

防火墙为网络管理员提供了一种机制，限制那些可能对终端系统有害的信息流动。主要有两种类型的防火墙：包过滤防火墙和代理防火墙。包过滤防火墙可进一步划分为有状态的和无状态的，它们通常作为 IP 路由器。有状态的防火墙更加复杂，能够支持更广泛的应用层协议（在一个数据包流中能够横跨多个数据包执行更为复杂的登录和过滤操作）。代理防火墙通常作为一种形式的应用层网关。对于这些防火墙，每个应用层服务在防火墙上必须有自己的代理处理程序，这些处理程序可以修改通过的流量，甚至是其中的数据部分。如 SOCKS 这类协议以标准化的方式支持代理防火墙。

NAT 是一种机制，使得大量的终端主机可以共享一个或多个全局路由的 IP 地址。NAT 被广泛应用于上述目的，但也可以和防火墙规则结合形成一个 NAT/ 防火墙组合。在这种流

行的配置中，位于 NAT“背后”的主机允许发送流量到全球互联网，但是仅允许针对传出流量的响应流量通过 NAT 返回。这为位于 NAT“背后”采用端口转发处理的服务提出了一个小问题，如何允许目的地是 NAT 内开启了服务的主机的传入流量通过。通过在两个地址空间之间转换地址，NAT 也被提出用于协助从 IPv4 过渡到 IPv6。此外，NAT 也正被考虑用于
346 ISP 内部，以进一步减轻 IPv4 地址耗尽的压力。如果这个大规模地发生，普通用户想在他们的家庭网络中为 Internet 提供服务将变得更为困难。

一些应用程序使用了一套启发式，用于确定在 NAT 后面的它们对外所采用的地址。其中许多是单方面操作的，没有 NAT 的直接帮助。这样的应用程序被认为使用了 UNSAF 方法，未必完全可靠。一组文件（由 IETF 的 BEHAVE 工作组制定）指定了针对不同协议的 NAT 正当行为，但并非所有的 NAT 都实现这些规范。因此，可能需要采用 NAT 穿越技术，以确保连接可用。

NAT 穿越涉及确定一套可用于支持通信的地址和端口号集合，即使必须使用一个或多个 NAT。STUN 是确定地址的主力协议。TURN 是一个特定的 STUN 用法，通过一个通常位于互联网的经过特殊配置的 TURN 服务器来中继流量。通过使用一整套 NAT 穿越协议，如 ICE，可以确定使用了哪些地址或者中继。ICE 通过使用本地信息和由 STUN 和 TURN 确定的地址来确定一对通信端点之间所有可能的地址。然后为后续的通信选择“最好”的地址。ICE 机制已受到 VoIP 服务的广泛关注，后者采用 SIP 协议发送信令。

防火墙和 NAT 可能需要配置。基本设置足够许多家庭用户使用，但是为了允许某些服务能够正常工作，可能需要修改防火墙。此外，如果在 NAT 后面的用户希望提供互联网服务，就需要在 NAT 设备上配置端口转发。有些应用程序通过采用 UPnP 和 NAT-PMP 协议与 NAT 设备直接通信来支持配置。当被支持和启用时，这将允许应用程序自动配置一个 NAT 端口转发和数据绑定，而无须用户干预。对于家庭用户在动态配置的 NAT（即面向 Internet 的 IP 地址可能会变化）后运行一个 Web 服务器时，如动态 DNS（见第 11 章）之类的附加服务，这也可能是很重要的。

7.9 参考文献

[ANM09] S. Alcock, R. Nelson, and D. Miles, “Investigating the Impact of Service Provider NAT on Residential Broadband Users,” University of Waikato, unpublished technical report, 2009.

[DLNA] http://www.dlna.org

[HBA09] D. Hayes, J. But, and G. Armitage, “Issues with Network Address Trans-
347 lation for SCTP,” *Computer Communications Review*, Jan. 2009.

[IDPCP] D. Wing, ed., S. Cheshire, M. Boucadair, R. Penno, and P. Selkirk, “Port Control Protocol (PCP),” Internet draft-ietf-pcp-base, work in progress, July 2011.

[IDSNAT] R. Stewart, M. Tuexen, and I. Ruengeler, “Stream Control Transmission Protocol (SCTP) Network Address Translation,” Internet draft-ietf-behave-sctpnat, work in progress, June 2011.

[IDTI] J. Rosenberg, A. Keranen, B. Lowekamp, and A. Roach, “TCP Candidates with Interactive Connectivity Establishment (ICE),” Internet draft-ietf-mmusic-ice-tcp, work in progress, Sep. 2011.

[IGD] UPnP Forum, “Internet Gateway Devices (IGD) Standardized Device Control Protocol V 1.0,” Nov. 2001.

[IGD2] UPnP Forum, "IDG:2 Improvements over IGD:1," Mar. 2009.

[ISP] http://www.iana.org/assignments/stun-parameters

[MBCB08] O. Maennel, R. Bush, L. Cittadini, and S. Bellovin, "A Better Approach to Carrier-Grade-NAT," Columbia University Technical Report CUCS-041-08, Sept. 2008.

[NFWEB] http://netfilter.org

[PJSUA] http://www.pjsip.org/pjsua.htm

[RFC0959] J. Postel and J. Reynolds, "File Transfer Protocol," Internet RFC 0959/STD 0009, Oct. 1985.

[RFC1918] Y. Rekhter, B. Moskowitz, D. Karrenberg, G. J. de Groot, and E. Lear, "Address Allocation for Private Internets," Internet RFC 1918BCP 0005, Feb. 1996.

[RFC1928] M. Leech, M. Ganis, Y. Lee, R. Kuris, D. Koblas, and L. Jones, "SOCKS Protocol Version 5," Internet RFC 1928, Mar. 1996.

[RFC2616] R. Fielding, J. Gettys, J. Mogul, H. Frystyk, L. Masinter, P. Leach, and T. Berners-Lee, "Hypertext Transfer Protocol—HTTP/1.1," Internet RFC 2616, June 1999.

[RFC2637] K. Hamzeh, G. Pall, W. Verthein, J. Taarud, W. Little, and G. Zorn, "Point-to-Point Tunneling Protocol (PPTP)," Internet RFC 2637 (informational), July 1999.

[RFC2766] G. Tsirtsis and P. Srisuresh, "Network Address Translation—Protocol Translation (NAT-PT)," Internet RFC 2766 (obsoleted by [RFC4966]), Feb. 2000.

[RFC3022] P. Srisuresh and K. Egevang, "Traditional IP Network Address Translator (Traditional NAT)," Internet RFC 3022 (informational), Jan. 2001.

[RFC3027] M. Holdrege and P. Srisuresh, "Protocol Complications with the IP Network Address Translator," Internet RFC 3027 (informational), Jan. 2001.

[RFC3235] D. Senie, "Network Address Translator (NAT)-Friendly Application Design Guidelines," Internet RFC 3235 (informational), Jan. 2002.

[RFC3264] J. Rosenberg and H. Schulzrinne, "An Offer/Answer Model with Session Description Protocol (SDP)," Internet RFC 3264, June 2002.

[RFC3424] L. Daigle, ed., and IAB, "IAB Considerations for UNilateral Self-Address Fixing (UNSAF) across Network Address Translation," Internet RFC 3424 (informational), Nov. 2002.

[RFC3550] H. Schulzrinne, S. Casner, R. Frederick, and V. Jacobson, "RTP: A Transport Protocol for Real-Time Applications," Internet RFC 3550/STD 0064, July 2003.

[RFC3711] M. Baugher, D. McGrew, M. Naslund, E. Carrara, and K. Norrman, "The Secure Real-Time Transport Protocol (SRTP)," Internet RFC 3711, Mar. 2004.

[RFC4193] R. Hinden and B. Haberman, "Unique Local IPv6 Unicast Addresses," Internet RFC 4193, Oct. 2005.

[RFC4213] E. Nordmark and R. Gilligan, "Basic Transition Mechanisms for IPv6 Hosts and Routers," Internet RFC 4213, Oct. 2005.

[RFC4340] E. Kohler, M. Handley, and S. Floyd, "Datagram Congestion Control Protocol (DCCP)," Internet RFC 4340, Mar. 2006.

[RFC4605] B. Fenner, H. He, B. Haberman, and H. Sandick, "Internet Group Management Protocol (IGMP)/Multicast Listener Discovery (MLD)-Based Multicast Forwarding (IGMP/MLD Proxying)," Internet RFC 4605, Aug. 2006.

[RFC4787] F. Audet, ed., and C. Jennings, "Network Address Translation (NAT) Behavioral Requirements for Unicast UDP," Internet RFC 4787/BCP 0127, Jan. 2007.

[RFC4864] G. Van de Velde, T. Hain, R. Droms, B. Carpenter, and E. Klein, "Local Network Protection for IPv6," Internet RFC 4864 (informational), May 2007.

[RFC4960] R. Stewart, ed., "Stream Control Transmission Protocol," Internet RFC 4960, Sept. 2007.

[RFC4966] C. Aoun and E. Davies, "Reasons to Move the Network Address Translator-Protocol Translator (NAT-PT) to Historic Status," Internet RFC 4966 (informational), July 2007.

[RFC5128] P. Srisuresh, B. Ford, and D. Kegel, "State of Peer-to-Peer (P2P) Communication across Network Address Translators (NATs)," Internet RFC 5128 (informational), Mar. 2008.

[RFC5135] D. Wing and T. Eckert, "IP Multicast Requirements for a Network Address Translator (NAT) and a Network Address Port Translator (NAPT)," Internet RFC 5135/BCP 0135, Feb. 2008.

[RFC5245] J. Rosenberg, "Interactive Connectivity Establishment (ICE): A Protocol for Network Address Translator (NAT) Traversal for Offer/Answer Protocols," Internet RFC 5245, Apr. 2010.

[RFC5382] S. Guha, ed., K. Biswas, B. Ford, S. Sivakumar, and P. Srisuresh, "NAT Behavioral Requirements for TCP," Internet RFC 5382/BCP 0142, Oct. 2008.

[RFC5389] J. Rosenberg, R. Mahy, P. Matthews, and D. Wing, "Session Traversal Utilities for NAT (STUN)," Internet RFC 5389, Oct. 2008.

[RFC5411] J. Rosenberg, "A Hitchhiker's Guide to the Session Initiation Protocol (SIP)," Internet RFC 5411 (informational), Feb. 2009.

[RFC5508] P. Srisuresh, B. Ford, S. Sivakumar, and S. Guha, "NAT Behavioral Requirements for ICMP," Internet RFC 5508/BCP 0148, Apr. 2009.

[RFC5571] B. Storer, C. Pignataro, ed., M. Dos Santos, B. Stevant, ed., L. Toutain, and J. Tremblay, "Softwire Hub and Spoke Deployment Framework with Layer Two Tunneling Protocol Version 2 (L2TPv2)," Internet RFC 5571, June 2009.

[RFC5596] G. Fairhurst, "Datagram Congestion Control Protocol (DCCP) Simultaneous-Open Technique to Facilitate NAT/Middlebox Traversal," Internet RFC 5596, Sept. 2009.

[RFC5597] R. Denis-Courmont, "Network Address Translation (NAT) Behavioral Requirements for the Datagram Congestion Control Protocol," Internet RFC 5597/BCP 0150, Sept. 2009.

[RFC5626] C. Jennings, R. Mahy, and F. Audet, eds., "Managing Client-Initiated Connections in the Session Initiation Protocol (SIP)," Internet RFC 5626, Oct. 2009.

[RFC5761] C. Perkins and M. Westerlund, "Multiplexing RTP Data and Control Packets on a Single Port," Internet RFC 5761, Apr. 2010.

[RFC5766] R. Mahy, P. Matthews, and J. Rosenberg, "Traversal Using Relays around NAT (TURN): Relay Extensions to Session Traversal Utilities for NAT (STUN)," Internet RFC 5766, Apr. 2010.

[RFC5780] D. MacDonald and B. Lowekamp, "NAT Behavior Discovery Using Session Traversal Utilities for NAT (STUN)," Internet RFC 5780 (experimental), May 2010.

[RFC5902] D. Thaler, L. Zhang, and G. Lebovitz, "IAB Thoughts on IPv6 Network Address Translation," Internet RFC 5902 (informational), July 2010.

[RFC5928] M. Petit-Huguenin, "Traversal Using Relays around NAT (TURN) Resolution Mechanism," Internet RFC 5928, Aug. 2010.

[RFC6052] C. Bao, C. Huitema, M. Bagnulo, M. Boucadair, and X. Li, "IPv6 Addressing of IPv4/IPv6 Translators," Internet RFC 6052, Oct. 2010.

[RFC6062] S. Perreault, ed., and J. Rosenberg, "Traversal Using Relays around NAT (TURN) Extensions for TCP Allocations," Internet RFC 6062, Nov. 2010.

[RFC6120] P. Saint-Andre, "Extensible Messaging and Presence Protocol (XMPP): Core," Internet RFC 6120, Mar. 2011.

[RFC6144] F. Baker, X. Li, C. Bao, and K. Yin, "Framework for IPv4/IPv6 Translation," Internet RFC 6144 (informational), Apr. 2011.

[RFC6145] X. Li, C. Bao, and F. Baker, "IP/ICMP Translation Algorithm," Internet RFC 6145, Apr. 2011.

[RFC6146] M. Bagnulo, P. Matthews, and I. van Beijnum, "Stateful NAT64: Network Address and Protocol Translation from IPv6 Clients to IPv4 Servers," Internet RFC 6146, Apr. 2011.

[RFC6156] G. Camarillo, O. Novo, and S. Perreault, ed., "Traversal Using Relays around NAT (TURN) Extension for IPv6," Internet RFC 6156, Apr. 2011.

[RFC6296] M. Wasserman and F. Baker, "IPv6-to-IPv6 Network Prefix Translation," Internet RFC 6296 (experimental), June 2011.

[RFC6333] A. Durand, R. Droms, J. Woodyatt, and Y. Lee, "Dual-Stack Lite Broadband Deployments Following IPv4 Exhaustion," Internet RFC 6333, Aug. 2011.

[RFC6334] D. Hankins and T. Mrugalski, "Dynamic Host Configuration Protocol for IPv6 (DHCPv6) Option for Dual-Stack Lite," Internet RFC 6334, Aug. 2011.

[UPNP] http://www.upnp.org

[UPNPC] http://miniupnp.free.fr

[XEP-0176] J. Beda, S. Ludwig, P. Saint-Andre, J. Hildebrand, S. Egan, and R. McQueen, "XEP-0176: Jingle ICE-UDP Transport Method," XMPP Standards Foundation, June 2009, http://xmpp.org/extensions/xep-0176.html

[XIDAD] P. Gauthier, J. Cohen, M. Dunsmuir, and C. Perkins, "Web Proxy Auto-Discovery Protocol," Internet draft-ietf-wrec-wpad-01, work in progress (expired), June 1999.

[XIDMU] Y. Goland, "Multicast and Unicast UDP HTTP Messages," Internet draft-goland-http-udp-01.txt, work in progress (expired), Nov. 1999.

[XIDPMP] S. Cheshire, M. Krochmal, and K. Sekar, "NAT Port Mapping Protocol (NAT-PMP)," Internet draft-cheshire-nat-pmp-03.txt, work in progress (expired), Apr. 2008.

[XIDS] Y. Goland, T. Cai, P. Leach, Y. Gu, and S. Albright, "Simple Service Discovery Protocol/1.0 Operating without an Arbiter," Internet draft-cai-ssdp-v1-03.txt, work in progress (expired), Oct. 1999. 348 ~ 352

第 8 章

TCP/IP Illustrated, Volume 1: The Protocols, Second Edition

ICMPv4 和 ICMPv6：Internet 控制报文协议

8.1 引言

IP 协议本身并没有为终端系统提供直接的方法来发现那些发往目的地址失败的 IP 数据包。此外，IP 没有提供直接的方式来获取诊断信息（例如，哪些路由器在沿途中被使用了或使用一种方法来估计往返时间）。为了解决这些不足之处，将一个特殊的 Internet 控制报文协议（Internet Control Message Protocol，ICMP）[RFC0792][RFC4443] 与 IP 结合使用，以便提供与 IP 协议层配置和 IP 数据包处置相关的诊断和控制信息。ICMP 通常被认为是 IP 层的一部分，它需要在所有 IP 实现中存在。它使用 IP 协议进行传输。因此，确切地说，它既不是一个网络层协议，也不是一个传输层协议，而是位于两者之间。

ICMP 负责传递可能需要注意的差错和控制报文。ICMP 报文通常是由 IP 层本身、上层的传输协议（例如 TCP 或者 UDP），甚至某些情况下是用户应用触发执行的。请注意，ICMP 并不为 IP 网络提供可靠性。相反，它表明了某些类别的故障和配置信息。最常见的丢包（路由器缓冲区溢出）并不会触发任何的 ICMP 信息。由其他协议如 TCP 来处理这种情况。

鉴于 ICMP 能够影响重要的系统功能操作和获取配置信息，黑客们已经在大量攻击中使用 ICMP 报文。由于担心这种攻击，网络管理员经常会用防火墙封阻 ICMP 报文，特别是在边界路由器上。如果 ICMP 被封锁，大量的诊断程序（例如 ping，traceroute）将无法正常工

353 作 [RFC4890]。

当讨论 ICMP 时，我们用术语 ICMP 指一般的 ICMP，ICMPv4 和 ICMPv6 分别指专门用于 IPv4 和 IPv6 的 ICMP 版本。正如我们将看到的，相较于 IPv4 中的 ICMPv4，ICMPv6 在 IPv6 中发挥更为重要的作用。

[RFC0792] 包含 ICMPv4 官方基本规范，[RFC1122] 和 [RFC1812] 对其进行了细化和澄清。[RFC4443] 包含了 ICMPv6 的基本规范。[RFC4884] 提供了一种方法来为某些 ICMP 报文添加扩展对象。这项功能主要用于保存多协议标签交换（Multiprotocol Label Switching，MPLS）信息 [RFC4950]，以及显示在转发一个特定的数据报时使用到的接口和下一跳路由器 [RFC5837]。[RFC5508] 给出了在通过 NAT 时 ICMP 的标准行为特征（在第 7 章讨论）。在 IPv6 中，ICMPv6 不仅用于一些简单的错误报告和信令，它也用于邻居发现（Neighbor Discovery，ND）[RFC4861]，与 IPv4 中的 ARP（见第 4 章）起着同样的作用。它还包括用于配置主机（见第 6 章）和管理组播地址（见第 9 章）的路由器发现（Router Discovery）功能。最后，它也被用来帮助管理移动 IPv6 中的切换。

8.1.1 在 IPv4 和 IPv6 中的封装

354 ICMP 报文是在 IP 数据报内被封装传输的，如图 8-1 所示。

在 IPv4 中，协议（Protocol）字段值为 1 表示该报文携带了 ICMPv4。在 IPv6 中，ICMPv6 报文可能开始于 0 个或者多个扩展头部之后。位于 ICMPv6 头部之前的最后一个扩展头部包含了一个值为 58 的下一个头部（Next Header）字段。ICMP 报文可能会像其他 IP

数据报那样被分片（参见第 10 章），尽管这并不常见。

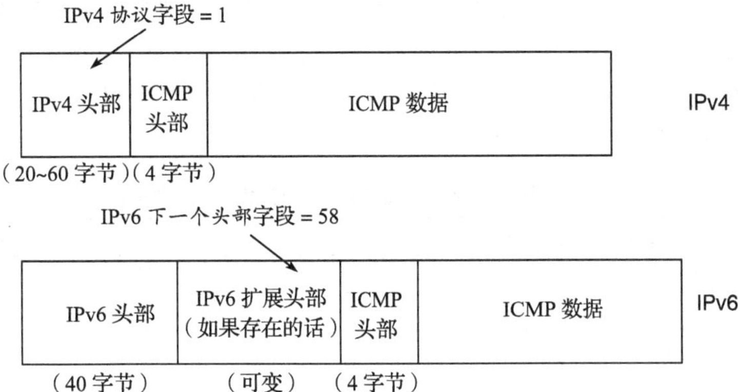

图 8-1　ICMP 报文封装在 IPv4 和 IPv6 内部。ICMP 头部包含了涵盖整个 ICMP 数据段的校验和。在 ICMPv6 中，这个校验和也涵盖了 IPv6 头部中的源（Source）和目的 IPv6 地址（Destination IPv6 Address）字段、长度（Length）字段和下一个头部（Next Header）字段

图 8-2 显示了 ICMPv4 和 ICMPv6 报文的格式。开头的 4 个字节在所有的报文中都是一样的，但是其余部分在不同的报文中不同。

0	15 16	31
类型（8 位）	代码（8 位）	校验和（16 位）
依赖于类型和代码的内容（可变的）		

图 8-2　所有的 ICMP 报文都以 8 位的类型（Type）和代码（Code）字段开始，其后的 16 位校验和（Checksum）字段涵盖了整个报文。ICMPv4 和 ICMPv6 中的类型和代码字段值是不同的

在 ICMPv4 中，为类型字段保留了 42 个不同的值 [ICMPTYPES]，用于确定特定的报文。但是，大概只有 8 个是经常使用的。在整个章节中，我们将给出每个常用报文的确切格式。许多类型的 ICMP 报文也使用不同的代码字段值进一步指定报文的含义。校验和字段覆盖整个 ICMPv4 报文；在 ICMPv6 中，它将涵盖一个来自 IPv6 头部的伪头部（pseudo-header）（见 [RFC2460] 的 8.1 节）。用于计算校验和的算法和第 5 章中用于计算 IP 头校验和的算法相同。请注意，这是我们第一个*端到端*（end-to-end）的校验和例子。该校验和从发送方的 ICMP 报文被一路携带到最终的接收方。相比之下，第 5 章中讨论的 IPv4 头校验和在路由器的每一跳中都会改变。如果一个 ICMP 实现收到一个校验和错误的 ICMP 报文，该报文将被丢弃；没有 ICMP 报文可以表示收到的 ICMP 报文中的校验和是错误的。回想一下，IP 层不能对数据报的有效载荷部分进行保护。如果 ICMP 不包括校验和，ICMP 报文的内容就可能不正确，进而导致错误的系统行为。

8.2　ICMP 报文

我们先对 ICMP 报文做一般介绍，然后对其中最为常用的部分做详细介绍。ICMP 报文 355
可分为两大类：有关 IP 数据报传递的 ICMP 报文（称为*差错报文*（error message）），以及有关信息采集和配置的 ICMP 报文（称为*查询*（query）或者*信息类报文*（informational message））。

8.2.1 ICMPv4 报文

对于 ICMPv4，信息类报文包括回显请求和回显应答（分别为类型 8 和 0），以及路由器通告和路由器请求（分别为类型 9 和 10，统一被称为路由器发现）。最常见的差错报文类型包括目的不可达（类型 3）、重定向（类型 5）、超时（类型 11）和参数问题（类型 12）。表 8-1 列出了为标准 ICMPv4 定义的报文类型。

表 8-1 由类型字段决定的标准 ICMPv4 报文类型

类 型	正式名称	参 考	E/I	用途 / 注释
0 (*)	回显应答	[RFC0792]	I	回显（ping）应答，返回数据
3 (*)(+)	目的不可达	[RFC0792]	E	不可达的主机 / 协议
4	源端抑制	[RFC0792]	E	表示拥塞（弃用）
5 (*)	重定向	[RFC0792]	E	表示应该被使用的可选路由器
8 (*)	回显	[RFC0792]	I	回显（ping）请求（数据可选）
9	路由器通告	[RFC1256]	I	指示路由器地址 / 优先级
10	路由器请求	[RFC1256]	I	请求路由器通告
11 (*)(+)	超时	[RFC0792]	E	资源耗尽（例如 IPv4 TTL）
12 (*)(+)	参数问题	[RFC0792]	E	有问题的数据包或者头部

注：星号（*）标记的类型是最常见的。那些标有加号（+）的可能包含 [RFC4884] 扩展对象。在第 4 列中，E 表示差 错报文，I 表示查询 / 信息类报文。

对于常用的报文（表 8-1 中类型号旁标有星号的），将使用表 8-2 所示的代码号。一些报文能够携带扩展信息 [RFC4884]（表 8-1 中有加号标记的）。

IANA[ICMPTYPES] 维护了一个报文类型的正式列表。这些报文类型有许多是 1981 年在原先的 ICMPv4 规范 [RFC0792] 中定义的，这是在具有重要使用经验之前完成的。额外的经验和其他协议（如 DHCP）的发展已导致停止使用许多已定义的报文。当 IPv6（ICMPv6）
356 被设计时，这一事实已被接受，为此某种程度上为 ICMPv6 定义了合理的类型和代码。

表 8-2 通用的 ICMPv4 报文类型所使用的代码号。尽管所有这些报文类型是比较通用的，但只使用了少数代码号

类 型	代 码	正式名称	用途 / 注释
3	0	网路不可达	（完全）没有路由到目的地
3 (*)	1	主机不可达	已知但不可达的主机
3	2	协议不可达	未知的（传输）协议
3 (*)	3	端口不可达	未知的 / 不用的（传输）端口
3 (*)	4	需要进行分片但设置了不分片位（PTB 报文）	需要设置分片但被 DF 位禁止了，被 PMTUD [RFC1191] 采用
3	5	源路由失败	中间跳不可达
3	6	未知的目的网络	弃用 [RFC1812]
3	7	未知的目的主机	目的不存在
3	8	源主机隔离	弃用 [RFC1812]
3	9	管理上禁止和目的网络通信	弃用 [RFC1812]
3	10	管理上禁止和目的主机通信	弃用 [RFC1812]
3	11	目的网络不可达的服务类型	不可用的服务类型（网络）
3	12	目的主机不可达的服务类型	不可用的服务类型（主机）

（续）

类　型	代　码	正式名称	用途 / 注释
3	13	管理禁止通信	被过滤策略禁止的通信
3	14	违反主机优先级	src/dest/port 不准许的优先级
3	15	优先级终止生效	在最小 ToS 之下 [RFC1812]
5	0	网络（或者子网）重定向数据报	指示一个可选的路由器
5 (*)	1	主机重定向数据报	指示一个可选的路由器（主机）
5	2	服务类型和网络重定向数据报	指示一个可选的路由器（ToS/ 网络）
5	3	服务类型和主机重定向数据报	指示一个可选的路由器（ToS/ 主机）
9	0	正常路由器通告	路由器的地址和配置信息
9	16	不路由常见流量	和移动 IP[RFC5944] 一起使用时，路由器不会路由普通数据包
11 (*)	0	在传输期间生存时间超时	跳数限制 /TTL 超时
11	1	分片重组时间超时	在重组计时器超时之前，并不是所有的数据报分片都到达了
12 (*)	0	指针指示差错	字节偏移量（指针）指示第一个问题字段
12	1	缺少一个必需的选项	弃用 / 已成为历史
12	2	错误的长度	数据包有无效的总长度（Total Length）字段

357

8.2.2 ICMPv6 报文

表 8-3 给出了为 ICMPv6 定义的报文类型。注意 ICMPv6 负责的不仅是差错和信息类报文，也负责大量 IPv6 路由器和主机的配置。

表 8-3　在 ICMPv6 中，差错报文的报文类型从 0 到 127。信息类报文的报文类型从 128 到 255。加号（+）表示该报文可能包含一个扩展结构。保留的、未分配的、实验性的和过时的值并未显示

类　型	正式名称	参　考	描　述
1 (+)	目的不可达	[RFC4443]	不可达的主机、端口、协议
2	数据包太大（PTB）	[RFC4443]	需要分片
3 (+)	超时	[RFC4443]	跳数用尽或者重组超时
4	参数问题	[RFC4443]	畸形数据包或者头部
100,101	为私人实验保留	[RFC4443]	为实验保留
127	为 ICMPv6 差错报文扩充保留	[RFC4443]	为更多的差错报文保留
128	回显请求	[RFC4443]	ping 请求，可能包含数据
129	回显应答	[RFC4443]	ping 应答，返回数据
130	组播侦听查询	[RFC2710]	查询组播订阅者（v1）
131	组播侦听报告	[RFC2710]	组播订阅者报告（v1）
132	组播侦听完成	[RFC2710]	组播取消订阅报文（v1）
133	路由器请求（RS）	[RFC4861]	IPv6 RS 和移动 IPv6 选项
134	路由器通告（RA）	[RFC4861]	IPv6 RA 和移动 IPv6 选项
135	邻居请求（NS）	[RFC4861]	IPv6 邻居发现（请求）
136	邻居通告（NA）	[RFC4861]	IPv6 邻居发现（通告）
137	重定向报文	[RFC4861]	使用另一个下一跳路由器
141	反向邻居发现请求报文	[RFC3122]	反向邻居发现请求：请求给定的链路层地址的 IPv6 地址

（续）

类　型	正式名称	参　考	描　述
142	反向邻居发现通告报文	[RFC3122]	反向邻居发现应答：报告给定的链路层地址的 IPv6 地址
358 143	组播侦听报告版本 2	[RFC3810]	组播侦听报告（v2）
144	本地代理地址发现请求报文	[RFC6275]	请求移动 IPv6 HA 地址，由移动节点发送
145	本地代理地址发现应答报文	[RFC6275]	包含 MIPv6 HA 地址，在本地网络中由合格的 HA 发送
146	移动前缀请求	[RFC6275]	当离开时请求本地前缀
147	移动前缀通告	[RFC6275]	提供从 HA 到移动节点的前缀
148	证书路径请求报文	[RFC3971]	一条证书路径的保护邻居发现（SEND）请求
149	证书路径通告报文	[RFC3971]	响应一个证书路径请求的 SEND
151	组播路由器通告	[RFC4286]	提供组播路由器的地址
152	组播路由器请求	[RFC4286]	请求组播路由器的地址
153	组播路由器终止	[RFC4286]	组播路由器使用结束
154	FMIPv6 报文	[RFC5568]	MIPv6 快速切换报文
200,201	为私人实验保留	[RFC4443]	为实验保留
255	为 ICMPv6 信息类报文扩充保留	[RFC4443]	为更多的信息类报文保留

在该列表中，明显看出第一个报文类型集合和第二个报文类型集合之间存在分离（即 128 以下的报文类型和 128 及以上的）。在 ICMPv6 中，与 ICMPv4 一样，报文也被分组为信息类的和差错类的。然而，所有 ICMPv6 的差错报文的类型（Type）字段的高位比特为 0。因此，ICMPv6 类型从 0 到 127 的都是差错报文，类型从 128 到 255 的都是信息类报文。许多信息类报文都是请求 / 应答对。

将 ICMPv6 的标准报文和比较常见的 ICMPv4 报文进行比较，我们可以得到结论：设计 ICMPv6 时的一些努力是为了从原始的规范中去除未使用的报文，同时保留有用的报文。遵循这个方法，ICMPv6 也使用代码（Code）字段，主要是为了完善某些差错报文的含义。在表 8-4 中，我们列出了这些标准的 ICMPv6 报文类型（即目的不可达、超时、参数问题），除
359 0 之外还定义了许多代码值。

表 8-4　ICMPv6 标准报文类型除 0 之外被赋予的代码值

类　型	代　码	名　称	用途 / 注释
1	0	没有到目的地的路由	路由不存在
1	1	管理禁止	策略（例如防火墙）禁止
1	2	超出源地址范围	目的范围超出源地址的范围
1	3	地址不可达	当代码 0 ～ 2 并不合适时使用
1	4	端口不可达	没有传输层实体在端口监听
1	5	源地址失败策略	违反进 / 出策略
1	6	拒绝到目的地的路由	特定的拒绝到目的地的路由
3	0	在传输中超过了跳数限制	跳数限制（Hop Limit）字段递减为 0
3	1	重组时间超时	在有限的时间内无法重组
4	0	找到错误的头部字段	一般的头部处理错误
4	1	无法识别的下一个头部	未知的下一个头部（Next Header）字段值
4	2	无法识别的 IPv6 选项	未知的“逐跳”或者“目的地”选项

除了定义 ICMPv6 基本功能的类型和代码字段外，还支持了大量的标准选项，其中一些是必需的。这将 ICMPv6 与 ICMPv4 区别开来（ICMPv4 没有选项）。当前，标准的 ICMPv6 选项只为 ICMPv6 ND 报文（类型为 135 和 136）定义使用，使用了 [RFC4861] 中讨论的选项格式（Option Format）字段。在 8.5 节详细探讨 ND 时我们会讨论这些选项。

8.2.3 处理 ICMP 报文

在 ICMP 中，对传入报文的处理随着系统的不同而不同。一般说来，传入的信息类请求将被操作系统自动处理，而差错类报文传递给用户进程或传输层协议，如 TCP[RFC5461]。进程可以选择对它们采取行动或忽略它们。这个一般规则的例外情况包括重定向报文和目的不可达——需要分片报文。前者将导致主机路由表中的自动更新，而后者用于路径 MTU 发现（PMTUD）机制，这一般是由传输层协议来实现的，如 TCP。在 ICMPv6 中对报文的处理在一定程度上将更为严格。处理传入的 ICMPv6 报文 [RFC4443] 时将应用以下规则：

1. 未知的 ICMPv6 差错报文必须传递给上层产生差错报文的进程（如果可能的话）。 360

2. 未知的 ICMPv6 信息类报文被丢弃。

3. ICMPv6 差错报文将会尽可能多地包含导致差错的原始（“违规”）IPv6 报文，当然最终的差错报文大小不能超过最小的 IPv6 MTU（1280 字节）。

4. 在处理 ICMPv6 差错报文时，需要提取原始（original）或者“违规”数据包（包含在 ICMPv6 差错报文体中）中的上层协议类型，用于选择适当的上层进程。如果这是不可能的，在任何 IPv6 层处理完后将无声地丢弃差错报文。

5. 存在处理差错的特殊规则（见 8.3 节）。

6. IPv6 节点必须限制它发送 ICMPv6 差错报文的速率。有多种方法可以用来实现限速功能，包括 8.3 节中提到的令牌桶方法。

8.3 ICMP 差错报文

上一节提到的 ICMP 差错报文和信息类报文之间的区别非常重要，因为在生成 ICMPv4 差错报文 [RFC1812] 和 ICMPv6 差错报文 [RFC4443] 时做了某些限制，但这不适用于查询。特别是，ICMP 差错报文不会对以下报文进行响应：另一个 ICMP 差错报文，头部损坏的数据报（例如，校验和错误），IP 层的广播 / 组播数据报，封装在链路层广播或者组播帧中的数据报，无效或者网络为零的源地址的数据报，或除第一个之外的其他分片。限制生成 ICMP 差错报文的原因是限制生成所谓的广播风暴，在这种情况下生成少数的报文就会造成不想要的流量喷流（例如，无限地为响应差错报文而生成差错报文）。这些规则可以概括如下：

以下情况下不会响应产生 ICMPv4 差错报文：

- ICMPv4 差错报文（但是，响应 ICMPv4 查询报文可能会产生 ICMPv4 差错报文）。
- 目的地址是 IPv4 广播地址或 IPv4 组播地址（以前称为 D 类地址）的数据报。
- 作为链路层广播的数据报。
- 不是第一个分片的其他分片。
- 源地址不是单个主机的数据报。这就是说，源地址不能为零地址、环回地址、广播地址或组播地址。 361

ICMPv6 也类似。在下面各种情况不会响应产生 ICMPv6 差错报文：

- ICMPv6 差错报文。

- ICMPv6 重定向报文。
- 目的地址是 IPv6 组播地址的数据包，以下情况除外：数据包太大（PTB）的报文；参数问题报文（代码 2）。
- 作为链路层组播（以及前面提到的例外情况）的数据包。
- 作为链路层广播（以及前面提到的例外情况）的数据包。
- 源地址不是唯一识别的单个节点的数据包。这意味着，源地址不能是未指定的地址、IPv6 组播地址，或者任意为发送者所知的选播地址。

除了控制产生 ICMP 报文条件的规则，还有限制从单一发送者发出的 ICMP 总体流量水平的规则。在 [RFC4443]，一种推荐的限制 ICMP 报文速率的方法是使用令牌桶（token bucket）。采用令牌桶后，每个“桶”保存了最大数量（B）的“令牌”，每个“令牌”允许一定数量的报文被发送。桶定期被新的令牌（速率为 N）填充，并且每发送一个报文便减 1。因此，令牌桶（通常也称为令牌桶过滤器（token bucket filter））可以由参数（B，N）刻画。对于小型或中型设备，[RFC4443] 提供了一个使用参数（10，10）的令牌桶例子。令牌桶是在协议实现中为限制带宽利用率所采取的一个通用机制，在许多情况下 B 和 N 的单位是字节，而不是报文个数。

当发送一个 ICMP 差错报文，它包含了一个完整的源自“违规”或者“原始”数据报的 IP 头部副本（即生成导致错误的数据报的 IP 头部，包括任何 IP 选项），再加上原始数据报的 IP 有效载荷区中的任何其他数据，同时要确保生成的 IP/ICMP 的数据报的大小不会超过一个特定的值。对于 IPv4，这个值是 576 字节，对于 IPv6 就是 IPv6 的最小 MTU，至少是 1280 字节。包含原始 IP 数据报的有效载荷使接收的 ICMP 模块能够根据 IP 头部中的协议（Protocol）或者下一个头部（Next Header）字段将该报文和特定的协议（例如，TCP 或者 UDP）及应用进程相关联（包含在 IP 数据报有效载荷区中前 8 个字节所包含的 TCP 或者 UDP 头部中的 TCP 或者 UDP 端口号）。

在 [RFC1812] 出版之前，ICMP 规范仅要求包含违规 IP 数据报的前 8 个字节（因为这
362 足以确定 UDP 和 TCP 端口号，参见第 10 章和第 12 章），但随着越来越多的复杂协议的普及（如 IP 被封装在 IP 中），现在需要更多的信息来有效诊断问题。此外，一些差错报文可能包括扩展（extension）。我们首先简要地讨论扩展方法，然后再讨论每个重要的 ICMP 差错报文。

8.3.1 扩展的 ICMP 和多部报文

[RFC4884] 通过在 ICMP 报文的尾部追加扩展数据结构（extension data structure）的方法来指定一个扩展的方法。扩展结构包括一个扩展头部和可能包含可变数量数据的扩展对象，如图 8-3 所示。

ICMPv4 头部的第 6 个字节和 ICMPv6 头部的第 5 个字节被改为用于表示长度（Length）字段（这些字节此前已预留 0 值）。在 ICMPv4 中，它表示以 32 位字为单位的违规数据报的大小。在 ICMPv6 中，它是以 64 位为单位的。为了使 32 位和 64 位对齐，这些数据报中有一部分将分别用零来填充。当使用扩展时，包含原始数据报的 ICMP 有效负载区至少为 128 字节长。

扩展结构可用于 ICMPv4 目的不可达、超时、参数问题报文，以及 ICMPv6 目的不可达和超时报文。我们将在下面的小节中详细查看它们。

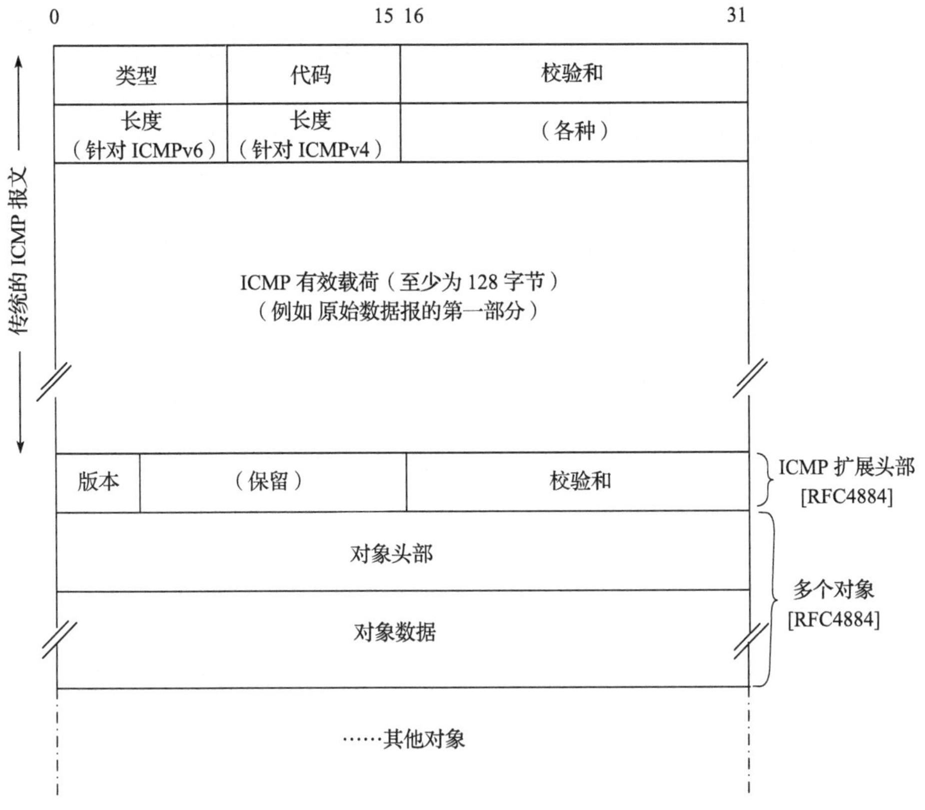

图 8-3　扩展的 ICMPv4 和 ICMPv6 报文，包括一个 32 位的扩展头部和零个或多个相关联的对象。每个对象包含一个固定大小的头和一个可变长度的数据区。为了兼容性，ICMP 主要有效载荷区至少有 128 个字节

8.3.2　目的不可达（ICMPv4 类型 3，ICMPv6 类型 1）和数据包太大（ICMPv6 类型 2）

现在我们更为详细地查看一种比较常见的 ICMP 报文类型，即目的不可达。这种类型的报文用来表示数据报无法送达目的地，可能是因为传输过程中出了问题或接收者缺乏兴趣接收它。虽然 ICMPv4 为此报文定义了 16 个不同的代码，但其中只有 4 个是最常用的。这包括主机不可达（代码 1）、端口不可达（代码 3）、需要分片 / 指定不用分片（代码 4）、管理禁止通信（代码 13）。在 ICMPv6 中，目的不可达报文类型值是 1，并有 7 个不同的代码值。与 IPv4 相比，ICMPv6 中需要分片报文已经被一个完全不同的类型取代（类型 2），但是其用法和对应的 ICMP 目的不可达非常相似，所以我们在这里讨论。在 ICMPv6 中，这就是所谓的数据包太大（PTB）报文。从这里开始，我们将使用简单的 ICMPv6 PTB 术语来表示 ICMPv4（类型 3，代码 4）报文或者 ICMPv6（类型 2，代码 0）报文。

为 ICMPv4 和 ICMPv6 指定的目的不可达报文格式如图 8-4 所示。目的不可达报文，对 ICMPv4 而言其类型字段为 3，对 ICMPv6 而言其类型字段为 1。代码字段表示了不可达的特定项目或者原因。现在我们来看看每一个报文的细节。

8.3.2.1　ICMPv4 主机不可达（代码 1）和 ICMPv6 地址不可达（代码 3）

这种形式的目的不可达报文是由路由器或者主机产生的，出现在当它被要求使用直接交

付方法发送一个 IP 数据报到一个主机（见第 5 章），但由于某些原因无法到达目的地时。例
363~364 如当最后一跳路由器试图发送一个 ARP 请求到已经不在或者关闭的主机时，这种情况就可能会出现。这种情况在第 4 章中描述 ARP 时探讨过。对于 ICMPv6，它使用一个有点不同的机制来检测无响应的主机，这个报文可能是因为 ND 过程失败而产生的（见 8.5 节）。

0	15 16	31
类型（3）	代码	校验和（16位）
未使用的	长度（以 32 位字为单位）	其他（依赖于代码）
IPv4 头部 + 原始数据报的初始字节		
扩展结构（如果存在的话）		

0	15 16	31
类型（1）	代码	校验和（16位）
长度（以 64 位字为单位）	未使用的	
IPv6 头部 + 原始数据报的初始字节		
扩展结构（如果存在的话）		

图 8-4 ICMPv4（左）和 ICMPv6（右）的 ICMP 目的不可达报文。长度字段出现在扩展的 ICMP 实现中并符合 [RFC4884] 规范，它给出了保存原始数据报的字数大小，分别以 4 个字节（IPv4）或 8 个字节（IPv6）为单位。可能还会包含一个可选的扩展结构。当代码值为 4 时，ICMP 中标记为“其他”（various）的字段用于记录下一跳的 MTU，这将被 PMTUD 使用。为了这个目的，ICMPv6 使用了不同的 ICMPv6 PTB 报文（ICMPv6 类型 2）

8.3.2.2 ICMPv6 目的无路由（代码 0）

此报文对 ICMPv4 中的主机不可达报文进行了细分，将直接交付失败导致的和没有路由导致的区分开来。此报文出现在当到达的数据报不必采用直接交付的方式来转发，但却没有路由条目来指定下一跳该用哪个路由器时的情况下。正如我们已经看到的，如果 IP 路由器想要成功转发的话，它们必须为收到的任何数据包的目的地址包含一个有效的下一跳转发项。

8.3.2.3 ICMPv4 管理禁止通信（代码 3）和 ICMPv6 目的管理禁止通信（代码 1）

在 ICMPv4 和 ICMPv6 中，这些目的不可达报文能够表明一个管理禁令（administrative prohibition）正阻止到目的地的成功通信。这通常是由一个防火墙（见第 7 章）故意丢弃流量导致的，而这些流量未能遵守由路由器发送的 ICMP 差错报文所强加的部分操作策略。在许多情况下，不会广而告之存在一个特殊的丢弃流量的策略，所以一般可以禁止生成这些报文，要么默默丢弃传入的数据包，要么产生一些其他的 ICMP 差错报文来代替。

8.3.2.4 ICMPv4 端口不可达（代码 3）和 ICMPv6 端口不可达（代码 4）

当传入的数据报的目的应用程序还没准备好接收它时，就会生成一个端口不可达报文。
365 这种情况最常出现在和 UDP 一起使用（见第 10 章），当一个报文被发往的端口号并未被任何服务器进程使用时。如果 UDP 接收到一个数据报且对应的目的端口号并未被任何进程使用，UDP 便会回应一个 ICMP 端口不可达报文。

ICMPv4 端口不可达报文可以通过在 Windows 或 Linux 客户端中使用简单文件传输协议（Trivial File Transfer Protocol，TFTP）[RFC1350]，并采用 tcpdump 来查看数据包交换的方法来加以说明。TFTP 服务使用的知名 UDP 端口是 69。然而，在许多系统上有 TFTP 客

户端，但却很少运行 TFTP 服务器。因此，当我们试图访问一个不存在的服务器时很容易看个究竟。在清单 8-1 所示的例子中，我们在 Windows 主机上执行称为 tftp 的 TFTP 客户端，并试图获取 Linux 主机上的一个文件。tcpdump 使用 -s 选项表示每个数据包捕获 1500 字节；-i eth1 选项表示 tcpdump 将监视 eth1 以太网接口上的流量；-vv 选项表示输出中将包含更多的描述性信息；表达式 icmp or port tftp 表示输出中要包含匹配 TFTP 端口号（69）或者 ICMPv4 协议的流量。

清单 8-1　展示应用程序超时和 ICMP 限速的 TFTP 客户端

```
C:\> tftp 10.0.0.1 get /foo     try to fetch file "/foo" from 10.0.0.1
Timeout occurred                timeout occurred after about 9 seconds

Linux# tcpdump -s 1500 -i eth1 -vv icmp or port tftp

1 09:45:48.974812 IP (tos 0x0, ttl 128, id 9914, offset 0,
                flags [none], length: 44)

                10.0.0.54.3871 > 10.0.0.1.tftp: [udp sum ok]  16
                RRQ "/foo" netascii

2 09:45:48.974812 IP (tos 0xc0, ttl 255, id 43734, offset 0, flags
                [none], length: 72)
                10.0.0.1 > 10.0.0.54: icmp 52:
                  10.0.0.1 udp port tftp unreachable
                  for IP (tos 0x0, ttl 128, id 9914, offset 0,
                  flags [none], length: 44)
                     10.0.0.54.3871 > 10.0.0.1.tftp: [udp sum ok]  16
                     RRQ "/foo" netascii

3 09:45:49.014812 IP (tos 0x0, ttl 128, id 9915, offset 0,
                flags [none], length: 44)

                10.0.0.54.3871 > 10.0.0.1.tftp: [udp sum ok]  16
                RRQ "/foo" netascii

4 09:45:49.014812 IP (tos 0xc0, ttl 255, id 43735, offset 0, flags
                [none], length: 72)
                10.0.0.1 > 10.0.0.54: icmp 52:
                  10.0.0.1 udp port tftp unreachable
                  for IP (tos 0x0, ttl 128, id 9915, offset 0,          366
                  flags [none], length: 44)
                     10.0.0.54.3871 > 10.0.0.1.tftp: [udp sum ok]  16
                     RRQ "/foo" netascii

5 09:45:49.014812 IP (tos 0x0, ttl 128, id 9916, offset 0,
                flags [none], length: 44)

                10.0.0.54.3871 > 10.0.0.1.tftp: [udp sum ok]  16
                RRQ "/foo" netascii

6 09:45:49.014812 IP (tos 0xc0, ttl 255, id 43736, offset 0, flags
                [none], length: 72)
                10.0.0.1 > 10.0.0.54: icmp 52:
                  10.0.0.1 udp port tftp unreachable
                  for IP (tos  0x0, ttl 128, id 9916, offset 0,
                  flags [none], length: 44)
                     10.0.0.54.3871 > 10.0.0.1.tftp: [udp sum ok]  16
                     RRQ "/foo" netascii
```

```
7 09:45:49.024812 IP (tos 0x0, ttl 128, id 9917, offset 0,
                flags [none], length: 44)

                10.0.0.54.3871 > 10.0.0.1.tftp: [udp sum ok]  16
                RRQ "/foo" netascii

8 09:45:49.024812 IP (tos 0xc0, ttl 255, id 43737, offset 0,
                flags [none], length: 72)
                10.0.0.1 > 10.0.0.54: icmp 52:
                  10.0.0.1 udp port tftp unreachable
                  for IP (tos 0x0, ttl 128, id 9917, offset 0,
                  flags [none], length: 44)
                     10.0.0.54.3871 > 10.0.0.1.tftp: [udp sum ok]  16
                     RRQ "/foo" netascii

9 09:45:49.024812 IP (tos 0x0, ttl 128, id 9918, offset 0,
                flags [none], length: 44)

                10.0.0.54.3871 > 10.0.0.1.tftp: [udp sum ok]  16
                RRQ "/foo" netascii

10 09:45:49.024812 IP (tos 0xc0, ttl 255, id 43738, offset 0,
                flags [none], length: 72)
                10.0.0.1 > 10.0.0.54: icmp 52:
                10.0.0.1 udp port tftp unreachable
                   for IP (tos 0x0, ttl 128, id 9918, offset 0,
                   flags [none], length: 44)
                      10.0.0.54.3871 > 10.0.0.1.tftp: [udp sum ok]  16
                      RRQ "/foo" netascii

11 09:45:49.034812 IP (tos 0x0, ttl 128, id 9919, offset 0,
367             flags [none], length: 44)
                   10.0.0.54.3871 > 10.0.0.1.tftp: [udp sum ok]  16
                   RRQ "/foo" netascii

12 09:45:49.034812 IP (tos 0xc0, ttl 255, id 43739, offset 0,
                flags [none], length: 72)
                10.0.0.1 > 10.0.0.54: icmp 52:
                10.0.0.1 udp port tftp unreachable
                   for IP (tos 0x0, ttl 128, id 9919, offset 0,
                   flags [none], length: 44)
                      10.0.0.54.3871 > 10.0.0.1.tftp: [udp sum ok]  16
                      RRQ "/foo" netascii

13 09:45:49.034812 IP (tos 0x0, ttl 128, id 9920, offset 0,
                flags [none], length: 44)
                10.0.0.54.3871 > 10.0.0.1.tftp: [udp sum ok]  16
                RRQ "/foo" netascii

14 09:45:57.054812 IP (tos 0x0, ttl 128, id 22856, offset 0,
                flags [none], length: 44)
                10.0.0.54.3871 > 10.0.0.1.tftp: [udp sum ok]  16
                RRQ "/foo" netascii

15 09:45:57.054812 IP (tos 0xc0, ttl 255, id 43740, offset 0,
                flags [none], length: 72)
                10.0.0.1 > 10.0.0.54: icmp 52:
                   10.0.0.1 udp port tftp unreachable
                   for IP (tos 0x0, ttl 128, id 22856, offset 0,
                   flags [none], length: 44)
                      10.0.0.54.3871 > 10.0.0.1.tftp: [udp sum ok]  16
```

```
                    RRQ "/foo" netascii

16 09:45:57.064812 IP (tos 0x0, ttl 128, id 22906, offset 0,
                flags [none], length: 51)
                10.0.0.54.3871 > 10.0.0.1.tftp: [udp sum ok]
                    23 ERROR EUNDEF timeout on receive"

17 09:45:57.064812 IP (tos 0xc0, ttl 255, id 43741, offset 0,
                flags [none], length: 79)
                10.0.0.1 > 10.0.0.54: icmp 59:
                  10.0.0.1 udp port tftp unreachable
                  for IP  (tos  0x0, ttl 128, id 22906, offset 0,
                  flags [none], length: 51)
                    10.0.0.54.3871 > 10.0.0.1.tftp: [udp sum ok]
                        23 ERROR EUNDEF timeout on receive"
```

这里我们看到一组 7 个请求彼此在时间上非常接近。目的地是 TFTP 服务（端口 69）的初始请求（文件 /foo 用 RRQ 标识）来自 UDP 端口 3871。马上有一个 ICMPv4 端口不可达报文返回（包 2），但 TFTP 客户端似乎忽略了它，立即发送了另一个 UDP 数据报。这样又持续了 6 次。在又等待了 8s 后，客户端做了最后一次尝试，最终放弃了。 368

请注意 ICMPv4 报文发送的时候并未指定任何端口号，而每个 16 字节的 TFTP 数据包是从一个特定的端口（3871）发送到另一个特定的端口的（TFTP，等于 69）。在每一个 TFTP 读请求（RRQ）尾部的数值 16 表示在 UDP 数据报中数据的长度。在本例中，16 是如下字段之和：TFTP 中 2 个字节的操作码，以 null 结尾的 5 个字节文件名 /foo，以 null 结尾的 9 字节字符串 netascii。图 8-5 描述了整个 ICMPv4 不可达报文。它的长度是 52 个字节（不包括 IPv4 头部）：4 字节的基本 ICMPv4 头，后面是 4 字节的未使用字段（见图 8-5，此实现没有使用 [RFC4884] 扩展），20 字节的违规 IPv4 头部，8 字节的 UDP 头部，剩下的 16 字节来自于原始 tftp 应用请求（4 + 4 + 20 + 8 + 16 = 52）。

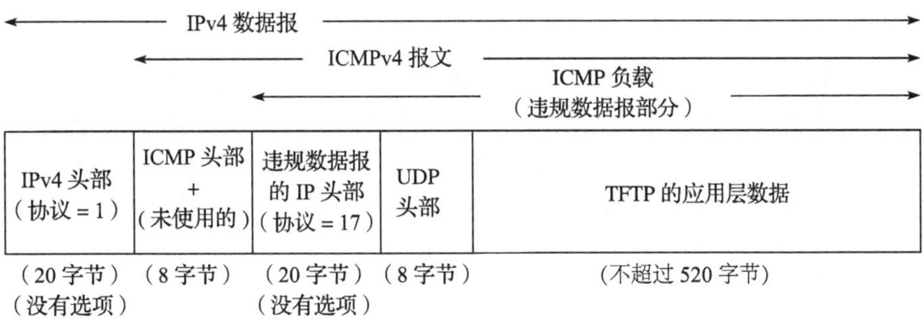

图 8-5　一个 ICMPv4 目的不可达 – 端口不可达差错报文，包含尽可能多的违规 IPv4 数据报，但总的 IPv4 数据报长度不能超过 576 字节。在这个例子中，有足够的空间包括整个 TFTP 请求报文

如前所述，ICMP 在差错报文中之所以包含违规 IP 头部，是因为这样做有助于 ICMP 解释封装在 IP 头部后的字节（在这个例子中的 UDP 头部）。由于违规的 UDP 头部包含在返回的 ICMP 报文中，因此也可以学习到源和目的端口号。正是这个目的端口号（tftp，69）导致产生了 ICMP 端口不可达报文。接收到 ICMP 差错报文的系统能够利用源端口号（3871）将差错和特定用户进程相关联（尽管我们看到这个例子中的 TFTP 客户端并没有很好地利用这个指示）。

需要注意的是在第 7 个请求之后（包 13），一段时间没有差错返回。之所以会这样，原因是基于 Linux 的服务器有*速率限制*（rate limiting）。也就是说，根据 [RFC1812] 的建议，限制了在一段时间内产生相同类型的 ICMP 报文的数量。我们看一下 8s 空白之前的初始差错报文（包 2，时间戳 48.974812）和最后报文（包 12，时间戳 49.034812）之间经过的时间，
369 计算可知经过了 60ms。假如我们计算在这段时间内的 ICMP 报文个数，可以得到（6 报文 /0.06s）= 100 报文 /s，这就是速率限制。这可以通过检查 Linux 上 ICMPv4 的速率掩码和速率限制来验证：

```
Linux% sysctl -a | grep icmp_rate
net.ipv4.icmp_ratemask = 6168
net.ipv4.icmp_ratelimit = 100
```

在这里我们看到多个 ICMPv4 报文是被限制速率的，而且所有的速率限制是 100（以每秒的报文个数测量）。变量 ratemask 指示哪些报文有速率限制，假如需要限制代码号为 k 的报文，那么就打开掩码中从 0 开始的第 k 位。在这种情况下，代码号 3、4、11、12 的报文将被限制（因为 6168 = 0x1818 = 0001100000011000，其中从右开始的第 3、4、11、12 位被置 1）。如果将速率限制设为 0（即没有限制），我们会发现 Linux 返回 9 个 ICMPv4 报文，每个对应一个 tftp 请求报文，tftp 客户端几乎立即超时。试图访问 Windows XP 的机器时，由于它不执行 ICMP 速率限制，因此会发生这种行为。

为什么当差错报文返回时，TFTP 客户端会不断地重传请求？一个网络编程的细节在这里被揭晓。大多数系统不通知采用 UDP 的用户进程，即便针对它们的 ICMP 报文已经到达，除非该进程调用了一个特殊函数（即 UDP 套接字的 connect）。通用的 TFTP 客户端不会调用这个函数，所以它们从来不会收到 ICMP 差错通知。当没有收到任何关于 TFTP 协议请求的响应时，TFTP 客户端一次又一次地尝试获取文件。这是一个设计较差的请求和重试机制的例子。虽然 TFTP 确实有调整这种行为（见 [RFC2349]）的扩展，但我们将在后面看到（在第 16 章）更复杂的传输协议如 TCP 会有一个更好的算法。

8.3.2.5 ICMPv4 PTB（代码 4）

如果一个 IPv4 路由器收到一个打算转发的数据报，如果数据报大于选定的传出网络接口的 MTU，则数据报需要分片（见第 10 章）。如果到达的数据报在 IP 头部中设置了*不分片*（Don't Fragment）位字段，那么它会被丢弃而不是转发，此时将产生 ICMPv4 目的不可达（PTB）报文。由于发送此报文的路由器知道下一跳的 MTU，为此能够将 MTU 值包含在它生成的差错报文中。

此报文本来是用于诊断网络的，但已被用于路径 MTU 发现。当与一个特定主机通信时，如果想要避免对数据包进行分片，PMTUD 被用来确定合适的包大小。它通常与
370 TCP 一起使用，我们将在第 14 章中对其进行详细描述。

8.3.2.6 ICMPv6 PTB（类型 2，代码 0）

在 ICMPv6 中，一个特殊的报文和类型代码组合可用于表示一个数据包对于下一跳的 MTU 而言实在太大（见图 8-6）。

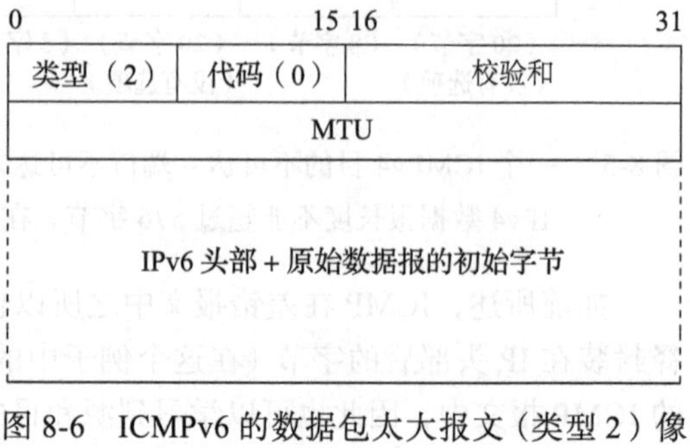

0	15 16	31
类型（2）	代码（0）	校验和
MTU		
IPv6 头部 + 原始数据报的初始字节		

图 8-6 ICMPv6 的数据包太大报文（类型 2）像 ICMPv4 的目的不可达报文一样工作。ICMPv6 变体包含 32 比特用于保存下一跳的 MTU

这个报文不是一个目的不可达报文。回想一下，在 IPv6 中只有数据报的发送者才能执行数据包分片，且总是采用 MTU 发现机制。因此，这个报文主要是被 IPv6 的 PMTUD 机制使用，但是偶尔也用在当一个到达的数据包对下一跳来说太大了导致不能传输的情况。因为路由在 PMTUD 操作及数据包被投入网络之后可能会改变，因此到达路由器的数据包大于传出的 MTU 的情况总是有可能发生的。与现代 ICMPv4 实现中的目的不可达代码 4（PTB）报文一样，基于产生 ICMP 报文的路由器的出口链路的 MTU 来确定的数据包 MTU 大小被包含在指示（indication）中。

8.3.2.7 ICMPv6 超出源地址范围（代码 2）

正如我们在第 2 章看到的，IPv6 使用不同范围的地址。因此，有可能会构建一个不同范围的源和目的地址的数据包。此外，在相同范围内其目的地址有可能是无法到达的。例如，使用本地链路范围的源地址的数据包，其目的地址可能是一个需要遍历多跳路由的全局范围的地址。由于源地址的范围不足，数据包将被通过的路由器丢弃，同时生成一个这种形式的 371
ICMPv6 差错报文以表示这个问题。

8.3.2.8 ICMPv6 源地址失败进 / 出策略（代码 5）

代码 5 是代码 1 更为细化的版本，使用在当一个特定的入口或出口过滤政策是导致数据报无法成功投递的原因时。这可能会使用在：例如，当一个主机试图采用一个意想不到的网络前缀的源 IPv6 地址来发送流量时 [RFC3704]。

8.3.2.9 ICMPv6 拒绝路由到目的地（代码 6）

一个*拒绝*（reject）或*封阻路由*（blocking route）是一个特殊的路由或转发条目（见第 5 章），指示匹配的数据包应该被丢弃，并生成一个 ICMPv6 目的不可达拒绝路由报文。（一个类似的称为*黑洞路由*（blackhole route）的条目也能够丢弃匹配的数据包，但是并不会生成目的不可达报文。）这些路由可能会安装在路由器的转发表中，以防止数据包被发送到不希望的目的地中。不希望的目的地可能包括*火星*（martian）路由（公共互联网上并未使用的前缀）和*虚假*（bogons）路由（尚未分配的有效前缀）。

8.3.3 重定向（ICMPv4 类型 5，ICMPv6 类型 137）

假如一个路由器收到一个来自主机的数据报，并确定自身并不是主机将数据报投递到目的地的对应下一跳，则该路由器发送一个重定向报文到主机并将该报文发送到正确的路由器（或者主机）。也就是说，如果它能够确定给定的数据报存在一个比自己更好的下一跳路由，它就向主机发送重定向报文使其更新转发表，这样以后目的地一样的流量就会被定向到新的节点中。这项功能通过向 IP 转发功能指示向哪里发送数据包提供了一种路由协议的原始形式。在第 5 章详细讨论了 IP 转发过程。

在图 8-7 中，一个网段中有 1 台主机和 2 台路由器，R1 和 R2。当主机不正确地使用路由器 R2 发送一个数据报时，R2 通过向主机发送一个重定向报文进行回复，同时将该数据报转发到 R1。尽管主机可能被配置为根据 ICMP 重定向报文来更新它们的转发表，但是在路由器通过动态路由协议已经知道所有可达目的地的最佳下一跳节点这样的假设下，路由器不鼓励这么做。

ICMP 重定向报文包含了主机针对 ICMP 差错报文（参见图 8-8）中指定的目的地址应该采用的下一跳路由器（或者目的主机，如果采用直接交付的方式可达的话）的 IP 地址。之前的重定向功能支持区别重定向到一台主机和重定向到一个网络（network），但是自从无类地址被采用之后（CIDR，参见第 2 章），网络重定向形式便消失了。这样，当一个主机接收到一个主机重定向，它只针对单个 IP 目的地址是有效的。一个总是选择错误路由器的主机能够通过为每个访问的本地子网之外的目的地址设置一个转发表条目来结束这种情况，其中每个条目是通过接收它配置的默认路由器的重定向报文来添加的。ICMPv4 的重定向报文格式
372 如图 8-8 所示。

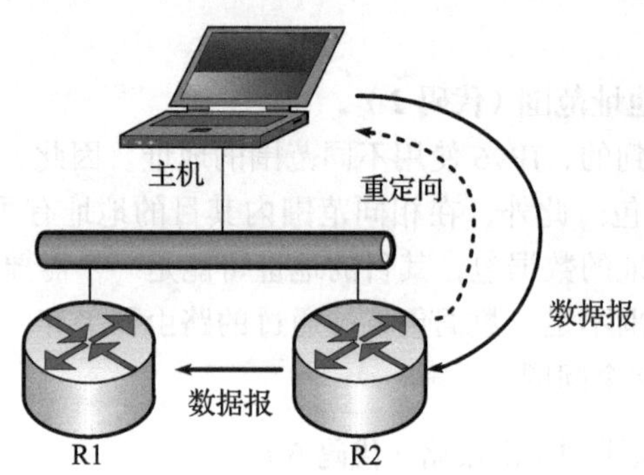

图 8-7 主机不正确地通过 R2 向目的地发送了一个数据报。R2 意识到了主机的错误，并发送数据报到适当的路由器 R1。它还通过发送一个 ICMP 重定向报文来通知主机的错误。主机也期望调整它的转发表，以便将来到相同目的的报文会通过 R1 而不再打扰 R2

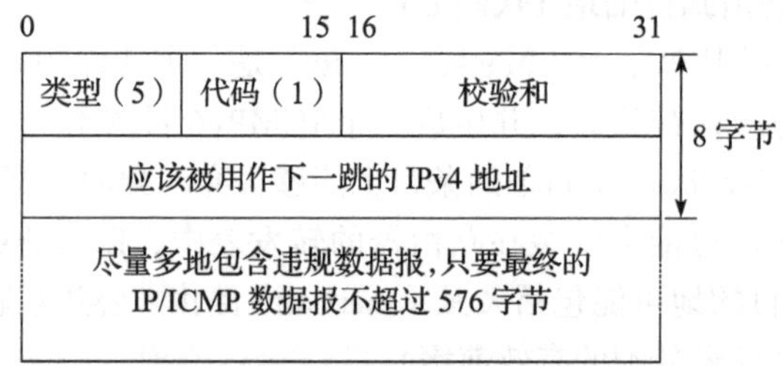

图 8-8 ICMPv4 重定向报文在其有效负载部分中包含了数据报下一跳正确路由器的 IPv4 地址。一个主机通过检查到来的重定向报文的源 IPv4 地址来验证它是否来自当前正使用的默认路由器

我们可以通过改变主机使用一台不正确的路由器（相同网络上的另一台主机）作为默认的下一跳，来演示重定向报文的行为。作为一个例子，我们首先改变我们的默认路由，然后尝试联系远程服务器。我们的系统会错误地尝试转发外输数据包到指定主机：

373

```
C:\> netstat -rn
Network Dest      Netmask     Gateway          Interface      Metric
0.0.0.0           0.0.0.0     10.212.2.1       10.212.2.88    1
C:\> route delete 0.0.0.0                                     delete default
C:\> route add 0.0.0.0 mask 0.0.0.0 10.212.2.112              add new
C:\> ping ds1.eecs.berkeley.edu                               sends thru 10.212.2.112
Pinging ds1.eecs.berkeley.edu [169.229.60.105] with 32 bytes of data:

Reply from 169.229.60.105: bytes=32 time=1ms TTL=250
Reply from 169.229.60.105: bytes=32 time=5ms TTL=250
Reply from 169.229.60.105: bytes=32 time=1ms TTL=250
Reply from 169.229.60.105: bytes=32 time=1ms TTL=250

Ping statistics for 169.229.60.105:
```

```
    Packets: Sent = 4, Received = 4, Lost = 0 (0% loss),
Approximate round trip times in milli-seconds:
    Minimum = 1ms, Maximum = 5ms, Average = 2ms
```

当这些正在发生时，我们可以通过运行 tcpdump 来观察这些活动（为了醒目，其中一些行已经被隐藏）：

```
Linux# tcpdump host 10.212.2.88

1 20:27:00.759340 IP 10.212.2.88 > ds1.eecs.berkeley.edu: icmp 40:
                  echo request seq 15616
2 20:27:00.759445 IP 10.212.2.112 > 10.212.2.88: icmp 68:
                  redirect ds1.eecs.berkeley.edu to host 10.212.2.1
3 20:27:00.759468 IP 10.212.2.88 > ds1.eecs.berkeley.edu: icmp 40:
                  echo request seq 15616
...
```

此处我们的主机（10.212.2.88）发送一个 ICMPv4 回显请求（ping）报文到主机 ds1.eecs.berkeley.edu。当主机名经过 DNS（参见第 11 章）域名解析转换为 IPv4 地址 169.229.60.105 后，请求报文被发送到第一跳 10.212.2.112，而不是正确的默认路由器 10.212.2.1。由于 IPv4 地址为 10.212.2.112 的系统是被正确配置的，它能够明白原始的发送主机应该使用路由器 10.212.2.1。正如期望的那样，它向主机回复一个 ICMPv4 重定向报文，表示在今后任何目的地是 ds1.eecs.berkerly.edu 的流量应该通过路由器 10.212.2.1。

在 ICMPv6 中，重定向报文（类型 137）包含目标地址和目的地址（参见图 8-9），它是和 ND 过程一起被定义的（参见 8.5 节）。*目标地址*（Target Address）字段包含用于下一跳的正确节点的本地链路 IPv6 地址。*目的地址*（Destination Address）是数据报中触发这个重定向的目的 IPv6 地址。当目的地址和接收到重定向报文的主机是在同一个链路上时，*目标地址*和*目的地址*字段是一样的。这种方法能够告诉一台主机另一台主机是在同一个链路上的，即使它们使用的地址前缀不同 [RFC5942]。 374

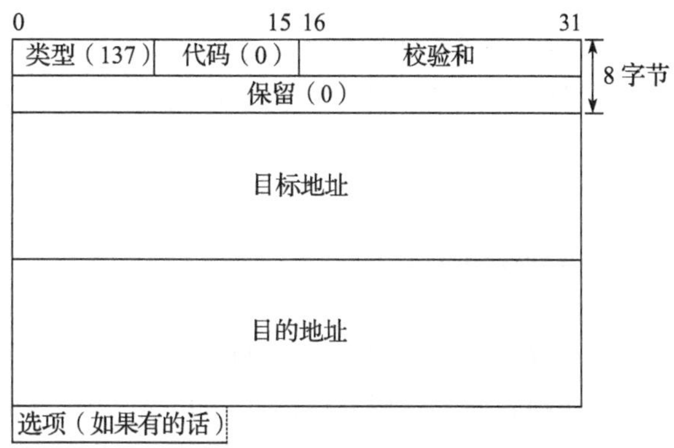

图 8-9 ICMPv6 重定向报文。目标地址字段指出了针对目的地址节点而言一个更好的下一跳路由器的 IPv6 地址。这个报文也能够用于指出目的地址和发出报文进而导致差错报文的节点是在同一个链路上的。在这种情况下，目的地址和目标地址是一样的

与 ICMPv6 中的其他 ND 报文一样，这个报文能够包含选项。这些选项类型包括了目标链路层地址选项和重定向头部选项。当重定向报文在一个*非广播多路访问*（non-broadcast multiple access，NBMA）网络使用时，必须包含目标链路层地址选项，这是因为在这种情况下接收重定向报文的主机没有其他更为有效的方法来确定新的下一跳的链路层地址。重定向头部选项包含了导致产生重定向报文的 IPv6 数据包中的一部分。我们会在 8.5 节探讨 IPv6 邻居发现时再讨论这些及其他选项的格式。

8.3.4 ICMP 超时（ICMPv4 类型 11，ICMPv6 类型 3）

每个 IPv4 数据报在头部中都有一个*生存周期*（Time-to-Live，TTL）字段，而每个 IPv6

数据报在其头部中都有一个跳数限制 (Hop Limit) 字段（参见第 5 章）。按照最初的设想，8 位 TTL 字段保存了一个数据报被强制丢弃之前允许活跃在网络中的秒数（如果存在转发环路，这将是一件好事）。因为另外一个规则表明，任何一个路由器对 TTL 字段至少减 1，考虑到数据报的实际转发时间远小于 1 秒这个事实，在实际中 TTL 字段被用于限定一个 IPv4 数据报在被路由器丢弃之前所允许的跳数限制。这种用法最终在 IPv6 中被正式采用。当由于 TTL 或跳数限制字段值太小（即到达值 0 或 1，且必须转发）致使路由器丢弃报文时，会产生 ICMP 超时（代码 0）报文。此报文对于保证 traceroute 工具的正常运作是很重要的（在
375 Windows 上称为 tracert）。图 8-10 给出了 ICMPv4 和 ICMPv6 的格式。

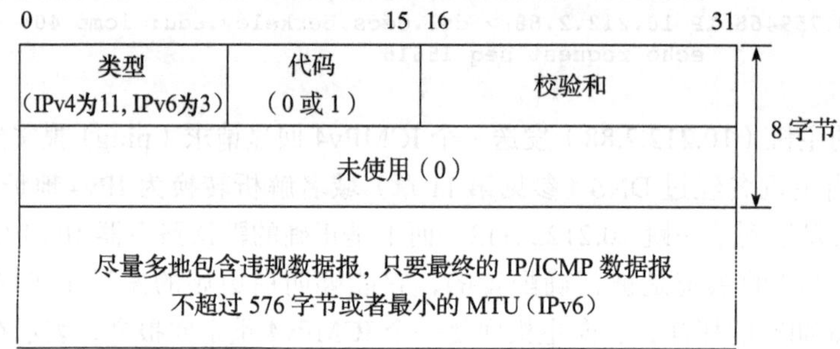

图 8-10 ICMPv4 和 ICMPv6 的 ICMP 超时报文格式。当 TTL 或者跳数超出（代码 0）或者分片重组的时间超过预先配置的阈值（代码 1）时，便会产生该报文

另一个不常见的该报文的变体出现在当一个分片的 IP 数据报只有部分到达目的地时（即在一段时间后并不是所有的分片都到达了）。在这种情况下，一个 ICMP 超时报文（代码 1）的变体被用于告知发送者它的整个数据报被丢弃了。回想一下，如果一个数据报中的任何一个分片被丢弃了，那么整个数据报就丢失了。

例子：traceroute 工具

traceroute 工具被用于确定从发送者到目的地路径上的路由器。我们将讨论 IPv4 版本的操作。该方法首先发送 IPv4 TTL 字段设置为 1 的数据报，到期的数据报促使沿途路由器发送 ICMPv4 超时（代码 0）报文。每一轮，发送的 TTL 值增加 1，导致数据报在更远一跳的路由器处超时，并产生一个 ICMP 报文。这些报文从路由器中“面对”发送者的主 IPv4 地址发出。图 8-11 展示了这种方法是如何工作的。

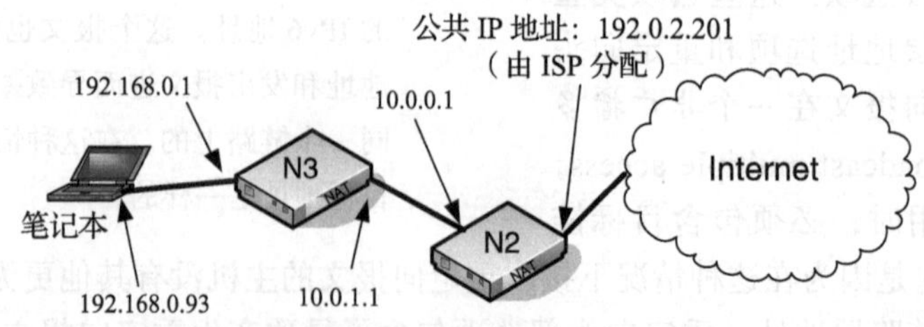

图 8-11 traceroute 工具被用于确定路由的路径，假设该路径波动不大。当使用 traceroute，路由器被
376 识别为“面向”或者靠近执行追踪的主机接口所分配的 IP 地址

在这个例子中，traceroute 被用于从笔记本发送 UDP 数据报（参见第 10 章）到主机 www.eecs.berkeley.edu（是一个 IPv4 地址为 128.32.244.172 的 Internet 主机，在图 8-11 中并

未显示）。这是通过使用如下命令完成的：

```
Linux% traceroute -m 2 www.cs.berkeley.edu
traceroute to web2.eecs.berkeley.edu (128.32.244.172), 2 hops max,
52 byte packets
 1  gw (192.168.0.1)  3.213 ms  0.839 ms  0.920 ms
 2  10.0.0.1 (10.0.0.1)  1.524 ms  1.221 ms  9.176 ms
```

-m 选项指示 traceroute 只执行两个回合：一个使用 TTL = 1，另一个使用 TTL = 2。每一行给出了对应的 TTL 的信息。例如，行 1 表示找到了距离为 1 跳的 IPv4 地址为 192.168.0.1 的路由器，同时测试了 3 个独立的往返周期（3.213ms, 0.839ms, 0.920ms）。第一个时间和后续时间有差异，是因为在第一个测量中涉及一些额外工作（即一个 ARP 事务）。图 8-12 和图 8-13 显示 Wireshark 捕获的数据包，指出了传出的数据报和返回的 ICMPv4 报文是如何组织的。

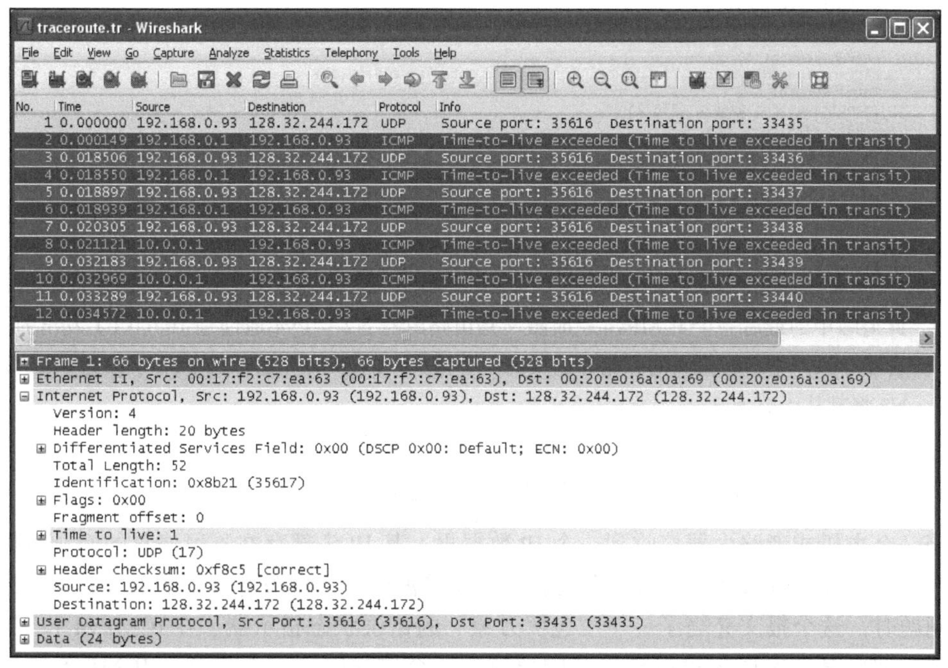

图 8-12 使用 IPv4 的 traceroute 以发送一个 TTL = 1 的 UDP/IPv4 数据报到目的端口号 33435 开始。在加 1 和重试之前每个 TTL 值将被尝试 3 次。每个到期数据报导致在恰当跳数距离的路由器发送一个 ICMPv4 超时报文返回源头。报文的源地址是“面对”发送者一方的路由器的接口地址 377

在图 8-12 中，我们能够看到 traceroute 发送了 6 个数据报，每个数据报是按顺序发送到目的端口号的，以 33435 开始。如果我们仔细观察会发现，前三个发送的数据报的 TTL = 1，第二组发送的三个数据报的 TTL = 2。图 8-12 显示了第一个。每个数据报会导致发送一个 ICMPv4 超时（代码 0）报文。前三个是从路由器 N3（IPv4 地址 192.168.0.1）发出的，后三个是从路由器 N2（IPv4 地址 10.0.0.1）发出的。图 8-13 显示了最后一个 ICMP 报文的详细信息。

这是此追踪的最终 ICMP 超时报文。它包含了在 N2 接收时看到的原始的 IPv4 数据报（包 11）。该数据报到达的时候其 TTL = 1，但是在递减之后值太小了，以至于 N2 不能执行额外转发到 128.32.244.172 的操作。因此，N2 向原始数据报的源地址发送一个超时报文。

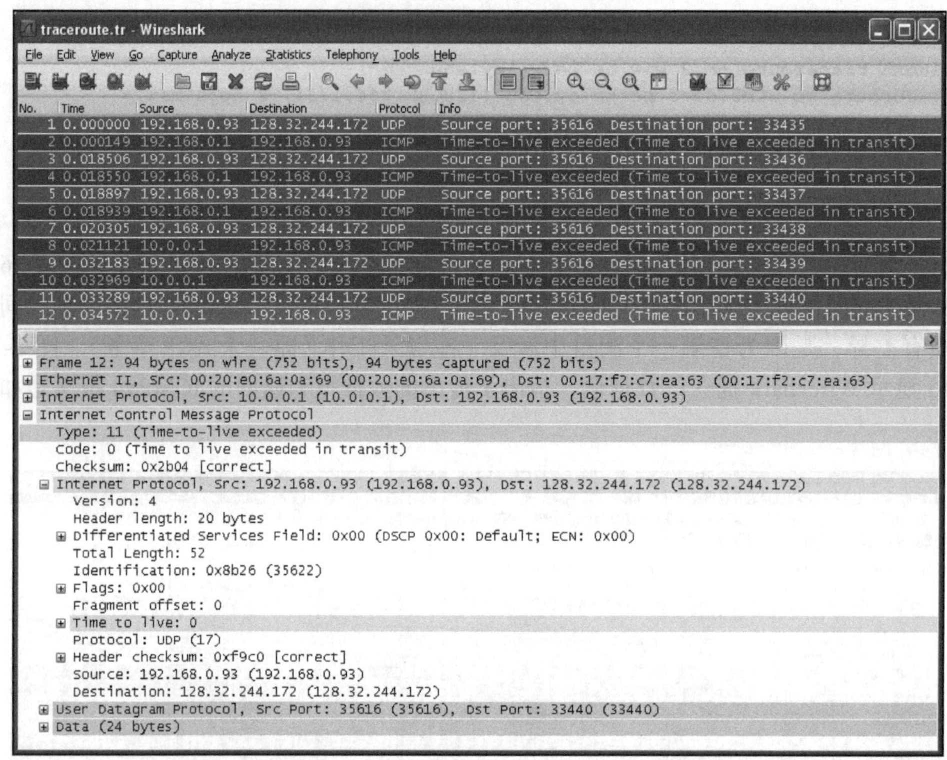

图 8-13　此追踪中的最后一个 ICMPv4 超时报文是由路由器 N2（IPv4 地址是 10.0.0.1）发出的。它包含了导致产生超时报文的原始数据报的一个拷贝。内部 IPv4 头部的 TTL 字段为 0，这是因为
378 N2 将其从 1 减为 0

8.3.5　参数问题（ICMPv4 类型 12，ICMPv6 类型 4）

当一个主机或者路由器接收到一个 IP 数据报，其 IP 头部存在不可修复的问题时便会产生一个 ICMP 参数问题报文。当一个数据报不能够被处理，且没有其他的 ICMP 报文来描述这个问题时，这个报文充当了一个"包罗万象"的错误状态指示器。在 ICMPv4 和 ICMPv6 中，当头部中某个字段超过可接受范围导致了一个错误时，一个特殊的 ICMP 差错报文指针（Pointer）字段指示了错误字段相对于出错 IP 头部的偏移值。以 ICMPv4 为例，指针字段值为 1 表示一个错误的 IPv4 DS 字段或者 ECN 字段（这些字段以前称为 IPv4 服务类型（Type of Service）或者 ToS 字节（ToS Byte），但已经被重新定义和命名过了。参见第 5 章）。ICMPv4 的参数问题报文格式如图 8-14 所示。

代码 0 是 ICMP 参数问题报文最为常见的变体，可用于 IPv4 头部中出现的任何问题，尽管当头部或者数据报的总长度字段出现问题时可能会产生代码为 2 的报文。代码 1 以前被用于指示数据包中缺少例如安全标志之类的选项，但目前已经不用了。代码 2 是最近才定义的代码，指示存在一个损坏了的 IHL 或者总长度字段值（参见第 5 章）。这个差错报文的 ICMPv6 版本如图 8-15 所示。

在 ICMPv6 中，相对于 ICMPv4 版本，差错的对待方式在某种程度上已经被重新定义为三种情况：存在错误的头部字段（代码 0），存在无法识别的下一个头部（Next Header）类型（代码 1），存在无法识别的 IPv6 选项（代码 2）。与 ICMPv4 中对应的差错报文一样，

ICMPv6 参数问题中的指针字段给出了相对于问题 IPv6 头部的字节偏移。例如，指针字段值为 40 指示第一个 IPv6 的扩展头部中存在问题。

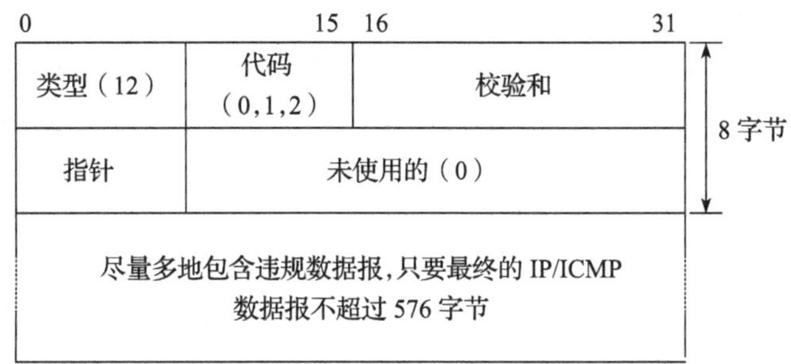

图 8-14 当没有其他报文可应用时便采用 ICMPv4 参数问题报文。指针字段指示了出错的 IPv4 头部中出问题的值的字节索引。代码 0 是为最常见的。代码 1 以前用于指示缺失了一个必需的选项，但现在已成为历史了。代码 2 指示出错的 IPv4 数据报存在一个错误的 IHL 或者总长度（Total Length）字段 379

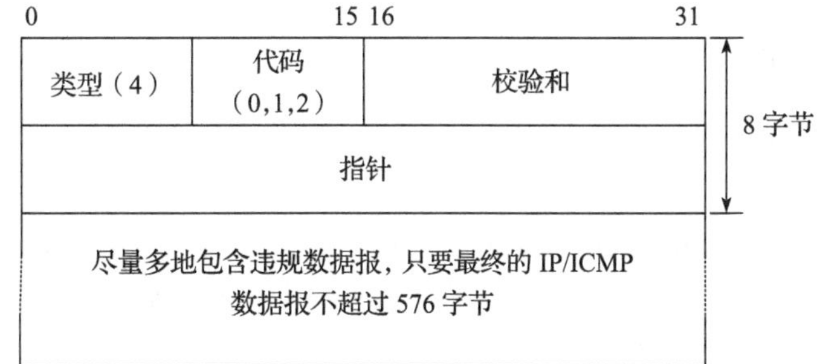

图 8-15 ICMPv6 参数问题报文。指针字段给出了相对于发生错误的原始数据报的字节偏移。代码 0 表示一个出错的头部字段。代码 1 表示一个未识别的下一个头部类型，代码 2 表示出现了一个未知的 IPv6 选项

当 IPv6 头部中的某个字段包含了一个非法的值时，会导致错误头部（代码 0）差错发生。如果 IPv6 下一个头部（头部链）字段包含了一个 IPv6 实现并不支持的头部类型值的话，会导致代码为 1 的差错发生。最终，当收到一个无法识别的 IPv6 头部选项时，会导致代码为 2 的差错发生。

8.4 ICMP 查询 / 信息类报文

尽管 ICMP 定义了一定数量的查询报文，例如地址掩码请求 / 应答（类型 17/18）、时间戳请求 / 应答（类型 13/14）、信息请求 / 应答（类型 15/16），但是这些功能已经被其他特殊目的的协议替代（包括 DHCP，参见第 6 章）。唯一保存下来的广泛使用的 ICMP 查询 / 信息类报文是回显请求 / 应答报文，通常称为 ping，以及路由器发现报文。虽然路由器发现机制在 IPv4 中并未广泛使用，但是与之类似的功能（邻居发现中的一部分）在 IPv6 中却是基本的。此外，ICMPv6 已经被扩展用于支持移动 IPv6 和具备组播能力的路由器发现。在本节中，我们将探讨回显请求 / 应答功能，以及用于基本路由器及组播侦听发现（参见第 6 和 9 章）的报文。在接下来的节中，我们将探索 IPv6 中的邻居发现操作。

8.4.1 回显请求 / 应答（ping）（ICMPv4 类型 0/8，ICMPv6 类型 129/128）

一种最为常用的 ICMP 报文对就是回显请求和回显应答（或者回复）。在 ICMPv4 中，它们的类型分别是 8 和 0，在 ICMPv6 中它们的类型分别是 128 和 129。ICMP 的回显请求报文大小几乎是任意的（受限于最终封装的 IP 数据报的大小）。收到 ICMP 回显请求报文后，
380 ICMP 的实现要求将任何接收到的数据返回给发送者，即使涉及多个 IP 分片。ICMP 的回显请求 / 应答报文格式如图 8-16 所示。

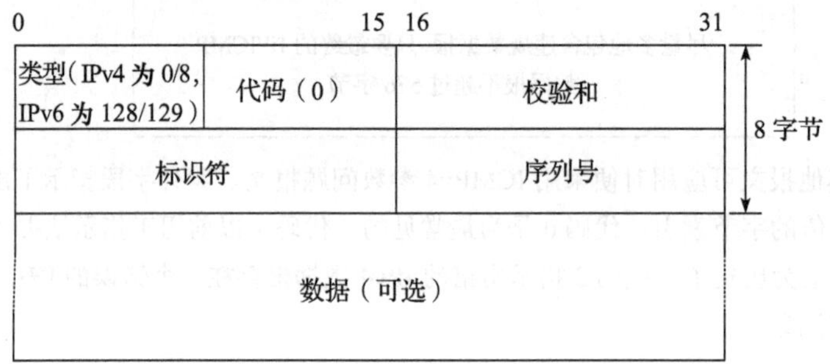

图 8-16 ICMPv4 和 ICMPv6 回显请求和回显应答报文格式。请求中的任何可选数据都必须包含在应答中。NAT 使用其中的标识符字段来匹配请求和应答，正如在第 7 章中讨论的那样

与其他 ICMP 查询 / 信息类报文一样，服务器必须在回复中包含标识符（Identifier）和序列号（Sequence Number）字段。

这些报文是通过一个 ping 程序发送的，该程序通常被用于确定 Internet 上的一台主机是否可达。如果你一度能够“ping”到一台主机，那么几乎确定能够通过其他的方法（远程登录，其他服务等）访问到它。然而，当和防火墙一起使用时，这就不能完全确定了。

注意 *程序名 ping 源自于声呐系统中定位物体。ping 程序是 Mike Muuss 编写的，他同时也维护了一个有趣的网页来描述它的历史 [PING]。*

在 ping 的实现中将 ICMP 报文的标识符字段设置为某个数，发送主机能够利用它来分离返回的应答。在基于 UNIX 的系统中，例如，发送进程的进程 ID 通常被放置在标识符字段。如果有多个 ping 在同一台主机同时运行的话，这样将允许 ping 应用程序识别返回的应答，因为 ICMP 协议不像传输层协议那样有端口号。当涉及防火墙行为时（参见第 7 章），这个字段通常被称为查询标识符（Query Identifier）字段。

381 当一个新的 ping 实例运行时，序列号字段从 0 开始，并且每发送一个回显请求报文便增加 1。ping 打印出每个返回的数据包的序列号，方便用户查看数据包是否丢失、重排或者重复了。回忆一下，IP（因此 ICMP 也是）是一个尽力（best-effort）数据报传递服务，所以三者中的任何一种情况都有可能发生。但是，ICMP 拥有 IP 没有提供的数据校验和。

ping 程序也在传出的回显请求中的可选数据区域中包含了一份本地时间拷贝。这个时间和数据区域中剩余的内容均包含在返回的回显应答报文中。当应答收到时，ping 程序注意到了当前时间，用它减去应答中的时间，便得到了一个到达被 ping 的主机的 RTT 估计值。由于只用到了原始发送者的当前时间，因此这个特征不会涉及发送者和接收者之间的时钟同步。工具 traceroute 中 RTT 的测量也采用了类似的方法。

先前版本的 ping 程序每秒发送一个回显请求报文，并打印出每个返回的应答。但是，

新的实现增加了输出格式和行为的变化。在 Windows 中，默认是发送 4 个回显请求，每秒一个，输出一些统计信息，然后退出。-t 选项允许 Windows 中的 ping 程序不断地发送回显请求直到被用户停止为止。在 Linux 中，其行为就按传统那样——默认是不停运行直到被用户中断为止。这些年有许多别的 ping 变体被开发出来，且有许多别的标准选项。使用某些版本的 ping，可以构建一个包含特殊数据模式的大数据包。这已经被用于在网络通信设备中寻找依赖于数据的错误。

在下面的例子中，我们发送一个 ICMPv4 回显请求到子网广播地址。这个特定版本的 ping 程序（Linux）需要我们使用 -b 标志指示使用广播地址确实是我们的真实意图（如果没有该标志将会给出一个警告，因为这将会产生大量的网络流量）：

```
Linux% ping -b 10.0.0.127
WARNING: pinging broadcast address
PING 10.0.0.127 (10.0.0.127) from 10.0.0.1 : 56(84) bytes of data.
64 bytes from 10.0.0.1: icmp_seq=0 ttl=255 time=1.290 msec
64 bytes from 10.0.0.6: icmp_seq=0 ttl=64 time=1.853 msec (DUP!)
64 bytes from 10.0.0.47: icmp_seq=0 ttl=64 time=2.311 msec (DUP!)
64 bytes from 10.0.0.1: icmp_seq=1 ttl=255 time=382 usec
64 bytes from 10.0.0.6: icmp_seq=1 ttl=64 time=1.587 msec (DUP!)
64 bytes from 10.0.0.47: icmp_seq=1 ttl=64 time=2.406 msec (DUP!)
64 bytes from 10.0.0.1: icmp_seq=2 ttl=255 time=380 usec
64 bytes from 10.0.0.6: icmp_seq=2 ttl=64 time=1.573 msec (DUP!)
64 bytes from 10.0.0.47: icmp_seq=2 ttl=64 time=2.394 msec (DUP!)
64 bytes from 10.0.0.1: icmp_seq=3 ttl=255 time=389 usec
64 bytes from 10.0.0.6: icmp_seq=3 ttl=64 time=1.583 msec (DUP!)
64 bytes from 10.0.0.47: icmp_seq=3 ttl=64 time=2.403 msec (DUP!)
--- 10.0.0.127 ping statistics ---
4 packets transmitted, 4 packets received,
+8 duplicates, 0% packet loss
round-trip min/avg/max/mdev = 0.380/1.545/2.406/0.765 ms
```

382

此处，4 个传出的回显请求报文被发送出去，我们看到了 12 个应答。这个行为对于采用广播地址是非常典型的：所有接收节点必须回应。因此，我们看到序列号 0、1、2 和 3，但是其中每个有 3 个应答。这个（DUP！）符号表示回显应答中包含的序列号字段和之前接收到的一样。由于 TTL 值是不同的（255 和 64），这表明不同类型的计算机正在响应。

注意这个过程（向 IPv4 的广播地址发送回显请求）能用于快速广播本主机系统的 ARP 表（参见第 4 章）。这些系统响应回显请求报文，构建一个目的是请求发送者的回显应答报文。当响应的目标系统位于同一个子网内时，将会触发 ARP 请求查找请求发送者的链路层地址。这么做，ARP 将会在每个响应者和请求发送者之间交换。这也导致回显请求报文的发送者学习所有响应者的链路层地址。在这个例子中，即使本系统没有关于地址 10.0.0.1、10.0.0.6、10.0.0.47 的链路层地址映射，在广播之后便都会出现在 ARP 表中。向发送到广播地址的请求回复 ICMP 应答报文是可选的。默认情况下，Linux 系统会响应，而 Windows XP 系统则不会。

8.4.2 路由器发现：路由器请求和通告（ICMPv4 类型 9，10）

在第 6 章，我们看到了 DHCP 是如何被一个主机用于获取 IP 地址和学习到附近存在的路由器的。我们提到的另外一种学习路由器的方式是*路由器发现*（Router Discovery，RD）。尽管可以指定为 IPv4 和 IPv6 主机配置，但是由于 DHCP 的普及，它在 IPv4 中并没有被广泛使用。但是，目前它被指定与移动 IP 一起使用，因此我们简要描述一下。这个 IPv6 版本构成了 IPv6 SLAAC 功能的一部分（参见第 6 章），在逻辑上是 IPv6 ND 的一部分。因此，我们在 8.5 节更为广泛的 ND 上下文环境中讨论它。

IPv4 的路由器发现是通过采用一对 ICMPv4 信息类报文实现的 [RFC1256]：路由器请求（RS，类型 10）和路由器通告（RA，类型 9）。通告由路由器通过两种方法发送。首先，它们定期对本地网络（使用 TTL = 1）的所有主机组播地址（224.0.0.1）进行组播，并提供给有需要的主机，它们通常使用 RS 报文进行请求。使用组播将 RS 报文发送到所有路由器组
383 播地址上（224.0.0.2）。路由器发现的主要目的是让一台主机学习到它所在的本地子网中的所有路由器，因此它能够从中选择一台作为默认路由。它也被用于发现那些愿意充当移动 IP 代理的路由器。参见第 9 章中关于本地网络组播中的详细内容。图 8-17 给出了 ICMPv4 RA 报文格式，其中包含了一个 IPv4 地址列表可用做主机的默认路由器。

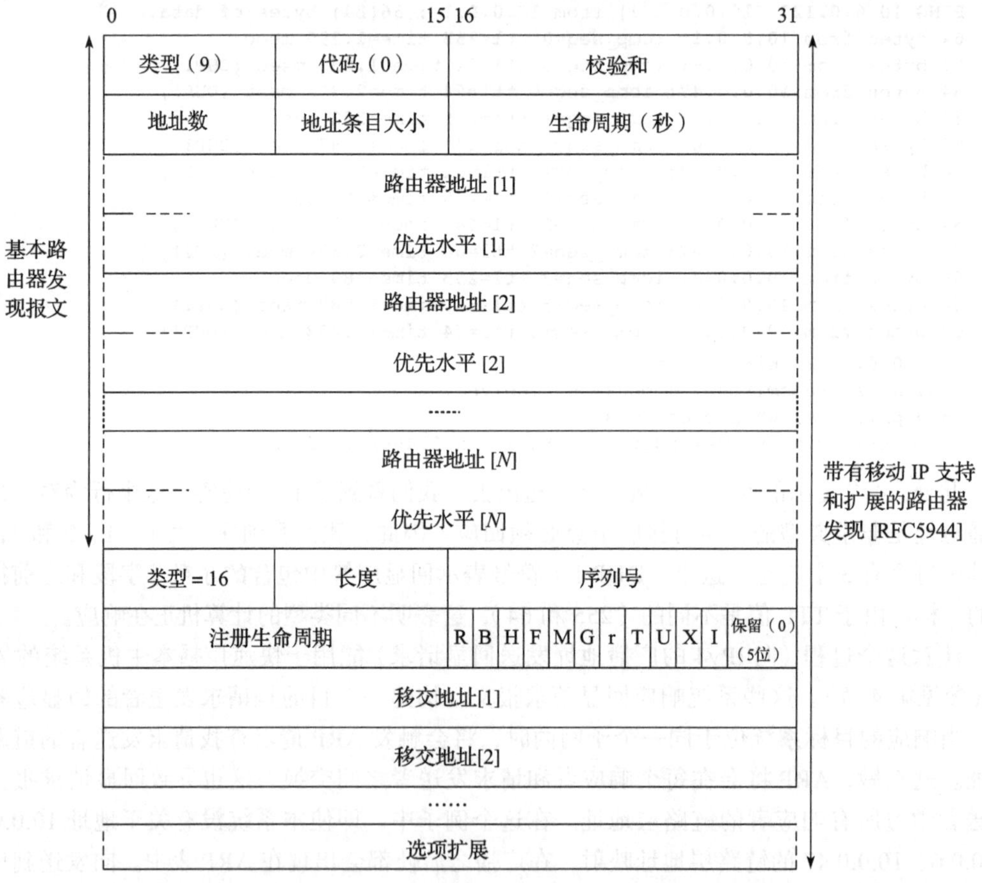

图 8-17　ICMPv4 路由器通告报文包含了一个 IPv4 地址列表可用作下一跳的默认路由。优先水平允许网络操作人员为这个列表安排不同的优先级（越高优先级越大）。移动 IPv4[RFC5944] 通过扩展增强了 RA 报文，目的是为了通告 MIPv4 移动代理以及被通告的路由器地址的前缀长度

在图 8-17 中，地址数（Number of Address）字段给出了报文中路由地址块的个数。每个块包含了一个 IPv4 地址及相应的优先水平（preference level）。地址条目大小（Address Entry
384 Size）字段给出了每个块的 32 位字数（在这个例子中是 2）。生命周期（Lifetime）字段给出了地址列表被认为是有效的秒数。优先水平是一个 32 位的有符号二进制补码整数，其值越

大代表优先级越高。默认的优先水平是 0，特殊值 0x80000000 表示这个地址不应该用作有效的默认路由。

RA 报文也被移动 IP[RFC5944] 中的节点用于定位一个移动（即本地和 / 或外地）代理。图 8-17 描述了一个路由器通告报文，其中包含了一个移动代理通告扩展。这个扩展遵循传统的 RA 信息并包含一个值为 16 的类型（Type）字段，以及一个给出了扩展区域（不包括类型和长度字段）内字节个数的长度（Length）字段。它的值等于（6 + 4*K*），假设包含了 *K* 个地址。序列号字段给出了自从初始化之后代理产生的这种扩展的个数。注册字段给出了发送代理愿意接受 MIPv4 注册的最大秒数（0xFFFF 的表示无穷大）。存在具有以下含义的标志（Flag）位字段：R（为 MIP 服务所需的注册），B（代理太忙无法接受新注册），H（代理愿意充当本地代理），F（代理愿意充当外地代理），M（支持最小封装格式 [RFC2004]），G（代理支持封装数据报的 GRE 隧道），r（保留零），T（支持反向隧道 [RFC3024]），U（支持 UDP 的隧道 [RFC3519]），X（支持撤销注册 [RFC3543]），I（外地代理支持区域注册 [RFC4857]）。

除了移动代理通告扩展，还有一个扩展已经被设计用于帮助移动节点。前缀长度扩展可能位于移动代理通告扩展之后，表示在基本路由器通告中每个对应的路由器地址的前缀长度。其格式如图 8-18 所示。

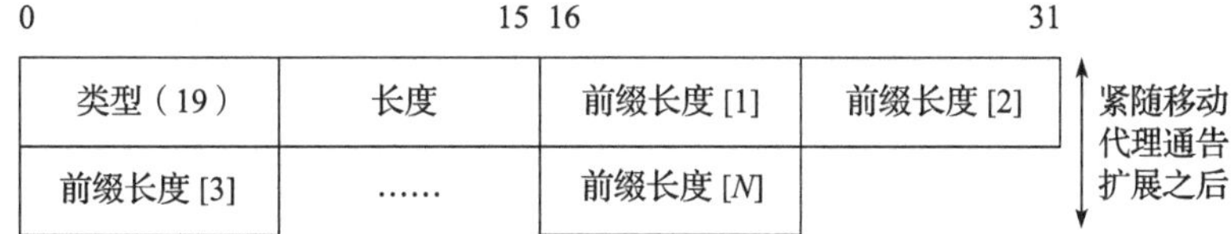

图 8-18 ICMPv4 可选 RA 前缀长度扩展给出了报文中基本路由器通告部分中 *N* 个路由器地址中每个的显著前缀位数。如果移动代理通告扩展存在的话，这个扩展紧随其后

在图 8-18 中，长度字段被设置为等于 *N*，即来源于基本 RA 报文中的地址数字段。每个 8 位的前缀长度（Prefix Length）字段给出了在本地子网中使用的路由器地址（Router Address）字段（图 8-17）对应的位数。这个扩展能被移动节点用来确定它是否已经从一个网络移动到另一个了。采用 [RFC5944] 中的算法 2，一个移动节点也能缓存一个特定链路上可用的前缀集合。如果网络前缀集合已经改变，就能检测到是移动了。 385

8.4.3 本地代理地址发现请求 / 应答（ICMPv6 类型 144/145）

[RFC6275] 定义了 4 种支持 MIPv6 的 ICMPv6 报文。其中 2 个 ICMPv6 报文用于动态本地代理地址发现，另外 2 个用于重新编号和移动配置。当一个 MIPv6 节点访问一个新的网络时，它使用本地代理地址发现请求报文动态地发现一个本地代理（参见图 8-19）。

为了本地前缀，报文被发送到 MIPv6 本地代理的任播地址。IPv6 的源地址通常是移动节点从当前正在访问的网络上获取的地址（参见第 5 章）。愿意为给定节点及它的本地前缀充当本地代理的节点会发送一个本地代理地址发现应答报文（参见图 8-20）。

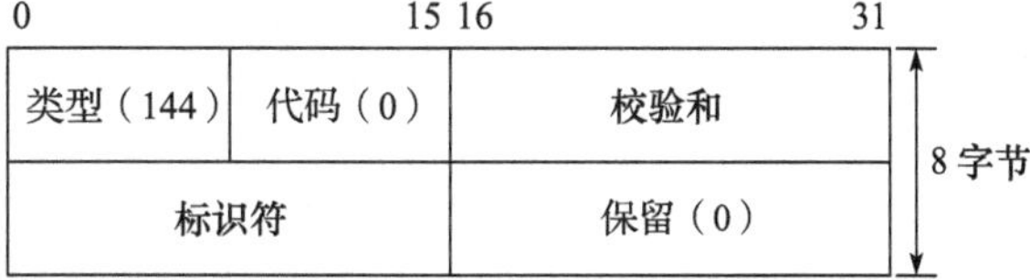

图 8-19 MIPv6 本地代理主机发现请求报文包含的标识符将在响应中返回。为了移动节点的本地前缀，它将被发送到本地代理的任播地址

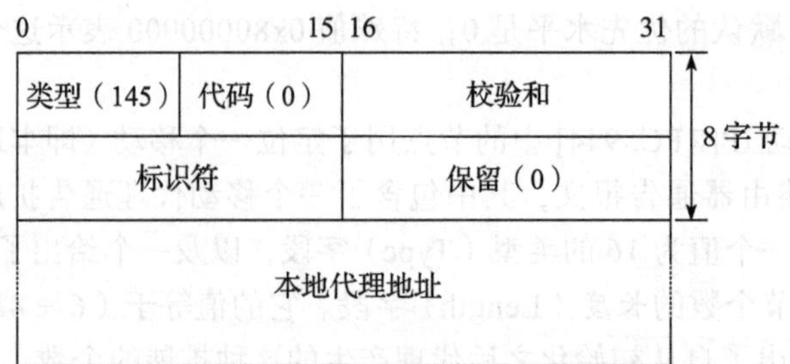

图 8-20 MIPv6 本地代理地址发现应答报文包含了来源于对应的请求中的标识符，以及愿意为移动节点转发数据包的本地代理的一个或者多个地址

直接提供给移动节点单播地址的本地代理地址，极有可能是个移交地址。这些报文用于处理当一个移动节点在网络中转换但其 HA 已经变化了的情况。在重新建立一个合适的 HA
386 之后，移动节点可能会初始化 MIPv6 绑定更新（参见第 5 章）。

8.4.4 移动前缀请求 / 通告（ICMPv6 类型 146/147）

移动前缀请求报文（参见图 8-21）是当一个节点的本地地址就要变为无效时，用于从一个 HA 处请求一个路由前缀更新。移动节点包含一个本地地址选项（IPv6 目的地址选项，参见第 5 章），并使用 IPsec 保护请求（参见第 18 章）。

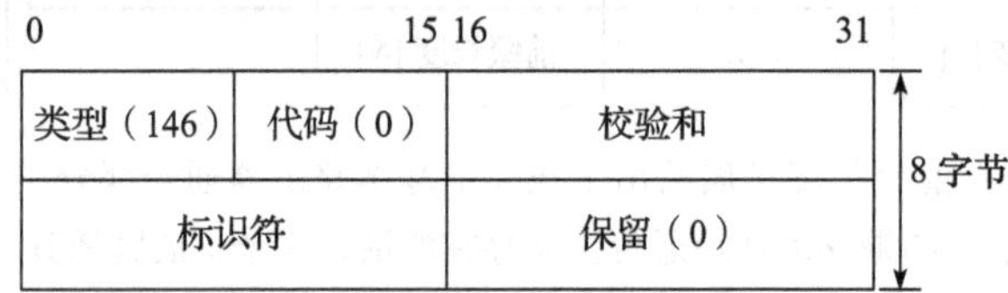

图 8-21 当一个移动节点离开去请求一个本地代理提供一个移动前缀通告时，便发送 MIPv6 移动前缀请求报文

请求报文在标识符字段中包含了一个随机值，用来匹配请求与应答。它和路由器请求报文类似，但是发送给一个移动节点的 HA，而不是本地子网。在这个报文的通告形式中（参见图 8-22），封装的 IPv6 数据报必须包含一个类型为 2 的路由头部（参见第 5 章）。标识符字段的值和请求报文中的标识符值一样。M（Manged Address，托管地址）字段表示主机应该使用有状态的地址配置，并避免自动配置。O（Other，其他）字段表示一个有状态的配置方法提供的是信息而不是地址。通告中包含了 1 个或者多个前缀信息选项。

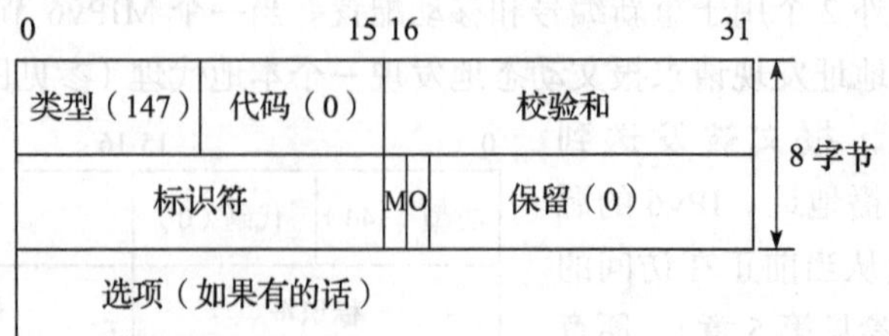

图 8-22 MIPv6 移动前缀通告报文。标识符字段值和请求中对应字段的值一致。M 标志指示地址是由一个有状态配置机制提供的。O 标志表示除了地址之外的其他信息是由有状态的机制提供的

移动前缀通告报文是设计用来通知一个移动中的节点其本地前缀已经改变了。这个报文通

常是使用 IPsec 保护的（参见第 18 章），主要是为了帮助移动节点免受假冒前缀通告的欺骗。前 387
缀信息选项使用了 [RFC4861] 描述的格式，包含了移动节点应该用来配置其本地地址的前缀。

8.4.5 移动 IPv6 快速切换报文（ICMPv6 类型 154）

MIPv6 的一个变体为 MIPv6 定义了快速切换（fast handovers）[RFC5568]（称为 FMIPv6）。当一个移动节点从一个网络的接入点（AP）移动到另一个时，它指定的方法可以改善 IP 层的切换延迟。这是通过在切换发生之前预测路由器和地址信息来完成的。这个协议涉及对所谓的代理路由器（proxy router）的发现，它的行为类似于普通路由器，但是移动节点在切换到一个新的网络时需要用到。有对应的 ICMPv6 代理路由器请求和通告报文（分别称为 RtSolPr 和 PrRtAdv）。基本的 RtSolPr 和 PrRtAdv 格式如图 8-23 所示。

0	15	16 31
类型（154）	代码	校验和
子类型	保留（0）	标识符
选项		

图 8-23 用于 FMIPv6 报文的通用 ICMPv6 报文类型。代码（Code）和子类型（Subtupe）字段给出了更深入的信息。请求报文使用代码 0 和子类型 2，可能包含发送者的链路层地址和首选的下一个接入点链路层地址（如果知道的话）作为选项。通告使用代码 0 ~ 5 和子类型 3。不同的代码值表示存在不同的选项、通告是否被请求了、前缀和路由信息是否已经改变、DHCP 是否需要处理

一个移动节点可能有关于它将来使用的 AP 的地址或者标识符的信息（例如，通过“扫描”802.11 网络）。RtSolPr 报文使用代码 0 和子类型 2，同时必须包含至少一个选项，即新接入点链路层地址选项。这是用于指出移动节点请求的信息是关于哪个 AP 的。RtSolPr 报文可能也包含一个链路层地址选项来识别源，如果知道的话。这些选项使用了 IPv6 ND 选项格式，因此我们在详细探讨 ND 时再讨论它们。

8.4.6 组播侦听查询 / 报告 / 完成（ICMPv6 类型 130/131/132）

组播侦听发现（MLD）[RFC2710][RFC3590] 为采用 IPv6 的链路提供了组播地址管理。它和 IPv4 采用的 IGMP 协议类似，在第 9 章中有描述。那一章详细地介绍了 IGMP 操作和
ICMPv6 报文的使用。此处我们描述组成 MLD（版本 1）报文的格式，包括组播侦听查询、 388
报告和完成报文。基本格式如图 8-24 所示。这些报文被发送时其 IPv6 跳数限制（Hop Limit）字段值为 1，并带有路由器告警逐跳 IPv6 选项。

MLD 的主要目的是让组播路由器了解与它们相连的每个链路上的主机使用的组播地址。MLDv2（版本 2 组播侦听发现，在下一节描述）扩展了此功能，允许主机指定它们希望（或不希望）接收流量的特定主机。组播路由器发送两种形式的 MLD 查询报文：一般（general）的查询和特定于组播地址（multicast-address-specific）的查询。一般来说，路由器发送查询报文，主机采用报告响应，或者是响应查询，或者是在一台主机的组播地址成员发生变化时主动提供。

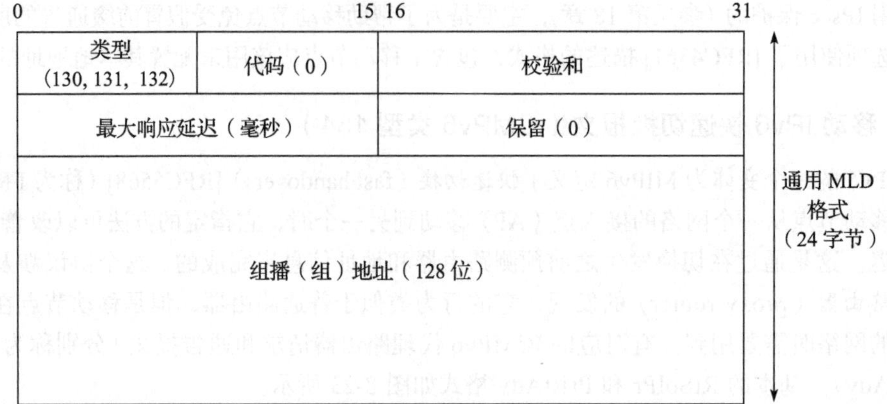

图 8-24 ICMPv6 MLD 版本 1 报文都是这种形式。查询（类型 130）都是通用或者特定组播地址的。一般查询要求主机报告它们正在使用哪个组播地址，特定于地址的查询用于确定一个特定的地址是否（仍然）在使用。最大的响应时间是主机可能延迟发送响应查询报文的最大毫秒数。对于一般的查询和针对特定报告查询的组播地址，其目的组播地址为 0。对于报告（类型 131）和完成报文（类型 132），它将分别包含和报告相关的地址或者不再感兴趣的地址

最大响应时间（Maximum Response Time）字段只有在查询时是非零的，它是响应查询主机发送报告可能推迟的最大毫秒数。由于组播路由器只需要知道，至少有一台主机对发往特定组播地址的流量感兴趣（因为链路层组播支持允许路由器不必为每个目的复制报文），节点可以随机故意地拖延它们的报告，甚至完全抑制它们（如果发现另一个邻居已经做出了响应）。这一字段提供这种延迟时长的一个上限。对于一般的查询和路由器在报告中感兴趣的
389 地址，组播地址（Multicast Address）字段为 0。对于 MLD 报告报文（类型 131）和 MLD 完成报文（类型 132），它分别包含和报告相关的地址或不再感兴趣的地址。

8.4.7 版本 2 组播侦听发现（ICMPv6 类型 143）

[RFC3810] 定义了在 [RFC2710] 中描述的 MLD 功能扩展。特别是，它定义了一个组播侦听的方式来指定只监听一个特定集合的发送者（或者，排除一个特定的集合）。因此，它对支持源特定组播（SSM；参见第 9 章和 [RFC4604][RFC4607]）非常有用。它基本上是对与 IPv4 一起使用的 IGMPv3 协议在 IPv6 下使用的一个转换，它使用 ICMPv6 来管理多数组播地址。因此，我们将在这里描述报文格式，但组播地址动态的操作将在第 9 章中介绍。MLDv2 扩展了 MLD 查询报文，增加了与特定来源相关的其他信息（见图 8-25）。报文中开始的 24 个字节和 MLD 格式是一样的。

最大响应代码（Maximum Response Code）字段指定发送 MLD 响应报文之前允许的最大时间。这个字段的值是特殊的，因此其解释与 MLDv1 也略有不同：如果它小于 32 768，则与 MLDv1 中一样，最大的响应延迟就设置为该值（以毫秒为单位）。如果该值等于或大于 32 769，字段使用图 8-26 所示的格式编码一个浮点数。

在这种情况下，最大响应时间设置为等于 ((mant | 0x1000)<<(exp + 3)) 毫秒。采用这个看似复杂的编码策略的原因是为了让大、小响应延迟值都能编码在这个字段中，并保留一些与 MLDv1 的兼容性。特别是，它可以仔细调整离开延迟，并影响报告的突发性（参见第 9 章）。

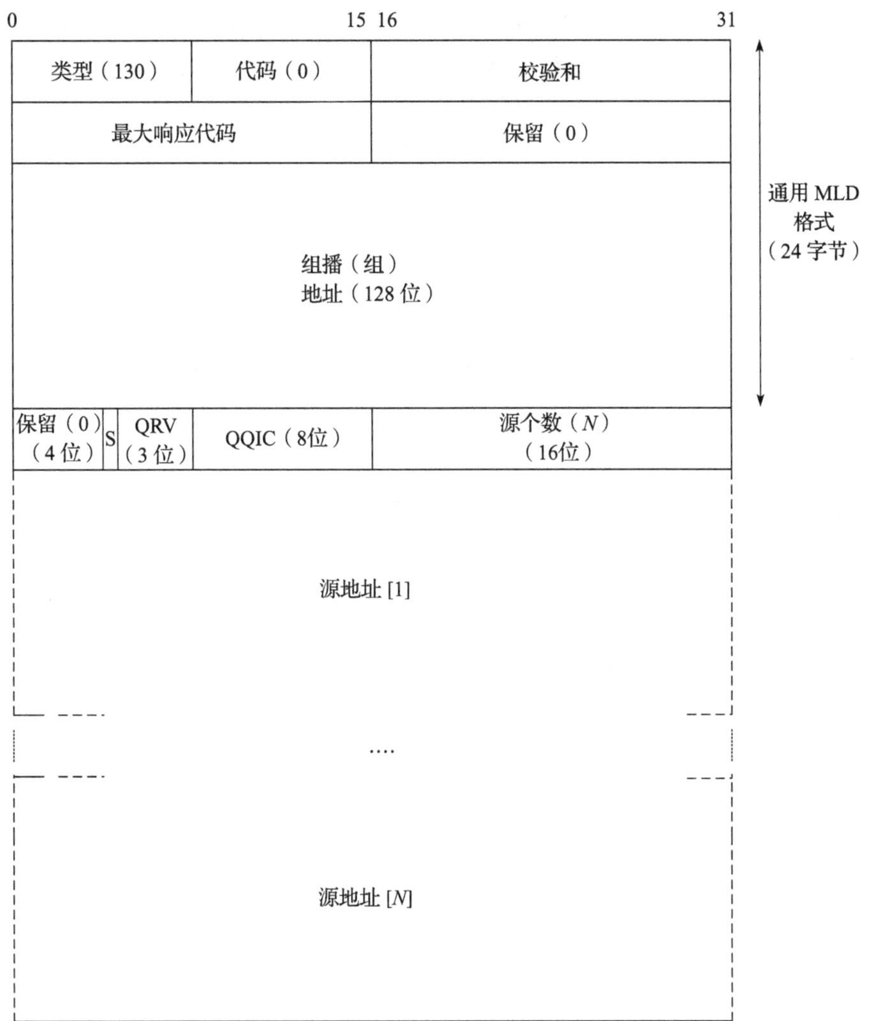

图 8-25 MLDv2 查询报文格式，它与 MLD 版本 1 报文通用格式兼容，最大的区别是能够从主机感兴趣列表中限制或者剔除特定的组播源

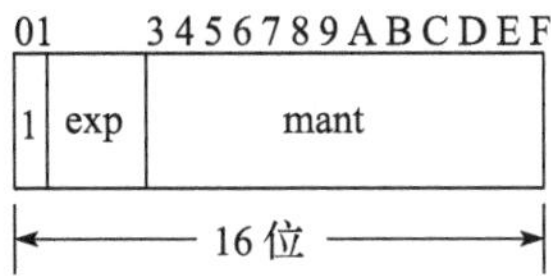

图 8-26 当最大响应代码字段值至少为 32 768 时，MLDv2 查询报文使用的浮点格式。在这些情况中，延迟被设置为 ((mant | 0x1000)<<(exp + 3)) 毫秒

一般查询中组播地址字段设置为 0。对于一个特定组播地址查询或特定的组播地址和源查询，它被设置为查询的组播地址。S 字段指示是否应抑制路由器端处理。设置时，它表示任何接收的组播路由器，当监听到一个查询时它必须抑制正常的计时器更新计算。这并不表示，如果路由器本身就是一个组播监听者的话，查询器选举或正常的“主机端”处理应该被抑制。

如果设置了 QRV（Querier Robustness Variable，查询器鲁棒性变量）字段，它将包含一个不超过 7 的值。如果发送者的内部 QRV 值超过 7，那么这个字段应设为 0。在第 9 章介绍的鲁棒性变量能够根据一个子网上的丢包率来微调 MLD 的更新率。QQIC（Querier's Query Interval Code，查询器查询间隔代码）字段编码查询时间间隔，如图 8-27 所示。

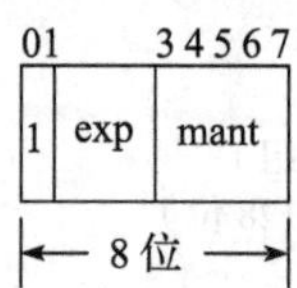

图 8-27 MLDv2 查询器查询间隔代码编码了 MLDv2 查询之间的时间间隔。这个值的（未编码）版本称为查询器查询间隔，且是以秒来测量的。QQI 是通过下面的方法来计算的：如果 QQIC<128，QQI = QQIC；否则 QQI = ((mant | 0x10)<<(exp + 3))

查询时间间隔以秒为单位，它从 QQIC 字段按如下方式计算得到：如果 QQIC<128，那么 QQI = QQIC；否则，QQI = ((mant | 0x10)<<(exp + 3))。

390~391 源个数（Number of Sources）（N）字段表示查询中源地址个数。对于一般的查询或者特定的组播地址查询，此字段为 0。对于特定的组播地址和源查询报文，它不为 0。

MLDv2 报告中使用的组播地址记录（参见图 8-28 和图 8-29）包含对 IPv6 节点源地址过滤器所做的修改（参见第 9 章关于组播在这种过滤器操作上的更多信息，描述了对特定接收主机感兴趣或者不感兴趣的发送主机集合）。

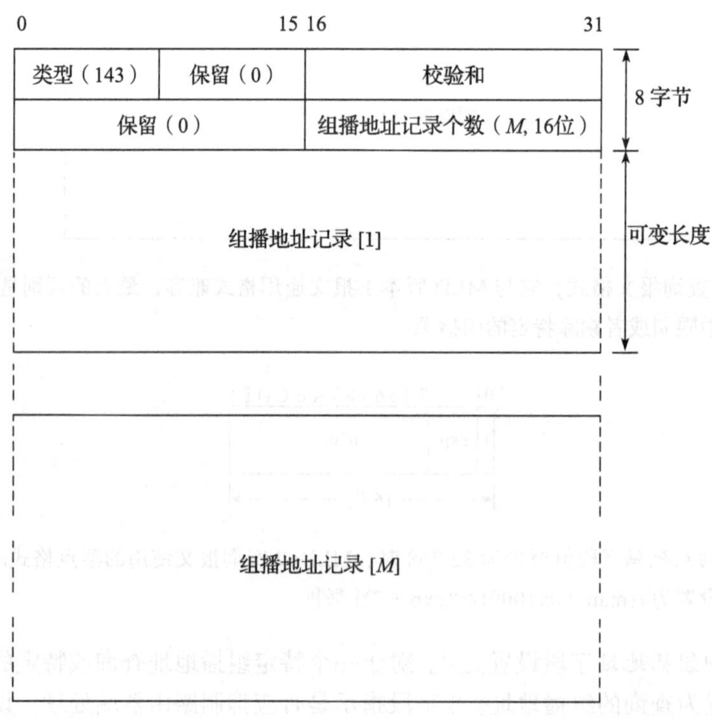

392 图 8-28 MLDv2 报告报文包含了一组组播地址记录向量

记录类型主要可以分为三类：当前状态（current state）记录，过滤模式变化（filter mode change）记录和源列表改变（source list change）记录。第一类包括 MODE_IS_INCLUDE（IS_

IN）和 MODE_IS_EXCLUDE（IS_EX）类型，指明的地址过滤模式对于指定的源而言（其中必须至少存在一个）分别是“包括”或“排除”。过滤模式变化类型 CHANGE_TO_INCLUDE（TO_IN）或 CHANGE_TO_EXCLUDE（TO_EX）和当前状态记录是类似的，但当有变化或者不需要包含一个非空的源列表时将被发送。源列表改变类型，当过滤器的状态（包含 / 排除）不变而只有源列表被改变时，ALLOW_NEW_SOURCES（ALLOW）和 BLOCK_OLD_SOURCES（BLOCK）将被使用。为了简化了 MLDv2[RFC5790] 的操作，对 MLDv2（和 IGMPv3）做了修改，即删除了 EXCLUDE 模式。这种“轻量级”的方法，称为 LW-MLDv2（和 LW-IGMPv3），使用先前定义的相同报文格式，但删除了很少使用的要求组播路由器保存附加状态的 EXCLUDE 指令。

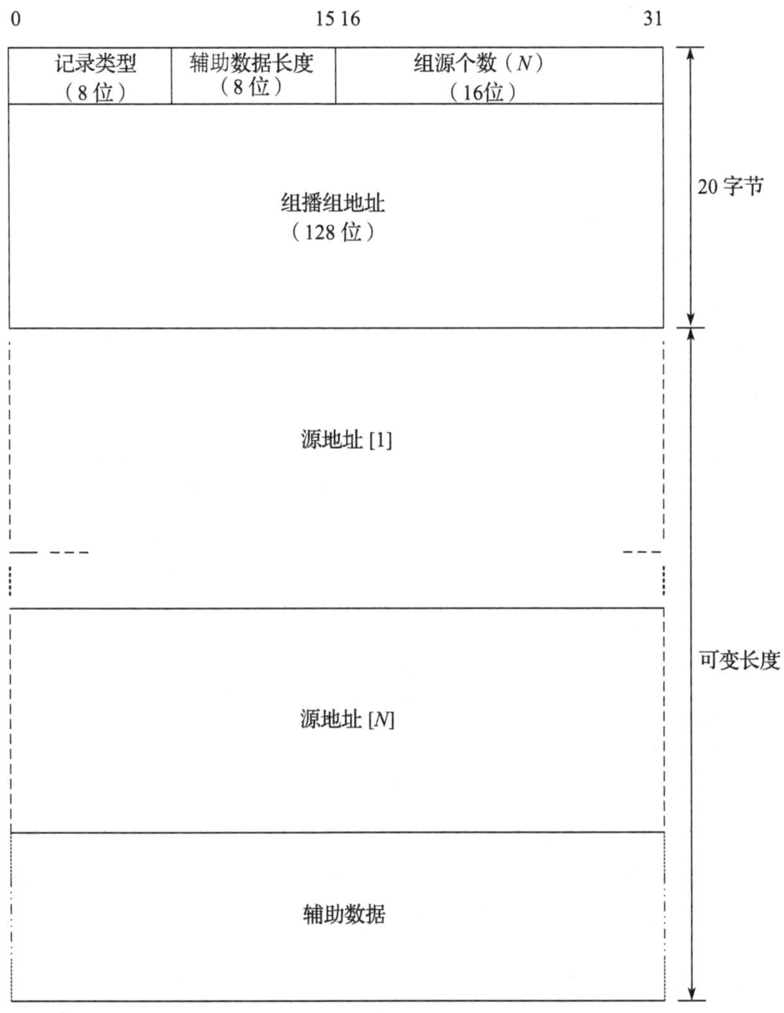

图 8-29　一条组播地址（组）记录。MLDv2 报告报文中可能存在多个这样的记录。记录类型字段值是下列之一：MODE_IS_INCLUDE，MODE_IS_EXCLUDE，CHANGE_TO_INCLUDE_MODE，CHANGE_TO_EXCLUDE_MODE，ALLOW_NEW_SOURCES，或 BLOCK_OLD_SOURCES。LW-MLDv2 通过删除 EXCLUDE 模式简化了 MLDv2。辅助数据长度（Aux Data Len）字段包含了记录中的辅助数据，以 32 位字为单位。对于在 [RFC3810] 中定义的 MLDv2 而言，此字段必须为 0，表示没有辅助数据

8.4.8 组播路由器发现（IGMP 类型 48/49/50，ICMPv6 类型 151/152/153）

[RFC4286] 描述组播路由器发现（Multicast Router Discovery，MRD），该方法定义的特殊报文可以和 ICMPv6 和 IGMP 一起使用，用来发现能够转发组播数据包和它们的一些配置参数的路由器。最初的想法主要是和“ IGMP/MLD 侦听”一起使用。IGMP/MLD 侦听是一种机制，主机和路由器（例如，第 2 层交换机）以外的系统也可以了解网络层组播路由器和感兴趣主机的位置。我们将在第 9 章 IGMP 上下文中详细地讨论它。MRD 报文发送时总是将 IPv4 的 TTL 或 IPv6 的跳数限制字段设为 1，并设有路由器警告选项，可能是如下类型之一：通告（151），请求（152），或终止（153）。在配置的时间间隔定期地发送通告，表明路由器愿意转发组播流量。终止报文表明要终止这种意愿。请求报文可用于请求路由器发送通告报文。通告报文格式如图 8-30 所示。

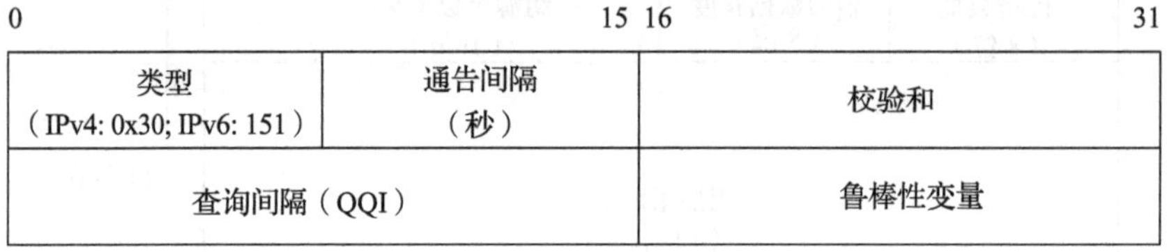

0	15 16	31
类型（IPv4: 0x30; IPv6: 151）	通告间隔（秒）	校验和
查询间隔（QQI）		鲁棒性变量

图 8-30 MRD 的通告报文（ICMPv6 类型 151；IGMP 类型 48）包含说明多长时间发送主动通告的通告时间间隔（秒）、发送者的查询间隔（QQI）和 MLD 定义的鲁棒性变量。发送者的 IP 地址就是用来指示接收者能够转发组播流量的路由器。该报文被发送到所有侦听者的组播地址（IPV4,224.0.0.106; IPv6, ff02 ::6a）

通告报文从路由器的 IP 地址（IPv6 链路本地地址）发送到所有侦听者的 IP 地址：224.0.0.106（IPv4）和链路本地组播地址 ff02 ::6a（IPv6）。接收者能够了解路由器的通告间
393~394 隔和 MLD 参数（QQI 和 QRV，在第 9 章中详细介绍）。请注意，QQI 值是查询的间隔（以秒计），不是之前在 MLDv2 查询中描述的 QQIC（编码版本的 QQI 值）。

请求和终止报文格式几乎相同（见图 8-31），只有类型字段的值有所不同。

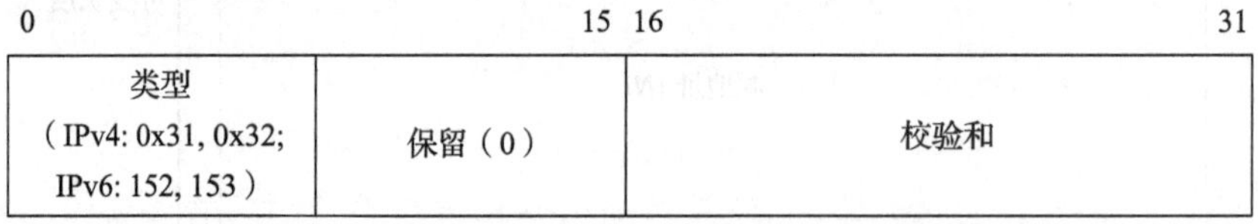

0	15 16	31
类型（IPv4: 0x31, 0x32; IPv6: 152, 153）	保留（0）	校验和

图 8-31 ICMPv6 MRD 请求（ICMPv6 类型 152；IGMP 类型 49）和终止（ICMPv6 类型 153；IGMP 类型 50）报文使用相同的格式。MRD 报文将 IPv6 跳数限制字段或者 IPv4 TTL 字段值设置为 1，并包含路由器警告选项。请求被发送到所有路由器的组播地址（IPv4, 224.0.0.2; IPv6, ff02::2）

图 8-31 显示请求和终止报文的格式几乎是相同的。请求报文请求一个组播路由器发送一个通告报文。这样的报文被发送到所有路由器地址 224.0.0.2（IPv4）和本地链路组播地址 ff02::2（IPv6）。终止报文被发送到所有的侦听者 IP 地址，表示发送路由器不再愿意转发组播流量了。

8.5 IPv6 中的邻居发现

IPv6 中的邻居发现协议（有时简称为 NDP 或者 ND）[RFC4861] 将路由器发现和由

ARP 提供的带有地址映射功能的 ICMPv4 重定向机制结合在一起。它也被指定用于支持移动 IPv6。与 ARP 和 IPv4 普遍使用广播地址（除了路由器发现）不同，ICMPv6 广泛使用组播地址，在网络层和链路层中都使用。（回忆第 2 章和第 5 章，IPv6 甚至没有广播地址。）

ND 被设计允许在同一个链路或者网段的节点（路由器和主机）找到彼此，确定它们之间是否有双向连通性，确定一个邻居是否变得不合作或者不可用。它也支持无状态的地址自动配置（参见第 6 章）。所有的 ND 功能都是由网络层或者之上的 ICMPv6 提供的，致使它最大限度地独立于底层所采用的链路层技术。但是，ND 并不倾向于采用链路层组播功能（参见第 9 章），也正是这个原因在非广播和非组播链路层（称为非广播多路访问或者 NBMA 链路）上的操作可能会有一些差别。 395

ND 中两个主要部分是：邻居请求 / 通告（NS/NA），在网络和链路层地址之间提供类似于 ARP 的映射功能；还有路由器请求和通告（RS/RA），提供的功能包括路由器发现、移动 IP 代理发现、重定向，以及对一些自动配置的支持。ND 的一个安全变体 SEND[RFC3971] 通过引入额外的 ND 选项增加了认证和特殊形式的寻址。

ND 报文就是 ICMPv6 报文，只是发送时 IPv6 的跳数限制字段值被设置为 255。接收者通过验证进来的 ND 报文有这个值，以防止被非本链路上的发送者尝试发送假冒本地 ICMPv6 报文（这样的报文到达时其值会小于 255）欺骗。ND 报文可以携带丰富的选项。首先我们讨论主要的报文类型，然后详述可用的选项。

8.5.1 ICMPv6 路由器请求和通告（ICMPv6 类型 133，134）

路由器通告（RA）报文表明附近路由器的存在及其功能。它们定期被路由器发送，或者是响应一个路由器请求（RS）报文。RS 报文（参见图 8-32）用于请求链路上的路由器发送 RA 报文。RS 报文被发送到所有路由器组播地址 ff02 ::2。如果报文的发送者使用 IPv6 地址，而不是未指定的地址（在自动配置过程中使用），则应该包括一个源链路层地址选项。对于这样的报文，这是唯一有效的选项 [RFC4861]。

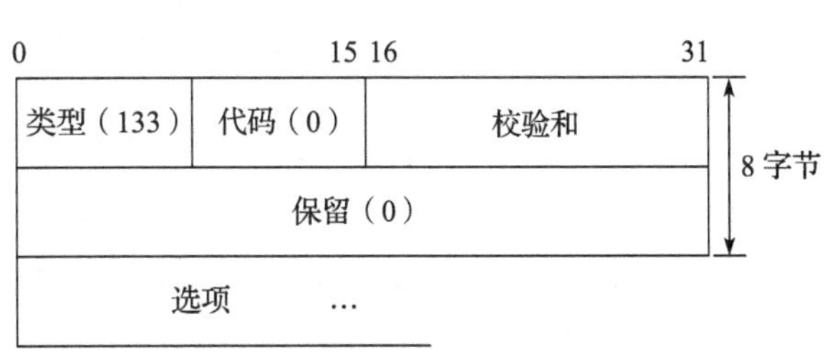

图 8-32 ICMPv6 路由器请求报文非常简单，但是通常包含一个源链路层地址选项（不像 ICMPv4 中的对应项）。假如链路中使用了一个不常用的 MTU 值，那么它可能包含一个 MTU 选项 396

路由器通告（RA）报文（参见图 8-33）是由路由器发送到所有节点的组播地址（FF02:: 1）的，或者是发送到请求主机的单播地址——如果该通告是为了响应一个请求。RA 报文通知本地主机和其他路由器关于本地链路的有关配置细节。

当前跳数限制（Current Hop Limit）字段指定主机发送 IPv6 数据报的默认跳数限制。值为 0 表示发送路由器并不关心。下一个字节包含了位字段数，正如在 [RFC5175] 总结和扩展的那样。M（托管）字段表明本地 IPv6 地址分配是由有状态的配置来处理的，主机应避免使用无状态的自动配置。O（其他）字段表示其他有状态的信息（即 IPv6 地址以外的）使用一个有状态的配置机制（见第 6 章）。H（本地代理）字段表示发送路由器愿意充当一个移动 IPv6 节点的本地代理。Pref（优先级）字段给出了将报文发送者作为一个默认路由器来使用的优先级层次：01，高；00，中（默认）；11，低；10，保留（未使用）。有关这一字段的更多细节在 [RFC4191] 中有描述。当和实验性质的 ND 代理工具 [RFC4389] 配合使用时，将使用 P（代理）标志。它为 IPv6 提供了一个类似代理 ARP 的功能（见第 4 章）。

0　　15 16　　31

类型（134）						代码（0）	校验和
当前跳数限制	M	O	H	Pref	P	保留（0）	路由器生命周期
可达时间							
重传计时器							
选项　…							

图 8-33　一个 ICMPv6 路由器通告报文被发送到所有节点的组播地址（ff02 :: 1）。接收节点检查以确定跳数限制字段值是 255，并确保数据包尚未通过路由器转发。报文包括三个标志：M（托管地址配置），O（其他有状态的配置）和 H（本地代理）

路由器生命周期（Router Lifetime）字段表示发送路由器可以作为默认下一跳的时间，以秒计。如果它被设置为 0，发送路由器不应该用作默认路由器。此字段只适用于使用发
397 送路由器作为默认路由器，它不会影响同一个报文中的其他选项。可达时间（Reachable Time）字段给出一个节点到达另一个节点所需的毫秒数，假设已经发生了双向通信。这被邻居不可达检测（Neighbor Unreachability Detection）机制使用（见 8.5.4 节）。重传计时器（Retransmission Timer）字段规定主机延迟发送连续 ND 报文的时间，以毫秒为单位。

此报文通常包含源链路层选项（如果适用的话），如果链路中使用了可变长度的 MTU 则应包含 MTU 选项。该路由器还应该包括前缀信息选项，表示本地链路上使用了哪些 IPv6 前缀。第 6 章包含了一个如何使用 RS 和 RA 报文（例如，参见图 6-24 和图 6-25）的例子。

8.5.2　ICMPv6 邻居请求和通告（ICMPv6 类型 135，136）

ICMPv6 中的邻居请求（NS）报文（参见图 8-34），有效地取代了 IPv4 中的 ARP 请求报文。其主要目的是将 IPv6 地址转换为链路层地址。但是，它也被用于检测附近的节点是否可达，它们是否可以双向到达（即节点间是否可以互相通信）。当用于确定地址映射时，它被发送到目标地址（Target Address）字段中包含的 IPv6 地址所对应的请求节点的组播地址（前缀 f02:: 1:f/104，并结合请求 IPv6 地址中的低 24 位）。关于如何使用请求节点组播寻址的更多细节，请参阅第 9 章。当这个报文被用来确定到邻居的连接性时，它被发送到该邻居的
398 IPv6 单播地址，而不是请求节点的地址。

NS 报文包含发送者想设法学习的链路层地址对应的 IPv6 地址。该报文可能包含源链路层地址选项。当请求是被发送到一个组播地址时，该选项必须包含在使用链路层寻址的网络中，对于单播请求而言，该选项应该被包含。如果报文的发送者使用未指定的地址作为源地址（例如，在重复地址检测期间），则不应该包括该选项。

ICMPv6 邻居通告（NA）报文（参见图 8-35）和 IPv4 中的 ARP 响应报文的目的一样，还能够有助于邻居不可达检测（见 8.5.4 节）。它要么作为 NS 报文的响应被发送，要么当一个节点的 IPv6 地址变化时被异步发送。它要么被发送到请求节点的单播地址，要么当请求节点使用未指定的地址作为源地址时，它被发送到所有节点的组播地址。

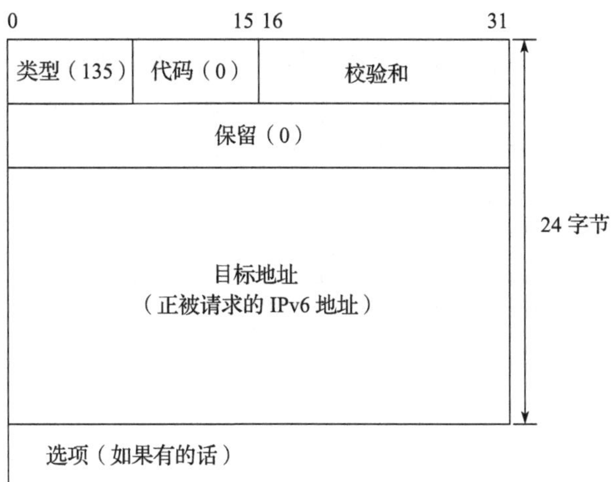

图 8-34 ICMPv6 邻居请求报文和 RS 报文类似，但包含一个目标 IPv6 地址。这些报文被发送到请求节点组播地址以提供类似于 ARP 的功能，发送到单播地址以测试到其他节点的可达性。在使用低层寻址的链路上，NS 报文包含源链路层地址选项

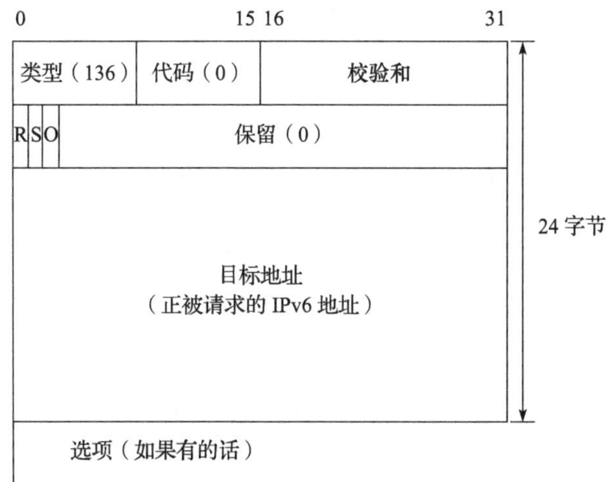

图 8-35 ICMPv6 邻居通告报文包含以下标志：R 表示发送者是一个路由器，S 表示通告是为了响应一个请求，O 表示该报文的内容应覆盖其他缓存的地址映射。*目标地址*字段包含报文发送者的 IPv6 地址（一般，从 ND 请求中请求节点的单播地址）。包含一个目标链路层地址选项用于为 IPv6 启用类似的 ARP 功能

R（*路由器*）字段表示该报文的发送者是一个路由器。这可能会改变，例如当一台路由器不再是路由器，而成为一台主机时。S（*请求*）字段表示该报文是在响应先前收到的请求。这个字段用来验证已经取得的邻居之间的双向连通性。O（*覆盖*）字段表示在报文中的信息应覆盖报文发送者之前缓存的任何信息。它不应该在请求通告、任播地址或请求代理通告中 399 设置，而应该在其他通告（请求或主动）中设置。

对于请求通告，*目标地址*字段就是正在被查找的 IPv6 地址。对于主动通告，它是已经改变的链路层地址对应的 IPv6 地址。当通告是通过一个组播地址被请求时，此报文必须包含支持链路层寻址的网络的目标链路层地址。我们现在来看一个简单的例子。

例子

在这里我们看到 ICMPv6 回显请求 / 应答与 ND 一起使用的结果。发送者是一台启用了 IPv6 的 Windows XP 系统，在附近的 Linux 系统上捕获数据包。为清晰起见，有些行已被隐藏。

```
C:\> ping6 -s fe80::210:18ff:fe00:100b fe80::211:11ff:fe6f:c603

Pinging fe80::211:11ff:fe6f:c603
from fe80::210:18ff:fe00:100b with 32 bytes of data:

Reply from fe80::211:11ff:fe6f:c603: bytes=32 time<1ms
Reply from fe80::211:11ff:fe6f:c603: bytes=32 time<1ms
Reply from fe80::211:11ff:fe6f:c603: bytes=32 time<1ms
Reply from fe80::211:11ff:fe6f:c603: bytes=32 time<1ms

Ping statistics for fe80::211:11ff:fe6f:c603:
    Packets: Sent = 4, Received = 4, Lost = 0 (0% loss),
Approximate round trip times in milli-seconds:
    Minimum = 0ms, Maximum = 0ms, Average = 0ms


Linux# tcpdump -i eth0 -s1500 -vv -p ip6
tcpdump: listening on eth0,
         link-type EN10MB (Ethernet), capture size 1500 bytes

1 21:22:01.389656 fe80::211:11ff:fe6f:c603 > ff02::1:ff00:100b:
              [icmp6 sum ok] icmp6: neighbor sol: who has
                                     fe80::210:18ff:fe00:100b
                                     (src lladdr: 00:11:11:6f:c6:03)
                                     (len 32, hlim 255)
2 21:22:01.389845 fe80::210:18ff:fe00:100b > fe80::211:11ff:fe6f:c603:
              [icmp6 sum ok] icmp6: neighbor adv: tgt is
                                     fe80::210:18ff:fe00:100b(SO)
                                     (tgt lladdr:  00:10:18:00:10:0b)
                                     (len 32, hlim 255)

3 21:22:02.390713 fe80::210:18ff:fe00:100b > fe80::211:11ff:fe6f:c603:
              [icmp6 sum ok] icmp6: echo request seq 18
                                     (len 40, hlim 128)
4 21:22:02.390780 fe80::211:11ff:fe6f:c603 > fe80::210:18ff:fe00:100b:
              [icmp6 sum ok] icmp6: echo reply seq 18
                                     (len 40, hlim 64)
400 ... continues ...
```

Windows XP 和 Linux 均提供了 ping6 程序（最近版本的 Windows 将 IPv6 功能纳入常规的 ping 程序）。-s 选项告诉它使用的源地址。回想一下在 IPv6 中一个主机可能有可供选择的多个地址，在这里我们选择了一个链路本地地址 fe80::211:11ff:fe6f:c603。跟踪显示了 NS/NA 交换和一个 ICMP 回应请求 / 应答对。通过观察可知所有 ND 报文的 IPv6 跳数限制字段值为 255，ICMPv6 回显请求和回显应答报文使用的值为 128 或 64。

NS 报文被发送到组播地址 ff02::1:ff00:100b，就是被请求的 IPv6 地址（fe80::210:18ff:fe00:100b）对应的请求节点的组播地址。我们看到请求节点在源链路层地址选项中还包括它自己的链路层地址 00:11:11:6f:c6:03。

NA 应答报文使用链路层（和 IP 层）单播地址被发送回请求节点。目标地址字段包含请求报文中请求的值：fe80::210:18ff:fe00:100b。此外，我们还看到 S 和 O 标志字段被设置，表示该通告为了响应先前的请求，所提供的信息应该覆盖其他任何请求节点可能缓存的信息。R 标志字段并未设置，表示响应的主机并不充当路由器。最后，请求节点包括在目标链路层地址选项中最重要的信息：请求节点的链路层地址 00:10:18:00:10:0b。

8.5.3 ICMPv6 反向邻居发现请求 / 通告（ICMPv6 类型 141/142）

IPv6[RFC3122] 中的*反向邻居发现*（Inverse Neighbor Discovery，IND）功能起源于需要在帧中继网络中确定给定的链路层地址对应的 IPv6 地址。它类似于反向的 ARP 协议，主要用于支持 IPv4 网络中的无盘计算机。其主要功能是确定一个已知的链路层地址对应的网络层地址。图 8-36 显示了 IND 请求和通告报文的基本格式。 401

IND 请求报文被发送到 IPv6 层的所有节点的组播地址，但是却封装在一个单播链路层地址（正在被查找的那个）中。它必须同时包含源链路层地址选项和目的链路层地址选项。它可能也包含一个源 / 目标地址列表选项和 / 或一个 MTU 选项。

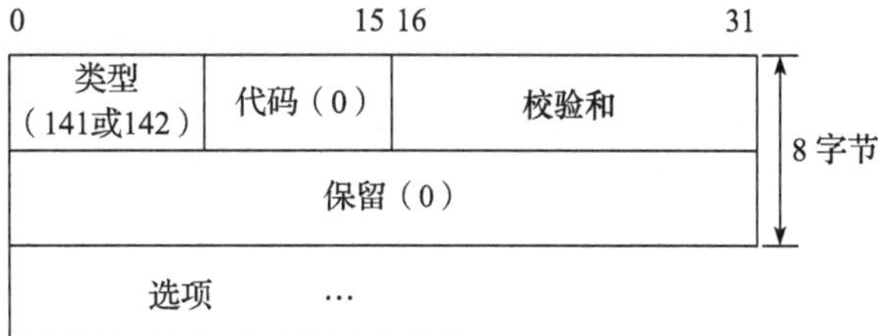

图 8-36 ICMPv6 IND 请求（类型 141）和通告（类型 142）报文的基本格式相同。它们被用于从已知的链路层地址映射到 IPV6 地址

8.5.4 邻居不可达检测

ND 的一个重要特征是检测在同一个链路上的两个系统什么时候丢失了或者变得非对称了（即在两个方向上均不可用）。这是通过*邻居不可达检测*（Neighbor Unreachability Detection，NUD）算法完成的。它被用于管理每个节点上的*邻居缓存*（neighbor cache）。邻居缓存和第 4 章中描述的 ARP 缓存类似，它是一个（概念上）数据结构，用于保存 IPv6 到链路层地址的映射信息（这些信息在执行到链路邻居的 IPv6 数据报直接交付时需要），以及针对映射状态的信息。图 8-37 显示了它如何在邻居缓存中维护条目。

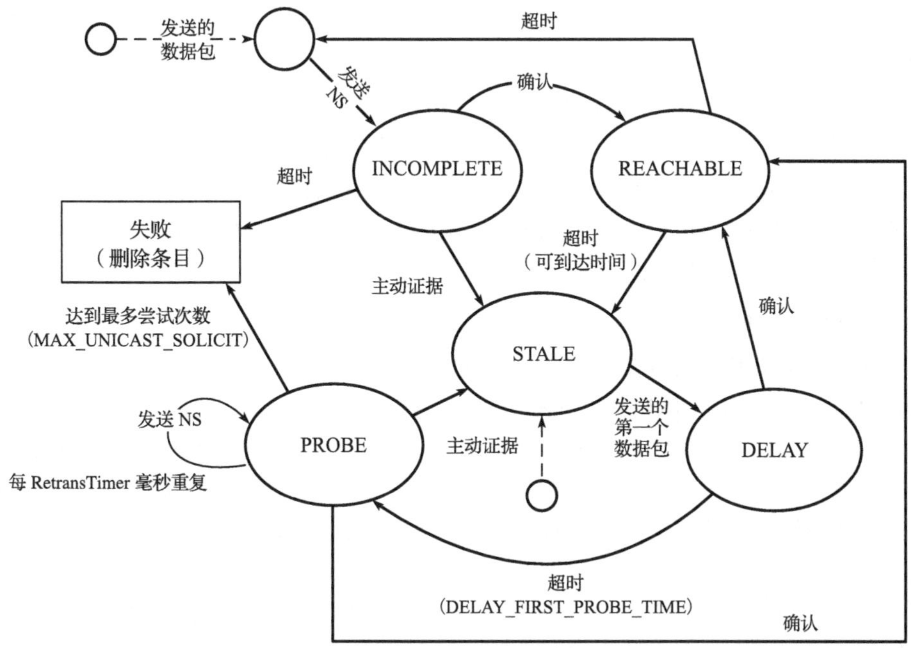

图 8-37 邻居不可达检测帮助维护由多个邻居条目组成的邻居缓存。在任何时间，每个条目是 5 种状态中的一种。对连接可达性的确认是通过接收邻居通告报文或者其他更高层的协议信息来完成的。主动证据包括主动的邻居和路由器通告报文 402

每个映射可能是如下 5 个状态中的一种：INCOMPLETE, REACHABLE, STALE, DELAY, PROBE。图 8-37 所示的转换图显示的初始状态是 INCOMPLETE 或 STALE。当一个 IPv6 节点有一个单播数据报需要发送到目的地时，它会检查其*目标缓存*（destination cache），看一看对应于目的地的条目是否存在。如果存在且目的地是在链路上的，再查看邻居缓存，确定邻居状态是否是 REACHABLE。如果是，使用直接交付方式发送数据报（见第 5 章）。如果没有邻居缓存条目，但目标似乎是在链路上，NUD 会进入 INCOMPLETE 状态，并发送一个 NS 报文。成功收到一个请求 NA 报文便可以确定该节点是可达的，条目进入 REACHABLE 状态。STALE 状态对应于目前还未确认的无效条目。当一个条目之前是 REACHABLE 状态但已有一段时间没有更新，或者收到主动报文时（例如，一个节点改变其地址并发送主动 NA 报文），它就进入这个状态。这些情况表明，有可能是可达的，但仍需要一个有效的 NA 来确认。

其他状态 DELAY 和 PROBE 是临时状态。DELAY 被用于当一个数据包已经被发送了，但 ND 目前尚无证据表明可能是可达的情况。该状态给上层协议一个机会来提供更多的证据。如果在 DELAY_FIRST_PROBE_TIME 秒（常数）后仍然没有接收到证据，状态将会改变到 PROBE。在 PROBE 状态，ND 会定期发送 NS 报文（每 RetransTimer 毫秒，常数默认值 RETRANS_TIMER 等于 1000）。如果在发送 MAX_UNICAST_SOLICIT（预设为 3）个 NS 报文后还未收到任何证据，就应该删除该条目。

8.5.5 安全邻居发现

SEND（安全邻居发现）[RFC3971] 是一组特殊的增强功能，旨在为 ND 报文提供额外的安全性。这是为了帮助抵制各种欺骗攻击，其中一台主机或路由器可能会伪装成另一个（更多细节见第 18 章、8.6 节和 [RFC3756]）。特别是在响应 NS 报文时，它防止节点伪装成其他节点。SEND 不使用 IPsec（见第 18 章），它有自身的特殊机制。这种机制也可用于确保安全的 FMIPv6 切换 [RFC5269]。

SEND 在一套假设的框架中操作。首先，每个具备 SEND 的路由器有一个*证书*（certificate）或密码认证，它可以用来证明一台主机的身份。接下来，每个主机还配备了一个*信任锚*（trust anchor）——配置信息可以用来验证证书的有效性。最后，每个节点在配置它将使用的 IPv6 地址时，将会生成一个公钥 / 私钥对。第 18 章将对证书、信任锚、密钥对以及其他相关的安全技术进行详细介绍。

8.5.5.1 密码生成地址

403 也许 SEND 最有趣的特征是使用完全不同类型的称为*密码生成的地址*（Cryptographically Generated Address，CGA）[RFC3972][RFC4581][RFC4982] 的 IPv6 地址。这种类型的地址是基于节点的公钥信息，从而将地址和节点证书关联起来。因此，拥有相应的私钥的节点或地址的所有者能够证明它是一个特定 CGA 的授权用户。CGA 也编码与它们相关联的子网前缀，因此它们不能被轻易地从一个子网转移到另一个子网。这种做法与通常分配地址的方法完全不同。

将一个 64 位的子网前缀和一个特殊构造的接口标识符相“或”，便生成了一个 IPv6 CGA。CGA 接口标识符是通过一个称为 Hash1 的*安全散列函数*（secure hash function）计算出来的（被认为难以反转的散列函数，参见第 18 章），它的输入是节点的公钥和一个特殊的 CGA 参数数据结构。这些参数也被用来作为另一个安全散列函数 Hash2 的输入，它提供了*散列扩展*（hash extension）技术，能有效地扩展散列函数的输出位数，进而提高其安全性（即生成一个不同的输入但却有相同散列值的强度）[A03][RFC6273]。CGA 技术允许自动生成地址所有者的公钥，所以这种方法可以在没有公钥基础设施（public key infrastructure，PKI）或其他可信任的第三方下工作。

CGA 参数数据结构如图 8-38 所示。伪随机序列（Modifier）字段初始化一个随机值，碰撞计数（Collision Count）字段初始化为 0。这个结构包括一个扩展字段（Extension Field）可供未来使用 [RFC4581]。

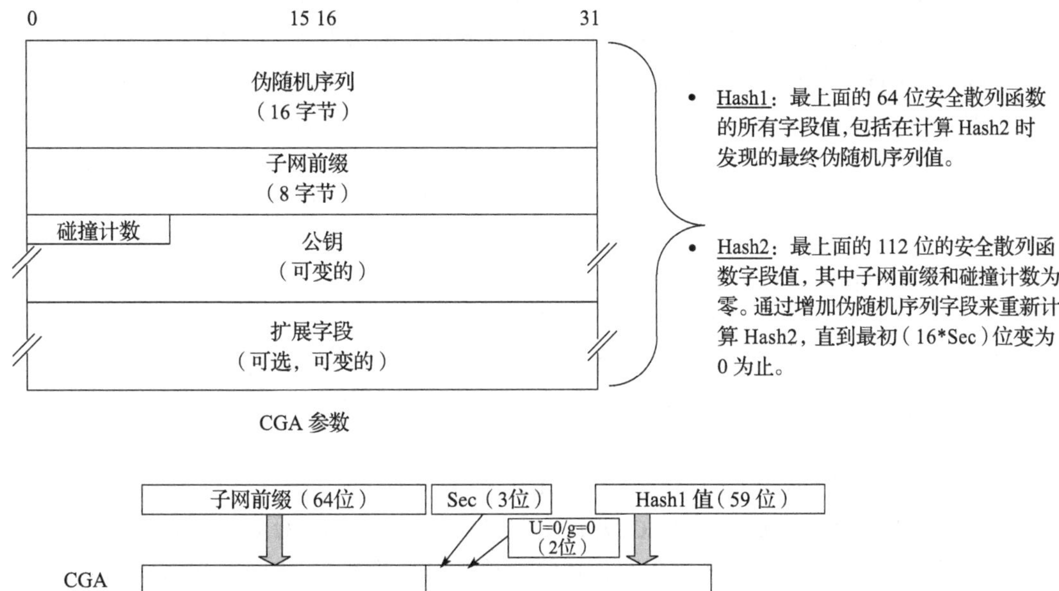

图 8-38 用来计算 CGA 的 SEND 方法。CGA 参数数据结构可用作两个加密散列函数 Hash1 和 Hash2 的输入。Hash2 值必须有（16*Sec）个初始 0 位，其中 Sec 是一个 3 位的参数。到 Hash2 适当计算时，才改变伪随机序列字段。结果值被用来计算 Hash1，并和 Sec 与子网前缀结合用来生成 CGA 404

一个称为 Sec 的 3 位无符号参数将影响该方法对数学破解的抵御力（采用了安全散列函数 [RFC4982]），以及计算中的计算复杂性（在 Sec 值中它们是指数的）。IANA 为 Sec 值维护一个注册表 [SI]。配合 Sec 值，Hash1 和 Hash2 函数在相同的 CGA 参数块进行操作。该地址所有者首先为伪随机序列字段选择一个随机值，将子网前缀字段看作 0，再计算 Hash2 的值。结果需要有（16*Sec）个初始 0 位，所以修改输入将伪随机序列字段递增 1，并重新计算 Hash2 直到条件满足为止。这种计算的时间复杂度为 $O(2^{16*Sec})$，并随着 Sec 的增加代价会更高。但是，只有当最初创建地址时，这种计算才是必需的。

一旦找到适当伪随机序列字段，便用 59 位的 Hash1 值形成接口标识符的低 59 位。前 3 位构成 3 位 Sec 值，6 ～ 7（左起）位包含两个 0 位（对应于第 2 章中描述的 u 和 g 地址）。如果该地址被发现存在冲突（例如，使用第 6 章描述的重复地址检测），递增碰撞计数字段，并重新计算 Hash1。碰撞计数值的增长是不允许超过 2 的。由于地址冲突在开始时是不常见的，当多个这样的冲突出现时应考虑是否配置错误或遭到了攻击。一旦所有必要的计算完成了，通过连接子网前缀，Sec 值以及 Hash1 值便能形成 CGA。需要注意的是，如果子网前缀改变了，只需要重新计算 Hash1，因为伪随机序列字段值仍然保持不变。（对替代 CGA 的方法感兴趣的读者应该看看 [RFC5535]，它描述了*基于散列的地址*（hash-based address），或 HBA。HBA 用在一个稍微不同的环境中的多前缀多宿主主机中，并使用了计算复杂度较低的不同加密形式，当然也定义了 HBA-CGA 兼容选项。）

到目前为止我们已经看到 CGA 是如何产生的，但还不知道如何用于安全中。注意任何人都可以生成一个 CGA，只要有子网前缀、Sec 值和自己的（或别人的）公钥。为了确保 CGA 格式完好，并使用了适当的子网前缀，它必须经过验证，这一过程称为 *CGA 验证*（CGA verification）。一个验证需要 CGA 和 CGA 参数的知识。验证过程需要确保满足如下条件：碰撞计数不大于 2，CGA 子网前缀和 CGA 参数中的前缀匹配，从 CGA 参数计算出的 Hash1 需要和 CGA 的接口标识符部分匹配（其中开始的 3 位、第 6 位和第 7 位“不需要关心”），通过值为 0 的*子网前缀*（Subnet Prefix）和*碰撞计数*（Collision Count）字段以及 CGA 参数计算出来的 Hash2 值应该有（16*Sec）个初始的 0 位。如果这些检查都是成功的，就是一个对应于子网前缀的合法 CGA。这个计算最多涉及两个散列函数，这是远远比地址生成过程简单的。

405 验证 CGA 正在被其授权地址所有者使用，这称为*签名验证*（signature verification），所有者形成了一个类型报文，并附上一个 CGA 签名，该签名是使用 CGA 中的公钥及其对应的私钥的知识计算出来的。通过将一个特殊的 128 位类型标签和报文结合起来，验证将形成一个数据块。使用一个 RSA 签名（RSASSA-PKCS1-v1_5 [RFC3447]），并结合公钥（从 CGA 参数提取）、数据块和签名作为参数来验证 CGA 的所有权。一般来说，只有在 CGA 验证和签名验证过程都顺利完成时，CGA 及其用户才被认为是合法的。

使用 ICMPv6 报文和 6 个在 [RFC3971] 中定义的选项来处理 CGA 和验证。RFC 还定义了 2 个 IANA 托管的注册表，用来保存信任锚选项中的*名称类型*（Name Type）字段和证书选项中的*证书类型*（Cert Type）字段（见 8.5.6.13 节）。[RFC3972] 定义了 CGA 报文类型注册表，采用在 [RFC3971] 中定义的 128 位值（其他值是在 SEND 之外定义使用的）0x086FCA5E10B200C99C8CE00164277C08。Sec 的注册值在 [RFC4982] 中定义，但目前只提供值 0、1、2，分别对应于在 Hash2 函数中使用的 SHA-1 安全散列函数使用的 0、16 或 32 个初始 0 位。在 [RFC4581] 中定义的扩展格式支持 TLV 编码，可用于未来标准的扩展，但到目前为止只定义了一个 [RFC5535]。我们现在将描述两个与 SEND 一起使用的 ICMPv6 报文，等我们在下一节讲完所有的 ICMPv6 选项才讨论这些选项。

8.5.5.2　证书路径请求 / 通告（ICMPv6 类型 148/149）

SEND 定义了请求和通告报文用来帮助主机确定构成一个证书路径的证书。这被主机用来验证路由器通告的真实性。图 8-39 显示了请求报文。

证书路径请求报文包含一个随机*标识符*（Identifier）字段用来匹配请求和通告。
406 组件字段值提供了一个索引以表示请求者感兴趣的证书路径中的点。如果需要整个路径中的证书，这个值被设置为全 1（值 65535）。这个报文可能包含一个信任锚选项（参见 8.5.6.12 节）。第 18 章详细描述了

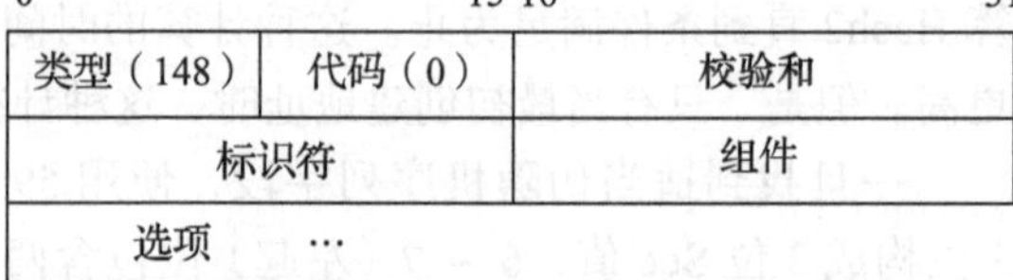

图 8-39　证书路径请求报文。发送者通过由组件（Component）字段值提供的位置索引来请求一个特定的证书。值 65535 表示需要路径中的所有证书，其中该路径的根身份在附加信任锚选项中给定

证书和证书路径。

图 8-40 显示的证书路径通告报文提供了在一个多组件通告中表示一个组件（证书）的方法。这些报文为了响应一个请求而发送，或由具备 SEND 功能的路由器定期发送。当为了响应请求而发送报文时，目的 IPv6 地址是接收者的被请求节点组播地址。

0	15	16	31
类型（149）	代码（0）	校验和	
标识符		所有组件	
组件		保留（0）	
选项 …			

图 8-40 请求路径通告报文。发送者通过由组件字段值提供的位置索引来请求一个特定的证书。值 65535 表示需要所有根植在一个附加信任锚选项中给定身份的路径中的证书

标识符字段持有在相应的请求报文中收到的值。针对发送到所有节点组播地址的主动通告报文，该值被设置为 0。所有组件字段表示在整个证书路径中的组件总数，包括信任锚。需要注意的是推荐用一个单独的通告报文来避免分片，那么这样的报文只包含一个单一的组件。组件字段给出了在证书路径中相关证书的索引（提供一个附加的证书选项）。在一个 N 个组件的证书路径中发送通告的推荐顺序是（N–1，N–2，…，0）。组件 N 不必被发送，因为它已经在信任锚中。

8.5.6 ICMPv6 邻居发现选项

正如 IPv6 家族中的许多协议，它定义了一套标准协议头部，还包含了一个或多个选项。ND（邻居发现）报文可能包含零个或多个选项，一些选项可以出现多次。但是，对于某些报文而言，有些选项是必需的。图 8-41 给出了 ND 选项的通用格式。 407

所有的 ND 选项以 8 位类型和 8 位长度字段开始，支持长度可变的选项，最大到 255 字节。选项被填充以形成 8 字节边界，长度字段给出了选项的总长度，以 8 字节为单位。类型和长度字段包含在长度字段的值中，最小值为 1。表 8-5 给出的列表包含了在 2011 年年中定义的 25 个标准选项（加上实验值）。正式列表可以在 [ICMP6TYPES] 中找到。

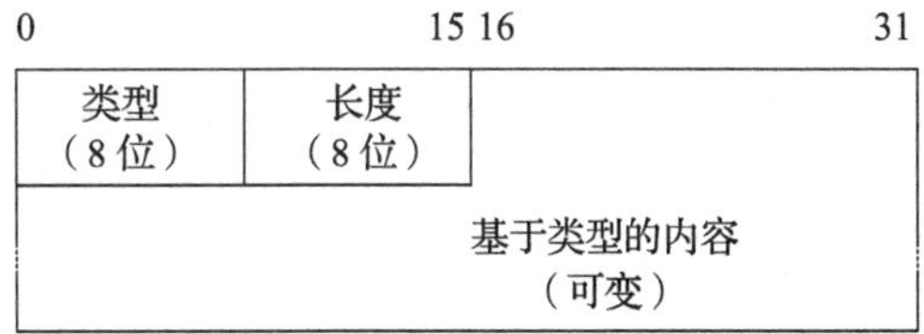

图 8-41 ND 选项的长度是变化的，并以一个通用的 TLV 布局开始。长度字段给出了选项的总长度，以 8 字节为单位（包含类型和长度字段）

表 8-5 IPv6 ND 选项类型、定义参考、用途和注释

类型	名　称	参　考	用途 / 注释
1	源链路层地址	[RFC4861]	发送者的链路层地址；与 NS、RS 及 RA 报文一起使用
2	目标链路层地址	[RFC4861]	目标链路层地址；与 NA 及定向报文一起使用
3	前缀信息	[RFC4861] [RFC6275]	一个 IPv6 前缀或者地址；与 RA 报文一起使用
4	被重定向的头部	[RFC4861]	原始 IPv6 报文的部分；与重定向报文一起使用
5	MTU	[RFC4861]	推荐的 MTU；与 RA 报文、IND 通告报文一起使用

（续）

类型	名　称	参　考	用途 / 注释
6	NMBA 捷径限制	[RFC2491]	“捷径尝试”的跳数限制；与 NS 报文一起使用
7	通告间隔	[RFC6275]	主动 RA 报文的发送间隔；与 RA 报文一起使用
8	本地代理信息	[RFC6275]	成为一个 MIPv6 HA 的优先级和生命周期；与 RA 报文一起使用（设置 H 位）
9	源地址列表	[RFC3122]	主机地址；与 IND 报文一起使用
10	目标地址列表	[RFC3122]	目标地址；与 IND 报文一起使用
11	CGA	[RFC3971]	基于密码的地址；与安全邻居发现报文（SEND）一起使用
408 12	RSA 签名	[RFC3971]	主机签名的证书（SEND）
13	时间戳	[RFC3971]	反重放时间戳（SEND）
14	随机数	[RFC3971]	反重放随机数（SEND）
15	信任锚	[RFC3971]	指示证书类型（SEND）
16	证书	[RFC3971]	编码一个证书（SEND）
17	IP 地址 / 前缀	[RFC5568]	移交或者 NAR 地址；与 FMIPv6 PrRtAdv 报文一起使用
19	链路层地址	[RFC5568]	想要的下一个接入点或者移动节点的地址；与 FMIPv6 RtSolPr 或者 PrRtAdv 报文一起使用
20	邻居通告确认	[RFC5568]	告诉移动节点下一个有效的 CoA；与 RA 报文一起使用
24	路由信息	[RFC4191]	路由前缀 / 首选的路由器列表
25	递归 DNS 服务器	[RFC6106]	DNS 服务器的 IP 地址；添加到 RA 报文
26	RA 标志扩展	[RFC5175]	扩展 RA 标志的空间
27	切换密钥请求	[RFC5269]	FMIPv6——使用 SEND 请求密钥
28	切换密钥应答	[RFC5269]	FMIPv6——使用 SEND 应答密钥
31	DNS 搜索列表	[RFC6106]	DNS 域搜索名称；添加到 RA 报文中
253, 254	实验性	[RFC4727]	[RFC3692] 类型的实验 1/2

8.5.6.1　源 / 目标链路层地址选项（类型 1，2）

每当在一个支持链路层选址的网络中使用时，源链路层地址选项（类型 1，参见图 8-42）就应该被包含在 ICMPv6 RS 报文、NS 报文和 RA 报文中。它指定了一个和报文相关的链路
409 层地址。对于含有多个地址的节点可能包含上述的多个选项。

当响应一个组播请求时，采用类似格式的目标链路层地址选项必须包含在 NA 报文中。这个选项通常包含在重定向报文中（之前讨论的），但当在一个 NBMA 网络上操作时则必须被包含在这样的报文中。

0　15 16　31

类型（1或2）	长度	
链路层地址（可变）		

图 8-42　源（类型 1）和目标（类型 2）链路层地址选项。长度字段值给出了整个选项的长度，包括地址，以 8 字节为单位（例如，一个 IEEE 以太网类型地址的长度字段值应该为 1）

8.5.6.2　前缀信息选项（类型 3）

在 RA 报文和移动前缀通告报文中提供的前缀信息选项（PIO）表示链路上节点的 IPv6 地址前缀和（在某些情况下）完整的 IPv6 地址（参见图 8-43）。在多个前缀或者地址被报告的情况下，在单个报文中可能包含多个该选项的拷贝。路由器应该包含它使用的每个前缀的 PIO。将 R 位字段设置为 1 表示前缀（Prefix）字段包含发送路由器的整个（entire）全局 IPv6 地址，而不只是将前缀中的剩余位设置为 0 或者是它的本地链路地址（在所包含的 IPv6 数据

报的源 IP 地址（Source IP Address）字段中）。这对移动 IPv6 本地代理发现将非常有用，发送路由器通告的本地代理必须包含这个选项，其中至少为一个前缀设置 R 位字段。

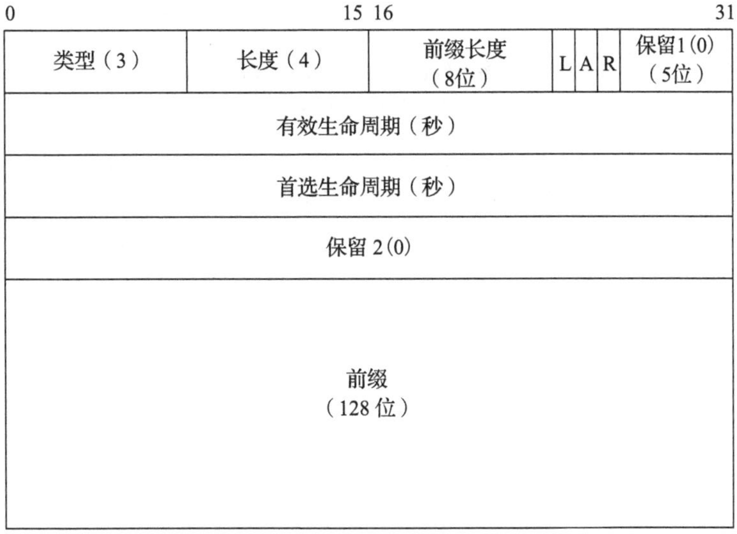

0	15 16					31
类型（3）	长度（4）	前缀长度（8位）	L	A	R	保留1(0)（5位）
有效生命周期（秒）						
首选生命周期（秒）						
保留 2(0)						
前缀（128 位）						

图 8-43　前缀信息选项包含一个在本地网络中使用的 IPv6 地址前缀。如果设置了 A 位字段，它将为主机提供可用于地址自动配置的前缀。L 位字段表示在“在链路上”判定中允许使用该前缀。R 位字段表示所包含的前缀是发送路由器的整个全局 IPv6 地址

前缀长度字段给出在配置中被视为有效的前缀字段中的位数（多达 128 位）。L 位字段是“在链路上”的标志，并表示所提供的前缀是能用于在链路上判定的（请参阅下文）。如果没 410
有设置，它对在链路上判定的使用没有做任何声明。A 位字段就是“自主自动配置”标志，并表示所提供的前缀可用于自动配置（见第 6 章）。有效生命周期（Valid Lifetime）和首选生命周期（Preferred Lifetime）字段分别表示前缀能被用于在链路上判定和自动地址配置的秒数。任何一个字段中值 0xFFFFFFFF 表示无穷大。

在 IPv6 中，“在链路上”的节点对应于那些能够使用直接交付到达的节点（第 5 章）。在 IPv4 中，节点被认为是在链路上的，如果它们有一个共同的前缀，由它们自己的 IPv4 地址和分配的子网掩码组合确定。虽然使用 IPv6 就可以实现这样的安排，但并不是必需的，未经确认“在链路上”状态不能被假设。相反，L 位字段表示对一台主机或路由器而言哪些前缀或单个主机列表是在链路上的 [RFC5942]。其他机制也可以达到这个目的（例如，DHCPv6，手工配置，或 ICMPv6 重定向报文）。一个节点通常被认为是不在链路上的，除非有确认信息表明它是在链路上的。

8.5.6.3　重定向头部选项（类型 4）

重定向头部选项被用于包含一份导致生成重定向报文的原始（“违规”）IPv6 数据报。图 8-44 给出了选项格式。任何其他类型的报文将忽略该选项。

8.5.6.4　MTU 选项（类型 5）

MTU 选项仅在 RA 报文中提供，在其他地方被忽略（参见图 8-45）。它提供了主机使用的 MTU，假设能够支持一个可配置的 MTU。

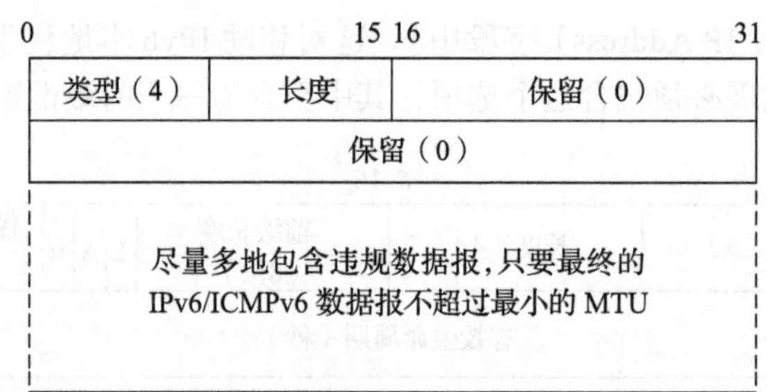

图 8-44 重定向头部选项标记出了部分（或者全部）违规 IPv6 数据报拷贝的开始。
411 在任何情况下，该报文受限于最小的 IPv6 MTU（当前是 1280 字节）

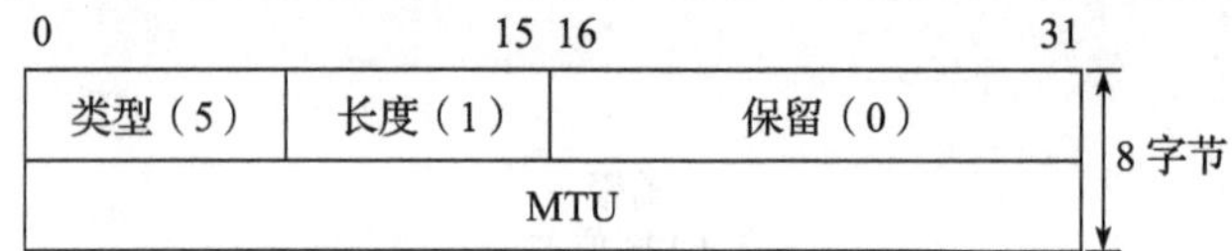

图 8-45 MTU 选项包含在本地链路中使用的 MTU。这个选项是和 RA 报文一起使用的，在使用非标准或者未知 MTU 时是最有用的

MTU 选项非常重要，例如在桥接两个或者多个拥有多个不同 MTU 的异构链路层技术时。没有这个选项（假设桥接并没有产生 ICMPv6 PTB 报文），在桥接链路层网络中主机可能无法可靠地和其他主机通信。注意这个报文保留了 32 个比特位来存储 MTU，支持非常大的 MTU。

8.5.6.5 通告间隔选项（类型 7）

这个选项可能被包含在 RA 报文中，在其他地方被忽略。它指定了主动组播路由器通告间的最大时间间隔（参见图 8-46）。

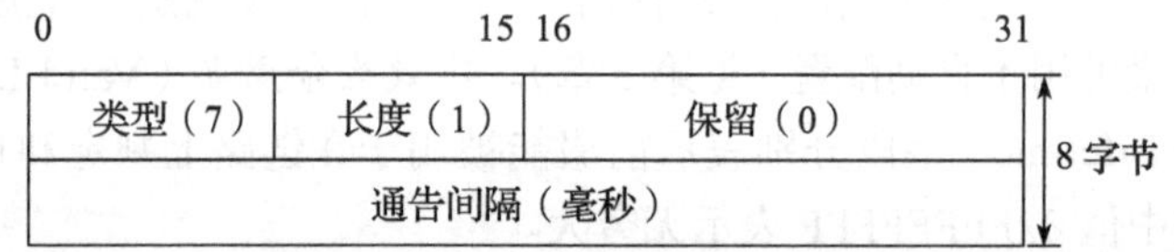

图 8-46 通告间隔给出了主动组播路由器通告之间间隔的毫秒数

通告间隔选项给出定期路由器通告报文间的时间。通告间隔（Advertisement Interval）字段定义了此报文到达网络上的发送者所发送的 RA 报文传输间的最大毫秒数。路由器发送的通告可能比选项指定的通告多，但是并不频繁。移动 IPv6 节点在其运动检测算法中使用此选项 [RFC6275]。

8.5.6.6 本地代理信息选项（类型 8）

412 这个选项包含在愿意充当移动 IPv6 本地代理 [RFC6275]（即那些在 RA 报文中设置 H 位字段的）的路由器发出的 RA 报文中，在其他的地方被忽略。如果 H 位字段没有被设置的话，是不允许包含该选项的。在使用了请求 RA 报文进而多个不同的报文携带了多个地址且设置了 R 位字段的情况下，它们中的每个都必须包含该选项，且包含相同的值。图 8-47 给出了本地代理信息选项格式。

本地代理优先级（Home Agent Preference）字段是一个 16 位无符号整数，用于帮助移动节点预定通过“本地代理地址发现应答”报文提供给它的地址。值越大表示使用发送路由器作为一个本地代理的优先级程度越大。如果这个选项没有被包括在 H 位字段（本地代理）已经被设置的路由器通告报文中，起始路由器的优先级值被认为是 0（最低的优先级）。

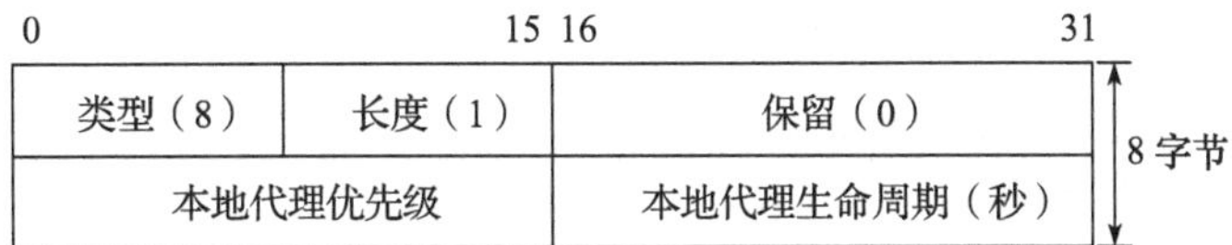

图 8-47　本地代理信息选项表示了选项的发送者愿意作为一个移动 IPv6 的本地代理的优先级和时间长度。本地代理优先级字段值越大，表示越愿意做一个本地代理。本地代理生命周期字段给出了发送者愿意成为一个 HA 的秒数

本地代理生命周期（Home Agent Lifetime）字段也是 16 位无符号整数，指定该报文的发送者应考虑作为本地代理（带有之前描述的相应的优先级）的秒数。此字段的默认值等于所包含的 RA 报文生命周期字段。这一字段的最大值（65 535）对应 18.2 小时，最小值是 1（0 表示不允许）。如果本地代理生命周期和本地代理优先级字段仅包含默认值，那就不允许在 RA 报文中包含整个选项。

8.5.6.7　源和目标地址列表选项（类型 9，10）

这些选项可能被包含在 IND 报文中 [RFC3122]。图 8-48 给出了格式。源地址列表选项（类型 9）包含了一个由源链路层地址选项指定的 IPv6 地址列表。目标地址列表选项（类型 10）包含了由目的链路层地址选项指定的 IPv6 地址列表。在选项中包含的地址个数等于 (Length−1)/2，其中长度（Length）字段值包含了选项的大小，以 8 字节为单位。 413

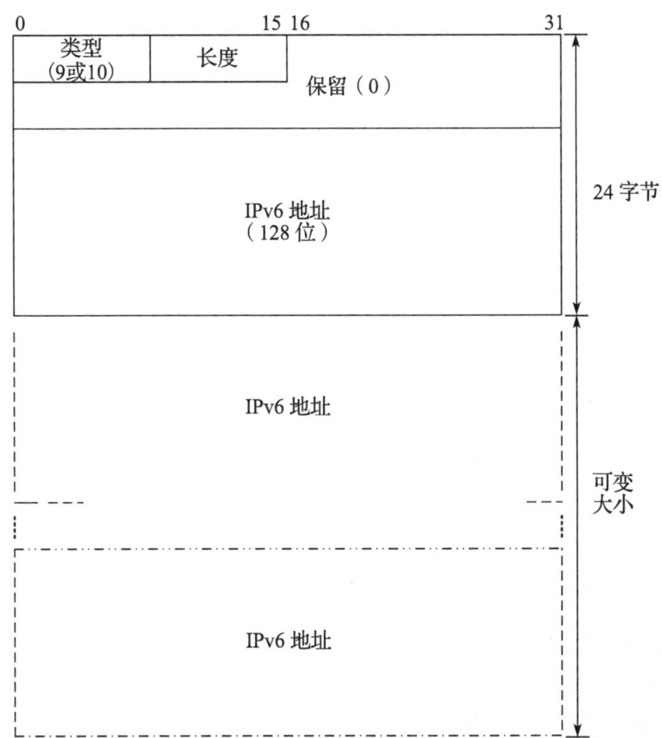

图 8-48　源（类型 9）和目标（类型 10）地址列表选项。这些被用来支持 IND，并提供了一个节点的 IPv6 地址的列表。只能包含用来发送报文的接口的地址

8.5.6.8　CGA 选项（类型 11）

CGA 选项被用来和 SEND 一起携带 CGA 参数，这些参数是检验器执行 CGA 验证和签
414 名验证所必需的。图 8-49 给出了它的格式。

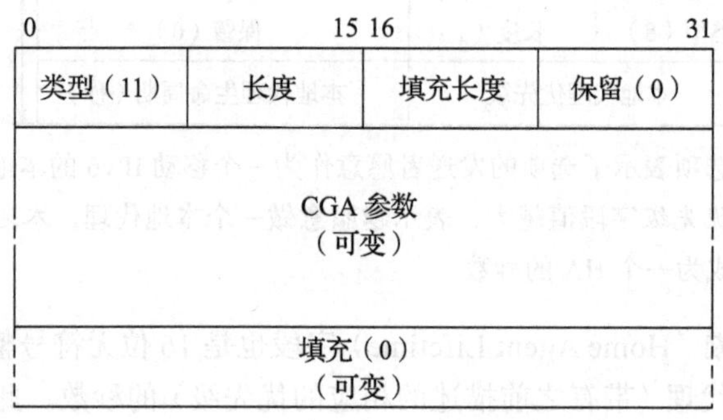

图 8-49　与 SEND 一起使用的 CGA 选项。该选项编码了图 8-38 中的 CGA 参数

CGA 参数部分由图 8-38 描述的相同字段组成。更多的细节请参见 [RFC3971]。

8.5.6.9　RSA 签名选项（类型 12）

RSA 签名选项被用来和 SEND 一起携带校验器能够使用的 RSA 签名，将它和 CGA 参数一起确定发送系统是否拥有与 CGA 公钥相关的私钥。图 8-50 给出了它的格式。

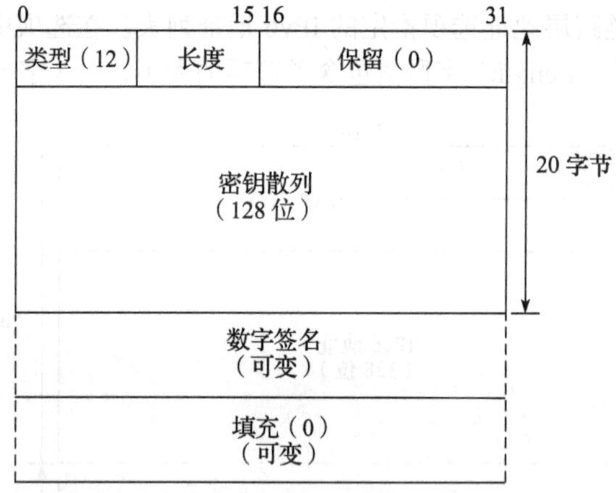

图 8-50　与 SEND 一起使用的 RSA 签名选项。该签名被编码进了 PKCS#1 v1.5（参见第 18 章）格式，
415 被用于检验发送者拥有匹配的私钥，因此是 CGA 的正确拥有者

密钥散列（Key Hash）字段包含构建签名所使用的公钥经 SHA-1 散列后其结果的高 128 位。数字签名（Digital Signature）字段包含一个基于下面这些值的标准化签名：SEND 的 CGA 报文类型标签，源 IP 和目的 IP 地址，ICMPv6 头部的开始 32 位字（类型、代码和校验和字段），ND 协议的报文头和选项（不包括 RSA 签名选项）。

8.5.6.10　时间戳选项（类型 13）

时间戳选项给出了发送系统知晓的当天的当前时间。这有助于避免遭到潜在的针对 SEND 的重放攻击 [RFC397]。图 8-51 给出了它的格式。

时间戳（Timestamp）字段记录了自 1970 年 1 月 1 日 00:00 UTC 以来的秒数。其格式是定点的，高阶的 48 位编码了完整的秒数，剩下的位数表示小数秒（1/64K）的值。

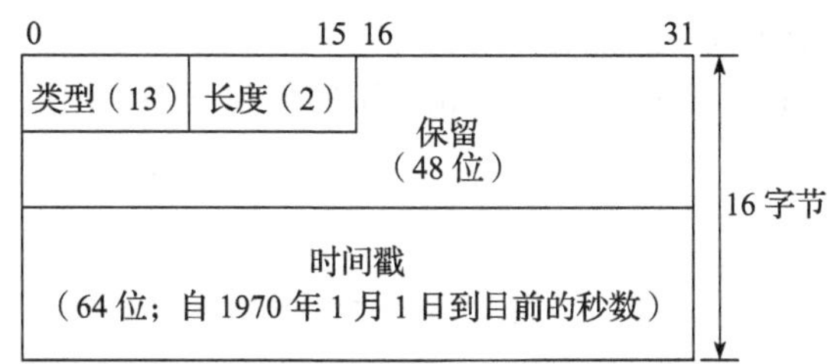

图 8-51　与 SEND 一起使用的时间戳选项。该值编码了从 1970 年 1 月 1 日至今的秒数。主要用于防范重放攻击

8.5.6.11　随机数选项（类型 14）

随机数选项保存了一个最近生成的随机数。这有助于防范潜在的针对 SEND 的重放攻击 [RFC3971]。图 8-52 给出了它的格式。

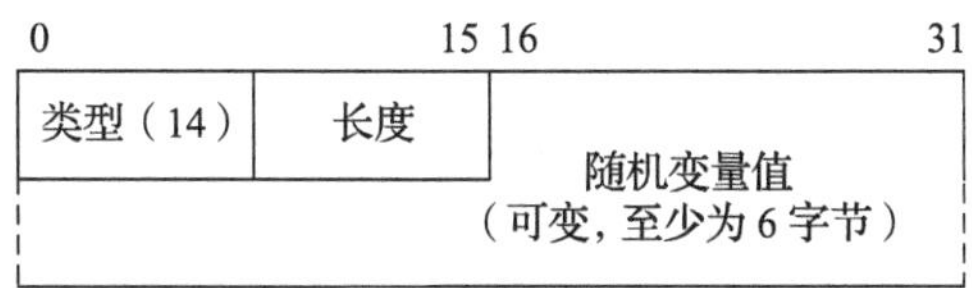

图 8-52　与 SEND 一起使用的随机数选项。该值编码了一个和 SEND 报文一起使用的随机数。它被用来防范重放攻击 416

随机数选项值是由发送者选择的一个随机数。数值的长度至少为 6 个字节。第 18 章详细描述了如何使用随机数来对抗重放攻击。

8.5.6.12　信任锚选项（类型 15）

信任锚选项包含了一个证书路径的名称（根）(参见第 18 章)。它与 SEND 一起被主机用来验证 RA 报文的真实性。图 8-53 给出了它的格式。

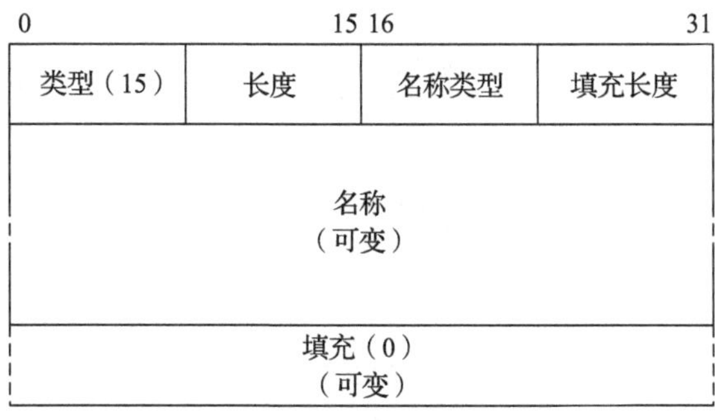

图 8-53　与 SEND 一起使用的信任锚选项。信任锚是一个证书链的根的名称。后续的证书可以通过和信任锚的比较来验证。主机利用 SEND 中的信任链来验证路由器通告

名称类型（Name Type）字段表示所使用的名称类型。当前已经定义了两个值：1，DER X.502 名称；2，全限定域名称（FQDN）。可能会包含多个信任锚。*名称*字段采用*名称类型*字段定义的格式给出了信任锚的名称。信任锚是报文发送者愿意接受的信任链的信任根（参见第 18 章）。

8.5.6.13 证书选项（类型 16）

证书选项保存了和 SEND[RFC3971] 一起使用的单独证书，用以提供证书路径。图 8-54 给出了它的格式。

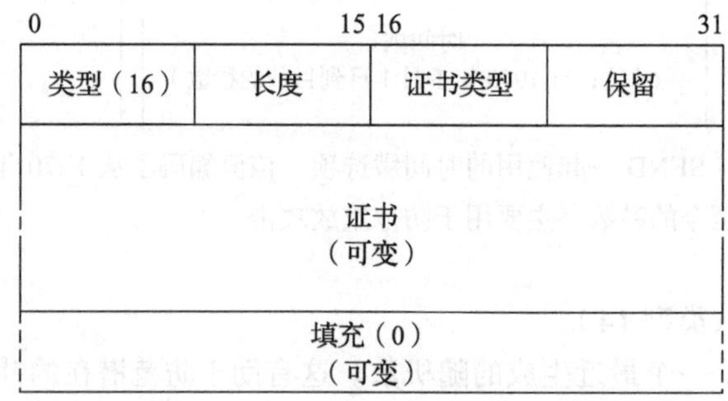

图 8-54 与 SEND 一起使用的证书选项。选项保存了一个组成证书路径上的一个组件的加密证书。这可以用来验证路由器通告

证书类型（Cert Type）字段表示所使用的证书的类型。目前，只定义了一个值：1，X.509v3 证书。第 18 章详细介绍了证书及其管理方法。

8.5.6.14 IP 地址 / 前缀选项（类型 17）

IP 地址 / 前缀选项是和 FMIPv6 报文一起使用的（ICMPv6 类型 154）[RFC5568]。图 8-55 给出了它的格式。

选项代码（Option-Code）字段值表示哪种类型的地址被编码了：1，旧的移交地址；2，新的移交地址；3，新访问路由器的（NAR 的）IPv6 地址；4，NAR 的前缀（在 PrRtAdv 中）。前缀长度（Prefix Length）字段给出了 IPv6 地址（IPv6 Address）字段中有效前导位个数。IPv6 地址字段编码了由选项代码字段认定的 IPv6 地址。

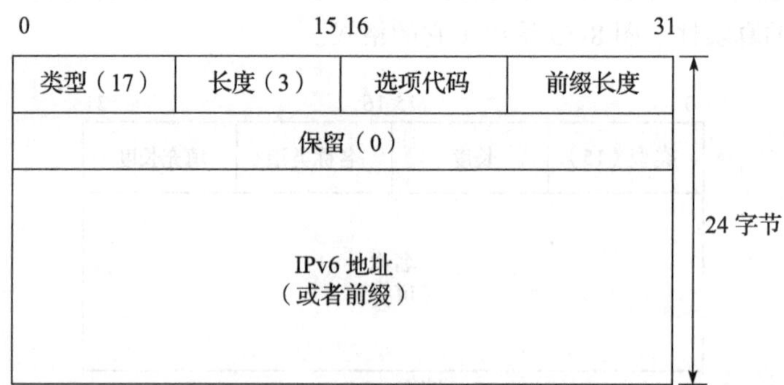

图 8-55 与 FMIPv6 一起使用的 IP 地址 / 前缀选项。该选项保存下一个访问路由器的前缀或者 IPv6 地址，或者是一个移动节点使用的移交地址

8.5.6.15 链路层地址选项（类型 19）

链路层地址（LLA）选项是和 FMIPv6 报文（ICMPv6 类型 154）[RFC5568] 一起使用的。图 8-56 给出了它的格式。

选项代码字段值表示相关的链路层地址（Link-Layer Address）字段值是如何解释的：0，417~418 通配符，即附近所有的 AP 都要求解析（resolution）；1，新 AP 的地址；2，移动节点的地址；3，新访问路由器的地址；4，RtSolPr/PrRtAdv 报文的源地址；5，地址是当前路由器的；

6，对应到这个地址的 AP 没有可用的前缀信息；7，编址的 AP 没有可用的快速切换。链路层地址字段包含由选项代码字段指定的地址。

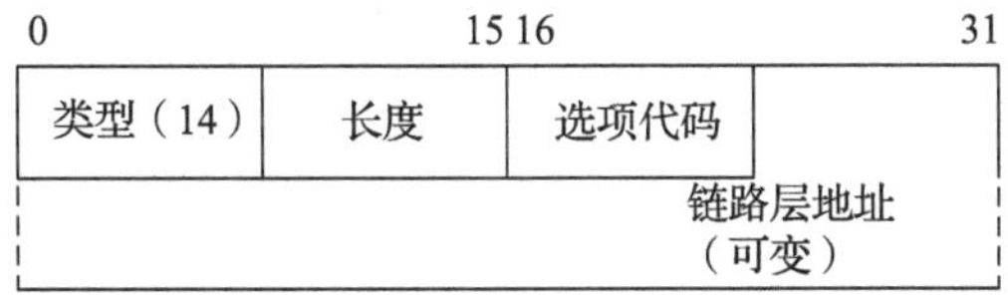

图 8-56 与 FMIPv6 一起使用的链路层地址选项。选项代码值指示和地址关联的实体（即任意 AP，特定 AP，NAR，RtSolPr 的发送者或者 PrRtAdv 报文，路由器），如果前缀信息可用，且 LLA 中指示的 AP 能够支持快速切换

8.5.6.16 邻居通告确认选项（类型 20）

该选项是和 FMIPv6 报文（ICMPv6 类型 154）[RFC5568] 一起使用的。图 8-57 给出了它的格式。

图 8-57 与 FMIPv6 一起使用的邻居通告确认选项。当一个移动节点从一个之前访问的路由器转移到一个新的访问路由器，并想使用一个特定的新移交地址时，新路由器表示被推荐的地址的可接受性

选项代码字段值是 0。状态（Status）字段表示对主动邻居报文的处置。定义了如下值：1，新移交地址（NCoA）是无效的（执行地址配置）；2，NCoA 是无效的（采用 IP 地址选项中提供的 NCoA）；3，NCoA 是无效的（使用 NAR 的地址来代替 NCoA）；4，之前提供的移 419
交地址（PCoA）(没有发送绑定更新)；128，无法识别的链路层地址。

8.5.6.17 路由信息选项（类型 24）

该选项与 RA 报文一起使用，表示通过一个特定路由器能够到达哪些不在链路上的前缀 [RFC4191]。图 8-58 给出了它的格式。

前缀长度（Prefix Length）字段给出了前缀字段中的有效先导位的个数。前缀（Pref）字段表示和包含的前缀相关联的路由器相对于其他路由器的优先级。如果这个字段包含值 2，选项必须被忽略。路由生命周期字段给出了前缀被认为有效的秒数。所有位都是 1 的值表示无穷大。前缀（可变长度）字段给出了被描述的 IPv6 前缀。

图 8-58　路由信息选项表示使用一个特定的路由器到达一个特定的不在链路上的前缀的优先级。在同时存在多个可用路由器且通过不同的方式到达相同目的地时，这个选项特别有用

8.5.6.18　递归 DNS 服务器选项（类型 25）

[RFC6160] 中定义的递归 DNS 服务器（RDNSS）选项和 RA 报文一起使用，能够通过提供一个或者多个 DNS 服务器的地址来增强无状态配置（参见第 6 章和第 11 章）。一个 RA 报文中可能包含多个 RDNSS 选项。图 8-59 给出了它的格式。

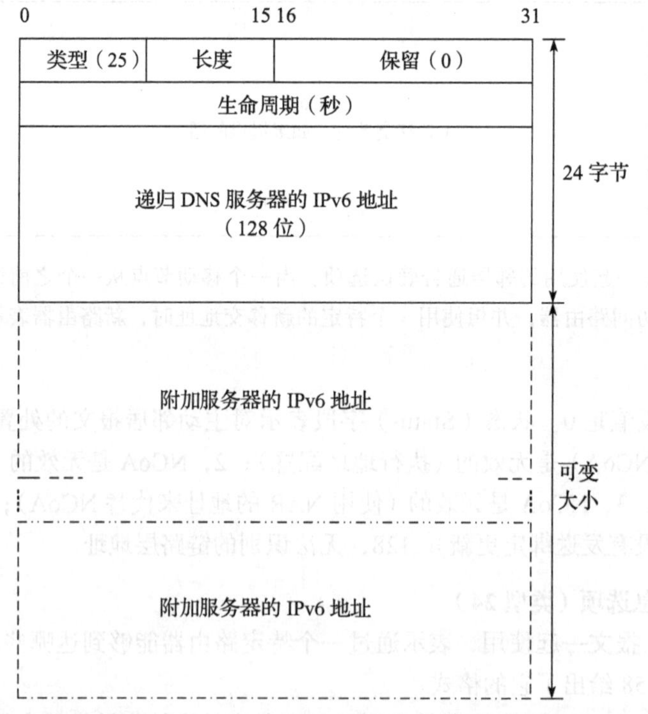

图 8-59　递归 DNS 服务器选项表示一个或者多个能够执行递归查询的 DNS 服务器的 IPv6 地址

生命周期（Lifetime）字段给出了列表中的 DNS 服务器被认为是有效的时间长度，以秒计。所有位都是 1 的值表示无穷大的生命周期。假如需要不同的生命周期，在同一个 RA 报文中可能包含多个不同的 RDNSS 选项。

8.5.6.19 路由器通告扩展标志选项（类型 26）

这个选项扩展了 RA 报文中使用的标志字段。它有时也称为扩展标志选项（Expanded Flags Option，EFO）。图 8-60 给出了它的格式。

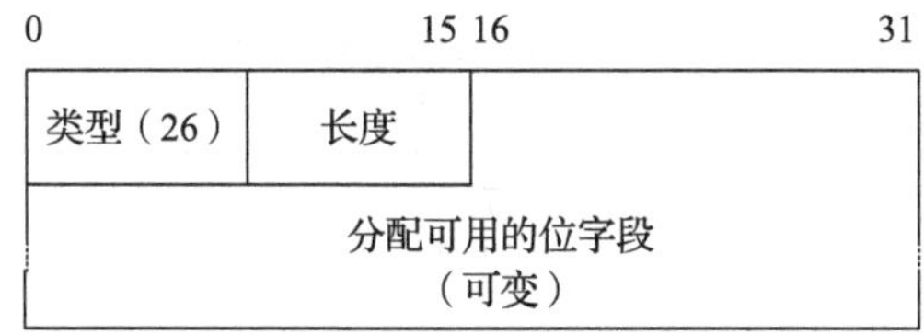

图 8-60 路由器通告扩展标志选项为今后定义 RA 标志提供了一个任意大小的附加空间

长度（Length）字段目前被定义为 1，直到后续的位被分配为止。 420~421

8.5.6.20 切换密钥请求选项（类型 27）

切换密钥请求选项和 FMIPv6 报文一起使用，它使用 SEND 保护信令信息的安全 [RFC5269]。图 8-61 给出了它的格式。

图 8-61 与 FMIPv6 报文一起使用的切换密钥请求选项使用 SEND 保护信令的安全，并提供了包括一个公钥在内的 CGA 参数。路由器使用这个信息形成一个为移动节点加密好的切换密钥

填充长度（Pad Length）字段给出了在选项尾部用 0 填充的字节个数（包含在长度字段之内）。算法类型（Algorithm Type，AT）字段表示用于计算认证者的算法（参见 [RFC5568]）。切换密钥加密公钥（Handover Key Encryption Public Key）字段使用和 CGA 选项相同的格式加密了 FMIPv6 CGA 公钥。填充（Padding）字段包含了值为 0 的字节以保证选项的长度是 8 字节的倍数。

8.5.6.21 切换密钥应答选项（类型 28）

该选项和 FMIPv6 报文一起使用，它使用 SEND 保护信令信息的安全 [RFC5269]。图 8-62 给出了它的格式。

填充长度及 AT 字段和切换密钥请求选项中一样。密钥生命周期（Key Lifetime）字段给出了切换密钥有效的秒数（默认是 HK-LIFETIME 或者 43 200s）。加密的切换密钥（Encrypted Handover Key）字段保存了一个对称密钥（参见第 18 章），是经过移动节点的切换密钥加密过的。加密格式是 RSAES-PKCS1-v1_5 [RFC3447]。填充字段包含了值为 0 的字节以保证选项的长度是 8 字节的倍数。

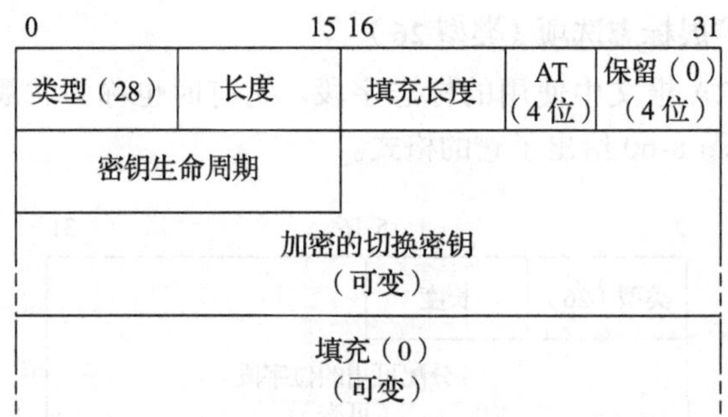

图 8-62 与 FMIPv6 报文一起使用的切换密钥应答选项使用 SEND 保护信令的安全，并提供了使用移动节点公钥来加密的一个对称切换密钥。只有正确的移动节点来处理对应的私钥才能解密该选项并得到密钥

8.5.6.22 DNS 搜索列表选项（类型 31）

DNS 搜索列表（DNSSL）选项 [RFC6106] 用来表示一个域名扩展列表被添加到一台主机可能发起的 DNS 查询中。搜索列表是 DNS 配置信息中的一部分，当它初始化时可能提供给主机（参见第 6 章）。图 8-63 给出了 DNSSL 选项的格式。

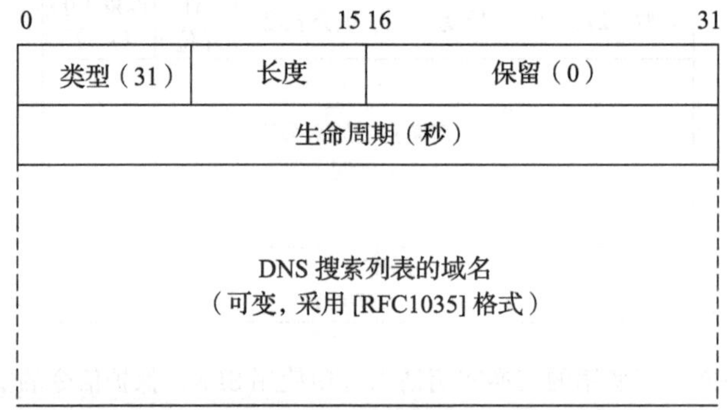

图 8-63 当配置一个主机的 DNS 参数时，DNS 搜索列表选项提供了一个默认域名扩展列表。编码的格式和编码 DNS 名称中的一样（参见第 11 章）

生命周期字段表示从报文被发送的时间开始，域名搜索列表被认为是有效的时长。域名搜索列表包含一个域名扩展的列表（未压缩的），作为从部分字符串构建的 FQDN 的默认形式（参见第 11 章）。

422 ~ 423 8.5.6.23 实验值（类型 253，254）

这些值只用于实验，正如 [RFC3692] 描述的。

8.6 ICMPv4 和 ICMPv6 转换

在第 7 章，我们讨论了基于 [RFC6144] 和 [RFC6145] 来转换 IPv4/IPv6 的一个框架，并讨论了如何转换 IP 头部。[RFC6145] 描述了从 ICMPv4 转换到 ICMPv6 的方法，以及相反方向的转换方法。当转换 ICMP 时，IP 和 ICMP 头部都要被转换（即，被修改和被替换）。除此之外，包含了一个内部违规数据包头部及数据的 ICMP 差错报文，也会转换内部（违规）数据报的头部。除了映射适当的类型和代码号之外，还有需要额外考虑的分片、MTU

大小以及校验和计算。回忆一下，ICMPv6 使用一个伪头部校验和来涵盖网络层信息，而 ICMPv4 校验和只是在 ICMPv4 信息之上计算的。

8.6.1 从 ICMPv4 转换到 ICMPv6

当转换 ICMPv4 信息报文到 ICMPv6 时，只有回显请求和回显应答报文被转换了。为了执行这个转换，类型值（8 和 0）分别被转换到值 128 和 129。在转换之后，计算并应用 ICMPv6 的伪头部校验和。当转换 ICMPv4 差错报文时，只有下面的差错报文被转换了：目的不可达（类型 3），超时（类型 11），参数问题（类型 12）。表 8-6 给出了用来执行转换的类型和代码值。没有给出的类型和代码是不会被转换的，到达的已经被转换的数据包将会被丢弃。

表 8-6 用来转换 ICMPv4 差错报文到 ICMPv6 的类型和代码映射

ICMPv4 类型 / 代码	ICMPv4 描述性名称	ICMPv6 类型 / 代码	ICMPv6 描述性名称（注解）
3/0	目的不可达——网络	1/0	目的不可达——无路由
3/1	目的不可达——主机	1/0	目的不可达——无路由
3/2	目的不可达——协议	4/1	参数问题——无法识别的下一个头部（设置指针（Pointer）指示下一个头部（Next Header））
3/3	目的不可达——端口	1/4	目的不可达——端口
3/4	目的不可达——需要分片（PTB）	2/0	PTB（调整 MTU 字段反映更大的 IPv6 头部大小）
3/5	目的不可达——源路由失败	1/0	目的不可达——无路由（不大可能发生）
3/{6,7}	目的不可达——未知的目的网络 / 主机	1/0	目的不可达——无路由 424
3/8	目的不可达——源主机隔离	1/0	目的不可达——无路由
3/{9,10}	目的不可达——管理上禁止目的网络 / 主机	1/1	目的不可达——管理上禁止与目的地通信
3/{11,12}	目的不可达——ToS 不可用	1/0	目的不可达——无路由
3/13	目的不可达——管理上禁止	1/1	目的不可达——管理上禁止与目的地通信
3/14	目的不可达——违反主机优先级	N/A	（丢弃）
3/15	目的不可达——优先级终止生效	1/1	目的不可达——管理上禁止与目的地通信
11/{0,1}	超时——TTL，分片重组	3/{0,1}	超时（代码保持不变）
12/0	参数问题——指针包含差错的字节偏移	4/0	参数问题——出现错误的头部字段（如表 8-7 那样更新指针）
12/1	参数问题——丢失选项	N/A	（丢弃）
12/2	参数问题——错误长度	4/0	参数问题——出现错误的头部字段（如表 8-7 那样更新指针）

正如表 8-6 给出的，对于由指针字段给出出现问题的字节偏移值的参数问题报文，用一个额外的映射来形成适当的 IPv6 指针字段值。表 8-7 给出了这个映射。

除了要执行头部转换之外，携带在 ICMPv4 差错报文中的违规数据报也要根据 IPv4/IPv6 转换规则来转换。注意这意味着如果内部转换没有执行的话，最终得到的 ICMPv6 数据报和它应有的大小会有很大不同。更新基本 IPv6 头部中的总长度（Total Length）字段以便反映这种影响。注意只能支持一层这种内部转换。如果发现了一个或者多个附加的内部头部，正在被转换的数据包将被丢弃。通常，除 ICMP 报文之外的数据包如果转换失败将会生

成一个 ICMPv4 目的不可达——通信管理上禁止（代码 13）报文，并将其发送到该失败数据
425 包的发送者那里。

表 8-7 当转换一个 ICMPv4 参数问题报文到 ICMPv6 时用到的指针字段映射

IPv4 指针字段值	IPv4 头部字段	IPv6 指针字段值	IPv6 头部字段
0	版本 /IHL	0	版本 /DS 字段 /ECN（流量类型）
1	DS 字段 /ECN（ToS）	1	DS 字段 /ECN（流量类型）/ 流标签
2，3	总长度	4	负载长度
4，5	标识	N/A	
6	标志 / 分片偏移	N/A	
7	分片偏移	N/A	
8	生存时间	7	跳数限制
9	协议	6	下一个头部
10，11	头部校验和	N/A	
12 ~ 15	源 IP 地址	8	源 IP 地址
16 ~ 19	目的 IP 地址	24	目的 IP 地址

注意，与其他被转换到 IPv6 的 IPv4 流量一样（参见第 7 章），DF 位字段没有设置的到达的数据包会导致一个或者多个包含分片头部的 IPv6 数据包，且生成的分片不会超过 IPv6 的最小 MTU。这主要是为了处理 IPv4 的路由器允许分片 IPv4 流量而 IPv6 路由器却不允许的问题。ICMPv4 PTB 报文可能需要转换到 ICMPv6 PTB 报文，其 MTU 值小于 IPv6 的最小链路 MTU 1280 字节。一个操作正确的 IPv6 协议栈会处理所有这样的报文，然后发送装备有分片头部的后续数据报到相同目的地。

8.6.2 从 ICMPv6 转换到 ICMPv4

在 ICMPv6 信息类报文中，回显请求（类型 128）和回显应答（类型 129）报文被分别转换到 ICMPv4 回显请求（类型 8）和回显应答（类型 0）。更新校验和以体现类型值变化和缺少伪头部计算。其他信息类报文将被丢弃。表 8-8 给出了差错报文是如何被转换的，给出了进（ICMPv6）和出（ICMPv4）类型和代码值。

表 8-8 用于将 ICMPv6 差错报文转换到 ICMPv4 的类型和代码值

ICMPv6 类型 / 代码	ICMPv6 描述性名称	ICMPv4 类型 / 代码	ICMPv4 描述性名称（注解）
1/0	目的不可达——无路由	3/1	目的不可达——主机
1/1	目的不可达——管理上禁止与目的地通信	3/10	目的不可达——管理上禁止目的主机
1/2	目的不可达——超出源地址范围	3/1	目的不可达——主机
1/3	目的不可达——地址	3/1	目的不可达——主机
1/4	目的不可达——端口	3/3	目的不可达——端口
2/0	PTB（调整 MTU 字段以反映更大的 IPv6 头部大小）	3/4	目的不可达——需要分片（PTB）

（续）

ICMPv6 类型 / 代码	ICMPv6 描述性名称	ICMPv4 类型 / 代码	ICMPv4 描述性名称（注解）
3/{0,1}	超时——跳数限制，分片重组	11/{0,1}	超时——TTL，分片重组（代码值未改变）
4/0	参数问题——出现差错头部字段	12/0	参数问题——指针包含差错的字节偏移（如表 8-7 那样更新指针）
4/1	参数问题——未识别的下一个头部	3/2	目的不可达——协议（设置指针来指示协议字段）
4/2	参数问题——出现未识别的 IPv6 选项	N/A	（丢弃）

再一次，与参数问题报文一起使用的指针字段需要特殊处理。表 8-9 提供了从 ICMPv6 到 ICMPv4 这种情况的映射。

表 8-9　当转换 ICMPv6 参数问题报文到 ICMPv4 时使用的指针字段映射

IPv6 指针字段值	IPv6 头部字段	IPv4 指针字段值	IPv4 头部字段
0	版本 /DS 字段 /ECN（流量类型）	0	版本 /IHL/DS 字段 /ECN（ToS）
1	DS 字段 /ECN（流量类型）/ 流标签	1	DS 字段 /ECN（ToS）
2，3	流标签	N/A	
4，5	负载长度	N/A	总长度
6	下一个头部	9	协议
7	跳数限制	8	生存时间
8 ~ 23	源 IP 地址	12	源 IP 地址
24 ~ 39	目的 IP 地址	16	目的 IP 地址

注意 ICMPv4 校验和没有使用伪头部，因此当执行一个头部转换，假如执行的是一个 426~427
非校验和中立地址转换，那么必须更新产生的校验和。此外，内部的 IPv6 报文可能包含非 IPv4 可转换地址，导致需要进行状态转换（参见第 7 章）。

当处理数据包大小差异时，回忆一下在 IPv6 数据报中没有不分片指示（“不分片”总是隐含为真），路由器不能执行分片操作。结果，将会丢弃到达转换器中的那些并不适合到达下一跳 IPv4 接口 MTU 的 IPv6 数据包，然后发送一个适当的 ICMPv6 PTB 报文返回违规数据报的 IPv6 源。

8.7　与 ICMP 相关的攻击

涉及 ICMP 的攻击主要分为 3 类：泛洪（flood）、炸弹（bomb）和信息泄露（information disclosure）。本质上，泛洪将会生成大量流量，导致针对一台或者多台计算机的有效的 DoS 攻击。炸弹类型（有时也称为核弹（nuke）类型）指的是发送经过特殊构造的报文，能够导致 IP 或者 ICMP 的处理崩溃或者终止。信息泄露攻击本身并不会造成危害，但是能够帮助其他攻击方法避免浪费时间或者被发现。针对 TCP 的 ICMP 攻击已经被专门记录在文档中了 [RFC5927]。

有一种早期的 ICMP 攻击称为 Smurf 攻击。这相当于使用目的地址为广播地址的

ICMPv4，导致大量计算机做出响应。如果这样做得很快，它可以导致 DoS 攻击，因为受害主机忙于处理 ICMP 流量而不能做其他任何事情。通常来说，这种攻击方式将源 IP 地址设置为受害者的地址。因此，当多台主机收到广播 ICMP 报文时，所有主机同时以 ICMP 报文的形式响应源地址（即受害主机的地址）。这种攻击很容易处理，只需在防火墙边界禁止传入的广播流量。

采用 ICMPv4 回显请求 / 应答报文（ping），有可能以这样一种方式来构建数据包分片，当它们被重组时将形成一个过大的 IPv4 数据报（大于最大值 64KB）。这已用于导致某些系统崩溃，并因此表示另一种形式的 DoS 攻击。它有时也称为 Ping of Death 攻击。一个有点相关的攻击涉及改变 IPv4 头中的*分片偏移*字段值，从而导致 IPv4 分片重组路由器的错误。这也被称为*泪滴*（teardrop）攻击。

另外一个已经被利用的意想不到的情况是一个 ICMP 报文假设有不同的源地址和目的地址。在 Land 攻击中，将源和目的地 IP 地址均等于受害者地址的 ICMP 报文发送到受害者。当收到这种报文时，一些实现的反应是非常不幸的。

ICMP 重定向功能可以导致终端系统使用一个不准确的系统作为下一跳路由器。虽然对传入的 ICMP 重定向报文可以做一些检查，以确保它们真是当前默认路由器产生的，但也无
428 法保证报文的真实性。在这种攻击中，可以沿着流量流插入一个中间人（见第 18 章）进行记录和分析。此外，它可以被修改来导致不想要的动作。它可以实现类似 ARP 中毒攻击的结果（见第 4 章）。此外，它已被用于使受害者认为自身就是到达目的地的最优网关。这将导致一个无限循环，间接锁定受害者的主机。

ICMP 路由器通告和路由器请求报文能被用于创建一个类似于重定向攻击的攻击。特别是，这些报文可导致受害者系统修改它们的默认路由，指向被入侵的机器。此外，被动地接收这些报文可以使攻击者了解本地网络环境的拓扑结构。请注意，这样的“流氓 RA”问题不管是恶意的还是偶然的，在 [RFC6104] 中都有单独详细的描述。

可以使用 ICMP 作为需要协作的入侵程序之间的通信通道。在 TFN（Tribe Flood Network，*族泛洪网络*）攻击中，在入侵主机之后 ICMP 被用来协调一组合作病毒的行动。

ICMP 目的不可达报文可造成现有连接（例如，TCP 连接）的拒绝服务。在一些实现中，接收来自于一个 IP 地址的主机不可达、端口不可达或协议不可达报文将导致关闭和这个地址关联的传输层连接。这些攻击有时也被称为 Smack 或 Bloop 攻击。

ICMP 时间戳请求 / 应答报文（在正常操作中已不再使用）能根据一些主机学习到当前时间（如果启用的话）。由于许多关于安全的方法是基于使用随机密钥加密的，如果源和状态的随机性是可知的，一个外部参与者就可以预测用来创建加密密钥的伪随机数序列（这就是为什么它们是*伪随机*（pseudo-random）的原因），可能会允许第三方猜测秘密值并劫持连接（见第 13 章的 TCP 和第 18 章的随机数讨论）。因为许多随机数是基于一天中的当前时间，暴露一个主机的精确时间是一个问题。

然而，另一种攻击涉及修改 PTB 报文。回想一下，这个报文包含一个表示推荐 MTU 值的字段。这将被传输协议（如 TCP）用来选择它们数据包的大小。如果攻击者修改这个值，它将强制终端 TCP 运行时使用非常小的数据包（从而导致性能低下）。

通过在当前流行的操作系统中修改 ICMP 实现已经使这些攻击失效。但是如果没有加密，一般来说欺骗或伪装攻击仍然是可能的。使用加密方法（如 SEND）的协议提供更高水
429 平的安全性，但可能需要更复杂的部署，当出现问题时需要的分析也更复杂。

8.8 总结

在这一章中，我们已经了解了 Internet 控制报文协议（ICMPv4 和 ICMPv6）是每一个 IP 实现中的必要组成部分。ICMP 报文是携带在 IP 数据报中的，是我们讨论过的第一个有端到端校验和的报文（在 ICMPv6 中是伪头部校验和）。ICMP 报文大致可分为差错类和信息类报文。一般来说，ICMP 差错报文不会响应有问题的 ICMP 差错报文，目的是为了避免报文泛洪。对于 IP 来说，ICMP 提供了有限的信息和差错报告功能。然而，重要的回显请求 / 应答和超时报文对于流行的 ping 和 traceroute 工具来说是必需的。（不怎么常见的）其他工具会使用目的不可达、PTB 和重定向报文，这对于保证路径 MTU 发现和高效路由器选择的正确操作是必需的。

我们考察了 ICMP 目的不可达、重定向和回显请求 / 应答报文的一些细节。我们也看到了相当常见的 ICMP 端口不可达差错报文。这让我们检查在一个 ICMP 差错中返回的信息：IP 头部以及包含尽可能多的导致差错的 IP 数据报，前提是不会导致差错报文分片。此信息是 ICMP 差错报文的接收者必需的，用来进一步了解导致差错的原因，并帮助将差错报文发送到适当的进程或协议实现。有一个扩展功能可应用于 ICMP 报文来携带更多的信息（例如，MPLS 标签或下一跳路由器信息）。

相对于 IPv4 中的 ICMPv4，ICMPv6 相对于 IPv6 而言是一个更为复杂和重要的协议。这对于 IPv6 系统的基本配置和操作是至关重要的。ICMPv6 包括 ICMPv4 中多数最有用的报文（例如目的不可达、超时、需要分片、回显请求 / 应答），但也可以处理 ND（像 IPv4 中的 ARP），允许 IPv6 节点发现链路上的主机和默认路由器，并为 MIPv6 节点提供了发现服务和动态配置功能。ICMPv6 也可用于管理组播组成员资格，这是通过使用 IPv4 的 IGMP 协议来完成的，我们将在第 9 章研究。ICMPv6 定义了一套丰富的与 ND 一起使用的选项，其中一些是必需的。由于 ICMPv6 用了这么多的可能会受到攻击的主机配置报文，有一个安全的变体（SEND）允许使用密码生成的地址（CGA）来验证地址。CGA 对它们自己的权利感兴趣，被用在除 SEND 之外的协议中。

8.9 参考文献

[A03] T. Aura, "Cryptographically Generated Addresses (CGA)," *Proc. 6th Information Security Conference (ISC)*, Oct. 2003. 430

[ICMP6TYPES] http://www.iana.org/assignments/icmpv6-parameters

[ICMPTYPES] http://www.iana.org/assignments/icmp-parameters

[PING] http://ftp.arl.army.mil/~mike/ping.html

[RFC0792] J. Postel, "Internet Control Message Protocol," Internet RFC 0792/STD 0005, Sept. 1981.

[RFC1122] R. Braden, ed., "Requirements for Internet Hosts—Communication Layers," Internet RFC 1122/STD 0003, Oct. 1989.

[RFC1191] J. C. Mogul and S. E. Deering, "Path MTU Discovery," Internet RFC 1191, Nov. 1990.

[RFC1256] S. Deering, ed., "ICMP Router Discovery Messages," Internet RFC 1256, Sept. 1991.

[RFC1350] K. Sollins, "The TFTP Protocol (Revision 2)," Internet RFC 1350/STD 0033, July 1992.

[RFC1812] F. Baker, ed., "Requirements for IP Version 4 Routers," Internet RFC 1812, June 1995.

[RFC2004] C. Perkins, "Minimal Encapsulation within IP," Internet RFC 2004, Oct. 1996.

[RFC2349] G. Malkin and A. Harkin, "TFTP Timeout Interval and Transfer Size Options," Internet RFC 2349, May 1998.

[RFC2460] S. Deering and R. Hinden, "Internet Protocol, Version 6 (IPv6) Specification," Internet RFC 2460, Dec. 1998.

[RFC2491] G. Armitage, P. Schulter, M. Jork, and G. Harter, "IPv6 over Non-Broadcast Multiple Access (NBMA) Networks," Internet RFC 2491, Jan. 1999.

[RFC2710] S. Deering, W. Fenner, and B. Haberman, "Multicast Listener Discovery (MLD) for IPv6," Internet RFC 2710, Oct. 1999.

[RFC3024], G. Montenegro, ed., "Reverse Tunneling for Mobile IP, Revised," Internet RFC 3024, Jan. 2001.

[RFC3122] A. Conta, "Extensions to IPv6 Neighbor Discovery for Inverse Discovery Specification," Internet RFC 3122, June 2001.

[RFC3447] J. Jonsson and B. Kaliski, "Public-Key Cryptography Standards (PKCS) #1: RSA Cryptography Specifications Version 2.1," Internet RFC 3447 (informational), Feb. 2003.

[RFC3519] H. Levkowetz and S. Vaarala, "Mobile IP Traversal of Network Address Translation (NAT) Devices," Internet RFC 3519, Apr. 2003.

[RFC3543] S. Glass and M. Chandra, "Registration Revocation in Mobile IPv4," Internet RFC 3543, Aug. 2003.

[RFC3590] B. Haberman, "Source Address Selection for the Multicast Listener Discovery (MLD) Protocol," Internet RFC 3590, Sept. 2003.

[RFC3692] T. Narten, "Assigning Experimental and Testing Numbers Considered Useful," Internet RFC 3692/BCP 0082, Jan. 2004.

[RFC3704] F. Baker and P. Savola, "Ingress Filtering for Multihomed Networks," Internet RFC 3704/BCP 0084, Mar. 2004.

[RFC3756] P. Nikander, ed., J. Kempf, and E. Nordmark, "IPv6 Neighbor Discovery (ND) Trust Models and Threats," Internet RFC 3756 (informational), May 2004.

[RFC3810] R. Vida and L. Costa, eds., "Multicast Listener Discovery Version 2 (MLDv2) for IPv6," Internet RFC 3810, June 2004.

[RFC3971] J. Arkko, ed., J. Kempf, B. Zill, and P. Nikander, "SEcure Neighbor Discovery (SEND)," Internet RFC 3971, Mar. 2005.

[RFC3972] T. Aura, "Cryptographically Generated Addresses (CGA)," Internet RFC 4972, Mar. 2005.

[RFC4191] R. Draves and D. Thaler, "Default Router Preferences and More-Specific Routes," Internet RFC 4191, Nov. 2005.

[RFC4286] B. Haberman and J. Martin, "Multicast Router Discovery," Internet RFC 4286, Dec. 2005.

[RFC4389] D. Thaler, M. Talwar, and C. Patel, "Neighbor Discovery Proxies (ND Proxy)," Internet RFC 4389 (experimental), Apr. 2006.

[RFC4443] A. Conta, S. Deering, and M. Gupta, ed., "Internet Control Message

Protocol (ICMPv6) for the Internet Protocol Version 6 (IPv6) Specification," Internet RFC 4443, Mar. 2006.

[RFC4581] M. Bagnulo and J. Arkko, "Cryptographically Generated Addresses (CGA) Extension Field Format," Internet RFC 4581, Oct. 2006.

[RFC4604] H. Holbrook, B. Cain, and B. Haberman, "Using Internet Group Management Protocol Version 3 (IGMPv3) and Multicast Listener Discovery Protocol Version 2 (MLDv2) for Source-Specific Multicast," Internet RFC 4604, Aug. 2006.

[RFC4607] H. Holbrook and B. Cain, "Source-Specific Multicast for IP," Internet RFC 4607, Aug. 2006.

[RFC4727] B. Fenner, "Experimental Values in IPv4, IPv6, ICMPv4, ICMPv6, UDP, and TCP Headers," Internet RFC 4727, Nov. 2006.

[RFC4857] E. Fogelstroem, A. Jonsson, and C. Perkins, "Mobile IPv4 Regional Registration," Internet RFC 4857 (experimental), June 2007.

[RFC4861] T. Narten, E. Nordmark, W. Simpson, and H. Soliman, "Neighbor Discovery for IP Version 6 (IPv6)," Internet RFC 4861, Sept. 2007.

[RFC4884] R. Bonica, D. Gan, D. Tappan, and C. Pignataro, "Extended ICMP to Support Multi-Part Messages," Internet RFC 4884, Apr. 2007.

[RFC4890] E. Davies and J. Mohacsi, "Recommendations for Filtering ICMPv6 Messages in Firewalls," Internet RFC 4890 (informational), May 2007.

[RFC4950] R. Bonica, D. Gan, D. Tappan, and C. Pignataro, "ICMP Extensions for Multiprotocol Label Switching," Internet RFC 4950, Aug. 2007.

[RFC4982] M. Bagnulo and J. Arkko, "Support for Multiple Hash Algorithms in Cryptographically Generated Addresses (CGAs)," Internet RFC 4982, July 2007.

[RFC5175] B. Haberman, ed., and R. Hinden, "IPv6 Router Advertisement Flags Option," Internet RFC 5175, Mar. 2008.

[RFC5269] J. Kempf and R. Koodli, "Distributing a Symmetric Fast Mobile IPv6 (FMIPv6) Handover Key Using SEcure Neighbor Discovery (SEND)," Internet RFC 5269, June 2008.

[RFC5461] F. Gont, "TCP's Reaction to Soft Errors," Internet RFC 5461 (informational), Feb. 2009.

[RFC5508] P. Srisuresh, B. Ford, S. Sivakumar, and S. Guha, "NAT Behavioral Requirements for ICMP," Internet RFC 5508/BCP 0148, Apr. 2009.

[RFC5535] M. Bagnulo, "Hash-Based Addresses (HBA)," Internet RFC 5535, June 2009.

[RFC5568] R. Koodli, ed., "Mobile IPv6 Fast Handovers," Internet RFC 5568, July 2009.

[RFC5790] H. Liu, W. Cao, and H. Asaeda, "Lightweight Internet Group Management Protocol Version 3 (IGMPv3) and Multicast Listener Discovery Version 2 (MLDv2) Protocols," Internet RFC 5790, Feb. 2010.

[RFC5837] A. Atlas, ed., R. Bonica, ed., C. Pignataro, ed., N. Shen, and JR. Rivers, "Extending ICMP for Interface and Next-Hop Identification," Internet RFC 5837, Apr. 2010.

[RFC5927] F. Gont, "ICMP Attacks against TCP," Internet RFC 5927 (informational), July 2010.

[RFC5942] H. Singh, W. Beebee, and E. Nordmark, "IPv6 Subnet Model: The Relationship between Links and Subnet Prefixes," Internet RFC 5942, July 2010.

[RFC5944] C. Perkins, ed., "IP Mobility Support for IPv4, Revised," Internet RFC 5944, Nov. 2010.

[RFC6104] T. Chown and S. Venaas, "Rogue IPv6 Advertisement Problem Statement," Internet RFC 6104 (informational), Feb. 2011.

[RFC6106] J. Jeong, S. Park, L. Beloeil, and S. Madanapalli, "IPv6 Router Advertisement Options for DNS Configuration," Internet RFC 6106, Nov. 2010.

[RFC6144] F. Baker, X. Li, C. Bao, and K. Yin, "Framework for IPv4/IPv6 Translation," Internet RFC 6144 (informational), Apr. 2011.

[RFC6145] X. Li, C. Bao, and F. Baker, "IP/ICMP Translation Algorithm," Internet RFC 6145, Apr. 2011.

[RFC6273] A. Kubec, S. Krishnan, and S. Jiang, "The Secure Neighbor Discovery (SEND) Hash Threat Analysis," Internet RFC 6273 (informational), June 2011.

431 ~ 434 [RFC6275] C. Perkins, D. Johnson, and J. Arkko, "Mobility Support in IPv6," Internet RFC 6275, June 2011.

[SI] http://www.iana.org/assignments/cga-message-types

广播和本地组播（IGMP 和 MLD）

9.1 引言

第 2 章中我们提到有 4 种 IP 地址：单播（unicast）、任播（anycast）、组播（multicast）和广播（broadcast）。IPv4 可以使用所有这些地址，而 IPv6 可以使用除了最后一种形式的所有其他形式的地址。在本章中，我们讨论广播和组播更多的细节，包括链路层地址如何有效地用于从一台计算机向其他几台计算机发送组播或广播流量。我们也查看互联网组管理协议（IGMP）[RFC3376] 和 IPv6 组播侦听发现（MLD）[RFC3810] 协议，它们用来通知 IPv4 和 IPv6 组播路由器子网中哪些组播地址在使用中。本章（或本书）中，我们没有涉及的一个主题是在诸如全球互联网的广域网中，组播路由是如何实现的。目前，组播在企业和本地网络中的使用超过在广域网中的使用。尽管我们在本章中讨论的这些协议是为了完全理解广域组播，但是广域路由协议比较复杂，而且会使解释本地局域网的情况不必要地复杂化。对探索这些问题感兴趣的读者可以参考 [EGW02]。

广播和组播为应用程序提供了两种服务：数据分组交付至多个目的地，通过客户端请求 / 发现服务器。

- 交付至多个目的地。有许多应用程序将信息交付至多个收件方，例如，互动式会议、邮件或新闻分发至多个收件方。没有广播或组播，这些类型的服务往往倾向于使用现在的 TCP（将一个单独的副本交付至每一个目的地，这是非常低效的）。 435
- 通过客户端请求服务器。使用广播或组播，应用程序可以向一个服务器发送一个请求，而不用知道任何特定服务器的 IP 地址。当本地网络环境的信息了解得很少时，这种功能在配置过程中非常有用。例如，一台笔记本电脑可能需要使用 DHCP，获取它的初始 IP 地址，找到其最近的路由器（见第 6 章）。

虽然广播和组播都可以提供这些重要的功能，但是相对于广播来说，组播一般情况下是更可取的，因为组播只涉及那些支持或使用特定服务或协议的系统，而广播却不是。因此，一个广播请求会影响在广播范围内所有可以到达的主机，而组播只影响那些可能对该请求有兴趣的主机。当我们探讨广播和组播的详细情况后，这些概念将变得更加清晰。现在，请记住，在广播的更高开销和简单性以及组播的效率改善和更多的复杂性之间存在一种平衡。

广播自出现以来，就一直受到 IPv4 协议的支持，而随着 [RFC1112] 的出版，组播被添加进来。IPv6 支持组播但不支持广播。一般来说，只有使用 UDP 传输协议（第 10 章）的用户应用程序利用广播和组播，此时应用程序发送单个报文到多个收件方才是有意义的。TCP 是一个面向连接的协议，这意味着两台主机（由 IP 地址指定）和每台主机上的一个进程（由端口号指定）之间的一个连接。TCP 可以使用单播和任播地址（回想一下，任播地址可以像单播地址一样），但是不能使用广播或组播地址。

注意 广播和组播也被一些重要的系统进程使用，如路由协议、ARP、IPv6 中的 ND 等。虽然 IP 组播支持曾经是“插件”，要求用户给系统打补丁以使用它，但是现代的操作系统默认地包括这种功能。组播是重要的，但在 IPv4 中是可选的功能，而在 IPv6 中，因为 ND 中使用它，所以是强制性的。ND 对单播通信来说是关键的服务。

9.2 广播

广播是指将报文发送到网络中的所有可能的接收者。在原理上，这是简单的：路由器简单地将它接收到的任意报文副本转离（forward out）除报文到达的接口以外的每个接口。当
436 有多个主机连接到同一个本地局域网时，事情就稍微有点复杂了。在这种情况下，链路层的特点可以使得广播在某种程度上更高效。

考虑在诸如以太网的网络上的一组主机，这种网络在链路层上支持广播。每个以太网帧包含源和目的 MAC 地址（48 位值）。通常情况下，每个 IP 分组被指定到一个单一的主机，所以使用单播寻址，目的地的唯一 MAC 地址使用 ARP 或 IPv6 ND 来确定。当一个帧以这种方式被发送到一个单播目的地时，任意两个主机之间的通信不会打扰网络上的任何其他主机。对于交换以太网来说，这些都是在交换机和网桥中的站点缓存中发现的地址类型（见第 3 章）。然而，有些时候，一个主机要向网络（或 VLAN）上的每个其他主机发送一个帧——这称为广播（broadcast）。在第 4 章中，与 ARP 一起，我们看到了这一点。

9.2.1 使用广播地址

在一个以太网或类似网络中，组播 MAC 地址中高位字节的低序位打开。以十六进制表示，这看起来像 01:00:00:00:00:00。我们可以认为以太网广播地址 ff:ff:ff:ff:ff:ff 是以太网组播地址的一种特殊情况。从第 2 章中可以回忆到，在 IPv4 中，每个子网都有一个本地定向子网广播地址，它是通过将地址中的主机部分全部置 1 形成的，特殊地址 255.255.255.255 对应于本地网络（也称为“有限”）广播。

9.2.1.1 例子

在 Linux 中，与每个接口相关的 IPv4 定向子网广播地址可以通过 ifconfig 命令查看或设置。我们可以看到它显示如下：

```
Linux% ifconfig eth0
eth0      Link encap:Ethernet  HWaddr 00:08:74:93:C8:3C
          inet addr:10.0.0.13  Bcast:10.0.0.127  Mask:255.255.255.128
          inet6 addr: 2001:5c0:9ae2:0:208:74ff:fe93:c83c/64
                      Scope:Global
          inet6 addr: fe80::208:74ff:fe93:c83c/64
                      Scope:Link
          UP BROADCAST RUNNING MULTICAST  MTU:1500  Metric:1
          RX packets:426469 errors:0 dropped:0 overruns:1 frame:0
          TX packets:779338 errors:0 dropped:0 overruns:0 carrier:0
          collisions:298048 txqueuelen:1000
          RX bytes:44414543 (42.3 MiB)  TX bytes:1094425223 (1.0 GiB)
          Interrupt:19 Base address:0xec00
```

这里，地址 10.0.0.127 是设备 eth0 所连接的网络上使用的（定向子网）广播地址。它是
437 通过获取网络前缀（10.0.0.0/25），并将其与该地址的主机部分的 32 - 25 = 7 位的 1 相结合来形成的：10.0.0.0 OR 0.0.0.127 = 10.0.0.127。一个称为 ipcalc 的简单工具在某些系统上可以用来执行此计算。

为了查看简单的广播是如何工作的，我们可以使用 ping 程序向 ifconfig 命令输出中指明的广播地址 10.0.0.127 发送一个 ICMPv4 回显请求报文：

```
Linux# ping -b 10.0.0.127
WARNING: pinging broadcast address
PING 10.0.0.127 (10.0.0.127) 56(84) bytes of data.
64 bytes from 10.0.0.6: icmp_seq=1 ttl=64 time=1.05 ms
64 bytes from 10.0.0.113: icmp_seq=1 ttl=64 time=1.55 ms (DUP!)
64 bytes from 10.0.0.120: icmp_seq=1 ttl=64 time=3.09 ms (DUP!)

--- 10.0.0.127 ping statistics ---
1 packets transmitted, 1 received, +2 duplicates,
0% packet loss, time 0ms
```

我们在第 8 章中提到过，在这种类型的广播中，本地 LAN（或 VLAN）上的所有主机都受影响。在这里，我们收到了网络上的三个其他主机的回复，并且 ping 程序说明接收到了比发送的请求数量更多的响应（DUP！指示）。为了查看正在使用的地址，我们使用 Wireshark 来研究该活动（见图 9-1）。

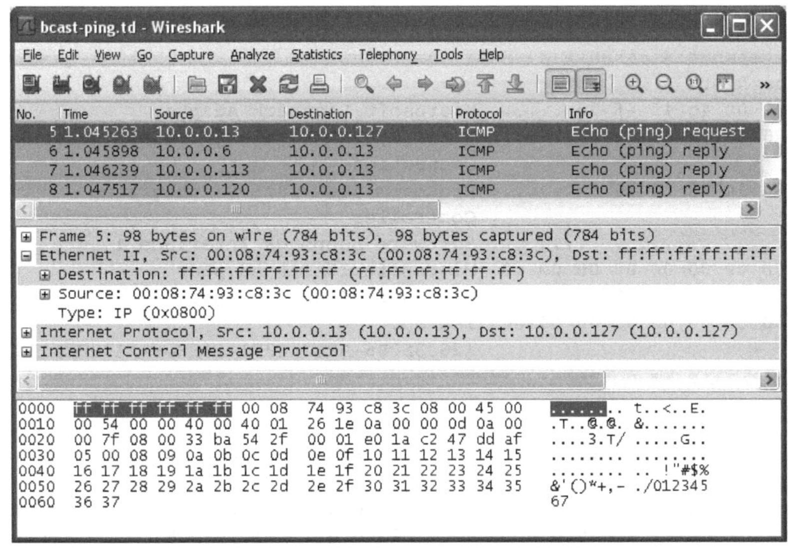

图 9-1　发送到本地子网定向广播地址的 ICMPv4 回显请求报文被封装在一个链路层广播帧中，并且该帧的目的地址全部为 1 438

回显请求报文被发送到地址 10.0.0.127。IPv4 的实现通过咨询本地路由表中的信息和接口配置信息，确定这是该定向子网的广播地址，并且它使用链路层广播地址 ff:ff:ff:ff:ff:ff 发送该数据报，因此不需要 ARP 请求来确定每个目的地的 MAC 地址。事实上，在主机响应之前，发送方并不知道哪个主机将响应。它只知道 10.0.0.127 是一个广播地址，因此当它发送时，应该使用广播链路层目的地址。在 IP 层和链路层的源地址全部是传统的单播地址；组播地址只能作为目的地址。

在这个特定的例子中，请注意，每个生成的响应被定向到 10.0.0.13、原始发送方的单播地址，并且每个响应包括响应方的 IPv4 地址：10.0.0.6，10.0.0.113 和 10.0.0.120。这是一个原理更普遍的简单例子：广播寻址（和组播寻址，不久我们将看到）可以用来发现其他方面未知的系统或服务。在这个例子中，传出的广播 ping 请求发现了三个主机，它们愿意响应广播回显请求报文。

9.2.2 发送广播数据报

一般来说，使用广播的应用程序使用 UDP 协议（或 ICMPv4 协议），然后调用一组普通 API 来发送流量。唯一例外的是，当调用 API 时，一些操作系统会使用一个特殊的标志（SO_BROADCAST），以表示该应用程序确实打算发送广播数据报。例如，在 Linux 中，当试图发送广播 ping 时，没有使用 -b 标志会引起下面的输出：

```
Linux% ping 10.0.0.127
Do you want to ping broadcast? Then -b
```

之所以引起该错误，是因为只有在命令中提供 -b 参数时，才能通过 API 提供 SO_BROADCAST 标志。这有助于避免意外产生广播流量而造成暂时拥塞网络。

为了确定哪些接口用于广播，可以咨询 IPv4 转发表（这里称为"路由表"）。以下是 Windows Vista 路由表的一个例子（更高版本的 Windows 使用完全相同的格式），显示了接口列表和广播相关的路由信息（为清楚起见，其他信息已被移除）：

439

```
C:\> netstat -rn
===========================================================================
Interface List
 10 ...02 00 4c 4f 4f 50 ...... Microsoft Loopback Adapter
  9 ...00 13 02 20 b9 18 ...... Intel(R) PRO/Wireless 3945ABG Network
                                Connection
  8 ...00 14 22 f4 19 5f ...... Broadcom 440x 10/100 Integrated
                                Controller
  1 ........................... Software Loopback Interface 1
 12 ...00 00 00 00 00 00 00 e0  Microsoft ISATAP Adapter
 13 ...00 00 00 00 00 00 00 e0  Microsoft ISATAP Adapter #2
 11 ...00 00 00 00 00 00 00 e0  isatap.
                                {2523E0D6-A8E2-42F1-8188-6AA108FEA1EA}
===========================================================================

IPv4 Route Table
===========================================================================
Active Routes:
Network Destination   Netmask          Gateway     Interface       Metric
0.0.0.0               0.0.0.0          10.0.0.1    10.0.0.57       25
10.0.0.127            255.255.255.255  On-link     10.0.0.57       281
127.255.255.255       255.255.255.255  On-link     127.0.0.1       306
169.254.255.255       255.255.255.255  On-link     169.254.57.240  286
255.255.255.255       255.255.255.255  On-link     127.0.0.1       306
255.255.255.255       255.255.255.255  On-link     169.254.57.240  286
255.255.255.255       255.255.255.255  On-link     10.0.0.57       281
```

输出的第一部分显示了 7 个不同的网络接口，它们可用于承载网络流量。第 1 个是虚拟环回接口，下一个是 Wi-Fi 无线接口，第 3 个是有线以太网接口（断开的），第 4 个是另一个环回接口，随后的三个用作非标准站内自动隧道寻址协议（ISATAP）[RFC5214] [RFC5579] 的一部分。ISATAP 用于支持由 IPv4 网络隔断的 IPv6 主机。

转移到路由表中，我们可以看到有 7 个项目能够用于确定广播流量应发送到的地址。第一项是默认路由（掩码为 0.0.0.0），所以它匹配任意的目的地。如果有这样的设施启用了，就可以被定向广播用于跨越本地网络。这种类型的定向广播移动到本地网络之外，通常由路由器来禁用，以避免一些安全问题，如 [RFC2644] 所建议的。

接下来的三个条目分别是与 IPv4 地址 10.0.0.57、127.0.0.1 和 169.254.57.240 相关的 3 个接

口的定向子网广播地址。最后两个是软件环回接口。这些条目说明 Windows 如何通过结合网络前缀与全 1 主机位作为定向子网广播路由的目的地址，以及子网掩码 /32 或 255.255.255.255。Gateway 列为 On-link，所以使用直接交付（见第 5 章）将流量交付至 Interface 列中指定的接口上。在这些情况下，对于每个定向广播地址，至多有一个匹配，因此不会询问 Metric 列。

最后三项是有限广播地址的路由条目，255.255.255.255。在某些时候，这个地址像组播地址一样，因为它不直接与任意直接连在网络上的正在使用的地址相关联。因此，哪一个 440 接口应该用于发送去往有限广播地址的流量不是一目了然的。不幸的是，Host Requirements RFC [RFC1122] 的 3.3.6 节提供了很少的指导：

> 目标地址为有限广播地址的数据报是否应该从多宿主主机的所有接口发送，对此已有讨论。此规范对该问题不持任何观点。

因此，到有限广播地址传出流量的处理方式是特定于操作系统的。大多数系统都选取一个单一的具有广播功能的接口来发送这样的流量。Linux 和 FreeBSD 按这种方式运行。事实上 FreeBSD 将有限广播地址转换成一个“主”（第一次配置）接口的定向子网广播地址，虽然应用程序可以使用 IP_ONESBCAST API 参数来禁用此行为。例如，Windows 在不同的版本中表现不同。一直到 Windows 2000，有限广播都通过多个接口来转发。在 Windows XP 及稍后版本中，默认的动作是通过一个单一的接口来发送。在这个例子中，对于这样的流量有多个可能的匹配路由，所以使用了具有最低跃点数的条目（接口 10.0.0.57）。

9.3 组播

为了减少在广播中涉及的开销，可以只向那些对它感兴趣的接收方发送流量。这被称为组播（multicasting）。从根本上说，通过发送方指明接收方，或是通过接收方独立地指明它们的兴趣，就可以完成这项工作。然后网络只负责向预期的 / 感兴趣的收件方来发送流量。实现组播比广播更具挑战性，因为组播状态（multicast state）（信息）必须由主机和路由器来保持，以说明哪些接收方对哪类流量有兴趣。在组播 TCP/IP 模型中，接收方通过指明组播地址和可选源列表来表明它们对希望接收的流量的兴趣。这个信息作为主机和路由器中的软状态（soft state）（见第 4 章）来维持，这意味着它必须定期更新或是超时删除。当这发生时，组播流量的交付要么停止，要么恢复为广播。

广播的低效不仅体现在广域网中，此时它们是极其严重的，同时也体现在局域网和企业网络中。在相同 LAN 或 VLAN 上可以到达的每个主机必须处理广播分组。IP 组播提供了一个更有效的方式以执行相同类型的任务。如果正确地使用 IP 组播，只有那些在通信中参与或感兴趣的主机需要处理相关的分组，流量只会被承载于它将被使用的链路上，并且只有任意组播数据报的一个副本被承载于任意的这样的链路上。为了使组播工作，希望参与通信的 441 应用程序需要一种机制来发布其意愿的协议实现。然后主机软件可以安排接收与应用程序的条件相匹配的分组。

IP 组播在诸如以太网的链路层网络中，起初使用一种基于组寻址工作方式的设计。在这种方法中，每个站点选择它愿意接收流量的组地址，而不考虑发送方。因为对于发送方的身份是不敏感的，所以这种方法有时也被称为任源组播（ASM）。由于 IP 组播已经演化了，另一种代替方式已经研究出来，它对于发送方的身份是敏感的，被称为特定源组播（SSM）[RFC4607]，它允许终端站点明确地包含或排除从一组特定发送方发送到一个组播组的流量。

SSM服务模型比ASM更容易实现，这主要是因为在广域组播中，确定单个源的位置比确定很多源的位置更容易。然而，在局部区域，支持ASM或SSM的大部分机器是相同的，所以我们把它们放在一起，并且只有当差异很重要时，才解释这些差异。下面我们开始研究在具有组播功能的IEEE LAN技术中，IP组播流量是如何使用MAC层组播地址的。

9.3.1 将IP组播地址转换为802 MAC/以太网地址

在类似以太网的网络中，使用单播地址时，ARP（见第4章）通常根据目的地的IPv4地址确定其MAC地址。在IPv6中，ND起着类似的作用（见第8章）。当我们查看早期的广播时，我们注意到，有一个众所周知的广播MAC地址，可以用于达到一个LAN或VLAN上的所有站点。当我们想要发送组播流量时，什么样的目的地MAC地址应该放置于链路层帧中呢？理想的情况下，我们不必使用协议报文来确定适当的MAC地址，相反，可以只是简单地将一个IP组播地址直接映射到一些对应的MAC地址。为了了解这是如何完成的，我们会专注于IEEE 802网络，特别是以太网和Wi-Fi。这些网络代表了使用IP组播的最常见的网络类型。首先，我们将讨论与IPv4相关的映射如何进行，然后转移到在IPv6中使用的略有不同的方法。

为了在链路层网络中有效地承载IP组播，在IP层和链路层帧的数据分组和地址之间应该有一个一对一的映射。IANA拥有IEEE组织唯一标识符（以下简称OUI，或非正式称为以太网地址前缀）00:00:5e。有了它，IANA就被赋予权限去使用以01:00:5e开始的组（组播）MAC地址以及以00:00:5e开始的单播地址。该前缀被用作以太网地址的高序24位，这意味着此块包括范围在00:00:5e:00:00:00到00:00:5e:ff:ff:ff的单播地址，以及范围在01:00:5e:00:00:00到01:00:5e:ff:ff:ff的组播地址。除了IANA的其他组织也拥有地址块，但
442 只有IANA将其空间的一部分用于支持IP组播。

IANA分配一半的组地址块用于识别IEEE 802 LAN上的IPv4组播流量。这意味着，对应到IPv4组播的以太网地址范围为01:00:5e:00:00:00到01:00:5e:7f:ff:ff。

注意 *此处我们使用互联网标准位序来表示，即内存中位出现的顺序。这是大多数程序员和系统管理员处理的方式。IEEE文档中使用位的传输顺序。*

IPV4地址到它们对应的IEEE 802形式的链路层地址的映射如图9-2所示。

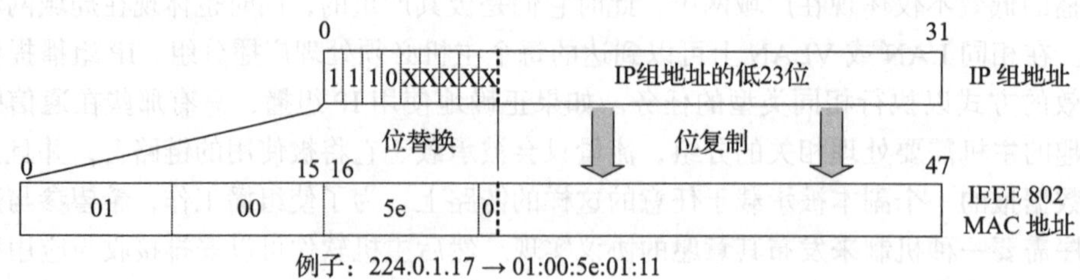

图9-2 IPv4到IEEE 802 MAC组播地址的映射使用IPv4组播地址的低序23位作为以01:00:5e开始的MAC地址的后缀。因为只使用了28个组地址位中的23位，32个组地址被映射到相同的MAC层地址

回忆第2章，所有的IPv4组播地址都被包含在从224.0.0.0到239.255.255.255的地址空间中（以前称为D类地址空间）。所有这样的地址在高序位共享一个共同的4位序列1110。

因此，有 32 – 4 = 28 位可用来编码整个空间，即 2^{28} = 268 435 456 个组播 IPv4 地址（也称为组 ID）。对于 IPv4，IANA 的政策是分配一半的组地址用于支持 IPv4 组播，这意味着所有的 268 435 456 个组播组 ID 需要被映射到只包含 2^{23} = 8 388 608 个唯一条目的链路层地址空间。因此，映射是非唯一的（nonunique）。即多个 IPv4 组 ID 被映射到相同 MAC 层组地址。具体来说，$2^{28}/2^{23} = 2^5$ = 32 个不同的 IPv4 组播组 ID 被映射到每个组地址。例如，组播地址 224.128.64.32（十六进制为 e0.80.40.20）和 224.0.64.32（十六进制为 e0.00.40.20）都被映射到以太网地址 01:00:5e:00:40:20。

对于 IPv6，16 位的 OUI 十六进制前缀是 33:33。这意味着，IPv6 地址的最后 32 位可以用来形成链路层地址。因此，任何以相同的 32 位结束的地址映射到相同的 MAC 地址（见图 443
9-3）。由于所有的 IPv6 组播地址以 ff 开始，随后的 8 位用于标志和范围信息，这就留下 128 – 16 = 112 位用于表示 2^{112} 个组。因此，MAC 层地址的 32 位可用来编码这些组，可能有多达 $2^{112}/2^{32} = 2^{80}$ 个组映射到相同的 MAC 地址！

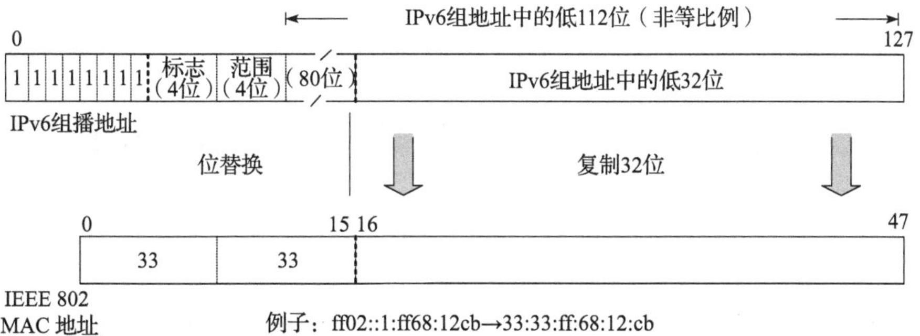

图 9-3 IPv6 到 IEEE-802 MAC 组播地址映射使用 IPv6 组播地址的低序 32 位作为以 33:33 开始的 MAC 地址的后缀。因为只使用了 112 个组播地址位中的 32 位，所以 2^{80} 个组映射到相同的 MAC 层地址

9.3.2 例子

在前面的例子中，我们使用一个子网广播地址，以确定所有的本地子网中的主机，它们将响应广播 ICMPv4 回显请求报文。在这里，因为我们可以使用组播地址来确定提供特定服务的主机，我们可以向那些响应组播 DNS(mDNS [CK11]) 地址 224.0.0.251 的主机发送 ICMPv4 回显请求报文。

```
Linux% ping 224.0.0.251
PING 224.0.0.251 (224.0.0.251) 56(84) bytes of data.
64 bytes from 10.0.0.2: icmp_seq=1 ttl=60 time=1.10 ms
64 bytes from 10.0.0.11: icmp_seq=1 ttl=60 time=1.60 ms (DUP!)
64 bytes from 10.0.0.120: icmp_seq=1 ttl=64 time=2.59 ms (DUP!)
--- 224.0.0.251 ping statistics ---
1 packets transmitted, 1 received, +2 duplicates,
0% packet loss, time 0ms
rtt min/avg/max/mdev = 1.109/1.767/2.590/0.615 ms
```

在这里，主机 10.0.0.2、10.0.0.11 和 10.0.0.120 全部响应，表明它们订阅了 mDNS 组。请注意，这些主机和我们使用广播地址 10.0.0.127 时响应的主机是不相同的。这并不奇怪，因为不是所有的主机都支持 mDNS 协议。 444

注意 组播 DNS（mDNS 的）是一个服务，它旨在支持零配置（容易的系统和设备配置）。mDNS 已经由苹果系统支持，它作为 Bonjour 的一部分。微软已经推出的一种替代协议也有类似的功能，被称为链路本地组播名称解析（LLMNR）[RFC4795]。目前这两个协议都不是 IETF 内的互联网标准，但现在，mDNS 具有比 LLMNR 更长的历史。有关详细信息请参阅第 11 章。

对于 IPv6，我们可以使用 ICMPv6 回显请求报文执行相同的操作。

```
Linux% ping6 -I eth0 ff02::fb
PING ff02::fb(ff02::fb) from fe80::208:74ff:fe93:c83c eth0:
    56 data bytes
64 bytes from fe80::217:f2ff:fee7:6d91: icmp_seq=1 ttl=64 time=2.76 ms
--- ff02::fb ping statistics ---
1 packets transmitted, 1 received, 0% packet loss, time 0ms
rtt min/avg/max/mdev = 2.768/2.768/2.768/0.000 ms
```

请注意，在这种情况下，我们提供了传出接口作为 ping6 程序的输入。这允许程序在 Windows XP 中选择合适的传出 IPv6 地址。在图 9-4 中我们可以看到，选择的地址是与设备 eth0 相关的本地链路地址。

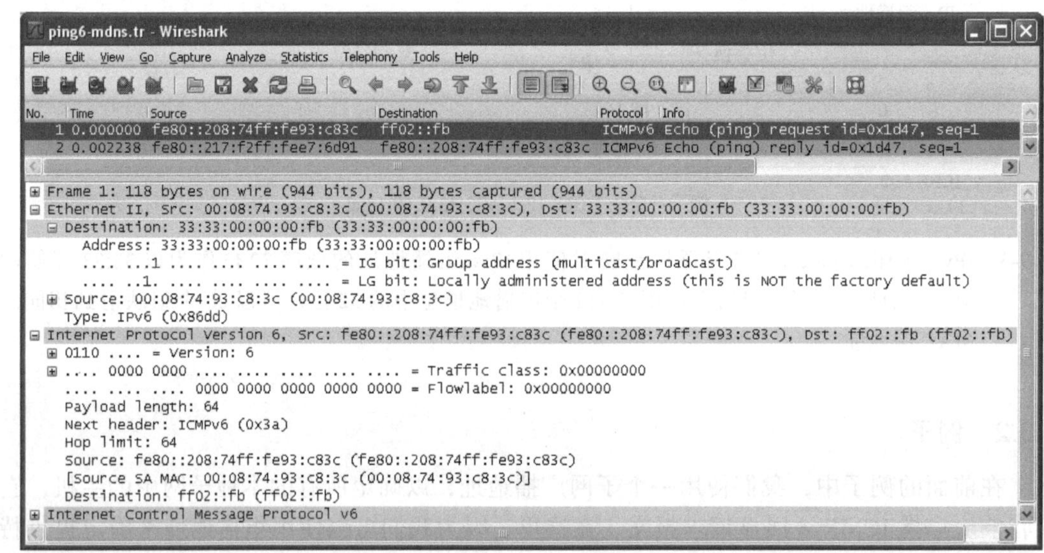

图 9-4 ICMP 回显请求报文由与 eth0 网络接口相关的本地链路单播地址发送到组播地址 ff02::fb。应
445 答包含发送方的 IPv6 本地链路 IPv6 地址

被识别为 ICMPv6 回显请求 / 应答报文的数据分组中的标识符（Identifier）字段设置为 0x1d47，序列号（Sequence Number）字段设置为 1。在所有情况下，源 IPv6 地址是本地链路的。请求的目的地址是组播地址 ff02::fb，它被映射到 MAC 地址 33:33:00:00:00:fb。回显应答报文由响应方的本地链路单播地址 fe80::217:f2ff:fee7:6d91，直接发送到发送方的本地链路单播地址 fe80::208:74 FF:fe93:c83c。需要注意的是，回显应答报文的发送方安排使用相同范围内的源 IPv6 地址（见在第 5 章中源地址选择的讨论，并比较图 9-4 和图 5-16）。

9.3.3 发送组播数据报

当发送任意的 IP 数据分组时，必须决定使用哪个地址和接口。对于 IPv6 来说尤其如此，因为 IPv6 中每个接口有多个地址被认为是正常的。为了帮助确定这一点，我们可以看一下目前主机中的转发表。在 Windows 或 Linux 操作系统中，都可以使用 netstat 命令。下面是在 Windows Vista（更高版本使用相同的格式）上 IPv4 和 IPv6 的路由表的输出情况。

```
C:\> netstat -rn
... interface list ...

IPv4 Route Table
===========================================================================
Active Routes:
Network Destination        Netmask          Gateway       Interface  Metric
0.0.0.0                  0.0.0.0         10.0.0.1     10.0.0.57     25
224.0.0.0                240.0.0.0         On-link     127.0.0.1      306
224.0.0.0                240.0.0.0         On-link     169.254.57.240 286
224.0.0.0                240.0.0.0         On-link     10.0.0.57      281
255.255.255.255          255.255.255.255   On-link     127.0.0.1      306
255.255.255.255          255.255.255.255   On-link     169.254.57.240 286
255.255.255.255          255.255.255.255   On-link     10.0.0.57      281
===========================================================================
Persistent Routes:
  None

IPv6 Route Table
===========================================================================
Active Routes:
 If Metric Network Destination      Gateway
  9    281 ::/0                     fe80::204:5aff:fe9f:9e80
  1    306 ff00::/8                 On-link
 10    286 ff00::/8                 On-link
  9    281 ff00::/8                 On-link
===========================================================================
Persistent Routes:
  None
```

446

从表中我们可以看到，IPv4 流量的默认路由是使用接口 10.0.0.57 转向 10.0.0.1。虽然这确实与组播流量匹配，但是有其他更具体的条目。列出的条目 224.0.0.0/4（子网掩码 240.0.0.0）说明三个不同的接口可以承载传出的组播流量。具有最低跃点数的接口（10.0.0.57，跃点数值为 281）最优先选择，所以如果应用程序没有指定，就会使用它。对于 IPv6，所有的组播地址以 ff 开始，没有广播地址，所以接口 1、9 和 10 都可以使用。接口 9（这恰好是 IPv4 中的相同接口和 IPv6 单播流量的默认接口）具有最低跃点数。指明接口拥有的 IP 地址的额外信息可以使用 Windows 命令 ipconfig/all 来确定。

在 Linux 上的输出对于不同的协议族是分开的（如 IPv4 和 IPv6）。通过向 netstat 命令提供不同的参数，可以指明哪个版本的 IP 协议（或其他的）是感兴趣的，从而产生不同的输出。对于 IPv4，没有任何显示，因为没有特殊的组播条目；传统的默认路由处理组播流量。然而，对于 IPv6，我们可以看到以下内容：

```
Linux% netstat -rn -A inet6
Kernel IPv6 routing table
Destination    Next Hop                   Flags Metric Ref    Use  Iface
ff00::/8       ::                           U      256  0      0   eth0
```

在这种情况下，没有直接的“下一跳”，所以未指定地址（::）在表中列出，但我们可以看到传出接口是 eth0。Flags 列只包含 U，表明该路由可用，但缺少 G 标志表明它是链路上的路由，不需要转发到路由器。

9.3.4　接收组播数据报

组播的基本是在主机给定的接口上进程*加入*（joining）或*离开*（leaving）一个或多个组播组的概念。（我们使用术语*进程*（process）代表由操作系统执行的程序，往往代表一个用户。）在一个给定接口上的组播组的成员资格是动态的，它随进程加入或离开组而改变。除了加入或离开组，如果进程希望指定它希望收听或排除的源，就需要额外的方法。这些是支持组播的主机上的任意 API 的必需部分。组的成员资格与接口相关，因此我们使用限定词"接口"。一个进程可以在多个接口上加入同一组，也可以加入同一接口上的多个组，或是其中的任意组合。

例子

使用操作系统特定的命令，可以确定每个接口上在使用的组播组。在 Windows 中，该
447 命令是 netsh 包的一部分。对于 IPv6，它按如下方式工作（对于 IPv4，使用 ip 替代 ipv6）：

```
C:\> netsh interface ipv6 show joins
Interface 1:  Loopback Pseudo-Interface 1
Scope        References  Last  Address
-------      ----------  ----- ------------------------------------------
0                     1  Yes   ff02::c

Interface 8:  Local Area Connection
Scope        References  Las   Address
-------      ----------  ----- ------------------------------------------
0                     0  Yes   ff01::1
0                     0  Yes   ff02::1
0                     1  Yes   ff02::c
0                     1  Yes   ff02::1:3
0                     1  Yes   ff02::1:ffdc:fc85
```

在这里我们可以看到，IPv6 是如何使用在每个接口上的几个组播地址的。第一个接口是一个环回、本地接口。在它上面使用的唯一组播组是本地链路范围内的简单服务发现协议（SSDP）组播地址，如我们在第 7 章中所看到的。

注意　*SSDP 在一个由微软和惠普开发的互联网草案（已过期）*[GCLG99] *中描述。SSDP 也运行在 IPv4 中，使用地址 239.255.255.250 和 UDP 端口 1900。*

在其他网络接口中，地址 ff01::1（本地节点所有节点地址）和 ff02::1（本地链路所有节点地址）显示了所有节点的加入，ff02::c 显示了 SSDP 的使用。下一个地址 ff02::1:3 用于支持 LLMNR，它是前面提到的一种本地组播名称解析系统，并且在第 11 章中将讨论更多细节。最后，地址 ff02::1:ffdc:fc85 是该节点的请求节点组播地址，在 IPv6 ND 中使用。回想一下，在 IPv6 中，确定邻居的 MAC 地址是通过使用组播 ICMPv6 ND 报文完成的，与在 IPv4 中使用的 ARP 机制相对应。

在 Linux 下，使用 netstat 命令显示 IP 组成员：

```
Linux% netstat -gn
IPv6/IPv4 Group Memberships
Interface       RefCnt Group
--------------- ------ ---------------------
lo              1      224.0.0.1
eth1            1      224.0.0.1
lo              1      ff02::1
eth1            1      ff02::1:ff2a:1988
eth1            1      ff02::1
```

此命令的输出包括多个接口以及 IPv4 和 IPv6 的加入信息。在这种情况下，我们看到在以太网接口（eth1）和本地环回接口（lo）上的 224.0.0.1（所有主机）。我们还可以看到每个接口的本地链路范围所有节点的绑定。最后，请求节点地址是 ff02::1:ff2a:1988。 448

注意 使用 IP 组播，一个进程可以向一个组播组发送而不用加入它。更常见的是，进程加入它们在一个或多个特定接口上正在交互的组播组。在套接字 API 中有一个特殊的选项（IP_MULTICAST_LOOP）来改变相同主机上进程之间的组播流量被处理的方式，该主机是相同接口上同一组的成员。在 UNIX 中，此选项用于发送路径，这意味着，如果启用该选项，在同一台主机上的其他进程接收组播数据报，即使它们禁用该选项。相反，在 Windows 中，该选项适用于接收路径，这意味着启用该选项的任何进程接收来自同一主机上的其他应用程序的组播流量，即使它们禁用该选项。

9.3.5 主机地址过滤

为了了解操作系统进程如何为程序已加入的组播组接收组播数据报，回忆第 3 章，每当一个帧因可能会被接收而交给过滤器（例如，通过一个网桥或交换机）时，过滤（filtering）就在每个主机的网络接口卡（NIC）上发生。图 9-5 说明了这是如何发生的。

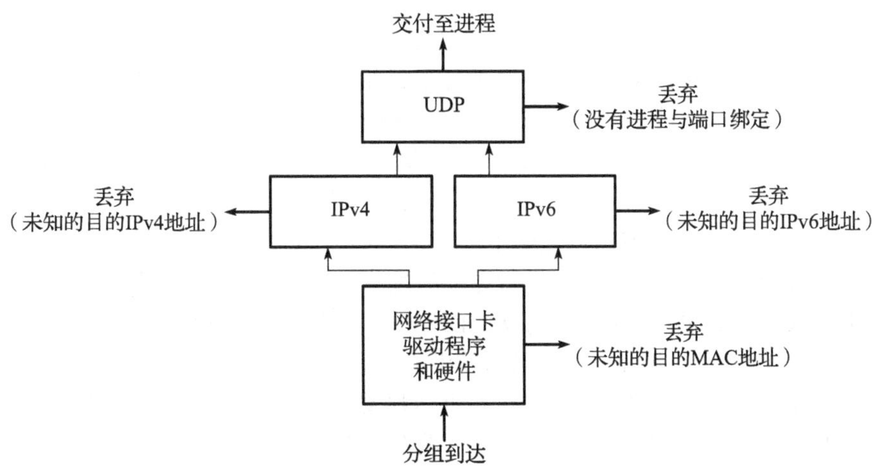

图 9-5 每层实现对接收报文的部分过滤。MAC 地址过滤可以发生于软件或硬件中。更便宜的 NIC 往往倾向于向软件强加更大的处理负担，因为它们在硬件上执行较少的功能

在一个典型的交换式以太网环境中，广播和组播帧沿着在交换机之间形成的一棵生成树在 VLAN 中的所有段被复制。这样的帧被交付至每台主机上的 NIC，它将会检查帧的正确性（使用 CRC），并且决定是否接收该帧，并将其交付给设备驱动程序和网络协议栈。通常情况下，NIC 只接收目的地址是接口的硬件地址或广播地址的那些帧。然而，当涉及组播帧时，情况就更加复杂了。

NIC 往往有两类。一类执行基于组播硬件地址的散列值的过滤，主机软件可以表达对该硬件地址的兴趣，这意味着由于散列冲突，一些不需要的帧总是可以通过。另一类侦听组播地址的一张有限表，这意味着，如果主机需要接收超过表中能够容纳的更多的组播地址的

帧，NIC 将进入一种“组播混杂”模式，在这种情况下，所有的组播流量将会交给主机软件。因此，两种类型的接口需要设备驱动程序或高层软件执行检查，以确定接收到的帧是否真的需要。虽然接口进行完善的组播过滤（基于 48 位的硬件地址），但是由于从组播 IPv4 或 IPv6 地址到 48 位的硬件地址的映射不是唯一的，过滤还是必需的。尽管存在不完美的地址映射和硬件过滤，组播仍然比广播更高效。

对于支持多条目地址表的 NIC 来说，将每个接收到的帧的目的地址与该表比较，如果在表中发现该地址，该帧由设备驱动程序接收和处理。此表的条目由设备驱动程序软件和协议栈的其他层（如 IPv4 和 IPv6 的实现）联合管理。实现这种类型过滤器的另一种方法是对目的地址使用散列函数，形成一个到（较小的）二元向量的索引。当向量中被索引的条目包含一个 1 位时，对应的地址被视为可以接受，并进一步处理该帧。这种做法可以节省 NIC 的内存，但因为在散列函数中的冲突，一些不应该接收的帧可能被认为是可以接受的。然而，这不是一个致命的问题，因为栈中较高层也执行过滤，并且当帧不应该被丢弃时，没有帧被丢弃（即，不存在漏报，但有可能存在误报）。

449 ~ 450 **注意** 根据制造商的不同，NIC 的具体功能也不同。作为一个例子，英特尔 82583V 以太网控制器包括一个 16 项的精确匹配表（单播或组播），一个 4096 位的组播目的地散列过滤器，并且除了基于多达 4096 个 VLAN 标签的过滤外，还支持混杂接收和混杂组播接收。

一旦 NIC 硬件验证一个帧是可以接受的（即 CRC 是正确的，任何 VLAN 标签匹配，目的 MAC 地址与一个或多个 NIC 表中一个地址条目相匹配），该帧被传递到设备驱动器程序，在此执行另外的过滤。首先，帧类型必须指定一种被支持的协议（例如，IPv4、IPv6、ARP 等）。其次，可以执行另外的组播过滤以检查主机是否属于被寻址的组播组（通过目的 IP 地址说明）。这对于可能产生误报的 NIC 来说是必要的。

然后，设备驱动程序将该帧传递到下一层，例如，如果帧类型指定一个 IP 数据报，则为 IP 层。基于源和目的 IP 地址，IP 进行更多的过滤，如果一切没有问题，它将该数据报向上传递到下一层（如 TCP 或 UDP）。每次 UDP 从 IP 收到一个数据报，它执行基于目的端口号的过滤，有时也基于源端口号。如果当前没有进程正在使用该目的端口，数据报就被丢弃，并生成一个 ICMPv4 或 ICMPv6 端口不可达报文。（TCP 基于它的端口号执行类似的过滤。）如果 UDP 数据报存在校验和错误，UDP 默默丢弃它。

研究组播寻址特征背后的主要动机之一是避免广播的开销。考虑一个设计为使用 UDP 广播的应用程序。如果网络（或 VLAN）中有 50 台主机，但只有 20 台参与该应用，每当 20 台主机中的一台发送一个 UDP 广播时，在 UDP 数据报被丢弃之前，它要一路向上直至 UDP 层，其他 30 台非参与主机不得不处理该广播。该 UDP 数据报被这 30 台主机丢弃，因为目的端口号没有在使用。组播的目的就是减少对该应用没有兴趣的主机的负担。使用组播，一台主机明确地加入一个或多个组播组。如果可能的话，NIC 被告知主机属于哪个组播组，并且只有那些与 IP 层组播组相关联的组播帧被允许通过 NIC 中的过滤器。这一机制所提供的就是使主机上的开销更小，作为代价，需要在管理组播地址和组成员中添加额外的复杂性。

9.4 互联网组管理协议和组播侦听发现协议

到目前为止，我们已经从主机的角度讨论了组播数据报如何传输、过滤和接收。当组播数据报在广域网或是在跨越多个子网的企业中转发时，我们要求，组播路由（multicast routing）应该由一个或多个组播路由器启动。这种情况更加复杂，因为为了合理地安排要交付的组播流量，组播路由器需要了解哪些主机对什么组播组感兴趣。它们也执行一个特定的程序，称为反向路径转发（RPF）检查。此过程在到达的组播数据报的源地址上进行路由查找。只有当路由的传出接口与数据报到达的接口相匹配时，数据报才转发。RPF 检查对于避免组播回路来说是非常重要的。组播路由在很大程度上是独立于由 IP 路由器提供的传统的单播路由的。然而，一些组播路由的功能需要 IPv6 ND 协议（见第 8 章）来正常地操作。 451

两个主要的协议用于允许组播路由器了解附近的主机感兴趣的组：IPv4 使用的互联网组管理协议（IGMP）和 IPv6 使用的组播侦听发现（MLD）协议。两者都由支持组播的主机和路由器使用，并且协议非常相似。这些协议让 LAN（VLAN）上的组播路由器知道哪些主机当前属于哪些组播组。路由器需要此信息，这样它们知道哪些组播数据报转发到哪些接口。在大多数情况下，组播路由器只要求知道至少一个侦听主机通过一个特定接口是可达的，因为链路层组播寻址（假设它支持）允许组播路由器发送链路层组播帧，这些帧将被所有的感兴趣的侦听方接收。这允许一个组播路由器完成其工作，而不用记录每个接口上的单个主机，它们可能只对特定组的组播流量感兴趣。

随着时间的推移，IGMP 已经演变了，并且 [RFC3376] 定义了第 3 版（到写作的时候最新的版本）。MLD 在并行发展，其目前版本（2）在 [RFC3810] 中定义。IGMPv3 和 / 或 MLDv2 被要求支持 SSM。可以查看 [RFC4604] 获取每个组播组只使用一个单一源时这些协议是如何受限制的更多详细情况。

IGMP 版本 1 是第一个广泛使用的 IGMP 版本。版本 2 添加了更迅速地离开组（也被 MLDv1 支持）的能力。IGMPv3 和 MLDv2 添加了选择组播流量源的能力，并要求部署 SSM。然而 IGMP 是 IPv4 使用的一个单独的协议，而 MLD 是 ICMPv6(见第 8 章）的真正的一部分。

图 9-6 显示了 IPv4（IPv6）具有组播功能的路由器如何使用 IGMP（MLD）。这样的路由器关注于确定在它的每个连接的接口上有哪些感兴趣的组播组。这些路由器需要此信息，以避免简单地从每个接口广播出所有的流量。

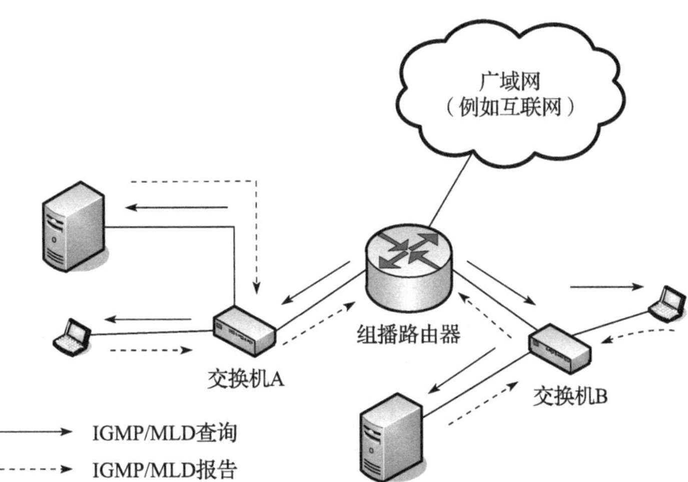

图 9-6 组播路由器定期向每个连接的子网发送 IGMP（MLD）请求，以确定哪些组和源对连接的主机来说是感兴趣的。主机使用报告响应，说明哪些组和源是感兴趣的。如果成员资格变化了，主机也可以发送主动提供的报告

在图 9-6 中，我们可以看到 IGMP（MLD）查询是如何通过组播路由器发送的。这些被发送到所有主机组播地址 224.0.0.1（IGMP），或所有节点链路范围组播地址 ff02::1（MLD），并且被实现 IP 组播的每台主机处理（请参见 9.4.2 节中的特例，“特殊的”查询）。成员资格报告报文由组成员发送以响应查询，但是也可能从一些主机以一种主动提供的方式来发送，这些主机希望通知组播路由器它们的组成员资格和 / 或对特定源的兴趣已经改变了。IGMPv3 报告发送到具有 IGMPv3 功能的组播路由器地址 224.0.0.22。MLDv2 报告被发送到相应的 MLDv2 侦听 IPv6 组播地址 ff02::16。需要注意的是，当组播路由器加入组播组时，组播路由器本身也作为成员。

注意　在 IGMPv1 和 IGMPv2 中，主机在收到查询后不立即做出响应，而是等待一个小的随机时间，以查看是否有其他主机响应同一组。如果有，主机的响应被抑制（不发送）。这是通过在问题中将报告发送到组组播地址来完成的。[RFC3376] 的附录 A 说明了为什么该操作在 IGMPv3 中删除了。总之，组播路由器可能希望跟踪记录单个主机的订阅，在使用 IGMP 探听（见 9.4.7 节）的桥接 LAN 中抑制不能很好地工作，处理抑制使得协议实现更为复杂，并且 IGMPv3 报告包含多个组的信息，使抑制成功的可能性更小。注意 IGMPv3 和 MLDv2 都要求后向兼容它们的早期版本，并恢复使用在同一子网中检测到的较旧的主机或路由器的旧版本的协议报文。

IGMP 和 MLD 的封装如图 9-7 所示。与 ICMP 类似，IGMP 被认为是 IP 层的一部分。452～453 还和 ICMP 类似的是，IGMP 报文也在 IPv4 数据报中传输。不像我们已经看到的其他协议，IGMP 使用一个固定的为 1 的 TTL 值，所以数据分组仅限于本地子网。IGMP 数据分组也使用 IPv4 路由器警告选项，并使用 6 位值 0x30 的 DS 字段来代表网间控制（CS6，参见第 5 章）。在 IPv6 中，MLD 是 ICMPv6 的一部分，但 MLD 的功能和 IGMP 的几乎是相同的，所以我们在此描述它（在第 8 章中，当描述 ICMPv6 时，我们简单地描述了它的报文格式）。它的封装使用了 IPv6 的逐跳扩展头部以保持路由器警告选项。在许多情况下，源列表是空的。

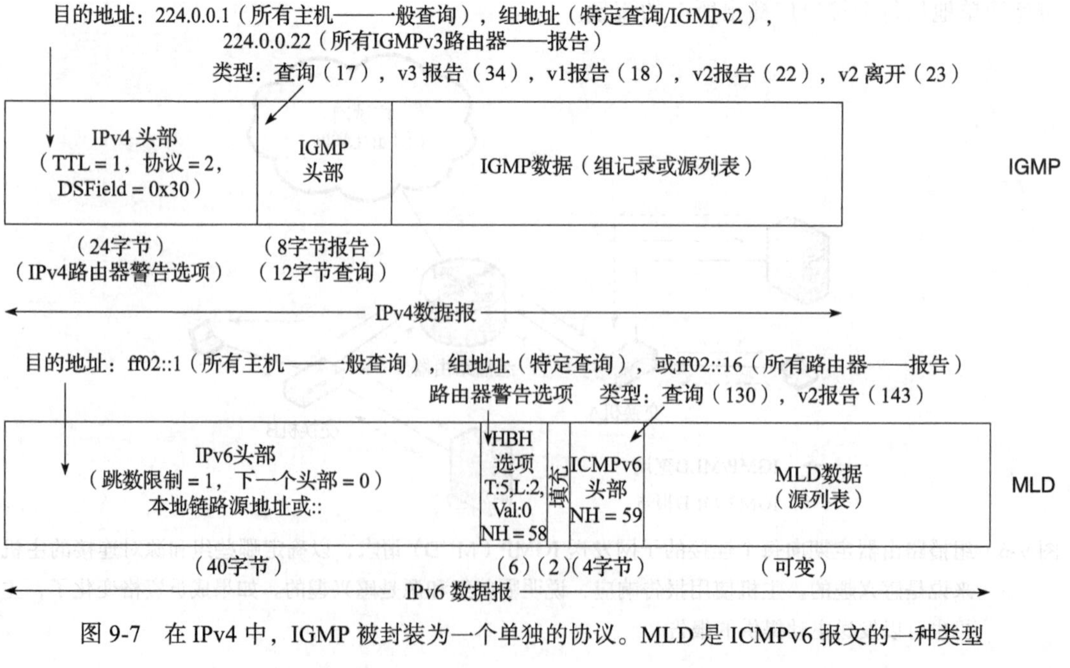

图 9-7　在 IPv4 中，IGMP 被封装为一个单独的协议。MLD 是 ICMPv6 报文的一种类型

IGMP 和 MLD 定义了两组协议处理规则：由组成员的主机执行的和由组播路由器执行的。一般来说，成员主机（我们将其称为“组成员”）的工作是自发地报告对组播组和源的兴趣改变，以及响应定期的查询。组播路由器发送查询，以确定连接链路上的对于任意组或是特定的组播组和源是否有兴趣。路由器也与广域组播协议（如 PIM-SM 和 BIDIR-PIM）交互，将所需的流量带给有兴趣的主机或禁止流量流向不感兴趣的主机。想要了解这些协议的更多详细信息，请参见 [RFC4601] 和 [RFC5015]。

9.4.1 组成员的 IGMP 和 MLD 处理（“组成员部分”）

IGMP 和 MLD 组成员的部分被设计为允许主机指定它们对什么样的组有兴趣，以及从
特定源发送的流量是否应该接受或过滤掉。这是通过向一个或多个连接到同一子网的组播 454
路由器（和参与主机）发送报告完成的。报告可以作为接收查询的结果发送，或是因为接收状态（例如，一个应用程序加入或离开某个组）的本地改变而自发地（即主动提供）发送。IGMP 报告采取图 9-8 所示的格式。

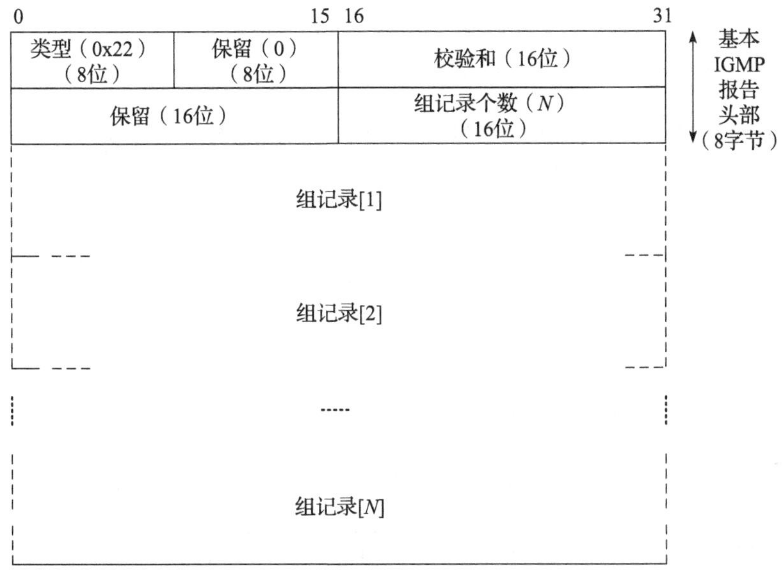

图 9-8 IGMPv3 成员资格报告包含 N 组的组记录。每个组记录表明一个组播地址和可选源列表

报告报文是相当简单的。它们包含一个组记录（group record）向量，其中的每一个提供了有关特定组播组的信息，包括主题组的地址，以及用于建立过滤器的一个可选源列表（参见图 9-9）。

每个组记录中包含一个类型、主题组的地址，以及要包含或是排除的源地址列表。此外，还支持包括辅助数据，但此功能在 IGMPv3 中没有使用。表 9-1 显示使用 IGMPv3 报告记录类型可以获得极高的灵活性。MLD 使用相同的值。源列表涉及了包含（include）或排除（exclude）模式。在包含模式中，在列表中的源是流量应该被接收的唯一的源。在排除模式中，在列表中的源是应该被过滤掉的（所有其他的是允许的）。离开一个组可以表示为使用没有源的包含模式过滤器，一个组的简单加入（即对所有源）可以表示为使用没有源的排除模式滤波器。注意，当使用 SSM 时，类型 0x02 和 0x04 不能使用，因为对于任意组，只有
一个单一源是假定的。 455

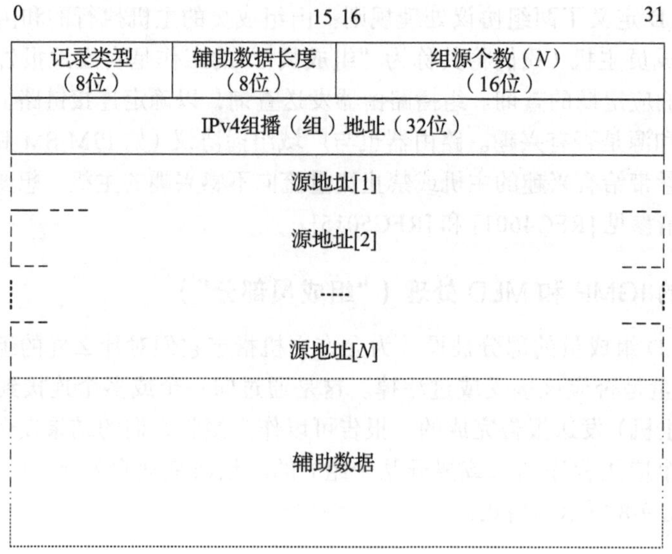

图 9-9 IGMPv3 的组记录包括一个组播地址（组）和一个可选的源列表。源组或是由发送方允许（包含模式），或是过滤掉（排除模式）。以前版本的 IGMP 报告不包括源列表

表 9-1 IGMP 和 MLD 源列表的类型值指明过滤模式（包含或排除）以及源列表是否已经改变

类型	名称和意义	何时发送
0x01	MODE_IS_INCLUDE (IS_IN)：来自任意相关源地址的流量不会被过滤	响应来自一个组播路由器的查询
0x02	MODE_IS_EXCLUDE (IS_EX)：来自任意相关源地址的流量会被过滤	响应来自一个组播路由器的查询
0x03	CHANGE_TO_INCLUDE_MODE (TO_IN)：来自排除模式的改变；来自任意相关源地址的流量现在不应该被过滤	响应过滤器模式从排除变为包含的本地动作
0x04	CHANGE_TO_EXCLUDE_MODE (TO_EX)：来自包含模式的改变；来自任意相关源地址的流量现在应该被过滤	响应过滤器模式从包含变为排除的本地动作
0x05	ALLOW_NEW_SOURCES (ALLOW)：源列表中的改变；来自任意相关源地址的流量现在不应该被过滤	响应源列表变为允许新源的本地动作
0x06	BLOCK_OLD_SOURCES (BLOCK)：源列表中的改变；来自任意相关源地址的流量现在应该被过滤	响应源列表变为禁止先前允许的源的本地动作

456

前两种报文类型（0x01，0x02）被称为*当前状态记录*（current-state record），用于在响应查询中报告当前过滤器的状态。接下来的两个（0x03，0x04）被称为*过滤器模式改变记录*（filter-mode-change record），这表明从包含模式变为排除模式，或相反。最后的两个（0x05，0x06）被称为*源列表变更记录*（source-list-change record），指明在排除或包含模式中正在处理的源的变化。最后四种类型也被更一般地描述为*状态变化记录*（state-change record）或*状态变化报告*（state-change report）。这些作为一些本地状态改变的结果来发送，如一个新的应用程序正在启动或停止，或是一个正运行的应用程序改变了它的组 / 源兴趣。需要注意的是，IGMP 和 MLD 查询 / 报告本身从不过滤。MLD 报告使用类似于 IGMP 报告的结构，但是可以容纳更大的地址范围，并使用一个 ICMPv6 类型代码 143（见第 8 章）。

当接收到一个查询时，组成员没有立即回应。相反，它们设置一个随机的（有界限的）计时器来决定何时响应。在此期间，进程可能会改变它们的组 / 源兴趣。任何这样的变化可

以在计时器到期前一起处理来触发报告。这样一来，一旦计时器到期，多个组的状态可以更容易地被合并成一个单一的报告，节省了开销。

用于 IGMP 的源地址是发送接口的主要或首选的 IPv4 地址。对于 MLD，源地址是本地链路 IPv6 地址。当主机在启动并尝试确定它自己的 IPv6 地址时，会同时出现一个问题。在此期间，它选择一个潜在的 IPv6 地址来使用并执行重复地址检测（DAD）过程（见第 6 章），以确定是否有任何其他的系统已经使用这个地址。因为 DAD 涉及组播，一些源地址必须被分配为传出 MLD 报文。[RFC3590] 解决了这个问题，它允许未指定的地址（::）在配置过程中被用来作为 MLD 流量的源 IPv6 地址。

9.4.2 组播路由器的 IGMP 和 MLD 处理（“组播路由器部分”）

在 IGMP 和 MLD 中，组播路由器的工作是为每个组播组、接口和源列表确定是否至少有一个组成员目前在接收相应的流量。这是通过发送查询，以及基于成员发送的报告，建立描述成员存在性的状态来完成的。此状态是软状态，这意味着，如果没有被刷新，在经过一个确定的时间后，它会被清除。为了建立这种状态，组播路由器发送 IGMPv3 查询，其形式如图 9-10 所示。

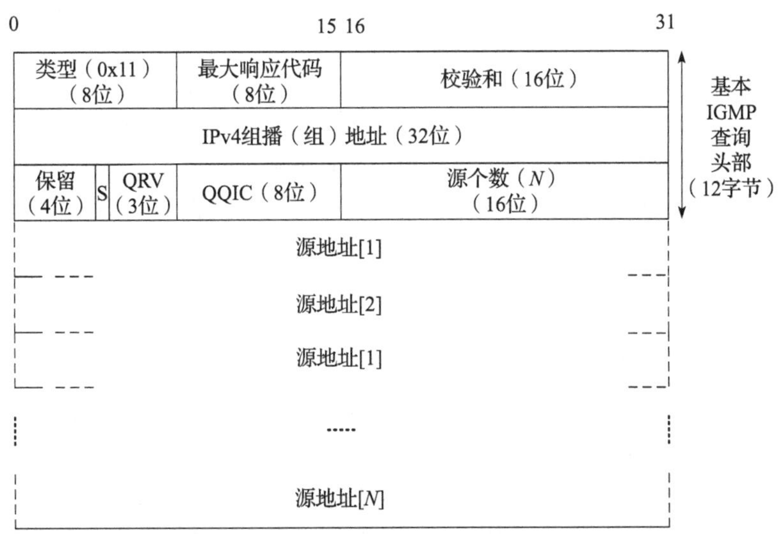

图 9-10 IGMPv3 查询包含组播组地址和可选源列表。一般查询使用为 0 的组地址，并被发送到所有主机组播地址 224.0.0.1。QRV 值编码发送方将使用的最大重传次数，QQIC 字段编码定期查询间隔。在结束流量流动之前，特定的查询用于组或是源 / 组的组合。在这种情况下（和使用 IGMPv2 或 IGMPv1 的所有情况下），该查询被发送到的主题组的地址

IGMP 查询报文与我们在第 8 章中讨论的 ICMPv6 MLD 查询很相似。在这种情况下，组（组播）地址长度是 32 位，最大响应代码（Max Resp Code）字段是 8 位而非 16 位。最大响应代码字段编码查询的接收方在发送报告之前应该延迟的最大时间量，对于 128 以下的值以 100ms 为单位编码。对于 127 以上的值，该字段编码如图 9-11 所示。

此编码提供了一个可能的范围（16）（8）= 128 到（31）（1024）= 31 744（即约 13 秒到 53 分钟）。使用较小最大响应代码字段的值允许调节离开延迟（从最后一个组成员离开的时间到相应的流量不再被转发所经过的时间）。增加该字段的值（通过提高更长报告周期的可

能性），会减少由成员生成的 IGMP 报文流量负载。

457~458 查询中的其余字段包括跨越整个报文的互联网式的校验和、主题组的地址、源列表，以及我们在第 8 章中讨论 MLD 时定义的 S、QRV 和 QQIC 字段。当组播路由器希望了解所有组播组的兴趣时，组地址（Group Address）字段被设置为 0（这样的查询被称为“一般查询”）。S 和 QRV 字段用于容错和报告重传，将在 9.4.5 节中讨论。QQIC 字段是 Querier's Query Interval Code 的缩写。这个值是以秒为单位查询发送周期，并使用和最大响应代码字段相同的方法进行编码（即从 0 到 31 744 的范围）。

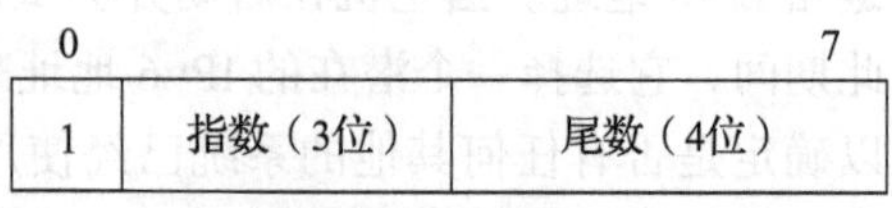

最大响应时间 =（尾数+16）$*2^{(指数+3)}$

图 9-11　最大响应代码字段编码以 100ms 为单位的最大延迟响应时间。对于 127 以上的值，一种指数值可用于容纳较大的值

有三种查询报文的变体可以由组播路由器发送：一般查询（general query），特定组查询（group-specific query），特定组和源查询（group-and-source-specific query）。第一种形式被组播路由器用于更新任意组播组的信息，对于这样的查询，组列表是空的。特定组查询与一般查询类似，但对于识别的组是特定的。最后一类本质上是一个包含一组源的特定组查询。特定的查询被发送到主题组的目的 IP 地址，与之形成对照，一般查询被发送到所有系统的组播地址（对于 IPv4）或 IPv6 中的链路范围内的所有节点组播地址（ff02::1）。

发送特定查询响应状态变化报告，以证明它适用于路由器采取一些措施（例如，在构造一个过滤器之前，确保没有兴趣仍然在特定的组中）。当接收过滤器模式改变记录或源列表改变记录时，组播路由器安排增加新的流量源，并且能够过滤掉来自特定源的流量。在组播路由器准备开始过滤前面正流动的流量时，它首先使用特定组查询以及特定组和源查询。如果这些查询没有引起任何报告，路由器开始过滤相应的流量。因为这种变化可以显著地影响组播流量的流动，状态变化报告和特定查询被重传（参见 9.4.5 节）。

9.4.3　例子

图 9-12 显示了一个数据分组跟踪记录，它包含 IGMPv2、IGMPv3、MLDv1 和 MLDv2 协议的组合，它们都在同一个子网工作。跟踪记录的长度为 16 个分组（在图 9-12 中显示了前 10 个），它以一个 MLD 查询开始，该查询来自于本地链路 IPv6 地址为 fe80::204:5aff:fe9f:9e80 的查询方。回想一下，MLD 和 MLDv2 使用相同的查询格式。与之相同的系统还使用 IPv4 源地址 10.0.0.1 作为 IGMP 查询方。

在图 9-12 中，MLD 查询（分组 1）由查询方发送，使用它的本地链路 IPv6 地址 fe80::204:5aff:fe9f:9e80 到组播地址 ff02::1（所有节点）。MAC 层地址分别为 00:04:5a:9f:9e:80 和 33:33:00:00:00:01。这里，我们可以看到 IPv6 本地链路单播地址如何与对应的 MAC 地址相关联，以及所有节点地址如何映射到使用前缀 33:33 的 MAC 地址，如我们前面讨论的。IPv6 的跳数限制（Hop Limit）字段被设置为 1，因为 MLD 报文只适用于本地链路。IPv6 负
459 载长度（Payload Length）字段表示为 36 个字节，其中包括保持 MLD 形式的路由器警报（逐跳选项）的 8 个字节、ICMPv6 头部信息的 4 个字节，以及保持 MLD 数据本身的 24 个字节。MLD 报文的类型（Type）、代码（Code）、校验和（Checksum）和最大响应（MaxResponse）字段需要 24 个字节中的 8 个；另外 16 个用来存放组播地址字段（设置为 0/ 未知或者未指定的地址来包含所有组）。S 位字段、QRV 和 QQIC 字段一起使用 2 个字节，最后 2 个保持识

别源的号码，在这种情况下为 0。在这个例子中，我们看到所有 MLD 信息的默认值：最大响应延迟为 10 秒，QRV = 2，以及 125s 的查询时间间隔。下一个报文（分组 2，图 9-13）是对查询的响应。

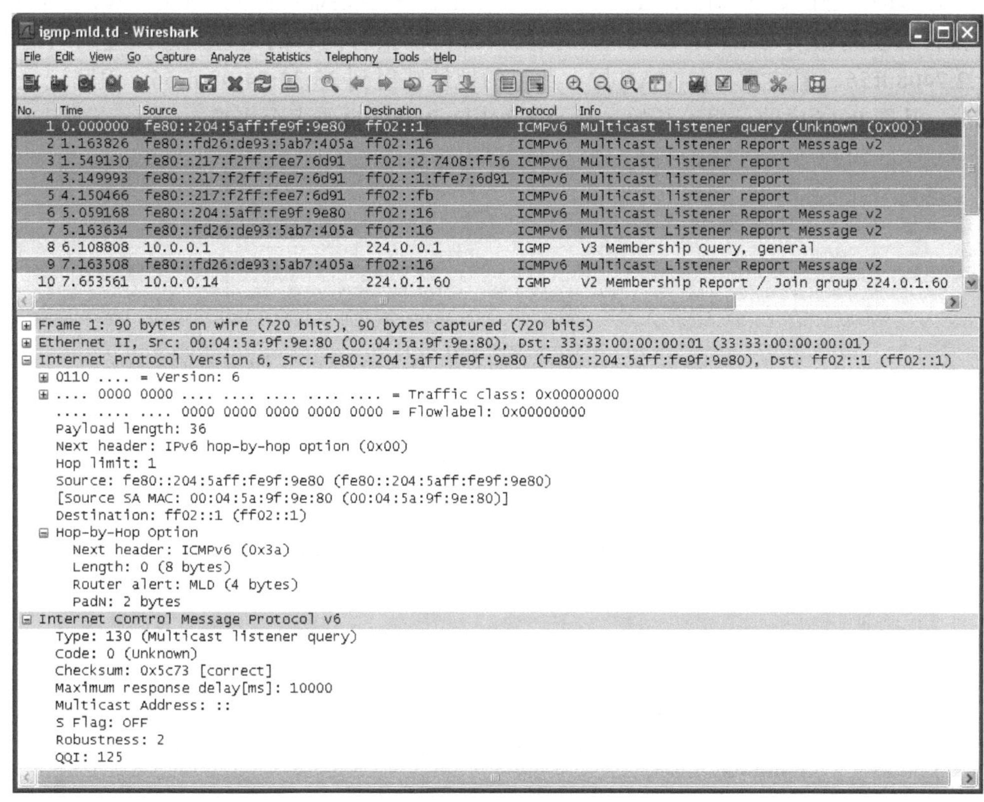

图 9-12　IGMPv2、IGMPv3、MLDv1 和 MLDv2，全部在同一个子网。高亮的数据分组是一个 MLD 查询

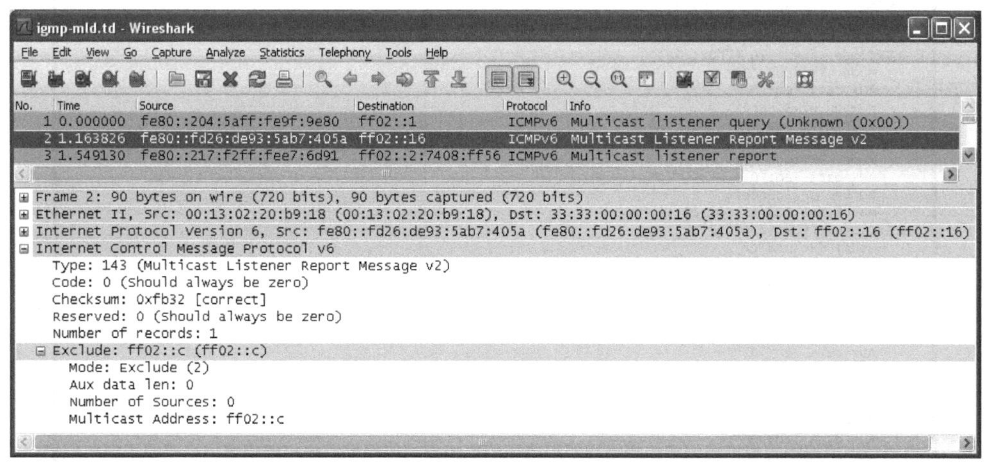

图 9-13　通过使用没有源的排除类型的报文，MLDv2 侦听报告报文表示了对组 ff02::c 的兴趣（SSDP 本地链路范围组播地址）

图 9-13 是一个 MLDv2 报告，表示对组播地址 ff02::c 的兴趣（SSDP 的本地链路组播地

址)。使用包含空源列表的排除模式报告，在这样的报告中指明了兴趣。跟踪记录中的随后
460 几个数据分组显示了 MLDv1 的使用（仍在一些系统中使用）。

图 9-14 中的分组 3 到分组 5 都是 MLDv1 报告。只有分组 3 在这里显示，因为其他的分组是相似的（它们之间的区别仅在于各自的目的地 IPv6 地址不同）。与 MLDv2 基本相同，每个报告都使用相同的结构，IPv6 基和扩展头部，但报告的目的地址是感兴趣的组播地址 ff02::2:7408:ff56。请注意，在 MAC 层，此目的地址映射到 33:33:74:08:ff:56。跟踪记录的随后部分，从图 9-15 中的分组 6 开始，显示了 MLDv2 如何报告多个兴趣。

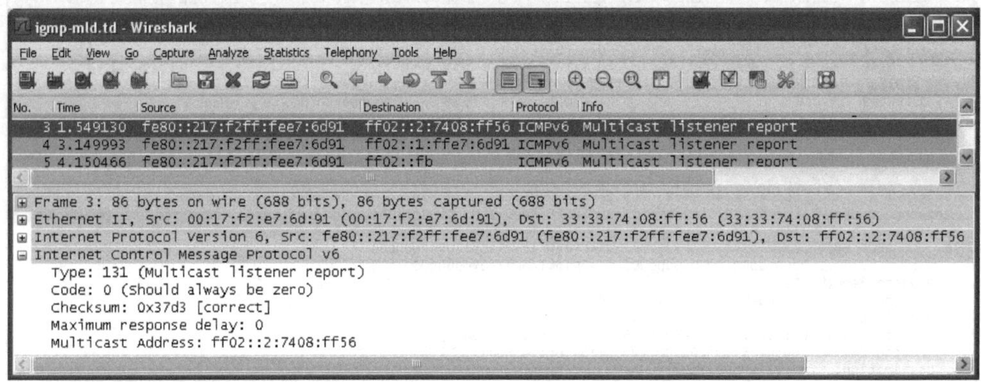

461 图 9-14 MLDv1 报告报文表示了对组播地址 ff02::2:7408:ff56 的兴趣，该地址也是目的地 IPv6 地址

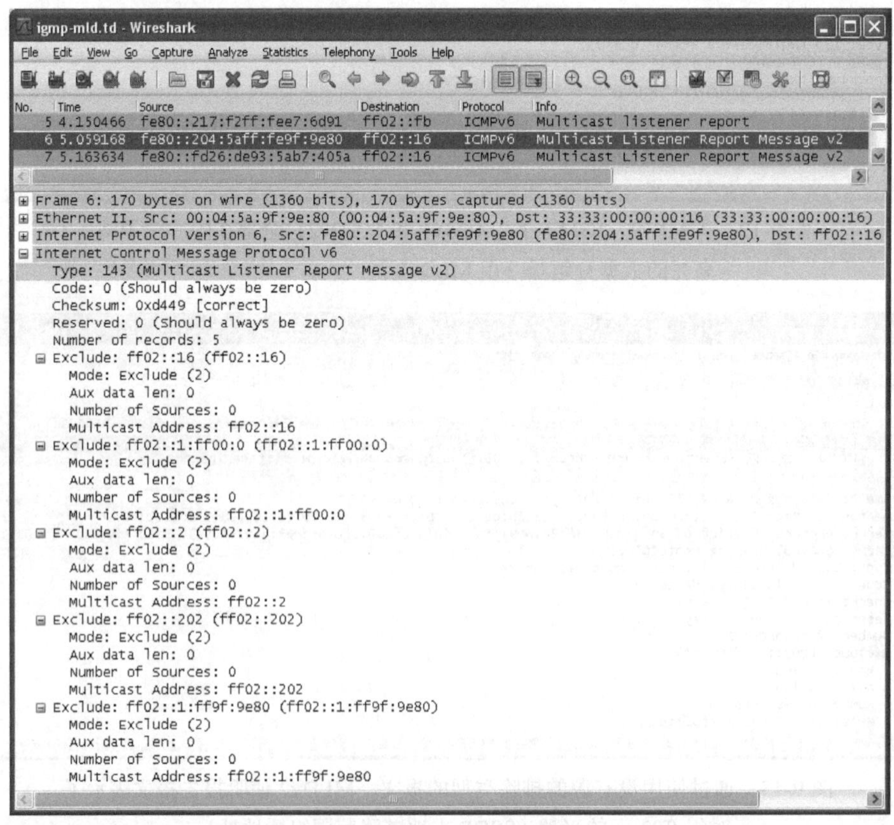

图 9-15 MLDv2 报告表达了对 5 个组播组的兴趣。每个组播地址记录通过指明没有源被排除，报告了对一个单一组的兴趣（即，模式为没有相关源的排除模式）

图 9-15 中的分组 6 是第一个 MLDv2 报告，指明了对多个组播地址的兴趣。在这种情况下，它来自 fe80::204:5aff:fe9f:9e80（MLD 查询方），并包含 5 个组的信息：ff02::16（所有具有 MLDv2 功能的路由器），ff02::1:ff00:0（第一个请求节点地址），ff02::2（所有路由器），ff02::202（ONC RPC，一种远程过程调用），以及 ff02::1:ff9f:9e80（其自身的请求节点组）。分组 7（不详细）是一个 MLDv2 报告，指明主机 fe80::fd26:de93:5ab7:405a 对于它的请求节点地址 ff02::1:ffb7:405a 感兴趣。我们现在转移到图 9-16 中显示的跟踪记录中的非 IPv6 流量。

图 9-16 中的分组 8 是记录的第一个 IPv4 分组，并且它是来自查询方 10.0.0.1 的一个
IGMPv3 的一般查询。该分组被发送到所有节点地址 224.0.0.1，该组播地址映射到链路层地 462
址 01:00:5e:00:00:01。TTL 设置为 1，因为 IGMP 报文不会通过路由器转发。IPv4 头部是 24 个字节，比基本 IPv4 头部多 4 个字节，这是为了保持 4 个字节的路由器警告选项。这个特定的数据分组是一个 IGMPv3 成员查询，使用默认的最大响应时间 10s、查询间隔 125s。被识别的组播地址（组）为 0.0.0.0，所以这是请求了解所有使用中的组播组的一个一般查询。分组 9（未详细说明，但和分组 7 和 2 相似）是一个散布的 MLDv2 响应，指明对组播地址 ff02::1:3（LLMNR）的兴趣。最后 7 个分组如图 9-17 所示。

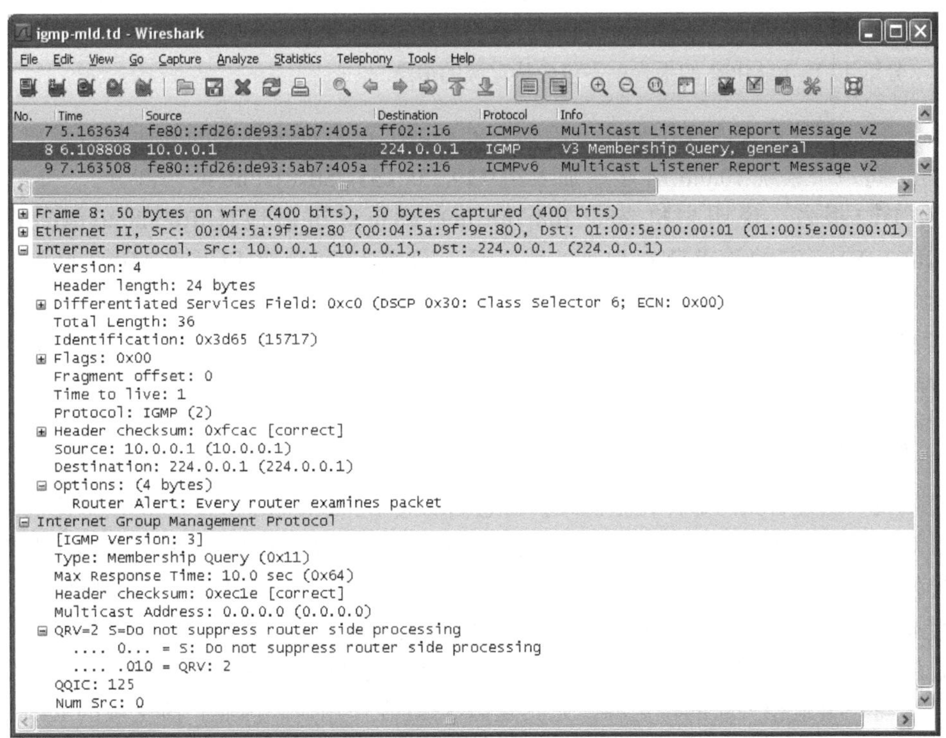

图 9-16　一个 IGMPv3 一般成员资格查询，它被发送到所有节点组播地址 224.0.0.1。它的 IPv4 头部包含一个值为 0x30（类选择器 6）的 DSCP 和 IPv4 路由器警告选项

在图 9-17 中的分组 10 是一个由 10.0.0.14（连接到网络的打印机）发送到 224.0.1.60 的 IGMPv2 成员资格报告，它是一种发现服务，适用于惠普生产的设备。与 MLDv1 一样，IGMPv2 报文被发送到正在被引用的组的 IP 地址。这样的报文 TTL = 1，包括路由器警告选项，长度为 32 个字节（24 字节的 IPv4 头部加上 8 字节的 IGMP 报告信息）。 463

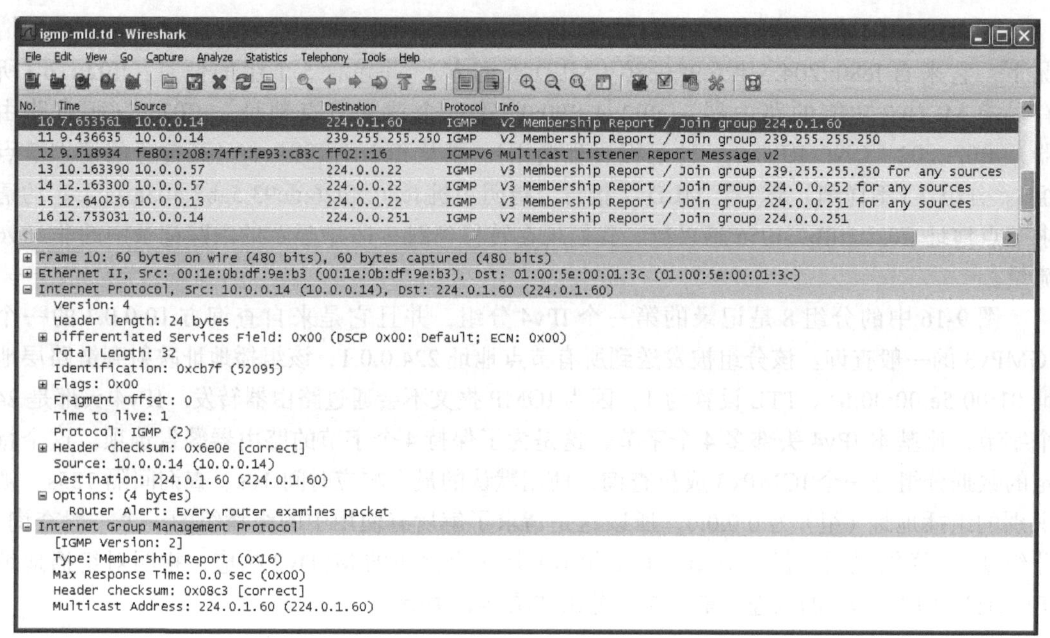

图 9-17 分组 10 和最后 7 个分组的详细情况，它们是 IGMPv2 和 IGMPv3 成员资格报告的混合（除了分组 12）。IGMPv2 的报告中不包含特定源的信息

余下的数据分组没有详细列出，因为它们和我们已经详细看到的其他分组类似。分组 11 报告，同一个系统 10.0.0.14 希望加入组 239.255.255.250（UPnP 的一部分）。分组 12 是一个 MLDv2 报告，说明主机 fe80::208:74ff:fe93:c83c 对组播地址 ff02::202(ONC RPC) 和 ff02::1:ff93:f83c（它的请求节点地址）感兴趣。分组 13 和分组 14 是 IGMPv3 报告，表明 IPv4 地址为 10.0.0.57 的主机分别对组 239.255.255.250 和 224.0.0.252（LLMNR）感兴趣。最后两个分组指明主机 10.0.0.13 和 10.0.0.14 希望加入组 224.0.0.251（mDNS，见第 11 章）。它们分别是 IGMPv3 和 IGMPv2 报告。

9.4.4 轻量级 IGMPv3 和 MLDv2

正如我们已经看到的那样，主机维护对它们的应用和系统软件感兴趣的组播组的过滤器状态。对于 IGMPv3 或 MLDv2，它们也维护被排除或包含的源列表。为了了解什么流量需要被转发到链路上以便有兴趣的主机收到，组播路由器维护类似的状态。反过来也是如此：一个组播路由器可以停止转发在每个接收方的排除列表中的主机发送的组播流量。实践经验
464 证明，应用程序很少需要屏蔽特定源，并且支持此功能也比较复杂。然而，主机往往希望包含一个与一个组相关联的特定源，尤其是当 SSM 在使用时。因此，简化版的 IGMPv3 和 MLDv2 已在 [RFC5790] 中定义，分别称为轻量级 IGMPv3（LW-IGMPv3）和轻量级 MLDv2（LW-MLDv2）。

LW-IGMPv3 和 LW-MLDv2 是其正本的子集。它们支持 ASM 和 SSM，并使用与 IGMPv3 和 MLDv2 兼容的报文格式，但它们缺少特定阻塞源的功能。相反，唯一支持的排除模式是没有列出源的情况，它对应于所有版本的 IGMP 或 MLD 中的传统的组加入（例如，与图 9-13 中一样）。对于组播路由器，这意味着唯一需要的状态是记录哪些组感兴趣，以及哪些源感兴趣。它不需要记录任何不期望的单个源。

表 9-2 显示了 IGMPv3 和 MLDv2 的轻量级变体中使用的报文类型的修改。在此表中，空集符号（{}）表示一个空的源地址列表。例如，TO_EX（{}）表示一个 0x04 类型的报文，说明它改变为没有相关源的 EXCLUDE 模式。符号（*，G）表示与任何源相关联的组 G，符号（S，G）表示与特定源 S 相关联的组 G。

表 9-2 IGMPv3 和 MLDv2 的完整版本与它们的“轻量级”版本 LW-IGMPv3 和 LW-MLDv2 的对比

完整版	轻量级	何时发送
IS_EX({})	TO_EX({})	对于（*，G）加入的查询响应
IS_EX(S)	N/A	对于 EXCLUDE（S，G）加入的查询响应
IS_IN(S)	ALLOW(S)	对于 INCLUDE（S，G）加入的查询响应
ALLOW(S)	ALLOW(S)	INCLUDE（S，G）加入
BLOCK(S)	BLOCK(S)	INCLUDE（S，G）离开
TO_IN(S)	TO_IN(S)	改变为 INCLUDE（S，G）加入
TO_IN({})	TO_IN({})	（*，G）离开
TO_EX(S)	N/A	改变为 EXCLUDE（S，G）加入
TO_EX({})	TO_EX({})	（*，G）离开

比较表 9-2 与表 9-1 中的值。显而易见，没有使用非空排除模式，状态指示符类型已被删除。此外，当前状态记录（IS_EX 和 IS_EN）已对兼容的主机删除。轻量级组播路由器仍然应该能够接收这样的报文，但对待它们就好像它们总是包含一个空源列表。

9.4.5 IGMP 和 MLD 健壮性

对于 IGMP 和 MLD 协议的健壮性和可靠性有两个主要的问题。IGMP 或 MLD 的失效，或更一般的组播，可以导致不需要的组播流量的分配，或没有能力交付期望的组播流量。由 465
IGMP 和 MLD 处理的失败类型包含组播路由器的失效和协议报文的丢失。

通过允许多个组播路由器在同一链路上运行，可以处理组播路由器潜在的失效故障。正如前面提到的，在这样的配置中，具有最小 IP 地址的路由器被选为“查询器”。查询器负责发送一般和特定查询来确定该子网中主机的当前状态。其他（非查询器）路由器监控协议报文，因为它们也是组成员或组播混杂侦听器，并且假如当前查询器失效了，不同的路由器能够作为查询器介入。为了使其正常工作，所有连接到相同链路的组播路由器需要协调它们的查询、响应和它们的一些配置信息（主要是计时器）。

多个组播路由器实现的第一种类型的协调是*查询器选举*（querier election）。每个组播路由器可以侦听其他的查询。当一个组播路由器启动时，它认为自己是查询器，并发送一般查询以确定在子网中哪些组是活跃的。当一个路由器收到另一个路由器的组播查询时，它比较源 IP 地址和它自己的。如果在所接收的查询中的源 IP 地址小于它自己的，接收路由器进入备用模式。因此，具有最小 IP 地址的路由器被认为是获胜者，并成为单一的查询器，负责向它连接的子网中发送查询。备用的路由器设置计时器，如果它们在一个指定的时间（称为*其他查询器出现*（other-querier-present）计时器）内没有看到更多的查询，它们再次成为查询器。

查询组播路由器定期发送一般查询，以确定哪些组和主机是同一个子网的主机感兴趣的。这些查询被发送的频率由查询器的*查询间隔*、可配置计时器参数决定。当多个组播路由器在同一子网中运行时，当前查询器的时间间隔被所有其他路由器接受。在这种方式中，如果当前查询器失效，到替代组播路由器的切换不会干扰定期查询速率。

有理由相信，一个组（或源）不再感兴趣的组播路由器发送一个特定的优先查询以停止相应组播流量的转发（或通知组播路由协议）。这些查询以不同于一般查询的时间间隔（称为*最后成员查询时间*（Last Member Query Time，LMQT）发送。LMQT通常比查询间隔要小（短），并管理离开延迟。当多个组播路由器在同一个子网运行时，可能同时出现一个问题，主机希望离开组（或丢弃源），并且协议信息会丢失。

为了帮助防止丢失协议报文，有些报文被重传多次（由QRV查询器鲁棒性变量决定）。QRV值在包含于查询中的QRV字段中编码，非查询路由器采用查询器的QRV作为自己的。
466 如果查询器发生改变，这再次帮助保持了稳定性。重传中保护的报文类型包括状态改变报告和特定查询。其他报文（当前状态报告）通常不会导致转发状态的变化，而是只涉及通过调整计时器刷新软状态，所以使用重传无法保护它们。当重传发生时，报告的重传间隔在0和一个称为*主动报告间隔*（Unsolicited Report Interval）的可配置参数之间随机选择，查询的重传间隔是周期性的（基于LMQT的间隔）。预计更容易出现丢失的链路（如无线链路），可能需要以生成额外的流量为代价，增加鲁棒性变量以增强分组丢失的健壮性。

当处理特定查询时，为了帮助组播路由器保持同步，查询报文中S位字段表明路由器端（计时器）处理应被抑制。当一个特定的查询由查询器发送时，应该安排一个重传次数（QRV）。在发送的第一个查询中，S位字段被清除。基于重传或这种查询的接收，组播路由器会为随后的重传降低它的计时器到LMQT。此时，为感兴趣的主机提供一个报告，指出它对一个组或源的持续的兴趣，这是可能的。如果没有报文丢失，该报告使每个组播路由器重置它的计时器为普通值，并保持不变。然而，预定的重传不会被放弃。相反，特定查询的重传被发送时，S位字段被设置，这将导致接收路由器不会降低它们的计时器到LMQT。

在收到表示有兴趣的报告之后，仍保持查询重传的原因，是为了使跨越所有组播路由器的组的超时时间是一致的。然后，S位字段的目的是为了让特定的查询被（重新）发送，也为了避免降低计时器到LMQT，因为一个表示兴趣的合法的报告可能已经被接受了，即使它或初始查询被非查询器路由器丢失了。没有这种能力，重传的特定查询会导致非查询器路由器不正确地降低它们的计时器（因为已经收到一个表明兴趣的合法报告）。

9.4.6 IGMP和MLD计数器和变量

IGMP和MLD是软状态的协议，它们也处理路由器的失效、协议报文的丢失以及与早期协议版本的互操作性。很多设备是基于触发状态改变和协议动作的计时器来启用这些功能的。表9-3总结了IGMP和MLD使用的所有的配置参数和状态变量。

在表9-3中，很显然，MLD和IGMP共享大部分的计时器和配置参数，虽然在某些情
467 况下术语是不同的。那些表示为“不能改变”的一些值是根据其他值设置的，不能独立变化。

表9-3 IGMP和MLD的参数和计时器的值。大多数值可以作为配置参数在一些实现中改变

名称和意义	默认值（限制）
鲁棒性变量（Robustness Variable，RV）——为一些状态改变报告/查询安排多达RV-1次的重传	2（不能为0；不应该为1）
查询间隔（Query Interval，QI）——当前查询器发送的一般查询之间的时间	125s
查询响应间隔（Query Response Interval，QRI）——等待产生报告的最大响应时间。该值编码形成最大响应字段	10s

（续）

名称和意义	默认值（限制）
IGMP 中的组成员间隔（Group Membership Interval，GMI）和 MLD 中的组播地址侦听间隔（Multicast Address Listening Interval，MALI）——对于组播路由器来说，没有看到一个报告所必须经过的时间，用以宣布对于一个组或是源 / 组的组合没有兴趣了	RV * QI + QRI（不能改变）
IGMP 中的其他查询出现间隔（Other Querier Present Interval）和 MLD 中的其他查询出现超时（Other Querier Present Timeout）——对于一个非查询器组播路由器来说，没有看到一个一般查询所必须经过的时间，用以宣布没有活动的查询器	RV * QI + (0.5) *QRI（不能改变）
启动查询间隔（Startup Query Interval）——查询器刚启动时发送的一般查询之间的时间间隔	(0.25) * QI
启动查询数量（Startup Query Count）——查询器刚启动时发送的一般查询的数量	RV
IGMP 中的最后成员查询间隔（Last Member Query Interval，LMQI）和 MLD 中的最后侦听方查询间隔（Last Listener Query Interval，LLQI）——等待响应特定查询的报告产生的最大响应时间。该值编码形成特定查询中的最大响应字段	1s
IGMP 中的最后成员查询数量（Last Member Query Count）和 MLD 中的最后侦听方查询数量（Last Listener Query Count）——发送特定查询而没有接收到响应的数量，用以宣布没有感兴趣的主机	RV
主动报告间隔（Unsolicited Report Interval）——主机初始状态改变报告重传之间的时间	1s
旧版本查询器出现超时（Older Version Querier Present Timeout）——主机没有接收到 IGMPv1 或 IGMPv2 请求报告而恢复到 IGMPv3 所需要等待的时间	RV * QI + QRI（不能改变）
IGMP 中的旧主机出现间隔（Older Host Present Interval）和 MLD 中旧版本主机出现超时（Older Version Host Present Timeout）——查询器没有接收到 IGMPv1 或 IGMPv2 报告报文而恢复到 IGMPv3 所需要等待的时间	RV * QI + QRI（不能改变）

9.4.7 IGMP 和 MLD 探听

IGMP 和 MLD 管理路由器之间 IP 组播流量的流动。为了进一步优化流量流动，对于第 2 层交换机（即通常不会处理第 3 层 IGMP 或 MLD 报文）来说，通过查看在第 3 层的信息了解它对特定的组播流量流动是否有兴趣，这是可能的。该功能通过称为 IGMP（MLD）探听(snooping) [RFC4541] 的交换机特征指明，并且被很多交换机供应商支持。没有 IGMP 探听，交换机通常沿着所有交换机形成的生成树的所有分支广播它来发送链路层流量。这是一种浪费，如我们前面描述的原因。IGMP（MLD）感知的（有时也把 IGMP 探听称为 IGS）交换机监控主机和组播路由器之间的 IGMP（MLD）流量，并且能记录哪些端口需要哪些特定的组播流动，这和组播路由器的做法很相似。这样做能够实质地影响在一个交换网络中正在被承载的不需要的组播流量的数量。 468

有几个细节使得 IGMP/MLD 探听的直接实现变得复杂。在 IGMPv3 和 MLDv2 中，生成报告响应查询。然而，在这些协议的早期版本中，一台主机生成的报告，被相同链路上的其他组成员侦听，导致了其他成员抑制它们的报告。如果 IGS 交换机要将报告转发到所有连接的接口上，这可能会导致一个问题，因为在一些 LAN（VLAN）段上的主机和组成员可能没有被通知。因此，支持早期版本的 IGMP 和 MLD 的 IGS 交换机避免向所有的接口广播报告。相反，它们只向最近的组播路由器转发报告。如果使用组播路由器发现（MRD）(见第8章)，确定组播路由器的位置就变得更简单了。

实现探听时的另一个值得关注的问题是IGMP和MLD之间的报文格式上的差异。由于MLD被封装为ICMPv6的一部分，而不是自己单独的协议，因此MLD探听交换机必须处理ICMPv6信息，并小心地从其他报文中分离出MLD报文。尤其是，由于ICMPv6用于其他各种功能（见第8章)，其他的ICMPv6流量必须被允许自由流动。

其他非标准的专有协议已经被实现，可以进一步优化通过第2层设备运载的IP组播流量。例如，思科提出了路由器端口组管理协议（Router-port Group Management Protocol, RGMP）[RFC3488]。在RGMP中采用了一种机制，这样主机不仅报告它们的组和感兴趣的源（如在IGMP/MLD中)，而且组播路由器也这样做。该信息用来优化组播路由器（不仅仅是主机）之间的组播流量在第2层的转发。

9.5 与IGMP和MLD相关的攻击

由于IGMP和MLD是信令协议，可以控制组播流量的流动，使用这些协议的攻击主要是DoS攻击或资源使用攻击。也有攻击利用协议的实现错误来禁用主机或导致它们执行攻击
469 者提供的代码。

一个简单的DoS攻击可以通过发送IGMP或MLD来订阅大量的高带宽的组播组来发起。这样做会引起带宽耗尽，导致拒绝服务。一个更复杂的攻击可能通过使用相对较小的IP地址生成请求来发起。在这种情况下，攻击者当选为链路的查询器，可以通知它自己的鲁棒性变量、查询时间间隔和将要被其他组播路由器采用的最大响应时间。如果最大响应时间是非常小的，主机被诱导来迅速发送报告，消耗了CPU资源。

一些攻击已经通过利用实现错误来实施。分片的IGMP分组已经被用来在特定的操作系统中诱导崩溃。最近，使用SSM信息的特制的IGMP或MLD报文已经用于诱导远程代码执行错误。总体而言，IGMP或MLD漏洞的影响往往比其他协议要小，因为组播往往只是支持当地。其结果是，缺乏接入到目标LAN的链路的远程攻击者可能是有限的。

9.6 总结

一般来说，广播是指向网络上的所有节点发送流量。在TCP/IP的背景下，广播是指向网络或子网中的所有主机发送一个数据分组，通常是本地连接的网络。组播是只向网络中的一个子集节点发送流量。在TCP/IP中，组播是指向网络中感兴趣的主机的一个子集发送数据分组。选择子集的方法依赖于组播流量的范围和接收方的兴趣。在许多应用中，组播比广播更好，因为组播给没有参加通信的主机带来更少的开销。广播在IPv4中支持，但在IPv6中不支持。广播和组播可以避免通过重复使用单播连接将相同的内容发送到多个目的地。它也可以被用于发现未知的服务器。组播是比广播更复杂的一种功能，因为必须维护状态以确定哪些主机对哪些组有兴趣。

在IPv4中，有两种类型的广播地址：受限（255.255.255.255）和定向。定向广播地址基于网络前缀和它的长度，通过创建一个初始位和网络前缀相等、低序位被置1的32位地址形成。通常使用定向广播代替受限广播地址是更可选的。选择哪些接口用于发送传出的广播流量依赖于操作系统。一个典型的例子是使用一个主接口用于有限广播流量，使用保存在主机的转发表中的信息来选择传出定向广播和组播的接口。

IP 的组播支持一种模型，借以实现对接收组播数据分组感兴趣的进程在一组特定接口上 470
订阅一个特定组（使用 IP 地址）。在具有组播功能的 IEEE 链路层网络上（如以太网），传输组播 IPv4 流量涉及结合组地址的低序 23 位和前缀 01:00:5e 来形成用于链路层组播的 MAC 层目的地址。传输 IPv6 组播流量涉及结合组地址的低序 32 位和 16 位前缀 33:33 来形成 MAC 层目的地址。这些映射不是唯一的，也就是说，多个 IPv4 或 IPv6 组地址使用相同的 MAC 层地址。因此，主机软件执行传入流量过滤以除去不需要的组流量。

IGMP 和 MLD 协议分别在 IPv4 和 IPv6 中用于支持组播数据分组交付。组播路由器向附近的主机发送查询报文以确定哪些主机对哪些组有兴趣，以及（对于 IGMPv3 和 MLDv2）哪些发送者对这些组来说是感兴趣的。主机通过发送报告来响应，该报告指明了对组的兴趣。MLD 是 ICMPv6 协议的一部分，而 IGMP 是一个位于 IPv4 上层的独立协议（例如 ICMP）。有些交换机配备了“探听”IGMP 和 MLD 流量的功能，用以避免沿着生成树分支发送组播 IP 流量，因为其中有些分支存在没有兴趣的接收主机。IGMP 和 MLD 有一个“鲁棒性变量”，可以设置来启用网络上易于丢失的重要信息的重传。

由于 IGMP 和 MLD 都是信令协议，可以控制其他流量的流动，针对它们的攻击往往会引起额外的资源消耗，可能导致拒绝服务。其他形式攻击利用已经发现的实现漏洞，导致执行由攻击者提供的不需要的代码。由于 MLD（和 MLDv2）在部署方面相对较新，发现额外的漏洞是有可能的，但这些协议限制在单一链路的操作。

9.7 参考文献

[CK11] S. Cheshire and M. Krochmal, “Multicast DNS,” Internet draft-cheshire-dnsext-multicastdns, work in progress, Feb. 2011.

[EGW02] B. Edwards, L. Giuliano, and B. Wright, *Interdomain Multicast Routing: Practical Juniper Networks and Cisco Systems Solutions* (Addison-Wesley, 2002).

[GCLG99] Y. Goland, T. Cai, P. Leach, and Y. Gu, “Simple Service Discovery Protocol/1.0 Operating without an Arbiter,” Internet draft-cai-ssdp-v1-03.txt (expired), Oct. 1999.

[RFC1112] S. Deering, “Host Extensions for IP Multicasting,” Internet RFC 1112/
STD 0005, Aug. 1989. 471

[RFC1122] R. Braden, ed., “Requirements for Internet Hosts,” Internet RFC 1122/STD 0003, Oct. 1989.

[RFC2644] D. Senie, “Changing the Default for Directed Broadcasts in Routers,” Internet RFC 2644/BCP 0034, Aug. 1999.

[RFC3376] B. Cain, S. Deering, I. Kouvelas, B. Fenner, and A. Thyagarajan, “Internet Group Management Protocol, Version 3,” Internet RFC 3376, Oct. 2002.

[RFC3488] I. Wu and T. Eckert, “Cisco Systems Router-port Group Management Protocol (RGMP),” Internet RFC 3488 (informational), Feb. 2003.

[RFC3590] B. Haberman, “Source Address Selection for the Multicast Listener Discovery (MLD) Protocol,” Internet RFC 3590, Sept. 2003.

[RFC3810] R. Vida and L. Costa, eds., “Multicast Listener Discovery Version 2 (MLDv2) for IPv6,” Internet RFC 3810, June 2004.

[RFC4541] M. Christensen and K. Kimball, “Considerations for Internet Group Management Protocol (IGMP) and Multicast Listener Discovery (MLD) Snooping Switches,” Internet RFC 4541 (informational), May 2006.

[RFC4601] B. Fenner, M. Handley, H. Holbrook, and I. Kouvelas, "Protocol Independent Multicast—Sparse Mode (PIM-SM): Protocol Specification (Revised)," Internet RFC 4601, Aug. 2006.

[RFC4604] H. Holbrook, B. Cain, and B. Haberman, "Using Internet Group Management Protocol Version 3 (IGMPv3) and Multicast Listener Discovery Protocol Version 2 (MLDv2) for Source-Specific Multicast," Internet RFC 4604, Aug. 2006.

[RFC4607] H. Holbrook and B. Cain, "Source-Specific Multicast for IP," Internet RFC 4607, Aug. 2006.

[RFC4795] B. Aboba, D. Thaler, and L. Esibov, "Link-Local Multicast Name Resolution (LLMNR)," Internet RFC 4795 (informational), Jan. 2007.

[RFC5015] M. Handley, I. Kouvelas, T. Speakman, and L. Vicisano, "Bidirectional Protocol Independent Multicast (BIDIR-PIM)," Internet RFC 5015, Oct. 2007.

[RFC5214] F. Templin, T. Gleeson, and D. Thaler, "Intra-Site Automatic Tunnel Addressing Protocol (ISATAP)," Internet RFC 5214 (informational), Mar. 2008.

[RFC5579] F. Templin, ed., "Transmission of IPv4 Packets over Intra-Site Automatic Tunnel Addressing Protocol (ISATAP) Interfaces," Internet RFC 5579 (informational), Feb. 2010.

[RFC5790] H. Liu, W. Cao, and H. Asaeda, "Lightweight Internet Group Management Protocol Version 3 (IGMPv3) and Multicast Listener Discovery Version 2
472 (MLDv2) Protocols," Internet RFC 5790, Feb. 2010.

第 10 章

TCP/IP Illustrated, Volume 1: The Protocols, Second Edition

用户数据报协议和 IP 分片

10.1 引言

UDP 是一种保留消息边界的简单的面向数据报的传输层协议。它不提供差错纠正、队列管理、重复消除、流量控制和拥塞控制。它提供差错检测，包含我们在传输层中碰到的第一个真实的*端到端*（end-to-end）校验和。这种协议自身提供最小功能，因此使用它的应用程序要做许多关于数据包如何发送和处理的控制工作。想要保证数据被可靠投递或正确排序，应用程序必须自己实现这些保护功能。一般来说，每个被应用程序请求的 UDP 输出操作只产生一个 UDP 数据报，从而发送一个 IP 数据报。这不同于面向数据流的协议，例如 TCP（见第 15 章），应用程序写入的全部数据与真正在单个 IP 数据报里传送的或接收方接收的内容可能没有联系。

[RFC0768] 是 UDP 的正式规范，它至今仍然是一个标准，30 多年来没有做过重大的修改。如前所述，UDP 不提供差错纠正：它把应用程序传给 IP 层的数据发送出去，但是并不保证它们能够到达目的地。另外，没有协议机制防止高速 UDP 流量对其他网络用户的消极影响。考虑到这种可靠性和保护性的缺失，我们可能会认为使用 UDP 一点好处也没有。但是，这是不对的。因为它的无连接特征，它要比其他的传输协议使用更少的开销。另外，广播和组播操作（见第 9 章）更多直接使用像 UDP 这样的无连接传输。最后，应用程序可选择 473
自己的重传单元的能力是一项重要的考虑（例如，见 [CT90]）。

图 10-1 显示了一个 UDP 数据报作为单个 IPv4 数据报的封装。IPv6 的封装是类似的，但是一些细节有少许不同，我们在 10.5 节讨论它们。IPv4 *协议*（Protocol）字段用值 17 来标识 UDP。IPv6 则在*下一个头部*（Next Header）字段使用相同的值。在本章稍后我们将探讨当 UDP 数据报大小超过 MTU 时会发生什么，数据报必须被分片成多于一个的 IP 层分组。

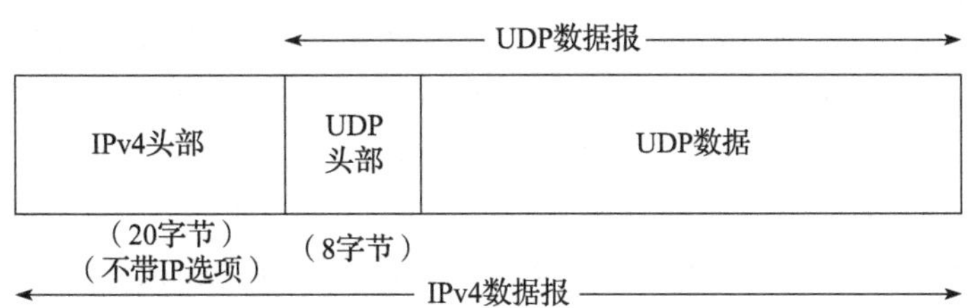

图 10-1　单个 IPv4 数据报中的 UDP 数据报封装（通常情况下没有 IPv4 选项）。IPv6 封装是类似的，UDP 头部跟随在头部链之后

10.2 UDP 头部

图 10-2 显示了一个包含负载和 UDP 头部（通常是 8 字节）的 UDP 数据报。

端口号相当于*邮箱*（mailbox），帮助协议辨认发送和接收进程（见第 1 章）。它们纯属*抽象的*（abstract）——它们不与主机上的任何物理实体相关。在 UDP 中，端口号是正的 16 比特的数字，源端口号是可选的；如果数据报的发送者不要求对方回复的话，它可被置成 0。传输协议，如 TCP、UDP 和 SCTP [RFC4960]，使用目的端口来帮助分离从 IP 层进入的数据。因为 IP 层根据 IPv4 头部中的协议字段或 IPv6 头部中的下一个头部字段的值将进入的 IP 数据报分离到特定的传输协议，这意味着端口号在不同的传输协议之间是独立的。也就是说，TCP 端口号只能被 TCP 使用，UDP 端口号只能被 UDP 使用，如此类推。这样的分离导致的一个直接结果是两个完全不同的服务器可以使用相同的端口号和 IP 地址，只要它们使用不同的传输协议。

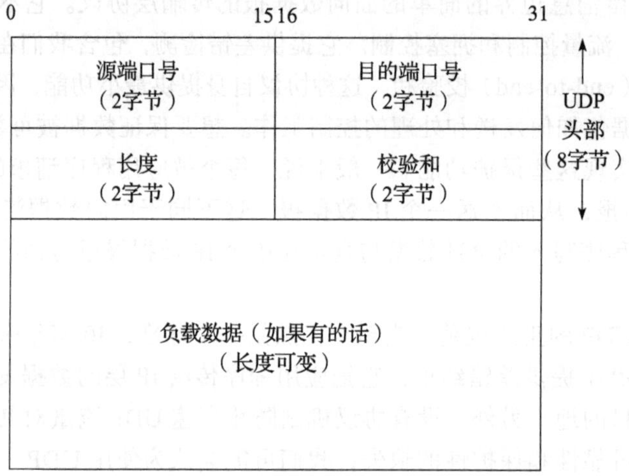

0 1516 31

源端口号（2字节）	目的端口号（2字节）
长度（2字节）	校验和（2字节）
负载数据（如果有的话）（长度可变）	

UDP 头部（8字节）

图 10-2 UDP 头部和负载（数据）区。校验和（Checksum）字段是端到端的，是对包含了 IP 头部中的源（Source）和目的 IP 地址（Destination Address）字段的 UDP 伪头部计算得到的。因此，任何对这些字段的修改（如，由 NAT）都需要对 UDP 校验和进行修改

注意 尽管有这种独立性，但是如果某个众所周知的服务可同时由 TCP 和 UDP 提供（或者可信服地提供），那么这两个传输协议的端口号通常被分配成一样的。关于如何规范地分配端口号，详见 [IPORT]。

参考图 10-2，UDP 长度（Length）字段是 UDP 头部和 UDP 数据的总长度，以字节为单位。这个字段的最小值是 8，除非使用了带有 IPv6 超长数据报（jumbogram）的 UDP（见 10.5 节）。发送一个带 0 字节数据的 UDP 数据报是允许的，尽管这很少见。值得注意的是 UDP 长度字段是冗余的；IPv4 头部包含了数据报的总长度（见第 5 章），同时 IPv6 头部包含了负载长度。因此，一个 UDP/IPv4 数据报的长度等于 IPv4 数据报的总长度减去 IPv4 头部的长度。一个 UDP/IPv6 数据报的长度等于包含在 IPv6 头部中的负载长度（Payload Length）字段的值减去所有扩展头部（除非使用了超长数据报）的长度。在这两种情况下，UDP 长度字段的值应该与从 IP 层提供的信息计算得到的长度是一致的。

10.3 UDP 校验和

UDP 校验和是我们遇到的第一个端到端的传输层校验和（ICMP 有一个端到端的校验
474~475 和，但它不是一个真正的传输协议）。它覆盖了 UDP 头部、UDP 数据和一个伪头部（在本节稍后有定义）。它由初始的发送方计算得到，由最终的目的方校验。它在传送中不会被修改

（除非它通过一个 NAT，如第 7 章所述）。回想一下 IPv4 头部中的校验和只覆盖整个头部（即它并不覆盖 IP 分组中的任何数据），它在每个 IP 跳都要被重新计算（因为 IPv4 TTL 字段的值在数据报转发时会被路由器减少）。传输协议（如 TCP、UDP）使用校验和来覆盖它们的头部和数据。对于 UDP 来说，校验和是可选的（尽管强烈推荐使用），而其他的则是强制的。当 UDP 在 IPv6 中使用时，校验和的计算与使用是强制的，因为在 IP 层没有头部校验和。为了给应用程序提供无差错数据，像 UDP 这样的传输层协议，在投递数据到接收方应用程序之前，必须计算校验和或者使用其他差错检测机制。

虽然计算 UDP 校验和的基本方法与我们在第 5 章描述的普通互联网校验和（16 位字的反码和的反码）类似，但是要注意两个小的细节。首先，UDP 数据报长度可以是奇数个字节，而校验和算法只相加 16 位字（总是偶数个字节）。UDP 的处理过程是在奇数长度的数据报尾部追加一个值为 0 的填充（虚）字节，这仅仅是为了校验和的计算与验证。这个填充字节实际上是不会被传送出去的，因此在这里称之为“虚”的。

第二个细节是 UDP（也包括 TCP）计算它的校验和时包含了（仅仅）衍生自 IPv4 头部的字段的一个 12 字节的伪头部或衍生自 IPv6 头部的字段的一个 40 字节的伪头部。这个伪头部也是虚的，它的目的只是用于校验和的计算（在发送方和接收方）。实际上，它从来不会被传送出去。这个伪头部包含了来自 IP 头部的源和目的地址以及协议或下一个头部字段（它的值应该是 17）。它的目的是让 UDP 层验证数据是否已经到达正确的目的地（即，该 IP 没有接受地址错误的数据报，也没有给 UDP 一个本该是其他传输协议的数据报）。图 10-3 显示了计算 UDP 校验和时覆盖的字段，包含了伪头部以及 UDP 头部和负载。

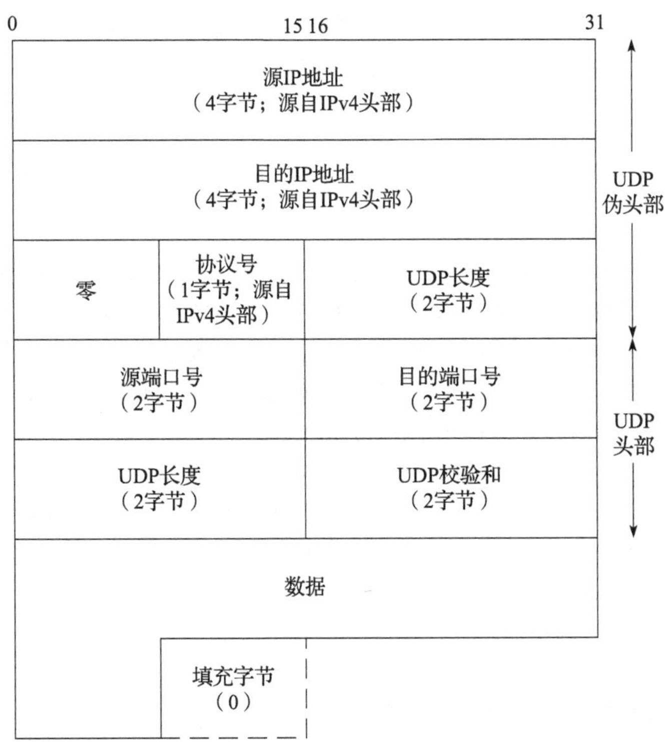

图 10-3 用于计算 UDP/IPv4 数据报的字段，包含了伪头部、UDP 头部和数据。如果数据不是偶数个字节长，它会被填充一个值为 0 的字节以计算校验和。伪头部和任何填充的数据不会与数据报一起被传送出去

注意 细心的读者会发现这会导致所谓的“违反分层”（layering violation）规则。即，UDP 协议（传输层）直接操作 IP（网络层）的比特。没错，但这只对协议实现产生微小的影响，因为一般来说，当数据传递到（或来自于）UDP 时，IP 层的信息已经是现成的了。相比之下，更应该关注 NAT（见第 7 章），特别是当 UDP 数据报被分片时。

图 10-3 显示了一个数据是奇数长度的数据报需要一个填充字节来完成校验和的计算。注意到 UDP 数据报的长度在校验和的计算中出现了两次。如果计算出来的校验和的值正好是 0x0000，它在头部中会被保存成全 1（0xFFFF），等于算术反码（见第 5 章）。一旦被接收，校验和字段值为 0x0000 表示发送方没有计算校验和。如果发送方的确计算了校验和，而接收方也检测到一个校验差错，UDP 数据报就会被毫无声息地放弃。尽管会有一些统计计数被更新，但却没有差错消息产生。（这就是一个 IPv4 头部校验差错被检测到时会发生的事情。）

476~477 尽管 UDP 数据报校验和在原始 UDP 规范中是可选的，目前它们还是被要求在主机中默认使用 [RFC1122]。在 20 世纪 80 年代，一些计算机供应商默认关闭了 UDP 校验和功能以加速其 Sun 网络文件系统（NFS）的实现，该网络文件系统使用了 UDP。因为有第 2 层的 CRC 保护（这要比互联网校验和更强壮，见第 3 章），在许多情况下这可能不会产生问题，然而默认关闭校验和功能被认为是一种不好的方法（也是违反 RFC 规范的）。早期的互联网经验表明，当数据报通过路由器时，关于它们的正确性的所有赌注都会失败。信不信由你，总会存在有软件和硬件漏洞的路由器在转发数据报时会修改其中的比特。如果端到端的 UDP 校验和被关闭的话，这些 UDP 数据报中的错误就无法检测到。同时注意到一些更老的数据链路协议（比如，串行线 IP 或 SLIP）没有任何形式的数据链路校验和，因此存在 IP 分组被修改而检测不到的可能性，除非引入另一种校验和。

注意 [RFC1122] 要求 UDP 校验和被默认使用。它也指出如果发送方计算了校验和（也就是说，如果接收到的校验和不是 0），那么必须要有一种实现来验证接收到的校验和。

考虑到伪头部这样的结构，可以很清楚地看到，当一个 UDP/IPv4 数据报穿过一个 NAT 时，不仅 IP 层头部的校验和要被修改，而且 UDP 伪头部的校验和也必须被正确地修改，因为 IP 层的地址和 / 或 UDP 层的端口号可能会改变。因此 NAT 通常因同时修改分组中协议的多层而违反分层规则。当然，考虑到伪头部本身就是违反分层规则的，NAT 没有选择。UDP 流量被 NAT 处理时的一些特定规则由 [RFC4784] 给出。在第 7 章我们也简单地讨论过它们。

近来已有兴趣关注于对 UDP 校验和的松懈使用，主要是一些对差错不完全看重的应用（多媒体应用是典型的例子）。这些讨论关系到是否有部分校验和（partial checksum），这是一个很有价值的概念。部分校验和只覆盖由应用程序指定的负载的一部分。在 10.6 节关于 UDP-Lite 的内容里我们再讨论它。

10.4 例子

我们将使用 sock 程序 [SOCK] 来生成一些 UDP 数据报，并且可以在 tcpdump 中查看它们。在第一个例子里，我们在目标机器上的丢弃端口（9）运行着一个服务器。在第二个例子里，我们关闭了服务器，客户机收到了这个事实的通知，像例子里显示的。出于安全考
478 虑，在典型的机器配置里，基于 UDP 的服务极少是可用的，因此例子的第二部分并不少见。

```
Linux% sock -v -u -i 10.0.0.3 discard
connected on 10.0.0.5.46274 to 10.0.0.3
wrote 1024 bytes
...                                          (1023 more times)

Linux% sock -v -u -i 10.0.0.3 discard
connected on 10.0.0.5.46294 to 10.0.0.3
wrote 1 bytes
write returned -1, expected 1024: Connection refused
```

我们运行 sock 程序时，指定了详细模式 -v 以查看用到的短暂端口号，-u 指定 UDP 而非默认的 TCP，同时使用 -i 选项去发送数据而不是尝试去读和写标准输入和输出。数据报个数的默认值（1024）被发送到 IP 地址为 10.0.0.3 的目标主机。在这个例子里，我们已经安排了一个服务器去处理这些进入的数据报到丢弃端口。为了捕获已发送的流量，我们在一台有流量流的主机上使用下面的命令：

```
Linux# tcpdump -n -p -s 1500 -vvv host 10.0.0.3 and \( udp or icmp \)
```

这个命令捕获这两台机器之间的任何 UDP 或 ICMP 流量（也有可能是其他在这里没列出的机器的额外流量）。-s 1500 选项指使 tcpdump 收集分组直到长度达到 1500 字节（这里，比我们发送的 1024 字节要长），-vvv 选项表明是详细打印输出。-n 选项告诉 tcpdump 不要把 IP 地址转换成主机名，-p 选项避免把默认网络接口设置成混杂模式。tcpdump 的输出结果显示在清单 10-1 中（为了简洁，某些行已被整理）。

清单 10-1　tcpdump 输出显示了来自第一个 sock 命令（服务器正在运行）的数据分组

```
1 22:52:53.102838 10.0.0.5.46274 > 10.0.0.3.9:
                   [udp sum ok] udp 1024 (DF) (ttl 64, id 24462, len 1052)
2 22:52:53.102964 10.0.0.5.46274 > 10.0.0.3.9:
                   [udp sum ok] udp 1024 (DF) (ttl 64, id 24463, len 1052)
3 22:52:53.103091 10.0.0.5.46274 > 10.0.0.3.9:
                   [udp sum ok] udp 1024 (DF) (ttl 64, id 24464, len 1052)
4 22:52:53.103215 10.0.0.5.46274 > 10.0.0.3.9:
                   [udp sum ok] udp 1024 (DF) (ttl 64, id 24465, len 1052)
... repeated 1020 times ...
```

这个输出显示了 4 个 1052 字节的 UDP/IPv4 数据报（1024 字节的 UDP 负载加上 8 字节的 UDP 头部和 20 字节的 IPv4 头部）来自 IPv4 地址 10.0.0.5 和端口 46274，被发送至端口 9（丢弃端口），分组间隔时间大概是 100μs。另外，我们可以观察到 UDP 校验和是被启用和有效的（由 tcpdump 校验），*不分片*（Don't Fragment，DF）位字段是打开的，IPv4 TTL 字段是 64，IPv4 *标识*（Identification）字段对每个数据报都是不同的（逐个加 1）。没有 ICMP 流量产生，并且似乎所有数据都成功投递到目的机器；因为没有确认，我们不能肯定。在第 13 章我们应该会看到另一种主要的传输协议 TCP，通常在数据的第一个字节可被发送之前使用一个与对方的握手和后续的确认来了解什么数据已经成功传送到接收方。 479

第二次我们使用相同的参数运行 sock 程序，但是这次我们在服务器关闭后发送数据报到丢弃服务。清单 10-2 显示了这个例子的流量跟踪信息（为了简洁，某些行已被整理）。

清单 10-2　tcpdump 输出显示了来自主机（服务器已关闭）的 ICMP 目标不可到达（端口不可到达）消息

```
1 22:55:07.223094 10.0.0.5.46294 > 10.0.0.3.9:
                   [udp sum ok] udp 1024 (DF) (ttl 64, id 37874, len 1052)

2 22:55:07.223134 10.0.0.3 > 10.0.0.5: icmp:
```

```
10.0.0.3 udp port 9 unreachable for
   10.0.0.5.46294 > 10.0.0.3.9:
         udp 1024 (DF) (ttl 64, id 37874, len 1052)
[tos 0xc0] (ttl 255, id 63302, len 576)
```

在这个例子里我们看到有些不同的行为。这里，只有单个 UDP 数据报被发送，同时回复中有一个 ICMP 消息返回。尽管所有其他参数都是相同的，但是没有运行中的服务器来接收这些传入的数据报。在这种情况下，UDP 的底层实现产生一个 ICMPv4 目标不可到达（端口不可到达）消息（见第 8 章），并返回给发送方。这个消息包含原始（“违规”）的数据报最前面的 556 字节的一个拷贝。如果这个 ICMP 消息没被中间网络丢弃（由防火墙偶然或有目的地），发送程序（如果 ICMP 消息到达时它还在运行）就可以知道接收方不存在并打印错误信息，如本节开头的清单所示（即消息 write returned -1）。值得注意的是返回的 ICMP 错误消息包含了充足的信息让发送主机确定哪个端口不可达。最后，应注意到 UDP 端口在程序每次运行时都会改变。首先它是 46274，然后是 46294。我们在第 1 章提到这些由客户机使用的短暂端口号建议位于 49152 到 65535 的范围，因此这里我们观察到非规范行为。

注意 对于 Linux，本机端口参数范围可以很容易地通过改变文件 /proc/sys/net/ipv4/ip_local_port_range 的内容进行修改。在 Windows Vista 及之后版本中，可以
480 使用 netsh 命令设置动态端口范围 [KB929851]。当前端口号见 [IPORT]。

10.5 UDP和IPv6

考虑到简单性，在对 IPv6 而非 IPv4 进行操作时，UDP 只需做很小的改动。最明显的不同就是 IPv6 使用 128 位的地址和由此产生的对伪头部的结构带来的影响。一个相关却更细致的不同在于，在 IPv6 里不存在 IP 层头部校验和。因此，如果 UDP 不使用校验和去运行，就没有端到端检测任何（no end-to-end check whatsoever）IP 层地址信息的正确性。鉴于此，当 UDP 用于 IPv6 时，无论是 UDP 还是 TCP，伪头部校验和都是必需的（由 [RFC2460] 第 8 节规定）。伪头部的结构由图 10-4 给出。注意到长度字段已经从它的 IPv4 相应字段扩展到 32 位。回想之前所述，这个字段对 UDP 来说是冗余的，但是我们可以从第 13 章看到，对 TCP（无论是 TCP/IPv4 还是 TCP/IPv6）来说它不是冗余的，因此在 UDP/IPv6 和 TCP/IPv6 中都保留了该字段。

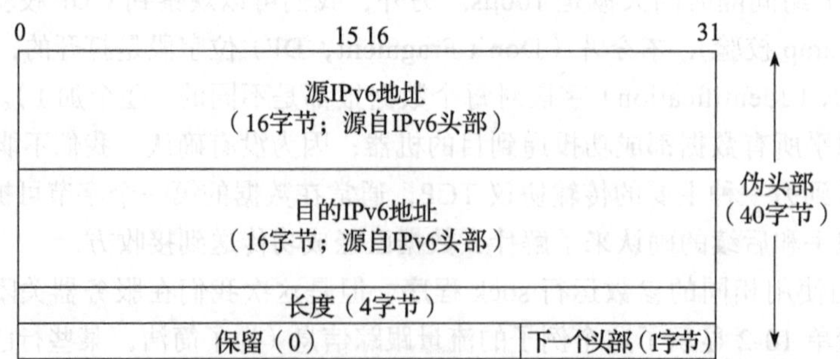

图 10-4 使用 IPv6 的 UDP（以及 TCP）伪头部（[RFC2460]）。这个伪头部包含了源和目的 IPv6 地址以及一个更大的 32 位的长度字段值。UDP 用于 IPv6 时，伪头部校验和是必需的，因为 IPv6 头部缺少校验和。下一个头部字段拷贝于链中的最后一个 IPv6 头部

扩展讨论一下 IPv6 分组长度，IPv6 分组大小的两个方面会影响 UDP。第一，在 IPv6

里，最小 MTU 大小是 1280 字节（与 IPv4 要求的需要所有主机支持的最小大小 576 字节不同）。第二，IPv6 支持超长数据报（大于 65 535 字节的分组）。如果我们仔细查看 IPv6 头部和选项集（见第 5 章），可以观察到使用超长数据报，32 位是能够表示负载长度的。这意味着单个 UDP/IPv6 数据报确实可以非常大。如 [RFC2675] 所述，对于 UDP 头部中的只有 16 位长的 UDP 长度字段会产生一个问题。这样的话，超过 65 535 字节的 UDP/IPv6 数据报被封装在 IPv6 时，它的 UDP 长度字段值会被置成 0。注意到伪头部里的长度字段的大小仍然 481
足够大（32 位）。对 IPv6 超长数据报计算这个字段的值，涉及取 UDP 头部加上数据的总长度。当收到一个分组检查这个字段时，涉及计算 UDP 数据报（头部加数据）的大小，通过在 Jumbo Payload 选项中找到的值减去所有 IPv6 扩展头部的大小来得到，这也是 IPv6 负载的长度（即数据报总长减 40 字节的 IPv6 头部）。在 UDP 头部中的长度字段是 0 且没有 Jumbo Payload 选项存在的“意外的”情况下，UDP 长度可以从不等于零的 IPv6 负载长度字段中推断得到（见 [RFC2675] 第 4 节）。

10.5.1 Teredo：通过 IPv4 网络隧道传输 IPv6

虽然以前人们认为全世界过渡到 IPv6 会很快发生，但是事实并不像预料的那样。结果是，不少（理论上是暂时的）过渡机制（transition mechanism）[RFC4213][RFC5969] 被提出来缓解过渡负担。其中一个叫 6to4 的机制 [RFC3056]，把在主机使用的 IPv6 分组封装在 IPv4 分组里以在只支持 IPv4 的基础设施中传送。与其他互联网上的应用程序遇到过的问题一样，6to4 也遇到 NAT 穿越问题。另一个众所周知的扩展性问题使得人们不太愿意继续使用它 [RFC6343]。尽管我们已经看到一些像 ICE（见第 7 章）的方法可以很好地解决这个问题，但是一个名叫 Teredo（原来叫“ shipworm（船蛆）”，但是为了避免与计算机蠕虫混淆，根据“船蛆”的常见类属的拉丁名字而重新命名）的专门协议已被设计出来专门解决这个问题 [RFC4380][RFC5991][RFC6081]。它之所以流行，是因为它在微软 Windows 的当代版本中得到了广泛的应用。

Teredo（也叫 Teredo隧道）为没有其他 IPv6 连接选项的系统传送 IPv6 数据报，方法是把 IPv6 数据报置于 UDP/IPv4 数据报的负载区里。图 10-5 中给出了一个例子场景。Teredo 客户机是实现了 Teredo 隧道接口的 IPv4/IPv6 主机。在成功通过一个“资格认证”过程（下一段有介绍）之后，接口会被分配一个特定的以 2001::/32 为 IPv6 前缀的 Teredo 地址。与 STUN 服务器（第 7 章）的作用类似，Teredo 服务器用于帮助 Teredo 封装的 IPv6 分组建立直接通道以穿越 NAT。Teredo 中继器（relay）与 TURN 服务器的作用类似，如果有大量客户在使用的话，会消耗相当可观的处理资源。值得注意的是，服务器必须包括中继器的所有功能，反之则不然。对 IPv6 连接来说，使用 Teredo 中继器是“最后手段”。如果发现其他任何可选的 IPv6 连接（比如，直接连接或使用 6to4），节点就会放弃使用 Teredo 隧道技术。

参照图 10-5，Teredo 客户机使用主机名或 IPv4 地址和某个 Teredo 服务器的 UDP 端口号（通常是 3544）进行初始化配置。Teredo 一开始是由微软开发的，并且有一个名为 teredo. 482
ipv6.microsoft.com 的 Teredo 服务器是可用的。当客户机准备获取一个地址时，它就开始资格认证过程（qualification procedure）。客户机首先从使用它的 Teredo 服务端口的一个本地链路 IPv6 地址（link-local IPv6 address）发送一个 ICMPv6 RS 分组（见第 8 章），代理则负责从 UDP/IPv4 封装和解封 IPv6。封装格式是原始指示符格式，它是两种封装格式中的一种，如图 10-6 所示。

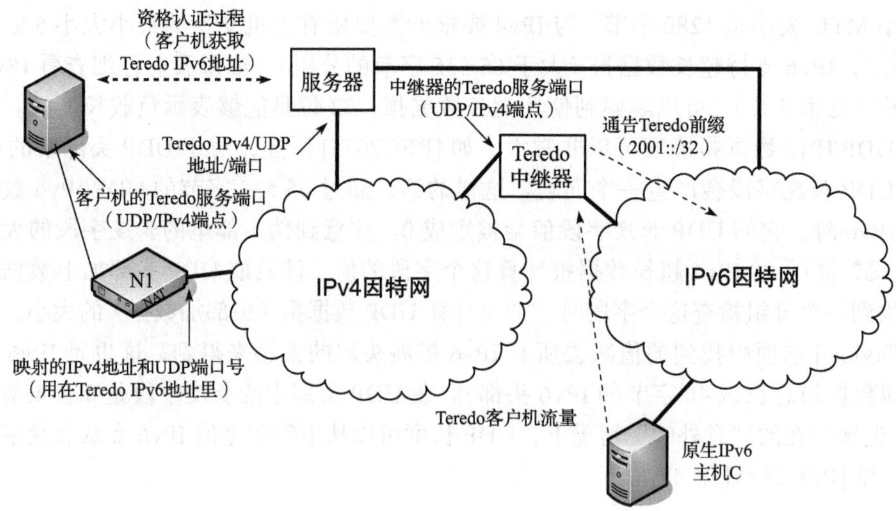

图 10-5 Teredo，一种 IPv6 过渡机制，在 UDP/IPv4 数据报的负载区中封装 IPv6 数据报和可选的追踪符，以使 IPv6 流量能经过只支持 IPv4 的基础设施。服务器帮助客户机获得一个 IPv6 地址并决定它们的映射地址和端口号。如果需要，中继器在 Teredo、6to4 及原生 IPv6 客户机间转发流量

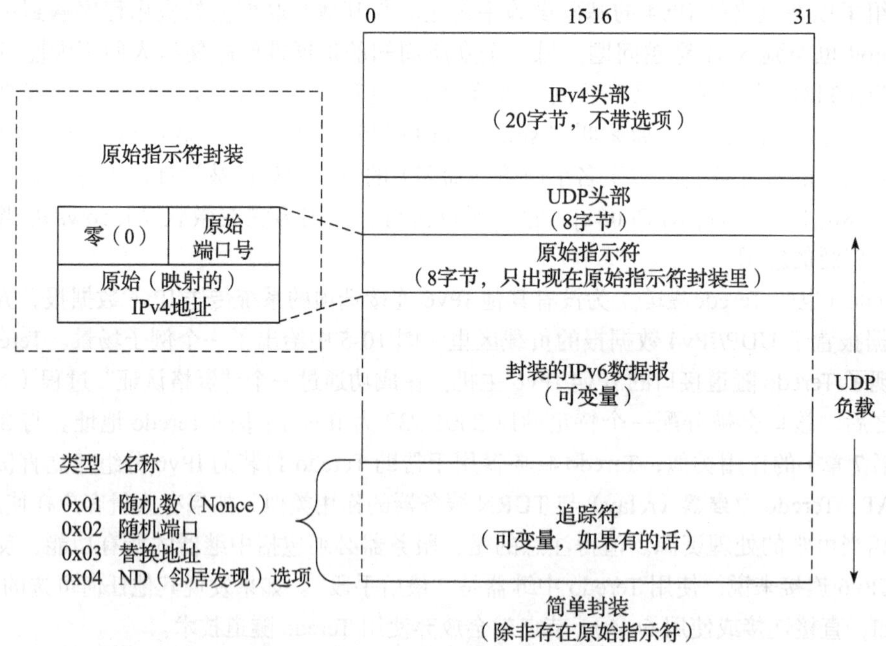

图 10-6 Teredo 使用的简单封装和原始指示符封装。原始指示符封装在 UDP 头部和被封装的 IPv6 数据报之间携带了 UDP 地址和端口号信息。在产生一个 Teredo 地址时，这些信息可以使得 Teredo 客户机知道它们的映射地址和端口号。地址和端口号被按位取反，从而显得“混乱”，这是为了避免 NAT 试图去重写这些信息。可能存在零或多个追踪符，被编码成 TLV 三元组。它们被用于实现许多 Teredo 扩展（比如支持对称 NAT）

成功回应是一种 ICMPv6 RA 消息，使用图 10-6 所示的原始指示符封装格式。RA 包

含一个前缀信息选项，该选项是一个有效的 Teredo 前缀（见第 2 章）。原始指示符为客户机提供自身的映射地址和端口信息。RA 的源地址是服务器的一个有效的本地链路 IPv6 地址。RA 的目的地址是客户机用作 RS 消息源地址的本地链路 IPv6 地址。假设一切正常的话，客户机现在是“有资格的”，并且可以根据服务器提供的前缀和原始信息来产生它的 Teredo IPv6 地址。Teredo 地址是一个 IPv6 地址，使用图 10-7 所示的格式，由多个参数构成。

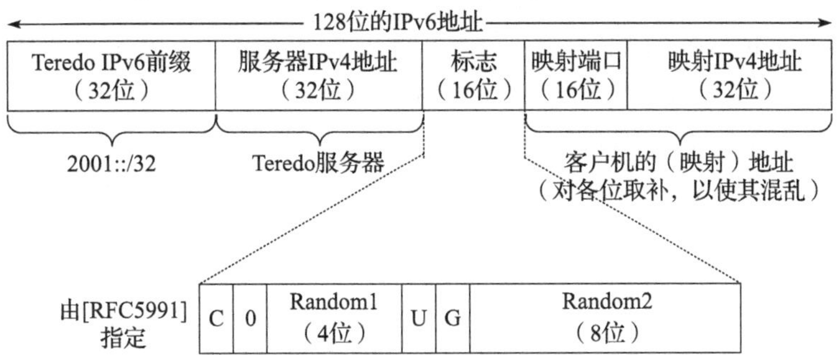

图 10-7 Teredo 客户机使用带 Teredo 前缀 2001::/32 的 IPv6 地址。随后位包含了 Teredo 服务器的 IPv4 地址、16 位标志（用于标识用到的 NAT 类型和随机位以帮助阻止地址猜测攻击）、客户机的 16 位映射端口号，以及客户机的 32 位映射 IPv4 地址。最后两项是“混乱”的

一个 Teredo 地址（见图 10-7）包含 Teredo 前缀（2001::/32）、Teredo 服务器的 IPv4 地址、一个 16 位的标志（Flags）字段（在下面详细介绍），然后是映射的端口号和映射的 IPv4 地址。最后两项是从 Teredo 服务器看到的客户机的地址信息，经常由客户机的最外层 NAT 决定。真实的地址和端口号信息是按位取反的，以使鲁莽的 NAT 不去重写它们。 483 ~ 484

16 位的标志字段用于标识在资格认证过程期间发现的 NAT 类型。一些 NAT（正式叫法是对称 NAT——具有地址依赖映射或地址和端口依赖映射，以及地址依赖或地址和端口依赖过滤特性的 NAT）只有在扩展得到支持时才能使用 Teredo（见本节后面），但是大多数普通类型的家庭网络（包括“锥形（cone）NAT”——具有终端独立映射和终端独立过滤特性的 NAT）不需要扩展的支持就可以工作。一开始，C（cone NAT）位字段是用于标识是否碰到一个锥形 NAT 并给予合适的支持，但现在这种用法被弃用，这个字段应该置成 0（客户机忽略这个字段，服务器检查它以寻找过时的客户机）。下一个位字段置成 0。U（Universal）和 G（Group）位字段留给未来使用，但现在被置成 0。根据 [RFC5991] 选择 Random1 和 Random2 字段的随机值，从而使得 Teredo 地址很难被猜到（一种安全的措施就是尽量减少潜在攻击者的随机试探）。

一旦一个已取得资格的客户机建立了自己的 Teredo 地址，它就可以发送 IPv6 流量了。至于资格认证失败会发生什么或使用一种安全资格认证的具体细节，可参见 [RFC4380]。一般来说，一台 Teredo 客户机可能想要与另一台在同一链路中的客户机、另一台在 IPv4 互联网中的客户机或在 IPv6 互联网中的一台主机进行通信。在每种情况下，Teredo 会提供一些基于 UDP/IPv4 的邻居发现来取代 IPv6。对于在同一链路中的客户机，Teredo 使用一种组播地址为 224.0.0.253 的 IPv4 组播发现协议。特殊的 Teredo “气泡”分组（那些不带数据负载的分组）用于判断目的地址是否在同一链路中。这些气泡以最小大小的 Teredo 分组出现，使用图 10-6 中的简单封装格式。它们包含一个 IPv6 头部，其中目的 IP 地址字段被设为这次通信的目的地。这个 IPv6 分组包含一个没有负载和附加扩展（下一个头部字段被置为 0x3b，

表示为空）的 IPv6 头部。对于在 IPv4 互联网中的客户机，回想一下 Teredo IPv6 地址包含了 IPv4 映射地址和端口号，因此，客户机可直接发送 Teredo 封装的分组到其他客户机的 NAT。对于受限的 NAT，Teredo 使用气泡来打孔和建立 UDP NAT 映射（见第 7 章和 [RFC6081]）。

当一个已取得资格认证的客户机有一个分组要发送到一台 IPv6 主机（即一台没使用 Teredo 地址的主机）时，它首先判断是否已经知道一个负责该分组的目的地的 Teredo 中继器。如果知道，使用简单封装把分组发送出去。如果不知道，客户机格式化一个包含大随机数（如 64 比特）的 ICMPv6 回显报文，并经由 Teredo 服务器把它发送到其 IPv6 目的地。接收主机看到一个进入的 IPv6 数据报，其源地址等于客户机的 Teredo 地址。它产生一个回显
485 应答，路由到最近的 Teredo 中继器。然后这个中继器转发回应给客户机。接收客户机再观察这个中继器的 IPv4 地址，并更新缓存以指明后续的目的地为该 IPv6 主机的分组应该使用这个刚确定下来的中继器。

在 [RFC6081] 中，Teredo 可以支持许多扩展选项，它们中的一些有助于支持 Teredo 对对称 NAT 的操作。这些扩展对协议特性进行了改动，包括以下方面：对称 NAT 支持（SNS），带 UPnP 的对称 NAT（UP），端口保留对称 NAT（PP），顺序端口对称 NAT（SP），发夹（HP），以及服务器负载减免（SLR）。除了 UP 和 PP 两个扩展都依赖于 SNS 扩展以外，其他扩展都可以独立使用。通过对这些扩展进行各种组合，多种 NAT 类型都可得到支持，这些组合由一个表格给出（见 [RFC6081] 的第 3 节）。

为了实现这些扩展，一个或多个追踪符可能会出现在 Teredo 消息中。使用与 ICMPv6 ND 选项（图 8-41）一样的基本格式，追踪符被编码成一个有序的 TLV 组合列表，这种格式包含一个 8 位的类型字段和一个 8 位的长度字段。类型字段的最高序的两个位编码指明主机不能识别追踪符类型时应怎样处理。位模式 01 表示主机应丢弃该分组；所有其他的都表示未知的追踪符应被忽略，而其他的则应按顺序处理。追踪符类型的值的官方列表由 IANA[TTYPES] 维护。当前被定义的追踪符如表 10-1 所示。

表 10-1　Teredo 追踪符被携带在封装于 UDP/IPv4 数据报里的 IPv6 负载之后。每个追踪符都有一个类型值、名称和对应的诠释。某些情况下，长度值是一个常数

类型	长度	名称	用途	备注
0x00	保留	未分配	未分配	未分配
0x01	0x04	随机数（Nonce）	SNS, UP, PP, SP, HP	32 位的随机数，用于防止重放攻击（见第 18 章）
0x02	保留	未分配	未分配	未分配
0x03	[8, 26]	替换地址	HP	位于同一个 NAT 后面的 Teredo 客户机使用的额外的地址 / 端口
0x04	0x04	ND（邻居发现）选项	SLR	允许 NAT 使用直接气泡（带 NS 消息）来进行更新
0x05	0x02	随机端口	PP	发送方的预测映射端口

随机数追踪符包含一个 32 位的随机值，该值对每个消息都是唯一的。它是一种安全措施，防止重放攻击（见第 18 章），且与 HP 或 SNS 的（IPv4 地址，端口）对一起使用。每个
486 对是 6 字节长，随机数追踪符可以拥有 1 ~ 4 个这样的对。这些对确定了一些 UDP/IPv4 端点——在一个 NAT 的同一边的其他 Teredo 客户机可以通过这些端点来联系发送方，同时它们可与 HP 扩展一起使用。

ND 选项追踪符包含一个字节，用来标识 TeredoDiscoverySolicitation（0x00）或 TeredoDiscoveryAdvertisement（0x01）。在第一种情况下，要求接收方用一个包含第二种消息形式的直接气泡（比如，在 Teredo 客户机之间直接发送）来进行应答。TeredoDiscoveryAdvertisement 类型就是应答。这个追踪符用于支持 SLR 扩展，它有效地允许 NS/NA 消息携带在直接气泡里，而不是需要服务器参与的间接气泡里，以更新 NAT 状态。最后，随机端口追踪符包含一个 16 位的 UDP 端口号，这个端口号是发送方对它被映射的端口号的最好猜测。这被 PP 扩展（见 [RFC6081] 的 6.3 节）使用。

10.6 UDP-Lite

有些应用程序可以容忍在发送和接收的数据里引入的比特差错。通常，为了避免建立连接的开销或者为了使用广播或组播地址，这类应用程序会选择使用 UDP，但是 UDP 使用的校验和要么覆盖整个负载，要么就一点也没有（比如，发送方不计算校验和）。一个称为 UDP-Lite 或 UDPLite[RFC3828] 的协议通过修改传统的 UDP 协议，提供了部分校验和来解决这个问题。这些校验和只覆盖每个 UDP 数据报里的一部分负载。UDP-Lite 有它自己的 IPv4 协议和 IPv6 下一个头部字段值（136），因此它实际上算是一种独立的传输协议。UDP-Lite 用一个*校验和覆盖范围*（Checksum Coverage）字段取代了（冗余的）长度字段来修改 UDP 头部（见图 10-8）。

图 10-8　UDP-Lite 包含了一个*校验和覆盖范围*字段，这个字段给出被校验和覆盖的字节数（从 UDP-Lite 头部的第 1 个字节开始）。最小值是 0，表示整个数据报都被覆盖。值 1 ~ 7 是无效的，因为头部总是要被覆盖的。UDP-Lite 使用一个与 UDP（17）不同的 IPv4 协议号（136）。IPv6 在下一个头部字段中使用相同的值 487

图 10-8 中的*校验和覆盖范围*字段是被校验和覆盖的字节数（从 UDP-Lite 头部的第 1 个字节开始）。除了特殊的值 0 以外，最小值是 8，因为 UDP-Lite 头部自身总是要求被校验和覆盖的。值 0 表示整个负载都被校验和覆盖，这就和传统 UDP 一样了。这里存在一个关于 IPv6 超长数据报的问题，因为用于存放*校验和覆盖范围*字段的空间有限。对于这类数据报，被覆盖数最多可以是 64KB 或整个数据报（即*校验和覆盖范围*字段的值为 0）。使用一些特殊的套接字 API 选项为应用程序指明使用 UDP-Lite（IPPROTO_UDPLITE）和要求的校验和覆盖范围的数量（使用 setsockopt 的 SOL_UDPLITE、UDPLITE_SEND_CSCOV 和 UDPLITE_RECV_CSCOV 选项）。

10.7 IP 分片

正如我们在第 3 章介绍的，链路层通常对可传输的每个帧的最大长度有一个上限。为了保持 IP 数据报抽象与链路层细节的一致和分离，IP 引入了*分片和重组*。当 IP 层接收到一个要发送的IP数据报时，它会判断该数据报应该从哪个本地接口发送（通过查找一个转发表，见第5章）以及要求的MTU是多少。IP比较外出接口的MTU和数据的大小，如果数据报太大则进行分片。IPv4中的分片可以在原始发送方主机和端到端路径上的任何中间路由器上进行。值得一提的是，数据报分片自身也可被分片。IPv6中的分片有些不一样，它只允许源主机进行分片。在第5章我们见过一个IPv6分片的例子。

当一个IP数据报被分片了，直到它到达最终目的地才会被重组。对此有两个原因，第二个要比第一个重要。第一个原因，在网络中不进行重组要比重组更能减轻路由器转发软件（或硬件）的负担。第二个原因，同一数据报的不同分片可能经由不同的路径到达相同的目的地。如果发生这种情况，路径上的路由器通常没有能力来重组原始的数据报，因为它们都只能看到所有分片的一个子集。考虑到路由器当前的性能级别，表面上，第一个原因并不是很令人信服，但是当想到大多数路由器最终无论怎样都会具备终端主机一样的功能时（如，当它们被管理或配置时），这就更不能令人信服了。所以第二个原因仍然是主要的。

10.7.1 例子：UDP /IPv4分片

488 使用UDP的应用程序如果想要避开IP层分片，可能就得琢磨它生成的结果IP数据报的大小了。特别是，如果结果数据报的大小超过链路的MTU，那么IP数据报就要被分割成多个IP分组，这有可能导致性能问题，因为如果任何一个分片丢失了，整个数据报就丢失了。图10-9描述了一个3020字节的UDP/IPv4数据报被分割成多个IPv4分组的情况。

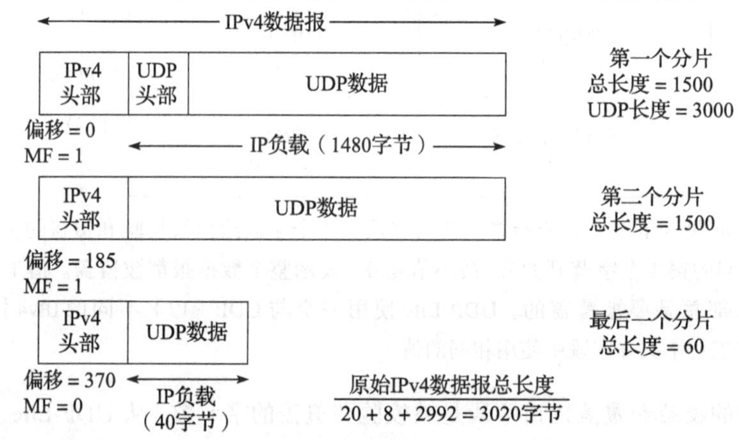

图10-9 一个带有2992字节UDP负载的UDP数据报被分片成三个UDP/IPv4分组（没有选项）。包含源和目的端口号的UDP头部只出现在第一个分片里（对防火墙和NAT来说，这是一个复杂因素）。分片由IPv4头部中的标识（Identification）、分片偏移（Fragment Offset）和更多分片（More Fragments，MF）字段控制

在图10-9中，我们看到原始UDP数据报包含了2992字节的应用程序数据（UDP负载）和8字节的UDP头部，结果产生一个总长度（Total Length）字段值为3020字节的IPv4数据报（回想一下，这个大小也包含了一个20字节的IPv4头部）。当这个数据报被分片成三个分组时，产生40个额外字节（每个新生成的IPv4分片头部20字节）。因此，总发送的字节数是3060，增加的IPv4开销大概是1.3%。标识字段的值（由原始发送方设置）被复制到每个分片，同时当分片到达目的地时利用它来分成组。分片偏移字段给出该分片负载字节中的

第一个字节在原始 IPv4 数据中的偏移量（以 8 字节为单位）。很明显，第一个分片的偏移总是 0。这里，我们看到第二个分片的偏移是 185（185*8 = 1480）。1480 是第一个分片的大小减去 IPv4 头部的大小。类似的分析可应用在第三个分片上。最后，MF 位字段指明该数据报后面是否还有更多的分组，只有最后一个分片才应置成 0。当 MF = 0 的分片被接收到时，重组程序才能确定原始数据报的长度，它等于分片偏移字段的值（乘以 8）加上 IPv4 总长度字段的值（减去 IPv4 头部长度）。因为每个偏移字段都是相对原始数据报的，重组进程可以 489
处理非顺序到达的分片。当一个数据报被分片后，每个 IPv4 头部中的总长度字段要被修改成该分片的总长度。

尽管 IP 分片看起来是透明的，但是一个刚才提到过的特征使得它不太理想：如果任何一个分片丢失了，整个数据报就丢失了。要理解为什么会这样，我们知道 IP 自身没有差错纠正机制。像超时和重传这些机制是更高层的责任。（TCP 有超时和重传操作，UDP 则没有。一些基于 UDP 的应用程序自己实现超时和重传，但这在 UDP 之上的某层进行。）当 TCP 报文段的一个分片丢失了，TCP 会重传整个 TCP 报文段，这涉及整个 IP 数据报。只重发数据报的一个分片是不可能的。确实，如果分片由中间的路由器来做，而不是原始系统，那么原始系统就又不知道数据报是怎样被分片的了。如此看来，通常是要避免分片的。[KM87] 提出了避免分片的一些讨论。

使用 UDP，产生 IP 分片是很简单的。（后面我们将会看到 TCP 尽量避免分片，一个应用程序强迫 TCP 发送比要求的分片要大得多的报文段几乎是不可能的。）我们可以使用 sock 程序增加数据报的大小，直到分片出现。在一个以太网里，一帧的数据最大大小一般是 1500 字节（见第 3 章），假设 IPv4 头部是 20 字节，UDP 头部是 8 字节[⊖]，这就使得最大 1472 字节的应用程序数据可避免分片。我们将以数据大小 1471、1472、1473 及 1474 字节来运行 sock 程序。我们预想到最后两个会产生分片：

```
Linux% sock -u -i -n1 -w1471 10.0.0.3 discard
Linux% sock -u -i -n1 -w1472 10.0.0.3 discard
Linux% sock -u -i -n1 -w1473 10.0.0.3 discard
Linux% sock -u -i -n1 -w1474 10.0.0.3 discard
```

清单 10-3 显示了 tcpdump 输出（为了简洁，某些行已被整理）。

清单 10-3　MTU 为 1500 字节的以太网链路上的 UDP 分片

```
1 23:42:43.562452 10.0.0.5.46530 > 10.0.0.3.9:
                  udp 1471 (DF) (ttl 64, id 61350, len 1499)
2 23:42:50.267424 10.0.0.5.46531 > 10.0.0.3.9:
                  udp 1472 (DF) (ttl 64, id 62020, len 1500)
3 23:42:57.814555 10.0.0.5 > 10.0.0.3:
                  udp (frag 37671:1@1480) (ttl 64, len 21)
4 23:42:57.814715 10.0.0.5.46532 > 10.0.0.3.9:
                  udp 1473 (frag 37671:1480@0+) (ttl 64, len 1500)
5 23:43:04.368677 10.0.0.5 > 10.0.0.3:
                  udp (frag 37672:2@1480) (ttl 64, len 22)
6 23:43:04.368838 10.0.0.5.46535 > 10.0.0.3.9:
                  udp 1474 (frag 37672:1480@0+) (ttl 64, len 1500)
```

490

前两个 UDP 数据报（分组 1 和 2）适合以太网帧（使用典型的“DIX”或“Ethernet”封装）且没被分片。第三种情况，对应于应用程序写入的 1473 字节的 IPv4 数据报的长度是

⊖ 回想一下，这个假设没有使用选项。对于带选项的 IPv4 数据报，头部超过 20 字节，最大可到 60 字节。

1501，这必须进行分片（分组3和4）。类似地，写入1474字节产生的数据报长度是1502字节，同样也要分片（分组5和6）。

当捕获到一个分片数据报时，tcpdump打印了一些附加信息。首先，输出frag 37671（分组3和4）和frag 37672（分组5和6）指明了IPv4头部中的标识字段。分片信息的下一个数字（在分组4和6中的冒号和@字符之间）是IPv4分组大小，不包括IPv4头部。两个数据报的第一个分片都包含了1480字节的数据：8字节的UDP头部和1472字节的用户数据。（20字节不带选项的IPv4头部使得分组恰好是1500字节。）第一个被分片的数据报的第二个分片（分组3）包含1字节的数据（用户数据剩下的1个字节）。第二个被分片的数据报的第二个分片（分组5）包含用户数据剩下的2个字节。分片要求除了最后一个分片之外的所有分片的数据部分（即，除IPv4头部外的所有东西）应是8字节的倍数。本例中，1480就是8的倍数。（相比于第5章的IPv6分片例子，那里1500字节的以太网MTU不能被充分利用。）

跟随在@字符后的数字是指该分片的数据相对原始数据报开头的偏移量。每个新的被分片的数据报的第一个分片都是以偏移0开始的（分组4和6），两个数据报的第二个分片都是从偏移1480字节开始（分组3和5）。偏移量后的“+”字符代表还有组成这个数据报的分片，对应IPv4头部里的3位的标志字段里的MF位字段被置成1。

一个令人意外的现象是：有更大偏移量的分片要比第一个分片优先投递。事实上，发送方故意对这些分片进行了重新排序。经过思考，我们认为这样做是有好处的。如果最后一个分片先被投递，接收主机就可以确定所需的缓存空间的最大值，以重组整个数据报。考虑到反正重组进程重新排序是鲁棒的，这就不是什么问题了。另一方面，有些技术要利用更高层的信息，这些信息从第一个分片可得到（包含UDP端口号），而后面的分片都没有[KEWG96]。

491 最后，注意到分组3和5（非第一个分片）遗漏了源和目的UDP端口号。tcpdump为了能打印除了第一个分片外的分片的端口号，它不得不重组被分片的数据报以恢复只出现在第一个分片（该分片没有遗漏源和目的端口号）的UDP头部中的端口号。

10.7.2 重组超时

一个数据报的任何一个分片首先到达时，IP层就得启动一个计时器。如果不这样做的话，不能到达的分片（如清单10-4中所见）可能会最终导致接收方用尽缓存，留下一种攻击机会。清单中的例子由一个特殊程序产生，该程序构造一个ICMPv4回显请求报文，并且以一定延迟只发送这个消息的前面两个分片，然后不再发送任何其他分片。清单10-4显示了回复（为了简洁，某些行已被整理）。

清单10-4 IPv4分片重组超时

```
1 17:35:59.609387 10.0.0.5 > 10.0.0.3:
     icmp: echo request (frag 28519:380@0+) (ttl 255, len 400)
2 17:36:19.617272 10.0.0.5 > 10.0.0.3:
     icmp (frag 28519:380@376+) (ttl 255, len 400)
3 17:36:29.602373 10.0.0.3 > 10.0.0.5:
     icmp: ip reassembly time exceeded for 10.0.0.5 > 10.0.0.3:
       icmp: echo request (frag 28519:380@0+) (ttl 255, len 400)
       [tos 0xc0](ttl 64, id 38816, len 424)
```

这里我们看到第一个分片（的时间和序列空间）被发送，总长度是400。第二个分片20s后被发送，但最后一个分片一直没被发送。接收到第一个分片30s后，目标机器回复一个

ICMPv4 超时（代码 1）消息，告诉发送方数据报已丢失，包括第一个分片的拷贝。一般的超时时间是 30s 或 60s。正如我们所见，收到任何一个分片时计时器就开始计时，且收到新的分片也不会被重置。因此，计时器给出了同一数据报分片之间可被分隔的最大间隔时间的限度。

注意 历史上，大多数衍生自 Berkeley-Unix 的 IP 实现方案从不产生这个错误。然而这些实现确实用了计时器，也确实在计时器超时的时候丢弃了所有分片，但是却从不产生 ICMP 错误。有时会碰到另一个细节：除非接收到了第一个分片（比如分片偏移字段为 0 的分片），否则没必要产生 ICMP 错误。原因是这些 ICMP 错误的接收者会因传输层头部不可用而无法知道哪个用户进程发送的数据报丢弃了。假设更高层协议最终将会超时，并在必要时重传它。 492

10.8 采用 UDP 的路径 MTU 发现

让我们考察使用 UDP 的应用程序与路径 MTU 发现机制（PMTUD）之间的交互过程 [RFC1191]。对一个像 UDP 这样的协议来说，调用这样协议的应用程序一般只控制输出数据报的大小，如果有方法能确定一个可以避免分片的合适的数据报大小，那么这会是很有用的。传统的 PMTUD 使用 ICMP PTB 消息（见第 8 章）来获得一个最大分组大小，其沿着一条路由路径传输不会引入分片。典型地，这些消息在 UDP 层之下被处理，对应用程序不可见，因此，它们要么是一个 API 调用，被应用程序用于获取对路径（与每个路径的目的地都已通信过）的 MTU 大小的当前最好的估计，要么是不被应用程序所知的、能独立地进行 PMTUD 的 IP 层。IP 层经常基于每个目的地址缓存一个 PMTUD 信息，并且当没有更新时就让它超时。

10.8.1 例子

在下面的例子里，我们使用 sock 程序来建立一个 UDP 数据报，产生一个 1501 字节的 IPv4 数据报。无论我们的主机系统还是连接的 LAN 都支持一个大于 1500 字节的 MTU，但是路由器上到互联网的出口链路则不然。以下命令试图不间断地发送三个 UDP 消息到 echo 服务（UDP 端口为 7）。

```
Linux% sock -u -i -n 3 -w1473 www.cs.berkeley.edu echo
```

清单 10-5 显示了我们在发送方使用 tcpdump 看到的相应分组追踪（为了简洁，某些行已被整理）。

清单 10-5 tcpdump 输出，显示了 ICMP PTB 消息。建议的 MTU 包括在内

```
1 14:42:18.359366 IP (tos 0x0, ttl 64, id 18331, offset 0, flags [DF],
    proto UDP (17), length 1501)
    12.46.129.28.33954 > 128.32.244.172.7: UDP, length 1473

2 14:42:18.359384 IP (tos 0x0, ttl 64, id 18332, offset 0, flags [DF],
    proto UDP (17), length 1501)
    12.46.129.28.33954 > 128.32.244.172.7: UDP, length 1473

3 14:42:18.359402 IP (tos 0x0, ttl 64, id 18333, offset 0, flags [DF],
    proto UDP (17), length 1501)
    12.46.129.28.33954 > 128.32.244.172.7: UDP, length 1473
```

```
4 14:42:18.360156 IP (tos 0x0, ttl 255, id 23457, offset 0,
    flags [none],  proto ICMP (1), length 56)
    12.46.129.1 > 12.46.129.28: ICMP
493 128.32.244.172 unreachable - need to frag (mtu 1500), length 36
    IP (tos 0x0, ttl 63, id 18331, offset 0, flags [DF],
    proto UDP (17), length 1501)
    12.46.129.28.33954 > 128.32.244.172.7: UDP, length 1473
```

从清单 10-5 我们可以看到三个 UDP 数据报，每个都带有 1473 字节的 UDP（应用程序）负载。每个都产生一个 1501 字节（未分片）的 IPv4 数据报。每个数据报的 IPv4 DF 位字段都是开启的（本系统的默认值），因此当它们中的一个到达一个路由器时（IPv4 地址 12.46.129.1），就会有一条 ICMPv4 PTB 消息产生，该消息包含建议的下一跳 1500 字节的 MTU。我们还可以观察到产生的 ICMPv4 消息包含了被丢弃的（"违规"）数据报的 UDP/IPv4 头部（及最前面的 8 个数据字节）。在这个例子里，我们的 sock 程序发送它的数据报太快（小于 1ms），以至于在任何 ICMP 消息被返回和处理前，它就完成了运行。

注意　现在在互联网服务提供商（ISP）中，1500 字节的 MTU 是它们通用的最小 MTU。有些 ISP 引入了可支持地址分配和管理的 PPPoE，它们使用更小的 1492 字节 MTU。PPPoE 头部（见第 3 章）由 6 字节和随后的 2 字节 PPP 头部组成，剩下 1500 – 6 – 2 = 1492 字节用于封装数据报。

如果我们使用另外一台目标主机（一台我们没有路径 MTU 历史的主机），同时在多次写入之间加入额外的延迟，我们可以观察到不同的行为。使用带 -p 2 选项的 sock 命令，这样在每次发送之间加入了 2 秒延迟，我们使用以下的两条（相同的）命令：

```
Linux% sock -u -i -n 3 -w1473 -p 2 www.wisc.edu echo
write returned -1, expected 1473: Message too long
Linux% sock -u -i -n 3 -w1473 -p 2 www.wisc.edu echo
```

使用另一个版本的 tcpdump，关于这些命令的 tcpdump 输出由清单 10-6 给出（为了简洁，某些行已被整理）。

清单 10-6　关于 3000 字节 MTU 链路过渡到 1500 字节路径 MTU 的成功的路径 MTU 发现示意

```
1 17:22:16.331023 IP (tos 0x0, ttl  64, id 58648, offset 0, flags [DF],
    proto: UDP (17), length: 1501)
    12.46.129.28.33955 > 144.92.9.185.7: UDP, length 1473

2 17:22:16.331581 IP (tos 0x0, ttl 255, id 38518, offset 0,
    flags [none], proto: ICMP (1), length: 56)
    12.46.129.1 > 12.46.129.28: ICMP
494 144.92.9.185 unreachable - need to frag (mtu 1500), length 36

      IP (tos 0x0, ttl  63, id 58648, offset 0, flags [DF],
      proto: UDP (17), length: 1501)
      12.46.129.28.33955 > 144.92.9.185.7: UDP, length 1473

3 17:22:24.284866 IP (tos 0x0, ttl 64, id 53776, offset 0, flags [+],
    proto: UDP (17), length: 1500)
    12.46.129.28.33955 > 144.92.9.185.7: UDP, length 1473

4 17:22:24.284873 IP (tos 0x0, ttl 64, id 53776, offset 1480,
    flags [none], proto: UDP (17), length: 21)
    12.46.129.28 > 144.92.9.185: udp
```

```
5 17:22:26.293554 IP (tos 0x0, ttl  64, id 53777, offset 0, flags [+],
    proto: UDP (17), length: 1500)
    12.46.129.28.33955 > 144.92.9.185.7: UDP, length 1473

6 17:22:26.293559 IP (tos 0x0, ttl  64, id 53777, offset 1480,
    flags [none], proto: UDP (17), length: 21)
    12.46.129.28 > 144.92.9.185: udp

7 17:22:28.301469 IP (tos 0x0, ttl  64, id 53778, offset 0, flags [+],
    proto: UDP (17), length: 1500)
    12.46.129.28.33955 > 144.92.9.185.7: UDP, length 1473

8 17:22:28.301474 IP (tos 0x0, ttl  64, id 53778, offset 1480,
    flags [none], proto: UDP (17), length: 21)
    12.46.129.28 > 144.92.9.185: udp
```

从清单 10-6 可以看到，第一次运行我们的程序时，由于 ICMPv4 PTB 消息，程序返回了一个错误。程序运行一次的两次发送之间的额外时间和两次程序运行之间的额外时间让 PTB 消息有机会到达发送主机，也让错误环境能传回给发送方去处理。有趣的是，当我们第二次运行程序，路径 MTU 已经被发现，为 1500 字节，系统能够使用分片来发送程序的三个数据报（分组 3、5、7 是这三个数据报的第一个分片）。15 分钟后（这里没显示），路径 MTU 信息被认为是过时的，数据报没被分片发送，另一条 ICMPv4 PTB 消息被返回，以此重复。

注意 [RFC1191] 推荐一个由 PMTUD 得到的 PMTU 值在 10 分钟后过时。路径 MTU 发现有时会因为防火墙和网关过滤可能不加选择地丢弃 ICMP 流量而出现问题，这会损害 PMTU 发现算法。因为这点，从基于系统范畴或有更好保证来看，可能要关闭 PMTU 发现。在 Linux 中，文件 /proc/sys/net/ipv4/ip_no_pmtu_disc 可以置成 1 以关闭 PMTU 发现。在 Windows 中，可以编辑注册表入口 HKEY_LOCAL_MACHINE\System\CurrentControlSet\Services\Tcpip\Parameters\ 495
EnablePMTUDiscovery 的值为 0。一个不使用 ICMP 的、传统 PMTUD 的替代品已经被开发出来 [RFC4821]，我们将在第 15 章介绍它。

10.9 IP 分片和 ARP/ND 之间的交互

使用 UDP，我们可以看到诱导的 IP 分片和典型的 ARP 实现之间的关系。回想一下，ARP 是用于将 IP 层地址映射到同一个 IPv4 子网里（见第 4 章）的相应的 MAC 层地址。我们关心的问题包括，什么时候发送多个分片？应该产生多少条 ARP 消息？以及搁置中的 ARP 请求 / 应答在完成之前会有多少个分片要处理？（IPv6 ND 也有类似的问题。）我们用以下两条命令来查看答案，使用 1500 字节 MTU 返回到我们的主机和 LAN：

```
Linux% sock -u -i -n1 -w8192 10.0.0.20 echo
Linux% sock -u -i -n1 -w8192 10.0.0.3 echo
```

这些参数使得我们的 sock 程序产生了一个带有 8192 字节用户数据的 UDP 数据报。在一个使用 1500 字节 MTU 大小的以太网中，我们料想到这将会产生 6 个分片。我们还确保了在运行这个程序之前 ARP 缓存是空的，所以在任何分片被发送之前，肯定会互相发送一个 ARP 请求和应答（见清单 10-7。为了简洁，某些行已被整理）。

清单 10-7　1500 字节 MTU 以太网上的 ARP 和分片

```
1 15:45:49.063561 arp who-has 10.0.0.20 tell 10.0.0.5
2 15:45:50.059523 arp who-has 10.0.0.20 tell 10.0.0.5
3 15:45:51.059505 arp who-has 10.0.0.20 tell 10.0.0.5
---
4 15:46:08.555725 arp who-has 10.0.0.3 tell 10.0.0.5
5 15:46:08.555973 arp reply 10.0.0.3 is-at 0:0:c0:c2:9b:26
6 15:46:08.555992 10.0.0.5 > 10.0.0.3:
    udp (frag 27358:1480@2960+) (ttl 64, len 1500)
7 15:46:08.555998 10.0.0.5 > 10.0.0.3:
    udp (frag 27358:1480@1480+) (ttl 64, len 1500)
8 15:46:08.556004 10.0.0.5.32808 > 10.0.0.3.7:
    udp 8192 (frag 27358:1480@0+) (ttl 64, len 1500)
```

在这个实验里，我们正好知道地址 10.0.0.20 没有分配给一台运行中的主机，因此我们应该收不到应答。在清单 10-7 的第一部分（分组 1 ~ 3），我们观察到三个 ARP 请求被将近 1s 的时间分开。三个请求被发送后，没有主机应答，因此 ARP 请求者放弃了。下一种情况，
496 大概 250μs 后有一个 ARP 应答被接收到，同时大约 20μs 后一个分片被发送。在这之后，剩下的分片紧挨着一起被发送出去，每个之间大约有 6μs 的间隔。回想一下，在这个系统里（Linux），最后一个分片首先被发送。

注意　历史上，分片和 ARP 之间的交互一直都是有问题的。例如，在某些情况下每一个分片都得发送一个 ARP 请求，而在某些情况下只有分片中的一个要排队等候 ARP 应答（从而使数据报丢失了，因为除了一个分片外的所有分片都被丢弃了）。第一个问题在 [RFC1122] 里被解决了，那需要一种实现来阻止这种 ARP 洪泛。建议的最大速率是每秒一个。第二个问题也在 [RFC1122] 里被讨论，但它只指出，对每一个分组集，其中的分组的目的地是相同的未解析的 IP 地址，链路层"应该保存（而不是丢弃）其中的至少一个（最新的）分组"。这种方法会引起不必要的分组丢失，不过已经在具体实现里解决了，方法是给那些 ARP 请求还在挂起的分组提供一个更大的队列。

10.10　最大 UDP 数据报长度

理论上，一个 IPv4 数据报的最大长度是 65 535 字节，这由 IPv4 头部的 16 位总长度字段决定（见第 5 章）。除去 20 字节不带选项的 IPv4 头部和一个 8 字节的 UDP 头部，就剩下最大 65 507 字节留给一个 UDP 数据报的用户数据。对于 IPv6，假设没使用超长数据报，16 位负载长度字段可允许 65 527 字节的有效 UDP 负载（65 535 字节的 IPv6 负载中的 8 字节被用于 UDP 头部）。然而，有两个原因使得这些大小的满额数据报不能被端到端投递。第一，系统的本地协议实现可能有一些限制。第二，接收应用程序可能没准备好去处理这么大的数据报。

10.10.1　实现限制

协议实现给应用程序提供一个 API 以让它选择一些默认缓存大小来进行发送和接收。某些实现提供的默认值小于最大 IP 数据报大小，实际上有些还不支持发送大于几十 KB 的数据报（尽管这个问题不多见）。

API 套接字 [UNP3] 提供一组函数让应用程序能够调用以设置或查询接收和发送缓存的

大小。对于一个 UDP 套接字，这个大小与应用程序可读或可写的最大 UDP 数据报大小直接关联。典型的默认值是 8192 字节或 65 535 字节，但一般可以调用 setsockopt() API 来设置更大的值。 497

在第 5 章我们提到过一台主机重组分片时要提供足够的缓存来接收至少一个 576 字节的 IPv4 数据报。许多 UDP 应用程序被设计成限制数据报的大小在 512 字节或更小以下（这使得 IPv4 数据报小于 576 字节）。对 UDP 数据报的大小使用了这些限制的例子包括 DNS（见第 11 章）和 DHCP（见第 6 章）。

10.10.2 数据报截断

UDP/IP 能发送和接收一个给定大小的（大）数据报并不意味着接收应用程序就能够读取这种大小的数据报。UDP 编程接口允许应用程序指定每次一个网络的读操作完成时返回的最大字节数。如果接收的数据报超过这个指定大小会发生什么？

大多数情况下，这个问题的答案是 API 截断（truncate）数据报，丢弃这个数据报里超过接收应用程序指定字节数的任何超额数据。然而，每种实现的具体操作是不同的。一些系统把这些数据报的超额数据放到后续的读操作中，另一些则通知调用者有多少数据被截断了（或有些情况是通知有一些数据被截断但不知具体是多少）。

注意 在 Linux 中，MSG_TRUNC 选项可被套接字 API 用来查看有多少数据被截断。在 HP-UX 上，MSG_TRUNC 却是一个标志，当一个读操作返回"有数据被截断时"就进行设置。SVR4（包括 Solaris 2.x）的套接字 API 不会截断数据报。任何超额的数据都被返回给后续的读操作。对一个 UDP 数据报进行的多次读操作是不会通知应用程序的。

在我们讨论 TCP 时会发现，它给应用程序提供连续的字节流，没有任何消息边界。因此，应用程序可得到它请求的任意大小的数据量，可供给充足的数据（如果不行，通常可以等待）。

10.11 UDP 服务器的设计

UDP 的一些特点对要使用它的网络应用程序的设计和实现有影响 [RFC5405]。服务器一般与操作系统交互，大多数需要一种方案来处理并发的多客户机。客户机设计与实现通常更简单，因此我们将不在这里讨论它们。 498

在典型的客户机 / 服务端场景中，一个客户机启动，立即与一台服务器通信，然后就完成了。而另一方面，服务器启动然后进入睡眠，等待一个客户机请求的到达。它们在客户机数据报到达时被唤醒，这经常需要服务器来评估这个请求以及可能要进行更进一步的处理。这里我们关注的不是客户机和服务器的程序编写方面（[UNP3] 覆盖了所有这些细节），而是对使用 UDP 的服务器的设计和实现有影响的 UDP 协议特性。（我们检查在第 13 章设计的 TCP 服务器的细节。）虽然我们描述的特性有点依赖被使用的 UDP 实现，但是这些特性对大多数实现来说是共同的。

10.11.1 IP 地址和 UDP 端口号

到达 UDP 服务器的是来自客户机的 UDP 数据报。IP 头部包含了源和目的 IP 地址，UDP

头部包含源和目的UDP端口号。当一个应用程序接收到一个UDP消息时，它的IP和UDP头部已经被剥掉；如果想要给予回复，应用程序必须由操作系统以其他方式告知是谁（源IP地址和端口号）发送的消息。这个特点允许UDP服务器去处理多个客户机。

有些服务器需要知道数据报是发送给谁的，即目的IP地址。这看起来似乎很明显，服务器不用查看接收到的数据报即可马上知道这些信息，然而通常情况并非如此。比如，因为多址、IP地址别名，以及IPv6多范围使用，一台主机可能有多个IP地址，单个服务器可使用它们中的任何一个来接收进入的数据报（实际情况通常是这样的）。任何想要根据客户机选择的目的IP地址来有分别地执行任务的服务器都需要得到目的IP地址信息。另外，如果目的地址是广播或组播的（如，主机需求（Host Requirements）RFC[RFC1122] 指出 TFTP 服务器应忽略接收到的发送给一个广播地址的数据报），那么有些服务则可能会有不同的回应。

注意 DNS服务器是对目的IP地址敏感的一种服务器类型。它会使用这个信息来对它返回的地址映射表排列特定的次序。DNS的这种行为在第11章有更详细的描述。

这里得到的教训是，即使一个API可以得到传输层数据报里的所有数据，但是额外的来自各层的信息（一般是地址信息）也可能是使服务器更有效地进行操作所需要的。当然，这
499 个问题并非UDP独有，然而因为它是我们第一个学习的传输层协议，现在值得提出来。

设计同时使用IPv4和IPv6的UDP服务器必然要考虑到这两种地址类型有明显不同的长度以及需要不同的数据结构。另外，用IPv6地址来给IPv4编码的交互操作机制可能允许使用IPv6套接字同时处理IPv4和IPv6寻址。更多细节见[UNP3]。

10.11.2 限制本地IP地址

大多数UDP服务器在创建UDP端点时都使其本地IP地址具有通配符（wildcard）的特点。也就是说如果进入的UDP数据报的目的地是一个服务器的端口，那么在该服务器上的任何本地接口均可接收到它（任何在本地机器中使用的IP地址，包含本地回路地址）。例如，我们在端口号7777启动一个IPv4 UDP服务器：

```
Linux% sock -u -s 7777
```

然后我们用netstat命令来查看端点的状态（见清单10-8）。

清单10-8 netstat列出了使用通配符地址绑定的IPv4 UDP服务器

```
Linux% netstat -l --udp -n
Active Internet connections (only servers)
Proto Recv-Q Send-Q Local Address               Foreign Address
udp        0      0 *:7777                      0.0.0.0:*
```

输出中我们删除了几行，只留下我们感兴趣的。-l选项输出所有监听套接字（服务器）。--udp选项只输出与UDP协议相关的数据。-n选项指明只打印IP地址，而非全扩展主机名。

注意 并非所有系统的netstat都有这些（Linux）选项，大多数是使用netstat命令加上一些选项的组合来获取类似的结果。在BSD上，-l和-p udp选项是被支持的。在Windows上，-n、-a和-p udp选项都可被使用。

本地地址被打印成*:7777，这里的星号代表本地IP地址已被通配符化。当服务器建立

它的端点，它可以指定主机的一个本地 IP 地址，包括一个广播地址，作为该端点的本地 IP 地址。在这些情况里，只有目的 IP 地址与指定的本地地址匹配时，进入的 UDP 数据报才会被转到这个端点。使用我们的 sock 程序，如果我们在端口号前指定一个 IP 地址，它就成为了这个端点的本地地址。例如，命令 500

```
Linux% sock -u -s 127.0.0.1 7777
```

限制了服务器只接收到达本地回路接口（127.0.0.1）的数据报，这些数据报只能在同一台主机生成。清单 10-9 显示了本例的 netstat 输出。

清单 10-9 只绑定本地回路接口的 UDP IPv4 服务器 netstat 输出

```
Active Internet connections (only servers)
Proto Recv-Q Send-Q Local Address          Foreign Address
udp        0      0 127.0.0.1:7777         0.0.0.0:*
```

如果我们尝试在同一以太网的主机上发送一个数据报到这个服务器，一个 ICMPv4 端口不可到达消息就会被返回，发送应用程序会接收到一个错误。服务器看不到这个数据报。

```
Linux% sock -u -v 10.0.0.3 6666
connected on 10.0.0.5.50997 to 10.0.0.3.6666
123
error: Connection refused
```

10.11.3 使用多地址

在同一个端口号开启几个不同的服务器，每个服务器使用一个不同的本地 IP 地址，这是可能的。然而，通常应用程序应该告诉系统允许这样重用相同的端口。

注意 使用套接字 API 时，SO_REUSEADDR 套接字选项必须指定。在我们的 sock 程序里通过指明 -A 选项即可。

即使我们只有一个真实的网络接口，我们还是可以建立额外的 IP 地址来供使用。这里，我们的主机有一个原生 IPv4 地址 10.0.0.30，而我们将赋予它两个额外的地址：

```
Linux# ip addr add 10.0.2.13 scope host dev eth0
Linux# ip addr add 10.0.2.14 scope host dev eth0
```

现在我们的主机有 4 个单播 IPv4 地址：它的原生地址，我们刚才加的那两个，以及它的本地回路地址。我们可以使用 sock 程序在同一个 UDP 端口（8888）开启三个不同的 UDP 实例：

```
Linux% sock -u -s -A 10.0.2.13 8888
Linux% sock -u -s -A 10.0.2.14 8888
Linux% sock -u -s -A 8888
```

501

服务器必须使用 -A 选项来启动，告诉系统允许重用相同的地址信息。清单 10-10 的 netstat 输出显示了服务器正在监听的地址和端口号。

清单 10-10 相同 UDP 端口上的受限的和带通配符的 UDP 服务器

```
Active Internet connections (only servers)
Proto Recv-Q Send-Q Local Address          Foreign Address
udp        0      0 10.0.2.13:8888         0.0.0.0:*
udp        0      0 0.0.0.0:8888           0.0.0.0:*
udp        0      0 10.0.2.14:8888         0.0.0.0:*
```

在这个场景里，只有那些目的地是 10.0.0.30、直接广播地址（如，10.255.255.255）、受限广播地址（255.255.255.255）或本地回路地址（127.0.0.1）的 IPv4 数据报才能到达带通配符本地地址的那个服务器，因为那些受限的服务器覆盖了所有其他的可能情况。

当有带通配符地址的端点存在时，就暗示着一种优先级。带指定 IP 地址的端点，会越过通配符，当这个指定的 IP 与目的 IP 地址匹配时，它总是被优先选择。而只有当匹配不成功时才会使用带通配符的端点。

10.11.4 限制远端 IP 地址

在前面我们展示的所有 netstat 输出中，远端 IP 地址（比如，不是正在运行的服务器本地的地址）和远端端口号被显示为 0.0.0.0:*，表示端点将会接收来自任何 IPv4 地址和任何端口号的进入 UDP 数据报。然而，可以选择限制远端地址，也就是说端点只接收来自指定 IPv4 地址和端口号的 UDP 数据报。注意，一旦服务器收到了某个客户机的流量，这些限制就会被加上，以过滤掉来自其他客户机的额外流量。在我们的 sock 程序中使用 -f 选项来指定远端 IPv4 地址和端口号：

```
Linux% sock -u -s -f 10.0.0.14.4444 5555
```

这样就设置了远端 IPv4 地址为 10.0.0.14 以及远端端口号为 4444。服务器端口为 5555。如果运行 netstat，我们可以看到本地地址也被设置，尽管我们没有明确指定它（见清单 10-11）。

清单 10-11 限制远端地址导致的本地地址分配

```
Linux% netstat --udp -n
Active Internet connections (w/o servers)
Proto Recv-Q Send-Q Local Address    Foreign Address      State
udp        0      0 10.0.0.30:5555 10.0.0.14:4444       ESTABLISHED
```

502

这是指定远端 IP 地址和远端端口的一个典型的副作用：如果指定远端地址而没选择本地地址的话，那么本地地址会被自动选择。它的值是由 IP 路由选择的能到达那个指定的远端 IP 地址的网络接口的地址。确实，在这个例子里，在这个以太网里能连接到那个远端地址的主要 IPv4 地址就是 10.0.0.30。注意这样得到的端点和限制远端地址的一个结果是，现在清单里的状态（State）栏指示连接是**已建立的**（ESTABLISHED）。

表 10-2 总结了 UDP 服务器可建立的三种地址绑定方式。

表 10-2 UPD 服务器的三种地址绑定方式

本地地址	远端地址	描 述
local_IP.local_port	foreign_IP.foreign_port	限制只有一台客户机可用
local_IP.local_port	*.* (wildcard)	限制本地 IP 地址和端口（但对所有客户机开放）
*.local_port	*.* (wildcard)	只限制本地端口

在所有情况里，local_port 是服务器的端口，local_IP 必须是本地分配的 IP 地址中的一个。表中三行的顺序就是 UDP 模块在尝试决定哪个本地端点去接收进入数据报时使用的顺序。最具体的绑定方式（第一行）首先被尝试，最不具体的（最后一行，两个 IP 地址都是通配符）被最后尝试。

10.11.5 每端口多服务器的使用

尽管 RFC 里没有说明，但默认情况下最常见的是：对一给定的地址族（即 IPv4 或 IPv6），同一时间只允许一个应用程序端点与任何一个（本地 IP 地址，UDP 端口号）对关联。当一个 UDP 数据报到达其目的 IP 地址的那台主机的目的活动端口时，它的一个拷贝被传送给这个唯一的端点（如，一个正在监听的应用程序）。如前所示，这个端点的 IP 地址可以是通配符，但是只能是唯一一个应用程序可以接收这些指定地址的数据报。如果我们试图去启动另一个使用相同地址族、有相同通配符本地地址和相同端口的服务器时，则是行不通的：

```
Linux% sock -u -s 12.46.129.3 8888 &
Linux% sock -u -s 12.46.129.3 8888
can't bind local address: Address already in use
```
503

为了支持组播（见第 9 章），可允许多个端点使用相同的（本地 IP 址，UDP 端口号）对，但是应用程序一般要告诉 API 允许这样做（也就是说，像前面指出的，用 -A 选项来指定 SO_REUSEADDR 套接字选项）。

注意 4.4BSD 要求应用程序设置不同的套接字选项（SO_REUSEPORT）来允许多端点共享同一端口。此外，每个端点必须设置这个选项，包括第一个使用这个端口的端点。

当一个 UDP 数据报到达的目的 IP 地址是一个广播或组播地址，同时这个目的 IP 地址和端口号有多个端点时，那么每个端点都会收到这个数据报的一个拷贝（端点的本地 IP 地址可以是能匹配任何目的 IP 地址的通配符）。然而，如果一个 UDP 数据报到达其目的 IP 地址是一个单播地址（即一个普通的地址）时，那么只有唯一的端点会收到这个数据报的一个拷贝。至于哪个端点会收到这个单播数据报，这是依赖于具体实现的，但是这种策略有助于允许多线程和多进程服务器避免在同一进入请求上被多次调用。

10.11.6 跨越地址族：IPv4 和 IPv6

编写不只跨越协议（例如 TCP 和 UDP）而且跨越地址族的服务器是可能的。即，我们可以编写服务器，既可对 IPv4 也可对 IPv6 的进入请求进行回复。这整个看起来好像是简单明了的（IPv6 地址只是同一主机上的 128 位长的 IP 地址而已），但是关于共享端口空间会有些小问题。对于某些系统，UDP（和 TCP）的 IPv6 和 IPv4 之间的端口空间是共享的。这就是说如果一个服务绑定在一个使用 IPv4 的 UDP 端口上，它同时也被分配给在 IPv6 空间里的同一个端口（反之亦然），使得其他服务不能使用该端口（除非如前所述，SO_REUSEADDR 套接字选项被使用）。更进一步，因为 IPv6 地址能以一种互操作的方式（见第 2 章）来对 IPv4 地址进行编码，所以 IPv6 里的通配符绑定方式可能会接收到进入的 IPv4 流量。

注意 情况要针对具体实现。在 Linux 里，所有端口空间都是共享的，所有的通配符 IPv6 绑定意味着对应的 IPv4 绑定。在 FreeBSD 里，IPV6_V6ONLY 套接字选项可用于保证只在 IPv6 空间进行绑定。程序员应该查阅其支持的那个操作环境的 IPv6 的套接字接口。[RFC3493] 描述了 C 语言绑定。 504

10.11.7 流量和拥塞控制的缺失

大多数 UDP 服务器是迭代（iterative）服务器。也就是说单个服务器线程（或进程）在单个 UDP 端口（如，服务器的知名端口）处理所有客户请求。通常一个应用程序使用的每个 UDP 端口均有一个大小有限的队列与之对应。也就是说来自不同客户机的、几乎同时到达的请求会被 UDP 自动排入队列里。接收到的 UDP 数据报以它们到达的顺序（也就是说，FCFS——先到先服务）被传送给应用程序（当它请求下一个时）。

然而，这个队列有可能会溢出，使得 UDP 实现丢弃进入的数据报。因为 UDP 不提供流量控制（flow control）（也就是说，让服务器告诉客户机减慢速率是不可能的），即使只服务于一个客户，这样的事情也会发生。因为 UDP 是一个无连接协议，自身没有可靠机制，应用程序无法得知什么时候 UDP 输入队列产生了溢出。超额的数据报仅仅被 UDP 丢弃而已。

这样的事实引起了另一个问题，发送方和接收方之间的 IP 路由器（在网络中间）里也有队列。当这些队列变满时，流量可能会被丢弃，多多少少与 UDP 的输入队列类似。当这种情况出现时，网络被称之为*拥塞*（congested）。拥塞是不希望的，因为它会影响所有流量经过拥塞发生地点的网络用户，这与前面提到的 UDP 输入情况不一样，那里只有单个应用程序服务受影响。UDP 对拥塞提出了特别的关注，因为当网络正在拥塞时，不能通知它降低发送率。（即使能被告知，也没有机制来降低。）因此，这被称为*拥塞控制*（congestion control）缺失。拥塞控制是一个复杂的课题，目前仍是一个热门研究领域。我们在讨论 TCP 时（见第 16 章）将会考虑拥塞控制。

10.12 UDP/IPv4 和 UDP/IPv6 数据报的转换

在第 7 章我们讨论了一个用于从 IPv4 传送 IP 数据报到 IPv6（或反之）的框架。第 8 章描述了这个框架如何应用到 ICMP。像第 7 章描述的那样，当 UDP 经过一个转换器时，转换就会发生，除了针对 UDP 校验和的一些问题。对于 UDP/IPv4 数据报，UDP 头部的校验和字段允许为 0（不计算），而 UDP/IPv6 则不然。后果是，校验和为 0 的完整数据报到来时，从 IPv4 转换到 IPv6 产生的结果是，生成一个带有完整进行了计算的伪头部校验和的 UDP/IPv6 数据报，或者是丢弃了到来的数据报。转换器应提供一个配置选项来选择取舍哪种情况，因为产生这些校验和的开销可能是不能接受的。如果使用了非校验和中立（non-checksum-neutral）的地址映射的话（见第 7 章），包含非零校验和的分组在任一边被转换时都
505 要求更新校验和。

分片数据报出现另一个挑战。对于无状态的转换器，被分片的带有零校验和的 UDP/IPv4 数据报不能转换，因为没有合适的 UDP/IPv6 可以计算。这些数据报被丢弃。有状态的转换器（即 NAT64）可以重组许多分片和计算要求的校验和。被分片的带有已计算校验和的 UDP/IP 数据报在转换的两边都被当作普通分片处理，如第 7 章所述。大 UDP/IPv4 数据报需要分片以适合转换后的 IPv6 最小 MTU，它们同样被当作普通 IPv4 数据报处理（即它们按需求分片）。

10.13 互联网中的 UDP

如果试图描述互联网上的 UDP 流量的特征，我们会发现，要得到有用、公众可用的数据是有些困难的，同时各个站点因协议引起的流量负载的崩溃也不尽一样。也就是说，像 [FKMC03] 这样的研究发现，UDP 占据了观察到的互联网流量的 10% ~ 40%，同时随着点对点应用数量的增加，UDP 的使用也正在上升 [Z09]，尽管 TCP 流量仍在分组和字节量方面占据了统治地位。

在 [SMC02] 中，发现互联网分片流量大多数都是 UDP 的（分片流量的 68.3% 是 UDP 的），尽管总体流量中只有极少是分片的（大约分组的 0.3%，字节的 0.8%）。该作者指出最

常见的被分片的流量类型是基于 UDP 的多媒体流量（55%；微软的媒体播放器占了其中的一半），以及像出现在 VPN 隧道里的封装 / 隧道流量（大约 22%）。此外，大约 10% 的这些分片是反序的（reverse-order）（我们在之前的例子里说过最后一个 IP 分片要优先第一个被发送），最常见的分片大小是 1500 字节（75%），然后是 1484 字节（18%）和 1492 字节（1%）。

注意 1500 字节 MTU 与以太网的原生可用负载大小有关。大小 1484 是由数字设备公司（Digital Equipment Corporation）的 GigaSwitch（现在已不存在）产生的，它在当时是拓扑测量的重要部分。

分片出现的原因来自两个因素：粗糙封装和路径 MTU 发现的缺失，以及采用可能使用大消息的应用程序。前者与经过多个协议层时的多层封装有关，这增加了额外的头部，使得原始适合 1500 字节 MTU（最常见的大小）的 IP 分组不再装得下（如，要经过 VPN 隧道的应用程序流量）。第二个因素在于使用大分组的应用程序（如视频应用程序）最终要分片。 506
[SMC02] 研究里的一个奇怪和不幸的发现是，大量的 IPv4 DF 位字段是启用的 UDP 分组（可能要尝试进行 PMTU 发现）被封装在没启用该位字段的 UDP 分组里（从而破坏了该尝试，却使相应的应用程序对此事实一无所知）。

10.14 与 UDP 和 IP 分片相关的攻击

大多数关于 UDP 的攻击与耗尽某些共享资源（缓存，链路容量等）或利用协议实现中的漏洞以致系统崩溃或产生其他不希望的反应有关。两者都属于 DoS 攻击这个大分类：成功的攻击者可使服务对合法用户不可用。最直接的使用 UDP 的 DoS 攻击是尽可能快地直接产生大量的流量。因为 UDP 不能管理它的流量发送率，这对与之共享相同网络路径的其他应用程序产生负面的影响。甚至在没有恶意的情况下，这也可能发生。

经常与 UDP 相关的另一种更复杂的 Dos 攻击类型是放大（magnification）攻击。这种攻击类型通常涉及一个攻击者发送小部分流量，而致使其他系统产生更多的流量的情况。在所谓的 Fraggle 攻击中，一个恶意的 UDP 发送方伪造 IP 源地址成一个受害者的地址，并且设置目的地址为广播类型的一种（如，直接广播地址）。UDP 分组被发送到一个能对进入数据报做回应的服务。实现了这些服务的服务器在回应时，它们把消息导向到包含在到达的 UDP 分组的源 IP 地址字段里的 IP 地址。这样，源地址就是那个受害者，所以受害者主机就会因有多个 UDP 流量对其回应而处于超负载中。这种放大攻击的变种有很多，包括诱导一个字符生成服务与回显服务交互，从而使得流量一直处于“乒乓”中。这种攻击与 ICMP 的 Smurf 攻击（见第 8 章）很接近。

出现过几种与 IP 分片有关的攻击。处理 IP 分片要比处理 UDP 更加复杂一些，因此在它的实现中发现并利用漏洞不足为奇。有一种攻击方式涉及发送不带任何数据的分片。这种攻击利用 IPv4 重组程序代码的一个漏洞，可导致系统崩溃。另一种在 IPv4 重组层的攻击是泪滴（teardrop）攻击，涉及使用可使某些系统崩溃或严重受影响的重叠分片偏移（Fragment Offset）字段来精心构造一系列分片。这种攻击的一个变种涉及可覆盖前一分片 UDP 头部的重叠分片偏移。现在，重叠分片在 IPv6 中被禁止使用 [RFC5722]。最后，还有与之相关的 Ping of Death 攻击（一般由 ICMPv4 回显请求构建，也适合于 UDP），它通过产生一个在 507
重组时会超过最大限制的 IPv4 数据报来进行。这是相当直接的，因为分片偏移字段可设置的值最大只能到 8191，代表了 65 528 字节的偏移。任何长度超过 7 字节的这样的分片都会

（如果没有保护措施）导致产生一个超过最大值 65 535 字节的重组数据报。关于某些形式的分片攻击的应对技术在 [RFC3128] 给出。

10.15 总结

UDP 是一个简单的协议。它的正式规范 [RFC0768] 只有 3 页（包括参考文献！）。它给用户进程（在 IP 层之上）提供的服务是端口号和校验和。它没有流量控制，没有拥塞控制和差错纠正。它有差错检测（对 UDP/IPv4 可选，但对 UDP/IPv6 强制使用）和消息边界保留。我们使用了 UDP 来检查互联网校验和以及观察 IP 分片如何进行。我们也见到了 UDP 的其他方面：它如何与路径 MTU 发现一起使用，如何影响服务器设计，以及它在互联网的出现。

当要避免建立连接的开销时，当要使用多端点传送时（组播，广播），或者当不需要 TCP 的相对“笨重”的可靠语义（例如排序、流量控制以及重传）时，最常用的就是 UDP 了。多亏了多媒体和点对点应用程序，UDP 正得到越来越多的使用，同时它也是支持 VoIP 的主要协议 [RFC3550][RFC3261]。它还是那些要必须经过 NAT 而不引入太多额外开销（只为 UDP 头部提供 8 字节）的封装流量的传统方法。在支持一种 IPv6 过渡机制（Teredo）和帮助 NAT 穿越 STUN（见第 7 章）方面，我们已经看到了这种用法，同时我们将会在第 18 章再次看到它被用于 IPsec NAT 穿越。UDP 其他主要用途之一是支持 DNS。下一步我们在第 11 章就探讨这种重要的应用。

10.16 参考文献

[CT90] D. Clark and D. Tennenhouse, “Architectural Considerations for a New Generation of Protocols,” *Proc. ACM SIGCOMM*, 1990.

[FKMC03] M. Fomenkov, K. Keys, D. Moore, and k claffy, “Longitudinal Study of Internet Traffic in 1998–2003,” CAIDA Report, available from http://www.caida.
508 org, 2003.

[IPORT] http://www.iana.org/assignments/port-numbers

[KB929851] Microsoft Support Article ID 929851, “The Default Dynamic Port Range for TCP/IP Has Changed in Windows Vista and in Windows Server 2008,” Nov. 19, 2009 (rev. 6.2).

[KEWG96] F. Kaashoek, D. Engler, D. Wallach, and G. Ganger, “Server Operating Systems,” *Proc. SIGOPS European Workshop*, 1996.

[KM87] C. Kent and J. Mogul, “Fragmentation Considered Harmful,” DEC WRL Technical Report 87/3, 1987.

[RFC0768] J. Postel, “User Datagram Protocol,” Internet RFC 0768/STD 0006, Aug. 1980.

[RFC1122] R. Braden, ed., “Requirements for Internet Hosts—Communication Layers,” Internet RFC 1122/STD 0003, Oct. 1989.

[RFC1191] J. C. Mogul and S. E. Deering, “Path MTU Discovery,” Internet RFC 1191, Nov. 1990.

[RFC2460] S. Deering and R. Hinden, “Internet Protocol, Version 6 (IPv6) Specification,” Internet RFC 2460, Dec. 1998.

[RFC2675] D. Borman, S. Deering, and R. Hinden, “IPv6 Jumbograms,” Internet RFC 2675, Aug. 1999.

[RFC3056] B. Carpenter and K. Moore, “ Connection of IPv6 Domains via IPv4

Clouds," Internet RFC 3056, Feb. 2001.

[RFC3128] I. Miller, "Protection against a Variant of the Tiny Fragment Attack (RFC 1858)," Internet RFC 3128 (informational), June 2001.

[RFC3261] J. Rosenberg, H. Schulzrinne, G. Camarillo, A. Johnston, J. Peterson, R. Sparks, M. Handley, and E. Schooler, "SIP: Session Initiation Protocol," Internet RFC 3261, June 2002.

[RFC3493] R. Gilligan, S. Thomson, J. Bound, J. McCann, and W. Stevens, "Basic Socket Interface Extensions for IPv6," Internet RFC 3493 (informational), Feb. 2003.

[RFC3550] H. Schulzrinne, S. Casner, R. Frederick, and V. Jacobson, "RTP: A Transport Protocol for Real-Time Applications," Internet RFC 3550/STD 0064, July 2003.

[RFC3828] L-A. Larzon, M. Degermark, S. Pink, L-E. Jonsson, ed., and G. Fairhurst, ed., "The Lightweight User Datagram Protocol (UDP-Lite)," Internet RFC 3828, July 2004.

[RFC4213] E. Nordmark and R. Gilligan, "Basic Transition Mechanisms for IPv6 Hosts and Routers," Internet RFC 4213, Oct. 2005.

[RFC4380] C. Huitema, "Teredo: Tunneling IPv6 over UDP through Network Address Translations (NATs)," Internet RFC 4380, Feb. 2006.

[RFC4787] F. Audet, ed., and C. Jennings, "Network Address Translation (NAT) Behavioral Requirements for Unicast UDP," Internet RFC 4787/BCP 0127, Jan. 2007.

[RFC4821] M. Mathis and J. Heffner, "Packetization Layer Path MTU Discovery," Internet RFC 4821, Mar. 2007.

[RFC4960] R. Stewart, ed., "Stream Control Transmission Protocol," Internet RFC 4960, Sept. 2007.

[RFC5405] L. Eggert and G. Fairhurst, "Unicast UDP Usage Guidelines for Application Designers," Internet RFC 5405/BCP 0145, Nov. 2008.

[RFC5722] S. Krishnan, "Handling of Overlapping IPv6 Fragments," Internet RFC 5722, Dec. 2009.

[RFC5969] W. Townsley and O. Troan, "IPv6 Rapid Deployment on IPv4 Infrastructures (6rd)—Protocol Specification," Internet RFC 5969, Aug. 2010.

[RFC5991] D. Thaler, S. Krishnan, and J. Hoagland, "Teredo Security Updates," Internet RFC 5991, Sept. 2010.

[RFC6081] D. Thaler, "Teredo Extensions," Internet RFC 6081, Jan. 2011.

[RFC6343] B. Carpenter, "Advisory Guidelines for 6to4 Deployment," Internet RFC 6343 (informational), Aug. 2011.

[SMC02] C. Shannon, D. Moore, and k claffy, "Beyond Folklore: Observations on Fragmented Traffic," *IEEE/ACM Transactions on Networking*, 10(6), Dec. 2002.

[SOCK] http://www.icir.org/christian/sock.html

[TTYPES] http://www.iana.org/assignments/trailer-types

[UNP3] W. Stevens, B. Fenner, and A. Rudoff, *UNIX Network Programming, Volume 1, Third Edition* (Addison-Wesley, 2004).

[Z09] M. Zhang et al., "Analysis of UDP Traffic Usage on Internet Backbone Links," *Proc. 9th Annual International Symposium on Applications and the Internet*, 2009.

509 ~ 510

第 11 章

TCP/IP Illustrated, Volume 1: The Protocols, Second Edition

名称解析和域名系统

11.1 引言

到目前为止，我们研究的协议使用 IP 地址来识别参与分布式应用的主机。对大众来说，这些地址（特别是 IPv6 地址）太烦琐而难以使用和记忆，因此互联网支持使用*主机名称*（host names）来识别包括客户机和服务器在内的主机。为了使用如 TCP 和 IP 等协议，主机名称通过称为*名称解析*（name resolution）的过程转换成 IP 地址。在互联网中存在不同形式的名称解析，但是最普遍、最重要的一种是采用分布式数据库系统，即人们熟知的*域名系统*（DNS）[MD88]。DNS 作为互联网上的应用程序运行，它使用 IPv4 或 IPv6（或者两者都使用）。为了实现可扩展性，DNS 名称是分层的，是支持名称解析的服务器。

DNS 是一个分布式的客户机 / 服务器网络数据库，TCP/IP 应用程序使用它来完成主机名称和 IP 地址之间的映射（反之亦然），提供电子邮件路由信息、服务命名和其他服务。我们之所以使用术语分布式，是因为在互联网中没有单独的一个站点能够知道所有的信息。每一个站点（如学院、大学、公司或公司的部门）维护自己的信息数据库，并运行一个服务器程序供互联网上的其他系统（客户机程序）查询。DNS 提供了允许客户机和服务器相互通信的协议，并且也提供了服务器之间交互信息的协议。

从应用程序的角度看，访问 DNS 是通过一个称为*地址解析器*（resolver）的应用程序库来完成的。通常，在请求 TCP 打开一个连接或使用 UDP 发送一个单播数据报之前，应用程序必须将主机名称转换为 IPv4 与 / 或 IPv6 地址。TCP 和 IP 协议实现对 DNS 一无所知，它
511 们只对地址进行操作。

本章我们将了解 DNS 中的名称如何设置，地址解析器和服务器如何使用互联网协议（主要是 UDP）进行通信，以及在互联网环境中使用的一些其他的解析机制。我们不介绍运行名称服务器的所有管理细节，也不介绍地址解析器和服务器所有的可选参数。这些技术细节信息可以从多种其他渠道获取，如 Albitz 和 Liu 的《DNS and BIND》[AL06] 和 [RFC6168]。我们在第 18 章讨论 DNS 安全（DNSSEC）的细节。

11.2 DNS 名称空间

DNS 中使用的所有的名称集合构成了 DNS *名称空间*（name space）。这个名称空间和计算机文件系统的文件夹和文件相似，都是划分为层次且大小写不敏感的。当前的 DNS 名称空间是一棵域名树，位于顶部的树根未命名。树的最高层是所谓的顶级域名（TLD），包括*通用顶级域名*（gTLD）、*国家代码顶级域名*（ccTLD）、*国际化国家代码顶级域名*（IDN ccTLD），以及由于历史原因而存在的一类特殊的称为 ARPA 的*基础设施顶级域名*（infrastructure TLD）[RFC3172]。这些构成了一棵命名树的最高层，如图 11-1 所示。

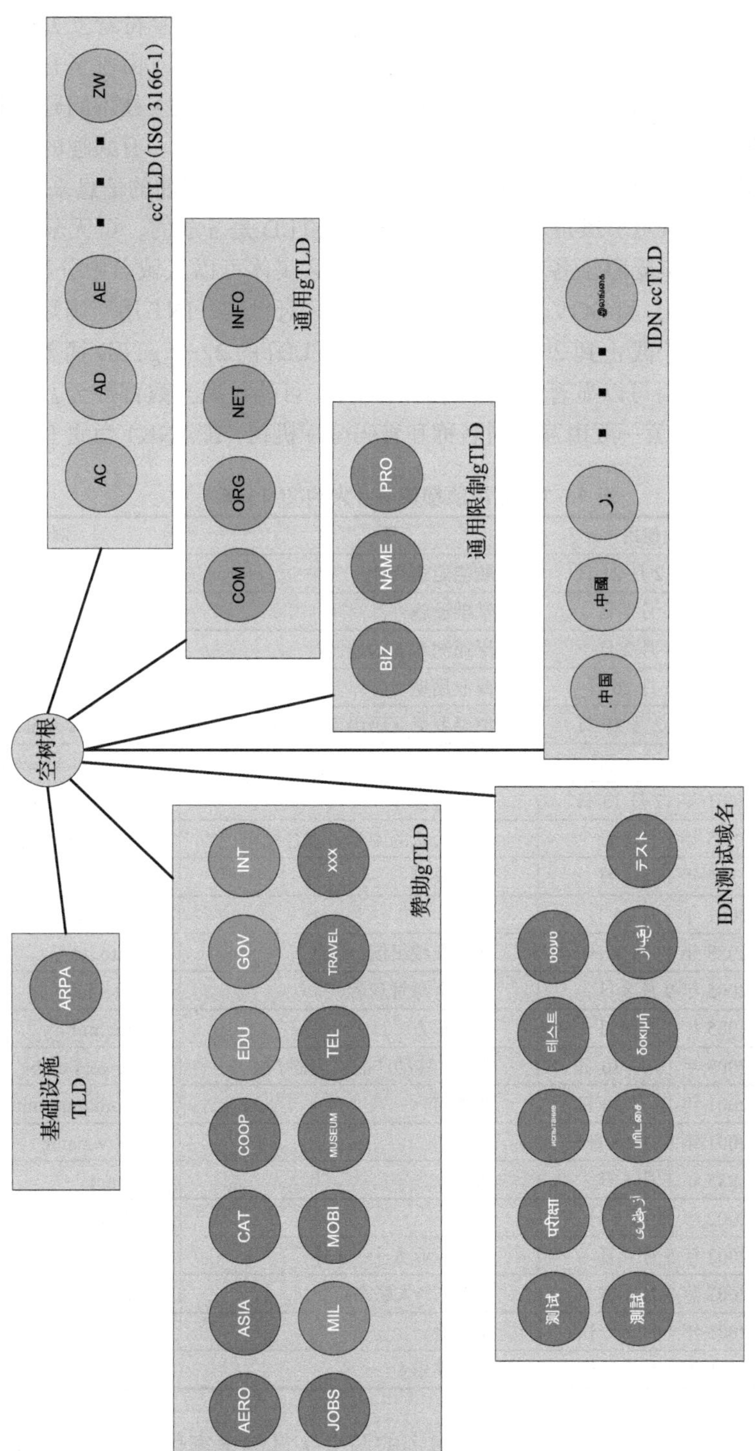

图 11-1 DNS 名称空间形成了层级结构，顶部的树根未命名。顶级域名包含通用顶级域名、国家代码顶级域名、国际化国家代码顶级域名和称为 ARPA 的特殊基础设施顶级域名

TLD 中有 5 类经常使用，其中一组专业域名用于国际化域名（IDN）⊖。IDN 的历史是互联网国际化的一部分，漫长而复杂。在世界各地有多种语言，每种语言使用一种或多种文字。虽然 Unicode 标准 [U11] 的目标是获取整个字符集，但是很多字符看上去相似却拥有不同的 Unicode 字符值。此外，以文本书写的字符可能是由右至左的、由左至右的，或者两个方向都有（将特定的文本和其他的文本结合时）。将这些（或其他的）技术问题和其他关心的问题如公平、国际法、国际政治以及值得考虑的障碍问题综合考虑。有兴趣的读者可以查阅 2006 年出版的 IAB 关于 IDN 的回顾 [RFC4690] 获取更多信息。当前的信息来自于 [IIDN]。

gTLD 分为几类：通用、通用限制和赞助。通用 gTLD 是开放的，可无限制地使用。其他的（通用限制和赞助）受限于各种使用类型以及什么实体可以从域名中分配名称。例如，EDU 用于教育机构，MIL 和 GOV 用于美国的军事和政府机构，INT 用于国际组织机构（如 NATO）。表 11-1 总结了截止到 2011 年年中来自 [GTLD] 的 22 个 gTLD 摘要。“新 gTLD”
512~513 项目正在进行中，该项目可以显著地扩展当前的集合，可能扩展至数百甚至上千。该项目以及与 TLD 管理相关的政策一般由互联网名称和号码分配机构（ICANN）负责 [ICANN]。

表 11-1 通用顶级域名（大约 2011 年）

TLD	首次使用	用 途	例 子
AERO	2001 年 12 月 21 日	航空运输行业	www.sita.aero
ARPA	1985 年 1 月 1 日	基础设施	18.in-addr.arpa
ASIA	2007 年 5 月 2 日	泛亚洲和亚太地区	www.seo.asia
BIZ	2001 年 6 月 26 日	商业用途	neustar.biz
CAT	2005 年 12 月 19 日	加泰罗尼亚语语言 / 文化社区	www.domini.cat
COM	1985 年 1 月 1 日	通用	icanhascheezburger.com
COOP	2001 年 12 月 15 日	合作协会	www.ems.coop
EDU	1985 年 1 月 1 日	美国公认的中学后教育机构	hpu.edu
GOV	1985 年 1 月 1 日	美国政府	whitehouse.gov
INFO	2001 年 6 月 25 日	通用	germany.info
INT	1988 年 11 月 3 日	国际条约组织	nato.int
JOBS	2005 年 9 月 8 日	人力资源管理者	intel.jobs
MIL	1985 年 1 月 1 日	美国军方	dtic.mil
MOBI	2005 年 10 月 30 日	客户 / 移动产品供应商 / 服务	flowers.mobi
MUSEUM	2001 年 10 月 30 日	博物馆	icom.museum
NAME	2001 年 8 月 16 日	个体	www.name
NET	1985 年 1 月 1 日	通用	ja.net
ORG	2002 年 12 月 9 日	通用	slashdot.org
PRO	2002 年 5 月 6 日	持证专业人士 / 实体	nic.pro
TEL	2007 年 3 月 1 日	企业 / 个人联系资料	telnic.tel
TRAVEL	2005 年 7 月 27 日	旅游业	cancun.travel
XXX	2011 年 4 月 15 日	成人娱乐业	whois.nic.xxx

ccTLD 包含 ISO 3166 标准 [ISO3166] 指定的两个字母的国家代码，以及另外 5 个：uk、su、ac、eu 和 tp（最后一个正逐渐淘汰）。由于两个字母代码中的一些暗示其他的用途和意义，

⊖ 图 11-1 还显示了 11 个仍在使用的测试 IDN 域名。

各国已经能够从出售其 ccTLD 内的域名获取商业暴利。例如，域名 cnn.tv 是太平洋岛国图瓦卢的一个真实的注册域名，它已经在销售与电视娱乐相关的域名。以这样非常规的方式创建一个域名有时称为*域名黑客*（domain hack）。

11.2.1 DNS 命名语法

DNS 名称树中 TLD 下面的名称进一步划分成组，称为*子域名*（subdomain）。这是习惯做法，特别是对于 ccTLD。例如，英国的大部分教育站点使用后缀 .ac.uk，而大部分的盈利机构以后缀 .co.uk 结尾。在美国，市政府 Web 站点倾向于使用子域名 ci.*city*.*state*.us，其中 *state* 是州名字的两个字母的缩写，*city* 是城市的名字。例如，站点 www.ci.manhattan-beach.ca.us 是美国加利福尼亚州曼哈顿海滩市政府的站点。 514

到目前为止，我们所看到的名称示例被称为完全限定域名（FQDN）。它们有时更正式地书写为带有后随点的形式（如 mit.edu.）。后随点表示该名称是完整的，当进行名称解析时，没有额外的信息添加到该名称。与 FQDN 形成对照，与系统配置中的默认域名或域名搜索列表集结合使用的*非限定域名*（unqualified domain name），会有一个或多个字符串添加到尾部。当配置系统时（见第 6 章），通常使用 DHCP（或是较为少见的 RDNSS 和 DNSSL RA 选项）指定一个默认域名扩展和搜索列表。例如，默认域名 cs.berkeley.edu 可能在 UC 伯克利计算机科学系的系统中配置。如果在这些机器上的用户输入名称 vangogh，本地解析器软件就会将这个名称转换为 FQDN vangogh.cs.berkeley.edu.，然后调用一个解析器来确定 vangogh 的 IP 地址。

一个域名包含一系列的由点分开的*标签*（label）。名称代表名称层级中的一个位置，句点是层次结构分隔符，并且按名称中自右至左的顺序沿树下降。例如，FQDN

```
www.net.in.tum.de.
```

包含一个在 4 级深度域名（net.in.tum.de）中的主机名称标签（www）。从根开始，按名称中自右向左的顺序进行，TLD 是 de（德国的 ccTLD），tum 是 Technische Universität München 的缩写，in 是 informatik（德语中计算机科学）的缩写，最后 net 是计算机科学系中网络组的缩写。出于匹配的目的，标签是大小写不敏感的，因此名称 ACME.COM 和 acme.com 或 AcMe.cOm 是等价的 [RFC4343]。每个标签最多可到 63 个字符长，整个 FQDN 最多 255（1 字节）个字符。例如，下面的域名

```
thelongestdomainnameintheworldandthensomeandthensomemoreandmore.com
```

据称可能想申请名称最长的世界纪录，其标签长度为 63，但是在吉尼斯世界纪录中没能赢得一席之地。

DNS 名称空间的层次结构允许不同的管理机构管理名称空间的不同部分。例如，创建一个新的 DNS 名称 elevator.cs.berkeley.edu 可能只需要与 cs.berkeley.edu 子域的拥有者协商即可。berkeley.edu 和 edu 名称空间部分不需要修改，因此这些名称空间的拥有者不需要被人打扰。DNS 的这个特点是它的*可扩展性*的一个重要方面。即没有一个单一的实体需要管理整个 DNS 名称空间的所有变化。事实上，为名称创建层次结构的名称空间是互联网社区应对规模压力的初始反应之一，并且是现在使用的结构的主要动力。原始互联网命名方案是平的（即没有层次），一个单一的实体负责分配、维护和分发不冲突名称的列表。随着时间的推移，需要更多的名称，发生了更多的变化，这种方法变得不可行 [MD88]。 515

11.3 名称服务器和区域

部分 DNS 名称空间的管理责任分配给个人或组织。负责管理部分有效 DNS 名称空间（一个或多个域）的个人应该至少安置两台名称服务器（name server）或是 DNS 服务器（DNS server）来存储名称空间的相关信息，以便于互联网用户查询名称。服务器的集合形成了 DNS（服务）本身，它就是一个分布式系统，其主要工作是提供名称到地址的映射。然而，它也可以提供广泛的额外信息。

在 DNS 服务器的语言中，管理授权的单位称为区域（zone）。一个区域是 DNS 名称空间的一棵子树，它可以独立管理而不受其他区域影响。每一个域名都存在于某个区域中，即使是 TLD，它也存在于根区域（root zone）中。每当一个新记录添加到区域中时，该区域的 DNS 管理员为该新条目分配一个名称和附加信息（通常是 IP 地址），并且将这些信息保存到名称服务器的数据库中。例如，在一个小规模的校园里，当一台新服务器添加到网络中时，一个人就能完成，但在一个大企业中，这一工作就不得不委托给专门的机构来完成（可能是部门或是组织单位），因为一个人很可能无法保证这一工作。

一台 DNS 服务器可以包含多个区域的信息。在一个域名的任何层次变化点上（即句点出现的地方），不同的区域和包含的服务器可能被访问以提供该名称的信息。这称为授权（delegation）。通常的授权方法是使用区域来实现第二层域名，如 berkeley.edu。在该域名中，可能存在个人主机（如 www.berkeley.edu），也可能存在其他的域（如 cs.berkeley.edu）。每一个区域都有一个指定的所有者或是负责方，他们拥有管理名称、地址和该区域中下属区域的
516 权力。通常管理者不仅管理区域的内容，而且也管理包含区域数据库的名称服务器。

区域信息应该至少存在于两个地方，这意味着至少应该有两台服务器包含每个区域的信息。这样做是为了形成冗余；如果一台服务器不能正常工作，至少另一台服务器可以使用。所有这些服务器都包含一个区域的完全相同的信息。通常情况下，在服务器之间，一台主服务器（primary server）在磁盘文件中包含区域数据库，一个或多个辅助服务器（secondary server）使用称为区域传输（zone transfer）的进程，从主服务器完整地获取该数据库的副本。DNS 有一个专用的协议用于执行区域传输，但是区域内容的副本也可以通过其他方式获取（如 rsync 功能 [RSYNC]）。

11.4 缓存

名称服务器包含如名称到 IP 地址映射的信息，这些信息可以从三个途径获取。名称服务器获取的信息或是直接来自于区域数据库，或是区域传输的结果（如一个从属服务器），或是来自于在处理解析过程中的另一台服务器。第一种情况中，服务器应该包含该区域的授权信息（authoritative information），也可以称为该区域的授权服务器（authoritative server）。这样的服务器能通过该区域信息内的名称鉴别。

大部分的名称服务器（除了一些根服务器和 TLD 服务器）也缓存（cache）它们学习的区域信息，直到称为生存时间（TTL）的时间限制为止。它们使用缓存的信息来应答查询请求。这样做可以大大减少 DNS 消息的流量，否则这些信息将会在互联网上传输 [J02]。当应答查询时，服务器指明它返回的信息是来自于它的缓存还是来自于区域的授权副本。当返回缓存的信息时，服务器通常也会包含名称服务器的域名信息，通过联系该名称服务器就可以检索对应区域的授权信息。

正如我们将看到的，每个 DNS 记录（例如名称到 IP 地址的映射）有自己的 TTL 以控制其缓存的时间。这些值在必要时由区域管理员设置和更改。TTL 指明了 DNS 中一个映射在任何地方能够被缓存的时间，因此如果一个区域变化了，网络中就仍然可能存在缓存的数据，这就可能导致不正确的 DNS 解析过程，直至 TTL 失效为止。出于这个原因，一些想要改变区域内容的区域管理员，他们会在实施这些更改之前首先减少 TTL 的值。这样做可以减小网络中存在不正确的缓存数据的窗口。

值得一提的是，缓存同时适用于成功的解析和不成功的解析（称为*否定缓存*（negative caching））。如果一个特定域名的请求无法返回一个记录，该事实也会被缓存。当出错的应用程序一再请求不存在的域名时，这样做就可以帮助降低互联网流量。否定缓存在 [RFC2308] 中由可选的变为强制的。 517

在一些网络配置中（如那些使用老的 UNIX 兼容的系统），缓存保存在附近的名称服务器中，而不是在客户端的解析器中。在服务器中设置缓存允许 LAN 上的任意主机使用附近服务器以从服务器的缓存中受益，同时也意味着通过本地网络访问缓存时存在很小的延迟。在 Windows 和更近的系统（如 Linux）中，客户端可以保存缓存，它可以允许同一系统上运行的所有应用程序使用该缓存。在 Windows 中，这是默认开启的，而在 Linux 中，它是一种可以启用或禁用的服务。

在 Windows 中，本地系统的缓存参数可以通过编辑下面的注册表表项来修改：

```
HKLM\SYSTEM\CurrentControlSet\Services\DNSCache\Parameters
```

双字值 MaxNegativeCacheTtl 给定解析器缓存中否定 DNS 结果保留的最大秒数。双字值 MaxCacheTtl 给定解析器缓存中 DNS 记录可以保留的最大秒数。如果该值小于接收到的 DNS 记录的 TTL，较小的值控制缓存中记录保留的时间。这两个注册表表项默认是不存在的，因此必须要创建才能使用。

在 Linux 和其他支持的系统中，*名称服务缓存进程*（Name Service Caching Daemon，NSCD）提供客户端的缓存功能。它由 /etc/nscd.conf 文件控制，其中可以指明什么类型的解析（DNS 和其他服务）可以被缓存，以及一些如 TTL 的缓存参数设置。另外，文件 /etc/nsswitch.conf 控制应用程序的名称解析如何进行。此外，它也控制是否使用本地文件、DNS 协议（见 11.5 节）以及 NSCD 来进行映射。

11.5 DNS 协议

DNS 协议由两个主要部分组成：用于执行对 DNS 特定名称查询的查询 / 响应协议和名称服务器用于交换数据库记录的协议（区域传输）。它有方法通知辅助服务器区域数据库已演变，需要进行区域传输（DNS 通知），也有方法动态更新区域（动态更新）。到目前为止，最典型的用法是使用一个简单的查询 / 响应来查找域名对应的 IPv4 地址。

通常来说，DNS 名称解析就是将域名映射到 IPv4 地址的过程，IPv6 地址映射的方式本质上来说也是一样的。通过在每个站点或 ISP 本地部署服务器和一组特殊的*根服务器*（root server）构成 DNS 分布式基础设施，通过该基础设施支持 DNS 查询 / 响应操作。还有一套特
殊的*通用顶级域名服务器*（generic top-level domain server），用于扩展包括 COM 和 NET 在 518
内的一些较大的 gTLD。截至 2011 年年中，有 13 台由字母 A 到 M 命名的根服务器（更多的信息见 [ROOTS]）；其中 9 台有 IPv6 地址。还有 13 台 gTLD 服务器，也由 A 到 M 标示；其中两台有 IPv6 地址。通过联系根服务器和 gTLD 服务器，互联网中用于任何 TLD 的名称服

务器都可以被发现。这些服务器相互协调，提供相同的信息。其中有些不是一个单一的物理服务器，而是使用相同 IP 地址（即使用 IP 任播寻址；见第 2 章）的一组服务器（J 根服务器超过 50）。

一个完整的解析过程发生在几个实体之间，这样的过程无法利用已经存在的缓存条目，如图 11-2 所示。

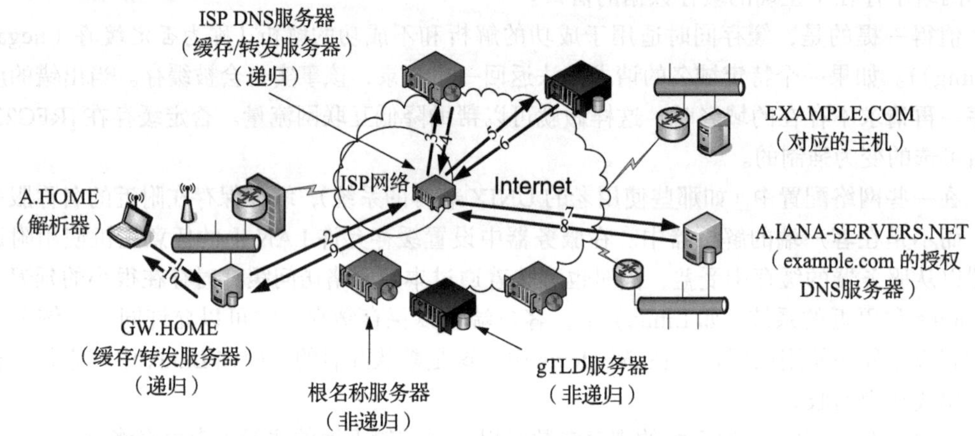

图 11-2　A.HOME 查询 EXAMPLE.COM 的典型递归 DNS 查询过程涉及多达 10 条消息。本地递归服务器（此处为 GW.HOME）使用由 ISP 提供的 DNS 服务器。该服务器依次使用互联网根域名服务器和 gTLD 服务器（用于 COM 和 NET TLD）来查找 EXAMPLE.COM 域名的名称服务器。该名称服务器（此处为 A.IANA-SERVERS.NET）提供主机 EXAMPLE.COM 对应的 IP 地址。所有的递归服务器缓存学习到的任何信息供以后使用

这里，我们有一台称为 A.HOME 的笔记本电脑，位于 DNS 服务器 GW.HOME 附近。域名 HOME 是私有的，因此互联网并不知道它的存在——只存在于本地用户的区域。当 A.HOME 的用户想要连接主机 EXAMPLE.COM 时（如由于指示浏览器访问页面 http://EXAMPLE.COM），A.HOME 必须确定服务器 EXAMPLE.COM 的 IP 地址。假设它不知道该 IP 地址（如果最近它访问了该主机，它可能知道），A.HOME 上的解析器软件首先向它的本地名称服务器 GW.HOME 发送请求。该请求要将名称 EXAMPLE.COM 转换为一个 IP 地址，构成了消息 1
519 （图 11-2 中标示在箭头上）。

注意　如果 A.HOME 系统配置成默认的域名搜索列表，那么有可能存在额外的查询。例如，如果 .HOME 是 A.HOME 使用的一个默认搜索域，第一个 DNS 查询可能是对名称 EXAMPLE.COM.HOME 的查询，这次查询将会在对 .HOME 具有授权解释的 GW.HOME 名称服务器处失败。随后的查询将会删去默认扩展，结果查询 EXAMPLE.COM。

如果 GW.HOME 不知道 EXAMPLE.COM 的 IP 地址，也不知道 EXAMPLE.COM 域或 COM TLD 的名称服务器，它就转发查询至另一个 DNS 服务器（称为递归）。这种情况下，请求（消息 2）去往 ISP 提供的 DNS 服务器。假设该服务器也不知道请求的地址和其他信息，它联系根名称服务器中的一台（消息 3）。根服务器不是递归的，因此它们不进一步处理请求，而是返回需要联系的 COM TLD 的名称服务器的信息。例如，它可能返回名称

A.GTLD-SERVERS.NET 以及一个或多个它的 IP 地址（消息 4）。根据这些信息，ISP 提供的服务器联系 gTLD 服务器（消息 5），发现域名 EXAMPLE.COM 的名称服务器的名称和 IP 地址（消息 6）。这种情况下，服务器之一是 A.IANA-SERVERS.NET。

基于域名的正确的服务器，ISP 提供的服务器联系适当的服务器（消息 7），该服务器回复请求的 IP 地址（消息 8）。此时 ISP 提供的服务器能够将请求的信息回复给 GW.HOME（消息 9）。GW.HOME 现在能够完成初始查询，并将期望的 IPv4 和 / 或 IPv6 地址回复给客户端（消息 10）。

从 A.HOME 的角度看，本地名称服务器能够执行该请求。然而真正发生的是*递归查询*（recursive query），GW.HOME 和 ISP 提供的服务器依次产生额外的 DNS 请求来满足 A.HOME 的查询。总之，大部分的名称服务器执行像这样的递归查询。明显的例外是根服务器和其他的 TLD 服务器，它们不执行递归查询。这些服务器是相当宝贵的资源，因此，执行 DNS 查询的每台机器的递归查询阻塞它们将导致全球互联网性能不佳。

11.5.1 DNS 消息格式

有一种基本的 DNS 消息格式 [RFC6195]。它用于所有的 DNS 操作（查询、响应、区域传输、通知和动态更新），如图 11-3 所示。 520

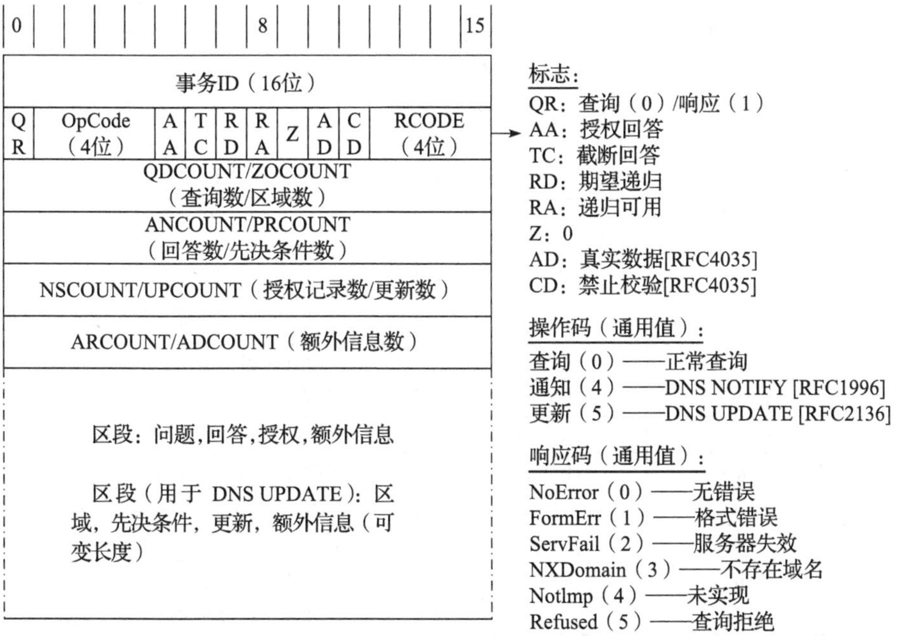

0 8 15

事务ID（16位）

QR	OpCode（4位）	AA	TC	RD	RA	Z	AD	CD	RCODE（4位）

QDCOUNT/ZOCOUNT（查询数/区域数）

ANCOUNT/PRCOUNT（回答数/先决条件数）

NSCOUNT/UPCOUNT（授权记录数/更新数）

ARCOUNT/ADCOUNT（额外信息数）

区段：问题，回答，授权，额外信息

区段（用于 DNS UPDATE）：区域，先决条件，更新，额外信息（可变长度）

标志：
QR：查询（0）/响应（1）
AA：授权回答
TC：截断回答
RD：期望递归
RA：递归可用
Z：0
AD：真实数据[RFC4035]
CD：禁止校验[RFC4035]

操作码（通用值）：
查询（0）——正常查询
通知（4）——DNS NOTIFY [RFC1996]
更新（5）——DNS UPDATE [RFC2136]

响应码（通用值）：
NoError（0）——无错误
FormErr（1）——格式错误
ServFail（2）——服务器失效
NXDomain（3）——不存在域名
NotImp（4）——未实现
Refused（5）——查询拒绝

图 11-3 DNS 消息格式有一个固定的 12 字节头部。整个消息通常在 UDP/IPv4 数据报中运载，并且限于 512 字节。DNS UPDATE（动态更新 DNS）使用字段名 ZOCOUNT、PRCOUNT、UPCOUNT 和 ADCOUNT。特殊的扩展格式（称为 EDNS0）允许消息大于 512 字节，DNSSEC 需要这种消息（见第 18 章）

基本的 DNS 消息以固定的 12 字节头部开始，其后跟随 4 个可变长度的区段（section）：问题（或查询）、回答、授权记录和额外记录。除了第一个区段，其他都包含一个或多个资源记录（Resource Record，RR），我们将在 11.5.6 节详细讨论资源记录。（问题区段包含一个数据项，其结构与 RR 很相近。) RR 可以被缓存；而问题则不可以。

在固定长度的头部中，事务 ID（Transaction ID）字段由客户端设置，由服务器返回。客户端使用它来匹配响应和查询。第二个 16 位的字包含一些标志和其他的子域。从最左边的位开始，QR 是 1 位的字段：0 表示查询消息；1 表示响应消息。下一个是*操作码*（OpCode），4 位的字段。查询和响应中的正常值是 0（标准查询）。其他值为：4（通知），5（更新）。其他值（1 ～ 3）是弃用的，在运作过程中不会出现。下一个是 AA 位字段，表示“授权回答（authoritative answer）”（与缓存回答相对）。TC 是 1 位的字段，表示“可截断的（truncated）”。使用 UDP 时，它表示当应答的总长度超过 512 字节时，只返回前 512 个字节。

RD 是 1 位字段，表示“期望递归（recursion desired）”。该字段可以在一个查询中设置，并在响应中返回。它告诉服务器执行递归查询。如果该字段没有设置，且被请求的名称服务
521 器没有授权回答，则被请求的名称服务器就返回一个可以联系获取回答的其他名称服务器的列表。此时，全部的查询可能通过联系其他名称服务器来继续。这被称为*迭代查询*（iterative query）。RA 是 1 位字段，表示“递归可用（recursion available）”。如果服务器支持递归查询，则在响应中设置该字段。根服务器一般不支持递归，因此强制客户端执行迭代查询来完成名称解析。目前 Z 位字段必须是 0，但是为将来使用而保留。

如果包含的信息是*已授权的*，则 AD 位字段设置为真，如果禁用安全检查（见第 18 章），则 CD 位设置为真。*响应码*（RCODE）是一个 4 位的返回码字段，其值见 [DNSPARAM]。通常的值为 0（没有差错）和 3（名称差错或“不存在域名”，写作 NXDomain）。在表 11-2 中给出了前面 11 个错误代码（11 ～ 15 的值未定义）。使用一种特殊的扩展来定义其他的类型（见 11.5.2 节）。名称错误只会由授权名称服务器返回，表示在查询中指定的域名不存在。

表 11-2 RCODE 域中使用的前 10 个错误类型

值	名 称	参 考	描述和目的
0	NoError	[RFC1035]	没有错误
1	FormErr	[RFC1035]	格式错误；查询不能被解读
2	ServFail	[RFC1035]	服务器失效；服务器的处理错误
3	NXDomain	[RFC1035]	不存在域名；引用了未知域名
4	NotImp	[RFC1035]	没有实现；请求在服务器端不被支持
5	Refused	[RFC1035]	拒绝；服务器不希望提供回答
6	YXDomain	[RFC2136]	名称存在但是不应该存在（用于更新）
7	YXRRSet	[RFC2136]	RRSet 存在但是不应该存在（用于更新）
8	NXRRSet	[RFC2136]	RRSet 不存在但是应该存在（用于更新）
9	NotAuth	[RFC2136]	服务器不是为该区域授权的（用于更新）
10	NotZone	[RFC2136]	在区域中不包含名称（用于更新）

随后的 4 个字段均为 16 位，说明了组成 DNS 消息的问题、回答、授权和额外信息区段中条目的数目。对于查询消息，问题的数目通常为 1，其他三项计数则为 0。对于应答消息，回答的数目至少为 1。问题区段有名字、类型和类。（类用于支持非互联网记录，但是出于我们的目的，可以忽略这一点。类型识别要查找的对象的类型。）所有的其他区段都包含零个或多个 RR。RR 包含名字、类型和类信息，也包含控制数据缓存时间的 TTL 值。当我们了解了 DNS 如何编码名称，传输 DNS 消息时选择何种传输协议以后，我们将详细地讨论最重要
522 的 RR 类型。

11.5.1.1 名称和标签

DNS 消息末尾的可变长度区段包含问题、回答、授权信息（包含某些数据授权信息的名称服务器的名称）和可能减少必要查询次数的额外信息。每一个问题和 RR 以它所涉及的名称（称为域名或是拥有名称）开始。每个名称由一系列的标签（label）组成。标签类型有两种：数据标签（data label）和压缩标签（compression label）。数据标签包含构成一个标签的字符；压缩标签充当指向其他标签的指针。当相同字符串的多个副本在多个标签中出现时，压缩标签有助于节省 DNS 信息的空间。

11.5.1.2 数据标签

每个数据标签以 1 字节的计数开始，该计数指定了紧随其后的字节数目。名称以值为 0 的字节结束，0 也是一个标签，其长度值为 0（根标签）。例如，名称 www.pearson.com 的编码如图 11-4 所示。

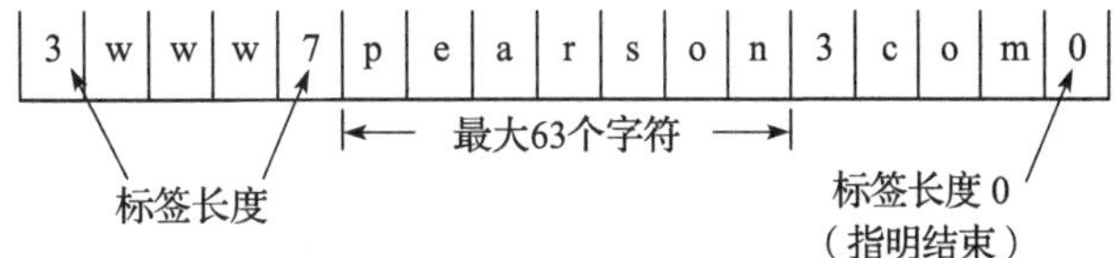

图 11-4 DNS 名称编码为一系列的标签。本例将名称 www.pearson.com 编码，共有 4 个标签。名称的最后通过未命名根的长度值为 0 的标签标示

对于数据标签来说，每个标签的长度字节（值）必须在 0 到 63 之间，因为标签（长度）限于 63 字节。没有填充标签，因此总的名称长度可能是奇数。尽管有时这些标签称为“文本”标签，但是它们也可以包含非 ASCII 值。然而这种用法不常见，也不推荐这样使用。事实上，即使是可以编码 Unicode 字符 [RFC5890][RFC5891] 的国际化域名，也使用一种奇怪的称为“ Punycode 码”[RFC3492] 的编码语法，该语法使用 ASCII 字符集表示 Unicode 字符。为了完全保证安全，推荐遵循 [RFC1035] 中的要求，其中建议标签“以字母开始，以字母或数字结束，并且内部只包含字母、数字和连字符”。

11.5.1.3 压缩标签

在许多情况下，DNS 响应消息在回答、授权以及与相同域名相关的额外信息区段中携带信息。如果使用了数据标签，当涉及相同的名称时，DNS 消息中的相同字符就会重复。为 523
了避免这种冗余和节省空间，使用了一种压缩机制。DNS 消息中，在域名的标签部分能出现的任意位置，前面的单一计数字节（通常在 0 和 63 之间）的 2 个高位置 1，剩余的位与随后的字节中的位组合形成一个 14 位的指针（偏移量）。偏移量给出了距离 DNS 消息开始处的字节数，在那里可以找到一个用于替代压缩标签的数据标签（称为压缩目标（compression target））。因此压缩标签能够指向距离开始处多达 16 383 个字节的位置。图 11-5 说明了我们如何使用压缩标签编码域名 usc.edu 和 ucla.edu。

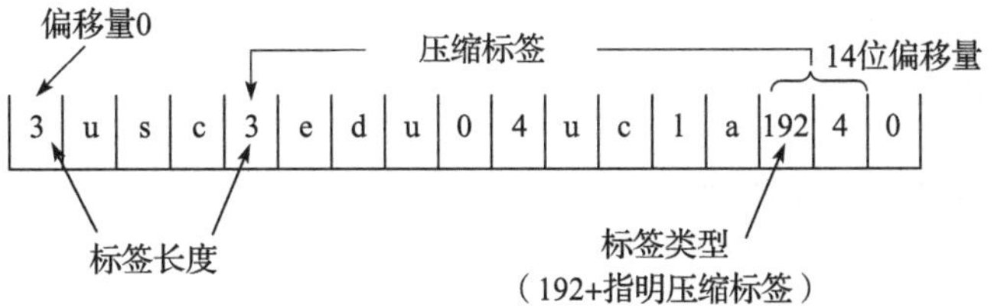

图 11-5 压缩标签可以引用其他标签从而节省空间。这可以通过设置标签内容之前的一个字节的 2 个高位完成。此信号说明随后的 14 个位用于提供替换标签的偏移量。本例中 usc.edu 和 ucla.edu 共享 edu 标签

在图 11-5 中，我们看到共同的标签 edu 是如何被两个域名共享的。假设名称在偏移量 0 处开始，如前所述，数据标签用于编码 usc.edu。随后的名称是 ucla.edu，标签 ucla 使用数据标签编码。然而，标签 edu 可以复用 usc.edu 的编码。这可以通过将标签类型（Type）字节的 2 个高位置 1 以及在剩余的 14 位中编码 edu 的偏移量来完成。因为 edu 第一次出现在偏移量为 4 的位置，我们只需要设置第一个字节为 192（6 位为 0），随后字节为 4。图 11-5 中的例子只显示了节省 4 个字节的情况，但是很显然压缩较大的共同标签可以得到更大幅度的节省。

11.5.2 DNS 扩展格式（EDNS0）

到目前为止，描述的基本 DNS 消息格式在一些情况中可能受到限制。它有固定长度的字段，当使用 UDP 时 512 字节的总长度限制（不包含 UDP 或 IP 头部），以及指明差错类型的有限空间（4 位的*响应*（RCODE）字段）。一种称为 EDNS0（因为将来可能存在扩展超过索引 0）的扩展机制在 [RFC2671] 中详细说明。然而目前它的使用并不广泛，而对于支持 DNS 安全（DNSSEC；见第 18 章）来说，它是必要的，所以随着时间的推移它有可能获得更
524 广泛的部署。

EDNS0 指定了一种特殊类型的 RR（称为 OPT *伪* RR 或*元* RR），它被添加到请求或响应消息中额外的数据区段来表示 EDNS0 的使用。在任意的 DNS 消息中可以出现至多一个这样的记录。我们在 11.5.6 节中讨论其他的 RR 类型时，将讨论 OPT 伪 RR 的特殊格式。目前，需要注意的重要事情是，如果一个 UDP DNS 消息包含一个 OPT RR，那么就允许它超过 512 字节的长度限制，并可能包含一套扩展的错误代码。

EDNS0 也定义了扩展的标签类型（延伸到先前提到的数据标签和压缩标签之外）。扩展标签将它们的标签*类型* / *长度*（Type/Length）字节的前 2 位设置为 01，与 64 到 127（包括）之间的值对应。曾经使用过一种实验的二进制标签方案（类型 65），但是现在不推荐。值 127 用于将来使用，超过 127 的值是未分配的。

11.5.3 UDP 或 TCP

对于 TCP 和 UDP 来说，DNS 的知名端口号都是 53。最常见的格式使用如图 11-6 所示的 UDP/IPv4 的数据报结构。

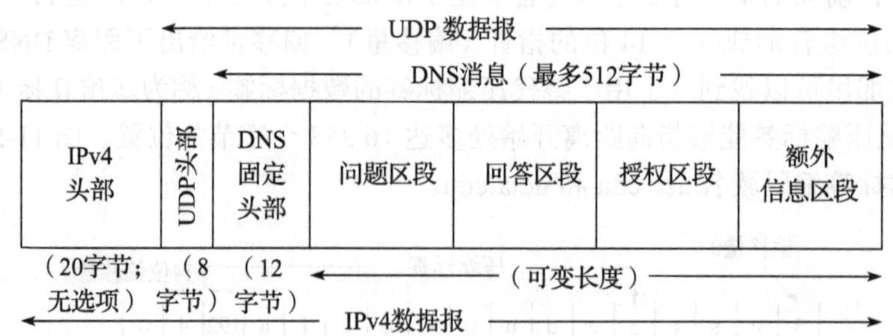

图 11-6 DNS 消息通常封装在 UDP/IPv4 数据报中，并且其长度限制为 512 字节，除非不使用 TCP 和 / 或 EDNS0。每一个区段（除了问题区段）包含一组资源记录

当解析器发出一个查询消息，而返回的响应消息中 TC 位字段被设置（“被截断”）时，真实的响应消息的长度超过 512 字节，因此服务器只返回前面的 512 个字节。该解析器可能会使用 TCP 再次发出请求消息，现在这是必须被支持的配置 [RFC5966]。这样就允许返回超

过 512 字节的消息，因为 TCP 将更大的消息分割成多个报文段。

当一个区域的一个辅助名称服务器开启时，它通常从该区域的主名称服务器执行区域传输。区域传输可能由计时器引起，也可能由 DNS NOTIFY 消息引起（见 11.5.8.3 节）。完全区域传输使用 TCP，因为它们可能很大。增量区域传输，即只有更新的条目会被传输，可能会首先使用 UDP，但如果响应消息太大，就会切换到 TCP，就像常规查询一样。 525

当使用 UDP 时，解析器和服务器应用软件都必须执行自己的超时和重传。在 [RFC1536] 中给出了这方面的建议。它建议起始超时时间至少为 4 秒，随后的超时导致超时时间的指数增长（有点像 TCP 的算法；见第 14 章）。Linux 和类 UNIX 系统允许通过修改 /etc/resolv.conf 文件（通过设置 timeout 和 attempts 参数）来改变重传超时参数。

11.5.4 问题（查询）和区域区段格式

DNS 消息的问题或查询字段列出了被引用的问题。问题字段中每个问题的格式如图 11-7 所示。虽然协议可以支持多个问题，但是通常只有一个。动态更新中的区域字段也使用相同的结构（见 11.5.7 节），但使用不同的名称。

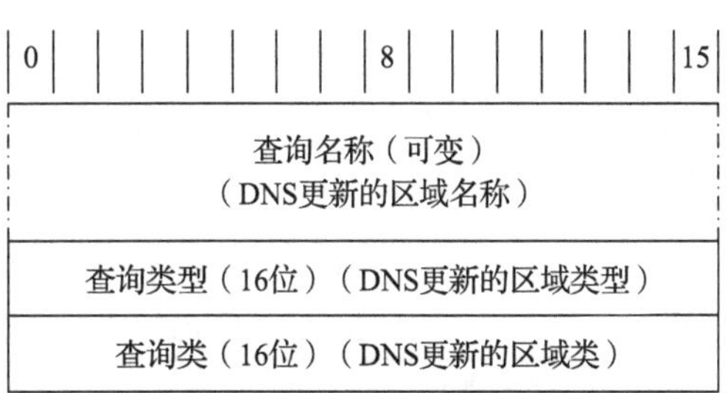

图 11-7 DNS 消息中的查询（或问题）字段不包含 TTL，因为它是不被缓存的

查询名称（Query Name）是要被查询的域名，使用我们之前描述的标签的编码。每个问题都有*查询类型*（Query Type）和*查询类*（Query Class）。类的值是 1、254 或 255，分别表示互联网类、没有类或所有类，这些是我们感兴趣的所有的情况（其他值通常不用于 TCP/IP 网络）。*查询类型*字段包含一个值，该值使用表 11-2 中的值指明正在执行的查询类型。最常见的查询类型是 A（如果启用 IPv6 的 DNS 解析，则是 AAAA），这意味着需要一个与查询名称对应的 IP 地址。它也可以创建一个类型为 ANY 的查询，这将返回与查询名称相匹配的在同一类中任意类型的所有 RR。

11.5.5 回答、授权和额外信息区段格式

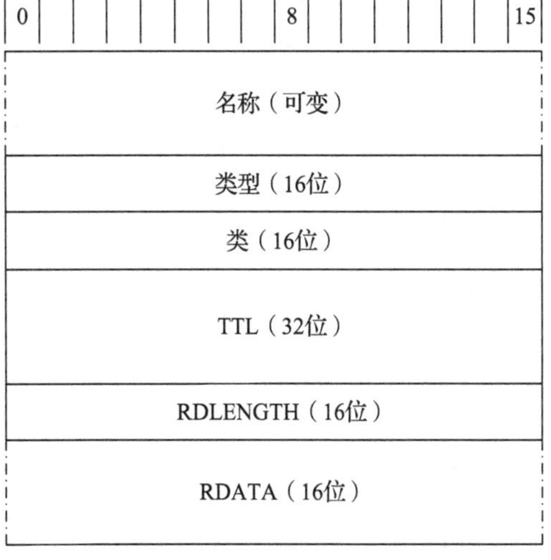

图 11-8 DNS 资源记录的格式。对于互联网中的 DNS，类（class）字段总是包含值 1。TTL 字段给出 RR 可以缓存的最大时间量（秒）

DNS 信息中的最后三个区段——回答、授权和额外信息，包含 RR 的集合。在大多数情况下，这些区段中的 RR 可以使用*通配符*（wildcard）域名作为自己的名称。这些域名中星号标签——只包含星号字符的数据标签 526
[RFC4592]——首先出现（即最左边）。每个资源记录都有如图 11-8 所示的形式。

名称（Name）字段（有时也被称为“自己的名称”、“拥有者”或“记录拥有者名称”）是随后的资源数据对应的域名。它与我们之前描述的名称和标签的格式相同。*类型*（Type）字段

指定为 RR 类型代码中的一个（见 11.5.6 节）。这些和我们之前描述的查询类型值相同。对于互联网数据来说，类（Class）字段是 1。TTL 字段是 RR 可以被缓存的秒数。资源数据长度（RDLENGTH）字段指定了资源数据（RDATA）字段中包含的字节数。数据的格式取决于类型。例如，A 记录（类型 1）在 RDATA 域中有一个 32 位的 IPv4 地址。我们以后再讨论其他的 RR 类型。

[RFC2181] 定义术语资源记录集（RRSet）为共享相同的名称、类和类型，但数据不相同的一组资源记录。这种情况会发生，例如，当一个主机有多个地址记录与其名称对应时（例如，因为它有多个 IP 地址）。在相同 RRSet 中的 RR 的 TTL 值必须是相等的。

11.5.6 资源记录类型

虽然 DNS 常用来确定一个特定的名称对应的 IP 地址，但是它也可以用于相反的目的和
527 一些其他的事情。它可用于 IPv4 和 IPv6，甚至可以为非互联网数据（在 DNS 术语中为其他类 [RFC6195]）提供分布式数据库功能。由 DNS 提供的广泛功能主要是由于它能够拥有不同类型的资源记录。

资源记录有很多类型（完整列表见 [DNSPARAMS]），并且一个单一的名称可能有多个匹配的 RR。表 11-3 提供了在传统的 DNS（即没有 DNSSEC 安全扩展的 DNS）中使用的最常见 RR 类型的列表。

表 11-3 在 DNS 协议消息中使用的流行的资源记录类型和查询类型。当使用安全 DNS（DNSSEC）时，需要使用其他的记录（未显示）

值	RR 类型	参　考	描述和目的
1	A	[RFC1035]	IPv4 地址记录（32 位 IPv4 地址）
2	NS	[RFC1035]	名称服务器；提供区域授权名称服务器的名称
5	CNAME	[RFC1035]	规范名称；将一个名称映射为另一个（提供一种形式的名称别名）
6	SOA	[RFC1035]	授权开始；为区域提供授权信息（名称服务器，联系的电子邮件地址，序列号，区域传输计时器）
12	PTR	[RFC1035]	指针；提供地址到（规范）名称的映射；在 in-addr.arpa 和 ip6.arpa 域中用于 IPv4 和 IPv6 的逆向查询
15	MX	[RFC1035]	邮件交换器；为一个域提供电子邮件处理主机的名称
16	TXT	[RFC1035] [RFC1464]	文本；提供各种信息（如，与 SPF 发垃圾邮件方案一起使用以识别授权电子邮件服务器）
28	AAAA	[RFC3596]	IPv6 地址记录（128 位 IPv6 地址）
33	SRV	[RFC2782]	服务器选择；通用服务的传输终点
35	NAPTR	[RFC3403]	名称授权指针；支持交替的名称空间
41	OPT	[RFC2671]	伪 RR；支持更大的数据报、标签、EDNS0 中的返回码
251	IXFR	[RFC1995]	增量区域传输
252	AXFR	[RFC1035] [RFC5936]	完全区域传输；通过 TCP 运载
255	(ANY)	[RFC1035]	请求任意记录

资源记录用于多种用途，但可以分为三大类：数据类型、查询类型和元类型。数据类型用于传达在 DNS 中存储的信息，如 IP 地址和授权名称服务器的名称。查询类型使用和数据

类型相同的值，增加了几个额外的值（如，AXFR、IXFR 和 *）。它们可以在我们前面描述的问题区段中使用。元类型指定了与一个特定单一 DNS 消息相关联的临时数据。在本章中我 528
们只讨论 OPT RR 元类型（所有其他的类型在第 18 章讨论）。最常见的数据类型 RR 包括 A、NS、SOA、MX、CNAME、PTR、TXT、AAAA、SRV 和 NAPTR。NS 记录用于将 DNS 名称空间和执行解析的服务器联系起来，它们包含了一个区域授权名称服务器的名称。A 和 AAAA 记录分别用于提供给定特定名称的 IPv4 或 IPv6 地址。CNAME 记录提供了一种获得另一个域名的别名的方法。SRV 和 NAPTR 记录帮助应用程序发现支持特定服务的服务器的位置，并使用替代的命名方案（不是 DNS）来访问这些服务。我们将在下面的小节探讨每一种记录类型。

11.5.6.1 地址（A，AAAA）和名称服务器记录

可以说，DNS 中最重要的记录是地址（A，AAAA）和名称服务器（NS）记录。A 记录包含 32 位的 IPv4 地址，AAAA（称为“四 A”）记录包含 IPv6 地址。NS 记录包含授权 DNS 服务器的名称，该服务器包含一个特定区域的信息。因为单独的 DNS 服务器的名称不足以执行一个查询，所以这些服务器的 IP 地址通常也作为 DNS 响应中额外信息区段中所谓的胶纪录（glue record）来提供。事实上，每当授权名称服务器的名称和它们要授权的名称使用相同的域名时，就需要这种胶记录来避免循环。（如果 example.com 的名称服务器是 ns1.example.com，ns1.example.com，考虑该如何解析。）使用在大多数 Linux/ 类 UNIX 系统上提供的工具 dig，我们可以看到 A、AAAA 和 NS 记录的结构。在这里，我们请求了与域名 rfc-editor.org 相关的任意类型的记录：

```
Linux% dig +nostats -t ANY rfc-editor.org

; <<>> DiG 9.6.0-P1 <<>> +nostats -t ANY rfc-editor.org
;; global options: +cmd
;; Got answer:
;; ->>HEADER<<- opcode: QUERY, status: NOERROR, id: 53052
;; flags: qr rd ra; QUERY: 1, ANSWER: 12, AUTHORITY: 0, ADDITIONAL: 2

;; QUESTION SECTION:
;rfc-editor.org.    IN ANY

;; ANSWER SECTION:
...
rfc-editor.org.  1654 IN AAAA 2001:1890:1112:1::2f
rfc-editor.org.  1654 IN A 64.170.98.47
rfc-editor.org.  1654 IN NS ns0.ietf.org.
rfc-editor.org.  1654 IN NS ns1.hkg1.afilias-nst.info.
...
;; ADDITIONAL SECTION:
ns0.ietf.org.     756   IN    A     64.170.98.2
ns0.ietf.org.     756   IN    AAAA  2001:1890:1112:1::14
```
529

在命令的输出中，前两行显示了正在使用的 dig 程序的版本、向它提供的参数，以及隐式的参数（+cmd 意味信息本身会被打印）。接下来的部分指明了 DNS 应答消息中的数据：QUERY 操作码，说明未遇到错误的 NOERROR 状态，以及事务 ID 53052。在操作码（OpCode）字段，QUERY 用于查询和响应。接下来，flags 行表示该消息是查询响应（qr 标志），而不是一个查询，并且原始查询中期望使用递归（rd 标志），而且由响应服务器（ra 标志）提供。消息包含了一个查询区段和回答区段中的 12 个资源记录（只显示了 4 个）。在授权区段

中没有RR，这意味着该响应可能来自于缓存服务器（RR是非授权的）。与不同的服务器交互可能获得不同的结果。额外信息区段包含一个授权服务器的IPv4和IPv6地址，以便我们与它联系。问题区段包含我们的原始查询的副本：域名 rfc-editor.org 的 ANY 类型。

在显示的回答字段中的4个RR中，我们发现一个A类型，一个AAAA类型和两个NS类型。从这些信息，我们可以看到，域名为rfc-editor.org的主机，其IPv4地址为64.170.98.47，IPv6地址为2001:1890:1112:1::2f。正如NS记录所示，这也是一个子域。使用下面的命令我们可以很快的猜测并验证该子域中至少有一台主机。

```
Linux% host ftp.rfc-editor.org
ftp.rfc-editor.org has address 64.170.98.47
```

这个例子说明了A、AAAA和NS记录的一些有趣的方面。首先，一个单一的域名有这些类型（或更多）的记录是可能的。对于特定组织的"著名的"支持IPv6的服务器来说，这是相当普遍的。我们还可以看到，每一条记录都有TTL值，除了那些在相同RRset中的记录，它们之间的区别很大。回答区段中记录的TTL是1654s（约半小时），额外信息区段中记录的TTL是756s（约12分钟）。注意，缓存记录的TTL值不会比从授权源获取的相同记录的TTL值大。缓存记录的TTL一直在"衰变"，直到该记录从授权服务器再次取回为止。因此，从同一台服务器多次检索缓存记录通常造成TTL值递减。

11.5.6.2 例子

现在，我们已经看到了DNS消息的格式、传输协议参数，以及基本查询和响应的RR类型，下面让我们看一个例子。我们从一个简单的例子开始，来查看客户端上解析器、本地名称服务器和由ISP管理的远程名称服务器之间的通信。此情形演示了DNS缓存的重要性。
530 其拓扑结构如图11-9所示。

图11-9 一个简单的DNS查询/响应的示例。本地DNS服务器（GW.HOME）向客户端（A.HOME）提供递归查询，并在请求的数据不在缓存中时使用ISP提供的DNS服务器

在我们的Windows客户端（A.HOME）上，我们开始时使用命令删除任何由解析器库缓存的DNS数据。然后，我们执行对域名 berkeley.edu 的地址（A记录类型）的查询：

```
C:\> ipconfig /flushdns
Windows IP Configuration

Successfully flushed the DNS Resolver Cache.

C:\> nslookup
Default Server:  gw
Address:  10.0.0.1
```

```
> set type=a
> berkeley.edu.
Server:  gw
Address:  10.0.0.1

Non-authoritative answer:
Name:    berkeley.edu
Address:  169.229.131.81
```

第一个命令是特定于 Windows 的，能够删除由客户端的解析器软件缓存的数据。在 Windows 和 Linux/ 基于 UNIX 的系统中都可以使用的 nslookup 程序提供了一种基本的方式来为特定数据查询 DNS。在执行时，它指明正使用的用于解析的名称服务器（这里服务器是地址为 10.0.0.1 的 GW）。使用 set 命令，我们安排查询 A 记录，然后查询名称 berkeley.edu.。nslookup 再一次指明它使用的用于解析的名称服务器。然后，它也给我们指出回答是非授权的（即，它正由缓存服务器来提供），并且请求的地址是 169.229.131.81。

为了在数据分组级别查看 DNS 协议发生了什么，我们使用 Wireshark，并详细地查看第一个分组，如图 11-10 所示。 531

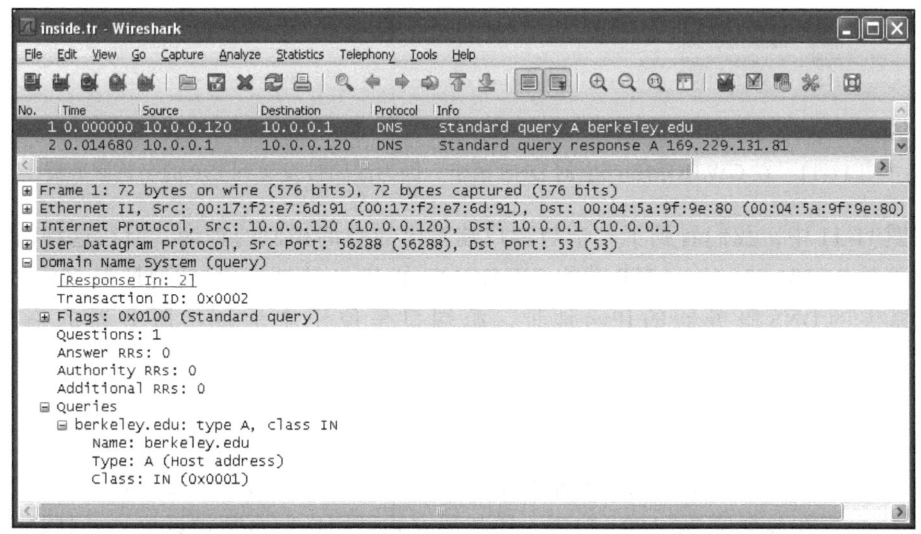

图 11-10 一个 UDP/IPv4 数据报，它包含一个 DNS 标准查询，即查询 berkeley.edu 相关的 IPv4 地址

在跟踪记录中有两个消息：一个标准查询消息和一个标准查询响应消息。在第一条消息（查询）中，源 IPv4 地址是 10.0.0.120（在客户端的 DHCP 分配的地址；见第 6 章），目的地是 10.0.0.1（DNS 服务器）。查询是一个源端口为 56288（临时端口）和目的端口为 53（知名 DNS 端口）的 UDP/IPv4 数据报。根据完整封装，请求是一个包含 72 字节的以太网帧。此长度可以通过以下几个部分求和得到：以太网头部（14 字节），IPv4 头部（20 字节），UDP 头部（8 字节），DNS 固定头部（12 字节），查询类型（2 字节），查询类（2 字节），加上 berkeley 和 edu 的数据标签（分别为 9 字节和 4 字节），再加上尾部的 0 字节。

现在讨论 DNS 头部的细节，事务 ID 是 0x0002，形成了 DNS 头部的前 2 个字节，位于 UDP 负载的开始处。只有一个标志（默认的递归请求）被设置，因此该消息是一个查询消息。消息包含一个标准查询，带有一个问题。其他区段是空的。问题本身是为了查询名称 berkeley.edu，并且正在寻找 IN（互联网）类中 A 类型（地址记录）的信息。在收到此消息后，运行于 10.0.0.1 的名称服务器进程不能直接响应，因为它不知道该地址，然后它将查询转发至配置使用的下一个（上游）名称服务器。在本特例情况下，那个名称服务器地址为 206.13.28.12（见图 11-11）。

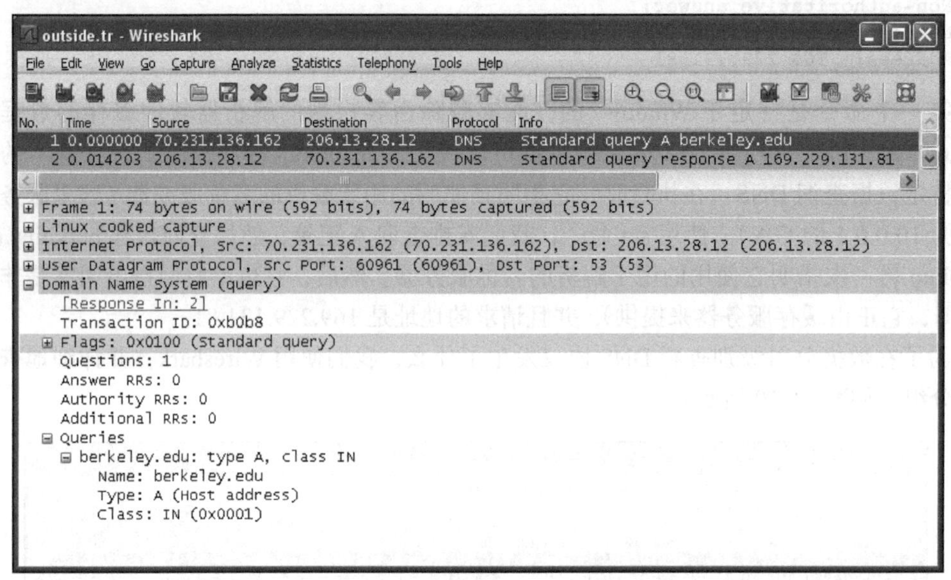

图 11-11　在 GW.HOME 产生的 DNS 请求，因为递归被发送到 ISP 的名称服务器

在图 11-11 中，我们看到了一个与客户端发出的查询相似的查询，但在这种情况下源 IPv4 地址是 70.231.136.162（ISP 端的 GW.HOME 的 IPv4 地址）。目的地址是 206.13.28.12，是 ISP 提供的 DNS 服务器的 IPv4 地址，源端口是位于本地 DNS 服务器的临时端口（60961）。事务 ID 重新生成并设置为 0xb0b8。需要注意的是，Wireshark 指出对查询的响应包含在数据分组 2 中。

图 11-12 中的数据分组 2 是我们所看到的第一个 DNS 响应。首先，我们注意到，UDP 源端口号是 53，但目的端口是临时端口 60961。事务 ID 与查询（0xb0b8）匹配，但标志（Flags）字段现在包含值 0x8180（响应、递归请求和可用递归全部被设置）。问题区段包含正在提供答案的问题的一份副本，并且通常和由客户端发送的原始查询完全匹配（例如，大小写被保留）。在回答区段有一个 RR。它是 A 类型（地址）的，TTL 值为 10 分钟，数据长度为 4 个字节（IPv4 地址的长度），其值为 169.229.131.81，即我们要请求的 berkeley.edu 的 IPv4 地址。注意，授权标志没有设置，应答的授权区段是空的。该响应基于缓存的数据，它不是该域名的授权。此时，本地域名服务器也缓存该值（但只有 10 分钟，如它收到的 RR 中的 TTL 所说明的），并回答请求客户端（见图 11-13）。

在图 11-13 中的响应，数据分组 2 很像从 206.13.28.12 发送的那一个，除了现在它是从 10.0.0.1 向原始客户端 10.0.0.120 发送的，以及事务 ID 与原始 DNS 请求中的相匹配。还要注意的是，从客户端的角度看，整个事务处理的往返时间是 14.7ms 左右，而我们知道大部
532~533 分的时间（14.2ms）被本地域名服务器（GW.HOME）和 ISP 的域名服务器（206.13.28.12）之间的事务占据。

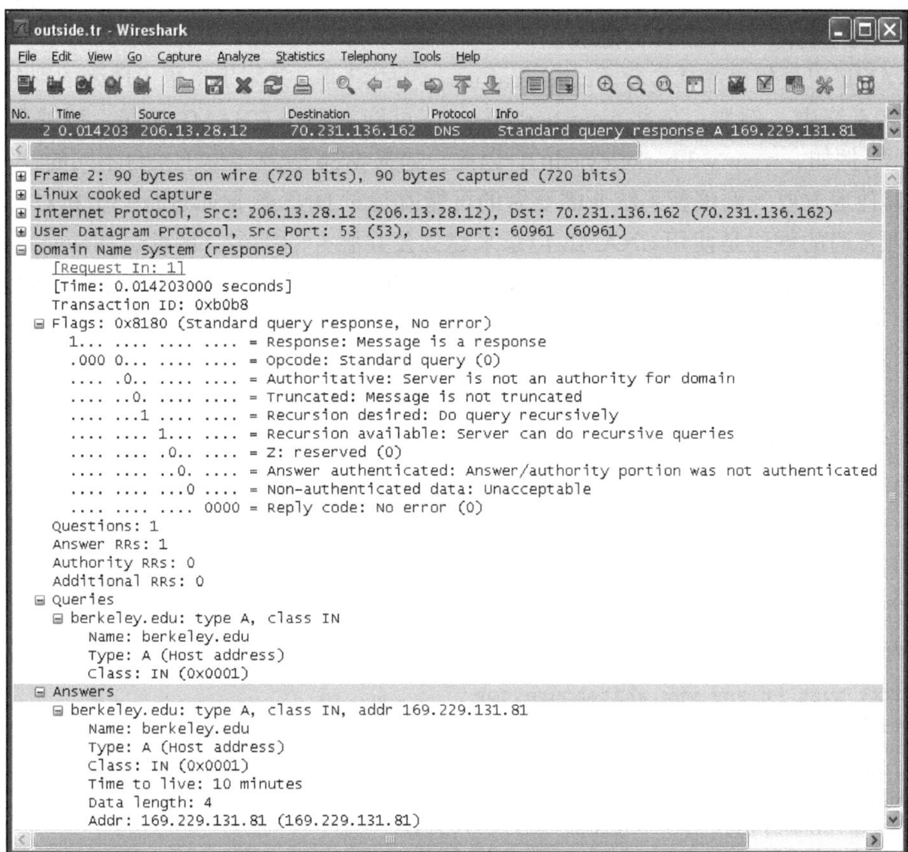

图 11-12 从 ISP 的 DNS 服务器发送到 GW.HOME 的一个标准的 DNS 响应

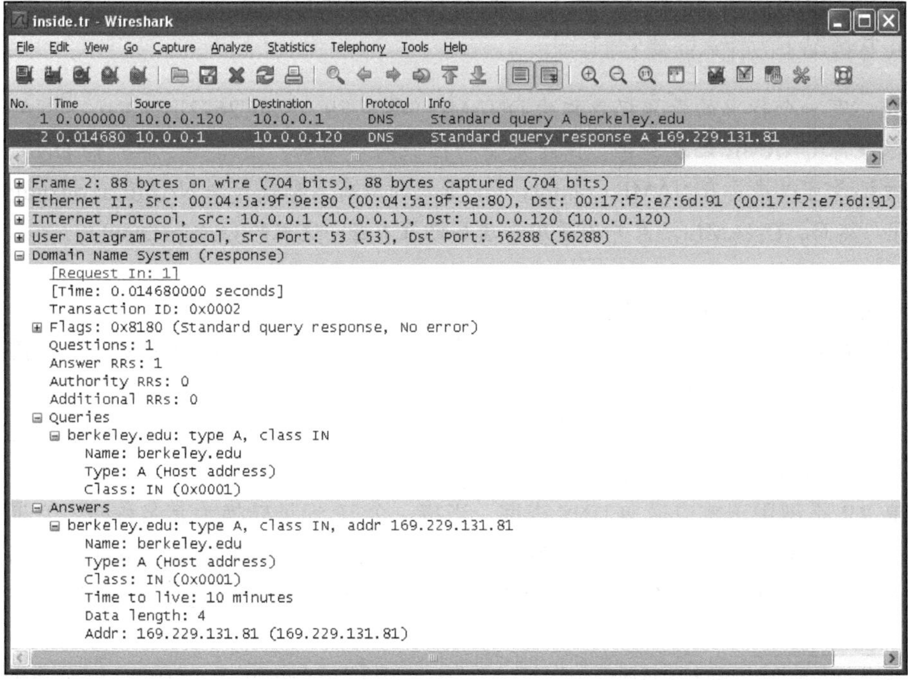

图 11-13 由 GW.HOME 生成去往客户端的响应。这个消息完成了递归的 DNS 事务

11.5.6.3 规范名称（CNAME）记录

CNAME 记录代表规范名称（canonical name）的记录，并用于将单一域名的别名引入到 DNS 命名系统中。例如，名称 www.berkeley.edu 可能有一个 CNAME 记录，以映射到其他一些机器（例如，www.w3.berkeley.edu），因此，如果 Web 服务器位于一台不同的计算机上，世界上其他地方要找到该新系统所需要做的可能就是对 DNS 数据库进行一个相对简单的改变。现在普遍的做法是使用 CNAME 记录来建立公共服务的别名。因此，如 www.berkeley.edu、ftp.sun.com、mail.berkeley.edu 和 www.ucsd.edu 的名称都是 DNS 中指向其他 RR 的 CNAME 条目。

在一个 CNAME RR 中，RDATA 区段包含与该域名相关的"规范名称"（别名）。这样的名称使用和其他名称相同的编码类型（例如，数据标签和压缩标签）。当一个 CNAME RR 因一个特定的名称而存在，其他数据是不被允许的 [RFC1912]（除非在使用 DNSSEC；见第 18 章）。CNAME RR 的域名可能不能用于规则域名能出现的所有地方（例如，作为一个 NS RR 的目标）。此外，规范名称本身可能是一个 CNAME（称为 CNAME 链），但是通常不鼓励这么做，因为它可以导致 DNS 解析器使用更多的非必要的查询。然而，确实也有一些服务使用此功能。例如，大容量站点 www.whitehouse.gov（在写作的时候）使用了 Akamai 公司所提供的内容交付网络（CDN）[⊖]。当查看这个域名时，我们找到以下内容：

534～535

```
Linux% host -t any www.whitehouse.gov
www.whitehouse.gov is an alias for www.whitehouse.gov.edgesuite.net.
Linux% host -t any www.whitehouse.gov.edgesuite.net
www.whitehouse.gov.edgesuite.net is an alias for a1128.h.akamai.net.
Linux% host -t any a1128.h.akamai.net
a1128.h.akamai.net has address 92.123.65.42
a1128.h.akamai.net has address 92.123.65.51
```

这样，CNAME 链就可以和 DNS 一起使用。然而，由于其潜在的性能影响，这样的链通常被解析器限制在几个链接内（如 5）。长链有可能是执行错误或是误解的结果，因为很难想象在正常情况下为什么需要它们。

注意 有一个标准的资源记录称为 DNAME（类型 39）[RFC2672][IDDN]。DNAME 记录就像 CNAME 记录一样，但是是整个区域的。例如，使用一个单一的 DNAME 资源记录可以将具有 NAME.example.com 形式的所有名称映射到 NAME.newexample.com。然而，DNAME 记录并不适用于顶层记录本身（这里的 example.com）。

11.5.6.4 逆向 DNS 查询：PTR（指针）记录

虽然 DNS 最重要的功能是提供从名称到 IP 地址的映射，但是很多情况下，需要逆向映射。例如，一个正接受传入的 TCP/IP 连接请求的服务器能够从传入的 IP 数据报确定连接的源 IP 地址，但连接本身并不携带该地址对应的名称，这样名称就必须通过其他方式查找。幸运的是，巧妙地利用 DNS 可以提供这种能力。

PTR RR 类型用于响应逆向 DNS 查询，当将一个 IP 地址转换为其名称时，它通常是很必要的。它以一种特殊的方式使用了特殊的 in-addr.arpa（IPv6 中为 ip6.arpa）域。考虑一个 IPv4 地址，如 128.32.112.208。在分类的地址结构中（见第 2 章），这个地址来自于 128.32B

⊖ 内容交付网络一般包括大量同步内容缓存，它们位于网络的特定拓扑位置。CDN 可让客户访问内容提供商的付费内容时的延迟最小。

类地址空间。为了确定对应到这个地址的名称，首先将该地址逆转，然后添加特殊的域。本例中，将会使用名称

```
208.112.32.128.in-addr.arpa.
```

进行 PTR 记录的查询。实际上，这是在查询域 112.32.128.in-addr.arpa. 中的“主机”208。在本节中我们稍后将会看到更多的逆向 DNS 查询的例子。

注意 通常使用 NS、A 和 AAAA 记录的规则 DNS 名称空间，不会自动与 PTR 记录支持的“逆向”名称空间连接。因此，有一个现有的没有设置对应的逆向映射的前向解析（或是有一个不同的）是可能的（甚至是比较常见的）。一些服务检查两个方向设置的等价映射，并且在这种情况下，可能会拒绝服务。 536

回忆一下，IPv4 地址通常以“点分十进制格式”书写，IPv6 地址以十六进制格式书写（例如，169.229.131.81 和 2001:503:a83e::2:30）。这些地址可以被认为是自左到右层次结构中存在的名称。例如，地址 169.229.131.81 有自上而下的层次结构（阅读自左往右）：169，229，131，81。通过逆转点分十进制 IPv4 地址，将其看作是一个 DNS 名称，我们可以使用 DNS 来执行从 IP 地址到名称的映射。因此名称 81.131.229.169 实际上是 IPv4 地址 169.229.131.81 的逆转。对于 IPv6 来说，方案是相似的，但是任何不显示的 0 被展开，每个十六进制数字变成一个字符。例如，2001:503:a83e::2:30 的逆转是 0.3.0.0.2.0.0.0.0.0.0.0.0.0.0.0.0.0.0.0.e.3.8.a.3.0.5.0.1.0.0.2。幸运的是，用户很少要直接输入这些名称。

如前所述，特殊的 .in-addr.arpa 域（适用于 IPv4）和 .ip6.arpa（适用于 IPv6）用于将支持这些类型名称和逆向 DNS 查找的 PTR（“指针”）RR 连接起来。例如，考虑下面的命令：

```
C:\> nslookup
Default Server:  gw
Address:  10.0.0.1
> server c.in-addr-servers.arpa
Default Server:  c.in-addr-servers.arpa
Address:  196.216.169.10
> set type=ptr
> 81.131.229.169.in-addr.arpa.
Server:  c.in-addr-servers.arpa
Address: 196.216.169.10

169.in-addr.arpa  nameserver = w.arin.net
169.in-addr.arpa  nameserver = t.arin.net
169.in-addr.arpa  nameserver = dill.arin.net
169.in-addr.arpa  nameserver = x.arin.net
169.in-addr.arpa  nameserver = z.arin.net
169.in-addr.arpa  nameserver = y.arin.net
169.in-addr.arpa  nameserver = u.arin.net
169.in-addr.arpa  nameserver = v.arin.net
```

这个例子显示了如何设置 .in-addr.arpa 域。根据 [RFC5855]，域 in-addr-servers.arpa 和 ip6-servers.arpa 分别用于形成与服务器相关的域名，并且该服务器为 IPv4 和 IPv6 提供逆向 DNS 映射。截至 2011 年，对于每个 IP 版本有 5 个这样的服务器：*X*.in-addr-servers.arpa 和 *X*.ip6-servers.arpa，其中 *X* 是任意 a 到 f（包括）的字母。

虽然我们已经提到的 10 个服务器包含逆向映射的授权数据，但是它们不包含我们正在查找的信息。在我们的例子中，第一台服务器联系了（而不是告诉我们去联系）由美国网络

537 地址注册管理组织（ARIN）维护的 8 台名称服务器之一，它可以对以 169 开始的 IPv4 地址授权。如果我们联系这些服务器中的一个，我们发现对于 81.131.229.169.in-addr.arpa 的 PTR 查询给出了以下响应：

```
> server w.arin.net
Default Server: w.arin.net
Address: 72.52.71. 2
Default Server: w.arin.net
Address: 2001:470:1a::2
> 81.131.229.169.in-addr.arpa.
Server:  w.arin.net
Address: 72.52.71.2

229.169.in-addr.arpa nameserver = adns1.berkeley.edu.
229.169.in-addr.arpa nameserver = phloem.uoregon.edu.
229.169.in-addr.arpa nameserver = aodns1.berkeley.edu.
229.169.in-addr.arpa nameserver = adns2.berkeley.edu.
```

这里我们可以推测，拥有网络前缀 169.229/16 的教育机构是伯克利大学，该大学维护了三个域名服务器，覆盖了它的 in-addr.arpa 空间，并且俄勒冈大学还提供一个副本。通过继续联系这些服务器中的一个，我们找到了答案（这次使用 Linux 版本的 nslookup，输出略有不同）：

```
Linux% nslookup
> set type=ptr
> server adns1.berkeley.edu
Default Server:  adns1.berkeley.edu
Address:  128.32.136.3#53
Default Server:  adns1.berkeley.edu
Address:  2607:f140:ffff:fffe::3#53
> 81.131.229.169.in-addr.arpa.
Server:  adns1.berkeley.edu
Address: 128.32.136.3#53

81.131.229.169.in-addr.arpa     name = webfarm.Berkeley.EDU
```

这里我们得到所期待的结果，即 IPv4 地址 169.229.131.81 的名称为 webfarm.Berkeley.EDU。DNS 服务器使用端口 53，如 IP 地址后的 # 53 所示。使用 UDP/IPv4（相对于 UDP/IPv6）访问 DNS 仍然可以通过使用“四 A”（AAAA）DNS 记录提供 IPv6 地址的映射，因为我们可以看到服务器的 IPv6 地址是 2607:f140:ffff:fffe::3，从输出来看这是很显然的。

如果没有 DNS 树的单独分支来处理地址到名称的翻译，基本上就没有办法完成逆向翻译，除非从树根开始尝试每个顶级域名。鉴于互联网的当前规模，这显然是不合理的选择。
538 in-addr.arpa 解决方案是有效的，并且还非常高效，虽然 IPv4/IPv6 地址的逆转字节和特殊域的域名令人困惑。幸运的是，如前所述，用户通常可以避免输入或使用它们。即使是应用程序作者，通常也不必操作地址来执行逆向查询，因为库函数（如 C 库函数 getnameinfo()）执行这项工作。

值得一提的是，PTR 查询已经成为全球 DNS 服务器的一个重要问题。考虑一个家庭网络，它使用一类私有地址前缀，如 10.0.0.0/8（IPv4）或 fc00::/7（IPv6）。当一个系统接收到相同私有编址子网的另一个系统传入的连接请求时，它可能希望将源地址解析为名称，并且通过执行 PTR 查询来完成。如果查询没有得到本地 DNS 服务器的回答，那么它可能会传播到全球互联网。出于这个原因（以及一些其他原因），[RFC6303] 指定本地名称服务器——尤其是那些连接到互联网且使用私有 IP 地址的网络中运行的服务器，为在 [RFC1918] 和 [RFC4193] 中为 IPv4 和 IPv6 定义的私有地址空间提供 PTR 映射（即分别为 IN-ADDR.ARPA

和 D.F.IP6.ARPA)。

11.5.6.5 无类别 in-addr.arpa 委托

当组织加入互联网，并获得授权来填充部分 DNS 名称空间时，它们往往也获得与它们互联网上的 IPv4 地址相对应的部分 in-addr.arpa 名称空间的授权。在 UC 伯克利分校例子中，授权包括网络前缀 169.229/16，使用旧的术语，即为“B 类”网络号 169.229。因此，UC 伯克利分校预计会使用名称以 229.169.in-addr.arpa 结尾的 PTR 记录来填充部分 DNS 树。分配给该组织的地址前缀是以前的 A、B 或 C 类样式时，这会工作得很好，这些旧的分类中位数是 8 的整数倍。然而，现在许多组织有大于 24 位或大于 16（但少于 24）位的前缀长度。在这些情况下，地址范围就不易写为 IP 地址的简单逆转形式。相反，一些传输网络前缀长度的方法也必须包括在内。

[RFC2317] 给出了实现的标准方法，即添加前缀长度到逆转后的字节组中，并使用它作为域名中的第一个标签。例如，假设一个站点分配的前缀为 12.17.136.128/25，即包含 128 个地址的前缀。根据 [RFC2317]，应提供两种类型的记录。首先，按照下列方式，为形式为 *X*.136.17.12.in-addr.arpa（其中 *X* 至少为 128 且不超过 255）的每一个名称创建一个 CNAME RR，可能由站点的 ISP 维护：

```
128.136.17.12.in-addr.arpa. canonical name =
                            128.128/25.136.17.12.in-addr.arpa.
129.136.17.12.in-addr.arpa. canonical name =
                            129.128/25.136.17.12.in-addr.arpa.
...
255.136.17.12.in-addr.arpa. canonical name =
                            255.128/25.136.17.12.in-addr.arpa.
```
539

这里我们可以看到网络前缀是如何使用域名中第二个标签相关的“/”符号编码的（在这个例子中）。这些条目通常放在 ISP 处，允许对于非字节对齐地址范围的委托。在这个例子中，客户现在能够为区域 128.128/25.136.17.12.in-addr.arpa 提供映射了。我们可以按以下方式跟踪委托：

```
C:\> nslookup
Default Server:  gw
Address:  10.0.0.1
> server f.in-addr-servers.arpa
Default Server:  f.in-addr-servers.arpa
Addresses:  193.0.9.1
> set type=ptr
> 129.128/25.136.17.12.in-addr.arpa.
Server:  f.in-addr-servers.arpa
Address:  193.0.9.1
12.in-addr.arpa nameserver = dbru.br.ns.els-gms.att.net
12.in-addr.arpa nameserver = cbru.br.ns.els-gms.att.net
12.in-addr.arpa nameserver = cmtu.mt.ns.els-gms.att.net
12.in-addr.arpa nameserver = dmtu.mt.ns.els-gms.att.net
> server dbru.br.ns.els-gms.att.net.
Default Server:  dbru.br.ns.els-gms.att.net
Address:  199.191.128.106

> 129.128/25.136.17.12.in-addr.arpa.
128/25.136.17.12.in-addr.arpa   nameserver = ns2.intel-research.net
128/25.136.17.12.in-addr.arpa   nameserver= ns1.intel-research.net

> server ns1.intel-research.net.
```

```
Server:  ns1.intel-research.net
Address:  12.155.161.131
> 129.128/25.136.17.12.in-addr.arpa.

129.128/25.136.17.12.in-addr.arpa
                    name = dmz.slouter.seattle.intel-research.net
128/25.136.17.12.in-addr.arpa
            nameserver = bldmzsvr.berkeley.intel-research.net
128/25.136.17.12.in-addr.arpa
            nameserver = sldmzsvr.intel-research.net
bldmzsvr.berkeley.intel-research.net internet address = 12.155.161.131
sldmzsvr.intel-research.net internet address = 12.17.136.131
```

在这个例子中，我们希望找出与 IPv4 地址 12.17.136.129 相关的主机名称。我们已经看到，它有一个 CNAME RR 指向规范名称 129.128/25.136.17.12.in-addr.arpa.。我们指示解析器使用一台根服务器（F），并设置查询类型为 PTR RR。至此，我们请求解析
540 129.128/25.136.17.12.inaddr.arpa.。根名称服务器没有该信息，它不执行递归，所以它返回域 12.in-addr.arpa. 的授权服务器的名称。选择它们之一（DBRU），再次尝试解析我们的问题。这一次我们发现两个域名服务器（ns1 和 ns2）。选择其中之一，我们能够解析该 PTR 请求。解析出的名称为 dmz.slouter.seattle.intel-research.net。

11.5.6.6 权威（SOA）记录

在 DNS 中，每个区域有一个授权记录，使用称为*授权启动*（SOA）的 RR 类型。这些记录提供部分 DNS 名称空间和服务器之间的授权联系，该服务器允许对地址和其他信息进行查询以提供区域信息。SOA RR 用于识别主机的名称，提供官方永久性数据库、负责方的 e-mail 地址（“.”用来代替 @)、区域更新参数和默认 TTL。默认 TTL 应用到区域中的 RR，不用为每个 RR 指定 TTL 值。

区域更新参数包括一个序列号、更新时间、重试时间和终止时间。每当要改变区域内容时，序列号通常由网络管理员增加（至少 1）。辅助服务器使用它来确定是否应该启动区域传输（当它们没有序列号最大的区域内容的副本时）。更新时间告诉辅助服务器，在从主服务器检查 SOA 记录之前需要等待的时间以及它的版本号，以确定是否需要区域传输。重试时间和终止时间是在区域传输失败的情况下使用的。重试时间值给出辅助服务器重试前需要等待的时间（秒）。终止时间是辅助服务器在放弃之前保持重试区域传输的上限（秒）。如果它放弃了，这样的服务器停止响应对该区域的查询。一般情况下，一个区域可以包含混合的 IPv4 和 IPv6 数据，并可以使用任意版本的 IP 来访问。在这个例子中，我们使用 IPv6（使用只有 IPv6 的 Windows 主机上的 nslookup）:

```
C:\> nslookup
Default Server:  gw
Address:  fe80::204:5aff:fe9f:9e80

> set type=soa
> berkeley.edu.
Server:  gw
Address:  fe80::204:5aff:fe9f:9e80

Non-authoritative answer:
berkeley.edu
        primary name server = ns-master1.berkeley.edu
        responsible mail addr = hostmaster.berkeley.edu
```

```
        serial  = 2009050116
        refresh = 10800 (3 hours)
        retry   = 1800 (30 mins)
        expire  = 3600000 (41 days 16 hours)
        default TTL = 300 (5 mins)

> server adns1.berkeley.edu.
Default Server:  adns1.berkeley.edu
Addresses:  2607:f140:ffff:fffe::3
          128.32.136.3

> berkeley.edu.
Server:  adns1.berkeley.edu
Addresses:  2607:f140:ffff:fffe::3
          128.32.136.3

berkeley.edu
        primary name server = ns-master1.berkeley.edu
        responsible mail addr = hostmaster.berkeley.edu
        serial  = 2009050116
        refresh = 10800 (3 hours)
        retry   = 1800 (30 mins)
        expire  = 3600000 (41 days 16 hours)
        default TTL = 300 (5 mins)
berkeley.edu    nameserver = ns.v6.berkeley.edu
berkeley.edu    nameserver = aodns1.berkeley.edu
berkeley.edu    nameserver = adns2.berkeley.edu
berkeley.edu    nameserver = phloem.uoregon.edu
berkeley.edu    nameserver = adns1.berkeley.edu
berkeley.edu    nameserver = ucb-ns.NYU.edu
ns.v6.berkeley.edu      internet address = 128.32.136.6
ns.v6.berkeley.edu      AAAA IPv6 address = 2607:f140:ffff:fffe::6
adns1.berkeley.edu      internet address = 128.32.136.3
adns1.berkeley.edu      AAAA IPv6 address = 2607:f140:ffff:fffe::3
adns2.berkeley.edu      internet address = 128.32.136.14
adns2.berkeley.edu      AAAA IPv6 address = 2607:f140:ffff:fffe::e
aodns1.berkeley.edu     internet address = 192.35.225.133
aodns1.berkeley.edu     AAAA IPv6 address =
                                 2607:f010:3f8:8000:214:4fff:fe45:e6a2
phloem.uoregon.edu      internet address = 128.223.32.35
phloem.uoregon.edu      AAAA IPv6 address = 2001:468:d01:20::80df:2023
```

541

这里我们可以看到，我们不仅收到 SOA 记录，而且也收到了 6 个授权域名服务器的列表，以及其中 5 个（NYU 服务器的地址没有给出，因为 NYU.edu 的胶记录可能在由不同服务器支持的不同的区域里）的 IPv4/IPv6 地址（胶记录）。由于这是我们已经看到的更多有趣的响应中的一个，让我们看一下与发送到授权名称服务器 adns1.berkeley.edu 的请求相对应的分组内容（见图 11-14）。

此记录包含两个分组，我们已选择显示答复，它是两个中更引人关注的。一个 SOA RR 查询从本地系统的全球范畴的 IPv6 地址 2001:5c0:1101:ed00:5571:5f81:e0a6:4978 发送到主机 2607:f140:ffff:fffe::3 (adns1.Berkeley.EDU)。响应在一个总长度为 491 字节（负载长度字段是 451）的 IPv6 数据报中运载。该特殊分组包含 IPv6 头部（40 字节）、UDP 头部（8 字节）以及 DNS 消息（443 字节）。DNS 消息包含 1 个问题、1 个答案、6 个授权 RR 和 10 个附加的 RR。 542

问题区段包含标签 berkeley 和 edu，18 个字节长。回答区段包含前面描述过的 berkeley.edu 域名的相关信息，并且由于问题区段的内容，它能够利用压缩标签。该区段的总长度是

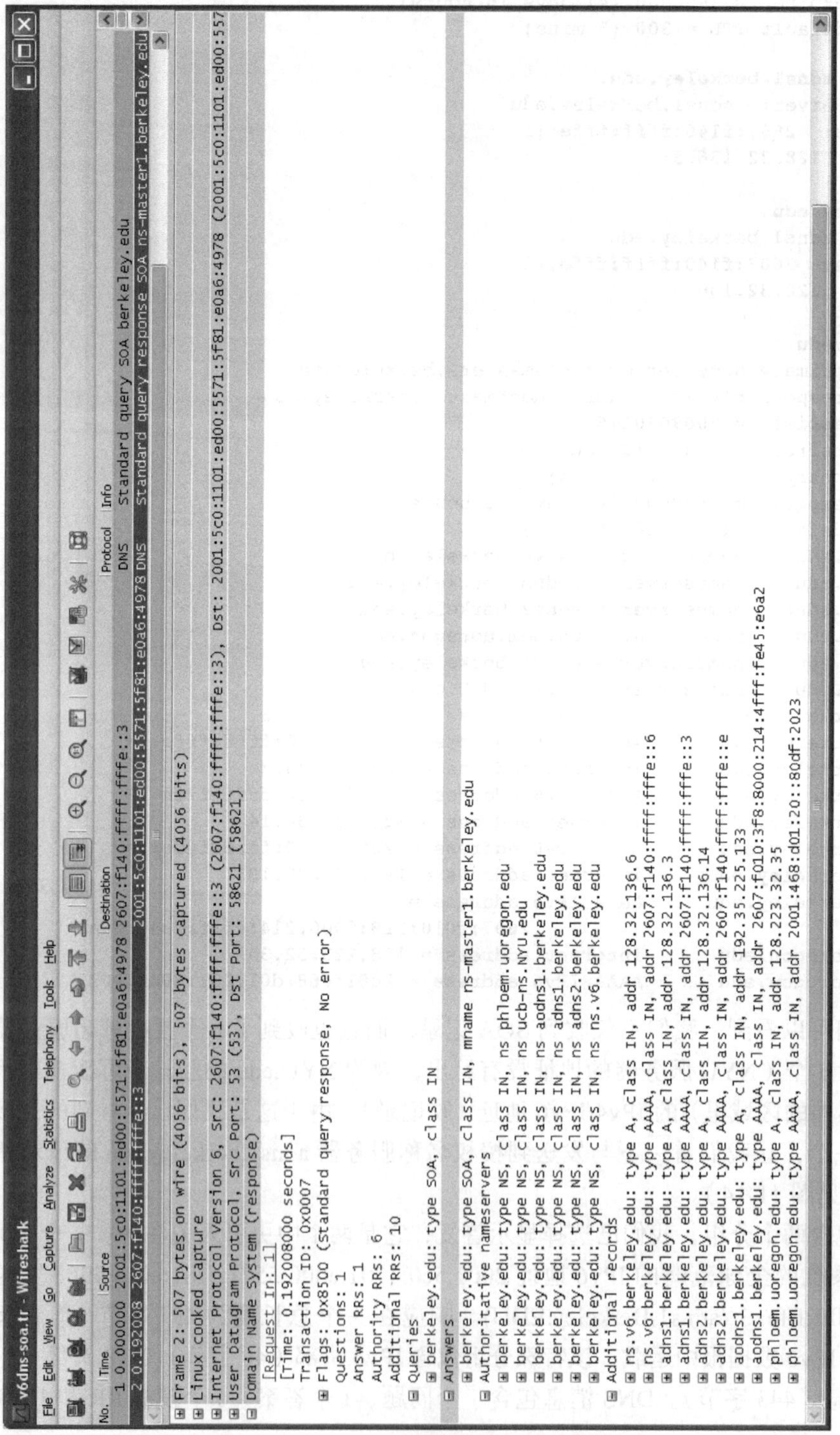

```
v6dns-soa.tr - Wireshark
File Edit View Go Capture Analyze Statistics Telephony Tools Help
No. Time     Source                                Destination                           Protocol Info
  1 0.000000 2001:5c0:1101:ed00:5571:5f81:e0a6:4978 2607:f140:ffff:fffe::3               DNS      Standard query SOA berkeley.edu
  2 0.192008 2607:f140:ffff:fffe::3                 2001:5c0:1101:ed00:5571:5f81:e0a6:4978 DNS    Standard query response SOA ns-master1.berkeley.edu

⊞ Frame 2: 507 bytes on wire (4056 bits), 507 bytes captured (4056 bits)
⊞ Linux cooked capture
⊞ Internet Protocol Version 6, Src: 2607:f140:ffff:fffe::3 (2607:f140:ffff:fffe::3), Dst: 2001:5c0:1101:ed00:5571:5f81:e0a6:4978 (2001:5c0:1101:ed00:557
⊞ User Datagram Protocol, Src Port: 53 (53), Dst Port: 58621 (58621)
⊟ Domain Name System (response)
    [Request In: 1]
    [Time: 0.192008000 seconds]
    Transaction ID: 0x0007
  ⊞ Flags: 0x8500 (Standard query response, No error)
    Questions: 1
    Answer RRs: 1
    Authority RRs: 6
    Additional RRs: 10
  ⊟ Queries
    ⊞ berkeley.edu: type SOA, class IN
  ⊟ Answers
    ⊞ berkeley.edu: type SOA, class IN, mname ns-master1.berkeley.edu
  ⊟ Authoritative nameservers
    ⊞ berkeley.edu: type NS, class IN, ns phloem.uoregon.edu
    ⊞ berkeley.edu: type NS, class IN, ns ucb-ns.NYU.edu
    ⊞ berkeley.edu: type NS, class IN, ns aodns1.berkeley.edu
    ⊞ berkeley.edu: type NS, class IN, ns adns1.berkeley.edu
    ⊞ berkeley.edu: type NS, class IN, ns adns2.berkeley.edu
    ⊞ berkeley.edu: type NS, class IN, ns ns.v6.berkeley.edu
  ⊟ Additional records
    ⊞ ns.v6.berkeley.edu: type A, class IN, addr 128.32.136.6
    ⊞ ns.v6.berkeley.edu: type AAAA, class IN, addr 2607:f140:ffff:fffe::6
    ⊞ adns1.berkeley.edu: type A, class IN, addr 128.32.136.3
    ⊞ adns1.berkeley.edu: type AAAA, class IN, addr 2607:f140:ffff:fffe::3
    ⊞ adns2.berkeley.edu: type A, class IN, addr 128.32.136.14
    ⊞ adns2.berkeley.edu: type AAAA, class IN, addr 2607:f140:ffff:fffe::e
    ⊞ aodns1.berkeley.edu: type A, class IN, addr 192.35.225.133
    ⊞ aodns1.berkeley.edu: type AAAA, class IN, addr 2607:f010:3f8:8000:214:4fff:fe45:e6a2
    ⊞ phloem.uoregon.edu: type A, class IN, addr 128.223.32.35
    ⊞ phloem.uoregon.edu: type AAAA, class IN, addr 2001:468:d01:20::80df:2023
```

图 11-14 使用 IPv6 对一个 SOA 记录 DNS 查询的响应。响应包括该区域的 IPv4 和 IPv6 地址

58 字节。授权区段包含 6 个识别名称服务器的 NS 记录。该信息另需 135 字节。额外信息区段包括 5 个 A 记录和 5 个 AAAA 记录，共 220 个字节。每个 AAAA 记录的 RDATA 字段的长度为 16 字节，因此，尽管 IPv6 地址可以以带有“::”的文本形式来节省空间，但是它在分组中并非如此编码。相反，使用了全部的 128 位地址。

11.5.6.7 邮件交换（MX）记录

MX 记录提供了邮件交换器（mail exchanger）的名称，邮件交换器为在简单邮件传输协议（SMTP）[RFC5321] 中愿意代表与域名相关的用户接收传入电子邮件的主机。当互联网仍在发展时，一些站点没有固定连接，而是拨号连接到具有固定互联网连接的主机。在这样的情况下，当电子邮件在传输过程中目的地可能从网络上断开，因此另一台主机必须保留该邮件，直到目的地连接上为止。这是在 DNS 中包含 MX 记录的一个原因，即使真实目的地不可用，也允许发送方主机将电子邮件交付给中介（“中继服务器”）。现在 MX 记录仍然在使用，邮件代理更愿意将电子邮件交付给 MX 记录中列出的与特定域名相关的主机。

MX 记录包括优先级（preference）值，因此对于一个特定的域名，多个 MX 记录可以同时出现。优先级值允许发送代理按优先顺序（较小的是更可取的）排序主机，以决定哪个主机用作电子邮件的目的地。例如，我们可以再次使用 host 命令查询 DNS 中与域名 cs.ucla.edu 相关的 MX 记录：

```
Linux% host -t MX cs.ucla.edu ns3.dns.ucla.edu
Using domain server:
Name: ns3.dns.ucla.edu
Address: 2607:f600:8001:1::ff:fe01:35#53
Aliases:

cs.ucla.edu mail is handled by 13 Pelican.cs.ucla.edu.
cs.ucla.edu mail is handled by 3 Moa.cs.ucla.edu.
cs.ucla.edu mail is handled by 13 Mailman.cs.ucla.edu.
```

在这里我们可以看到，邮寄到 person@cs.ucla.edu 的电子邮件由在 DNS 中配置的三台邮件服务器之一处理。所有的这些邮件服务器是 cs.ucla.edu 域的一部分，但一般情况下，邮件服务器不必与它们正在处理的电子邮件有相同的域。这三个服务器可分为两部分：一部分优先级为 3，一部分优先级为 13。优先级编号较小的服务器是首选的，所以发送方首先尝试 Moa.cs.ucla.edu。如果失败，它会随即选择 Pelican 或 Mailman 进行尝试。 543~544

很可能 MX 记录的目标主机都不可达。这是一种错误状态。也可能现在没有 MX 记录，但有该域名的 CNAME、A 或 AAAA 记录。如果有一个 CNAME 记录，CNAME 的目标是用来代替原来的域名。如果有 A 或 AAAA 记录，邮件代理可以连接到这些地址。每个被认为其优先级为 0（称为隐式（implicit）MX）。MX 记录目标必须是解析 A 或 AAAA 记录的域名；它们不能指向 CNAME[RFC5321]。

11.5.6.8 打击垃圾邮件：发送方策略框架（SPF）和文本（TXT）记录

对于发出的电子邮件，MX 记录允许 DNS 帮助确定邮件中继和域名服务器的名称。最近，DNS 已被接收邮件代理利用，以确定哪些中继或发送邮件服务器被授权以发送来自特定域名的邮件。这被用来帮助打击垃圾邮件（不需要的电子邮件），这些垃圾邮件由假装成经授权的邮件发送方的流氓邮件代理发送。

邮件服务器收到的电子邮件被拒绝、存储或转发到另一个邮件服务器。拒绝发生的原因有很多，如协议错误或接收方缺乏可用存储空间。因为发送方邮件客户端不是发送电子邮件的合适方也可以被拒绝。这种能力由*发送方策略框架*（Sender Policy Framework，SPF）支持，并记录在 [RFC4408] 中，这是一个实验性的 RFC。还有另外一个称为*发送方 ID*（Sender ID）[RFC4406] 的框架，它结合了 SPF 的功能。它也是实验性的，但是没有广泛部署。

SPF 的第一个版本使用 DNS TXT 或 SPF（类型 99）资源记录。由域拥有者建立记录，并在 DNS 中发布，以指明哪些服务器被授权发送来自该域的邮件。虽然在某种意义上 SPF 记录类型是一个更"合适"携带 SPF 相关信息的地方，但是一些 DNS 客户端的实现没有适当地处理 SPF 记录，所以为了避免这一情况，使用 TXT 记录。TXT 记录保存与域名相关的简单的字符串。从历史上看，它们保留人类理解的字符串，以帮助调试或确定拥有者或域的位置。现在，它们通常由程序处理，如 SPF 应用程序。

SPF 支持丰富的语法来表达一些准则，这些准则用于匹配传入的邮件信息和承载它的连接的详细情况。例如，UC 伯克利分校使用以下的 SPF 项（为清晰起见，有些行已经隐藏起来）：

545

```
Linux% host -t txt berkeley.edu
berkeley.edu descriptive text
        "v=spf1 ip4:169.229.218.128/25 ip6:2607:F140:0:1000::/64
        include:outboundmail.convio.net ~all"
```

在这个例子中，所提供的信息是对 SPF 版本 1 的（通过版本字段中 v = spf1 字符串来说明），并且使用 TXT RR。当接收邮件代理接收到据称来自于域 berkeley.edu 的电子邮件时，它对 berkeley.edu 域执行 TXT 类型记录的 DNS 查询。文本记录的值包含匹配的准则（称为*机制*（mechanism））和其他信息（称为*修饰符*（modifiers））。在每个机制之前是一个*限定符*（qualifier），用以确定匹配机制的结果。处理 SPF 记录使用称为 check_host() 的函数。该函数对各种机制进行评估，当遇到第一个匹配的机制时完成。最终，check_host() 提供以下返回值之一：None、Neutral、Pass、Fail、SoftFail、TempError 和 PermError。None 和 Neutral 返回值说明没有信息可用，或是有信息可用但是没有声称的结果。这些按完全相同的方式处理。Pass 说明一个匹配将如下一段描述的。Fail 说明发送方主机没有被授权从该域发送邮件。SoftFail 有点模糊，但根据 [RFC4408]，它被视为"介于'Fail'和'Neutral'之间"。TempError 返回值表示某些可能减弱的暂时性失败（如通信故障）。PermError 返回值表示 SPF 的配置中存在问题，通常是因为有缺陷的域 TXT 或 SPF 记录。

在例子中，自从左向右阅读，字符串 v=spf1 是一个修饰符，说明 SPF 的版本是 1。ip4 机制说明 SMTP 发送方拥有一个前缀为 169.229.218.128/25 的 IPv4 地址。ip6 机制说明发送方主机的 IPv6 地址前缀为 2607:F140:0:1000::/64。最后，include 机制通过引用包含 outboundmail.convio.net TXT 记录：

```
Linux% host -t txt outboundmail.convio.net
outboundmail.convio.net descriptive text
        "v=spf1 +ip4:66.45.103.0/25 +ip4:69.48.252.128/25
        +ip4:209.163.168.192/26 ~all"
outboundmail.convio.net descriptive text
        "spf2.0/pra
        +ip4:66.45.103.0/25 +ip4:69.48.252.128/25
        +ip4:209.163.168.192/26 ~all"
```

注意，这些 TXT 记录均适用于 SPF 和发送方 ID（在版本区段使用值 spf2.0/pra）。第一条记录由 SPF 使用。"+"限定符表明匹配结果为 Pass。任何无限定符的机制假定拥有"+"限定符。其他可能的限定符包括 -（Fail）、~（Soft Fail）和 ?（Neutral）。如果没有匹配机制产生 Pass 结果，最终机制（all）匹配任何条件。all 准则之前的波浪符号（～）说明如果 all 是唯一匹配的机制，那么应该生成 SoftFail 返回值。软故障的具体处理方式依赖于接收电子邮件的软件。请注意，即使有 SPF 的支持，验证也只由发送方域和系统提供，而不是发送用户。在第 18 章我们将着眼于 DKIM，它提供类似 SPF 的功能，但使用加密进行身份验证。 546

11.5.6.9 选项（OPT）伪记录

如前所述，连同 EDNS0 也定义了特殊的 OPT 伪 RR[RFC2671]。就某种意义而言，它是“假的”，它仅适用于单一 DNS 消息的内容，而且不是常见的 DNS RR 数据。因此，OPT RR 不被缓存、转发或持续存储，它们可能在 DNS 消息中只出现一次（或不出现）。如果出现在 DNS 消息中，可以在额外消息区段中发现它。

一个 OPT RR 包含 10 个字节的固定部分，随后是一个可变部分。固定部分包括表示 RR 类型（41）的 16 位，表示 UDP 负载大小的 16 位，构成一个扩展的 RCODE 字段和 Flag 域的 32 位，以及指出以字节为单位的可变部分大小的 16 位。这些字段与传统的 RR 中的 Name、Type、Class、TTL 和 RDLEN 有相同的相对位置关系（见图 11-8）。OPT RR 在名字字段使用空域名（0 个字节）。扩展 RCODE 和 Flags 域（32 位，对应于图 11-8 中的 TTL 字段）被再分成两个 8 位域，一个用于保留额外的 8 个高位，扩充图 11-3 中的 RCODE 字段，一个为版本字段（当前设置为 0 表示 EDNS0）。剩余的 16 位尚未定义，必须为 0。额外的 8 位提供了一个可能的 DNS 错误类型的扩展集，这些值在表 11-4 中给出。（注意值 16 由两个不同的 RFC 定义。）

表 11-4 扩展 RCODE 值。大部分被用来支持安全扩展

值	名　称	参　考	描述和目的
16	BADVERS	[RFC2671]	坏 EDSN 版本
16	BADVERS	[RFC2845]	坏 TSIG 签名（见第 18 章）
17	BADKEY	[RFC2845]	坏 TSIG 密钥（见第 18 章）
18	BADTIME	[RFC2845]	坏 TSIG 签名（时间问题；见第 18 章）
19	BADMODE	[RFC2930]	坏 TKEY 模式（见第 18 章）
20	BADMODE	[RFC2930]	重复密钥名称（见第 18 章）
21	BADALG	[RFC2930]	不支持的算法（见第 18 章）

正如我们已经提到的，OPT RR 包含可变长度的 RDATA 字段。该字段用来存放属性 - 值对的扩展列表。当前属性、意义和定义的 RFC 的集合都由 IANA[DNSPARAMS] 维护。一个称为 NSID（EDNS 选项代码 3）[RFC5001] 的选项，表示一个响应 DNS 服务器的特殊标识值。该值的格式没有标准定义，但是 DNS 服务器的系统管理员可以配置。任播地址用于确定一组服务器时，这种功能可能是很有用的。NSID 能够使用非发送方的 IP 地址的一个值识别出一台特定的响应服务器。当我们在第 18 章查看 DNSSEC 时，将看到更多 OPT RR 和 EDNS0 用法的例子。 547

11.5.6.10 服务记录

[RFC2782] 定义了服务（SRV）资源记录。SRV RR 推广了 MX 记录的格式，以描述主机、协议和用于连接特定服务的端口号。SRV RR 的一般结构如下：

```
_Service._Proto.Name TTL IN  SRV    Prio    Weight    Port    Target
```

Service 标识符是一个服务的正式名称。Proto 标识符是用于访问服务的传输协议，通常是 TCP 或 UDP。TTL 值是一个传统 RR 的 TTL，IN 和 SRV 分别表明互联网类和 SRV RR 类型。Prio 值是一个 16 位的无符号值，与 MX 记录中的优先权值作用差不多（越小的的数字表示越高的优先级）。Weight 值用于在优先级相等的几个 RR 中做出选择。基本思路是，权值用作加权概率来为负载平衡选择特定的条目，因此较大的权值表明更大的选择概率。Port 是 TCP 或 UDP（或其他传输协议的）端口号。Target 是提供服务的目标主机的域名。Name 标识符是一个包含域，其中可以找到一个特定的服务。SRV 记录的目的之一是确定何时在一个域中的多个单独的服务器上支持相同的服务。

例如，如果一个客户想要使用 TCP 协议确定域 example.com 中 ladap 服务可用的主机和端口，它会使用域名 _ldap._tcp.example.com 执行 SRV 记录的查询。这里是一个真实的例子：

```
Linux% host -t srv _ldap._tcp.openldap.org
_ldap._tcp.openldap.org has SRV record 0 0 389 www.openldap.org.
```

在这个例子中，我们通过 TCP，在域 openldap.org 中查找提供轻量级目录访问协议（LDAP）服务的服务器。我们发现，可以使用 TCP 端口 389（默认的 LDAP 端口），在服务器 www.openldap.org 上访问。Priority 和 Weight 值为 0，因为没有替代的服务器。

[RFC2782] 没有为 SRV Service 和 Proto 值指定一个新的 IANA 注册。所以，默认情况下，名称与 IANA 的"服务名称和传输协议端口"[ISPR] 注册中保存的名称相对应，Proto 值
548 为 _tcp 或 _udp，但也有少数例外。[RFC5509] 使用以下的 SRV Service 和 Proto 名称为基于 SIP 的在场和即时通信建立约定：_im._sip 和 _pres._sip。[RFC6186] 为电子邮件用户代理定义了下面的 SRV Service 名称，以便容易地发现 IMAPS、SMTP、IMAP 和 POP3 服务器的联系信息（当设置电子邮件客户端时，通常前两个是优先考虑的）：_submission, _imap, _imaps, _pop3, _pop3s。虽然 [RFC6186] 没有要求这些名称使用 TCP 作为相应的 Proto 值，但是这是目前唯一的真正选项。例如，用户配置一个新的邮件用户代理（MUA，本质上是一个电子邮件程序），可能只指定域名 example.com。然后 MUA 实现可能至少为 _submission._tcp.example.com 和 _imaps._tcp.example.com 执行 DNS 查询。

11.5.6.11 名称授权指针记录

当 DNS 支持*动态委托发现系统*（DDDS）[RFC3401] 时，使用*名称授权指针*（NAPTR）RR 类型。一个 DDDS 一般是抽象的算法，它将动态检索字符串转换规则应用于应用程序提供的字符串，并经常使用结果定位资源。每个 DDDS 应用为其特定的使用情况定制一般的 DDDS 规则的操作。一个 DDDS 包括一个规则数据库和一组用于形成字符串的算法，该字符串和数据库一起产生输出字符串。DNS 就是这样一个数据库 [RFC3403]，在其中 NAPTR 资源记录类型用来保存转换规则。一个这样的 DDDS 应用程序已经被定义用来和 DNS 一起处理跨国电话号码，并使用 ENUM（见 11.5.6.12 节）将它们转换为标准的*统一资源标识符*（URI）格式 [RFC3986]。

在一个 DDDS 中，*算法* [RFC3402] 指示如何通过数据库中包含的规则处理*应用唯一字符串*（AUS）。结果可以是一个*终结字符串*（terminal string）（完整的输出）或另一个（非终结）字符串，它用于检索应用到 AUS 的另一个规则。总之，该集合形成了一个强大的字符串重写系统，可用于编码有足够正则语法的几乎任意串。该算法的本质如图 11-15 所示。

图 11-15 所示的过程，开始时将“第一条众所周知的规则”（first Well-Known Rule）应用于 AUS，AUS 对于每个应用是唯一的。结果形成一个关键字，用于从数据库中检索另一个规则。规则是字符串重写模式和标志，该标志应用于 AUS，但是从来不应用于重写字符串的结果。它工作的特定方式依赖于应用程序，但规则通常是正则表达式的替换，类似于使用 UNIX sed 程序 [DR97]。当使用 DNS 作为支持 DDDS 的数据库时 [RFC3403]，这正是我们感兴趣的情况，关键字是域名，规则存储于 NAPTR 资源记录中。每个 NAPTR RR 包含以下字段：顺序、优先级、标志、服务、正则表达式（有时简写为 Regexp）、替换。

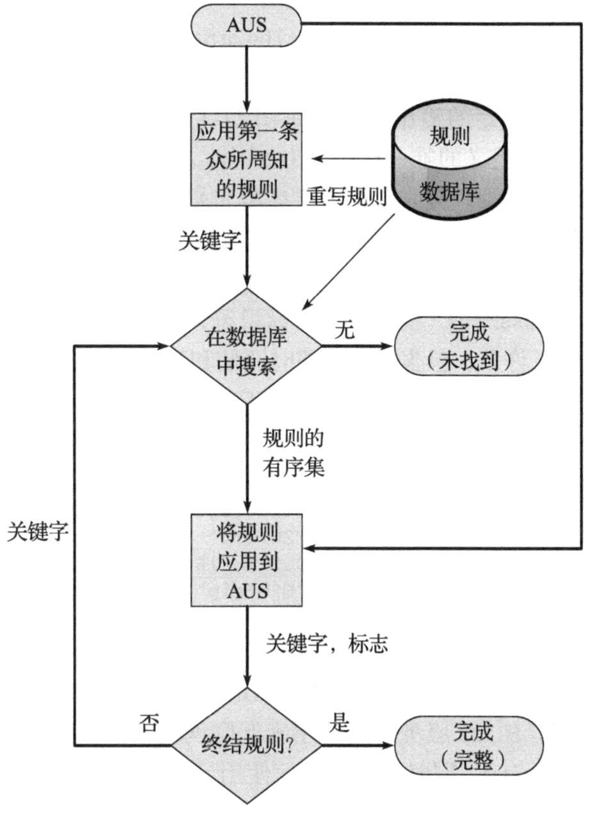

图 11-15　DDDS 算法的抽象操作。允许非终结记录形成循环。每次迭代都涉及应用唯一字符串的重写操作

顺序字段是 16 位无符号整数，指定哪一个 NAPTR 记录在其他之前使用（较小的数字比较大的那些更优先），因为 DNS 架构不保证任意特定资源记录集的排序。优先级字段用来影响含有相同顺序号的记录的顺序。顺序字段表明在 RR 上施加强制性的顺序，而优先级是建议性的。标志字段包含来自集合 A ~ Z 和 0 ~ 9 的单个字符的无序列表（大小写不敏感的）。使用 NAPTR 记录的特定的应用程序（例如 ENUM，将在下一节描述），定义标志字段的解释。服务字段由应用程序定义，用以说明哪种类型的服务正在被描述。正则表达式字段包含一个替换表达式，该表达式应用于 AUS 以形成另一个服务器的标识，用于另一个 NAPTR 查找（非终结情况）或输出字符串（终结情况）。替换字段（只有当正则表达式不存在时才存在）表示要查询 NAPTR 记录的下一个服务器。它被编码为一个独立的 FQDN（在 DNS 消息中没有使用名称压缩）。因历史的原因，在 NAPTR RR 的发展过程中，这两个最后（互斥）字段的用途非常相似。 549~550

为了更好地理解 NAPTR 处理如何与应用程序一起工作，我们将会简单地看一下 ENUM 和 SIP DDDS 应用程序、URI/URN DDDS 应用程序，以及称为 S-NAPTR 和 U-NAPTR 的常规 NAPTR 的替代选择。指定一个 DDDS 必须指定应用程序的 AUS、第一条众所周知的规则、期望输出、有效的数据库、标志和服务参数。

11.5.6.12　ENUM 和 SIP

在 ENUM DDDS[R06] [RFC6116] [RFC6117][RFC5483] 中，将电话号码映射到 URI 信息，AUS 是一个 E.164 格式的电话号码（最多 15 个数字，以“+”字符开始）。初始的“+”字符将 ENUM DDS 中使用的 E.164 号码和来自其他名称空间的号码区别开来。第一个众所周知的规则，首先移除 AUS 中的任意破折号或其他非数字字符。DDDS 的数据库是 DNS，关键字是从 AUS 中按如下方式创建的域名：点（.）字符插入到每个数字之间，将结果逆转。然后添加后缀 .e164.arpa。例如，E.164 号码 +1-415-555-1212 将会被转换为密钥 2.1.2.1.5.5.5.5.1.4.1.e164.arpa。生成的域名用于查询 NAPTR 记录。

最终的输出可能经过图 11-15 所示 DDDS 算法的多个循环，是一个绝对的 URI（非相对）。定义的唯一标志是 U 标志，表明产生一个 URI 的终结规则。没有任何标志说明是非终结的规则，有时也称为*非终结* NAPTR（Non-Terminal NAPTR，NTN）。服务参数在 NAPTR 记录的 Service 字段中编码，其形式为 E2U+Service，即来自字符串 E2U（E.164 中指向 URI 的指示器）加上提供与该号码相关的特定服务的信息的 Service 名称子域。它们一起形成了 enumservice（枚举服务）标识符，这样的服务向 IANA [ENUM][RFC6117] 注册并且已经创建了许多，包含传真、即时通信和存在指示器的枚举服务。

为了看到这一切是如何工作的，我们可以构造一个对于号码 +420738511111 的查询，该号码位于捷克的俄斯特拉法大学（为清晰起见，很多行隐藏了）：

```
Linux% host -t naptr 1.1.1.1.1.5.8.3.7.0.2.4.e164.arpa
1.1.1.1.1.5.8.3.7.0.2.4.e164.arpa has NAPTR record
        50 50 "u" "E2U+sip" "!^\\+(.*)$!sip:\\1@osu.cz!" .
1.1.1.1.1.5.8.3.7.0.2.4.e164.arpa has NAPTR record
        100 50 "u" "E2U+sip""!^\\+(.*)$!sip:\\1@cesnet.cz!" .
1.1.1.1.1.5.8.3.7.0.2.4.e164.arpa has NAPTR record
        200 50 "u" "E2U+h323" "!^\\+(.*)$!h323:\\1@gklext.cesnet.cz!" .
```

这里我们看到在 ENUM DDDS 应用中三个 NAPTR 记录的内容，两个用于 SIP 服务，一个
551 用于 H.323 服务，它们用于互联网电话。SIP 条目的序列号为 50 和 100，H.323 条目的序列号为 200，同时显示了如何使用 ENUM 和 NAPTR 记录来拥有多个与单一电话号码相关的服务，以及 NAPTR 记录的提供者如何指出提供相同服务的多个网关的优先级顺序。

注意 SIP 是 IETF 指定的用于信令的协议，因使得多媒体客户端和服务器的连接便利而特别流行。H.323 是 ITU 指定的协议，用于多媒体会议和通信，包括一个信令子协议。它广泛实现于电话会议设备中。本例以及随后的例子中，host 程序产生的输出可以用作如 BIND 的 DNS 服务器的区域文件的输入。因此，输出显示额外的转义“\”字符（显示为“\\”），它们在实际的服务器提供的 DNS 响应中并不存在。

为了更好地了解 NAPTR 记录规则如何应用到 AUS，我们将着眼于前面例子中的第二个 SIP 记录。执行 DNS 查询和收到 NAPTR RR 后，出现在第一个和第二个“!”字符之间的字符串用作一个正则表达式匹配和替换。这样，字符串 +420738511111 与正则表达式 ^\+(.*)$ 相匹配。根据正则表达式匹配的规则，匹配成功，所以字符串重写规则变为 sip:\1@cesnet.cz。特殊变量 \1 被与圆括号（ ）之间包含的第一个正则表达式相匹配的子串替换，在这种情况下，即为 AUS 中除了初始 + 字符外的一切。总之，AUS +420738511111 转换成 URI sip:420738511111@cesnet.cz。

一旦此 URI 形成了，自然下一步是驱动应用联系一个 SIP 服务器。然而，SIP 本身通过不同的传输协议运载，因此，下一步使用另一个为 SIP 定制的 DDDS[RFC3263]。在该应用中，NAPTR 记录包含的目标用于识别应用于执行 SRV 记录查询的域。继续前面的例子：

```
Linux% host -t naptr cesnet.cz
cesnet.cz has NAPTR record 200 50 "s" "SIP+D2T" "" _sip._tcp.cesnet.cz.
cesnet.cz has NAPTR record 100 50 "s" "SIP+D2U" "" _sip._udp.cesnet.cz.
```

这里我们看到了 NAPTR 中 s 标志的使用，表明 SRV 记录是结果。没有使用 Regexp 字段，因此结果是简单的域名替代，由 Replacement 字段中字符串给出。Service 字段的形式为 SIP+D2x 或 SIPS+D2x，其中 SIP 和 SIPS 分别指出了 SIP 协议和 SIP 安全协议（TLS；见第 18 章）的使用，x 是传输协议的单一字母标识符：UDP 为 U，TCP 为 T，SCTP 为 S[RFC4960]。在这个例子中，应用程序将首先尝试查找和使用与 SIP/UDP 对应的 SRV 记录，如果失败了将会向 SIP/TCP 求助，因为 UDP 条目有较低的优先级值。 552

11.5.6.13 URI/URN 解析

虽然 ENUM 可能是 DNS 中 NAPTR 记录最成熟的用法，但也有一些 DDDS 应用定义为解析 URI[RFC3404] 和称为*统一资源名称*（Uniform Resource Names，URN）的持久的、位置无关 URI [RFC2141]。所有的 URI（包括 URN）都由一个方案名称和随后的符合针对该方案的语义的子串构成。官方方案的当前名单由 IANA[URI] 维护。URI 和 URN 应用很相似，因此值得一起考虑它们。对于 URI/URN DDDS 应用，AUS 是一个授权“解析”服务器正处于的 URI 或 URN。URI 应用程序的第一个众所周知的规则是简单的方案名称。对于 URN，为名称空间标识符（出现在 urn: 方案标识符后面且下一个冒号前面的子串）。例如，http://www.pearson.com 是一个使用方案（关键字）http 的 URI，URN urn:foo:foospace 将会使用 foo 作为第一个关键字。现在定义了四种可能的标志：S、A、U 和 P。前面的三个是终结的，说明结果是一个用于分别获取 SRV 记录、IP 地址或是 URI 的域名。P 标志说明 DDDS 算法的处理过程要被终止，也表明一些应用程序指定的处理开始（在别处定义的）。所有的这些标志是互斥的。正如 ENUM 一样，没有任何标志说明为一个 NTN。

对 URI/URN DDDS 的支持仍在不断发展。如果我们以当前（2011 年）的目光看一看 DNS，可以看到一些方案已经填充到 uri.arpa TLD：

```
Linux% host -t naptr http.uri.arpa
http.uri.arpa has NAPTR record 0 0 "" "" "!^http://([^:/?#]*).*$!\\1!i" .
Linux% host -t naptr ftp.uri.arpa
ftp.uri.arpa has NAPTR record 0 0 "" "" "!^ftp://([^:/?#]*).*$!\\1!i" .

Linux% host -t naptr mailto.uri.arpa
mailto.uri.arpa has NAPTR record 0 0 "" "" "!^mailto:(.*)@(.*)$!\\2!i" .
Linux% host -t naptr urn.uri.arpa
urn.uri.arpa has NAPTR record 0 0 "" "" "/urn:([^:]+)/\\1/i" .
```

前三个 NAPTR 记录包含了重写规则，没有任何标志。因此，它们本质上表明，应用程序应从相应的 URI 中提取域名并继续 DDDS 算法。最后的“!”字符后面的 i 标志说明大小写检查应该以不敏感的方式执行。例如，mAiLto:person@example.com 被改写为 example.com。第四个记录用于提取 URN 名称空间 ID 并继续处理。对于 URN，在 DNS 中有很少的 NAPTR 记录在 urn.arpa 中设置（目前为两条）。

```
Linux% host -t naptr pin.urn.arpa
pin.urn.arpa has NAPTR record 100 100 "" "" "" pin.verisignlabs.com.
Linux% host -t naptr uci.urn.arpa
uci.urn.arpa has NAPTR record 100 100 "" "" "" uci.or.kr.
```

553

出现的这些 URN 名称空间目前很少关注，并且 URN 广泛使用到何种程度仍然不清楚，同时现在有一些竞争的方法，它们使用持久标识符来表达和定位对象（例如，见 [P10]）。然而，超过 40 种的 URN 名称空间已被定义 [URN]，所以仍然有社区对建立名称空间有兴趣，尽管很少有对应的全球活动的 NAPTR 记录。

11.5.6.14 S-NAPTR 和 U-NAPTR

当应用程序要确定特定主机、协议和端口号以用于到达域内的服务时，一个共同的问题出现了。例如，一个邮件阅读应用程序在域 example.com 中的用户计算机上运行，它可能需要找到提供 IMAP 服务的服务器。已经出现一种约定，只需简单地将服务名称添加到域名前面（例如，imap.example.com）。使用 CNAME、A 或 AAAA 记录有点僵硬，因为这些记录类型不传达任何使用的协议或端口号的指示。SRV 记录通过提供另一个间接层而更进了一步，但是它们的目标可能只包含随后检索的 A 或 AAAA 记录的域名。使用 NAPTR 记录（而不是通过额外的间接层）更加灵活，并且允许使用其他目标记录类型（如 SRV 记录）。

鉴于正则表达式的复杂性，NAPTR 结构和重写功能已经引起实施者和操作者的一些关注。为了简化情况，仍需提供一个超越基本 SRV 记录的方法来定位服务，*直接 NAPTR*（Straightforward NAPTR，S-NAPTR）[RFC3958] 指定了一个 DDDS 应用程序，通过在 NAPTR 记录的内容上使用某些简化的限制来完成包含服务器名称的域名“标签”的映射。

对于 S-NAPTR，AUS 是一个特定服务的授权服务器在寻找的域名标签。第一个众所周知的规则是识别函数。预期输出是联系一个域内特定应用服务所必需的信息（例如，协议、主机、端口）。只有 S 和 A 终结标志被允许，它们分别说明一个 SRV RR 或域名（用于形成随后的对 A 或 AAAA RR 的请求）。Service 参数从 IANA 注册 [SNP] 中保存的一个集合中获取，Regexp 字段没有使用。只有 Replacement 字段是活动的。S-NAPTR 连同*互联网注册信息服务*（IRIS）[RFC3981] 一起使用，基于 XML 的文本应用协议用于交换与域名和其他注册信息相关的信息，它的数据库包含在 DNS 名称空间 iris.arpa 部分。例如：

```
Linux% host -t naptr areg.iris.arpa
reg.iris.arpa NAPTR
      100 10 "" "AREG1:iris.xpc:iris.lwz" "" areg.nro.net.
```

该例子使用 S-NAPTR（没有正则表达式），表明为了执行对于 AREG1 类型数据的 ISIS 查询
554 （见 [RFC4698]），随后应该启动向 areg.nro.net 的 NAPTR 查询。

S-NAPTR 的经验和进一步考虑导致*支持 URI 的 NAPTR*（U-NAPTR）的发展，它放宽了 S-NAPTR 的一些限制，但保留了它的所有其他的功能和注册。最重要的是，允许使用一个额外的 U 标志，使得 NAPTR 记录能够指向一个 URI，从而允许使用正则表达式。这与 NAPTR 的完全通用版本相似，除了 U-NAPTR 正则表达式仅限于下列形式：!.*!<URI>!。也就是说，整个 AUS 被一个 URI 替换了。U-NAPTR 正在和*位置到服务传输协议*（Location-to-Service Translation protocol，LoST）[RFC5222] 一起使用，给定网络连接点和地理位置，该协议可以用于确定正确的服务。这样的信息在公共安全应用中是非常有用的，地理位置决定了特定的权限区域和应该提供应急服务的责任方。

11.5.7 动态更新（DNS UPDATE）

动态更新一个区域是可能的，这被称为 DNS UPDATE，可以使用 [RFC2136] 中定义的协议。它支持指定*先决条件*（prerequisite）和更新请求。先决条件在服务器中评估；如果它们不为真，更新不执行，并返回一个错误消息。

通过向一个区域的授权 DNS 服务器发送*动态更新的* DNS 消息，DNS UPDATE 就可以完成。此类消息的结构和传统的 DNS 信息是一样的，只不过头部字段和区段有不同的名称（见图 11-3）。区段说明了正在更新的区域、需要不同的 RR 存在（或不存在）以便让更新发

挥作用的先决条件，以及*更新信息*（update information）。在一次更新中，头部反映了查询的格式，而*操作码*字段被设置为 Update（5）。头部字段 ZOCOUNT、PRCOUNT、UPCOUNT 和 ADCOUNT 包含以下计数：要被更新的区域（值将为 1），要考虑的先决条件，要做出的更新和额外的信息记录。[RFC2136] 也定义了 DNS 响应消息中携带的 RCODE 值的集合，该消息能够说明与先决条件或服务器的问题相关的情况（表 11-2 中的值 6 ~ 10）。

更新消息的区域区段（见图 11-7）说明了该区域的名称、类型和类。类型值是 6，表明 SOA 记录的存在，用于识别该区域。类值是 1（互联网），表明我们关心的任意更新消息。正被更新的所有记录必须在相同的区域中。

更新消息的先决条件区段包含一个或多个先决条件，它使用我们先前在 11.5.5 节讨论的 RR 的格式来描述。有五种类型的先决条件：RRSet *存在*（依赖于值的和不依赖于值的种类），RRSet *不存在*，*名称在使用*，*名称没有使用*。回忆一下，RRSet 是一组 RR，它们来自于相同区域，共享相同名称、类和类型。为了表达先决条件的语义，RR 类、类型和 RDATA 值的组合根据表 11-5 设置。 555

表 11-5　在先决条件区段中使用的 RR *类*和*类型*字段说明了先决条件类型

先决条件类型（语义）	类设置	类型设置	RDATA 设置
RRSet 存在（不依赖于值）	ANY	与区域的类型相同	空
RRSet 存在（依赖于值）	与区域的类相同	正在被检查的类型	正在被检查的 RRSet
RRSet 不存在	NONE	正在被检查的类型	空
名称在使用	ANY	ANY	空
名称没有使用	NONE	ANY	空

RRSet *存在类型*意味着在区域区段中指定的区域中至少存在一个 RRSet，它与先决条件区段中对应的 RR 的名称和类型相匹配。在依赖于值的情况中，只有当匹配的 RR 也包含匹配的 RDATA 值时，先决条件才为真。RRset *不存在类型*意味着在区域区段中指定的区域中没有 RRSet 与先决条件区段中的 RR 名称和类型相匹配。最后两种情况（*名称在使用*和*名称没有使用*）只涉及域名；类型值没有使用。值为 NONE 和 ANY，DNS 类分别为 254 和 255。

先决条件区段的后面是 Update 区段，它包含要从区域区段中指定的区域中添加或删除的 RR。有四种类型的更新，编码为*类*、*类型*和 RDATA 字段中值的不同组合的 RR，如表 11-6 所说明的。

表 11-6　Update 区段中使用的 RR *类*和*类型*字段说明了更新类型

用　　法	类设置	类型设置	RDATA
向 RRSet 添加 RR	与区域的类相同	正被添加的 RR 的类型	正被添加的 RR 的 RDATA
删除 RRSet	ANY	正被删除的 RRSet 的类型	空（TTL 和 RDLENGTH 也是 0）
从名称中删除所有的 RRset	ANY	ANY	空（TTL 和 RDLENGTH 也是 0）
从 RRSet 中删除 RR	NONE	正被删除的 RR 的类型	要删除的匹配的 RDATA

更新区段包含被处理的 RR 的集合，假如没有遇到由于先决条件或服务器问题造成的错误。每个 RR 编码增加或删除操作。修改可以通过先删除随后添加来执行。下面我们看一个 DNS UPDATE 的例子，可以使用如下的命令引导 Windows 机器来执行动态 DNS 更新：

```
C:\> ipconfig /registerdns
```

Windows 客户端默认为它们的计算机名称和域名发布更新，但是这种行为也可以为每个
556 DNS 后缀基础上的 IPv4 启用，这可以通过选择标记为“在 DNS 注册中使用此连接的 DNS 后缀”的复选框完成，该复选框在“高级 TCP/IP 设置”下的“DNS”部分，它可以在为 TCP/IP 启用的每个接口相关的“互联网协议（TCP/IP）属性”菜单的“一般”选项卡中发现。对于 IPv6，相同的过程用于“IPv6 属性”菜单上。在图 11-16 所示的例子中，我们能够看到，当发布所示的 DNS 更新消息时，命名为 vista 的机器如何更新本地区域 dyn.home。

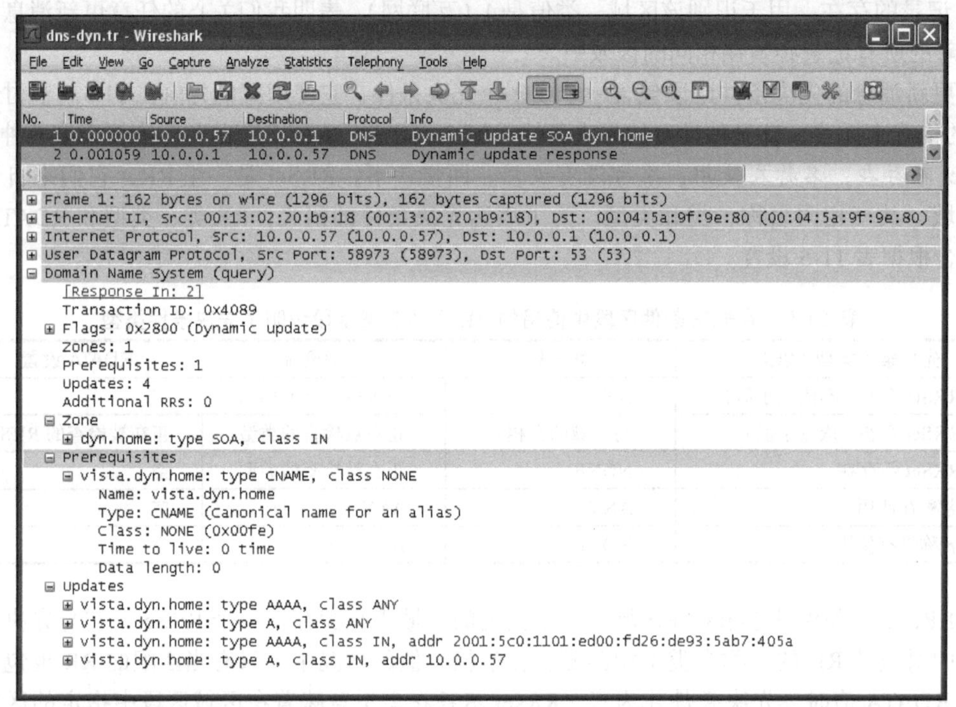

图 11-16 DNS 动态更新包含区域区段中的 SOA 记录和更新区段中的 RR。这种情况包含主机 vista.dyn.home 的新的 IPv4 和 IPv6 地址

图 11-16 显示了动态更新是如何编码的。在 10.0.0.1 的 DNS 服务器（本例中运行 BIND9[AL06]）配置为允许动态更新。区域区段包含识别要被更新的区域（vista.dyn.home）的 SOA 记录。先决条件区段包含一个 RR，其 RDATA 区段长度为 0，TTL 值为 0。RR 对应于表 11-5 中第 3 行（RRset 不存在）的先决条件类型，因为它的类型不是 ANY（为 CNAME），它的类被设置为 NONE（254）。

在这种特殊情况下，地址 10.0.0.57 和 2001:5c0:1101:ed00:fd26:de93:5ab7:405a 与名称 vista.dyn.home 相关联。通过首先删除 AAAA 和 A RRSet（对应于表 11-6 中第 2 行），然后将
557 AAAA 和 A RRSet（对应于表 11-6 中第 1 行）添加到所需的地址，这样就可以完成。

DNS 更新的响应很简单、紧凑。图 11-16 所示的更新的响应在图 11-17 中说明。

标志字段表示更新成功（没有错误）。事务 ID（0x4089）用于确保更新的响应与对应的请求相匹配。注意，在 Linux 上，nsupdate 程序可以用来更新合作的 DNS 服务器。只有当授权和访问控制过程说明请求是可以接受的，DNS 服务器才与需求的更新协作。这可能简单如无物，或在服务器上列出客户端的 IP 地址，两者都不安全，或者可以使用更加复杂和安全的方法，这些方法提供了事务认证（transaction authentication）(见第 18 章中的 TSIG 和 SIG（0）)。

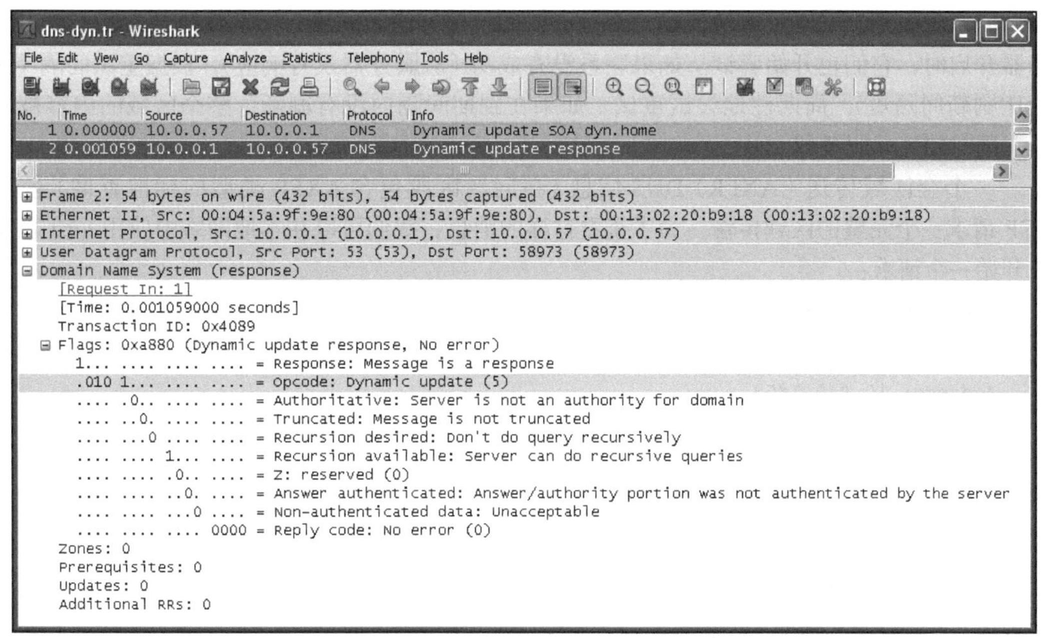

图 11-17 对动态更新请求的响应包括一个事务 ID 和状态标志集合

11.5.8 区域传输和 DNS 通知

区域传输用于从一个服务器到另一个服务器复制一个区域的一组 RR（通常是从主服务器向从服务器）。这样做的目的是保持多台服务器的区域内容同步。如果一台服务器失效了，多台服务器可以为失败提供恢复能力。由于多台服务器能够共享传入查询的处理负载，性能也可以改进。最后，如果服务器放置于离客户端近的地方，DNS 查询 / 响应的延迟可能降低（即解析器和服务器之间的网络延迟是很小的）。 558

按照最初的规定，区域传输在轮询（polling）后开启，在轮询中，从服务器周期性地联系主服务器，通过比较区域的版本号以查看区域传输是否为必要的。稍后的方法认为，如果需要开启区域传输，当区域内容改变时使用异步更新机制。这被称为 DNS NOTIFY。一旦启动区域传输，或是传输整个区域（使用 DNS AXFR 消息）[RFC5936]，或是选择使用增量区域传输（incremental zone transfer）（使用 DNS IXFR 的消息）[RFC1995]。一般方案根据图 11-18 所示进行操作。

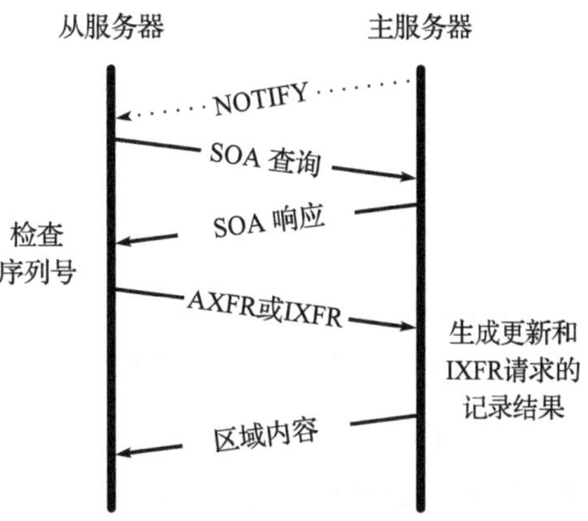

图 11-18 DNS 区域传输在服务器之间复制内容。一个可选的通知可以引起从服务器请求完整或增量区域传输

现在，我们将仔细查看每个选项，包括完整和增量区域传输，以及 DNS 通知。

11.5.8.1 完整区域传输（AXFR 消息）

完整区域传输由区域的 SOA 记录中的区域传输参数控制：主名称服务器，序列号，刷新间隔，重试间隔和到期间隔。当配置后，从服务器尝试联系主服务器以查看区域传输是否是必要的。根据刷新间隔，周期性地尝试联系。当服务器开启时，它们也开始尝试。如果联系没有成功（从服务器没有响应），根据重试间隔（一般比刷新间隔短），周期性地尝试重试。如果在到期间隔内没有刷新，整个区域的内容被刷新，同时使区域服务器无效。

一个全区域传送（AXFR）DNS 信息（在问题区段包含 AXFR 类型的标准查询）使用 TCP 请求一个完整的区域传输。为了查看这样的消息，我们可以在本地网络中使用 host 程序

559 来开始一个请求：

```
Linux% host -l home.
Using domain server:
Name: 10.0.0.1
Address: 10.0.0.1#53
Aliases:

home name server gw.home.
ap.home has address 10.0.0.6
gw.home has address 10.0.0.1
...
```

–l 标志告诉 host 程序从本地 DNS 服务器执行一个完整区域传输。该程序启动一个基于 TCP 的查询 / 响应对话，如图 11-19 所示。

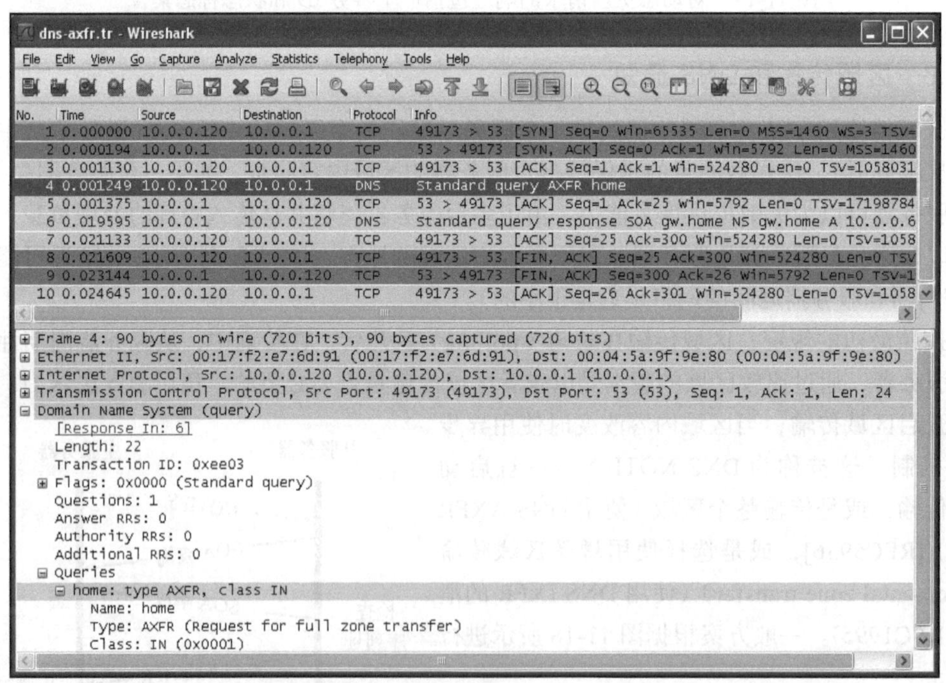

图 11-19　一个完整区域传输的 DNS 请求使用 AXFR 记录类型和 TCP 传输协议

在图 11-19 中，我们可以看到使用 TCP 的区域传输是如何发生的。前面的三个 TCP 报文段是标准 TCP 连接建立过程的一部分（见第 13 章）。第 4 个（解码）分组是请求。这是一个正规的 DNS 标准，类型为 AXFR，类为 IN（互联网）。该查询是对于域名 home 的。对于

560 该查询的响应包含在消息 6 中，跟随在 TCP ACK 之后（见图 11-20）。

在图 11-20 中，我们可以看到整个区域是如何在响应中运载的。在接收响应后，客户

端的 TCP 确认（ACK）数据，并且启动一个 TCP 连接关闭。使用 FIN-ACK 握手（分组 8 ~ 10），连接被优雅地关闭了。查看第 13 章来获取关于标准 TCP 连接建立和清除的详细情况。

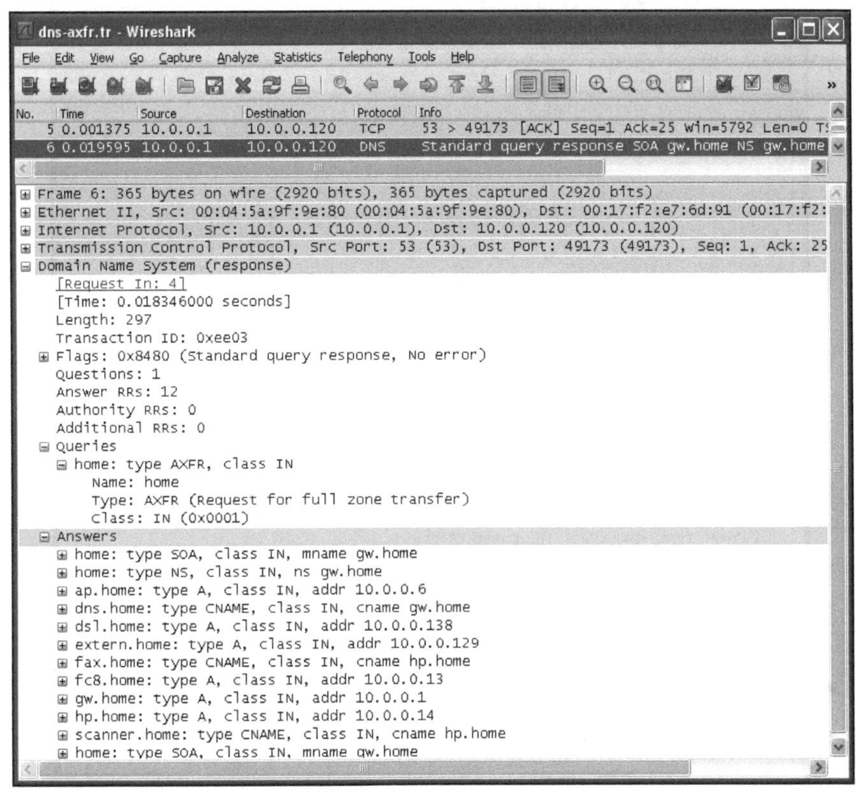

图 11-20 完整区域传输请求的成功响应包括该区域的所有记录。事务使用 TCP 进行，因为区域内容可能很大，并且需要一个可靠的副本

虽然它可以和任意的 DNS 服务器执行这样的区域传输，但是它们现在通常限制于区域的权威服务器（例如，区域的 NS 记录中列出的那些）。该限制是出于隐私和安全的考虑——区域内主机的知识可帮助对于特定服务或主机的攻击。

11.5.8.2 增量区域传输（IXFR 消息）

为了改进区域传输的效率，[RFC1995] 定义了增量区域传输（incremental zone transfer）的使用。使用增量区域传输和 IXFR 消息类型，只提供区域中的变化。为了执行增量区域传
输，客户端（例如，从服务器）必须提供它在该区域的当前序列号。在下面的例子中，我们 561
可以通过提供序列号和 dig 程序来模拟请求服务器：

```
Linux% dig +short @10.0.0.1 -t ixfr=1997022700 home.
gw.home. hostmaster.gw.home. 1997022700 10800 15 604800 10800
```

命令行中指出，命令的输出应该是简短的，10.0.0.1 是要使用的 DNS 服务器的地址，以序列号 1997022700 开始的增量区域传输应该被执行。这个例子创建了与图 11-19 和图 11-20 中所示的 AXFR 类似的交换，只不过在这种情况下请求的序列号与当前的序列号匹配（见图 11-21）。

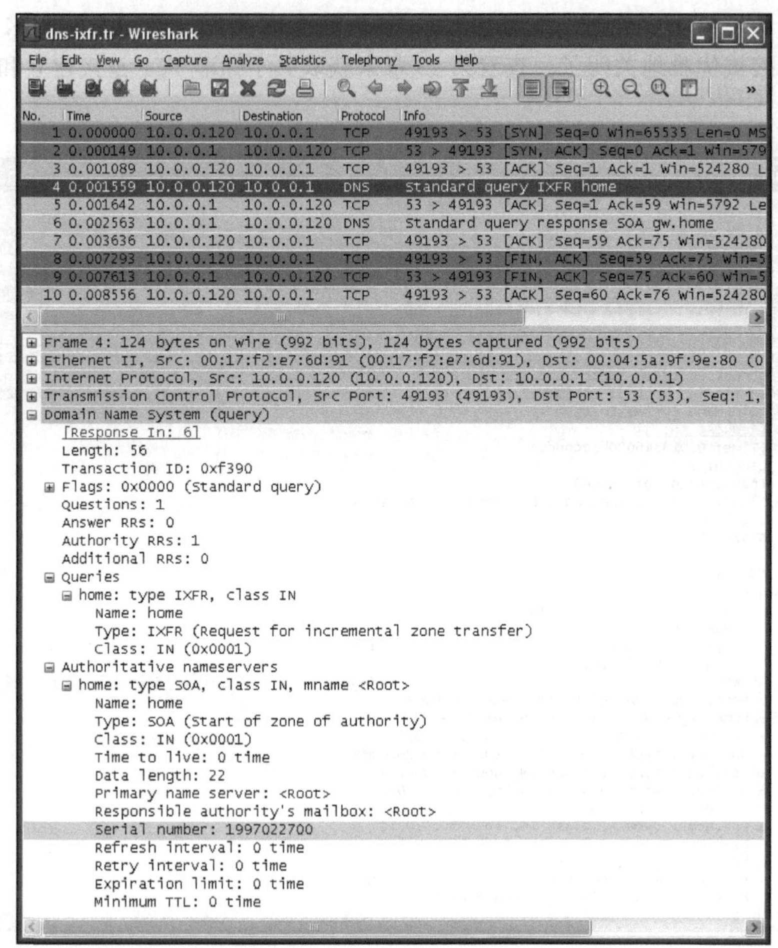

图 11-21 在 TCP 上运载的增量区域传输请求（IXFR 记录类型）。序列号用于确定自前一次区域传输
562 发生后哪些记录（如果有）已经改变了

图 11-22 显示了 IXFR 请求如何在授权区段包含一个大多数为空的 SOA RR。SOA 记录包括指定的序列号（1997022700）。响应（分组 6）不包含任何真实的信息，因为序列号与当前服务器的相匹配。

在图 11-22 中的响应只在回答区段包含 SOA RR。不像包含在查询中的那个，这个由完整的 SOA 字段填充（例如，邮箱、区域传输参数）。然而，没有额外的回答，因为当前该区域的序列号与请求的序列号相匹配。因此，请求客户端被认为是最新的，而不需要任何额外的信息或区域传输。

11.5.8.3 DNS NOTIFY

如前所述，轮询通常用于确定区域传输的必要性，也就是说，从服务器会定期（刷新间隔）检查主服务器，查看区域是否已经更新（通过不同的序列号说明），在哪种情况下区域传输将启动。这个过程有点浪费，因为许多无用的轮询在区域更新前可能发生。为了改善这种情况，[RFC1996]DNS 设计了 DNS NOTIFY 机制。DNS NOTIFY 允许修改区域内容的服务器通知从服务器更新已经发生，区域传输应该启动。更具体地说，如果启用，当区域 SOA RR 改变（例如，如果序列号增加）时，通知消息被发送到一组感兴趣的服务器。这使得区域传输在需要时开启。使用本地名称服务器，我们可以看到这是如何工作的（见图 11-23）。

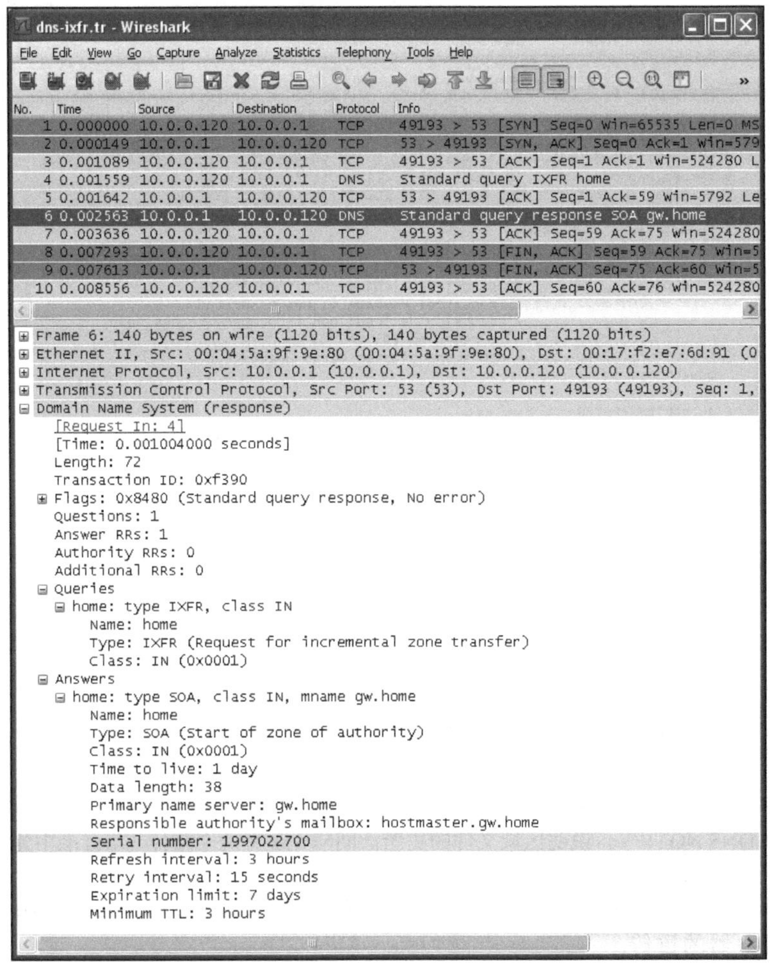

图 11-22　当序列号是当前的时，IXFR 请求的响应只包含一个 SOA 记录，没有额外的信息 563~564

这个例子说明了简单的 DNS NOTIFY 消息，它被发送到服务器的通知服务器集合之中的一台主机，该通知服务器集合由应该被通知区域改变的服务器组成。消息是一个 UDP/IPv4 的 DNS 查询消息，其标志字段说明区域变化通知。查询区段包含一个 SOA 记录的类型和类，回答区段包含该区域的当前 SOA RR（TTL 为 0），包括序列号。这为通知服务器提供足够的信息，以确定区域传输可能是必要的。需要注意的是，一个服务器可能从多个其他服务器收到通知，此时它们在更新其区域信息。这对于协议操作不存在问题。

DNS NOTIFY 机制默认使用 UDP，UDP 是一种不可靠的协议。在特殊的例子中，通知集合只包括地址 10.0.0.11，它不运行 DNS 服务器。因此，消息每隔 15s 重发一次，以希望获得从来不会到达的响应。

注意　重发之间的时间以及尝试重发的总数，在 [RFC1996] 中分别建议为 60s 和 5 次。它还建议使用一种计时补偿方法（递增或指数级）。在这里我们可以看到的 BIND9 并没遵循这些建议，因为两次重传间隔 15s。

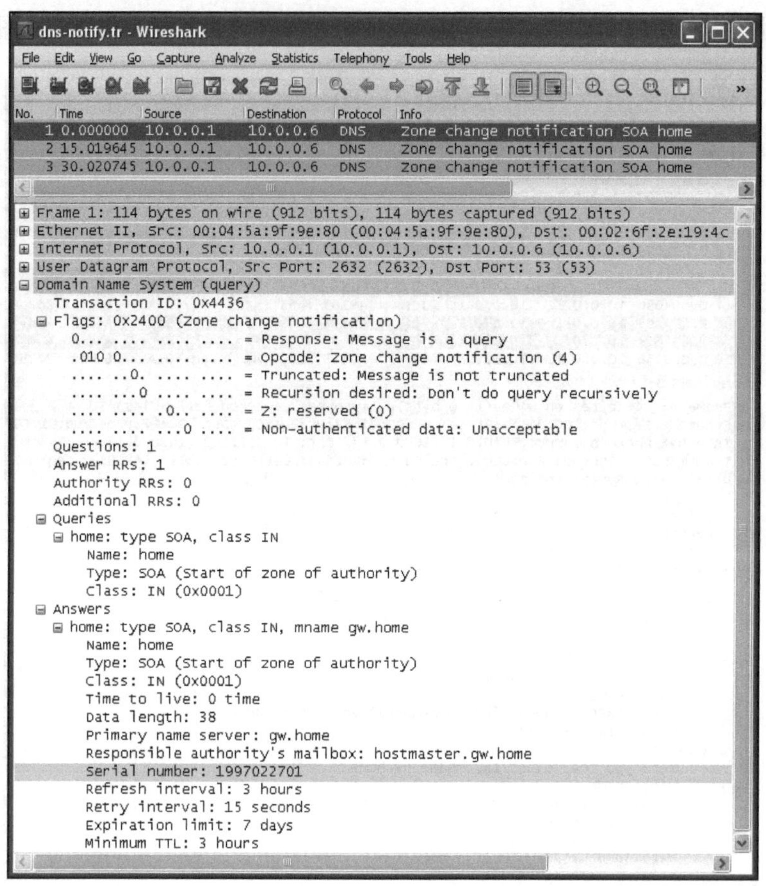

图 11-23 一个 DNS NOTIFY，说明区域文件的更新。间隔 15s 有两个重传（与标准中建议的方法相反）

响应是简单的 DNS 响应消息，除了事务 ID 外没有有用的信息；它们只用于完成协议以及取消发送服务器的重传。

11.6 排序列表、循环和分离 DNS

到目前为止，我们已经讨论了如何设置域名，DNS 支持的资源记录类型，以及用于获取和更新区域的 DNS 协议。需要考虑的一点是，返回什么样的数据以及以什么样的顺序响应 DNS 查询。DNS 服务器可以返回所有匹配的数据给任何客户端，并以服务器认为最方便的顺序返回。然而，特殊的配置选项和行为在大多数 DNS 服务器软件中是可用的，以达到一定的操作、隐私或性能目标。考虑图 11-24 所示的拓扑结构。

图 11-24 所示的拓扑结构类型是典型的小型企业的。有一个私有网络和一个包括 DNS 服务器的公共网络。此外，在 DMZ 上有一对主机（A 和 B），在内部网络上有一个（C），在互联网上有一个（R）。多宿主主机（M）跨越 DMZ 和内部网络。因此，M 有来源于两个不
565 同网络前缀的 IP 地址。

一台希望联系 M 的主机执行 DNS 查找，返回两个地址，一个与内部网络相关，一个与 DMZ 相关。当然，如果 A、B 和 R 通过 DMZ 到达 M，C 通过内部网络到达 M，这将更高效。一种普遍会发生的情况是，DNS 服务器基于请求的源 IP 地址排序它返回的地址。（也可以使用目的 IP 地址，尤其是如果 M 在相同的网络接口上使用来自不同子网的多个 IP 地址。）如

果请求系统使用和返回地址记录的源具有相同的网络前缀的源 IP 地址，DNS 服务器在返回的消息中早一些放置这样的匹配记录的集合。这种行为鼓励客户端找到它正尝试联系的特定的服务器的“最近的” IP 地址，因为大部分简单的应用程序尝试联系返回地址记录中发现的第一个地址。这种精确的行为可以通过使用所谓的 sortlist 或是 rrset-order 指令来控制（解析器和服务器的配置文件中使用的选项）。如果由 DNS 服务器软件默认执行，这样的排序行为也可能自动发生。

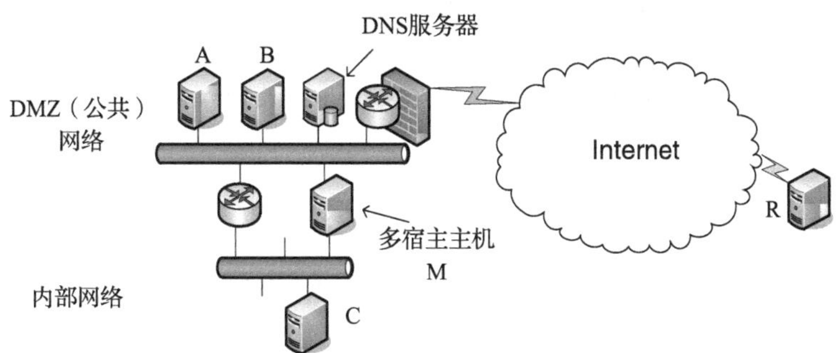

图 11-24　在小型企业的拓扑结构中，DNS 可以配置返回为依赖于请求 IP 地址的不同的地址

当多台服务器提供一种服务时，传入的连接就会是负载均衡的（即，在服务器之间划分），这时一些相关的问题就会出现。在前面的例子中，想象一个服务由 A 和 B 提供。这样的服务可以通过 URL http://www.example.com 来识别。请求客户端（如 R）执行域名 www.example.com 的 DNS 查询，并且 DNS 服务器最终返回一个地址记录的集合。要实现负载均衡，DNS 服务器可以配置为使用 DNS *循环*（round-robin），这意味着服务器交换返回地址记录的顺序。这样做鼓励每个新的客户端访问不同于前一个客户端服务器上的服务。虽然这有助于平衡负载，但是这远不够完美。当记录被缓存时，预期的效果可能因为复用现有的缓存地址记录而不会发生。此外，这种方案可以很好地平衡跨服务器连接的数量，但不是负载。不同的连接可以有完全不同的处理要求，因此真正的处理负荷可能始终保持不平衡，除非特定的服务总是具有相同的处理要求。 566

最后的考虑是关于 DNS 服务器返回的数据支持隐私的问题。在这个例子中，我们希望安排该企业内的主机能够检索网络中的每一台计算机的资源记录，同时，我们限制对 R 可见的系统的集合。为实现这一目标，有一种称为*分离 DNS*（split DNS）的技术。在分离 DNS 中，响应查询的返回的资源记录集合依赖于客户端的身份，并可能查询目的地址。大多数情况下，客户端由 IP 地址或地址前缀确定。使用分离 DNS，我们可以安排企业的任何主机（即那些共享一组前缀的）配备整个 DNS 数据库，而那些外面的只能看见 A 和 B，其中提供了主要的 Web 服务。

11.7　开放 DNS 服务器和 DynDNS

许多家庭用户由他们的 ISP 分配一个单一的 IPv4 地址，这个地址随用户的电脑或家庭网关连接、断开和重新连接到互联网而改变。因此，用户往往难以建立一个 DNS 条目，允许运行的服务对互联网是可见的。一些所谓的开放*动态* DNS（Dynamic DNS，DDNS）服务器可以用来支持特殊的更新协议，称为 DNS *更新* API [DynDNS]，凭此，用户可以根据预先注册或账户在提供商的 DNS 服务器中更新条目。这项计划不使用前面所述的 [RFC2136]

DNS UPDATE 协议，反而是一个独立的应用层协议。

为了使用这项服务，在客户端系统上运行 DDNS 客户端程序（例如，Linux 中的 inadyn 或 ddclient 以及 Windows 的 DynDNS Updater)，也可能是在用户的家用路由器上。大多数情况下，这些程序被配置为需要登录信息，以用于访问远程 DDNS 服务。当服务被调用时，客户端程序与服务器联系，提供它的主机的当前全球 IP 地址（由 ISP 分配的一个，往往是一个 NAT 映射的地址)，并且变为静态。之后，它会定期更新与服务器的信息。这样做允许服务器在某个时间间隔内没有接收到更新时清除信息。这些服务包括在以下 Web 网站中提供的服务（截止到 2011 年）：http://www.dyndns.com/services/dns/dyndns, http://freedns.afraid.org 和 http://www.no-ip.com/services/managed_dns/free_dynamic_dns.html。

11.8 透明度和扩展性

567 DNS 是互联网上最普遍的服务之一，并已成为一个有吸引力的服务，它通常作为基础，通过扩展添加新的功能。例如，有很多记录类型，如 TXT、SRV 和 A（例如，见 [RFC5782])，可以用来为未来的服务编码有用数据。[RFC5507] 为扩展 DNS 设想了各种方法，最终结论是建立和实现新的 RR 类型是最有吸引力的办法。多亏了较早的规范 [RFC3597]，有一种标准方法将未知的 RR 类型作为不透明的数据来处理。也就是说，如果不认可，它们不解释，处理是透明（transparent）的。这允许新的 RR 类型在运载时不会对现有 RR 类型的处理造成负面影响。

保持透明度存在的问题之一是嵌入域名的编码和压缩。对于已知的 RR 类型，为了使用压缩标签实现压缩，允许改变嵌入域名的大小写。拥有者域名（查询的“关键字”）总是服从于压缩。然而，对于未知的 RR 类型，嵌入的域名不得使用压缩标签。此外，将来包含嵌入域名的 RR 类型也同样禁止（见 [RFC3597] 的第 4 节）。未知类型仍然可以按位进行比较（例如，动态更新）。这意味着，任何嵌入域名以大小写敏感的方式相比较 [RFC4343]，这与大多数其他的 DNS 操作相反。同样的情况也出现在使用 TXT 记录的嵌入域名中。

当新形势的服务和处理 DNS 流量的代理引入时，另一个与透明度相关的问题出现了。如今在一个家庭网关或防火墙内部包含一个 DNS 代理是相当普遍的。一个典型的代理处理来自于用户家庭网络的传入 DNS 请求，并将该请求转发到 ISP 提供的域名服务器。它也接收返回的信息，并可以（也可以不）缓存结果。从历史上看，一些代理试图做的不仅仅是中继请求和答复，这已经引起了一些与 DNS 的互操作性的问题。[RFC5625] 指定了 DNS 代理的合理的操作，基本上要求 DNS RR 是无解释的，并仅仅由代理中继。数据分组被截断的情况是无法避免的，任何这样的代理必须设置 TC 位字段表明一些 DNS 数据被删除了。此外，任何此类代理应准备处理 TCP 请求，因为当基于 UDP 的请求被截断时，这是传统的回退机制，并且由 [RFC5966] 要求。

11.9 从 IPv4 向 IPv6 转换 DNS

第 7 章中我们描述了一个框架，用于在 IPv4 和 IPv6 之间转换 IP 数据报。支持这种能力的转换器预计将与在 DNS A 和 AAAA 记录之间转换的相关功能一起部署 [RFC6147]，后者允许只有 IPv6 的客户端来访问出现在 A 记录中的 DNS 信息（例如，在 IPv4 互联网中）。这种功能被称为 DNS64，其建议的部署方案之一（称为“DNS 递归解析模式中的 DNS64”）

568 如图 11-25 所示。

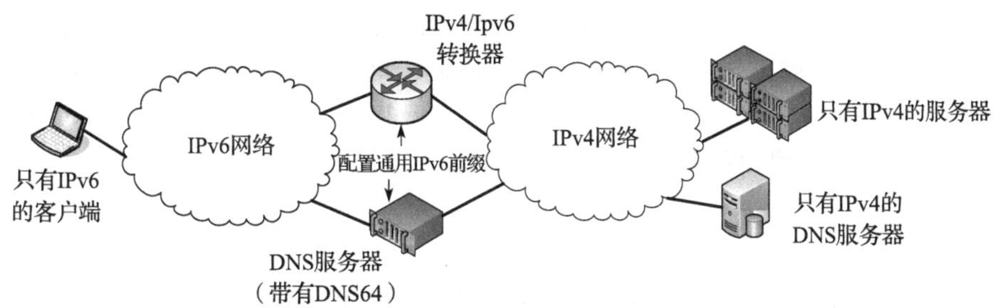

图 11-25 DNS64 将 A 记录转换为 AAAA 记录，并和 IPv4/IPv6 转换器一起工作，以允许只有 IPv6 的客户端访问 IPv4 网络中的服务

如图 11-25 所示，DNS64 和 IPv4/IPv6 转换器结合使用（见第 7 章）。每个设备配置一个或多个通用 IPv6 前缀，这些前缀是在创建嵌入式 IPv4 地址中使用的。每个前缀可能是一个网络特定的前缀（例如由运营商拥有）或是知名前缀（64:ff9b::/96）。DNS64 设备作为一个缓存 DNS 服务器。只有 IPv6 客户端使用它作为主 DNS 服务器，并可以请求域名的 AAAA 记录。DNS64 将这样的请求转换为 IPv4 端的 A 和 AAAA 记录的请求。如果没有返回 AAAA 记录，基于配置的前缀和它检索的每个 A 记录的内容，DNS64 通过形成嵌入式 IPv4 地址来提供合成（synthetic）AAAA 记录。DNS64 也响应它用于合成 AAAA RR 的任意 IPv6 地址的 PTR 查询。

为了在 DNS64 设备中实现 AAAA RR 的合成，只实际改变 DNS 消息的回答区段。其他区段仍然与在 IPv4 端检索时一样。当是 CNAME 或 DNAME 链时，链递归地跟随，直到发现 A 或 AAAA 记录为止，并且链的元素会在响应中包含。此外，可以配置 DNS64，以便避免特殊的排除 IPv6 或 IPv4 地址范围的合成。这防止了某些异常行为（例如，基于特殊用途的 IPv4 地址形成嵌入式 IPv4 地址）。请注意，DNS64 与 DNSSEC 有微妙的相互作用，这些问题在第 18 章中涉及。

11.10 LLMNR 和 mDNS

普通的 DNS 系统需要配置一组 DNS 服务器以提供名称和地址之间的映射，以及其他可能的信息。当只有少数本地主机希望通信时，有时这开销太大。在 DNS 服务器不可用的情况下（例如，迅速形成的客户端的 ad hoc（自组织）网络，只是相互连接），可以使用一个特殊的 DNS 本地版本，称为*本地链路组播名称解析*（Link-Local Multicast Name Resolution，LLMNR）[RFC4795]。它是一个由微软开发的基于 DNS 的（非标准）协议，并在本地环境中使用以帮 569
助发现局域网上的设备，如打印机和文件服务器。Windows Vista、Windows Server 2008 和 Windows 7 中都支持它。对于 IPv4 组播地址 224.0.0.252 和 IPv6 地址 ff02::1:3，它使用 UDP 端口 5355。如果来自它们响应的任何单播 IP 地址，服务器也可以使用 TCP 端口 5355。

组播 DNS（multicast DNS，mDNS）[IDMDNS] 是另一种形式的本地类 DNS 功能，它是由苹果公司开发的。当它和 DNS 服务发现协议结合时，苹果称之为框架 Bonjour。mDNS 使用通过本地组播地址携带的 DNS 消息，使用 UDP 端口 5353，规定特殊的 TLD.local 用特殊的语义处理。.local TLD 在本地链路范围。在该 TLD 中的域名的任何 DNS 查询被发送到 mDNS IPv4 地址 224.0.0.251 或 IPv6 地址 ff02::fb。对于其他域的查询可以随意发送到这些组播地址。允许本地链路服务器来响应全局名称的映射可能引起重大安全问题。为了解决这

一问题，可以使用 DNSSEC（见第 18 章）。mDNS 支持在 .local 伪 TLD 中自主分配名称，尽管这种伪 TLD 还没有被正式预留 [RFC2606]。因此，诸如家庭局域网等小型网络上的主机可以被分配合适的名称，如 printer.local、fileserver.local、camera1.local、kevinlaptop.local 等。mDNS 中的机制用于检测和解决冲突。

11.11 LDAP

到目前为止，我们已经讨论了 DNS 和类似于 DNS 的本地名称服务。为了支持更丰富的查询和数据操作，有一种更普遍的目录服务，即我们前面提到的称为 LDAP 的服务 [RFC4510]。LDAP(现在为 LDAPv3）是一种互联网应用层协议，可以根据 X.500 (1993) [X500] 数据和服务模型提供对于一般目录的访问（例如，“白页”）。它提供了搜索、修改、添加、比较和删除基于用户选择模式的条目的能力。LDAP 目录是一个目录条目的树，每个条目包含一组属性。由于 TCP/IP 已更受欢迎，LDAP 已经从根源演进为与 DNS 一起工作。例如，与 MIT 的校长办公室匹配的目录查询可以通过使用 LDAP 搜索工具 ldapsearch（微软有一个与之相当的工具称为 ldp，在它的 Web 站点作为支持工具提供）来形成，它按如下方式工作：

```
Linux% ldapsearch -x -h ldap.mit.edu -b "dc=mit,dc=edu" \
"(ou=*Chancellor*)"
# extended LDIF
#
# LDAPv3
570 # base <dc=mit,dc=edu> with scope sub
# filter: (ou=*Chancellor*)
# requesting: ALL
#
.....
```

命令行说明服务器 ldap.mit.edu 可以不使用任何特殊的验证协议来联系（-x 选项）。虽然 LDAP 的完整讨论远远超出了本章（和本书）的范围，但部分输出显示了 dc（域组件）属性如何被用来链接 LDAP 数据和 DNS。每个 dc 组件拥有一个 DNS 标签，并且它们可以被用来编码一个完整的域名，这被用作 LDAP 查询的“基础”部分。使用本约定，形成有效的 LDAP 查询并不特别困难。在这种情况下，它是包含单词 Chancellor 的组织单位（ou）。请注意，可以使用通配符。

LDAP 服务器经常在企业内部用于保留目录信息，如位置、电话号码和组织单位。微软的活动目录产品包含 LDAP 的功能，被广泛用于管理用户账户、服务，以及使用 Windows 的大企业中的访问权限。一些 LDAP 服务器（如 MIT 的和其他许多大学的）也可通过公共互联网使用。

11.12 与 DNS 相关的攻击

DNS 是互联网的一个重要组成部分，多年以来它已经成为一些攻击和对策的对象 [RFC3833]。最近，在添加强认证到 DNS 操作中方面，DNS 安全（DNSSEC）这项全球性工作已取得实质性进展。我们将 DNSSEC 如何工作的详细讨论推迟到第 18 章，其中我们也涉及必要的密码学背景。现在，我们探索对 DNS 已经发动的一些攻击。

对 DNS 的攻击有两种主要的形式。第一种形式涉及 DoS 攻击，在这类攻击中，由于重要 DNS 服务器（如根或 TLD 服务器）过载，DNS 不起作用。第二种形式改变资源记录的内容，或伪装成一个官方 DNS 服务器，但是回复假的资源记录，从而导致主机在尝试与另一台机器连接时，连接至错误的 IP 地址（例如，银行的 Web 站点）。

2001 年年初发生了第一次针对 DNS 的重大 DoS 攻击。攻击包含生成很多对 AOL.COM 的 MX 记录的请求。攻击者使用伪造的源 IP 地址产生对于 MX 记录的 DNS 请求。请求是一个相对较小的数据分组，然而响应较大（约 20 倍），因此这种类型的攻击被称为*放大*（amplification）攻击——因为攻击造成的结果是，消耗的带宽量比生成攻击所占的带宽量要 571
大很多。响应会定向到请求分组中包含的 IP 地址，所以攻击者基本上可以导致响应流量定向到任何他想要的地方。攻击在 CERT 事件记录中详细陈述 [CIN]。

一种形式的攻击涉及 DNS 中数据的修改，这在 2008 年年底有报道 [CKB]，现在被称为 *Kaminsky 攻击*。它包含*缓存中毒*（cache poisoning），在这种攻击中，一台 DNS 服务器的缓存内容被错误的或伪造的数据替代，并且最终送达终端主机上的解析器。它的一个变种是，攻击者使用特定主机域名的域的 NS 记录来响应一台缓存服务器的 A 记录的查询。主机的 IP 地址（由攻击者所选择的）也在 DNS 响应的额外信息区段中提供。主机域名可能共享也可能不共享相同的子域作为原始的 DNS 请求。与这种形式的攻击相关的主要风险是，依赖于合适的 DNS 名称到地址解析的客户端可能被定向到伪服务器。如果这样的服务器被故意配置为模仿原来的主机（例如，伪装成银行的 Web 服务器），用户可能会无意地信任伪装的服务器，并泄露敏感信息。对此以及其他相关攻击的缓解技术在 [RFC5452] 中给出。一种方法没有在 [RFC5452] 中描述，称为 DNS-0x20 [D08]，它涉及编码问题区段查询名称部分每个字符的 0x20 位置的临时值，该问题区段会在每个响应的对应位置中回显。这成为可能，因为，虽然域名以大小写不敏感的形式比较，当形成响应时，服务器往往会返回一个查询名称的完全相同的副本。如果在查询中拥有者的名称大小写故意混排，主动响应将难以重新产生临时值，并且更容易被识别（和忽略）。

11.13 总结

DNS 是互联网的一个重要组成部分，DNS 技术也被广泛应用于私有网络中。DNS 名称空间是全世界范围的，并且划分成以顶级域名开始的层次结构。域名可以使用国际化域名（IDN）以多种语言和文字表示。应用程序使用解析器来联系一个或多个 DNS 服务器，执行对区域数据库的查找任务，如转换主机名称到一个 IP 地址，反之亦然。解析器然后联系一个本地域名服务器，该服务器可能递归地联系一个根服务器或满足该请求的其他服务器。大多数 DNS 服务器和一些解析器缓存知道的信息，在一段称为生存时间（TTL）的间隔内，将其提供给随后的客户端。查询和响应使用一个特殊的 DNS 协议，它与 TCP 或 UDP 一起工作。协议也可以与 IPv4 或 IPv6 协议或两者的混合物一起工作。

所有的 DNS 查询和响应有相同的消息格式，包括问题、回答、授权信息和额外信息。 572
资源记录用来保存大部分的 DNS 信息，这样的类型有许多：地址，邮件交换站，名称的指针等。在互联网上，大多数 DNS 消息使用 UDP/IPv4 传输，并且被限制为 512 个字节的长度，但是一种特殊的扩展选项（EDNS0）提供了更长的消息，要求支持 DNS 安全协议（DNSSEC），我们将在第 18 章中详细讨论。

DNS 支持一些特殊的功能，如区域传输和动态更新。区域传输（完整或增量）用于允许冗余的从服务器与主服务器同步区域的内容，主要是为了冗余。动态更新允许应用程序使用在线协议修改区域的内容。事实上这种功能有两种形式：一种由 [RFC2136] 标准化，并在企业使用；一种是非标准的但非常流行的动态 DNS 功能，它允许用户分配临时 IP 地址（例如电缆或 DSL）来获得一个 DNS 条目，所以它们提供的服务可以通过遍及全世界的名称来发现。

DNS 一直受到众多攻击，从 DoS 攻击（它使得 DNS 仅有有限的能力）到 DNS 缓存中毒攻击（它可使恶意的服务器显得如合法的）。已经提出各种技术来解决这一问题，包括加密技术（第 18 章涵盖）和修改 DNS 服务器以减少接收未经请求的 DNS 响应。

11.14 参考文献

[AL06] P. Albitz and C. Liu, *DNS and BIND, Fifth Edition* (O'Reilly Media, Inc., 2006).

[CIN] http://www.cert.org/incident_notes/IN-2000-04.html

[CKB] http://www.kb.cert.org/vuls/id/800113

[D08] D. Dagon et al., "Increased DNS Forgery Resistance Through 0x20-bit Encoding," *Proc. ACM CCS*, Oct. 2008.

[DNSPARAM] http://www.iana.org/assignments/dns-parameters

[DR97] D. Dougherty and A. Robbins, *sed & awk, Second Edition* (O'Reilly Media, 1997).

[DYNDNS] http://www.dyndns.com/about/technology

[ENUM] http://www.iana.org/assignments/enum-services

[GTLD] http://www.iana.org/domains/root/db

573 [ICANN] http://www.icann.org/en/tlds

[IDDN] S. Rose and W. Wijngaards, "Update to DNAME Redirection in the DNS," Internet draft-ietf-dnsext-rfc2672bis-dname, work in progress, July 2011.

[IDMDNS] S. Cheshire and M. Krochmal, "Multicast DNS," Internet draft-cheshire-dnsext-multicastdns, work in progress, Feb. 2011.

[IIDN] http://www.icann.org/en/topics/idn

[ISO3166] International Organization for Standardization, "International Standard for Country Codes," ISO 3166-1, 2006.

[ISPR] http://www.iana.org/assignments/service-names-port-numbers

[J02] J. Jung et al., "DNS Performance and the Effectiveness of Caching," *IEEE/ACM Transactions on Networking*, 10(5), Oct. 2002.

[MD88] P. Mockapetris and K. Dunlap, "Development of the Domain Name System," *Proc. ACM SIGCOMM*, Aug. 1988.

[P10] N. Paskin, "Digital Object Identifier (DOI©) System," *Encyclopedia of Library and Information Sciences, Third Edition* (Taylor and Francis, 2010).

[R06] H. Rice, "ENUM—The Mapping of Telephone Numbers to the Internet," *The Telecommunications Review*, 17, Aug. 2006.

[RFC1035] P. Mockapetris, "Domain Names—Implementation and Specification," Internet RFC 1035/STD 0013, Nov. 1987.

[RFC1464] R. Rosenbaum, "Using the Domain Name System to Store Arbitrary String Attributes," Internet RFC 1464 (experimental), May 1993.

[RFC1536] A. Kumar et al., "Common DNS Implementation Errors and Suggested Fixes," Internet RFC 1536 (informational), Oct. 1993.

[RFC1912] D. Barr, "Common DNS Operational and Configuration Errors," Internet RFC 1912 (informational), Feb. 1996.

[RFC1918] Y. Rekhter, B. Moskowitz, D. Karrenberg, G. J. de Groot, and E. Lear, "Address Allocation for Private Internets," RFC 1918/BCP 0005, Feb. 1996.

[RFC1995] M. Ohta, "Incremental Zone Transfer in DNS," Internet RFC 1995, Aug. 1996.

[RFC1996] P. Vixie, "A Mechanism for Prompt Notification of Zone Changes (DNS NOTIFY)," Internet RFC 1996, Aug. 1996.

[RFC2136] P. Vixie, ed., S. Thomson, Y. Rekhter, and J. Bound, "Dynamic Updates in the Domain Name System (DNS UPDATE)," Internet RFC 2136, Apr. 1997.

[RFC2141] R. Moats, "URN Syntax," Internet RFC 2141, May 1997.

[RFC2181] R. Elz and R. Bush, "Clarifications to the DNS Specification," Internet RFC 2181, July 1997.

[RFC2308] M. Andrews, "Negative Caching of DNS Queries (DNS NCACHE)," Internet RFC 2308, Mar. 1998.

[RFC2317] H. Eidnes, G. de Groot, and P. Vixie, "Classless IN-ADDR.ARPA Delegation," Internet RFC 2317/BCP 0020, Mar. 1998.

[RFC2606] D. Eastlake 3rd and A. Panitz, "Reserved Top Level DNS Names," Internet RFC 2606/BCP 0032, June 1999.

[RFC2671] P. Vixie, "Extension Mechanisms for DNS (EDNS0)," Internet RFC 2671, Aug. 1999.

[RFC2672] M. Crawford, "Non-Terminal DNS Name Redirection," Internet RFC 2672, Aug. 1999.

[RFC2782] A. Gulbrandsen, P. Vixie, and L. Esibov, "A DNS RR for Specifying the Location of Services (DNS SRV)," Internet RFC 2782, Feb. 2000.

[RFC2845] P. Vixie, O. Gudmundsson, D. Eastlake 3rd, and B. Wellington, "Secret Key Transaction Authentication for DNS (TSIG)," Internet RFC 2845, May 2000.

[RFC2930] D. Eastlake 3rd, "Secret Key Establishment for DNS (TKEY RR)," Internet RFC 2930, Sept. 2000.

[RFC3172] G. Huston, ed., "Management Guidelines and Operational Requirements for the Address and Routing Parameter Area Domain (arpa)," Internet RFC 3172/BCP 0052, Sept. 2001.

[RFC3263] J. Rosenberg and H. Schulzrinne, "Session Initiation Protocol (SIP): Locating SIP Servers," Internet RFC 3263, June 2002.

[RFC3401] M. Mealling, "Dynamic Delegation Discovery System (DDDS)—Part One: The Comprehensive DDDS," Internet RFC 3401 (informational), Oct. 2002.

[RFC3402] M. Mealling, "Dynamic Delegation Discovery System (DDDS)—Part Two: The Algorithm," Internet RFC 3402, Oct. 2002.

[RFC3403] M. Mealling, "Dynamic Delegation Discovery System (DDDS)—Part Three: The Domain Name System (DNS) Database," Internet RFC 3403, Oct. 2002.

[RFC3404] M. Mealling, "Dynamic Delegation Discovery System (DDDS)—Part Four: The Uniform Resource Identifiers (URI) Resolution Application," Internet RFC 3404, Oct. 2002.

[RFC3492] A. Costello, "Punycode: A Bootstring Encoding of Unicode for Internationalized Domain Names in Applications (IDNA)," Internet RFC 3492, Mar. 2003.

[RFC3596] S. Thomson, C. Huitema, V. Ksinant, and M. Souissi, "DNS Extensions to Support IP Version 6," Internet RFC 3596, Oct. 2003.

[RFC3597] A. Gustafsson, "Handling of Unknown DNS Resource Record (RR) Types," Internet RFC 3597, Sept. 2003.

[RFC3833] D. Atkins and R. Austein, "Threat Analysis of the Domain Name System (DNS)," Internet RFC 3833 (informational), Aug. 2004.

[RFC3958] L. Daigle and A. Newton, "Domain-Based Application Service Location Using SRV RRs and the Dynamic Delegation Discovery Service (DDDS)," Internet RFC 3958, Jan. 2005.

[RFC3981] A. Newton and M. Sanz, "IRIS: The Internet Registry Information Service (IRIS) Core Protocol," Internet RFC 3981, Jan. 2005.

[RFC3986] T. Berners-Lee, R. Fielding, and L. Masinter, "Uniform Resource Identifier (URI): Generic Syntax," Internet RFC 3986/STD 0066, Jan. 2005.

[RFC4193] R. Hinden and B. Haberman, "Unique Local IPv6 Unicast Addresses," Internet RFC 4193, Oct. 2005.

[RFC4343] D. Eastlake 3rd, "Domain Name System (DNS) Case Insensitivity Clarification," Internet RFC 4343, Jan. 2006.

[RFC4406] J. Lyon and M. Wong, "Sender ID: Authenticating E-Mail," Internet RFC 4406 (experimental), Apr. 2006.

[RFC4592] E. Lewis, "The Role of Wildcards in the Domain Name System," Internet RFC 4592, July 2006.

[RFC4408] M. Wong and W. Schlitt, "Sender Policy Framework (SPF) for Authorizing Use of Domains in E-Mail, Version 1," Internet RFC 4408 (experimental), Apr. 2006.

[RFC4510] K. Zeilenga, ed., "Lightweight Directory Access Protocol (LDAP): Technical Specification Road Map," Internet RFC 4510, June 2006.

[RFC4690] J. Klensin, P. Falstrom, and C. Karp, "Review and Recommendations for Internationalized Domain Names (IDNs)," Internet RFC 4690 (informational), Sept. 2006.

[RFC4698] E. Gunduz, A. Newton, and S. Kerr, "IRIS: An Address Registry (areg) Type for the Internet Registry Information Service," Internet RFC 4698, Oct. 2006.

[RFC4795] B . Aboba, D. Thaler, and L. Esibov, "Link-Local Multicast Name Resolution (LLMNR)," Internet RFC 4795 (informational), Jan. 2007.

[RFC4848] L. Daigle, "Domain-Based Application Service Location Using URIs and the Dynamic Delegation Discovery Service (DDDS)," Internet RFC 4848, Apr. 2007.

[RFC4960] R. Stewart, ed., "Stream Control Transmission Protocol," Internet RFC 4960, Sept. 2007.

[RFC5001] R. Austein, "DNS Name Server Identifier (NSID) Option," Internet RFC 5001, Aug. 2007.

[RFC5222] T. Hardie et al., "LoST: A Location-to-Service Translation Protocol," Internet RFC 5222, Aug. 2008.

[RFC5321] J. Klensin, "Simple Mail Transfer Protocol," Internet RFC 5321, Oct. 2008.

[RFC5452] A. Hubert and R. van Mook, "Measures for Making DNS More Resilient against Forged Answers," Internet RFC 5452, Jan. 2009.

[RFC5483] L. Conroy and K. Fujiwara, "ENUM Implementation Issues and Experiences," Internet RFC 5483 (informational), Mar. 2009.

[RFC5507] P. Falstrom, R. Austein, and P. Koch, eds., "Design Choices When Expanding the DNS," Internet RFC 5507 (informational), Apr. 2009.

[RFC5509] S. Loreto, "Internet Assigned Numbers Authority (IANA) Registration of Instant Messaging and Presence DNS SRV RRs for the Session Initiation Protocol (SIP)," Internet RFC 5509, Apr. 2009.

[RFC5625] R. Bellis, "DNS Proxy Implementation Guidelines," Internet RFC 5625/BCP 0152, Aug. 2009.

[RFC5782] J. Levine, "DNS Blacklists and Whitelists," Internet RFC 5782 (informational), Feb. 2010.

[RFC5855] J. Abley and T. Manderson, "Nameservers for IPv4 and IPv6 Reverse Zones," Internet RFC 5855/BCP 0155, May 2010.

[RFC5890] J. Klensin, "Internationalized Domain Names for Applications (IDNA): Definitions and Document Framework," Internet RFC 5890, Aug. 2010.

[RFC5891] J. Klensin, "Internationalized Domain Names in Applications (IDNA): Protocol," Internet RFC 5891, Aug. 2010.

[RFC5936] E. Lewis and A. Hoenes, ed., "DNS Zone Transfer Protocol (AXFR)," Internet RFC 5936, June 2010.

[RFC5966] R. Bellis, "DNS Transport over TCP—Implementation Requirements," Internet RFC 5966, Aug. 2010.

[RFC6116] S. Bradner, L. Conroy, and K. Fujiwara, "The E.164 to Uniform Resource Identifiers (URI) Dynamic Delegation Discovery System (DDDS) Application (ENUM)," Internet RFC 6116, Mar. 2011.

[RFC6117] B. Hoeneisen, A. Mayrhofer, and J. Livingood, "IANA Registration of Enumservices: Guide, Template, and IANA Considerations," Internet RFC 6117, Mar. 2011.

[RFC6147] M. Bagnulo, A. Sullivan, P. Matthews, and I. van Beijnum, "DNS64: DNS Extensions for Network Address Translation from IPv6 Clients to IPv4 Servers," Internet RFC 6147, Apr. 2011.

[RFC6168] W. Hardaker, "Requirements for Management of Name Servers for the DNS," Internet RFC 6168 (informational), May 2011.

[RFC6186] C. Daboo, "Use of SRV Records for Locating Email Submission/Access Services," Internet RFC 6186, Mar. 2011.

[RFC6195] D. Eastlake 3rd, "Domain Name System (DNS) IANA Considerations," Internet RFC 6195/BCP 0042, Mar. 2011.

[RFC6303] M. Andrews, "Locally Served DNS Zones," Internet RFC 6303/BCP 0163, July 2011.

[ROOTS] http://www.root-servers.org

[RSYNC] http://rsync.samba.org

[SNP] http://www.iana.org/assignments/s-naptr-parameters

[U11] The Unicode Consortium, *The Unicode Standard, Version 6.0.0* (The Unicode Consortium, 2011).

[URI] http://www.iana.org/assignments/uri-schemes

[URN] http://www.iana.org/assignments/urn-namespaces

[X500] International Telecommunication Union—Telecommunication Standardization Sector, "The Directory—Overview of Concepts, Models and Services," ITU-T X.500, 1993. 574~578

第 12 章

TCP/IP Illustrated, Volume 1: The Protocols, Second Edition

TCP：传输控制协议（初步）

12.1 引言

到目前为止，我们一直在讨论那些自身不包含可靠传递数据机制的协议。它们可能会使用一种像校验和或 CRC 这样的数学函数来检测接收到的有差错的数据，但是它们不尝试去纠正差错。对于 IP 和 UDP，根本没有实现差错纠正。对于以太网和基于其上的其他协议，协议提供一定次数的重试，如果还是不成功则放弃。

通信媒介可能会丢失或改变被传递的消息，在这种环境下的通信问题已经被研究了多年。关于这个课题的一些最重要的理论工作由克劳德·香农在 1948 年给出 [S48]。这些工作普及了术语“比特”，并成为*信息理论*（information theory）领域的基础，帮助我们理解了在一个*有损*（可能会删除或改变比特）信道里可通过的信息量的根本限制。信息理论与*编码理论*（coding theory）的领域密切相关，编码理论提供不同的信息编码手段，从而使得信息能在通信信道里尽量免于出错。使用*差错校正码*（基本上是添加一些冗余的比特，使得即使某些比特被毁，真实的信息也可以被恢复过来）来纠正通信问题是处理差错的一种非常重要的方法。另一种方法是简单地“尝试重新发送”，直到信息最终被接收。这种方法，称为*自动*

579 *重复请求*（Automatic Repeat Request，ARQ），构成了许多通信协议的基础，包括 TCP 在内。

12.1.1 ARQ 和重传

如果我们考虑的不只是单个通信信道，而是几个的多跳级联，我们会发现不只会碰到前面提到的那几种差错类型（分组比特差错），而且还会有更多其他的类型。这些问题可能发生在中间路由器上，是几种在讨论 IP 时会遇到的问题：分组重新排序，分组复制，分组泯灭（丢失）。为在多跳通信信道（例如 IP）上使用而设计的带纠错的协议必须要处理这些问题。现在让我们来探讨能处理这些问题的协议机制。在概括性地讨论这些之后，我们会探究它们是如何被 TCP 在互联网上使用的。

一个直接处理分组丢失（和比特差错）的方法是重发分组直到它被正确接收。这需要一种方法来判断：（1）接收方是否已收到分组；（2）接收方接收到的分组是否与之前发送方发送的一样。接收方给发送方发信号以确定自己已经接收到一个分组，这种方法称为*确认*（acknowledgment），或 ACK。最基本的形式是，发送方发送一个分组，然后等待一个 ACK。当接收方接收到这个分组时，它发送对应的 ACK。当发送方接收到这个 ACK，它再发送另一个分组，这个过程就这样继续。这里会有一些有意思的问题：（1）发送方对一个 ACK 应该等待多长时间？（2）如果 ACK 丢失了怎么办？（3）如果分组被接收到了，但是里面有错怎么办？

正如我们将看到的，第一个问题其实挺深奥的。决定去等待多长时间与发送方*期待*（expect）为一个 ACK 等待多长时间有关。现在确定这个时间可能比较困难，因此我们推迟对这个技术的讨论，直到我们在后面（见第 14 章）详细讨论 TCP。第二个问题的答案比较容易：如果一个 ACK 丢失了，发送方不能轻易地把这种情况与原分组丢失的情况区分开来，所以它简单地再次发送原分组。当然，这样的话，接收方可能会接收到两个或更多的拷贝，因此它必须准备好处理这种情况（见下一段）。至于第三个问题，我们可以借助在 12.1 节中提到的编码技术来解决。使用编码来检测一个大的分组中的差错（有很大的概率）一般都很简单，仅使用比其自身小很多的一些比特即可纠正。更简单的编码一般不能纠正差错，但是能检测它们。这就是校验和与 CRC 会如此受欢迎的原因。然后，为了检测分组里的差错，我们使用一种校验和形式。当一个接收方接收到一个含有差错的分组时，它不发送 ACK。最后，发送方重发完整到达的无差错的分组。

到目前为止即使这种简单的场景，接收方都可能接收到被传送分组的*重复*（duplicate）副本。这个问题要使用*序列号*（sequence number）来处理。基本上，在被源端发送时，每个唯一的分组都有一个新的序列号，这个序列号由分组自身一直携带着。接收方可以使用这个序列号来判断它是否已经见过这个分组，如果见过则丢弃它。

到目前为止介绍的协议是可靠的，但效率不太高。如果从发送方到接收方传递即使一个 580
很小的分组都要用很长时间（推迟或延迟）的话（如一秒或两秒，对卫星链路来说并非不正常），考虑一下那会怎样。发送方可以注入一个分组到通信路径，然后停下来等待直到它收到 ACK。这个协议因此被称为“停止和等待”。假设没有分组在传输中丢失和无可挽回地损害，该协议的吞吐量性能（每单位时间发送在网络中的数据量）与 M/R 成正比，M 是分组大小，R 是往返时间（RTT）。如果有分组丢失和损害的话，情况甚至更糟糕：“吞吐质”（每单位时间传送的有用数据量）明显要比吞吐量要低。

对于不会损害和丢失太多分组的网络来说，低吞吐量的原因是网络经常没有处于繁忙状态。情况与使用装配流水线时不出一个完整产品就不准新的工作进入类似。流水线大部分时间是空闲的。我们进一步对比，很明显，如果我们允许同一时间有多个工作单元进入流水线，就可以做得更好。对网络通信来说也是一样的——如果我们允许多个分组进入网络，就可以使它“更繁忙”，从而得到更高的吞吐量。

很明显，允许多个分组同时进入网络使事情变得复杂。现在发送方必须不仅要决定什么时间注入一个分组到网络中，还要考虑注入多少个。并且必须要指出在等待 ACK 时，怎样维持计时器，同时还必须要保存每个还没确认的分组的一个副本以防需要重传。接收方需要有一个更复杂的 ACK 机制：可以区分哪些分组已经收到，哪些还没有。接收方可能需要一个更复杂的缓存（分组保存）机制——允许维护“次序杂乱”的分组（那些比预想要先到的分组更早到达的分组，因为丢包和次序重排的原因），除非简单地抛弃这些分组，而这样做是很没效率的。还有其他一些没有这么明显的问题。如果接收方的接收速率比发送方的发送速率要慢怎么办？如果发送方简单地以很高的速率发送很多分组，接收方可能会因处理或内存的限制而丢掉这些分组。中间的路由器也会有相同的问题。如果网络基础设施处理不了发送方和接收方想要使用的数据发送率怎么办？

12.1.2 分组窗口和滑动窗口

为了解决所有这些问题，我们以假设每个分组有一个序列号开始，正如前面所描述的。我们定义一个分组*窗口*（window）作为已被发送方注入但还没完成确认（如，发送方还从没收到过它们的 ACK）的分组（或者它们的序列号）的集合。我们把这个窗口中的分组数量称为*窗口大小*（window size）。术语*窗口*来自这样的想法：如果你把在一个通信对话中发送的所有 581

分组排成长长的一行，但只能通过一个小孔来观察它们，你就只能看到它们的一个子集——像通过一个窗口观看一样。发送方的窗口（以及其他分组队列）可画图描述成图 12-1 那样。

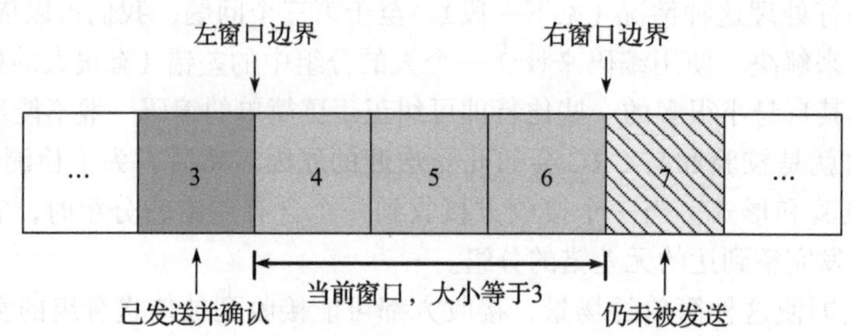

图 12-1 发送方窗口，显示了哪些分组将要被发送（或已经发送），哪些尚未发送，以及哪些已经发送并确认。在这个例子里，窗口大小被确定为三个分组

这个图显示了当前三个分组的窗口，整个窗口大小是 3。3 号分组已经被发送和确认，所以由发送方保存的它的副本可以被释放。分组 7 在发送方已经准备好，但还没被发送，因为它还没“进入”窗口。现在如果我们想象数据开始从发送方流到接收方，ACK 开始以相反的方向流动，发送方可能下一步就接收到一个分组 4 的 ACK。当这发生时，窗口向右边“滑动”一个分组，意味着分组 4 的副本可以释放了，而分组 7 可以被发送了。窗口的这种滑动给这种类型的协议增加了一个名字，*滑动窗口*（sliding window）协议。

这种滑动窗口方法可用于对付到目前为止描述过的许多问题。一般来说，这个窗口结构在发送方和接收方都会有。在发送方，它记录着哪些分组可被释放，哪些分组正在等待 ACK，以及哪些分组还不能被发送。在接收方，它记录着哪些分组已经被接收和确认，哪些分组是下一步期望的（和已经分配多少内存来保存它们），以及哪些分组即使被接收也将会因内存限制而被丢弃。尽管窗口结构便于记录在发送方和接收方之间流动的数据，但是关于窗口应多大，或者如果接收方或者网络处理不过来发送方的数据率时会发生什么，它都没有提
582 供指导建议。现在我们应该看看这些怎样关联在一起。

12.1.3 变量窗口：流量控制和拥塞控制

为了处理当接收方相对发送方太慢时产生的问题，我们介绍一种方法，在接收方跟不上时会强迫发送方慢下来。这称为*流量控制*（flow control），该控制经常以下述两种方式之一来进行操作。一种方式称为*基于速率*（rate-based）流量控制，它是给发送方指定某个速率，同时确保数据永远不能超过这个速率发送。这种类型的流量控制最适合流应用程序，可被用于广播和组播发现（见第 9 章）。

另一种流量控制的主要形式叫*基于窗口*（window-based）流量控制，是使用滑动窗口时最流行的方法。在这种方法里，窗口大小不是固定的，而是允许随时间而变动的。为了使用这种技术进行流量控制，必须有一种方法让接收方可以通知发送方使用多大的窗口。这一般称为*窗口通告*（window advertisement），或简单地称为*窗口更新*（window update）。发送方（即窗口通告的接收者）使用该值调整其窗口大小。逻辑上讲，一个窗口更新是与我们前面讨论过的 ACK 分离的，但是实际上窗口更新和 ACK 是由同一个分组携带的，意味着发送方往往会在它的窗口滑动到右边的同时调整它的大小。

如果我们考虑到在发送方修改窗口大小会带来的影响，就可以很明显地知道这是怎样

达到流量控制的。在没收到它们中任何一个的 ACK 之前，发送方允许注入 *W* 个分组到网络中。如果发送方和接收方足够快，网络中没有丢失一个分组以及有无穷的空间的话，这意味着通信速率正比于（*SW*/*R*）b/s，这里 *W* 是窗口大小，*S* 是分组大小（按比特算），*R* 是往返时间（RTT）。当来自接收方的窗口通告夹带着发送方的值 *W* 时，那么发送方的全部速率就被限制而不能超越接收方。这种方法可以很好地保护接收方，但是对于中间的网络呢？在发送方和接收方之间可能会有有限内存的路由器，它们与低速网络链路抗争着。当这种情况出现时，发送方的速率可能超过某个路由器的能力，从而导致丢包。这由一种特殊的称为*拥塞控制*（congestion control）的流量控制形式来处理。

拥塞控制涉及发送方减低速度以不至于压垮其与接收方之间的网络。回想我们关于流量控制的讨论，我们使用一个窗口通告来告之发送方为接收方减慢速度。这称为*明确*（explicit）发信，因为有一个协议字段专用于通知发送方正在发生什么。另一个选项可能被发送方用于*猜测*（guess）它需要慢下来。这种方法涉及*隐性*（implicit）发信——涉及根据其他某些证据来决定减慢速度。

数据报类型的网络或更一般的与之关联的*排队理论*（queuing theory）中的拥塞控制问题仍然是这些年的一个主要研究课题，它甚至不太可能完全解决所有情况。在这里讨论关于流量控制的所有选择和方法也并不现实。有兴趣的读者可参考 [J90]、[K97] 和 [K75]。在第 16 章我们将更详细地探讨实际用于 TCP 中的拥塞控制技术，以及这些年来出现的许多变体。 583

12.1.4 设置重传超时

基于重传的可靠协议的设计者要面对的一个最重要的性能问题是，要等待多久才能判定一个分组已丢失并将它重发。用另一种方式说，重传超时应该是多大？直观上看，发送方在重发一个分组之前应等待的时间量大概是下面时间的总和：发送分组所用的时间，接收方处理它和发送一个 ACK 所用的时间，ACK 返回到发送方所用的时间，以及发送方处理 ACK 所用的时间。不幸的是，实际上这些时间没有一个是可以确切知道的。更糟的是，它们中的某些或全部会随着来自终端主机或路由器的额外负载的增加或减少而随时改变。

让用户去告诉协议实现在所有情况下的每个时刻应取什么超时时间（或使它们保持最新），这是不现实的，一个更好的策略是让协议实现尝试去估计它们。这称为*往返时间估计*（round-trip-time estimation），这是一个统计过程。总的来说，选择一组 RTT 样本的样本均值作为真实的 RTT 是最有可能的。注意到这个平均值很自然地会随着时间而改变（它不是静态的），因为通信穿过网络的路径可能会改变。

做出对 RTT 的一些估计之后，关于设置实际的用于触发重传的超时取值问题依然存在。如果我们回想一下均值的定义，会知道它绝不可能是一组样本的极值（除非它们全部一样）。所以，把重传计时器的值设置成正好等于平均估计量是不合理的，因为很有可能许多实际的 RTT 将会比较大，从而会导致不必要的重传。很明显，超时应该设置成比均值要大的某个值，但是这个值与均值的确切关系是什么（或者甚至直接就使用均值）还不清楚。超时设置得太大也是不可取的，因为这反过来会导致网络变得空闲，从而降低吞吐量。对这个话题的进一步探究留到第 14 章，我们在那里会探讨 TCP 是怎样实际地处理这个问题的。

12.2 TCP 的引入

我们现在对影响可靠传输的问题有了大体的了解，下面看一下它们是怎样在 TCP 中体现的，以及 TCP 会给互联网应用程序提供什么类型的服务。我们还要查看 TCP 头部中的字段，了解有多少个到目前为止我们已经见过的概念（如 ACK、窗口通告）可在头部描述中捕
584 捉到。在随后的章节，我们会更详细地检查所有这些头部字段。

我们对 TCP 的描述从这一章开始，并在接下来的五章中继续讨论。第 13 章描述一个 TCP 连接是怎样建立和结束的。第 14 章详细说明 TCP 是怎样估计每个连接的 RTT 和怎样基于这个估计设置重传超时的。第 15 章考察正常的数据传输，以“交互式”应用程序开始（例如聊天程序），然后是窗口管理和流量控制，这被应用于交互式和“大块”数据流（比如文件传输）两种应用程序以及 TCP 的*紧急机制*（urgent mechanism）——它允许发送方指定数据流中的某些数据作为特殊数据。第 16 章考察 TCP 里的拥塞控制算法，这些算法在网络很繁忙的时候帮助降低丢包率。这一章还讨论了一些改动，这些改动被提出来以增加快速网络的吞吐量或改进易损耗（如无线）网络的弹性。最后，第 17 章显示 TCP 如何在没有数据流动时保持连接的活动性。

TCP 的原始规范是 [RFC0793]，尽管这个 RFC 的一些错误已经在主机请求 RFC 中被修改过来 [RFC1122]。从那以后，TCP 的一些规范就一直被修改和扩展以包含透明和改进的拥塞控制行为 [RFC5681][RFC3782][RFC3517][RFC3390][RFC3168]、重传超时 [RFC6298][RFC5682][RFC4015]、在 NAT 的操作 [RFC5382]、确认行为 [RFC2883]、安全 [RFC6056][RFC5927][RFC5926]、连接管理 [RFC5482] 以及紧急机制实现指导方针 [RFC6093]。同时还有丰富的实验性修改，覆盖了重传行为 [RFC5827][RFC3708]、拥塞检测和控制 [RFC5690][RFC5562][RFC4782][RFC3649][RFC2861] 以及其他特性。最后，在探究 TCP 如何利用多重并发网络层路径方面也做了工作 [RFC6182]。

12.2.1 TCP 服务模型

虽然 TCP 和 UDP 使用相同的网络层（IPv4 或 IPv6），但是 TCP 给应用程序提供了一种与 UDP 完全不同的服务。TCP 提供了一种*面向连接的*（connection-oriented）、可靠的字节流服务。术语“*面向连接的*”是指使用 TCP 的两个应用程序必须在它们可交换数据之前，通过相互联系来建立一个 TCP 连接。最典型的比喻就是拨打一个电话号码，等待另一方接听电话并说“喂”，然后再说“找谁?”。这正是一个 TCP 连接的两个端点在互相通信。像广播和组播（见第 9 章）这些概念在 TCP 中都不存在。

TCP 提供一种字节流抽象概念给应用程序使用。这种设计方案的结果是，没有由 TCP 自动插入的记录标志或消息边界（见第 1 章）。一个记录标志对应着一个应用程序的写范围指示。如果应用程序在一端写入 10 字节，随后写入 20 字节，再随后写入 50 字节，那么在连接的另一端的应用程序是不知道每次写入的字节是多少的。例如，另一端可能会以每次 20
585 字节分四次读入这 80 字节或以其他一些方式读入。一端给 TCP 输入字节流，同样的字节流会出现在另一端。每个端点独立选择自己的读和写大小。

TCP 根本不会解读字节流里的字节内容。它不知道正在交换的数据字节是不是二进制数据、ASCII 字符、EBCDIC 字符或其他东西。对这个字节流的解读取决于连接中的每个端点的应用程序。尽管不再推荐使用，可 TCP 确实是支持以前提到过的紧急机制。

12.2.2 TCP 中的可靠性

通过使用刚才描述过的那些技术的特定变种，TCP 提供了可靠性。因为它提供一个字节

流接口，TCP 必须把一个发送应用程序的字节流转换成一组 IP 可以携带的分组。这被称为组包（packetization）。这些分组包含序列号，该序列号在 TCP 中实际代表了每个分组的第一个字节在整个数据流中的字节偏移，而不是分组号。这允许分组在传送中是可变大小的，并允许它们组合，称为*重新组包*（repacketization）。应用程序数据被打散成 TCP 认为的最佳大小的块来发送，一般使得每个报文段按照不会被分片的单个 IP 层数据报的大小来划分。这与 UDP 不同，应用程序每次写入通常就产生一个 UDP 数据，其大小就是写入的那么大（加上头部）。由 TCP 传给 IP 的块称为*报文段*（segment，见图 12-2）。在第 15 章我们会看到 TCP 如何判定一个报文段的大小。

TCP 维持了一个强制的校验和，该校验和涉及它的头部、任何相关应用程序数据和 IP 头部的所有字段。这是一个端到端的伪头部校验和，用于检测传送中引入的比特差错。如果一个带无效校验和的报文段到达，那么 TCP 会丢弃它，不为被丢弃的分组发送任何确认。然而，TCP 接收端可能会对一个以前的（已经确认的）报文段进行确认，以帮助发送方计算它的拥塞控制（见第 16 章）。TCP 校验和使用的数学函数与其他互联网协议（UDP、ICMP 等）一样。对于大数据的传送，对这个校验和是否不够强壮的担心是存在的 [SP00]，所以仔细的应用程序应该应用自己的差错保护方法（如，更强的校验和或 CRC），或者使用一种中间层来达到同样的效果（如，见 [RFC5044]）。

当 TCP 发送一组报文段时，它通常设置一个重传计时器，等待对方的确认接收。TCP 不会为每个报文段设置一个不同的重传计时器。相反，发送一个窗口的数据，它只设置一个计时器，当 ACK 到达时再更新超时。如果有一个确认没有及时接收到，这个报文段就会被重传。在第 14 章我们将更详细地查看 TCP 的自适应超时和重传策略。

当 TCP 接收到连接的另一端的数据时，它会发送一个确认。这个确认可能不会立即发送，而一般会延迟片刻。TCP 使用的 ACK 是*累积的*，从某种意义来讲，一个指示字节号 N 的 ACK 暗示着所有直到 N 的字节（但不包含 N）已经成功被接收了。这对于 ACK 丢失来说带来了一定的鲁棒性——如果一个 ACK 丢失，很有可能后续的 ACK 就足以确认前面的报文段了。 586

TCP 给应用程序提供一种*双工*服务。这就是说数据可向两个方向流动，两个方向互相独立。因此，连接的每个端点必须对每个方向维持数据流的一个序列号。一旦建立了一个连接，这个连接的一个方向上的包含数据流的每个 TCP 报文段也包含了相反方向上的报文段的一个 ACK。每个报文段也包含一个窗口通告以实现相反方向上的流量控制。为此，在一个连接中，当一个 TCP 报文段到达时，窗口可能向前滑动，窗口大小可能改变，同时新数据可能已到达。正如我们将在第 13 章所见，一个完整的 TCP 连接是双向和对称的，数据可以在两个方向上平等地流动。

使用序列号，一个 TCP 接收端可丢弃重复的报文段和记录以杂乱次序到达的报文段。回想一下，任何反常情况都会发生，因为 TCP 使用 IP 来传递它的报文段，IP 不提供重复消除或保证次序正确的功能。然而，因为 TCP 是一个字节流协议，TCP 绝不会以杂乱的次序给接收*应用程序*发送数据。因此，TCP 接收端可能会被迫先保持大序列号的数据不交给应用程序，直到缺失的小序列号的报文段（一个“洞”）被填满。

我们现在开始观察 TCP 的一些细节。这一章将只介绍 TCP 的封装和头部结构，其他细节出现在后面的五章中。TCP 可与 IPv4 或 IPv6 一起使用，同时它使用的伪头部校验和（与 UDP 的类似）在 IPv4 中和 IPv6 中都是强制使用的。

12.3 TCP 头部和封装

图 12-2 显示了 TCP 在 IP 数据报中的封装。

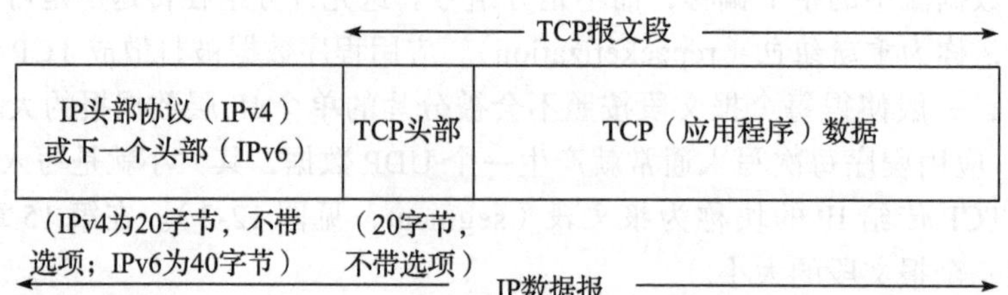

587 图 12-2　TCP 头部紧跟着 IP 头部或 IPv6 扩展头部，经常是 20 字节长（不带 TCP 选项）。带选项的话，TCP 头部可达 60 字节。常见选项包括最大段大小、时间戳、窗口缩放和选择性 ACK

头部本身明显要比在第 10 章我们见过的 UDP 的头部更复杂。这并不很令人惊讶，因为 TCP 是一个明显要更复杂的协议，它必须保持连接的每一端知道（同步）最新状态。如图 12-3 所示。

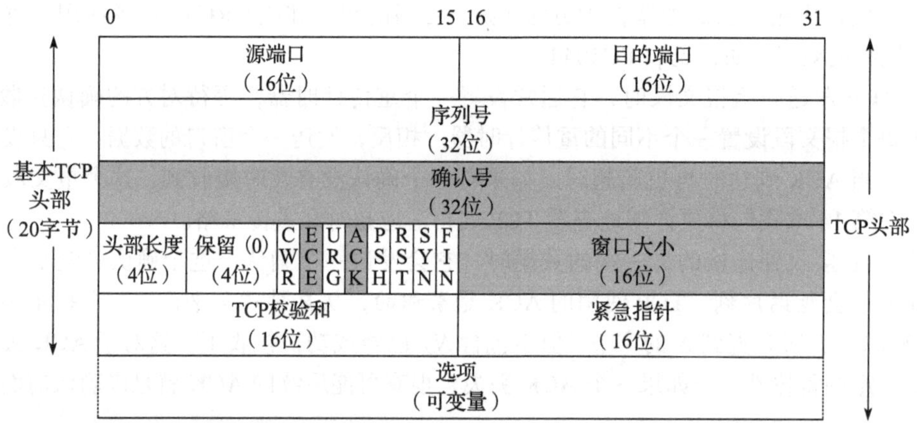

图 12-3　TCP 头部。它的标准长度是 20 字节，除非出现选项。*头部长度*（Header Length）字段以 32 位字为单位给出头部的大小（最小值是 5）。带阴影的字段（*确认号*（Acknowledgment Number）、*窗口大小*（Window Size）以及 ECE 位和 ACK 位）用于与该报文段的发送方关联的相反方向上的数据流

每个 TCP 头部包含了源和目的端口号。这两个值与 IP 头部中的源和目的 IP 地址一起，唯一地标识了每个连接。在 TCP 术语中，一个 IP 地址和一个端口的组合有时被称为一个*端点*（endpoint）或*套接字*（socket）。后者出现在 [RFC0793] 中，最终被 Berkeley 系列的网络通信编程接口所采用（现在经常被称为“Berkeley 套接字”）。每个 TCP 连接由一对套接字或端点（四元组，由客户机 IP 地址、客户机端口号、服务器 IP 地址以及服务器端口号组成）唯一地标识。这个事实在我们观察一个 TCP 服务器是如何做到与多个客户机通信的时候将会变得很重要（见第 13 章）。

序列号（Sequence Number）字段标识了 TCP 发送端到 TCP 接收端的数据流的一个字节，该字节代表着包含该序列号的报文段的数据中的第一个字节。如果我们考虑在两个应用程序之间的一个方向上流动的数据流，TCP 给每个字节赋予一个序列号。这个序列号是一个 32 位的无符号数，到达 $2^{32}-1$ 后再循环回到 0。因为每个被交换的字节都已编号，*确认*

号字段（也简称 ACK 号或 ACK 字段）包含的值是该确认号的发送方期待接收的下一个序列号。即最后被成功接收的数据字节的序列号加 1。这个字段只有在 ACK 位字段被启用的情况下才有效，这个 ACK 位字段通常用于除了初始和末尾报文段之外的所有报文段。发送一 588
个 ACK 与发送任何一个 TCP 报文段的开销是一样的，因为那个 32 位的 ACK 号字段一直都是头部的一部分，ACK 位字段也一样。

当建立一个新连接时，从客户机发送至服务器的第一个报文段的 SYN 位字段被启用。这样的报文段称为 *SYN 报文段*，或简单地称为 SYN。然后*序列号*字段包含了在本次连接的这个方向上要使用的第一个序列号，后续序列号和返回的 ACK 号也在这个方向上（回想一下，连接都是双向的）。注意这个数字不是 0 和 1，而是另一个数字，经常是随机选择的，称为*初始序列号*（Initial Sequence Number，ISN）。ISN 不是 0 和 1，是因为这是一种安全措施，将会在第 13 章讨论。发送在本次连接的这个方向上的数据的第一个字节的序列号是 ISN 加 1，因为 SYN 位字段会*消耗*一个序列号。正如我们稍后将见到的，消耗一个序列号也意味着使用重传进行可靠传输。因此，SYN 和应用程序字节（还有 FIN，稍后我们将会见到）是被可靠传输的。不消耗序列号的 ACK 则不是。

TCP 可以被描述为“一种带累积正向确认的滑动窗口协议”。ACK 号字段被构建用于指明在接收方已经顺序收到的最大字节（加 1）。例如，如果字节 1 ~ 1024 已经接收成功，而下一个报文段包含字节 2049 ~ 3072，那么接收方不能使用规则的 ACK 号字段去发信告诉发送方它接收到了这个新报文段。然而，现代 TCP 有一个*选择确认*（Selective ACKnowledgment，SACK）选项，可以允许接收方告诉发送方它正确地接收到了次序杂乱的数据。当与一个具有*选择重发*（selective repeat）能力的 TCP 发送方搭配时，就可以实现性能的显著改善 [FF96]。在第 14 章我们将会看到 TCP 是如何使用*重复确认*（duplicate acknowledgments）以帮助它的拥塞控制和差错控制过程的。

*头部长度*字段给出了头部的长度，以 32 位字为单位。它是必需的，因为*选项*字段的长度是可变的。作为一个 4 位的字段，TCP 被限制为只能带 60 字节的头部。而不带选项，大小是 20 字节。

当前，为 TCP 头部定义了 8 位的字段，尽管一些老的实现只理解它们中的最后 6 位[⊖]。它们中的一个或多个可被同时启用。我们在这里大致提一下它们的用法，在后面的几章里再对每个进行详细的讨论。

1. CWR——拥塞窗口减小（发送方降低它的发送速率）；见第 16 章。

2. ECE——ECN 回显（发送方接收到了一个更早的拥塞通告）；见第 16 章。

3. URG——紧急（*紧急指针*字段有效——很少被使用）；见第 15 章。 589

4. ACK——确认（*确认号*字段有效——连接建立以后一般都是启用状态）；见第 13 章和第 15 章。

5. PSH——推送（接收方应尽快给应用程序传送这个数据——没被可靠地实现或用到）；见第 15 章。

6. RST——重置连接（连接取消，经常是因为错误）；见第 13 章。

7. SYN——用于初始化一个连接的同步序列号；见第 13 章。

8. FIN——该报文段的发送方已经结束向对方发送数据；见第 13 章。

⊖ 注意 [RFC3540] 作为一个实验性的 RFC，它也把 Resv 的最低有效位定义为随机和（Nonce Sum，NS）。见 16.12 节。

TCP 的流量控制由每个端点使用窗口大小字段来通告一个窗口大小来完成。这个窗口大小是字节数，从 ACK 号指定的，也是接收方想要接收的那个字节开始。这是一个 16 位的字段，限制了窗口大小到 65 535 字节，从而限制了 TCP 的吞吐量性能。在第 15 章我们将看到窗口缩放（Window Scale）选项可允许对这个值进行缩放，给高速和大延迟网络提供了更大的窗口和改进性能。

TCP 校验和字段覆盖了 TCP 的头部和数据以及头部中的一些字段，使用一个与我们在第 8 章和第 10 章讨论的 ICMPv6 与 UDP 使用的相类似的伪头部进行计算。这个字段是强制的，由发送方进行计算和保存，然后由接收方验证。TCP 校验和的计算算法与 IP、ICMP 和 UDP（“互联网”）校验和一样。

紧急指针（Urgent Pointer）字段只有在 URG 位字段被设置时才有效。这个“指针”是一个必须要加到报文段的序列号字段上的正偏移，以产生紧急数据的最后一个字节的序列号。TCP 的紧急机制是一种让发送方给另一端提供特殊标志数据的方法。

最常见的选项字段就是“最大段大小”选项，称为 MSS。连接的每个端点一般在它发送的第一个报文段（为了建立该连接，SYN 位字段被设置的那个报文段）上指定这个选项。MSS 指定该选项的发送者在相反方向上希望接收到的报文段的最大值。在第 13 章我们将更详细地描述 MSS 选项，并在第 14 章和第 15 章描述其他一些 TCP 选项。我们考查的其他普通选项还包括 SACK、时间戳和窗口缩放。

在图 12-2 中我们注意到 TCP 报文段的数据部分是可选的。在第 13 章我们将看到当一个连接被建立和终止时，交换的报文段只包含 TCP 头部（带或不带选项）而没有数据。如果这个方向上没有数据被传输，那么一个不带任何数据的头部也会被用于确认接收到的数据（称为一个纯（pure）ACK），同时通知通信方改变窗口大小（称为一个窗口更新（window
590 update））。当一个报文段可不带数据发送时，超时操作会因此而产生一些新情况。

12.4 总结

在有损通信信道上提供可靠通信的问题已经被研究了许多年。处理差错的两种主要方法是差错校正码和数据重传。使用重传的协议必须也要处理数据丢失，经常通过设置一个计时器来进行，同时还必须要给接收方安排一些方法来告知发送方它已接收了什么。判定等待一个 ACK 要多长时间是比较棘手的，因为合适的时间会随着网络路由或端点上负载的变动而改变。现代协议用基于这些测量值的一些函数来估计往返时间以及设置重传计时器。

不考虑设置重传计时器的话，当同一时间只有一个分组在网络中时，重传协议是很简单，但对于延迟很高的网络，它们的性能会很差。为了更有效率，在一个 ACK 被接收到之前，多个分组必须被注入网络中。这种方法更有效率，但也更复杂。一种管理这些复杂性的典型方法是使用滑动窗口，其中分组用序列号标志，窗口大小限制分组数量。当窗口大小基于来自接收方或其他信号（比如被丢弃的分组）的回馈而改变时，流量控制和拥塞控制两者就都被实现了。

TCP 提供一种可靠、面向连接、字节流、传输层的服务（通过使用许多这些技术而构建）。我们简单地看了 TCP 头部里的所有字段，了解到它们中的大多数都与这些可靠传递的抽象概念有着直接关系。我们将在接下来的章节里详细考查它们。TCP 把应用程序数据组包成报文段，发送数据时设置超时，确认被其他端点接收到的数据，给次序杂乱的数据进行重新排序，丢弃重复的数据，提供端到端的校验和。TCP 在互联网中被广泛使用，不仅许多流行的应用程序使用它，例如 HTTP、SSH/TLS、NetBIOS（NBT——NetBIOS over TCP）、Telnet、FTP 以及电子邮件（SMTP），许多分布式文件共享程序（如，BitTorrent，Shareaza）也使用它。

12.5 参考文献

[FF96] K. Fall and S. Floyd, "Simulation-Based Comparisons of Tahoe, Reno and SACK TCP," *ACM Computer Communications Review*, July 1996.

[J90] R. Jain, "Congestion Control in Computer Networks: Issues and Trends," *IEEE Network Magazine*, May 1990.

[K75] L. Kleinrock, *Queuing Systems, Volume 1: Theory* (Wiley-Interscience, 1975).

[K97] S. Keshav, *An Engineering Approach to Computer Networking* (Addison-Wesley, 1997). (Note: A second edition is being developed.) 591

[RFC0793] J. Postel, "Transmission Control Protocol," Internet RFC 0793/STD 0007, Sept. 1981.

[RFC1122] R. Braden, ed., "Requirements for Internet Hosts—Communication Layers," Internet RFC 1122/STD 0003, Oct. 1989.

[RFC2861] M. Handley, J. Padhye, and S. Floyd, "TCP Congestion Window Validation," Internet RFC 2861 (experimental), June 2000.

[RFC2883] S. Floyd, J. Mahdavi, M. Mathis, and M. Podolsky, "An Extension to the Selective Acknowledgement (SACK) Option for TCP," Internet RFC 2883, July 2000.

[RFC3168] K. Ramakrishnan, S. Floyd, and D. Black, "The Addition of Explicit Congestion Notification (ECN) to IP," Internet RFC 3168, Sept. 2001.

[RFC3390] M. Allman, S. Floyd, and C. Partridge, "Increasing TCP's Initial Window," Internet RFC 3390, Oct. 2002.

[RFC3517] E. Blanton, M. Allman, K. Fall, and L. Wang, "A Conservative Selective Acknowledgment (SACK)-Based Loss Recovery Algorithm for TCP," Internet RFC 3517, Apr. 2003.

[RFC3540] N. Spring, D. Wetherall, and D. Ely, "Robust Explicit Congestion Notification (ECN) Signaling with Nonces," Internet RFC 3540 (experimental), June 2003.

[RFC3649] S. Floyd, "HighSpeed TCP for Large Congestion Windows," Internet RFC 3649 (experimental), Dec. 2003.

[RFC3708] E. Blanton and M. Allman, "Using TCP Duplicate Selective Acknowledgement (DSACKs) and Stream Control Transmission Protocol (SCTP) Duplicate Transmission Sequence Numbers (TSNs) to Detect Spurious Retransmissions," Internet RFC 3708 (experimental), Feb. 2004.

[RFC3782] S. Floyd, T. Henderson, and A. Gurtov, "The NewReno Modification to TCP's Fast Recovery Algorithm," Internet RFC 3782, Apr. 2004.

[RFC4015] R. Ludwig and A. Gurtov, "The Eifel Response Algorithm for TCP," Internet RFC 4015, Feb. 2005.

[RFC4782] S. Floyd, M. Allman, A. Jain, and P. Sarolahti, "Quick-Start for TCP and IP," Internet RFC 4782 (experimental), Jan. 2007.

[RFC5044] P. Culley, U. Elzur, R. Recio, S. Bailey, and J. Carrier, "Marker PDU Aligned Framing for TCP Specification," Internet RFC 5044, Oct. 2007.

[RFC5382] S. Guha, ed., K. Biswas, B. Ford, S. Sivakumar, and P. Srisuresh, "NAT Behavioral Requirements for TCP," Internet RFC 5382/BCP 0142, Oct. 2008.

[RFC5482] L. Eggert and F. Gont, "TCP User Timeout Option," Internet RFC 5482, Mar. 2009.

[RFC5562] A. Kuzmanovic, A. Mondal, S. Floyd, and K. Ramakrishnan, "Adding Explicit Congestion Notification (ECN) Capability to TCP's SYN/ACK Packets," Internet RFC 5562 (experimental), June 2009.

[RFC5681] M. Allman, V. Paxson, and E. Blanton, "TCP Congestion Control," Internet RFC 5681, Sept. 2009.

[RFC5682] P. Sarolahti, M. Kojo, K. Yamamoto, and M. Hata, "Forward RTO-Recovery (F-RTO): An Algorithm for Detecting Spurious Retransmission Timeouts with TCP," Internet RFC 5682, Sept. 2009.

[RFC5690] S. Floyd, A. Arcia, D. Ros, and J. Iyengar, "Adding Acknowledgement Congestion Control to TCP," Internet RFC 5690 (informational), Feb. 2010.

[RFC5827] M. Allman, K. Avrachenkov, U. Ayesta, J. Blanton, and P. Hurtig, "Early Retransmit for TCP and Stream Control Transmission Protocol (SCTP)," Internet RFC 5827 (experimental), May 2010.

[RFC5926] G. Lebovitz and E. Rescorla, "Cryptographic Algorithms for the TCP Authentication Option (TCP-AO)," Internet RFC 5926, June 2010.

[RFC5927] F. Gont, "ICMP Attacks against TCP," Internet RFC 5927 (experimental), July 2010.

[RFC6056] M. Larsen and F. Gont, "Recommendations for Transport-Protocol Port Randomization," Internet RFC 6056/BCP 0156, Jan. 2011.

[RFC6093] F. Gont and A. Yourtchenko, "On the Implementation of the TCP Urgent Mechanism," Internet RFC 6093, Jan. 2011.

[RFC6182] A. Ford, C. Raiciu, M. Handley, S. Barre, and J. Iyengar, "Architectural Guidelines for Multipath TCP Development," Internet RFC 6182 (informational), Mar. 2011.

[RFC6298] V. Paxson, M. Allman, J. Chu, and M. Sargent, "Computing TCP's Retransmission Timer," Internet RFC 6298, June 2011.

[S48] C. Shannon, "A Mathematical Theory of Communication," *Bell System Technical Journal*, July/Oct. 1948.

592 ~ 594 [SP00] J. Stone and C. Partridge, "When the CRC and TCP Checksum Disagree," *Proc. ACM SIGCOMM*, Aug./Sept. 2000.

TCP 连接管理

13.1 引言

TCP 是一种*面向连接的单播协议*。在发送数据之前，通信双方必须在彼此间建立一条连接。本章将详细地介绍 TCP 连接的概念，以及它的建立与终止过程。如前文所述，TCP 服务模型是一个字节流。TCP 必须检测并修补所有在 IP 层（或下面的层）产生的数据传输问题，比如丢包、重复以及错误。

由于需要对*连接状态*进行管理（通信双方都需要维护连接的信息），TCP 被认为是一个比 UDP 协议（参见第 10 章）复杂得多的协议。UDP 是一种*无连接*的协议，因此它不需要连接的建立与终止过程。与 UDP 相比，TCP 在妥善处理多种 TCP 状态时需要面对大量的细节问题，比如一个连接何时建立、正常地终止，以及在无警告的情况下重新启动。因此，这也被认为是两个协议的主要区别之一。在后续章节，我们将探讨一旦建立连接并传输数据将会发生什么。

在连接建立的过程中，通信双方需要交换一些*选项*。这些选项被认为是连接的参数。一些选项只被允许在连接建立时发送，而其他一些选项则能够稍后发送。根据第 12 章的介绍，TCP 头部已设置了一个有限的空间（40 字节）来处理这些选项。

13.2 TCP 连接的建立与终止

一个 TCP *连接*由一个 4 元组构成，它们分别是两个 IP 地址和两个端口号。更准确地说，一个 TCP 连接是由一对*端点*或*套接字*构成，其中通信的每一端都由一对（IP 地址，端口号）所唯一标识。 595

一个 TCP 连接通常分为 3 个阶段：启动、数据传输（也称作“*连接已建立*”）和退出（关闭）。下文我们将会发现正确地处理上述三个阶段之间的转换是创建一个强健的 TCP 连接的困难所在。图 13-1 显示了一个典型的 TCP 连接的建立与关闭过程（不包括任何数据传输）。

图 13-1 中的时间轴描绘了一个连接建立过程中的相关事宜。为了建立一个 TCP 连接，需要完成以下步骤：

1. *主动开启者*（通常称为客户端）发送一个 SYN 报文段（即一个在 TCP 头部的 SYN 位字段置位的 TCP/IP 数据包），并指明自己想要连接的端口号和它的客户端初始序列号（记为 ISN(c)，参见 13.2.3 节）。通常，客户端还会借此发送一个或多个选项（参见 13.3 节）。客户端发送的这个 SYN 报文段称作段 1。

2. 服务器也发送自己的 SYN 报文段作为响应，并包含了它的初始序列号（记作 ISN(s)）。该段称作段 2。此外，为了确认客户端的 SYN，服务器将其包含的 ISN(c) 数值加 1 后作为返回的 ACK 数值。因此，每发送一个 SYN，序列号就会自动加 1。这样如果出现丢失的情况，该 SYN 段将会重传。

3. 为了确认服务器的 SYN，客户端将 ISN(s) 的数值加 1 后作为返回的 ACK 数值。这称作段 3。

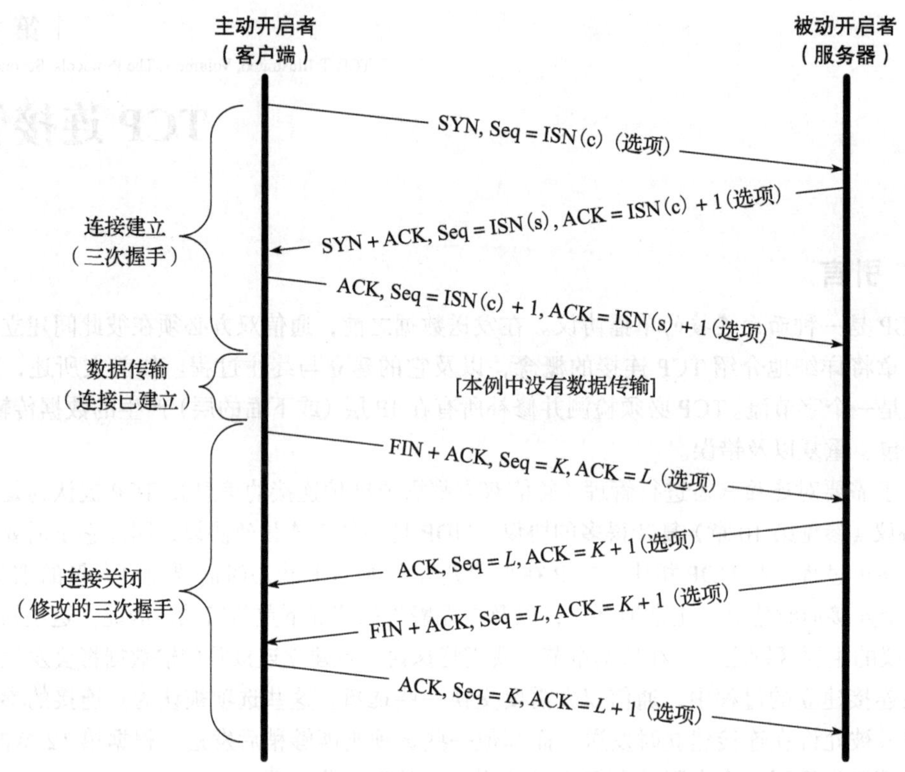

图 13-1 一个普通 TCP 连接的建立与终止。通常，由客户端负责发起一个三次握手过程。在该过程中，客户端与服务器利用 SYN 报文段交换彼此的初始序列号（包括客户端的初始序列号和服务器的初始序列号）。在通信双方都发送了一个 FIN 数据包并收到来自对方的相应的确认数据包后，该连接终止

通过发送上述 3 个报文段就能够完成一个 TCP 连接的建立。它们也常称作*三次握手*。三次握手的目的不仅在于让通信双方了解一个连接正在建立，还在于利用数据包的选项来承载特殊的信息，交换*初始序列号*（Initial Sequence Number，ISN）。

发送首个 SYN 的一方被认为是*主动地打开*一个连接。如上文所述，它通常是一个客户端。连接的另一方会接收这个 SYN，并发送下一个 SYN，因此它是*被动地打开*一个连接。通常，这一方称为服务器。（13.2.2 节将会介绍一种客户端与服务器同时打开一个连接的情况。这种情况可以作为上文所介绍内容的补充，但非常少见。）

注意 TCP 的 SYN 段也能够承载应用数据。由于伯克利的套接字 API 不支持这种方式，因此它也很少为人所用。

图 13-1 还描绘了一个 TCP 连接是怎样关闭的（也称为清除或终止）。连接的任何一方都能够发起一个关闭操作。此外，该过程还支持双方同时关闭连接的操作，但这种情况非常少见。在传统的情况下，负责发起关闭连接的通常是客户端（如图 13-1 所示）。然而，一些服务器（例如 Web 服务器）在对请求做出响应之后也会发起一个关闭操作。通常一个关闭操作是由应用程序提出关闭连接的请求而引发的（例如使用系统调用 close()）。TCP 协议规定通过发送一个 FIN 段（即 FIN 位字段置位的 TCP 报文段）来发起关闭操作。只有当连接双方都

完成关闭操作后，才构成一个完整关闭：

1. 连接的*主动关闭者*发送一个 FIN 段指明接收者希望看到的自己当前的序列号（K，如图 13-1 所示）。FIN 段还包含了一个 ACK 段用于确认对方最近一次发来的数据（图 13-1 中标记为 L）。

2. 连接的*被动关闭者*将 K 的数值加 1 作为响应的 ACK 值，以表明它已经成功接收到主动关闭者发送的 FIN。此时，上层的应用程序会被告知连接的另一端已经提出了关闭的请求。通常，这将导致应用程序发起自己的关闭操作。接着，被动关闭者将身份转变为主动关闭者，并发送自己的 FIN。该报文段的序列号为 L。 596~597

3. 为了完成连接的关闭，最后发送的报文段还包含一个 ACK 用于确认上一个 FIN。值得注意的是，如果出现 FIN 丢失的情况，那么发送方将重新传输直到接收到一个 ACK 确认为止。

综上所述，建立一个 TCP 连接需要 3 个报文段，而关闭一个 TCP 连接需要 4 个报文段。TCP 协议还支持连接处于半开启状态（参见 13.6.3 节），但这种情况并不常见。存在上述半开启状态的原因在于 TCP 的通信模型是双向的。这也意味着在两个方向中可能会出现只有一个方向正在进行数据传输的情况。TCP 的*半关闭*操作是指仅关闭数据流的一个传输方向，而两个半关闭操作合在一起就能够关闭整个连接。因此 TCP 协议规定通信的任何一方在完成数据发送任务后都能够发送一个 FIN。当通信的另一方接收到这个 FIN 时，就会告知应用程序对方已经终止了对应方向的数据传输。由此可见，当程序发布关闭操作请求后，通信双方往往通过发送 FIN 段来关闭双向的数据传输。

如上文所述，7 个报文段是每一个 TCP 连接在正常建立与关闭时的基本开销（下文还会介绍一些突然关闭 TCP 连接的方式）。因此当只需要交换少量的数据时，一些应用程序更愿意选择在发送与接收数据之前不需要建立连接的 UDP 协议。然而，这些应用程序也会面对由此引入的错误修复、拥塞管理以及流量控制等诸多问题。

13.2.1 TCP 半关闭

如前文所述，TCP 支持半关闭操作。虽然一些应用需要此项功能，但它并不常见。为了实现这一特性，API 必须为应用程序提供一种基本的表达方式。例如，应用程序表明“我已经完成了数据的发送工作，并发送一个 FIN 给对方，但是我仍然希望接收来自对方的数据直到它发送一个 FIN 给我”。伯克利套接字的 API 提供了半关闭操作。应用程序只需要调用 shutdown() 函数来代替基本的 close() 函数，就能实现上述操作。然而，绝大部分应用程序仍然会调用 close() 函数来同时关闭一条连接的两个传输方向。图 13-2 展示了一个正在使用的半关闭示例。图中左侧的客户端负责发起半关闭操作，然而在实际应用中，通信的任何一方都能完成这项工作。

首先发送的两个报文段与 TCP 正常关闭完全相同：初始者发送的 FIN，接着是接收者回应该 FIN 的 ACK。由于接收到半关闭的一方仍能够发送数据，因此图 13-2 中的后续操作与图 13-1 不同。虽然图 13-2 在 ACK 之后只描述了一个数据段的传输过程，但实际应用时可以传输任意数量的数据段（第 15 章将会详细地讨论数据段的交换与确认细节）。当接收半关闭的一方完成数据发送后，它将会发送一个 FIN 来关闭本方的连接，同时向发起半关闭的应用程序发出一个文件尾指示。当第 2 个 FIN 被确认之后，整个连接完全关闭。 598

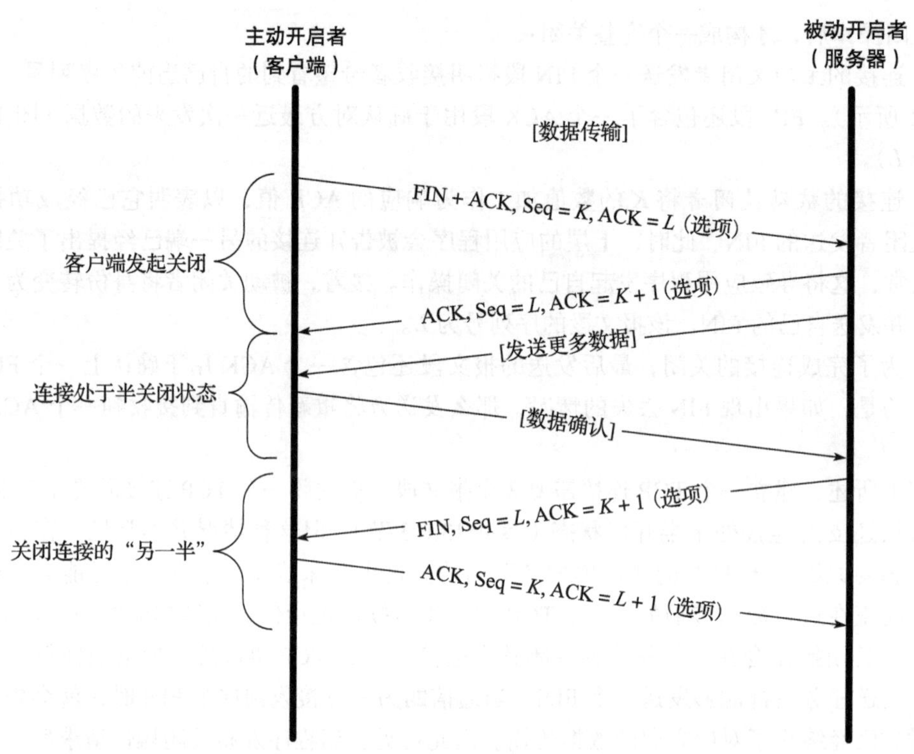

图 13-2 在 TCP 半关闭操作中，连接的一个方向被关闭，而另一个方向仍在传输数据直到它被关闭为止。很少有应用程序使用这一特性

13.2.2 同时打开与关闭

虽然两个应用程序同时主动打开连接看似不大可能，但是在特定安排的情况下是有可能实现的。通信双方在接收到来自对方的 SYN 之前必须先发送一个 SYN；两个 SYN 必须经过网络送达对方。该场景还要求通信双方都拥有一个 IP 地址与端口号，并且将其告知对方。上述情况十分少见（第 7 章介绍的防火墙“打孔”技术除外），一旦发生，可称其为同时打开。

例如，主机 A 的一个应用程序通过本地的 7777 端口向主机 B 的 8888 端口发送一个主动打开请求，与此同时主机 B 的一个应用程序也通过本地的 8888 端口向主机 A 的 7777 端口提出一个主动打开请求，此时就会发生一个同时打开的情况。这种情况不同于主机 A 的一个客户端连接主机 B 的一个服务器，而同时又有主机 B 的一个客户端连接主机 A 的一个服务器的情况。在这种情况下，服务器始终是连接的被动打开者而非主动打开者，而各自的客户端也会选择不同的端口号。因此，它们可以被区分为两个不同的 TCP 连接。图 13-3 显示
599 了在一个同时打开过程中报文段的交换情况。

一个同时打开过程需要交换 4 个报文段，比普通的三次握手增加了一个。由于通信双方都扮演了客户端与服务器的角色，因此不能够将任何一方称作客户端或服务器。同时关闭并没有太大区别。如前文所述，通信一方（通常是客户端，但不一定总是）提出主动关闭请求，并发送首个 FIN。在同时关闭中，通信双方都会完成上述工作。图 13-4 显示了在一个同时关闭中需要交换的报文段。

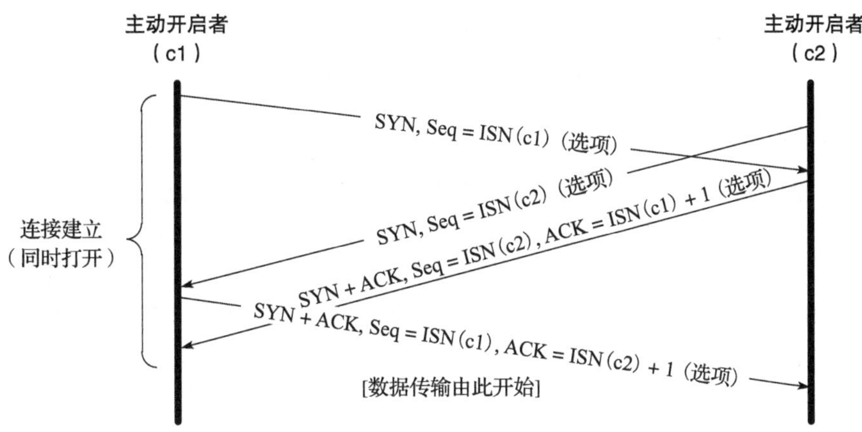

图 13-3　在同时打开中交换的报文段。与正常的连接建立过程相比，需要增加一个报文段。数据包的SYN 位将置位直到接收到一个 ACK 数据包为止

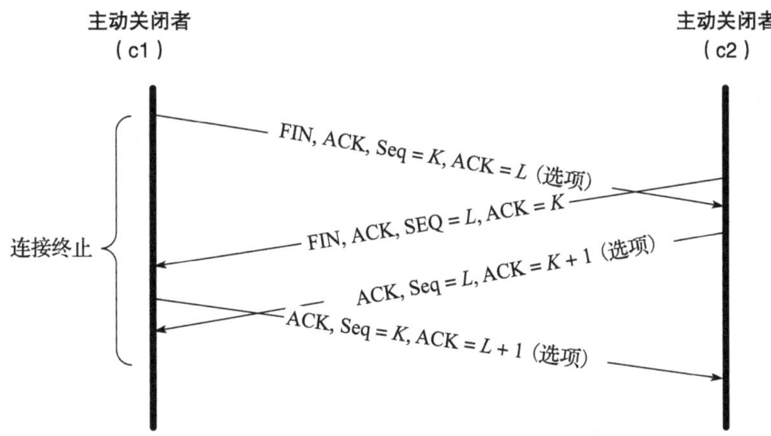

图 13-4　在同时关闭中交换的报文段。与正常关闭相似，只是报文段的顺序是交叉的　600

同时关闭需要交换与正常关闭相同数量的报文段。两者真正的区别在于报文段序列是交叉的还是顺序的。下文将会介绍 TCP 实现中同时打开与同时关闭操作使用特殊状态这一不常见的方法。

13.2.3　初始序列号

当一个连接打开时，任何拥有合适的 IP 地址、端口号、符合逻辑的序列号（即在窗口中）以及正确校验和的报文段都将被对方接收。然而，这也引入了另一个问题。在一个连接中，TCP 报文段在经过网络路由后可能会存在延迟抵达与排序混乱的情况。为了解决这一问题，需要仔细选择初始序列号。本节将详细介绍这一过程。

在发送用于建立连接的 SYN 之前，通信双方会选择一个初始序列号。初始序列号会随时间而改变，因此每一个连接都拥有不同的初始序列号。[RFC0793] 指出初始序列号可被视为一个 32 位的计数器。该计数器的数值每 4 微秒加 1。此举的目的在于为一个连接的报文段安排序列号，以防止出现与其他连接的序列号重叠的情况。尤其对于同一连接的两个不同实例而言，新的序列号也不能出现重叠的情况。

由于一个 TCP 连接是被一对端点所唯一标识的，其中包括由 2 个 IP 地址与 2 个端口号构成的 4 元组，因此即便是同一个连接也会出现不同的实例。如果连接由于某个报文段的长时间延迟而被关闭，然后又以相同的 4 元组被重新打开，那么可以相信延迟的报文段又会被视为有效数据重新进入新连接的数据流中。上述情况会令人十分烦恼。通过采取一些步骤来避免连接实例间的序列号重叠问题，能够将风险降至最低。即便如此，一个对数据完整性有较高要求的应用程序也可以在应用层利用 CRC 或校验和保证所需数据在传输过程中没有出现任何错误。在任何情况下这都是一种很好的方法，并已普遍用于大文件的传输。

如前文所述，一个 TCP 报文段只有同时具备连接的 4 元组与当前活动窗口的序列号，才会在通信过程中被对方认为是正确的。然而，这也从另一个侧面反映了 TCP 的脆弱性：如果选择合适的序列号、IP 地址以及端口号，那么任何人都能伪造出一个 TCP 报文段，从而打断 TCP 的正常连接 [RFC5961]。一种抵御上述行为的方法是使初始序列号（或者临时端口号 [RFC6056]）变得相对难以被猜出，而另一种方法则是加密（参见第 18 章）。

现代系统通常采用半随机的方法选择初始序列号。证书报告 CA-2001-09 [CERTISN] 讨
601 论了这一方法的具体实现细节。Linux 系统采用一个相对复杂的过程来选择它的初始序列号。它采用基于时钟的方案，并且针对每一个连接为时钟设置随机的偏移量。随机偏移量是在连接标识（即 4 元组）的基础上利用加密散列函数得到的。散列函数的输入每隔 5 分钟就会改变一次。在 32 位的初始序列号中，最高的 8 位是一个保密的序列号，而剩余的各位则由散列函数生成。上述方法所生成的序列号很难被猜出，但依然会随着时间而逐步增加。据报告显示，Windows 系统使用了一种基于 RC4[S94] 的类似方案。

13.2.4 例子

前文介绍了一个 TCP 连接的建立和退出过程，本节将从数据包（分组）的角度进一步介绍相关细节。为此我们尝试对邻近的 Web 服务器进行 TCP 连接。该主机的 IPv4 地址为 10.0.0.2，而客户端则采用了基于 Windows 的 Telnet 应用。

```
C:\> telnet 10.0.0.2 80
Welcome to Microsoft Telnet Client
Escape Character is 'CTRL+]'
... wait about 4.4 seconds ...
Microsoft Telnet> quit
```

telnet 命令是建立在 TCP 连接的基础上的。在上述例子中，该 TCP 连接必须与服务器的 IPv4 地址 10.0.0.2 以及 http 或 Web 服务的端口号（80 端口）相关联。当 Telnet 应用程序连接 23（Telnet 协议的众所周知端口 [RFC0854]）以外的端口，它将不能用于应用协议。它仅仅将自己的字节输入拷贝至 TCP 连接中，反之亦然。当一个 Web 服务器接收到进入的连接请求时，它首先需要等待对 Web 页面的请求。在这种情况下，我们不能提供这样的请求，因此服务器不会产生任何数据。这些均符合我们的期望，因为我们只对连接建立与终止过程中的数据包交换感兴趣。图 13-5 展示了 Wireshark 软件对该命令所产生的报文段的输出结果。

如图 13-5 所示，客户端发送的 SYN 报文段所包含的初始序列号为 685506836，通告窗口为 65535。该报文段还包含了若干其他选项。13.3 节将详细地讨论这些选项。第二个报文段既包含了服务器的 SYN 还包含了对客户端请求的 ACK 确认。它的序列号（服务器的初始序列号）为 1479690171，ACK 号为 685506837。ACK 号仅比客户端的初始序列号大 1，说明服务器已经成功接收到了客户端的初始序列号。该报文段同样也包含了一个通告窗口以

表明服务器愿意接收 64 240 个字节。第三个数据包将最终完成三次握手，它的 ACK 号为 1479690172。ACK 号是不断累积的，并且总是表明 ACK 发送者希望接收到的下一个序列号（而不是它上一个接收到的序列号）。

在 4.4 秒暂停之后，Telnet 应用程序被要求关闭连接。这使得客户端发送第 4 个报文段 FIN。FIN 的序列号为 685506837，并由第 5 个报文段确认（ACK 号为 685506838）。稍后， 602
服务器会发送自己的 FIN，对应的序列号为 1479690172。该报文段对客户端的 FIN 进行了再次确认。值得注意的是，该报文段的 PSH 位被置位。虽然这样并不会对连接的关闭过程产生实质影响，但通常用于说明服务器将不会再发送任何数据。最后一个报文段用于对服务器的 FIN 进行确认，ACK 号为 1479690173。

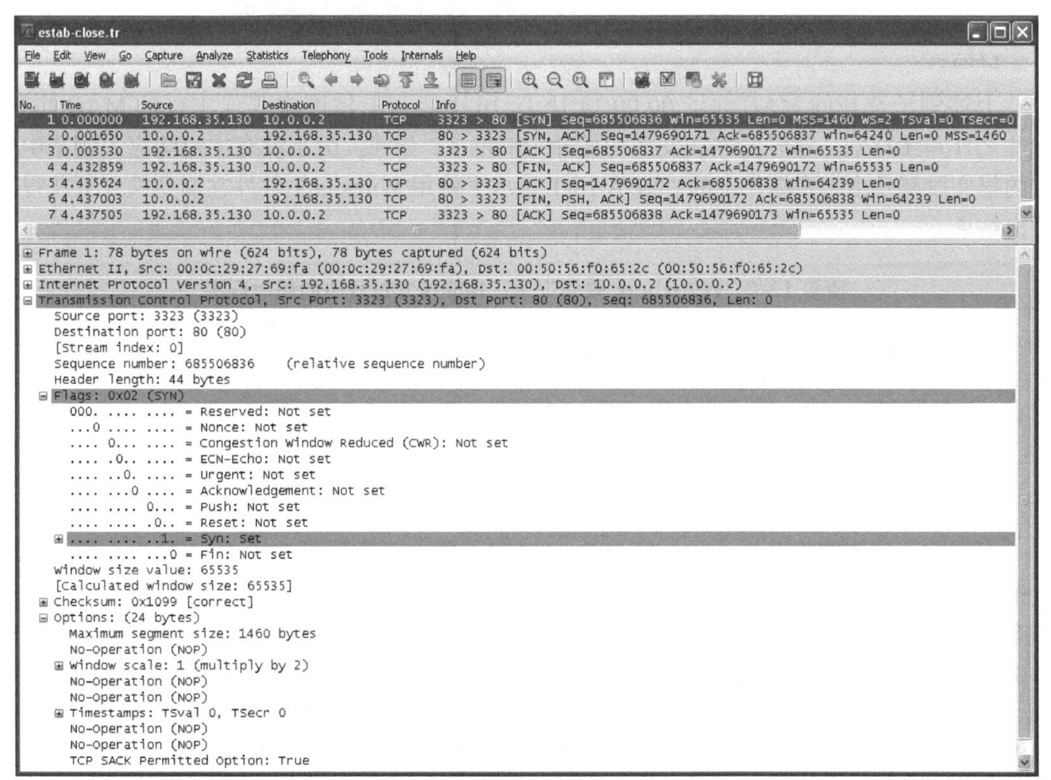

图 13-5 在主机 192.168.35.130 与 10.0.0.2 之间建立一条 TCP 连接，并在不发送任何数据的情况下关闭。PSH（推送）位说明第 6 个报文段正在发送所有来自缓存的数据（而缓存为空）

注意 [RFC1025] 将拥有最多特性（例如标记与选项）的报文段称为“神风”(kamikaze) 数据包。其他生动的术语还包括“丑恶报文”、“圣诞树数据包”、“灯测试”报文段。

从图 13-5 中我们还会发现 SYN 报文段包含了一个或多个选项。这些选项需要占用 TCP 头部额外的空间。例如，第一个 TCP 头部的长度为 44 字节，比最小的长度长 24 字节。TCP 603
也提供了若干选项，下文将详细介绍当一个连接无法建立时如何使用这些选项。

13.2.5 连接建立超时

本节的若干实例将会展示连接不能建立的情况。一种显而易见的情况是服务器关闭。为了模拟这种情况，我们将 telnet 命令发送给一个处于同一子网的不存在的主机。在不修改 ARP 表的情况下，上述做法会使客户端收到一个“无法到达主机”的错误消息后退出。由于没有接收到针对之前发送的 ARP 请求而返回的 ARP 响应（参见第 4 章），因此会产生“无法到达主机”的消息。如果我们能事先在 ARP 表中为这个不存在的主机添加一条记录，那么系统就不需要发送 ARP 请求，而会马上根据 TCP/IP 协议尝试与这个不存在的主机建立联系。相关的命令如下：

```
Linux# arp -s 192.168.10.180 00:00:1a:1b:1c:1d
Linux% date; telnet 192.168.10.180 80; date
Tue June  7 21:16:34 PDT 2009
Trying 192.168.10.180...
telnet: connect to address 192.168.10.180: Connection timed out
Tue June  7 21:19:43 PDT 2009
Linux%
```

上述例子选择的 MAC 地址 00:00:1a:1b:1c:1d 不能与局域网中其他主机的 MAC 冲突，除此之外并无特别。超时发生在发送初始命令后的 3.2 分钟。由于没有主机响应，例子中所有的报文段都是由客户端产生的。清单 13-1 显示了使用 Wireshark 软件在摘要模式下获得的输出结果。

清单 13-1　Wireshark 软件记录了连接建立过程中的超时现象

No.	Time	Source	Destination	Protocol	Info
1	0.000000	192.168.10.144	192.168.10.180	TCP	32787 > http
2	2.997928	192.168.10.144	192.168.10.180	TCP	32787 > http
3	8.997962	192.168.10.144	192.168.10.180	TCP	32787 > http
4	20.997942	192.168.10.144	192.168.10.180	TCP	32787 > http
5	44.997936	192.168.10.144	192.168.10.180	TCP	32787 > http
6	92.997937	192.168.10.144	192.168.10.180	TCP	32787 > http

有趣的是这些输出结果显示了客户端 TCP 为了建立连接频繁地发送 SYN 报文段。在首个报文段发送后仅 3 秒第二个报文段就被发送出去，第三个报文段则是这之后的 6 秒，而第四个报文段则在第三个报文段发送 12 秒以后被发送出去，以此类推。这一行为被称作*指数回退*。在讨论以太网 CSMA/CD 介质访问控制协议时（参见第 3 章）我们也曾见过这样的行为。然而，这两种指数回退也略有不同。此处的每一次回退数值都是前一次数值的两倍，而
604 在以太网中最大的回退数值是上一次的两倍，实际的回退数值则需要随机选取。

一些系统可以配置发送初始 SYN 的次数，但通常选择一个相对较小的数值 5。在 Linux 系统中，系统配置变量 net.ipv4.tcp_syn_retries 表示了在一次主动打开申请中尝试重新发送 SYN 报文段的最大次数。相应地，变量 net.ipv4.tcp_synack_retries 表示在响应对方的一个主动打开请求时尝试重新发送 SYN + ACK 报文段的最大次数。此外，它能够在设定 Linux 专有的 TCP_SYNCNT 套接字选项的基础上用于个人连接。正如上面所介绍的，默认的数值为重试 5 次。两次重新传输之间的指数回退时间是 TCP 拥塞管理响应的一部分。当我们讨论 Karn 算法时再仔细研究。

13.2.6　连接与转换器

在第 7 章，我们已经讨论了一些协议（比如 TCP 和 UDP）如何利用传统的 NAT 转换地址与端口号。我们还讨论了 IP 数据包如何在 IPv6 与 IPv4 两个版本间进行转换。当 TCP 使用 NAT 时，伪头部的校验和通常需要调整（使用校验和中立地址修改器的情况除外）。其他

协议也使用伪头部校验和，因为计算包含了与传输层、网络层相关的信息。

当一个 TCP 连接首次被建立时，NAT 能够根据报文段的 SYN 位探明这一事实。同样，可以通过检查 SYN + ACK 报文段与 ACK 报文段所包含的序列号来判断一个连接是否已经完全建立。上述方法还适用于连接的终止。通过在 NAT 中实现一部分 TCP 状态机（参见 [RFC6146] 的 3.5.2.1 节与 3.5.2.2 节）能够跟踪连接，包括当前状态、各方向的序列号以及相关的 ACK 号。这种状态跟踪是典型的 NAT 实现方法。

当 NAT 扮演编辑者的角色并且向传输协议的数据负载中写入内容时，就会涉及一些更复杂的问题。对于 TCP 而言，它将会包括在数据流中添加与删除数据，并由此影响序列号（与报文段）的长度。此举会影响到校验和，但也会影响数据的顺序。如果利用 NAT 在数据流中插入或删除数据，这些数值都要做出适当调整。如果 NAT 的状态与终端主机的状态不同步，连接就无法正确进行下去。因此，上述做法会带来一定的脆弱性。

13.3 TCP 选项

如图 12-3 所示，TCP 头部包含了多个选项。*选项列表结束*（End of Option List，EOL）、*无操作*（No Operation，NOP）以及*最大段大小*（Maximum Segment Size，MSS）是定义于原始 TCP 规范中的选项。自那时起，又有若干选项被定义。整个选项列表是由互联网编号分配机构（IANA）维护的 [TPARAMS]。表 13-1 列举了一些目前有趣的选项（即，符合 RFC 标准化描述的选项）。 605

表 13-1　TCP 选项数值，超过 40 个字节用于保存选项

种类	长度	名称	参考	描述与目的
0	1	EOL	[RFC0793]	选项列表结束
1	1	NOP	[RFC0793]	无操作（用于填充）
2	4	MSS	[RFC0793]	最大段大小
3	3	WSOPT	[RFC01323]	窗口缩放因子（窗口左移量）
4	2	SACK-Permitted	[RFC02018]	发送者支持 SACK 选项
5	可变	SACK	[RFC02018]	SACK 阻塞（接收到乱序数据）
8	10	TSOPT	[RFC01323]	时间戳选项
28	4	UTO	[RFC05482]	用户超时（一段空闲时间后的终止）
29	可变	TCP-AO	[RFC05925]	认证选项（使用多种算法）
253	可变	Experimental	[RFC04727]	保留供实验所用
254	可变	Experimental	[RFC04727]	保留供实验所用

每一个选项的头一个字节为“*种类*”（kind），指明了该选项的类型。根据 [RFC1122]，不能被理解的选项会被简单地忽略掉。种类值为 0 或 1 的选项仅占用一个字节。其他的选项会根据种类来确定自身的字节数 len。选项的总长度包括了种类与 len 个字节。设置 NOP 选项的目的是允许发送者在必要的时候用多个 4 字节组填充某个字段。需要记住的是 TCP 头部的长度应该是 32 比特的倍数，因为 TCP *头部长度*字段是以此为单位的。EOL 指出了选项列表的结尾，说明无需对选项列表再进行处理。在下文中，我们将详细地探究其他选项。

13.3.1 最大段大小选项

最大段大小是指 TCP 协议所允许的从对方接收到的最大报文段，因此这也是通信对方在发送数据时能够使用的最大报文段。根据 [RFC0879]，最大段大小只记录 TCP 数据的字节数而不包括其他相关的 TCP 与 IP 头部。当建立一条 TCP 连接时，通信的每一方都要在 SYN 报文段的 MSS 选项中说明自己允许的最大段大小。这 16 位的选项能够说明最大段大小的数值。在没有事先指明的情况下，最大段大小的默认数值为 536 字节。前文曾介绍过，任何主机都应该能够处理至少 576 字节的 IPv4 数据报。如果按照最小的 IPv4 与 TCP 头部计算，TCP 协议要求在每次发送时的最大段大小为 536 字节，这样就正好能够组成一个 576（20 + 20 + 536 = 576）字节的 IPv4 数据报。

图 13-5 中，最大段大小的数值均为 1460。这是 IPv4 协议中的典型值，因此 IPv4 数据
606 报的大小也相应增加 40 个字节（总共 1500 字节，以太网中最大传输单元与互联网路径最大传输单元的典型数值）：20 字节的 TCP 头部加 20 字节的 IP 头部。当使用 IPv6 协议时，最大段大小通常为 1440 字节。由于 IPv6 的头部比 IPv4 多 20 个字节，因此最大段大小的数值相应减少 20 字节。在 [RFC2675] 中 65535 是一个特殊数值，与 IPv6 超长数据报一起用来指定一个表示无限大的有效最大段大小值。在这种情况下，发送方的最大段大小等于路径 MTU 的数值减去 60 字节（40 字节用于 IPv6 头部，20 字节用于 TCP 头部）。值得注意的是，最大段大小并不是 TCP 通信双方的协商结果，而是一个限定的数值。当通信的一方将自己的最大段大小选项发送给对方时，它已表明自己不愿意在整个连接过程中接收任何大于该尺寸的报文段。

13.3.2 选择确认选项

第 12 章介绍了滑动窗口的概念，并描述了 TCP 协议是如何管理序列号与确认的。由于采用累积 ACK 确认，TCP 不能正确地确认之前已经接收的数据。由于接收的数据是无序的，所以接收到数据的序列号也是不连续的。在这种情况下，TCP 接收方的数据队列中会出现空洞的情况。因此在提供字节流传输服务时，TCP 接收方需要防止应用程序使用超出空洞的数据。

如果 TCP 发送方能够了解接收方当前的空洞（以及在序列空间中超出空洞的乱序数据块），它就能在报文段丢失或被接收方遗漏时更好地进行重传工作。根据 [RFC2018] 与 [RFC2883]，TCP“选择确认”（SACK）选项提供了上述功能。如果 TCP 接收方能够提供选择确认信息，并且发送方能够合理有效地利用这些信息，那么上述方案将会十分高效。

通过接收 SYN（或者 SYN + ACK）报文段中的“允许选择确认”选项，TCP 通信方会了解到自身具有了发布 SACK 信息的能力。当接收到乱序的数据时，它就能提供一个 SACK 选项来描述这些乱序的数据，从而帮助对方有效地进行重传。SACK 信息保存于 SACK 选项中，包含了接收方已经成功接收的数据块的序列号范围。每一个范围被称作一个 SACK 块，由一对 32 位的序列号表示。因此，一个 SACK 选项包含了 n 个 SACK 块，长度为 $(8n + 2)$ 个字节。增加的 2 个字节用于保存 SACK 选项的种类与长度。

由于 TCP 头部选项的空间是有限的，因此一个报文段中发送的最大 SACK 块数目为 3（假设使用了时间戳选项。根据 13.3.4 节的介绍，这是现代 TCP 实现中的典型情况）。虽然只有 SYN 报文段才能包含“允许选择确认”选项，但是只要发送方已经发送了该选项，SACK 块就能够通过任何报文段发送出去。由于选择确认的操作相对于 TCP 的错误和拥塞控制的
607 操作而言更简单，本书将在第 14 章与第 16 章再介绍相关的细节。

13.3.3 窗口缩放选项

根据 [RFC1323]，窗口缩放选项（表示为 WSCALE 或 WSOPT）能够有效地将 TCP 窗口广告字段的范围从 16 位增加至 30 位。TCP 头部不需要改变窗口通告字段的大小，仍然维持 16 位的数值。同时，使用另一个选项作为这 16 位数值的比例因子。该比例因子能够使窗口字段值有效地左移。这样事实上将窗口数值扩大至原先的 2^s 倍，其中 s 为比例因子。一个字节的移动可以用 0 至 14（包含 14）来计数。计数为 0 的移动表示没有任何比例。最大的比例数值是 14，它能够提供一个最大为 1 073 725 440 字节（$65\,535 \times 2^{14}$）的窗口。该数值接近 1 073 741 823（$2^{30}-1$），正好 1GB。因此，TCP 使用一个 32 位的值来维护这个"真实"的窗口大小。

该选项只能出现于一个 SYN 报文段中，因此当连接建立以后比例因子是与方向绑定的。为了保证窗口调整，通信双方都需要在 SYN 报文段中包含该选项。主动打开连接的一方利用自己的 SYN 中发送该选项，但被动打开连接的一方只能在接收到的 SYN 中指出该选项时才能发送。每个方向的比例因子可各不相同。如果主动打开连接的一方发送了一个非 0 的比例因子但却没有接收到来自对方的窗口缩放选项，它会将自己发送与接收的比例因子数值都设为 0。这样使得系统不需要理解这些系统间的选项互操作。

假设我们正在使用窗口缩放选项，发送出去的窗口移动数值为 S，而接收到的窗口移动数值为 R。这样，我们从对方接收到每一个 16 位的广告窗口都需要左移 R 位才能获得真实窗口大小。每次向对方发送窗口通告时，都会将 32 位的窗口大小向右移动 S 位，然后将 16 位的数值填充到 TCP 头部。

窗口的移动数值是由 TCP 通信方根据接收缓存的大小自动选取的。缓存的大小是由系统设定的，但是应用程序通常都具有改变其大小的能力。当 TCP 协议被用于在大带宽、高延迟网络（即，往返时间与带宽都相对较大的网络）上提供海量数据传输服务时，窗口缩放选项就非常有意义。因此，第 16 章将会进一步讨论该选项的重要性与使用方法。

13.3.4 时间戳选项与防回绕序列号

时间戳选项（记作 TSOPT 或 TSopt）要求发送方在每一个报文段中添加 2 个 4 字节的时间戳数值。接收方将会在确认中反映这些数值，允许发送方针对每一个接收到的 ACK 估算 TCP 连接的往返时间（由于 TCP 协议经常利用一个 ACK 来确认多个报文段，此处必须指出是"每个接收到的 ACK"而不是"每个报文段"。本书第 15 章将会详细地讨论这一问题）。当使用时间戳选项时，发送方将一个 32 位的数值填充到时间戳数值字段（称作 TSV 或 608
TSval）作为时间戳选项的第一个部分；而接收方则将收到的时间戳数值原封不动地填充至第二部分的时间戳回显重试字段（称作 TSER 或 TSecr）。由于包含了时间戳选项，TCP 头部的长度将会增长 10 字节（8 字节用于保存 2 个时间戳数值，而另 2 个数值则用于指明选项的数值与长度）。

时间戳是一个单调增加的数值。由于接收者只会对它接收到的信息做出响应，所以它并不关心时间戳单元或数值到底是什么。该选项并不要求在两台主机之间进行任何形式的时钟同步。[RFC1323] 推荐发送者每秒钟至少将时间戳数值加 1。图 13-6 显示了通过 Wireshark 软件获得的时间戳选项。

上述例子中，通信双方都产生并回应了对方的时间戳。第一个报文段（客户端的 SYN）使用了一个初始的时间戳数值 81813090。该数值被填充在时间戳数值字段中。由于客户端并不知道服务器的时间戳数值，所以该报文段的第二部分时间戳回显重试字段的数值为 0。

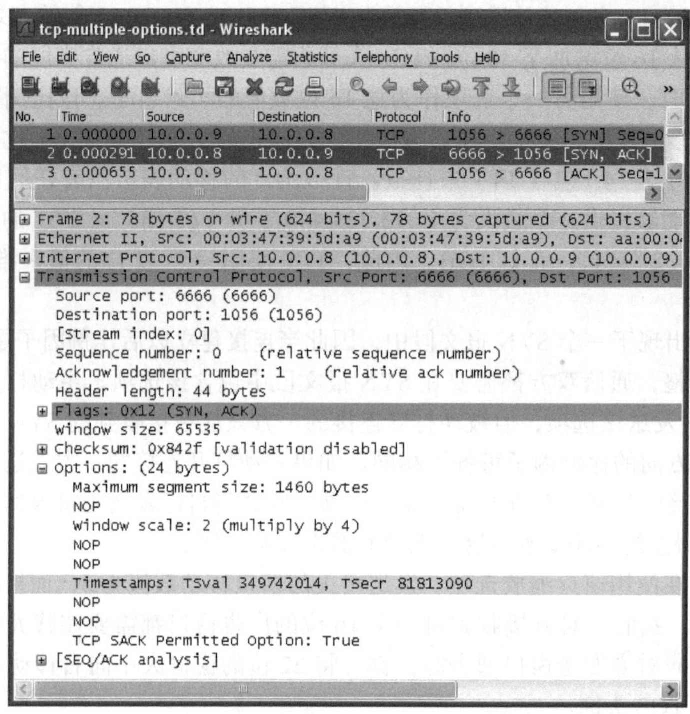

图 13-6　一个使用了时间戳、窗口缩放以及最大段大小选项的 TCP 连接。TCP 头部长度为 44 字节。初始 SYN（第 1 个数据包）的时间戳数值为 81813090。图中高亮标记的第二个数据包将这一
609 数值作为响应返回给主动打开连接的一方，同时包含了自己的数值 349742014

估算一条 TCP 连接的往返时间主要是为了设置重传超时。重传超时用于告知 TCP 通信方何时应该重新发送可能已经丢失的报文段。第 12 章已经讨论了在一些往返时间函数的基础上设置此项超时的必要性。借助时间戳选项，我们能够获得往返时间相对精确的测量结果。在使用时间戳选项之前，大多 TCP 通信会针对每个窗口的数据抽取一个往返时间样本。时间戳选项使我们获得了更多的样本，从而提升了精确估算往返时间的能力（参见 [RFC1323] 与 [RFC6298]）。

由于时间戳选项与重传计时器的设置紧密相关，我们将在第 14 章讨论重传问题时详细地介绍时间戳选项的这一用途。“这一用途”是为了强调虽然时间戳选项允许更高频率的往返时间样本，但它也为接收者提供了避免接收旧报文段与判断报文段正确性的方法。这被称作*防回绕序列号*（Protection Against Wrapped Sequence numbers，PAWS），它与时间戳选项一起记录于 [RFC1323] 中。现在，我们要继续探究一下它是如何工作的。

假设一个 TCP 连接使用了窗口缩放选项，并将其设置为可能最大的窗口，大约 1GB。再假设使用了时间戳选项，并且发送者针对发送的每个窗口分配的时间戳数值都会加 1。（这一假设是保守的。正常情况下时间戳数值的增长速度要远快于此。）表 13-2 显示了当传输 6GB 数据时两个主机之间可能的数据流。为了避免过多的 10 位数字，我们使用符号 G 表示 1 073 741 824 的倍数。我们还再次采用了 tcpdump 中的符号 $J{:}K$ 来表示从第 J 个字节到第 $K-1$ 个字节的数据。

表 13-2 TCP 时间戳选项通过提供一个额外的 32 位有效序列号空间清除了具有相同序列号的报文段之间的二义性

时间	发送字节数	发送序列号	发送时间戳	接收
A	0G:1G	0G:1G	1	完好
B	1G:2G	1G:2G	2	完好，但一个报文段丢失并重传
C	2G:3G	2G:3G	3	完好
D	3G:4G	3G:4G	4	完好
E	4G:5G	0G:1G	5	完好
F	5G:6G	1G:2G	6	完好，但重传的报文段重新出现

32 位*序列号*字段在时刻 D 和时刻 E 间回绕。假设在时刻 B 有一个报文段丢失并被重传。又假设这一丢失的报文段在时刻 F 重新出现。假设报文段丢失与重新出现的时间差小于一个报文段在网络中存在的最大时间（称为 MSL，参见 13.5.2 节），否则当路由器发现 TTL 610
期满后就会丢弃该报文段。正如我们之前提到的，旧的报文段重新出现并包含当前正在传输的序列号的问题只会发生在相对高速的连接中。

由表 13-2 可以看出，使用时间戳选项能够有效地防止上述问题。接收者可以将时间戳看作一个 32 位的扩展序列号。丢失的报文段会在时刻 F 重新出现，由于它的时间戳为 2，小于最近的有效时间戳（5 或 6），因此防回绕序列号算法会将其丢弃。防回绕序列号算法并不要求在发送者与接收者之间有任何形式的时钟同步。接收者所需要的是保证时间戳数值单调增长，并且每一个窗口的数据至少增加 1。

13.3.5 用户超时选项

根据 [RFC5482] 的描述，*用户超时*（UTO）选项是一个相对较新的 TCP 的功能。用户超时数值（也被称为 USER_TIMEOUT）指明了 TCP 发送者在确认对方未能成功接收数据之前愿意等待该数据 ACK 确认的时间。根据 [RFC0793]，USER_TIMEOUT 是 TCP 协议本地配置的一个参数。用户超时选项允许 TCP 通信方将自己的 USER_TIMEOUT 数值告知连接的对方。这样就方便了 TCP 接收方调整自己的行为（例如，在终止连接之前容忍一段较长时间的连接中断）。NAT 设备也能够解释这些信息以帮助设置它们的连接活动计时器。

用户超时选项的数值是建议性的，因为即便连接的一端希望使用一个大的或小的数值，也不意味着另一端就必须遵从。[RFC1122] 提炼了 USER_TIMEOUT 的定义，并且建议当 TCP 连接达到 3 次重传阈值时应该通知应用程序（规则 1），而当超时大于 100 秒时应该关闭连接（规则 2）。某些实现会提供 API 函数来修改规则 1 与规则 2。由于长的用户超时设置会导致资源耗尽，而短的用户超时设置可能会导致一些连接过早地断开（例如，拒绝服务攻击），因此需要为用户超时选项的可能数值设置上下边界。设置 USER_TIMEOUT 的具体方法如下：

```
USER_TIMEOUT = min(U_LIMIT, max(ADV_UTO, REMOTE_UTO, L_LIMIT))
```

其中 ADV_UTO 是本端告知远端通信方的用户超时选项数值，而 REMOTE_UTO 是远端通信方告知的用户超时选项数值，U_LIMIT 是本地系统对用户超时选项设定的数值上边界，而 L_LIMIT 则是下边界。值得注意的是上式并不能保证同一连接的两端会获得相同的用户超时数值。在任何情况下，L_LIMIT 的数值必须大于对应连接的重传超时数值（参见第 14
章）。L_LIMIT 的数值一般推荐设为 100 秒，这样可以保持与 [RFC1122] 相兼容。 611

建立连接的 SYN 报文段、首个非 SYN 报文段以及 USER_TIMEOUT 的数值发生任何改变的报文段，都会包含用户超时选项。该选项的数值由一个 15 位的数值部分与一个 1 位的单位部分构成。单位部分用于说明数值的计量单位是分钟（1）还是秒（0）。UTO 作为一个相对较新的选项还没有得到广泛使用。

13.3.6 认证选项

TCP 设置了一个选项用于增强连接的安全性。设计该选项的目的在于增强与替换较早的 TCP-MD5 机制 [RFC2385]。这一选项被称作 *TCP 认证选项*（TCP Authentication Option，TCP-AO）[RFC5925]，它使用了一种加密散列算法（参见第 18 章）以及 TCP 连接双方共同维护的一个秘密值来认证每一个报文段。TCP 认证选项不仅提供各种加密算法，还使用“带内”信令来确认密钥是否改变，因此它与 TCP-MD5 相比有很大的提高。然而，TCP 认证选项没有提供一个全面密钥管理方案。也就是说，通信双方不得不采用一种方法在 TCP 认证选项运行之前建立出一套共享密钥。

当发送数据时，TCP 会根据共享的密钥生成一个通信密钥，并根据一个特殊的加密算法 [RFC5926] 计算散列值。接收者装配有相同的密钥，同样也能够生成通信密钥。借助通信密钥，接收者可以确认到达的报文段是否在传输过程中被篡改过（有非常高的可能性）。设置该选项是为了针对各种 TCP 欺骗攻击提供强有力的抵御策略（参见 13.8 节）。然而，由于需要创建并分发一个共享密钥（这是一个相对新的选项），该选项并没有得到广泛使用。

13.4 TCP 的路径最大传输单元发现

第 3 章介绍了路径最大传输单元（MTU）的概念。它是指经过两台主机之间路径的所有网络报文段中最大传输单元的最小值。知道路径最大传输单元后能够有助于一些协议（比如 TCP）避免分片。第 10 章介绍了基于 ICMP 消息的路径最大传输单元发现（PMTUD）过程是如何实现的，但由于应用程序已经指定了尺寸（即，非传输层协议），UDP 协议一般不会采用上述发现过程获得的数据报大小。TCP 在支持字节流抽象的实现过程中能够决定使用多大的报文段，因此它很大程度上控制了最后生成的 IP 数据包。

在本节中，我们将会进一步探寻 TCP 是如何使用路径最大传输单元的。我们的讨论内容适用于 TCP/IPv4 与 TCP/IPv6。[RFC1191] 与 [RFC1981] 能分别提供更多的细节。一种称作*分组层路径最大传输单元发现*（Packetization Layer Path MTU Discovery，PLPMTUD）的算法能够避免对 ICMP 的使用。根据 [RFC4821]，该算法也能够被 TCP 或其他传输协议使用。我们可以利用 IPv6 协议中“数据包太大”（Packet Too Big，PTB）的术语来代表 ICMPv4

612 地址不可达（需要分片）或 ICMPv6 数据包太大的消息。

TCP 常规的路径最大传输单元发现过程如下：在一个连接建立时，TCP 使用对外接口的最大传输单元的最小值，或者根据通信对方声明的最大段大小来选择发送方的最大段大小（SMSS）。路径最大传输单元发现不允许 TCP 发送方有超过另一方所声明的最大段大小的行为。如果对方没有指明最大段大小的数值，发送方将假设采用默认的 536 字节，但是这种情况比较少见。如果为每一个目的地保存对应的路径最大传输单元，那么就能方便地对段大小进行选择。值得注意的是，一条连接的两个方向的路径最大传输单元是不同的。

一旦为发送方的最大段大小选定了初始值，TCP 通过这条连接发送的所有 IPv4 数据报都会对 DF 位字段进行设置。TCP/IPv6 没有 DF 位字段，因此只需要假设所有的数据报都已经设置了该字段而不必进行实际操作。如果接收到 PTB 消息，TCP 就会减少段的大小，然后用修改过的段大小进行重传。如果在 PTB 消息中已包含了下一跳推荐的最大传输单元，段大小的数值可以设置为下一跳最大传输单元的数值减去 IPv4（或 IPv6）与 TCP 头部的大小。如果下一跳最大传输单元的数值不存在（例如，一个之前的 ICMP 错误被返回时会缺乏这一信息），发现者可能需要尝试多个数值（例如，采用二分搜索法选择一个可用的数值）。这也会影响到 TCP 的拥塞控制管理（参见第 16 章）。对于分组层路径最大传输单元发现而言，除了 PTB 的消息不被使用以外其他情况基本类似。相反，执行路径最大传输单元发现的协议必须能够快速地检测消息丢弃并调整自己的数据报大小。

由于路由是动态变化的，在减少段大小的数值一段时间后需要尝试一个更大的数值（接近初始的发送方最大段大小）。根据 [RFC1191] 与 [RFC1981] 的指导意见，该时间间隔大约为 10 分钟。

在互联网环境中，由于防火墙阻塞 PTB 消息 [RFC2923]，路径最大传输单元发现过程会存在一些问题。在各种操作问题中，黑洞问题的情况虽有所好转（在 [LS10] 中，80% 被调查的系统都能够正确地处理 PTB 消息），但仍悬而未决。在 TCP 实现依靠传输 ICMP 消息来调整它的段大小的情况下，如果 TCP 从未接收到任何 ICMP 消息，那么在路径最大传输单元发现过程中就会造成黑洞问题。这种情况可能由多方面的原因造成，其中包括了防火墙或 NAT 配置为禁止转发 ICMP 消息。其后果在于一旦 TCP 使用了更大的数据包将不能被正确处理。由于只是不能转发大数据包，所以诊断出这一问题是十分困难的。那些较小的数据包（比如用于建立连接的 SYN 与 SYN + ACK 数据包）是能够成功处理的。一些 TCP 实现具有“黑洞探测”功能。当一个报文段在反复重传数次后，将会尝试发送一个较小的报文段。

13.4.1 例子

当中间路由器的最大传输单元小于任何一个通信端的最大段大小时，TCP 就会执行路径最大传输单元发现过程。为了创造上述条件，本文使用一台路由器（一台本地地址为 10.0.0.1 的 Linux 主机）通过 PPPoE 接口连接 DSL 服务提供商。PPPoE 链路使用的最大传输 613
单元为 1492 字节（以太网的最大传输单元为 1500 字节，减去 PPPoE 协议的 6 字节负载，再减去 2 字节的 PPP 负载。参见第 13 章）。图 13-7 显示了上述例子的拓扑结构。

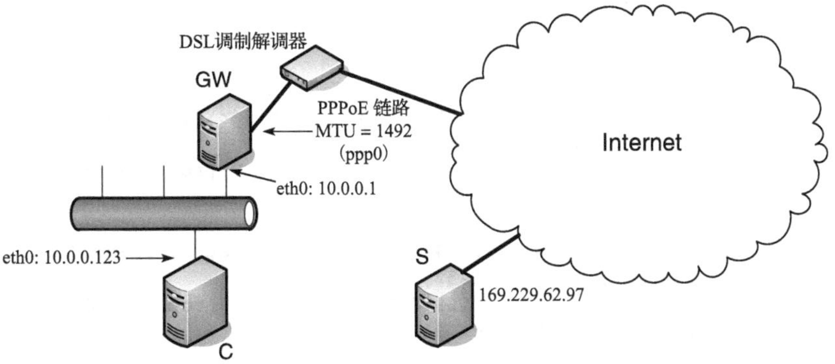

图 13-7 PPPoE 封装使 TCP 连接的路径最大传输单元从 1500 字节（以太网最大传输单元的典型值）减至 1492 字节。为了证明 TCP 的路径 MTU 发现功能，此例设置了更小的最大传输单元（288 字节）

为了更加明显地看出这一行为，将 PPPoE 链路最大传输单元的数值从 1492 减少至 288

字节。通过在图 13-7 的 GW 主机上执行下面的命令来完成这项工作：

```
Linux(GW)# ifconfig ppp0 mtu 288
```

此外，还需要告知客户端（图 13-7 中的 C）系统允许的最小报文段大小：

```
Linux(C)# sysctl -w net.ipv4.route.min_pmtu=68
```

如果不执行第 2 步操作，Linux 系统会将路径最大传输单元的最小值设置为默认的 552 字节，这样就能够避免某些较小的最大传输单元攻击（参见 13.8 节）。这样做的后果是此例中任何大于 288 字节的数据包都将被分片。为了避免这种情况的发生，并证明路径最大传输单元发现是有效的，需要修改这一最小值。然后，我们开始通过互联网从主机 C（地址 10.0.0.123）向服务器 S 传输文件（地址 169.229.62.97）。清单 13-2 显示了利用 tcpdump 记录下的数据包交换过程。为了清楚起见，隐藏了一些行并删除了一些不相关的字段。

清单 13-2　在网络传输过程中，如果中间链路的最大传输单元小于两端通信节点的，路径 MTU 发现机制能够找出合适的段大小以供传输使用

```
1 20:20:21.992721 IP (tos 0x0, ttl 45, id 43565, offset 0, flags [DF],
                  proto 6, length: 588)
                  169.229.62.97.22 > 10.0.0.123.1027: P [tcp sum ok]
614               41:577(536) ack 23

2 20:20:21.993727 IP (tos 0x0, ttl 64, id 57659, offset 0, flags [DF],
                  proto 6, length: 588)
                  10.0.0.123.1027 > 169.229.62.97.22: P [tcp sum ok]
                  23:559(536) ack 577

3 20:20:21.994093 IP (tos 0xc0, ttl 64, id 57547, offset 0, flags
                  [none], proto 1, length: 576)
                  10.0.0.1 > 10.0.0.123: icmp 556:
                  169.229.62.97 unreachable - need to frag (mtu 288) for
                    IP (tos 0x0, ttl 63, id 57659, offset 0, flags [DF],
                    proto 6, length: 588)
                      10.0.0.123.1027 > 169.229.62.97.22:
                      P 23:559(536) ack 577

4 20:20:21.994884 IP (tos 0x0, ttl 64, id 57660, offset 0, flags [DF],
                  proto 6, length: 288)
                  10.0.0.123.1027 > 169.229.62.97.22: . [tcp sum ok]
                  23:259(236) ack 577

...

5 20:20:22.488856 IP (tos 0x0, ttl 45, id 6712, offset 0, flags [DF],
                  proto 6, length: 836)
                  169.229.62.97.22 > 10.0.0.123.1027: P [tcp sum ok]
                  857:1641(784)ack 855
...
6 20:20:29.672947 IP (tos 0x8, ttl 64, id 57679, offset 0, flags [DF],
                  proto 6, length: 1452)
                  10.0.0.123.1027 > 169.229.62.97.22: . [tcp sum ok]
                  1431:2831(1400) ack 2105

7 20:20:29.674123 IP (tos 0xc8, ttl 64, id 57548, offset 0, flags
                  [none], proto 1, length: 576)
                  10.0.0.1 > 10.0.0.123: icmp 556:
                  169.229.62.97 unreachable - need to frag (mtu 288) for
                    IP (tos 0x8, ttl 63, id 57679, offset 0, flags [DF],
```

```
                    proto 6, length: 1452)
                      10.0.0.123.1027 > 169.229.62.97.22: .
                      1431:2831(1400) ack 2105

8 20:20:29.673751 IP (tos 0x8, ttl 64, id 57680, offset 0, flags [DF],
                  proto 6, length: 1452)
                  10.0.0.123.1027 > 169.229.62.97.22: . [tcp sum ok]
                  2831:4231(1400) ack 2105

9 20:20:29.675180 IP (tos 0xc8, ttl 64, id 57549, offset 0, flags
                  [none], proto 1, length: 576)
                  10.0.0.1 > 10.0.0.123: icmp 556:
                  169.229.62.97 unreachable - need to frag (mtu 288) for
                    IP (tos 0x8, ttl  63, id 57680, offset 0, flags [DF],
                    proto 6, length: 1452)
                    10.0.0.123.1027 > 169.229.62.97.22: .
                    2831:4231(1400) ack 2105
```
615

```
10 20:20:29.674932 IP (tos 0x8, ttl  64, id 57681, offset 0, flags
                  [DF], proto 6, length: 288)
                  10.0.0.123.1027 > 169.229.62.97.22: . [tcp sum ok]
                  1431:1667(236) ack 2105

11 20:20:29.675143 IP (tos 0x8, ttl  64, id 57682, offset 0, flags
                  [DF], proto 6, length: 288)
                  10.0.0.123.1027 > 169.229.62.97.22: . [tcp sum ok]
                  1667:1903(236) ack 2105
```

根据 tcpdump 的输出结果，连接已经建立并且最大段大小的数值已经交换。连接中所有的数据包都将 DF 位置位，所以两端都能够使用路径 MTU 发现机制。较远一方的首个数据包的长度为 588 字节。尽管中间 PPPoE 链路的最大传输单元已配置为 288 字节，但该数据包仍能够成功地通过路由器转发而不被分片。产生这种情况的原因是不对称的最大传输单元配置。虽然 PPPoE 链路的本地端使用了 288 字节的最大传输单元，但是另一端仍然将发送方最大段大小的数值设置为一个较大的值，大概是 1492 字节。这样就会造成下述情况，向外发送的数据包需要较小的段大小（288 字节或更小），而反方向进入的数据包可以拥有较大的段大小。

当本地通信端尝试发送一个 588 字节且 DF 位置位的较大数据包时，路由器（10.0.0.1）将会产生一个 PTB 消息，指出适合下一跳链路的最大传输单元大小为 288 字节。在收到这条 PTB 消息后，TCP 在发送下一个数据包时会按照指示选择 288 字节作为响应。对于那些原本打算以 588 字节的大小发送的剩余的数据包，TCP 也会按照最大传输单元的数值将它们重新划分，另外发送两个大小分别为 288 字节与 116 字节的数据包。在文件传输的过程中，类似的数据包大小会不断地重复出现。

路径 MTU 发现过程是一种 TCP 明确地尝试调整段大小的方法。它适用于 TCP 连接建立后，至少是在传输大量数据时。报文段的大小能够影响吞吐量的总体性能以及 TCP 窗口大小。第 15 章将会继续讨论它是如何影响总体性能的。

13.5 TCP 状态转换

我们已经介绍了许多关于一个 TCP 连接启动与终止的规则，也看到了在一个连接的不同阶段需要发送的各种类型的报文段。这些决定 TCP 应该做什么的规则其实是由 TCP 所属的状态决定的。当前的状态会在各种触发条件下发生改变，例如传输或接收到的报文段、计时器

616 超时、应用程序的读写操作，以及来自其他层的信息。这些规则可以概括为 TCP 的状态转换图。

13.5.1 TCP 状态转换图

图 13-8 展示了 TCP 的状态转换图。图中的状态用椭圆表示，而状态之间的转换则用箭头表示。TCP 连接的每一端都可以在这些状态中进行转换。有些转换是由于接收到某个控制位字段置位的报文段而引发的（例如，SYN，ACK，FIN）；而有些转换又会要求发送一些控制位字段置位的报文段。另外还有一些转换是由应用程序的动作或计时器超时引发的。上述各种情况都以文本注释的方式标记在转换图的相关箭头旁边。当初始化时，TCP 从 CLOSED 状态启动。通常根据是执行主动打开操作还是被动打开操作，TCP 将分别快速转换到 SYN_SENT 或 LISTEN 状态。

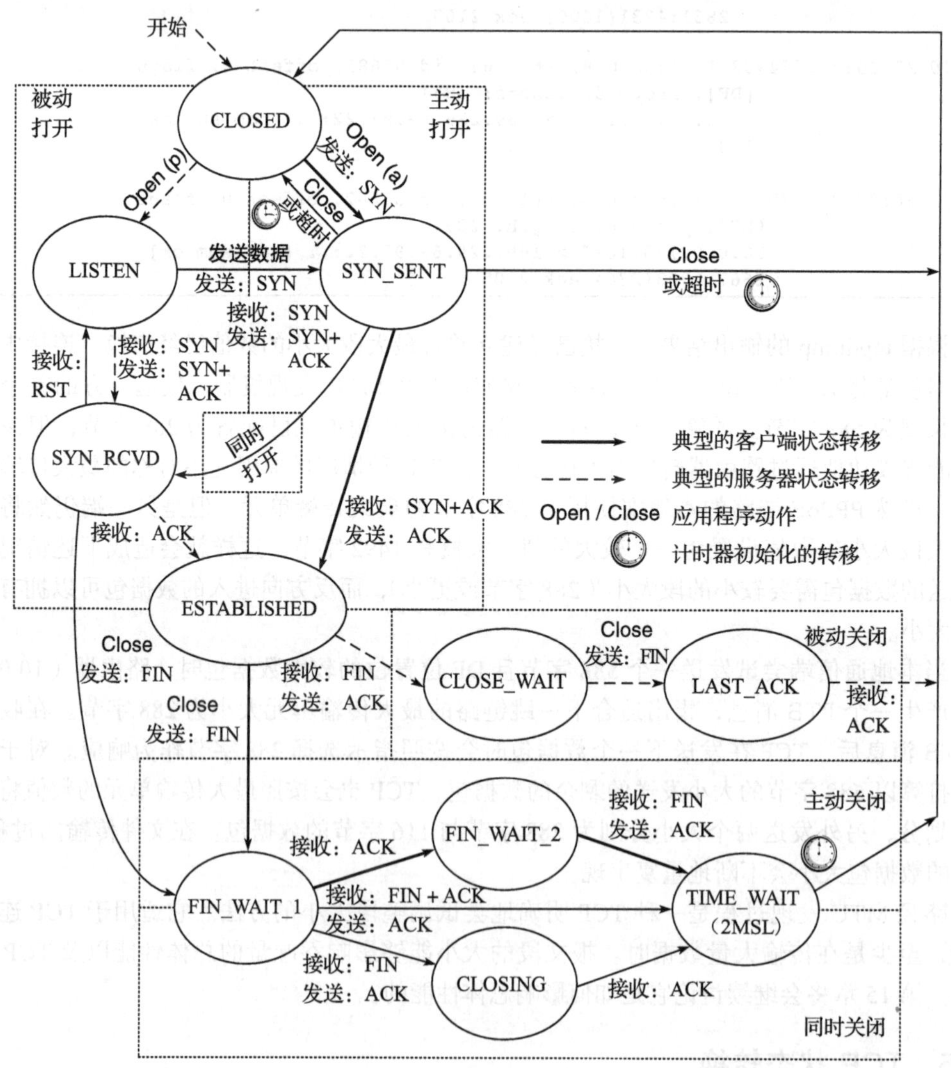

图 13-8 TCP 状态转换图（也称作有限状态机）。箭头表示因报文段传输、接收以及计时器超时而引发的状态转换。粗箭头表示典型的客户端的行为，虚线箭头表示典型的服务器行为。粗体指令（例如 open、close）是应用程序执行的操作

617

图 13-8 中值得注意的是只有一部分状态转移被认为是“典型的”。我们已经将普通的客户端状态转移用深黑的实线箭头表示，而普通的服务器状态转换用虚线箭头表示。导向 ESTABLISHED 状态的两种转换与打开一个连接相关，从 ESTABLISHED 状态导出的两种转换则用于终止一个连接。ESTABLISHED 是通信双方双向传输数据的状态。第 14 ~ 17 章将详细地介绍该状态。

图 13-8 将 FIN_WAIT_1、FIN_WAIT_2 以及 TIME_WAIT 状态用一个方框括起来（至少是部分被括起来），称作“主动关闭”。它们表示当本地应用程序发起一个关闭请求时会进入的状态集合。另外两个状态（CLOSE_WAIT 与 LAST_ACK）被一个虚线框括起来，并标记为“被动关闭”。这些状态与等待一个节点确认一个 FIN 报文段并进行关闭相关。同时关闭可以视为一种包含两个主动关闭的形式。此外，还使用了 CLOSING 状态。

图 13-8 中的 11 种状态名称（CLOSED、LISTEN、SYN_SENT 等）都是基于 UNIX、Linux、Windows 系统中 netstat 命令所输出的名称。而这些名称则是参考了 [RFC0793] 中的名称。CLOSED 状态并不能算作一个“官方”的状态，但在图 13-8 中却被作为一个开始状态点和一个终止状态点。

从 LISTEN 到 SYN_SENT 的状态转换在 TCP 协议中是合法的，但却不被伯克利套接字所支持，因此比较少见。从 SYN_RCVD 返回到 LISTEN 的状态转换只有在 SYN_RCVD 状态是由 LISTEN 状态（在正常的场景中）而非 SYN_SENT 状态转换而来的情况下才是正确的。这意味着，如果我们执行一个被动打开操作（进入 LISTEN 状态），接收一个 SYN，发送一个带有 ACK 确认的 SYN（进入 SYN_RCVD 状态），然后收到一个重置消息而非 ACK，端点就会返回到 LISTEN 状态，并且等待另一个连接请求的到来。

图 13-9 不仅显示了正常 TCP 连接的建立与终止过程，还详细介绍了客户端与服务器经历的各种状态。它是图 13-1 的简略版本，在显示相关状态的同时省略了选项与初始序列号

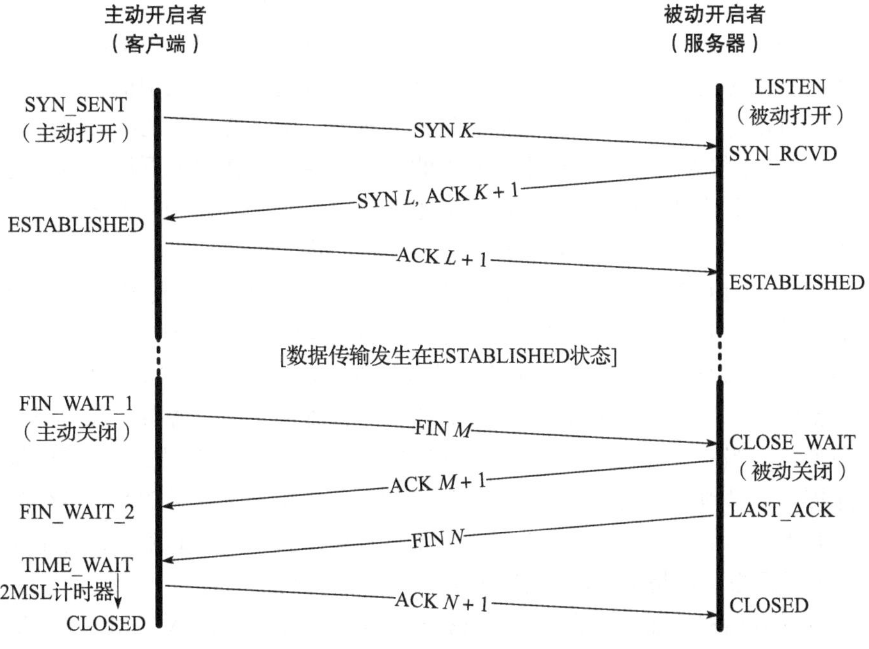

图 13-9　与正常连接的建立与终止相关的 TCP 状态

等细节。假设在图 13-9 中左侧的客户端执行一个主动打开操作，而右侧的服务器执行一个被动打开操作。虽然根据前文的介绍由客户端负责执行主动关闭操作，但是通信的任何一方都能够进行这项工作。

13.5.2 TIME_WAIT 状态

TIME_WAIT 状态也称为 2MSL 等待状态。在该状态中，TCP 将会等待两倍于*最大段生存期*（Maximum Segment Lifetime，MSL）的时间，有时也被称作*加倍等待*。每个实现都必须为最大段生存期选择一个数值。它代表任何报文段在被丢弃前在网络中被允许存在的最长时间。我们知道这个时限是有限制的，因为 TCP 报文段是以 IP 数据报的形式传输的，IP 数据报拥有 TTL 字段和*跳数限制*字段。这两个字段限制了 IP 数据报的有效生存时间（参见第 5 章）。[RFC0793] 将最大段生存期设为 2 分钟。然而在常见实现中，最大段生存期的数值可以为 30 秒、1 分钟或者 2 分钟。在绝大多数情况下，这一数值是可以修改的。在 Linux 系统中，net.ipv4. tcp_fin_timeout 的数值记录了 2MSL 状态需要等待的超时时间（以秒为单位）。在 Windows 系统，下面的注册键值也保存了超时时间：

```
HKLM\SYSTEM\CurrentControlSet\Services\Tcpip\Parameters\TcpTimedWaitDelay
```

该键值的取值范围是 30 ~ 300 秒。对于 IPv6 而言，只需要将键值中的 Tcpip 替换为 Tcpip6 即可。

假设已设定 MSL 的数值，按照规则：当 TCP 执行一个主动关闭并发送最终的 ACK 时，连接必须处于 TIME_WAIT 状态并持续两倍于最大生存期的时间。这样就能够让 TCP 重新发送最终的 ACK 以避免出现丢失的情况。重新发送最终的 ACK 并不是因为 TCP 重传了
618 ~ 619 ACK（它们并不消耗序列号，也不会被 TCP 重传），而是因为通信另一方重传了它的 FIN（它消耗一个序列号）。事实上，TCP 总是重传 FIN，直到它收到一个最终的 ACK。

另一个影响 2MSL 等待状态的因素是当 TCP 处于等待状态时，通信双方将该连接（客户端 IP 地址、客户端端口号、服务器 IP 地址、服务器端口号）定义为不可重新使用。只有当 2MSL 等待结束时，或一条新连接使用的初始序列号超过了连接之前的实例所使用的最高序列号时 [RFC1122]，或者允许使用时间戳选项来区分之前连接实例的报文段以避免混淆时 [RFC6191]，这条连接才能被再次使用。不幸的是，一些实现施加了更加严格的约束。在这些系统中，如果一个端口号被处于 2MSL 等待状态的任何通信端所用，那么该端口号将不能被再次使用。清单 13-3 与清单 13-4 展示了这一约束的相关例子。

许多实现与 API 都提供了绕开这一约束的方法。在伯克利套接字 API 中，SO_REUSEADDR 套接字选项就支持绕开操作。它允许调用者为自己分配本地端口号，即使这个端口号是某个处于 2MSL 等待状态连接的一部分。我们还会发现，即使套接字（地址、端口号对）具有绕开机制，TCP 的规则仍会防止该端口号被处于 2MSL 等待状态的同一连接的其他实例重新使用。当一个连接处于 2MSL 等待状态时，任何延迟到达的报文段都将被丢弃。因为一条连接是通过地址和端口号的 4 元组定义的。如果该连接处于 2MSL 等待状态，那么它在这段时间内将不能被重新使用。当这条正确的连接最终被建立起来后，这条连接之前的实例所传输的延迟报文段是不能被当作新连接的一部分来解读的。

对于交互式应用程序而言，客户端通常执行主动关闭操作并进入 TIME_WAIT 状态，服务器通常执行被动关闭操作并且不会直接进入 TIME_WAIT 状态。其中的含义是，如果我们

终止一个客户端后立刻重新启动同一客户端，那么新的客户端也不能重新使用相同的本地端口号。通常来说，这并不成问题。因为客户端通常使用的是由操作系统分配的临时端口号，而且它们也并不关心被分配的端口号究竟是什么（回忆一下，实际上出于安全考虑有一种推荐的随机方法 [RFC6056]。值得注意的是，由于一个客户端能够快速产生大量的连接（尤其是针对同一个服务器），因此它不得不在临时端口号供应紧张时延迟一会儿来等待其他连接的终止。

对于服务器而言，情况则大不相同。它们通常使用一些知名的端口。如果我们终止一个已经建立了一条连接的服务器进程，然后立即尝试重新启动它，服务器不能为该程序的通信端分配对应的端口号（它将会收到一个“地址已占用”的绑定错误）。这是因为当连接进入 2MSL 等待状态时，端口号仍然是连接的一部分。根据系统对 MSL 数值的不同设定，服务器可能需要花费 1 ~ 4 分钟才能重新启动。我们可以利用 sock 程序观察这一场景。在清单 13-3 中，我们启动服务器，从客户端连接该服务器，然后终止服务器。 620

清单 13-3 如果一个 TCP 连接要被其他进程重新使用，它必须在 TIME_WAIT 状态下完成 2MSL 的延迟

```
Linux% sock -v -s 6666
(now a client on another computer connects to this server)
connection on 192.168.10.144.6666 from 192.168.10.140.2623
(server stopped by typing interrupt character)
(now server is restarted)
Linux% sock -v -s 6666
can't bind local address: Address already in use

Linux% netstat -n -t
Active Internet connections (w/o servers)
Proto Recv-Q Send-Q  Local Address        Foreign Address      State
tcp    0      0      192.168.10.144:6666 192.168.10.140:2623 TIME_WAIT

(wait one minute and restart server again)
Linux% sock -v -s 6666
```

当重新启动服务器时，程序会输出一条错误信息，显示由于地址已经被占用而导致它的端口号不能被绑定。实际上这也意味着该地址与端口号的组合已经被使用。这是由于前一个连接处于 2MSL 的等待状态而造成的。根据前文所述，这是对于端口号的重复使用最严厉的限制。netstat 命令输出的结果显示连接处于 TIME_WAIT 状态。虽然客户端不像服务器一样会遇到如此多的关于 2MSL 等待状态的问题，但是依然能够通过让客户端指定自己的端口号来证明相同的问题是存在的，如清单 13-4 所示。

清单 13-4 当端口号被其他处于 2MSL 等待状态的连接使用时，它不能被客户端重复使用

```
(start server in one window)
Linux% sock -s -v 6666

(connect to it from another window)
Linux% sock -v 127.0.0.1 6666

(server identifies incoming connection)
connection on 127.0.0.1.6666 from 127.0.0.1.2091

(client identifies connection establishment, and is interrupted)
connected on 127.0.0.1.2091 to 127.0.0.1.6666

^C
```

```
(server identifies connection has terminated and exits)
connection closed by peer
Linux%
```

621

```
(client is restarted, specifying same port number as before)
Linux% sock -b 2091 -v 127.0.0.1 6666
bind() error: Address already in use

(wait 30 seconds and try again)
Linux% sock -b 2091 -v 192.168.10.144 6666
connect() error: Connection refused
```

在第一次执行客户端时，我们利用 -v 选项查出分配给客户端的（临时的）本地端口号为 2091。在第二次执行客户端时，我们利用 -b 选项告诉客户端将 2091 作为自己的本地端口号来替代操作系统分配的临时端口号。正如我们所期望的，客户端不能完成上述操作。因为端口 2091 是一个处于 2MSL 等待状态的连接的不可分割部分。一旦等待结束（在 Linux 机器上为 1 分钟），客户端会尝试再次连接，但是服务器会在连接被首次中断后退出，所以该次尝试会被拒绝。本书将在 13.6 节继续介绍如何利用 TCP 的重置报文段表明连接被拒绝的条件。

前文曾经提到过，大多数系统会提供一种优先级高于默认行为的方式，这样即使某些端口是处于 2MSL 等待状态的连接的一部分，仍然允许进程对其进行绑定。现在我们在与之前相同的场景下，利用 sock 的 -A 选项来实现上述的绕开机制：

```
Linux% sock -A -v -s 6666
Linux% sock -A -v -s 6666
```

在此例中，我们在启动服务器时使用了 -A 选项，从而激活了之前提到过的 SO_REUSEADDR 套接字选项。通过这种方法，即使连接处于 2MSL 等待状态，它的端口仍然能够被服务器绑定。如果我们马上使用具有相同端口号的客户端，将会发生下面的情况：

```
Linux% sock -b 32840 -v 127.0.0.1 6666
bind() error: Address already in use
```

系统再一次提示了端点 127.0.0.1.32840 正被使用，启动客户端失败。但是，如果我们也对客户端使用 -A 选项，则能够强制该连接工作：

```
Linux% sock -A -b 32840 -v 127.0.0.1 6666
Connected on 127.0.0.1.32840 to 127.0.0.1.6666
TCP_MAXSEG = 16383
```

此处说明了即使重新使用处于 2MSL 等待状态的同一个连接（包括 4 元组），利用 -A 选
622 项也能够强制该连接执行。当然，这些都发生在同一台计算机上，操作系统能够查明那些处于 2MSL 等待状态的（至少是潜在的）进程对应着连接的哪一端，并且使它们彼此间相互独立。如果在另一台主机上尝试相同的操作来建立一个连接会出现什么情况呢？下面将根据这一想法进行测试：

```
(start server on first machine)
Linux% sock -v -s 6666

(connect to it from second - Windows - machine)
C:\> sock -A -v 10.0.0.1 6666

(server identifies incoming connection)
connection on 10.0.0.1.6666 from 10.0.0.3.2172

(client identifies connection establishment, and is interrupted)
```

```
connected on 10.0.0.3.2172 to 10.0.0.1.6666
^C
C:\>
```

(server identifies connection has terminated and exits)

```
connection closed by peer
Linux%
```

(client is restarted, specifying same port number as before)

```
C:\> sock -A -b 2091 -v 10.0.0.1 6666
connect() error: Address already in use
C:\> sock -A -b 2091 -v 10.0.0.1 6666
connect() error: Address already in use
```

(wait 30 seconds and try again)

```
C:\> sock -A -b 2091 -v 10.0.0.1 6666
connect() error: Connection refused
```

除了客户端与服务器在不同的主机上之外，上述例子与之前的类似。如果不考虑客户端的 -A 选项，2MSL 等待时间是存在的。此处，2MSL 持续了 30s 的等待时间。此后，客户端才会尝试联系服务器，然而此时服务器已经退出。

如果将客户端与服务器的计算机对换将会出现一些有趣的情况。现在，我们将 Windows 系统作为服务器而 Linux 系统作为客户端，然后让它们重复上面的实验：

(start server on Windows machine)

```
C:\> sock -v -s 6666
```

(connect to it from second - Linux - machine)

```
Linux% sock -A -v 192.168.10.145 6666
```

(server identifies incoming connection)

```
connection on 192.168.10.145.6666 from 192.168.10.145.32843
```

623

(client identifies connection establishment, and is interrupted)

```
connected on 192.168.10.144.32843 to 192.168.10.145.6666
^C
Linux%
```

(server identifies connection has terminated and exits)

```
connection closed by peer
C:\>
```

(client is restarted, specifying same port number as before)

```
Linux% sock -A -b 32843 -v 192.168.10.144 6666
bind() error: Connection refused
```

此时，我们希望本地端口 32843 是不可用的，但是由于在 Linux 上运行了 -A 选项，所以可以使用这个端口。这一点违背了最初的 TCP 规范，但如前文所述，它是被 [RFC1122] 与 [RFC6191] 所允许的。如果有充足的理由相信新连接的报文段不会因为序列号、时间戳等问题与之前连接实例的报文段相混淆，那么在当前连接尚处在 TIME_WAIT 状态时上述说明会允许一条新连接的到达。[RFC1337] 与 [RFC1323] 的附录部分列出了与上述这条规则相关的常见错误。

13.5.3 静默时间的概念

在本地与外地的 IP 地址、端口号都相同的情况下，2MSL 状态能够防止新的连接将前一个连接的延迟报文段解释成自身数据的状况。然而，上述方法只有在与处于 2MSL 等待状态的连接相关的主机未关闭的条件下才具有意义。

如果一台与处于 TIME_WAIT 状态下的连接相关联的主机崩溃，然后在 MSL 内重新启动，并且使用与主机崩溃之前处于 TIME_WAIT 状态的连接相同的 IP 地址与端口号，那么将会怎样处理呢？在上述情况下，该连接在主机崩溃之前产生的延迟报文段会被认为属于主机重启后创建的新连接。这种处理方式将不会考虑在主机重启之后新连接是如何选择初始序列号的。

为了防止上述情况的发生，[RFC0793] 指出在崩溃或者重启后 TCP 协议应当在创建新的连接之前等待相当于一个 MSL 的时间。该段时间被称作静默时间。然而只有极少数实现遵循了这一点。因为绝大多数的主机在崩溃之后都需要超过一个 MSL 的时间才能重新启动。此外，如果上层应用程序自身已采用了校验和或者加密手段，那么此类错误会很容易检测
624 出来。

13.5.4 FIN_WAIT_2 状态

在 FIN_WAIT_2 状态，某 TCP 通信端已发送一个 FIN 并已得到另一端的确认。除非出现半关闭的情况，否则该 TCP 端将会等待另一端的应用程序识别出自己已接收到一个文件末尾的通知并关闭这一端引起发送 FIN 的连接。只有当应用程序完成了这一关闭操作（它的 FIN 已经被接收），正在关闭的 TCP 连接才会从 FIN_WAIT_2 状态转移至 TIME_WAIT 状态。这意味着连接的一端能够依然永远保持这种状态。另一端也会依然处于 CLOSE_WAIT 状态，并且能永远维持这一状态直到应用程序决定宣布它的关闭。

目前有许多方法都能够防止连接进入 FIN_WAIT_2 这一无限等待状态：如果负责主动关闭的应用程序执行的是一个完全关闭操作，而不是用一个半关闭来指明它还期望接收数据，那么就会设置一个计时器。如果当计时器超时时连接是空闲的，那么 TCP 连接就会转移到 CLOSED 状态。在 Linux 系统中，能够通过调整变量 net.ipv4.tcp_fin_timeout 的数值来设置计时器的秒数。它的默认值是 60s。

13.5.5 同时打开与关闭的转换

前文已经分别介绍了在发送与接收 SYN 报文段时 SYN_SENT 状态与 SYN_RCVD 状态的用途。如图 13-3 所示，TCP 协议经过专门的设计后能够处理同时打开的情况，并且只建立一条连接。当同时打开的情况发生时，TCP 的状态迁移过程不同于图 13-9 的例子。通信的两端几乎在相同的时刻都会发送一个 SYN 报文段，然后它们进入 SYN_SENT 状态。当它们接收到对方发来的 SYN 报文段时会将状态迁移至 SYN_RCVD，然后重新发送一个新的 SYN 并确认之前接收到的 SYN。当通信两端都接收到了 SYN 与 ACK，它们的状态将都会迁移至 ESTABLISHED。

图 13-4 描述了 TCP 同时关闭的情况。当应用程序发布关闭连接的消息后，通信两端的状态都会从 ESTABLISHED 迁移至 FIN_WAIT_1。与此同时，它们都会向对方发送一个 FIN。在接收到对方发来的 FIN 后，本地通信端的状态将从 FIN_WAIT_1 迁移至 CLOSING。然后，通信双方还会发送最终的 ACK。当接收到最终的 ACK 后，每个通信端会将状态更改

为 TIME_WAIT，从而初始化 2MSL 等待过程。

13.6 重置报文段

第 12 章介绍了 TCP 头部的 RST 位字段。一个将该字段置位的报文段被称作“重置报文段”或简称为“重置”。一般来说，当发现一个到达的报文段对于相关连接而言是不正确的时，TCP 就会发送一个重置报文段。(此处，*相关连接*是指由重置报文段的 TCP 与 IP 头部的 625
4 元组所指定的连接)。重置报文段通常会导致 TCP 连接的快速拆卸。本文将构建一些场景来证明重置报文段的用途。

13.6.1 针对不存在端口的连接请求

通常情况下，当一个连接请求到达本地却没有相关进程在目的端口侦听时就会产生一个重置报文段。之前在“连接被拒绝”的错误消息中已经介绍过这种情况。这些均与 TCP 协议相关。根据第 10 章的内容，UDP 协议规定，当一个数据报到达一个不能使用的目的端口时就会生成一个 ICMP 目的地不可达（端口不可达）的消息。TCP 协议则使用重置报文段来代替完成相关工作。

这样的例子不胜枚举。例如，我们可以使用 Telnet 客户端并指定一个在目的主机上尚未使用的端口号。这台目的主机也可以是本地的计算机：

```
Linux% telnet localhost 9999
Trying 127.0.0.1...
telnet: connect to address 127.0.0.1: Connection refused
```

Telnet 客户端会快速地输出上述错误消息。清单 13-5 显示了与此命令相关的数据包交换过程。

清单 13-5 对一个不存在的端口尝试打开连接时所长生的重置报文段

```
1 22:15:16.348064 127.0.0.1.32803 > 127.0.0.1.9999:
      S [tcp sum ok] 3357881819:3357881819(0) win 32767
      <mss 16396,sackOK,timestamp 16945235 0,nop,wscale 0>
      (DF) [tos 0x10]  (ttl 64, id 42376, len 60)
2 22:15:16.348105 127.0.0.1.9999 > 127.0.0.1.32803:
      R [tcp sum ok] 0:0(0) ack 3357881820 win 0
      (DF) [tos 0x10]  (ttl 64, id 0, len 40)
```

清单 13-5 中需要查看的数值包括重置（第 2 个）报文段中的*序列号*字段与 ACK *号*字段。由于到达的 SYN 报文段未打开 ACK 位字段，重置报文段的序列号字段被设置为 0，而 ACK 号的大小则等于接收到的初始序列号加上该报文段中数据的字节数。虽然到达的报文段中并不含有任何数据，SYN 位在逻辑上仍会占用一个字节的序列号空间。因此，在这个例子中重置报文段中的 ACK 号等于初始序列号加上数据长度 0，再加上 SYN 位的 1 字节。

对于一个被 TCP 端接收的重置报文段而言，它的 ACK 位字段必须被置位，并且 ACK *号*字段的数值必须在正确窗口的范围内（参见第 12 章）。这样有助于防止一种简单的攻击。在这种攻击中任何人都能够生成一个与相应连接（4 元组）匹配的重置报文段，从而扰乱这个连接 [RFC5961]。 626

13.6.2 终止一条连接

从图 13-1 可以看出终止一条连接的正常方法是由通信一方发送一个 FIN。这种方法有时也被称为有序释放。因为 FIN 是在之前所有排队数据都已发送后才被发送出去，通常不会出现丢失数据的情况。然而在任何时刻，我们都可以通过发送一个重置报文段替代 FIN 来终止一条连接。这种方式有时被称作终止释放。

终止一条连接可以为应用程序提供两大特性：（1）任何排队的数据都将被抛弃，一个重置报文段会被立即发送出去；（2）重置报文段的接收方会说明通信另一端采用了终止的方式而不是一次正常关闭。API 必须提供一种实现上述终止行为的方式来取代正常的关闭操作。

套接字 API 通过将“逗留于关闭”套接字选项（SO_LINGER）的数值设置为 0 来实现上述功能。从本质上说，这意味着“不会在终止之前为了确定数据是否到达另一端而逗留任何时间”。下面的例子展示了当一个产生大量输出的远程命令被用户取消时所发生的状况：

```
Linux% ssh linux cat /usr/share/dict/words
Aarhus
Aaron
Ababa
aback
abaft
abandon
abandoned
abandoning
abandonment
abandons
... continues ...
^C
Killed by signal 2.
```

此处，用户决定终止这条命令的输出行为。由于单词文件中包含了 45 427 个字，这个命令很可能是某种错误。当用户键入中断字符时，系统显示对应进程（此处为 ssh 程序）已经被 2 号信号终止。该信号被称作 SIGINT，常用于终止一些交付的程序。清单 13-6 显示了上述例子中 tcpdump 的相应输出结果（由于与本文的讨论无关，大量的中间数据包已被删除）。

清单 13-6 使用重置报文段（RST）代替 FIN 报文段来终止一条连接

```
Linux# tcpdump -vvv -s 1500 tcp

 1 22:33:06.386747 192.168.10.140.2788 > 192.168.10.144.ssh:
             S [tcp sum ok] 1520364313:1520364313(0) win 65535
             <mss 1460,nop,nop,sackOK>
627          (DF) (ttl 128, id 43922, len 48)

 2 22:33:06.386855 192.168.10.144.ssh > 192.168.10.140.2788:
             S [tcp sum ok] 181637276:181637276(0) ack 1520364314
             win 5840
             <mss 1460,nop,nop,sackOK>
             (DF) (ttl 64, id 0, len 48)

 3 22:33:06.387676 192.168.10.140.2788 > 192.168.10.144.ssh:
             . [tcp sum ok] 1:1(0) ack 1 win 65535
             (DF) (ttl 128, id 43923, len 40)

(... ssh encrypted authentication exchange and bulk data transfer ...)

 4 22:33:13.648247 192.168.10.140.2788 > 192.168.10.144.ssh:
             R [tcp sum ok] 1343:1343(0) ack 132929 win 0
             (DF) (ttl 128, id 44004, len 40)
```

报文段 1 ~ 3 显示了正常连接的建立过程。当中断字符被键入之后，连接被终止。重置报文段中包含了一个序列号与一个确认号。还需要注意的是重置报文段不会令通信另一端做出任何响应——它不会被确认。接收重置报文段的一端会终止连接并通知应用程序当前连接已被重置。这样通常会造成“连接被另一端重置”的错误提示或类似的消息。

13.6.3 半开连接

如果在未告知另一端的情况下通信的一端关闭或终止连接，那么就认为该条 TCP 连接处于半开状态。这种情况发生在通信一方的主机崩溃的情况下。只要不尝试通过半开连接传输数据，正常工作的一端将不会检测出另一端已经崩溃。

产生半开连接的另一个共同原因是某一台主机的电源被切断而不是被正常关机。这种情况可能发生于下面的例子中：某些个人电脑运行了远程登录客户端，并且在一天结束时关闭。如果在电源被切断时没有数据在传输，那么服务器永远也不会知道该客户端已经消失（它可能还一直会认为该连接处于 ESTABLISHED 状态）。当第二天早晨用户回来，启动电脑并开始一个新的会话时，服务器会启动一个新的服务进程。这样会导致服务器上有很多半开的 TCP 连接（第 17 章将会介绍一种方法，使 TCP 连接的一端能够利用 TCP 的 keepalive 选项发现另一端已经消失）。

我们能够很容易地创建一个半开连接。在这种情况下，将在客户端而不是服务器做一些尝试。我们在主机 10.0.0.1 上执行 Telnet 客户端程序，连接 Sun 公司提供远程过程调用服务（sunrpc，端口号 111）的服务器。如清单 13-7 所示，该服务器的 IP 为 10.0.0.7。我们键入一行输入，并利用 tcpdump 观察它们的交互过程，然后断开服务器主机的以太网连接并重新启
动这台主机。这样就能模拟服务器崩溃的情况。（我们在重启服务器之前断开以太网连接是 628
为了防止其通过已开启的连接发送一个 FIN。一些 TCP 会在其关闭时完成上述操作。）在服务器重启之后，我们重新连接以太网并且尝试从客户端向服务器发送另一行命令。在重启之后，服务器的 TCP 会丢失之前所有连接的记忆，因此它对数据段中指出的这条连接一无所知。此时，TCP 规定接收者将回复一个重置报文段作为响应。

清单 13-7 服务器主机被切断连接后重启，留给客户端一个半开的连接。当再次从这条连接上接收到其他数据时，服务器对其一无所知。在服务器回复一个重置报文段作为响应之后，两端之间的连接会被关闭

```
Linux% telnet 10.0.0.7 sunrpc
Trying 10.0.0.7...
Connected to 10.0.0.7.
Escape character is '^]'.
foo
(Ethernet cable disconnected and server rebooted)
bar
Connection closed by remote host
```

清单 13-8 显示了该例的 tcpdump 输出。

清单 13-8 在半开连接中，重置报文段作为之前数据段的响应

```
1 23:15:48.804142 IP (tos 0x10, ttl  64, id 20095, offset 0,
      flags [DF], proto 6, length: 60)
      10.0.0.1.1310 > 10.0.0.7.sunrpc:
      S [tcp sum ok] 2365970104:2365970104(0) win 5840
      <mss 1460,sackOK,timestamp 3849492679 0,nop,wscale 2>
```

```
2 23:15:48.804742 IP (tos 0x0, ttl  64, id 0, offset 0, flags [DF],
      proto 6, length: 60)
      10.0.0.7.sunrpc > 10.0.0.1.1310:
      S [tcp sum ok] 2093796387:2093796387(0) ack 2365970105 win 5792
      <mss 1460,sackOK,timestamp 654784 3849492679,nop,wscale 0>

3 23:15:48.805028 IP (tos 0x10, ttl  64, id 20097, offset 0,
      flags [DF], proto 6, length: 52)
      10.0.0.1.1310 > 10.0.0.7.sunrpc:
      . [tcp sum ok] 1:1(0) ack 1 win 1460
      <nop,nop,timestamp 3849492680 654784>

4 23:15:51.999394 IP (tos 0x10, ttl  64, id 20099, offset 0,
      flags [DF], proto 6, length: 57)
            10.0.0.1.1310 > 10.0.0.7.sunrpc:
      P [tcp sum ok] 1:6(5) ack 1 win 1460
      <nop,nop,timestamp 3849495875 654784>

5 23:15:51.999874 IP (tos 0x0, ttl  64, id 12773, offset 0,
      flags [DF], proto 6, length: 52)
            10.0.0.7.sunrpc > 10.0.0.1.1310:
      . [tcp sum ok] 1:1(0) ack 6 win 5792
629   <nop,nop,timestamp 656421 3849495875>

6 23:17:19.419611 arp who-has 10.0.0.7 (Broadcast) tell 0.0.0.0
7 23:17:20.419142 arp who-has 10.0.0.7 (Broadcast) tell 0.0.0.0
8 23:17:21.427458 arp reply 10.0.0.7 is-at 00:e0:00:88:ad:d6

9 23:17:21.921745 arp who-has 10.0.0.1 tell 10.0.0.7
10 23:17:21.921892 arp reply 10.0.0.1 is-at 00:04:5a:9f:9e:80

11 23:17:23.437114 arp who-has 10.0.0.7 (Broadcast) tell 10.0.0.7

12 23:17:34.804196 arp who-has 10.0.0.7 tell 10.0.0.1
13 23:17:34.804650 arp reply 10.0.0.7 is-at 00:e0:00:88:ad:d6

14 23:17:43.684786 IP (tos 0x10, ttl  64, id 20101, offset 0,
      flags [DF], proto 6, length: 57)
      10.0.0.1.1310 > 10.0.0.7.sunrpc:
      P [tcp sum ok] 6:11(5) ack 1 win 1460
      <nop,nop,timestamp 3849607577 656421>

15 23:17:43.685277 IP (tos 0x10, ttl  64, id 0, offset 0,
      flags [DF], proto 6, length: 40)
      10.0.0.7.sunrpc > 10.0.0.1.1310:
      R [tcp sum ok] 2093796388:2093796388(0) win 0
```

报文段 1 ~ 3 描述了正常的连接建立过程。报文段 4 将“foo”行发送至 sunrpc 服务器（包括回车符与换行符共需要 5 个字节）。报文段 5 则完成确认工作。

此时，我们断开服务器端（地址 10.0.0.7）的以太网连接，然后重启服务器并重新接入以太网。上述操作大约花费 90 秒的时间。然后，我们在客户端键入一行新的输入（“bar”）。当我们按下回车键后，这一行输入将会发送至服务器（如清单 13-9 所示，在 ARP 流量之后的第一个 TCP 报文段中）。由于该服务器不再记得之前的这条连接，所以上述操作将引起服务器端的重置响应。

需要注意的是当主机重新启动时，它将使用免费的 ARP 协议（参见第 4 章）来确定自己的 IPv4 地址是否已经被其他报文段使用，而这些报文段是属于其他主机的。它还会请求与

IP 地址 10.0.0.1 对应的 MAC 地址，因为这是它对于 Internet 的默认路由。

13.6.4 时间等待错误

如前文所述，设计 TIME_WAIT 状态的目的是允许任何受制于一条关闭连接的数据报被丢弃。在这段时期，等待的 TCP 通常不需要做任何操作，它只需要维持当前状态直到 2MSL 的计时结束。然而，如果它在这段时期内接收到来自于这条连接的一些报文段，或是更加特殊的重置报文段，它将会被破坏。这种情况被称作时间等待错误（TIME-WAIT Assassination TWA，参见 [RFC1337]）。图 13-10 展示了数据包的交换过程。 630

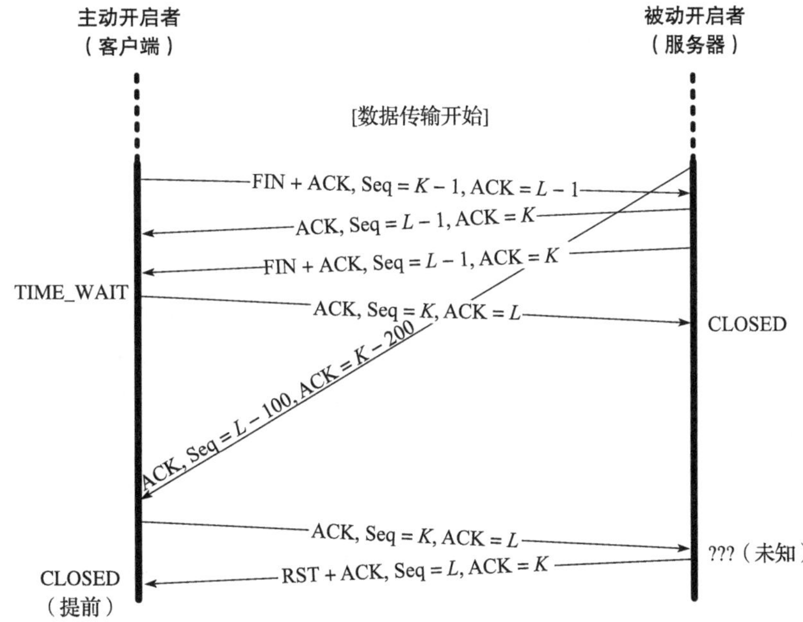

图 13-10 一个重置报文段能“破坏”TIME_WAIT 状态并强制连接提前关闭。目前有很多方法来阻止这一问题，其中包括在处于 TIME_WAIT 状态时忽略重置报文段

在图 13-10 的例子中，服务器完成了其在连接中的角色所承担的工作并清除了所有状态。客户端依然保持 TIME_WAIT 状态。当完成 FIN 交换，客户端的下一个序列号为 K，而服务器的下一个序列号为 L。最近到达的报文段是由服务器发送至客户端，它使用的序列号为 $L - 100$，包含的 ACK 号为 $K - 200$。当客户端接收到这个报文段时，它认为序列号与 ACK 号的数值都是“旧”的。当接收到旧报文段时，TCP 会发送一个 ACK 作为响应，其中包含了最新的序列号与 ACK 号（分别是 K 与 L）。然而，当服务器接收到这个报文段以后，它没有关于这条连接的任何信息，因此发送一个重置报文段作为响应。这并不是服务器的问题，但它却会使客户端过早地从 TIME_WAIT 状态转移至 CLOSED 状态。许多系统规定当处于 TIME_WAIT 状态时不对重置报文段做出反应，从而避免了上述问题。

13.7 TCP 服务器选项

第 1 章曾介绍过，大多数 TCP 服务器是并发的。当一个新的连接请求到达服务器时，服务器接受该连接，并调用一个新的进程或线程来处理新的客户端。根据不同的操作系统，各种其他的资源也可以被分配来调用新的服务器。我们对多个并发服务器间的 TCP 交互非常感 631

兴趣，尤其希望了解 TCP 服务器是如何使用端口号的，以及如何处理多个并发客户端的。

13.7.1 TCP 端口号

可通过观察任何一台 TCP 服务器来了解 TCP 是如何处理端口号的。在一台拥有 IPv4 与 IPv6 双协议栈的主机上利用 netstat 命令观察安全外壳服务器（也称作 sshd）。sshd 应用程序执行的是安全外壳协议 [RFC4254]。该协议能够提供可加密认证的远程终端功能。下面的输出结果来自于没有主动安全外壳连接的系统（除了与服务器相关的输出外，其他所有的输出行都已被删除）：

```
Linux% netstat -a -n -t
Active Internet connections (servers and established)
Proto Recv-Q Send-Q     Local Address       Foreign Address     State
tcp        0      0             :::22                  :::*     LISTEN
```

-a 选项能够报告所有的网络节点，包括那些处于侦听状态和未处于侦听状态的节点。-n 选项以点分十进制（或十六进制）数的形式打印 IP 地址，而不会试图利用 DNS 将地址转换为一个域名。此外，该选项还会打印数值端口号（例如 22），而不是服务名（例如 ssh）。-t 选项用于只选择 TCP 节点。

本地地址（这实际意味着本地节点）的输出结果为 :::22。这种面向 IPv6 的方式表示的是全 0 地址，也被称作*通配符地址*，并使用端口号 22。这意味着一个针对 22 号端口的连接进入请求（即一个 SYN）会被任何本地接口接受。如果主机是多宿主的（此例即是），我们可以为本地 IP 地址指定一个单一的地址（主机 IP 地址中的一个地址），并且只有被该接口接收到的连接才能够被接受（参见本节后面的例子）。端口号 22 是为安全外壳协议预留的知名端口号。其他端口号是由网络编号分配机构（ITNA）来维护的。

外部地址的输出结果为 :::*，这表示一个通配符地址与端口号（即，一个通配符节点）。此处由于本地节点处于 LISTEN 状态，正等待一个连接的到来，因此外部地址与外部端口号尚不知晓。现在我们在主机 10.0.0.3 上启动一个安全外壳客户端来连接该服务器。下面是从 netstat 输出的相关行（RECV-Q 与 Send-Q 列只包含零值，为清楚起见，将其删除）：

```
Linux% netstat -a -n -t
632 Active Internet connections (servers and established)
Proto       Local Address       Foreign Address       State
tcp                 :::22                  :::*       LISTEN
tcp     ::ffff:10.0.0.1:22 ::ffff:10.0.0.3:16137      ESTABLISHED
```

标有端口号“22”的第 2 行是一个 ESTABLISHED 连接。本地与外地节点相关的 4 元组都会填写在这个连接中，其中包括：本地 IP 地址与端口号，外地 IP 地址与端口号。本地 IP 地址与连接请求到达的接口相关（以太网接口通过与 IPv4 地址映射的 IPv6 地址 ::ffff:10.0.0.1 进行标识）。

处于 LISTEN 状态的本地节点会独自地运行。它用于为并发服务器接收未来可能出现的请求。当有新的连接请求到达并被接收时，操作系统中的 TCP 模块创建处于 ESTABLISHED 状态的新节点。同样需要注意的是，当连接处于 ESTABLISHED 状态时，它的端口号仍为 22，与 LISTEN 状态时相同。

现在我们从同一个系统（10.0.0.3）向服务器发送另一个客户端请求。相关的 netstat 输出如下：

```
Linux% netstat -a -n -t
Active Internet connections (servers and established)
Proto        Local Address        Foreign Address     State
tcp                :::22                    :::*      LISTEN
tcp     ::ffff:10.0.0.1:22 ::ffff:10.0.0.3:16140     ESTABLISHED
tcp     ::ffff:10.0.0.1:22 ::ffff:10.0.0.3:16137     ESTABLISHED
```

现在我们有两个处于 ESTABLISHED 状态的连接。它们从同一个客户端到相同的服务器端。两条连接的服务器端口号均为 22。由于外地端口号不同，因此这并不算是一个 TCP 错误。这两个外地端口必须是不同的。因为每个安全外壳程序使用的是一个临时端口，而每一个临时端口在定义时都是主机（10.0.0.3）尚未使用的端口。

这个例子再次说明 TCP 依靠 4 元组多路分解（demultiplex）了获得的报文段。目的 IP 地址与目的端口号、源 IP 地址与源端口号，这 4 元组共同构成了本地与外地节点。TCP 协议不能仅仅根据目的端口号来决定哪一个进程该得到接收的报文段。在所有三个节点中只有位于端口 22 的节点会处于 LISTEN 状态并接收进入的连接请求。处于 ESTABLISHED 状态的节点不能接收 SYN 报文段，而处于 LISTEN 状态的节点则不能接收数据段。例子中主机的操作系统已经证实了这一点。（如果不能如此，TCP 就会变得非常混乱，从而不能正常地工作。）

下面我们发起第三个客户端连接。这条连接来自 IP 地址 169.229.62.97，通过 DSL PPPoE 链路与服务器 10.0.0.1 相连。因此这个客户端与服务器不处于同一个以太网。（为了清楚起见，下面的输出结果移除了 Proto 列，只留下了 tcp 部分。） 633

```
Linux% netstat -a -n -t
Active Internet connections (servers and established)
Send-Q            Local Address              Foreign Address  State
     0                    :::22                         :::*  LISTEN
     0         ::ffff:10.0.0.1:22     ::ffff:10.0.0.3:16140  ESTABLISHED
     0         ::ffff:10.0.0.1:22     ::ffff:10.0.0.3:16137  ESTABLISHED
   928 ::ffff:67.125.227.195:22 ::ffff:169.229.62.97:1473  ESTABLISHED
```

在这台多宿主的主机上，第三条 ESTABLISHED 连接的 IP 地址与 PPPoE 链路的接口地址（67.125.227.195）相关联。值得注意的是 Send-Q 状态的数值并不是 0，而是被 928 字节所代替。这意味着服务器已经在这条连接上发送了 928 字节的数据但仍然未收到任何确认。

13.7.2 限制本地 IP 地址

本节将介绍当服务器不能借助通配符处理某个本地 IP 地址而将其设置为一个特殊的本地地址时发生的情况。如果我们将 sock 程序当作服务器运行并为其提供一个特殊的 IP 地址，那么该地址将成为监听端的本地 IP 地址。例如：

```
Linux% sock -s 10.0.0.1 8888
```

这样就限制了服务器只能使用到达本地 IPv4 地址 10.0.0.1 的连接。下面 netstat 的输出结果反映了这一点：

```
Linux% netstat -a -n -t
Active Internet connections (servers and established)
Proto Recv-Q Send-Q  Local Address    Foreign Address      State
tcp        0      0  10.0.0.1:8888          0.0.0.0:*      LISTEN
```

在上述例子中特别有趣的是我们的 sock 程序只与本地 IPv4 地址 10.0.0.1 绑定，所以 netstat 的输出结果与之前不同。在之前的例子中，通配符地址与端口号标识了两种版本的 IP

地址。在这种情况下，我们绑定了一个特殊的地址、端口或地址族（只适用IPv4）。如果我们从本地网络连接这台服务器，比如从主机10.0.0.3，那么正常工作的记录情况如下：

```
Linux% netstat -a -n -t
Active Internet connections (servers and established)
Proto Recv-Q Send-Q  Local Address      Foreign Address      State
tcp      0      0    10.0.0.1:8888          0.0.0.0:*        LISTEN
tcp      0      0    10.0.0.1:8888       10.0.0.3:16153      ESTABLISHED
```

634 如果我们从一台目的地址不是10.0.0.1（甚至包括本地地址127.0.0.1）的主机连接服务器，连接请求将不会被TCP模块接收。如果我们查看tcpdump，SYN会引发一个RST报文段，如清单13-9所示。

清单13-9　根据服务器的本地IP地址拒绝一个连接请求

```
1 22:29:19.905593 IP 127.0.0.1.1292 > 127.0.0.1.8888:
      S 591843787:591843787(0) win 32767
      <mss 16396,sackOK,timestamp 3587463952 0,nop,wscale 2>
2 22:29:19.906095 IP 127.0.0.1.8888 > 127.0.0.1.1292:
      R 0:0(0) ack 591843788 win 0
```

服务器的应用程序将不会察觉到连接请求——因为拒绝接收的操作是由操作系统的TCP模块根据该应用程序指定的本地IP地址与SYN报文段中包含的目的地址做出的。我们发现限制本地IP地址的能力是相当严格的。

13.7.3　限制外部节点

根据第10章的介绍，一台UDP服务器不仅能够指定本地IP地址与本地端口号，还能够指定外部IP地址与外部端口号。[RFC0793]所介绍的TCP的抽象接口函数允许一台服务器为一个完全指定的外部节点（等待一个特定的客户端以发起一个主动打开）或者一个未被指定的外部节点（等待任何客户端）执行被动打开。

不幸的是，普通的伯克利套接字API没有提供实现这一点的方法。服务器不必指定客户端的节点，而是等待连接的到来，然后检查客户端的IP地址与端口号。表13-3概括了TCP服务器能够建立的三种类型的地址绑定。

表13-3　可用于TCP服务器的地址与端口号绑定选项

本地地址	外部地址	受限于	说　明
local_IP.lport	foraddr.foreign_port	一个客户端	通常不支持
local_IP.lport	*.*	一个本地节点	不常见（用于DNS服务器）
*.local_port	*.*	一个本地端口	最常见，多地址族（IPv4/IPv6）可能会被支持

在上述例子中，local_port是服务器被分配的端口号，而local_IP必须是一个应用于本地系统的单播IP地址。表13-3中三行的排列顺序显示了当收到一个连接请求时TCP模块
635 决定选择哪一个节点的次序。最明确的绑定（第1行，如果支持的话）将会被首先尝试，而最不明确的绑定（最后一行，所有的IP地址都用通配符表示）将会被最后尝试。对于同时支持IPv4与IPv6双协议栈的系统，它的端口号空间可能会出现混合的情况。从本质上说，这意味着如果服务器使用IPv6地址绑定了一个端口号，那么也就将该端口号应用于了IPv4地址。

13.7.4 进入连接队列

一个并发的服务器会为每一个客户端分配一个新的进程或线程，这样负责侦听的服务器能够始终准备着处理下一个到来的连接请求。这是使用并发服务器的根本原因。然而，在侦听服务器正创建一个新进程时，或者在操作系统忙于运行其他高优先级的进程时，甚至更糟的是在服务器正在被伪造的连接请求（这些伪造的建立连接请求是不被允许的）攻击时，多个连接请求可能会到达。在这些情况下，TCP 应当如何处理呢？

为了充分探讨这个问题，我们首先必须认识到，在被用于应用程序之前新的连接可能会处于下述两个状态。一种是连接尚未完成但是已经接收到 SYN（也就是处于 SYN_RCVD 状态）。另一种是连接已经完成了三次握手并且处于 ESTABLISHED 状态，但还未被应用程序接受。因此在内部操作系统通常会使用两个不同的连接队列分别对应上述两种不同的情况。

应用程序通过限制这些队列的大小来进行控制。传统上，使用伯克利套接字 API 应用程序只能间接地控制这两个队列的大小总和。在现代的 Linux 内核中，这种行为已更改为第二种状况下的连接数目（ESTABLISHED 状态的连接）。因此，应用程序能够限制完全形成的等待处理的连接数目。在 Linux 中，将会适用以下规则：

1. 当一个连接请求到达（即，SYN 报文段），将会检查系统范围的参数 net.ipv4.tcp_max_syn_backlog（默认为 1000）。如果处于 SYN_RCVD 状态的连接数目超过了这一阈值，进入的连接将会被拒绝。

2. 每一个处于侦听状态下的节点都拥有一个固定长度的连接队列。其中的连接已经被 TCP 完全接受（即三次握手已经完成），但未被应用程序接受。应用程序会对这一队列做出限制，通常称为*未完成连接*（backlog）。backlog 的数目必须在 0 与一个系统指定的最大值之间。该最大值称为 net.core.somaxconn，默认值为 128（包含）。

需要记住的是 backlog 的数值指出了一个侦听节点中排队连接的最大数目，所有这些连接已经被 TCP 接受并等待应用程序接受。无论对系统所允许的已经建立连接的最大数目， 636
还是对一个并行服务器所能同时处理的客户端数目，backlog 都不会造成影响。

3. 如果侦听节点的队列中仍然有空间分配给新的连接，TCP 模块会应答 SYN 并完成连接。直到接收到三次握手中的第 3 个报文段之后，与侦听节点相关的应用程序才会知道新的连接。当客户端的主动打开操作顺利完成之后，客户端可能会认为服务器已经准备好接收数据，然而服务器上的应用程序此时可能还未收到关于新连接的通知。如果这种情况发生，服务器的 TCP 模块将会把到来的数据存入队列中。

4. 如果队列中已没有足够的空间分配给新的连接，TCP 将会延迟对 SYN 做出响应，从而给应用程序一个跟上节奏的机会。Linux 在这一方面有着独特的行为——它坚持在能力允许的范围内不忽略进入的连接。如果系统控制变量 net.ipv4.tcp_abort_on_overflow 已被设定，新进入的连接会被重置报文段重新置位。

在队列溢出的情况下，发送重置报文段通常是不可取的，而且默认情况下这项功能也不会打开。客户端会尝试与服务器联系，如果它在交换 SYN 期间接收到一个重置报文段，那么它可能会错误地认为没有服务器存在（而不是认为有一台服务器存在并且十分繁忙）。太忙实际上是一种“软”的或者暂时的错误，而不是一种硬性的错误。正常情况下，当队列已满，应用程序或操作系统会十分繁忙，此时应当阻止应用程序再去服务那些进入的连接。上述状况可能会在短时间内得到改善。然而，如果一台服务器的 TCP 使用重置报文段进行回复，那么客户端将会放弃主动打开的操作（这与服务器没有启动时所看到的情况是类似的）。

在不发送重置报文段的情况下，如果一台侦听的服务器始终无法抽出时间来接受那些已经被 TCP 接受却超出队列保存上限的连接，那么根据正常的 TCP 机制，客户端的主动打开操作将会最终超时。在 Linux 中，连接的客户端将会明显地放缓一段时间——它们既不会超时也不会重置。

借助我们的 sock 程序，大家会看到当进入连接队列溢出后会发生的情况。我们利用一个新的选项（-O）来调用程序，并且告诉它在创建完侦听节点后暂停，直到接收到任何连接请求。如果之后我们在暂停期间再调用多个客户端，服务器的接收连接队列将会被填满，因此可以借助 tcpdump 检查所发生的一切。

```
Linux% sock -s -v -q1 -O30000 6666
```

-ql 选项将侦听节点的 backlog 数值设置为 1。-O30000 选项使程序在接收任何客户端连
637 接之前先休眠 30 000 秒（基本上是一个很长的时间，大约 8 小时）。如果我们现在不断地尝试连接这台服务器，最早的 4 个连接将会被立即完成。此后两个连接需要 9 秒才能完成。其他操作系统在处理这种情况时会有明显的不同。例如在 Solaris 8 和 FreeBSD 4.7 中，两个连接会被立即处理而第 3 个连接将会超时，而随后的连接也将超时。

清单 13-10 显示了用一台 Linux 客户端连接一台 FreeBSD 服务器的 tcpdump 输出结果。FreeBSD 服务器上运行着符合上文参数设定的 sock 程序（在 TCP 连接建立时，即三次握手完成时，已经用黑体标记了客户端的端口号）。

清单 13-10　FreeBSD 服务器立即接收两个连接。后续的连接不能接收到任何响应并最终在客户端超时

```
1 21:28:47.399872 IP (tos 0x0, ttl  64, id 46646, offset 0,
      flags [DF], proto 6, length: 60)
      63.203.76.212.2461 > 169.229.62.97.6666:
      S [tcp sum ok] 2998137201:2998137201(0) win 5808
      <mss 1452,sackOK,timestamp 4102309703 0,nop,wscale 2>

2 21:28:47.413770 IP (tos 0x0, ttl  47, id 6876, offset 0,
      flags [DF], proto 6, length: 60)
      169.229.62.97.6666 > 63.203.76.212.2461:
      S [tcp sum ok] 5583769:5583769(0) ack 2998137202 win 1460
      <mss 1412,nop,wscale 0,nop,nop,timestamp 219082980 4102309703>
3 21:28:47.414058 IP (tos 0x0, ttl  64, id 46648, offset 0,
      flags [DF], proto 6, length: 52)
      63.203.76.212.2461 > 169.229.62.97.6666:
      . [tcp sum ok] 1:1(0) ack 1 win 1452
      <nop,nop,timestamp 4102309717 219082980>
4 21:28:47.423673 IP (tos 0x0, ttl  64, id 19651, offset 0,
      flags [DF], proto 6, length: 60)
      63.203.76.212.2462 > 169.229.62.97.6666:
      S [tcp sum ok] 2996964252:2996964252(0) win 5808
      <mss 1452,sackOK,timestamp 4102309727 0,nop,wscale 2>

5 21:28:47.436897 IP (tos 0x0, ttl  47, id 26581, offset 0,
      flags [DF], proto 6, length: 60)
      169.229.62.97.6666 > 63.203.76.212.2462:
      S [tcp sum ok] 3761536245:3761536245(0) ack 2996964253 win 1460
      <mss 1412,nop,wscale 0,nop,nop,timestamp 219082983 4102309727>

6 21:28:47.437186 IP (tos 0x0, ttl  64, id 19653, offset 0,
      flags [DF], proto 6, length: 52)
```

```
      63.203.76.212.2462 > 169.229.62.97.6666:
      . [tcp sum ok] 1:1(0) ack 1 win 1452
      <nop,nop,timestamp 4102309741 219082983>

7 21:28:47.446198 IP (tos 0x0, ttl  64, id 24292, offset 0,
      flags [DF], proto 6, length: 60)                              638
      63.203.76.212.2463 > 169.229.62.97.6666:
      S [tcp sum ok] 2991331729:2991331729(0) win 5808
      <mss 1452,sackOK,timestamp 4102309749 0,nop,wscale 2>

8 21:28:50.445771 IP (tos 0x0, ttl  64, id 24294, offset 0,
      flags [DF], proto 6, length: 60)
      63.203.76.212.2463 > 169.229.62.97.6666:
      S [tcp sum ok] 2991331729:2991331729(0) win 5808
      <mss 1452,sackOK,timestamp 4102312750 0,nop,wscale 2>

9 21:28:56.444900 IP (tos 0x0, ttl  64, id 24296, offset 0,
      flags [DF], proto 6, length: 60)
      63.203.76.212.2463 > 169.229.62.97.6666:
      S [tcp sum ok] 2991331729:2991331729(0) win 5808
      <mss 1452,sackOK,timestamp 4102318750 0,nop,wscale 2>

10 21:29:08.443031 IP (tos 0x0, ttl  64, id 24298, offset 0,
      flags [DF], proto 6, length: 60) 6
      3.203.76.212.2463 > 169.229.62.97.6666:
      S [tcp sum ok] 2991331729:2991331729(0) win 5808
      <mss 1452,sackOK,timestamp 4102330750 0,nop,wscale 2>

11 21:29:32.439406 IP (tos 0x0, ttl  64, id 24300, offset 0,
      flags [DF], proto 6, length: 60)
      63.203.76.212.2463 > 169.229.62.97.6666:
      S [tcp sum ok] 2991331729:2991331729(0) win 5808
      <mss 1452,sackOK,timestamp 4102354750 0,nop,wscale 2>

12 21:30:20.432118 IP (tos 0x0, ttl  64, id 24302, offset 0,
      flags [DF], proto 6, length: 60)
      63.203.76.212.2463 > 169.229.62.97.6666:
      S [tcp sum ok] 2991331729:2991331729(0) win 5808
      <mss 1452,sackOK,timestamp 4102402750 0,nop,wscale 2>
```

TCP 接受的第 1 个客户端连接请求来自端口 2461（报文段 1 ~ 3）。第 2 个客户端的连接请求来自端口 2462，也被 TCP 接受（报文段 4 ~ 6）。服务器的应用程序仍处于睡眠状态，不能够接受任何连接。所有的工作都是由操作系统的 TCP 模块来完成的。由于三次握手过程均已完成，这两个客户端都从主动打开成功地返回。

我们尝试开启第 3 个客户端，它的 SYN 报文段如清单 13-10 中的第 7 个报文段所示（端口号 2463），但由于侦听节点的队列已满，服务器端的 TCP 忽略了该 SYN 报文段。客户端根据二进制指数退避机制重新传输了它的 SYN 报文段，如清单 13-10 中的第 8 ~ 12 个报文段所示。在 FreeBSD 与 Solaris 系统中，TCP 会在队列满后忽略进入的 SYN 报文段。

据前文所述，如果侦听者的队列有足够的空间，TCP 将会接受一个进入的连接请求（即一个 SYN 报文段），而不会让应用程序去识别这条连接来自何方（源 IP 地址与源端口号）。
这一点并不是 TCP 协议所要求的，而是通用的实现技术（即伯克利套接字的工作方式）。如 639
果采用替代伯克利套接字 API 的方法（例如 TLI/XTI），能够为应用程序提供一种了解何时有连接到达的方法，并允许它们选择是否接受到达的连接请求。TLI 只是在理论上提供这种能力，但未能完全付诸实践，因此伯克利套接字能够更有效地为 TCP 接口提供支持。

在借助伯克利套接字实现的 TCP 中，当应用程序被告知一条连接已经到达时，TCP 的三次握手过程已经完成。上述行为也意味着一个 TCP 服务器无法让一个客户端的主动打开操作失败。当一个新的客户端连接传达至服务器应用程序时，TCP 的三次握手过程已经结束，而且客户端的主动打开操作已经成功完成。如果此后服务器查看了客户端的 IP 地址与端口号，并且决定不向该客户端提供服务，那它只能关闭（发送一个 FIN）或者重置这条连接（发送一个 RST）。无论处于上述哪一种情况，客户端在完成主动打开操作后都会认为一切正常，甚至已经向服务器发出了请求。因此，需要其他传输层协议来为应用程序提供区分连接到达与接受的功能（即 OSI 模型的传输层），但不是 TCP。

13.8 与 TCP 连接管理相关的攻击

SYN 泛洪是一种 TCP 拒绝服务攻击，在这种攻击中一个或多个恶意的客户端产生一系列 TCP 连接尝试（SYN 报文段），并将它们发送给一台服务器，它们通常采用"伪造"的（例如，随机选择）源 IP 地址。服务器会为每一条连接分配一定数量的连接资源。由于连接尚未完全建立，服务器为了维护大量的半打开连接会在耗尽自身内存后拒绝为后续的合法连接请求服务。

因为区分合法的连接尝试与 SYN 泛洪并不是一件容易的事情，所以抵御上述攻击存在一定的难度。一种针对此问题的机制被称作 SYN cookies[RFC4987]。SYN cookies 的主要思想是，当一个 SYN 到达时，这条连接存储的大部分信息都会被编码并保存在 SYN + ACK 报文段的序列号字段。采用 SYN cookies 的目标主机不需要为进入的连接请求分配任何存储资源——只有当 SYN + ACK 报文段本身被确认后（并且已返回初始序列号）才会分配真正的内存。在这种情况下，所有重要的连接参数都能够重新获得，同时连接也能够被设置为 ESTABLISHED 状态。

在执行 SYN cookies 过程中需要服务器仔细地选择 TCP 初始序列号。本质上，服务器必须将任何必要的状态编码并存于 SYN + ACK 报文段的序列号字段。这样一个合法的客户端会将其值作为报文段的 ACK 号字段返回给服务器。很多方法都能够完成这项工作，下面将
640 具体介绍 Linux 系统所采用的技术。

服务器在接收到一个 SYN 后会采用下面的方法设置初始序列号（保存于 SYN + ACK 报文段，供于客户端）的数值：首 5 位是 t 模 32 的结果，其中 t 是一个 32 位的计数器，每隔 64 秒增 1；接着 3 位是对服务器最大段大小（8 种可能之一）的编码值；剩余的 24 位保存了 4 元组与 t 值的散列值。该数值是根据服务器选定的散列加密算法计算得到的。

在采用 SYN cookies 方法时，服务器总是以一个 SYN + ACK 报文段作为响应（符合任何典型的 TCP 连接建立过程）。在接收到 ACK 后，如果根据其中的 t 值可以计算出与加密的散列值相同的结果，那么服务器才会为该 SYN 重新构建队列。这种方法至少有两个缺陷。首先，由于需要对最大段大小进行编码，这种方法禁止使用任意大小的报文段。其次，由于计数器会回绕，连接建立过程会因周期非常长（长于 64 秒）而无法正常工作。基于上述原因，这一功能并未作为默认设置。

另一种攻击方法与路径最大传输单元发现过程相关。在这种攻击中，攻击者伪造一个 ICMP PTB 消息。该消息包含了一个非常小的 MTU 值（例如，68 字节）。这样就迫使受害的 TCP 尝试采用非常小的数据包来填充数据，从而大大降低了它的性能。最粗暴的解决方法是简单地禁用主机的路径最大传输单元发现功能。当接收到的 ICMP PTB 消息的下一跳最大

传输单元小于 576 字节时，其他选项会禁用路径最大传输单元发现功能。还有一种 Linux 实现的方法，前文曾介绍过，是使最小的数据包大小（对 TCP 使用的大数据包）固定为某一数值，并使较大的数据包不将 IPv4 的 DF 位置位。这种方法虽然比完全禁用路径最大传输单元发现功能更具吸引力，但也与其十分类似。

另一种类型的攻击涉及破坏现有的 TCP 连接，甚至可能将其*劫持*（hijacking）。这一类攻击通常包含的第一步是使两个之前正在通信的 TCP 节点“失去同步”。这样它们将使用不正确的序列号。它们是*序列号攻击*的典型例子 [RFC1948]。至少有两种方法能实现上述攻击：在连接建立过程中引发不正确的状态传输（类似于 13.6.4 小节介绍的时间等待错误），在 ESTABLISHED 状态下产生额外的数据。一旦两端不能再进行通信（但却认为它们间拥有一个打开的连接），攻击者就能够在连接中注入新的流量，而且这些注入的流量会被 TCP 认为是正确的。

有一类攻击被称作*欺骗攻击*。这类攻击所涉及的 TCP 报文段是由攻击者精心定制的，目的在于破坏或改变现有 TCP 连接的行为。在 [RFC4953] 中大量讨论了此类攻击及它们的防治技术。攻击者可以生成一个伪造的重置报文段并将其发送给一个 TCP 通信节点。假定与连接相关的 4 元组以及校验和都是正确的，序列号也处在正确的范围。这样就会造成连接 641
的任意一端失败。随着互联网变得更快，为了维持性能被认为“处于窗口”的序列号范围也在不断地扩大（参见第 15 章），上述攻击也受到越来越多的关注。欺骗攻击还存在于其他类型的报文段（SYN，甚至 ACK）中（有时会与泛洪攻击结合使用），引发大量的问题。相关的防御技术包括：认证每一个报文段（例如，使用 TCP-AO 选项）；要求重置报文段拥有一个特殊的序列号以代替处于某一范围的序列号；要求时间戳选项具有特定的数值；使用其他形式的 cookie 文件，让非关键的数据依赖于更加准确的连接信息或一个秘密数值。

欺骗攻击虽然不是 TCP 协议的一部分，但是能够影响 TCP 的运行。例如，ICMP 协议能够被用于修改路径最大传输单元的发现行为。它也能够被用于指出一个端口号或一台主机已失效，从而终止一个 TCP 连接。[RFC5927] 介绍了大量的此类攻击，并且还提出了一些防御 ICMP 欺骗消息、提高鲁棒性的方法。这些建议不仅局限于验证 ICMP 消息，而且还涉及其可能包含的 TCP 报文段。例如，包含的报文段应该拥有正确的 4 元组与序列号。

13.9 总结

在两个进程使用 TCP 协议交换数据之前，它们必须要在彼此间建立一条连接。当数据传输完毕，它们将终止这条连接。本章详细介绍了连接是如何借助三次握手过程建立的，而且又是如何利用 4 个报文段终止的。本章还介绍了 TCP 是如何处理同时打开与关闭操作的，以及如何管理各个选项，其中包括选择性确认、时间戳、最大段大小、TCP 认证以及用户超时选项。

本章使用 tcpdump 与 Wireshark 来显示 TCP 协议的行为以及 TCP 头部字段的使用情况。还展示了连接的建立过程是如何超时的，重置报文段是如何发送与解析的，以及 TCP 是如何提供半打开与半关闭连接的。TCP 既约束了在一个主动打开操作中尝试连接的次数，又约束了在一次被动打开操作后能服务的尝试连接次数。

TCP 状态转换图对理解其运行非常重要。本章依次介绍了连接的建立、终止以及状态迁移的各个步骤。本章还介绍了并发 TCP 服务器设计中 TCP 连接建立的相关工作。

一条 TCP 连接是由一个 4 元组唯一定义的，包括：本地 IP 地址，本地端口号，外部 IP

地址，外部端口号。每次连接终止时，通信一端必须维护这些相关信息。根据本章的介绍，TCP 的 TIME_WAIT 状态负责完成这些工作。规则是执行主动关闭操作的一端进入 TIME_
642 WAIT 状态并维持两倍的最大段生存时间。这样有助于防止 TCP 处理同一条连接中旧实例的报文段。当新的连接尝试使用相同的 4 元组时，使用时间戳选项能够减少等待时间，另外它还有助于探测回绕的序列号以及更好地测量往返时间。

TCP 在资源耗尽与欺骗等攻击面前是十分脆弱的，但已研究出一些方法来抵御上述问题。此外，TCP 还会受到其他协议的影响，比如 ICMP。通过仔细地分析 ICMP 消息所返回的原始数据报可以加强对 ICMP 的防御。最后，TCP 可以与其他协议结合使用，为协议栈的其他层提供安全支持（例如，IPsec 与 TLS/SSL，参见第 18 章），这已成为标准的做法。

13.10 参考文献

[CERTISN] http://www.cert.org/advisories/CA-2001-09.html

[ITP] http://www.iana.org/assignments/service-names-port-numbers

[LS10] M. Luckie and B. Stasiewicz, "Measuring Path MTU Discovery Behavior," *Proc. ACM IMC*, Nov. 2010.

[RFC0793] J. Postel, "Transmission Control Protocol," Internet RFC 0793/STD 0007, Sept. 1981.

[RFC0854] J. Postel and J. K. Reynolds, "Telnet Protocol Specification," Internet RFC 0854/STD 0008, May 1983.

[RFC0879] J. Postel, "The TCP Maximum Segment Size and Related Topics," Internet RFC 0879, Nov. 1983.

[RFC1025] J. Postel, "TCP and IP Bake Off," Internet RFC 1025, Sept. 1987.

[RFC1122] R. Braden, ed., "Requirements for Internet Hosts—Communication Layers," Internet RFC 1122/STD 0003, Oct. 1989.

[RFC1191] J. C. Mogul and S. E. Deering, "Path MTU Discovery," Internet RFC 1191, Nov. 1990.

[RFC1323] V. Jacobson, R. Braden, and D. Borman, "TCP Extensions for High Performance," Internet RFC 1323, May 1992.

[RFC1337] R. Braden, "TIME-WAIT Assassination Hazards in TCP," Internet RFC 1337 (informational), May 1992.

[RFC1948] S. Bellovin, "Defending against Sequence Number Attacks," Internet RFC 1948 (informational), May 1996.

[RFC1981] J. McCann, S. Deering, and J. Mogul, "Path MTU Discovery for IP
643 Version 6," Internet RFC 1981, Aug. 1996.

[RFC2018] M. Mathis, J. Mahdavi, S. Floyd, and A. Romanow, "TCP Selective Acknowledgment Options," Internet RFC 2018, Oct. 1996.

[RFC2385] A. Heffernan, "Protection of BGP Sessions via the TCP MD5 Signature Option," Internet RFC 2385 (obsolete), Aug. 1998.

[RFC2675] D. Borman, S. Deering, and R. Hinden, "IPv6 Jumbograms," Internet RFC 2675, Aug. 1999.

[RFC2883] S. Floyd, J. Mahdavi, M. Mathis, and M. Podolsky, "An Extension to the Selective Acknowledgement (SACK) Option for TCP," Internet RFC 2883, July 2000.

[RFC2923] K. Lahey, "TCP Problems with Path MTU Discovery," Internet RFC 2923 (informational), Sept. 2000.

[RFC4254] T. Ylonen and C. Lonvick, ed., "The Secure Shell (SSH) Connection Protocol," Internet RFC 4254, Jan. 2006.

[RFC4727] B. Fenner, "Experimental Values in IPv4, IPv6, ICMPv4, ICMPv6, UDP, and TCP Headers," Internet RFC 4727, Nov. 2006.

[RFC4821] M. Mathis and J. Heffner, "Packetization Layer Path MTU Discovery," Internet RFC 4821, Mar. 2007.

[RFC4953] J. Touch, "Defending TCP against Spoofing Attacks," Internet RFC 4953 (informational), July 2007.

[RFC4987] W. Eddy, "TCP SYN Flooding Attacks and Common Mitigations," Internet RFC 4987 (informational), Aug. 2007.

[RFC5482] L. Eggert and F. Gont, "TCP User Timeout Option," Internet RFC 5482, Mar. 2009.

[RFC5925] J. Touch, A. Mankin, and R. Bonica, "The TCP Authentication Option," Internet RFC 5925, June 2010.

[RFC5926] G. Lebovitz and E. Rescorla, "Cryptographic Algorithms for the TCP Authentication Option (TCP-AO)," Internet RFC 5926, June 2010.

[RFC5927] F. Gont, "ICMP Attacks against TCP," Internet RFC 5927 (informational), July 2010.

[RFC5961] A. Ramaiah, R. Stewart, and M. Dalal, "Improving TCP's Robustness to Blind In-Window Attacks," Internet RFC 5961, Aug. 2010.

[RFC6056] M. Larsen and F. Gont, "Recommendations for Transport-Protocol Port Randomization," Internet RFC 6056/BCP 0156, Jan. 2011.

[RFC6146] M. Bagnulo, P. Matthews, and I. van Beijnum, "Stateful NAT64: Network Address and Protocol Translation from IPv6 Clients to IPv4 Servers," Internet RFC 6146, Apr. 2011.

[RFC6191] F. Gont, "Reducing the TIME-WAIT State Using TCP Timestamps," Internet RFC 6191/BCP 0159, Apr. 2011.

[RFC6298] V. Paxson, M. Allman, J. Chu, and M. Sargent, "Computing TCP's Retransmission Timer," Internet RFC 6298, June 2011.

[S96] B. Schneier, *Applied Cryptography* (Wiley, 1996). 644

[TPARAMS] http://www.iana.org/tcp-parameters 646

第 14 章

TCP/IP Illustrated, Volume 1: The Protocols, Second Edition

TCP 超时与重传

14.1 引言

到目前为止，我们并没有过多地涉及效率与性能，而主要关注操作的正确性。在本章及接下来的两章中，我们不仅讨论 TCP 执行的基本任务，还关心其执行效率。由于下层网络层（IP）可能出现丢失、重复或失序包的情况，TCP 协议提供可靠数据传输服务。为保证数据传输的正确性，TCP 重传其认为已丢失的包。TCP 根据接收端返回至发送端的一系列确认信息来判断是否出现丢包。当数据段或确认信息丢失，TCP 启动重传操作，重传尚未确认的数据。TCP 拥有两套独立机制来完成重传，一是基于时间，二是基于确认信息的构成。第二种方法通常比第一种更高效。

TCP 在发送数据时会设置一个计时器，若至计时器超时仍未收到数据确认信息，则会引发相应的*超时或基于计时器的重传*操作，计时器超时称为*重传超时*（RTO）。另一种方式的重传称为*快速重传*，通常发生在没有延时的情况下。若 TCP 累积确认无法返回新的 ACK，或者当 ACK 包含的选择确认信息（SACK）表明出现失序报文段时，快速重传会推断出现丢
647 包。通常来说，当发送端认为接收端可能出现数据丢失时，需要决定发送新（未发送过的）数据还是重传。本章内容将详细讨论 TCP 怎样判断出现报文段丢失及其响应操作。发送数据量问题，即由丢包而引发的拥塞控制机制，将会在第 16 章具体介绍。这里，我们探讨如何根据某个连接的 RTT 来设置 RTO，基于计时器的重传机制，以及 TCP 快速重传操作。另外我们也会看到 SACK 怎样帮助确定丢失数据、失序和重复 IP 包对 TCP 行为的影响，以及 TCP 重传时改变包大小的方法。最后我们简要讨论一些可能导致 TCP 出现过分积极或被动行为的攻击方法。

14.2 简单的超时与重传举例

我们已经看到一些超时和重传的例子。（1）在第 8 章 ICMP 目的不可达（端口不可达）的例子中，采用 UDP 的 TFTP 客户端使用简单（且低效）的超时和重传策略：设置足够大的超时间隔，每 5 秒进行一次重传。（2）第 13 章的尝试与不存在的主机建立连接中，我们看到 TCP 在尝试建立连接的过程中，在每次重传时采用比上次更大的延时间隔。（3）在第 3 章的以太网冲突中，我们也可以看到相关操作。上述机制都是由计时器超时引发的。

我们首先来看 TCP 的基于计时器的重传策略。先建立一个连接，并发送一些数据验证连接正常。然后断开连接的一端，这时再发送一些数据，观察 TCP 的操作。这里我们采用 Wireshark 来跟踪记录连接状况（见图 14-1）。

报文段 1、2、3 为 TCP 建立连接的握手过程。连接建立完成后，Web 服务器处于等待 Web 请求的状态。在发出请求前，我们先断开服务器端主机的连接。在客户端输入如下命令：

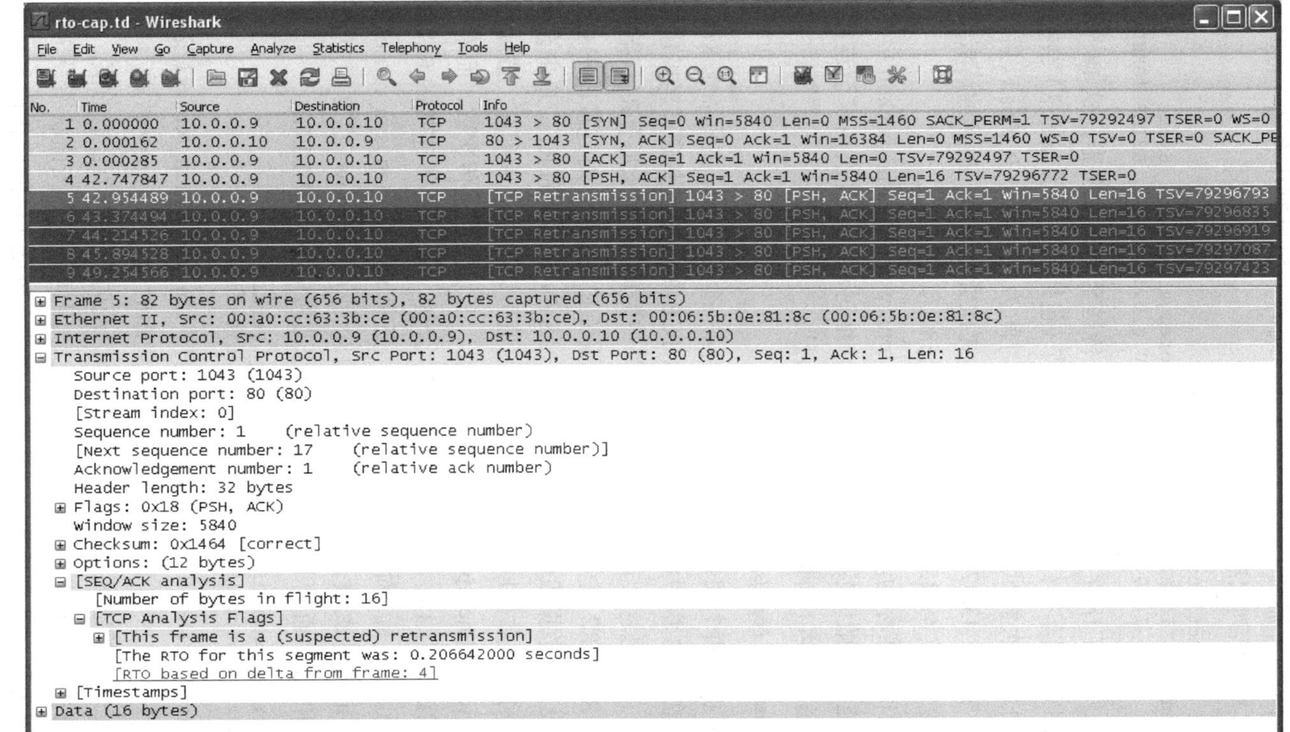

图 14-1　TCP 超时与重传机制的一个简单例子。首次重传发生在 42.954s，接着又在 43.374、44.215、45.895 和 49.255s 分别重传。其重传间隔分别为 206ms、420ms、841ms、1.68s 和 3.36s。这些时间间隔表明对同一个报文段的每一次重传，时间间隔增为原来的两倍

```
Linux% telnet 10.0.0.10 80
Trying 10.0.0.10...
Connected to 10.0.0.10.
Escape character is '^]'.
GET / HTTP/1.0
Connection closed by foreign host.
```

该请求无法传输至服务器端，因此它会在客户端的 TCP 队列中存储一段时间。此时采用 netstat 命令读取客户端队列状态显示为非空：

648~649

```
Active Internet connections (w/o servers)
Proto Recv-Q Send-Q   Local Address          Foreign Address   State
tcp        0     18   10.0.0.9:1043          10.0.0.10:www     ESTABLISHED
```

可以看到发送队列中有 18 字节的数据，等待被传送至 Web 服务器。这 18 个字节包含了之前显示的请求命令以及回车换行。其他的输出细节（包括地址和状态信息）会在下面涉及。

报文段 4 为客户端首次尝试发送 Web 请求，时间为 42.748s。0.206s 以后，在 42.954s 发送了第二次请求。接着在 43.374s，即 0.420s 后，再次尝试请求。后续的请求（重传）时刻分别为 44.215、45.895 以及 49.255s，间隔分别为 1.680 和 3.360s。

每次重传间隔时间加倍称为*二进制指数退避*（binary exponential backoff），我们在第 13 章的 TCP 尝试建立连接失败时提到过，后面将会详细讨论。自首次请求至连接完全失效，总时间为 15.5min。随后，客户端会显示如下错误信息：

```
Connection closed by foreign host.
```

逻辑上讲，TCP 拥有两个阈值来决定如何重传同一个报文段。主机需求 RFC[RFC1122] 描述了这两个阈值，在第 13 章中也提到过。R1 表示 TCP 在向 IP 层传递“消极建议”（如重新评估当前的 IP 路径）前，愿意尝试重传的次数（或等待时间）。R2（大于 R1）指示 TCP 应放弃当前连接的时机。R1 和 R2 应分别至少设为三次重传和 100 秒。对连接的建立过程（发送 SYN 报文段），阈值设置与数据段传输有所区别，针对 SYN 报文段的 R2 应最少设为 3 分钟。

Linux 系统中，对一般数据段来说，R1 和 R2 的值可以通过应用程序，或使用系统配置变量 net.ipv4.tcp_retries1 和 net.ipv4.tcp_retries2 设置。变量值为重传次数，而不是以时间为单位。tcp_retries2 默认值为 15，对应约为 13 ~ 30 分钟，根据具体连接的 RTO 而定。net.ipv4.tcp_retries1 默认值为 3。对于 SYN 报文段，变量 net.ipv4.tcp_syn_retries 和 net.ipv4.tcp_synack_retries 限定重传次数，默认值为 5（约 180 秒）。Windows 也有相应控制 TCP 行为的变量，包括 R1 和 R2。通过下列注册表项可以修改对应值 [WINREG]：

650

```
HKLM\System\CurrentControlSet\Services\Tcpip\Parameters
HKLM\System\CurrentControlSet\Services\Tcpip6\Parameters
```

最主要的值为 TcpMaxDataRetransmissions，对应 Linux 中的 tcp_retries2 变量，其默认值为 5。至此我们看到，TCP 需要为重传计时器设置超时值，指示发送数据后等待 ACK 的时间。假设 TCP 只工作在静态环境中，那么很容易为超时设置一个合适的值。由于 TCP 需要适应不同环境进行操作，可能随着时间不断变化，因此需基于当前状态设定超时值。例如，若某个网络连接失败，需重新建立，RTT 也会随之改变（可能变化很大）。也就是说，TCP 需要动态设置 RTO（重传超时）。下面我们讨论这一问题。

14.3 设置重传超时

TCP 超时和重传的基础是怎样根据给定连接的 RTT 设置 RTO。若 TCP 先于 RTT 开始重传，可能会在网络中引入不必要的重复数据。反之，若延迟至远大于 RTT 的间隔发送重传数据，整体网络利用率（及单个连接吞吐量）会随之下降。由于 RTT 的测量较为复杂，根据路由与网络资源的不同，它会随时间而改变。TCP 必须跟踪这些变化并适时做出调整来维持好的性能。

TCP 在收到数据后会返回确认信息，因此可在该信息中携带一个字节的数据（采用一个特殊序列号）来测量传输该确认信息所需的时间。每个此类的测量结果称为 RTT *样本*（RTT sample）。TCP 首先需要根据一段时间内的样本值建立好的估计值。第二步是怎样基于估计值设置 RTO。RTO 设置得当是保证 TCP 性能的关键。

每个 TCP 连接的 RTT 均独立估算，并且重传计时器会对任何占用序列号的在传数据（包括 SYN 和 FIN 报文段）计时。如何恰当设置计时器一直以来都是研究的热点问题，近年来也取得了一些成果。本章节将探讨计算 RTO 计算方法在演进历程中的一些重要里程碑。首先我们介绍第一个（“经典”）方法，详见 [RFC0793]。

14.3.1 经典方法

最初的 TCP 规范 [RFC0793] 采用如下公式计算得到*平滑的 RTT 估计值*（称为 SRTT）：

$$SRTT \leftarrow \alpha(SRTT) + (1 - \alpha)\, RTT_s$$ 651

这里，SRTT 是基于现存值和新的样本值 RTT_s 得到更新结果的。常量 α 为平滑因子，推荐值为 0.8 ~ 0.9。每当得到新的样本值，SRTT 就会做出相应的更新。从 α 的设定值可以看到，新的估计值有 80% ~ 90% 来自现存值，10% ~ 20% 来自新测量值。这种估算方法称为*指数加权移动平均*（Exponentially Weighted Moving Average，EWMA）或*低通过滤器*（low-pass filter）。该方法实现起来较为简单，只要保存 SRTT 的先前值即可得到新的估计值。

考虑到 SRTT 估计器得到的估计值会随 RTT 而变化，[RFC0793] 推荐根据如下公式设置 RTO：

$$RTO = \min(ubound, \max(lbound, (SRTT)\beta))$$

这里的 β 为时延离散因子，推荐值为 1.3 ~ 2.0。ubound 为 RTO 的上边界（可设定建议值，如 1 分钟），lbound 为 RTO 的下边界（可设定建议值，如 1 秒）。我们称该方法为*经典方法*，它使得 RTO 的值设置为 1 秒，或约两倍的 SRTT。对于相对稳定的 RTT 分布来说，这种方法能取得不错的性能。然而，若 TCP 运行于 RTT 变化较大的网络中，则无法获得期望的效果。

14.3.2 标准方法

在 [J88] 中，Jacobson 进一步分析了上述经典方法，即按照 [RFC0793] 设置计时器无法适应 RTT 的大规模变动（特别是，当实际的 RTT 远大于估计值时，会导致不必要的重传）。增大的 RTT 样本值表明网络已出现过载，此时不必要的重传无疑会进一步加重网络负担。

为解决上述问题，可对原方法做出改进以适应 RTT 变动较大的情况。可通过记录 RTT 测量值的变化情况以及均值来得到较为准确的估计值。基于均值和估计值的变化来设置 RTO，将比仅使用均值的常数倍来计算 RTO 更能适应 RTT 变化幅度较大的情况。

[J88] 中的图 5 和图 6 显示了采用 [RFC0793] 与同时考虑 RTT 变化值的方法计算 RTO 的对比情况。如果我们将 TCP 得到的 RTT 测量样本值考虑为一个统计过程，那么同时测量均值和方差（或标准差）能更好地估计将来值。对 RTT 的可能值范围做出好的预测可以帮助 TCP 设定一个能适应大多数情况的 RTO 值。 652

正如 Jacobson 所述，平均偏差（mean deviation）是对标准差的一种好的逼近，但计算起来却更容易、更快捷。计算标准差需要对方差进行平方根运算，对于快速 TCP 实现来说代价较大。（但这并非全部原因，可参见 [G04] 中所述的有趣的“争论”历史。）因此我们需要结合平均值和平均偏差来进行估算。可对每个 RTT 测量值 M(前面称为 RTT_s) 采用如下算式：

$$\text{srtt} \leftarrow (1-g)(\text{srtt}) + (g)M$$

$$\text{rttvar} \leftarrow (1-h)(\text{rttvar}) + (h)(|M-\text{srtt}|)$$

$$\text{RTO} = \text{srtt} + 4(\text{rttvar})$$

这里，srtt 值替代了之前的 SRTT，且 rttvar 为平均偏差的 EWMA，而非采用先前的 β 来设置 RTO。这组等式也可以写成另一种形式，对计算机实现来说操作较为方便：

$$\text{Err} = M - \text{srtt}$$

$$\text{srtt} \leftarrow \text{srtt} + g(\text{Err})$$

$$\text{rttvar} \leftarrow \text{rttvar} + h(|\text{Err}| - \text{rttvar})$$

$$\text{RTO} = \text{srtt} + 4(\text{rttvar})$$

如前所述，srtt 为均值的 EWMA，rttvar 为绝对误差 |Err| 的 EWMA。Err 为测量值 M 与当前 RTT 估计值 srtt 之间的偏差。srtt 与 rttvar 均用于计算 RTO 且随时间变化。增量 g 为新 RTT 样本 M 占 srtt 估计值的权重，取为 1/8。增量 h 为新平均偏差样本（新样本 M 与当前平均值 srtt 之间的绝对误差）占偏差估计值 rttvar 的权重，取为 1/4。当 RTT 变化时，偏差的增量越大，RTO 增长越快。g 和 h 的值取为 2 的（负的）多少次方，使得整个计算过程较为简单，对计算机来说只要采用定点整型数的移位和加法操作即可，而无须复杂的乘除法运算。

注意 [J88] 采用 2*rttvar 来计算 RTO，但在之后的研究中，[J90] 更改为 4*rttvar，
653 BSD Net/1 的实现中使用该值且最终形成了标准 [RFC6298]。

比较经典方法与 Jacobson 的计算方法，平均 RTT 的计算过程类似（α 等于 1 减增量 g），只是采用的增量不同。另外，Jacobson 同时基于平滑 RTT 和平滑偏差计算 RTO，而经典方法简单采用平滑 RTT 的倍数。这是迄今为止许多 TCP 实现计算 RTO 的方法，并且由于其作为 [RFC6298] 的基础，我们称其为*标准方法*，尽管在 [RFC6298] 中有一些改进。下面我们就讨论这个问题。

14.3.2.1 时钟粒度与 RTO 边界

在测量 RTT 的过程中，TCP 时钟始终处于运转状态。对初始序列号来说，实际 TCP 连接的时钟并非从零开始计时，也没有绝对精确的精度。相反地，TCP 时钟通常为某个变量，该变量值随着系统时钟而做出更新，但并非一对一地同步更新。TCP 时钟一个“滴答”的时间长度称为*粒度*。通常，该值相对较大（约 500ms），但近期实现的时钟使用更细的粒度（如 Linux 采用 1ms）。

粒度会影响 RTT 的测量以及 RTO 的设置。在 [RFC6298] 中，粒度用于优化 RTO 的更新情况，并给 RTO 设置了一个下界。计算公式如下：

$$\text{RTO} = \max(\text{srtt} + \max(G, 4(\text{rttvar})), 1000)$$

这里的 G 为计时器粒度，1000ms 为整个 RTO 的下界值（[RFC6298] 的规则（2.4）建议值）。因此，RTO 至少为 1s，同时提供了可选上界值，假设为 60s。

14.3.2.2 初始值

我们已经看到估计器怎样随时间进行更新，但同时也需要了解怎样设置初始值。在首个

SYN 交换前，TCP 无法设置 RTO 初始值。除非系统提供（有些系统在转发表中缓存了该信息，见 14.9 节），否则也无法设置估计器的初始值。根据 [RFC6298]，RTO 的初始值为 1s，而初始 SYN 报文段采用的超时间隔为 3s。当接收到首个 RTT 测量结果 M，估计器按如下方法进行初始化：

$$\text{srtt} \leftarrow M$$

$$\text{rttvar} \leftarrow M/2$$

我们已经了解了估计器的初始化和运行过程。RTO 的设置看似取决于得到的 RTT 采样值，下面我们将看到一些例外情况。 654

14.3.2.3 重传二义性与 Karn 算法

在测量 RTT 样本的过程中若出现重传，就可能导致某些问题。假设一个包的传输出现超时，该数据包会被重传，接着收到一个确认信息。那么该信息是对第一次还是第二次传输的确认就存在二义性。这就是重传二义性的一个例子。

[KP87] 指出，当出现超时重传时，接收到重传数据的确认信息时不能更新 RTT 估计值。这是 Karn 算法的“第一部分”。它通过排除二义性数据来解决 RTT 估算中出现的二义性问题。[RFC6298] 做出了相关要求。

假如我们在设置 RTO 过程中简单地将重传问题完全忽略，就可能将网络提供的一些有用信息也同时忽略（即网络中可能出现某些因素影响传输速度）。这种情况下，在网络不再出现丢包前降低重传率有助于减轻网络负担。这也是下面指数退避行为的理论基础，见图 14-1。

TCP 在计算 RTO 过程中采用一个*退避系数*（backoff factor），每当重传计时器出现超时，退避系数加倍，该过程一直持续至接收到非重传数据。此时，退避系数重新设为 1（即二进制指数退避取消），重传计时器返回正常值。对重传过程退避系数加倍，这是 Karn 算法的“第二部分”。注意若 TCP 超时，同时会引发拥塞控制机制，以此改变发送速率（拥塞控制将在第 16 章详细讨论）。因此，Karn 算法实际上由两部分组成，如 [KP89] 所述：

> *当接收到重复传输（即至少重传一次）数据的确认信息时，不进行该数据包的 RTT 测量，可以避免重传二义性问题。另外，对该数据之后的包采取退避策略。仅当接收到未经重传的数据时，该 SRTT 才用于计算 RTO。*

Karn 算法一直作为 TCP 实现中的必要方法（自 [RFC1122] 起），然而也有例外情况。在使用 TCP 时间戳选项（见第 13 章）的情况下，可以避免二义性问题，因此 Karn 算法的第一部分不适用。 655

14.3.2.4 带时间戳选项的 RTT 测量

TCP 时间戳选项（TSOPT）作为 PAWS 算法的基础（第 13 章中已经提过），还可用作 RTT 测量（RTTM）[RFC1323]。TSOPT 的基本格式第 13 章中已经介绍过。它允许发送者在返回的对应确认信息中携带一个 32 比特的数。

时间戳值（TSV）携带于初始 SYN 的 TSOPT 中，并在 SYN + ACK 的 TSOPT 的 TSER 部分返回，以此设定 srtt、rttvar 与 RTO 的初始值。由于初始 SYN 可看作数据（即同样采取丢失重传策略且占用一个序列号），应测量其 RTT 值。其他报文段中也包含 TSOPT，因此可结合其他样本值估算该连接的 RTT。该过程看似简单但实际存在很多不确定因素，因为 TCP

并非对其接收到的每个报文段都返回 ACK。例如，当传输大批量数据时，TCP 通常采取每两个报文段返回一个 ACK 的方法（见第 15 章）。另外，当数据出现丢失、失序或重传成功时，TCP 的累积确认机制表明报文段与其 ACK 之间并非严格的一一对应关系。为解决这些问题，使用时间戳选项的 TCP（大部分的 Linux 和 Windows 版本都包含）采用如下算法来测量 RTT 样本值：

1. TCP 发送端在其发送的每个报文段的 TSOPT 的 TSV 部分携带一个 32 比特的时间戳值。该值包含数据发送时刻的 TCP 时钟值。

2. 接收端记录接收到的 TSV 值（名为 TsRecent 的变量）并在对应的 ACK 中返回，并且记录其上一个发送的 ACK 号（名为 LastACK 的变量）。回忆一下，ACK 号代表接收端（即 ACK 的发送方）期望接收的下一个有序序号。

3. 当一个新的报文段到达时，如果其序列号与 LastACK 的值吻合（即为下一个期望接收的报文段），则将其 TSV 值存入 TsRecent。

4. 接收端发送的任何一个 ACK 都包含 TSOPT，TsRecent 变量包含的时间戳值被写入其 TSER 部分。

5. 发送端接收到 ACK 后，将当前 TCP 时钟减去 TSER 值，得到的差即为新的 RTT 样本估计值。

FreeBSD、Linux 以及近期的 Windows 版本都默认启用时间戳选项。在 Linux 中，系
656 统配置变量 net.ipv4.tcp_timestamps 控制是否使用该选项（0 代表禁用，1 代表使用）。在 Windows 中，通过前面提到的注册表区域的 Tcp13230pts 值来控制其使用。若值为 0，时间戳被禁用；若值为 2，则启用。该键值没有设默认值（它并非默认存在于注册表中）。但若在连接初始化过程中，TCP 通信的另一方使用时间戳，则默认启用。

14.3.3 Linux 采用的方法

Linux 的 RTT 测量过程与标准方法有所差别。它采用的时钟粒度为 1ms，与其他实现方法相比，其粒度更细，TSOPT 也是如此。采用更频繁的 RTT 测量与更细的时钟粒度，RTT 测量也更为精确，但也易于导致 rttvar 值随时间减为最小 [LS00]。这是由于当累积了大量的平均偏差样本时，这些样本之间易产生相互抵消的效果。这是其 RTO 设置区别于标准方法的一个原因。另外，当某个 RTT 样本显著低于现有的 RTT 估计值 srtt 时，标准方法会增大 rttvar。

为更好地理解第二个问题，首先回顾一下 RTO 通常设置为 srtt + 4（rttvar）。因此，无论最大 RTT 样本值是大于还是小于 srtt，rttvar 的任何大的变动都会导致 RTO 增大。这与直觉相反——若实际 RTT 大幅降低，RTO 并不会因此增大。Linux 通过减小 RTT 样本值大幅下降对 rttvar 的影响来解决这一问题。下面我们详细讨论 Linux 设置 RTO 的方法，该方法可以同时解决上述两个问题。

与标准方法一样，Linux 也记录变量 srtt 与 rttvar 值，但同时还记录两个新的变量，即 mdev 和 mdev_max。mdev 为采用标准方法的瞬时平均偏差估计值，即前面方法的 rttvar。mdev_max 则记录在测量 RTT 样本过程中的最大 mdev，其最小值不小于 50ms。另外，rttvar 需定期更新以保证其不小于 mdev_max。因此 RTO 不会小于 200ms。

注意 最小 RTO 可更改，这可通过在重新编译加载内核前改变内核配置常量 TCP_RTO_MIN 的值来实现。有些 Linux 版本也允许通过 ip route 命令改变该值。若在数据中心网络中使用 TCP，这些环境中 RTT 可能只有几微秒。当本地交换出

现丢包时，若 RTO 的最小值为 200ms，就会严重影响网络性能。这就是所谓的 TCP “添头”问题。针对这一问题提出了很多解决方法，包括调整 TCP 时钟粒度；或将最小 RTO 设为几微秒 [V09]，但不推荐在全球因特网中使用该方法。 657

Linux 根据 mdev_max 的值来更新 rttvar。RTO 总是等于 srtt 与 4(rttvar) 之和，以此确保 RTO 不超过 TCP_RTO_MAX（默认值为 120s）。详见 [SK02]。图 14-2 详细描述了这一过程，从中也可看到时间戳选项是怎样工作的。

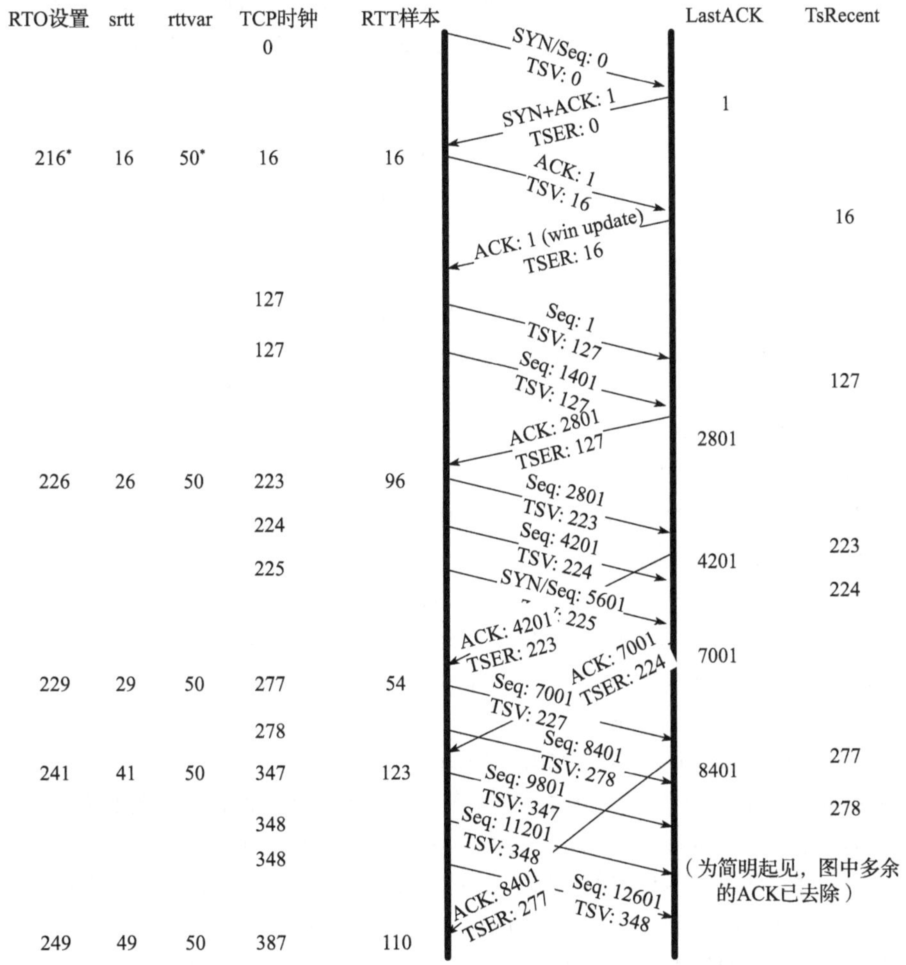

图 14-2 TCP 时间戳选项携带了发送端 TCP 时钟的副本。接着 ACK 将该值返回至接收端，通过计算两者之差（当前时钟减去返回的时间戳）来更新其 srtt 与 rttvar 估计值。为看得更清晰，图中只描述了一部分时间戳。本 Linux 系统中，rttvar 值限制为至少 50ms，RTO 下界值为 200ms 658

从图 14-2 中可以看到，该 TCP 连接采用时间戳选项。发送端为 Linux 2.6 系统，接收端为 FreeBSD 5.4 系统。为简单起见，序列号和时间戳取相对值，且只显示了发送端的时间戳。为使数据简单可读，本图并未严格按照时间尺度。基于本例中得到的初始 RTT 测量值，Linux 采用如下算法进行更新：

- srtt = 16ms
- mdev = (16/2)ms = 8ms

- rttvar = mdev_max = max(mdev, TCP_RTO_MIN) = max(8, 50) = 50ms
- RTO = srtt + 4(rttvar) = 16 + 4(50) = 216ms

在初始 SYN 交换后，发送端对接收端的 SYN 返回一个 ACK，接收端则进行了一次相应的窗口更新。由于这些包都未包含实际数据（SYN 或 FIN 位字段，但都被算作数据），并没有记录对应的时间，且发送端收到窗口更新时也没有进行 RTT 更新。TCP 对不含数据的报文段不提供可靠传输，意味着若出现丢包不会重传，因此无须设定重传计时器。

注意 值得注意的是，TCP 选项本身并不进行重传或可靠传输。仅当数据段（包括 SYN 和 FIN 报文段）中明确设定，才会丢失重传，但也仅作为副作用。

当应用首次执行写操作，发送端 TCP 发送两个报文段，每个报文段包含一个值为 127 的 TSV。由于两次发送间隔小于 1ms（发送端 TCP 时钟粒度），因此这两个值相等。当发送端以这种方式接连发送多个报文段时，很容易看到时钟没有前进或小幅前进的情况。

接收端变量 LastACK 记录其上一个发送 ACK 的序列号。在本例中，上一个发送的 ACK 为连接建立阶段的 SYN + ACK 包，因此 LastACK 从 1 开始。当首个全长（full-size）报文段到达，其序列号与 LastACK 吻合，则将 TsRecent 变量更新为新接收分组的 TSV，即 127。第二个报文段的到达并没有更新 TsRecent，因为其序列号字段与 LastACK 中的值并不匹配。接收端返回对应分组的 ACK 时，需在其 TSER 部分包含 TsRecent，同时接收端还要
659 更新 LastACK 变量的 ACK 号为 2801。

当该 ACK 到达时，TCP 就可以进行第二个 RTT 样本的测量。首先获得当前 TCP 时钟值，减去已接收 ACK 包含的 TSER，即样本值 m = 223 − 127 = 96。根据该测量值，Linux TCP 按如下步骤更新连接变量：

- mdev = mdev (3/4) + |m − srtt|(1/4) = 8(3/4) + |80|(1/4) = 26ms
- mdev_max = max(mdev_max, mdev) = max(50, 26) = 50ms
- srtt = srtt (7/8) + m(1/8) = 16(7/8) + 96(1/8) = 14 + 12 = 26ms
- rttvar = mdev_max = 50ms
- RTO = srtt + 4(rttvar) = 26 + 4(50) = 226ms

如前所述，Linux TCP 针对经典 RTT 估算方法做出了几处改进。在经典算法提出之时，TCP 时钟粒度普遍为 500ms，且时间戳选项也没有得到广泛应用。通常，每个窗口只测量一个 RTT 样本，并据此进行估计器的更新。在不使用时间戳的情况下，依然采用这种方法。

若每个窗口只测量一个 RTT 样本，rttvar 相对变动则较小。利用时间戳和对每个包的测量，就可以得到更多的样本值。因为对同一个窗口的数据而言，每个包对应的 RTT 样本通常存在一定的差异，短时间内得到的大量样本值（如窗口较大）可能导致平均偏差变小（接近 0，基于大数定律 [F68]）。为解决上述问题，Linux 维护瞬时平均偏差估计值 mdev，但设置 RTO 时则基于 rttvar（在一个窗口数据期间记录的最大 mdev，且最小值为 50ms）。仅当进入下一个窗口时，rttvar 才可能减小。

标准方法中 rttvar 所占权重较大（系数为 4），因此即使当 RTT 减小时，也会导致 RTO 增长。在时钟粒度较粗时（如 500ms），这种情况不会有很大影响，因为 RTO 可用值很少。然而，若时钟粒度较细，如 Linux 的 1ms，就可能出现问题。针对 RTT 减小的情况，若新样本值小于 RTT 估计范围的下界（srtt − mdev），则减小新样本的权重。完整的关系式如下：

if (m < (srtt − mdev))

mdev = (31/32) * mdev + (1/32) * |srtt – *m*|

else

mdev = (3/4) * mdev + (1/4) * |srtt – *m*| 660

该条件语句只在新 RTT 样本值小于期望的 RTT 测量范围下界的前提下成立。若该条件成立，则表明该连接的 RTT 正处于急剧减小的状态。为避免该情况下的 mdev 增大（以及由此导致的 rttvar 和 RTO 增大），新的平均偏差样本 |srtt – *m*|，将其权重减小为原来的 1/8。整体来看，该结果可以避免 RTT 减小导致的 RTO 增大问题。对该问题的进一步讨论，请参见 [LS00] 及 [SK02]。在 [RKS07] 中，作者在 280 万个 TCP 流的多个系统上运行了 RTT 估算算法，运行结果表明 Linux 估计器性能最优，这很大程度上是由于其相对快速收敛，但也可能是减小了 RTT 变动对 RTO 的影响。

现在回到图 14-2，当接收端生成 ACK 7001 时，我们看到其 TSER 包含了一个 TSV 副本，该值并非来自最新到达的报文段，而是最早的一个未经确认的报文段。当该 ACK 返回至发送端，通过计算得到的 RTT 样本是基于第一个报文段，而非第二个。这说明了时间戳算法在延时或不稳定的 ACK 下的工作情况。若计算最早的包对应的 RTT，得到的样本值为发送端期望收到 ACK 需经过的时间，而非实际网络 RTT。这点很重要，因为发送端需根据其 ACK 接收率来设置 RTO，接收率可能小于包的发送率。

14.3.4 RTT 估计器行为

我们已经看到，设置 RTO 与估算 RTT 有大量的设计和改进方法。图 14-3 显示了其中主要的估算方法，即基于标准方法和 Linux 算法得到的综合数据集。图中 [RFC6298] 推荐的标准算法最小 RTO 值 1s 已被移除。目前的大多数 TCP 实现方法都不再采用该值 [RKS07]。

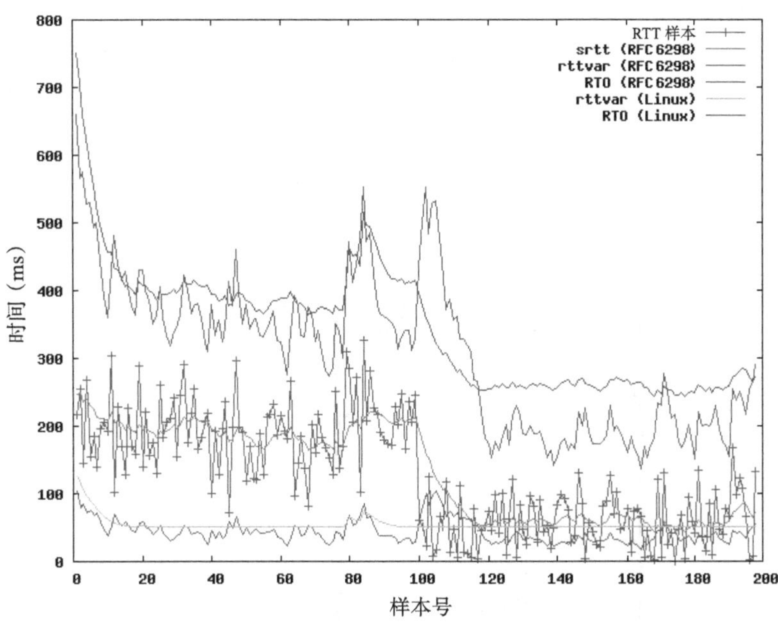

图 14-3　对于 200 个伪随机的样本点采用 Linux 方法和标准方法来设置 RTO 和估算 RTT。前 100 个点是基于分布 *N*(200,50)，后 100 个则基于 *N*(50,50)，且对负值进行了符号变换。Linux 将最小 RTO 设为 200ms，而标准方法在样本 120 之后则变得更为密集。Linux 避免 RTO 设置过小就是防止这种情况的发生。标准方法在样本 78 和 191 出现潜在问题

图中显示了两个在高斯概率分布 $N(200,50)$ 和 $N(50,50)$ 上的 200 个值对应的时间序列图。第一个分布对应前 100 个点，第二个对应后 100 个点。负的样本值通过符号变换转化为正值（只针对第二个分布）。每个加号（+）表示一个具体的样本值。很明显可以看到，在第 100 个样本值之后出现了巨幅下降，另外 Linux 方法在第 100 个样本值之后 RTO 立即减小，而标准方法则在 120 个样本值后才开始减小。

观察 Linux 的 rttvar 线，可以看到其基本保持恒定。这是由于 mdev_max 的最小值为 50ms（因此 rttvar 也是如此），使得 Linux 的 RTO 始终保持在 200ms 以上，并且避免了所有不必要的重传（尽管可能由于 RTO 较大，计时器未超时，导致丢包时性能降低）。标准方法在样本 78 和 191 可能出现潜在问题，即伪重传的发生。这个问题留到后面再讨论。

14.3.5 RTTM 对丢包和失序的鲁棒性

当没有丢包情况时，不论接收端是否延迟发送 ACK，TSOPT 可以很好地工作。该算法在以下几种情况下都能正确运行：

- 失序报文段：当接收端收到失序报文段时，通常是由于在此之前出现了丢包，应当立
661 ~ 662 即返回 ACK 以启动快速重传算法（见 14.5 节）。该 ACK 的 TSER 部分包含的 TSV 值为接收端收到最近的有序报文段的时刻（即最新的使窗口前进的报文段，通常不会是失序报文段）。这会使得发送端 RTT 样本增大，由此导致相应的 RTO 增大。这在一定程度上是有利的，即当包失序时，发送端有更多的时间去发现是出现了失序而非丢包，由此可避免不必要的重传。
- 成功重传：当收到接收端缓存中缺失的报文段时（如成功接收重传报文段），窗口通常会前移。此时对应 ACK 中的 TSV 值来自最新到达的报文段，这是比较有利的。若采用原来报文段中的 TSV，可能对应的是前一个 RTO，导致发送端 RTT 估算的偏离。

图 14-4 的例子描述了这些点。假设三个报文段，每个包含 1024 字节，接收顺序如下：报文段 1 包含 1 ~ 1024 字节，报文段 3 包含 2049 ~ 3027 字节，接着是报文段 2 包含 1025 ~ 2048 字节。

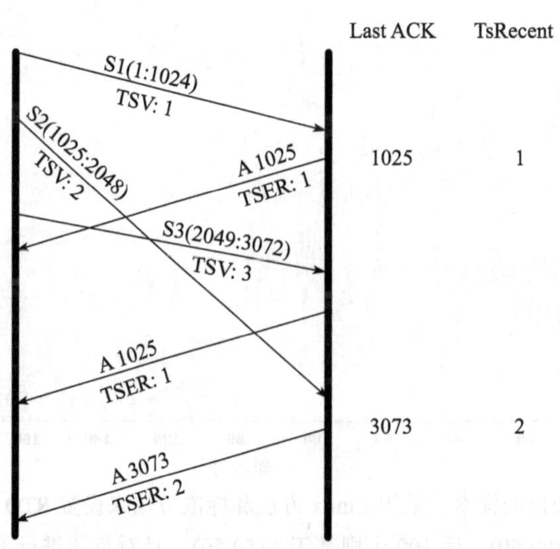

图 14-4 当报文段失序，返回的时间戳为最新的使窗口前移的报文段（而非到达接收端的最大的时间戳）。这将使得发送端 RTO 在包失序期间过高估计 RTT，并降低其重传积极性

图 14-4 中发回的 ACK 1025 包含了报文段 1 的时间戳（正常的数据确认），以及另一个包含报文段 1 时间戳的 ACK 1025（对应于在窗口中但失序的重复 ACK），接着是 ACK 3037 包含了报文段 2 的时间戳（而非报文段 3 的时间戳）。当分组失序（或丢失）时，RTT 会被过 663
高估算。较大的 RTT 估计值使得 RTO 也更大，由此发送端也不会急于重传。在失序情况下这是很有利的，因为过分积极的重传可能导致伪重传。

我们已经看到，时间戳选项使得发送端即使在丢包、延时、失序的情况下也能测量 RTT。发送端在测量 RTT 的过程中，可以在其选项中包含任意值，但其单位必须至少和实际时间成比例，且粒度合理，并与 TCP 序列号兼容，连接速率可信（详见 [RFC1323]）。特别是，为了对发送端更有利，对任何可信的 RTT，TCP 时钟必须至少“滴答”一次。另外，其每次变化不能快于 59ns。若小于，在 IP 层允许单个包存在的最大时间（255s）内，记录 TCP 时钟的 32 位的 TSV 值能够环绕 [ID1323b]。满足上述所有条件后，RTO 值就可以用来触发重传。

14.4 基于计时器的重传

一旦 TCP 发送端得到了基于时间变化的 RTT 测量值，就能据此设置 RTO，发送报文段时应确保重传计时器设置合理。在设定计时器前，需记录被计时的报文段序列号，若及时收到了该报文段的 ACK，那么计时器被取消。之后发送端发送一个新的数据包时，需设定一个新的计时器，并记录新的序列号。因此每一个 TCP 连接的发送端不断地设定和取消一个重传计时器；如果没有数据丢失，则不会出现计时器超时。

注意 该过程对主机操作系统设计者来说可能难以理解。对典型的操作系统来说，计时器用于标记大量事件，计时器的实现也仅限于有效地设定和触发超时（需要调用系统函数）。然而对 TCP 来说，计时器需要有效地实现被设置、重新设置或取消的功能；若 TCP 正常工作，则计时器不会出现超时的情况。

若在连接设定的 RTO 内，TCP 没有收到被计时报文段的 ACK，将会触发超时重传。我们已经在图 14-1 中看到这一过程。TCP 将超时重传视为相当重要的事件，当发生这种情况时，它通过降低当前数据发送率来对此进行快速响应。实现它有两种方法：第一种方法是基 664
于拥塞控制机制减小发送窗口大小（见第 16 章）；另一种方法为每当一个重传报文段被再次重传时，则增大 RTO 的退避因子，即前面提到的 Karn 算法的“第二部分”。特别是当同一报文段出现多次重传时，RTO 值（暂时性地）乘上值 γ 来形成新的超时退避值：

$$RTO = \gamma RTO$$

在通常环境下，γ 值为 1。随着多次重传，γ 呈加倍增长：2，4，8，等等。通常 γ 不能超过最大退避因子（Linux 确保其 RTO 设置不能超过 TCP_RTO_MAX，其默认值为 120s）。一旦接收到相应的 ACK，γ 会重置为 1。

14.4.1 例子

我们通过建立一个与图 14-1 和图 14-2 相似的连接来观察重传计时器的行为。这里故意两次将序列号为 1401 的报文段丢弃（见图 14-5）。

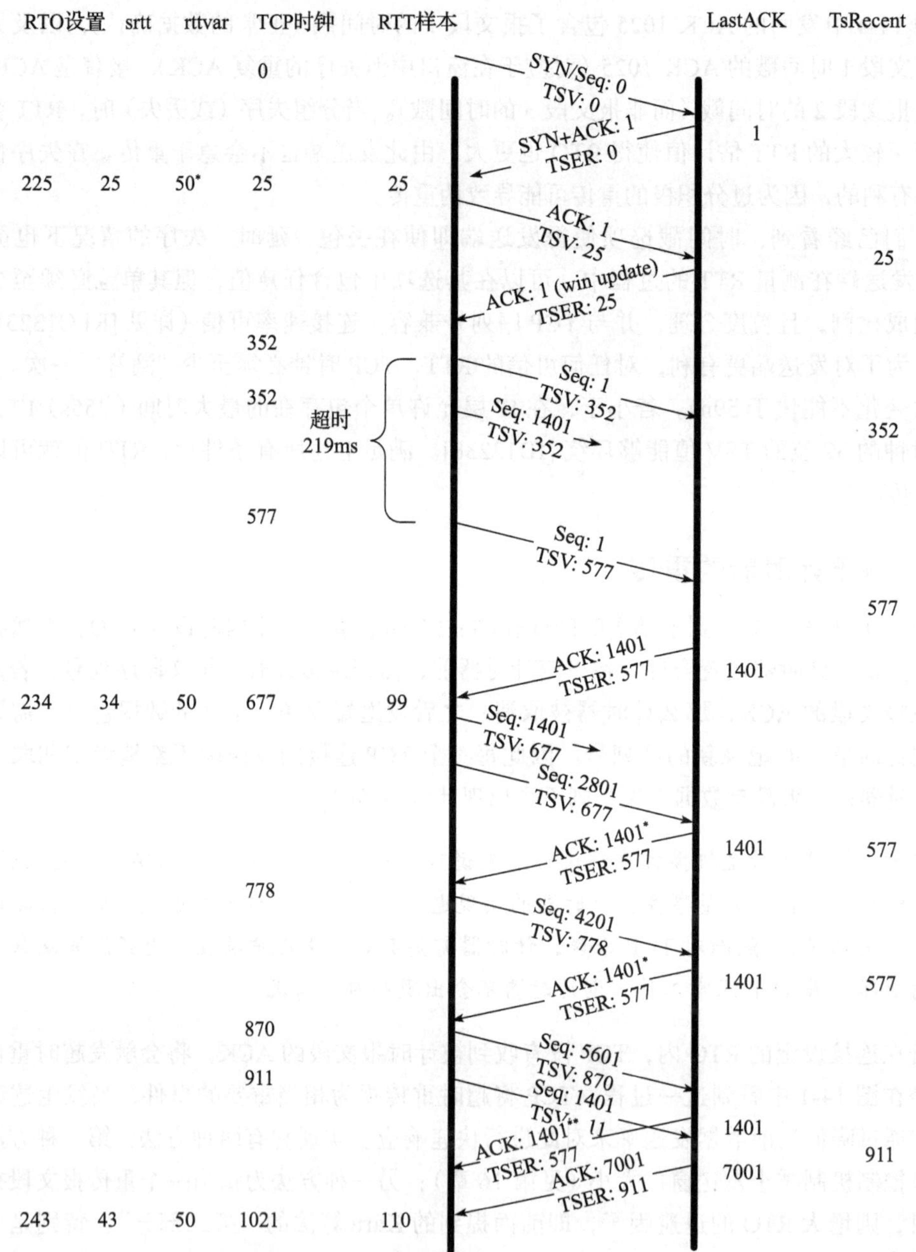

图 14-5　报文段 1401 被人为地丢弃两次，导致发送端引发了超时重传。仅在接收到使得发送窗口前移的 ACK 时，srtt、rttvar 和 RTO 值才会做出更新。带星号（*）的 ACK 包含了 SACK 信息

在本例中，我们可以利用一个特殊函数将某个序列号的报文段多次丢弃。这与图 14-2 相比，将会使 RTT 引入一定的延时。连接建立之初与之前类似，仅当发送序列号为 1 和 1401 的报文段时，后一个包才被丢弃。当一个报文段到达接收端时，接收端并没有立即给出响应而是延迟发送 ACK。在 219ms 内都没有得到回应，发送端的计时器超时，导致序列号为 1 的包被重传（此时的 TSV 值为 577）。随即该包的到达使得接收端返回一个 ACK。由于该 ACK 确认了数据被成功接收，并使得窗口前移，其 TSER 值被用于更新 srtt 和 RTO 分别

为 34 和 234。

接着返回了三个 ACK，带星号（*）的 ACK 为重复 ACK，包含了 SACK 信息。我们将在 14.5 节和 14.6 节讨论重复 ACK 和 SACK。现在，由于这些 ACK 并没有使发送窗口前移，这些 TSER 值不会被采用。

随着最后一次重传以及报文段 1401 到达（在 TCP 时钟为 911 的时刻），修复阶段完成，接收端返回序列号为 7001 的 ACK，表明所有数据已成功接收。

当网络无法正常传输数据时，重传计时器为 TCP 连接提供了“最后一招的重新启动”。665~666
在大多数情况下，计时器超时并触发重传是不必要的（也不是期望的），因为 RTO 的设置通常大于 RTT（约 2 倍或更大），因此基于计时器的重传会导致网络利用率的下降。幸运的是，TCP 有另一种方法来检测和修复丢包，它比超时重传更为高效。由于它并不需要计时器超时来触发，因此称为快速重传。

14.5 快速重传

快速重传机制 [RFC5681] 基于接收端的反馈信息来引发重传，而非重传计时器的超时。因此与超时重传相比，快速重传能更加及时有效地修复丢包情况。典型的 TCP 同时实现了两者。在详细讨论快速重传前，首先需要了解当接收到失序报文段时，TCP 需要立即生成确认信息（重复 ACK），并且失序情况表明在后续数据到达前出现了丢段，即接收端缓存出现了空缺。发送端的工作即为尽快地、高效地填补该空缺。

当失序数据到达时，重复 ACK 应立即返回，不能延时发送。原因在于使发送端尽早得知有失序报文段，并告诉其空缺在哪。当采用 SACK 时，重复 ACK 通常也包含 SACK 信息，利用该信息可以获知多个空缺。

重复 ACK（不论是否包含 SACK 信息）到达发送端表明先前发送的某个分组已丢失。在 14.8 节中我们会更详细地讨论到，重复 ACK 也可能在另一种情况下出现，即当网络中出现失序分组时——若接收端收到当前期盼序列号的后续分组时，当前期盼的包可能丢失，也可能仅为延迟到达。通常我们无法得知是哪种情况，因此 TCP 等待一定数目的重复 ACK（称为重复 ACK 阈值或 dupthresh），来决定数据是否丢失并触发快速重传。通常，dupthresh 为常量（值为 3），但一些非标准化的实现方法（包括 Linux）可基于当前的失序程度动态调节该值（见 14.8 节）。

快速重传算法可以概括如下：TCP 发送端在观测到至少 dupthresh 个重复 ACK 后，即重传可能丢失的数据分组，而不必等到重传计时器超时。当然也可以同时发送新的数据。根据重复 ACK 推断的丢包通常与网络拥塞有关，因此伴随快速重传应触发拥塞控制机制（详见
第 16 章）。不采用 SACK 时，在接收到有效 ACK 前至多只能重传一个报文段。采用 SACK，667
ACK 可包含额外信息，使得发送端在每个 RTT 时间内可以填补多个空缺。在描述一个基本快速重传算法的例子之后，我们将讨论快速重传中 SACK 的用法。

14.5.1 例子

在下面的例子中，我们建立一个与图 14-4 类似的连接，但这次丢弃报文段 23801 和 26601，并且禁用 SACK。我们将看到 TCP 怎样利用基本的快速重传算法来填补空缺。发送端为 Linux 2.6 系统，接收端为 FreeBSD 5.4 系统。图 14-6 可通过 Wireshark 的“统计 |TCP 流图 | 时间序列图”（Statistics | TCP Stream Graph | Time-Sequence Graph）功能（tcptrace）得

到，该图显示了快速重传行为。

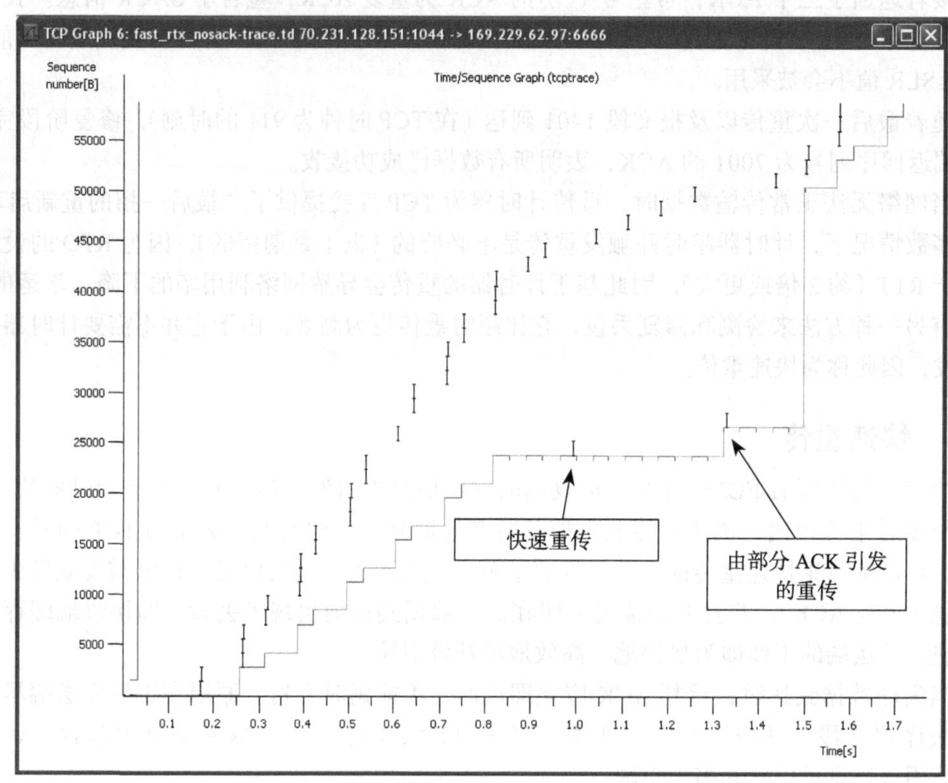

图 14-6 本图中，y 轴为 TCP 序列号，x 轴为时间。发出的报文段用较深的黑色线段标出，收到的 ACK 号用浅灰线。在 0.993s 到达的第三个重复 ACK 触发快速重传。该连接未采用 SACK，所以每个 RTT 内至多只能填补一个空缺。之后到达的重复 ACK 使得发送端发送新报文段（非重传报文段）。在 1.32s 时刻到达的“部分 ACK”再次触发了重传

668 该图 y 轴表示相对发送序列号，x 轴表示时间。黑色的 I 形线段表示传输报文段的序列号范围。Wireshark 中的蓝色（图 14-6 中的浅灰色）线段为返回的 ACK 号。约 1.0s 时刻，序列号 23801 发生了快速重传（初始传输不可见，因为被发送端 TCP 下层丢弃）。第三个重复 ACK 的到达触发了快速重传，图中表现为重叠的浅灰色线段。通过 Wireshark 的基本分析窗口也可以观察到重传过程（见图 14-7）。

图 14-7 的第一行（40 号）为 ACK 23801 首次到达。Wireshark 标示出了（红色，在图 14-7 中看来是黑色）其他“有趣的”TCP 包。这些包与其他没有丢失或异常的包不同。我们可以看到窗口更新、重复 ACK 和重传。0.853s 时刻的窗口更新为带重复序列号的 ACK(因为没有携带数据)，但包含了 TCP 流控窗口的变动。窗口由 231616 字节变为 233016 字节。因此，它并没有等到三个重复 ACK 来触发快速重传。窗口更新仅是提供了窗口通告的一个副本。我们将在第 15 章中详细讨论。

0.890s、0.926s 以及 0.964s 时刻到达的均为序列号为 23801 的重复 ACK。第三个重复 ACK 的到达触发了报文段 23801 的快速重传，时间为 0.993s。该过程也可通过 Wireshark 的“统计 | 流图”(Statistics | Flow Graph）功能来观测（见图 14-8）。

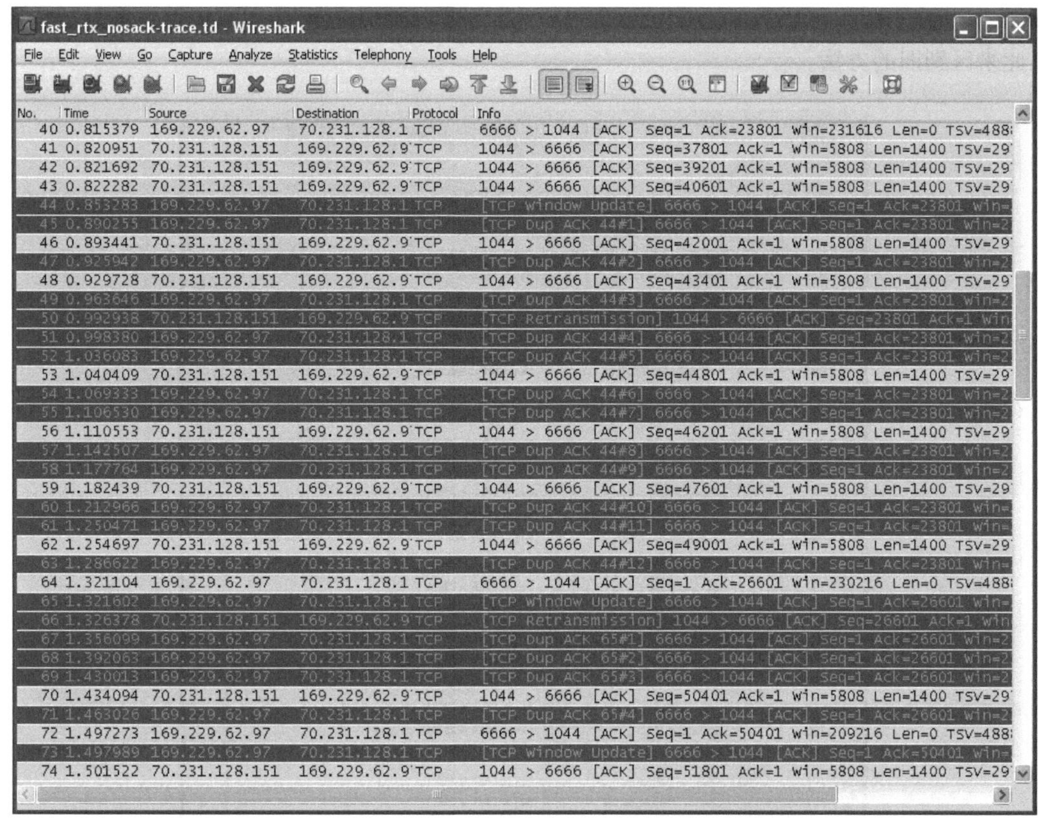

图 14-7 TCP 交换的相对序列号。包 50 和 66 为重传。包 50 是由三次重复 ACK 引发的快速重传。由于没有重传计时器超时，所以恢复过程相对较快 669 ~ 670

现在我们换个角度来看 0.993s 时刻的快速重传过程，也可以看 1.326s 时刻发生的第二次快速重传，该重传是由 1.322s 时刻达到的 ACK 触发的。

第二次重传与第一次有所不同。当第一次重传发生时，发送端在执行重传前已发送的最大序列号为（43401 + 1400 = 44801），称为*恢复点*（recovery point）。TCP 在接收到序列号等于或大于恢复点的 ACK 时，才会被认为从重传中恢复。本例中，1.322s 和 1.321s 时刻的 ACK 并不是 44801，而是 26601。该序列号大于之前接收到的最大 ACK 值（23801），但不足以到达恢复点（44801）。因此这种类型的 ACK 称为*部分 ACK*（partial ACK）。当部分 ACK 到达时，TCP 发送端立即发送可能丢失的报文段（这里是 26601），并且维持这一过程直到到达或超过恢复点。如果拥塞控制机制允许（见第 16 章），也可以同时发送新的数据。

这里的例子并没有采用 SACK，不论是快速重传，还是基于“NewReno”算法 [RFC3782] 恢复阶段执行的其他重传。由于没有 SACK，通过观察返回的 ACK 号的增长情况，发送端在每个 RTT 内只能获知至多一个空缺。

在恢复阶段的具体行为根据 TCP 发送端和接收端的类型和配置差异有所不同。这里描述的是无 SACK 发送端采用 NewReno 算法的例子，这种配置比较常见。根据 NewReno 算法，部分 ACK 只能使发送端继续处于恢复状态。对较旧的 TCP 版本（单纯的 Reno 算法）来说，没有部分 ACK 这个概念，任何一个可接受的 ACK（序列号大于之前接收到的所有 ACK）都能使发送端结束恢复阶段。这种方法可能会使 TCP 出现一些性能问题，我们在第

16 章会详细讨论。下面讨论 NewReno 和 SACK，它们有时也被称为“高级丢失恢复”技术，以此来区别旧的方法。

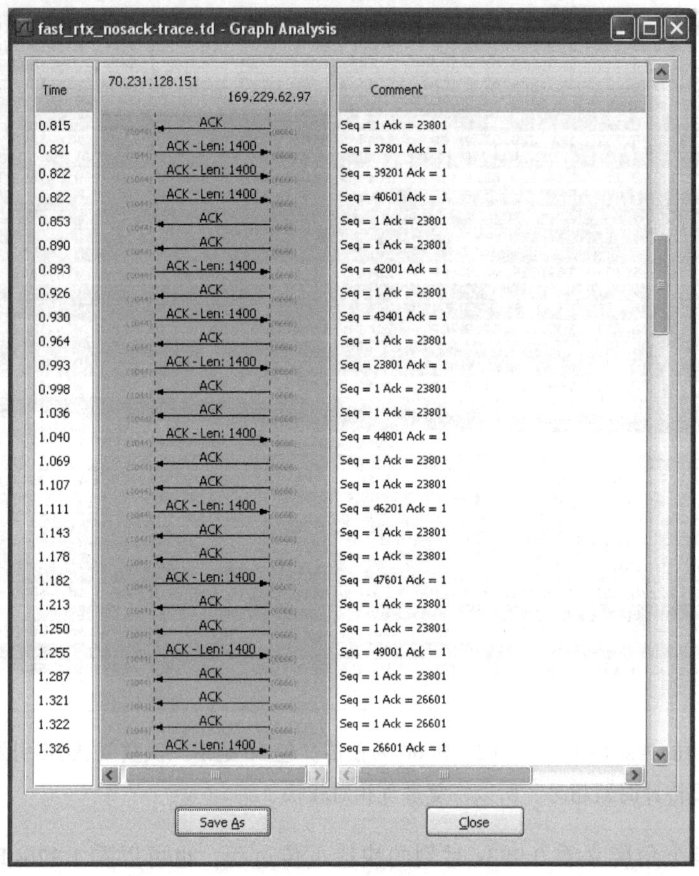

图 14-8　0.890s、0.926s 以及 0.964s 时刻到达的三次重复 ACK 触发了 0.993s 时刻的快速重传。0.853s 时刻的 ACK 并不算作重复 ACK，因为它包含了一个窗口更新

14.6　带选择确认的重传

随着选择确认选项的标准化 [RFC2018]，TCP 接收端可提供 SACK 功能，通过 TCP 头部的累积 ACK 号字段来描述其接收到的数据。之前提到过，ACK 号与接收端缓存中的其他数据之间的间隔称为空缺。序列号高于空缺的数据称为失序数据，因为这些数据和之前接收
671 的序列号不连续。

TCP 发送端的任务是通过重传丢失的数据来填补接收端缓存中的空缺，但同时也要尽可能保证不重传已正确接收到的数据。在很多环境下，合理采用 SACK 信息能更快地实现空缺填补，且能减少不必要的重传，原因在于其在一个 RTT 内能获知多个空缺。当采用 SACK 选项时，一个 ACK 可包含三四个告知失序数据的 SACK 信息。每个 SACK 信息包含 32 位的序列号，代表接收端存储的失序数据的起始至最后一个序列号（加 1）。

SACK 选项指定 n 个块的长度为 $8n + 2$ 字节，因此 40 字节可包含最多 4 个块。通常 SACK 会与 TSOPT 一同使用，因此需要额外的 10 个字节（外加 2 字节的填充数据），这意味

着 SACK 在每个 ACK 中只能包含 3 个块。

3 个块表明可向发送端报告 3 个空缺。若不受拥塞控制（见第 16 章）限制，利用 SACK 选项可在一个 RTT 时间填补 3 个空缺。包含一个或多个 SACK 块的 ACK 有时也简单称为“SACK”。

14.6.1 SACK 接收端行为

接收端在 TCP 连接建立期间（见第 13 章）收到 SACK 许可选项即可生成 SACK。通常来说，每当缓存中存在失序数据时，接收端就可生成 SACK。导致数据失序的原因可能是由于传输过程中丢失，也可能是新数据先于旧数据到达。这里只讨论第一种情况，后一种留待以后再讨论。

第一个 SACK 块内包含的是*最近接收到的*（most recently received）报文段的序列号范围。由于 SACK 选项的空间有限，应尽可能确保向 TCP 发送端提供最新信息。其余的 SACK 块包含的内容也按照接收的先后依次排列。也就是说，最新一个块中包含的内容除了包含最近接收的序列号信息，还需重复之前的 SACK 块（在其他报文段中）。

在一个 SACK 选项中包含多个 SACK 块，并且在多个 SACK 中重复这些块信息的目的在于，为防止 SACK 丢失提供一些备份。若 SACK 不会丢失，[RFC2018] 指出每个 SACK 中包含一个 SACK 块即可实现 SACK 的全部功能。不幸的是，SACK 和普通的 ACK 有时会丢失，并且若其中不包含数据（SYN 或 FIN 控制位字段不被置位）就不会被重传。 672

14.6.2 SACK 发送端行为

尽管一个支持 SACK 的接收端可通过生成合适的 SACK 信息来充分利用 SACK，但还不足以使该 TCP 连接充分利用 SACK 功能。在发送端也应提供 SACK 功能，并且合理地利用接收到的 SACK 块来进行丢失重传，该过程也称为*选择性重传*（selective retransmission）或*选择性重发*（selective repeat）。SACK 发送端记录接收到的累积 ACK 信息（像大多数 TCP 发送端一样），还需记录接收到的 SACK 信息，并利用该信息来避免重传正确接收的数据。一种方法是当接收到相应序列号范围的 ACK 时，则在其重传缓存中标记该报文段的选择重传成功。

当 SACK 发送端执行重传时，通常是由于其收到了 SACK 或重复 ACK，它可以选择发送新数据或重传旧数据。SACK 信息提供接收端数据的序列号范围，因此发送端可据此推断需要重传的空缺数据。最简单的方法是使发送端首先填补接收端的空缺，然后再继续发送新数据 [RFC3517]（若拥塞控制机制允许）。这也是最常用的方法。

该行为有一个例外。在 [RFC2018] 中，SACK 选项和 SACK 块的当前规范是*建议性的*（advisory）。这意味着接收端可能提供一个 SACK 告诉发送端已成功接收一定序列号范围的数据，而之后做出变更（“食言”）。由于这个原因，SACK 发送端不能在收到一个 SACK 后立即清空其重传缓存中的数据；只有当接收端的普通 TCP ACK 号大于其最大序列号值时才可清除。这一规则同样影响重传计时器超时的行为。当 TCP 发送端启动基于计时器的重传时，应忽略 SACK 显示的任何关于接收端数据失序的信息。如果接收端仍存在失序数据，那么重传报文段的 ACK 中就包含附加的 SACK 块，以便发送者使用。幸运的是，食言情况很少出现，也应尽量避免出现。

14.6.3 例子

为理解 SACK 怎样影响发送端和接收端的行为，我们重复前面的快速重传实验，参数设置也如前（丢掉序列号 23601 与 28801），但这次发送端和接收端都采用 SACK。为准确观测
673 到实验过程，我们仍采用 Wireshark 的 TCP 序列号（tcptrace）图功能（见图 14-9）。

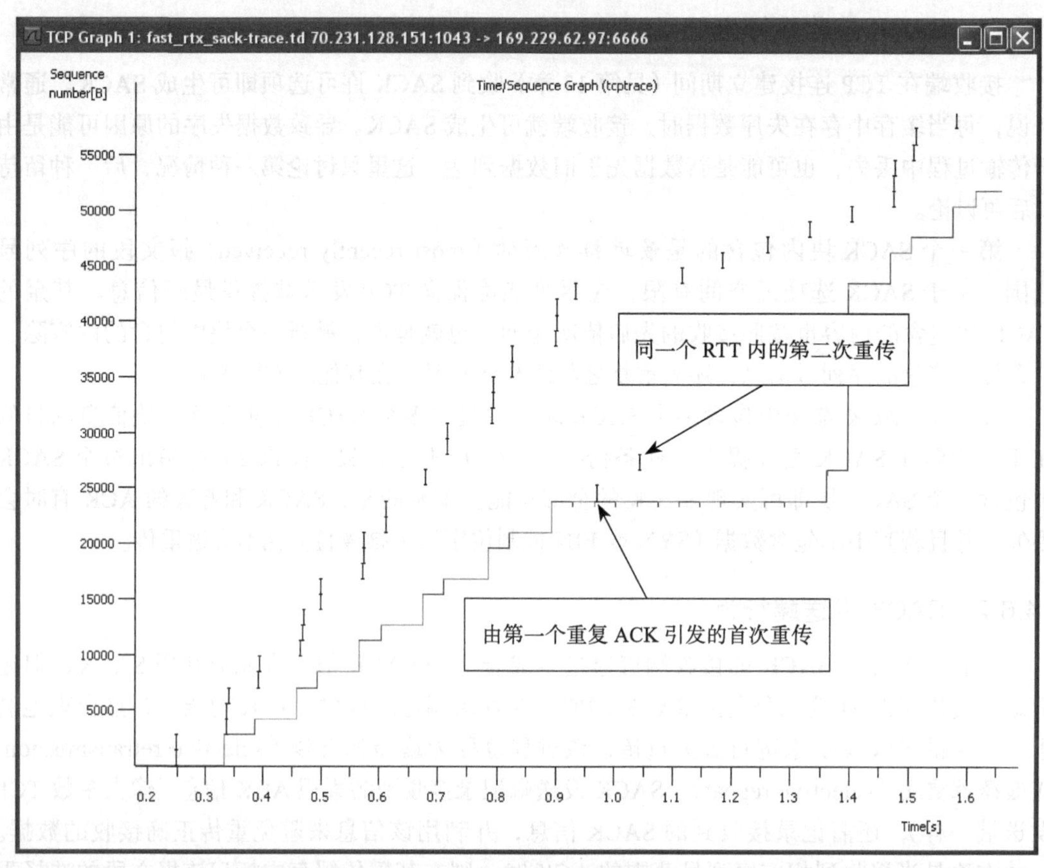

图 14-9 第一个包含 SACK 信息的重复 ACK 触发了快速重传。后一个 ACK 的到达使得发送端了解到第二个丢失的报文段，并在同一个 RTT 内重传了该报文段

图 14-9 与图 14-6 类似，但利用 SACK 信息，发送端在重传完报文段 23601 后，不必等待一个 RTT 再重传丢失报文段 28801。后面将仔细讨论这些内容，现在我们首先在连接建立过程中验证 SACK 允许（SACK-Permitted）选项的存在，见图 14-10。

与预计的一样，接收端通过 SACK 允许选项来使用 SACK。发送端的 SYN 包，即记录的第一个包，也包含了该选项。这些选项只在连接建立阶段才能看到，因此只出现在 SYN 置位的报文段中。

一旦连接被允许使用 SACK，发生丢包即会使得接收端开始生成 SACK。Wireshark 显
674 示了第一个 SACK 选项的内容（见图 14-11）。

图 14-11 显示了首个 SACK 被接收后的一系列事件。Wireshark 通过 SACK 范围的左右边界来表示 SACK 信息。这里我们看到 23801 的 ACK 包含了一个 SACK 块 [25201，26601]，指明接收端的空缺。接收端缺失的序列号范围为 [23801，25200]，相当于一个从序列号 23801 开始的 1400 字节的包。注意到该 SACK 为一次窗口更新，并不能算作重复 ACK，之

前也提到过，因此不能触发快速重传。

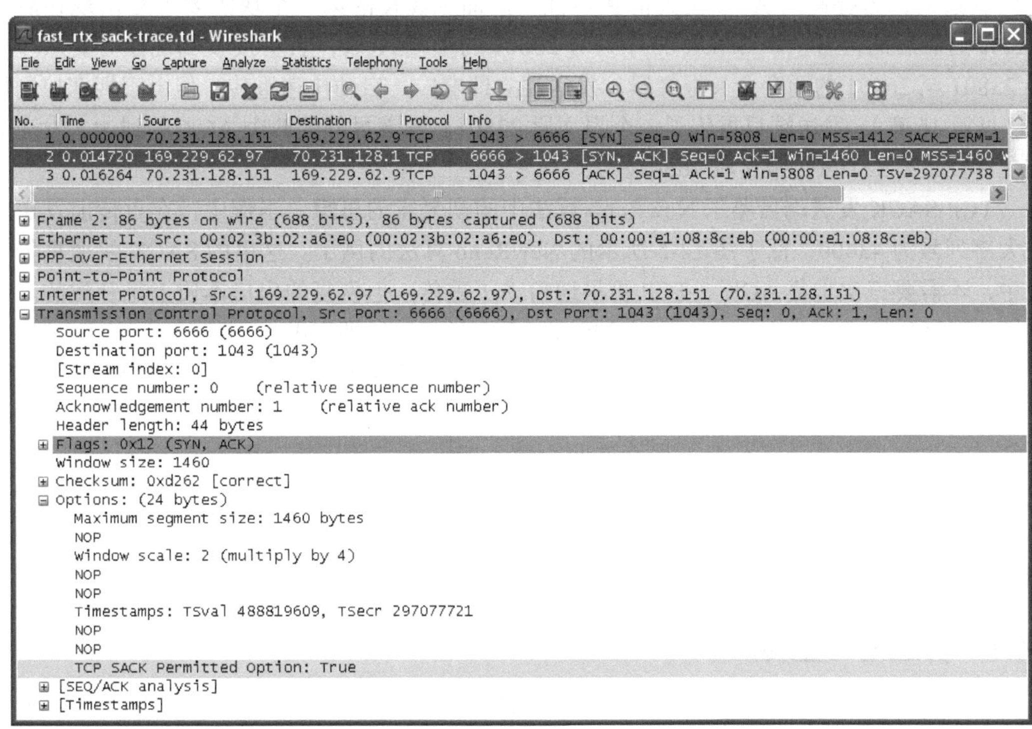

图 14-10 SYN 报文段中 SACK 允许选项表明可生成和发送 SACK 信息。现在的大部分 TCP 版本在连接建立阶段都支持 MSS，时间戳，窗口扩大以及 SACK 允许选项

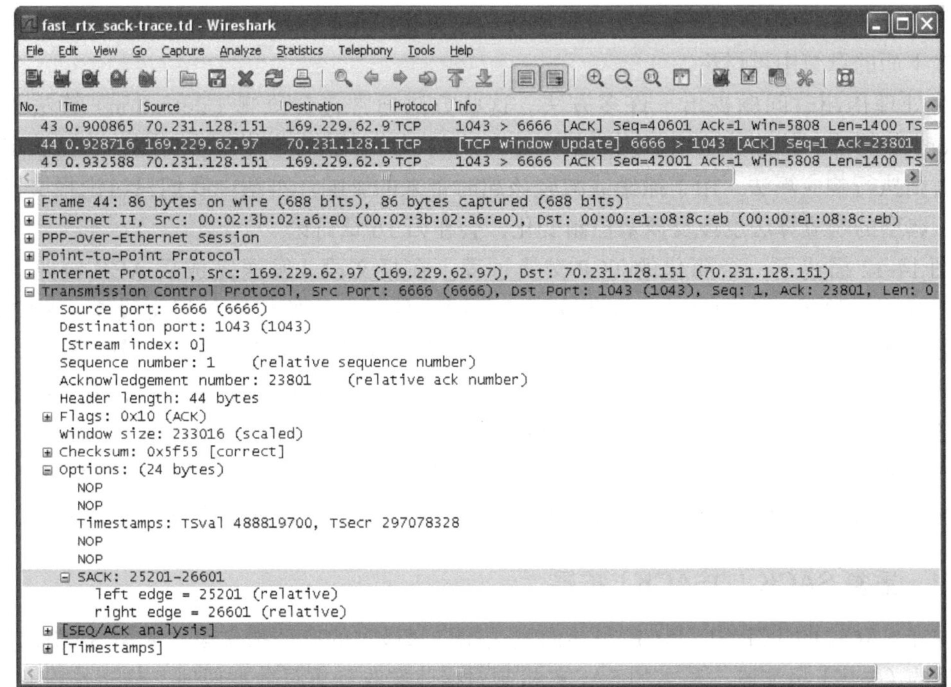

图 14-11 第一个 ACK 包含 SACK 信息表明失序数据的序列号范围为 25201 至 26601

0.967s 时刻到达的 SACK 包含两个块：[28001，29401] 和 [25201，26601]。回忆一下前面提过的，为提高对 ACK 丢失的鲁棒性，前面 SACK 的第一个块需要重复出现在后续 SACK 的靠后的位置。该 SACK 为序列号 23801 的重复 ACK，表明接收端现在需要从序列号 23801 至 26601 的两个全长报文段。发送端立即响应，启动快速重传，但由于拥塞控制机制（见第 16 章），发送端只重传了一个报文段 23801。随着另外的两个 ACK 的到达，发送端被允许发送第二个重传报文段 26601。

TCP SACK 发送端借鉴了 NewReno 算法中的恢复点的思想。本例中，在重传前发送的最大序列号为 43400，低于图 14-5 所示的 NewReno 算法的例子。这里的 SACK 快速重传实现中，不需要三次重复 ACK；TCP 更早地启动了重传，但恢复的出口本质上是一致的。一旦接收到序列号 43401 的 ACK，即 1.3958s 时刻，恢复阶段即完成。

值得注意的是，发送端采用 SACK 并不能百分百地提高整体传输性能。我们来看之前讨论过的这两个例子，NewReno 发送端（非 SACK）完成 131 074 字节的数据传输用时 3.529s，而 SACK 发送端则用了 3.674s。尽管这两个值不能这样直接比较，因为两者所处的网络环境并非绝对相同（这不是仿真实验，而是在真实环境中的测试），但极为近似。在 RTT 较大，
675 ~ 676 丢包严重的情况下，SACK 的优势就能很好地体现出来，因为在这样的环境下，一个 RTT 内能填补多个空缺显得尤为重要。

14.7 伪超时与重传

在很多情况下，即使没有出现数据丢失也可能引发重传。这种不必要的重传称为伪重传（spurious retransmission），其主要造成原因是伪超时（spurious timeout），即过早判定超时，其他因素如包失序、包重复，或 ACK 丢失也可能导致该现象。在实际 RTT 显著增长，超过当前 RTO 时，可能出现伪超时。在下层协议性能变化较大的环境中（如无线环境），这种情况出现得比较多，[KP87] 中也提到。这里我们仅关注由伪超时导致的伪重传。失序与重复的影响在下面的章节中再讨论。

为处理伪超时问题提出了许多方法。这些方法通常包含检测（detection）算法与响应（response）算法。检测算法用于判断某个超时或基于计时器的重传是否真实，一旦认定出现伪超时则执行响应算法，用于撤销或减轻该超时带来的影响。本章中我们只讨论报文段重传行为。典型的响应算法也涉及拥塞控制变化，会在第 16 章讨论。

图 14-12 描述了一个简化的 TCP 交换过程。在报文段 8 发送完成后 ACK 链路上出现了延迟高峰导致了一次伪重传。在报文段 5 超时重传后，原始传输的报文段 5 ～ 8 的 ACK 仍然处于在传状态。本图中为简便起见，序列号和 ACK 号都基于包而非字节来表示，并且 ACK 号表示已接收到的包，而非期望接收的下一个包。当这些 ACK 到达时，发送端继续重传早已接收的其他报文段，从已确认的报文段之后开始。这导致 TCP 出现了“回退 *N*”（go-back-*N*）的行为模式，并产生了更多的重复 ACK 返回发送端，这时就可能会触发快速重传。针对这一问题，提出了一些方法来减轻不良影响。下面我们讨论其中比较常用的几种方法。

14.7.1 重复 SACK（DSACK）扩展

在非 SACK 的 TCP 中，ACK 只能向发送端告知最大的有序报文段。采用 SACK 则可告知其他的（失序）报文段。基本的 SACK 机制对接收端收到重复数据段时怎样运作没有规定。
677 这些重复数据可能是伪重传、网络中的重复或其他原因造成的。

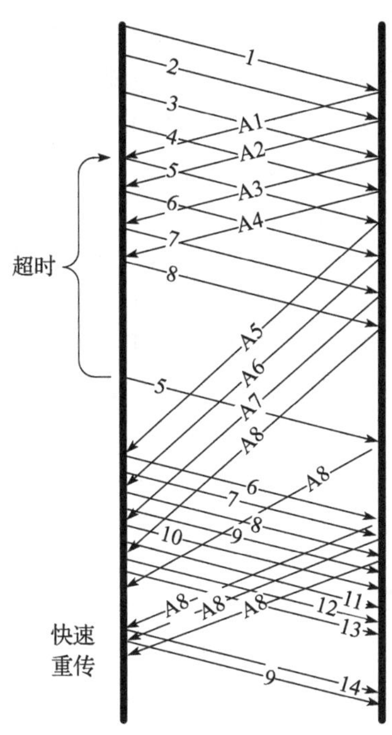

图 14-12 在传输完报文段 8 后出现了一次延迟高峰，导致了报文段 5 的伪超时和重传。重传完成后，首次传输的报文段 5 对应的 ACK 到达。报文段 5 的重传使得接收端收到了重复报文段，紧接着又重传了报文段 6、7、8，尽管在接收端已存在这些报文段，整个连接还是执行了“回退 *N*”行为

在 SACK 接收端采用 DSACK（或称作 D-SACK），即重复 SACK[RFC2883]，并结合通常的 SACK 发送端，可在第一个 SACK 块中告知接收端收到的重复报文段序列号。DSACK 的主要目的是判断何时的重传是不必要的，并了解网络中的其他事项。因此发送端至少可以推断是否发生了包失序、ACK 丢失、包重复或伪重传。

DSACK 相比于传统 SACK 并不需要额外的协商过程。为使其正常工作，接收端返回的 SACK 的内容会有所改变，对应的发送端的响应也会随之变化。如果一个非 DSACK 与 DSACK 的 TCP 共用一个连接，它们会交互操作，但非 DSACK 不能使用 DSACK 的功能。

SACK 接收端的变化在于，允许包含序列号小于（或等于）累积 ACK 号字段的 SACK 678
块。这并非 SACK 的本意，但这样做能很好地配合该目的。（在 DSACK 信息高于累积 ACK 号字段的情况下，即出现重复的失序报文段时，它也能很好地工作。）DSACK 信息只包含在单个 ACK 中，该 ACK 称为 DSACK。与通常的 SACK 信息不同，DSACK 信息不会在多个 SACK 中重复。因此，DSACK 较通常的 SACK 鲁棒性低。

[RFC2883] 没有具体规定发送端对 DSACK 怎样处理。[RFC3708] 给出了一种实验算法，利用 DSACK 来检测伪重传，但它并没有提供响应算法。它提到可采用 Eifel 响应算法，我们在 14.7.4 节中会讨论，在此之前我们先介绍一些其他的检测算法。

14.7.2 Eifel 检测算法

本章开头，我们讨论了重传二义性问题。实验性的 *Eifel 检测算法* [RFC3522] 利用了 TCP 的 TSOPT 来检测伪重传。在发生超时重传后，Eifel 算法等待接收下一个 ACK，若为针

对第一次传输（即原始传输）的确认，则判定该重传是伪重传。

利用 Eifel 检测算法能比仅采用 DSACK 更早检测到伪重传行为，因为它判断伪重传的 ACK 是在启动丢失恢复之前生成的。相反，DSACK 只有在重复报文段到达接收端后才能发送，并且在 DSACK 返回至发送端后才能有所响应。及早检测伪重传更为有利，它能使发送端有效避免前面提到的“回退 *N*”行为。

Eifel 检测算法的机制很简单。它需要使用 TCP 的 TSOPT。当发送一个重传（不论是基于计时器的重传还是快速重传）后，保存其 TSV 值。当接收到相应分组的 ACK 后，检查该 ACK 的 TSER 部分。若 TSER 值小于之前存储的 TSV 值，则可判定该 ACK 对应的是原始传输分组，即该重传是伪重传。这种方法针对 ACK 丢失也有很好的鲁棒性。如果一个 ACK 丢失，后续 ACK 的 TSER 值仍比存储的重传分组的 TSV 小。该窗口内的任一 ACK 的到达都能判断是否出现伪重传，因此单个 ACK 的丢失不会造成太大问题。

Eifel 检测算法可与 DSACK 结合使用，这样可以解决整个窗口的 ACK 信息均丢失，但
679 原始传输和重传分组都成功到达接收端的情况。在这种特殊情况下，重传分组的到达会生成一个 DSACK。Eifel 算法会理所当然地认定出现了伪重传。然而，在出现了如此之多的 ACK 丢失的情况下，使得 TCP 相信该重传不是伪重传是有用的（例如，使其减慢发送速率——采用拥塞控制的后果，第 16 章会讨论）。因此，DSACK 的到达会使得 Eifel 算法认定相应的重传*不是*伪重传。

14.7.3 前移 RTO 恢复（F-RTO）

前移 RTO 恢复（Forward-RTO Recovery，F-RTO）[RFC5682] 是检测伪重传的标准算法。它不需要任何 TCP 选项，因此只要在发送端实现该方法后，即使针对不支持 TSOPT 的接收端也能有效地工作。该算法只检测由重传计时器超时引发的伪重传；对之前提到的其他原因引起的伪重传则无法判断。

在一次基于计时器的重传之后，F-RTO 会对 TCP 的常用行为做出一定修改。由于这类重传针对的是没有收到 ACK 信息的最小序列号，通常情况下，TCP 会继续按序发送相邻的分组，这就是前面描述的“回退 *N*”行为。

F-RTO 会修改 TCP 的行为，在超时重传后收到第一个 ACK 时，TCP 会发送新（非重传）数据，之后再响应后一个到达的 ACK。如果其中有一个为重复 ACK，则认为此次重传没问题。如果这两个都不是重复 ACK，则表示该重传是伪重传。这种方法比较直观。如果新数据的传输得到了相应的 ACK，就使得接收端窗口前移。如果新数据的发送导致了重复 ACK，那么接收端至少有一个或更多的空缺。这两种情况下，接收新数据都不会影响整体数据的传输性能（假设接收端有足够的存储空间）。

14.7.4 Eifel 响应算法

一旦判断出现伪重传，则会引发一套标准操作，即 *Eifel 响应算法* [RFC4015]。由于响应算法逻辑上与 Eifel 检测算法分离，所以它可与我们前面讨论的任一种检测方法结合使用。原则上超时重传和快速重传都可使用 Eifel 响应算法，但目前只针对超时重传做了相关规定。

680 尽管 Eifel 响应算法可结合其他检测算法使用，但根据是否能尽早（如 Eifel 检测算法或 F-RTO）或较迟（如 DSACK）检测出伪超时的不同而有所区别。前者称为伪超时，通过检查

ACK 或原始传输来实现。后者称为*迟伪超时*（late spurious timeout），基于由（伪）超时而引发的重传所返回的 ACK 来判定。

响应算法只针对第一种重传事件。若在恢复阶段完成之前再次发生超时，则不会执行响应算法。在重传计时器超时后，它会查看 srtt 和 rttvar 的值，并按如下方式记录新的变量 srtt_prev 和 rttvar_prev：

$$\text{srtt\_prev} = \text{srtt} + 2(G)$$

$$\text{rttvar\_prev} = \text{rttvar}$$

在任何一次计时器超时后，都会指定这两个变量，但只有在判定出现伪超时才会使用它们，用于设定新的 RTO。在上式中，G 代表 TCP 时钟粒度。srtt_prev 设为 srtt 加上两倍的时钟粒度是由于：srtt 的值过小，可能会出现伪超时。如果 srtt 稍大，就可能不会发生超时。srtt 加上 $2G$ 得到 srtt_prev，之后都使用 srtt_prev 来设置 RTO。

完成 srtt_prev 和 rttvar_prev 的存储后，就要触发某种检测算法。运行检测算法后可得到一个特殊的值，称为*伪恢复*（SpuriousRecovery）。如果检测到一次伪超时，则将*伪恢复*置为 SPUR_TO。如果检测到迟伪超时，则将其置为 LATE_SPUR_TO。否则，该次超时为正常超时，TCP 继续执行正常的响应行为。

若*伪恢复*为 SPUR_TO，TCP 可在恢复阶段完成之前进行操作。通过将下一个要发送报文段（称为 SND.NXT）的序列号修改为最新的未发送过的报文段（称为 SND.MAX）。这样就可在首次重传后避免不必要的“回退 N”行为。如果检测到一次迟伪超时，此时已生成对首次重传的 ACK，则 SND.NXT 不改变。在以上两种情况中，都要重新设置拥塞控制状态（见第 16 章）。并且一旦接收到重传计时器超时后发送的报文段的 ACK，就要按如下方式更新 srtt、rttvar 和 RTO 的值：

$$\text{srtt} \leftarrow \max(\text{srtt\_prev}, m)$$

$$\text{rttvar} \leftarrow \max(\text{rttvar\_prev}, m/2)$$

$$\text{RTO} = \text{srtt} + \max(G, 4(\text{rttvar}))$$

这里，m 是一个 RTT 样本值，它是基于超时后首个发送数据收到的 ACK 而计算得到的。681
进行这些变量更新的目的在于，实际的 RTT 值可能发生了很大变化，RTT 的当前估计值已经不适合用于设置 RTO。若路径上的实际 RTT 突然增大（例如由于无线切换至一个新的基站），当前的 srtt 和 rttvar 就显得过小，应重新设置。而另一方面，RTT 的增大可能只是暂时的，这时重设 srtt 和 rttvar 的值就不那么明智了，因为它们原先的值可能更为精确。

在新 RTT 样本值较大的情况下，上述等式尽力获得上述两种情况的平衡。这样做可以有效地抛弃之前的 RTT 历史值（和 RTT 的历史变化情况）。只有在响应算法中 srtt 和 rttvar 的值才会增大。若 RTT 不会增大，则维持估计值不变，这本质上是忽略超时情况的发生。两种情况中，RTO 还是按正常方式进行更新，并针对此次超时设置新的重传计时器值。

14.8 包失序与包重复

前面讨论的都是 TCP 如何处理包丢失的问题。这是普遍讨论的问题，而且针对包丢失的鲁棒性问题已经做了很多工作。在最后一个章节中可以看到，其他的包传输异常现象，如重复和失序问题也会影响 TCP 操作。在这两种情况中，我们希望 TCP 能区分是出现了失序或重复还是丢失。我们接下来会看到，正确区分这些情况并非易事。

14.8.1 失序

在 IP 网络中出现包失序的原因在于 IP 层不能保证包传输是有序进行的。这一方面是有利的（至少对 IP 层来说），因为 IP 可以选择另一条传输链路（例如传输速度更快的路径），而不用担心新发送的分组会先于旧数据到达，这就导致数据的接收顺序与发送顺序不一致。还有其他的原因也会导致包失序。例如，在硬件方面一些高性能路由器会采用多个并行数据链路 [BPS99]，不同的处理延时也会导致包的离开顺序与到达顺序不匹配。

失序问题可能存在于 TCP 连接的正向或反向链路中（也可能两者同时存在）。数据段的
682 失序与 ACK 包的失序对 TCP 的影响有一定差别。回忆一下，由于非对称路由，经常会出现 ACK 经不同于数据包的链路（和不同路由器）传输。

当传输出现失序时，TCP 可能会在某些方面受影响。如果失序发生在反向（ACK）链路，就会使得 TCP 发送端窗口快速前移，接着又可能收到一些显然重复而应被丢弃的 ACK。由于 TCP 的拥塞控制行为（见第 16 章），这种情况会导致发送端出现不必要的*流量突发*（即瞬时的高速发送）行为，影响可用网络带宽。

如果失序发生在正向链路，TCP 可能无法正确识别失序和丢包。数据的丢失和失序都会导致接收端收到无序的包，造成数据之间的空缺。当失序程度不是很大（如两个相邻的包交换顺序），这种情况可以迅速得到处理。反之，当出现严重失序时，TCP 会误认为数据已经丢失。这就会导致伪重传，主要来自快速重传算法。

回忆一下之前的讨论，快速重传是根据收到重复 ACK 来推断出现丢包并启动重传，而不必等待重传计时器超时。由于 TCP 接收端会对接收到的失序数据立即返回 ACK，以此来帮助触发快速重传，因此网络中任何一个失序的数据包都会生成重复 ACK。由于网络中少量失序情况是常见的，假设一旦收到重复 ACK，发送端即启动快速重传，那么就会导致大量不必要的重传发生。为解决这一问题，快速重传仅在达到重复阈值（dupthresh）后才会被触发。

图 14-13 描述了上述情况。图中左半部分表示在轻微失序的情况下 TCP 的操作，这里的 dupthresh 设为 3。单个重复 ACK 不会影响 TCP 的行为。右半部分表示出现严重失序时的情况。由于出现了 3 次失序，对应生成了 3 次重复 ACK，因此触发了快速重传，使得接收端收到了一个重复报文段。

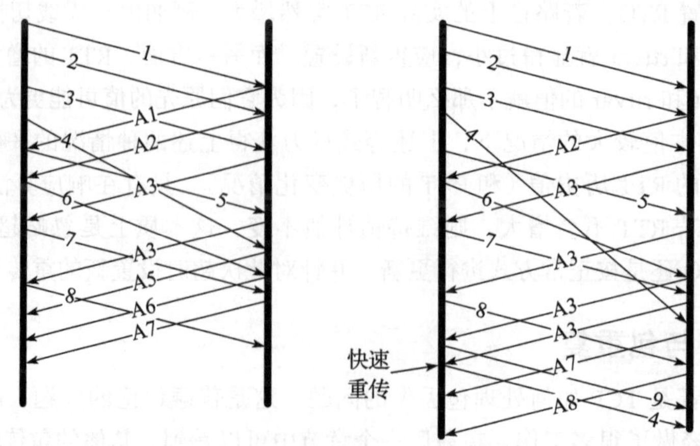

图 14-13 轻微失序（左）中，可忽略少量的重复 ACK。当失序状况较为严重（右）时，这里 4 个包中有三个出现失序，就会触发伪快速重传

区分丢包与失序不是一个很重要的问题。要解决它需要判断发送端是否已经等待了足够长的时间来填补接收端的空缺。幸运的是，互联网中严重的失序并不常见 [J03]，因此将 dupthresh 设为相对较小值（如缺省值为 3）就能处理绝大部分情况。即便如此，还是有很多研究致力于调整 TCP 行为来应对严重失序 [LLY07]。有些方法可动态调整 dupthresh，如 Linux 的 TCP 实现。

14.8.2 重复

尽管出现得比较少，但 IP 协议也可能出现将单个包传输多次的情况。例如，当链路层网络协议执行一次重传，并生成同一个包的两个副本。当重复生成时，TCP 可能出现混淆。考虑图 14-14 中的情况，包 3 重复生成三个副本。 683 ~ 684

从图中可看到，包 3 的多次重复会使得接收端生成一系列的重复 ACK，这足以触发伪快速重传，使得非 SACK 发送端误认为包 5 与包 6 更早到达。利用 SACK（特别是 DSACK），就可以简单地忽略这个问题。采用 DSACK，每个 A3 的重复 ACK 都包含报文段 3 已成功接收的信息，并且没有包含失序数据信息，意味着到达的包（或 ACK）一定是重复数据。TCP 通常都可防止此类伪重传。

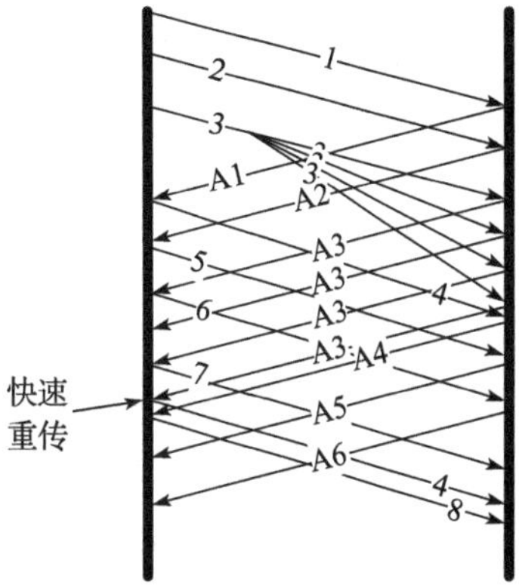

图 14-14 网络中的包重复会引起重复 ACK，从而造成伪快速重传

14.9 目的度量

从前面的讨论中我们看到，TCP 能不断“学习”发送端与接收端之间的链路特征。学习的结果显示为发送端记录一些状态变量，如 srtt 和 rttvar。一些 TCP 实现也记录一段时间内已出现的失序包的估计值。一般来说，一旦该连接关闭，这些学习结果也会丢失，即与同一个接收端建立一个新的 TCP 连接后，它必须从头开始获得状态变量值。

较新的 TCP 实现维护了这些度量值，即使在连接断开后，也能保存之前存在的路由或转发表项，或其他的一些系统数据结构。当创立一个新的连接时，首先查看数据结构中是否存在与该目的端的先前通信信息。如果存在，则选择较近的信息，据此为 srtt、rttvar 以及其他变量设初值。在 TCP 连接关闭前，可更新统计数据，通过替换现存数据或其他方式的更新来实现。在 Linux 2.6 中，变量值更新为现存值中的最大值和最近测量的数据。可通过 iproute2[IPR2] 的相关工具来查看这些变量值：

```
Linux% ip route show cache 132.239.50.184
132.239.50.184 from 10.0.0.9 tos 0x10 via 10.0.0.1 dev eth0
    cache  mtu 1500 rtt 29ms rttvar 29ms cwnd 2 advmss 1460 hoplimit 64
```

该命令利用特殊的 DSCP 值（16，表示 CS2，但值为 0x10 代表采用较旧的“ToS”）显示了之前连接存储的信息，本地系统和 132.239.50.184 之间采用 IPv4，下一跳为 10.0.0.1，网络设备为 eht0。我们可以看到包大小信息（由 PMTUD 得到路径 MTU，由远端告知 MSS）、最大跳步数（针对 IPv6，这里没有用到）、srtt 和 rttvar 的值，以及第 16 章中会讨论的拥塞控制信息如 cwnd。 685

14.10 重新组包

当 TCP 超时重传，它并不需要完全重传相同的报文段。TCP 允许执行重新组包（repacketization），发送一个更大的报文段来提高性能。（通常该更大的报文段不能超过接收端通告的 MSS，也不能大于路径 MTU。）允许这样做的原因在于，TCP 是通过字节号来识别发送和接收的数据，而非报文段（或包）号。

TCP 能重传一个与原报文段不同大小的报文段，这从一定意义上解决了重传二义性问题。STODER[TZZ05] 就是基于该思想，采用重新组包的方法来检测伪超时。

我们可以很容易地观察到重新组包的过程。我们采用 sock 程序作为服务器，并用 Telnet 连接它。首次我们输入一行信息“ hello there”。这就生成了一个 13 字节的数据段，包括回车换行在内。接着断开网络连接，输入“ line number 2”（ 14 字节，包括换行）。然后在等待约 45 秒后，输入“and 3”，之后关闭连接：

```
Linux% telnet 169.229.62.97 6666
hello there                     (first line gets sent OK)
                                (then we disconnect the Ethernet cable)
line number 2                   (this line gets retransmitted)
and 3                           (reconnect Ethernet)
^] telnet> quit
```

通过 tcpdump:t 我们可以看到：

```
1 19:51:47.674418 IP 10.0.0.7.1029 > 169.229.62.97.6666:
      P 1:14(13) ack 1 win 5840  <----  "hello there\r\n"
      <nop,nop,timestamp 2343578137 596377728>

2 19:51:47.788992 IP 169.229.62.97.6666 > 10.0.0.7.1029:
      . ack 14 win 58254 <nop,nop,timestamp 596378252 2343578137>

3 19:52:35.130837 IP 10.0.0.7.1029 > 169.229.62.97.6666:
      FP 29:36(7) ack 1 win 5840  <----  "and 3\r\n"
      <nop,nop,timestamp 2343602439 596378252>

4 19:52:35.146358 IP 169.229.62.97.6666 > 10.0.0.7.1029:
      . ack 14 win 58254
      <nop,nop,timestamp 596382987 2343578137,nop,nop,
686   sack sack 1 {29:36}>

5 19:52:39.414253 IP 10.0.0.7.1029 > 169.229.62.97.6666:
      FP 14:36(22) ack 1 win 5840  <----  "line number2\r\n
      <nop,nop,timestamp 2343604633 596382987>     and 3\r\n"

6 19:52:39.429228 IP 169.229.62.97.6666 > 10.0.0.7.1029:
      . ack 37 win 58248 <nop,nop,timestamp 596383416 2343604633>

7 19:52:39.429696 IP 169.229.62.97.6666 > 10.0.0.7.1029:
      F 1:1(0) ack 37 win 58254
      <nop,nop,timestamp 596383416 2343604633>

8 19:52:39.430119 IP 10.0.0.7.1029 > 169.229.62.97.6666:
      . ack 2 win 5840 <nop,nop,timestamp 2343604641 596383416>
```

在分析结果中，省略了初始 SYN 交换过程。前两个报文段包含数据字符串“ hello there”及其确认信息。紧接着的包并非有序：它从序列号 29 开始，包含字符串“ and 3”（ 7 个字节）。它返回的 ACK 包含 ACK 号 14，但 SACK 块的相对序列号为 {29，36}。中间的数据已丢失。TCP 采用一个更大的包来重传，包含序列号 14 ~ 36。因此，我们可以看到序列号 14 数据的重传导致了一次重新组包，形成了 22 字节的较大包来传输。有趣的是，包中重复包含了 SACK 块中的数据，同时也将 FIN 位字段置位，表明这是连接关闭前最后传输的数据。

14.11 与 TCP 重传相关的攻击

有一类 DoS 攻击称为低速率 DoS 攻击 [KK03]。在这类攻击中，攻击者向网关或主机发送大量数据，使得受害系统持续处于重传超时的状态。由于攻击者可预知受害 TCP 何时启动重传，并在每次重传时生成并发送大量数据。因此，受害 TCP 总能感知到拥塞的存在，根据 Karn 算法不断减小发送速率并退避发送，导致无法正常使用网络带宽。针对此类攻击的预防方法是随机选择 RTO，使得攻击者无法预知确切的重传时间。

与 DoS 相关但不同的一种攻击为减慢受害 TCP 的发送，使得 RTT 估计值过大。这样受害者在丢包后不会立即重传。相反的攻击也是有可能的：攻击者在数据发送完成但还未到达接收端时伪造 ACK。这样攻击者就能使受害 TCP 认为连接的 RTT 远小于实际值，导致过分发送，造成大量的无效传输。 687

14.12 总结

本章详细讨论了 TCP 超时和重传策略。第一个例子描述了当 TCP 需要发送一个数据包时，简单地暂时断开网络，导致重传计时器超时触发了一次超时重传。每个后续重传与前一次传输都间隔两倍时长，形成二进制指数退避，即 Karn 算法的第二部分。

TCP 测量 RTT 并用这些测量值记录平滑的 RTT 与均值偏差估计值，用这两个估计值计算新的重传超时值。在不采用时间戳选项的情况下，TCP 在每个数据窗口只能测量一个 RTT。Karn 算法通过不测量重传报文段的 RTT 样本值来避免重传二义性问题。现在的大部分 TCP 版本都使用时间戳选项，使得每个报文段都能单独测量。时间戳选项即使在包失序或包重复的情况下也能很好地工作。

我们还讨论了快速重传算法，它在计时器没有超时的情况下就能被触发。该算法可有效地（并最常用）填补由丢包引起的空缺。结合选择确认可更好地提高算法性能。选择确认在 ACK 中携带其他的信息，允许发送端在每个 RTT 内修补多个空缺，在某些环境下可有效提高传输性能。

如果 RTT 测量值小于连接的实际值，就可能发生伪重传。在这种情况下，若 TCP 的等待时间稍长，(不必要的）重传就可能不会发生。针对伪超时问题提出了很多算法。DSACK 需要等到接收到重复报文段的 ACK。Eifel 检测方法依据 TCP 时间戳，但它的响应速度能比 DSACK 更快，这是因为它是根据超时前所发送报文段返回的 ACK 来检测伪超时的。F-RTO 与 Eifel 算法类似，但不需要时间戳。它使得发送端在判断出现伪超时后发送新数据。以上这些检测算法都需要结合使用响应算法，我们讨论到的响应算法主要是 Eifel 响应算法。它在延迟大幅增长的情况下（否则对超时不做任何响应)，会重新设置 RTT 和 RTT 变化估计值。

我们也讨论了 TCP 怎样存储连接状态，怎样重新组包，以及相关攻击，包括使得 TCP 过分被动或过分积极。在第 16 章讨论 TCP 拥塞控制时，我们会看到更多的此类攻击及其造成的影响。 688

14.13 参考文献

[G04] S. Gorard, "Revisiting a 90-Year-Old Debate: The Advantages of the Mean Deviation," Department of Educational Studies, University of York, paper presented at the British Educational Research Association Annual Conference, University of Manchester, September 16–18, 2004.

[BPS99] J. Bennett, C. Partridge, and N. Shectman, "Packet Re-ordering Is Not Pathological Network Behavior," *IEEE/ACM Transactions on Networking*, 7(6), Dec. 1999.

[F68] W. Feller, *An Introduction to Probability Theory and Its Applications, Volume 1* (Wiley, 1968).

[ID1323b] V. Jacobson, B. Braden, and D. Borman, "TCP Extensions for High Performance" (expired), Internet draft-jacobson-tsvwg-1323bis-01, work in progress, Mar. 2009.

[IPR2] http://www.linuxfoundation.org/collaborate/workgroups/networking/iproute2

[J88] V. Jacobson, "Congestion Avoidance and Control," *Proc. ACM SIGCOMM*, Aug. 1988.

[J90] V. Jacobson, "Berkeley TCP Evolution from 4.3-Tahoe to 4.3 Reno," *Proc. 18th IETF*, Sept. 1990.

[J03] S. Jaiswal et al., "Measurement and Classification of Out-of-Sequence Packets in a Tier-1 IP Backbone," *Proc. IEEE INFOCOM*, Apr. 2003.

[KK03] A. Kuzmanovic and E. Knightly, "Low-Rate TCP-Targeted Denial of Service Attacks," *Proc. ACM SIGCOMM*, Aug. 2003.

[KP87] P. Karn and C. Partridge, "Improving Round-Trip Time Estimates in Reliable Transport Protocols," *Proc. ACM SIGCOMM*, Aug. 1987.

[LLY07] K. Leung, V. Li, and D. Yang, "An Overview of Packet Reordering in Transmission Control Protocol (TCP): Problems, Solutions and Challenges," *IEEE Trans. Parallel and Distributed Systems*, 18(4), Apr. 2007.

[LS00] R. Ludwig and K. Sklower, "The Eifel Retransmission Timer," *ACM Computer Communication Review*, 30(3), July 2000.

[RFC0793] J. Postel, "Transmission Control Protocol," Internet RFC 0793/STD0007, Sept. 1981.

[RFC1122] R. Braden, ed., "Requirements for Internet Hosts," Internet RFC 1122/STD 0003, Oct. 1989.

[RFC1323] V. Jacobson, R. Braden, and D. Borman, "TCP Extensions for High Performance," Internet RFC 1323, May 1992.

[RFC2018] M. Mathis, J. Mahdavi, S. Floyd, and A. Romanow, "TCP Selective Acknowledgment Options," Internet RFC 2018, Oct. 1996.

[RFC2883] S. Floyd, J. Mahdavi, M. Mathis, and M. Podolsky, "An Extension to the Selective Acknowledgement (SACK) Option for TCP," Internet RFC 2883, July 2000.

[RFC3517] E. Blanton, M. Allman, K. Fall, and L. Wang, "A Conservative Selective Acknowledgment (SACK)-Based Loss Recovery Algorithm for TCP," Internet RFC 3517, Apr. 2003.

[RFC3522] R. Ludwig and M. Meyer, "The Eifel Detection Algorithm for TCP," Internet RFC 3522 (experimental), Apr. 2003.

[RFC3708] E. Blanton and M. Allman, "Using TCP Duplicate Selective Acknowledgement (DSACKs) and Stream Control Transmission Protocol (SCTP) Duplicate Transmission Sequence Numbers (TSNs) to Detect Spurious Retransmissions," Internet RFC 3708 (experimental), Feb. 2004.

[RFC3782] S. Floyd, T. Henderson, and A. Gurtov, "The NewReno Modification to TCP's Fast Recovery Algorithm," Internet RFC 3782, Apr. 2004.

[RFC4015] R. Ludwig and A. Gurtov, "The Eifel Response Algorithm for TCP," Internet RFC 4015, Feb. 2005.

[RFC5681] M. Allman, V. Paxson, and E. Blanton, "TCP Congestion Control," Internet RFC 5681, Sept. 2009.

[RFC5682] P. Sarolahti, M. Kojo, K. Yamamoto, and M. Hata, "Forward RTO-Recovery (F-RTO): An Algorithm for Detecting Spurious Retransmission Timeouts with TCP," Internet RFC 5682, Sept. 2009.

[RFC6298] V. Paxson, M. Allman, and J. Chu, "Computing TCP's Retransmission Timer," Internet RFC 6298, June 2011.

[RKS07] S. Rewaskar, J. Kaur, and F. D. Smith, "Performance Study of Loss Detection/Recovery in Real-World TCP Implementations," *Proc. IEEE ICNP*, Oct. 2007.

[SK02] P. Sarolahti and A. Kuznetsov, "Congestion Control in Linux TCP," *Proc. Usenix Freenix Track*, June 2002.

[TZZ05] K. Tan and Q. Zhang, "STODER: A Robust and Efficient Algorithm for Handling Spurious Timeouts in TCP," *Proc. IEEE Globecomm*, Dec. 2005.

[V09] V. Vasudevan et al., "Safe and Fine-Grained TCP Retransmissions for Datacenter Communication," *Proc. ACM SIGCOMM*, Aug. 2009.

[WINREG] TCP/IP Registry Values for Microsoft Windows Vista and Windows 689
Server 2008, Jan. 2008. See http://www.microsoft.com/download/en/details. ~
aspx?id=9152 690

第 15 章

TCP/IP Illustrated, Volume 1: The Protocols, Second Edition

TCP 数据流与窗口管理

15.1 引言

第 13 章介绍了 TCP 连接的建立和终止，第 14 章则讨论了 TCP 怎样利用丢失数据的重传来保证传输可靠性。下面我们探讨 TCP 的动态数据传输，首先关注交互式连接，接着介绍流量控制以及窗口管理规程。批量数据传输中的拥塞控制策略（参见第 16 章）也包含了相应的窗口管理机制。

“交互式”TCP 连接是指，该连接需要在客户端和服务器之间传输用户输入信息，如按键操作、短消息、操作杆或鼠标的动作等。如果采用较小的报文段来承载这些用户信息，那么传输协议需要耗费很高的代价，因为每个交换分组中包含的有效负载字节较少。反之，报文段较大则会引入更大的延时，对延迟敏感类应用（如在线游戏、协同工具等）造成负面影响。因此我们需要权衡相关因素，找到折中方法。

在讨论交互式通信的相关问题后，会介绍 TCP 流量控制机制。它通过动态调节窗口大小来控制发送端的操作，确保接收端不会溢出。这个方法主要用于批量数据传输（即非交互式通信），但对交互式应用也同样有效。在第 16 章我们会看到，流量控制的思想也可以扩展
691 应用于其他问题，不仅可以保护接收端免于溢出，还可处理中间传输网络的拥塞问题。

15.2 交互式通信

在一定时间内，互联网的不同部分传输的网络流量（通常以字节或包来计算）也存在相当大的差异。例如，局域网与广域网以及不同网站之间的流量都会有所不同。TCP 流量研究表明，通常 90% 或者更多的 TCP 报文段都包含*大批量数据*（如 Web、文件共享、电子邮件、备份），其余部分则包含*交互式数据*（如远程登录、网络游戏）。批量数据段通常较大（1500 字节或更大），而交互式数据段则会比较小（几十字节的用户数据）。

对于使用相同协议以及封包格式的数据，TCP 都会处理，但执行的算法有所不同。在本节中我们会讨论 TCP 如何传输交互式数据，以 ssh（安全外壳）应用为例。安全外壳协议 [RFC4251] 是具备较强安全性（基于密码学的加密和认证）的远程登录协议。它已经基本取代了早期的 UNIX rlogin 和 Telnet，因为这些远程登录服务都存在安全隐患。

通过对 ssh 的探讨，我们会了解延时确认是怎样工作的，以及 Nagle 算法怎样实现减少广域网中较小包的数目。同样的算法也可以用于其他远程登录应用，如 Telnet、rlogin 和微软终端服务。

对一个 ssh 连接，观察当我们输入一个交互命令后的数据流。客户端获取用户输入信息，然后将其传给服务器端。服务器对命令进行解释并生成响应返回给客户端。客户端对其传输数据加密，意味着用户输入的信息在通过连接传送前已经进行了加密（参见第 18 章）。即使传输数据被截获，窃听者也很难获得用户输入信息的明文。客户端支持多种加密算法和认证方法。它也支持一些新的特性，如隧道技术实现对其他协议的封装（参见第 3 章及 [RFC4254]）。

许多 TCP/IP 的初学者会惊奇地发现，每个交互按键通常都会生成一个单独的数据包。也就是说，每个按键是独立传输的（每次一个字符而非每次一行）。另外，ssh 会在远程系统（服务器端）调用一个 shell（命令解释器），对客户端的输入字符做出回显。因此，每个输入的字符会生成 4 个 TCP 数据段：客户端的交互击键输入、服务器端对击键的确认、服务器端生成的回显、客户端对该回显的确认（参见图 15-1a）。

通常，第 2 和第 3 段可以合并，如图 15-1b 所示，可将对击键的确认与回显一并传送。下一节会介绍这种方法（称为捎带延时确认）。 692

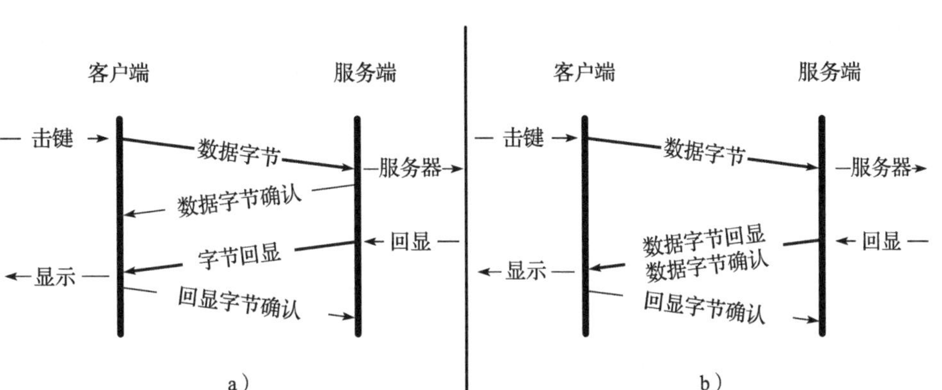

图 15-1　a）对一次交互击键的远程回显，一种可行的方法是将对击键的确认与回显包各自独立发送。b）典型 TCP 则将两者结合传输

我们以 ssh 为例的原因在于，对从客户端到服务器键入的每个字符都会生成一个独立的包。然而，若用户的输入速度较快，每个包可能包含多个字符。图 15-2 显示了在 ssh 连接至 Linux 服务器中输入 date 命令，利用 Wireshark 获得的数据流。

ssh-date-command.td - Wireshark

File Edit View Go Capture Analyze Statistics Telephony Tools Help

No.	Time	Source	Destination	Protocol	Info
1	0.000000	70.231.141.59	169.229.62.97	SSH	Encrypted request packet len=48
2	0.014508	169.229.62.97	70.231.141.59	SSH	Encrypted response packet len=48
3	0.014769	70.231.141.59	169.229.62.97	TCP	1058 > 22 [ACK] Seq=49 Ack=49 Win=4220 Len=0 TSV=913185368 TSER=114503261
4	1.736761	70.231.141.59	169.229.62.97	SSH	Encrypted request packet len=48
5	1.751620	169.229.62.97	70.231.141.59	SSH	Encrypted response packet len=48
6	1.751840	70.231.141.59	169.229.62.97	TCP	1058 > 22 [ACK] Seq=97 Ack=97 Win=4220 Len=0 TSV=913187106 TSER=114503435
7	3.284481	70.231.141.59	169.229.62.97	SSH	Encrypted request packet len=48
8	3.299718	169.229.62.97	70.231.141.59	SSH	Encrypted response packet len=48
9	3.299937	70.231.141.59	169.229.62.97	TCP	1058 > 22 [ACK] Seq=145 Ack=145 Win=4220 Len=0 TSV=913188654 TSER=114503590
10	4.982810	70.231.141.59	169.229.62.97	SSH	Encrypted request packet len=48
11	4.997635	169.229.62.97	70.231.141.59	SSH	Encrypted response packet len=48
12	4.997858	70.231.141.59	169.229.62.97	TCP	1058 > 22 [ACK] Seq=193 Ack=193 Win=4220 Len=0 TSV=913190352 TSER=114503759
13	6.626947	70.231.141.59	169.229.62.97	SSH	Encrypted request packet len=48
14	6.642338	169.229.62.97	70.231.141.59	SSH	Encrypted response packet len=48
15	6.642557	70.231.141.59	169.229.62.97	TCP	1058 > 22 [ACK] Seq=241 Ack=241 Win=4220 Len=0 TSV=913191997 TSER=114503924
16	6.644846	169.229.62.97	70.231.141.59	SSH	Encrypted response packet len=64
17	6.645054	70.231.141.59	169.229.62.97	TCP	1058 > 22 [ACK] Seq=241 Ack=305 Win=4220 Len=0 TSV=913192000 TSER=114503924
18	6.646053	169.229.62.97	70.231.141.59	SSH	Encrypted response packet len=64
19	6.646251	70.231.141.59	169.229.62.97	TCP	1058 > 22 [ACK] Seq=241 Ack=369 Win=4220 Len=0 TSV=913192001 TSER=114503924

图 15-2　在已建立的 ssh 连接中输入 date 命令，TCP 数据分组的传输情况

如图 15-2 所示，包 1 包含了客户端到服务器端的命令字符 d。包 2 为对字符 d 的确认和回显（如图 15-1 中将两段结合传送）。包 3 为对回显字符 d 的确认。同理，包 4 ~ 6 对应字符 a，包 7 ~ 9 对应字符 t，包 10 ~ 12 对应字符 e。包 13 ~ 15 则对应回车键。在包 3 ~ 4、 693
6 ~ 7、9 ~ 10 和 12 ~ 13 之间的时间差为人工输入每个字符的延迟，这里特意设置得较长

(约 1.5 秒)。

注意到包 16 ~ 19 与前面的包稍有差异，包长度从 48 字节变为 64 字节。包 16 包含了服务器端对 date 命令的输出。这 64 字节的数据是对下面 28 个明文（未加密）字符的加密结果：

```
Wed Dec 28 22:47:16 PST 2005
```

加上最后的回车和换行符。下一个从服务器端发送至客户端的包（包 18）包含了服务器主机对客户的命令提示符：Linux%。包 19 为对该数据的确认。

图 15-3 描述与图 15-2 相同的传输情况，只是细化了 TCP 层的信息，可以更清晰地看到 TCP 怎样进行确认以及 ssh 使用的包大小。包 1（包含字符 d）的相对序列号从 0 开始。包 2 是对图中包 1 的确认，ACK 号设为 48，为上次成功接收字节的序列号加 1。包 2 也包含了服务器至客户端的对 d 字符的回显，字节序列号为 0。包 3 为客户端对该回显的确认，ACK 号设为 48。可以看到，该连接包含了两个序列号流——一个是从客户端至服务器，另一个为相反方向。在介绍窗口通告时将会详细讨论这一问题。

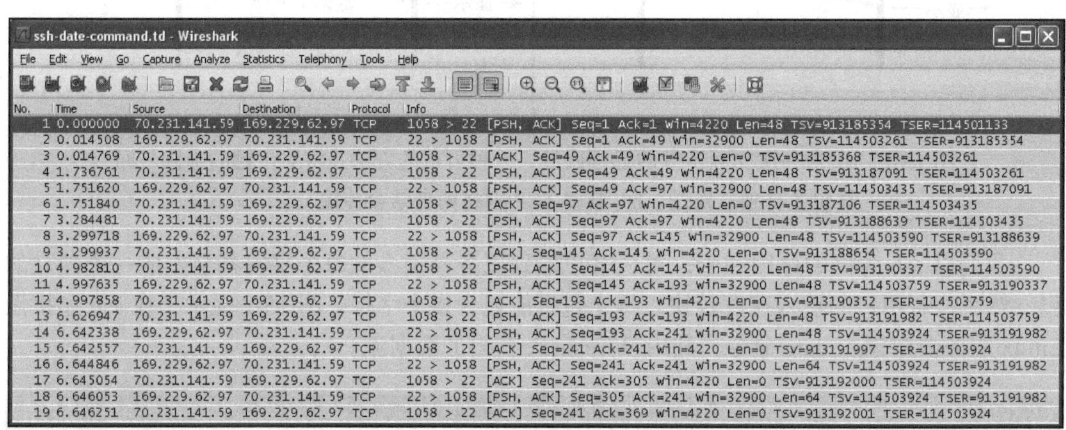

ssh-date-command.td - Wireshark

File Edit View Go Capture Analyze Statistics Telephony Tools Help

No.	Time	Source	Destination	Protocol	Info
1	0.000000	70.231.141.59	169.229.62.97	TCP	1058 > 22 [PSH, ACK] Seq=1 Ack=1 Win=4220 Len=48 TSV=913185354 TSER=114501133
2	0.014508	169.229.62.97	70.231.141.59	TCP	22 > 1058 [PSH, ACK] Seq=1 Ack=49 Win=32900 Len=48 TSV=114503261 TSER=913185354
3	0.014769	70.231.141.59	169.229.62.97	TCP	1058 > 22 [ACK] Seq=49 Ack=49 Win=4220 Len=0 TSV=913185368 TSER=114503261
4	1.736761	70.231.141.59	169.229.62.97	TCP	1058 > 22 [PSH, ACK] Seq=49 Ack=49 Win=4220 Len=48 TSV=913187091 TSER=114503261
5	1.751620	169.229.62.97	70.231.141.59	TCP	22 > 1058 [PSH, ACK] Seq=49 Ack=97 Win=32900 Len=48 TSV=114503435 TSER=913187091
6	1.751840	70.231.141.59	169.229.62.97	TCP	1058 > 22 [ACK] Seq=97 Ack=97 Win=4220 Len=0 TSV=913187106 TSER=114503435
7	3.284481	70.231.141.59	169.229.62.97	TCP	1058 > 22 [PSH, ACK] Seq=97 Ack=97 Win=4220 Len=48 TSV=913188639 TSER=114503435
8	3.299718	169.229.62.97	70.231.141.59	TCP	22 > 1058 [PSH, ACK] Seq=97 Ack=145 Win=32900 Len=48 TSV=114503590 TSER=913188639
9	3.299937	70.231.141.59	169.229.62.97	TCP	1058 > 22 [ACK] Seq=145 Ack=145 Win=4220 Len=0 TSV=913188654 TSER=114503590
10	4.982810	70.231.141.59	169.229.62.97	TCP	1058 > 22 [PSH, ACK] Seq=145 Ack=145 Win=4220 Len=48 TSV=913190337 TSER=114503590
11	4.997635	169.229.62.97	70.231.141.59	TCP	22 > 1058 [PSH, ACK] Seq=145 Ack=193 Win=32900 Len=48 TSV=114503759 TSER=913190337
12	4.997858	70.231.141.59	169.229.62.97	TCP	1058 > 22 [ACK] Seq=193 Ack=193 Win=4220 Len=0 TSV=913190352 TSER=114503759
13	6.626947	70.231.141.59	169.229.62.97	TCP	1058 > 22 [PSH, ACK] Seq=193 Ack=193 Win=4220 Len=48 TSV=913191982 TSER=114503759
14	6.642338	169.229.62.97	70.231.141.59	TCP	22 > 1058 [PSH, ACK] Seq=193 Ack=241 Win=32900 Len=48 TSV=114503924 TSER=913191982
15	6.642557	70.231.141.59	169.229.62.97	TCP	1058 > 22 [ACK] Seq=241 Ack=241 Win=4220 Len=0 TSV=913191997 TSER=114503924
16	6.644846	169.229.62.97	70.231.141.59	TCP	22 > 1058 [PSH, ACK] Seq=241 Ack=241 Win=32900 Len=64 TSV=114503924 TSER=913191982
17	6.645054	70.231.141.59	169.229.62.97	TCP	1058 > 22 [ACK] Seq=241 Ack=305 Win=4220 Len=0 TSV=913192000 TSER=114503924
18	6.646053	169.229.62.97	70.231.141.59	TCP	22 > 1058 [PSH, ACK] Seq=305 Ack=241 Win=32900 Len=64 TSV=114503924 TSER=913191982
19	6.646251	70.231.141.59	169.229.62.97	TCP	1058 > 22 [ACK] Seq=241 Ack=369 Win=4220 Len=0 TSV=913192001 TSER=114503924

图 15-3 与图 15-2 相同，只是这里禁用了 ssh 的协议解码，因此可以看到 TCP 序列号信息。注意到除了最后两个包外，其他包都为 48 字节，该长度与 ssh 使用的加密算法有关（参见第 18 章）

另外我们也发现，每个带数据（长度不为 0）的包都将 PSH 置位。之前提到过，该标志
694 位通常表示发送端缓存为空。也就是说，当 PSH 置位的数据包发送完成后，发送端没有其他数据包需要传输。

15.3 延时确认

在许多情况下，TCP 并不对每个到来的数据包都返回 ACK，利用 TCP 的累积 ACK 字段（参见第 12 章）就能实现该功能。累积确认可以允许 TCP 延迟一段时间发送 ACK，以便将 ACK 和相同方向上需要传的数据结合发送。这种捎带传输的方法经常用于批量数据传输。显然，TCP 不能任意时长地延迟 ACK；否则对方会误认为数据丢失而出现不必要的重传。

注意 主机需求 RFC [RFC1122] 指出，TCP 实现 ACK 延迟的时延应小于 500ms。实践中时延最大取 200ms。

采用延时 ACK 的方法会减少 ACK 传输数目，可以一定程度地减轻网络负载。对于批量数据传输通常为 2∶1 的比例。基于不同的主机操作系统，延迟发送 ACK 的最大时延可以动态配置。Linux 使用了一种动态调节算法，可以在每个报文段返回一个 ACK（称为“快速确认”模式）与传统延时 ACK 模式间相互切换。Mac OS X 中，可以改变系统变量 net.inet.tcp.delayed_ack 值来设置延时 ACK。可选值如下：禁用延时（设为 0），始终延时（设为 1），每隔一个包回复一个 ACK（设为 2），自动检测确认时间（设为 3）。默认值为 3。最新的 Windows 版本中，注册表项

```
HKLM\SYSTEM\CurrentControlSet\Services\Tcpip\Parameters\Interfaces\IG
```

中，每个接口的全局唯一标识（GUID）都不同（IG 表示被引用的特定网络接口的 GUID）。TcpAckFrequency 值（需要被添加）可以设为 0 ~ 255，默认为 2。它代表延时 ACK 计时器超时前在传的 ACK 数目。将其设为 1 表明对每个收到的报文段都生成相应的 ACK。ACK 计时器值可以通过 TcpDelAckTicks 注册表项控制。该值可设为 2 ~ 6，默认为 2。它以百毫秒为单位，表明在发送延时 ACK 前要等待百毫秒数。 695

之前提到过，通常 TCP 在某些情况下使用延时 ACK 的方法，但时延不会很长。在第 16 章中大量采用了延时 ACK 的方法，我们将会看到 TCP 怎样在处理批量数据的大数据包传输中实现拥塞控制。在小数据包传输中，如交互式应用，需要采用另外的算法。将该算法与延时 ACK 结合使用，如果处理不好，反而会导致性能降低。下面我们详细讨论该算法。

15.4 Nagle 算法

从前面的小节中可以知道，在 ssh 连接中，通常单次击键就会引发数据流的传输。如果使用 IPv4，一次按键会生成约 88 字节大小的 TCP/IPv4 包（使用加密和认证）：20 字节的 IP 头部，20 字节的 TCP 头部（假设没有选项），数据部分为 48 字节。这些小包（称为微型报（tinygram））会造成相当高的网络传输代价。也就是说，与包的其他部分相比，有效的应用数据所占比例甚微。该问题对于局域网不会有很大影响，因为大部分局域网不存在拥塞，而且这些包无须传输很远。然而对于广域网来说则会加重拥塞，严重影响网络性能。John Nagle 在 [RFC0896] 中提出了一种简单有效的解决方法，现在称其为 Nagle 算法。下面首先介绍该算法是怎样运行的，接着我们会讨论结合延时 ACK 方法使用时可能出现的一些缺陷和问题。

Nagle 算法要求，当一个 TCP 连接中有在传数据（即那些已发送但还未经确认的数据），小的报文段（长度小于 SMSS）就不能被发送，直到所有的在传数据都收到 ACK。并且，在收到 ACK 后，TCP 需要收集这些小数据，将其整合到一个报文段中发送。这种方法迫使 TCP 遵循停等（stop-and-wait）规程——只有等接收到所有在传数据的 ACK 后才能继续发送。该算法的精妙之处在于它实现了自时钟（self-clocking）控制：ACK 返回越快，数据传输也越快。在相对高延迟的广域网中，更需要减少微型报的数目，该算法使得单位时间内发送的报文段数目更少。也就是说，RTT 控制着发包速率。

从图 15-3 中可以看到，单个字节的发送、确认以及回显的 RTT 较小（15ms 以下）。为更快地生成数据，我们需要每秒钟输入 60 个字符以上。这意味着，当两台主机之间以很小的 RTT 传输数据时，例如在同一个局域网中，我们将很难看到该算法的显著效果。

为了显示 Nagle 算法的效果，我们比较分析某个 TCP 应用使用和禁用该算法的行为。我们对一个 ssh 版本的客户端做了一定的修改。利用一个 RTT 相对较大（约 190ms）的连接，就可以看出区别。首先观察禁用 Nagle 算法（ssh 默认）的情况，如图 15-4 所示。 696

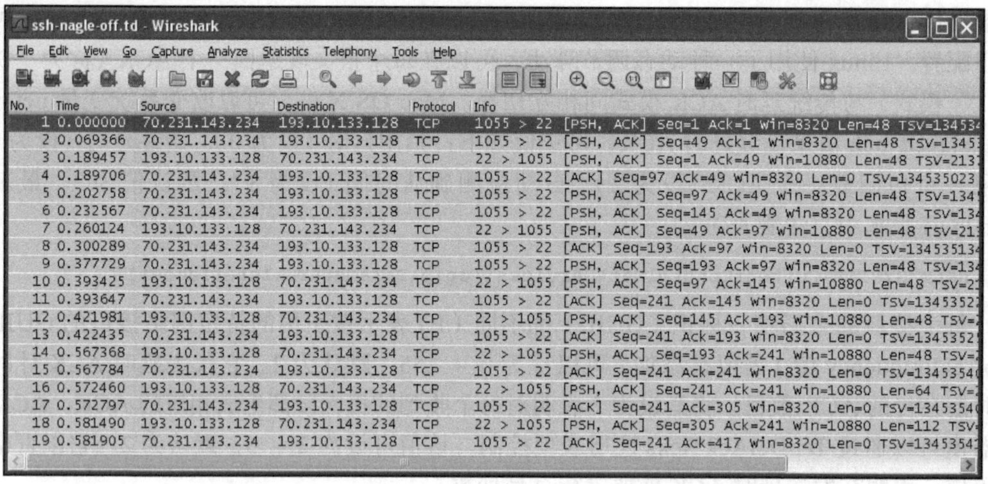

ssh-nagle-off.td - Wireshark

No.	Time	Source	Destination	Protocol	Info
1	0.000000	70.231.143.234	193.10.133.128	TCP	1055 > 22 [PSH, ACK] Seq=1 Ack=1 Win=8320 Len=48 TSV=13453
2	0.069366	70.231.143.234	193.10.133.128	TCP	1055 > 22 [PSH, ACK] Seq=49 Ack=1 Win=8320 Len=48 TSV=1345
3	0.189457	193.10.133.128	70.231.143.234	TCP	22 > 1055 [PSH, ACK] Seq=1 Ack=49 Win=10880 Len=48 TSV=213
4	0.189706	70.231.143.234	193.10.133.128	TCP	1055 > 22 [ACK] Seq=97 Ack=49 Win=8320 Len=0 TSV=134535023
5	0.202758	70.231.143.234	193.10.133.128	TCP	1055 > 22 [PSH, ACK] Seq=97 Ack=49 Win=8320 Len=48 TSV=134
6	0.232567	70.231.143.234	193.10.133.128	TCP	1055 > 22 [PSH, ACK] Seq=145 Ack=49 Win=8320 Len=48 TSV=13
7	0.260124	193.10.133.128	70.231.143.234	TCP	22 > 1055 [PSH, ACK] Seq=49 Ack=97 Win=10880 Len=48 TSV=21
8	0.300289	70.231.143.234	193.10.133.128	TCP	1055 > 22 [ACK] Seq=193 Ack=97 Win=8320 Len=0 TSV=13453513
9	0.377729	70.231.143.234	193.10.133.128	TCP	1055 > 22 [PSH, ACK] Seq=193 Ack=97 Win=8320 Len=48 TSV=13
10	0.393425	193.10.133.128	70.231.143.234	TCP	22 > 1055 [PSH, ACK] Seq=97 Ack=145 Win=10880 Len=48 TSV=2
11	0.393647	70.231.143.234	193.10.133.128	TCP	1055 > 22 [ACK] Seq=241 Ack=145 Win=8320 Len=0 TSV=1345352
12	0.421981	193.10.133.128	70.231.143.234	TCP	22 > 1055 [PSH, ACK] Seq=145 Ack=193 Win=10880 Len=48 TSV=
13	0.422435	70.231.143.234	193.10.133.128	TCP	1055 > 22 [ACK] Seq=241 Ack=193 Win=8320 Len=0 TSV=1345352
14	0.567368	193.10.133.128	70.231.143.234	TCP	22 > 1055 [PSH, ACK] Seq=193 Ack=241 Win=10880 Len=48 TSV=
15	0.567784	70.231.143.234	193.10.133.128	TCP	1055 > 22 [ACK] Seq=241 Ack=241 Win=8320 Len=0 TSV=1345354
16	0.572460	193.10.133.128	70.231.143.234	TCP	22 > 1055 [PSH, ACK] Seq=241 Ack=241 Win=10880 Len=64 TSV=
17	0.572797	70.231.143.234	193.10.133.128	TCP	1055 > 22 [ACK] Seq=241 Ack=305 Win=8320 Len=0 TSV=1345354
18	0.581490	193.10.133.128	70.231.143.234	TCP	22 > 1055 [PSH, ACK] Seq=305 Ack=241 Win=10880 Len=112 TSV
19	0.581905	70.231.143.234	193.10.133.128	TCP	1055 > 22 [ACK] Seq=241 Ack=417 Win=8320 Len=0 TSV=1345354

图 15-4　ssh 分析文件显示该 TCP 连接 RTT 约为 190ms。Nagle 算法被禁用。数据和 ACK 结合传输，19 个包传输持续了 0.58s。许多包相对较小（48 字节的用户数据）。纯 ACK（不包含数据的报文段）表明服务器端的输出命令已被客户端接收处理

图 15-4 中显示的传输是在初始的认证完成以后、登录会话开始时记录的。这时输入 date 命令，我们看到共捕获到了 19 个包，整个传输过程持续了 0.58s。共有 5 个 ssh 请求包，7 个 ssh 应答包，以及 7 个 TCP 层的纯 ACK 包（不包含数据）。下面我们将在使用 Nagle 算法的情况下重复探测这一过程（即在相似的网络环境下），可以得到图 15-5。

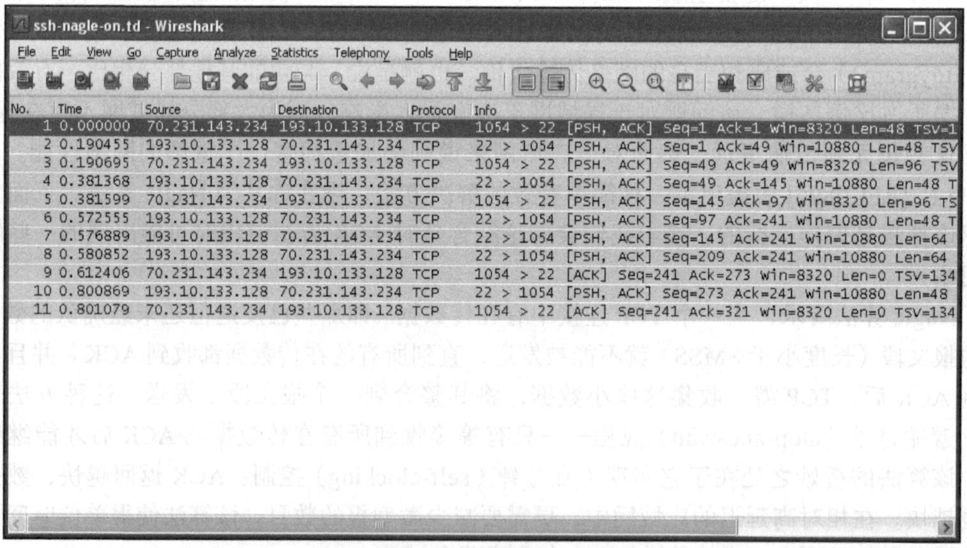

ssh-nagle-on.td - Wireshark

No.	Time	Source	Destination	Protocol	Info
1	0.000000	70.231.143.234	193.10.133.128	TCP	1054 > 22 [PSH, ACK] Seq=1 Ack=1 Win=8320 Len=48 TSV=1
2	0.190455	193.10.133.128	70.231.143.234	TCP	22 > 1054 [PSH, ACK] Seq=1 Ack=49 Win=10880 Len=48 TSV
3	0.190695	70.231.143.234	193.10.133.128	TCP	1054 > 22 [PSH, ACK] Seq=49 Ack=49 Win=8320 Len=96 TSV
4	0.381368	193.10.133.128	70.231.143.234	TCP	22 > 1054 [PSH, ACK] Seq=49 Ack=145 Win=10880 Len=48 T
5	0.381599	70.231.143.234	193.10.133.128	TCP	1054 > 22 [PSH, ACK] Seq=145 Ack=97 Win=8320 Len=96 TS
6	0.572555	193.10.133.128	70.231.143.234	TCP	22 > 1054 [PSH, ACK] Seq=97 Ack=241 Win=10880 Len=48 T
7	0.576889	193.10.133.128	70.231.143.234	TCP	22 > 1054 [PSH, ACK] Seq=145 Ack=241 Win=10880 Len=64
8	0.580852	193.10.133.128	70.231.143.234	TCP	22 > 1054 [PSH, ACK] Seq=209 Ack=241 Win=10880 Len=64
9	0.612406	70.231.143.234	193.10.133.128	TCP	1054 > 22 [ACK] Seq=241 Ack=273 Win=8320 Len=0 TSV=134
10	0.800869	193.10.133.128	70.231.143.234	TCP	22 > 1054 [PSH, ACK] Seq=273 Ack=241 Win=10880 Len=48
11	0.801079	70.231.143.234	193.10.133.128	TCP	1054 > 22 [ACK] Seq=241 Ack=321 Win=8320 Len=0 TSV=134

图 15-5　RTT 为 190ms 并启用 Nagle 算法的 TCP 连接的 ssh 传输情况。请求和响应传输规律，紧密一致。整个传输过程持续了 0.80s，共有 11 个包

可以看到图 15-5 中的包数目要少于图 15-4（少了 8 个）。另外一个明显的差异是，请求和响应包随时间分布呈一定的规律性。回想一下 Nagle 算法的原理，它迫使 TCP 遵循停等行为模式，因此 TCP 发送端只有在接收到全部 ACK 后才能继续发送。观察每组请求 / 响应的传输时刻——0.0、0.19、0.38 以及 0.57，我们可以发现它们遵循一定的模式：每两个间隔为

190ms，恰为连接的 RTT。每发送一组请求和响应包需要等待一个 RTT，这就加长了整个传输过程（需要 0.80s 而非前面的 0.58s）。Nagle 算法做出了一种折中：传输的包数目更少而长度更大，但同时传输时延也更长。从图 15-6 中可以更清晰地看出差别。

图 15-6 显示了 Nagle 算法的停等行为。左侧显示双向传输，而右侧使用 Nagle 算法，使得在任一给定时刻，只有一个方向保持传输状态。

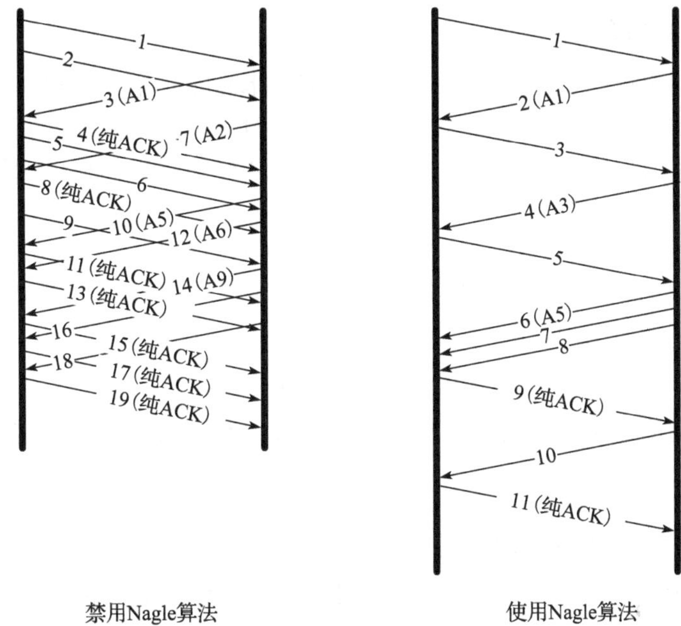

图 15-6 比较相似环境下使用 Nagle 算法与否的 TCP 连接情况。在启用 Nagle 算法的情况下，在任一时刻最多只有一个包在传。这样可以减少小包数目，但同时也增大了传输时延 697 ~ 698

15.4.1 延时 ACK 与 Nagle 算法结合

若将延时 ACK 与 Nagle 算法直接结合使用，得到的效果可能不尽如人意。考虑如下情形，客户端使用延时 ACK 方法发送一个对服务器的请求，而服务器端的响应数据并不适合在同一个包中传输（参见图 15-7）。

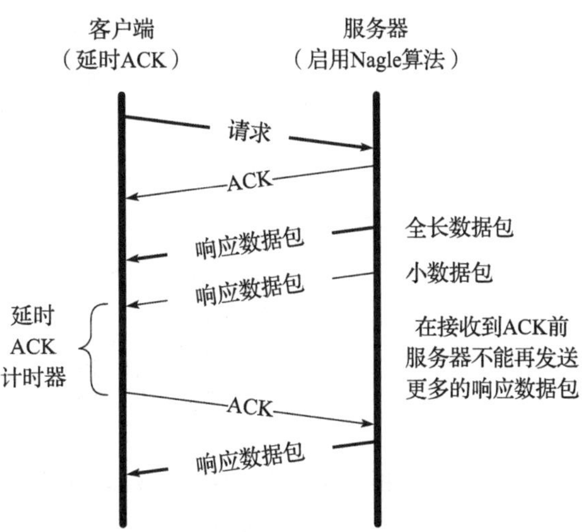

图 15-7 Nagle 算法与延时 ACK 的交互。可能会形成一个短暂的死锁，一直持续到延时 ACK 计时器超时

从图中可以看到，在接收到来自服务器端的两个包以后，客户端并不立即发送 ACK，而是处于等待状态，希望有数据一同捎带发送。通常情况下，TCP 在接收到两个全长的数据包后就应返回一个 ACK，但这里并非如此。在服务器端，由于使用了 Nagle 算法，直到收到 ACK 前都不能发送新数据，因为任一时刻只允许至多一个包在传。因此延时

ACK 与 Nagle 算法的结合导致了某种程度的死锁（两端互相等待对方做出行动）[MMSV99] [MM01]。幸运的是，这种死锁并不是永久的，在延时 ACK 计时器超时后死锁会解除。客户端即使仍然没有要发送的数据也无需再等待，而可以只发送 ACK 给服务器。然而，在死锁期间整个传输连接处于空闲状态，使性能变差。在某些情况下，如这里的 ssh 传输，可以禁用 Nagle 算法。

15.4.2 禁用 Nagle 算法

从前面的例子可以看到，在有些情况下并不适用 Nagle 算法。典型的包括那些要求时延
699 尽量小的应用，如远程控制中鼠标或按键操作需要及时送达以得到快捷的反馈。另一个例子是多人网络游戏，人物的动作需要及时地传送以确保不影响游戏进程（也不致影响其他玩家的动作）。

禁用 Nagle 算法有多种方式，主机需求 RFC [RFC1122] 列出了相关方法。若某个应用使用 Berkeley 套接字 API，可以设置 TCP_NODELAY 选项。另外，也可以在整个系统中禁用该算法。在 Windows 系统中，使用如下的注册表项：

```
HKLM\SOFTWARE\Microsoft\MSMQ\Parameters\TCPNoDelay
```

这个双字节类型的值必须由用户添加，应将其设为 1。为使更改生效，消息队列也需要重新设置。

15.5 流量控制与窗口管理

回顾一下第 12 章中提到过，可以采用可变滑动窗口来实现流量控制。如图 15-8 所示，TCP 客户端和服务器交互作用，互相提供数据流的相关信息，包括报文段序列号、ACK 号和窗口大小（即接收端的可用空间）。

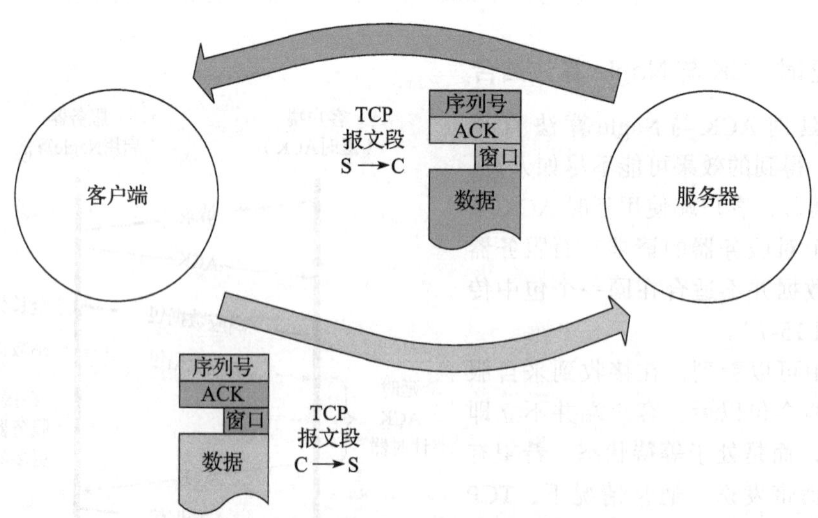

图 15-8 每个 TCP 连接都是双向的。数据传输方向的另一端会返回
700 ACK 及其窗口通告信息。反向亦然

图 15-8 中两个大的箭头表示数据流方向（TCP 报文段的传输方向）。每个 TCP 都是双向连接，这里用两个箭头表示，一个是客户端至服务器方向（C → S），另一个为服务器至客户

端方向（S→C）。每个报文段包含 ACK 和窗口信息，可能还有用户数据。根据数据流传输方向的不同，将 TCP 头部中的字段标记上阴影。例如，在 C→S 方向的数据流为下方箭头的报文段，但是对该数据的 ACK 和窗口信息却在上方箭头指示的报文段中。每个 TCP 报文段（除了连接建立之初的包交换）都包含一个有效的序列号字段、一个 ACK 号或确认字段，以及一个窗口大小字段（包含窗口通告信息）。

在前面的 ssh 示例中，我们看到的窗口通告都是固定的，有 8320 字节、4220 字节，还有 32 900 字节。这些数值表示发送该窗口信息的通信方为即将到来的新数据预留的存储空间。当 TCP 应用程序空闲时，就会排队处理这些数据，致使窗口大小字段保持不变。当系统处理速度较慢，或者程序忙于执行其他操作，到来的数据返回 ACK 后，就需要排队等待被读取或"消耗"。若这种排队状况持续，新数据的可用存储空间就会减小，窗口大小值也随之减小。最终，若应用程序一直不处理这些数据，TCP 必须采取策略使得发送端完全停止新数据的发送，因为可能没有空间来存储新数据。此时就可以将窗口通告设为 0（没有空间）。

每个 TCP 头部的窗口大小字段表明接收端可用缓存空间的大小，以字节为单位。该字段长度为 16 位，但窗口缩放选项可用大于 65 535 的值（参见第 13 章）。报文段发送方在相反方向上可接受的最大序列号值为 TCP 头部中 ACK 号和窗口大小字段之和（保持单位一致）。

15.5.1 滑动窗口

TCP 连接的每一端都可收发数据。连接的收发数据量是通过一组窗口结构（window structure）来维护的。每个 TCP 活动连接的两端都维护一个发送窗口结构（send window structure）和接收窗口结构（receive window structure）。这些结构与第 12 章中描述的概念窗口结构类似，这里我们将详细讨论。图 15-9 显示了一个假设的 TCP 发送窗口结构。 701

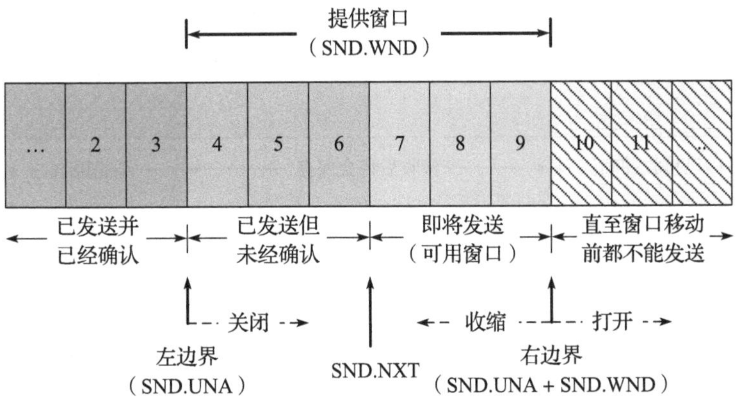

图 15-9　TCP 发送端滑动窗口结构记录了已确认、在传以及还未传的数据的序列号。提供窗口的大小是由接收端返回的 ACK 中的窗口大小字段控制的

TCP 以字节（而非包）为单位维护其窗口结构。在图 15-9 中，我们已标号为 2 ~ 11 字节。由接收端通告的窗口称为提供窗口（offered window），包含 4 ~ 9 字节。接收端已成功确认包括第 3 字节在内的之前的数据，并通告了一个 6 字节大小的窗口。回顾第 12 章，窗口大小字段相对 ACK 号有一个字节的偏移量。发送端计算其可用窗口，即它可以立即发送的数据量。可用窗口计算值为提供窗口大小减去在传（已发送但未得到确认）的数据值。变

量 SND.UNA 和 SND.WND 分别记录窗口左边界和提供窗口值。SND.NXT 则记录下次发送的数据序列号，因此可用窗口值等于（SND.UNA + SND.WND – SND.NXT）。

随着时间的推移，当接收端确认数据，滑动窗口也随之右移。窗口两端的相对运动使得窗口增大或减小。可用三个术语来描述窗口左右边界的运动：

1. 关闭（close），即窗口左边界右移。当已发送数据得到 ACK 确认时，窗口会减小。

2. 打开（open），即窗口右边界右移，使得可发送数据量增大。当已确认数据得到处理，接收端可用缓存变大，窗口也随之变大。

3. 收缩（shrink），即窗口右边界左移。主机需求 RFC [RFC1122] 并不支持这一做法，但 TCP 必须能处理这一问题。15.5.3 节的糊涂窗口综合征中举了一个例子，一端试图将右边界
702 左移使窗口收缩，但没有成功。

每个 TCP 报文段都包含 ACK 号和窗口通告信息，TCP 发送端可以据此调节窗口结构。窗口左边界不能左移，因为它控制的是已确认的 ACK 号，具有累积性，不能返回。当得到的 ACK 号增大而窗口大小保持不变时（通常如此），我们就说窗口向前“滑动”。若随着 ACK 号增大窗口却减小，则左右边界距离减小。当左右边界相等时，称之为零窗口。此时发送端不能再发送新数据。这种情况下，TCP 发送端开始探测（probe）对方窗口（参见 15.5.2 节），伺机增大提供窗口。

接收端也维护一个窗口结构，但比发送端窗口简单。该窗口结构记录了已接收并确认的数据，以及它能够接收的最大序列号。该窗口可以保证其接收数据的正确性。特别是，接收端希望避免存储重复的已接收和确认的数据，以及避免存储不应接收的数据（超过发送方右窗口边界的数据）。图 15-10 描述了接收窗口结构。

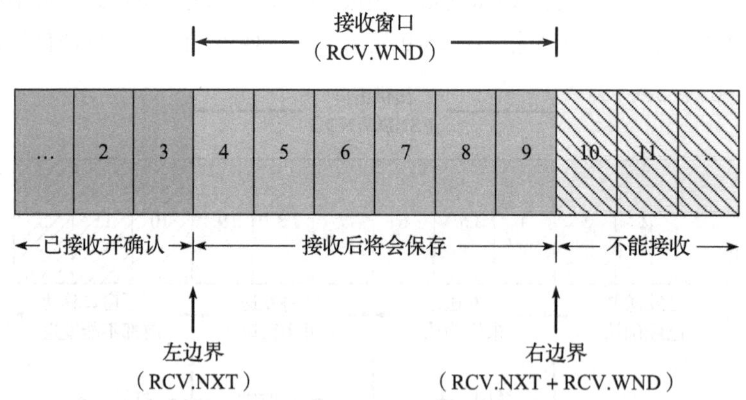

图 15-10　TCP 接收端滑动窗口结构帮助了解其下次应接收的数据序列号。若接收到的数据序列号在窗口内，则可以存储，否则丢弃

与发送端窗口一样，该窗口结构也包含一个左边界和右边界，但窗口内的字节（图中的 4 ~ 9 字节）并没有区分。对接收端来说，到达序列号小于左窗口边界（称为 RCV.NXT），被
703 认为是重复数据而丢弃，超过右边界（RCV.WND + RCV.NXT）的则超出处理范围，也被丢弃。注意到由于 TCP 的累积 ACK 结构，只有当到达数据序列号等于左边界时，数据才不会被丢弃，窗口才能向前滑动。对选择确认 TCP 来说，使用 SACK 选项，窗口内的其他报文段也可以被接收确认，但只有在接收到等于左边界的序列号数据时，窗口才能前移（SACK 的更多细节可以参见第 14 章）。

15.5.2 零窗口与 TCP 持续计时器

我们了解到，TCP 是通过接收端的通告窗口来实现流量控制的。通告窗口指示了接收端可接收的数据量。当窗口值变为 0 时，可以有效阻止发送端继续发送，直到窗口大小恢复为非零值。当接收端重新获得可用空间时，会给发送端传输一个*窗口更新*（window update），告知其可继续发送数据。这样的窗口更新通常都不包含数据（为“纯 ACK”），不能保证其传输的可靠性。因此 TCP 必须有相应措施能处理这类丢包。

如果一个包含窗口更新的 ACK 丢失，通信双方就会一直处于等待状态：接收方等待接收数据（已将窗口设为非零值），发送方等待收到窗口更新告知其可继续发送。为防止这种死锁的发生，发送端会采用一个*持续计时器*间歇性地查询接收端，看其窗口是否已增长。持续计时器会触发*窗口探测*（window probe）的传输，强制要求接收端返回 ACK（其中包含了*窗口大小*字段）。主机需求 RFC [RFC1122] 建议在一个 RTO 之后发送第一个窗口探测，随后以指数时间间隔发送（与第 14 章讨论过的 Karn 算法中的“第二部分”类似）。

窗口探测包含一个字节的数据，采用 TCP 可靠传输（丢失重传），因此可以避免由窗口更新丢失导致的死锁。当 TCP 持续计时器超时，就会触发窗口探测的发送。其中包含的一个字节的数据是否能被接收，取决于接收端的可用缓存空间大小。与 TCP 重传计时器（参见第 14 章）类似，可以采用指数时间退避来计算持续计时器的超时。而不同之处在于，通常 TCP 不会停止发送窗口探测，由此可能会放弃执行重传操作。这种情况可能导致某种程度的资源耗尽，我们将在 15.7 节中讨论这一问题。 704

15.5.2.1 例子

为了说明 TCP 的动态窗口调节和流量控制机制，我们建立了一个 TCP 连接，并使其在处理接收到的数据之前暂停接收。本实验采用了 Mac OS X 10.6 发送端和 Windows 7 接收端。在接收端运行带 - P 选项的 sock 程序：

```
C:\> sock -i -s -P 20 6666
```

该命令使得接收端在处理接收到的数据前暂停 20s。这样就导致接收端的通告窗口在 125 号包处开始关闭，如图 15-11 所示。

从图 15-11 中可以看到，在接收了 100 多个包后，窗口大小仍然维持在 64KB。这是由于自动窗口调节算法（参见 15.5.4 节）默认分配了 TCP 接收端的缓存。然而，随着可用缓存的减少，可以看到在 125 号包之后，窗口开始减小。随着大量的 ACK 到达，窗口进一步减小，每个到达的 ACK 号都增大 2896 字节。这表明接收端在存储这些数据，但应用程序并没有处理。如果我们进一步观察，会发现最终接收端已经没有更多空间来存储到达的数据（见图 15-12）。

从图 15-12 中可以看到，151 号包耗尽了 327 字节大小的窗口，Wireshark 显示“ TCP 窗口满”（TCP Window Full）。约 200ms 后，在 4.979s 时刻，零窗口通告产生，表明无法接收新的数据。窗口最后的可用空间已满，接收端应用程序暂停处理数据，直到 20.143s 时刻。

收到零窗口通告后，发送端每隔 5s 共发送了三次窗口探测以查看窗口是否打开。在 20s 时刻，接收端开始处理 TCP 队列中的数据。因此有两个窗口更新传送至发送端，表明可以继续传输数据（64KB）。窗口更新并不是对新数据的确认，而只是将窗口右边界右移。这时，发送端可以恢复正常的数据传输。

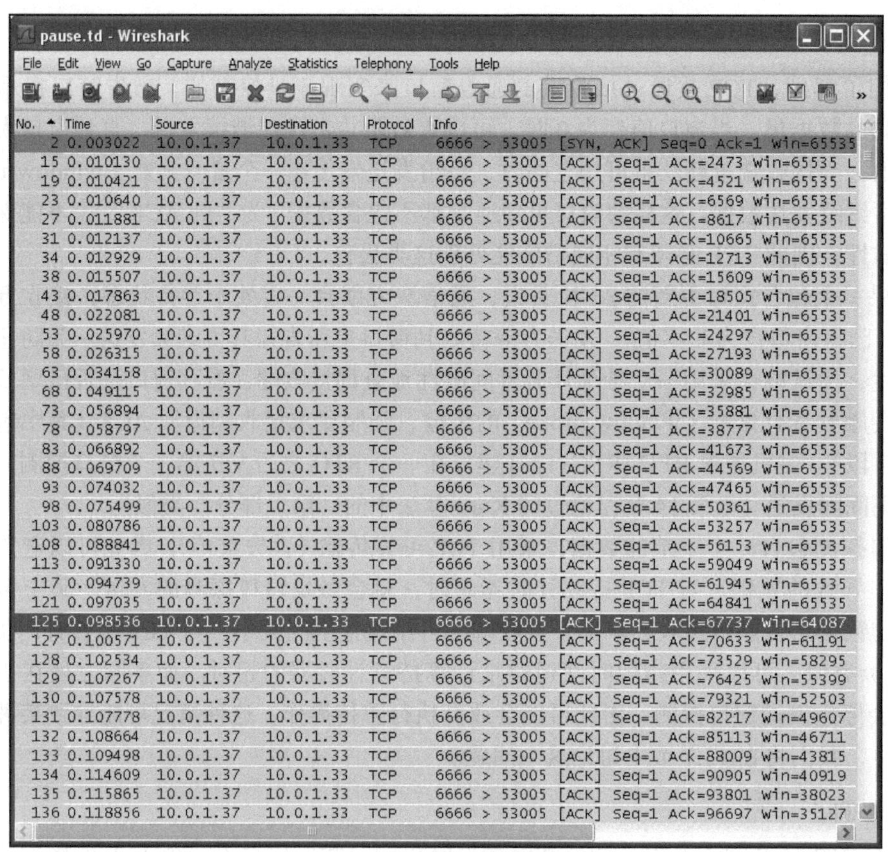

图 15-11 随着接收端可用缓存的逐渐减小，在一段时间后，窗口开始减小。如果接收端应用程序一直不处理任何数据，且发送端持续发送，窗口最终会缩减为 0

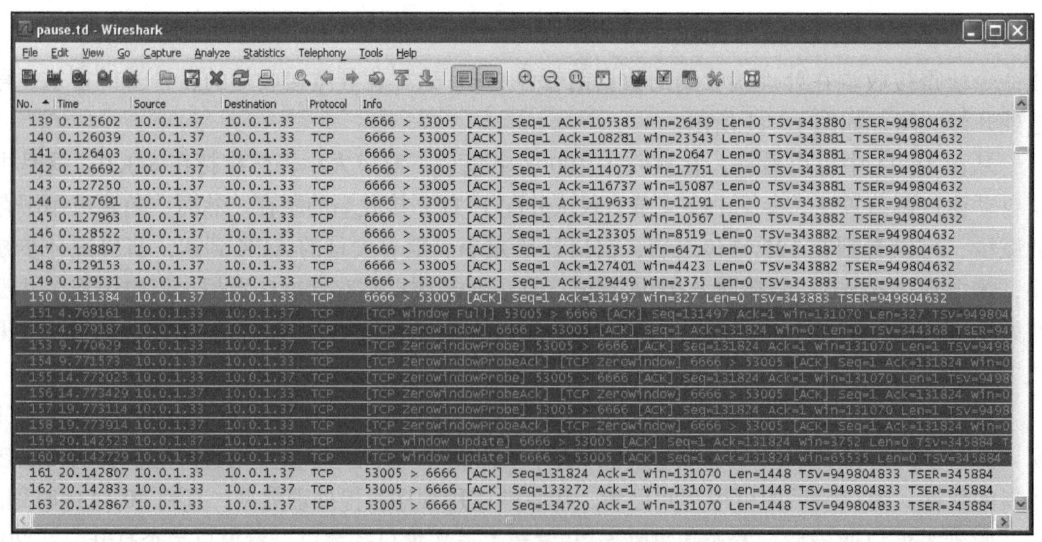

705~706 图 15-12 接收端缓存已满。当接收应用程序再次开始处理数据时，窗口更新会通知发送端可继续发送

从图 15-11 和图 15-12 中可以总结出以下几点：

1. 发送端不必传输整个窗口大小的数据。

2. 接收到返回的 ACK 的同时可将窗口右移。这是由于通告窗口是和该报文段中的 ACK 号相关的。

3. 窗口大小可能减小，如图 15-11 所示，但窗口右边界不会左移，以此避免窗口收缩。

4. 接收端不必等到窗口满才发送 ACK。

此外，还可通过观察吞吐量随时间的变化函数得到一些启发。使用 Wireshark 的“统计 | TCP 流图 | 吞吐量图”（Statistics | TCP Stream Graph | Throughput Graph）功能，可以得到图 15-13 所示的时间序列。

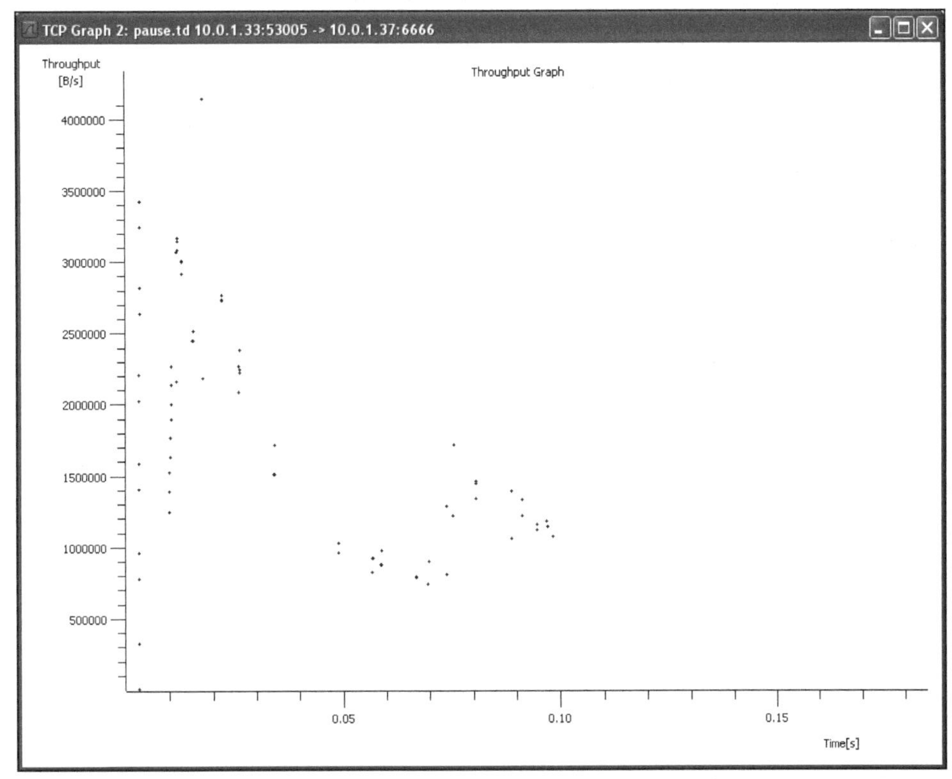

图 15-13　使用相对较大的接收缓存，即使在接收端应用处理数据前也能传输大量的数据 707

这里我们看到一个有趣的现象。即使在接收端处理任何数据前，连接依然能达到约 1.3MB/s 的吞吐量。这种状况一直持续到约 0.10s 时刻。之后，直到接收端开始处理数据前（在 20s 时刻后），吞吐量基本上都为 0。

15.5.3 糊涂窗口综合征

基于窗口的流量控制机制，尤其是不使用大小固定的报文段的情况（如 TCP），可能会出现称为糊涂窗口综合征（Silly Window Syndrome，SWS）的缺陷。当出现该问题时，交换数据段大小不是全长的而是一些较小的数据段 [RFC0813]。由于每个报文段中有用数据相对于头部信息的比例较小，因此耗费的资源也更多，相应的传输效率也更低。

TCP 连接的两端都可能导致 SWS 的出现：接收端的通告窗口较小（没有等到窗口变大才通告），或者发送端发送的数据段较小（没有等待将其他数据组合成一个更大的报文段）。要避免 SWS 问题，必须在发送端或接收端实现相关规则。TCP 无法提前预知某一端的行为。

需要遵循以下规则：

1. 对于接收端来说，不应通告小的窗口值。[RFC1122] 描述的接收算法中，在窗口可增至一个全长的报文段（即接收端 MSS）或者接收端缓存空间的一半（取两者中较小者）之前，不能通告比当前窗口（可能为 0）更大的窗口值。注意到可能有两种情况会用到该规则：当应用程序处理接收到的数据后使得可用缓存增大，以及 TCP 接收端需要强制返回对窗口探测的响应。

2. 对于发送端来说，不应发送小的报文段，而且需由 Nagle 算法控制何时发送。为避免 SWS 问题，只有至少满足以下条件之一时才能传输报文段：

(a) 全长（发送 MSS 字节）的报文段可以发送。

(b) 数据段长度≥接收端通告过的最大窗口值的一半的，可以发送。

(c) 满足以下任一条件的都可以发送：(i) 某一 ACK 不是目前期盼的（即没有未经确认的在传数据）；(ii) 该连接禁用 Nagle 算法。

条件（a）最直接地避免了高耗费的报文段传输问题。条件（b）针对通告窗口值较小，
708 可能小于要传输的报文段的情况。条件（c）防止 TCP 在数据需要被确认以及 Nagle 算法启用的情况下发送小报文段。若发送端应用在执行某些较小的写操作（如小于报文段大小），条件（c）可以有效避免 SWS。

上述三个条件也让我们回答了以下问题：当有未经确认的在传数据时，若使用 Nagle 算法阻止发送小的报文段，究竟多小才算小？从条件（a）可以看出，“小”意味着字节数要小于 SMSS（即不超过 PMTU 或接收端 MSS 的最大包大小）。条件（b）只用于比较旧的原始主机，或者因接收端缓存有限而使用较小通告窗口时。

条件（b）要求发送端记录接收端通告窗口的最大值。发送端以此猜测接收端缓存大小。尽管当连接建立时缓存大小可能减小，但实际这种情况很少见。另外，前面也提到过，TCP 需要避免窗口收缩。

15.5.3.1 例子

下面我们通过一个具体的例子来观察 SWS 避免的行为；本例也包含持久计时器。这里使用我们的 sock 程序，发送端主机为 Windows XP 系统，接收端为 FreeBSD，执行三次 2048 字节的写操作传输。发送端命令如下：

```
C:\> sock -i -n 3 -w 2048 10.0.0.8 6666
```

接收端相应的命令为：

```
FreeBSD% sock -i -s -P 15 -p 2 -r 256 -R 3000 6666
```

该命令将接收端缓存设为 3000 字节，在首次读数据前有 15s 的初始延时，之后每次读都会引入 2s 的延时，每次读的数据量为 256 字节。设置初始延时是为使接收端缓存占满，最终迫使传输停止。这时通过使接收端执行小的读操作，我们期望看到它执行 SWS 避免。利用 Wireshark 可以得到如图 15-14 所示的记录。

整个连接的传输内容如图所示。包长度是根据每个报文段中携带的 TCP 有效载荷数据描述的。在连接建立过程中，接收端通告窗口为 3000 字节，MSS 为 1460 字节。发送端在 0.052s 时刻发送了一个 1460 字节的包（包 4），在 0.053s 时刻发送了 588 字节的包（包 5）。两者总和为 2048 字节，为应用写操作的大小。包 6 是对这两个包的确认，并提供了一个 952
709 字节的窗口通告（3000 – 1460 – 588 = 952）。

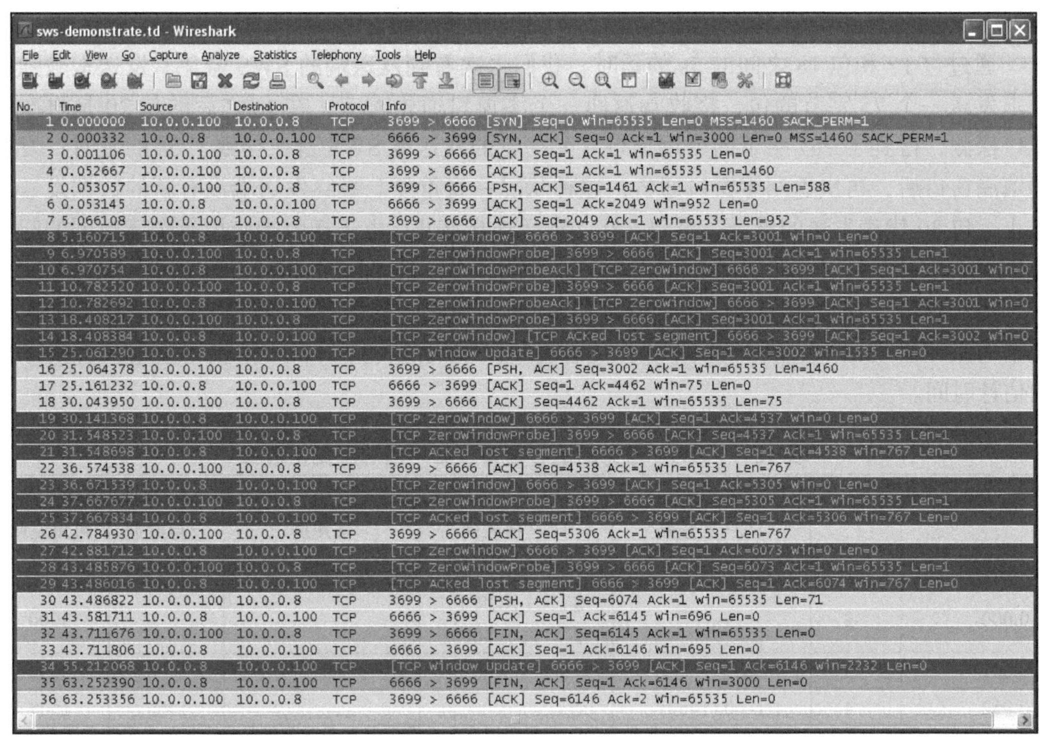

No.	Time	Source	Destination	Protocol	Info
1	0.000000	10.0.0.100	10.0.0.8	TCP	3699 > 6666 [SYN] Seq=0 Win=65535 Len=0 MSS=1460 SACK_PERM=1
2	0.000332	10.0.0.8	10.0.0.100	TCP	6666 > 3699 [SYN, ACK] Seq=0 Ack=1 Win=3000 Len=0 MSS=1460 SACK_PERM=1
3	0.001106	10.0.0.100	10.0.0.8	TCP	3699 > 6666 [ACK] Seq=1 Ack=1 Win=65535 Len=0
4	0.052667	10.0.0.100	10.0.0.8	TCP	3699 > 6666 [ACK] Seq=1 Ack=1 Win=65535 Len=1460
5	0.053057	10.0.0.100	10.0.0.8	TCP	3699 > 6666 [PSH, ACK] Seq=1461 Ack=1 Win=65535 Len=588
6	0.053145	10.0.0.8	10.0.0.100	TCP	6666 > 3699 [ACK] Seq=1 Ack=2049 Win=952 Len=0
7	5.066108	10.0.0.100	10.0.0.8	TCP	3699 > 6666 [ACK] Seq=2049 Ack=1 Win=65535 Len=952
8	5.160715	10.0.0.8	10.0.0.100	TCP	[TCP ZeroWindow] 6666 > 3699 [ACK] Seq=1 Ack=3001 Win=0 Len=0
9	6.970589	10.0.0.100	10.0.0.8	TCP	[TCP ZeroWindowProbe] 3699 > 6666 [ACK] Seq=3001 Ack=1 Win=65535 Len=1
10	6.970754	10.0.0.8	10.0.0.100	TCP	[TCP ZeroWindowProbeAck] [TCP ZeroWindow] 6666 > 3699 [ACK] Seq=1 Ack=3001 Win=0
11	10.782520	10.0.0.100	10.0.0.8	TCP	[TCP ZeroWindowProbe] 3699 > 6666 [ACK] Seq=3001 Ack=1 Win=65535 Len=1
12	10.782692	10.0.0.8	10.0.0.100	TCP	[TCP ZeroWindowProbeAck] [TCP ZeroWindow] 6666 > 3699 [ACK] Seq=1 Ack=3001 Win=0
13	18.408217	10.0.0.100	10.0.0.8	TCP	[TCP ZeroWindowProbe] 3699 > 6666 [ACK] Seq=3001 Ack=1 Win=65535 Len=1
14	18.408384	10.0.0.8	10.0.0.100	TCP	[TCP ZeroWindow] [TCP ACKed lost segment] 6666 > 3699 [ACK] Seq=1 Ack=3002 Win=0
15	25.061290	10.0.0.8	10.0.0.100	TCP	[TCP Window Update] 6666 > 3699 [ACK] Seq=1 Ack=3002 Win=1535 Len=0
16	25.064378	10.0.0.100	10.0.0.8	TCP	3699 > 6666 [PSH, ACK] Seq=3002 Ack=1 Win=65535 Len=1460
17	25.161232	10.0.0.8	10.0.0.100	TCP	6666 > 3699 [ACK] Seq=1 Ack=4462 Win=75 Len=0
18	30.043950	10.0.0.100	10.0.0.8	TCP	3699 > 6666 [ACK] Seq=4462 Ack=1 Win=65535 Len=75
19	30.141368	10.0.0.8	10.0.0.100	TCP	[TCP ZeroWindow] 6666 > 3699 [ACK] Seq=1 Ack=4537 Win=0 Len=0
20	31.548523	10.0.0.100	10.0.0.8	TCP	[TCP ZeroWindowProbe] 3699 > 6666 [ACK] Seq=4537 Ack=1 Win=65535 Len=1
21	31.548698	10.0.0.8	10.0.0.100	TCP	[TCP ACKed lost segment] 6666 > 3699 [ACK] Seq=1 Ack=4538 Win=767 Len=0
22	36.574538	10.0.0.100	10.0.0.8	TCP	3699 > 6666 [ACK] Seq=4538 Ack=1 Win=65535 Len=767
23	36.671539	10.0.0.8	10.0.0.100	TCP	[TCP ZeroWindow] 6666 > 3699 [ACK] Seq=1 Ack=5305 Win=0 Len=0
24	37.667677	10.0.0.100	10.0.0.8	TCP	[TCP ZeroWindowProbe] 3699 > 6666 [ACK] Seq=5305 Ack=1 Win=65535 Len=1
25	37.667834	10.0.0.8	10.0.0.100	TCP	[TCP ACKed lost segment] 6666 > 3699 [ACK] Seq=1 Ack=5306 Win=767 Len=0
26	42.784930	10.0.0.100	10.0.0.8	TCP	3699 > 6666 [ACK] Seq=5306 Ack=1 Win=65535 Len=767
27	42.881712	10.0.0.8	10.0.0.100	TCP	[TCP ZeroWindow] 6666 > 3699 [ACK] Seq=1 Ack=6073 Win=0 Len=0
28	43.485876	10.0.0.100	10.0.0.8	TCP	[TCP ZeroWindowProbe] 3699 > 6666 [ACK] Seq=6073 Ack=1 Win=65535 Len=1
29	43.486016	10.0.0.8	10.0.0.100	TCP	[TCP ACKed lost segment] 6666 > 3699 [ACK] Seq=1 Ack=6074 Win=767 Len=0
30	43.486822	10.0.0.100	10.0.0.8	TCP	3699 > 6666 [PSH, ACK] Seq=6074 Ack=1 Win=65535 Len=71
31	43.581711	10.0.0.8	10.0.0.100	TCP	6666 > 3699 [ACK] Seq=1 Ack=6145 Win=696 Len=0
32	43.711676	10.0.0.100	10.0.0.8	TCP	3699 > 6666 [FIN, ACK] Seq=6145 Ack=1 Win=65535 Len=0
33	43.711806	10.0.0.8	10.0.0.100	TCP	6666 > 3699 [ACK] Seq=1 Ack=6146 Win=695 Len=0
34	55.212068	10.0.0.8	10.0.0.100	TCP	[TCP Window Update] 6666 > 3699 [ACK] Seq=1 Ack=6146 Win=2232 Len=0
35	63.252390	10.0.0.8	10.0.0.100	TCP	6666 > 3699 [FIN, ACK] Seq=1 Ack=6146 Win=3000 Len=0
36	63.253356	10.0.0.100	10.0.0.8	TCP	3699 > 6666 [ACK] Seq=6146 Ack=2 Win=65535 Len=0

图 15-14 SWS 避免的行为分析。由于在 0.053s 时刻执行 SWS 避免，发送端没有使用通告窗口传输数据。相反，一直等到 5.066s 时刻，同时也有效地执行了窗口探测。通过 14 号包可以看到接收端 SWS 避免，即使已经处理了部分数据，接收端依然通告零窗口

952 字节的窗口（包 6）并没有一个 MSS 大，所以 Nagle 算法阻止了发送端的立即发送。相反，发送端等待了 5s，直到持续计时器超时，才发送了一个窗口探测。考虑到无论如何都要发送一个包，因此发送端发送了允许的 952 字节数据填满了可用窗口，因此包 8 返回了零窗口通告。

下一个事件发生在 6.970s 时刻，TCP 发送了一个窗口探测，即在接收到首个零窗口通告约 2s 后。探测包本身包含一个字节的数据，图中 Wireshark 显示为“TCP ZeroWindowProbe”，但对该探测包的 ACK 号却没有增大（Wireshark 将其标记为“TCP ZeroWindowProbeAck”），因此这一个字节的数据并没有被接收端保存。在 10.782s 时刻又产生了一个探测包（约 4s 后），接着 18.408s 时刻又产生一个（约 8s 以后），表明其发送间隔随时间呈指数增长。注意到最后一次窗口探测中包含的一个字节的数据已被接收端确认。 710

在 25.061s 时刻，在上层应用执行了 6 次 256 字节的读数据操作后（每次间隔 2s），窗口更新表明现在接收端缓存中有 1535 字节（ACK 号加 1）的可用空间。根据接收端 SWS 避免规则，该数值已“足够大”。发送端开始继续传送数据，在 25.064s 时刻发送了 1460 字节的包，在 25.161s 时刻得到了对 4462 字节数据的 ACK，这时通告窗口大小只有 75 字节（包 17）。该通告似乎违背了我们之前的规则，即窗口值应至少为一个 MSS（对 FreeBSD 来说）或总缓存空间的四分之一。出现这种情况的原因在于避免窗口收缩。最后一个窗口更新中（包 15），接收端通告窗口右边界为 (3002 + 1535) = 4537。如果当前 ACK（包 17）通告的窗口小于 75 字节，像接收端 SWS 避免要求的那样，窗口右边界就会左移，TCP 是不允许出现这种情况的。因此这 75 字节的通告窗口代表一种更高的优先级：避免窗口收缩优先于避免

SWS。

通过包 17 和包 18 之间的 5s 的延时，我们再次看到发送端的 SWS 避免。发送端被强制要求发送一个 75 字节的包，接收端返回一个零窗口通告响应。在 1s 之后的包 20 是再次的窗口探测，得到了 767 字节的可用窗口。又一轮的发送端 SWS 避免导致了 5s 的延时；发送端填满窗口后，再次返回零窗口通告；这种状况一直重复。最终发送端没有新的数据发送而终止。包 30 代表发送的最后一个包，在 20s 后连接终止（由于接收端应用每次读数据的间隔为 2s）。

为了理解上层应用行为、通告窗口和 SWS 避免之间的关系，我们将连接的动态传输以表格的形式展现出来。表 15-1 给出了发送端和接收端的行为，以及接收端应用执行读操作的估计时间。

表 15-1 SWS 避免的通告窗口及应用层动态变化情况

时 刻	包序号	行 为			接收端缓存	
		TCP 发送端	TCP 接收端	应用层	已存数据	可用空间
0.000	1	SYN			0	3000
0.000	2		SYN + ACK 1 窗口大小 3000		0	3000
0.001	3	ACK			0	3000
0.052	4	1:1460 (1460)			1460	1539
0.053	5	1461:2049 (588)			2048	952
0.053	6		ACK 2049 窗口大小 952		2048	952
5.066	7	2049:3000 (952)			3000	0
711 5.160	8		ACK 3001 窗口大小 0		3000	0
6.970	9	3001:3001 (1)			3000	0
6.970	10		ACK 3001 窗口大小 0		3000	0
10.782	11	3001:3001 (1)			3000	0
10.782	12		ACK 3001 窗口大小 0		3000	0
15				读取 256 字节	2744	256
17				读取 256 字节	2488	512
18.408	13	3001:3001 (1)			2489	511
18.408	14		ACK 3002 窗口大小 0		2489	511
19				读取 256 字节	2233	767
21				读取 256 字节	1977	1023
23				读取 256 字节	1721	1279
25				读取 256 字节	1465	1535
25.061	15		ACK 3002 窗口大小 1535		1465	1535
25.064	16	3002:4461 (1460)			2925	75

（续）

时刻	包序号	行为			接收端缓存		
		TCP 发送端	TCP 接收端	应用层	已存数据	可用空间	
25.161	17		ACK 4462 窗口大小 75		2925	75	
27				读取 256 字节	2669	331	
29				读取 256 字节	2413	587	
30.043	18	4462:4536 (75)			2488	512	
30.141	19		ACK 4537 窗口大小 0		2488	512	
31				读取 256 字节	2232	768	
31.548	20	4537:4537 (1)			2233	767	
31.548	21		ACK 4538 窗口大小 767		2233	767	
33				读取 256 字节	1977	1023	
35				读取 256 字节	1721	1279	
36.574	22	4538:5304 (767)			2488	512	
36.671	23		ACK 5305 窗口大小 0		2488	512	
37				读取 256 字节	2232	768	
37.667	24	5305:5305 (1)			2233	767	
37.667	25		ACK 5306 窗口大小 767		2233	767	
39				读取 256 字节	1977	1023	712
41				读取 256 字节	1721	1279	
42.784	26	5306:6073 (767)			2488	512	
42.881	27		ACK 6074 窗口大小 0		2488	512	
43				读取 256 字节	2232	768	
43.485	28	6073:6073 (1)			2233	767	
43.485	29		ACK 6074 窗口大小 767		2233	767	
43.486	30	6074:6144 (71)			2304	696	
43.581	31		ACK 6145 窗口大小 696		2304	696	
43.711	32	6145 (FIN)					
43.711	33		ACK 6146 窗口大小 695		2305	695	
45, 47, 49, 51 53, 55				读取 6 × 256 字节	769	2231	
55.212	34		ACK 6146 窗口大小 2232		768	2232	
57, 59, 61				读取 3 × 256 字节	0	3000	
63				读取 0 字节	0	3000	
63.252	35		FIN		0	3000	

在表 15-1 中，第 1 列表示图中出现的每个传输行为的相对时刻，带三位小数的数值是 Wireshark 显示的时间值（参见图 15-14）。而不带小数的则是接收端主机行为的估计时刻，图中并没有显示。

接收端缓存中的数据（表中标记为“已存数据”）随着新数据的到达而增加，随着上层应用的读取而减少。我们想了解的是接收端返回给发送端的窗口通告中包含的内容。这样就能知道接收端是怎样避免 SWS 的。

如前所述，第一次 SWS 避免是包 6 和包 7 之间的 5s 延时，由于窗口大小只有 952 字节，发送端一直避免传输直到被强制要求发送数据。传输完成后，接收端缓存满，之后产生了一系列的零窗口通告和窗口探测交换。我们可以看到持续计时器指示的时间间隔呈指数增长：探测包的发送时刻为 6.970s，10.782s 和 18.408s。这些时刻与发送端首次接收到零窗口
713 通告的时刻 5.160s 的间隔约为 2s、4s、8s。

尽管上层应用在 15s 和 17s 时刻读数据，但至 18.408s 时刻为止只读了 512 字节。根据接收端 SWS 避免规则要求，由于 512 字节的可用缓存既小于总缓存空间（3000 字节）的一半，也没有达到一个 MSS（1460 字节），因此不能提供窗口更新。发送端在 18.408s 时刻发送了一个窗口探测（报文段 13）。该探测包被接收，由于缓存有一定的可用空间，因此其中包含的一个字节数据也被保存，报文段 12 和 14 之间的 ACK 号的增长验证了这一点。

尽管有 511 字节的可用空间，但接收端再次实施了 SWS 避免。接收端 FreeBSD 在实现 SWS 避免时区分了何时发送窗口更新与怎样响应窗口探测。它遵循 [RFC1122] 中的规则，只在通告窗口至少为总接收缓存的一半（或一个 MSS）时才发送窗口更新，并且只有当窗口至少为一个 MSS 或超过总接收缓存的*四分之一*才响应窗口探测。但在这里，511 字节小于一个 MSS 且不到 3000/4 = 750 字节，因此接收端只好对报文段 13 的 ACK 中包含的通告窗口设为 0。

直到 25s 时刻为止，上层应用完成了 6 次读操作，接收端缓存有 1535 字节空闲（大于总的 3000 字节的一半），因此发送了一个窗口更新（报文段 15）。发送的数据为全长报文段（报文段 16），接收到的 ACK 中包含的通告窗口仅为 75 字节。在接下来的 5s 内，两端都执行 SWS 避免。发送端需要等待一个更大的通告窗口，上层应用在 27s 时刻和 29s 时刻执行读操作，但只有 587 字节的空间，不足以发送窗口更新。因此，发送端持续等待了 5s 并最终发送了剩余的 75 字节，迫使接收端再次进入 SWS 避免状态。

接收端没有提供窗口更新，直到 31.548s 时刻发送端的持续计时器超时，发送了一个窗口探测。接收端响应了一个非零窗口，为 767 字节（大于总接收缓存的四分之一）。该窗口值对发送端并非足够大，因此继续执行发送端的 SWS 避免。发送端等待了 5s，之后一直重复上述过程。最终，在 43.486s 时刻，最后的 71 字节发送完并得到确认。该 ACK 中包含 696 字节的窗口通告。尽管小于总接收缓存的四分之一，为了避免窗口收缩，通告窗口并没有设为 0。

从报文段 32 开始，不再包含数据，连接开始关闭。随即得到的确认中窗口大小为 695 字节（接收端的 FIN 消耗了一个序列号）。在上层应用再次完成 6 次读操作后，接收端提供了一个窗口更新，但发送端已经完成所有数据的发送，并保持空闲状态。上层应用又执行了
714 4 次读操作，其中 3 次返回 256 字节，最后 1 次没有返回，表明已经无数据到达。此时，接收端关闭连接并发送 FIN。发送端返回了最后一个 ACK，双向连接结束。

由于发送端应用在执行 3 次 2048 字节的写操作后开始关闭连接，在发送完报文段 32 后，发送端从 ESTABLISHED 状态变为 FIN_WAIT_1 状态（参见第 13 章）。接着在接收到报

文段 33 后，进入 FIN_WAIT_2 状态。尽管在这时接收到了窗口更新，但发送端没有任何动作，因为它已经发送了 FIN 并经确认（这一阶段没有计时器）。相反，在接收到对方的 FIN 前，它只是静静等待。这就是我们没有看到更多的传输直至接收到 FIN 的原因（报文段 35）。

15.5.4 大容量缓存与自动调优

从前面的章节可以看到，在相似的环境下，使用较小接收缓存的 TCP 应用的吞吐性能更差。即使接收端指定一个足够大的缓存，发送端也可能指定一个很小的缓存，最终导致性能变差。这个问题非常严重，因此很多 TCP 协议栈中上层应用不能指定接收缓存大小。在多数情况下，上层应用指定的缓存会被忽视，而由操作系统来指定一个较大的固定值或者动态变化的计算值。

在较新的 Windows 版本（Vista/7）和 Linux 中，支持接收窗口自动调优 [S98]。有了自动调优，该连接的在传数据值（连接的带宽延时积——一个重要概念，将在第 16 章讨论）需要不断被估算，通告窗口值不能小于这个值（假如剩余缓存空间足够）。这种方法使得 TCP 达到其最大可用吞吐率（受限于网络可用容量），而不必提前在发送端或接收端设置过大的缓存。在 Windows 系统中，默认自动设置接收端缓存大小。然而，也可以通过 netsh 命令更改默认值：

```
C:\> netsh interface tcp set heuristics disabled

C:\> netsh interface tcp set global autotuninglevel=X
```

这里 *X* 可设置为 disabled、highlyrestricted、restricted、normal 或 experimental。不同的设置值会影响接收端通告窗口的自动选择。在 disabled 状态下，禁用自动调优，窗口大小使用默认值。restricted 模式限制窗口增长，normal 允许其相对快速增长。而 experimental 模式允许窗口积极增长，但通常并不推荐 normal 模式，因为许多因特网站点及某些防火墙会干 715
扰，或没有很好地实现 TCP 窗口缩放（Window Scale）选项。

对于 Linux 2.4 及以后的版本，支持发送端自动调优。2.6.7 及之后的版本，两端都支持该功能。然而，自动调优受制于缓存大小。下面的 Linux sysctl 变量控制发送端和接收端的最大缓存。等号之后的值为默认值（根据不同的 Linux 版本可能会有不同），如果系统用于高带宽延时积的环境下，上述值需要增大。

```
net.core.rmem_max = 131071
net.core.wmem_max = 131071
net.core.rmem_default = 110592
net.core.wmem_default = 110592
```

另外，通过下面的变量设定自动调优参数：

```
net.ipv4.tcp_rmem = 4096 87380 174760
net.ipv4.tcp_wmem = 4096 16384 131072
```

每个变量包含三个值：自动调优使用的缓存的最小值、默认值和最大值。

例子

为演示接收端自动调优行为，这里采用 Windows XP 发送端（设为使用大容量窗口和窗口缩放）和 Linux 2.6.11 接收端（支持自动调优）。在发送端运行如下命令：

```
C:\> sock -n 512 -i 10.0.0.1 6666
```

对接收端，我们不对接收缓存做任何设置，但在上层应用读取数据前设置 20s 的初始延时：

```
Linux% sock -i -s -v -P 20 6666
```

为描述接收端通告窗口的增长，可以利用 Wireshark 来显示包传输情况，并根据接收端地址来进行分类（参见图 15-15）。在连接建立阶段，接收端初始窗口值为 1460 字节，初始 MSS 为 1412 字节。由于其采用了窗口缩放，会有 2 倍的变动（图中没有显示），使得最大可用窗口为 256KB。可以看到在完成第一个包传输后，窗口有了增长，相应地发送端也提高了发送速率。在第 16 章中我们将会讨论 TCP 拥塞控制的发送速率。现在，我们只需要知道发
716 送端何时开始发送，通常情况下其首先发送一个包，接着每收到一个 ACK，发包数就增加一个 MSS。因此，每接收一个 ACK，就会发送两个包（每个包长度为一个 MSS）。

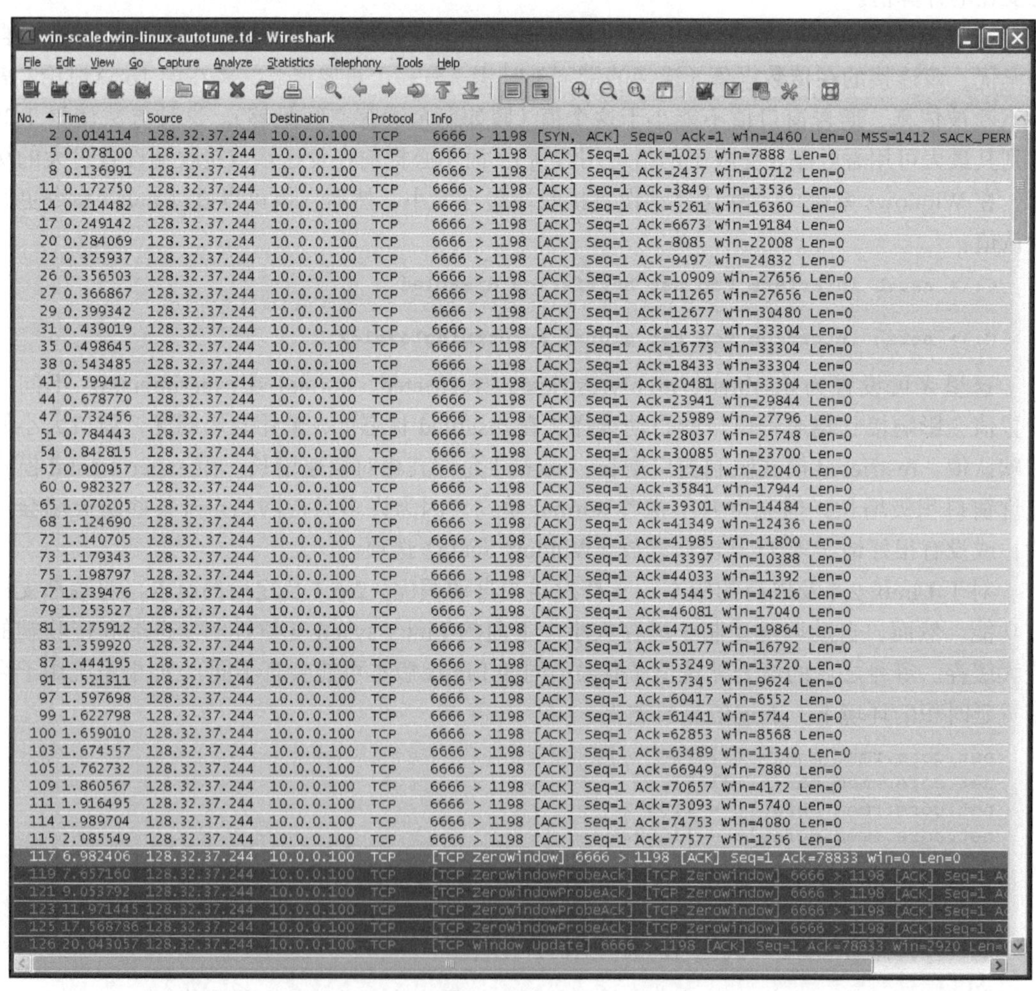

图 15-15 Linux 接收端执行自动调优，窗口值随着接收数据的增多而增大。由于上层应用在 20s 之内都没有读取数据，最终窗口将关闭

观察窗口通告值 10712、13536、16360、19184……可以发现，每接收一个 ACK，窗口就增长两个 MSS，这与发送端拥塞控制操作相一致（第 16 章会讨论）。假设接收端存储空间足够大，根据拥塞控制局限性，通告窗口总是大于允许发送的数据量。这种方式是最优

717 的——在保持发送端最大发送速率的情况下，接收端通告和使用的缓存空间最小。

当接收端缓存资源耗尽时，自动调优也会受影响。在本例中，0.678s 时刻窗口达到最大值 33 304 字节，接着开始减小。这是由于上层应用停止读取数据，导致缓存被占满。当 20s 后上层应用继续读操作时，窗口再次增大，并超过了之前的最大值（参见图 15-16）。

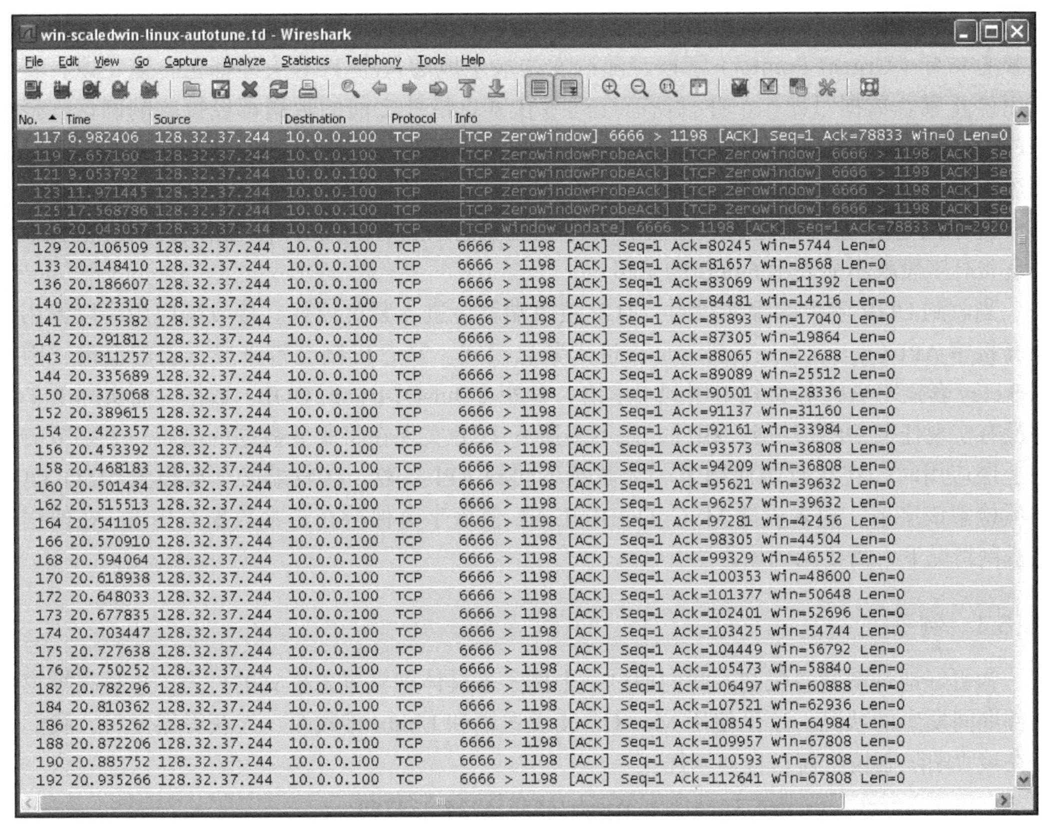

图 15-16 当上层应用暂停读取数据时，接收端缓冲区开始被占满，自动调优也相应停止。随着读操作的继续执行，通告窗口也逐渐增大，并超过了之前的最大值

零窗口通告（包 117）使得发送端执行了一系列的窗口探测，但返回的仍是一系列的零窗口。在 20.043s 时刻恢复读数据操作时，发送端接收到了窗口更新。每接收到一个 ACK，窗口就增大两个 MSS。随着数据的发送、接收和处理，通告窗口达到了最大值 67808。该版 718 本的 Linux 也测量相邻两次读操作完成的时间，并与估计 RTT 值相比较。如果 RTT 估计值增大，那么缓存也将增大（但不会因 RTT 的减小而减小缓存）。这样即使在连接的带宽延时积增大的情况下，自动调优也保持接收端通告窗口优先于发送端窗口。

随着广域网络连接速度的增长，TCP 应用使用的缓存太小已成为严重局限。在美国，全国范围内的 RTT 约为 100ms，在一个 1Gb/s 的网络中使用 64KB 的窗口将 TCP 吞吐量限制在约 640KB/s，而计算的最大值可以达到约 130MB/s（99% 的带宽都浪费了）。实际上，如果在相同网络环境下使用较大容量的缓存，吞吐性能将提升 100 倍。Web100 工程 [W100] 应得到更多关注和信心。它开发了一系列工具和改进软件，致力于使应用从众多的 TCP 实现中获得最优的吞吐性能。

15.6 紧急机制

我们在第 12 章中已经提到，TCP 头部有一个位字段 URG 用来指示“紧急数据”。应用在执行写操作时，可通过设置 Berkeley 套接字 API（MSG_OOB）的特殊选项将数据标记为紧急，但 [RFC6093] 不再推荐设置紧急数据。当发送端 TCP 收到这类写操作要求时，会进入称为紧急模式（urgent mode）的特殊状态。它记录紧急数据的最后一个字节，用于设置紧急指针（Urgent Pointer）字段，随后发送端生成的每个 TCP 头部都包含该字段，直到应用停止紧急数据写操作，并且所有序列号在紧急指针之前的数据都经接收端确认。根据 [RFC6093]，紧急指针指示的是紧急数据之后的一个字节。大量的 RFC 文档中对紧急指针的阐述都存在语义上的模糊和二义性。对于使用 IPv6 的超长数据报而言，紧急指针值需设为 65535，用于指示紧急数据的末端位于 TCP 数据域的最后 [RFC2675]，如果使用传统的 16 位紧急指针字段就不能表示 64KB 的偏移。

当收到 UGR 置位的报文段时，TCP 接收端就会进入紧急模式。接收端应用可以调用标准套接字 API（select ()）来判断是否进入紧急模式。紧急机制会带来操作上的混淆，因为 Berkeley 套接字 API 和文档中用到了术语：带外（Out-Of-Band, OOB）数据。而实际上 TCP
719 并没有实现任何 OOB 功能。相反，差不多所有 TCP 实现在将紧急数据的最后一个字节传输给上层应用时，在接收端使用了一个截然不同的 API 参数。接收端必须要设置 MSG_OOB 选项检索该字节，或者设置 MSG_OOBINLINE 使该字节保持在正常数据流传输（在使用紧急机制情况下，需要用到该方法）。

15.6.1 例子

为更好地理解紧急机制，我们通过一个例子来具体观察紧急模式的行为，包括在零窗口事件期间发生的状况。这里使用 Mac OS X 发送端和 Linux 接收端。为获得零窗口，我们首先在接收端限制接收窗口自动调优：

```
Linux# sysctl -w net.ipv4.tcp_rmem='4096 4096 174760'

Linux% sock -i -v -s -p 1 -P 10 5555
```

第一个命令确保接收窗口的自动调整幅度不超过 4KB，这样就可以清楚地看到窗口关闭时发生的情形。第二个命令使服务器在读数据前等待 10s，并在每次读操作间等待 1s。在客户端我们执行如下命令：

```
Mac% sock -i -n 7 -U 7 -p 1 -S 8192 10.0.1.1 5555
SO_SNDBUF = 8192
connected on 10.0.1.33.51101 to 10.0.1.1.5555
TCP_MAXSEG = 1448
wrote 1024 bytes
wrote 1024 bytes
wrote 1024 bytes
wrote 1024 bytes
wrote 1024 bytes
wrote 1024 bytes
wrote 1 byte of urgent data
wrote 1024 bytes
```

该命令使得客户端每隔 1s 执行一次写操作，共 7 次，每次 1024 字节，且在最后一次写之前写了 1 个字节的紧急数据。客户端缓存设置为 8192 字节，由于在 TCP 发送数据前所有数据都暂时存储在发送端，因此缓存已足够大，该应用可立即得到执行。

如图 15-17 所示，接收端初始通告窗口右边界为 2800，并很快增至 5121。在 1.0s 时刻，应用执行了一次写操作，窗口右边界前进至 6145。之后由于自动调优在高于 4192 字节时被
720 禁用且接收应用没有执行读操作，窗口没有继续增长。直到 10.0s 时刻，发送端执行了窗口探测，但依旧没有获得窗口增长。最终在 10.0s 时刻之后，接收端开始继续读取数据，窗口打开，发送端继续发送直至完成传输。包交换情况如图 15-18 所示。

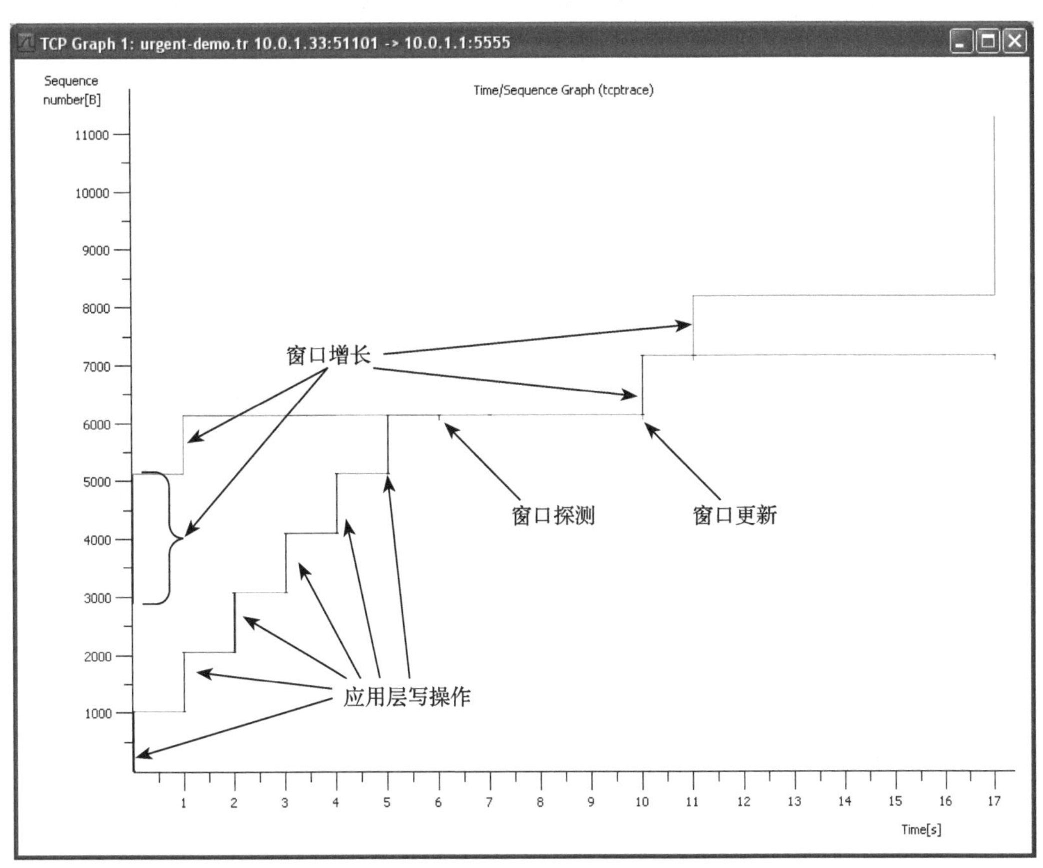

图 15-17 在执行 6 次写操作后，接收端窗口没有前移。TCP 发送端暂停发送，直至在 10s 时刻窗口打开

紧急模式的“出口点”定义为 TCP 报文段中序列号字段与紧急指针字段之和。每个 TCP 连接只维护一个紧急“点”（序列号偏移），因此紧急指针字段为空的包会导致前面的紧急指针包含的信息丢失。报文段 16 为第一个包含有效紧急指针的报文段，使得序列号 6146 到达出口点。注意到该序列号可能并不在指示的报文段中，而可能在之后的报文段中。例如报文段 17 就是这种情况，它没有包含任何数据，只有紧急指针（值为 1）。

如前所述，有个问题一直存在争议，即出口点指示的是紧急数据的最后一个字节还是非 721
紧急数据的第一个字节。[RFC1122] 认为指针指示的是紧急数据的最后一个字节。然而，基本上所有的 TCP 实现都没有遵循该规定，因此 [RFC6093] 认识到了这一问题，并修改规范让指针指向非紧急数据的第一个字节。在本例中，序列号为 6145 的字节包含了由 sock 客户端产生的 1 字节紧急数据，但在所有的报文段中，紧急指针的值为 1，序列号为 6145。因此，可以看出该 TCP 实现中（大多数 TCP 实现都如此），出口点为非紧急数据的第一个字节

的序列号。

从这个例子可以看到，TCP 将紧急数据携带在数据流中传输（而非“带外传输”）。如果某个应用确实需要独立的信号通道，可以简单采用另一个 TCP 连接。（某些传输层协议确实提供大多数人认为的 OOB 数据，即像通常数据链路那样使用同一个连接，但有独立的逻辑数据路径。TCP 并不提供该功能。）

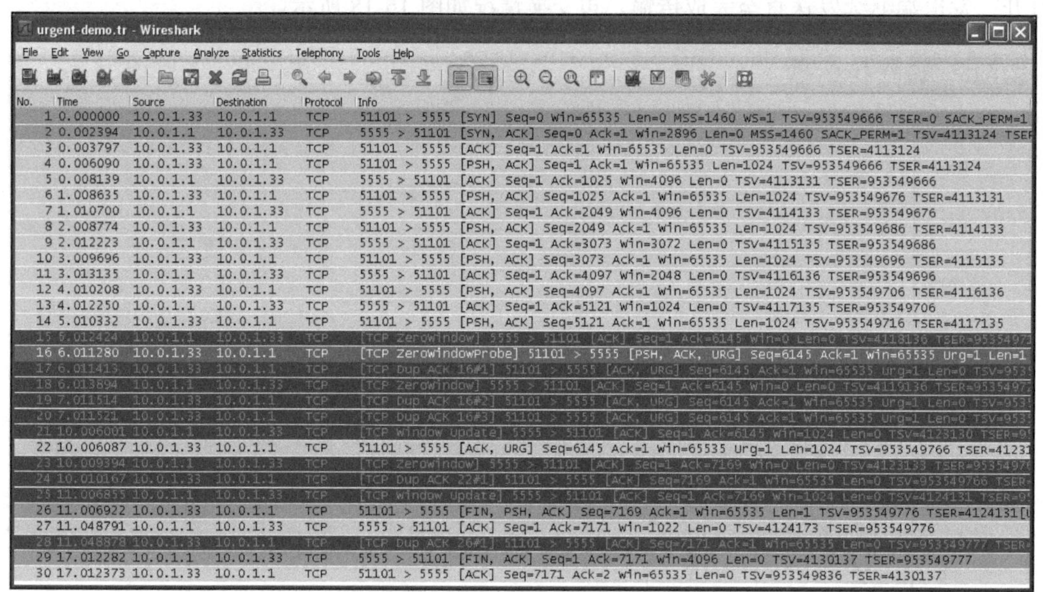

图 15-18 整个数据传输在 5.012s 时刻出现了一次零窗口通告。当应用执行下一次写操作时，发送端 TCP 进入紧急模式，6.0113s 时刻发送的窗口探测报文段中的 URG 置位。在第 7 秒执行最后一次写操作并关闭，产生了两个空的报文段。10.006s 时刻的窗口更新重新启动数据传输。10.009s 时刻的零窗口通告使得传输再次停止，同时由于紧急指针已被确认，因此可以退出
722 紧急模式。11.007s 时刻的 FIN 包含了数据的最后一个字节

15.7 与窗口管理相关的攻击

TCP 窗口管理可能受到多种攻击，主要形式为资源耗尽。通告窗口较小会使得 TCP 传输减慢，因此会更长时间地占用资源，如存储空间。这一点已被用于针对传输性能较差的网络攻击（即蠕虫）。例如，LaBrea tarpit 程序 [L01] 在完成 TCP 三次握手后，要么不做任何行为，要么只产生一些最小的应答，使得发送速率不断减慢。通过此法来保持发送端忙碌，本质上是减慢蠕虫的传播速度。因此 tarpit 程序是针对流量攻击的一类攻击。

比较新的攻击发布于 2009 年 [I09]，它基于已知的持续计时器的缺陷，采用客户端多“SYN cookies”技术（参见第 13 章）。所有必要的连接状态都可以下载到受害主机进行，从而使得攻击方主机消耗最少的资源。这种攻击本身类似于 LaBrea 思想，只是其针对持续计时器。同一台服务器可能受到多个此类攻击，最终导致资源耗尽（如系统内存耗尽）。[C723308] 提出了一种解决方法，即当推断出现资源耗尽时，允许其他进程关闭 TCP 连接。

15.8 总结

交互式数据传输的报文段通常小于 SMSS。接收方收到这些分组时可能会采取延时确认的方法，希望能将这些 ACK 与需要发送给对方的数据一起捎带传输。这种方法可以减少传输报文段的数目，特别是在交互式流量传输中，服务器需要对客户端的每个按键都返回响应。然而，延时确认也会引入额外的延时。

对于 RTT 相对较大的连接，如 WAN，通常使用 Nagle 算法来减少较小报文段数目。该算法限制发送端在任意时刻发送单个小数据包。这样会减少较小数据包在网络连接中的数目，从而减小传输资源开销，但同时也可能引入上层应用无法接受的延时。另外，延时 ACK 与 Nagle 算法的互相作用可能导致短暂的死锁。基于上述原因，有的应用可能禁用 Nagle 算法，而大多数交互式应用都使用该功能。

TCP 通过在其发送的每个 ACK 中包含一个窗口通告来实现流量控制。该窗口告诉对方自己还有多少缓存空间。当没有使用 TCP 窗口缩放选项时，最大通告窗口为 65 535 字节。 723
否则最大窗口值可以更大（约 1GB）。

通告窗口值可能为 0，表明接收端缓存已满。这时发送端停止发送，并以一定间隔不断地发送窗口探测，发送间隔类似于超时重传（参见第 14 章），直到收到 ACK 表明窗口变大，或收到接收端主动发送的窗口通告（窗口更新）表明有可用缓存空间。这种以一定间隔连续发送的行为可能被用于资源耗尽攻击。

随着 TCP 的不断发展，出现了一种奇怪的现象。当通告窗口较小时，发送端会立即发送数据填满该窗口，这样在连接中就会出现大量高耗费的小数据包。这种现象被称为“糊涂窗口综合征”。针对这一问题，在 TCP 发送端和接收端都有相应的策略。对发送端来说，若通告窗口较小则避免发送小数据包；接收端则尽量避免通告小窗口。

接收端窗口大小受限于其缓存大小。一般来说，如果上层应用没有设置其接收缓存大小，就会为其分配一个相对较小的空间，这样即使在高带宽的传输路径上，传输延时仍旧很大，导致网络吞吐性能变差。在较新的操作系统中不会出现上述问题，采用自动调优的方法可以高效地自动分配缓存大小。

15.9 参考文献

[C723308] US-CERT Vulnerability Note VU#723308, Nov. 2009.

[F03] C. Fraleigh et al., "Packet-Level Traffic Measurements from the Sprint IP Backbone," *IEEE Network Magazine*, Nov./Dec. 2003.

[I09] F. Hantzis (ithilgore), "Exploiting TCP and the Persist Timer Infiniteness," *Phrack*, 66(9), June 2009.

[L01] T. Liston, "LaBrea: 'Sticky' Honeypot and IDS," http://labrea.sourceforge.net

[MM01] J. Mogul and G. Minshall, "Rethinking the TCP Nagle Algorithm," *ACM Computer Communication Review*, 31(6), Jan. 2001.

[MMQ] http://technet.microsoft.com/en-us/library/cc730960.aspx 724

[MMSV99] G. Minshall, J. Mogul, Y. Saito, and B. Verghese, "Application Performance Pitfalls and TCP's Nagle Algorithm," *Proc. Workshop on Internet Server Performance*, May 1999.

[P05] R. Pang, M. Allman, M. Bennett, J. Lee, V. Paxson, and B. Tierney, "A First Look at Modern Enterprise Traffic," *Proc. Internet Measurement Conference*, Oct. 2005.

[RFC0813] D. Clark, "Window and Acknowledgment Strategy in TCP," Internet RFC 0813, July 1982.

[RFC0896] J. Nagle, "Congestion Control in IP/TCP Internetworks," Internet RFC 0896, Jan. 1984.

[RFC1122] R. Braden, ed., "Requirements for Internet Hosts—Communication Layers," Internet RFC 1122/STD 0003, Oct. 1989.

[RFC2675] D. Borman, S. Deering, and R. Hinden, "IPv6 Jumbograms," Internet RFC 2675, Aug. 1999.

[RFC4251] T. Ylonen and C. Lonvick, "The Secure Shell (SSH) Protocol Architecture," Internet RFC 4251, Jan. 2006.

[RFC4254] T. Ylonen and C. Lonvick, ed., "The Secure Shell (SSH) Connection Protocol," Internet RFC 4254, Jan. 2006.

[RFC6093] F. Gont and A. Yourtchenko, "On the Implementation of the TCP Urgent Mechanism," Internet RFC 6093, Jan. 2011.

[S98] J. Semke, J. Mahdavi, and M. Mathis, "Automatic TCP Buffer Tuning," *Proc.
725 ~ ACM SIGCOMM*, Oct. 1998.

726 [W100] http://www.web100.org

第 16 章

TCP/IP Illustrated, Volume 1: The Protocols, Second Edition

TCP 拥塞控制

16.1 引言

本章将探讨 TCP 实现*拥塞控制*的方法，这也是批量数据传输中最重要的。拥塞控制是 TCP 通信的每一方需要执行的一系列行为。这些行为由特定算法规定，用于防止网络因为大规模的通信负载而瘫痪。其基本方法是当有理由认为网络即将进入拥塞状态（或者已经由于拥塞而出现路由器丢包情况）时减缓 TCP 传输。TCP 拥塞控制的难点在于怎样准确地判断何时需要减缓且如何减缓 TCP 传输，以及何时恢复其原有的速度。

TCP 是提供系统间数据可靠传输服务的协议。第 15 章已经提到，当 TCP 通信的接收方的接收速度无法匹配发送速度时，发送方会降低发送速度。TCP 的*流量控制*机制完成了对发送速率的调节，它是基于 ACK 数据包中的*通告窗口*大小字段来实现的。这种方式提供了明确的接收方返回的状态信息，避免接收方缓存溢出。

当网络中大量的发送方和接收方被要求承担超负荷的通信任务时，可以考虑采取降低发送速率或者最终丢弃部分数据（也可将两者结合使用）的方法。这是将排队理论应用于路由器的基本观测结果：即使路由器能够存储一些数据，但若源源不断的数据到达速率高于发出速率，任何容量的中间存储都会溢出。简言之，当某一路由器在单位时间内接收到的数据量多于其可发送的数据量时，它就需要把多余的部分存储起来。假如这种状况持续，最终存储资源将会耗尽，路由器因此只能丢弃部分数据。

路由器因无法处理高速率到达的流量而被迫丢弃数据信息的现象称为*拥塞*。当路由器处
于上述状态时，我们就说*出现了拥塞*。即使仅有一条通信连接，也可能造成一个甚至多个路 727
由器拥塞。若不采取对策，网络性能将大受影响以致瘫痪。在最坏情况下，甚至形成*拥塞崩溃*。为避免或者在一定程度上缓解这种状况，TCP 通信的每一方实行*拥塞控制机制*。不同的 TCP 版本（包括运行 TCP/IP 协议栈的操作系统）采取的规程和行为有所差异。本章将着重讨论最常用的方法。

16.1.1 TCP 拥塞检测

如前所述，针对丢包情况，TCP 采取的首要机制是重传，包括超时重传和快速重传（参见第 14 章）。考虑如下情形，当网络处于拥塞崩溃状态时，共用一条网络传输路径的多个 TCP 连接却需要重传更多的数据包。这就好比火上浇油，可想而知，结果只会更糟，所以这种情况应该尽量避免。

当拥塞状况出现（或将要出现）时，我们可以减缓 TCP 发送端的发送速率；若拥塞情况有所缓解，可以检测和使用新的可用带宽。然而这在互联网中却很难做到，因为对于 TCP 发送方来说，没有一个精确的方法去知晓中间路由器的状态。换言之，没有一个*明确的信号*告知拥塞状况已发生。典型的 TCP 只有在断定拥塞发生的情况下，才会采取相应的行动。推断是否出现拥塞，通常看是否有丢包情况发生。在 TCP 中，丢包也被用作判断拥塞发生与否的指标，用来衡量是否实施相应的响应措施（即以某种方式减缓发送）。从 20 世纪 80 年

代起，TCP 就一直沿用这种方法。其他拥塞探测方法，包括时延测量和显式拥塞通知（ECN，16.11 节会讨论），使得 TCP 能在丢包发生前检测拥塞。在学习一些“经典”算法后，我们将讨论上述探测方法。

注意 在当今的有线网络中，出现在路由器或交换机中的拥塞是造成丢包的主要原因。而在无线网络中，传输和接收错误是导致丢包的重要因素。从 20 世纪 90 年代中期无线网络获得广泛应用开始，判断丢包是由于拥塞引起还是传输错误引起，一直是研究的热点问题。

在第 14 章中，我们已经看到 TCP 如何利用计时器、确认以及选择确认机制来检测丢包
728 和恢复传输。当有丢包情况出现时，TCP 的任务是重传这些数据包。现在我们关心的是，当观测到丢包后，TCP 还做了哪些工作，特别是它如何识别这就是已出现拥塞的信号，进而需要执行减速操作。下面的章节主要讨论 TCP 何时减速以及怎样减速（包括如何恢复传输速度）。我们首先介绍 TCP 在建立新连接时如何确立基本数据传输速率，以及稳定执行大数据量传输操作的经典算法。另外，我们也整合了近年来对这些算法的研究和改进成果，并细查了相关扩展资料。在此基础上，我们讨论总结了 TCP 拥塞控制安全和其他相关问题。拥塞控制是网络研究领域的热点 [RFC6077]，每年都会有相关论文发表。

16.1.2 减缓 TCP 发送

一个亟待解决的问题是，如何减缓 TCP 发送。在第 15 章已经提到，根据接收方剩余缓存空间大小，在 TCP 头部设置了通知窗口大小字段，该数值是 TCP 发送方调节发送速率的依据。进一步说，当接收速率或网络传输速率过慢时，我们需要降低发送速率。为实现上述操作，基于对网络传输能力的估计，可以在发送端引入一个窗口控制变量，确保发送窗口大小不超过接收端接收能力和网络传输能力，即 TCP 发送端的发送速率等于接收速率和传输速率两者中较小值。

反映网络传输能力的变量称为拥塞窗口（congestion window），记作 cwnd。因此，发送端实际（可用）窗口 W 就是接收端通知窗口 awnd 和拥塞窗口 cwnd 的较小者：

$$W = \min(\text{cwnd}, \text{awnd})$$

根据上述等式，TCP 发送端发送的数据中，还没有收到 ACK 回复的数据量不能多于 W（以包或字节为单位）。这种已经发出但还未经确认的数据量大小有时称为在外数据值（flight size），它总是小于等于 W。通常，W 可以以包或字节为单位。

注意 当 TCP 不使用选择确认机制时，W 的限制作用体现为，发送方发送的报文段序列号不能大于 ACK 号的最大值与 W 之和。而对采用选择确认的发送方则有所
729 不同，W 被用来限制在外数据值。

这看似合乎逻辑，但实际并非如此。因为网络和接收端状况会随时间变化，相应地，awnd 和 cwnd 的数值也会随之改变。另外，由于缺少显示拥塞的明确信号（参见前述章节），TCP 发送方无法直接获得 cwnd 的“准确”值。因此，变量 W、cwnd、awnd 的值都要根据经验设定并需动态调节。此外，如前所述，W 的值不能过大或过小——我们希望其接近带宽延迟积（Bandwidth-Delay Product，BDP），也称作最佳窗口大小（optimal window size）。W 反映网络中可存储的待发送数据量大小，其计算值等于 RTT 与链路中最小通行速率（即发

送端与接收端传输路径中的“瓶颈”）的乘积。通常的策略是，为使网络资源得到高效利用，应保证在网络中传输的数据量达到 BDP。但若在传输数据值远高于 BDP 时，会引入不必要的延时（参见 16.10 节），所以这也是不可取的。在网络中如何确定一个连接的 BDP 是难点，需要考虑诸多因素，如路由、时延、统计复用（即共用传输资源）水平随时间的变化性等。

注意 这里我们主要讨论由 TCP 发送方的数据发送而产生的拥塞，但也要注意因接收方回复 ACK 而产生的相反方向链路上的拥塞，目前也有相关研究针对这一问题。在文献 [RFC5690] 中介绍了一种方法，该方法中 TCP 接收方需要根据一定比率回复 ACK（即接收了多少个数据包后才能发送一个 ACK）。

16.2 一些经典算法

当一个新的 TCP 连接建立之初，还无法获知可用的传输资源，所以 cwnd 的初始值也无法确定。（也有一些例外，如有些系统的缓存容量是预先设定的，在第 14 章我们称其为目的度量（destination metric）。）TCP 通过与接收端交换一个数据包就能获得 awnd 的值，不需要任何明确的信号。显而易见，获得 cwnd 最佳值的唯一方法是以越来越快的速率不断发送数据，直到出现数据包丢失（或网络拥塞）为止。这时考虑立即以可用的最大速率发送（受 awnd 的限制），或是慢速启动发送。由于多个 TCP 连接共享一个网络传输路径，以全速启动会影响其他连接的传输性能，所以通常会有特定的算法来避免过快启动，直至稳定传输后才会运行相应的其他算法。

TCP 发送方的拥塞控制操作是由 ACK 的接收来驱动或“控制”的。当 TCP 传输处于稳定阶段（cwnd 取合适值），接收到 ACK 回复表明发送的数据包已被成功接收，因此可以继续发送操作。据此推理，稳定状态下的 TCP 拥塞行为，实际是试图使在网络传输路径上的数据包守恒（参见图 16-1）。这里的守恒是从物理学意义上而言的——某个量（如动量、能量）进入一个系统不会凭空消失或出现，而是以某种表现形式继续存在。 730

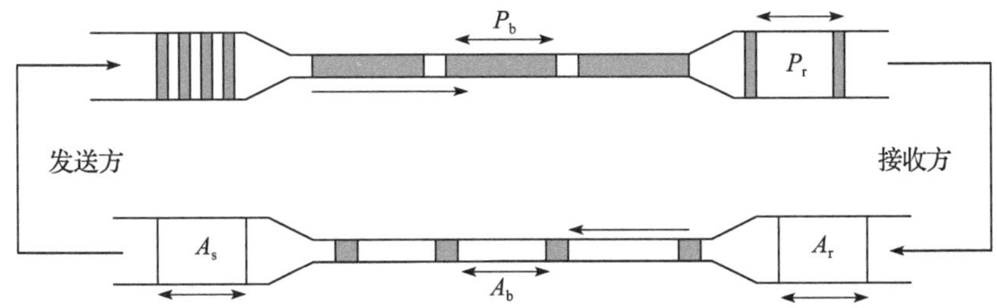

图 16-1 TCP 拥塞控制操作是基于数据包守恒原理运行的。由于传输能力有限，数据包（P_b）会适时地“伸展”。接收方以一定间隔（P_r）接收到数据包后，会陆续（以 A_r 为间隔）生成相应的 ACK，以一定的发送间隔（A_b）返回给发送方。当 ACK 陆续（以 A_s 为间隔）到达发送端时，其到达提供了一个信号或者说“ACK 时钟”，表明发送端可以继续发送数据。在稳定传输状态下，整个系统可“自同步”控制（本图改编自 [J88]，源于 S. Seshan’s CMU Lecture Notes，2005.3.22）

如图 16-1 所示，上下两条通道形似“漏斗”。发送方发送的（较大）数据包经上通道传输给接收方。相对较狭窄部分表示传输较慢的连接链路，数据包需要适时地被“伸展”。两端部分（位于发送方和接收方）是数据包发送前和接收后的队列。下通道传输相应 ACK 数据包。在高效传输的稳定状态下，上下通道都不会出现包堵塞的情况，而且在上通道中也不会有较大传输间隔。注意到发送方接收到一个 ACK 就表明可向图 16-1 中的上层通道发送一个数据包（即网络中可容纳另一个包）。这种由一个 ACK 到达（称作 ACK 时钟）触发一个新数据包传输的关系称为自同步（self-clocking）。

现在我们讨论 TCP 的两个核心算法：慢启动和拥塞避免。这两个算法是基于包守恒和
731 ACK 时钟原理，最早在 Jacobson [J88] 的经典论文里被正式提出。几年后，Jacobson 对拥塞避免算法提出了改进 [J90]。这两个算法不是同时运行的——在任一给定时刻，TCP 只运行一个算法，但两者可以相互切换。下面我们将详细讨论这两个算法，包括如何使用以及对算法的改进。每个 TCP 连接都能独立运行这两个算法。

16.2.1 慢启动

当一个新的 TCP 连接建立或检测到由重传超时（RTO）导致的丢包时，需要执行慢启动。TCP 发送端长时间处于空闲状态也可能调用慢启动算法。慢启动的目的是，使 TCP 在用拥塞避免探寻更多可用带宽之前得到 cwnd 值，以及帮助 TCP 建立 ACK 时钟。通常，TCP 在建立新连接时执行慢启动，直至有丢包时，执行拥塞避免算法（参见 16.2.2 节）进入稳定状态。下文引自 [RFC5681]：

> 在传输初始阶段，由于未知网络传输能力，需要缓慢探测可用传输资源，防止短时间内大量数据注入导致拥塞。慢启动算法正是针对这一问题而设计。在数据传输之初或者重传计时器检测到丢包后，需要执行慢启动。

TCP 以发送一定数目的数据段开始慢启动（在 SYN 交换之后），称为*初始窗口*（Initial Window，IW）。IW 的值初始设为一个 SMSS（发送方的最大段大小），但在 [RFC5681] 中设为一个稍大的值，计算公式如下：

IW = 2* (SMSS) 且小于等于 2 个数据段（当 SMSS > 2190 字节）
IW = 3* (SMSS) 且小于等于 3 个数据段（当 2190 ≥ SMSS > 1095 字节）
IW = 4* (SMSS) 且小于等于 4 个数据段（其他）

上述 IW 的计算方式可能使得初始窗口为几个数据包大小（如 3 个或 4 个），为简单起见，我们只讨论 IW = 1 SMSS 的情况。TCP 连接初始的 cwnd = 1 SMSS，意味着初始可用窗口 W 也为 1 SMSS。注意到大部分情况下，SMSS 为接收方的 MSS（最大段大小）和路径 MTU（最大传输单元）两者中较小值。

假设没有出现丢包情况且每个数据包都有相应的 ACK，第一个数据段的 ACK 到达，说明可发送一个新的数据段。每接收到一个好的 ACK 响应，慢启动算法会以 min (N, SMSS)
732 来增加 cwnd 值。这里的 N 是指在未经确认的传输数据中能通过这一“好的 ACK”确认的字节数。所谓的“好的 ACK”是指新接收的 ACK 号大于之前收到的 ACK。

注意 已被 ACK 确认的字节数目用于支持适当字节计数（Appropriate Byte Counting，ABC）[RFC3465]，这是 [RFC5681] 推荐的实验规范。ABC 用于计数“ACK 分裂”攻击（将在 16.12 节叙述），指利用许多较小 ACK 使 TCP 发送方加速发送。Linux 利用布尔系统配置变量 net.ipv4.tcp_abc 设定 ABC 是否可用（默认不可用）。在最近的几个 Windows 版本中，ABC 默认开启。

因此，在接收到一个数据段的 ACK 后，通常 cwnd 值会增加到 2，接着会发送两个数据段。如果成功收到相应的新的 ACK，cwnd 会由 2 变 4，由 4 变 8，以此类推。一般情况下，假设没有丢包且每个数据包都有相应 ACK，在 k 轮后 W 的值为 $W = 2^k$，即 $k = \log_2 W$，需要 k 个 RTT 时间操作窗口才能达到 W 大小。这种增长看似很快（以指数函数增长），但若与一开始就允许以最大可用速率（即接收方通知窗口大小）发送相比，仍显缓慢。（W 不会超过 awnd。）

如果假设某个 TCP 连接中接收方的通知窗口非常大（比如说，无穷大），这时 cwnd 就是影响发送速率的主要因素（设发送方有较大发送需求）。如前所述，cwnd 会随着 RTT 呈指数增长。因此，最终 cwnd（W 也如此）会增至很大，大量数据包的发送将导致网络瘫痪（TCP 吞吐量与 W/RTT 成正比）。当发生上述情况时，cwnd 将大幅度减小（减至原值一半）。这是 TCP 由慢启动阶段至拥塞避免阶段的转折点，与 cwnd 和*慢启动阈值*（slow start threshold, ssthresh）相关。

图 16-2（左）描述了慢启动操作。数值部分以 RTT 为单位。假设该连接首先发送一个包（图上部），返回一个 ACK，接着在第二个 RTT 时间里发送两个包，会接收到两个 ACK。TCP 发送方每接收一个 ACK 就会执行一次 cwnd 的增长操作，以此类推。右图描述了 cwnd 随时间增长的指数函数。图中另一条曲线显示了每两个数据包收到一个 ACK 时 cwnd 的增长情况。通常在 ACK 延时情况下会采用这种方式，这时的 cwnd 仍以指数增长，只是增幅不是很大。正因 ACK 可能会延时到达，所以一些 TCP 操作只在慢启动阶段完成后才返回 ACK。Linux 系统中，这被称为*快速确认*（“快速 ACK 模式”），从内核版本 2.4.4 开始，快速确认一直是基本 TCP/IP 协议栈的一部分。 733

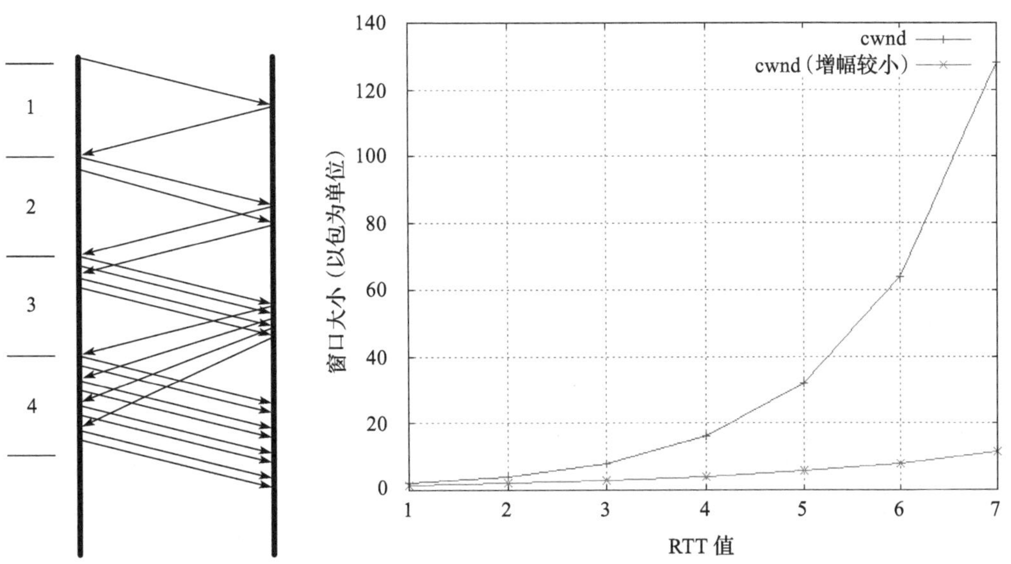

图 16-2 经典慢启动算法操作。在没有 ACK 延时情况下，每接收到一个好的 ACK 就意味着发送方可以发送两个新的数据包（左）。这会使得发送方窗口随时间呈指数增长（右，上方曲线）。当发生 ACK 延时，如每隔一个数据包生成一个 ACK，cwnd 仍以指数增长，但增幅较小（右，下方曲线）

16.2.2 拥塞避免

如上所述，在连接建立之初以及由超时判定丢包发生的情况下，需要执行慢启动操作。

在慢启动阶段，cwnd 会快速增长，帮助确立一个慢启动阈值。一旦达到阈值，就意味着可能有更多可用的传输资源。如果立即全部占用这些资源，将会使共享路由器队列的其他连接出现严重的丢包和重传情况，从而导致整个网络性能不稳定。

为了得到更多的传输资源而不致影响其他连接传输，TCP 实现了拥塞避免算法。一旦确立慢启动阈值，TCP 会进入拥塞避免阶段，cwnd 每次的增长值近似于成功传输的数据段大小。这种随时间线性增长方式与慢启动的指数增长相比缓慢许多。更准确地说，每接收一个新的 ACK，cwnd 会做以下更新：

734 $$cwnd_{t+1} = cwnd_t + SMSS * SMSS/cwnd_t$$

分析上式，假设 $cwnd_0 = k$*SMSS 字节分 k 段发送，在接收到第一个 ACK 后，cwnd 的值增长了 $1/k$ 倍：

$$cwnd_1 = cwnd_0 + SMSS*SMSS/cwnd_0 = k*SMSS + SMSS * (SMSS/(k * SMSS))$$
$$= k * SMSS + (1/k) *SMSS = (k + (1/k)) *SMSS = cwnd_0 + (1/k) *SMSS$$

随着每个新的 ACK 到达，cwnd 会有相应的小幅增长（取决于上式中的 k 值），整体增长率呈现轻微的次线性。尽管如此，我们通常认为拥塞避免阶段的窗口随时间线性增长（见图 16-3），而慢启动阶段呈指数增长（见图 16-2）。这个函数也称为*累加增长*，因为每成功接收到相应数据，cwnd 就会增加一个特定值（这里大约是一个包大小）。

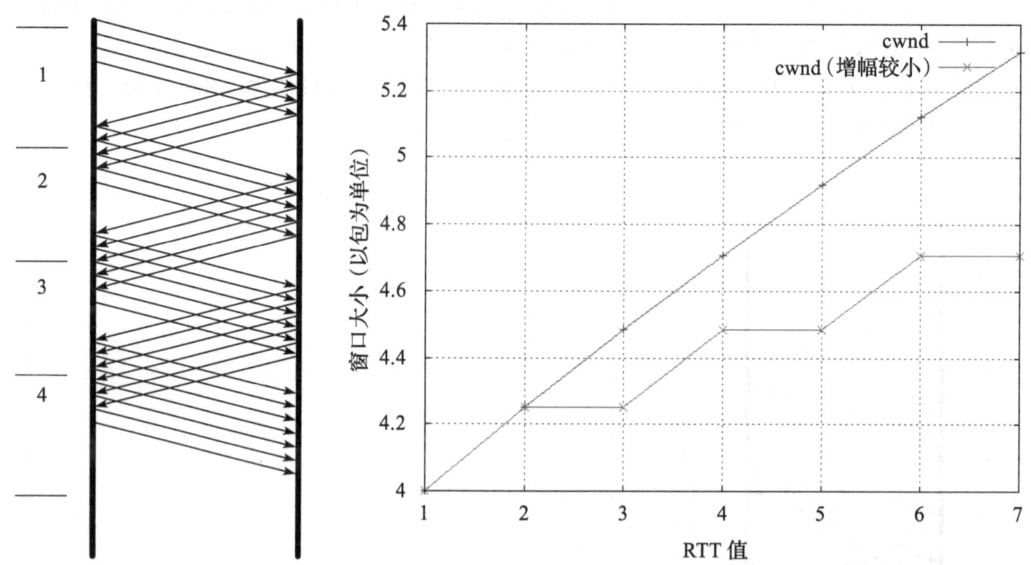

图 16-3 拥塞避免算法操作。若没有 ACK 延时发生，每接收一个好的 ACK，就意味着发送方可继续发送 1/W 个新的数据包。发送窗口随时间近似呈线性增长（右，上方曲线）。当有 ACK 延时，如每隔一个数据包生成一个 ACK，cwnd 仍近似呈线性增长，只是增幅较小（右，下方曲线）

图 16-3（左）描述了拥塞避免操作。数值部分仍是以 RTT 为单位。假设连接发送了 4 个数据包（图上方），返回了 4 个 ACK，cwnd 可以有相应的增长。在第 2 个 RTT 阶段，增长
735 可达到整数值，使得 cwnd 增加一个 SMSS，这样可以继续发送一个新的数据包。右图描绘了 cwnd 随时间近似呈线性增长。另一曲线模拟 ACK 延时，显示了每两个数据包收到一个 ACK 时 cwnd 的增长情况。这时的 cwnd 仍近似呈线性增长，只是增幅不是很大。

拥塞避免算法假设由比特错误导致包丢失的概率很小（远小于 1%），因此有丢包发生就

表明从源端到目的端必有某处出现了拥塞。如果假设不成立，比如在无线网络中，那么即使没有拥塞 TCP 传输也会变慢。另外，cwnd 的增大可能会经历多个 RTT，这就需要有充裕的网络资源，并得到高效利用。这些问题还有很大的研究空间，以后我们将会讨论其中一些方法。

16.2.3 慢启动和拥塞避免的选择

在通常操作中，某个 TCP 连接总是选择运行慢启动和拥塞避免中的一个，不会出现两者同时进行的情况。现在我们考虑，在任一给定时刻如何决定选用哪种算法。我们已经知道，慢启动是在连接建立之初以及超时发生时执行的。那么决定使用慢启动还是拥塞避免的关键因素是什么呢？

前面我们已经提到过慢启动阈值。这个值和 cwnd 的关系是决定采用慢启动还是拥塞避免的界线。当 cwnd < ssthresh，使用慢启动算法；当 cwnd > ssthresh，需要执行拥塞避免；而当两者相等时，任何一种算法都可以使用。由上面描述可以得出，慢启动和拥塞避免之间最大的区别在于，当新的 ACK 到达时，cwnd 怎样增长。有趣的是，慢启动阈值不是固定的，而是随时间改变的。它的主要目的是，在没有丢包发生的情况下，记住上一次“最好的”操作窗口估计值。换言之，它记录 TCP 最优窗口估计值的下界。

慢启动阈值的初始值可任意设定（如 awnd 或更大），这会使得 TCP 总是以慢启动状态开始传输。当有重传情况发生，无论是超时重传还是快速重传，ssthresh 会按下式改变：

ssthresh = max (在外数据值 /2, 2*SMSS)　　（16-1）

注意 微软最近的（“下一代”）TCP/IP 协议栈中，上述等式变为 ssthresh = max (min (cwnd, awnd) /2, 2*SMSS) [NB08]。 736

我们已经知道，如果出现重传情况，TCP 会认为操作窗口超出了网络传输能力范围。这时会将慢启动阈值（ssthresh）减小至当前窗口大小的一半（但不小于 2*SMSS），从而减小最优窗口估计值。这样通常会导致 ssthresh 减小，但也有可能会使之增大。分析 TCP 拥塞避免的操作流程，如果整个窗口的数据都成功传输，那么 cwnd 值可以近似增大 1 SMSS。因此，若 cwnd 在一段时间范围内已经增大，将 ssthresh 设为整个窗口大小的一半可能使其增大。这种情况发生在当 TCP 探测到更多可用带宽时。在慢启动和拥塞避免结合的情况下，ssthresh 和 cwnd 的相互作用使得 TCP 拥塞处理行为显现其独有特性。下面我们探讨将两者结合的完整的算法。

16.2.4 Tahoe、Reno 以及快速恢复算法

至此讨论的慢启动和拥塞避免算法，组成了 TCP 拥塞控制算法的第一部分。它们于 20 世纪 80 年代末期在加州大学伯克利分校的 4.2 版本的 UNIX 系统中被提出，称为伯克利软件版本，或 BSD UNIX。至此开始了以美国城市名命名各个 TCP 版本的习惯，尤其是那些赌博合法的城市。

4.2 版本的 BSD（称为 Tahoe）包含了一个 TCP 版本，它在连接之初处于慢启动阶段，若检测到丢包，不论由于超时还是快速重传，都会重新进入慢启动状态。有丢包情况发生时，Tahoe 简单地将 cwnd 减为初始值（当时设为 1 SMSS）以达到慢启动目的，直至 cwnd 增长为 ssthresh。

这种方法带来的一个问题是，对于有较大 BDP 的链路来说，会使得带宽利用率低下。

因为 TCP 发送方经重新慢启动，回归到的还是未丢包状态（cwnd 启动初始值设置过小）。为解决这一问题，针对不同的丢包情况，重新考虑是否需要重回慢启动状态。若是由重复 ACK 引起的丢包（引发快速重传），cwnd 值将被设为上一个 ssthresh，而非先前的 1 SMSS。（在大多数 TCP 版本中，超时仍是引发慢启动的主要原因。）这种方法使得 TCP 无须重新慢启动，而只要把传输速率减半即可。

进一步讨论较大 BDP 链路的情况，结合之前提到的包守恒原理，我们可以得出结论，只要接收到 ACK 回复（包括重传 ACK），就有可能传输新的数据包。BSD UNIX 的 4.3 BSD Reno 版中的快速恢复机制就是基于上述结论。在恢复阶段，每收到一个 ACK，cwnd 就能
737 （临时）增长 1 SMSS，相应地就意味着能发送一个新的数据包。因此拥塞窗口在一段时间内会急速增长，直到接收一个好的 ACK。不重复的（“好的”）ACK 表明 TCP 结束恢复阶段，拥塞已减少到之前状态。TCP Reno 算法得到了广泛应用，并成为“标准 TCP”的基础。

16.2.5 标准 TCP

尽管究竟哪些构成了“标准”TCP 还存在争议，但我们讨论过的上述算法毋庸置疑都属于标准 TCP。慢启动和拥塞避免算法通常结合使用，[RFC5681] 给出了其基本方法。这个规范并不要求严格使用这些精确算法，TCP 实现过程仅利用其核心思想。

总结 [RFC5681] 中的结合算法，在 TCP 连接建立之初首先是慢启动阶段（cwnd = IW），ssthresh 通常取一较大值（至少为 awnd）。当接收到一个好的 ACK（表明新的数据传输成功），cwnd 会相应更新：

cwnd += SMSS （若 cwnd < ssthresh）慢启动

cwnd += SMSS*SMSS/cwnd （若 cwnd > ssthresh）拥塞避免

当收到三次重复 ACK（或其他表明需要快速重传的信号）时，会执行以下行为：

1. ssthresh 更新为大于等式（16-1）中的值。
2. 启用快速重传算法，将 cwnd 设为 (ssthresh + 3*SMSS)。
3. 每接收一个重复 ACK，cwnd 值暂时增加 1 SMSS。
4. 当接收到一个好的 ACK，将 cwnd 重设为 ssthresh。

以上第 2 步和第 3 步构成了*快速恢复*。步骤 2 设置 cwnd 大小，首先 cwnd 通常会被减为之前值的一半。然后，考虑到每接收一个重复 ACK，就意味着相应的数据包已成功传输（因此新的数据包就有发送机会），cwnd 值会相应地暂时增大。这一步也可能出现 cwnd *加速递减*的情况，因为通常 cwnd 会乘以某个值（这里取 0.5）来形成新的 cwnd。步骤 3 维持 cwnd 的增大过程，使得发送方可以继续发送新的数据包（在不超过 awnd 的情况下）。步骤 4
738 假设 TCP 已完成恢复阶段，所以 cwnd 的临时膨胀也消除了（有时称这一步为“收缩”）。

以下两种情况总会执行慢启动：新连接的建立以及出现重传超时。当发送方长时间处于空闲状态，或者有理由怀疑 cwnd 不能精确反映网络当前拥塞状态（参见 16.3.5 节）时，也可能引发慢启动。在这种情况下，cwnd 的初始值将被设为*重启窗口*（RW）。在文献 [RFC5681] 中，推荐 RW 值为 RW = min (IW, cwnd)。其他情况下，慢启动中 cwnd 初始设为 IW。

16.3 对标准算法的改进

经典的标准 TCP 算法在传输控制领域做出了重大贡献，尤其针对网络拥塞崩溃这一难题，取得了显著效果。

> **注意** 在 1986 ~ 1988 年，网络拥塞崩溃是引起广泛关注的难点问题。1986 年 10 月，作为早期互联网的重要组成部分，NSFNET 主干网出现了一次严重故障，运行速度仅为其应有速度的千分之一（称为“NSFNET 危机”）。问题的主要形成原因在于对大量的重传没有任何控制操作。持续的拥塞状态导致了更严重的丢包现象（由于更多的重传操作）和吞吐量低下。采用经典拥塞控制算法有效地解决了这一问题。

然而，仍然可以找到值得改进的地方。考虑到 TCP 的普遍使用性，越来越多的研究致力于使 TCP 在更广泛的环境里更好地工作。下面我们提出几种方法，现在许多 TCP 版本也已经实现。

16.3.1 NewReno

快速恢复带来的一个问题是，当一个传输窗口出现多个数据包丢失时，一旦其中一个包重传成功，发送方就会接收到一个好的 ACK，这样快速恢复阶段中 cwnd 窗口的暂时膨胀就会停止，而事实上丢失的其他数据包可能并未完成重传。导致出现这种状况的 ACK 称为*局部 ACK*（partial ACK）。Reno 算法在接收到局部 ACK 后就停止拥塞窗口膨胀阶段，并将其减小至特定值，这种做法可能导致在重传计时器超时之前，传输通道一直处于空闲状态。为理解出现这种情况的原因，我们首先明确，TCP（无选择确认机制）需要通过三个（或重复阈值）重复 ACK 包作为信号才能触发快速重传机制。假如网络中没有足够的数据包在传输，那么就不可能因丢包而触发快速重传，最终导致重传计时器超时，引发慢启动操作，从而严 739
重影响网络吞吐性能。

为解决上述问题，[RFC3782] 提出了一种改进算法，称为 NewReno。该算法对快速恢复做出了改进，它记录了上一个数据传输窗口的最高序列号（即我们在第 14 章提到的恢复点）。仅当接收到序列号不小于恢复点的 ACK，才停止快速恢复阶段。这样 TCP 发送方每接收一个 ACK 后就能继续发送一个新数据段，从而减少重传超时的发生，特别针对一个窗口出现多个包丢失的情况时。NewReno 是现在比较常用的一个 TCP 版本，它不会出现经典快速重传的问题，实现起来也没有选择确认（SACK）复杂。然而，当出现上述多个丢包情况时，利用 SACK 机制能比 NewReno 获得更好的性能，但需要较为复杂的拥塞控制操作，下面我们会讨论这一问题。

16.3.2 采用选择确认机制的 TCP 拥塞控制

在 TCP 引入 SACK 与选择性重复之后，发送方能够更好地确定发送哪个数据段来填补接收方的空缺（参见第 14 章）。为了填补接收数据的空缺，发送方通常只发送丢失的数据段，直至完成所有重传。这和前面提到的基本的快速重传 / 恢复机制有所差别。

在快速重传 / 恢复情况下，当出现丢包，TCP 发送方只重传它认为已经丢失的包。如果窗口 W 允许，还可以发送新的数据包。在快速恢复阶段，由于窗口大小会随着每个 ACK 的到达而膨胀，在完成重传后，通常发送方能有更大的窗口发送更多新数据。采用 SACK 机制后，发送方可以知晓多个数据段的丢失情况。因为这些数据都在有效窗口内，理论上可以即时重传。然而，这样可能会在较短时间内向网络中注入大量数据，削弱拥塞控制效果。SACK TCP 会引发以下问题：在恢复阶段，只使用 cwnd 作为发送方滑动窗口的界限来表示发送多少个（以及哪些）数据包是不够的，且选择发送哪些数据包与发送时间紧密相关。换言之，SACK TCP 强调拥塞管理和选择重传机制的分离。传统（无 SACK）TCP 则将两者结合。

一种实现分离的方法是，除了维护窗口，TCP 还负责记录注入网络的数据量。[RFC3517]
740 称其为管道（pipe）变量，这是对在外数据的估计值。管道变量以字节（或包，依不同实现方式而定）为单位，记录传输和重传情况（不考虑丢包，将两者同等对待）。假设 awnd 值较大，只要不等式 $\text{cwnd} - \text{pipe} \geq \text{SMSS}$ 成立，在任何时候 SACK TCP 均可发送数据。这里 cwnd 仍被用来限定可传输至网络中的数据量，但除了窗口本身，网络中数据量的估计值也被记录了。[FF96] 详细分析比较了 SACK TCP 和传统 TCP 的拥塞控制方法，并做了相关仿真工作。

16.3.3 转发确认（FACK）和速率减半

对基于 Reno（包括 NewReno）的 TCP 版本来说，当快速重传结束后 cwnd 值减小，在 TCP 发送新数据之前至少可以接收一半已发送数据返回的 ACK。这和检测到丢包后立即将拥塞窗口值减半相一致。这样 TCP 发送端在前一半的 RTT 时间内处于等待状态，在后一半 RTT 才能发送新数据，这是我们不愿看到的。

在丢包后，为避免出现等待空闲而又不违背将拥塞窗口减半的做法，[MM96] 提出了*转发确认*（forward acknowledgment，FACK）策略。FACK 包含了两部分算法，称为“过度衰减”（overdamping）和“缓慢衰减”（rampdown）。从最初想法的提出到改进，最终在 Hoe 的工作基础上 [H96] 形成了统一的算法，称为*速率减半*（rate halving）。为控制算法尽可能有效地运行，进一步添加了界定参数，完整的算法被称为*带界定参数的速率减半*（Rate-Halving with Bounding Parameters，RHBP）算法 [PSCRH]。

RHBP 的基本操作是，在一个 RTT 时间内，每接收两个重复 ACK，TCP 发送方可发送一个新数据包。这样在恢复阶段结束前，TCP 已经发送了一部分新数据，与之前的所有发送都挤在后半个 RTT 时间段内相比，数据发送比较均衡。由于过度集中的发送操作可能持续多个 RTT，对路由缓存造成负担，因此均衡发送是比较有利的。

为了记录较为精确的在外数据估计值，RHBP 利用 SACK 信息决定 FACK 策略：已知的最大序列号的数据到达接收方时，在外数据值加 1。注意区分即将发送数据的最大序列号（图 15-9 中的 SND.NXT），FACK 给出的在外数据估计值不包括重传。

RHBP 中区分了*调整间隔*（adjustment interval，cwnd 的修正阶段）和*恢复间隔*（repair interval，数据重传阶段）。一旦出现丢包或其他拥塞信号就立即进入调整间隔。调整间隔结
741 束后 cwnd 的最终值为：至检测时间为止，网络中已正确传输的窗口数据量的一半。RHBP 要求发送方传输数据需满足下式：

$$(\text{SND.NXT} - \text{fack} + \text{retran\_data} + \text{len}) < \text{cwnd}$$

上面的等式得到了包括重传的在外数据值，确保当继续发送一个 len 长度的新数据，也不会超过 cwnd。假设在 FACK 之前的数据已经不在网络中（如丢失或被接收），这样 cwnd 就能很好地控制 SACK 发送方的发送。然而由于 SACK 的选择确认特性，可能导致数据包的传输次序过度重排。

Linux 系统实现了 FACK 和速率减半，并默认启用。若 SACK 开启，并将布尔配置变量 net.ipv4.tcp_fack 置 1，就会激活 FACK。当检测到网络中出现数据包失序，FACK 的进一步行为将被禁用。

速率减半是调节发送操作或避免集中发送的方法之一。我们已经了解了它的优点，但这种方法仍然存在一些问题。[ASA00] 利用仿真的方法，详细分析了 TCP 发送调度，结果显示在很多情况下，它的性能劣于 TCP Reno。另外，研究表明，在接收窗口限制 TCP 连接的情

况下，速率减半方法收效甚微 [MM05]。

16.3.4 限制传输

[RFC3042] 提出了*限制传输*（limited transmit），它对 TCP 做出了微小改进，目的在于使 TCP 能在可用窗口较小的情况下更好工作。之前已经提到，在 Reno 算法中，通常需要三次重复 ACK 表明数据包丢失。在窗口较小的情况下，当出现丢包，网络中可能没有足够的包去引发快速重传 / 恢复机制。

采用限制传输策略，TCP 发送方每接收两个连续的重复 ACK，就能发送一个新数据包。这就使得网络中的数据包维持一定数量——足以触发快速重传。TCP 因此也可以避免长时间等待 RTO（可能达到几百毫秒，相对时间较长）而导致吞吐性能下降。限制传输已经成为 TCP 推荐策略。速率减半也是限制传输的一种形式。

16.3.5 拥塞窗口校验

TCP 拥塞管理可能会出现一个问题，那就是发送端可能在一段时间内停止发送（由于没有新数据需要发送或者其他原因阻住发送）。通常情况下，发送操作不会暂停。发送端发送 742
数据，同时接收 ACK 反馈，以此估计一定时间内（一个 RTT）的 cwnd 和 ssthresh。

在发送操作持续一段时间后，cwnd 可能会增至一个较大值。若发送需要暂停（一定时间后会恢复），根据此时 cwnd 的值，在暂停前发送方仍可向网络中（高速）注入大量数据。若暂停时间足够长，之前的 cwnd 可能无法准确反映路径中的拥塞状况。

[RFC2861] 提出了一种*拥塞窗口校验*（Congestion Window Validation，CWV）机制。在发送长时间暂停的情况下，由 ssthresh 维护 cwnd 保存的“记忆”，之后 cwnd 值会衰减。为理解这种机制，需要区分*空闲*（idle）发送端和*应用受限*（application-limited）发送端。对空闲发送端而言，没有发送新数据的需求，之前发送的数据也已经成功接收 ACK。因此，整个连接处于空闲状态——除了必要的窗口更新外（参见第 15 章），没有数据和 ACK 的传输。应用受限发送端则需要传输数据，但由于某种原因无法发送（可能由于处理器正忙或者下层阻住数据发送）。这种情况会导致连接利用率低下，但并非完全空闲，之前已发送数据返回的 ACK 仍可传输。

CWV 算法原理如下：当需要发送新数据时，首先看距离上次发送操作是否超过一个 RTO。如果超过，则

- 更新 ssthresh 值——设为 max (ssthresh, (3/4) *cwnd)。
- 每经一个空闲 RTT 时间，cwnd 值就减半，但不小于 1 SMSS。

对于应用受限阶段（非空闲阶段），执行相似的操作：

- 已使用的窗口大小记为 W_used。
- 更新 ssthresh 值——设为 max (ssthresh, (3/4) *cwnd)。
- cwnd 设为 cwnd 和 W_used 的平均值。

上述操作均减小了 cwnd，但 ssthresh 维护了 cwnd 的先前值。第一种情况中，如果传输通道长时间空闲，cwnd 将会显著减小。在某些情况下，这种拥塞窗口的处理方法可以取得更好效果。根据作者的研究，避免空闲阶段可能发生的大数据量注入，可以减轻对有限 743
的路由缓存的压力，从而减少丢包情况的产生。注意到 CWV 减小了 cwnd 值，但没有减小 ssthresh，因此采用这种算法的通常结果是，在长时间发送暂停后，发送方会进入慢启动阶

段。Linux TCP 实现了 CWV 并默认启用。

16.4 伪 RTO 处理——Eifel 响应算法

在第 15 章已经提到，若 TCP 出现突发的延时，即使没有出现丢包，也可能造成重传超时的假象。这种伪重传现象的发生可能由于链路层的某些变化（如蜂窝转换），也可能是由于突然出现严重拥塞造成 RTT 大幅增长。当出现重传超时，TCP 会调整 ssthresh 并将 cwnd 置为 IW，从而进入慢启动状态。假如没有出现实际丢包，在 RTO 之后到达的 ACK 会使得 cwnd 快速增大，但在 cwnd 和 ssthresh 值重新稳定前，仍然会有不必要的重传，浪费传输资源。

针对上述问题已有相关探测方法。我们在第 14 章讨论了其中的一些方法（如 DSACK、Eifel、F-RTO）。其中任一探测方法只要结合相关*响应算法*，就能“还原”TCP 对拥塞控制变量的操作。一种比较常用（即在 IETF 标准化过程中）的响应算法就是 Eifel *响应算法* [RFC4015]。

Eifel 算法包含检测算法和响应算法两部分，两者在理论上是独立的。任何使用 Eifel 响应算法实现的 TCP 操作，必须使用相应的标准操作规范或实验 RFC（即被记录的 RFC）中规定的检测算法。

Eifel 响应算法用于处理重传计时器以及重传计时器超时后的拥塞控制操作。这里我们只讨论与拥塞相关的响应算法。在首次发生超时重传时，Eifel 算法开始执行。若认为出现伪重传情况，会撤销对 ssthresh 值的修改。在所有情况下，若因 RTO 而需改变 ssthresh 值，在修改前需要记录一个特殊变量：pipe_prev = min（在外数据值，ssthresh）。然后需要运行一个检测算法（即之前提到的检测方法中的某个）来判断 RTO 是否真实。假如出现伪重传，则当到达一个 ACK 时，执行以下步骤：

1. 若接收的是包含 ECN-Echo 标志位的好的 ACK，停止操作（参见 16.11 节）。
2. cwnd = 在外数据值 + min (bytes_acked, IW) (假设 cwnd 以字节为单位)。
744 3. ssthresh = pipe_prev。

在改变 ssthresh 之前需要设置 pipe_prev 变量。pipe_prev 用于保存 ssthresh 的记录值，以便在步骤 3 中重设 ssthresh。步骤 1 针对带 ECN 标志位的 ACK 的情况（在 16.11 节中将详细讨论 ECN）。这种情况下撤销 ssthresh 修改会引入不安全因素，所以算法终止。步骤 2 和步骤 3 是算法的主要部分（针对 cwnd）。步骤 2 将 cwnd 设置为一定值，允许不超过 IW 的新数据进入传输通道。因为即使在未知链路拥塞与否的状况下，发送 IW 的新数据也被认为是安全的。步骤 3 在真正的 RTO 发生前重置 ssthresh，至此撤销操作完成。

16.5 扩展举例

下面我们通过一个例子来演示一下前面章节提到的操作算法。利用 sock 程序，在一条 DSL 线路上传输 2.5MB 数据。发送方和接收方分别为 Linux（2.6）和 FreeBSD（5.4）。链路在发送方向上限速约为 300Kb/s。FreeBSD 接收端处于高带宽连接。发送端至接收端的最小 RTT 为 15.9ms，需经 17 个跳步。大部分处理操作均使用基础算法（如慢启动和拥塞避免），以避免不同操作系统的实现细节差异（后面我们会提到相关问题）。下面开始实验，首先在接收端运行如下操作命令：

```
FreeBSD% sock -i -r 32768 -R 233016 -s 6666
```

该命令为 sock 程序设置了一个较大的套接字接收缓存（228KB），并执行大数据量的读操作（32KB）。对于传输链路来说，接收缓存已足够大。接着设置发送端为发送模式，命令如下：

```
Linux% sock -n20 -i -w 131072 -S 262144 128.32.37.219 6666
```

该命令选择了一个较大的发送缓存并发送了 20 × 131 072 字节（2.5MB）数据。利用发送端的 tcpdump 可以记录数据包的传输轨迹，命令如下：

```
Linux# tcpdump -s 128 -w sack-to-free-12.td port 6666
```

该命令确保每个数据包至少记录 128 字节，对获取 TCP 和 IP 头部信息已足够。得到相关记录后，可以采用工具 tcptrace [TCPTRACE] 来收集连接相关的统计信息，命令如下：

```
Linux% tcptrace -Wl sack-to-free-12.td
```
745

该命令需要提供拥塞窗口的相关信息，其输出格式较长（详细），输出如下：

```
1 arg remaining, starting with 'sack-to-free-12.td'
Ostermann's tcptrace -- version 6.6.7 -- Thu Nov  4, 2004

3175 packets seen, 3175 TCP packets traced
elapsed wallclock time: 0:00:00.167213, 18987 pkts/sec analyzed
trace file elapsed time: 0:01:40.475872
TCP connection info:
1 TCP connection traced:
TCP connection 1:
      host a:        adsl-63-203-72-138.dsl.snfc21.pacbell.net:1059
      host b:        dwight.CS.Berkeley.EDU:6666
      complete conn: yes
      first packet:  Wed Sep 28 22:15:29.956897 2005
      last packet:   Wed Sep 28 22:17:10.432769 2005
      elapsed time:  0:01:40.475872
      total packets: 3175
      filename:      sack-to-free-12.td
  a->b:                                  b->a:
  total packets:          1903           total packets:          1272
  ack pkts sent:          1902           ack pkts sent:          1272
  pure acks sent:            2           pure acks sent:         1270
  sack pkts sent:            0           sack pkts sent:           79
  dsack pkts sent:           0           dsack pkts sent:           0
  max sack blks/ack:         0           max sack blks/ack:         2
  unique bytes sent:   2621440           unique bytes sent:         0
  actual data pkts:       1900           actual data pkts:          0
  actual data bytes:   2659240           actual data bytes:         0
  rexmt data pkts:          27           rexmt data pkts:           0
  rexmt data bytes:      37800           rexmt data bytes:          0
  zwnd probe pkts:           0           zwnd probe pkts:           0
  zwnd probe bytes:          0           zwnd probe bytes:          0
  outoforder pkts:           0           outoforder pkts:           0
  pushed data pkts:         44           pushed data pkts:          0
  SYN/FIN pkts sent:       1/1           SYN/FIN pkts sent:       1/1
  req 1323 ws/ts:          Y/Y           req 1323 ws/ts:          Y/Y
  adv wind scale:            2           adv wind scale:            2
  req sack:                  Y           req sack:                  Y
  sacks sent:                0           sacks sent:               79
  urgent data pkts:          0 pkts      urgent data pkts:          0 pkts
  urgent data bytes:         0 bytes     urgent data bytes:         0 bytes
  mss requested:          1412 bytes     mss requested:          1460 bytes
  max segm size:          1400 bytes     max segm size:             0 bytes
```

```
    max segm size:          1400 bytes    max segm size:             0 bytes
    min segm size:           640 bytes    min segm size:             0 bytes
    avg segm size:          1399 bytes    avg segm size:             0 bytes
    max win adv:            5808 bytes    max win adv:          233016 bytes
    min win adv:            5808 bytes    min win adv:          170016 bytes
    zero win adv:              0 times    zero win adv:              0 times
746 avg win adv:            5808 bytes    avg win adv:          232268 bytes
    max owin:             137201 bytes    max owin:                  1 bytes
    min non-zero owin:         1 bytes    min non-zero owin:         1 bytes
    avg owin:              37594 bytes    avg owin:                  1 bytes
    wavg owin:             33285 bytes    wavg owin:                 0 bytes
    initial window:         2800 bytes    initial window:            0 bytes
    initial window:            2 pkts     initial window:            0 pkts
    ttl stream length:   2621440 bytes    ttl stream length:         0 bytes
    missed data:               0 bytes    missed data:               0 bytes
    truncated data:      2556640 bytes    truncated data:            0 bytes
    truncated packets:      1900 pkts     truncated packets:         0 pkts
    data xmit time:       99.631 secs     data xmit time:        0.000 secs
    idletime max:         7778.8 ms       idletime max:         7930.4 ms
    throughput:            26090 Bps      throughput:                0 Bps
```

从上述输出中可以得到很多连接方面的信息。我们首先关注输出的左半部分（a->b）。可以看到在 a->b 方向上共传输了 1903 个包，其中 1902 个为 ACK。这和预计是相符的，因为通常第一个传输的包是 SYN——唯一一个没有 ACK 标志位的包。纯 ACK 包是指不包含传输数据的包。发送端一共发送了两个纯 ACK 包，一个是在连接初始阶段响应接收端发送的 SYN + ACK 包，另一个是在连接结束时发送的。第二栏（b->a 方向）显示，接收端共发送了 1272 个包，全部是 ACK。其中，1270 个是纯 ACK 包，并有 79 个是 SACK 包（即包含 SACK 选项的 ACK）。两个“不纯”的 ACK 分别是连接之初的 SYN + ACK 以及结束时的 FIN + ACK。

从下面的 5 个值可以看出部分数据经过了重传。可以看到，单次传输的数据为 2 621 440 字节（即没有重传），但总的传输量达到了 2 659 240 字节，说明有 2 659 240 - 2 621 440 = 37 800 字节数据经历了多于一次的传输。接下来的两个字段验证了这一点，这些数据被分成 27 个数据包进行重传，平均每个重传数据段大小为 1399 字节。由于在 100.476s 时间内完成了 2 659 240 字节的传输，平均吞吐量为 26 466B/s（约 212kb/s）。平均优质吞吐量（goodput，即单位时间内无重传的数据量）为 2 621 440/100.476 = 26 090B/s，约 209kb/s。可以看出，传输性能受到了严重干扰。我们可以利用 Wireshark 查看 TCP 操作并分析干扰产生的原因。

为得到记录结果的图像，可以使用 Wireshark 的统计菜单中的“统计 |TCP 流图 | 时间序列图”（Statistics | TCP Stream Graph | Time-Sequence Graph）功能（tcptrace），如图 16-4 所示（为方便讨论已用箭头标记）。

图 16-4 的 y 轴表示 TCP 序列号，每小格代表 100 000 个序列号。x 轴是时间，以秒为
747 单位。黑体实线由许多小的 I 字形线段组成，每段代表 TCP 序列号范围。I 形线段的最高点表示用户数据负载大小，以字节为单位。线段的斜率为数据到达速率。斜率减小表示出现重传。在给定时间范围内的线段斜率，代表了该时间段内的平均吞吐量。从图中可以看到，在 100s 时刻，发送的最大序列号为 260000，表示粗略地对平均优质吞吐量的估计值为 26 000B/s，这与前面对 tcptrace 输出结果的分析相一致。

图中上方曲线为接收端在对应时刻可接收数据的最大序列号（最大通知窗口）。可以看到，在起始时刻，其值约为 250000，tcptrace 输出中的 b->a 栏中的精确数据显示为 233016。

下方曲线代表发送端在对应时刻接收到的最大 ACK 号。之前已经提到过，当 TCP 进行操作时，会增大拥塞窗口，以获取新的带宽。这和接收端的通告窗口并不冲突。这一点可以从图中看出，随着时间推移，实线部分逐渐从下方曲线向上方曲线靠近。若始终达不到上方曲线，影响网络吞吐量的主要因素可能为发送端或者网络传输资源的限制。若黑线部分始终紧贴下方曲线，则影响因素主要在于接收窗口限制。

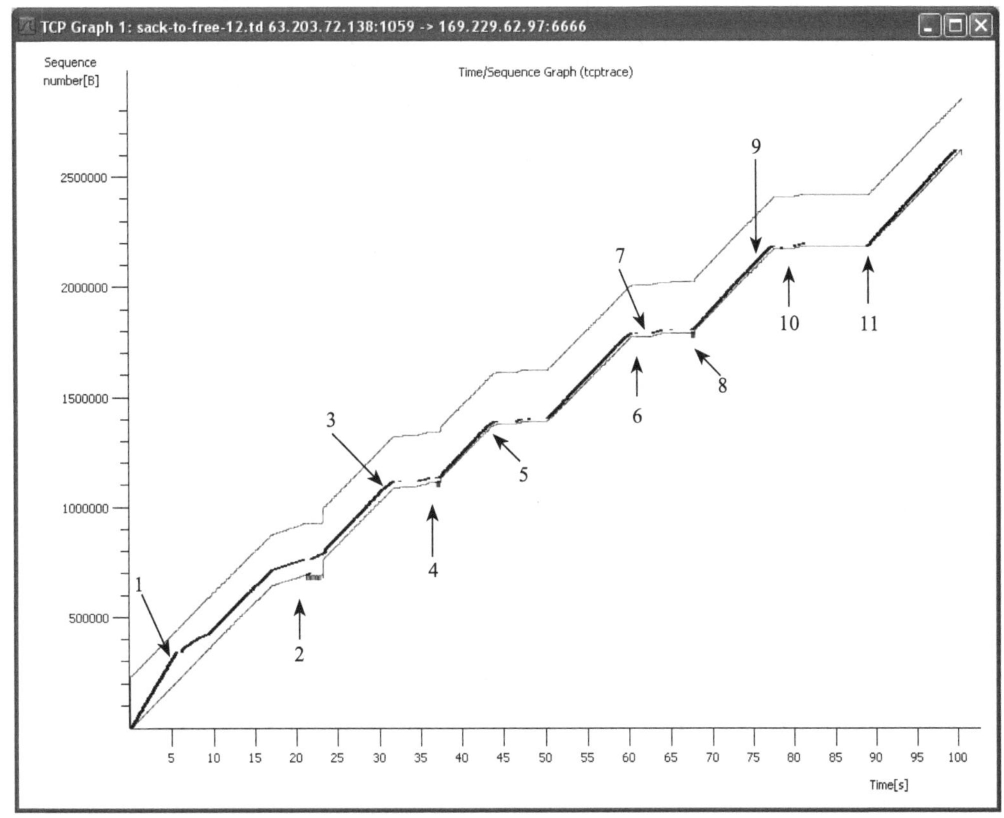

图 16-4　Linux 2.6.10 TCP 发送端传输 2.5MB 文件的 Wireshark 记录，DSL 线路速率约为 300Kb/s。黑体实线代表发送序列号。上方曲线为接收端通知窗口的最高序列号（窗口右边界），下方曲线表示发送方接收到的最大 ACK 号。图中标记的 11 个事件为拥塞窗口的变化情况

16.5.1　慢启动行为

在分析之前，首先观察我们之前介绍过的慢启动算法的相关操作。在 Wireshark 中选择记录结果的第一个包，利用菜单中的“统计 | 流图”（Statistics | Flow Graph）功能，描绘出在连接初始阶段包交换的过程（参见图 16-5）。

从图中可以看到初始阶段的 SYN 和 SYN + ACK 的交换过程。0.032s 时刻的 ACK 是一次窗口更新（参见第 15 章）。前两次数据包传输出现在 0.126s 和 0.127s 时刻。在 0.210s 时刻返回的 ACK 不是仅对一个数据包的确认。它的序列号为 2801，由于 TCP ACK 的累积确认性质，它是对前两个发送的数据包的响应。这是延时 ACK 的一个例子，延时 ACK 通常是每两个数据包生成一个 ACK（或如 [RFC5681] 中建议的更频繁）。对接收端（FreeBSD 5.4）来说更为特殊，它需要在每个 ACK 确认一个包和两个包之间切换。这表明平均来说，每三 748~749

个数据包会返回两个 ACK（假设没有出现传输错误和重传）。在第 15 章中我们已经讨论过延时 ACK 和窗口更新问题了。

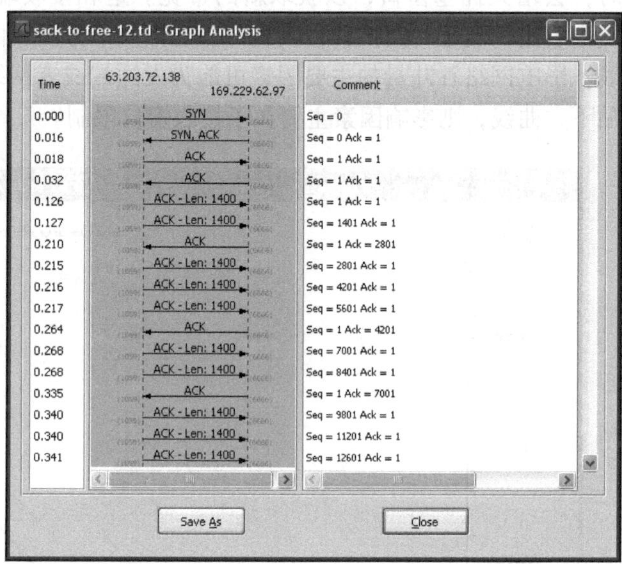

图 16-5　Wireshark 分析显示了从连接建立起传输的数据包和 ACK 号。发送端每接收一个 ACK 就会发送两三个新数据包，这是慢启动的典型行为

一个 ACK 完成对两个数据包的确认，使得滑动窗口可以向前滑动两个包，因此可以继续发送两个新的数据包。由于连接处于初始慢启动阶段，发送端每接收一个好的 ACK，拥塞窗口相应加 1（Linux TCP 管理的拥塞窗口以包为单位）。在上述情况下，cwnd 从 2 增至 3。因此可以继续传输三个数据包，分别在 0.215s、0.216s 和 0.217s 时刻发送。

0.264s 到达的 ACK 是对单个包的确认，表明接收方期望下次接收序列号为 4201 的数据包。然而，4201 号以及之后的 5601 号数据包已被发送，但仍未到达。因此，0.264s 时刻的 ACK 使得 cwnd 由 3 变为 4，但由于两个包仍处于传送状态，只能允许继续发送两个数据包（该 ACK 使得滑动窗口前行，另外，接收到这个好的 ACK 允许 cwnd 加 1）。这两个包的发送时间为 0.268s 和 0.268s（在同一个 1/1000 秒内）。

以上是发送端执行慢启动情况下接收端延时返回 ACK 的典型例子。这个过程持续（每接收一个 ACK 发送两三个新数据包）直到 5.6s。下面我们进一步讨论此时发生的情况。

16.5.2　发送暂停和本地拥塞（事件 1）

如图 16-4 所示，在 5.512s 时刻发送一个数据段后，直到 6.162s 时刻才开始再次发送，这中间出现了一个暂停。利用 Wireshark 的图像放大功能可以得到图 16-6。

可以看到，在发送暂停阶段没有新数据的传输，也没有重传，但暂停结束后却出现了传输速率的下降，这是为什么呢？我们再次通过传输流记录功能一探究竟（参见图 16-7）。

暂停前最后一次传输的数据段开启了 PSH 标志，表明发送缓存已经清空，所以在 5.559s 时刻 TCP 发送端已经终止发送。导致发送终止的原因可能有多种，如发送方系统忙于处理其他任务，无暇顾及数据传输。

我们可以看到这次暂停并不意味着重传恢复阶段的开始，但暂停结束后线段的斜率有所下降，表明发送速率在减小。下面将仔细观察并探讨这种行为产生的原因。

暂停前最后发送数据的序列号为 343001 + 1400 – 1 = 344400，该序列号之前没有发送过，所以不是重传数据。在 5.486s 时刻（已标记出）发送完数据段后，网络中已发出但未收
750 到 ACK 的数据量达到最大值：341 601 + 1400 – 205 801 = 137 200 字节（98 个包），即 cwnd 值为 98 个包。5.556s 时刻到达的 ACK 表明又有两个包被成功接收。暂停前最后又发送了一个数据包，序列号为 344400，这样一共有 97 个包还未成功接收。

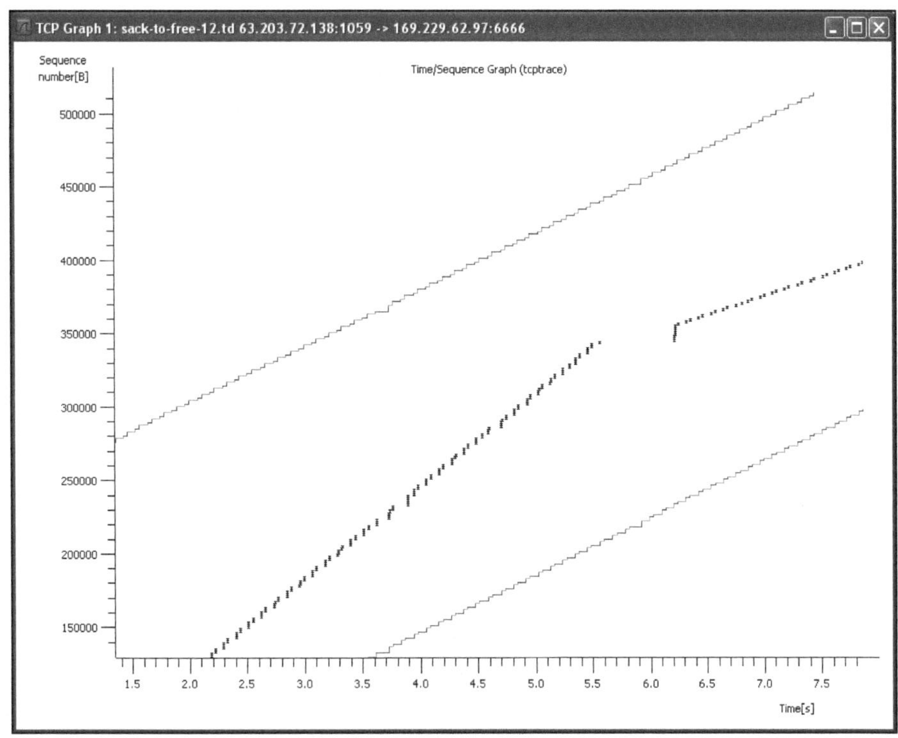

图 16-6　在慢启动阶段后，连接暂停持续了约 512ms，接着在 5.512s 时刻恢复发送

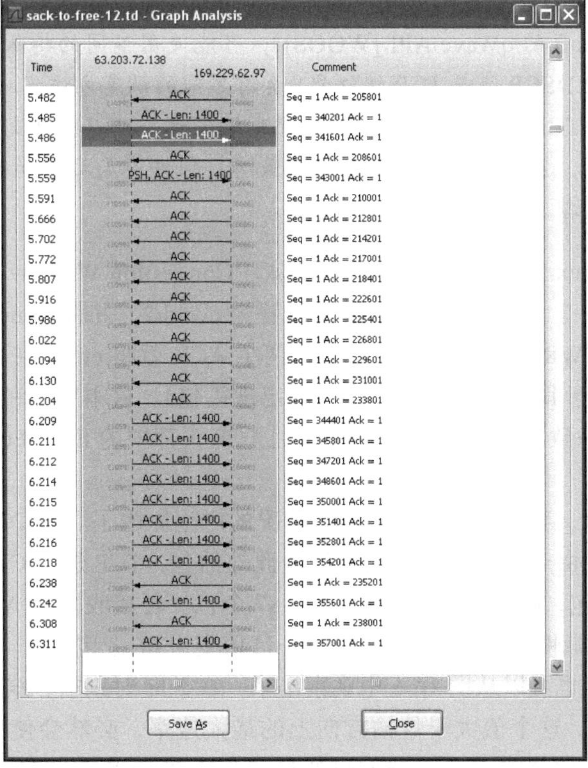

图 16-7　在 5.559s 时刻发送方暂停发送。6.209s 时刻重新开始发送，由于本地拥塞，可发送包个数被限制为 8 个。有些 TCP 版本就是利用限制发送速率的方法来避免发送端队列拥塞

在发送暂停阶段，共有 11 个 ACK 到达（之前提过，每个 ACK 确认一个或两个数据段）。最后一个 ACK 表明序列号为 233800 的数据段已成功传输，同时仍有 110 600 字节（79 个包）的数据没有收到确认。此时，发送方开始继续发送，它可以发送的数据包个数为 98 － 79 = 19 个，但从图中看到，它只发送了 8 个。至 6.128s，它发送的数据段的最终序列号为 354201 + 1400 － 1 = 355600。

从传输流记录图中并不能很清楚地看到 TCP 当时的状况。我们预料应该会发送 19 个包，但结果只发送了 8 个。原因可能在于，下层产生的大量数据包堵塞了本地（下层）队列，使得后续包无法传送。为明确是否由下层原因导致上述问题，由于数据包经过 ppp0 网络接口传输，所以在 Linux 中使用如下命令：

```
Linux% tc -s -d qdisc show dev ppp0
qdisc pfifo_fast 0: bands 3 priomap  1 2 2 2 1 2 0 0 1 1 1 1 1 1 1 1
Sent 122569547 bytes 348574 pkts (dropped 2, overlimits 0 requeues 0)
```

上述命令中的 tc 是 Linux 中用于管理包调度和流量控制子系统的指令 [LARTC]。-s 和 -d 选项提供具体的记录细节。指令 qdisc show dev ppp0 为显示设备 ppp0 的排队规则，即管理和调度包发送的方法。注意到这里出现了两个丢包，这不是在网络传输过程中的丢包，而是出现在发送端 TCP 下层的丢包。由于丢包发生于 TCP 层以下，但又是在包的操作处理层以上，所以传输流记录中并不记录这些包，这也是我们只看到 8 个包传输的原因。在发送端系
751~752 统产生的丢包有时称为本地拥塞，产生原因在于，TCP 产生数据包的速度大于下层队列的发送速度。

> **注意** Linux 流量控制子系统以及一些路由器和操作系统支持的优先级策略或 QoS 特性（如 Microsoft 的 qWave API [WQOS]），可能使用不同的排队规则，按照数据包的特性（如 IP DSCP 值或 TCP 端口号）会有不同的调度方法。对某些数据包（如多媒体数据包，TCP 纯 ACK 包等）采用优先级策略，可以提升交互式应用的用户体验。一般来说，互联网并不支持优先级策略，但许多局域网和有些企业 IP 网络中会采用这种策略。

本地拥塞是 Linux TCP 实行拥塞窗口缩减（Congestion Window Reducing，CWR）策略 [SK02] 的原因之一。首先，将 ssthresh 值设置为 cwnd/2，并将 cwnd 设为 min (cwnd，在外数据值 + 1)。在 CWR 阶段，发送方每接收两个 ACK 就将 cwnd 减 1，直到 cwnd 达到新的 ssthresh 值或者由于其他原因结束 CWR（如出现丢包）。这本质上和前面提到的速率减半（rate-halving）算法一致。若 TCP 发送端接收到 TCP 头部中的 ECN-Echo 也会进入 CWR 状态（参见 16.1.1 节）。

了解了这些之后，我们就可以理解前面情况的产生原因了。当 TCP 结束暂停后，它只能继续发送 8 个包。由于本地拥塞，无法传输额外的包，TCP 进入 CWR 状态。ssthresh 立即减为 98/2 = 49 个包，cwnd 也变为 79 + 8 = 87 个包。每接收两个 ACK，cwnd 就会减 1，这样就导致发送速率减慢，直到 8.364s 时刻 cwnd 值变为 66 个包。

发送速率的减小也可以从图 16-6 中观察出来，在 5.5s 时刻前，线段的斜率显示数据传输速率约为 500Kb/s。这个值大于传输方向上的最大速率，必然会使得链路中的一个或多个队列出现拥堵，导致 RTT 增大。我们可通过“统计 |TCP 流图 |RTT 图”（Statistics | TCP Stream Graph | Round Trip Time Graph）进行观察（参见图 16-8）。

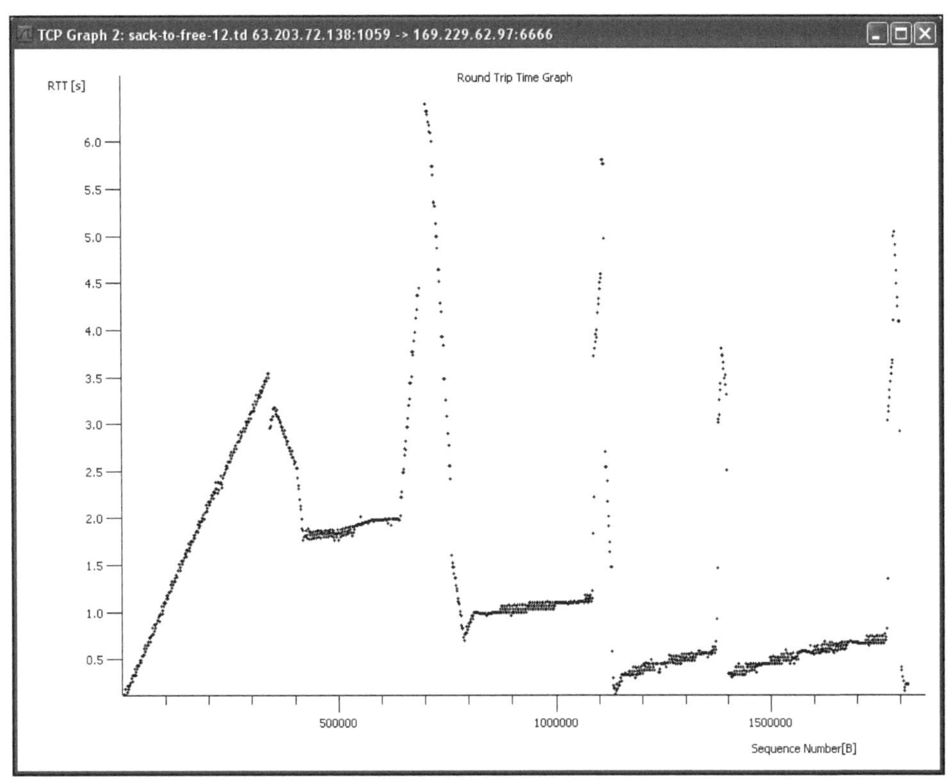

图 16-8 发送端对 RTT 的估计值曲线。RTT 增长阶段（图中稠密的增长值群组）对应于由过大的发送速率导致路由器缓存溢出的情况，RTT 降低阶段则表示发送端减慢发送速率，等待队列逐渐减小

如图 16-8 所示，y 轴代表 RTT 估计值，以秒为单位。x 轴表示序列号。可以看到，在序列号约为 340000 处，RTT 开始减小。这和之前提到的发送暂停前最后发送的序列号相一致（344400）。RTT 的减小意味着发送方减慢发送速率，使得网络传输负载减轻（即数据发出速率大于新数据到达速率）。这样路由器队列逐渐为空，等待时间减小，RTT 也相应减小。

TCP 处于 CWR 状态，发送速率会持续减小。最终，RTT 会减至绝对最小值约 17ms。通常，TCP 会避免这种情况的发生，因为它需要保持传输通道处于“满”的状态，以此确保充分利用可用的网络资源。

16.5.3 延伸 ACK 和本地拥塞恢复

在 8.364s 时刻，随着进入 CWR 状态 cwnd 逐渐减小，使得 TCP 传输速率更快地减小。从 8.362s 时刻的 ACK 可以得到在外数据值，cwnd 与这部分在外数据量的关系导致了发送速率的快速降低（图 16-9 中标记部分）。

8.362s 时刻的 ACK 号为 317801，而前一个 ACK 是 313601，所以这个 ACK 确认的数据为 317 801 – 313 601 = 4200 字节（3 个包）。这通常称为延伸 ACK（stretch ACK），即一个
ACK 确认两个最大段以上长度的数据。其形成原因有多种，最简单的就是 ACK 丢失。通常 753
很难判断延伸 ACK 产生的确切原因，但这并不重要。在这个例子里，我们假设先前的 ACK 754
丢失。这个延伸 ACK 使得 cwnd 从 68 减为 66。

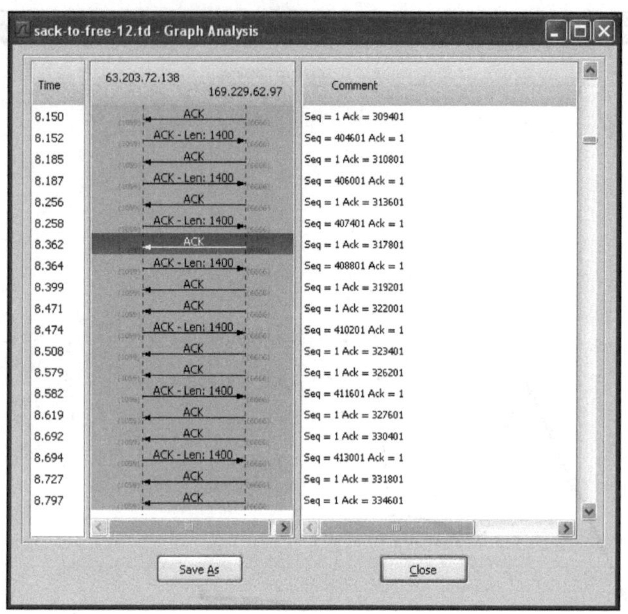

图 16-9 一个“延伸 ACK”确认了三个数据包长度的数据。这种 ACK 可能使得发送端突发操作，当其他 ACK 在传输中丢失时，可能会出现延伸 ACK

Linux 的 TCP 实现在每次接收 ACK 时，总是试图调整已发送但未经确认数据（记为在外数据，outstanding data）的估计值。（当它发送数据段后，也会根据之前提到的拥塞窗口校验算法去修改拥塞窗口，但这里并不生效。）在 CWR 阶段，如果在外数据包由于某种原因减少，如这里的接收延伸 ACK 后，cwnd 调整为在外数据估计值加 1。需要注意的是，CWR 通常只会在接收到每一对 ACK 后将 cwnd 的值减 1，因此这是额外的操作。通常情况下每接收一个 ACK，cwnd 会减小 1 或 0，然后 cwnd 被设置为 min (在外数据值 + 1, [也可能减少的] cwnd)。CWR 阶段一直持续到 cwnd 达到 ssthresh 或其他事件的发生，如丢包或重传。

在收到延伸 ACK 前的 8.258s 时刻，在外数据估计值为 407 401 + 1400 − 313 601 = 95 200 字节（68 个包）。接收延伸 ACK 后，在外数据包为 65 个，cwnd 调整为 66。

在 CWR 阶段，在外数据估计值和 cwnd 紧密相关。在这里出现了 ACK 延时的情况，导
755 致每两个 ACK 到达 cwnd 值减 2，但只能发送一个新数据包。原因如下：假设在 ACK 到达前，cwnd 值为 c_0，在外数据估计值为 $f_0 = c_0$。当第一个 ACK 到达（对一个包的确认），$f_1 = f_0 - 1$，cwnd 更新为 $c_1 = \min(c_0 - 1, f_1 + 1) = c_0 - 1$。当第二个 ACK 到达（由于延时 ACK，因此为对两个包的确认），$f_2 = f_1 - 2 = c_0 - 3$，cwnd 设为 $c_2 = \min(c_1, f_2 + 1) = \min(c_0 - 1, c_0 - 2) = c_0 - 2$。至此拥塞窗口减 2，但已有 3 个包被确认，因此在接收第二个 ACK 后，只可继续发送一个包。

在 9.37s 时刻，cwnd 达到 ssthresh 为 49，发送端结束 CWR 阶段。TCP 返回正常操作模式，继续执行拥塞避免（参见图 16-10 和图 16-11）。

在图 16-10 中，用圆圈标记出的数据包表明发送端结束 CWR，继续执行拥塞避免算法。图 16-11 更为详细地显示了这一行为。

发送端继续执行拥塞避免，逐渐达到相对稳定的吞吐量。然而，在 17.232s 时刻，开始形成严重的拥塞，致使 RTT 大幅增长。在图 16-8 中可以看到，在序列号 720000 处，RTT 约增至 6.5s——是稳定阶段（2s）的三倍多。这是大规模拥塞的常见现象。最终，严重的网络拥塞导致了丢包，TCP 发送端开始了首次重传。

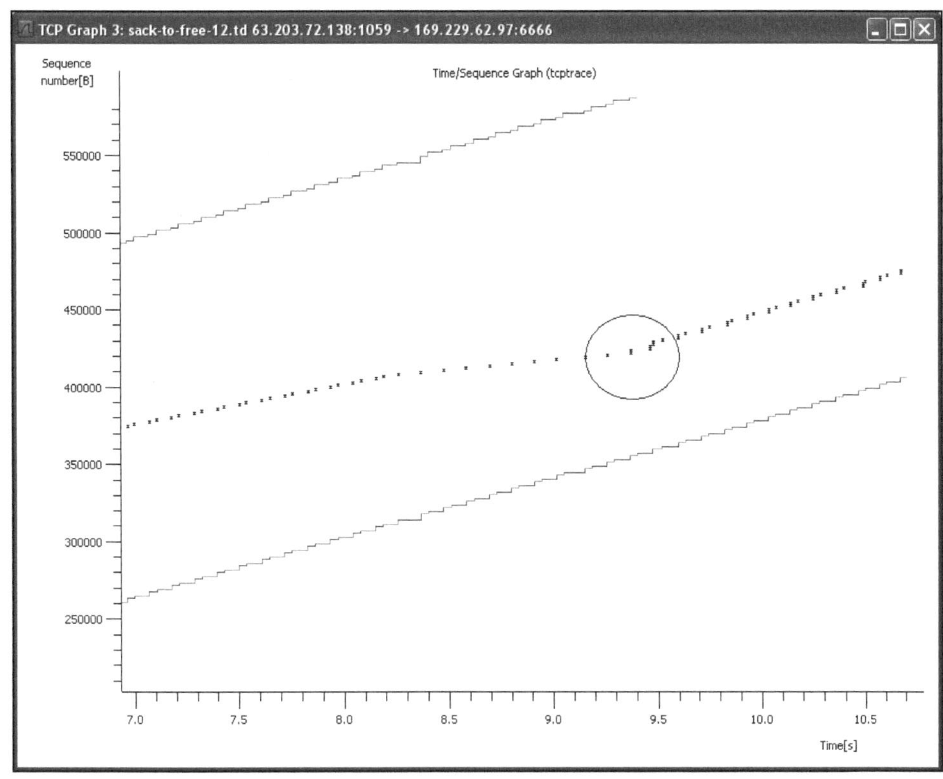

图 16-10　至 9.369s 时刻，发送端恢复正常模式，继续执行每接收一个 ACK 发送一个或两个新数据包操作

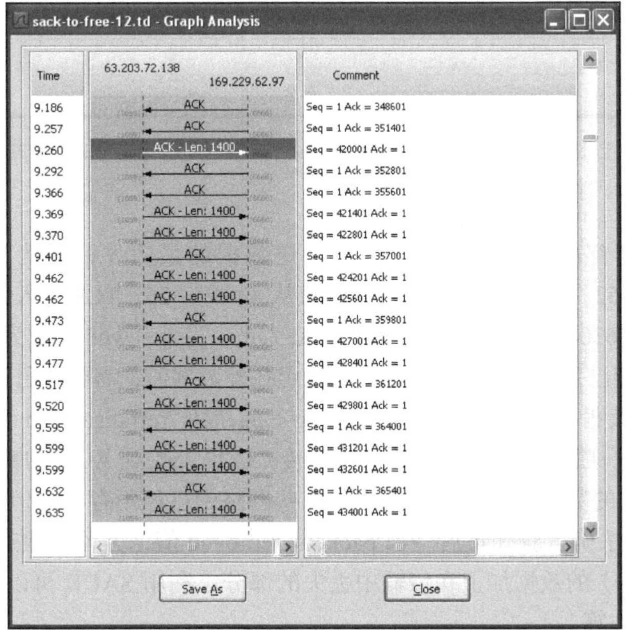

图 16-11　TCP 完成了恢复阶段并返回正常（拥塞避免）状态。每接收一个 ACK 就发送一个或两个新的数据包

16.5.4　快速重传和 SACK 恢复（事件 2）

由于 RTT 大幅增长，在 21.209s 时刻出现了首次重传。从图 16-12 可以清楚地看到，首次重传（图中圈出部分）数据包的起始序列号为 690201，对应接收到的最高 ACK 号（也是 690201）。这次重传是由于接收到带有 SACK 块为 [698601，700001] 的重复 ACK，这里的数值区间是接收端成功接收的序列号区间，表明这是对单个数据包的确认。

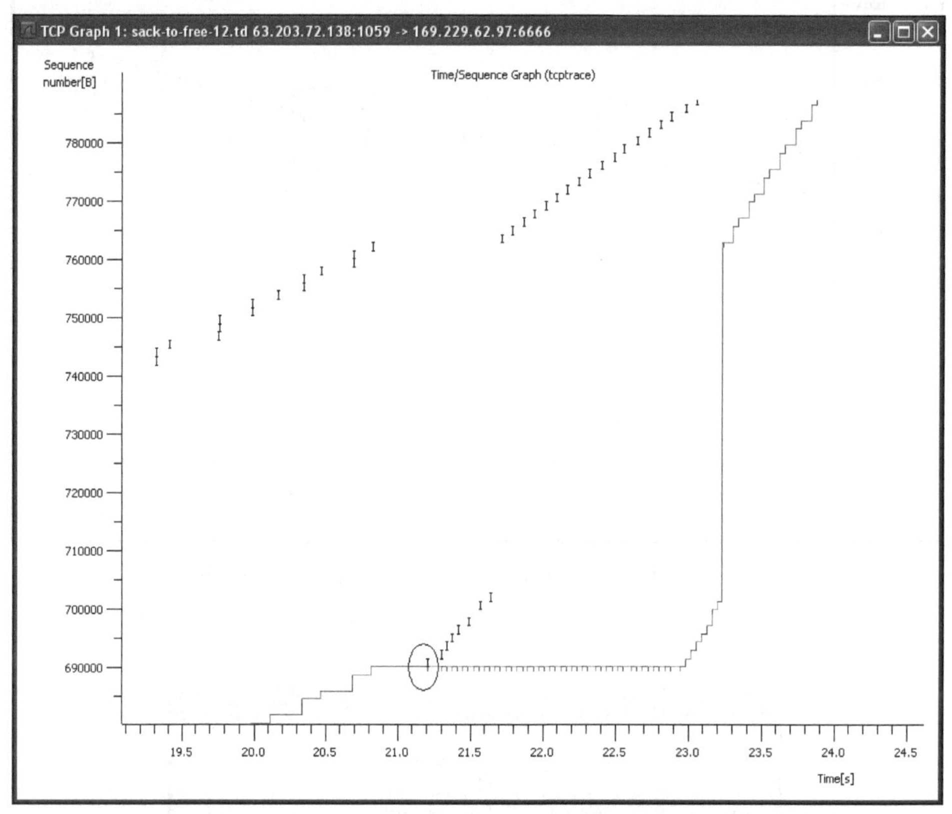

图 16-12　首次重传（已圈出）发生在 21.209s 时刻。SACK 块用于告知发送方发送哪些数据包。在 21.0 ~ 22.0s 时间内，共出现了 8 次重传

至 21.209s 时刻首次重传发生为止，已发送数据的最大序列号为 761601 + 1400 – 1 = 763000，cwnd 值为 52。重传发生后，ssthresh 值从 49 减为 26，TCP 进入恢复阶段，一直持续至接收到序列号为 763000（或更高）的累积 ACK 为止。另外，cwnd 也减为（在外数据值 + 1）。由于有些数据很可能已丢失，因此并不能直接确定在外数据值，需要利用下式：

flight size（在外数据值）= packets_outstanding + packets_retransmitted – packets_removed

等式右边的第一项表示经首次发送（非重传）但仍未收到 ACK 的数据；第二项为重传但仍未经 ACK 确认的数据；最后一项则表示那些网络中已经不存在，但还没有收到 ACK 的数据。由于 TCP 无法确认获知最后一项 packets_removed 值，因此必须通过估算的方法。它
756 ~ 758 包括已被接收（失序）的数据加上在传输中丢失的部分。利用 SACK 可以知道前半部分的值，但丢包个数仍需要估算。

packets_outstanding 的计算值为 (763 001 – 690 201) / 1400 = 72 800/1400 = 52。根据 SACK 块的序列号区间，可以推算出已被接收缓存的包个数为 (700 001 – 698 601) /1400 =

1400/1400 = 1。利用 FACK（这里默认启用），经 SACK 推算出的缓存之间的空缺被认为是丢包。这里估算共有 698 601 – 690 201 = 8400（6 个包）丢失。因此，flight size 的值为 52 + 1 – (1 + 6) = 46，相应地，cwnd 值设为 47。与 CWR 相似，在恢复阶段，每接收两个包的 ACK，cwnd 减 1。首次重传后，又发生了 7 次重传。接着在 21.2 ～ 21.7s 时间内，又开始了新数据的发送，相应的每个 ACK 都包含了 SACK 信息（参见图 16-13）。

图 16-13 去掉了 Wireshark 中其他不相关信息，可以清楚地看到每个 ACK 包含的 SACK 信息。观察 SACK 的序列号区间（SLE 和 SRE），有两个常见值：[698601，700001] 和 [702801，763001]。前者表示只缓存了一个数据包（序列号范围为 698601 ～ 700001），后者则增加至 43 个包（序列号范围为 702801 ～ 763001）。通常 CWR 阶段的速率减半算法每接收两个包，cwnd 至少减 1。这里每个 ACK 是对一个包的确认，flight size 相应减 1，因此可以发送一个新的数据包。注意这里和 CWR 状态的区别，CWR 情况下，每个 ACK 提供对两个包的确认，而这里一个 ACK 只确认一个包，因此不论是否为重传包，每接收一个 ACK，cwnd 减 1。在整个恢复期间，cwnd 从 47 减为 20。

Wireshark 显示，大多数包含 SACK 的 ACK 是序列号为 690201 的重复 ACK(其中 44 个)。有 5 个好 ACK 为包含 SACK 块 [702801，763001] 和 [698601，700001] 的非重复 ACK。还有两个 ACK 只包含了 [702801，763001]SACK 块。这些 ACK 并不能使发送端结束恢复状态，因为 ACK 号低于之前提到的 763000（恢复点）。它们属于我们在前面讨论过的局部 ACK。

23.301s 时刻接收了序列号为 765801（大于前面提到的 763000）的好 ACK，表明已经达到恢复点，此时的 cwnd 为 20，ssthresh 值为 26，说明 TCP 正处于慢启动状态。又经历几轮传输后，到 23.659s 时刻，cwnd 达到 27，TCP 恢复正常操作，继续执行拥塞避免算法。至此首个快速重传恢复阶段完成。

16.5.5 其他本地拥塞和快速重传事件

下面再次发生了本地拥塞、快速重传和其他两个本地拥塞相关事件。它们和之前的相关内容有相似的地方，这里只是进行简要概括。759 ~ 760

16.5.5.1 再次 CWR（事件 3）

在 30.745s 时刻，由于本地拥塞再次出现了 CWR 事件。此时在外数据值为 1 090 601 + 1400 – 1 051 401 = 40 600（29 个包），cwnd 为 31。按理可再发送两个包，但由于出现本地拥塞，导致实际并未发送。在这种情况下，cwnd 被设置为在外数据值 + 1 = 30，ssthresh 减为 15。在 34.759s 时刻，在 RTT 再次出现大幅增长后，cwnd 降为 ssthresh 时，TCP 退出 CWR 状态。

16.5.5.2 二次快速重传（事件 4）

在 36.914s 时刻，cwnd = 16，再次出现快速重传。利用 Wireshark 的基本显示功能，可以清楚地看到重传（参见图 16-14）。

在 36.878s 时刻，接收了一个带 SACK 块 [1117201，1118601] 的 ACK（1366 号包，ACK 号为 1110201）。这使得 Linux TCP 进入了失序状态，到达一个 ACK 就能触发一个新数据包的传输（和限制传输相似），1367 号包就是经该 ACK 触发发送的。

36.912s 时刻接收了包含 SACK 块 [1117201，1120001] 的重复 ACK（1368 号包），因此 TCP 进入恢复阶段，并在 36.914s 时刻触发快速重传（1369 号包）。至此已发送数据的最大序列号为 1132601 + 1400 – 1 = 113400。随着 37.455s 时刻序列号为 1134001 的 ACK（1391 号包）到

```
sack-to-free-12.td - Wireshark
File  Edit  View  Go  Capture  Analyze  Statistics  Telephony  Tools  Help
No.  Time       Info
864 20.463975 6666 > 1059 [ACK] Seq=1 Ack=686001 Win=233016 Len=0 TSV=147586835 TSER=17109039
866 20.686920 6666 > 1059 [ACK] Seq=1 Ack=688801 Win=231616 Len=0 TSV=147586858 TSER=17109108
869 20.816238 6666 > 1059 [ACK] Seq=1 Ack=690201 Win=233016 Len=0 TSV=147586870 TSER=17109161
871 21.205793 [TCP Dup ACK 869#1] 6666 > 1059 [ACK] Seq=1 Ack=690201 Win=233016 Len=0 TSV=147586909 TSER=17109161 SLE=698601 SRE=700001
873 21.298619 [TCP Dup ACK 869#2] 6666 > 1059 [ACK] Seq=1 Ack=690201 Win=233016 Len=0 TSV=147586919 TSER=17109161 SLE=702801 SRE=704201 SLE=698601 SRE=700001
875 21.333393 [TCP Dup ACK 869#3] 6666 > 1059 [ACK] Seq=1 Ack=690201 Win=233016 Len=0 TSV=147586922 TSER=17109161 SLE=702801 SRE=705601 SLE=698601 SRE=700001
877 21.371316 [TCP Dup ACK 869#4] 6666 > 1059 [ACK] Seq=1 Ack=690201 Win=233016 Len=0 TSV=147586926 TSER=17109161 SLE=702801 SRE=707001 SLE=698601 SRE=700001
879 21.411218 [TCP Dup ACK 869#5] 6666 > 1059 [ACK] Seq=1 Ack=690201 Win=233016 Len=0 TSV=147586930 TSER=17109161 SLE=702801 SRE=708401 SLE=698601 SRE=700001
881 21.446682 [TCP Dup ACK 869#6] 6666 > 1059 [ACK] Seq=1 Ack=690201 Win=233016 Len=0 TSV=147586933 TSER=17109161 SLE=702801 SRE=709801 SLE=698601 SRE=700001
882 21.483880 [TCP Dup ACK 869#7] 6666 > 1059 [ACK] Seq=1 Ack=690201 Win=233016 Len=0 TSV=147586937 TSER=17109161 SLE=702801 SRE=711201 SLE=698601 SRE=700001
884 21.524053 [TCP Dup ACK 869#8] 6666 > 1059 [ACK] Seq=1 Ack=690201 Win=233016 Len=0 TSV=147586941 TSER=17109161 SLE=702801 SRE=712601 SLE=698601 SRE=700001
885 21.562743 [TCP Dup ACK 869#9] 6666 > 1059 [ACK] Seq=1 Ack=690201 Win=233016 Len=0 TSV=147586945 TSER=17109161 SLE=702801 SRE=714001 SLE=698601 SRE=700001
887 21.596241 [TCP Dup ACK 869#10] 6666 > 1059 [ACK] Seq=1 Ack=690201 Win=233016 Len=0 TSV=147586948 TSER=17109161 SLE=702801 SRE=715401 SLE=698601 SRE=700001
888 21.635891 [TCP Dup ACK 869#11] 6666 > 1059 [ACK] Seq=1 Ack=690201 Win=233016 Len=0 TSV=147586952 TSER=17109161 SLE=702801 SRE=716801 SLE=698601 SRE=700001
890 21.671606 [TCP Dup ACK 869#12] 6666 > 1059 [ACK] Seq=1 Ack=690201 Win=233016 Len=0 TSV=147586956 TSER=17109161 SLE=702801 SRE=718201 SLE=698601 SRE=700001
891 21.708818 [TCP Dup ACK 869#13] 6666 > 1059 [ACK] Seq=1 Ack=690201 Win=233016 Len=0 TSV=147586960 TSER=17109161 SLE=702801 SRE=719601 SLE=698601 SRE=700001
893 21.749719 [TCP Dup ACK 869#14] 6666 > 1059 [ACK] Seq=1 Ack=690201 Win=233016 Len=0 TSV=147586964 TSER=17109161 SLE=702801 SRE=721001 SLE=698601 SRE=700001
894 21.784460 [TCP Dup ACK 869#15] 6666 > 1059 [ACK] Seq=1 Ack=690201 Win=233016 Len=0 TSV=147586967 TSER=17109161 SLE=702801 SRE=722401 SLE=698601 SRE=700001
896 21.822383 [TCP Dup ACK 869#16] 6666 > 1059 [ACK] Seq=1 Ack=690201 Win=233016 Len=0 TSV=147586971 TSER=17109161 SLE=702801 SRE=723801 SLE=698601 SRE=700001
897 21.862539 [TCP Dup ACK 869#17] 6666 > 1059 [ACK] Seq=1 Ack=690201 Win=233016 Len=0 TSV=147586975 TSER=17109161 SLE=702801 SRE=725201 SLE=698601 SRE=700001
899 21.897285 [TCP Dup ACK 869#18] 6666 > 1059 [ACK] Seq=1 Ack=690201 Win=233016 Len=0 TSV=147586978 TSER=17109161 SLE=702801 SRE=726601 SLE=698601 SRE=700001
900 21.934245 [TCP Dup ACK 869#19] 6666 > 1059 [ACK] Seq=1 Ack=690201 Win=233016 Len=0 TSV=147586982 TSER=17109161 SLE=702801 SRE=728001 SLE=698601 SRE=700001
902 21.973903 [TCP Dup ACK 869#20] 6666 > 1059 [ACK] Seq=1 Ack=690201 Win=233016 Len=0 TSV=147586986 TSER=17109161 SLE=702801 SRE=729401 SLE=698601 SRE=700001
903 22.011354 [TCP Dup ACK 869#21] 6666 > 1059 [ACK] Seq=1 Ack=690201 Win=233016 Len=0 TSV=147586990 TSER=17109161 SLE=702801 SRE=730801 SLE=698601 SRE=700001
905 22.046605 [TCP Dup ACK 869#22] 6666 > 1059 [ACK] Seq=1 Ack=690201 Win=233016 Len=0 TSV=147586993 TSER=17109161 SLE=702801 SRE=732201 SLE=698601 SRE=700001
906 22.084275 [TCP Dup ACK 869#23] 6666 > 1059 [ACK] Seq=1 Ack=690201 Win=233016 Len=0 TSV=147586997 TSER=17109161 SLE=702801 SRE=733601 SLE=698601 SRE=700001
908 22.123700 [TCP Dup ACK 869#24] 6666 > 1059 [ACK] Seq=1 Ack=690201 Win=233016 Len=0 TSV=147587001 TSER=17109161 SLE=702801 SRE=735001 SLE=698601 SRE=700001
909 22.159664 [TCP Dup ACK 869#25] 6666 > 1059 [ACK] Seq=1 Ack=690201 Win=233016 Len=0 TSV=147587005 TSER=17109161 SLE=702801 SRE=736401 SLE=698601 SRE=700001
911 22.197398 [TCP Dup ACK 869#26] 6666 > 1059 [ACK] Seq=1 Ack=690201 Win=233016 Len=0 TSV=147587008 TSER=17109161 SLE=702801 SRE=737801 SLE=698601 SRE=700001
912 22.237762 [TCP Dup ACK 869#27] 6666 > 1059 [ACK] Seq=1 Ack=690201 Win=233016 Len=0 TSV=147587012 TSER=17109161 SLE=702801 SRE=739201 SLE=698601 SRE=700001
914 22.271757 [TCP Dup ACK 869#28] 6666 > 1059 [ACK] Seq=1 Ack=690201 Win=233016 Len=0 TSV=147587016 TSER=17109161 SLE=702801 SRE=740601 SLE=698601 SRE=700001
915 22.309943 [TCP Dup ACK 869#29] 6666 > 1059 [ACK] Seq=1 Ack=690201 Win=233016 Len=0 TSV=147587020 TSER=17109161 SLE=702801 SRE=742001 SLE=698601 SRE=700001
917 22.366366 [TCP Dup ACK 869#30] 6666 > 1059 [ACK] Seq=1 Ack=690201 Win=233016 Len=0 TSV=147587025 TSER=17109161 SLE=702801 SRE=743401 SLE=698601 SRE=700001
918 22.401095 [TCP Dup ACK 869#31] 6666 > 1059 [ACK] Seq=1 Ack=690201 Win=233016 Len=0 TSV=147587029 TSER=17109161 SLE=702801 SRE=744801 SLE=698601 SRE=700001
920 22.438788 [TCP Dup ACK 869#32] 6666 > 1059 [ACK] Seq=1 Ack=690201 Win=233016 Len=0 TSV=147587033 TSER=17109161 SLE=702801 SRE=746201 SLE=698601 SRE=700001
921 22.483150 [TCP Dup ACK 869#33] 6666 > 1059 [ACK] Seq=1 Ack=690201 Win=233016 Len=0 TSV=147587037 TSER=17109161 SLE=702801 SRE=747601 SLE=698601 SRE=700001
923 22.517873 [TCP Dup ACK 869#34] 6666 > 1059 [ACK] Seq=1 Ack=690201 Win=233016 Len=0 TSV=147587041 TSER=17109161 SLE=702801 SRE=749001 SLE=698601 SRE=700001
924 22.554089 [TCP Dup ACK 869#35] 6666 > 1059 [ACK] Seq=1 Ack=690201 Win=233016 Len=0 TSV=147587044 TSER=17109161 SLE=702801 SRE=750401 SLE=698601 SRE=700001
926 22.612478 [TCP Dup ACK 869#36] 6666 > 1059 [ACK] Seq=1 Ack=690201 Win=233016 Len=0 TSV=147587050 TSER=17109161 SLE=702801 SRE=751801 SLE=698601 SRE=700001
927 22.647700 [TCP Dup ACK 869#37] 6666 > 1059 [ACK] Seq=1 Ack=690201 Win=233016 Len=0 TSV=147587054 TSER=17109161 SLE=702801 SRE=753201 SLE=698601 SRE=700001
929 22.685890 [TCP Dup ACK 869#38] 6666 > 1059 [ACK] Seq=1 Ack=690201 Win=233016 Len=0 TSV=147587057 TSER=17109161 SLE=702801 SRE=754601 SLE=698601 SRE=700001
930 22.727782 [TCP Dup ACK 869#39] 6666 > 1059 [ACK] Seq=1 Ack=690201 Win=233016 Len=0 TSV=147587062 TSER=17109161 SLE=702801 SRE=756001 SLE=698601 SRE=700001
932 22.763493 [TCP Dup ACK 869#40] 6666 > 1059 [ACK] Seq=1 Ack=690201 Win=233016 Len=0 TSV=147587065 TSER=17109161 SLE=702801 SRE=757401 SLE=698601 SRE=700001
933 22.801967 [TCP Dup ACK 869#41] 6666 > 1059 [ACK] Seq=1 Ack=690201 Win=233016 Len=0 TSV=147587069 TSER=17109161 SLE=702801 SRE=758801 SLE=698601 SRE=700001
935 22.843803 [TCP Dup ACK 869#42] 6666 > 1059 [ACK] Seq=1 Ack=690201 Win=233016 Len=0 TSV=147587073 TSER=17109161 SLE=702801 SRE=760201 SLE=698601 SRE=700001
936 22.879061 [TCP Dup ACK 869#43] 6666 > 1059 [ACK] Seq=1 Ack=690201 Win=233016 Len=0 TSV=147587077 TSER=17109161 SLE=702801 SRE=761601 SLE=698601 SRE=700001
938 22.941616 [TCP Dup ACK 869#44] 6666 > 1059 [ACK] Seq=1 Ack=690201 Win=233016 Len=0 TSV=147587083 TSER=17109161 SLE=702801 SRE=763001 SLE=698601 SRE=700001
939 22.979805 6666 > 1059 [ACK] Seq=1 Ack=691601 Win=231616 Len=0 TSV=147587087 TSER=17113990 SLE=702801 SRE=763001 SLE=698601 SRE=700001
941 23.016557 6666 > 1059 [ACK] Seq=1 Ack=693001 Win=231616 Len=0 TSV=147587090 TSER=17114082 SLE=702801 SRE=763001 SLE=698601 SRE=700001
942 23.050500 6666 > 1059 [ACK] Seq=1 Ack=694401 Win=231616 Len=0 TSV=147587094 TSER=17114118 SLE=702801 SRE=763001 SLE=698601 SRE=700001
944 23.088694 6666 > 1059 [ACK] Seq=1 Ack=695801 Win=231616 Len=0 TSV=147587098 TSER=17114155 SLE=702801 SRE=763001 SLE=698601 SRE=700001
945 23.124416 6666 > 1059 [ACK] Seq=1 Ack=697201 Win=231616 Len=0 TSV=147587101 TSER=17114195 SLE=702801 SRE=763001 SLE=698601 SRE=700001
947 23.159645 6666 > 1059 [ACK] Seq=1 Ack=700001 Win=230216 Len=0 TSV=147587105 TSER=17114268 SLE=702801 SRE=763001
948 23.160860 [TCP Window Update] 6666 > 1059 [ACK] Seq=1 Ack=700001 Win=233016 Len=0 TSV=147587105 TSER=17114268 SLE=702801 SRE=763001
949 23.195607 6666 > 1059 [ACK] Seq=1 Ack=701401 Win=231616 Len=0 TSV=147587108 TSER=17114347 SLE=702801 SRE=763001
950 23.230115 6666 > 1059 [ACK] Seq=1 Ack=763001 Win=170016 Len=0 TSV=147587112 TSER=17114420
951 23.230575 [TCP Window Update] 6666 > 1059 [ACK] Seq=1 Ack=763001 Win=204184 Len=0 TSV=147587112 TSER=17114420
952 23.231108 [TCP Window Update] 6666 > 1059 [ACK] Seq=1 Ack=763001 Win=233016 Len=0 TSV=147587112 TSER=17114420
```

图 16-13　快速重传后的 SACK 恢复。871 至 950 号 ACK 包均包含 SACK 信息

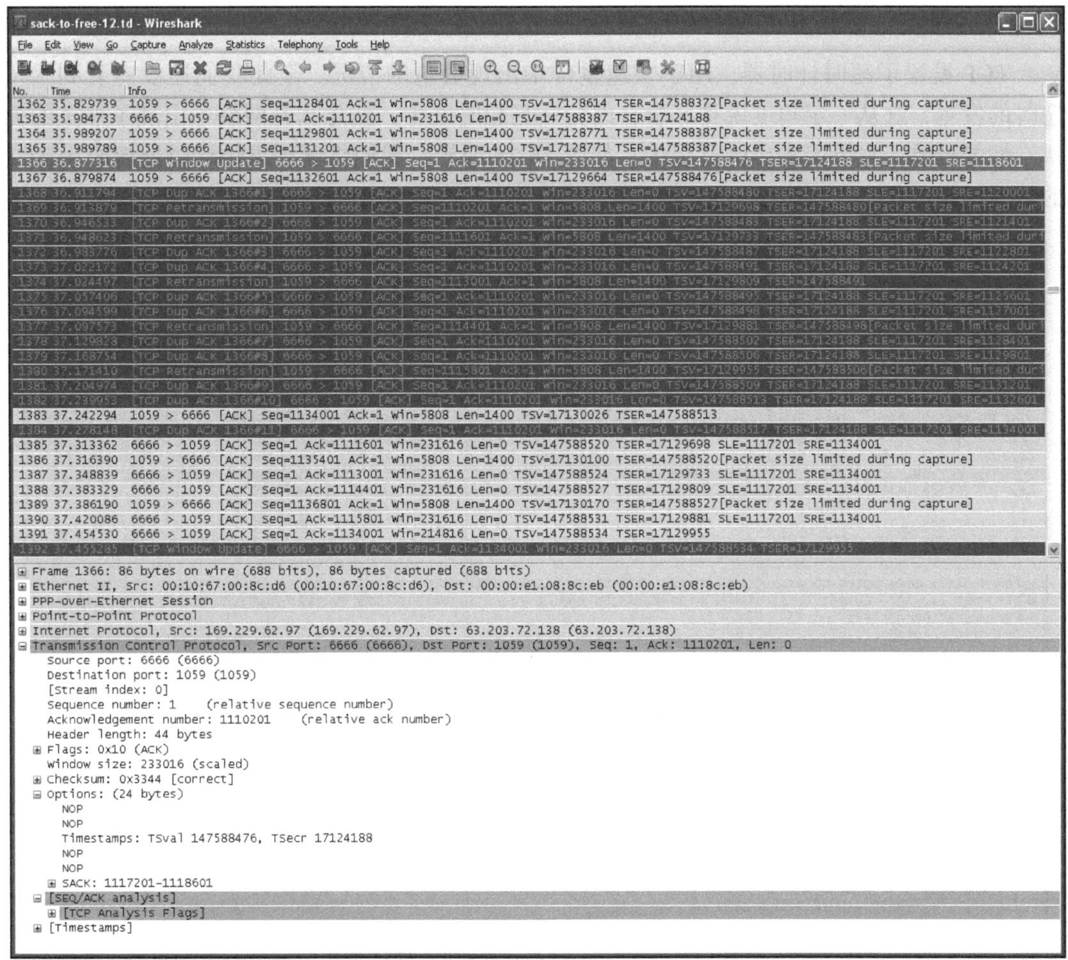

图 16-14　一旦接收到一个重复 ACK 或一个带 SACK 信息的 ACK，Linux TCP 发送端会进入失序（Disorder）状态。在此状态下，数据包的到达会触发新数据的传输。之后再次接收重复（或带 SACK 信息的）ACK，就会进入恢复（Recovery）状态，并开始重传

达，恢复阶段结束。注意到紧随这个 ACK 的是一次窗口更新。对于批量数据传输来说，接收窗口相对于网络带宽延迟积较大，因此这样的窗口更新通常不是很重要。但在交互式传输、接收窗口较小或者很少从网络中读数据的传输中，这些更新就相当重要（第 15 章已经提到）。当 36.914s 时刻的第一次快速重传开始，ssthresh 从 16 减为 8。到 37.455s 时刻恢复阶段完成，cwnd = 4，ssthresh = 8。由于 cwnd 小于 ssthresh，发送端进入慢启动状态。

16.5.5.3　再次 CWR（事件 5 和事件 6）

随着 43.356s 时刻序列号为 1359401 的 ACK 的到达，由于本地拥塞致使后续数据包无法发送，TCP 再次进入 CWR 状态。这使得 ssthresh 减为 8，cwnd 变为 15。在 CWR 状态的再次传输失败，致使 ssthresh 变为 12。最终结束 CWR 时，cwnd = 7，ssthresh = 8。

另一次的本地拥塞发生在 59.652s 时刻，此时的 cwnd = 19，ssthresh = 10，导致 TCP 再次进入 CWR 状态。这次出现了超时，致使 TCP 由 CWR 状态进入丢失（Loss）状态。这是我们需要讨论的新的事件类型。

16.5.6 超时、重传和撤销 cwnd 修改

TCP 设置了超时计时器，用于快速重传中出现丢包的情况。至此我们还没有看到重传超时的发生，这从一定角度说是好事，因为一旦超时发生，就意味着网络中出现了严重的拥塞，性能极差。在下面的传输过程中，如图 16-15 所示，我们将看到重传计时器超时后 TCP 的处理操作。

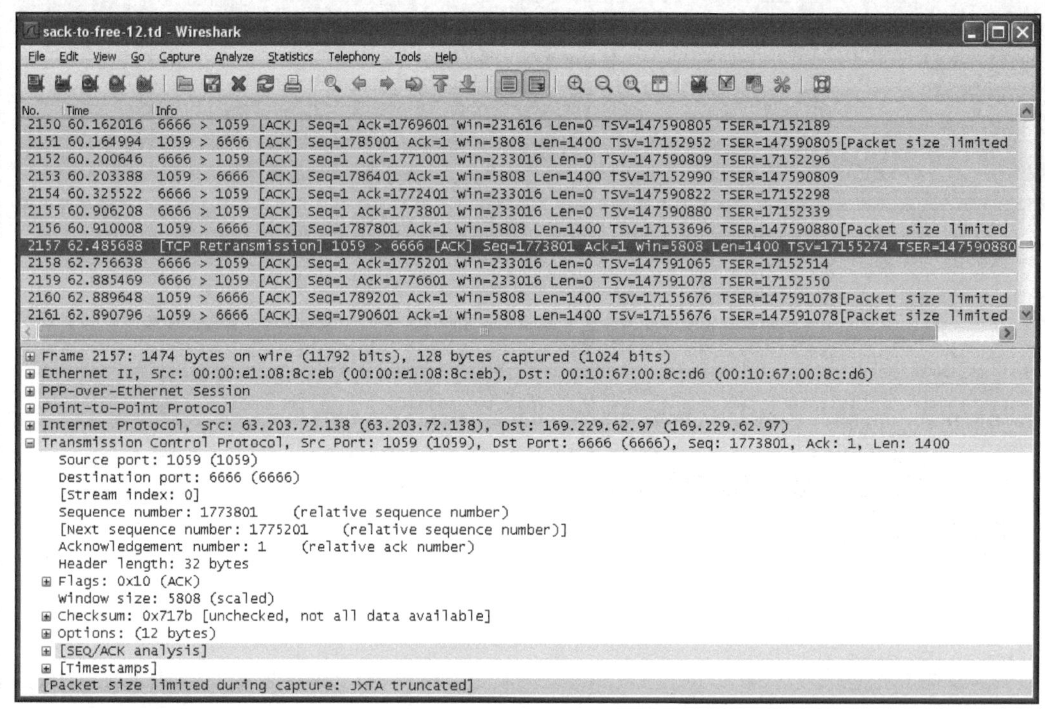

图 16-15 发送端经历了首次超时，其 RTO = 1.57s。在这里，发送端认为这是一次伪超时，并撤销了对拥塞控制变量的变更

16.5.6.1 首次超时（事件 7）

62.486s 时刻出现了一次重传（2157 号包），序列号为 1773801（图 16-15 中标记部分）。在此之前，并没有重复 ACK 或 SACK 信息。

如图 16-15 所示，在 62.486s 时刻，至上个 ACK 到达已过了 1.58s，但根据图 16-8，此时的 RTT 估计值只有 800ms。因此，我们认为发生了重传超时。TCP 进入丢失（Loss）状态，cwnd 减小为 1，ssthresh 设为 5，进入慢启动状态。超时也使得之前保存的 SACK 信息被丢弃。然而接收端仍会返回 SACK 信息，因此对新接收的 SACK 可以继续使用。

761～763

注意 当经历超时后，TCP 应当“忘记”之前的 SACK 信息，原因在于接收端可能会改变它之前发出的 SACK 信息。根据 [RFC2018]，当接收端需要调整其缓存时，可能将之前存储的失序数据删除。尽管并不常见，但这种行为是允许的。当接收端需要整理缓存时，只有第一个 SACK 信息中最近接收到的数据块不会删除。其他的 SACK 信息都不再可信。

然而有趣的是，这里的拥塞操作都撤销了。之前已经提过，当 TCP 认为重传超时出错，

会执行 Eifel 响应算法。在此处可以凭借时间戳的证据来判定出错。62.752s 时刻接收的序列号为 1775201 的 ACK（2158 号包）携带了一个 TSOPT（时间戳选项），其 TSV（时间戳值）为 17152514，而重传包的 TSV 为 17155274。由于 ACK 的 TSER（时间戳回显重试）字段包含了重传的数据段，并且早于该重传包，因此认为此处的重传是无用的，接收方在重传前已经接收到了该数据段。所以重传超时也是无效的。

由于超时出错，TCP 触发了 Eifel 响应算法，恢复了 cwnd 和 ssthresh 的值，并转为正常状态，继续执行拥塞避免算法。

16.5.6.2 快速重传（事件 8）

在 67.510s 时刻，接收了一个序列号为 1789201 的重复 ACK（2179 号包），包含 SACK 块 [1792001, 1793401]，因此 TCP 再次进入失序（Disorder）状态。至此已发送数据的最大序列号为 1806000。再次到来的 SACK 信息使得 TCP 进入恢复（Recovery）状态，并在 67.550s 时刻开始了序列号为 1789201 的又一次快速重传（2182 号包）。这使得 ssthresh 减至 5，cwnd 也相应开始减小。随着 67.916s 时刻序列号为 1806001 的 ACK（2197 号包）到达，恢复阶段结束。

16.5.6.3 再次 CWR（事件 9）

在 77.121s 时刻，又一次出现了本地拥塞事件，此时的 cwnd = 18。这使得 ssthresh 被置为 9 并再次进入 CWR 状态。然而，由于出现超时，这次 CWR 中 cwnd 的减值过程被中断，cwnd 只减小了 1，最终值为 8。

16.5.6.4 再次超时（事件 10）

再次超时又引发了新一轮的重传，在 78.515s 时刻又发送了序列号为 2175601 的包（图中未标记）。cwnd 更新为 1，ssthresh 仍为 9，重传数据段的 TSOPT TSV 值为 17171306。80.093s 时刻到达的序列号为 2179801 的 ACK（2641 号包）的 TSOPT TSER 值为 17169948，和事件 7 的超时一样，拥塞操作也被撤销了。此时 flight size 估计值为 2 184 001 + 1400 –
2 179 801 = 5600 字节（4 个包），由于拥塞操作撤销，因此 cwnd 仍为 8，这样将允许再发送 764
4 个新数据包。但这样的突发操作可能会造成丢包，所以应避免发送。

为防止这种突发行为，Linux TCP 实现了*拥塞窗口调整*（congestion window moderation）机制。它将单个 ACK 能触发的新数据包发送个数限制为*最大突发值*（maxburst），这里取值为 3。因此，cwnd 被设置为 (在外数据值 + 最大突出值) = 4 + 3 = 7。拥塞窗口调整机制和 TCP 中的相关方法一致，并经网络仿真工具 NS-2 验证。NS-2 在开发和探讨新的 TCP 算法研究中被广泛使用。

16.5.6.5 超时和最后一次恢复（事件 11）

如图 16-16 所示，在 88.929s 时刻出现了重传计时器超时，引发了序列号为 2185401 数据包的重传。

这次超时使得发送端进入慢启动状态，ssthresh = 5。这次 TCP 不能撤销超时，因此 cwnd 被置为 1，继续执行慢启动。从下面的传输流记录图可以更清楚地观察（参见图 16-17）。

序列号为 2185401 的重传已在图中标出。在重传后，与连接建立初始一样，开始了慢启动操作。根据每个到达 ACK 确认的数据包个数，继续发送两个或三个新数据包。直到 89.434s，cwnd 达到 ssthresh 的值（5），TCP 继续执行拥塞避免。

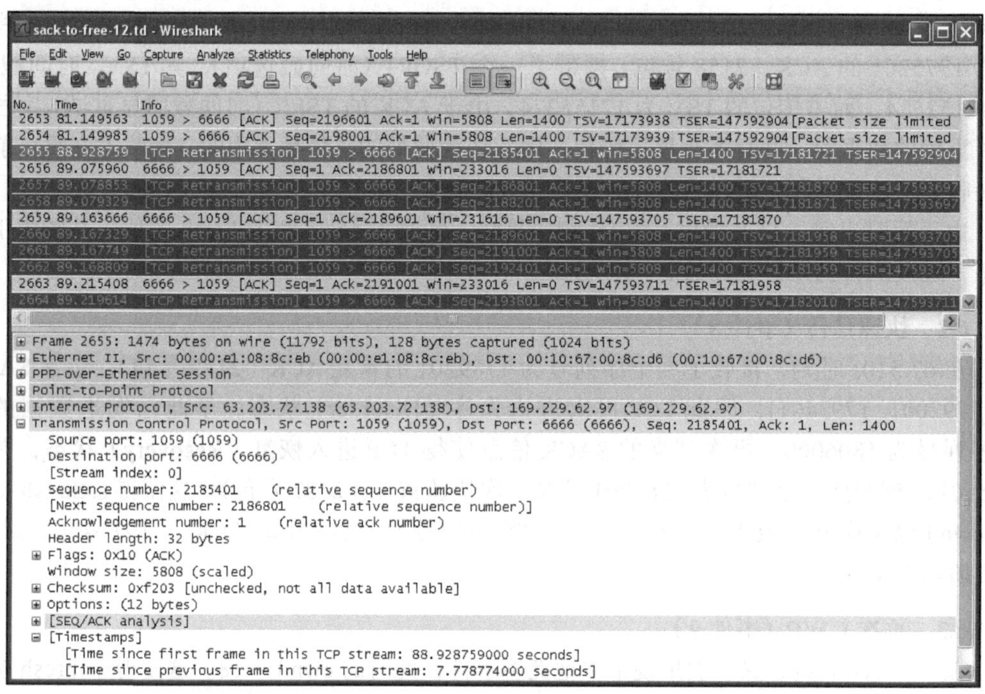

图 16-16　重传计时器超时，开始重传操作，这次拥塞操作不会被撤销。TCP 继续执行慢启动

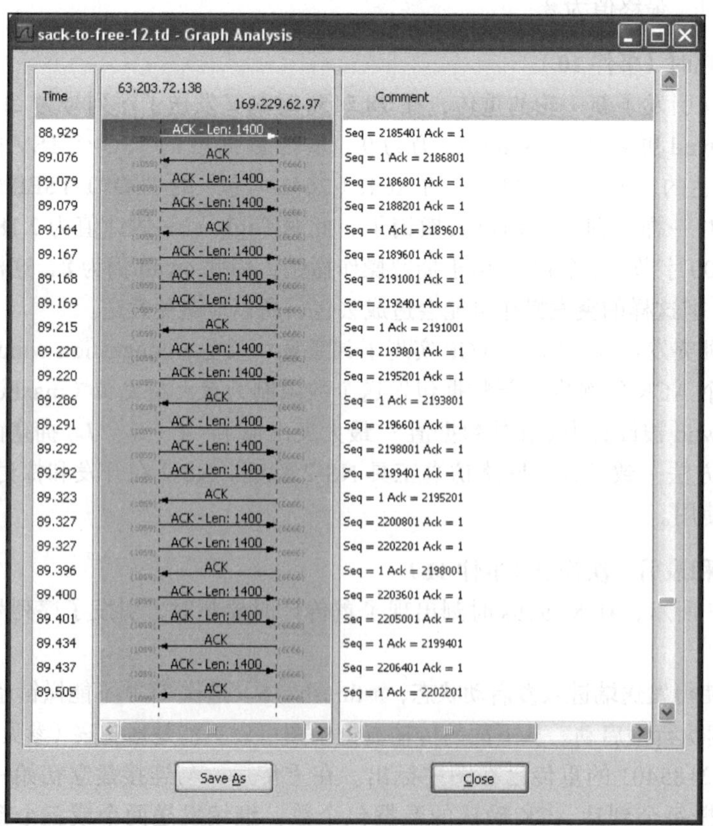

图 16-17　在 Wireshark 显示界面中，可以清楚看到重传超时后的慢启动行为。每个到达的 ACK 会引发两个或三个新数据包的传输

16.5.7 连接结束

最后一次包交换传输中，首先发送方在 99.757s 时刻发送了一个 FIN 包。接着接收方返回了 13 个 ACK 和一个 FIN 包。在 100.476s 时刻发送了最后一个包（即最后的 ACK）。该交换过程参见图 16-18。

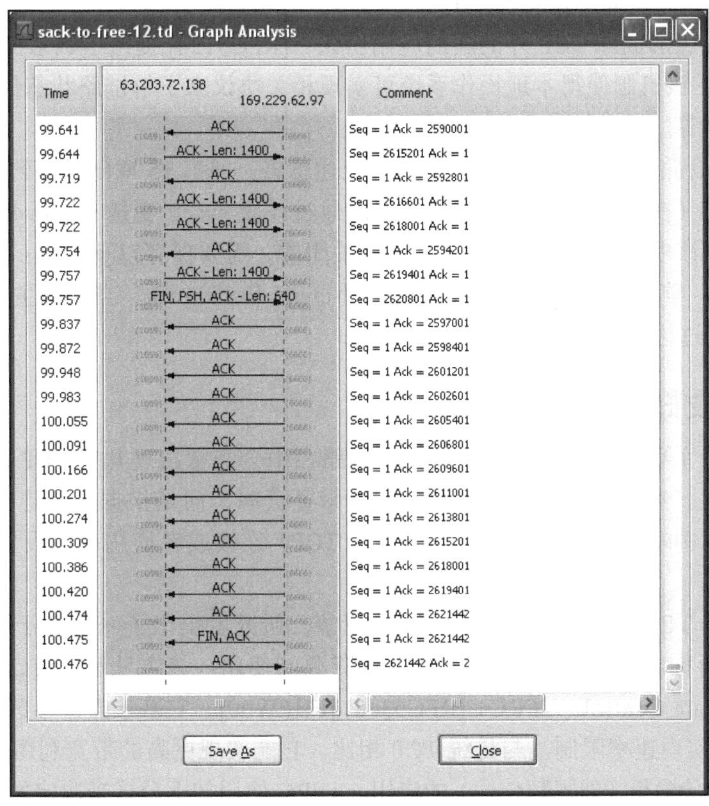

图 16-18 在连接关闭过程中，接收端返回了 13 个纯 ACK 来确认发送端发送的所有数据都已成功接收。最后的 FIN-ACK 传输关闭了接收端至发送端的连接。注意 FIN 报文段包含了有效的 ACK 号

传输的最大序列号为 2620801 + 640 – 1 = 2621440，等于总共传输数据大小 2.5MB。在 99.757s 时刻，在外数据量为 (2 619 401 + 1400 – 2 594 201) /1400 + 1 = 20 个包。到达的 13 个 ACK（其中 7 个是对两个包的确认）完成了全部 (2*7) + (13 – 7) = 20 个包的确认。注意到 100.472s 时刻达到的 ACK 确认的两个数据包长度分别为 1400 和 640，分别对应 2 621 442 – 2 619 401 = 1400 + 640。

这个扩展示例涉及了我们之前讨论过的大部分算法，包括基本 TCP 算法（慢启动、拥塞避免）以及选择确认、速率减半，包括一些比较新的方法如伪 RTO 检测等。下面我们将讨论一些算法的改进，以及那些不太普遍但更具理论性或者更新的方法。Linux TCP 协议栈实现了很多这样的方法，但不是默认启用的。通常只要利用 sysctl 程序稍加修改就能使用。Windows 的一些较新版本（Windows Vista 及以后版本）也都实现了这些功能的改进。

16.6 共享拥塞状态信息

前面的讨论和举例都是针对单一的 TCP 连接的拥塞处理操作。然而，相同的主机之间随后可能建立新的连接，这些新连接也需要重新进行拥塞处理，建立自己的 ssthresh 和 cwnd 765~767

值。在许多情况下，新连接可能会用到相同主机之间的其他连接的信息，包括已关闭的连接或者正处于活动状态的其他连接。这就是相同主机间多个连接共享拥塞状态信息。之前的一篇名为“TCP 控制块相互依赖性”的文章 [RFC2140] 描述了相关内容，其中注意区分了*暂时共享*（temporal sharing，新连接与已关闭连接间的信息共享）和*总体共享*（ensemble sharing，新连接与其他活动连接间的信息共享）。

为将上述思想形成除 TCP 外的新的应用协议，[RFC3124] 提出了*拥塞管理*（Congestion Manager）机制。该机制使得本地操作系统可实现相关协议来了解链路状态信息，如丢包率、拥塞估计、RTT 等。

Linux 在包含路由信息的子系统中实现了上述思想，即第 15 章已经提到的目的度量。这些度量默认开启（在前面的扩展示例中，我们通过设置 sysctl 变量 net.ipv4.tcp_no_metrics_save 为 1 禁用了该项功能）。当一个 TCP 连接关闭前，需要保存以下信息：RTT 测量值（包括 srtt 和 rttvar）、重排估计值以及拥塞控制变量 cwnd 和 ssthresh。当相同主机间的新连接建立时，就可以通过这些信息来初始化相关变量。

16.7 TCP 友好性

TCP 作为最主要的网络传输协议，在传输路径中会经常出现几个 TCP 连接共享一个或多个路由的情况。然而，它们并非均匀地共享带宽资源，而是根据其他连接动态地调节分配。但也会出现例外情形，如 TCP 与其他（非 TCP）连接或者使用不同设置的 TCP 连接竞争带宽。

为避免多个 TCP 连接对传输资源的恶性竞争，研究者提出了一种基于计算公式的速率控制方法，限制特定环境下 TCP 连接对带宽资源的使用。该方法称为 *TCP 友好速率控制*（TCP Friendly Rate Control，TFRC）[RFC5348] [FHPW00]，它基于连接参数和环境变量（如 RTT、丢包率）实现速率限制。与传统 TCP 相比，它能实现更高的带宽利用率，因此更适用
768 于流媒体这种大传输量（如视频传输）的应用。TFRC 使用如下公式来决定发送率：

$$X = s/(R\sqrt{2bp/3}) + 3pt_{RTO}(1 + 32p^2)\sqrt{3bp/8} \qquad (16\text{-}2)$$

这里的 X 指吞吐率限制（字节 / 秒），s 为包大小（字节，包含头部），R 是 RTT（秒），p 为丢包率 [0, 0.1]，t_{RTO} 为重传超时（秒），b 指一个 ACK 能确认的最大包个数。建议 t_{RTO} 设为 $4R$，b 设为 1。

从另一方面来看 TCP 发送率，即在拥塞避免阶段，怎样根据接收的无重复 ACK 来调整窗口大小。回顾前面讨论过的标准 TCP，使用拥塞避免算法时，每接收一个好的 ACK，cwnd 就会增加 1/cwnd，而每当出现一次丢包，cwnd 就会减半，这被称为*和式增加 / 积式减少*（Additive Increase/Multiplicative Decrease，AIMD）拥塞控制。通过将 1/cwnd 和 1/2 替换为 a 和 b，我们得到了一般化的 AIMD 等式：

$$\text{cwnd}_{t+1} = \text{cwnd}_t + a/\text{cwnd}_t$$

$$\text{cwnd}_{t+1} = \text{cwnd}_t - b*\text{cwnd}_t$$

根据 [FHPW00] 给出的结果，上述等式得出的发送率为（以包个数 /RTT 为单位）：

$$T = \frac{\sqrt{\dfrac{a\,(2-b)}{2b}}}{\sqrt{p}} \qquad (16\text{-}3)$$

对于传统 TCP，$a = 1$，$b = 0.5$，这样上式就简化为 $T = 1.2/\sqrt{p}$，称为简化的标准 TCP 响应函数。它的 TCP 速率（cwnd 调节）只和丢包率相关，而没有考虑重传超时。当 TCP 没有受其他因素（发送方或接收方缓存、窗口缩放等）影响时，在这样的良性环境下，简化函数能很好地控制 TCP 性能。

对 TCP 响应函数的任何修改都会影响它（或实现了相似拥塞控制模式的其他协议）与标准 TCP 的竞争。因此，通常会使用相对公平（relative fairness）的方法来分析新的拥塞控制模式。根据丢包率，相对公平给出了改进拥塞控制模式协议和标准 TCP 协议的速率比。这是衡量改进模式在带宽共享方面公平性的重要指标。 769

要建立与标准 TCP 公平竞争的速率调节机制，理解上述公式只是第一步。针对特定的协议，实现 TFRC 会存在具体的细节差异，包括怎样正确测量 RTT、丢包率、包大小等。这些问题在 [RFC5348] 中有详细讨论。

16.8 高速环境下的 TCP

在 BDP 较大的高速网络中（如 1Gb/s 或者更大的无线局域网），传统 TCP 可能不能表现出很好的性能。因为它的窗口增加算法（特别是拥塞避免算法）需要很长一段时间才能使窗口增至传输链路饱和。也就是说，即使没有拥塞发生，TCP 也不能很好地利用高速网络。产生这一问题的原因主要在于拥塞避免算法中的增量为固定值。如果一个 TCP 使用 1500 字节的数据包在一个 10Gb/s 的长距离链路上传输，假设没有出现丢包和传输错误，要想完全利用所有的带宽需要 83 000 个报文段。若每个 RTT 为 100 毫秒，完成 50 亿个数据包传输大约需要 1.5 个小时。为了弥补这一不足，研究人员致力于改进 TCP 协议，使其在高速网络环境下能够获得更好的性能，并且在一定程度上保持与标准 TCP 的公平性，特别是在更为普遍的低速环境中。

16.8.1 高速 TCP 与受限的慢启动

高速 TCP（HSTCP）的技术说明 [RFC3649] [RFC3742] 指出，当拥塞窗口大于一个基础值 Low_Window 时，应当调整标准 TCP 的处理方式。其中 Low_Window 设置为 38 个 MSS。这个值与前面提到的简化的标准 TCP 响应函数所给出的 10^{-3} 丢包率相一致。其发送速率和丢包率在双对数坐标系中是线性相关的，所以它是一个具有幂律特性的函数。

> **注意** 在双对数坐标系中形成一条直线的函数称为幂律（power law）函数，其方程式为 $y = ax^k$，也可表示为 $\log y = \log a + k \log x$（$a$ 和 k 是常数），在双对数坐标系中是一条斜率为 k 的直线。

为建立幂律函数，我们需要选择两个点，然后建立一个方程式，使这个方程式所描述的直线经过这两个点。假设这两个点分别为 (p_1, w_1) 和 (P_0, W_0)，其中 $w_1 > W_0 > 0$ 且 $0 < p_1 < P_0$。在一个线性坐标系中，这两个点会建立一个斜率为 $(w_1 - W_0) / (p_1 - P_0)$ 的直线，但是在双对数坐标系中，它们所形成的直线的斜率 $S = (\log w_1 - \log W_0) / (\log p_1 - \log P_0)$。然后，基于前面提到的公式，我们可以得到 $w = Cp^S$。我们还需要一个点来定义 C，这个点可以是 (P_0, W_0)。经过一系列代数计算，我们可以得出 $C = P_0^{-S} W_0$，即 $w = p^S P_0^{-S} W_0$。 770

图 16-19 给出了基于点 $(P_0, W_0) = (0.0015, 31)$ 且 $S = -0.82$ 的传统 TCP 和 HSTCP 响应函数的图示。在丢包率较大的情况下（大于 0.001），两者没有差别，所以该表达式只适用于

p 值较大的情况。比较这两条直线，当丢包率足够小时，HSTCP 可以达到更快的发送速率。

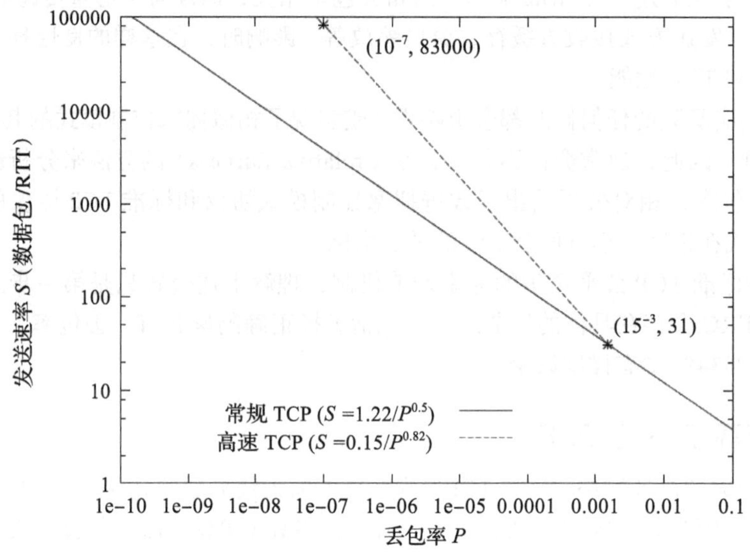

图 16-19 在高速 TCP 中，针对更低的丢包率和更大的窗口，TCP 响应函数需要做相应的调整，从而在高带宽延迟积的网络中获得更大的吞吐量。图片来自 Sally Floyd 2003 年 3 月在 IETF TWVWG 的演讲

为了使 TCP 实现上述响应函数，需要调整拥塞避免机制。当窗口发生改变时，需要考虑当前的窗口大小。与传统 TCP 类似，在接收一个好的 ACK 后需要参考当前窗口大小来调整窗口值。具体响应如下：

$$\text{cwnd}_{t+1} = \text{cwnd}_t + a\ (\text{cwnd}_t)\ /\text{cwnd}_t$$

当对于拥塞事件进行响应时（例如丢包，或者发现 ECN 标志），它的响应如下：

771

$$\text{cwnd}_{t+1} = \text{cwnd}_t - b\ (\text{cwnd}_t) * \text{cwnd}_t$$

这里的 *a*() 是和式增加函数，而 *b*() 是积式减小函数。在标准 TCP 中，它们都是当前窗口大小的相关函数。为了获得预期的响应函数，我们首先由公式（16-3）推广得出以下公式：

$$W_0 = \frac{\sqrt{\dfrac{a\ (w)(2-b\ (w)\ )}{2b\ (w)}}}{\sqrt{P_0}}$$

变换得：

$$a\ (w) = 2P_0W_0^2\ b\ (w)\ /\ (2-b\ (w)\ )$$

上述关系式有多个解，也就是说，有多种 *a*() 和 *b*() 的组合方式可以满足，然而有些解对于调度算法来说并不适用。

[RFC3649] 中还给出了其他的 HSTCP 对传统 TCP 的拥塞避免改进的细节。[RFC3742] 描述了如何修改慢启动阶段，使其在高速环境下得到运行中的拥塞窗口值。它被称为*受限的慢启动*，即减慢速度的慢启动，这样在处理大窗口的情况下（几千甚至几万个数据包），TCP 不会在一个 RTT 中使窗口翻倍。

在受限的慢启动阶段，引入了一个新的参数称为 max_ssthresh。这个值不是 ssthresh 的最大值，而是 cwnd 的一个阈值：如果 cwnd < = max_ssthresh，则慢启动阶段与传统 TCP 相

同。如果 max_ssthresh < cwnd <= ssthresh，那么 cwnd 在每个 RTT 中最大只能增长 (max_ssthresh/2) 个 SMSS。具体管理 cwnd 的方式如下：

```
if (cwnd <= max_ssthresh) {
        cwnd = cwnd + SMSS          (regular slow start)
} else {
        K = int(cwnd / (0.5 * max_ssthresh))
        cwnd = cwnd + int((1/K)*SMSS)          (limited slow start)
}
```

建议 max_ssthresh 的初始值为 100 个包，或者 100*SMSS 个字节。

16.8.2 二进制增长拥塞控制（BIC 和 CUBIC）

HSTCP 是为在大 BDP 网络中实现高吞吐量的一种 TCP 修改方案。它兼顾了在普通环境下与传统 TCP 的公平性，但在特殊环境中能够达到更快的发送速度。在多个具有不同 RTT 772
的连接竞争带宽时，HSTCP 不会直接控制这些竞争行为（称为“RTT 公平性”）。对标准 TCP 的研究表明，当使用相同的数据包大小和 ACK 策略时，较小的 RTT 在共享传输路径上能获得更大的带宽 [F91]。对于能根据自身窗口大小来调节 cwnd 增长值的 TCP（称为带宽可扩展 TCP）来说，这种不公平性表现得更加严重。是否遵守 RTT 公平性一直是一个存在争论的话题。尽管第一感觉认为 RTT 公平性是必要的，但是拥有较大 RTT 的连接可能会使用更多的网络资源（例如经过更多的路由器），所以拥有较小的吞吐量也是合理的。不论是哪种观点，了解 RTT 的公平性（或不公平性）行为是我们接下来探讨各个 TCP 改进版本的动因。

16.8.2.1 BIC-TCP 算法

为建立一种可扩展的 TCP 及解决 RTT 公平性问题，提出了 BIC-TCP 算法（之前称为 BI-TCP 算法）[XHR04]，并从 Linux 2.6.8 内核版本中开始应用。BIC TCP 算法的主要目的在于，即使在拥塞窗口非常大的情况下（需要使用高带宽的连接），也能满足*线性 RTT 公平性*（linear RTT fairness）。线性 RTT 公平性是指连接得到的带宽与其 RTT 成反比，而不是一些更复杂的函数。

该方法使用了两种算法来修改标准 TCP 发送端：*二分搜索增大*（binary search increase）和*加法增大*（additive increase）。这些算法在出现一个拥塞信号（如丢包）后被调用，但是在任一给定时刻只运行一种算法。二分搜索增大算法的操作过程如下：*当前最小窗口*是最近一次在一个完整 RTT 中没有出现丢包的窗口大小，*最大窗口*是最近一次出现丢包时的窗口大小。预期窗口位于这两个值之间。BIC-TCP 使用二分搜索技术选择这两个值的中点作为一个*试验的窗口*，然后进行递归。如果这个点依然会发生丢包，那么将它设置为最大窗口，然后继续重复上述过程。如果不发生丢包，那么将它设置为新的最小窗口，然后同样继续重复上述过程。直到最大窗口和最小窗口的差值小于一个预先设置好的阈值时，这一过程才停止，其中这个阈值被称为*最小增量*（minimum increment），或者 S_{min}。

这一算法往往会在一个对数级的试验次数内找到预期窗口，也被称为*饱和点*（saturation point）。而标准 TCP 则需要多项式级的次数（平均为窗口大小差值的一半）。因此，这种方法使 BIC-TCP 在特定的处理阶段拥有比标准 TCP 更快的速度。它是为充分利用高速网络没有不必要延时的优点而设计的。与其他协议相比较，BIC-TCP 表现得有所不同，它的增长速率在一些时间点是*下降的*，也就是说，越接近饱和点，它增长得越慢。而大多数其他算法在接近饱和点时都会增长得更快。 773

加法增大算法运作过程如下：当使用二分搜索增大算法时，可能会出现当前窗口大小与中间点（从二分搜索意义上说）之间差距很大。由于可能出现突然大量数据注入网络的情况，所以在一个 RTT 内将窗口增大到中间点可能并不是一个好方法。这种情况下就要采用加法增大算法。当中间点与当前窗口大小之间的差值大于一个特定值 S_{max} 的时候，将调用加法增大算法。此时，增量被限制为每个 RTT 增加 S_{max}，这一增量被称为*窗口夹*（window clamping）。一旦中间点距离试验窗口比距离 S_{max} 值更近时，则转换为使用二分搜索增大算法。总的来说，当检测到丢包现象，窗口会使用乘法系数 β 来减小，而窗口增大时，首先使用加法增大算法，之后一旦确认加法增量小于 S_{max} 时就转为使用二分搜索增大算法。这种组合的算法称为*二进制增长*（binary increase），或者 BI。

当窗口增至超过当前最大值，或由于还没有丢包发生而没有已知的最大值时，增长会终止。这是由*最大值探测*（max probing）机制所实现的。最大值探测的目的是有效地利用带宽。它使用一种加法增大和二分搜索增大的对称方式。初始时，它设置了一个较小的增量。之后如果没有检测到拥塞，它就会使用更大的增量。因为在饱和点附近变化量较小，而且在饱和点处网络能够表现出最佳的性能，所以这种方法具有良好的稳定性。

Linux 系统（内核版本 2.6.8 至 2.6.17）中实现了 BIC-TCP 算法，并默认开启。有 4 个系统参数用来控制它的操作：net.ipv4.tcp_bic、net.ipv4.tcp_bic_beta、net.ipv4.tcp_bic_low_window 和 net.ipv4.tcp_bic_fast_convergence。第一个布尔变量用来控制是否使用 BIC（与传统的快速重传和快速恢复相对应）。第二个变量包含了一个比例因子，它可以通过 cwnd 值来决定 S_{max} 值（默认为 819）。第三个参数控制在运行 BIC-TCP 算法前的最小拥塞窗口的大小。它的默认值为 14，这意味着标准 TCP 拥塞控制决定最小窗口。最后一个参数是一个标志位，默认状态下是开启的。在二分搜索增大算法处于下降趋势时，它会影响新的最大窗口和目标窗口的选择。在窗口减小的过程中，新的最大窗口和最小窗口将被分别设置为 cwnd 和一定比例的 cwnd 值（由参数 β 决定，即 β*cwnd）。如果启用快速收敛，并且新的最大值小于它之前的值，那么最大窗口将在它与最小窗口的平均值范围内继续减小。在这之后，不论快速收敛是否开启，目标窗口将设置为最大窗口与最小窗口的平均值。这种方式有助于在多个 BIC-TCP
774 流共享一个路由器时，更快地分配带宽。

16.8.2.2 CUBIC

BIC-TCP 的开发者对基本算法进行改进，形成新的控制算法，称为 CUBIC [HRX08]。自 2.6.18 内核版本起，它一直是 Linux 系统的默认拥塞控制算法。CUBIC 改进了 BIC-TCP 在一些情况下增长过快的不足，并对窗口增长机制进行了简化。它不像 BIC-TCP 那样使用阈值（S_{max}）来决定何时调用加法增大算法和二分搜索增大算法，而是使用一个高阶多项式函数（具体来说是一个三次方程）来控制窗口的增大。三次方程的曲线既有凸的部分也有凹的部分。这就意味着，在一些部分（凹的部分）增长比较缓慢，而在另一些部分（凸的部分）增长比较迅速。在 BIC 算法和 CUBIC 算法之前，所有 TCP 研究提出的都是凸的窗口增长函数。CUBIC 算法中，这个特殊的窗口增长函数如下所示：

$$W(t) = C(t - K)^3 + W_{max}$$

在这个表达式中，$W(t)$ 代表在时刻 t 的窗口大小，C 是一个常量（默认为 0.4），t 是距离最近的一次窗口减小所经过的时间，以秒为单位。K 是在没有丢包的情况下窗口从 W 增长到 W_{max} 所用的时间。W_{max} 是最后一次调整前的窗口大小。其中 K 可依据以下表达式计算：

$$K = \sqrt[3]{\frac{\beta W_{max}}{C}}$$

其中 β 是积式减少的常量（默认为 0.2）。图 16-20 为 $K = 2.71$、$W_{max} = 10$、$C = 0.4$ 时，在时间段为 $t = [0, 5]$ 时 CUBIC 窗口增大算法的图示。

图中显示了 CUBIC 窗口增大函数既包含凸的部分也包含凹的部分，当发生快速重传时，W_{max} 被设置为 cwnd，新的 cwnd 值和 ssthresh 值被设置为 β * cwnd。CUBIC 算法中的 β 默认为 0.8。$W(t + \text{RTT})$ 值是下一个目标窗口的值。当在拥塞避免阶段，每收到一个 ACK，cwnd 值增加 $(W(t + \text{RTT}) - \text{cwnd}) / \text{cwnd}$。

值得注意的是，将 t 设置为距上次窗口减小经过的时间，有助于确保 RTT 的公平性。这里并不使用固定值对窗口进行改变，而用关于 t 的函数来调节窗口大小。这种方法将窗口变更操作从传统模式中分离出来。 775

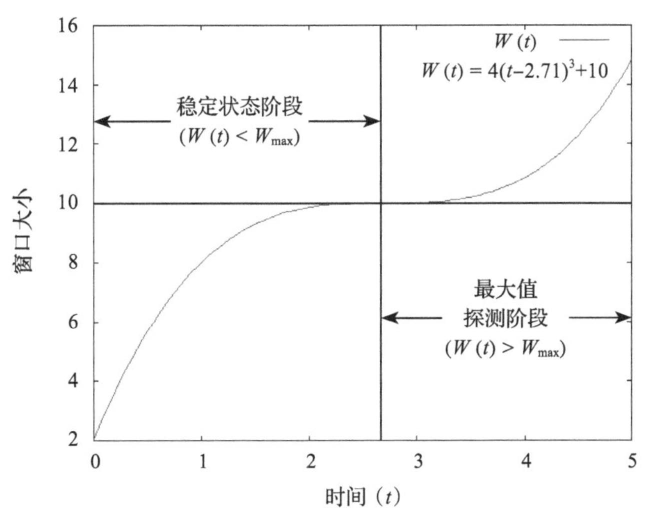

图 16-20　CUBIC 窗口增长函数是一个关于 t 的三次函数。它在 $W(t) < W_{max}$ 的区域是凹函数。在这一区域，cwnd 的增长越来越慢。在达到 W_{max} 之后，增长函数变为凸函数。在这一区域，cwnd 的增长越来越快

除了三次方程之外，CUBIC 还有“TCP 友好”策略。当窗口太小使得 CUBIC 不能获得比传统 TCP 更好的性能时，它将会开始工作。根据 t 可以得到标准 TCP 的窗口大小 $W_{tcp}(t)$：

$$W_{tcp}(t) = 3\frac{t}{\text{RTT}}\frac{(1-\beta)}{(1+\beta)} + W_{max}\beta$$

当在拥塞避免阶段有一个 ACK 到达时，如果 cwnd 值小于 $W_{tcp}(t)$，那么 CUBIC 将 cwnd 值设置为 $W_{tcp}(t)$。这种方法确保了 CUBIC 在一般的中低速网络中的 TCP 友好性，而在这些网络中标准 TCP 相对 CUBIC 算法更具优势。

如前所述，从 Linux 2.6.18 内核版本起，CUBIC 算法就是 Linux 系统的默认拥塞控制算法。而从 2.6.13 版开始，Linux 支持可装卸的拥塞避免模块 [P07]，用户可以选择想用的算法。变量 net.ipv4.tcp_congestion_control 表示当前默认的拥塞控制算法（默认为 cubic）。变量 net.ipv4.tcp_available_congestion_control 表示系统所载入的拥塞控制算法（一般，其他的算法可被作为内核模块载入）。变量 net.ipv4.tcp_allowed_congestion_control 表示用户允许应用程序使用的算法（可以具体选择或者设为默认）。它默认支持 CUBIC 算法和 Reno 算法。 776

16.9　基于延迟的拥塞控制算法

前面介绍的拥塞控制方法都是通过检测丢包、利用一些 ACK 或 SACK 报文探测、ECN 算法（如果可用）、重传计时器的超时来触发的。ECN 算法（16.11 节）允许一个 TCP 发送端向网络报告拥塞状况，而不用检测丢包。但是这要求网络中每一个路由器的参与，比较难以实现。然而，在没有 ECN 的情况下，判断网络中的主机是否发生拥塞也是可能的。当发送端不断地向网络中发送数据包时，不断增长的 RTT 值就可以作为拥塞形成的信号。我们在图 16-8 中看到过这种情况。新到达的数据包没有被发送，而是进入等待队列，这就造成了 RTT 值不断增大（直到数据包最终被丢弃）。一些拥塞控制技术就是根据这种情况提出的。它们被称为*基于延迟的*拥塞控制算法，与我们至今为止看到的*基于丢包的*拥塞控制算法相对。

16.9.1　Vegas 算法

TCP Vegas 算法于 1994 年被提出 [BP95]。它是 TCP 协议发布后的第一个基于延迟的拥塞控制方法，并经过了 TCP 协议开发组的测试。Vegas 算法首先估算了一定时间内网络能够传输的数据量，然后与实际传输能力进行比较。若本该传输的数据并没有被传输，那么它有可能被链路上的某个路由器挂起。如果这种情况持续不断地发生，那么 Vegas 发送端将降低发送速率。这与标准 TCP 中利用丢包来判断是否发生拥塞的方法相对。

在拥塞避免阶段，Vegas 算法测量每个 RTT 中所传输的数据量，并将这个数除以网络中观察到的最小延迟时间。算法维护了两个阈值 α 和 β（α 小于 β）。当吞吐量（窗口大小除以观察到的最小 RTT）与预期不同时，若得到的吞吐量小于 α，则将拥塞窗口增大；若吞吐量大于 β，则将拥塞窗口减小。吞吐量在两阈值之间时，拥塞窗口保持不变。拥塞窗口所有的改变都是线性的，这意味着这种方法是一种*和式增加 / 和式减少*（Additive Increase/Additive Decrease，AIAD）的拥塞控制策略。

作者通过链路瓶颈处的缓冲区利用率来描述 α 和 β。α 和 β 的最小值分别设置为 1 和 3。设置该值的原因是：在网络中至少有一个数据包缓冲区会被占用（也就是说，路由器上的队列表示网络链路上的最小带宽）才能保持网络资源被充分利用。如果 Vegas 只维护一个缓冲区，那么当有其他可用带宽时，就要等待额外的 RTT 时间。因此为了传输更多的数据，需
777 要多使用两个缓冲区（达到 3，α 的值）。此外，保持一个区间（$\beta - \alpha$）可以保留一部分空间，使得吞吐量可以有小幅改变而不至引发窗口大小的改变。这种缓冲机制可以减少网络的震荡。

稍加修改后，这种方法也适用于慢启动阶段。这里，每隔一个 RTT，cwnd 值才随着一个好的 ACK 响应而加 1。对于 cwnd 没有增长的 RTT，需要测量吞吐量是否在增长。如果没有，发送端将转为 Vegas 拥塞避免方式。

在特定情况下，Vegas 算法会盲目地相信前向的延迟会高于它实际的值。这种情况发生在它相反的方向产生了拥塞（回忆一下，TCP 连接的两个方向的链路可能会不同，并产生不同程度的拥塞状态）。在这种情况下，虽然不是发送端导致了（反向的）拥塞，但是返回发送端的数据包（ACK）会产生延迟。这就使得在这种不是真正需要调整拥塞窗口的情况下，减小了窗口大小。这是大多数基于测量 RTT 来进行拥塞控制判断的方法所共有的潜在缺陷。甚至，在反方向上严重的拥塞问题会导致 ACK 时钟（图 16-1）的严重紊乱 [M92]。

Vegas 与其他的 Vegas TCP 连接平等共用一条链路，因为每一次向网络中传输的数据量都很小。然而，Vegas 与标准 TCP 流共用链路时则是不平等的。标准 TCP 的发送端想要占

满网络中的等待队列，反之 Vegas 则是想使它们保持空闲。因此，当标准 TCP 发送端发送数据包时，Vegas 发送端会发现延迟在增长，那么它就会降低发送速率。最终，这导致了只对标准 TCP 有利的状态。Linux 系统支持 Vegas，但不是默认开启的。对于 2.6.13 之前的内核版本来说，布尔型 sysctl 变量 net.ipv4.tcp_vegas_cong_avoid 决定了是否使用 Vegas（默认为 0）。变量 net.ipv4.tcp_vegas_alpha（默认为 2）和变量 net.ipv4.tcp_vegas_beta（默认为 6）决定了上面提到的 α 和 β 值，但是它们的单位是半个数据包（也就是说，6 对应着 3 个数据包）。变量 net.ipv4.tcp_vegas_gamma（默认为 2）用于配置在经过多少个半数据包后 Vegas 结束慢启动阶段。对于 2.6.13 之后的内核版本，Vegas 需要作为分离的内核模块被载入，通过设置 net.ipv4.tcp_congestion_control 来启动 vegas。

16.9.2 FAST 算法

FAST TCP 算法是为处理大带宽延迟的高速网络环境下的拥塞问题而提出的 [WJLH06]。原理上与 Vegas 算法相同，它依据预期的吞吐量和实际的吞吐量的不同来调整窗口。与
Vegas 算法不同的是，它不仅依据窗口大小，而且还依据当前性能与预期值的不同来调整窗 778
口。FAST 算法会使用速率起搏（rate-pacing）技术每隔一个 RTT 都会更新发送率。如果测量延迟远小于阈值时，窗口会进行较快增长，一段时间后会逐渐平缓增长。当延迟增大时则相反。FAST 算法与我们之前所说的方法不同，因为在其中包含了一些专利，并且它正被独立地商业化。FAST 算法被一些研究机构质疑缺乏安全性，但是一个评估报告 [S09] 显示它具有良好的稳定性和公平性。

16.9.3 TCP Westwood 算法和 Westwood+ 算法

TCP Westwood 算法（TCPW）和 TCP Westwood + 算法（TCPW +）的设计目的在于，通过修改传统的 TCP NewReno 发送端来实现对大带宽延迟积链路的处理。TCPW + 算法是对 TCPW 算法的修正，所以这里只对 TCPW 算法进行说明。在 TCPW 算法中，发送端的*合格速率估计*（ERE）是一种对连接中可用带宽的估计。类似 Vegas 算法（基于预期速率与实际速率的差别），该估计值被不断计算。但是不同的是，对于这个速率的测量会有一个测量间隔，该间隔基于 ACK 的到达动态可变。当拥塞现象不明显时，测量间隔会比较小，反之亦然。当检测到一个数据包丢失的时候，TCPW 不会将 cwnd 值减半，而是计算一个估计的 BDP 值（ERE 乘以观察到的最小 RTT），并将这个值作为新的 ssthresh 值。另一方面，在连接处于慢启动阶段时，使用一种*灵活的探测机制*（Agile Probing）[WYSG05] 适应性地反复设置 ssthresh 值。因此当 ssthresh 值增长时（由于初始的慢启动），cwnd 值会以指数形式增长。在 Linux 2.6.13 之后的内核版本中，可以通过加载一个 TCPW 模块，并设置 net.ipv4.tcp_congestion_control 为 Westwood 来启动 Westwood。

16.9.4 复合 TCP

类似于 Linux 系统中的可装卸的拥塞避免模块，从 Windows Vista 系统开始，用户也可以自主选择使用何种 TCP 拥塞控制算法。该选项（除了 Windows Server 2008 外，默认不开启）称为*复合* TCP（Compound TCP，CTCP）[TSZS06]。CTCP 不仅依据丢包来进行窗口的调整，还依据延迟的大小。可以认为它是一种标准 TCP 和 Vegas 算法的结合，而且还包含了 HSTCP 可扩展的特点。

Vegas 算法和 FAST 算法的研究结果显示，基于延迟的拥塞控制方法可以得到更好的利用率、更少的自诱导的丢包率、更快的收敛性（对于正确的操作来说），并且使 RTT 更具公平性和稳定性。然而，就像前面提到过的，基于延迟的方法在与基于丢包的拥塞控制方法竞
779 争时会失去优势。CTCP 就是希望通过将基于延迟的方法和基于丢包的方法相结合来解决该问题。为了达到这一目的，CTCP 定义了一个新的窗口控制变量 dwnd（“延迟窗口”）。可用窗口大小 W 则变成了

$$W = \min(\text{cwnd} + \text{dwnd}, \text{awnd})$$

对 cwnd 值的处理与标准 TCP 类似，但是如果延迟允许，新加入的 dwnd 值会允许额外的数据包发送。在拥塞避免阶段当 ACK 报文到达时，cwnd 值根据下面的公式进行更新：

$$\text{cwnd} = \text{cwnd} + 1/(\text{cwnd} + \text{dwnd})$$

dwnd 值的控制是基于 Vegas 算法的，并且只在拥塞避免阶段才是非零值（CTCP 使用传统的慢启动方式）。当连接建立时，使用一个变量 baseRTT 来表示测量到的最小 RTT 值。然后预期数据与实际数据的差值 diff 将使用如下公式进行计算：$\text{diff} = W * (1 - (\text{baseRTT}/\text{RTT}))$。其中 RTT 是估算的（平滑的）RTT 估计。diff 的值估算了网络队列中的数据包数量（或字节数）。与大多数基于延迟的方法类似，CTCP 算法试图将 diff 值保持在一个阈值内，以此保证网络的充分利用而不至于出现拥塞，这个阈值定义为 γ。为了达到这一目的，对于 dwnd 值的控制可依据以下公式：

$$\text{dwnd}(t+1)=\begin{cases}\text{dwnd}(t) + (\alpha * \text{win}(t)^k - 1)^+ & (\text{diff} < \gamma)\\ (\text{dwnd}(t) - \zeta * \text{diff})^+ & (\text{diff} \geqslant \gamma)\\ (\text{win}(t) * (1-\beta) - \text{cwnd}/2)^+ & (\text{检测到丢包})\end{cases}$$

其中 $(x)^+$ 表示 $\max(x, 0)$。注意这里 dwnd 值非负。而当 CTCP 像标准 TCP 那样工作的时候，dwnd 值应为 0。

在第一种情况下，网络没有被充分利用，CTCP 根据多项式 $\alpha * \text{win}(t)^k$ 增大 dwnd 值。这是一种多项式级的增长，而当缓冲区的占用率小于 γ 时，会更快速地增长（类似于 HSTCP）。在第二种情况下，缓冲区的占用率已经超过了阈值 γ，固定值 ζ 表示延迟窗口的递减速率（dwnd 经常为 cwnd 的加数）。这就使得 CTCP 的 RTT 更具公平性。当检测到丢包时，dwnd 值会有自己的积式递减系数 β。

可以看到，CTCP 需要使用参数 k、α、β、γ 和 ζ。k 的值表示速度的等级。与 HSTCP 类似，可以将 k 值设置为 0.8，但是由于实现方面的原因，k 值被设置为 0.75。α 和 β 值表示了平滑度和响应性，分别被默认设置为 0.125 和 0.5。对于 γ 值，这里凭借经验将其设置为 30
780 个数据包。如果这个值太小，将不会有足够的数据包，以致不能得到较容易测量的延迟。相反，如果这个值太大则会导致长时间的拥塞。

CTCP 算法相对比较新，通过更深入的实验和改进，会使其与标准 TCP 相比拥有更好的性能，并且能够很好地适应不同的带宽。在一个仿真实验中，[W08] 注意到在网络缓冲区较小时（小于 γ 值），CTCP 算法的性能会很差。他们还提出 CTCP 也存在着一些 Vegas 算法中的问题，包括重新路由问题（适应具有不同延迟的新链路）和持续的拥塞问题。他们发现，如果有很多的 CTCP 流，其中每一个都要维护 γ 个数据包，并且共用一条相同瓶颈的链路时，CTCP 的性能会非常差。

像前面所提到的，CTCP 在大多数版本的 Windows 系统中不是默认开启的。然而，下面的命令可以用来选择 CTCP 作为拥塞控制方法。

```
C:\> netsh interface tcp set global congestionprovider=ctcp
```

它可以通过另选一个不同的（或不设置）控制算法来关闭。CTCP 也作为一个可装卸式的拥塞避免模块而移植到 Linux 系统中，当然它也不是默认启用的。

16.10 缓冲区膨胀

虽然存储单元的价格昂贵（高端路由器也是如此），但是现在的网络设备中仍包含大量的内存和几百万字节的包缓冲区。然而，这样庞大的内存（与传统的网络设备相比）会导致像 TCP 这样的协议性能下降。这一问题被称为缓冲区膨胀 [G11] [DHGS07]。它主要存在于家用网关的上行端以及家庭或小型办公室的接入点处，与排队等待而产生的大量延迟有关。标准 TCP 协议的拥塞控制算法会在链路的瓶颈处将缓冲区填满。而由于拥塞的信号（一个数据包丢失）需经很长时间才能反馈到发送端，此时在发送端和接收端之间缓存了大量数据，TCP 协议也不能很好地运作。

[KWNP10] 中指出，在美国包括电缆和 DSL 在内，上传带宽范围是 256Kb/s ~ 4Mb/s，在商用路由器上的缓冲区大小应该在 16KB 至 256KB 之间。图 16-21 显示了在几种缓冲区大小下延迟和数据传输速率的关系，可以证明之前结论的正确性。

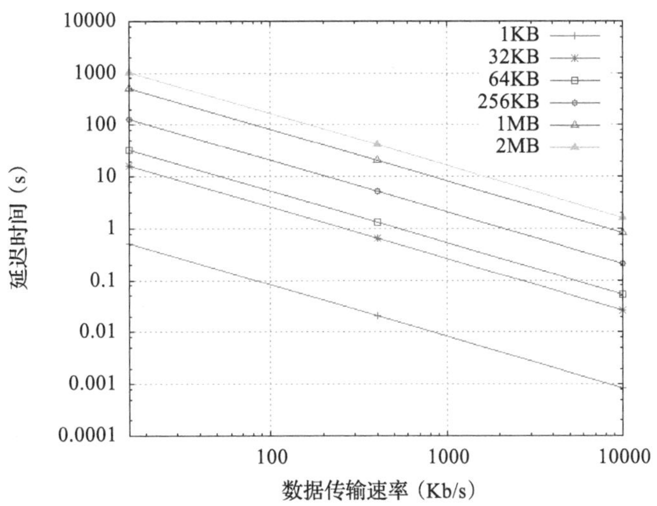

图 16-21 双对数坐标系显示了队列等待的延迟随拥塞队列长度的变化情况。当缓冲区被占满时（“缓冲区膨胀”），交互式的应用程序将会产生无法容忍的延迟

图 16-21 展示了针对不同缓冲区大小（1KB ~ 2MB）数据在队列等待所产生的延迟情况。如果缓冲区大小为几百 KB 或者更多，那么家庭网络上传带宽速率（一般在 250Kb/s 至 781
10Mb/s 之间）会引起几百秒的延迟。为了给用户带来更好的体验，一般的交互式应用程序需要把单向延迟控制在 150ms 以下 [G114]。因此，如果缓冲区被一个或多个大的上传文件所占满（如 BT 共享文件），会严重影响交互式应用性能。

不是所有的网络设备中都存在缓冲区膨胀的问题。实际上，主要问题是缓冲区端用户接入设备过满。有很多方法可以解决这一问题，包括修改协议（如像 Vegas 这样的基于延迟的拥塞控制方式，但是它可能会因为网络抖动而产生相反效果 [DHGS07]）、使用缓冲区大小可动态改变的接入设备（[KWNP10] 中提到），或将两者结合。接下来介绍一种综合的方法，它不仅可以解决缓冲区膨胀的问题，而且还有一些其他的好处。

16.11 积极队列管理和 ECN

到现在为止，TCP 能够推断出拥塞产生的唯一方法就是发生丢包现象。特别是路由器（最有可能产生拥塞）通常不会通知连接两端的主机，TCP 即将产生拥塞。而是当缓存没有多余的可用空间时，只好将新到达的数据包丢弃（称为“尾部丢弃”）。然后依照先进先出
782 （FIFO）的方法继续转发那些先前到达的数据包。当网络路由器像这样*被动*工作时（指它们在超负荷的时候仅仅丢弃数据包，而不会提供它们已经处于拥塞状态的任何反馈信息），TCP 除了事后再做出反应以外无能为力。然而，如果路由器可以更积极地管理它们的等待队列（也就是说使用更精确复杂的调度算法和缓存管理策略），也许这种情况就能得到改善。若可以将拥塞状态报告给端节点，效果会更好。

应用 FIFO 和尾部丢弃以外的调度算法和缓存管理策略被认为是*积极的*，路由器用来管理队列的相应方法称为*积极队列管理*（AQM）机制。[RFC2309] 中提到了 AQM 机制的潜在优势。若可以通过将路由器和交换机的状态传输给端系统来实现 AQM 时，它将更具利用价值。这些在 [RFC3168] 中有详细描述，[RFC3540] 利用相关实验描述了扩展安全性的 AQM。这些 RFC 都描述了*显式拥塞通知*（Explicit Congestion Notification，ECN），它对经过路由器的数据包进行标记（设置 IP 头中的两个 ECN 标志位），以此得到拥塞状况。

随机早期检测（RED）网关 [FJ93] 机制能够探测拥塞情况的发生，并且控制数据包标记。这些网关实现了一种衡量平均占用时间的队列管理方法。如果占用队列的时间超过最小值（minthresh），并且小于最大值（maxthresh），那么这个数据包将被标记上一个不断增长的概率值。如果平均队列占用时间超过了 maxthresh，数据包将被标记一个可配置的最大的概率值（MaxP），MaxP 可以设置为 1.0。RED 也可以将数据包丢弃而不是标记它们。

> **注意** RED 算法有多种版本（如思科的 WRED 就是基于 IP DSCP 和优先级的 RED 算法），很多路由器和交换机都支持。

当数据包被接收时，其中的拥塞标记表明这个包经过了一个拥塞的路由器。当然，发送端（而不是接收端）才真正需要这些信息，以此降低发送速率。因此，接收端通过向发送端返回一个 ACK 数据包来通知拥塞状况。

ECN 机制主要在 IP 层进行操作，也可以应用于 TCP 协议之外的其他传输层协议。当一个包含 ECN 功能的路由器经过长时间的拥塞，接收到一个 IP 数据包后，它会查看 IP 头中的 *ECN 传输能力*（ECT）标识（在 IP 头中由两位 ECN 标志位定义）。如果有效，负责发送数据
783 包的传输层协议将开启 ECN 功能，此时，路由器会在 IP 头设置一个*已发生拥塞*（CE）标识（将 ECN 位都置为 1），然后继续向下转发数据报。若拥塞情况不会持续很长时间（例如由于队列溢出导致最新的一个数据包被丢弃），路由器不会将 CE 标识置位。因为即使是*一个单独的* CE 标识，传输协议也会做出反应。

如果 TCP 接收端发现接收到的数据包的 CE 标识被置位，那么它必须将该标识发送回发送端（[RFC5562] 中的实验表明，也可以将 ECN 添加到 SYN + ACK 报文段中发送）。因为接收端经常会通过 ACK 数据包（不可靠的）向发送端返回信息，所以拥塞标识很有可能会丢失。出于对这种情况的考虑，TCP 实现了一个小型的可靠连接协议，通过这个协议可以将标识返回给发送端。TCP 接收端接收到 CE 标识被置位的数据包之后，它会将每一个 ACK 数

据包的“ECN 回显”（ECN-Echo）位字段置位，直到接收到一个从发送端发来的 CWR 位字段设置为 1 的数据包。CWR 位字段被置位说明拥塞窗口（也就是发送速率）已经降低。

> **注意** RED 机制和 ECN 机制至今已有将近 20 年，它们仍无法满足广泛应用的网络调度。多种原因造成了此种现状（例如，RED 参数难以设置，而且能起的作用也有限）。2005 年，对于 ECN 的“复查”[K05] 指出，只在数据包中应用 ECN 机制大幅限制了它的作用。[RFC5562] 中的一个实验表明，在一定负载下（例如 Web 流量），将 ECN 放置在 SYN + ACK 数据包中传输可以提高 ECN 的实用性。

TCP 发送端接收到含有 ECN-Echo 标识的 ACK 数据包时，会与探测到单个数据包丢失时一样调整 cwnd 值。同时发送端还会重新设置后续数据包的 CWR 位字段。常规的拥塞处理方式为：调用快速重传和快速恢复算法（当然，数据包不会进行重传），这样就可以使 TCP 在丢包之前降低发送速率。值得注意的是，TCP 的处理不应该过度。特别是它不能对同一个数据进行多次响应。否则，ECN TCP 相对于其他来说会处于不利地位。

在 Windows Vista 及之后的版本中，激活 ECN 功能需要使用以下命令：

```
C:\> netsh int tcp set global ecncapability=enabled
```

在 Linux 系统中，如果布尔型 Sysctl 变量 net.ipv4.tcp_ecn 的值非零，则 ECN 功能被激活。这种基于 Linux 的改变默认设置的方法正在广泛使用。在 Mac OS 10.5 及更新的版本中，变量 net.inet.tcp.ecn_initiate_out 和 net.inet.tcp.ecn_negotiate_in 分别控制向外传输和向内传输的 ECN 功能的开启。当然，没有路由器和交换机的协作，ECN 的实用性在任何情况下都 784
会受到限制。AQM 在整个全球互联网络中发挥作用还需要时间。

> **注意** 由于设计目的不同，RED 机制和 ECN 机制被用于完全不同的操作环境。Microsoft 和 Stanford 开发了 Data Center TCP（DCTCP）[A10]。它使用了更简化的参数，在第 2 层交换机上实现了 RED 机制，可以在网络产生瞬时的拥塞时对数据包进行标记。它们还调整了 TCP 接收端的行为，只有在最后一个接收到的数据包包含 CE 标记时，才将 ACK 中的 ECN-Echo 标记置位。报告显示达到相同的 TCP 吞吐量情况下，缓冲区的占用率下降了 90%，并使背景流量增长 10 倍。

16.12 与 TCP 拥塞控制相关的攻击

我们已经看到生成数据包是如何攻击 TCP，使其改变自身的连接状态机，从而断开连接的。当 TCP 处于 ESTABLISHED 状态时，它也会受到攻击（至少为非正常工作状态）。大多数针对 TCP 拥塞控制的攻击都是试图强迫 TCP 发送速度比一般情况更快或者更慢。

更早期的攻击方式是利用 ICMPv4 Source Quench（源抑制）报文的结构。当这些报文被发送到运行 TCP 协议的主机上时，任何与该 IP 地址相连的连接都会减慢发送速率。该 IP 地址包含在 ICMP 报文中的违规数据报中。然而随着 1995 年路由器不再使用 Source Quench 报文进行拥塞控制（[RFC1812]5.3.6 节），这种攻击方式也变得不可行了。另一方面，对于终端主机，[RFC1122] 规定 TCP 针对 Source Quench 报文必须降低速率。综合以上两点，解决这种攻击最简单的方法就是在路由器和主机上阻止 ICMP Source Quench 报文的传输。这种方式已得到普遍使用。

一种更复杂、更常用的攻击方式是*基于接收端的不当行为* [SCWA99]。这里将描述三种攻击形式，它们都可以使 TCP 发送端以一个比正常状态更快的速率进行数据发送。这些攻击可用于使某个 Web 客户端得到比其他客户端更高的优先权，分别为 *ACK 分割*攻击、*重复 ACK 欺骗*攻击、*乐观响应*攻击，还有一种在 TCP 中实现的变体，这里把它称为“TCP Daytona”。

ACK 分割攻击的原理是，将原有的确认字节范围拆分成多个 ACK 信号并返回给发送端。由于 TCP 拥塞控制是基于 ACK 数据包的到达进行操作的（而不是依据 ACK 信号中的 ACK 字段）。这样发送端的 cwnd 会比正常情况更快速地增长。要解决这一问题，与 ABC(适当字节数）类似，可通过计算每个 ACK 能确认的数据量（而不是一个数据包的到达）来判断
785 是否为真的 ACK。

重复 ACK 欺骗攻击可以使发送端在快速恢复阶段增长它的拥塞窗口。回想之前讨论过的，在标准快速恢复模式中，每次接收到重复 ACK cwnd 都会增长。这种攻击会比正常情况更快地生成多余的重复 ACK。因为还没有一种明确的方法可以将接收到的重复 ACK 和它们所确认的报文段相对应（一个基于时间的伪随机数可以解决这一问题，我们将在第 18 章详细讨论），因此这种攻击更加难以防治。利用时间戳选项可以解决这一问题，可以设置该选项在每个连接中开启或关闭。然而解决这一问题的最好方法是，限制发送端在恢复阶段的在外数据值。

乐观响应攻击原理是对那些*还没有到达的*报文段产生 ACK。因为 TCP 的拥塞控制计算是基于端到端的 RTT 的。对那些还没有到达的数据提前进行确认就会导致发送端计算出的 RTT 比实际值要小，所以发送端将会比正常情况下更快地做出反应。但如果发送端接收到了一个未发送数据的 ACK，通常会选择忽略该响应。与其他攻击方式不同，这种方法不能在 TCP 层保证数据的可靠传输（也就是说，已经被确认的数据可能会丢失）。丢失的数据会被应用层或者会话层协议重建，这是很常见的（例如在 HTTP/1.1 中）。为防范这类攻击，可定义一个*可累加的随机数*，使得发送数据段大小可随时间动态改变，以此来更好地匹配数据段和它对应的 ACK。当发现得到的 ACK 和数据段不匹配时，发送端就可以采取相应的行动。

接收端异常行为的问题也受到了一些研究 ECN 的专家的关注，回想一下使用 ECN 的 AQM 机制，TCP 接收端会在 ACK 消息中向发送端返回一个 ECN 标识。然后发送端据此将会降低它的发送速率。如果接收端不能向发送端返回 ECN 标识（或者网络中的路由器将这一标识清除），那么发送端将不会知道是否产生拥塞，也就不会降低发送速率。[RFC3540] 进行了相关实验，即将一个 IP 数据包中的 ECN 字段（2 比特）中的 ECT 位字段设置为随机数。发送方将该字段值设置为一个随机的二进制数，接收方将该字段的值加 1（一个异或操作）。当生成 ACK 响应时，接收端会把该值放置到 TCP 头部的第 7 位（一般保留为 0）。行为异常的接收端有一半的概率可以猜到这一数值。因为每一个数据包都是相对独立的，所以一个行为异常的接收端必须猜对每一个 ECT 值，这样对于 k 个数据包来说全部猜对的概率只有 $1/2^k$（对于任何一个长时间使用的连接这都是很微小的）。

16.13 总结

786 TCP 被设计为互联网中主要的可靠传输协议。虽然其最初的设计包含了流量控制功能，能够在接收方无法跟上时降低发送方的速度，但是最初并没有提供方法从防止发送方淹没双方之间的网络。在 20 世纪 80 年代末期，为了控制发送方的攻击性行为，TCP 开发了慢启动

与拥塞避免算法，从而避免了因网络拥塞而造成的丢包问题。这些算法都依赖于使用一个隐含的信号、数据包丢失以及拥塞的指示。当检测到丢包时就会触发这些算法，无论是通过快速重传算法还是超时重传。

慢启动与拥塞避免通过在发送方设置一个拥塞窗口来实现对其操作的控制。该拥塞窗口将与传统的窗口一起使用（基于接收方提供的窗口广告）。一个标准的 TCP 会将其窗口的最小值限定为 2。随着时间的增长，慢启动要求拥塞窗口的数值指数地增加，而拥塞避免则会随着时间的推移而线性增长。在任何时刻都只能选择两种算法中的一种运行，而做出这一选择则需要比较拥塞窗口当前的数值与慢启动的阈值。如果拥塞窗口超过了阈值，那么采用拥塞避免；否则使用慢启动。慢启动起初只在建立 TCP 连接以及因超时而重新启动后使用。它也适用于连接长时间处于空闲状态的情况。在整个连接的过程中，慢启动的阈值会动态地进行调整。

多年来，拥塞控制已经成为网络研究界关注的重要焦点之一。在通过 TCP 与它的慢启动、拥塞避免过程获得经验后，一些改进方法被提出、执行以及标准化。通过跟踪 TCP 何时从一系列丢包中恢复，NewReno（TCP 的一个改进版本）能够避免当多个数据包在同一个窗口中被丢弃时伴随 Reno 变异发生的停滞现象。SACK TCP 通过允许发送者在一个 RTT 中智能地修复多个数据包改善 NewReno 的性能。在使用 SACK TCP 时，需要仔细地核算，以确保发送者在与共享同一个互联网路径的其他 TCP 通信方比较时不会显得过分积极。

近期，关于 TCP 拥塞管理的一些修改包括：速率减半、拥塞窗口的验证与调制，以及“撤销”过程。速率减半算法能够在检测出丢包后使拥塞窗口逐步而不是快速地减小。拥塞窗口验证尝试在发送应用程序空闲或不能发送的情况下确保拥塞窗口不会过大；拥塞窗口调制限制了在接收到单一 ACK 后作为响应的突发传输的大小。“撤销”过程，例如 Eifel 响应算法，在数据包丢失信号被认为是虚假以及使用若干技术进行条件检测时撤销对拥塞窗口的修改。在上述情况下，为了将减小拥塞窗口所带来的负面影响降至最低，恢复拥塞状态至其对应条件优于减小拥塞窗口。 787

经过 TCP 有意义的实践，发现拥塞避免过程需要花费相当长的一段时间才能找到并利用额外的可用带宽资源。因此，大量关于“带宽可扩展”的建议成为 TCP 修改的方向。一个较为知名的版本（在 IETF 中）是 HSTCP。相比于传统的 TCP 而言，它允许拥塞窗口在大数值且少有数据包丢失的情况下更加积极地增长。此外，还有一些建议，如 FAST 和 CTCP。它们的窗口增长过程都是基于数据包丢失与延迟的测量。在 Linux 系统上广泛部署的 BIC-TCP 与 CUBIC 算法使用了增长函数。该函数在某些区间呈凸形，而在另一些区间则呈凹形。这样就能够支持在饱和点的小窗口变化，从而可能以对新的可用带宽的迟缓响应（但仍快于标准的 TCP）为代价来增强稳定性。

随着显式拥塞通知（ECN）规范的提出，TCP 与互联网路由器的运营做出了一个重大改变，即在出现丢包之前允许 TCP 检测是否开始发生拥塞。虽然模拟与研究的结果表明它是可取的，但它需要适度地调整 TCP 的实现，并使互联网路由器的操作方式发生重要改变。这种能力将部署到何种程度还有待观察。

虽然 TCP 提供了最广泛使用的互联网可靠数据传输方法，但是它并没有以自身的安全方式实现。一般来说，它非常容易受到伪造数据包攻击，从而导致连接中断；攻击者只需要猜出一个可行的（窗口）序列号就能够发起上述攻击。此外，没有任何完全可行的方法能够阻止一个过分积极的发送者仅仅违反所有的拥塞控制规则。

将所有为 TCP 而开发的算法和技术都结合到一个 TCP 实现中并非易事（Linux 2.6.38 的 TCP/IPv4 大约有 20 000 行 C 语言代码），而分析真实世界中 TCP 活动的记录需要耗费时间。诸如 tcpdump、Wireshark 以及 tcptrace 这样的工具使这项工作变得相对容易。由于动态地适应网络性能，使用基于时间序列图的可视化技术能够更容易理解 TCP 的行为，例如本章所采用的例子。

16.14 参考文献

[A10] M. Alizadeh et al., "Data Center TCP (DCTCP)," *Proc. ACM SIGCOMM*, Aug./Sept. 2010.

[ASA00] A. Aggarwal, S. Savage, and T. Anderson, "Understanding the Perfor-
788 mance of TCP Pacing," *Proc. INFOCOM*, Mar. 2004.

[BP95] L. Brakmo and L. Peterson, "TCP Vegas: End to End Congestion Avoidance on a Global Internet," *IEEE JSAC*, 13(8), Oct. 1995.

[DHGS07] M. Dischinger, A. Haeberlen, K. Gummadi, and S. Saroiu, "Characterizing Residential Broadband Networks," *Proc. ACM IMC*, Oct. 2007.

[F91] S. Floyd, "Connections with Multiple Congested Gateways in Packet-Switched Networks, Part 1: One-Way Traffic," *ACM Computer Communication Review*, 21, 1991.

[FF96] S. Floyd and K. Fall, "Simulation-Based Comparisons of Tahoe, Reno, and SACK TCP," *ACM Computer Communications Review*, July 1996.

[FHPW00] S. Floyd, M. Handley, J. Padhye, and J. Widmer, "Equation-Based Congestion Control for Unicast Applications," *Proc. ACM SIGCOMM*, Aug. 2000.

[FJ93] S. Floyd and V. Jacobson, "Random Early Detection Gateways for Congestion Avoidance," *IEEE/ACM Transactions on Networking*, 1(4), Aug. 1993.

[G11] J. Gettys, "Bufferbloat: Dark Buffers in the Internet," *Internet Computing*, May/June 2011.

[G114] International Telecommunication Union Recommendation G.114, "One-Way Transmission Time," May 2003.

[H96] J. Hoe, "Improving the Start-up Behavior of a Congestion Control Scheme for TCP," *Proc. ACM SIGCOMM*, Aug. 1996.

[HRX08] S. Ha, I. Rhee, and L. Xu, "CUBIC: A New TCP-Friendly High-Speed TCP Variant," http://netsrv.csc.ncsu.edu/export/cubic_a_new_tcp_2008.pdf

[J88] V. Jacobson, "Congestion Avoidance and Control," *Proc. ACM SIGCOMM*, Aug. 1988. This paper was later updated in 1992 to include M. Karels as coauthor. The update is available at http://www-nrg.ee.lbl.gov/papers/congavoid.pdf

[J90] V. Jacobson, "Modified TCP Congestion Avoidance Algorithm," posting to the `end2end-interest` group mailing list, Apr. 1990, available at ftp://ftp.ee.lbl.gov/email/vanj.90apr30.txt

[K05] A. Kuzmanovic, "The Power of Explicit Congestion Notification," *Proc. ACM SIGCOMM*, Aug. 2005.

[KWNP10] C. Kreibich, N. Weaver, B. Nechaev, and V. Paxson, "Netalyzr: Illuminating Edge Network Neutrality, Security and Performance," *Proc. ACM IMC*, Nov. 2010.

[LARTC] http://lartc.org

[M92] J. Mogul, "Observing TCP Dynamics in Real Networks," *Proc. ACM SIG-*

COMM, Aug. 1992.

[MM05] M. Mathis, personal communication, Sept. 2005.

[MM96] M. Mathis and J. Mahdavi, "Forward Acknowledgment: Refining TCP Congestion Control," *Proc. ACM SIGCOMM*, Aug. 1996.

[NB08] J. Nievelt and V. Bhanu, "Developing TCP Chimney Drivers for Windows 7," presentation at Microsoft Windows Drivers Developer Conference, 2008.

[NS2] http://www.isi.edu/nsnam/ns (also see NS3 at http://www.nsnam.org)

[P07] http://lwn.net/Articles/128681

[PSCRH] M. Mathis, J. Mahdavi, and J. Semke, "TCP Rate Halving," http://www.psc.edu/networking/projects/rate-halving

[RFC1122] R. Braden, ed., "Requirements for Internet Hosts—Communication Layers," Internet RFC 1122/STD 0003, Oct. 1989.

[RFC1812] F. Baker, ed., "Requirements for IP Version 4 Routers," Internet RFC 1812, June 1995.

[RFC2018] M. Mathis, J. Mahdavi, S. Floyd, and A. Romanow, "TCP Selective Acknowledgment Options," Internet RFC 2018, Oct. 1996.

[RFC2140] J. Touch, "TCP Control Block Interdependence," Internet RFC 2140, Apr. 1997.

[RFC2309] B. Braden et al., "Recommendations on Queue Management and Congestion Avoidance in the Internet," Internet RFC 2309 (informational), Apr. 1998.

[RFC2861] M. Handley, J. Padhye, and S. Floyd, "TCP Congestion Window Validation," Internet RFC 2861 (experimental), June 2000.

[RFC3042] M. Allman, H. Balakrishnan, and S. Floyd, "Enhancing TCP's Loss Recovery Using Limited Transmit," Internet RFC 3042, Jan. 2001.

[RFC3124] H. Balakrishnan and S. Seshan, "The Congestion Manager," Internet RFC 3124, June 2001.

[RFC3168] K. Ramakrishnan, S. Floyd, and D. Black, "The Addition of Explicit Congestion Notification (ECN) to IP," Internet RFC 3168, Sept. 2001.

[RFC3465] M. Allman, "TCP Congestion Control with Appropriate Byte Counting (ABC)," Internet RFC 3465 (experimental), Feb. 2003.

[RFC3517] E. Blanton, M. Allman, K. Fall, and L. Wang, "A Conservative Selective Acknowledgment (SACK)-Based Loss Recovery Algorithm for TCP," Internet RFC 3517, Apr. 2003.

[RFC3540] N. Spring, D. Wetherall, and D. Ely, "Robust Explicit Congestion Notification (ECN) Signaling with Nonces," Internet RFC 3540 (experimental), June 2003.

[RFC3649] S. Floyd, "HighSpeed TCP for Large Congestion Windows," Internet RFC 3649 (experimental), Dec. 2003.

[RFC3742] S. Floyd, "Limited Slow-Start for TCP with Large Congestion Windows," Internet RFC 3742 (experimental), Mar. 2004.

[RFC3782] S. Floyd, T. Henderson, and A. Gurtov, "The NewReno Modification to TCP's Fast Recovery Algorithm," Internet RFC 3782, Apr. 2004.

[RFC4015] R. Ludwig and A. Gurtov, "The Eifel Response Algorithm for TCP," Internet RFC 4015, Feb. 2005.

[RFC5348] S. Floyd, M. Handley, J. Padhye, and J. Widmer, "TCP Friendly Rate

Control (TFRC): Protocol Specification," Internet RFC 5348, Sept. 2008.

[RFC5562] A. Kuzmanovic, A. Mondal, S. Floyd, and K. Ramakrishnan, "Adding Explicit Congestion Notification (ECN) Capability to TCP's SYN/ACK Packets," Internet RFC 5562 (experimental), June 2009.

[RFC5681] M. Allman, V. Paxson, and E. Blanton, "TCP Congestion Control," Internet RFC 5681, Sept. 2009.

[RFC5690] S. Floyd, A. Arcia, D. Ros, and J. Iyengar, "Adding Acknowledgement Congestion Control to TCP," Internet RFC 5690 (informational), Feb. 2010.

[RFC6077] D. Papadimitriou, ed., M. Welzl, M. Sharf, and B. Briscoe, "Open Research Issues in Internet Congestion Control," Internet RFC 6077 (informational), Feb. 2011.

[S09] B. Sonkoly, *Fairness and Stability Analysis of High Speed Transport Protocols*, Ph.D. Thesis, Budapest University of Technology and Economics, 2009.

[SCWA99] S. Savage, N. Cardwell, D. Wetherall, and T. Anderson, "TCP Congestion Control with a Misbehaving Receiver," *ACM Computer Communication Review*, Apr. 1999.

[SK02] P. Sarolahti and A. Kuznetsov, "Congestion Control in Linux TCP," *Proc. Usenix Freenix Track*, June 2002.

[TCPTRACE] http://jarok.cs.ohiou.edu/software/tcptrace/index.html

[TSZS06] K. Tan, J. Song, Q. Zhang, and M. Sridharan, "A Compound TCP Approach for High-Speed and Long-Distance Networks," *Proc. INFOCOM*, Apr. 2006.

[W08] X. Wu, "A Simulation Study of Compound TCP," http://www.comp.nus.edu.sg/~wuxiucha/research/reactive/publication/ctcp_study.pdf

[WJLH06] D. Wei, C. Jin, S. Low, and S. Hegde, "FAST TCP: Motivation, Architecture, Algorithms, Performance," *IEEE/ACM Trans. on Networking*, Mar. 2006.

[WQOS] http://technet.microsoft.com/en-us/network/bb530836.aspx

[WYSG05] R. Wang, K. Yamada, M. Sanadidi, and M. Gerla, "TCP with Sender-Side Intelligence to Handle Dynamic, Large, Leaky Pipes," *IEEE JSAC*, 23(2), Feb. 2005.

789～792 [XHR04] L. Xu, K. Harfoush, and I. Rhee, "Binary Increase Congestion Control for Fast Long-Distance Networks," *Proc. INFOCOM*, Mar. 2004.

第 17 章

TCP/IP Illustrated, Volume 1: The Protocols, Second Edition

TCP 保活机制

17.1 引言

许多 TCP/IP 的初学者会惊奇地发现，在一个空闲的 TCP 连接中不会有任何数据交换。也就是说，如果 TCP 连接的双方都不向对方发送数据，那么 TCP 连接的两端就不会有任何的数据交换。例如，在 TCP 协议中，没有其他网络协议中的轮询机制。这意味着我们可以启动一个客户端进程，与服务器端建立连接，然后离开几个小时、几天、几星期，甚至几个月，而连接依然会保持。理论上，中间路由器可以崩溃和重启，数据线可以断开再连接，只要连接两端的主机没有被重新启动（或者更改 IP 地址），那么它们将会保持连接状态。

注意 上述假设只是在特定情况下发生的。首先，客户端和服务器都没有实现应用层的非活动状态检测计时器，该计时器超时会导致任何一个应用进程的终止。其次，中间路由器不能保存连接的相关状态，例如一个 NAT 配置信息。某些特定操作中常常需要这些状态，而它们也会由于非活动状态而删除，或者由于系统故障而丢失。这些前提条件在现在的网络环境中是很难实现的。

一些情况下，客户端和服务器需要了解什么时候终止进程或者与对方断开连接。而在另一些情况下，虽然应用进程之间没有任何数据交换，但仍然需要通过连接保持一个最小的数据流。TCP 保活机制就是为了解决上述两种情况而设计的。保活机制是一种在不影响数据流内容的情况下探测对方的方式。它是由一个保活计时器实现的。当计时器被激发，连接一端将发送一个保活探测（简称保活）报文，另一端接收报文的同时会发送一个 ACK 作为响应。 793

注意 保活机制并不是 TCP 规范中的一部分。对此主机需求 RFC [RFC1122] 给出了 3 个理由。（1）在出现短暂的网络错误的时候，保活机制会使一个好的连接断开；（2）保活机制会占用不必要的带宽；（3）在按流量计费的情况下会在互联网上花掉更多的钱。然而，大部分的实现都提供了保活机制。

TCP 保活机制存在争议。许多人认为，如果需要，这一功能也不应在 TCP 协议中提供，而应在应用程序中实现。另一种观点认为，如果许多应用程序中都需要这一功能，那么在 TCP 协议中提供的话就可以使所有的实现都包含这一功能。保活机制是一个可选择激活的功能。它可能会导致一个好的连接由于两端系统之间网络的短暂断开而终止。例如，如果在中间路由器崩溃并重新启动的时候保活探测，那么 TCP 协议将错误地认为对方主机已经崩溃。

保活功能一般是为服务器应用程序提供的，服务器应用程序希望知道客户主机是否崩溃或离开，从而决定是否为客户端绑定资源。利用 TCP 保活功能来探测离开的主机，有助于服务器与非交互性客户端进行相对短时间的对话，例如，Web 服务器、POP 和 IMAP 电子邮件服务器。而更多地实现长时间交互服务的服务器可能不希望使用保活功能，如 ssh 和 Windows 远程桌面这样的远程登录系统。

可以通过一个简单例子来说明保活功能的可用性，即用户利用 ssh（安全 shell）远程登录程序穿越 NAT 路由器登录远程主机。如果建立连接，并做了相关操作，然后在一天结束时没有退出，而是直接关闭了主机，那么便会留下一个半开放的连接。在第 13 章中已经提到过，通过一个半开放的连接发送数据会返回一个重置信息，但那是来自正在发送数据的客户端。如果客户端离开了，只剩下服务器端的一个半开放的连接，而服务器又在等待客户端发来的数据，那么服务器将会永远地等待下去。在服务器端探测到这种半开放的连接时，就可以使用保活功能。

相反的情况下同样需要使用保活机制。如果用户没有关闭计算机，而是整个晚上保持连接，第二天可以继续使用，那么连接将连续几个小时处于空闲状态。在第 7 章中我们提到过，大部分 NAT 路由器包含超时机制。当连接在一段时间内处于非活动状态时，路由器将断开连接。如果 NAT 超时时限小于用户重新登录之前的几个小时，且 NAT 不能探测到端主机并确认它还处于活动状态，或者 NAT 路由器崩溃，那么该连接将被终止。为了避免这种情况的发生，用户可以配置 ssh，启动 TCP 保活功能。ssh 还能够使用应用程序管理的保活
794 功能。两种功能的行为模式不同，特别是安全性方面（参见 17.3 节了解细节）。

17.2 描述

保活功能在默认情况下是关闭的。TCP 连接的任何一端都可以请求打开这一功能。保活功能可以被设置在连接的一端、两端，或者两端都没有。有几个配置参数可以用来控制保活功能的操作。如果在一段时间（称为*保活时间*，keepalive time）内连接处于非活动状态，开启保活功能的一端将向对方发送一个保活探测报文。如果发送端没有收到响应报文，那么经过一个已经提前配置好的*保活时间间隔*（keepalive interval)，将继续发送保活探测报文，直到发送探测报文的次数达到*保活探测数*（keepalive probe)，这时对方主机将被确认为不可到达，连接也将被中断。

保活探测报文为一个空报文段（或只包含 1 字节）。它的序列号等于对方主机发送的 ACK 报文的最大序列号减 1。因为这一序列号的数据段已经被成功接收，所以不会对到达的报文段造成影响，但探测报文返回的响应可以确定连接是否仍在工作。探测及其响应报文都不包含任何新的有效数据（它是“垃圾”数据），当它们丢失时也不会进行重传。[RFC1122] 指出，仅凭一个没有被响应的探测报文不能判断连接是否已经停止工作。这就是*保活探测数*参数需要被提前设置的原因。值得注意的是，一些 TCP 实现（大部分是早期的 TCP 实现）不会响应那些不包含“垃圾”数据的保活探测报文。

TCP 保活功能工作过程中，开启该功能的一端会发现对方处于以下四种状态之一：

1. 对方主机仍在工作，并且可以到达。对方的 TCP 响应正常，并且请求端也知道对方在正常工作。请求端将保活计时器重置（重新设定为*保活时间*值）。如果在计时器超时之前有应用程序通过该连接传输数据，那么计时器将再次被设定为*保活时间*值。

2. 对方主机已经崩溃，包括已经关闭或者正在重新启动。这时对方的 TCP 将不会响应。请求端不会接收到响应报文，并在经过*保活时间间隔*指定的时间后超时。超时前，请求端会持续发送探测报文，一共发送*保活探测数*指定次数的探测报文，如果请求端没有收到任何探测报文的响应，那么它将认为对方主机已经关闭，连接也将被断开。

3. 客户主机崩溃并且已重启。在这种情况下，请求端会收到一个对其保活探测报文的响应，但这个响应是一个重置报文段，请求端将会断开连接。

4. 对方主机仍在工作，但是由于某些原因不能到达请求端（例如网络无法传输，而且可能使用 ICMP 通知也可能不通知对方这一事实）。这种情况与状态 2 相同，因为 TCP 不能区分状态 2 与状态 4，结果都是没有收到探测报文的响应。 795

请求端不必担心对方主机正常关闭然后重启（不同于主机崩溃）的情况。当系统关机时，所有的应用进程也会终止（即对方的进程），这会使对方的 TCP 发送一个 FIN。请求端接收到 FIN 后，会向请求端进程报告文件结束，并在检测到该状态后退出。

在第 1 种情况下，请求端的应用层不会觉察到保活探测的进行（除非请求端应用层激活保活功能）。一切操作均在 TCP 层完成，因此这一过程对应用层是透明的，直至第 2、3、4 种情况中的某种情况发生。在这三种情况中，请求端的应用层将收到一个来自其 TCP 层的差错报告（通常请求端已经向网络发出了读操作请求，并且等待来自对方的数据。如果保活功能返回了一个差错报告，则该差错报告将作为读操作请求的返回值返回给请求端）。在第 2 种情况下，差错是诸如“连接超时”之类的信息，而在第 3 种情况下则为“连接被对方重置”。第 4 种情况可能是连接超时，也可能是其他的错误信息。在下一节中我们将重点讨论这四种情况。

变量保活时间、保活时间间隔和保活探测数的设置通常是可以变更的。有些系统允许用户在每次建立连接时设置这些变量，还有一些系统规定只有在系统启动时才能设置（有的系统两者皆可）。在 Linux 系统中，这些变量分别对应 sysctl 变量 net.ipv4.tcp_keepalive_time、net.ipv4.tcp_keepalive_intvl、net.ipv4.tcp_keepalve_probes，默认设置是 7200 秒（2 小时）、75 秒和 9 次探测。

在 FreeBSD 和 Mac OS X 系统中，前两个变量对应 sysctl 变量 net.inet.tcp.keepidle 和 net.inet.tcp.keepintvl，默认设置为 7200 秒（2 小时）和 75000 毫秒（75 秒）。这两个系统还包含一个名为 net.inet.tcp.always_keepalive 的布尔变量。如果这个变量被激活，那么即使应用程序没有请求，所有 TCP 连接的保活功能都会被激活。探测次数被设定为固定值 8（FreeBSD 系统）或 9（Mac OS X 系统）。

在 Windows 系统中，可通过在系统键值下修改注册表项来设置变量：

```
HKLM\SYSTEM\CurrentControlSet\Services\Tcpip\Parameters
```

KeepAliveTime 保活时间默认为 7 200 000 毫秒（2 小时），KeepAliveInterval（保活时间间隔）默认为 1000 毫秒（1 秒）。如果 10 个保活探测报文都没有响应，Windows 系统将终止连接。 796

值得注意的是，[RFC1122] 明确给出了用户使用保活功能的限制。保活时间值必须是可配置的，而且默认不能小于 2 小时。此外，除非应用层请求开启保活功能，否则不能使用该功能（而如果 net.inet.tcp.always_keepalive 变量被设置时会违反这一限制）。没有经过应用层的请求，Linux 系统不会提供保活功能，但是一个特殊库会被预先载入（即在载入普通共享库之前），从而实现该功能 [LKA]。

17.2.1 保活功能举例

现在详细讨论上一节提到的第 2、3、4 种情况，我们将在使用保活机制的前提下观察数据包的交换。第 1 种情况的操作将在观察其他几种情况的过程中涉及。

17.2.1.1 另一端崩溃

我们想了解当服务器主机崩溃且没有重新启动时的过程。为了模拟这种情况，我们需要进行以下几个步骤：

1. 利用 Windows 客户端上的 regedit 程序，修改注册表键值，将 KeepAliveTime 设置为 7000 毫秒（7 秒）。设置新的值，可能需要系统重新启动。

2. 在 Windows 客户端和一个已经开启 TCP 保活功能的 Linux 服务器之间建立 ssh 连接。

3. 确保数据可以通过该连接传输。

4. 观察客户端的 TCP 每 7 秒发送一个保活数据包，并且这些数据包都可以被服务器 TCP 接收到。

5. 保持服务器端的网线断开。这时客户端会认为服务器主机已经崩溃。

6. 我们预计，在确认连接断开之前，客户端会发送 10 个间隔为 1 秒的保活探测报文。

这里是客户端的交互输出结果：

```
C:\> ssh -o TCPKeepAlive=yes 10.0.1.1
(password prompt and login continues)
Write failed: Connection reset by peer (about 15 seconds after disconnect)
```

图 17-1 是利用 Wireshark 工具的显示结果。在这个例子中，连接已经被建立。Wireshark 首先输出一个没有被识别的保活报文（数据包 1）。此时，Wireshark 还没有足够的数据包来
797 处理，不能发现数据包 1 中的序列号小于接收端窗口的左边界，因此不能判断数据包 1 是一个保活报文。数据包 2 中包含一个 ACK 号，它可以使 Wireshark 对后续数据包中的序列号进行适当的处理。

这一连接大部分由保活报文和对应的响应报文组成。数据包 1、3、5、7、14、16、18、20 以及 22 ~ 31 都是保活报文。数据包 2、4、6、8、15、17、19、21 是这些报文相应的响应。如果保活报文得到响应，那么客户端将每隔 7 秒发送一次。而当保活报文没有被响应时，发送方将会根据 KeepAliveInterval 设定的默认值，转变为每隔 1 秒发送一个保活报文。这一情况发生在 62.120s 时刻，也就是第 23 个数据包发送时。发送方共发送了 10 个没有被响应的保活报文（数据包 22 ~ 31）。在这之后，客户端会断开连接，发送最后的重置报文段（数据包 32），但不会收到对方的任何响应。当连接断开时，用户将收到下面一段输出信息：

```
Write failed:  Connection reset by peer
```

很明显连接已经断开，但是这种方式并不完全准确。事实上的确是发送端将连接断开的，但是发送端是基于缺少接收端的响应才做出这一判断的。

除了利用了保活机制之外，这一连接还有一些其他有趣的功能，这里做简要说明。首先，服务器使用了 DSACK 机制（第 14 章）。每一个 ACK 包含一个序列号区间，为之前接收到的序列号范围。其次，在 26.09s 时刻，有一个很小比特的数据交换。这个数据只代表了一个键盘键的按下。它被发送给服务器，服务器对其进行确认并回显。由于这一数据被加密，导致该数据包中的用户数据大小为 48 字节（第 18 章）。

有趣的是，回显的数据被发送了两遍。可以看到 11 号包为回显数据包，但是它没有被立即响应。回想一下第 14 章，Linux 系统 RTO 至少为 200 毫秒。这里我们可以看到，Linux 服务器在 200 毫秒之后重传了该数据，这次传输很快得到了客户端的响应。因为网络中无拥塞发生，所以基本不可能出现 11 号包丢失的情况。由于客户端的延迟响应，Linux 服务器进行了假重传。这种情况类似于第 15 章讨论过的 Nagle 算法与延时 ACK 的关系。从结果上看，这里发生了不必要的 200 毫秒延迟。

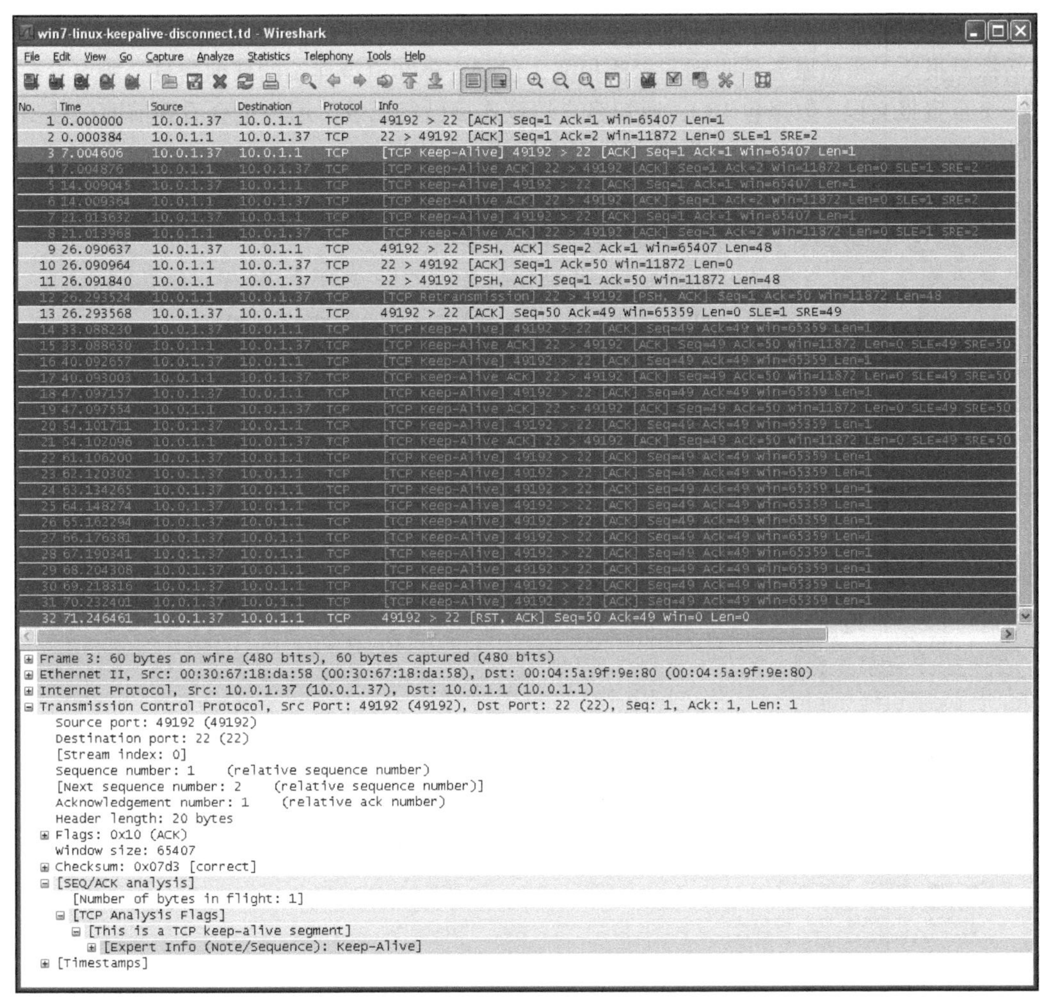

图 17-1 连接空闲之后，TCP 保活报文每间隔 7 秒发送一次。每一个报文中包含一个小于已被确认数据的序列号。当网线断开 1 分钟后，后续的保活报文就不会收到响应。客户端会发送 10 次保活报文，如果都没有响应会将连接断开。断开连接时，客户端会向服务器发送重置报文段（服务器不会接收到）。这个例子还说明了服务器使用了 DSACK 机制，客户端的延迟响应会导致假重传

17.2.1.2 另一端崩溃并已重新启动

在这个例子中，我们需要观察当对方主机崩溃并且重启时会发生什么。这一次我们把 KeepAliveTime 设置为 120 000 毫秒（2 分钟），其他的初始设置与前面的例子相同。我们建立一个连接，然后等待 2 分钟，客户端会发送一个保活消息并成功接收到相应的响应。之后我们将服务器端的网络断开，并将服务器重新启动，最后将它重新连接到网络。我们预计，下一个保活探测中，服务器将发出一个重置信息，因为服务器此刻不知道该连接的任何信息。图 17-2 显示了 Wireshark 记录下的整个过程。

在这个例子中，从 0.00s 到 3.46s，连接被建立，并且有少量的数据交换。之后连接进入空闲状态。经过 2 分钟（保活时间值）之后，客户端在 123.47s 时发送第一个保活探测报文，包含小于接收端窗口左边界的“垃圾”字节。该报文被确认，之后服务器被断开网络连接、 798~799

重新启动、重新连接网络。在 243.47s 的时候，也就是 120s 之后，客户端发送了它的第二个保活探测报文。虽然服务器收到了探测报文，但是它不知道该连接的任何信息，所以它会返回一个重置报文段（数据包 18），通知客户端该连接已经无效，用户也会看到前面已经出现过的“Connection reset by peer”（连接被对方重置）的错误信息。

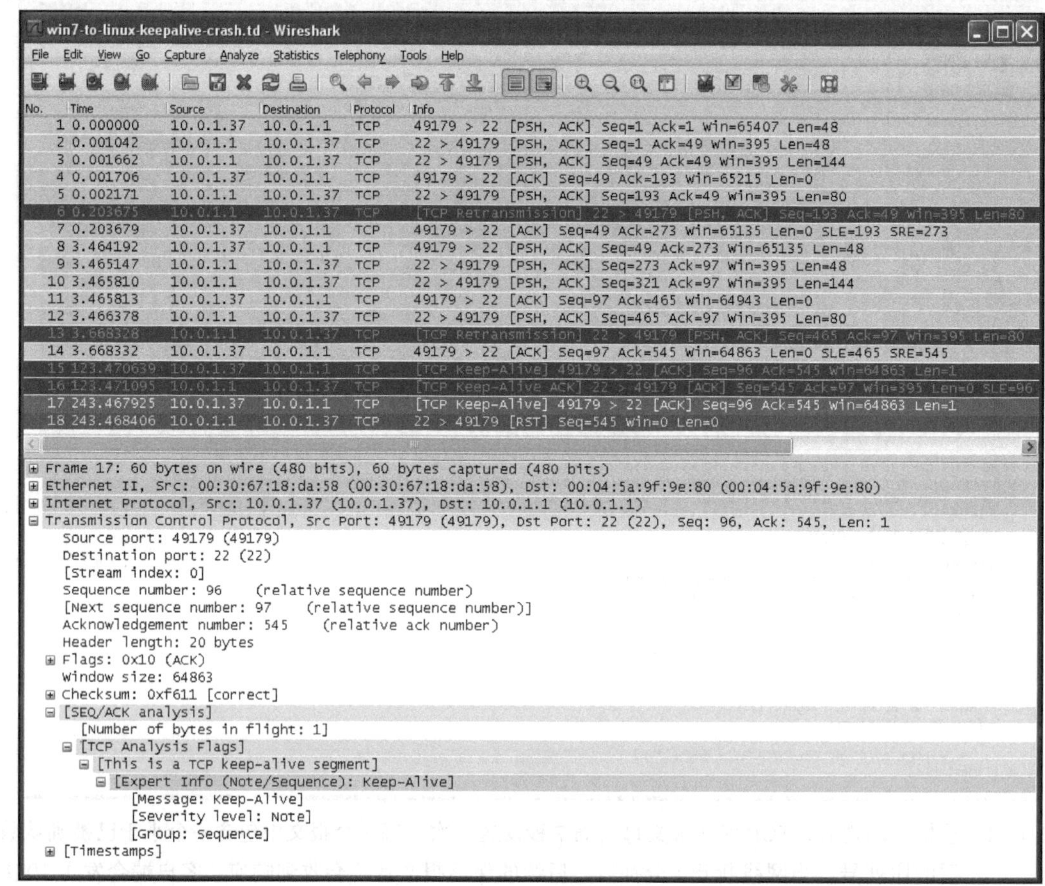

图 17-2 在客户端发送保活报文的间隔中，服务器已经重新启动。由于服务器不知道该连接的任何信息，所以返回一个重置报文段

17.2.1.3 另一端不可达

在这种情况下，服务器没有崩溃，但是在保活探测报文发送间隔内无法到达。原因可能是中间路由器崩溃，或者会话连接出现故障，或者其他类似的情况。为了模拟这种情况，需
800 要利用配置了保活功能的 sock 程序与 Web 服务器之间建立一条连接。我们使用一台 Mac OS X 系统的客户端和一台 LDAP 服务器（端口 389），它运行于网站 ldap.mit.edu。这里我们缩短了客户端的保活时间值（为了方便），然后打开连接，之后断开网络连接，然后来看看会有什么影响。下面是命令行和客户端的输出。

```
Mac# sysctl -w net.inet.tcp.keepidle=75000
Mac% sock -K ldap.mit.edu 389
recv error: Operation timed out        about 14 minutes later
```

图 17-3 显示了利用 Wireshark 记录的整个过程。

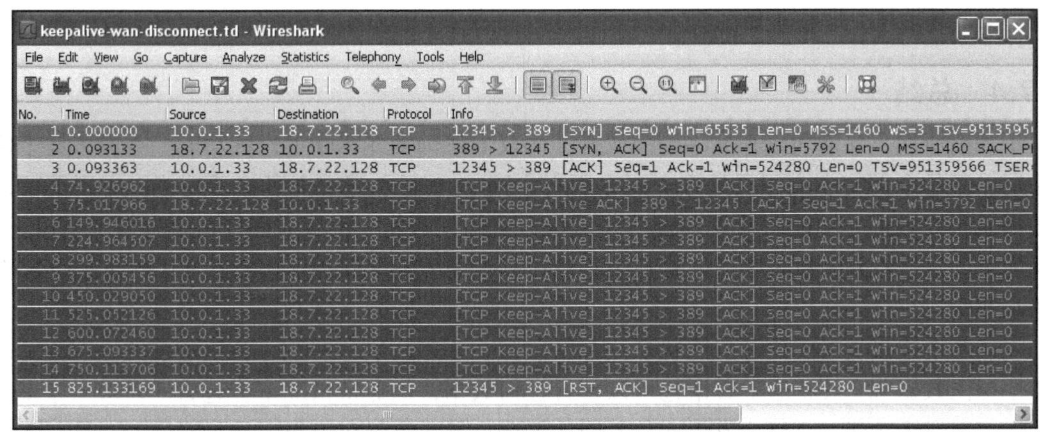

图 17-3　第一次保活探测报文被确认之后，网络连接断开。客户端每隔 75 秒发送出一个新的探测报文。在发送了 9 次都没有响应之后，连接被断开。同时客户端向对方发送一个重置信号。对于客户端而言，这种情况与图 17-1 所示的服务器崩溃的情况相同

从图中我们可以看到一个完整的连接过程。在初始的三次握手之后，连接保持空闲状态。在大约 75 秒时（数据包 4）客户端发送一个保活报文并得到确认响应。这个第一次发送的保活报文是由变量 net.inet.tcp.keepidle 的值来决定的。在这之后不久，网络开始工作。由于连接的两端都没有传输数据，所以在 150 秒（75 秒之后，等于变量 net.inet.tcp.keepintvl 的值）时，客户端会发送一个新的保活报文，如数据包 7 ~ 14 所显示的重复操作。虽然服务器开启且正常工作，但是客户端仍然不能接收到任何响应。最后，当客户端第 9 次发送保活报文，并且经过 75 秒之后仍没有收到确认响应时，客户端结束该连接。连接中断时客户端会向服务器发送一个重置报文段（数据包 15）。当然，由于网络是断开的，所以服务器不能接收到这个数据包。

像上面例子显示的一样，当客户端的 TCP 不能利用保活报文与对方通信时，客户端在终止该连接前还会做一定次数的尝试。这基本上与我们前面看到的另一端主机崩溃的情况相 801
同。在大多数情况下，发送端不能区分这两种状态。也会有一些例外情况，如通过 ICMP 可以知道目的主机不可达，或者由于其他的网络原因导致目的主机不可用。但是由于 ICMP 经常被阻塞，所以很少能区分。因此，TCP 保活机制（或者一些由应用层实现的相似的机制）可以用来检测连接断开的周期。

17.3　与 TCP 保活机制相关的攻击

之前提到过，ssh（第 2 版）中含有一种应用层的保活机制，称为*服务器保活报文*和*客户端保活报文*。与 TCP 保活报文的区别在于，它们是在应用层通过一条加密的链路传输的，而且这些报文中包含数据。TCP 保活报文中不包含任何用户数据，所以它最多只进行有限的加密。因此 TCP 保活机制容易受到欺骗攻击。当受到欺骗攻击时，在相当长的一段时间内，受害主机必须维护不必要的会话资源。

还有一些相对次要的问题。TCP 保活机制的计时器是由之前提到的不同配置参数决定的，而不是用于数据传输的重传计时器。对于被动的观察者来说，他们能够注意到保活报文的存在，并观察保活报文发送的间隔时间，从而了解系统的配置参数（可能获取发送系统类别信息，称为*系统指纹*）或者网络的拓扑结构（即下一跳路由器是否能够转发数据流量）。这些问

题在某些环境下是非常重要的。

17.4 总结

如前所述，保活功能存在一定争议性。协议专家仍然在不断争论该功能是否应该属于传输层，还是全部交由应用层处理。现在所有主流 TCP 版本都实现了保活功能。应用层可以选择是否开启这一功能来建立连接。开启保活功能，即使在没有应用层数据传输的情况下，仍能帮助服务器判断没有响应的客户端，也可以帮助客户端保持连接活跃性（例如保持 NAT 状态活跃）。

若某个连接长时间处于空闲状态（通常这段时间设定为 2 小时），在该连接的一端会发送一个探测数据包（虽然这个数据包可以不含任何数据，但通常情况下会包含“垃圾”字节），从而实现保活功能。可能会发生 4 种不同的情况：另一端仍在工作；另一端崩溃；另一端崩
802 溃并且已经重新启动；另一端当前无法到达。我们分别举了一个例子来观察这 4 种情况。

在前两个例子中，如果没有使用保活功能，而且也没有应用层的计时器或者计时器未被激活，那么 TCP 将不会知道另一端已经崩溃（或已经崩溃但已重新启动）。在最后一个例子中，连接的两端都没有出现差错，而连接最终却被断开了。在使用保活功能的时候，我们必须意识到这一功能的限制，并且考虑这种处理方式是否是我们所期望的。

针对保活机制的攻击主要包括两种：一种是使系统长时间地维护不必要的会话资源，另一种是获得端系统隐藏的一些信息（虽然这些信息对于攻击者而言可能实用性有限）。此外，由于默认情况下 TCP 不会对保活报文进行加密，所以保活探测报文和确认报文都有可能被利用。然而，对于应用层的保活机制（例如 ssh），这些报文都会被加密，所以也就不会出现上述情况。

17.5 参考文献

803~804 [LKA] http://libkeepalive.sourceforge.net

[RFC1122] R. Braden, ed., “Requirements for Internet Hosts,” Internet RFC 1122, Oct. 1989.

第 18 章

TCP/IP Illustrated, Volume 1: The Protocols, Second Edition

安全：可扩展身份认证协议、IP 安全协议、传输层安全、DNS 安全、域名密钥识别邮件

18.1 引言

本章将会介绍与 TCP/IP 一同使用的安全方案。安全是一个内容广泛又十分有趣的话题，其涵盖的内容远远超出了本书所涉及的范围。因此，本章将着重介绍互联网上的安全威胁，并详细讨论抵御这些威胁的安全机制。这些安全机制适用于各种协议，比如 IP、TCP 以及重要的电子邮件与 DNS 应用协议。

虽然下述分类并不正式，但安全威胁一般可以根据执行目标的不同分为三类攻击：试图颠覆已有过程来运行其他不应该执行的代码；试图获得用户权限来运行恶意程序；采用未经授权的方法使用兼容的网络协议。本书的其他章节已经介绍过一些上述形式的攻击。例如，互联网最早的*蠕虫*（自我繁殖软件）之一就是利用了*缓冲区溢出*的问题重写服务器进程的内存。客户端程序能够将蠕虫软件注入服务器中，从而使服务器最终运行注入的代码。注入的代码还会重复上述动作，从而实现自身的繁殖。因此，这种代码会比简单的自我繁殖带来更多的危害。

各种类型的攻击与技术能够结合起来。随着互联网上信息价值的不断提升，复杂的软件与安全分析工具也在不断发展。一些文章（包括 [MSK09]）详细地讨论了这些工具与技术。如今，任何由用户或以用户账户执行却违背了用户本身意愿的软件被统称为*恶意软件*（英文为 malware，它是“ malicious software” 的缩写）。随着行业的发展，提高与降低恶意软件影响的能力都在不断发展。恶意软件能够借助电子邮件的消息或附件传播（例如借助垃圾邮件），在用户访问网站时侵入（*隐式攻击*），或者在用户使用便携式多媒体设备（比如 USB 驱动器）时传播。 805

在一些情况下，恶意软件被用于控制互联网上大量的计算机（*僵尸网络*，botnet）。僵尸网络由个人或某一组织（*僵尸牧人*）控制。它的用途非常广泛，比如发送垃圾邮件，危害其他计算机，从被感染的系统中窃取信息（例如信用卡与银行账户的信息，以及用户登录时敲击的键码），通过向一个或多个受害者发送大量的互联网流量来发起拒绝服务攻击。如今，僵尸网络已经成了一项租赁服务——客户能够雇佣僵尸牧人来执行一个或多个恶毒的任务。一种常见的任务是生成电子邮件来诱导接收者访问某个特定的网站或者购买某一特定的商品（*网络钓鱼*）。当某一受害者成为上述方式的特定目标时，这种行为通常称为*鱼叉式网络钓鱼*（spear phishing）。

本章的着重点在于理解互联网上的安全通信协议是如何工作的。具有讽刺意味的是，也许有许多蠕虫与病毒都执行着安全通信协议。在大多数情况下，本章将会介绍之前学习的各种协议（比如 IP、TCP、电子邮件以及 DNS）是如何通过安全扩展（有时是以附加协议的形式）来增强安全性的。我们需要为通信协议中的“安全”赋予具体的定义，这样才能方便理解一项技术是否能够为我们提供预想的保护。因此，本章将首先介绍在*信息安全*领域中必不可少的信息保护的属性。

18.2 信息安全的基本原则

从信息安全的角度看，无论是否在计算机网络中，信息具有三个重要的属性：机密性，完整性，以及可用性（又称“CIA 三元组”）[L01]。这些属性总结如下：

- **机密性**是指信息只能为其指定的用户（可能包含处理系统）知晓。
- **完整性**是指信息在传输完成之前不能够通过未授权的方式修改。
- **可用性**是指在需要的时候信息是可用的。

这些都是信息的核心属性，同时还有一些其他属性也是必要的，包括*可认证性*、*不可抵*
806 *赖性*以及*可审计性*。可认证性是指一个经过身份认证的组织或个体是不能够被其他个体假冒的。不可抵赖性是指一个个体所做出的任何行为（例如，同意合同的条款）都能够在此之后得到证实（即不能够被轻易地抵赖掉）。可审计性是指一些可信的日志或说明能够描述信息使用的过程。这些日志是十分重要的论据（即从法律与诉讼的角度）。

这些原则最初适用于以物理（如打印）形式组织的信息。为了增强对信息共享、存储与发布的控制，一些方法比如保险箱、安全设施以及警卫已经被使用了数千年。当信息在一个不安全的环境中传播时，需要一些附加技术才能确保安全。为了证明此点，本章将会在不安全的信道上传输信息，从而验证各种潜在的威胁。

18.3 网络通信的威胁

在考虑如何设计并运用一个网络协议时，我们需要保证信息具有基本的完整性、可用性与机密性。由于在不可控的网络（例如 Internet）中会出现各种可能的攻击，因此这是一项非常具有挑战性的工作。根据 [VK83]，攻击通常被分为*被动*与*主动*两类。由于不同技术所提供的安全保护依赖于特定的攻击分类，因此识别攻击的类别是十分有益的。被动攻击一般会监视或窃听网络流量的内容，如果不加以控制，它将会导致信息未经授权就发布出去（破坏了机密性）。主动攻击一般会篡改信息（可能会破坏信息的完整性）或使其拒绝服务（破坏可用性）。逻辑上说，这类攻击是由“入侵者”或敌方发起的。
807 图 18-1 描绘了这类攻击的一般场景。

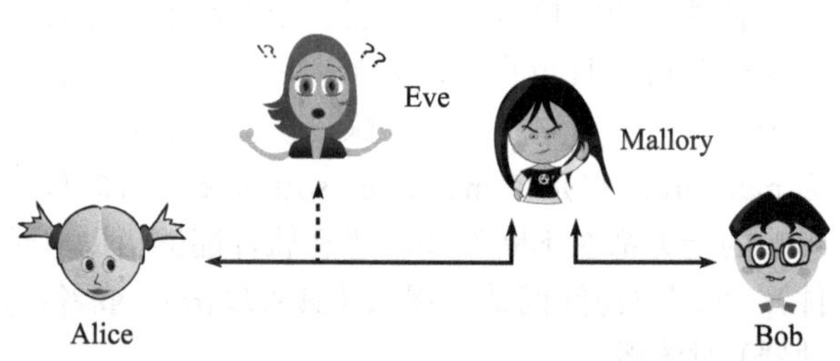

图 18-1 个体 Alice 与 Bob 尝试进行安全的通信，然而 Eve 可能会进行窃听，而 Mallory 可能会修改传输的消息

图 18-1 描绘了个体 Alice 与 Bob 正尝试进行通信。然而，出现了两个攻击者——Eve 与 Mallory。Eve（窃听者）只能够监听 Alice 与 Bob 之间交换的流量，因此她只能发起被动攻击。Mallory（恶意攻击者）能够存储、修改、重放 Alice 与 Bob 之间的通信流量，因此她既能实施被动攻击也能实施主动攻击。表 18-1 列出了 Alice 与 Bob 所面对的主动攻击与被动攻击的大致分类。

表 18-1 通信攻击广义上分为被动与主动两类。被动攻击一般较难检测出来，而主动攻击一般较难进行防御

被动攻击		主动攻击	
类型	威胁	类型	威胁
窃听	机密性	消息流篡改	可认证性，完整性
流量分析	机密性	拒绝服务（DoS）	可用性
		伪造机构	可认证性

从攻击者的角度看，表 18-1 简单地总结了 Eve 可采用的被动攻击与 Mallory 可采用的主动（与被动）攻击。Eve 能够*窃听*（听取，也称为*捕获*或*嗅探*）流经 Alice 与 Bob 间的流量，并对它们进行*流量分析*。捕获流量可能会破坏信息的机密性。某些敏感的数据可能在 Alice 与 Bob 不知情的情况下使 Eve 受益。此外，流量分析能够检查流量的一些特征，比如它的大小、它是何时被发送的，甚至有可能识别出通信的双方是谁。虽然这种方法没有揭示通信的准确内容，但是仍会导致敏感信息的泄露。这些泄露的信息可能会招致更强有力的主动攻击。

被动攻击基本上不可能被 Alice 或 Bob 检测出来，Mallory 能够发起更容易被注意到的主动攻击。这些攻击包括*消息流篡改*（MSM）、*拒绝服务*（DoS）以及*伪造关联*。消息流篡改（包括所谓的*中间人攻击*，MITM）属于一类攻击，包括通过任何方式修改传输中的消息流，比如删除、重新排序以及内容修改。拒绝服务攻击包括删除流量，或生成大量的流量来淹没 Alice、Bob，以及他们之间的通信信道。伪造关联攻击包括*伪装*（Mallory 伪装成 Bob 或 Alice）与*重放*，Alice 与 Bob 之前的（可靠真实的）通信会从 Mallory 的记录中调出被重新播放。

刚才我们介绍了用于防御主动与被动攻击的两种主要方法。一种方法是确保物理安全，只有可信赖的个体才能够访问连接 Alice 与 Bob 的通信设施。这种方法可用于受限的 808
环境中，但并不适用于那些覆盖较大地理范围的网络。如果通信信道是无线的，只采用物理方法显然难以确保其安全性。基于这些考虑，需要有一定的机制允许信息穿越不安全的信道，并保证像 Eve 与 Mallory 这样的敌手将无功而返。这一机制就是*加密*。如果合理有效地使用加密方法，被动攻击将会失效，而主动攻击将能够被检测出来（并在一定程度上被防御）。

18.4 基础的加密与安全机制

加密是为了满足以下需求：在不安全的信道上保护所传输信息的机密性、完整性以及可认证性。这一能力对于保护机密信息有着重要的意义，比如军令、情报以及某些危险品或有价值原料的秘方。以原始的方式进行加密可以追溯至公元前 3500 年。最早的加密系统通常使用*编码*。编码是用*编码本*上的数字或字母来替换信息中的单词、短语或句子。编码本需要秘密地保管起来以维护通信的私密性，因此分发这些编码本也需要十分谨慎。

更高级的系统通常使用具有替换与重排功能的*密码*。几种编码方式早在中世纪就已为人所用，到 19 世纪后期大规模的代码与密码系统才普遍用于外交与军事通信。到 20 世纪早期，加密系统才被完整地建立起来，但直到第二次世界大战爆发它才迎来了一次重大的飞跃。在此期间，机电加密设备，比如德国的 ENIGMA 与 Lorenz 机向同盟国的*密码专家*（密码破译者）提出了挑战。英国研发了首批数字计算机——巨人，并用其来破译 Lorenz 加密的消息。英国国家计算博物馆的 Tony Sale 率领他的团队经过 14 年的努力，于 2007 年在布莱切利公园重建了一台巨人 2 代计算机 [TNMOC]。

18.4.1 密码系统

虽然传统的基础加密主要用于保护信息的机密性，但是其他属性比如完整性与可认证性也能够借助加密以及相关的数学技术达到。为了帮助理解这些基础，图 18-2 举例说明了两个重要的加密算法——*对称密钥*与*公开（非对称）密钥*是如何工作的。 809

图 18-2 显示了对称与非对称密钥管理系统的高层操作。在每一个例子中，*明文*都需要经过加密算法的处理才能够产生*密文*（杂乱的文本）。*密钥*是用于驱动*加密算法*的一个特殊的

比特序列。在输入相同的情况下，使用不同的密钥会产生不同的输出结果。将具体加解密算法与支持的协议、操作方法结合起来就构成了一个*密码系统*。在*对称密码系统*中，由于加密与解密的算法相同，它们的密钥也是相同的。在*非对称密码系统*中，每一个个体都拥有一对密钥，包括一个公钥与一个私钥。公钥将被公之于众，任何希望向这对密钥所有者发送消息的人都能够成功获得。公钥与私钥有数学上的关联，它们都是*密钥生成算法*的输出结果。非对称密钥密码系统的一个主要优点在于不需要考虑密钥该如何安全地分发给每一个希望参与通信的个体。

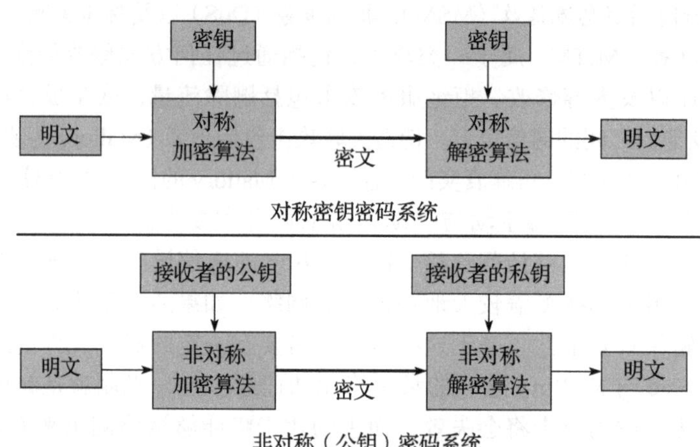

图 18-2 未加密的消息（明文）经过加密算法的处理生成加密的消息（密文）。在对称密码系统中，加密与解密使用相同的密钥。在非对称或公钥密码系统中，使用接收者的公钥进行加密而用它
810 的私钥进行解密，从而保证信息的机密性

如果不知道对称密钥（在对称密码系统中）或私钥（在公钥密码系统中），任何第三方在截获密文后（被认为）无法生成相应的明文。这一点为维护信息的机密性提供了基础。对于对称密钥密码系统而言，它也提供了一定程度的认证功能。因为只有拥有密钥的一方生成的密文才能够被解密成符合语义的明文。接收者可以将密文解密，然后从解密后的明文中找出一个特定的协商数值，并根据它判断发送者是否拥有匹配的密钥，从而最终完成认证过程。此外，绝大多数的加密算法还具有下述功能：如果消息在传输的过程中被更改，那么它们在解密之后不能生成有用的明文。因此，对称密码系统提供了一种保证消息可认证性与完整性的方法，但是仅仅凭借这种方法是非常脆弱的。因此，许多校验和计算方法往往会与对称密码系统一起使用，用来保证消息的完整性。本章将会在介绍完密码学的初步知识后继续讨论这部分内容。

对称密码算法通常被分为*分组密码*（或称块密码）与*流密码*两类。分组密码每次只对固定数目（例如 64 或 128）的比特块进行操作，而流密码将提供的大量比特（或字节）作为输入并且会连续地运行下去。多年来，最流行的对称密码算法是*数据加密标准*（DES）。DES 是一种分组密码，使用 64 比特的数据块与 56 位的密钥。最终，使用 56 位密钥的 DES 被认为并不安全，许多应用都采用了 3 重 DES（也被称作 3DES 或 TDES——利用两个或三个不同密钥对每一个数据块进行三次 DES 加密）。今天，无论是 DES 还是 3DES 都逐渐被高级加密标准（AES）所取代 [FIPS197]。很少有人记得 AES 的原名为 Rijndael *算法*（发音为 "rain-dahl"），该命名是为了纪念它的发明者比利时密码学家 Vincent Rijmen 与 Joan Daemen。AES 的不同版本提供了长度不同的密钥，比如 128 位、192 位以及 256 位。这些不同的版本往往

在书写时也会加上相应的扩展名（即，AES-128、AES-192 以及 AES-256）。

与对称密码密钥系统相比，非对称密码系统增添了一些有趣的属性。假设 Alice 是信息的发送者而 Bob 是对应的接收者，而任何第三方都知道 Bob 的公钥并且能够向 Bob 发送一条加密的消息，那么只有 Bob 才能解密这条消息，因为只有 Bob 自己知道与他的公钥相对应的私钥。然而，Bob 并不能保证自己接收到的消息就是真实可靠的，因为任何人都能生成一条消息，然后用 Bob 的公钥加密后发送给他。幸运的是，如果反向使用，公钥加密系统则会提供另一项功能：对发送者进行认证。在上述情况下，Alice 用自己的私钥加密了一条消息，然后将其发送给 Bob（或其他任何人）。使用 Alice 的公钥（已公布）任何人都能够证实这条消息是 Alice 授权的并且未被修改过。然而，由于任何人都知道 Alice 的公钥，所以这种方法没有任何机密性可言。为了达到可认证性、完整性与机密性，Alice 可以用自己的私钥先对消息进行一次加密，然后再用 Bob 的公钥对其结果进行一次加密。这样生成的结果既能够认证消息是否经 Alice 授权，又能够保证其对接收者 Bob 的机密性。图 18-3 描述了这一过程。 811

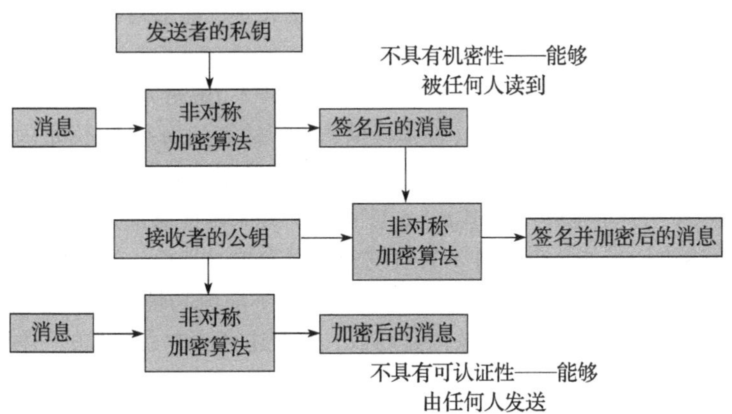

图 18-3 非对称密码系统能用于保证信息的机密性（加密）、可认证性（数字签名），甚至两者兼顾。当兼顾两者时，它所生成的签名消息对于发送者与接收者而言是具有机密性的。公钥，顾名思义就是对外发布的密钥，不需要对其保密

当公钥密码系统“反向”使用时，它提供了*数字签名*的功能。数字签名是公钥密码学的重要成果，它可用于维护信息的可认证性与不可抵赖性。只有拥有 Alice 私钥的人才能够对消息进行授权或以 Alice 的身份发起上述传输过程。

在*混合密码系统*中，公钥密码系统与对称密钥密码系统的各种元素都会被使用。通常情况下，公钥运算被用来交换一个随机生成的机密的（对称的）*会话密钥*。该会话密钥只用于对当前这一次传输的数据进行对称加密。这样做是出于性能方面的原因——与公钥运算相比，对称密钥运算所耗费的计算资源要少得多。如今绝大多数系统都采用混合型的方式：公钥密码往往用于创建个体会话时所需的对称密钥。

18.4.2 RSA 公钥密码算法

前一小节已经介绍了公钥密码系统在数字签名与保障信息机密性方面的作用。目前最流行的公钥密码是 RSA。RSA 这一名称是为了纪念它的发明者 Rivest、Shamir 与 Adleman [RSA78]。该密码系统的安全性取决于将一个大数分解成两个素数因子的难度。在 RSA 初始 812

化阶段，需要生成两个大素数 p 与 q。这项工作首先需要随机地生成数值较大的奇数，然后检验这些数是否为素数，直到找到两个大素数为止。这两个素数的乘积 $n = pq$ 被称作模。n、p 与 q 的长度一般用比特来衡量。虽然目前推荐 n 采用 2048 比特的长度，但在通常情况下 n 的长度为 1024 比特，而 p 与 q 的长度为 512 比特。根据数论的知识，$\Phi(v)$ 的值表示整数 v 的欧拉数。它表示那些比 v 小且与 v 互质（即最大公约数为 1）的正整数的个数。根据 RSA 算法，n 的构建方法为 $\Phi(n) = (q - 1)(p - 1)$。

根据 $\Phi(n)$ 的定义，我们选择 RSA 的公钥指数（称作 e，表示加密），并按照关系式 $d = e^{-1}(\mathrm{mod}\ \Phi(n))$ 得到一个私钥指数（称作 d，表示解密）作为乘法逆元素。在实践中，e 一般取容易计数的数值（即，比特位为 1 的数目较少的数），比如 65 537（二进制记为 10000000000000001）以便于更快速地计算。为了获得密文 c，需要使用公式 $c = m^e\ (\mathrm{mod}\ n)$ 对明文 m 进行计算。为了从密文 c 中获得明文 m，需要使用公式 $m = c^d\ (\mathrm{mod}\ n)$ 进行解密。一个 RSA 公钥包含了公钥指数 e 与模 n，而对应的私钥则包括私钥指数 d 与模 n。

如前文所述，通过“反向”使用公钥算法（比如 RSA）能够对信息进行数字签名。为了对一条消息 m 进行 RSA 数字签名，可以通过公式 $s = m^d\ (\mathrm{mod}\ n)$ 计算 s 的数值作为 m 的签名。任何接收到 s 的人能够使用公有元素 e 与公式 $m = s^e\ (\mathrm{mod}\ n)$ 来进行检验。这样就能够验证生成数值 s 的是 RSA 的私有值 d（否则根据 s 重新计算的 m 值将不同于原值）。

RSA 的安全性是基于对大数分解因数的困难性。根据 RSA 的内容与图 18-1 中的场景，Eve 能够获得 n 与 e，但是她并不知道 p、q 与 $\Phi(n)$。如果她能够决定这三个数值中的任何一个，那么使用上述的公式关系来获得 d 的值就变得很简单。然而，这样做需要对 n 进行因数分解。目前，普遍认为即使是最好的分解因数算法也不能成功地分解 1000 位或更多位的大数。事实上，分解半素数（由两个素数构建的数）是上述算法中最困难的一种情况。

18.4.3 Diffie-Hellman-Merkle 密钥协商协议

通信双方通过协商制定一套秘密的比特序列作为对称密钥是安全协议的共同需求。在一个被监听的网络中完成上述工作是非常困难的挑战。因为找出一种方法帮助通信双方（比如 Alice 与 Bob）在窃听者（比如 Eve）不知情的状况下完成共同密钥的协商并不是一件容易的
813 事情。Diffie-Hellman-Merkle 密钥协商协议（通常简称为 Diffie-Hellman 或 DH）提供了完成上述工作的一种在有限域上的计算方法 [DH76] ⊖。DH 技术已用于许多与互联网相关的安全协议 [RFC2631]，并且与公钥密码系统的 RSA 方法紧密相关。下面将简单介绍 DH 是如何工作的。

假设所有人（Alice、Bob 等）都有相同的特征，并且知道两个整数 p 与 q。p 是一个（大）素数，而 g 是模 p 的原根（$g<p$）。在上述前提下，集合 $Z_p = \{1,..., p - 1\}$ 中的每一个整数都能够通过不断地增加 g 来生成。换一种说法，对于任意一个整数 n，必定存在倍数 k 使式子 $g^k \equiv n\ (\mathrm{mod}\ p)$ 成立。在给定 g、n 与 p 的情况下寻找合适的 k 值被认为是一件困难的事情（称为离散对数问题），因此 DH 协议也被认为是安全的。在给定 g、k 与 p 的情况下找出 n 的值是非常容易的，从而保障了这种方法能够付诸实践。

为了建立一个共享的安全密钥，Alice 与 Bob 可以使用下面的协议：Alice 选择一个秘密的随机数 a，并按照公式 $A = g^a\ (\mathrm{mod}\ p)$ 计算出 A 的值，然后将这个值发送给 Bob。Bob 选择

⊖ 该技术由 C. Cocks 记录在一份 1973 年的机密文献中，“A Note on ‘Non-Secret Encryption’”。参见 http://www.cesg.gov.uk/publications/media/notense.pdf。

一个秘密的随机数 b，并按照公式 $B = g^b \pmod p$ 计算出 B 的值，然后将这个值发送给 Alice。Alice 与 Bob 便达成了一个共享的密钥 $K = g^{ab} \pmod p$。Alice 将按照下面的公式计算 K 值：

$$K = B^a \pmod p = g^{ba} \pmod p$$

Bob 计算 K 值的方法如下：

$$K = A^b \pmod p = g^{ab} \pmod p$$

由于 g^{ba} 与 g^{ab} 是相等的（因为集合 Z_p 是幂结合的，并且假定各方都知道正在使用的集合 Z_p），Alice 与 Bob 都能获得协商密钥 K。值得注意的是，Eve 只能够获得 g、p、A 与 B，因此在解决离散对数问题之前她将无法获得密钥 K 的值 [MW99]。然而，这一基本协议在 Mallory 的攻击面前是脆弱的。Mallory 能够假扮成 Bob 并用自己的 B 值与 Alice 进行通信，反之 Mallory 可以用自己的 A 值假扮成 Alice 与 Bob 进行通信。如果像 A 与 B 这样公开的数值能够被认证 [DOW92]，那么基本的 DH 协议就能够抵御此类中间人攻击。最经典的方法是站－站协议（Station-to-Station protocol，STS）。该协议要求 Alice 与 Bob 对他们公布的数值进行签名。

18.4.4 签密与椭圆曲线密码

当使用 RSA 时，选取较大的数值会提高算法的安全性。然而，RSA 要求的基本数学操作（例如，指数运算）属于密集型计算，并且其规模会随着数值的增加而增大。为了减少对信息同时进行数字签名与加密的工作量，可以采用一种签密方案 [Z97]（也称为可认证的加密）来兼顾这两项工作。签密方案的计算量小于数字签名与加密单独运算的计算量之和。然而，如果改变公钥密码系统的数学基础，那么加密算法可能会达到更高的运行效率。 814

后续的研究以提高安全协议的效率与性能为主要目标。研究者已经制定出不同于 RSA 的公钥密码系统。一种基于以下困难的方法成为新的选择，即寻找椭圆曲线离散对数元素是困难的。它也被称作椭圆曲线密码系统（ECC（Elliptic Curve Cryptography），注意别与纠错码（Error-Correcting Code）弄混）[M85] [K87] [RFC5753]。在达到相同安全程度的前提下，ECC 所使用的密钥长度小于 RSA 的密钥长度（例如，一个 1024 比特的 RSA 密钥的长度是 ECC 密钥长度的 6 倍）。因此，在面向相同问题时，ECC 使得计算过程更加简单，便于快速执行。ECC 已经标准化并用于许多目前 RSA 仍占据支配地位的应用中。然而，ECC 的推广之路却有些迟缓。这是因为 ECC 的技术专利还被 Certicom 公司所持有（RSA 算法也申请了专利，但是到 2000 年它的专利已经失效）。

18.4.5 密钥派生与完全正向保密

在通信双方需要交换多条消息的场景中，通常会建立一个短期的会话密钥来进行对称加密。会话密钥一般是由密钥派生函数（KDF）根据一些输入而生成的随机数（参见下节），这些输入可能是一个主密钥或是之前的会话密钥。如果一个会话密钥被破解，那么由该密钥加密的任何数据也都会被破解。然而，在一个持续的通信会话期间，往往会多次更改密钥（重新设定密钥（rekey））。如果一种方案能够保证即使有一个会话密钥被破解而由其他密钥加密的后续通信过程仍然安全，那么就称该方案是完全正向保密（Perfect Forward Secrecy，PFS）的。通常情况下，能够提供完全正向保密的方案需要额外的密钥交换与认证过程，这样就引入了新的开销。之前在 DH 中介绍的 STS 协议就是一个很好的例子。

18.4.6 伪随机数、生成器与函数族

在密码学中，随机数经常被用作密码函数的输入，或者用于生成难以猜测的密钥。由于计算机并不能做到本质上的随机，因此获得真正的随机数是有难度的。大多数计算机中把用于模拟随机的数字被称为伪随机数（pseudorandom number)。这些数字通常并不是真正随机的，但它们所表现出来的一些统计特性能够符合随机数的规律（例如，当生成许多随机数时，它们通常均匀地分布在一定范围之内)。

伪随机数一般通过某些算法或称为伪随机数生成器（PseudoRandom Number Generator，PRNG)、伪随机数发生器（PseudoRandom Generator，PRG）的设备来生成。简单的伪随机
815 数生成器是确定的。也就是说，它们仅仅拥有少量的由随机种子初始化的内部状态。一旦这些内部状态被破解，那么伪随机数的序列也能够确定下来。例如，如果输入的参数是已知或可猜测的，那么常见的线性同余发生器（Linear Congruential Generator，LCG）算法所生成的随机出现的数值是完全可预测的。因此，LCG 能够很好地满足某些程序的需求（例如，用于模拟游戏的随机事件)，但它远远没有达到密码系统的需求。

伪随机函数族（PseudoRandom Function family，PRF）是指那些在算法上（通过多项式时间算法）无法区别于真正随机函数的函数族 [GGM86]。PRF 是比 PRG 更深入的概念，它能用于创建一个 PRG。PRF 一般作为加密性强的（或安全的）伪随机数生成器（被称为 Cryptographically Strong PseudoRandom Number Generator，CSPRNG）的基础。为了保证足够的随机性，密码应用程序必须使用 CSPRNG 才能满足各项目标，其中包括生成会话密钥。

18.4.7 随机数与混淆值

加密随机数（crytographic nonce）是在密码协议中只使用一次的数值（习惯上我们称之为临时密钥，本章的“临时密钥”指的就是“加密”随机数。——译者注）。临时密钥常用于认证协议，选择一个随机数或伪随机数来保障时新性。时新性要求选取最新发生的消息或操作。例如，在一个挑战 - 响应协议中，服务器会为请求的客户端提供一个临时密钥，而客户端需要在指定时间内发送认证资料与临时密钥的副本（或临时密钥的一个加密副本）作为响应。由于重放到服务器上的旧的认证交换信息不会包含正确的临时密钥数值，因此这种方法能够避免重放攻击。

混淆值（salt value）是一个用于加密文本中的随机数或伪随机数，可用来抵御对密文的蛮力攻击。蛮力攻击通常包括反复地猜测密码、口令、密钥或等效的秘密值，并验证这些猜测是否正确。混淆值可以使蛮力攻击的验证部分失效。UNIX 系统管理密码的方法是其中最知名的例子。用户的密码都经过加密存储在一个密码文件中，所有用户都能够访问这个文件。用户在登录时都会提供一个密码，该密码用于对一个固定值进行双重加密。加密结果将与密码文件中的对应用户的记录进行比较，如果匹配，则说明当前用户提供了正确的密码。

由于加密方法（DES）是广为人知的，基于硬件的字典攻击可以事先对字典中的许多单词用 DES 进行加密（形成一张彩虹表，即密码破解演算表)，然后再将这些结果与密码文件中的记录进行比较。对于一个密码而言，可以有 4096 种（非标准）方式将一个 12 位的伪随机数添加到 DES 算法中，从而达到混淆算法、抵御攻击的目的。对于性能升级的电脑（能够
816 同时猜测更多的数值）而言，12 位的混淆值是不够的，需要进一步扩展。

18.4.8 加密散列函数与消息摘要

之前研究的大多数协议，包括以太网、IP、ICMP、UDP 以及 TCP，都通过帧校验序列

（FCS，或校验和，或 CRC）来判断协议数据单元在传输过程中是否出现比特错误。这些函数会在检测随机错误发生的可能性与添加 FCS 值引入的负载之间进行权衡。在考虑安全性时，我们的兴趣点在于如何保证消息的完整性。这不仅需要防止随机的偶发错误，还要预防对消息流的故意篡改攻击。在图 18-1 所示的场景中，消息很可能在网络传输的过程中被 Mallory 修改。普通的帧校验序列函数不足以达到预防此类攻击的目的。

如果正确地使用一些特殊功能的函数，校验和或帧校验序列就能被用于验证消息的完整性，从而抵御像 Mallory 这样的敌人。这些函数被称为*加密散列函数*，类似于部分加密算法。当以一条消息 M 作为输入时，加密散列函数的输出 H 被称为这条消息的摘要或*指纹* $H(M)$。消息摘要可以看作是一种功能较强的帧校验序列。它不仅易于计算，还具有下述特性。

- **原像不可计算性**（preimage resistance）：在给定摘要 $H(M)$ 而未知消息 M 的情况下，很难计算出消息 M 的值。
- **原像不相同性**（second preimage resistance）：给定消息 $M1$ 的摘要 $H(M1)$，找出一条消息 $M2$（$M2 \neq M1$）使它的摘要与 $M1$ 的摘要相等（$H(M1) = H(M2)$）是十分困难的。
- **抗碰撞性**（collision resistance）：找出一对摘要相同（$H(M1) = H(M2)$）而自身不同的消息 $M1$、$M2$（$M1 \neq M2$）是十分困难的。

如果一个散列函数具备上述所有属性，那么当有两条消息具有相同的加密散列值时可以断定它们是同一条消息。目前最通用的两个加密散列算法是生成 128 位（16 字节）摘要的*消息摘要算法* 5（Message Digest Algorithm 5，MD5）[RFC1321]，以及生成 160 位（20 字节）摘要的*安全散列算法* 1（Secure Hash Algorithm 1，SHA-1)）。最近，一系列基于 SHA 的函数，称为 SHA-2 [RFC6234]，能够生成长度为 224、256、384 以及 512 位（分别为 28、32、48 以及 64 字节）的摘要。其他函数目前正在研究中。

> **注意** 加密散列函数通常基于一个压缩函数 f。函数 f 以长度为 L 的消息作为输入，生成一个具有抗碰撞性、长度确定且小于 L 的摘要。Merkle-Damgard 结构能够将任意长度的输入分割成长度为 L 的数据块，填充数据不足的块，利用压缩函数 f 进行计算，最后再将计算结果综合起来。这样就构建了一个加密散列函数，它将一个长的消息作为输入，同时生成一个具有抗碰撞性的输出结果。 817

在 2005 年宣告被破解（即，两个不同的 128 字节的序列被证明拥有相同的 MD5 值。）之前 [WY05]，MD5 已广泛用于互联网协议。SHA-1 是另一种可用的散列函数，但是它被认为可能具有潜在的脆弱性。因此，相继开发出 SHA-2 的一系列算法。由于 SHA-2 与 SHA-1 的相似性，它们被认为拥有相似的脆弱性。2010 年 12 月，美国国家标准与技术局（NIST）宣布 5 种算法被选为新一代“SHA-3”加密散列算法的候选 [CHP]。最终胜选的算法将在 2012 年春季揭晓。

18.4.9 消息认证码

消息认证码（简称为 MAC，有时也称为 MIC，注意该缩写与第 3 章介绍的链路层 MAC 地址无关）用于保障消息的完整性。消息认证码一般基于*有密钥的*加密散列函数。这些函数类似于消息摘要算法（参见 18.4.8 节），但需要一个私钥来验证消息的完整性，甚至也可能用于验证消息的发送者。

消息认证码可用于防止各种伪造。给定有密钥的散列函数 $H(M,K)$，M 为输入的消息，K

是密钥，抵御选择性伪造意味着敌方在不知道密钥 K 的情况下对指定的消息 M 生成散列值 $H(M,K)$ 是非常困难的。如果敌方在没有掌握密钥 K 的情况下很难找出任何之前未知的消息 M 与散列值 $H(M,K)$ 的组合关系，那么 $H(M,K)$ 被认为能够防止存在性伪造。值得注意的是，消息认证码并不能提供与数字签名完全一样的特性。例如，它们并不能为不可否认性提供坚实的基础，因为不止有一方知道对应的密钥。

一个标准的使用加密散列函数的消息认证码被称为基于有密钥散列的消息认证码（HMAC）[FIPS198] [RFC2104]。HMAC"算法"使用通用的加密散列算法 $H(M)$。下面的公式定义了使用密钥 K 对消息 M 用 H 进行散列的方法（称为 HMAC-H），它形成 t 字节的 HMAC。

$$\text{HMAC-H}\ (K, M)^t = \Lambda_t\ (H((K \oplus opad) \parallel H((K \oplus ipad) \parallel M)))$$

在上述公式中，*opad*（外填充）是一个将数值 0x5C 重复 $|K|$ 次的数组，而 *ipad*（内填充）是将数值 0x36 重复 $|K|$ 次的数组。$\oplus$是向量的异或运算符，而 $\parallel$ 是连接运算符。通常 HMAC 会输出一个长度固定为 t 字节的值，因此操作符 $\Lambda_t(M)$ 表示取消息 M 最左边的 t 字节。

细心的读者会发现 HMAC 的定义是以 $H(K1 \parallel H(K2 \parallel M))$ 的形式将一个散列函数作用于另一个散列函数，其中 $K1$ 与 $K2$ 分别为两个散列函数的密钥。这种结构能够抵御所谓的扩
818 展攻击。扩展攻击（例如由 Mallory 发起的）会选择一个填充值，并将其与拦截下的消息结合起来生成新的摘要，这样就扩展成了一条具有正确摘要值的新消息（然而，这条消息并不是由 Alice 发出的）。内填充与外填充的数值并不重要，但是生成的密钥 $K1$ 与 $K2$ 需要有较大的差别（即，它们拥有较大的汉明间距）。一些扩展攻击已被证明对于形式为 $H(K\|M)$ 或 $H(M\|K)$ 的消息认证码是有效的，但对于 HMAC 结构（或 NMAC 结构 [BCK96]，HMAC 的一种衍生版本）却不能奏效 [B06]。

近年来，一些其他形式的消息认证码已经被标准化，比如基于密码的消息认证码（CMAC）[FIPS800-38B]、GMAC（Galois 消息认证码）[NIST800-38D]。这些新的标准不再使用 HMAC 的加密散列函数，而是使用分组密码，比如 AES 或 3DES。CMAC 是针对方便使用分组密码的环境而设计的。这样就取代了原先的散列函数。根据 [RFC4493]，CMAC 使用的是 AES-128 算法，因此被称为 AES-CMAC。本质上看，CMAC 利用密钥 K 按照 AES-128 算法对消息块进行加密，将加密的结果与其他子块进行异或操作，然后再对异或后的结果进行加密。加密会不断地重复这一过程，直到所有的消息块都处理完毕。这样最终的输出结果就是加密的结果。如果最终消息块的长度仍然是算法中数据块长度的数倍，那么还需要借助一个子密钥来生成最终的加密结果。这个子密钥是根据特殊的子密钥生成算法由密钥 K 衍生出的 [IK03]。如果与上述情况不相同，输出的消息块首先会被填充，然后由另一个子密钥（同样也是由 K 衍生出来的）加密生成最终的结果。Galois 消息认证码采用了 AES 算法的一种特殊模式，称为 Galois/ 计数器模式。它仍然使用一个有密钥的散列函数（称为 GHASH，并不是一个加密散列函数）。下一节将会继续介绍更多的加密操作模式。

18.4.10 加密套件与密码套件

前文已经介绍了在不安全的通信网络中保证信息机密性、可认证性与完整性的各种机制。如果选择其他合适的数学或加密技术，也能够达到上述这些功能（例如，不可抵赖性）。一些特殊的系统，尤其是前文介绍过的互联网协议，会结合使用多种技术。这些技术被称为加密套件（cryptographic suite）或密码套件（cipher suite）。第一个名称描述得更加准确。一个加密套件的定义不仅仅是加密算法，还包括了特殊的消息认证码算法、伪随机函数族、密

钥协商算法、数字签名算法，以及相关的密钥长度与参数。

许多定义的加密套件都被用于安全协议。通常，一个加密算法通过它的名字与描述指定，比如密钥的长度为多少位（一般为 128 位），以及使用何种运行模式。用于互联网协议的加密算法已经完成了标准化，其中包括 AES、3DES、NULL [RFC2410] 以及 CAMELLIA [RFC3713]。NULL 加密算法不对输入进行任何修改，一般用于对机密性没有要求的情况。 819

加密算法（尤其是分组密码）的运行模式描绘了如何使用加密函数与密钥来对一条完整的消息进行加解密。上述这些加密函数通常将一个数据块作为输入，通过不断地调用加密函数（例如，级联），才能完成消息的加解密工作。今天，常见的模式包括*密码块链接*（CBC）与*计数器*（CTR）等，当然还有许多其他的定义模式。当使用 CBC 模式进行加密时，首先需要被加密的明文块与之前的密文块进行异或（XOR）操作（第一个数据块与随机的*初始向量*（Initialization Vector，IV）进行异或）。当使用 CTR 模式进行加密时，首先需要创建一个数值并与临时密钥（或初始向量）相结合，此后计数器会随着每成功加密一个数据块而增 1。结合后的数值会被加密，而输出的结果会与一个明文块进行异或操作从而生成一个密文块。这一过程将会在上述成功加密的数据分组间不断重复。实际上，这种方法使用了分组密码来产生*密钥流*。密钥流是一个（随机出现的）比特序列，通过与明文比特序列结合生成密文。本质上，将分组密码转换成流密码可以不要求对被加密的明文进行准确的填充操作。

CBC 需要一个连续的加密过程与一个部分连续的解密过程，而计数器模式允许加解密完全并行地执行，从而大大提高了效率。因此，计数器模式更为流行。此外，还有多种计数器模式的变体（例如，使用 CBC-MAC 的计数器模式（CCM）与 Galoris 计数器模式（GCM））可用于认证加密 [RFC4309]。它们也可用于认证（但不加密）附加的数据（称为*认证加密相关的数据*（AEAD））[RFC5116]。当使用认证加密算法，独立的消息认证码通常是没有必要的。如果 AEAD 算法操作的数据对机密性没有要求，那么在这种退化的情况下可以有效地生成一种消息认证码（例如，GMAC）。当加密算法被指定作为加密套件的一部分时，它的名字通常包括了它的模式，以及密钥的长度。例如，ENCR_AES_CTR 是指使用 CTR 模式的 AES-128 算法。

当一个伪随机函数族（PRF）被包含在加密套件的定义中时，它通常会基于一个加密散列算法族（如 SHA-2 [RFC6234]），或一个加密消息验证码（如 CMAC [RFC4434][RFC4615]）。这种类型的结构一般包括了基础的函数名称。例如，算法 AES-CMAC-PRF-128 是指一个使用基于 AES-128 的 CMAC 的伪随机函数族。它也可被记作 PRF_AES128_CMAC。算法 PRF_HMAC_SHA1 是指一个基于 HMAC-SHA1 的伪随机函数族。

在一个互联网加密套件的定义中，密钥协商参数与 DH 组定义相关，其他的密钥协商协议将不会被广泛使用。当 DH 密钥协商协议用于为特殊的加密算法生成密钥时，需要保证生成的密钥拥有足够的长度以防止危及加密算法的安全性。因此，至少有 16 组在不同的文本中与 DH 一起使用的算法已经被标准化 [RFC5114]。头 5 个组是在 Oakley 协议中指定的，因此被称为“Oakley 组”[RFC2409]。Oakley 协议之前曾是 IPsec 协议的一个组成部分，但 820
现在已被废弃。*模指数*（MODP）的组是基于指数运算与模运算。*模素数的椭圆曲线*（ECP）组 [RFC5903] 是基于在 Galois 域 GF(P) 上为素数 P 寻找对应的曲线。*模 2 的幂的椭圆曲线*（EC2N）组是基于在 GF(2^N) 域上为指数 N 寻找对应的曲线。

有时加密套件的定义中会包含签名算法。该签名算法可用于对各种数值进行签名，包括数据、消息验证码以及 DH 的值。虽然在一些环境下可以使用*数字签名标准*（缩写为 DSS，或缩写为 DSA 代表*数字签名算法*）[FIPS186-3]，但是最常见的方法还是使用 RSA 对某个数据块的散列值进行签名。随着 ECC 的问世，现在基于椭圆曲线的签名也被许多系统所支持。

由于模块化与分工化的变革，加密套件的概念已经演变成互联网安全协议的重要内容。随着计算能力的不断发展，较早的加密算法与长度较短的密钥已经成为各种蛮力攻击的受害者。在一些案例中，更加复杂的攻击已经揭示出一些需要通过更换最根本的数学或加密方法才能解决的问题，然而这些基本协议的组织却不这么认为。因此，选取加密套件需要综合各种因素，比如便利性、性能与安全，并独立于具体的通信协议。协议倾向于以一种标准化的方式使用加密套件的各个组成部分，这样合适的加密套件就会在恰当的时机被“嵌入”（snap-in）。现在，在设计协议时一般将安全处理部分“外包”给拥有一定密码与数学经验的大型机构，让这些机构单独去定义一套安全套件。虽然“嵌入”新密码组件的能力非常吸引人，但是还需要数年的时间来对这些可接受的套件进行标准化与部署。鉴于互操作性，通信的每一个参与者必须使用相同的套件。当密码套件广泛用于软件与硬件系统时，这将成为一个巨大的障碍。

18.5 证书、证书颁发机构与公钥基础设施

由密码技术与相关数学知识所支持的工具（包括数字签名与加密算法）为构建一个安全系统提供了良好的基础。然而在此基础之上构建一个完整的系统还需要大量的后续工作。在构建安全协议的诸多事宜中就包括如何安全地使用加密方法，怎样创建、交换及撤销密钥（也称
821 为*密钥管理*）。密钥管理仍然是在跨多个管理域的大平台上部署密码系统的重大挑战之一。

与公钥密码加密系统相伴的一个重要挑战就是正确地决定某个主体或身份的公钥。在图 18-1 的例子中，如果 Alice 向 Bob 发送自己的公钥，Mallory 能够在传输过程中将其修改为自己的公钥。Bob（也被称为*依赖方*）可能察觉不到自己使用的是 Mallory 的公钥，而认为这是 Alice 的公钥。这样就使得 Mallory 能够轻易地扮演 Alice 的角色。为了解决上述问题，需要用*公钥证书*以数字签名的方式将一个主体与一个指定的公钥绑定起来。乍一看，这种方法似乎属于那种“是先有鸡还是先有蛋”的问题：如果数字签名本身依赖于一个可靠的公钥，它又如何能对公钥进行签名呢？目前有两种方法解决这一问题。

一种被称作“*信任网络*”的模型，通过一些当前用户（也称作*背书者*）做*背书*的方式来证明一个证书（将身份与公钥绑定在一起）的可靠性。一名背书者会对一个证书进行签名，然后将其发布出去。随着时间的推移，如果一个证书有越来越多的背书者，那么它就越可靠。当某个个体检查一个证书时，可能需要一定数量的背书者或者某些特定的背书者才能信任它。信任网络模型是分散的、没有中心的权威机构，因此它具有一定的“草根”性。该模型的优缺点是显而易见的。首先，没有中心的权威机构，模型不会因为单点失效而崩溃，但是这也意味着新加入者需要经历相当长的时间才能使自己的密钥得到一定数量用户的背书。一些小组会维护“密钥签名团体”来加快这一过程。“信任网络”模型开始是作为 PGP(Pretty Good Privacy）加密系统的一部分被提出的，用于电子邮件 [NAZ00]，负责支持一个标准的编码格式 OpenPGP，它由 [RFC4880] 定义。

一种更常见的方法是依靠中心化的机构，其中包括对公钥基础设施（Public Key Infrastructure，PKI）的使用。这一方法在特定的理论假设下更容易被证明是安全的。PKI 负责提供创建、吊销、分发以及更新密钥对与证书的服务。它需要一些*证书颁发机构*（Certificate Authority，CA）才能运行。证书颁发机构是用于管理与认证一些个体与它们的公钥间的绑定关系的实体。目前有数百家商业证书颁发机构。一个证书颁发机构通常采用*层次的*签名构架。这意味着一个公钥可能会被一个父密钥签名，而这个父密钥可能会被一个祖父密钥签名，依

次类推。最终，一个证书颁发机构会拥有一个或多个根证书，许多下属的证书都会依赖根证书来建立信任。一个对证书与密钥具有权威性的实体（例如，证书颁发机构）被称为“信任锚点”。这个词也会被用于描述证书或者其他与加密材料相关的实体 [RFC6024]。下文将会对此做进一步讨论。

18.5.1 公钥证书、证书颁发机构与 X.509 标准

虽然有几类证书过去使用过，但我们最感兴趣的是基于互联网构架的 ITU-T X.509 标准 [RFC5280]，以及任何能够以多种文件或编码格式进行存储和交换的特殊证书。最常见的 822
包括 DER、PEM（Base64 编码版的 DER）、PKCS#7（P7B）以及 PKCS#12（PFX）。第 8 章已经介绍了 PKCS#1 [RFC3447] 的使用情况。如今，互联网中与 PKI 相关的标准往往会使用*密码消息语法* [RFC5652]。该语法基于 PKCS#7 的 1.5 版本。在下面的例子中，我们将使用 X.509 PEM 格式的证书，这是许多互联网应用程序的默认格式，并且它具有可以简单地用 ASCII 码显示的优点。

证书主要用于识别互联网上四种不同类型的实体：个人、服务器、软件开发商和证书颁发机构。一个知名的商业证书颁发机构 Verisign 将所有证书进行分级，范围为 1 到 5。1 级证书通常用于个人，2 级证书用于组织，3 级证书用于服务器与软件，4 级证书用于公司间的在线数据传输，5 级证书用于私人组织与政府。不同的证书类别主要为了方便对各种类型的证书进行分组与命名，以及为其定义不同的安全策略。一般而言，高类别号表明在认证一个身份（也称为*身份证明*）的过程中需要采取更为严格的控制才能发布相关的证书。

上述工作并没有完全解决在前文中提到的由 PKI 引发的“鸡与蛋”的问题。在实践中，系统往往要求公钥操作应当拥有知名 CA 的根证书。这些根证书是在配置时安装的（例如，微软公司的 Internet Explorer 浏览器、Mozilia 公司的 Firefox 浏览器以及 Google 公司的 Chrome 浏览器都能够访问一个预先配置的根证书数据库）。为了说明这一点，我们将使用命令来显示证书的信息。openssl 命令能够用于包括 Windows 与 Linux 在内的大多数通用平台，并允许用户查看一个网站的证书（为了表述清楚，一些行已被省略）：

```
Linux% CDIR=`openssl version -d | awk '{print $2}'`
Linux% openssl s_client -CApath $CDIR \
           -connect www.digicert.com:443 > digicert.out 2>1
^C   (to interrupt)
```

第一行命令决定了本地系统存储其预先配置 CA 证书的位置。通常根据系统的不同，存放的路径也不一样。在本例中，目录的名称保存在 shell 变量 CDIR 中。接着，我们连接了域名为 www.digicert.com 的服务器的 HTTPS 端口（443），并且将输出结果重定向至 digicert.out 文件。第二条 openssl 命令[⊖]会打印每个证书认证的实体，以及它们在证书层次结构中相对于根证书的深度（深度为 0 表示服务器的证书，因此深度的数值是从底部向顶部开始计数的）。该命令还会将这些证书与已保存的证书颁发机构的证书进行对照，以确定这些认证是否合理。在上述情况中，命令的“认证返回”选项置为 0 将表示 OK。 823

```
Linux% grep "return code" digicert.out
    Verify return code: 0 (ok)
```

digicert.out 文件不仅包含了对连接服务器的跟踪记录，还对服务器的证书进行了拷贝。

⊖ Windows 中有一个相似的命令 certutil，该命令适用于 Windows 2003 Server 及 Windows Server 2003 Administration Tool Pack。

为了以更加有效的方式获得证书，我们抽取了证书中的数据，将其转换并保存至一个 PEM 编码的证书文件中。

```
Linux% openssl x509 -in digicert.out -out digicert.pem
```

假设证书按照 PEM 的格式保存，可以利用 openssl 提供的多种功能对其进行操作与检查。在最高级别，证书包含了被签名的数据（也被称为 TBSCertificate）、签名算法的标识符以及签名值。要查看服务器的证书，可以使用以下命令（为了表达清楚，一些行被隐藏或移除）。

```
Linux% openssl x509 -in digicert.pem -text
Certificate:
    Data:
        Version: 3 (0x2)
        Serial Number:
            02:c7:1f:e0:1d:70:41:4b:8b:a7:e2:9e:5e:58:42:b9
        Signature Algorithm: sha1WithRSAEncryption
        Issuer: C=US, O=DigiCert Inc, OU=www.digicert.com,
                CN=DigiCert High Assurance EV CA-1
        Validity
            Not Before: Oct  6 00:00:00 2010 GMT
            Not After : Oct  9 23:59:59 2012 GMT
        Subject: 2.5.4.15=V1.0, Clause 5.(b)/
                 1.3.6.1.4.1.311.60.2.1.3=us/
                 1.3.6.1.4.1.311.60.2.1.2=Utah/
                 serialNumber=5299537-0142,
                 C=US, ST=Utah, L=Lindon, O=DigiCert, Inc.,
                 CN=www.digicert.com
        Subject Public Key Info:
            Public Key Algorithm: rsaEncryption
            RSA Public Key: (2048 bit)
                Modulus (2048 bit):
                    00:d1:76:0b:1e:4e:96:d2:08:c1:b8:75:bd:20:9c:
                    66:7f:42:6b:54:8b:7f:7a:4a:f8:3e:df:70:68:1f:
                    ...
                    25:7b:40:e9:e3:cc:a2:0d:95:29:f4:08:ed:50:16:
                    52:11:6f:de:a0:bb:34:bc:8b:b5:60:c1:ab:e4:78:
                    75:9f
                Exponent: 65537 (0x10001)
        X509v3 extensions:
            X509v3 Authority Key Identifier:
                keyid:4C:58:CB:25:F0:41:4F:52:F4:
824             28:C8:81:43:9B:A6:A8:A0:E6:92:E5
            X509v3 Subject Key Identifier:
                4F:E0:97:FF:C1:AE:06:53:03:19:F7:
                0A:37:4B:9F:F0:13:E2:88:D8
            X509v3 Subject Alternative Name:
                DNS:www.digicert.com, DNS:content.digicert.com
            Authority Information Access:
                OCSP - URI:http://ocsp.digicert.com
                CA Issuers - URI:
                  http://www.digicert.com/CACerts/
                  DigiCertHighAssuranceEVCA-1.crt
            Netscape Cert Type:
                SSL Client, SSL Server
            X509v3 Key Usage: critical
                Digital Signature, Key Encipherment
            X509v3 Basic Constraints: critical
                CA:FALSE
            X509v3 CRL Distribution Points:
                URI:http://crl3.digicert.com/ev2009a.crl
```

```
                URI:http://crl4.digicert.com/ev2009a.crl
            X509v3 Certificate Policies:
                Policy: 2.16.840.1.114412.2.1
                  CPS: http://www.digicert.com/ssl-cps-repository.htm
                  User Notice:
                    Explicit Text:

            X509v3 Extended Key Usage:
                TLS Web Server Authentication,
                TLS Web Client Authentication
    Signature Algorithm: sha1WithRSAEncryption
        e1:e6:dd:0e:23:5f:08:9a:63:63:c7:a1:f3:95:f0:ca:7e:3c:
        57:81:2c:2a:19:2b:24:fe:e4:26:bd:91:27:7c:11:50:35:e7:
        ...
        fd:64:6f:97:8b:15:fb:d1:7a:f7:67:80:da:da:41:d8:e3:f9:
        e4:bd:92:97
-----BEGIN CERTIFICATE-----
MIIHLTCCBhWgAwIBAgIQAscf4B1wQUuLp+KeXlhCuTANBgkqhkiG9w0BAQUFADBp
MQswCQYDVQQGEwJVUzEVMBMGA1UEChMMRGlnaUNlcnQgSW5jMRkwFwYDVQQLExB3
...
8+qQ0wF/xY9rHM0+eIqy3da4AFhfW4sAmyafs7hcEMjUAkS6Yb0qIw8ud/1kb5eL
FfvRevdngNraQdjj+eS9kpc=
-----END CERTIFICATE-----
```

该命令的输出结果（BEGIN CERTIFICATE 与 END CERTIFICATE 之间指示的内容）首先显示了采用 ASCII 码（PEM）表示的证书，然后给出了证书解码后的版本。解码后的证书包括了数据部分与签名部分。在数据部分中是一些元数据，包括一个*版本*字段，用于表示特定的 X.509 证书类型（数值为 3，最近一般用十六进制表示为 0x02）；一个特定证书的*序列号*，它是由证书颁发机构分配给每一个证书的唯一编号；一个*有效期*（Validity）字段，表明在某一段时间内证书被认为是合法的，它以 Not Before 子域作为开始，并以 Not After 子域作为结 825 束。证书的元数据还会指明采用哪一种签名算法对数据部分进行签名。本例首先利用 SHA-1 算法计算出一个散列值，然后再使用 RSA 算法进行签名。签名的结果将会在证书末尾显示。

发行者（Issuer）字段用于指明发行证书的实体的*不同名称*（术语源自 ITU-T X.500 标准），并拥有以下特殊的子域（根据 X.501 标准）：C（国家）、L（地区或城市）、O（组织）、OU（组织单元）、ST（州或省）、CN（通用名称）。此外，还定义了许多其他子域。本例还使用了一个*扩展认证的*（EV）[CABF09] CA 证书来对服务器的证书进行签名。

扩展认证的证书（EV 证书）是业界对一些钓鱼攻击做出的回应。这些钓鱼攻击包括那些不经过严格的身份验证就发布证书的恶意网站。EV 证书的颁发必须严格遵守一套经过商定的标准。用户使用 EV 证书和一个现代浏览器访问网站时，通常会看到一个绿色的标题栏，同时 CA 信息也会显示一个更加严格的标准。置于 CA 之上的 EV 证书必须提供一个*认证业务规则*（Certification Practice Statement，CPS），以描述颁发证书时的具体做法。[RFC5280] 介绍了认证业务规则的作者（以及适用于每一个证书的策略与认证规则）。值得注意的是虽然 EV 证书提供了更高级别的保证（例如，某些 Web 网站），但绝大多数用户并没有注意到浏览器为揭示这一事实所提供的线索 [BOPSW09]。

主题（Subject）字段用于标识与当前证书相关的实体，随后的*主题公钥信息*（Subject Public Key Info）字段则用于标识公钥的拥有者。在本例中，*主题*字段是一个复杂的结构，类似于*发行者*字段包含了多个对象 ID（OID）[ITUOID]。绝大多数 OID 都会与具体的名称一起被编码（例如，O，C，ST，L，CN），但也有一些例外。这是因为 openssl 的特殊版本会打印出一些难以理解的内容。OID 1.3.6.1.4.1.311.60.2.1.3 也被称为“国家名称域”

（jurisdictionOfIncorporationCountryName），而 OID 1.3.6.1.4.1.311.60.2.1.2 则被称为“州或省名称域”（jurisdictionOfIncorporationStateOrProvinceName）。这两个名称都有显而易见的意义。OID 2.5.4.15 对应商业类别（参见 [CABF09] 了解细节）。需要注意的是，CN 子域在鉴别互联网上证书的主题与发行者时变得越来越重要。本例的证书给出了与服务器相匹配的正确名称（以及在*主题备用名称*（Subject Alternative Name，SAN）的扩展部分所包含的名称）。如果在访问时与名称（或表示同一服务器的 URL）不相匹配（例如，用域名 https://digicert.com 代替 https://www.digicert.com），则会导致错误。值得注意的是，CN 并不是保存 DNS 名称的字段，而 SAN 则用于负责这一事务。

当需要验证一个证书时，将会开启一个递归过程遍历证书的层次结构直到 CA 根证书。在这一过程中，需要匹配的发行者名称可能在一个证书中，而主题名称可能在另一个证书中。在这种情况下，证书是由高保障的数字证书颁发机构发布的（发行者的 CN 字段）。假设当前所有
826 的证书都处于有效期并得到妥善的使用，那么对于这些证书的主题字段而言，父证书（直接的父证书、祖父证书等，但通常情况下是 CA 根证书）也应该被认为是可信的并能获得成功认证。

*主题公钥信息*字段给出了与主题字段指定的实体相关的算法与公钥。在这个例子中，公钥是一个模 2048 位、公钥指数为 65537 的 RSA 公钥。主题拥有与公钥配对的私钥（加上私钥指数后取模）。如果私钥被泄密，或者因为其他原因需要修改公钥，公钥与私钥必须重新生成，然后发布一个新的证书，并撤销旧的证书（参见第 18.5.2 节）。

第 3 版的 X.509 证书可能包含 0 个或多个*扩展*。这些扩展有些是*关键的*，有些是*不关键的*，其中有一些扩展是互联网模式所要求的 [RFC5280]。如果是关键的扩展，它的处理与建立过程必须被信赖方（CPS 术语）的规则所接受。非关键的扩展只要被支持就能够进行处理，但需要保证不能产生错误。本例中包含了 10 个第 3 版 X.509 的扩展。虽然已经定义了许多扩展，但我们正在讨论的这些扩展却属于两个非正式的类别。第一个类别包含了与主题相关的信息以及如何使用有问题的证书。第二个类别涉及一些与发布者相关的项目，还包括密钥标识以及指出与证书颁发机构相关的附加信息位置的 URI。本例中的证书是一个*终端实体*（非 CA）证书。CA 证书经常会包含多个不同的扩展以及与其对应的数值。

基本约束（Basic Constraints）扩展是一个关键的扩展。它指出一个证书是否是 CA 证书。本例的证书就不是 CA 证书，所以它不能用于签名其他证书。如果一个证书是 CA 证书，那么它在证书验证链中将不会处于叶子位置。这对于根 CA 证书或者其他签名证书的证书（“中间”证书，比如本例中的 DigiCert High Assurance EV CA-1 证书）是共同的。

主题密钥标识符（Subject Key Identifier）扩展定义了证书中的公钥。它允许对同一主题所拥有的不同密钥加以区别。*密钥用法*（Key Usage）扩展是一个关键扩展，它决定了密钥的有效用途。可能的用法包括数字签名、不可否认性（承诺内容）、密钥加密、数据加密、密钥协商、证书签名、CRL 签名（参见 18.5.2 节）、仅进行加密、仅进行破译。由于这种服务器证书主要用于识别一条连接的两个端点以及加密一个会话密钥（参见 18.9 节），就像这个例子中，它的用途可能是有限的。*扩展的密钥用法*（Extended Key Usage）扩展可以作为关键的扩展，也可以作为非关键的扩展，它可能会对密钥的用途做出更严格的限制。在互联网模式下这一扩展的可能值包括以下内容：TLS 客户端与服务器的身份验证、可下载代码签名、电
827 子邮件保护（不可抵赖性和密钥协商或加密）、各种 IPsec 操作模式（参见 18.8 节）以及时间戳。SAN 扩展允许一个证书用于多种用途（例如，拥有不同的 DNS 名称的多个 Web 站点）。这样就缓解了每一个站点对应一个独立证书的需求，从而降低了成本与管理的负担。在本例

中，证书既用于DNS域名www.digicert.com，又用于域名content.digicert.com（但不包括之前提到的域名digicert.com）。网景证书类型（Netscape Cert Type）扩展现在已经过时，它可用于指定网景软件的密钥用途。

本例证书中其余的扩展与证书管理和状态以及它的CA有关。CRL分发点（CDP）扩展给出了一个URL列表，用于寻找CA证书的撤销列表（CRL）。CRL中列出了撤销的证书，用于确定一个处于验证链中的证书是否已被撤销（参见18.5.2节）。证书策略（Certificate Policies，CP）扩展包含了适用于当前证书的策略[RFC5280]。本例中，证书策略扩展包含一个带有两个限定的策略。策略值2.16.840.1.114412.2.1指明证书符合EV策略。CPS限定给出了一个指针，该指针指向那些符合策略的特定CPS的URI。用户注意事项（User Notice）限定包含了显示给依赖方的文本。在本例中，它包含以下字符串：

Any use of this Certificate constitutes acceptance of the DigiCert EV CPS and the Relying Party Agreement which limit liability and are incorporated herein by reference.

权威密钥标识符能够识别那些与用来签名证书的私钥相关的公钥。当一个发行者拥有多个私钥来生成签名时，它显得十分有用。权威信息访问（Authority Information Access，AIA）扩展指明从哪里能够检索与CA相关的信息。在本例中，它指出了一个URI，用于决定是否使用一个在线的查询协议来撤销证书（参见18.5.2节）。它也指出了CA发行者的名单，其中包括了一个指向为本例中服务器证书签名的CA证书的URL。

扩展部分后面是证书的签名部分。它包含了签名算法的标识符（本例中为使用RSA的SHA-1算法）。该标识符必须与之前介绍的签名算法字段中的数据保持一致。在本例中，签名本身是一个256字节的数值，它是RSA算法进行2048位模运算的对应结果。

18.5.2 验证与撤销证书

前文已经介绍了一个证书可能会被撤销或者被一个新发布的证书所替代。在Internet工程任务组中，[RFC5280]定义了根据面向Internet的X.509版本2的证书撤销列表使用X.509版本3的方法。这种做法同时也带来了证书如何被撤销的问题，以及如何让依赖方知道他们所依靠的证书不再可信的问题。 828

为了验证某个证书，需要建立一条验证（或认证）路径。这条路径应当是一个已被验证过的证书集合，通常会包含依赖方已经的信任锚点（例如，根证书）。验证过程的一个关键步骤在于确定证书链中的一个或多个证书是否已被撤销。若是，则验证路径将失效。8.5.5节已经介绍了相关的内容。

有一些原因能够解释我们为什么要撤销一个证书，比如一个证书的主题（或发行者）改变了隶属关系或名称。当一个证书被撤销后，它将不再使用。我们所面临的挑战是确保希望使用证书的实体能知道证书将被撤销。在互联网中，有两种实现证书撤销的方法：证书撤销列表（CRL）与在线证书状态协议（Online Certificate Status Protocol，OCSP）[RFC2560]。当CRL分发点扩展像前面的例子中一样包括了一个HTTP或FTP的URI方案时，完整的URL给出了以DER格式编码的包含X.509证书撤销列表的文件名称。在下面的例子中，我们可以利用以下命令检索CRL对应的证书：

```
Linux% wget http://crl3.digicert.com/ev2009a.crl
```

并使用以下命令将其打印输出：

```
Linux% openssl crl -inform der -in ev2009a.crl -text
Certificate Revocation List (CRL):
        Version 2 (0x1)
        Signature Algorithm: sha1WithRSAEncryption
        Issuer: /C=US/O=DigiCert Inc/OU=www.digicert.com/
                CN=DigiCert High Assurance EV CA-1
        Last Update: Jan  2 06:20:13 2011 GMT
        Next Update: Jan  9 06:20:00 2011 GMT
        CRL extensions:
            X509v3 Authority Key Identifier:
                keyid:4C:58:CB:25:F0:41:4F:52:F4:
                28:C8:81:43:9B:A6:A8:A0:E6:92:E5

            X509v3 CRL Number:
                732Revoked Certificates:
    Serial Number: 0119BF8D1A24460EBE59355A11AD7B1C
        Revocation Date: Jul 29 19:25:40 2009 GMT
        CRL entry extensions:
            X509v3 CRL Reason Code:
                Unspecified
    ...
    Serial Number: 0D2ED685A9A828A21067D1826C5015A9
        Revocation Date: Dec 17 17:18:40 2010 GMT
        CRL entry extensions:
            X509v3 CRL Reason Code:
                Superseded
    Signature Algorithm: sha1WithRSAEncryption
        d4:a3:50:07:1b:b8:17:ff:e2:83:3d:b9:6a:3e:22:8d:e4:22:
829     40:12:0b:cf:26:d9:16:99:b1:96:5a:86:ea:3e:8a:3f:f9:39:
        ...
        c7:e0:92:f6:66:72:7e:a4:f0:fd:16:d4:ec:2f:10:35:ea:2d:
        45:06:19:4b
-----BEGIN X509 CRL-----
MIIHeDCCBmACAQEwDQYJKoZIhvcNAQEFBQAwaTELMAkGA1UEBhMCVVMxFTATBgNV
BAoTDERpZ2lDZXJ0IEluYzEZMBcGA1UECxMQd3d3LmRpZ2ljZXJ0LmNvbTEoMCYG
...
hzcRf+ITVZ76LtHdzWDDPFujPyqPzMnkbGqGVsve9Gd4NcQiozOyoCDvaLezgO69
EYmMayk9zXFSaBVdEZ5Tgekrj0fFnsfgkvZmcn6k8P0W1OwvEDXqLUUGGUs=
-----END X509 CRL-----
```

此例中我们能看到 X.509 第 2 版的证书撤销列表格式。该格式与证书本身的格式非常类似，如同证书一样整条信息都是由 CA 签名的。由于证书撤销列表与证书一样可以通过不受信赖的通信信道或服务器进行分发，因此显得非常实用。与证书相比，有效期将替换为上一个与下一个 CRL 更新列表。虽然没有主题和公钥，但替换为被撤销证书的序列号，以及撤销时间与撤销原因。还有一些独特的 CRL 扩展。在本例中，*权威密钥标识符*扩展提供了一个序号用于识别 CA 在签名 CRL 时所使用的密钥。*CRL 序号*扩展将给出 CRL 的序列号。其他数值在 [RFC5280] 中均有详细介绍。

另一种确定证书是否被撤销的方法就是 OCSP。该协议是一个应用层的请求 / 应答协议，通常运行在 HTTP 协议之上（即使用基于 TCP/IP 协议的 HTTP 协议，开启 TCP 端口号 80）。一个 OCSP 请求包含了识别某个特定证书的信息，以及一些可选扩展。一个响应将指出证书处于未被撤销、未知、被撤销等状态。当请求不能被解析或以其他方式处理时，将会返回一个错误。用于签名 OCSP 响应的密钥不需要与签名原始证书的密钥相匹配。发行者还可以包含一个*密钥用法*扩展来指明 OSCP 提供商的变更。

为了观察 OCSP 请求 / 响应的交互，一旦我们从文件 DigiCertHighAssuranceEVCA-1.pem

（文件并没有显示出来）中获得了相应的 1 级证书，就可以执行下面的命令。为了表达清楚起见，下面的例子省略了一些行。

```
Linux% CERT=DigiCertHighAssuranceEVCA-1.pem
Linux% openssl ocsp -issuer $CERT -cert digicert.pem \
-url http://ocsp.digicert.com -VAfile $CERT -no_nonce -text
OCSP Request Data:
    Version: 1 (0x0)
    Requestor List:
        Certificate ID:
          Hash Algorithm: sha1
          Issuer Name Hash: B8A299F09D061DD5C1588F76CC89FF57092B94DD
          Issuer Key Hash: 4C58CB25F0414F52F428C881439BA6A8A0E692E5
          Serial Number: 02C71FE01D70414B8BA7E29E5E5842B9
OCSP Response Data:
    OCSP Response Status: successful (0x0)
    Response Type: Basic OCSP Response
    Version: 1 (0x0)
    Responder Id: 4C58CB25F0414F52F428C881439BA6A8A0E692E5
    Produced At: Jan  2 08:03:24 2011 GMT
    Responses:
    Certificate ID:
      Hash Algorithm: sha1
      Issuer Name Hash: B8A299F09D061DD5C1588F76CC89FF57092B94DD
      Issuer Key Hash: 4C58CB25F0414F52F428C881439BA6A8A0E692E5
      Serial Number: 02C71FE01D70414B8BA7E29E5E5842B9
    Cert Status: good
    This Update: Jan  2 08:03:24 2011 GMT
    Next Update: Jan  9 08:18:24 2011 GMT

Response verify OK
digicert.pem: good
      This Update: Jan  2 08:03:24 2011 GMT
      Next Update: Jan  9 08:18:24 2011 GMT
```

830

如我们所见，OCSP 交互指出证书是没有问题的。请求包含了一个散列算法（SHA-1）的标识、一个发行者名称的散列值、标识发行者密钥的序号（与证书中的密钥 ID 扩展相同），以及证书的序列号。响应者通过响应者 ID 对自身进行标识，并对响应做出签名。响应包括了请求的散列值与序号，以及说明证书“正常”（即，未被撤销）的状态。OCSP 协议虽然减轻了客户端下载并检查最新 CRL 的负担，但仍要求客户端形成并验证整个验证路径。在一些情况下，这也被认为是客户端的负担。

为了解决客户端系统中形成与验证证书链的负担，[RFC5055] 定义了一个*基于服务器的证书验证协议*（Server-Based Certificate Validation Protocol，SCVP）。然而，该协议尚未得到广泛的应用。在 SCVP 协议中，证书路径的形成（也称为*委托路径发现*或 DPD）以及验证（也称为*委托路径验证*或 DPV）都能卸载到服务器上。验证将卸载到可信赖的服务器上。SCVP 协议不仅提供了一种减轻客户端负担的方法，还提供了一种确保普通的验证策略能够被一致地贯彻于一个企业的方法。

18.5.3 属性证书

除了用于绑定名称与公钥的公钥证书（PKC）之外，X.509 还定义了另一种类型的证书，称为*属性证书*（Attribute Certificate，AC）。属性证书在结构上与公钥证书类似，但缺少公钥。它们用于指出一些其他信息，包括与相关公钥证书拥有不同生命期（例如，时间较短

的）的授权信息 [RFC5755]。属性证书还包含其他类似于公钥证书的结构，包括扩展与属性
831 证书策略。

18.6 TCP/IP 安全协议与分层

加密技术为建立具有多项安全性能的通信系统提供了基础。包含加密技术的协议存在于协议栈的多个不同层次。与第 1 章介绍的 OSI 参考模型一致，通过加密的方法每一层都能够提供基本的加强安全的措施。

正如我们所预料的，链路层的安全服务致力于保护一跳通信中的信息，网络层的安全服务致力于保护两个主机之间传输的信息，传输层的安全服务致力于保护进程与进程之间的通信，应用层的安全服务致力于保护应用程序操纵的信息。在通信的各层次中，由独立于通信层的应用来负责保护数据的工作也是可以的（例如，文件能够经过加密并以电子邮件附件的方式发送出去）。图 18-4 展示了与 TCP/IP 结合使用的最常见的安全协议。

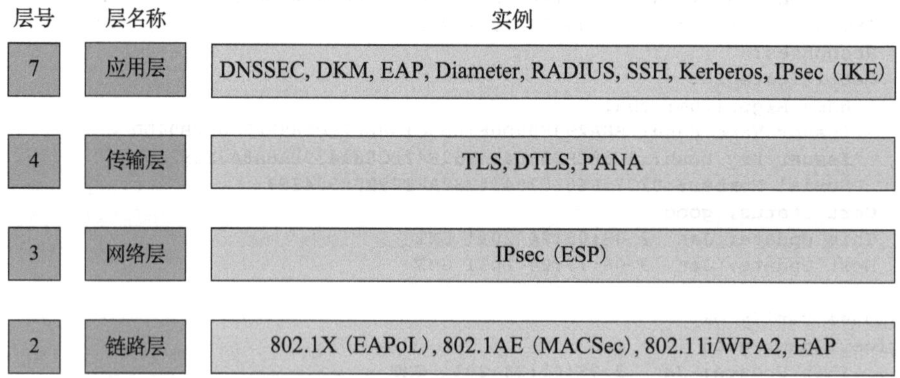

图 18-4　存在于 OSI 协议栈中各层次以及一些“中间”层的安全协议。值得注意的是需要根据不同的安全威胁选择合适的协议

图 18-4 展示了许多安全协议，而那些我们在任何时候都关心的协议是由需求的功能范围所决定的。在讨论图 18-4 展示的大多数协议时，我们将会特别强调 IPsec 协议（位于第 3 层的机器与机器之间的安全性）、TLS 协议（设计用于支持应用层的传输层安全）以及 DNSSEC 协议（DNS 安全）。TLS 与 IPsec 协议的使用非常广泛，其中 TLS 协议用于所有的
832 安全网站通信（HTTPS），而 IPsec 协议用于大多数的网络层安全，包括 VPN。DNSSEC 协议致力于 DNS 的安全（参见第 11 章），正处于缓慢的引入过程中，但预计需求是巨大的。DNS 安全将有助于限制 DNS 劫持攻击，这样客户端系统就不会被重定向到一个满是错误信息的虚假 DNS 服务器上。此处我们将不会详细讨论两个十分流行的协议：Kerberos 协议 [RFC4120] 与 SSH 协议 [RFC4251]。Kerberos 是一个应用于 Windows 企业环境的第三方认证系统；而 SSH 是一个利用安全壳进行远程登录和实现隧道功能的协议，常用于大多数类 UNIX 系统中。这些协议往往被要求运行于特定操作系统的计算机上，即便这一要求并不是必需的。本章将会对所选择的协议进行详细的描述，我们认为所选的这些协议将来会拥有更广泛的互联网用户。

虽然几乎每一项网络技术都有一些相关的安全方法，但我们打算从处于 OSI 协议栈最底端的链路层进行讨论。第 3 章已经介绍了一些链路层协议有其自身的安全机制（例如，802.11-2007 协议在早期的 802.11i 规范的基础上将 WPA2 引入其中）。我们应当特别关注那

些能适用于多种链路类型网络的协议。

18.7 网络访问控制：802.1X, 802.1AE, EAP, PANA

网络访问控制（NAC）是指对于特定系统或用户而言用于授权或拒绝网络通信的方法。由 IEEE 定义的 802.1X 基于端口的网络访问控制（PNAC）标准广泛用于 TCP/IP 网络，为企业局域网提供安全，其中包括有线与无线网络。PNAC 的目的在于，只有当系统（或其用户）基于网络接入点完成认证后，才会为其提供网络访问服务（例如，内部网或互联网）。由于常与 IETF 标准的可扩展身份验证协议（EAP）配合使用 [RFC3748]，所以 802.1X 协议有时也称为局域网上的 EAP 协议（EAPoL）。当然，802.1X 标准涵盖的不仅仅是 EAPoL 数据包格式。

802.1X 最常见的版本基于 2004 年发布的版本，然而 2010 年的版本 [802.1X-2010] 包括了 802.1AE（IEEE 的局域网加密标准，称为 MACSec）与 802.1AR（面向安全设备标识的 X.509 证书）。它还包括了一个比较复杂的 MACSec 密钥协商协议 MKA（在后面的内容中，我们不会对 MKA 做进一步介绍）。在 802.1X 中，系统是通过执行一个称为请求者的函数来进行认证的。请求者通过与认证者以及后端认证服务器的交互来实现认证并获得网络访问权。虚拟局域网（参见第 3 章）常被用来协助 802.1X 强化对访问控制的决策。

可扩展身份认证协议（EAP）可与多种链路层技术一同使用，并提供多种方法来实现身份验证、授权以及计费（AAA）。EAP 本身并不执行加密，所以它必须与其他一些加密功能较强的协议一同使用才能保障安全。当与链路层的加密方法一同使用时，比如无线网络的 833
WPA2 或者有线网络的 802.1AE，802.1X 是相对安全的。EAP 使用了与 802.1X 相同的申请者与认证服务器的概念，但采用了不同的术语（EAP 使用的术语为：端点（peer）、认证者以及 AAA 服务器，后者在一些与 EAP 相关的文献中有时也称为后端认证服务器）。图 18-5 展示了一个具体的设置实例。

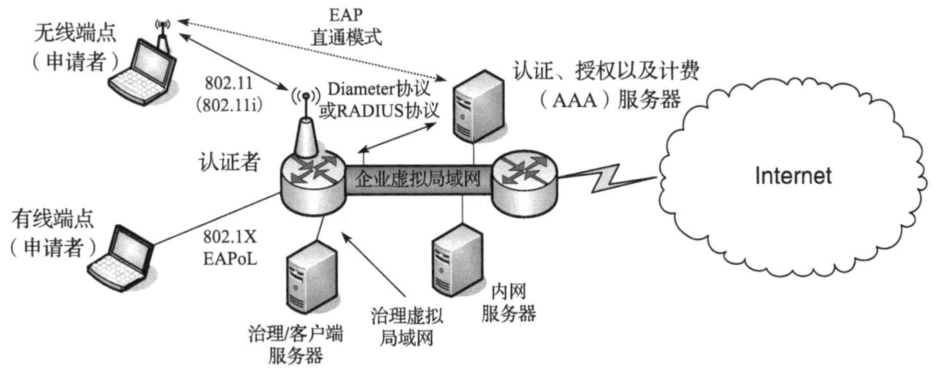

图 18-5 由 802.11i 与 802.1X 支持的 EAP，允许在隔离 AAA 服务器的前提下由认证者对一个端点（申请者）进行认证。认证者能够按照“直通”模式来运行。在该模式下，将会有更多的 EAP 数据包转发。它也可以更直接地参与 EAP 协议。“直通”模式帮助认证者免于执行大量的认证方法

图 18-5 假想了一个包括有线与无线端点的企业网络。这个受保护的网络包括了 AAA 服务器、特殊虚拟局域网中的内网服务器以及一个不需要认证（或“治理”）的虚拟局域网。认证者负责与未认证的端点以及 AAA 服务器进行交互（通过 AAA 协议，例如 RADIUS [RFC2865] [RFC3162]，或者 Diameter [RFC3588]，以确定是否给予每个端点访问受保护网

络的权利。这项工作能够通过几种不同的方法来完成。最常用的方法是建立一个 VLAN 的映射调整，这样被认证的端点就会被分配到受保护的 VLAN 中，或被分配到另一个通过路由器（第 3 层）与当前 VLAN 相连的 VLAN 中。认证者可能使用 VLAN 中继（IEEE 802.1AX 链路聚合，参见第 3 章），并且根据端口号分配 VLAN 标记或转发由节点发送的 VLAN 标记的帧。

注意 在一些 EAP 部署中，认证者并不使用 AAA 服务器，而是自己评估端点的证书。当谈及认证是在何处被最终确定时，EAP 的文献中会使用术语 EAP 服务器。一般来说，当认证者使用直通模式时 EAP 服务器是一个 AAA 服务器（后端认证服
834 务器），否则就是认证者本身。

在 802.1X 中，申请者与认证者之间的协议被划分为上下两层。底层的称作端口访问控制协议（PACP），顶层的则通常是一些 EAP 的变种。为了与 802.1 AR 一起使用，变种被称为 EAP-TLS [RFC5216]。即使不采用 EAP 认证（例如，当使用 MKA 时），PACP 也会使用 EAPoL 帧进行通信。EAPoL 帧使用以太网类型（Ethertype）字段值 0x888E（参见第 3 章）。

接下来讨论 IETF 的标准。EAP 并不是一个单独的协议，而是一个通过一套其他协议实现认证的框架（其中一些协议我们在本章会介绍，包括 TLS 与 IKEv2）。最基本的 EAP 数据包格式如图 18-6 所示。

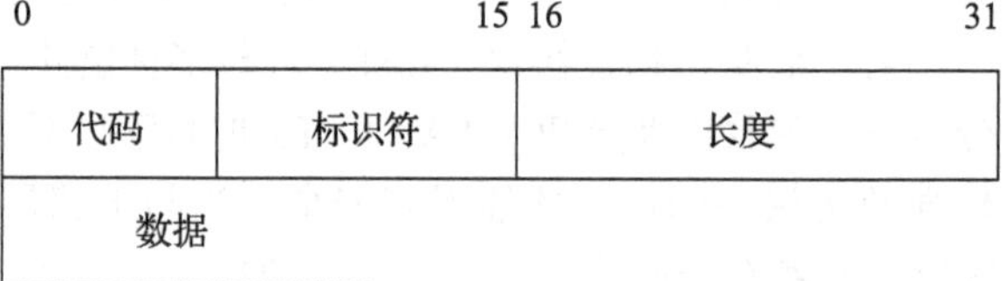

图 18-6 EAP 头部包含一个用于多路分解数据包类型（请求、响应、成功、失败、初始化以及结束）的代码字段。标识符字段用于匹配请求与响应。对于请求与响应消息而言，第一个数据字节是一个类型字段

EAP 数据包的格式非常简单。在图 18-6 中，代码字段包含了 6 种 EAP 数据包类型之一：请求（1），响应（2），成功（3），失败（4），初始化（5），以及结束（6）。后两种类型是由 EAP 重认证协议定义的（参见 18.7.2 节），官方的字段值是由 IANA [IEAP] 维护的。标识符字段包含了一个由发送者选择的序号，用于匹配请求与响应。长度字段给出了 EAP 消息的字节数，其中代码、标识符以及长度字段均统计在内。请求与响应用于完成对端点的识别与认证，最终给出“成功”或“失败”的指示。该协议能够承载一条信息性消息，以便人类用户能够获得一些在系统无法认证时的操作说明。底层协议被认为是有序的但不保证可靠性，而 EAP 是一个在底层协议之上运行的可靠协议。EAP 本身并不执行其他功能，比如拥塞或流量控制，但可以使用其他协议来完成这些工作。

典型的 EAP 交互过程从认证者发送一个请求消息给端点开始。端点以一条响应消息作为回应。两条消息使用相同的格式，如图 18-6 所示。完整的交互过程如图 18-7 所示。

请求与响应消息的主要目的在于交换实现成功认证所需要的信息。[RFC3748] 定义了许多方法，其他标准也定义了一些方法。一种正在使用的特殊方法被编码在请求与响应消息
835 的类型字段中，数值为 4 或更大。其他特殊的类型字段值包括身份（1）、通知（2）、否认 ACK（“传统 Nak”）（3）以及类型扩展（254）。身份类型被认证者用于查询端点的身份信息并为端点提供一种响应的方法。通知类型用于为用户或日志文件显示一条消息或通知（不是错误，而是通知）。当一个端点不能支持认证者要求的方法时，它将回复一个否认 ACK（或者是传统 Nak，或者是扩展 Nak）。扩展 Nak 包含了由已实现的认证方法构成的向量。这些认证方法在传统 Nak 中并未提及。

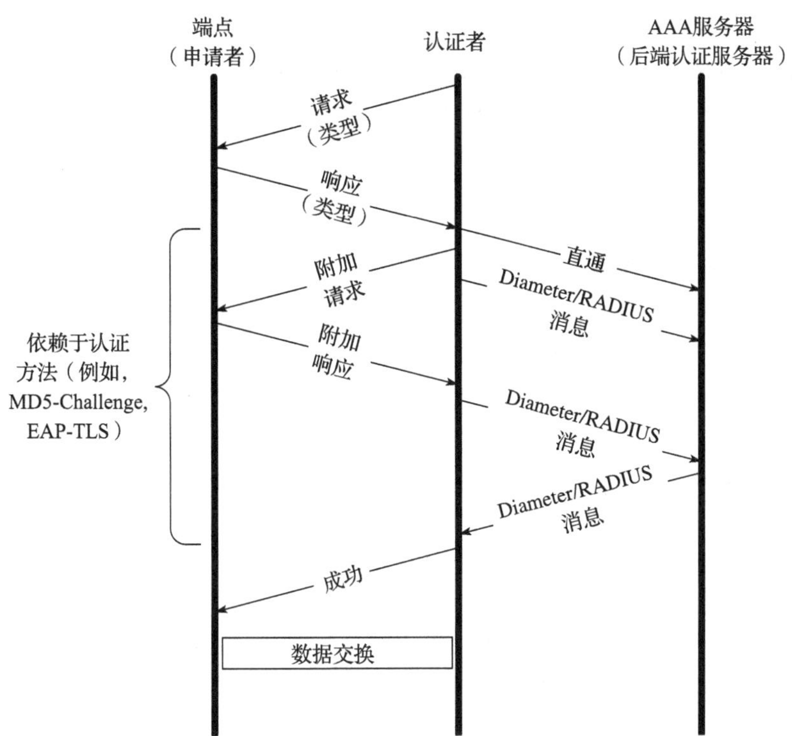

图 18-7 基本 EAP 消息承载着端点与认证者之间的认证材料。在许多部署中，认证者是一个相对简单的设备并采用“直通”模式。在这种情况下，绝大多数协议的流程都运行在端点与 AAA 服务器上。IETF 为特定的 AAA 协议制定了标准，比如用于封装 EAP 消息的 RADIUS 或 Diameter。EAP 消息在 AAA 服务器与认证者之间进行传输

EAP 是一个支持自身的多路复用与多路分解的分层体系结构。从概念上讲，它包括四个层次：底层（拥有多个协议）、EAP 层、EAP 端点 / 认证者层以及 EAP 方法层（拥有很多方法）。底层负责有序地传输 EAP 帧。也许具有讽刺意味的是，一些用于传输 EAP 的协议实际上是更高层次的协议。它们中的大多数在前文中都已经讨论过。EAP 底层协议的实例包括 802.1X、802.11（802.11i）（参见第 3 章）、带有 L2TP 的 UDP（参见第 3 章）、带有 IKEv2 的 UDP（参见 18.8.1 节）以及 TCP（参见第 12 ~ 17 章）。图 18-8 显示了各层是如何结合直通认证者实现的。一个直通的服务器应该是相反的，但不被 RADIUS 或 Diameter 支持。 836

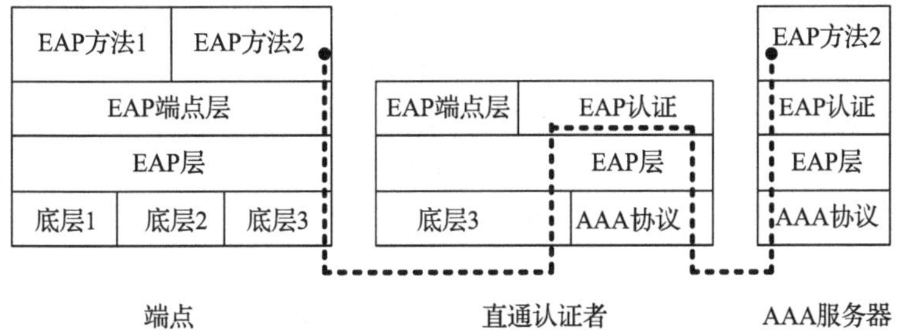

图 18-8 EAP 栈与实现模式。在直通模式下，端点与 AAA 服务器负责 EAP 认证方法的实现。认证者只需要实现 EAP 消息处理、认证者处理，并具有足够的 AAA 协议（例如 RADIUS、Diameter）来与 AAA 服务器进行信息交换

在图 18-8 所示的 EAP 栈中，EAP 层实现了可靠性与消除重复。它还实现了基于 EAP 数据包代码值的多路分解。*端点/认证者层*负责实现端点与（或）认证者协议的消息，这是基于对代码字段的多路分解实现的。EAP *方法层*包含了所有用于认证的特殊方法，包括任何用于处理大消息的协议操作。由于其余的 EAP 协议并不实现分片，而一些方法又可能会要求大消息（例如，包含证书或证书链），因此上述方法是必要的。

18.7.1 EAP 方法与密钥派生

在 EAP 的体系结构下，许多 EAP 认证与封装的方法都可以使用（超过 50 种）。有一些
837 被 IETF 制定为标准，而另一些则有着独立的发展过程（例如，Cisco 或 Microsoft 的标准）。一些常用的方法包括 TTLS [RFC5281]、TLS [RFC5216]、FAST [RFC4851]、LEAP(Cisco 专有)、PEAP（基于 TLS 的 EAP，Cisco 专有）、IKEv2（尚处于实验阶段）[RFC5106] 以及 MD5。在这些方法中，[RFC3748] 仅对 MD5 制定了规范，但现在已不推荐使用。不幸的是，当单独指定这些方法中的某一种时是非常复杂的。即使在一种方法中，有时也会为加密套件或身份认证设置不同的选项。例如在 PEAP 中，一些版本的 Windows 操作系统支持 MSCHAPv2 和 TLS。

造成如此多选项有一部分历史原因。由于安全与运行经验随着时间的推移而不断演变，人们发现有些方法是不安全的，或不够灵活。有些认证方法要求运行能够提供客户端证书的公钥基础设施（例如，EAP-TLS），而有些（例如，PEAP、TTLS）并没有要求这一基础设施。一些旧的协议（例如，LEAP）是在其他标准如 802.11（结合 802.11i 标准）尚未成熟的时候设计出来的。因此根据具体环境的不同，EAP 会选择使用各种智能卡或令牌、密码、证书的组合。

EAP 方法的目的在于建立认证，并为网络访问提供可能的授权。在一些情况下（例如，EAP-TLS），一些方法提供了双向的认证，即每一端既是认证者又是端点。这种类型的认证是 EAP 方法采用一系列加密基元的结果。

一些方法不仅仅能提供认证。那些提供*密钥派生*的方法能够在一个密钥层次结构中完成协商与导出密钥的工作 [RFC5247]，并且必须实现 EAP 端点与服务器之间的互相认证。无论是在 EAP 端点还是在认证服务器上，*主会话密钥*（Master Session Key，MSK，也称为 AAA 密钥）常用于通过 KDF 生成其他密钥。MSK 的长度至少为 64 字节，并且通常用于派生*瞬时会话密钥*（Transient Session Key，TSK）。TSK 常用在底层来加强端点与认证者之间的访问控制。*MSK 扩展*（EMSK）通常会与 MSK 一同使用，但只适用于 EAP 服务器或端点，而不适用于直通认证者。MSK 扩展还用于派生根密钥 [RFC5295]。根密钥一般与特定的*用途*或*域*密切相关的。一个*具有特定用途的根密钥*（Usage-Specific Root Key，USRK）是在特殊的使用环境下由 EMSK 派生出来的。*特定域的根密钥*（DSRK）是针对特定的域（即系统的集合）由 EMSK 派生而来。由 DSRK 派生出的子密钥被视为*特定域特定用途的根密钥*（Domain-Specific Usage-Specific Root Key，DSUSRK）。

在一个 EAP 交互过程中，会使用多个端点与服务器的标识符，并且会分配一个会话标识符。在完成基于 EAP 且支持密钥派生的认证中，MSK、EMSK、端点标识符、服务器标识符以及会话标识符将提供给底层（可能需要提供一个现在已弃用的初始化向量）。密钥一般会有相关的生存期（推荐为 8 小时），超过生存期之后 EAP 会要求重新认证。关于 EAP 密
838 钥管理框架的进一步讨论以及相应的安全分析细节，请参见 [RFC5247]。

18.7.2 EAP 重新认证协议

在 EAP 认证已经成功完成后，如果随后还需要进行认证交换，那么通常会要求减少这一过程的延迟（例如，一个移动节点从一个接入点到另一个接入点）。ERP 重新认证协议（EAP Re-authentication Protocol，ERP）[RFC5296] 提供了独立于任何特定的 EAP 方法来完成上述工作的能力。支持 ERP 的 EAP 端点与服务器被分别称为 ER 节点与服务器。ERP 使用一个从 DSRK（或 EMSK，但 [RFC5295] 建议避免这样做）派生出的重新认证根密钥（rRK），以及一个从 rRK 派生出的重新认证完整密钥（rIK）来证明 rRK 的内容。

ERP 运行在一个往返时间段中，这与它减少重新认证延迟的目标是一致的。ERP 开始于一个完整的传统 EAP 交互过程，并假设处于“本地”域名之下。生成的 MSK 像往常一样被分配给认证者与端点。然而，rIK 与 rRK 的数值也在此时决定，并且在端点与 EAP 服务器之间共享。这些数值可用于本地域中，以及为每一个认证者产生的 rMSK。当 ER 端点移动到一个不同的域中时，将会采用不同的数值（DS-rIK 与 DS-rRK，都是 DSUSRK）。ER 服务器的域名包含在 ERP 消息的 TLV 字段中，允许端点决定自己与哪一个服务器的域进行通信。协议的细节请参见 [RFC5296]。

18.7.3 网络接入认证信息承载协议

虽然 EAP、802.1X 与 PPP 组合在一起用于支持客户端（在一些情况下也包括网络）的认证，但是它们并不是完全链路独立的。EAP 倾向于在特定的链接上实现，802.1X 适用于 IEEE 802 网络，PPP 使用点对点的网络模型。为了解决这一问题，[RFC5191]、[RFC5193] 以及 [RFC6345] 基于 [RFC4058] 与 [RFC4016] 所描述的需求提出了网络接入认证信息承载协议（Protocol for Carrying Authentication for Network Access，PANA）。该协议作为 EAP 的下层，扮演着 EAP 信息承载者的角色。它使用 UDP/IP 协议（端口号 716），因此能够用于多种类型的链路，并且不限于点对点的网络模型。实际上，PANA 允许 EAP 认证方法用于任何链路层技术来确定网络访问。

PANA 的框架包含了三个主要的功能性实体：PANA 客户端（PANA Client，PaC）、PANA 认证代理（PANA Authentication Agent，PAA）以及 PANA 中继元件（PANA Relay Element，PRE）。PANA 的用途通常包含认证服务器（Authentication Server，AS）和执行点（Enforcement Point，EP）。AS 是一个通过访问协议（比如 RADIUS 或 Diameter）访问的常规 AAA 服务器。PAA 负责将认证材料从 PaC 传输至 AS，并且在网络访问被批准或撤销时对 EP 进行配置。上述一些实体可能位于同一位置。与 EAP 认证者和 PAA 一样，PaC 与相关的 EAP 端点总是位于同一位置。当 PaC 与 PAA 之间的直接通信不能实现时，PRE 可用于两者之间的中继通信。839

PANA 协议由一组请求 / 响应消息构成，包括一个由属性 - 值对组成的扩展集合（这一集合由 IANA 进行管理 [IPANA]）。作为 PANA 会话的一部分，UDP/IP 数据报的主要负载是 EAP 消息。PANA 会话包含 4 个阶段：认证 / 授权、访问、重新认证以及终止。重新认证实际上是访问阶段的一部分。由于重新执行基于 EAP 的认证，会话的生存期也得到相应的扩展。终止阶段一般会以明确的方式进入，也会因为会话超时而进入（因为生存期耗尽或生存状态检测失败）。PANA 会话通过一个 32 位的会话标识符确定，该标识符包含在每一条 PANA 消息中。

PANA 还提供了一种可靠的传输协议。每一条消息都包含了 32 位的序列号。发送者会跟踪下一个发出的序列号，而接收者会跟踪下一个希望接收的序列号。响应包含了与对应请求相同的序列号。初始序列号是由消息的发送者（即 PaC 或 PAA）随机选择的。PANA 也实现了基于时间的重传。PANA 是一个弱传输协议，它按照“等 - 停”模式工作，没有使用自适应的重传计时器，不能够对数据包进行重新分组。当出现多个数据包丢失的情况时，它的重传计时器会以指数的方式进行回退。

18.8 第 3 层 IP 安全（IPsec）

IPsec 是一个集合了许多标准的体系结构。这些标准在网络层为 IPv4、IPv6 [RFC4301] 以及移动 IPv6 [RFC4877] 提供数据源认证、完整性、机密性以及访问控制。它还为两个通信的实体提供了一种交换密钥的方法、一个加密套件以及一种标记使用压缩的方法。通信方可能是一台个人主机，也可能是一个在受保护与不受保护网络区域间提供界限的安全网关（Security Gateway，SG）。因此 IPsec 适用于以下应用，比如远程访问企业局域网（形成一个 VPN），通过开放的 Internet 实现企业内部各部分的安全连接，或保证主机与扮演主机的路由器在交换路由信息时的安全。当需要为新开发的协议选择一种安全方案时，经常会选中 IPsec [RFC5406]。

图 18-9 显示了使用 IPsec 能够完成的不同部署类型。使用 IPsec 的主机可能会将其集成于 IP 协议栈中，或者作为网络栈下方其他协议的底层驱动（称为“协议栈中的块”（Bump in the Stack，BITS）实现）。另外，它也可能存在于一个内联的 SG 中，这种方式有时被称为“线路中的块”（Bump in the Wire，BITW）实现。对于 BITW 实现而言，由于需要远程管理设备，
840 因此在功能上同时需要主机与 SG 的参与。这与路由器除了能作为纯第 3 层设备也能在其上实现应用程序和传输协议的原因非常类似（参见第 1 章）。IPsec 支持组播通信，但我们会首先关注更加简单与普遍的单播例子。

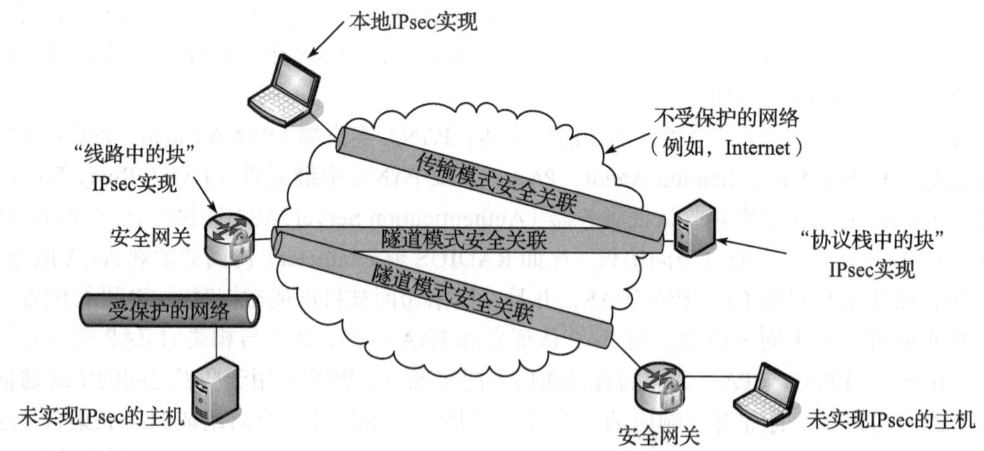

图 18-9 IPsec 适用于保障主机与主机之间的通信，主机与网关之间的通信，以及网关与网关之间的通信。IPsec 还支持组播的分布与移动

IPsec 的操作可分为建立阶段与数据交换阶段。建立阶段负责交换密钥材料并建立安全关联（Security Association，SA）；数据交换阶段会使用不同类型的封装构架，称为认证头（Authentication Header，AH）与封装安全负载（Encapsulating Security Payload，ESP）。IPsec 可用于不同的模式，比如隧道模式或传输模式，以保护 IP 数据报流。这些 IPsec 组件都会使用加密套件，而 IPsec 则被设计用于提供更大范围的套件。一个完整的 IPsec 实现包括 SA 建

立协议、AH（可选）、ESP 以及一些合适的加密套件、配置信息与设置工具。[RFC6071] 总结了所有 IPsec 组件的发展过程与当前规范。

虽然在一个系统中可能实现 IPsec（这对 IPv6 实现来说是必需的），但是 IPsec 会有选择地对某些数据包进行操作，而这些操作都是基于管理员所设定的策略。所有策略都包含在一个*安全策略数据库*（Security Policy Database，SPD）中，逻辑上与每一个 IPsec 的实现相伴。IPsec 还需要两个额外的数据库，称为*安全关联数据库*（Security Association Database，SAD）与*端点认证数据库*（Peer Authorization Database，PAD）。如图 18-10 所示，当需要决定该如何处理一个数据包时，将会查询这些数据库。

以图 18-10 中的 SG 为例（略微简化），会检查一个到达数据包的特定字段（*流量选择器*） 841
以决定该数据包是否正使用 IPsec 并且拥有一个预先存在的 SA。若是，则处理过程相对简单并且通常会包含 ESP（或 AH），详情可参见 18.8.2 节与 18.8.3 节描述。若不是，将会使用 SPD 来决定哪一种类型的 SA 应该被建立（如果有这种类型的话），并且 SAD 通常会包含新 SA 的信息。如果需要建立一个新的 SA，最简单的方法就是使用一些自动建立密钥的协议。虽然 IPsec 授权支持手动密钥（即密钥是由用户手工输入的），但这种方法不具有很好的可扩展性且容易出错。因此，在建立 SA 时一般要求使用密钥建立协议。对于 IPsec 而言，下文将讨论此协议的最新版本。

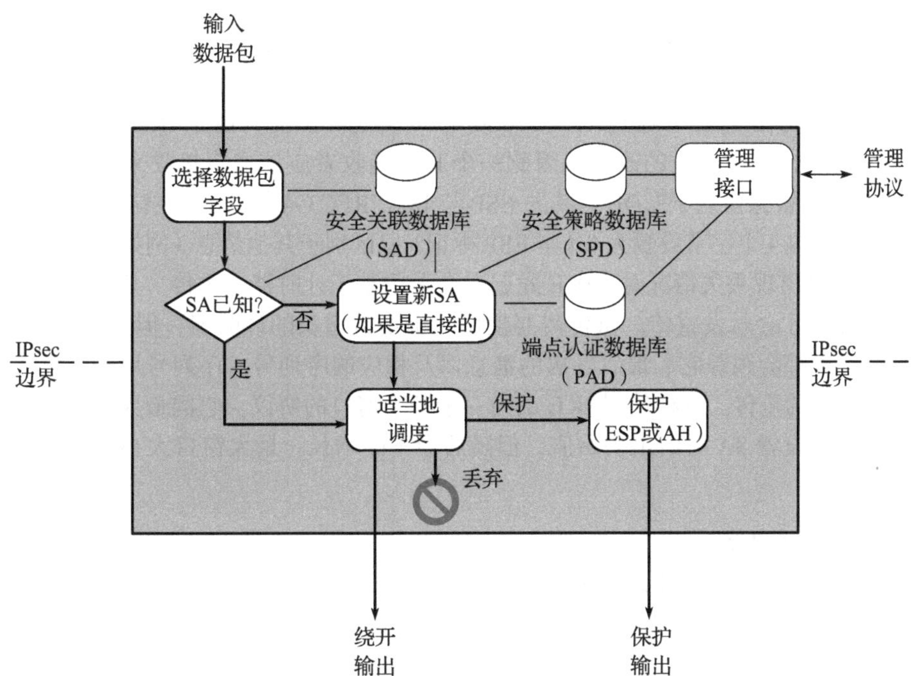

图 18-10　在一个安全网关中，IPsec 数据包的处理过程一般位于一个逻辑实体的第 3 层。该逻辑实体划分了受保护与未受保护的网络。安全策略数据库指示如何处理数据包：绕开、丢弃或者保护。保护一般涉及应用或验证完整性保护或加密。管理者会配置 SPD 以达到预期的安全目标

18.8.1 Internet 密钥交换协议（IKEv2）

使用 IPsec 的第一步就是建立一个 SA。SA 是在两个通信方之间建立的单工（单向）认证关联。如果 IPsec 支持组播，那么 SA 也可以是单一发送者与多个接收者之间的单向认证

关联。最常见的情况是双方之间的双向通信，因此需要一对 SA 才能有效地使用 IPsec。可以
842 使用特殊协议 Internet 密钥交换（Internet Key Exchange，IKE）自动完成这项工作。该协议的当前版本称作 IKEv2 [RFC5996]，下文我们将其简称为 IKE。值得注意的是，IKE 是 IPsec 较为复杂的一部分，因此一旦我们理解了它，剩下的部分将变得相对简单。此外，还需要注意的是下文将仅讨论 IKE 作为协议运行的要点内容。对于具体细节，比如无数支持的加密套件与配置参数，读者可以自行查阅 [RFC5996]。

为了建立一个 SA，IKE 开始于一个简单的请求 / 响应消息对。该消息对包括一个建立以下参数的请求：加密算法、完整性保护算法、Diffie-Hellman 组，以及根据任何输入的比特串随机生成输出的 PRF。在 IKE 中，PRF 用于生成会话密钥。IKE 首先为自身建立一个 SA(称为 IKE_SA)，随后为 AH 或 ESP 建立 SA（称作 CHILD_SA）。IKE 还能够通过协商为每一个 CHILD_SA 进行 IP 载荷压缩（IPComp）[RFC3173]，因为加密之后再在其他层进行压缩是无效的。我们将在 18.8.2 节与 18.8.3 节讨论 AH 与 ESP 的细节。

IKE 的运行依赖发起者与响应者之间发送的消息对，这些消息对也称作交换。前两次交换称为 IKE_SA_INT 与 IKE_AUTH，建立了一个 IKE_SA 和一个 CHILD_SA。随后出现两个交换，其中 CREATE_CHILD_SA 交换用于建立其他的 CHILD_SA；而 INFORMATIONAL 交换则用于初始化 SA 中的变化或收集 SA 的状态信息。在绝大多数情况下，一个 IKE_SA_INIT 与 IKE_AUTH 交换（总共 4 条消息）就足够了。用于交换的消息会包含由类型号标识的负载。类型号用于标识每个负载中携带的消息类型。一条消息中有多个负载是常见的情况，一些较长的消息会要求 IP 分片。

IKE 消息封装在 UDP 中通过端口 500 或 4500 发送。然而，由于 IKE 流量可能会通过 NAT 传递，从而造成端口号的改写，因此一个 IKE 接收者应该准备接收来自任何端口的流量。端口号 4500 被保留用于 UDP 封装的 ESP 与 IKE [RFC3948]。出现在端口 4500 上的 IKE 消息会将其最初的 4 个字节设置为 0（非 ESP 标记）以区别于其他消息（例如 ESP 或 WESP）。

当 IKE 消息出现丢失情况时，IKE 发起者会采用基于计时器的重传。只有当接收到一条请求时，响应者才会触发重传。重传需要使用一个指数增长的计时器，但并未指定总次数。发起者与响应者都会跟踪它们最后发送的消息以及相应的序列号。序列号用于匹配请求与响应，并识别消息的重传。这样使得 IKE 成为一个基于窗口的协议。它的最大窗口大小由响应者设定。当首次设置 SA 时给出初始值，但随后会不断增长。最大窗口大小限制了未完成请
843 求的总数。

18.8.1.1 IKEv2 消息格式

IKE 消息包含了一个头部，后面跟着 0 或多个 IKE 负载。头部结构如图 18-11 所示。

图 18-11 显示了 IKE 消息的头部，其中安全参数索引（Security Parameter Index，SPI）是一个 64 位的号码，用于标识一个特定的 IKE_SA（其他 IPsec 协议使用一个 32 位的 SPI 值）。发起者与响应者都会有一个属于自己的 SA，所以它们能提供正在使用的 SPI。这一对 SPI 值能够与通信两端的 IP 地址结合起来用于形成一个有效的连接标识符。下一个负载字段将在本节稍后部分讨论。对这一版本的 IKE 来说，主要版本与次要版本字段应分别设置为 2 与 0。当无法维持版本之间的互操作性时，主要版本号就会被修改。交换类型字段给出了消息的交换类型，其中包括：IKE_SA_INIT (34), IKE_AUTH (35), CREATE_CHILD_SA (36), INFORMATIONAL (37), IKE_SESSION_RESUME（38; 参见 [RFC5723]）。其他数值被保留，240 ~ 255 的范围被留作私人用途。在标志位字段（每一位都按从右到左的顺序从 0 开始进

行标识）定义了一个 3 比特位的字段：I（发起者，第 3 位），V（版本，第 4 位），以及 R（响应者，第 5 位）。I 位由原始发起者设置，接收者会在返回消息中将其清除。V 位指出一个版本号，高于发送者当前使用的协议的主要版本号。R 位指出当前消息是之前某一消息的响应，与其使用相同的消息标识符。

图 18-11　IKEv2 头部。所有的 IKE 消息都包含一个头部，后面跟着 0 或多个负载。IKE 使用 64 位 SPI 值。交换类型字段给出了所支持的交换以及消息中期望的负载。标志位字段指明消息是否从发起者发往响应者。消息标识符将请求与响应关联起来以检测重放攻击 844

IKE 的消息标识符字段扮演着类似于 TCP 中序列号字段的角色（参见第 12 章图 12-3），不同的是对于发起者而言消息标识符将从 0 开始计算，而对于响应者而言从 1 开始计算。该字段在随后的每一次传输中都增加 1，而响应会使用与请求相同的消息标识符。消息中的第 I 位与第 R 位用于区分请求与响应。无论是在发送还是接收时，消息标识符都会被记录下。这样做可以帮助每一个通信端检测重放攻击。过期的消息标识符不会被处理掉。消息标识符字段的回绕（可能会发生，但不太可能出现 40 亿 IKE 消息）是通过重新初始化 IKE_SA_INIT 交换来进行管理的。

其他字段（下一个负载与长度）用于描述 IKE 消息所包含的内容。每一条消息包含 0 或多个负载，而每个负载都有自身特定的结构。长度字段统计了 IKE 消息头部与所有负载的合计大小（按字节数计算）。下一个负载字段指出了后面负载的类型。目前已经定义了 16 种类型（数值 0 表示没有下一个负载），请参见表 18-2。读者可以查看官方当前的列表（参见 [IKEPARAMS]），其中包含了 IKEv2 所有的标准字段数值。

表 18-2　IKEv2 负载类型。数值 0 表示没有下一个负载

数值	符号	用途	数值	符号	用途
33	SA	安全关联	37	CERT	证书
34	KE	密钥交换	38	CERTREQ	证书请求（指出信任锚点）
35	IDi	标识符（发起者）	39	AUTH	认证
36	IDr	标识符（响应者）	40	Ni, Nr	当事人（发起者，响应者）

（续）

数值	符号	用途	数值	符号	用途
41	N	通知	45	TSr	流量选择器（响应者）
42	D	删除	46	SK{}	加密与认证（包含其他负载）
43	V	供应商标识符	47	CP	配置
44	TSi	流量选择器（发起者）	48	EAP	扩展认证（EAP）

1 ~ 32 与 49 ~ 255 的数值范围被保留，而 128 ~ 255 的数值范围被留作私用。每一个
845 IKE 负载都是从 IKE 通用负载头开始的，如图 18-12 所示。

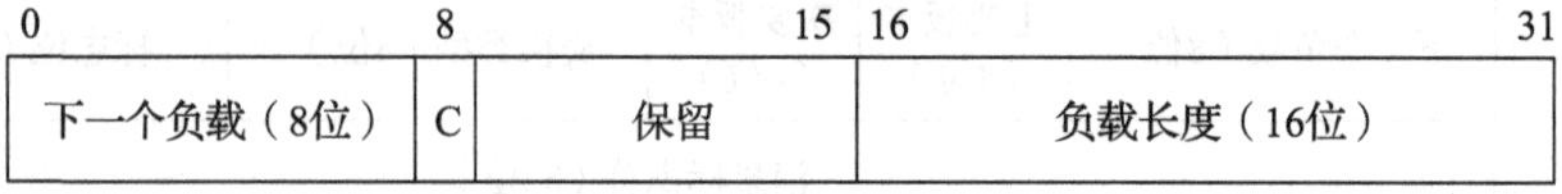

0 ~ 7	8	9 ~ 15	16 ~ 31
下一个负载（8位）	C	保留	负载长度（16位）

图 18-12 一个“通用”的 IKEv2 负载头部。每一个负载都始于这种形式的头部

通用的负载头部固定为 32 位，下一个负载与负载长度字段提供了一个大小可变的负载“链”（最多为 65 535 字节，包括负载头部的 4 字节）。该负载“链”存在于一条 IKE 消息中。每一个负载类型都有其自身特殊的头部。C 位字段指出当前负载（而不是下一个负载字段标识的负载）对于一个成功的 IKE 交换而言被认为是“关键”的。不理解类型代码（在前一个负载的下一个负载字段或 IKE 头部的下一个负载字段中提供）的关键负载接收者必须终止 IKE 交换。需要注意的是这种能力为创建那些不会被所有实现理解的新负载类型提供了可能。

18.8.1.2 IKE_SA_INIT 交换

为了更好地了解 IKE 的运行过程，我们从描述 IKE_SA_INIT 交换开始。它是图 18-13 中构成 IKE“初始交换”的 IKE_SA_INIT 与 IKE_AUTH 中的第一个交换。在早期版本的 IKE 中，初始交换也称作第 1 阶段。其他交换（CREATE_CHILD_SA 与 INFORMATIONAL）只有在初始交换完成之后才能被任何一方发起。由于基于前两个交换所建立的参数，它们总是有安全保障的（加密或完整性保护）。

如图 18-13 所示，IKE_SA_INIT 通过协商选择加密套件、交换随机数，以及执行 DH 密钥协商协议。它也可能包含一些附加信息，这取决于特定的实现与部署场景。IKE_SA_INIT 交换开始于发起者发送一个 IKE 消息。该消息包含自身所支持的加密套件、DH 信息以及用于 3 个负载（SA、KE 与 Ni）的随机数。[RFC5996] 的第 3 部分给出了每一种负载类型的详细信息，我们将会在 18.8.1.3 节讨论其中的一部分内容。需要注意的是一些实现会包含额外的负载。如果没有针对当前消息的响应，那么发起者就会触发重传过程。

收到第一条消息后，响应者能够获知发起者提出的一个 IKE 传输请求、发起者所支持的加密套件以及配置参数。响应者选择一个可接受的加密套件，并将其描述于 SAr1 负载中（参见 18.8.1.3 节）。响应者还要在 KEr 负载中提供其 DH 密钥协商参数部分，在 Nr 负载中包含它的随机数，以及在 CERTREQ 负载中包含一个针对发起者证书的可选请求。CERTREQ
846 负载指出了响应者能够接受的 CA（即它指出了响应者的信任锚点）。这些 CA 将在后续的交换过程中用来验证证书。一条包含响应者 IKE 头部以及所有负载的消息会作为响应发送给发起者，从而完成 IKE_SA_INIT 交换。在一些实现中会包含一些额外的负载（比如通知负载与配置负载，参见 18.8.1.5 节）。为了更好地理解 IKE_SA_INIT 的运行过程，我们将进一步讨论其最重要的负载：SA、KE、Ni 以及 Nr。

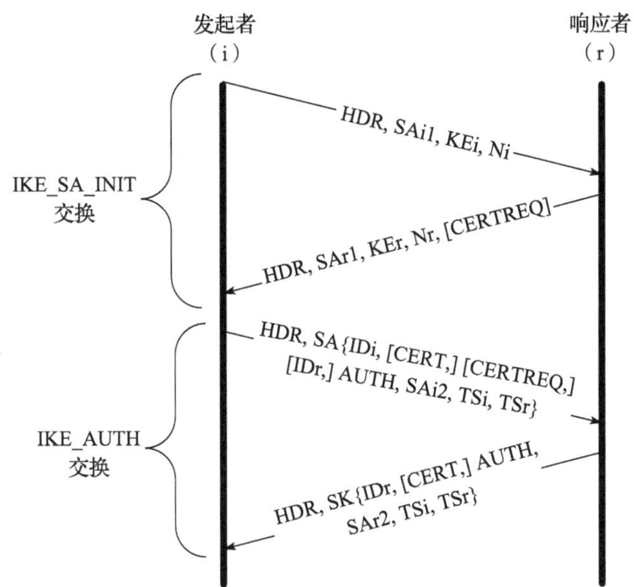

图 18-13 IKE_SA_INIT 与 IKE_AUTH 交换所包含的负载用于建立头两个安全关联（IKE_SA 与一个 CHILD_SA）。证书负载与证书请求负载（包括信任锚点）也可能会像通知负载与配置负载（图中未显示）一样被包含于交换过程中

18.8.1.3 安全关联负载与建议

安全关联（SA）负载包含了一个 SPI 数值与一套建议（通常是一个）。这些建议是通过某些复杂的建议结构建立起来的。每一个建议的结构都被编号并且包含一个 IPsec 协议标识符。协议标识符将会指出下面的一种 IPsec 协议：IKE、AH 或 ESP（参见 18.8.2 节与 18.8.3 节）。使用同一个建议号的多个建议结构被认为是同一建议的一部分（对于指定协议而言，是“与”的关系）。拥有不同建议号的建议结构被认为是不同的建议（对于指定协议而言，是“或”的关系）。

每一个建议 / 协议结构包含一个或多个转换结构来描述用于指定协议的算法。通常情况下，AH 仅有一个转换结构（与完整性检验算法对应），ESP 有两个转换结构（与完整性检验算法和加密算法对应），而 DH 则有 4 个转换结构（DH 组编号、PRF、完整性检验以及加密算法）。结合加密与完整性检测的算法（例如，认证加密算法）被单独描述为加密算法，没有独立的完整性保护规范。一个特殊的扩展序列号“转换”（它实际上是一个布尔值），指出与 SA（即用于 AH 或 ESP）一起使用的序列号是否应该使用 32 位或 64 位进行计算。 847

如果有多个相同类型的转换，建议则是这些转换（即任何可接受的转换）的并集。如果有多个不同类型的转换，建议则是这些转换的交集。某一个转换可能会有 0 个或多个属性。当一种转换能以多种方式使用时（例如，一个能够处理不同长度的密钥的转换会有一个与某建议所用的特定密钥长度相关的属性），这显然是必需的。绝大多数转换并不需要属性，但是较常见的 AES 加密转换是需要的。

18.8.1.4 密钥交换与随机负载

除了 SA 负载之外，IKE_SA_INIT 消息还包含了一个密钥交换（Key Exchange，KE）与一个随机数负载（记作 Ni、Nr，或者有时也记作 No）。KE 负载包含了 DH 组编号与密钥交换数据。密钥交换数据代表了用于形成一个临时 Diffie-Hellman 密钥（初始共享密钥）的公共数字。DH 组编号给出了计算公共数字所在的组。随机数负载包含了一个近期生成的长度在 16 ~ 256 字节的随机数。它用于生成密钥材料，以确保时新性并抵御重放攻击。

一旦 DH 交换完成，每一方都能够计算自己的 SKEYSEED 值，该值用来生成所有与 IKE_SA 相关的子密钥（除非使用一个生成密钥的 EAP 方法，参见 18.8.1.9 节），一共包含 7 个秘密值：SK_d、SK_ai、SK_ar、SK_ei、SK_er、SK_pi 以及 SK_pr。这些值将按照以下公式进行计算：

$$\text{SKEYSEED} = \text{prf}(\text{Ni} \mid \text{Nr}, g^{\wedge}\text{ir})$$

$$\{\text{SK\_d}|\text{SK\_ai}|\text{SK\_ar}|\text{SK\_ei}|\text{SK\_er}|\text{SK\_pi}|\text{SK\_pr}\} = \text{prf}+(\text{SKEYSEED}, \text{Ni}|\text{Nr}|\text{SPIi}|\text{SPIr})$$

此处，“|”表示连接运算符。级联 PRF 函数 prf + (K, S)T1 | T2 | ... 中，T1 = prf(K, S|0x01), T2 = prf(K, T1|S|0x03), T3 = prf(K, T2|S|0x03), T4 = prf(K, T3|S|0x04),...。数值 g^ir 是在 DH 交换过程中建立的共享密钥。Ni 与 Nr 是随机数（去掉任何负载头部）。值得注意的是每个 SA 在每一个方向使用不同的密钥，这也解释了为什么需要如此多的密钥。SK_d 密钥用于派生 CHILD_SA 密钥。SK_a 密钥与 SK_e 密钥分别用于认证与加密。SK_p 密钥用于在
848 IKE_AUTH 交换中生成 AUTH 负载。

18.8.1.5 通知负载与配置负载

N 负载是一个通知负载。虽然图 18-13 中并未显示此类负载，但我们将在后面的例子中使用它。它能够用于传输错误消息以及关于绝大多数 IKE 交换类型的处理能力的指示。它包含一个长度可变的 SPI 字段与一个用于指出通知类型的 16 位字段 [IKEPARAMS]。低于 8192 的数值用于标准错误，而高于 16383 的数值用于状态指示器。例如，当请求创建一个新的 SA 传输模式来替代默认的隧道模式时，通知负载中将会包含 USE_ TRANSPORT_MODE 数值（16391）。如果支持 IP 压缩 [RFC3173]，可以通过 IPCOMP_SUPPORTED 数值（16387）指出这一事实。如果支持鲁棒性头部压缩（ROHC）[RFC5857]，可以通过 ROHC_SUPPORTED 数值（16416）指出，它也可以包含 ROHC 参数来建立所谓的 ROHCoIPsec 安全关联。希望使用“封装 ESP”模式时可以通过 USE_WESP_MODE 数值（161415）来指出。通知负载可能会包含一个长度可变的数据部分，而这部分的内容取决于通知类型。

与通知负载一样，配置（CP）负载也会包含额外的信息，但主要用于初始化系统配置。例如，通常使用 DHCP（参见第 6 章）传输获得的信息也可以借助 CP 通过 IKE 传输。CP 一般包含以下几种类型：CFG_REQUEST、CFG_REPLY、CFG_SET 以及 CFG_ACK。CP 使用属性 - 值对（attribute-value, ATV），通常会包含一个长度可变的相关数据区域。[IKEPARAMS] 中定义了 20 个属性 - 值对。大多数涉及获得 IPv4 或 IPv6 地址、子网掩码、DNS 服务器地址的方法。鉴于 IPv6 通常使用 ICMPv6 来实现无状态的自动配置与邻居发现（参见第 8 章），因此它的配置需要特别的注意。一份实验规范 [RFC5739] 讨论了在配置 VPN 时如何利用 IKEv2 协议来配置跨 IPsec 的 IPv6 节点。

18.8.1.6 算法选择与应用

IKE 将形成加密套件的转换分为 4 种类型：加密（类型 1，与 IKE 和 ESP 一起使用），PRF（类型 2，与 IKE 一起使用），完整性保护（类型 3，与 IKE 和 AH 一起使用，在 ESP 中是可选的），以及 DH 组（类型 4，与 IKE 一起使用，在 AH 与 ESP 中是可选的）。虽然 IKE 能够通过协商来决定为 SA 的每个方向使用何种特殊的加密套件，但是，对任何实现来说，必须强制支持一些算法（转换）。此外，一些算法被选作推荐，它们在未来很可能会被强制

实现。[RFC4307] 介绍了这些算法，参见表 18-3。

因特网编号分配机构（IANA）还负责数值的官方注册 [IKEPARAMS]。虽然此处列表包含了写作本书时的强制算法，但还有许多其他的算法、组与技术已被提出或公布，包括基于 ECC 的数字签名选项（参见 [RFC4754]）。849

表 18-3　与 IKEv2 一起使用的“强制实现”的算法，按类型号分组

用途	名称	号码	状态	最早定义的 RFC/ 参考
IKE 转换类型 1（加密）	ENCR_3DES	3	要求	[RFC2451]
	ENCR_NULL	11	可选	[RFC2410]
	ENCR_AES_CBC	12	推荐	[RFC3602]
	ENCR_AES_CTR	13	推荐	[RFC3686]
IKE 转换类型 2（用于 PRF）	PRF_HMAC_MD5	1	可选	[RFC2104]
	PRF_HMAC_SHA1	2	要求	[RFC2104]
	PRF_AES128_CBC	4	推荐	[RFC4434]
IKE 转换类型 3（完整性）	AUTH_HMAC_MD5_96	1	可选	[RFC2403]
	AUTH_HMAC_SHA1_96	2	要求	[RFC2404]
	AUTH_AES_XCBC_96	5	推荐	[RFC3566]
IKE 转换类型 4（DH 组）	1024 MODP (Group 2)	2	要求	[RFC2409]
	2048 MODP (Group 14)	14	推荐	[RFC3526]

18.8.1.7　IKE_AUTH 交换

如前所述，SKEYSEED 值用于派生加密与认证密钥。这两个密钥用于在 IKE_AUTH 交换中保证负载的安全。它们分别称为 SK_e 与 SK_a。SK{P1, P2, ..., PN} 指出负载 P1, ..., PN 已经通过密钥进行加密并受到完整性保护。IKE_AUTH 交换的主要用途在于为每一个端点提供身份认证。它还会交换足够的信息来建立首个 CHILD_SA。

为了开启 IKE_AUTH 交换，发起者需要发送负载 SK{IDi, AUTH, SAi2, TSi, TSr}。假设有合适的解密密钥，它能够提供发起者的身份、证明发起者身份的认证信息、用于首个 CHILD_SA 的 SA 负载（称作 SAi2）以及一对流量选择器（负载 TSi 与 TSr，18.8.1.8 节将会讨论）。发起者可能会将自己的证书包含在 CERT 负载中，还可能在 CERTREQ 负载中包含一个证书请求从而识别自己的信任锚点，也有可能在 IDr 负载中包含响应者的身份。当响应者拥有多个身份对应同一个 IP，并且需要确保建立合适的 SA 时，发送响应者的身份就会十分有效。ID 负载能够支持不同的身份类型，包括 IP 地址、FQDN、电子邮件地址以及不同的名称（用于 X.509 证书）。各种类型在 IKEv2 身份负载 ID 类型注册表中维护 [IKEPARAMS]。

交换的最后一条消息包含了响应者的身份（IDr）、用于证明响应者身份的认证材料 850
（AUTH）、用于构建 CHILD_SA 的其他 SA（SAr2）以及一套流量选择器（TSi 与 TSr）。这些流量选择器的取值是原有 TSi 与 TSr 数值的子集。在 IKE_AUTH 交换中的所有负载都会被加密，并受到完整性保护。一个证书负载（CERT）包含了该节点可能发送的一个或多个证书。若是如此，任何用于验证 AUTH 负载的公钥将会首先出现在证书列表中。指定的内容会根据加密套件的不同选择而变化。在交换过程中，双方都必须检查所有适用的签名，从而避免危害（包括 MITM 攻击）。

18.8.1.8　流量选择器与 TS 负载

流量选择器指出 IP 数据报的一些字段与相关数值，根据这些字段与数值，IP 数据报被

选择进行 IPsec 处理。流量选择器与 IPsec SPD 结合使用可以决定包含的数据报是否应该用 IPsec 进行保护。如前所述，不被保护的数据报要么会被绕开，要么会在 IPsec 处理过程中被丢弃。

TS 负载的内容会包括 IPv4 或 IPv6 地址范围、端口号范围，以及 IPv4 协议标识符或 IPv6 头部值。范围有时候用通配符表示。例如，192.0.2.* 或 192.0.2.0/24 都代表从 192.0.2.0 到 192.0.2.255 的 IP 地址范围。流量选择器能够用于帮助实现一些策略，比如建立一个与特定主机或端口相关的 SA 时需要哪个加密套件。绝大多数细节都是通过与 SPD 相连的管理接口进行处理的。在一个 IKE_AUTH 交换中，每一方都会指出一个包含 TS 数值的 TSi 与 TSr 负载。当一方 TS 的范围小于另一方时，会选择较小的范围来使用。这一过程被称为“收窄”。

18.8.1.9 EAP 与 IKE

虽然 IKE 包含了自己的认证方法（参见 [RFC5996] 的 2.15 节），但它也能够使用 EAP(参见 [RFC5996] 的 2.16 节与 3.16 节）。如果使用 EAP，将会有更广泛的身份验证方法，大大超出了 IKE 所要求的预先共享密钥或公钥证书等有限的范围。事实上，这一有限的选项集合也是 IPsec 的普及无法取得进一步成功的原因之一。

使用 EAP 的要求通过在 IKE_AUTH 交换的第 3 条消息中忽略第 1 个 AUTH 负载而表现出来（如图 18-13 所示）。通过包含 IDi 负载而不包含 AUTH 负载，发起者能够声明一个身份但不能对其进行证明。如果 EAP 是可接受的，那么响应者将会返回一个 EAP 负载并推迟发送 SAr2、TSi 与 TSr 的负载，直到基于 EAP 的认证完成。如果在完成一个或多个 EAP 负载交换之后，发起者最终发送了一个 EAP 可接受的并且也能获得响应者验证的 AUTH 负载，那么就会发生上述情况。

如果将 EAP 与 IKE 放在一起考虑，可能会出现一个因为双重认证而引发的效率低下问
851 题。尤其是，较早的 EAP 方法只提供单向的认证（端点到认证者），因此 IKE 要求基于证书的认证必须实现另一个方向的认证。鉴于部署必要的密钥基础设施有时是困难的，新的 EAP 方法支持互相认证与密钥派生。[RFC5998] 提供了一种只使用 EAP 的认证方法。借助一个由发起者发送的 EAP_ONLY_AUTHENTICATION 通知负载，响应者会停止将 AUTH 与 CERT 负载添加到第 4 条消息中发送出去（如图 18-13 所示）。在这种情况下，随后的 AUTH 负载使用由 EAP 生成的密钥来代替 SK_pi 和 SK_pr。

采用只有 EAP 的认证需要确保 EAP 方法足够安全，这样才能够消除对 IKE 认证的需求。这些方法被称为安全的 EAP 方法。为了确保安全性，一个 EAP 方法必须提供互相认证，并能够生成密钥，以及具备抵御字典攻击的能力。[RFC5998] 介绍了 13 种 EAP 方法，其中包括 EAP-TLS、EAP-FAST 以及 EAP-TTLS。这些方法都被认为是安全的。

18.8.1.10 “总比没有强”的安全

最近采用 IKE 与 IPsec 开发的一种技术被称为“总比没有强”的安全（Better-Than-Nothing Security，BTNS）。BTNS 旨在解决 IPsec 的部署问题中的可用性与舒适性，尤其是建立一个 PKI 或部署其他认证系统来使用证书的需求 [RFC5387]。从技术上讲，BTNS 基本上是未经身份认证的 IPsec [RFC5386]，当 IKE 用于建立一个 SA 时 BTNS 就能够获得足够的支持。如果使用 BTNS，公钥仍然会被使用，但是它们所包含的证书将不需要通过证书链或根证书来验证。因此，一个 SA 能够保证相同的实体正在通信，但不能保证任何特殊的已

被认证的实体建立了 SA。这种形式的认证被称为关联的连续性，它弱于在普通 IPsec 中提出的数据源认证。BTNS 不会对 IPsec 做出任何其他实质性的修改。IKE 的格式、AH 以及 ESP 消息仍然与之前相同。

18.8.1.11 CREATE_CHILD_SA 交换

CREATE_CHILD_SA 交换用于为 ESP 或 AH 创建 CHILD_SA，或者在初始交换完成之后为当前的 SA（IKE_SA 或 CHILD_SA）更新密钥。它使用单独的数据包交换过程，并且能够被 IKE_SA 交换的任何一方发起，而 IKE_SA 交换是在初始交换过程中建立起来的。CREATE_CHILD_SA 交换有两个变种，取决于是否对 CHILD_SA 或 IKE_SA 做出修改。图 18-14 展示了它的变种，发起者是发起 CREATE_CHILD_SA 交换的实体，但不必是 IKE_SA 的原始发起者。

在图 18-14 中，第一个交换描述了一个用于创建新的或更新现有的 CHILD_SA 的 CREATE_CHILD_SA。更新是通过在发起者发送的通知负载中设置一个 N（REKEY_SA）来指出的。为了完成更新操作，首先需要创建一个新的 SA，然后再删除旧的 SA（参见下一节）。新的 SA 与流量选择器信息允许对绝大多数的连接参数进行修改。如果需要，这时新的 852
DH 值也可以通过 KE 负载进行交换。这样就为新的 SA 提供了更好的向前保密性。更新一个 IKE_SA 使用类似的交换过程，不同的是 KE 负载是必需的，而 TS 负载将不会使用，如图 18-14 的第 2 部分所示。

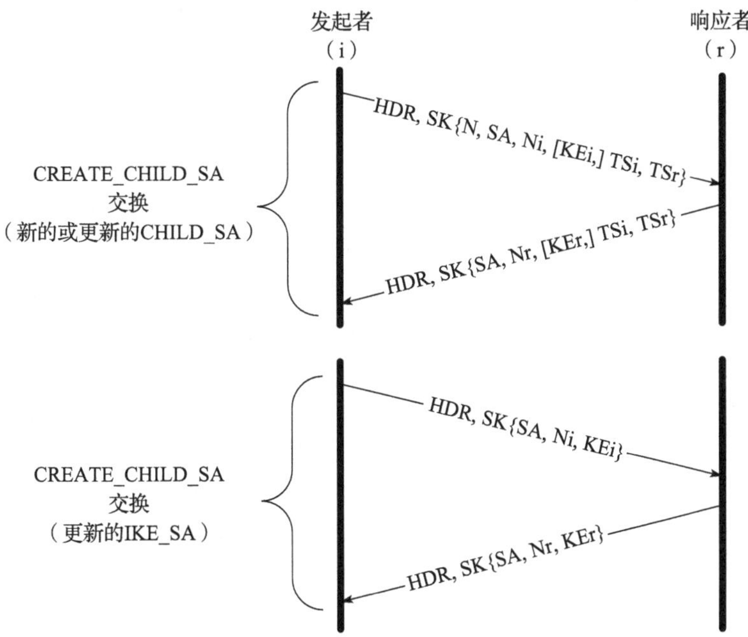

图 18-14 CREATE_CHILD_SA 交换能够用于创建或更新一个 CHILD_SA，或用于更新一个 IKE_SA。当修改 CHILD_SA 以指出要修改的 SA 的 SPI 时，将会使用通知负载

18.8.1.12 信息交换

INFORMATIONAL 交换用于传输状态与错误信息，通常会使用通知（N）负载。它也会出现在删除（D）负载中用于删除某个 SA，从而构成 SA 更新过程的一部分。图 18-15 展示了它的交换过程。

INFORMATIONAL 交换只有在成功完成初始交换之后才会发生。它包含了一个通知的可选集合、删除负载（用于指出那些按照 SPI 值而被删除的 SA）以及配置（CP）负载。当接收到来自发起者的任何消息时，即使是一个空的 IKE 消息（即只包含一个头部），也需要做出一些响应。否则，发起者将会不必要地重传它的消息。在不寻常的情况下，INFORMATIONAL 消息可能会在 INFORMATIONAL 交换过程之外被发送，通常作为接收到包含未识别的 SPI 值或不被支持的 IKE 主要版本号的 IPsec 消息的信号。

853

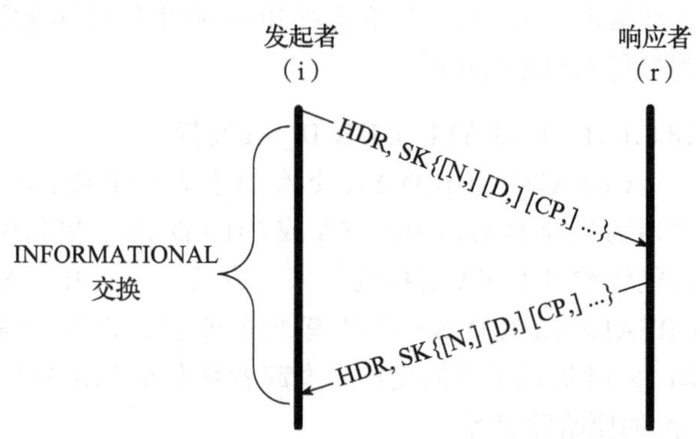

图 18-15 用于传输状态信息与删除 SA 的 INFORMATIONAL 交换。它能够使用通知（N）、删除（D）以及配置（CP）负载

18.8.1.13 移动 IKE

一旦 IKE_SA 被建立起来，将不断地使用它直到不再有需求为止。然而，当 IPsec 运行于一个 IP 地址会因为移动性或接口失效而发生改变的环境中时，[RFC4555] 给出了一种 IKE 的改进版本，称作 MOBIKE。MOBIKE 在 IKEv2 协议基础上又增加了用在 INFORMATIONAL 交换中的“地址改变”选项。MOBIKE 指出当知晓 IP 地址发生改变时应该做什么，而不关注如何确定这些地址之类的发现问题。

18.8.2 认证头部

IP 认证头部（Authentication Header，AH）定义于 [RFC4302] 中，是 IPsec 的三大主要组成部分之一。它是 IPsec 协议套件的可选部分，提供了一种源认证与保护 IP 数据报完整性（而不是机密性）的方法。只提供完整性而非机密性保护（不与 NAT 一起使用，参见本节的剩余部分），AH 的流行度不及另外两个主要的 IPsec 数据安全协议。在传输模式中，AH 使用的头部位于第 3 层（IPv4、IPv6 基本部分或 IPv6 扩展部分）的头部与下一层协议的头部（例如，UDP、TCP、ICMP）之间。如果有 IPv6 协议的话，AH 会出现在一个目的地选项扩展头部之前。在隧道模式下，“内部”IP 头部承载着原始的 IP 数据报，包含着最终的 IP 源与目的地的信息，而一个新创建的“外部”IP 头部则会包含描述 IPsec 端点的信息。在这种模式下，AH 能够保护整个内部 IP 数据报。一般来说，传输模式用于直接相连的终端主机，而隧道模式则用于安全网关（SG）之间，或一台主机与安全网关之间（例如，为了支持一个 VPN）。IPv4 与 IPv6 能够针对不同传输模式的 AH 进行封装。图 18-16 展示了 TCP 的相关例子。

854

在图 18-16 中，IPv4 的封装使用了一个特殊的 IPv4 协议号（51）。对于 IPv6 而言，AH 位于目的选项与其他选项之间。在任何一种情况下，产生的数据报的头部都会包含一个可变部分与一个不可变部分。可变部分会随着数据报在网络中传输而发生改变。这些改变包括修改 IPv4 的 TTL 字段或 IPv6 的跳数限制字段、IPv6 的流标签字段、DS 字段以及 ECN 位。不可变部分包括了源与目的地的 IP 地址。它们不会在网络中发生改变，并且会利用 AH 中的字段实现完整性保护。这样就防止了传输模式的 AH 数据报被 NAT 重新改写。对于多数部署而言，这是一个潜在的问题。传输模式不能使用分片（IPv4 或 IPv6）。

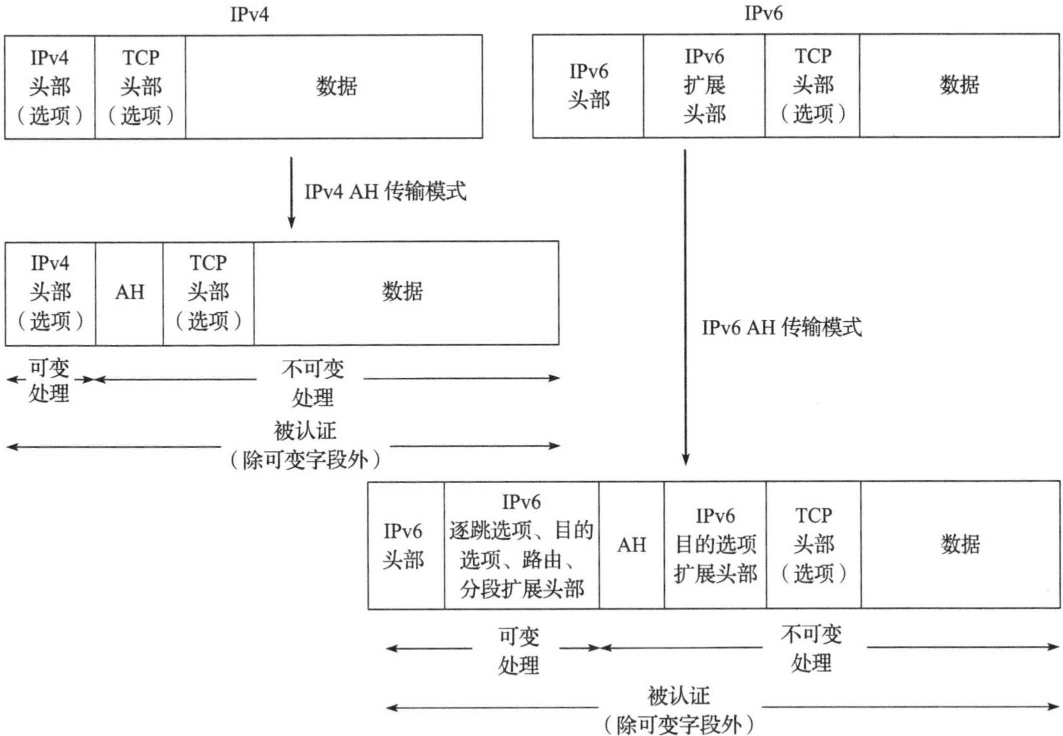

图 18-16 IPsec 认证头部，用于为 IPv4 与 IPv6 数据报提供认证与完整性保护。在传输模式下（这里与 TCP 一起描述），传统的 IP 数据报会被修改以包含 AH

传输模式的一种改变就是 AH 隧道模式，如图 18-17 所示。在这种模式下，原始数据报是不可碰的，替代方式是将其插入一个受到完整性保护的新的 IP 数据报中。

在隧道模式中，整个原始 IP 数据报被封装起来并受到 AH 的保护。“内部”头部将不会被修改，而一个“外部”头部则会根据与 SG 或主机相关的源和目的 IP 地址创建出来。在这种情况，AH 会保护所有的原始数据报，以及新头部的某些部分（防止它们被 NAT 修改）。

如图 18-18 所示，两种模式使用的是相同的 AH。它能够识别数据报的长度与相关的 SA，并包括完整性检验信息。*负载长度*指出了 AH 的长度。*安全参数索引*（SPI）字段包含了一个 32 位的位于接收者端的 SA 标识符。该接收者包含了由 SA 派生出的与组织有关的信息。对于组播 SA 而言，SPI 的数值往往通过一种特殊的方法管理（参见 18.8.4 节）。32 位的*序列号*字段会随着每一个 SA 数据包的发送而增 1。如果接收者启用该字段（但它常被发送者所包含，即使接收者不检查它），则它一般用于重放保护。一个*扩展的序列号*（ESN）运行模式也被定义出来并得到推荐。它会在 IKE_SA_INIT 交换期间得到协商。如果启用，序列号在计算时采用 64 位，但*序列号*字段只会包含其中的低 32 位。*完整性校验值*（ICV）字段的长度是可变的并且依赖于使用的密码套件。该字段在长度上总保持为 32 比特的整数倍。

用于完整性保护的算法会在相关的 SA 中作为第 3 类转换被指出。它能够通过手动方式建立，也能够借助一些自动的方法比如 IKE 建立。那些针对 AH（与 ESP）的可选的、推荐的以及强制的算法都记录在 [RFC4835] 中，其中包括 HMACMD5-96（可选）、AES-XCBC-MAC-96（推荐）以及 HMAC-SHA1-96（强制）。完整性检验会计算数据报的以下部分：头部

855~856 字段（位于 AH 之前，在传输过程中数值不可变，或者当到达目的 AH SA 端点时数值是可预测的）、AH、AH 后面的所有字段、ESN 的高比特位（若使用就会计算，即使它们不被发送）以及填充数据。

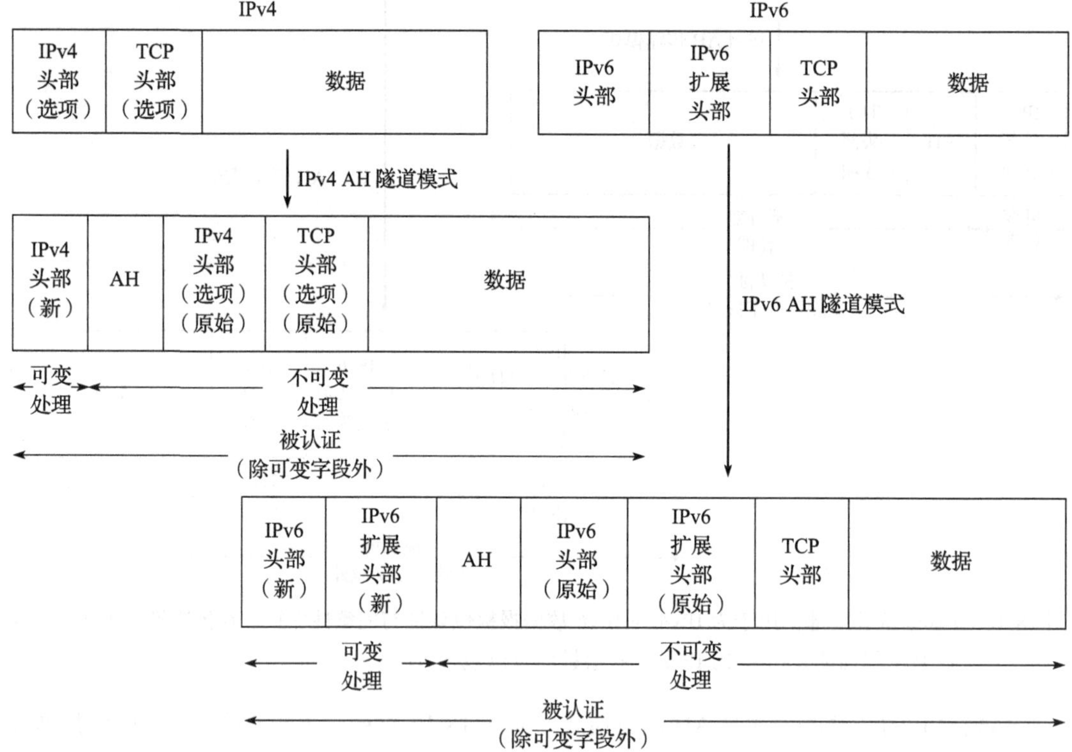

图 18-17　AH 封装的 IPsec 隧道模式，提供了对 IPv4 与 IPv6 数据报的认证与完整性保护。在隧道模式中（此处与 TCP 一起描述），传统的 IP 数据报被封装在一个新的“外部”IP 数据报中，新
857 的数据报承载着原始数据报

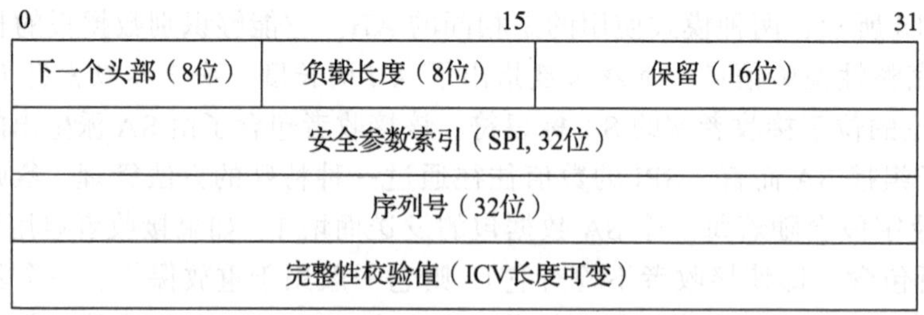

图 18-18　无论是在传输模式，还是在隧道模式，IPsec AH 用于为 IPv4 与 IPv6 数据报提供认证与完整性保护。SPI 的数值指出 AH 属于哪一个 SA。序列号字段用于为重放攻击计数。ICV 在负载的不可变部分之上提供了一种 MAC 形式

目前存在一些关于可变字段部署的争论，比如当使用隧道模式时用于表示初期拥塞（参见第 5 章与第 16 章）的 ECN 比特位。在 [RFC4301] 中，一些字段被简单地复制到新创建的“外部”IP 头部的相关字段。[RFC6040] 针对隧道封装定义了正常模式与兼容模式。在正常模式下，CE 与 ECT 位字段被复制到封装的新头部中。在兼容模式下，比特位上的数据将

被清除，生成的“外部”数据包指明一个无ECN的传输。在解封过程中，如果外部或内部的头部包含了一个CE指示，该指示将会被复制到解封后所产生的数据包中，除非原始数据包没有指明ECT（在这种情况下数据包会被丢弃）。此外，无论是内部还是外部头部指明了ECT，被解封数据包中的ECT都将设置为真。

18.8.3 封装安全负载

IPsec的封装安全负载（ESP）协议定义于[RFC4303]中（也被称作ESP(v3)，即便ESP本身并不提供正式的版本号），并提供了一个可选择的组合，包括机密性、完整性、原始认证以及对IP数据报的反重放保护。如果只需要保证完整性，ESP将会使用一个NULL加密方法[RFC2410]，该方法是强制支持的。相反，加密用于保证机密性但不保护完整性，虽然这种组合只对被动攻击有效并且十分令人泄气。在ESP中，完整性包含了对数据来源的认证。鉴于它的灵活性与特征集合，ESP远比AH更流行。

18.8.3.1 传输模式与隧道模式

与AH类似，ESP拥有传输模式与隧道模式。在隧道模式下，一个“外部”IP数据报包含一个整体被加密的“内部”IP数据报。由于“内部”数据报的大小与内容可以通过加密技术隐藏，这样就提供了一种*流量机密性*（Traffic Flow Confidentiality，TFC）的受限形式。如 858
果需要，ESP能够与AH结合使用，并且同时支持IPv4与IPv6。鉴于性能的原因（ESP可能更适合流水线），在“只要求完整性”的模型中使用ESP可能在有些情况下比AH更适合。ESP是IPsec实现所要求的一个配置选项。图18-19展示了对于ESP传输模式的封装。

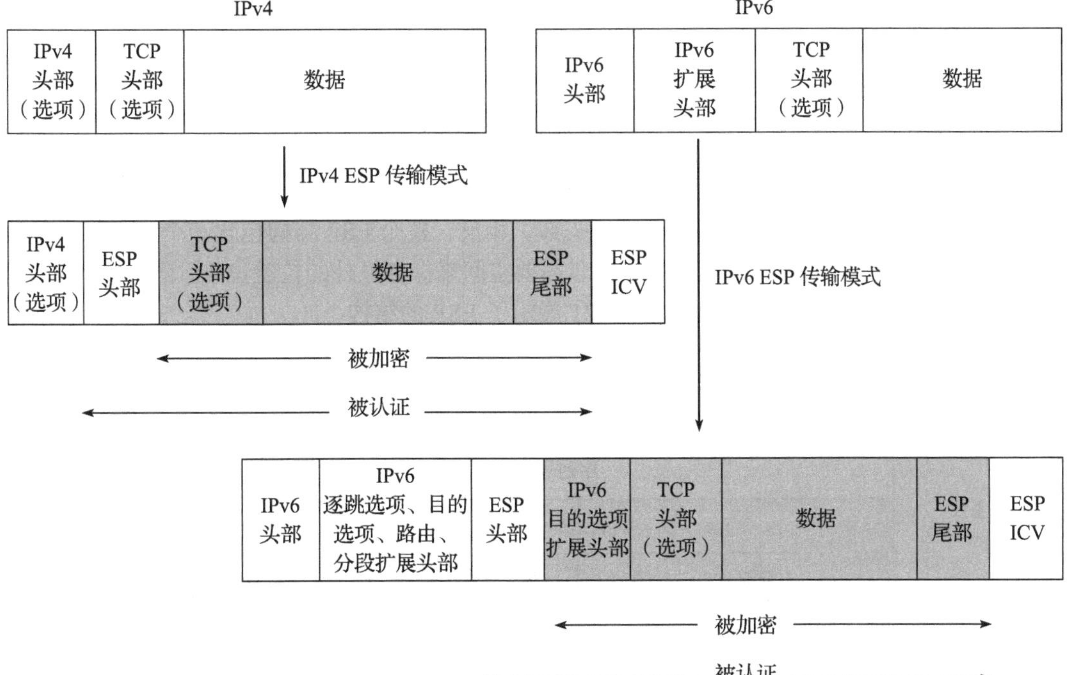

图18-19 IPsec ESP用于对IPv4与IPv6数据报提供机密性（加密）、可认证性、完整性保护。在传输模式下（此处与TCP一起描述），传统的IP数据报会被修改以包含ESP头部。在传输模式中的ESP允许对传输负载进行加密、认证以及完整性保护

ESP 的传输模式结构与 AH 的传输模式结构十分类似，除了其尾部结构用于支持 ESP 的加密与完整性保护方法（参见 18.8.3 节）。与使用 AH 一样，ESP 的传输模式也不能用于分片。如图 18-20 所示，针对 ESP 的隧道模式封装与 AH 类似。

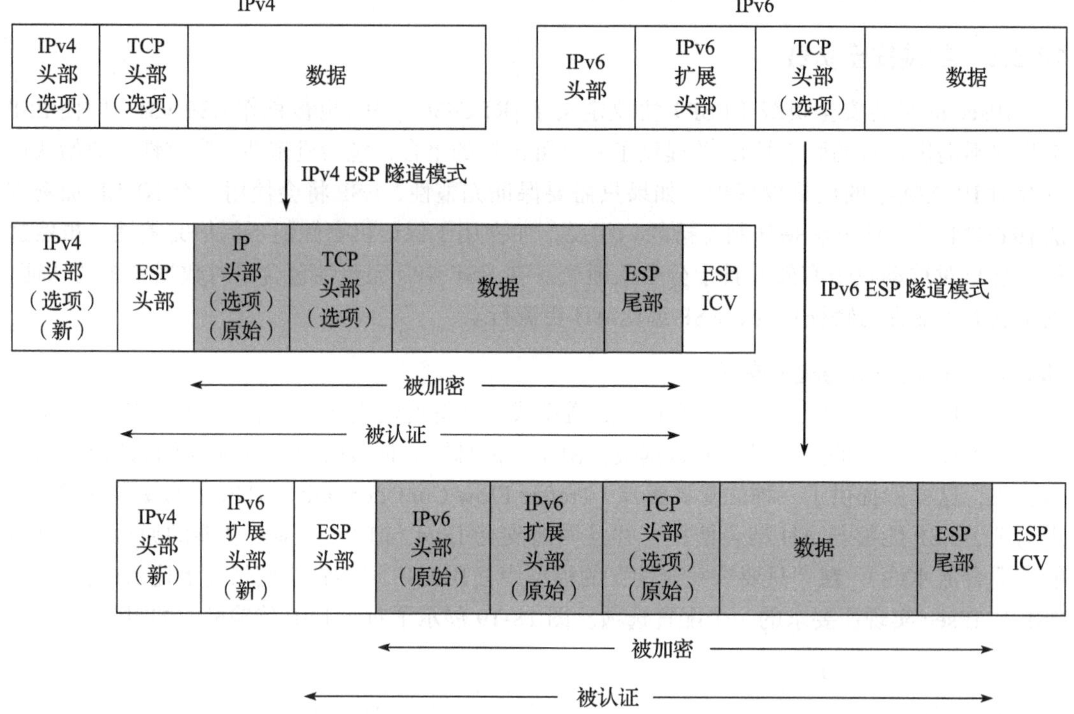

图 18-20 在隧道模式下（此处与 TCP 一起描述），ESP 将一个传统的 IP 数据报封装在一个新的“外部”IP 数据报中，该“外部”数据报承载着原始的数据报。ESP 允许在保证内部数据报完整的同时对外部数据报进行修改（例如，用于 NAT 穿越）。在很多应用中，ESP 比 AH 更加流行

与 AH 中一样，ESP 使用一个严格的头部。相反，整个 ESP 结构包含一个头部与一个尾部。如果 ESP 用于完整性保护机制中，并且需要空间来保存额外的校验位（标记为 ESP ICV），那么尾部结构是可选的（第二个）。图 18-21 展示了 ESP 的结构。

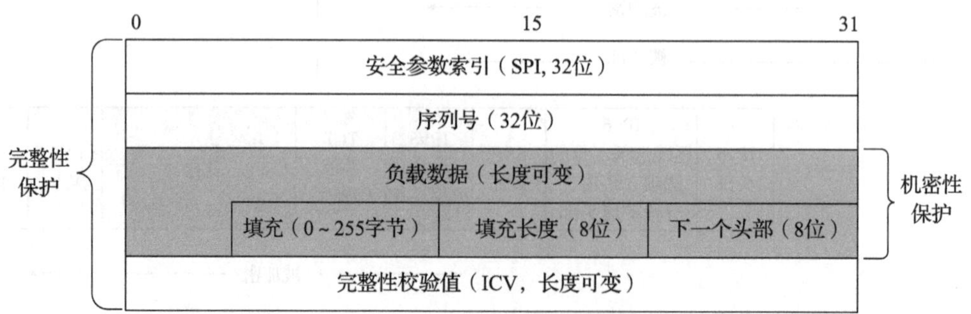

图 18-21 ESP 消息结构中间包含了被加密的负载。SPI 与序列号构成了 ESP 头部，而填充、填充长度以及下一个头部字段构成了 ESP 尾部。当需要进行完整性保护时，可以使用一个可选的 ESP ICV 尾部

ESP 封装的 IP 数据报使用 50 作为协议（IPv4）或下一个头部（IPv6）字段的值。图 18-21 展示了 ESP 的负载结构，其中包括 SPI 与序列号，它们的使用方法与 AH 中完全相同。ESP 与 AH 的主要区别在负载区域。该区域可能会受到机密性保护（被加密），并且根据加密算法的具体要求会包含一个长度可变的填充部分。

负载应该以 32 位（IPv6 中为 64 位）为边界终止，并且最后两个 8 位字段能够识别填充长度与下一个头部（协议）字段值。如图 18-19 与图 18-20 所示，填充、填充长度以及下一个头部字段共同构成了 ESP 的尾部。某些加密算法可能会使用一个初始向量（IV）。如果是这样，那么 IV 将出现于负载区域（未在图中显示）的开始位置。为 TFC 的目的而进行的额外填充（称为 TFC 填充）允许出现在负载区域中，位于 ESP 尾部之前（参见 [RFC4303] 中的图 2）。它用于掩饰数据报的长度以抵御流量分析攻击，虽然这一功能并没有得到广泛使用。下一个头部字段包含了从 IPv4 协议字段或 IPv6 下一个头部字段的对应区域取出的数值（例如，对于 IPv4 为 4，而对于 IPv6 为 41）。当传输一个空的将被丢弃的假数据包时，下一个头部字段可能会包含 59 这一数值以表明“没有下一个头部”。有时，假数据包是抵御流量分析攻击的另一种方法。

ESP ICV 是一个长度可变的尾部，用于启用完整性支持以及满足完整性检验算法的需要。它会对 ESP 头部、负载以及 ESP 尾部进行计算。隐藏的数值（例如，ESN 的高比特位）也包括在内。ICV 的长度取决于所选择的特定完整性检验方法。因此，它会在相关的 SA 建立之后才建立起来，并且要求 SA 在其生存期中不发生改变。 859～862

在支持反重放时也会开启完整性保护。这是通过一个计数器不断地产生序列号而做到的。当首次建立 SA 时，计数器的初始值设为 0。在被复制到每一个根据 SA 发送的数据报之前，计数器增 1。当启用反重放（正常的默认设置）时，发送者会检查计数器是否还未封装，如果封装即将发生，发送者就会创建一个新的 SA。实现反重放的接收者会采用一个有效的序列号窗口（类似于 TCP 的接收者窗口）。序列号位于窗口之外的数据报将被丢弃。

对于实现审计的系统而言，ESP 处理过程会导致一个或多个可审计的事件。这些事件包括：没有针对某一会话的有效 SA；交给 ESP 处理的数据报是一个分片；反重放计数器将要封装；接收数据包超出有效的反重放窗口范围；完整性检验失败。可审计的事件被记录在一个日志系统中。这些事件会包含一些元数据，比如 SPI 数值、当前日期与时间、源与目的 IP 地址、序列号以及 IPv6 流 ID（如果有的话）。

18.8.3.2 ESP-NULL、封装的 ESP 与流量可见性

如前文所述、ESP 通常通过加密提供隐私保护，但它也可以通过使用 NULL 加密算法运行在只有完整性的模式中。在某些情况下可能需要使用只有完整性的模式，尤其是在企业环境下，复杂的数据包检测一般发生在网络中，而机密性能够通过其他方法得以实现。举个例子，一些网络基础设施会检测出数据包中不受欢迎的内容（例如，恶意软件签名），而且如果出现违反政策的情况，它会发出警报并关闭网络访问权限。如果 ESP 使用端到端的加密方式（即按其被设计的方式），那么这些设备基本上都将被禁用。换句话说，除非这些设备实现流量可见性，否则它们无法完成自己的工作。

当一个数据包检测设备面对 ESP 流量时，它需要判断该流量是否已经被加密（即 NULL 加密是否被采用）。鉴于 IPsec 加密套件的协商是在 ESP 之外（例如，手动或使用如 IKE 这类协议），当前有两种方法能够完成上述工作。第一种方法只需要使用一些启发式程序来进行猜测 [RFC5879]。使用这种方法的好处在于不需要对 ESP 进行任何修改就能够实现流量可见性。

另一种方法是在 ESP 中加入特定的说明来指出使用了哪一种加密。封装 ESP（Wrapped ESP, WESP）[RFC5840] 是一个标准跟踪 RFC，它在 ESP 数据包结构之前定义了一个头部。WESP 使用了与 ESP 不同的协议编号（141），并且能够通过 USE_WESP_MODE（值为 16415））通知负载与 IKE 进行协商。长度可变的 WESP 头部包含了指明负载信息位置的字段，以及利用 1 位来指出是否使用 ESP-NULL 算法的标志字段（由 IANA 负责维护 [IWESP]）。虽然网络基础设施利用 WESP 使得判断是否使用了 ESP-NULL 更容易些，但是它的有效性依赖于终端主
863 机能否很好地利用 WESP 头部。鉴于 WESP 相对较新，它还未成为一种时兴的技术。换句话说，WESP 的格式是可扩展的，一旦在未来实现，还可以用于其他用途。

18.8.4 组播

IPsec 提供了支持组播操作的选项 [RFC5374]，虽然这一功能不会经常使用。最基本的形式为手动密钥配置，但是 IPsec 也提供了许多组播组的密钥建立方法。这些方法被称为组密钥管理（Group Key Management，GKM）协议，由组控制器 / 密钥服务器（Group Controller Key Servers，GCKS）负责管理。它们用于创建组安全关联（Group Security Association，GSA）。GSA 包含了一个或多个 IPsec 安全关联，以及一个或多个用于为创建 IPsec 安全关联而提供参数的 GKM 安全关联 [RFC3740]。鉴于成员会动态地加入或离开一个组，GKM 协议需要完成比普通的双方密钥建立协议更加频繁而仔细的更新工作。这类协议已经成为许多安全专家研究的热点之一 [AKNT04]。我们不会探究 GKM 操作的细节（这样的解释会很冗长），但是有兴趣的读者可以查阅 GDOI [RFC3547] 与 GSAKMP [RFC4535] 的文献。

目前，组播 IPsec 操作要求小组中的所有成员在它们的算法与协议处理过程中是同质的。任意源与单一源（ASM 与 SSM）的组播操作都被支持（参见第 9 章），而且相同的过程被用于 IPv4 的本地广播地址与 IPv6 的任意播地址。主机端的 IPsec 实现可能会综合使用隧道与传输两种模式，但是 SG 必须使用隧道模式。这是因为此处的隧道目的地址为组播地址。

当使用隧道模式时，由于外部 IP 数据报的寻址需要一个组播目的地址才能被支持组播功能的基础设备路由，所以组播 IP 数据报向 IPsec 提出了一个新的挑战。这样就需要在将数据报按照 AH 或 ESP 隧道发送时采用一个特殊的过程，称为*带地址保护的隧道模式*（tunnel mode with address preservation）。简而言之，这一过程会选择与内部地址相匹配的外部 IP 源和目的地址（假设使用相同版本的 IP 协议）。这样做的目的一是确保数据报能够调用组播路由；二是保证在计算组播路由工作中能够采用反向路径转发（Reverse Path Forwarding, RPF）检验的方法（参见第 9 章）。

组播的引入需要修改一些 IPsec 底层的机制，如图 18-10 所示。例如，需要修改 SPD 与 SAD 来包含一个“地址保护”标志位。这样就能够执行带地址保护的隧道模式。此外，SPD 中会有一个方向性标志位，用于决定在什么情况下应该自动地创建 SA。这样就能保证当对源 IP 地址与目的 IP 地址（与单播 SA 相同）进行简单的转换时，不会创建那些使用被禁止的组播源地址的 SA。当需要用 GKM 协议时（例如，用于获得一个需要的组密钥），SPD 需
864 要包含一些状态。一个组 PAD（GPAD）为每一个具体 GCKS 维护信息，其中包括每一个 GCKS 使用哪一个流量选择器产生 SA，以及在一个特殊的 GKM 协议中与特定 GCKS 一起指定的认证信息。非 GKM 协议（比如 IKE）并不需要参考 GPAD，但是 PAD 与 GPAD 结构可能需要一起实现。

18.8.5 L2TP/IPsec

第 2 层隧道协议（Layer 2 Tunneling Protocol，L2TP，参见第 3 章）支持第 2 层流量的隧道传输，比如通过 IP 与非 IP 网络的 PPP 流量。它依赖一些在连接初始阶段提供认证的方法，但没有对后续的每个数据包提供认证以及完整性与机密性保护。为了解决这一问题，L2TP 可以与 IPsec 结合使用 [RFC3193]。这种结合方式称作 L2TP/IPsec，它为通过第 2 层 VPN 远程访问企业（或家庭）网络提供了一种推荐方法。IPsec 可以使用一个直接的 L2TP-over-IP 封装（协议号 115）或使用一个简化 NAT 穿越的 UDP/IP 封装来保证 L2TP 的安全。

虽然可能支持其他的密钥方法，但 L2TP/IPsec 选择 IKE 作为默认的方法。无论是在传输模式（必须支持）还是在隧道模式（可选支持），它都会使用一个 ESP SA。这个 SA 用于保证负责创建第 2 层隧道的 L2TP 流量的安全。由于将两种协议结合使用，而且每一种协议都涉及认证部分，因此 L2TP/IPsec 通常会要求两个不同的认证过程：一个针对机器（使用 IPsec 协议以及预先共享的密钥与证书），而另一个则针对用户（例如，使用一个账户名与密码，或访问令牌）。

许多现代化的平台都支持 L2TP/IPsec。在 Windows 系统中，使用“连接到工作场所”选项创建一个新的连接就能够开启 L2TP 与 L2TP/IPsec。一些智能手机（例如，Android、iPhone）在它们的网络配置页面中支持对 L2TP 的设置。MAC OS X 包含了一个 L2TP/IPsec 网络适配器类型，它可以通过系统喜好设置添加进来。在 Linux 中，需要同时对 IPsec 与 L2TP 进行配置，以便它们能够一起正常工作。如果系统不要求使用 L2TP，那么可以直接使用 IPsec。

18.8.6 IPsec NAT 穿越

由于传统上 IP 地址用于标识通信双方并假设它不会改变，因此使用带有 IPsec 的 NAT 从某种意义上说是一个新的挑战。在最初设计 IPsec 时，这些假设并没有被完全避开（或排除），因此 NAT 提出了这一问题。这也是 IPsec 部署缓慢的原因之一。然而，如今的 IPsec 支持改变地址（使用 MOBIKE）与 NAT 穿越。

为了拥有一个完整的 NAT 穿越方案，我们必须在传输与隧道两种模式下考虑 IKE、AH 与 ESP。正如我们将要看到的，当必须采纳 NAT 时，并不是所有的 IPsec 组合都会对所有的应用程序有用。[RFC3715] 给出了相关解决方案的指导意见。我们首先讨论 NAT 与 IPsec 之间一系列突出且基本的不兼容问题，然后再介绍解决这些问题的方法。 865

AH 中一个基本的问题就是 NAT 如何更新数据报中的地址。由于 AH 的 MAC 计算包含了数据报的 IP 地址，所以 NAT 不能因改写地址而使 AH 失效。需要注意的是，由于完整性保护机制并不涉及 MAC 中的 IP 地址计算，所以 ESP 并不存在这一问题。

另一个问题是在 UDP 与 TCP 传输协议中伪头部校验和的计算结果会涉及 IP 地址。当传输层的校验和受到完整性保护或加密时，NAT 不可能在不使数据包失效的情况下更新校验和。类似的情况还出现在 NAPT 协议改写端口号时，或其他违反分层的协议中。

第 3 个主要问题涉及 IKE 的 ID 负载。有多种方法能够标识一个 IKE 端点，其中一种就是使用 IP 地址。由于这些地址都被嵌入一个加密的 IKE 负载中，如果它们在通过常规的 NAT 时被修改，那么将会导致失败。其他用于标识端点的方法仍然是有效的（例如，FQDN 或者 X.509 证书上的可区分的名称）。

第 4 个问题是 NAT 或 NAPT 如何对一个流向正确主机的流量进行多路分解。在如 UDP 或 TCP 的协议中，端口号用于上述目的。然而，IPsec AH 与 ESP 类似于传输层协议，虽然不使用端口号，但会使用 SPI 值。虽然有一些 NAT 能够利用 SPI 值进行多路分解工作，但这些值是由 IPsec 响应者作为本地事件选择的，多个独立的主机可能会选择相同的值。由于 NAT 协议不能轻易地修改这些值，因此对于那些具有潜在传输错误的（返回的）流量，它可能无法对其进行正确的多路分解。

如果使用 IPsec，那么还有一些其他 NAT 问题会变得更加尖锐。例如，如果使用 IP 地址的应用层协议（例如，SIP）进行了完整性保护或加密，那么传统的 NAT 将无法对其进行修改。此外，由于能够被解码分析的流量会因为加密操作而变得晦涩，所以配置与分析也变得更加困难。庆幸的是，如果提供足够的密钥材料，一些网络分析工具（例如，Wireshark）能够处理加密过的流量。

解决上述众多 NAT 穿越问题的主要方法是使用 UDP/IP 封装 IPsec ESP 与 IKE 流量（目前还没有支持 AH 的 NAT 穿越方案）。在必要的情况下，UDP/IP 是能够被传统的 NAT 修改的。一个 IKE 发起者能够使用 UDP 端口号 500 或 4500 来发送 IKE，稍后转而使用端口号
866 4500 发送 UDP 封装的 ESP 与 IKE，无论是否有 NAT 的要求。根据 [RFC5996]，端口号 500 禁止用于 UDP ESP 封装。使用端口号 4500 的目的在于避免出现一些 NAT 不能正常处理端口 500 的 IPsec 流量的情况。

针对 IKE 的 NAT 穿越是 IKE 实现中的一个可选功能。若支持，下面两个通知负载需要包含于 IKE_SA_INIT 交换中：NAT_DETECTION_DESTINATION_IP 与 NAT_DETECTION_SOURCE_IP。这两个负载一般出现在 Ni 与 Nr 负载之后，CERTREQ 负载之前。与这些负载相关的数据包括：针对 SA 的 SPI 值的 SHA-1 散列值，源或目的 IP 地址，以及源或目的端口号。当 IKE 消息通过 NAT 时，这些信息会被保留。当接收到一条 IKE 消息提示存在一个 NAT 时，IKE 处理过程会继续使用位于端口 4500 的 UDP/IP 封装，从而畅通无阻地通过 NAT。

在穿越了一个或多个 NAT 之后，到达的 IKE 流量会被用于建立一个传输模式的 SA。该 SA 可能会包含流量选择器（TS 负载）。这些流量选择器会带有 IP 地址或无意义的范围（即，私有 IP 地址，位于 NAT“之后”），以及与到达响应者的 IKE 数据报中的地址字段所包含的 IP 地址不匹配的地址范围。通过将地址先保存在 IKE 的 TSi 与 TSr 负载中能够处理上述情况，并且可以方便后续使用，然后用接收到的数据报中的源与目的 IP 地址将它们替换掉。从本质上讲，这是一种由接收者执行的在 TS 负载上的“延迟 NAT”形式。获得的数据报与 TS 负载用于查询 SPD，以确定被请求的 SA 的安全策略。如果使用传输模式，则响应者完成交换，而发起者执行类似 TS 负载的置换处理过程（参见 [RF5996] 的 2.23.1 节）。

18.8.7 例子

有几种开源的、有专利的 IPsec 实现。Windows 7 在微软的敏捷 VPN 子系统中支持 IKEv2 与 MOBIKE。Linux 系统在内核 2.6 及后续版本中支持内核级别的 IPsec，而 OpenSwan 与 StrongSwan 可用于实现完整的 VPN 方案。在下面的例子中，我们将使用一个运行 StrongSwan（IPv4 地址为 10.0.0.3）的 Linux 服务器，以及一个 Windows 7 客户端（IPv4 地址为 10.0.1.48）。该客户端使用基于 RSA 的机器证书来对 IKE 进行认证。IKE 的初始交换如图 18-22 所示。

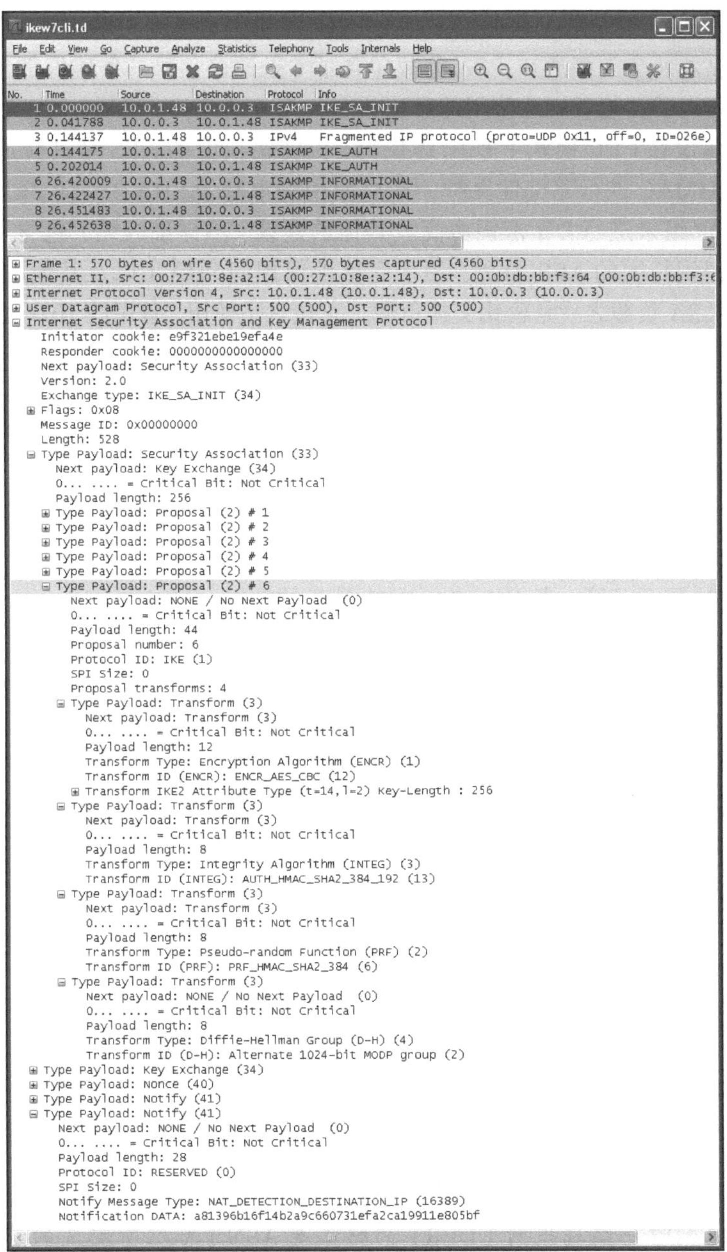

图 18-22 初始 IKE 交换的跟踪结果，将第一个数据包高亮显示。IKE_SA_INIT 交换发生在 UDP 500 端口，包含了发起者的 SPI、关于加密套件算法的建议、DH 密钥交换材料、随机数以及用于指明 NAT 穿越地址的通知负载。SA 负载中的每一个建议都要求建立一个 IKE_SA，其中包含加密转换、完整性保护、用于生成随机数的 PRF、用于密钥协商的 DH 组参数

如图 18-22 所示，Wireshark 能够使用 ISAKMP 协议解码 IKE 交换。这是一个现在已经过时的因特网安全关联与密钥管理协议，它最终演变成为 IKE 协议。IKE 头部包含了发起者的 SPI（标记为“发起者的 cookie”）与响应者的 SPI。响应者的 SPI 尚未建立。版本编号为 2，指明数据包包含了 IKEv2。此外，交换类型为 IKE_SA_INIT。

通过仔细观察可以发现，一条 IKE_SA_INIT 消息包含 5 个负载：一个 SA，一个 KE，
867~868 一个随机数，以及两个类型通知。SA 负载包含了 6 条建议，每一条建议都包含一个转换列表。这些建议指出了发起者愿意使用的算法集合。第 6 条建议（最后一个）被扩展以显示更多的细节。它建议在 CBC 模式下采用具有 256 位密钥长度的 AES 来进行加密，并采用具有 SHA-256 的 HMAC 进行完整性保护，最后使用一个基于 SHA-384 的 PRF 与一个备用的 1024 位的 MODP 组来进行 DH 密钥协商。其他的建议（不详细介绍）包含了关于 3DES 加密、具有不同密钥长度的 AES 加密、用于完整性保护的 SHA-1 以及其他用于 PRF 的 SHA 变种的建议。在 SA 负载之后是密钥交换负载，它包含了使用“备用的 1024 位 MODP 组”来完成一个 DH 交换的公共信息。在其他负载中，我们发现随机数包含了一个 48 字节的随机比特流，而两个通知负载则用于 NAT 穿越。第一个通知负载的类型为 NAT_DETECTION_SOURCE_IP，而第二个的类型为 NAT_DETECTION_DESTINATION_IP。第一种通知负载的值包含了一个 20 字节的 SHA-1 散列值。该散列值是基于以下数值生成的：8 字节的发起者 SPI，8 字节的响应者 SPI（此处为 0），4 字节的源 IPv4 地址，以及 2 字节的 UDP 源端口号。第二种通知负载的值所覆盖的内容与第一种通知负载基本相同，只是将源端口号替换为目的端口号。图 18-23 展示了第一条 IKE_SA_INIT 消息的响应。

在图 18-22 中，IKE_SA_INIT 消息包含了以下负载：SA，KE，随机数，三种类型通知，以及一个证书请求。SA 负载只包含一个建议，它包括下面的转换：用于加密的 3DES，用于完整性保护的 HMAC_SHA1_96，用于随机函数族 PRF 的 HMAC_SHA1，以及用于 DH 交换的组 2。KE 负载包含了一个源于 1024 位 MODP 组的 128 字节数值。随机数负载包含了一个 32 字节的随机数值以保证时新性。紧接着的两个通知负载 NAT_DETECTION_SOURCE_IP 与 NAT_DETECTION_DESTINATION_IP 在前文已经介绍过，随后是我们没有遇到过的负载 CERTREQ 与 MULTIPLE_AUTH_SUPPORTED。

证书请求（Certificate Request，CERTREQ）负载指明响应者首选的证书。在这种情况下，响应者指出任何由发起者支持的证书应当与特定的证书颁发机构相关联。用于表示 CA 的编码定义在 [RFC5996] 3.6 节，但只有数值 4、12、13 成为当前的标准。此处负载包含的数值为 4，表示证书颁发机构数据子字段包含了一系列可信 CA 的公钥（X.509 主题公钥信息元素）的 SHA-1 散列值。本例的子字段只有 20 个字节，我们发现只列出了一个 CA。这是我们创建的“测试 CA”。相应地，我们对这个简单根证书中的公钥进行 DER 编码，然后生成 SHA-1 散列值。

注意 二进制唯一编码规则（DER）的格式是 ASN.1 标准所定义的基本编码规则（BER）的一个子集。DER 允许按照唯一、明确的方式对数值进行编码。DER 是当今两种最流行的编码 X.509 证书的方法之一。另一种方法是 PEM，它是一种 ASCII 码格式，前文已经介绍过。许多工具（包括 openssl）能够用于上述两种格式
869 间的转换。

图 18-23 中最后一个负载是通知负载。它包含了 MULTIPLE_AUTH_SUPPORTED 说明，并且没有相关数据。在 [RFC4739] 中它被定义为一个实验扩展，表明具有使用多种认证方法的能力。可能会出现下述情况，例如，当使用一个基于证书的 IKE_AUTH 交换来建立一个与服务提供者的 IKE SA 时，上述负载之后会有一些面向个人用户的基于 EAP 的认证。

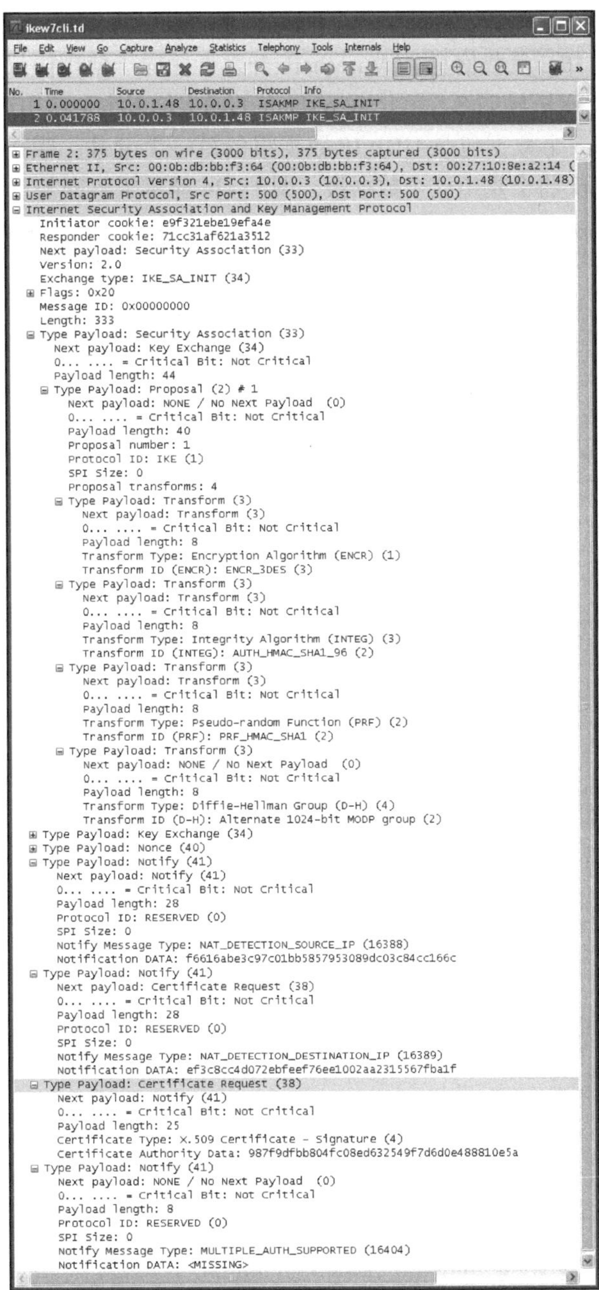

图 18-23　IKE_SA_INIT 交换包括响应者的 SPI（标记为“cookie”）、与转换相关的唯一建议、DH 参数、随机数值以及 NAT 转换地址参数。这条消息还包括一个 CERTREQ 负载，用于指明并请求可接受的证书；一个通知负载，用于指明所支持的多个（成系列）认证方法

图 18-23 中剩余的数据包包含了加密的 IKE_AUTH 消息。它们使用 4500 而不是 500 作为源与目的端口号，并采用特殊的包含 4 字节 0 [RFC3947] 的“非 ESP 标记”封装，从而指明流量是 IKE 而非 ESP。标记与端口号还用于我们之前讨论的 INFORMATIONAL 交换中。

如果提供合适的密钥与 SPI 值，Wireshark 能够解密已加密的 IKE 流量。通过为 Wireshark

提供 IKE 服务器上的日志跟踪文件副本（位于 Edit | Preferences | Protocols | ISAKMP 路径下），我们能够查看加密的 IKE 负载信息。（Wireshark 开发者倾向于使用协议的原始名称，比如用 ISAKMP 与 SSL 代替 IKE 与 TLS，因此 Wireshark 的输出结果也会使用这些名称。）

图 18-22 中的第 3 个数据包是 UDP/IP 数据报的第一个分片。当接收到第 2 个分片（数据包 4）后，Wireshark 将会重组这个数据报。图 18-24 显示了解密与重组后的结果。

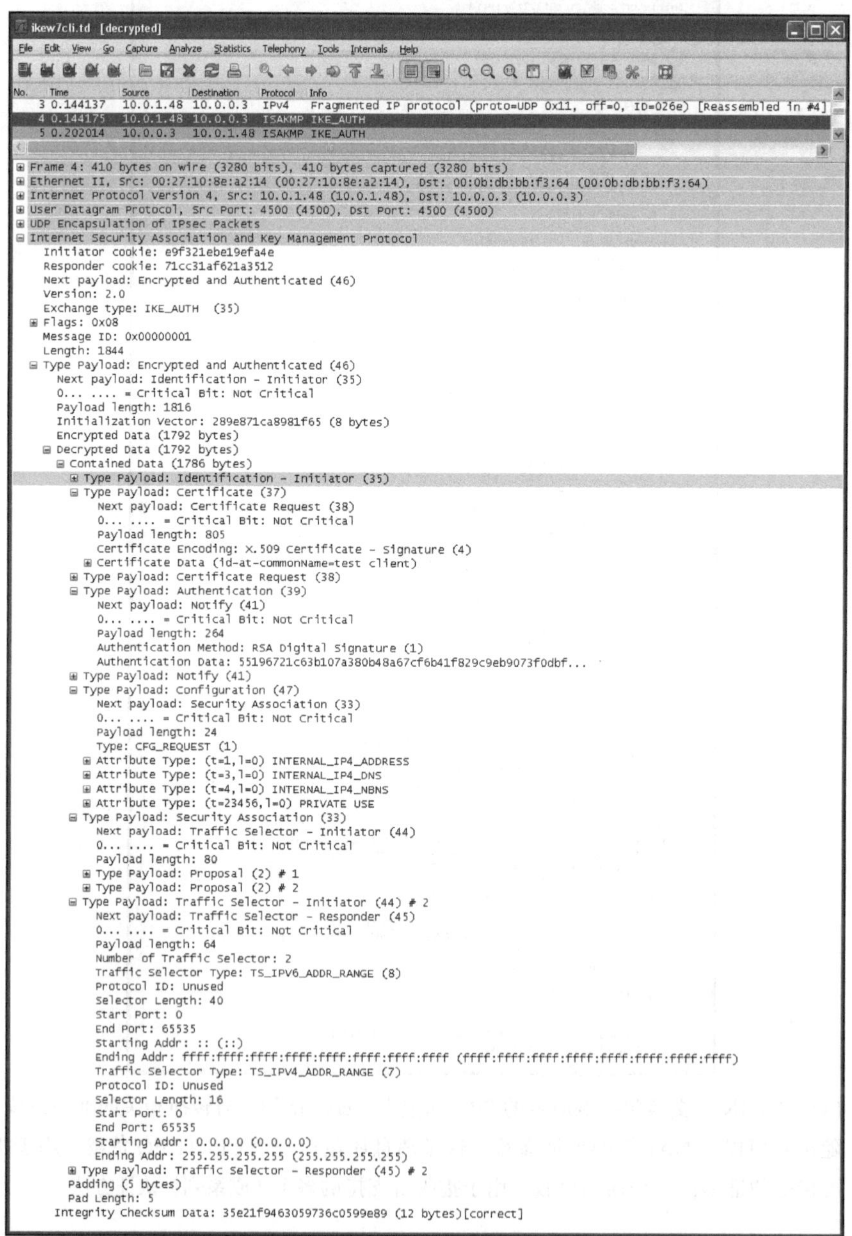

图 18-24 IKE_AUTH 交换包含加密信息，并运行在 UDP 4500 端口。通过重组 2 个分片可以生成一条带有加密 / 认证数据负载的 IKE 消息。这条消息包含以下负载：发起者标识符（IDi）、证书（CERT）、证书请求（CERTREQ）、认证（AUTH）、通知（N）、配置（CP）、安全关联（SA）、流量选择器发起者（TSi）以及流量选择器响应者（TSr）

UDP/IPv4 分片在经过重组与解密之后，我们能看到 IKE_AUTH 交换中第一个数据包的构成内容。客户端提供了下述 IKE 负载：IDi、CERT、CERTREQ、AUTH、N（MOBIKE_SUPP)、CP、SA、TSi 以及 TSr。IDi 负载包含了发起者与测试客户端的名称。CERT 负载包含了一个客户端证书。该证书是由测试证书颁发机构签署的，因此相关服务器会接受（根据配置要求)。CERTREQ 负载包含了对测试 CA 以及其他 21 个 Windows 7 客户端已知的 CA 的请求（这里未显示)。AUTH 负载包含了一个使用发起者的 RSA 私钥签名的数据块（参见 [RFC5996] 的 2.15 节)，它能够提供原始的认证。N(MOBIKE_SUPPORTED) 指明客户端是否愿意遵循 MOBIKE 协议。CP(CFG_REQUEST) 负载（未详细描述）包含了以下属性：INTERNAL_IP4_ADDRESS、INTERNAL_IP4_DNS、INTERNAL_IP4_NBNS 与一个 PRIVATE_USE 类型 (23456)。这些负载用于帮助配置 VPN 访问，或者服务于 DHCP 本地配置信息等目的（参见第 6 章)。NBNS 指的是一个 NetBIOS 名称服务器。NetBIOS 是一个可执行在若干网络协议之上的 API，并且在 Windows 环境下是通用的。

图 18-24 中的 SA 负载描述了构成 CHILD_SA 的信息。其中有两个建议（未详细描述），
每一个建议针对使用 32 位 SPI 值的 ESP（注意 IKE 使用 64 位的 SPI 值)，它使用 AUTH_ 870
HMAC_SHA1_96 作为完整性算法，并且不使用扩展序列号（指明使用建议转换)。第一 ~ 872
个建议提出使用 ENCR_AES_CBC（256 位密钥）用于加密，而第二个建议则提出使用 ENCR_3DES。由于没有提出 N(USE_TRANSPORT_MODE) 负载，我们认为每一条建议都会在默认的隧道模式下使用 ESP。

图 18-24 中的流量选择器（TSi 与 TSr）负载指出允许用于形成 SA 的 IPv4 与 IPv6 地址范围。TSi 既包含 TS_IPv6_ADDR_RANGE，又包含 TS_IPv4_ADDR_RANGE，这样就包含了全部的地址与端口号范围。TSr（不详细描述）包含相同的值。

之前讨论的第一个 IKE_AUTH 消息相对复杂并且需要不止一个 1500 字节的 UDP/IPv4 数据报。在响应者处理之后，会产生交换过程中的最终消息。图 18-25 展示了这条消息。

在图 18-25 中，服务器发送的响应包含以下负载：IDr、CERT、AUTH、CP(CFG_REPLY)、SA、TSi、TSr、N(AUTH_LIFETIME)、N(MOBIKE_SUPPORTED) 以及 N (NO_ADDITIONAL_ADDRESSES)。IDr 负载包含了一个 DER 编码的服务器名称。CERT 负载包含了与之匹配的（服务器）证书。AUTH 负载指出相关私钥的信息。CP(CFG_REPLY) 负载包括一个用于 VPN 配置的 INTERNAL_IP4_ADDRESS 属性。SA 负载与图 18-24 中客户端的 SA 负载类似，并包含唯一一条能够实现 ENCR_AES_CBC（256 位密钥)、AUTH_HMAC_SHA1_96 以及非 ESN 之间转换的建议。

数据包中 TSi 与 TSr 的数值被“压缩”在比客户端的 IKE_AUTH 消息更小的范围之内。在这种情况下，TSi 被限制在唯一的 IPv4 地址 10.100.0.1，TSr 被限制在 10.0.0.0/16。它们都能够使用完全的端口范围 0 ~ 65535。这是一个相对简单的压缩情况。在有些情况中会出现多个由发起者指出的间断的范围子集，因此就需要生成一个 N(ADDITIONAL_TS_POSSIBLE) 负载。使用压缩的方法是为 SA 人工地协商地址范围。

N(AUTH_LIFETIME) 负载指出认证过程将持续至多 2.8 小时（10 154 秒，在跟踪文件中表示为 000027aa)。N(MOBIKE_SUPPORTED) 负载指出了响应者是否支持 MOBIKE 协议。N(NO_ADDITIONAL_ADDRESSES) 负载（不详细描述）与 MOBIKE 协议一起使用指出除

了交换中使用的地址之外不再需要额外的 IP 地址。

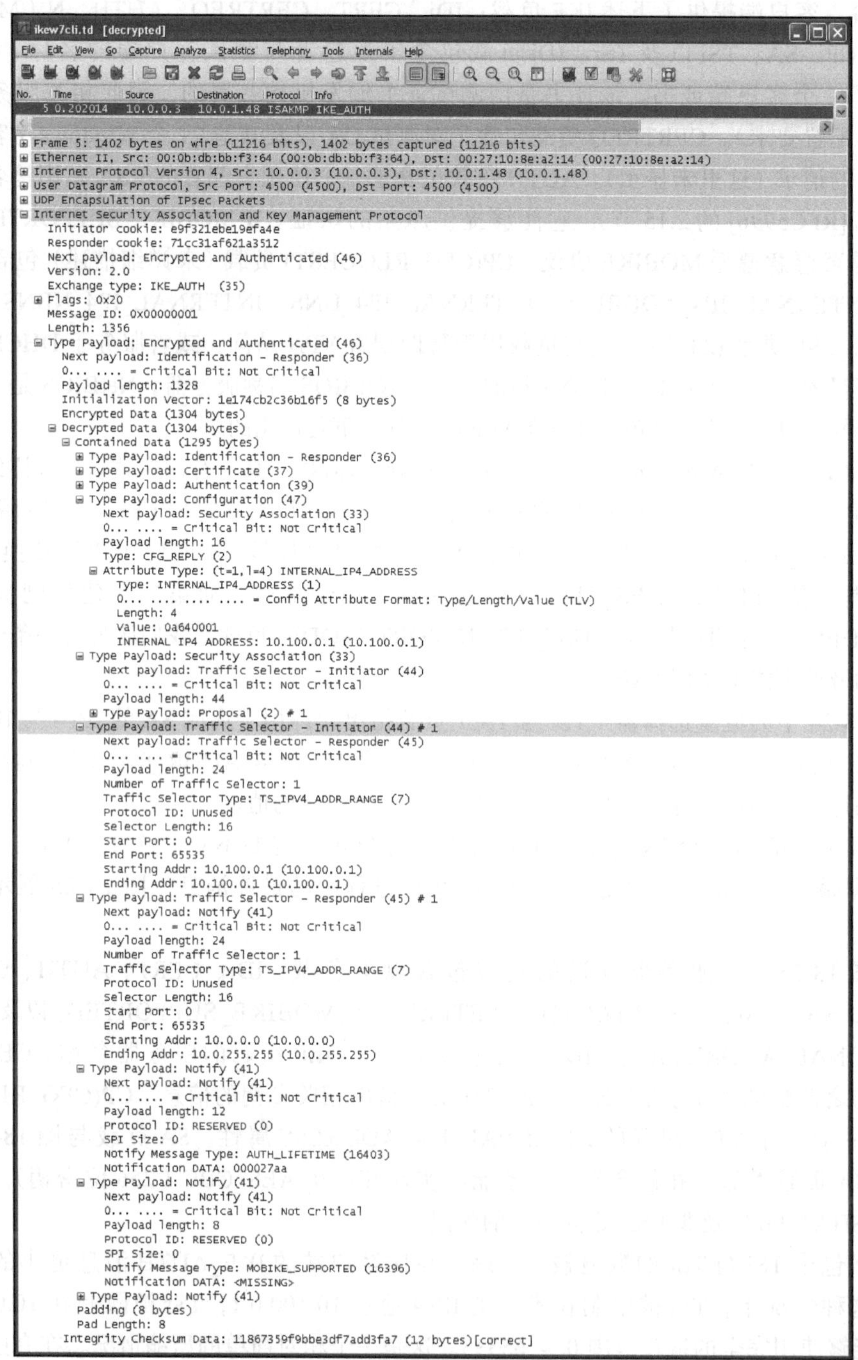

图 18-25　在完成 IKE_AUTH 交换过程中，响应者产生一个已加密 / 认证的数据负载。该负载包含以下负载：响应者标识符（IDr）、CERT、AUTH、CP(CFG_REPLY)、SA、压缩的 TSi 与 TSR，以及 N(AUTH_LIFETIME)、N(MOBIKE_ SUPPORTED) 和 N(NO_ADDITIONAL_ADDRESSES)。第一个 CHILD_SA 现在可以开始操作

至此，一个隧道模式的 ESP CHILD_SA 已成功建立，并且数据流能够得到传输。我们

不再详细地介绍包含 ESP 数据包的流量（它们相对简单），而是跳至 SA 的删除。它是通过两套包含删除负载的 INFORMATIONAL 交换实现的，其中一个用于 ESP SA，而另一个用于 IKE SA。图 18-26 展示了关闭 ESP SA 的请求。 873~874

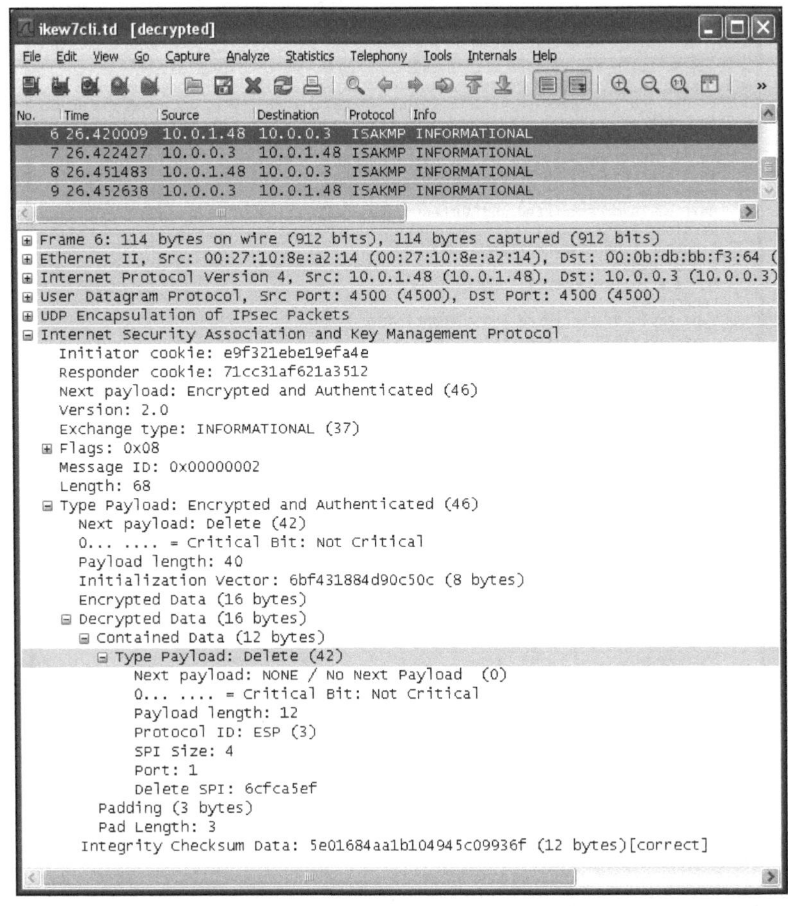

图 18-26 删除子 ESP SA 的请求（通过在 IKE SA 中包含 SPI 值 6cfca5ef）。删除负载显示端口号为 1，Wireshark 并没有对此进行标记（它应该是 SPI 的数值：1）

在图 18-26 中可以看到，将要删除的 SA 基于一个来自客户端的关闭请求。与其他 IKE 数据流类似，它包含了一个已加密与认证的负载。这个加密的负载依次包含了一个删除负载。删除负载可指出不止一个 SPI 将被删除，但在本例中它指的是数值为 0x6cfca5ef 的 SPI。来自响应者的数据包 7 大致相同，但是在标志位字段拥有不同的设置（响应者代替发起者，响应代替请求），同时在加密 IV 与完整性校验数据部分也有不同的内容。数据包 7 还在删除负载部分指出了一个不同的 SPI（数值为 c348faf2）。

要关闭 IKE_SA，还需要另一个 INFORMATIONAL 消息的交换。发起者首先发送图 18-27 中的数据包。我们可以看到一个关闭 IKE SA 的请求。删除负载需要与其他流量一样进行加密，但是因为是通过 IKE SA 来传输删除请求，所以不需要包含一个 SPI 数值。为了完成 IKE SA 删除，响应者将在数据包 9 中包含一个空的加密 / 认证负载类型的 IKE 消息。它的下一个负载类型字段设置为 NONE（0）。这样就表明已经完成了 IKE SA 的删除。 875

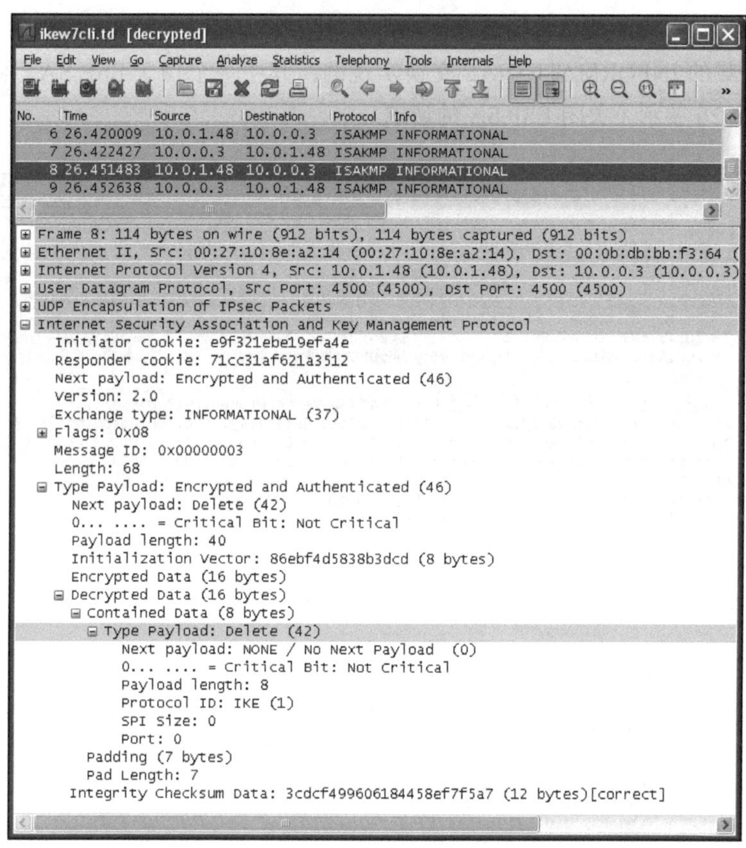

图 18-27 删除 IKE SA 的请求。由于整条消息都是通过 IKE SA 传输的，所以不需要 SPI 数值，而且不会存在不明确之处

18.9 传输层安全（TLS 和 DTLS）

之前已经讨论过第 2 层与第 3 层的安全协议。运行在传输层之上的最流行的安全协议是*传输层安全*（Transport Layer Security，TLS）。TLS 用于保证 Web 通信以及其他流行协议的安全，比如 POP、IMAP（当使用 TLS 保护后，它们被分别称为 POP3S 与 IMAPS）。TLS 流行的一个原因是它能够在应用程序内部或底部实现，而这些应用程序是运行于底层之上的。一些协议比如 EAP 与 IPsec 通常要求在操作系统内部或者主机与嵌入式设备的协议上来实现功能。

TLS 以及它的前身*安全套接字层*（Secure Sockets Layer，SSL [RFC6101]）有多个版本。
876 本书将关注最近起草的 TLS 1.2 版本 [RFC5264]。TLS 1.2 支持向下兼容大多数旧版本的 TLS 与 SSL（例如，TLS 1.0，1.1 以及 SSL 3.0）然而，TLS 1.2 对 SSL 2.0 的支持较弱，但是它们之间的互操作是可以实现的。现在 SSL 2.0 已经禁止使用 [RFC6176]。TLS 1.2 运行在面向流的协议（通常为 TCP）之上。在完成对它的讨论之后，本书将介绍面向数据报的版本，称为*数据报传输层安全*（DatagramTransport Layer Security，DTLS [RFC4347]）。DTLS 正逐步在一些不使用 IPsec 的应用程序中流行起来，比如 VPN 实现。它当前的草案是基于 TLS 1.1 版本 [RFC4346]，但是更新工作也正在进行中 [IDDTLS]。

18.9.1 TLS 1.2

TLS 的安全目标与 IPsec 类似，但 TLS 运行在更高的层次之上。它在多种加密套件的基础上提供机密性与数据完整性（这些加密套件往往会使用 PKI 提供的证书）。TLS 还能够在两个匿名通信方之间建立安全连接（不使用证书），但这一应用很容易受到 MITM 攻击（由于双方没有更好地进行身份识别，所以受到此类攻击也不足为奇）。TLS 协议本身分为两层，称为*记录层*与*上层*。记录协议实现记录（下）层，并假设位于一个可靠的底层协议之上（例如 TCP）。图 18-28 展示了基本的组织形式。

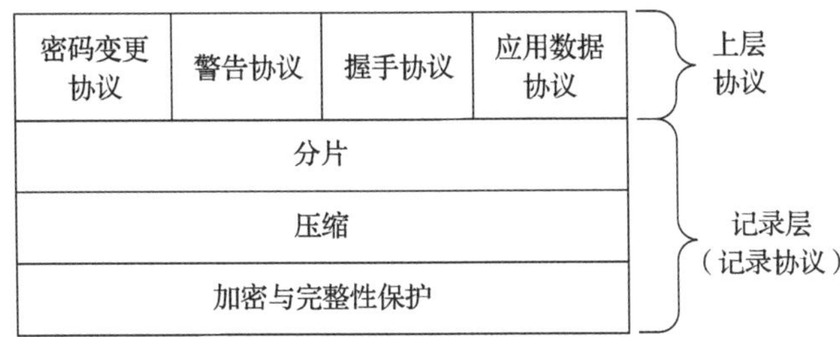

图 18-28 TLS 协议“栈”包括位于底部的记录层以及上层协议（称为信息交换协议）中的三个协议。第 4 个上层协议是使用 TLS 的应用协议。记录层提供分片、压缩、完整性保护以及加密功能。握手协议为 TLS 完成的许多工作类似于 IKE 为 IPsec 所做的工作

TLS 是一个客户端 / 服务器协议，设计用于为两个应用程序的连接提供安全。记录协议提供分片、压缩、完整性保护以及对客户端与服务器之间所交换数据的加密服务。信息交换（handshaking）协议负责建立身份、进行认证、提示警报，以及为用于每一条连接的记录协议提供唯一的密钥材料。信息交换协议包含了 4 个特殊的协议：握手协议、警告协议、密码变更协议以及应用数据协议。与 IPsec 类似，TLS 是可扩展的，能容纳当前或未来的加密套 877
件——TLS 称其为*密码套件*（Cipher Suite，CS）。目前已经定义了多种组合，IANA 维护了当前集合的注册表 [TLSPARMS]。当前 TLS 的版本都基于 SSL 3.0，源自 Netscape。TLS 与 SSL 并不能直接进行互操作，但是一些协商机制允许客户端与服务器在连接首次建立时动态地发现该使用哪一种协议。

密码变更协议用于改变当前运行的参数。它首先通过握手协议建立“挂起”状态，随后通过一个指示从当前状态切换至挂起状态（稍后又会返回当前状态）。这些切换只有在挂起状态准备完毕后才被允许。TLS 基于 5 个加密操作：数字签名、流密码加密、分组密码加密、认证加密相关的数据（AEAD）以及公钥加密。为实现完整性保护，TLS 记录层使用基于散列的消息认证码（HMAC）。为生成密钥，TLS 1.2 使用一个基于 HMAC（它采用 SHA-256 算法）的伪随机函数族（PRF）。TLS 还整合了一个可选的压缩算法——该算法在连接首次建立时由双方协商。

18.9.1.1 TLS 记录协议

记录协议使用一个可扩展的记录内容类型值集合来识别可多路复用的消息类型（即高层协议是哪一种）。在任何给定的时间点，记录协议有一个活跃的*当前连接状态*和一组被称为*挂起连接状态*的状态参数。每一个连接状态又进一步被划分为读状态与写状态。每一个状态都会指定一个压缩算法、加密算法以及用于通信的 MAC 算法，同时还包括必需的密钥与参数。当一个密钥被交换时，TLS 首先会使用握手协议建立挂起状态，然后通过一个同步操作

（通常使用密码变更协议完成）将当前状态设置为挂起状态。当首次被初始化时，所有状态被设置为未加密、未压缩以及无 MAC 过程。

记录协议的处理流程如图 18-29 所示。它将高层信息块（分片）划分为称作 TLS 明文记录的记录。该记录最长为 2^{14} 字节（但通常远小于这个数值）。对记录大小的选择仍保留在 TLS 中，高层消息的边界不会被保留。TLS 明文记录一旦形成，就会使用一种能在当前连接状态中识别的压缩算法 [RFC3749] 进行压缩。总有一种压缩协议是有效的，虽然它可能（通常）是 NULL 压缩协议（不提供任何压缩也不足为奇）。压缩算法将 TLS 明文记录转换为 TLS 压缩结构。压缩算法应该是无损的，产生的输出结果不能大于输入记录 1KB。为了防止负载被披露或修改，加密与完整性保护算法会将 TLS 压缩结构转换为能够在底层传输层连接
878 上发送的 TLS 密文结构。

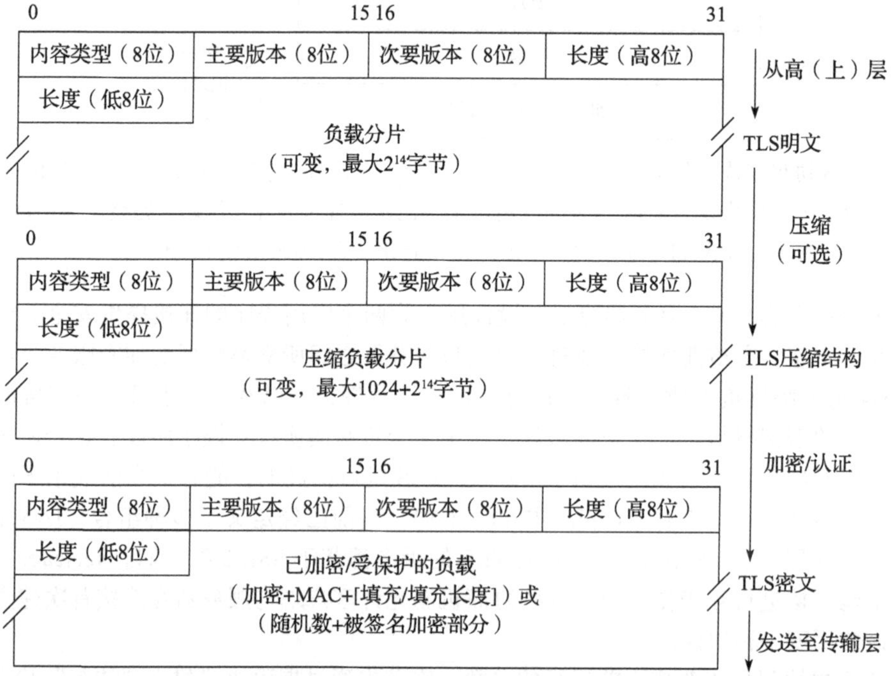

0	15 16		31
内容类型（8位）	主要版本（8位）	次要版本（8位）	长度（高8位）
长度（低8位）	负载分片（可变，最大2^{14}字节）		

从高（上）层 → TLS明文 → 压缩（可选）

0	15 16		31
内容类型（8位）	主要版本（8位）	次要版本（8位）	长度（高8位）
长度（低8位）	压缩负载分片（可变，最大1024+2^{14}字节）		

TLS压缩结构 → 加密/认证

0	15 16		31
内容类型（8位）	主要版本（8位）	次要版本（8位）	长度（高8位）
长度（低8位）	已加密/受保护的负载（加密+MAC+[填充/填充长度]）或（随机数+被签名加密部分）		

TLS密文 → 发送至传输层

图 18-29　TLS 记录层开始于 TLS 明文记录。它通过一个无损的压缩算法生成一个 TLS 压缩记录。TLS 压缩记录经过加密（包括 MAC）生成一个可用于传输的 TLS 密文记录。传统的流或分组密码要求一个 MAC，分组密码可能会包含填充数据。当使用 AEAD 密码时，加密与完整性保护的内容中会包含一个随机数，并且不需要单独的 MAC

参照图 18-29，当产生一个 TLS 密文结构时，首先会计算一个序列号（但不放在消息中），然后会根据需要计算一个消息认证码（MAC），最后进行对称加密。在加密之前，消息可能会被填充（多达 255 字节）以满足加密算法所要求的分组长度（例如，分组加密）。AEAD 算法（例如，CCM、GCM）不需要 MAC 就能够提供完整性保护与加密功能，但它需要一个随机数。

记录协议的密钥源自于一个*主密钥*（master secret）——它是通过记录协议之外的其他方法提供的，绝大多数情况下使用握手协议。根据主密钥以及在连接开始时由客户端与服务器应用程序提供的随机值可以生成下面的密钥：

$$M_c \mid M_s \mid D_c \mid D_s \mid IV_c \mid IV_s = PRF(master\_secret, "key\ expansion", server\_random + client\_random)$$ 879

在上述表达式中，“|”是分隔运算符，“+”是连接运算符。M_c 表示用于客户端的 MAC 写密钥，M_s 表示用于服务器的 MAC 写密钥，D_c 表示客户端的数据写密钥，D_s 表示服务器的数据写密钥，IV_c 表示客户端的初始向量（IV），IV_s 表示服务器的初始向量。通过“|”运算符，每个密钥使用了 PRF 函数要求的多个字节。MAC、加密以及 IV 密钥在使用时会根据选择的加密套件而固定长度。最后两个值只用于 AEAD 加密中隐式地产生随机数（参见 [RFC5116] 3.2.1 节）。根据 [RFC5246]，加密套件需要的最常见材料是 AES_256_CBC_SHA256。它要求 4 个 32 字节的密钥，合计 128 字节。

18.9.1.2 TLS 信息交换协议

TLS 有 3 个子协议，它们的主要任务与 IPsec 中的 IKE 大致相同。更具体地说，这些协议是通过数字分辨的。这些数字被记录层用于多路复用与多路分解，比如握手协议（22）、警告协议（21）、密码变更协议（20）。密码变更协议非常简单。它包括一个单字节的消息，该字节的数值为 1。该消息的目的在于指出通信一方希望将当前状态修改为挂起状态。如果收到这条消息，就将读挂起状态作为当前状态，并指示记录层尽快转换至挂起写状态。这条消息将同时用于客户端与服务器。

警告协议用于从 TLS 连接的一端向另一端传递状态信息。它可以包括一些终止条件（无论是致命的错误或是可控的关机）或非致命的错误条件。在公布的 [RFC5246] 中，将 24 条警告消息定义为标准。其中有超过一半的消息始终是致命的（例如，坏的 MAC、丢失或来历不明的消息、算法故障）。

握手协议建立了与连接相关的运行参数。它允许 TLS 端点完成 6 个主要目标：协商加密算法并交换形成对称密钥时使用的随机值；建立算法运行参数；交换证书并执行互相认证；生成特定的会话密钥；为记录层提供安全参数；验证所有的操作都已正确执行。图 18-30 展示了需要的消息。

图 18-30 展示的握手过程是以 Hello 消息开始的。通常由客户端向服务器发送第一条客户端 Hello（ClientHello）消息。该消息包含一个会话标识符、建议的加密套件编号（图 18-30 中的 CS）以及一套可接受的压缩算法（虽然 [RFC3749] 也定义了 DEFLATE，但通常为 NULL）。TLS 支持超过 250 个加密套件选项 [TLSPARAMS]。

客户端 Hello 消息还包含 TLS 的版本号与一个称为 ClientHello.random 的随机数。接收到客户端 Hello 消息，服务器会检查其中的会话标识符是否在其缓存中。若是，则服务器可 880
能会通过一个简化的握手过程继续之前已有的连接（称为“重新开始”）。该简化的握手过程是影响 TLS 性能的关键。它可以避免重复认证端点身份的工作，但它也要求通信两端具有相同的密码协议。服务器 Hello（ServerHello）消息通过将服务器的随机数（ServerHello.random）传递至客户端完成了交换的第一部分。这条消息也包含了一个会话标识符。如果它的数值与客户端的数值相同，则表明服务器愿意重新开始。否则，它的数值为 0 表示需要开启一个完整的握手过程。

如果执行一个完整的（无简化）握手过程，交换 Hello 消息会使得每一端都能够了解加密套件、压缩算法以及它们的随机值。服务器会在客户端指出的加密套件中进行选择。如果服务器需要通过身份验证，会要求它在证书（Certificate）消息中提供自己的证书链（这是安全 Web 与 HTTPS 中的典型情况）。如果证书的签名是无效的，那么服务器可能还需要发送一个服务器密钥交换消息，使其在没有证书的情况下通过一个暂时的或短暂的密钥生成会话密钥。

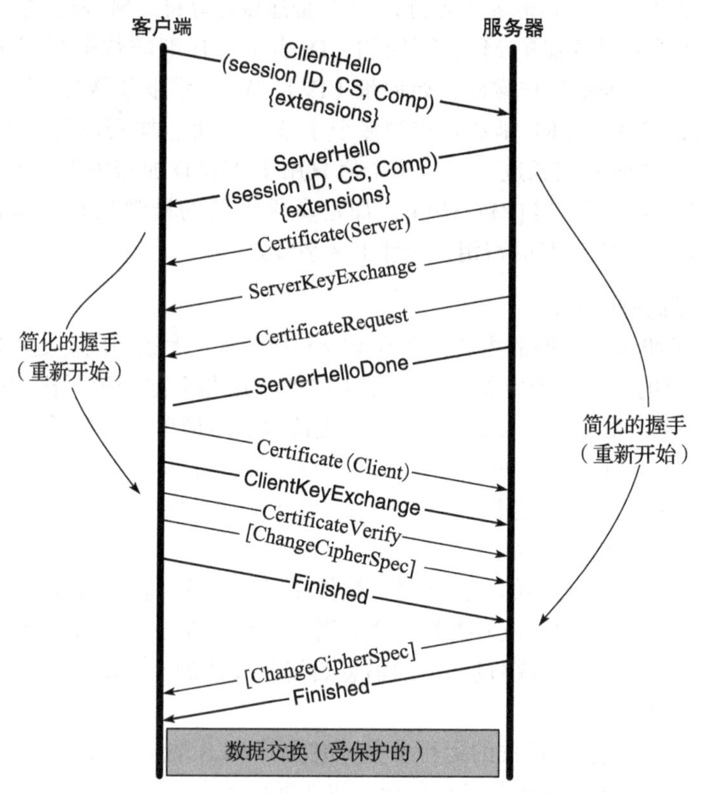

图 18-30 正常的 TLS 连接初始交换包括若干条消息，按流水线的方式排列。需要的消息用实心箭头与黑体字表示。如果之前存在的连接能够重新启动，那么就使用简化的交换过程。这样就避免了端点的认证工作，使处理能力有限的系统能够节省资源

881

注意 服务器密钥交换消息（ServerKeyExchange）仅用于证书（服务器）消息没有包含足够的信息来建立预置密钥（premaster secret）的情况。这种情况包括匿名或短暂的 DH 密钥协议（即密码套件以 TLS_DHE_anon、TLS_DHE_DSS 以及 TLS_ DHE_RSA 开头）。服务器密钥交换消息不用于其他套件，包括那些以 TLS_RSA、TLS_DH_DSS 或 TLS_DH_RSA 开头的套件。

此时，服务器可能会要求对客户端进行身份验证。如果是这样，它将会产生一个证书请求消息。一旦这条消息发送出去，服务器通过发送强制性的服务器 Hello 完成（ServerHelloDone）消息完成交换的第二部分。当接收到来自服务器的这一条消息（可能是管道传输的），客户端可能会被要求证明自己的身份（即，拥有与证书相对应的密钥）。如果是这样，它首先通过一条与服务器格式相同的证书消息发送自己的证书，然后发送强制性的客户端密钥交换（ClientKeyExchange）消息。这条消息的内容依赖于使用的密码套件，但它通常包含一个 RSA 加密的密钥，或用于创建新密钥种子的 Diffie-Hellman 协议参数（被称为预置密钥）。最后，它发送一个证书验证（CertificateVerify）消息以证明在服务器要求客户端验证身份的情况下自己拥有与之前提供的证书对应的私钥。这条消息包含对一个散列值的签

名。该散列值是根据客户端之前收到的以及发送的所有握手消息生成出来的。

交换的最后一部分包含一个修改密码协议（ChangeCipherSpec）消息，这是一个独立的 TLS 协议内容类型（即，从技术上看不是一个握手协议消息）。然而，只能在成功交换修改密码协议消息后才能进一步交换强制性的握手协议已完成（Finished）消息。已完成消息是迄今为止第一批通过使用已交换的参数来保护的消息。已完成消息本身包含“验证数据”，由下面的值组成：

verify_data = PRF(master_secret, finished_label, Hash(handshake_messages))

其中 finished_label 可取两个值，值“ client finished”用于客户端，而值“ server finished”用于服务器。特定的散列函数 Hash 与在初始 Hello 消息交换阶段 PRF 的选择密切相关。TLS 1.2 提供了可变长度的验证数据，但是之前所有的版本与当前加密套件都产生 12 字节的验证数据。48 字节的 master_secret 值根据下式进行计算： 882

master_secret = PRF(*premaster secret*, “master secret”,
ClientHello.random + ServerHello.random)

此处 + 是连接运算符。已完成消息是十分重要的，这是由于它在很高程度上证实了握手协议已经成功完成，并允许之后的数据交换。

18.9.1.3 TLS 扩展

迄今为止，本书已经介绍了 IKE 与 TLS。如果比较它们的功能，我们会发现 IKE 携带的信息能够超出建立基本 SA 所需的信息。这是通过使用 IKE 通知与配置负载完成的。为了提供类似的扩展机制，TLS 1.2 消息以一种标准的方式包含了多种*扩展*。TLS 的基准规范 [RFC5246] 包括一个“签名算法”扩展。这样客户可以用它来为服务器指出自己可提供的散列与签名算法类型（用于散列的 MD5、SHA-1、SHA-224、SHA-256、SHA-384、SHA-512 以及用于数字签名的 RSA、DSA、ECDSA）。由于一些系统只允许特定的组合，这些扩展会按照偏好程度降序排列。文档 [TLSEXT] 给出了当前的扩展列表。

TLS 之前的版本大约有 6 个扩展，[RFC6066] 将这些扩展都更新至 TLS 1.2 中。它定义了下列扩展：server_ name（按照 DNS 风格显示的服务器名称），max_fragment_length（一条消息的最大长度为 2^n 字节，n 的值为 9 ～ 12），client_certificate_url（指明支持证书 URL 握手消息，该消息用于发送证书的 URL 而不是一个完整的证书），trusted_ca_keys（散列值，或受信任的 CA 公钥名称以及证书），truncated_hmac（只使用 HMAC 的前 80 位进行计算），以及 status_request（请求服务器使用 OCSP 协议，并在证书状态握手消息中提供 DER 编码的响应来验证一个证书）。每一个扩展都可能出现在一个（扩展的）客户端 Hello 消息中，在某些情况下可能会出现在服务器 Hello 消息中来表示同意。除了这些扩展与已经提到的两个握手消息，[RFC6066] 还定义了 4 个警告消息：certificate_unobtainable、unrecognized_name、bad_certificate_ status_response 以及 bad_certificate_hash_value。它们都是自说明的，除非节点已经证明能够理解扩展的客户端 Hello 类型消息，否则它们不会被发送出去。

其他几个扩展也已被定义或保留。user_mapping 扩展 [RFC4681] 提供了一种为用户标识符（例如，Windows 域）提供内容的方法。另一个 cert_type 扩展不仅包括 X.509 证书，还包括 OpenPGP 证书 [RFC6091]。信息文档 [RFC4492] 描述了椭圆曲线密码套件。根据信息文档 [RFC5054] 定义的方法，安全远程密码协议（Secure Remote Password protocol，SRP）能够与 TLS 结合。[RFC5764] 定义了一个 use_srtp 扩展，该扩展被设计用于生成一个基于

DTLS（参见 18.9.2 节）的安全实时协议（Secure Real-Time Protocol，SRTP）。SessionTicket
883 TLS 扩展 [RFC5077] 定义了一种方法，用于消除服务器上必须存储的用于恢复会话的状态。它涉及将必要的状态以一种加密形式放入客户端中。最后，一个重要的 renegotiation_info 扩展用于应对重新协商的漏洞。我们将在下面的章节对其进行详细介绍。

18.9.1.4　重新协商

TLS 支持在保持同一连接的同时重新协商加密连接参数。这一功能能够通过服务器或客户端发起。如果服务器希望重新协商连接参数，它会生成一个 Hello 请求消息，而客户端会响应一个客户端 Hello 消息以开启重新协商过程。客户端也能够自发地生成一个客户端 Hello 消息，而无须服务器的提示。

虽然是否支持重新协商是可选的，但"强烈推荐"使用，例如，在对序列号进行封装的情况下。可以通过生成一个 no_renegotiation（类型 100）警告来拒绝进行协商。虽然这类警告不要求终止连接，但根据本地策略在收到它们之后将会终止连接。

2009 年，一个使用重新协商功能的 TLS 攻击被成功实施。我们将会在 18.12 节对其进行详细描述。这一漏洞允许攻击者与服务器建立一个恶意的 TLS 会话。客户端能够通过 MITM 攻击将该会话转接到一个后续的合法会话中。服务器只会认为发生了一个符合标准的重新协商。[RFC5764] 给出了这一问题的解决方案，即利用一个称为 renegotiation_ info（类型 0xff01）的 TLS 扩展将重新协商与当前会话更紧密地绑定在一起。当创建一个新连接时，renegotiation_info 扩展为空，当客户端进行重新协商时，它包含 client_verify_data；而当服务器进行重新协商时，它包含 client_verify_data 以及 server_verify_data。client_verify_data 是客户端在完成最后一次握手时所发送的已完成消息中包含的 verify_data。在 TLS 中，这是一个 12 字节的数值（SSL v3 中为 36 字节）。server_verify_data 是服务器在完成最后一次握手时所发送的已完成消息中的 verify_data。

一些已部署 TLS（与 SSL）的服务器会在出现未知扩展时终止连接。为了在部署（相对新的）renegotiation_info 扩展时能够处理这一问题，需要提供另一种可用选择。在连接建立过程中，TLS 密码套件 TLS_EMPTY_RENEGOTIATION_INFO_SCSV 可用于指出一个空 renegotiation_info 扩展的等价情况。它使用一个信号密码套件值（Signaling Cipher Suite Value，SCSV）来指出一组特定的功能，而不是去编码真正的密码套件（类似的方法还用在 DNSSEC 中用于 NSEC3 记录，参见 18.10.1.3 节）。

18.9.1.5　示例

在图 18-31 的例子中，我们能够看到在连接建立过程中使用 TLS 1.2 时交换的消息，该
884 过程会在本地环回接口上使用 TCP/IP。客户端与服务器都有 RSA 证书，并将它们提供给通信对方。初始的 TCP 握手与窗口更新以及 127.0.0.1 的源与目的 IPv4 地址都没有显示出来。为了更清楚地表达，跟踪过程已用左右箭头进行注释。指向右边的箭头表明 TCP 报文段至少包含一个 TLS 消息，该消息由客户端发往服务器。指向左边的箭头表示消息是从服务器发往客户端。为了显示这些输出结果，我们首先通过在 Analyze | Decode As ... 菜单下选择 SSL 来要求 Wireshark 软件解码跟踪记录。

如图 18-31 所示，在初始的 TCP 层握手之后，TLS 交换开始于一个客户端 Hello 消息。纯的 TCP ACK 穿插于 TLS 消息中。在修改密码协议消息被处理之后，后续信息开始被加密。为了更详细地查看发生的细节，我们将展开前面若干个 TLS 消息。图 18-32 展示客户端 Hello 消息的细节内容。

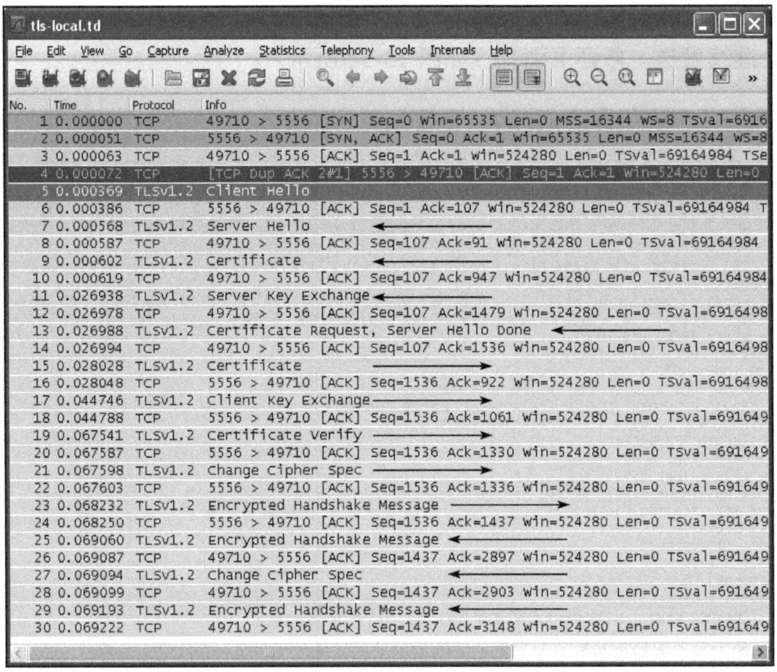

tls-local.td

File Edit View Go Capture Analyze Statistics Telephony Tools Internals Help

No.	Time	Protocol	Info
1	0.000000	TCP	49710 > 5556 [SYN] Seq=0 Win=65535 Len=0 MSS=16344 WS=8 TSval=6916
2	0.000051	TCP	5556 > 49710 [SYN, ACK] Seq=0 Ack=1 Win=65535 Len=0 MSS=16344 WS=8
3	0.000063	TCP	49710 > 5556 [ACK] Seq=1 Ack=1 Win=524280 Len=0 TSval=69164984 TSe
4	0.000072	TCP	[TCP Dup ACK 2#1] 5556 > 49710 [ACK] Seq=1 Ack=1 Win=524280 Len=0
5	0.000369	TLSv1.2	Client Hello
6	0.000386	TCP	5556 > 49710 [ACK] Seq=1 Ack=107 Win=524280 Len=0 TSval=69164984 T
7	0.000568	TLSv1.2	Server Hello
8	0.000587	TCP	49710 > 5556 [ACK] Seq=107 Ack=91 Win=524280 Len=0 TSval=69164984
9	0.000602	TLSv1.2	Certificate
10	0.000619	TCP	49710 > 5556 [ACK] Seq=107 Ack=947 Win=524280 Len=0 TSval=69164984
11	0.026938	TLSv1.2	Server Key Exchange
12	0.026978	TCP	49710 > 5556 [ACK] Seq=107 Ack=1479 Win=524280 Len=0 TSval=6916498
13	0.026988	TLSv1.2	Certificate Request, Server Hello Done
14	0.026994	TCP	49710 > 5556 [ACK] Seq=107 Ack=1536 Win=524280 Len=0 TSval=6916498
15	0.028028	TLSv1.2	Certificate
16	0.028048	TCP	5556 > 49710 [ACK] Seq=1536 Ack=922 Win=524280 Len=0 TSval=6916498
17	0.044746	TLSv1.2	Client Key Exchange
18	0.044788	TCP	5556 > 49710 [ACK] Seq=1536 Ack=1061 Win=524280 Len=0 TSval=691649
19	0.067541	TLSv1.2	Certificate Verify
20	0.067587	TCP	5556 > 49710 [ACK] Seq=1536 Ack=1330 Win=524280 Len=0 TSval=691649
21	0.067598	TLSv1.2	Change Cipher Spec
22	0.067603	TCP	5556 > 49710 [ACK] Seq=1536 Ack=1336 Win=524280 Len=0 TSval=691649
23	0.068232	TLSv1.2	Encrypted Handshake Message
24	0.068250	TCP	5556 > 49710 [ACK] Seq=1536 Ack=1437 Win=524280 Len=0 TSval=691649
25	0.069060	TLSv1.2	Encrypted Handshake Message
26	0.069087	TCP	49710 > 5556 [ACK] Seq=1437 Ack=2897 Win=524280 Len=0 TSval=691649
27	0.069094	TLSv1.2	Change Cipher Spec
28	0.069099	TCP	49710 > 5556 [ACK] Seq=1437 Ack=2903 Win=524280 Len=0 TSval=691649
29	0.069193	TLSv1.2	Encrypted Handshake Message
30	0.069222	TCP	49710 > 5556 [ACK] Seq=1437 Ack=3148 Win=524280 Len=0 TSval=691649

图 18-31 利用 Wireshark 软件显示了一个正常的 TLS 1.2 连接建立过程。服务器运行在 5556 端口。发送给服务器的客户端消息由指向右边的箭头标记。发送给客户端的服务器消息由指向左边的箭头标记。TCP 的 ACK 穿插于 TLS 消息中。在修改密码协议消息（报文段 21）之后，其他的消息被加密与认证。报文段 13 还包含 ServerHelloDone 消息 885

图 18-32 详述的客户端 Hello 消息是一条承载 ClientHello 握手消息的记录协议消息。它包含一个 32 位的 UNIX 时间戳，以秒为单位，从 1970 年 1 月 1 日的午夜 12 点开始计时。此外，客户端 Hello 消息还包含一个随机的 28 字节数值（ClientHello.random）用于形成密钥。由于这是一个全新的连接，它的会话 ID 为 0。6 个字节专门用于承载客户端支持的 3 个密码套件，并按照推荐程度排序（最优推荐排在最前面）。每一套件都使用一个 16 位的数值进行编码，该数值由 [TLSPARAMS] 中的 TLS 密码套件注册表指定。图中消息只支持一种压缩方法——NULL 方法。该方法不会产生任何压缩结果，并已成为一种典型情况。此外，消息还包含 50 个字节用于扩展。cert_type 扩展指出使用的是 X.509 证书还是 OpenPGP 证书。server_name 扩展包含服务器提供给客户端应用程序的名称 127.0.0.1。由于是第一次握手，renegotiation_info 扩展为空。SessionTicket TLS 扩展也属于相同的情况。signature_algorithms 扩展指出客户端能够处理的算法集合：sha1-rsa、sha1-dsa、sha256-rsa、sha384-rsa 以及 sha512-rsa。

在这个简单的交换中，服务器被配置为只有一个密码套件：TLS_DHE_RSA_WITH_AES_256_CBC_SHA256 (0x006b)。如图 18-33 所示，当通过一个服务器 Hello 消息来响应客户端 Hello 消息时，服务器会指明这一事实。

在图 18-33 中，服务器用一条服务器 Hello 消息来响应客户端 Hello 消息。服务器会提供它的当前时间副本以及一个 28 字节的随机值。它还包括一个随机的 32 字节的会话 ID。服务器只支持一个密码套件（使用 RSA 证书的 DH 密钥协商，CBC 模式的 AES-256 算法用于加密，SHA-256 算法用于完整性保护）。与客户端类似，服务器不支持任何压缩算法。服务器还包含一个空的 renegotiation_info 与一个空的 SessionTicket TLS 扩展。在第一条消息之后，服务器会继续发送一条证书消息，如图 18-34 所示。

图 18-32 TLS 1.2 中一个客户端 Hello 消息包括版本信息、所支持的密码套件与压缩算法、随机数据以及一些扩展。此处客户端支持 Diffie-Hellman 密钥协议以及使用 RSA 的密钥交换。它使用 CBC 模式的 AES-256 算法用于加密，SHA-256 算法用于完整性保护

图 18-34 中的消息将服务器的 841 字节的 X.509v3 证书传输至客户端。它是由一个称为测试 CA 的样本证书颁发机构签署的。测试 CA 位于发布者（Issuer）字段。该字段被称为 SubjectPublickeyInfo，包含了服务器的 270 字节的 RSA 公钥。客户端会使用它来完成对服

务器的身份认证。证书中有 6 个扩展：basicConstraints（关键的）、subjectAltName（包含使用证书的服务器的 DNS 名称）、extKeyUsage（扩展的密钥用途，指出密钥的用途在于认证服务器的身份）、keyUsage（关键的，指出可能用于密钥加密或生成数字签名的已关闭密钥）、subjectKeyIdentifier（一个 20 字节的数字，用于识别已签名的公钥）以及 authorityKeyIdentifier（一个 20 字节的数字，用于识别证书颁发机构用来生成当前证书的密钥）。 886~887

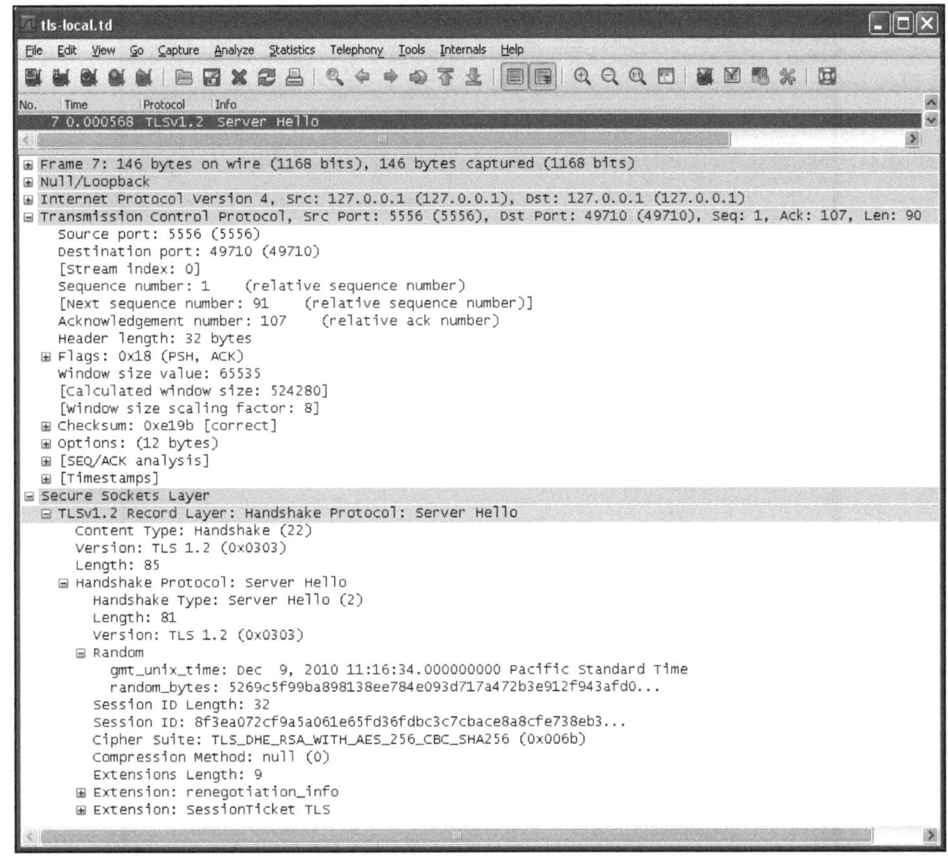

图 18-33 TLS 1.2 中一个 ServerHello 消息包含版本信息、所支持的密码套件与压缩算法以及一些扩展。此处，客户端支持 Diffie-Hellman 密钥协商。它使用 AES-256 算法用于加密，SHA-256 算法用于完整性保护

由于 ClientKeyExchange 消息大多包含用于形成 DH 交换的二进制信息，所以不再对其进行详细描述。下一条有趣的消息是报文段 13，它是一个包含 CertificateRequest 消息与 ServerHelloDone 消息的 TCP 报文段。图 18-35 显示了它的内容。

图 18-35 展示了一个包含 CertificateRequest 消息与 ServerHelloDone 消息的 TCP 报文段。CertificateRequest 用于要求客户端提供证书，并使用后续的 CertificateVerify 消息认证它的身份。应该使用 RSA 算法或来自测试 CA 证书颁发机构的 DSS 算法对要求的证书类型进行签名。列出的签名算法包括 sha1-rsa、sha1-dsa、sha256-rsa、sha384-rsa 以及 sha512-rsa。

数据包 15（未显示细节）所包含的证书消息拥有针对客户端与其公钥的证书链。在这种情况下，主题字段包括“测试客户端”以及作为发布者的测试 CA。因此客户端与服务器的证书是被同一个 CA 签署的，而所谓的证书链只包含一个证书。对于客户端而言，如果要证

明自己拥有对应的私钥，它会生成一条 CertificateVerify 消息（数据包 19）。CertificateVerify 消息包含一个签名，它是通过客户端的私钥对迄今为止所有发送与接收的会话握手消息的散列值进行签名。这样不仅能够证明客户端是真实的，还表示到目前为止客户端已经正确地参与到 TLS 交换中，并没有丢失或重新排序任何消息。在 CertificateVerify 之后，更改密码消息出现在随后的通信（已加密）中。

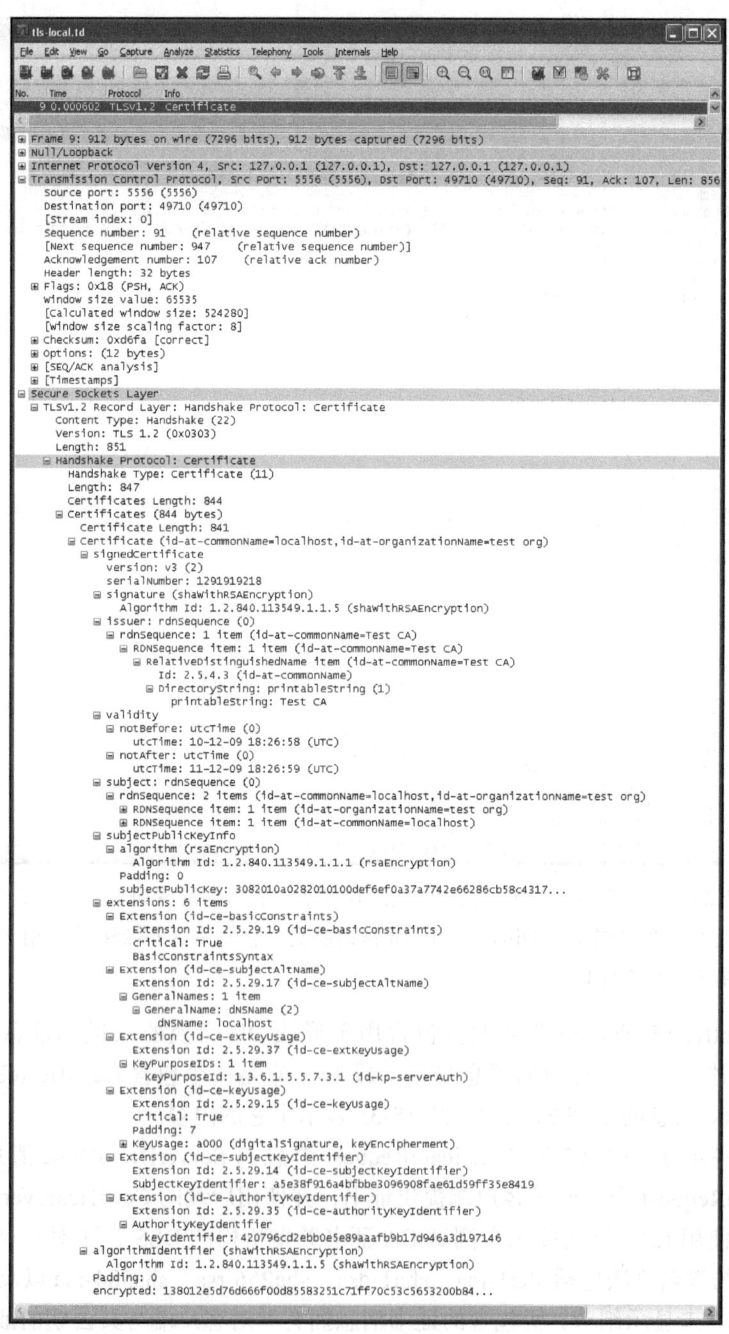

888~889 图 18-34 在 ServerHello 消息之后，服务器产生一个证书消息来承载自己的证书。客户端能够通过该证书认证服务器的身份。当服务器认证客户端的身份时也会采用相同的消息格式

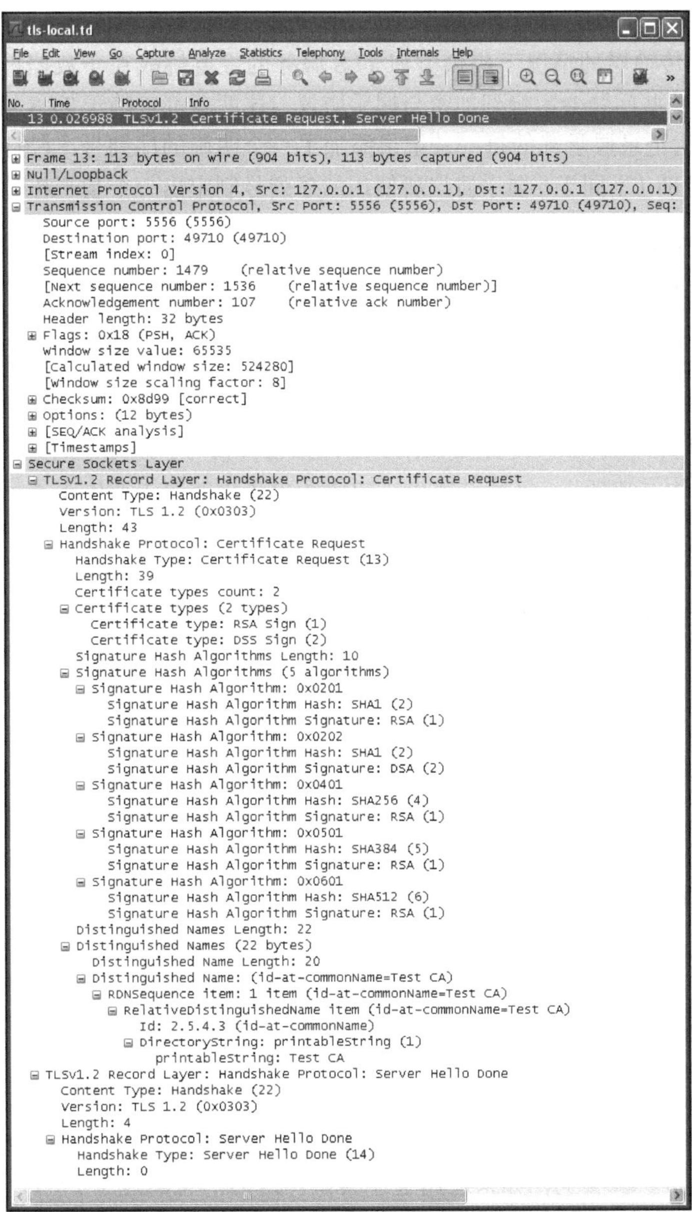

图 18-35 服务器的 CertificateRequest 与 ServerHelloDone 消息都包含在相同的 TCP 报文段中。客户端能够使用证书来认证服务器的身份。当服务器认证客户端的身份时也会使用相同的消息格式 890

18.9.2 DTLS

TLS 协议假设了一个基于流的底层传输协议来传输它的消息。数据报 TLS（DTLS）版本放宽了这一假设，旨在使用与 TLS 基本相同的消息格式但以其他方式达到相同的安全目标。最初它是由那些诸如运行在 UDP 协议上的 SIP 协议引发的，但它不使用 IPsec 协议 [RFC5406]。DTLS 还可经过修改用于 DCCP [RFC5238] 与 SCTP [RFC6083]。当前正在编写的版本为 DTLS1.0 [RFC4347]，基于 TLS 1.1。一个更新的基于 TLS 1.2 的版本正在制定中 [IDDTLS]。新版本还会使用图 18-28 所示的相同的协议分层，并采用绝大多数相同的消息交换方式。

在缺乏可靠传输层的情况下提供类似 TLS 服务的主要挑战在于数据报可能会丢失、重新排序或重复。这些问题会影响到加密与握手协议，这两者都依赖于 TLS 协议。为了处理这些问题，DTLS 为记录层承载的每一条记录添加了一个明确的序列号（它们在普通 TLS 中是隐式的），并且借助（不同于）握手协议所使用的序列号制定出一个基于超时的重传方案。

18.9.2.1 DTLS 记录层

在 TLS 中，由于计算一条记录的 MAC 依赖于前一条记录，因此记录的顺序是非常重要的。更特别的是，MAC 的计算依赖于每一条记录的隐式 64 位序列号。如果数据报乱序或丢失，那么该序列号将会报错。为了补救这一问题，DTLS 在记录层使用明确的序列号。在每一条 ChangeCipherSpec 消息发送之后，这些序列号被重置为数值 0。它们也可以与一个附加的 16 位*历元数*（epoch number）结合使用。历元数包含在每一条记录的头部。密码状态的每一次变化都会使历元数加 1。这样就解决了由于多个接近的握手产生多条包含相同序列号的消息并出现传输冲突的问题。

DTLS 中的 MAC 计算修改了对应的 TLS 版本，包含了一个由两个新字段（历元数在先，后面是序列号）组成的 64 位块。这样就允许单独处理每一条记录。需要注意的是：在 TLS 中一个错误的 MAC 会导致连接终止；而在 DTLS 中，终止一个完整的连接是没有必要的，
891 接收者会选择简单地丢弃包含错误 MAC 的记录，或是发送一条警告消息（如果产生，必须是终端）。

重复的消息会被简单地丢弃，或者被视为一个潜在的重放攻击。如果支持重放检测，那么将会在接收端设置一个当前序列号窗口。要求该窗口至少容纳 32 条消息，但建议至少为 64 条。这一方案与 IPsec 中针对 AH 与 ESP 的方案非常相似。如果到达记录的序列号小于窗口左边沿对应的数值，那么会将它视为旧的或重复的记录而默默地丢弃。那些在窗口之内的记录也会被检查，看是否出现重复。如果一条消息在窗口之内并且拥有正确的序列号，即便出现顺序错乱的情况，也会将其保留下来。而那些拥有错误 MAC 的消息会被丢弃。那些拥有正确 MAC 却超出窗口右边沿的消息会使得右边沿增加。因此，右边沿代表已验证消息的最高序列号。

一个数据报可能会包含多个 DTLS 记录，但是一条记录不可能跨越多个数据报。记录层允许应用程序实现一个类似 TCP 的（参见第 15 章）PMTUD 过程，并且在认为可能被分片时避免发送数据报。事实上，如果应用程序尝试发送的消息超过了 PMTU 或最大应用数据报大小（PMTU 减去 DTLS 的负载），那么它应该收到一条错误提示。这条规则的一个例外是 DTLS 在处理握手协议时，此时会包含比较大的消息。

18.9.2.2 DTLS 握手协议

握手协议的消息最大为 $2^{24}-1$ 字节，但实际上大约为几千字节。这样就会超过典型的最大 UDP 数据报大小的 1.5KB。为了处理这一问题，握手协议的消息可能会通过分片过程跨越多个 DTLS 记录。每一个分片都包含在一条记录中，这些记录会包含在底层的数据报中。为了实现分片，每一个握手消息都包含一个 16 位的*序列号*字段、一个 24 位的*分片偏移*字段以及一个 24 位的*分片长度*字段。

为了实现分片，原始消息的内容被分为多个连续的数据范围。每一个范围都要小于最大分片大小，而且都包含在一个消息分片中。每一个分片都包含了与原始消息相同的序列号。

分片偏移与分片长度字段都以字节表示。发送者会避免重叠数据范围，但接收者应具备处理这一潜在问题的能力。因为发送者可能需要随时间推移而不断调整自己的记录大小，并且在必要的时候进行重传。

为了处理消息丢失的问题，DTLS 具有简单的超时与重传功能。重传功能是以消息组的形式运行的，也被称为“班次”。图 18-36 显示了完整的（左）与简化的（右）交换建立过程，以及 DTLS 握手协议的状态机。 892

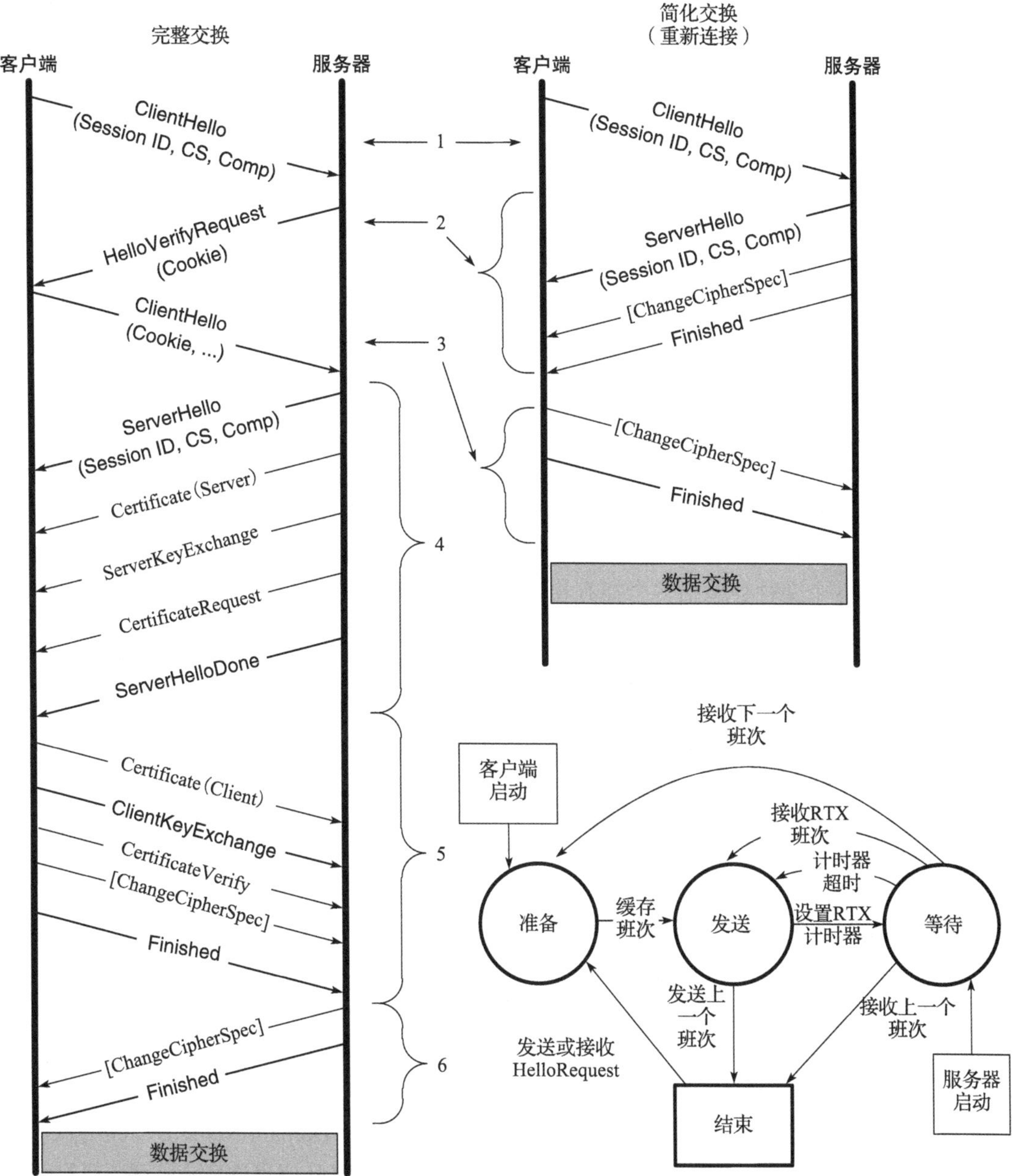

图 18-36 在 DTLS 中，必须处理丢失数据报的问题。初始的完整交换（左）包括 6 个班次的信息。每个班次都能够重新传输。DTLS 简化交换（右上）只使用 3 个班次，并且与 TLS 略不相同。DTLS 在处理协议时保持一个 3 状态的有限状态机（右下）

在图 18-36 中，班次号显示在完整交换与简化交换的中间区域。除了附加的 HelloVerify Request 与第 2 个 ClientHello 消息之外（现在包含 cookie），完整交换与图 18-30 中完整的 TLS 交换非常类似。然而，简化的交换则不相同。在 DTLS 中由服务器发送第一条 Finished 消息，而在 TLS 中则是由客户端发送第一条 Finished 消息。

图 18-36 的右下部分描绘了在执行握手协议时 DTLS 实现所使用的状态机。它包含 3 个
893 主要的状态：准备、发送与等待。客户端通过创建自己的 ClientHello 消息从准备状态启动。服务器从等待状态启动，并且未缓存任何消息或启动重传计时器。在发送时，重传计时器会被设置。在传输完成之后，协议会再次进入等待状态。如果重传（RTX）计时器超时，会使协议重新回到发送状态来执行一次重传操作。当接收到来自对方的重传班次时也会出现同样的状况。在后一种情况中，本地系统会以之前的传输部分丢失或完全丢失为理由而重传自己的班次。这与端点重传所介绍的类似。如果一切顺利，一个班次在被接收后，本地系统结束或返回到准备状态去形成下一个传输的班次。

状态机是由一个重传计时器驱动的，它的默认建议值为 1 秒。如果在超时期限内接收不到某一班次的响应，就会使用相同的握手协议序列号重新传输这一班次。然而需要注意的是，记录层序列号仍然会向前增加。后续重传如果没有获得响应将会使 RTX 的超时值加倍，至少高达 60s。在一次成功传输或一个长的空闲期之后，会重新设置该数值（10 倍于当前计时器的数值或更多）。

18.9.2.3 DTLS DoS 保护

当数据报用于替代可靠的字节流协议时，一些额外的安全考虑需要关注。特别值得关注的是两个潜在的 DoS 攻击。攻击者在发送一个 ClientHello 消息时伪造源 IP 地址是很简单的事情。许多这样的消息就会造成对 DTLS 服务器的 DoS 攻击，耗尽用于形成响应处理的资源。该攻击的一个变种会包括多个拥有相同伪造 IP 源地址的攻击主机。响应服务器会向这些受害者的 IP 地址发送响应，这样这些受害主机就完成了对服务器的 DoS 攻击。

包含于 Hello 交换中的一个无状态的 cookie 验证过程能够帮助抵御 DoS 攻击。当一台服务器接收到一条 ClientHello 消息，它会生成一条新的包含 32 位 cookie（它可能是一个秘密的函数、客户端的 IP 地址以及连接参数）的 HelloVerifyRequest 消息。后续的 ClientHello 消息必须包含正确的 cookie，否则服务器会拒绝交换。这样服务器就能迅速摒弃那些未提供正确 cookie 的请求。这种方法并不能抵御来自多个合法 IP 地址的协同攻击，因为这些 IP 地址的主机都能够成功地完成 cookie 交换。

18.10 DNS 安全（DNSSEC）

我们已经讨论了链路层、网络层与传输层流行的安全协议，本节我们开始讨论应用层。
894 虽然在作者撰写本书的时候还未广泛部署，但我们应该关注如何为域名系统（DNS）提供增强的安全。DNS 安全不仅指 DNS 中的数据（资源记录，RR）安全，还包含在同步或更新 DNS 服务器内容时的传输安全。鉴于 DNS 在 Internet 运行中的重要作用，针对其部署安全机制会有深远的影响。这些机制称为*域名系统安全扩展*（Domain Name System Security Extensions，DNSSEC）。一系列 RFC 文档 [RFC4033] [RFC4034] [RFC4035] 对这些机制进行了深入讨论。这些 RFC 文档有时被称为 DNSSECbis，这是因为它们取代了 DNSSEC 早期的规范文档。在我们进一步讨论 DNSSEC 之前，先回顾一下 DNS 的基本描述（参见第 11 章）是十分必要的。

这些扩展提供了 DNS 数据的源认证与完整性保护，以及（有限的）密钥分发设施。也就是说，扩展提供了一种加密的安全方式来确定实体是否已对一块 DNS 信息授权，以及接收到的信息是否被篡改。DNSSEC 还能够进行*不存在性验证*。DNS 响应能够指出某一受保护的特定域名是不存在的并对此提供保护，就像保护那些指出某一个域名存在的响应一样。DNSSEC 不能为 DNS 信息提供保密性、DoS 攻击保护以及访问控制。DNSSEC 的传输安全性是被单独定义的，我们将在讨论完 DNSSEC 的核心数据安全功能之后对其进行简短的介绍。

DNSSEC 是通过对"已知的"安全进行分层来调整解析器的。一个*验证已知安全的解析器*（也称为*验证解析器*）会检查加密的签名，从而保证其处理的 DNS 数据是安全的。其他的解析器，包括主机上的存根解析器以及递归域名服务器的"解析方"，可能已知安全但无法进行密码验证。相反，这种解析器应当建立与验证解析器的安全关联。我们将关注验证解析器，因为它们是最复杂、有趣的。在运行时，它们能够确定 DNS 信息是否*安全*（所有的签名都经检查有效）、*不安全*（签名有效地指出有些数据不应该存在，但却已经出现）、*虚假*（数据出现在合理的位置，但是由于某些原因不能被验证）以及*不确定*（真实性无法得到验证，通常是因为无法得到签名）。当没有其他可用信息时，不确定的情况是默认情况。

只有在域管理员签署了一个区域后 DNSSEC 才会安全地工作，它涉及一些信任基础，服务器与解析器软件都参与其中。验证解析器会检查签名以保证 DNS 信息是安全的，而且它们必须配置一些初始信任锚点，这些锚点类似于 PKI 中的根证书。然而值得注意的是，DNSSEC 不是一个 PKI，它只会提供有限的签名与密钥撤销功能。它不能够模拟证书撤销列表 [RFC5011]。

当执行一个带有 DNSSEC 的 DNS 查询时，一个已知安全的解析器就会使用 DNS 扩展机制（EDNS0），并且将请求中一个 OPT 元资源记录的 DO 位置位（表示 DNSSEC OK）。该位指出客户端不仅有兴趣而且有能力来处理与 DNSSEC 相关的信息，并支持 EDNS0。DO 895
位在 EDNS0 元资源记录（参见 [RFC3225] 的第 3 节与 [RFC2671] 的第 4 节）的"扩展的 RCODE 与标志"部分，是其中第 2 个 16 位字段的第 1 位。接收到那些 DO 位未置位（或不存在）请求时，会禁止服务器返回 18.10.1 节讨论的大多数资源记录，除非这些记录是在请求中明确要求的。由于避免了承载那些与安全相关却又不被未知安全的解析器处理的资源记录，所以这样做有助于提高 DNS 的性能。由于 DNS 通常会使用相对小的 UDP 数据包并且常退回用 TCP 协议，而 TCP 的 3 次握手就会增加对大响应的延迟，因此上述方法是十分有益的。

当服务器处理来自一个 DNSSEC 可用解析器的请求时，它会检查 DNS 请求的 CD（Checking Disabled）位（参见第 11 章）。如果该位置位，那么表明客户端愿意接收包含未验证数据的响应。在准备一个响应时，服务器通常会利用密码方法验证要返回的数据。成功的验证结果会使得响应中的 AD（Authentic Data，真实数据）位置位 [RFC4035]。如果拥有一条到达服务器的安全路径，那么一个安全已知但未验证的解析器在原则上是能够信任这条信息的。然而，最好的情况是使用验证存根解析器——它能够进行加密验证，从而将查询的 CD 位置位。这样不仅提供了端到端的 DNS 安全（即中间解析器不需要是可信的），还减少了中间服务器的计算负担；否则，这些中间服务器不得不进行密码验证。

18.10.1 DNSSEC 资源记录

如 [RFC4034] 所指定的，DNSSEC 使用 4 个资源记录与两个消息头位（CD 与 AD）。它还需要支持 EDNS0 并且使用我们之前提到的 DO 位。在 4 个资源记录中，2 个用于包含对 DNS 域名空间的签名，另外 2 个用于帮助分发与验证密钥。[RFC5155] 中有一处修改，新增了 2 个资源记录，意在代替原始 4 个资源记录中的一个。

18.10.1.1　DNS 安全（DNSKEY）资源记录

首先，我们将查看 DNSSEC 是如何存储和分发密钥的。DNSSEC 使用 DNSKEY 资源记录来维护公钥。这些密钥只能与 DNSSEC 一起使用；其他的资源记录（例如，[RFC4398] 中的证书资源记录 CERT RR）可能用于维护针对其他用途的密钥或证书。图 18-37 展示了一条 DNSKEY 资源记录中 RDATA 部分的格式。

0　　　　15	16	31
标志（16位）	协议（8位）	算法（8位）
公钥（长度可变）		

图 18-37　DNSKEY 资源记录的 RDATA 部分包含一个只用于 DNSSEC 的公钥。标志字段包含了一个区域密钥指示符（第 7 位）、一个安全入口点指示符（第 15 位）、一个撤销指示符（第 8 位）。一般来说，区域密钥位是为所有的 DNSSEC 密钥设置的。如果公开的 SEP 位也被置位，那么该密钥通常被称为密钥签名密钥，并用于验证对子区域的授权。如果没有置位，该密钥通常是一个区域签名密钥，拥有更短的验证周期，通常用于签名区域的内容但不授权。DNSKEY 资源记录所包含的密钥会与其算法字段指定的算法一同使用

图 18-37 中的标志字段目前定义了 3 位。第 7 位是区域密钥位字段。如果置位，那么 DNSKEY 资源记录拥有者的名称必须为区域的名称，并且所包含的密钥也被称为区域签名密钥（Zone Signing Key，ZSK）或密钥签名密钥（Key Signing Key，KSK）。如果没有置位，那么记录将会维护另一种不能用于验证区域签名的 DNS 密钥。第 15 位称为安全入口点（SEP）位。它作为调试或签名软件时的一条提示，能够根据密钥的用途做出明智的猜测。签名验证不会解释 SEP 位，但该位置位的密钥通常为 KSK，并通过验证子区域的密钥来确保 DNS 层次结构的安全（借助 DS 记录，参见 18.10.1.2 节）。第 8 位是撤销位 [RFC5011]。如果该位置位，则表示密钥不能用于验证。协议字段维护的数值 3 用于这一版本的 DNSSEC。算法字段指出了签名算法 [DNSSECALG]。根据 [RFC4034]，只有 DSA 与具有 SHA-1 的 RSA（数值分别为 3 和 5）才被定义用于 DNSKEY 资源记录，但是其他的规范能够支持其他算法（例如，针对 ECC-GOST 的 [RFC5933]（数值为 12），针对 SHA-256 的 [RFC5702]（数值为 8））。这些数值还可以与其他若干 DNSSEC 资源记录一起使用。公钥字段维护了一个公钥，它的格式依赖于算法字段。

18.10.1.2　授权签名者资源记录

授权签名者（DS）资源记录用于指定一条 DNSKEY 资源记录，通常从一个父区域到一个子区域。这些记录在授权过程中用来验证公钥（参见 18.10.2 节）。DS 资源记录的格式如图 18-38 所示。

896
~
897

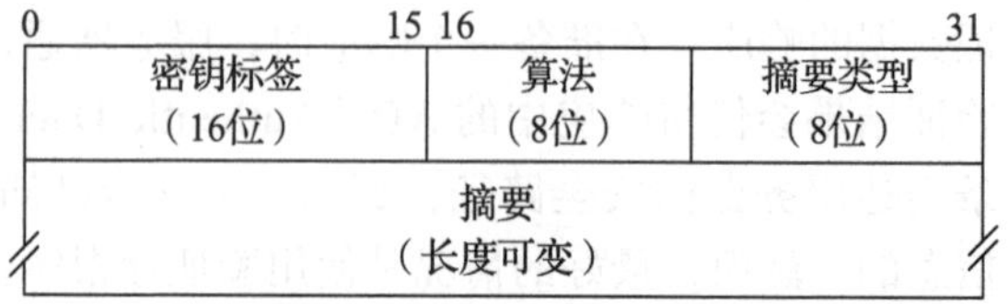

图 18-38　DS 资源记录的 RDATA 部分在密钥标签字段包含了对一条 DNSKEY 资源记录的非唯一参考，还包含了对 DNSKEY 资源记录及其所有者的消息摘要。此外，还有对摘要类型与算法的说明

图 18-38 中的密钥标签字段是一条 DNSKEY 资源记录的参考，但它不是唯一的。多条 DNSKEY 资源记录可能会拥有相同的标签值，因此该字段只能作为查找的提示（确认验证仍然是必要的）。该字段的数值是作为 16 位的未签名数据之和来计算的，其中包含了图 18-37 中所示的 DNSKEY 资源记录的 RDATA 部分（负载被忽略）。算法字段使用了与 DNSKEY 资源记录的算法字段相同的数值。摘要类型字段指出了所用的签名类型。[RFC4034] 中只定义了数值 1（SHA-1），而 SHA-256（数值 2）是通过 [RFC4509] 指定的。当前的列表包含在 DS 资源记录类型摘要算法注册表中 [DSRRTYPES]。摘要字段包含了将要引用的 DNSKEY 资源记录的摘要。具体地说，该摘要的计算方法如下：

摘要 = 摘要算法 (DNSKEY 所有者名 | DNSKEY RDATA)

此处 | 是连接运算符，而 DNSKEY RDATA 的数值是根据引用的 DNSKEY 资源记录来计算的。它的计算方法如下：

DNSKEY RDATA = 标志 | 协议 | 算法 | 公钥

在 SHA-1 的情况下，摘要的长度为 20 字节，而在 SHA-256 的情况下，长度为 32 字节。DS 资源记录用于在跨越区域边界的认证链中提供一个下行链路，所以引用的 DNSKEY 资源记录必须是一个区域密钥（即，在 DNSKEY 资源记录中标识符字段的第 7 位必须置位）。

注意 在作者撰写本书时，一个称为 DS2 的 DS 资源记录的变种正在商定中 [IDDS2]。它在 DS 资源记录中引入了一个典型签名者名称，这样拥有相同内容的多个区域可以被命名为不同的名称，并被多个签名者签署。此外，还有一个 DLV 资源记录 [RFC4431] 用于提供授权，以免一个父区域未被签名或未被 DS 资源记录发布。DLV 资源记录的格式与 DS 资源记录相同，只是解释不同。

18.10.1.3 下一步安全（NSEC 和 NSEC3）资源记录

我们已经看到，除了维护资源记录之外还要保障相关密钥的安全，本节我们将继续讨论验证区域结构的记录与其所包含的资源记录。下一步安全（NextSECure）资源记录（NSEC）用于在规范有序的名称（参见 18.10.2.1 节）或一个 NS 类型的 RRset（资源记录集）授权点中维护“下一个”RRset 所有者的域名（回忆一下，一个 RRset 是一组具有相同所有者、类、TTL 或类型但拥有不同数据的资源记录）。它还维护位于 NSEC 资源记录的所有者名称中的 RR 类型列表。这样能够为区域结构提供认证与完整性验证。NSEC 资源记录的格式如图 18-39 所示。 898

图 18-39 NSEC 资源记录的 RDATA 部分包含了下一个 RRset 所有者在规范有序的区域中的名称。它也指出了哪一种 RR 类型出现在 NSEC 资源记录所有者的域名中

NSEC 资源记录用于在一个区域中形成一条与资源记录集（RRset）相关的链。因此，一个不在链上的 RRset 会被显示为不存在。这种方法提供了前文提到的可认证的拒绝存在特性。下一个域名字段维护一个区域的规范有序的域名链中的下一个条目，并且没有使用第 11 章介绍的域名压缩技术。链中最后一条 NSEC 记录在这一字段的数值为区域顶点（区域的 SOA 资源记录的所有者名称）。

NSEC 资源记录的类型位图字段维护了一张关于 RR 类型的位图。这些 RR 类型记录在

NSEC 资源记录所有者的域名中。最多有 64K 个可能的类型，其中大约有 100 种限定了日期 [DNSPARAMS]。只有一小部分被广泛使用。例如，Internet 的根区域（域名为“.”），它与 DNSSEC 一起从 2010 年 7 月 15 日开始工作，包含了 ac（一个国家及地区代码顶级域名）的下一个域名字段与一张指出当前记录类型（包括 NS、SOA、RRSIG、NSEC 以及 DNSKEY）的位图。

为了对存在的类型进行编码，整个资源记录类型的空间被划分为 256 个“窗口块”，编号从 0 到 255。对于每一块的序号而言，用 1 位掩码最多能够对 256 个资源记录类型进行编码。假设一个块的编号为 N 并且位位置为 P，那么相关的资源记录类型编号为 $(N*256 + P)$。例如，在块 1 中，与资源记录类型 258（目前尚未定义的一种类型）相关的位位置是 2。编码的字段如下：

$$类型位图 = (窗口块号 | 位图长度 | 位图)^*$$

其中，| 为连接运算符，而 * 代表克林（Kleene）闭包（即，0 个或多个）。窗口块号的每一个实例都包含了一个 0 ~ 255 的数值，位图长度包含了对应位图的字节长度（最大值为 32）。窗口块号与位图长度均为一个字节，而位图可以到 32 字节（256 位，每一位对应窗口中可能的资源记录类型）。不存在资源记录类型的块是不包含在内的。针对那些跨越多个块并且稀疏出现的类型，已对编码进行了优化。例如，如果只有资源记录类型 1(A) 与 15(MX) 出现，该字段的编码如下：

899 0x00024001 = (0x00 | 0x02 | 0x4001)

定义在 [RFC4034] 中的 NSEC 记录的原始结构造成了这样一种情况：任何人都能通过遍历 NSEC 链而列举出一个区域中的权威记录。这种情况称为区域列举。这在许多部署中是一种不希望有的信息“泄露”机会。因此 [RFC5155] 定义了一对资源记录，意在取代 NSEC。第一条记录称为 NSEC3，它使用资源记录所有者域名的加密散列值来取代未编码的域名。图 18-40 显示了它的格式。

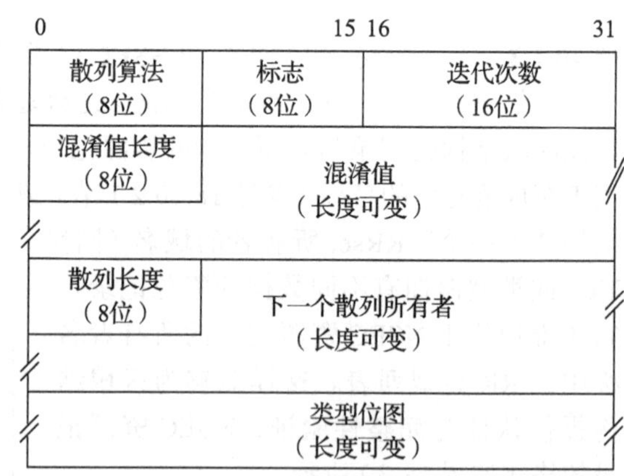

图 18-40　NSEC3 资源记录的 RDATA 部分包含了下一个 RRset 所有者在规范有序区域中的名称的散列值。迭代次数字段指出了散列函数使用的次数。在使用散列函数之前，长度可变的混淆值（Salt，“盐”）被附加到名称上，以抵御字典攻击。类型位图字段使用与 NSEC RR 相同的结构。NSEC3PARAM 记录非常相似，但只包含散列参数（不是下一个散列所有者或类型位图字段）

在 NSEC3 记录中，散列算法字段标识了应用于下一个所有者名称的散列函数，以产生下一个散列的所有者字段。只有 SHA-1（数值为 1）限定了日期 [NSEC3PARAMS]。标志字段的低比特位包含了一个 opt-out 标志。如果置位，它将指出 NSEC3 记录可能包含未签名的授权。它用于对一个没有被要求或不希望被签名的子区域授权（NS RRset）的情况。迭代次数字段指出散列函数使用了多少次。较大的迭代次数有助于防止找到与 NSEC3 记录中的散列数值相关的所有者名称（字典攻击）。混淆值长度字段给出了混淆值字段的字节长度。混淆值字段包含了一个在计算散列函数之前附加于原所有者名称的数值。它的目的在于帮助抵御字典攻击。

[RFC5155] 指出的第 2 条资源记录被称为 NSEC3PARAM 资源记录（未单独显示）。除了不包含散列长度、下一个散列的所有者以及类型位图字段外，它使用与 NSEC3 资源记录 900
相同的格式。权威的名称服务器在为否定的响应选择 NSEC3 记录时使用 NSEC3PARAM 资源记录。NSEC3PARAM 资源记录为计算一个散列所有者名称提供了所需的参数。

为了获得下一个散列所有者字段的散列值，需要进行以下计算：

$$\mathrm{IH}(0) = \mathrm{H}(\text{所有者名称} \mid \text{混淆值})$$

$$\mathrm{IH}(k) = \mathrm{H}(\mathrm{IH}(k-1) \mid \text{混淆值})\text{，若 } k > 0$$

$$\text{下一个散列所有者} = \mathrm{H}(\mathrm{IH}(\text{迭代次数}) \mid \text{混淆值})$$

其中 H 是散列算法字段指定的散列函数，所有者名称必须按照标准的格式。迭代次数与混淆值取自 NSEC3 资源记录的相关字段。

为了避免混淆 NSEC 与 NSEC3 资源记录类型，[RFC5155] 在 NSEC3 资源记录的区域中分配并要求使用特殊的安全算法编号 6 和 7，作为标识符 3（DSA）和 5（SHA-1）的别名。不知道 NSEC3 记录类型的解析器在接收到这些数值后会将它们作为不安全的记录处理。这样就提供了一种有限的向后兼容能力（即失败，但这样做并没有错误地解释资源记录数据）。

18.10.1.4 资源记录签名资源记录

从 DNS 的结构到它的内容，我们需要一种方法为资源记录提供源认证与完整性保护。DNSSEC 使用名为资源记录签名（Resource Record Signature，RRSIG）的资源记录来签署并验证 RRset 中的签名。区域中每一条授权的资源记录都必须签名（父区域中出现的粘贴记录与授权 NS 记录不需要签名）。一条 RRSIG 资源记录包含了某一特定 RRset 的数字签名，以及使用哪一个公钥来验证签名的信息，如图 18-41 所示。

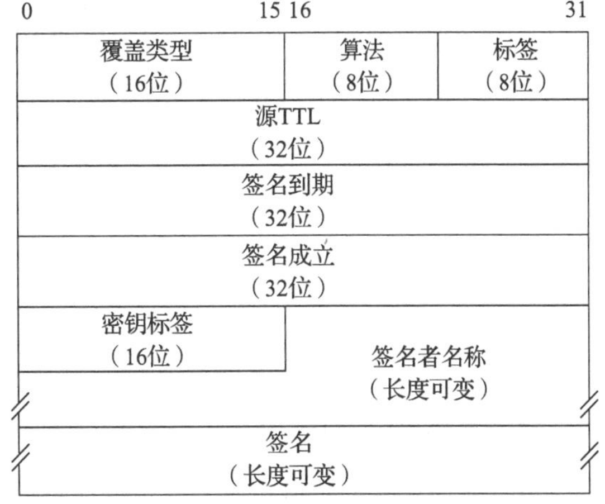

图 18-41　RRSIG 资源记录的 RDATA 部分包含了一个 RRset 的签名。RRset 出现在授权域中的 TTL 也包含在内。此外，还指出了算法与签名的有效期。密钥标签字段指出那些包含公钥的 DNSKEY 资源记录（该公钥用于验证签名）。标签字段指出有多少标签构成了资源记录的原所有者名称

*覆盖类型*字段指出了签名适用的 RRset 类型。它的数值来自标准的 RR 类型集合 [DNSPARAMS]。*算法*字段指出了签名算法。根据 [RFC4034]，只有 DSA 与带有 SHA-1 的 RSA（数值分别为 3 与 5）才能用于 RRSIG 资源记录，但是 [RFC5702] 涵盖了 SHA-2 算法，而 [RFC5933] 涵盖了 GOST 算法（来自于俄罗斯）。*标签*字段给出了在 RRSIG 资源记录的原所有者名称中的标签数目。*原 TTL* 字段维护了一份 TTL 副本，这份副本是当 RRset 出现于授权区域时保留下来的（缓存名称服务器能够减少 TTL）。*签名到期*与*签名成立*字段指出了一个签名有效期的开始与结束时间，从世界协调时间（UTC）的 1970 年 1 月 1 日 0 点 0 分 0 秒开始以秒为单位显示。*密钥标签*字段标识那些用于获得某种特殊公钥的 DNSKEY 资源记录。这种公钥对于验证*签名*字段所包含的签名而言是必需的。密钥标签字段将使用之前 DS 资源记录所使用的格式。 901

18.10.2 DNSSEC 运行

现在我们已经讨论了 DNSSEC 需要的所有资源记录，知道如何使用面向安全区域的 DNSSEC。如前文所述，在定义 NSEC 与 NSEC3 的记录类型时，首先需要一个规范有序的定义。针对某一区域定义规范顺序的目的是为了以一种能够被签名的可重现方式来列举区域的内容（好的散列函数会根据同一内容的不同顺序产生出不同的数值）。

18.10.2.1 规范顺序与形式

有 3 种规范顺序引起我们重视：一个区域中规范的名称顺序，一条资源记录中规范的形式，以及一个 RRset 中的规范顺序 [RFC4034]。在第 11 章已经介绍过，每一条资源记录都有一个包含多个标签的所有者名称（所有者域名）。通过将名称中的每一个标签作为左对齐的字符串，同时将大写的 US-ASCII 字母作为小写字母，我们能够形成一个名称列表。首先通过它们最重要（最右边）的标签进行排序，然后根据次重要的标签排序，依次类推。在一个 0 值字节之前将缺省一个字节。一个正确的规范顺序将会使用 com，例如 company.com、
902 *.company.com、UK.company.COM、usa.company.com 等。此外，还可以使用通配符。

对于一个特殊的资源记录而言，需要有一个定义良好的规范形式。这一形式要求资源记录遵循以下规则：

1. 每一个域名都是一个完全限定域名并被完全展开（无压缩标签）。

2. 在所有者名称中的所有大写的 US-ASCII 码字符都需要被它们的小写版本代替。

3. 对于任何类型号为 2 ~ 9、12、14、15、17、18、21、24、26、33、35、36、39 以及 38 的记录，在它们的 RDATA 部分出现的域名中，所有大写的 US-ASCII 码字符都需要被它们的小写版本代替。

4. 任何通配符都不会被取代。

5. 当出现在原权威区域或覆盖 RRSIG 资源记录的原 TTL 字段，TTL 将会设置为原始数值。

> **注意** 一些说明与重要修改目前正应用于 DNSSECbis 族的基本文件中。读者可以查阅最新版本的 [IDDCIN] 来获得具体的细节。

一个 RRset 中的资源记录的规范顺序遵循与所有者名称相同的规则，只不过所有者名称以规范形式应用于资源记录的 RDATA 内容，就像对待左对齐的字节串那样。

18.10.2.2 签署区域与区域削减

DNSSEC 依赖于签名区域。这样的区域包括 RRSIG、DNSKEY 以及 NSEC（或 NSEC3）资源记录，而且如果有一个签名授权点，它可能还会包含 DS 资源记录。签名使用公钥加密，公钥的存储与分发通过 DNS 来完成。图 18-42 展示了位于父子区域之间的抽象授权点。

在图 18-42 中，父区域包含了自己的 DNSKEY 资源记录，它能够提供与使用 RRSIG 资源记录（可能出现多个 DNSKEY）来签名一个区域中的所有授权 RRset 的私钥相关的公钥。父区域中的一条 DS 资源记录提供子顶点的一条 DNSKEY 资源记录的散列值。这样就建立起一条从父区域到子区域的信任链。一个信任父区域的 DS 资源记录的验证解析器也能验证子区域的 DNSKEY 资源记录，以及最终的 RRSIG 和子区域中签名的 RRset。这种情况只会在验证者拥有一个与父区域 DSNKEY 资源记录相连的信任根节点时才会发生。

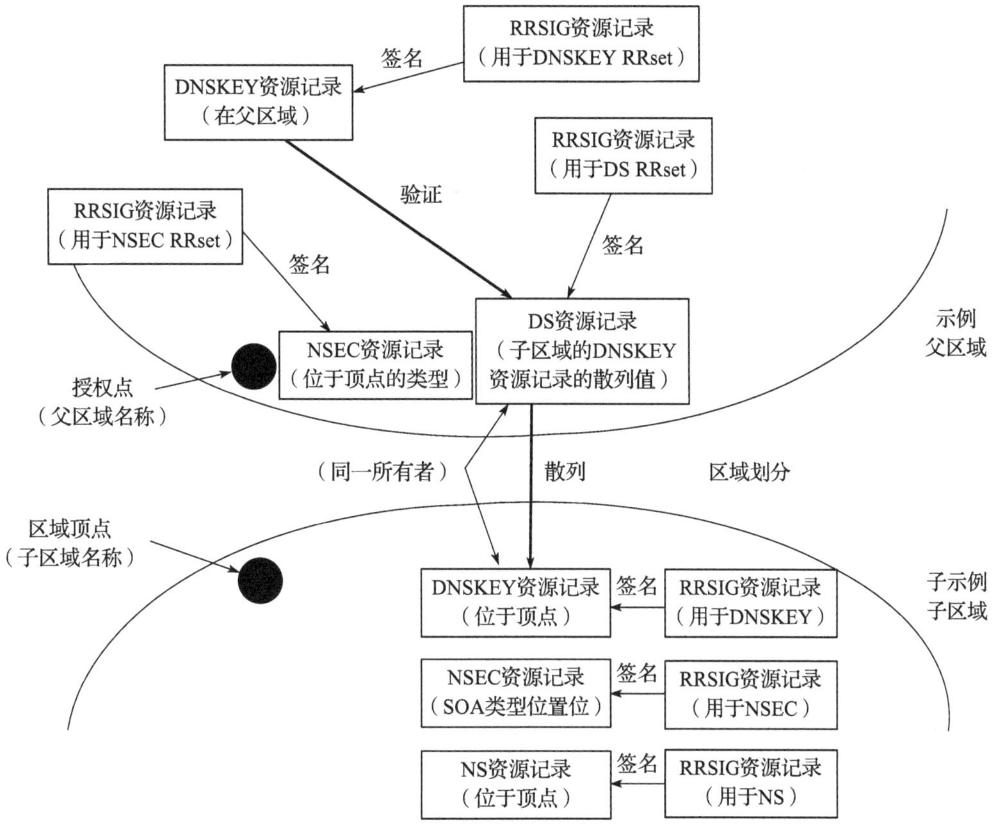

图 18-42 对一个已认证授权的区域的区域划分包括父区域的一条 DS 资源（父区域包含了子区域 DNSKEY 资源记录的散列值）。所有的 RRset 都使用相关的 RRSIG 资源记录进行签名，除了父区域的授权 NS 资源记录（与粘贴记录）。NSEC 资源记录能用于验证区域中的类型，并包含一个 SOA 资源记录类型来指出子区域的顶部

18.10.2.3 解析器操作示例

给定一条关于签名区域的链与一个安全已知的验证解析器，我们能看到一个 DNS 响应的内容是如何验证的。在最好的情况下，能够通过一条信任链从根区域到达一个区域。ICANN 通过根区域中的 DS 记录与已签名的 DNSKEY 资源记录 [TLD-REPORT] 来维护一个 DNSSEC 已启用的区域列表。

假设我们希望为域名 www.icann.org 处理并验证一个 A 资源记录类型。从根区域出发向下，我们首先需要根的信任锚点（即 DNSKEY 资源记录）、包含于根名称服务器中的 org. 的 DS 记录，还可能需要 RRSIG 与 NSEC（NSEC3）记录。然后，我们利用域名 org. 与 icann.org. 以及相关的 DNS 服务器重复这一过程。我们开始于根区域：

```
Linux% dig @a.root-servers.net. . dnskey +noquestion +nocomments \
+nostats +multiline
;; Truncated, retrying in TCP mode.
; <<>> DiG 9.7.2-P3 <<>> @a.root-servers.net. . dnskey
       +noquestion +nocomments +nostats +multiline
; (1 server found)
;; global options: +cmd
. 86400 IN    DNSKEY      257 3 8 ( AwEAAagAIKl ... ) ; key id = 19036
```

903 ~ 904

```
.  86400 IN     DNSKEY      256 3 8 ( AwEAAb5gVAz ... ) ; key id = 21639
.  86400 IN     DNSKEY      256 3 8 ( AwEAAcAPhPM ... ) ; key id = 40288
```

此处我们看到根区域的信任锚点，它构成 Internet 中所有 DNSSEC 信任关系的根部。第一个密钥是 KSK，由数值 257 指出（SEP 位为 1），它是用于构成信任链的主要成员之一。其他的密钥被标记为 ZSK。接下来，我们希望看到的所有记录都应该是存在的并且拥有合适的签名。根证书中有趣的 RRSIG 记录如下所示：

```
Linux% dig @a.root-servers.net. . rrsig +noquestion +nocomments \
+nostats +noauthority +noadditional
;; Truncated, retrying in TCP mode.

; <<>> DiG 9.7.2-P3 <<>> @a.root-servers.net. . rrsig +noquestion
       +nocomments +nostats +noauthority +noadditional
; (1 server found)
;; global options: +cmd
. 86400 IN  RRSIG NSEC 8 0 86400 20101228000000 20101220230000
                         40288 . RyoGB1dxxX...
. 86400 IN  RRSIG DNSKEY 8 0 86400 20110105235959 20101221000000
                           19036 . f8bzNvPmHR...

...
```

包含 DNSKEY 记录的 RRSIG 使用密钥标签 19036，它与根区域的 DNSKEY 资源记录所包含的 KSK 相匹配。根区域包含了其他 RRSIG 记录（用于它的 SOA 与 NS 记录），但我们更关心的是用于 DNSKEY 与 NSEC 资源记录的 RRSIG。只要额外地确保 DNSKEY 资源记录存在，我们就能够检查根的 NSEC 资源记录，从而验证它的类型是否存在。

```
Linux% dig @a.root-servers.net. . nsec +noquestion +nocomments \
+nostats +noauthority +noadditional
; <<>> DiG 9.7.2-P3 <<>> @a.root-servers.net. . nsec +noquestion
       +nocomments +nostats +noauthority +noadditional
; (1 server found)
;; global options: +cmd
.                    86400 IN    NSEC  ac. NS SOA RRSIG NSEC DNSKEY
```

这就确认了根区域正式包括的 RRset 类型包括：NS、SOA、RRSIG、NSEC 以及 DNSKEY，因此我们到目前为止都处于良好的状态（还要注意的是，ac. 是根区域的规范顺序中的第一个 TLD）。接下来，我们需要检查从根到域名 org. 授权的签名。可以按照下述过程操作：

```
Linux% dig @a.root-servers.net. org. rrsig +noquestion +nocomments \
+nostats +noadditional +dnssec
905 ; <<>> DiG 9.7.2-P3 <<>> @a.root-servers.net. org. rrsig +noquestion
       +nocomments +nostats +noadditional +dnssec
; (1 server found)
;; global options: +cmd
org. 172800      IN    NS     d0.org.afilias-nst.org.
org. 172800      IN    NS     b2.org.afilias-nst.org.
org. 172800      IN    NS     a0.org.afilias-nst.info.
org. 172800      IN    NS     b0.org.afilias-nst.org.
org. 172800      IN    NS     a2.org.afilias-nst.info.
org. 172800      IN    NS     c0.org.afilias-nst.info.
org. 86400       IN    DS     21366 7 2 96EEB2FFD9 ...
org. 86400       IN    DS     21366 7 1 E6C1716CFB ...
org. 86400 IN    RRSIG DS 8 1 86400 20101228000000 20101220230000
                      40288 . jpcJOGclvvlnx9Kvz5 ...
```

DS RRset 的存在以及它相关的 RRSIG 表明确实有一个 DNSSEC 安全授权。RRSIG 资源记录包含密钥标签 40288，它指出了我们之前在根区域（ZSK）看到的第三个 DNSKEY 资源记录。在查询中 NS 记录为我们提供了下一步需要使用的服务器名称。通过重复在根区域做出的查询，我们可以继续下去，但这一次使用 org.。我们在一台 NS 资源记录指出的服务器中为根区域的 org. 进行这些查询。

```
Linux% dig @d0.org.afilias-nst.org. org. dnskey +dnssec +nostats \
+noquestion +multiline
; <<>> DiG 9.7.2-P3 <<>> @d0.org.afilias-nst.org. org. dnskey +dnssec
       +nostats +noquestion +multiline
; (1 server found)
;; global options: +cmd
;; Got answer:
;; ->>HEADER<<- opcode: QUERY, status: NOERROR, id: 8061
;; flags: qr aa rd; QUERY: 1, ANSWER: 6, AUTHORITY: 0, ADDITIONAL: 1
;; WARNING: recursion requested but not available

;; OPT PSEUDOSECTION:
; EDNS: version: 0, flags: do; udp: 4096
;; ANSWER SECTION:
org.  900 IN  DNSKEY    256 3 7 ( AwEAAZTErUF ... ) ; key id = 1743
org.  900 IN  DNSKEY    256 3 7 ( AwEAAazTpnm ... ) ; key id = 43172
org.  900 IN  DNSKEY    257 3 7 ( AwEAAYpYfj3 ... ) ; key id = 21366
org.  900 IN  DNSKEY    257 3 7 ( AwEAAZTjbIO ... ) ; key id = 9795
org.  900 IN  RRSIG DNSKEY 7 1 900 20101231154644
                           20101217144644 21366 org.
                           aIZgEsoJO+Q8ZXM ...
org.  900 IN  RRSIG DNSKEY 7 1 900 20101231154644
                  20101217144644 43172 org. MWWosWBdEmM8CiM ...
```

此处我们看到有 4 个 DNSKEY 资源记录，其中两个为 KSK（数值为 257），而另外两个为 ZSK（数值为 256）。列出的第三个 DNSKEY 资源记录（21366）与我们在根区域中发现的 DS 资源记录相关。RRSIG 资源记录使用这一密钥，再加上 ID 为 43172 的 ZSK。为了验证它们存在的合法性，可以查看也许 org. 中存在的 NSEC 或 NSEC3 记录： 906

```
Linux% dig @d0.org.afilias-nst.org. org. nsec +dnssec +nostats \
+noquestion
; <<>> DiG 9.7.2-P3 <<>> @d0.org.afilias-nst.org. nsec org. +dnssec
       +nostats +noquestion
; (1 server found)
;; global options: +cmd
;; Got answer:
;; ->>HEADER<<- opcode: QUERY, status: NOERROR, id: 61632
;; flags: qr aa rd; QUERY: 1, ANSWER: 0, AUTHORITY: 4, ADDITIONAL: 1
;; WARNING: recursion requested but not available

;; OPT PSEUDOSECTION:
; EDNS: version: 0, flags: do; udp: 4096
;; AUTHORITY SECTION:
h9p7u7tr2u91d0v0ljs9l1gidnp90u3h.org. 86400 IN NSEC3 1 1 1
                                      D399EAAB
                                      H9RSFB7FPF2L8HG35CMPC765TDK23RP6
                                      NS SOA RRSIG DNSKEY NSEC3PARAM
h9p7u7tr2u91d0v0ljs9l1gidnp90u3h.org. 86400 IN RRSIG NSEC3 7 2
                                      86400 20110105003654
                                      20101221233654
                                      43172 org. eBtna4fok ...
```

此处，可以看到一条带有所有者名称的 NSEC3 记录等同于 org. 的散列版本。它指出存在一条 DNSKEY 与一条 RRSIG 记录，以及 NS 与 NSEC3PARAM 记录。根据最后一个类型，我们能够判断 NSEC3 的信息。

```
Linux% ./dig @a0.org.afilias-nst.info. org. nsec3param +dnssec \
+nostats +noadditional +noauthority +noquestion
; <<>> DiG 9.7.2-P3 <<>> @a0.org.afilias-nst.info. org. nsec3param
       +dnssec +nostats +noadditional +noauthority +noquestion
; (1 server found)
;; global options: +cmd
;; Got answer:
;; ->>HEADER<<- opcode: QUERY, status: NOERROR, id: 38602
;; flags: qr aa rd; QUERY: 1, ANSWER: 2, AUTHORITY: 7, ADDITIONAL: 13
;; WARNING: recursion requested but not available

;; OPT PSEUDOSECTION:
; EDNS: version: 0, flags: do; udp: 4096
;; ANSWER SECTION:
org.                900   IN    NSEC3PARAM 1 0 1 D399EAAB
org.                900   IN    RRSIG NSEC3PARAM 7 1 900 20101231154644
                                20101217144644 43172 org. fS2kFw53e1Y ...
```

可以看到（签名）数值 D399EAAB 是匹配的，因此 NSEC3PARAM 的资源记录是与 NSEC3 资源记录匹配的。我们还发现 RRSIG 资源记录中的签名来自与 DNSKEY（ID 为 43172）相关的私钥。如果所有的签名都匹配，那么至此我们已得到一个正确的信任链。为
907 了完成这一条链，我们还需要 icann.org 的信息：

```
Linux% dig @a0.org.afilias-nst.info. icann.org. any +dnssec +nostats \
+noadditional
; <<>> DiG 9.7.2-P3 <<>> @a0.org.afilias-nst.info. icann.org. any
       +dnssec +nostats +noadditional
; (1 server found)
;; global options: +cmd
;; Got answer:
;; ->>HEADER<<- opcode: QUERY, status: NOERROR, id: 61234
;; flags: qr rd; QUERY: 1, ANSWER: 0, AUTHORITY: 8, ADDITIONAL: 3
;; WARNING: recursion requested but not available

;; OPT PSEUDOSECTION:
; EDNS: version: 0, flags:; udp: 4096
;; QUESTION SECTION:
;icann.org.                IN    ANY

;; AUTHORITY SECTION:
icann.org.          86400 IN    NS     a.iana-servers.net.
icann.org.          86400 IN    NS     b.iana-servers.org.
icann.org.          86400 IN    NS     c.iana-servers.net.
icann.org.          86400 IN    NS     d.iana-servers.net.
icann.org.          86400 IN    NS     ns.icann.org.
icann.org.          86400 IN    DS     41643 7 1 93358DB ...
icann.org.          86400 IN    DS     41643 7 2 B8AB67D ...
icann.org.          86400 IN    RRSIG DS 7 2 86400 20101231154644
                                20101217144644 43172 org. cZ1Z30w// ...
```

可以看到 DS 资源记录指出对 icann.org. 已签名的授权。针对 DS RRset 的 RRSIG 是在 ID 为 43172 的 ZSK 的基础上签署的。通过 NS 记录中的一台服务器，我们能够查看最终的服务器：

```
Linux% dig @a.iana-servers.net. icann.org. dnskey +dnssec +nostats \
+noquestion +multiline

; <<>> DiG 9.7.2-P3 <<>> @a.iana-servers.net. icann.org. dnskey +dnssec
```

```
       +nostats +noquestion +multiline
; (1 server found)
;; global options: +cmd
;; Got answer:
;; ->>HEADER<<- opcode: QUERY, status: NOERROR, id: 22065
;; flags: qr aa rd; QUERY: 1, ANSWER: 5, AUTHORITY: 0, ADDITIONAL: 1
;; WARNING: recursion requested but not available

;; OPT PSEUDOSECTION:
; EDNS: version: 0, flags:; udp: 4096
;; ANSWER SECTION:
icann.org. 3600 IN  DNSKEY 256 3 7 ( AwEAAbDmrVc ... ) ; key id = 41295
icann.org. 3600 IN  DNSKEY 256 3 7 ( AwEAAbgrYZd ... ) ; key id = 55469
icann.org. 3600 IN  DNSKEY 257 3 7 ( AwEAAZuSdr4 ... ) ; key id = 7455
icann.org. 3600 IN  DNSKEY 257 3 7 ( AwEAAcyguBH ... ) ; key id = 41643
icann.org. 3600 IN  RRSIG DNSKEY 7 2 3600 20101229153632
                    20101222042536 41643 icann.org.
                    UxR/5vyOIS ...
```
908

此处可以看到存在4个DNSKEY资源记录，其中两个为KSK，而另外两个为ZSK。列出的第4个DNSKEY资源记录与org.区域的DS资源记录相关。RRSIG资源记录使用这一密钥。为了找到最终查询的答案，我们请求了记录A：

```
Linux% dig @a.iana-servers.net. www.icann.org. a +dnssec +nostats \
+noquestion  +noauthority +noadditional
; <<>> DiG 9.7.2-P3 <<>> @a.iana-servers.net. www.icann.org. a +dnssec
       +nostats +noquestion +noauthority +noadditional
; (1 server found)
;; global options: +cmd
;; Got answer:
;; ->>HEADER<<- opcode: QUERY, status: NOERROR, id: 56258
;; flags: qr aa rd; QUERY: 1, ANSWER: 2, AUTHORITY: 6, ADDITIONAL: 3
;; WARNING: recursion requested but not available

;; OPT PSEUDOSECTION:
; EDNS: version: 0, flags:; udp: 4096
;; ANSWER SECTION:
www.icann.org.          600   IN    A     192.0.32.7
www.icann.org.          600   IN    RRSIG A 7 3 600 20101229143630
                                    20101222042536 55469 icann.org.
                                    YRhlL/RA ...
```

在不断追逐www.icann.org.的资源记录A后，我们最终到达了终点。它包含了IP地址192.0.32.7，由RRSIG资源记录使用ID为55469的密钥签署。该密钥来自位于icann.org.区域顶部的第4条DNSKEY资源记录。因此，在这一点上它会显示所有的顺序。然而，我们已经证明所有的签名数值都是正确的。为了进行验证，需要执行以下代码：

```
Linux% dig @a.root-servers.net. www.icann.org. a +sigchase +topdown \
+trusted-key=trusted-keys
```

如果dig程序按照编译时选项–DDIG_SIGCHASE = 1被编译，并且信任密钥文件包含根的DNSKEY资源记录集，那么上述命令将会执行。在输出许多行之后，我们发现它确实能够指出正确的签名。一种更简单的检查有效性的方法是使用DNS/DNSSEC检查网站，比如http://dnsviz.net。图18-43显示了一个查询的输出结果。

此处我们看到针对域名www.icann.org.的A与AAAA资源记录类型的成功认证。每一个矩形代表一个区域，包含了它的名称与被分析的时间。每个区域中的椭圆形代表信任链上的元素，它们或者是DNSKEY资源记录，或者是DS资源记录。虚线椭圆指出不用于感兴

909 趣签名的密钥。椭圆之间的箭头指出 RRSIG 或 DS 摘要。两种类型的算法被选作代表。在根区域，“alg = 8”指出使用 RSA/SHA-256 签名 [RFC5702]。在另一些区域，“alg = 7”指出 RSA/SHA-1 允许使用 NSEC3 记录 [RFC5155]。对于根区域中的 DS 资源记录，“digest algs = 1, 2”指出 SHA-1 算法 [RFC4034] 与 SHA-256 算法 [RFC4509] 是被支持的。

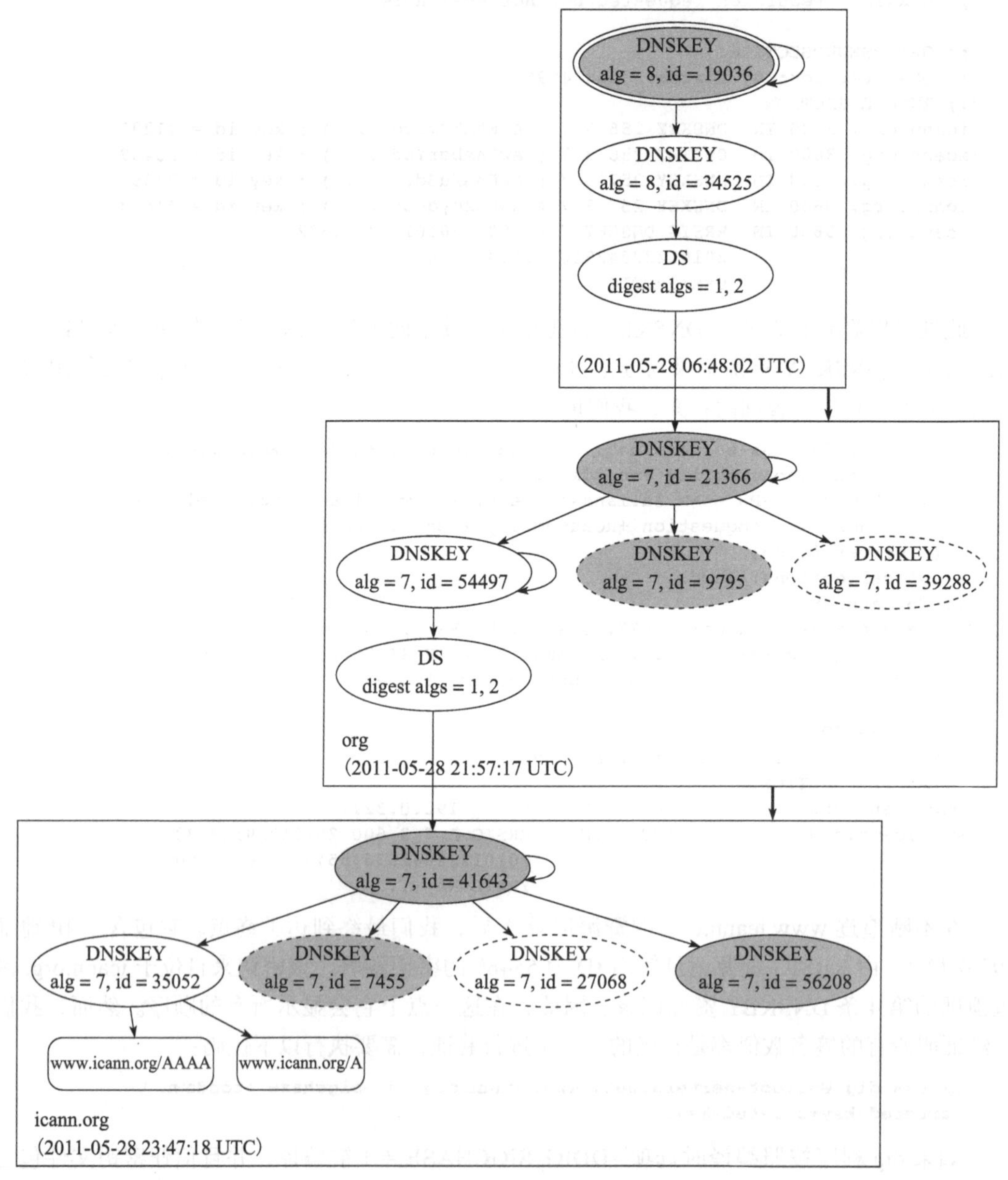

图 18-43 一条可见的 DNSSEC 信任链。矩形代表区域，椭圆形代表链的节点，带阴影的椭圆表示

910 SEP 位置位。箭头指出了有效的 RRSIG 记录或 DS 摘要。双圈椭圆指出了信任锚点

18.10.3 事务认证（TSIG, TKEY, SIG(0)）

DNS 中的一些事务，比如区域传输与动态更新，如果使用不当，可能会危害 DNS 的结构与内容。因此，它们要求某种形式的认证。如果一个解析器希望依赖于已验证的 DNS 解

析，但不能实现所有的 DNNSEC 处理过程，那么即使是传统的 DNS 解析可能也需要认证。借助交换认证，某一特定解析器与服务器之间（或在服务器之间）的交换是受保护的。需要注意的是事务的安全并不能像 DNSSEC 一样直接保护 DNS 的内容。因此，DNSSEC 与事务认证是互补的，并且能够被一同部署。DNSSEC 提供了数据的源认证与区域数据的完整性保护，而事务认证为客户端与服务器之间不检查交换内容正确性的特殊事务提供了完整性保护与认证。

有两种主要的方法来认证 DNS 的事务：TSIG 与 SIG(0)。TSIG 使用共享密钥而 SIG(0) 使用公钥 / 私钥对。为了缓解部署的负担，可以使用 TKEY 资源记录类型来帮助形成 TSIG 或 SIG(0) 的密钥（例如，通过维护公共的 DH 数值）。我们将从 TSIG 开始讨论，然后研究比较常见的交换安全机制。

18.10.3.1 TSIG

针对 DNS 或事务签名的密钥事务认证（TSIG）[RFC2845] 使用基于共享密钥的签名为 DNS 交换添加事务认证。TSIG 使用一个按需计算并且只用于保障一次事务的 TSIG 伪资源记录。TSIG 伪资源记录中 RDATA 部分的格式如图 18-44 所示。

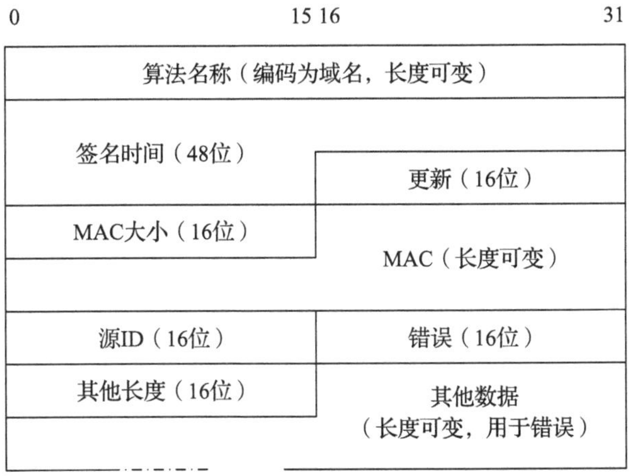

0　15 16　31

算法名称（编码为域名，长度可变）

签名时间（48位）

更新（16位）

MAC大小（16位）

MAC（长度可变）

源ID（16位）

错误（16位）

其他长度（16位）

其他数据（长度可变，用于错误）

图 18-44　TSIG 伪资源记录 RDATA 部分包含一个签名算法 ID、签名时间与时间更新参数，以及一个消息认证码。最初，只使用基于 MD5 的签名，但现在基于 SHA-1 与 SHA-2 的签名已经标准化。TSIG 端点必须在*更新*字段给出的秒数内完成时间同步。TSIG 资源记录是由 DNS 消息的附加数据部分传输的

图 18-44 展示了 TSIG 伪资源记录的格式。这些资源记录是包含在 DNS 请求与响应的附加数据部分发送的。[RFC2845] 指出的原 MAC 算法是基于 HMAC-MD5 的，但更新的 GS-API（Kerberos）[RFC3645] 与基于 SHA-1 和 SHA-256 的算法已由 [RFC4635] 指定；当前的列表可以在 [TSIGALG] 中找到。设想算法名称被编码为域名（例如，HMAC-MD5.SIG-ALG.REG.INT），但现在大部分使用描述字符串（例如，hmac-sha1，hmac-sha256）。48 位的*签名时间*字段是按照 UNIX 系统的时间格式（世界协调时间，从 1970 年 1 月 1 日开始，以秒计时）组织的，并且给出了消息内容被签署的时间。此字段隐藏在数字签名中，被设计用于检测并抵御重放攻击。此处使用一个绝对时间的结果是，使用 TSIG 的端点必须在*更新*字 911
段指定的秒数内对时间达成一致。*MAC 大小*字段给出了 MAC 字段中包含的 MAC 与其依赖的特殊 MAC 算法所需要的字节数。*其他长度*字段给出了*其他数据*字段的字节数。它们一般

只用来运送错误的消息。

为了验证TSIG的有效性，我们构建了一个样例区域（称为dynzone.），然后尝试进行一次签名的动态更新。我们使用BIND9支持的nsupdate程序来进行更新：

```
Linux% nsupdate
> zone dynzone.
> server 127.0.0.1
> key tsigkey.dynzone. 1234567890abcdef
> update delete two.dynzone.
> send
```

这一系列指令形成一个使用TSIG签名的DNS更新消息，一旦发送指令发布，TSIG就会被发送至服务器端。图18-45显示了请求。

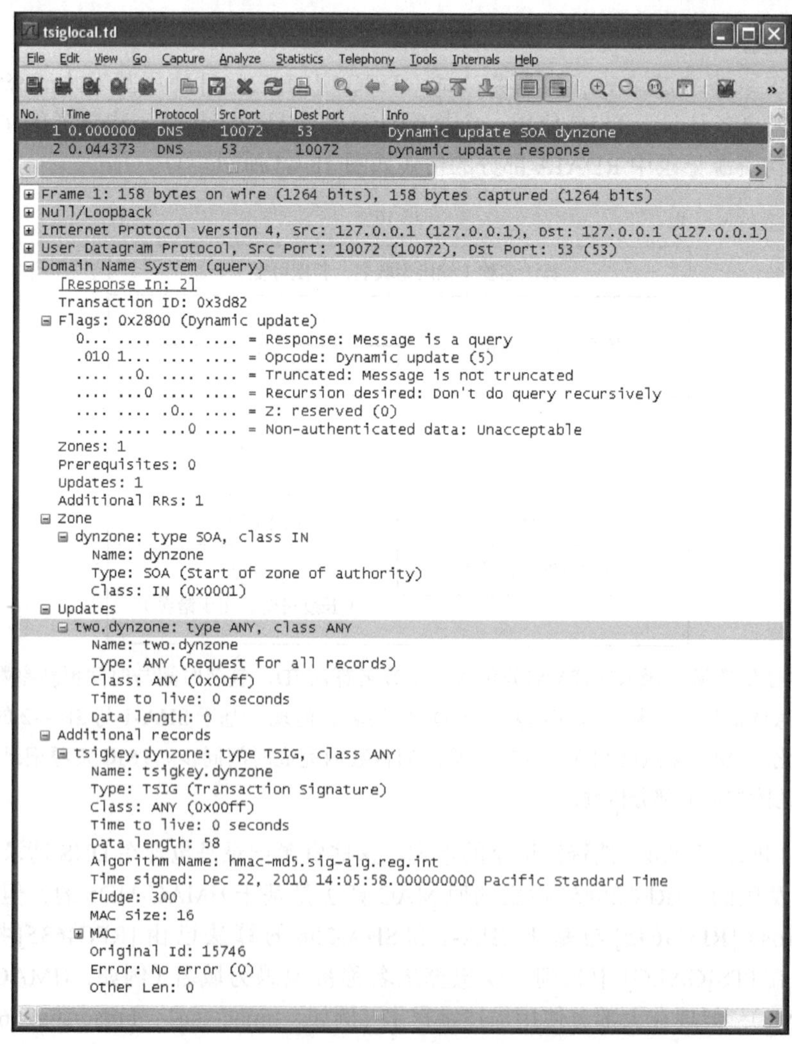

图18-45 TSIG签署的一个DNS动态更新请求。该请求要求删除two.dynzone.的资源记录。请求是由名为tsigkey.dynzone.的密钥签名的。签名算法为HMAC-MD5，它会产生一个128位（16字节）的签名

在图18-45中，一个动态的DNS更新请求已由HMAC-MD5算法签名。签名密钥的名

称为 tsigkey. dynzone.。请求通过移除 two. dynzone. 这一行来更新 dynzone. 区域。签名算法的名称为 HMAC-MD5.SIG-ALG.REG.INT，是这个软件包所支持的唯一签名算法。需要注意的是原 ID 字段（十进制 15746）与交换 ID 字段（0x3d82）的数值匹配。如图 18-46 所示，响应确认更新已经成功。

图 18-46 展示了针对一个使用 TSIG 签名的 DNS 动态更新请求做出的成功响应。标志字段指出一个动态更新响应未包含错误。TSIG 伪资源记录又一次包含在附加信息区域中。 912~913

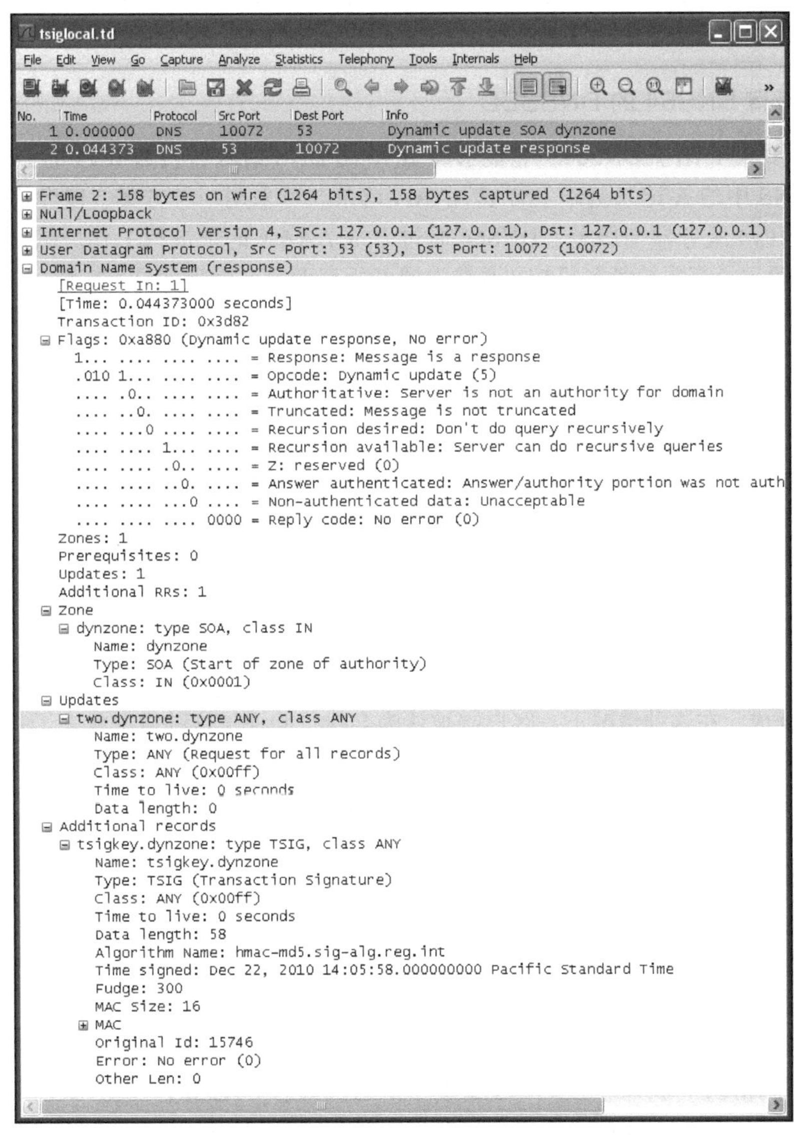

图 18-46 TSIG 签署的一个 DNS 动态更新响应。资源记录集 two.dynzone. 已经通过动态更新成功地移除

18.10.3.2 SIG(0)

DNSSEC 的早期版本包含了与前文所讨论的现代 RRSIG 资源记录相关的签名（SIG）资源记录。然而，一种特殊的称为 SIG(0) 的 SIG 资源记录 [RFC2931] 没有覆盖 DNS 中静态的记录，而是为交换动态地生成。SIG(0) 的 0 部分指一条被签署资源记录中数据的长度。因此， 914
原则上 SIG(0) 记录能够替代 TSIG 资源记录，并达到相同的结果。然而，它们是以不同的方

式实现的。更重要的是，SIG(0) 将信任基础放置于公钥中来代替共享密钥。TSIG 被支持后 SIG(0) 的流行度出现下滑，因此我们不再进一步对其进行讨论。

18.10.3.3 TKEY

TKEY 元资源记录类型旨在简化 DNS 交换安全的部署，比如 TSIG 与 SIG(0)[RFC2930]。为了完成这项工作，会动态创建 TKEY 资源记录并添加到 DNS 请求与响应的附加信息部分发送出去。它们能够包含密钥或者用于形成密钥的资料，比如 DH 公共数值。它可能在本地部署中十分有用，但缺乏广泛性。

18.10.4 带有 DNS64 的 DNSSEC

第 11 章我们介绍了 DNS64，它能够将 IPv6 的 DNS 请求转换为 IPv4 的 DNS 请求，并且在 IPv4 DNS 中的 A 记录基础上合成 AAAA 记录。可采用一种方案，以允许只使用 IPv6 的主机访问 IPv4 服务器与服务。DNS64 通过合成 AAAA 记录进行工作。然而在 DNSSEC 中，DNS 资源记录需要被签名机构（通常为域名所有者或区域管理员）签署。这样就提出了一个挑战：如果缺少能够生成与 DNSSEC 兼容的签名的密钥，DNS64 怎样才能合成资源记录？答案从本质上讲是否定的（参见 [RFC6147] 的 5.5 节与 6.2 节）。

为了在运行 DNS64 时结合 DNSSEC，需要在主机端（其中 DNS64 要能够实现）或 DNS64 设备上执行验证函数，并且假设在存根解析器与作为递归名称服务器的 DNS64 之间有一条安全的通道。验证 DNS64 也称为 vDNS64。vDNS64 会解释到达请求的 CD 位与 DO 位。如果它们都没有被置位，vDNS64 将会执行合成与验证，但是不会在（已验证的）响应中将 AD 位置位。如果 DO 位被置位而 CD 位未被置位，vDNS64 将会执行验证与合成，并且返回一个 AD 位被置位的已验证响应（客户端大概能推测出这表示返回的资源记录是可信的）。需要注意的是 DNS64 首先请求 IPv4 端的 AAAA 记录，并且在验证出这些 AAAA 记录没有相同的所有者之后才合成 A 记录。如果 DO 位与 CD 位均被置位，DNS64 可能会进行验证，但不会合成。在这种情况下，客户端被认为会执行验证。这种情况代表了一个潜在的问题，如果客户端是已知安全的，但不能清楚地完成转换，那么返回的资源记录可能不能用于 IPv6 的地址域中。

18.11 域名密钥识别邮件

域名密钥识别邮件（DomainKeys Identified Mail，DKIM）[RFC5585] 意在提供一个实体
915 与一个域名之间的关联，从而决定哪一方发送初始消息，特别是以电子邮件的形式。它提供了一种方法来帮助验证消息的签名者（签名者不一定是消息的发送者）。此外，它还能用于在电子邮件分发的层面上（即，邮件代理之间）帮助治理垃圾邮件。这一工作是通过在基本的 Internet 消息格式中添加一个 *DKIM 签名*字段实现的 [RFC5322]，该字段包含了对消息头部与消息体的数字签名。DKIM 取代了早期称为域名密钥的标准，该标准使用*域名密钥签名*字段。

18.11.1 DKIM 签名

为了生成一条消息的数字签名，*签名域标识符*（SDID）会使用 RSA/SHA-1 或 RSA/SHA-256 算法以及相关的私钥。SDID 是来自 DNS 的域名，并用于检索以 TXT 资源记录存储的公钥。一个 DKIM 签名会通过 Base64（比如 PEM）被编码为一个消息头部字段。该签

名能够签署一个明确列出的消息字段与消息体集合。例如，当接收到一封电子邮件时，邮件传输代理会使用 SDID 来实现一个 DNS 查询，从而找出相关的公钥。该公钥会在之后用于验证签名。这样就避免了请求一个 PKI 的工作。所拥有的域名是由域本身和选择器（公钥选择器）一起构成的。例如，在域 example.com 中的选择器 key35 的公钥是一条由 key35._domainkey.example.com 拥有的 TXT 资源记录。

消息头部添加了 DKIM 签名字段 [RFC6376]，而该字段又包含若干子字段（参见 [DKPARAMS] 中的完整列表）。DKIM 的运行在概念上类似于 DNS 的发件人策略框架（SPF，参见第 11 章），但会因为加密数字签名而变得更强大。DKIM 与 SPF 能够一起使用。

DKIM 可用的域能够选择加入*作者域签名实现*（Author Domain Signing Practices，ADSP）[RFC5617]。ADSP 涉及创建一个针对某个域的机器可读的*签名实现声明*。这些记录放置在使用 TXT 资源记录的 DNS 中，所有者的名称为 _adsp._domainkey.domain.。目前的 ADSP 记录比较简单，仅指出授权域是如何使用 DKIM 签名的。数值可以是*未知的*、*全部的*或*可丢弃的*。这些都是接收代理对一个收到的消息可能做出操作的提示。*未知的*表示没有特殊声明；*全部的*表示授权者签名所有的消息，但未签名的消息可能仍有价值；*可丢弃的*表示未签名的消息应该考虑丢弃。*可丢弃的*是最严格的级别。

18.11.2 例子

为了让读者了解 DKIM 签名是如何出现在电子邮件中的，我们简单地抽取了一封电子邮件的 DKIM 签名字段。该电子邮件来自一个大的电子邮件提供商，比如 Google 的 Gmail:

```
DKIM-Signature: v=1; a=rsa-sha256; c=relaxed/relaxed;
        d=gmail.com; s=gamma;
h=domainkey-signature:mime-version:received:
  sender:received:date
 :x-google-sender-auth:message-id:subject:from:to:content-type;
bh=PU2XIErWsXvhvt1W96ntPWZ2VImjVZ3vBY2T/A+wA3A=;
b=WneQe6kpeu/BfMfa2RSlAl1TvYKfIKmoQRXNc
  IQJDIVoE38+fGDaj0uhNm8vXp/8kJ
  I8HqtkV4/P6/QVPMN+/5bS5dsnlhz0S/YoP
  bZx0Lt2bD67G4HPsvm6eLsaIC9rQECUSL
  MdaTBK3BgFhYo3nenq3+8GxTe9I+zBcqWAVPU=
```

916

此例指出 DKIM 签名的版本号为 1，而且 SHA-256 摘要算法使用 RSA 签名。消息头与消息体的*规范算法*都是“不严格的”，如“ c =”字段所示。规范算法用于按照一致的形式重写消息。当前的选项为“简单”（默认设置），它不会改变文本。“不严格的”表示能够按照常用的方法重写输入，比如更改空格与封装较长的头部行。选择器（s =）为 gamma，而域（d =）为 gmail.com。稍后我们将使用这些来检索合适的公钥。用于计算签名的头字段（由“ h =”表示）包括域密钥签名（DKIM 的前身）、MIME 的版本、接收发送日期、x-google 发送者认证、消息 ID、主题、源以及内容类型。“ bh =”子字段指出按 Base64 压缩的消息体的散列值。“b =”子字段包含了针对“h =”子字段中所列出头部的散列值而做出的 RSA 签名。

为了检索出公钥来验证签名，我们可以形成下面的查询：

```
Linux% dig gamma._domainkey.gmail.com. txt +nostats +noquestion
; <<>> DiG 9.7.2-P3 <<>> gamma._domainkey.gmail.com. txt
      +nostats +noquestion
;; global options: +cmd
;; Got answer:
;; ->>HEADER<<- opcode: QUERY, status: NOERROR, id: 17372
```

```
;; flags: qr rd ra; QUERY: 1, ANSWER: 1, AUTHORITY: 0, ADDITIONAL: 0

;; ANSWER SECTION:
gamma._domainkey.gmail.com. 296     IN    TXT    "k=rsa\; t=y\; p=MIGfMA0GCS
qGSIb3DQEBAQUAA4GNADCBiQKBgQDIhyR3oItOy22ZOaBrIVe9m/iME3RqOJeasANSpg2YTHTYV
+Xtp4xwf5gTjCmHQEMOs0qYu0FYiNQPQogJ2t0Mfx9zNu06rfRBDjiIU9tpx2T+NGlWZ8qhbiLo
5By8apJavLyqTLavyPSrvsx0B3YzC63T4Age2CDqZYA+OwSMWQIDAQAB"
```

结果说明密钥是一个 RSA 公钥。t = y 条目表示域正在测试 DKIM。这意味着任何 DKIM 验证的结果不应该最终影响消息的传递过程。为了查看一个 ADSP 的例子，我们可以执行下面的命令：

```
Linux% host -t txt _adsp._domainkey.paypal.com.
```
917
```
_adsp._domainkey.paypal.com descriptive text "dkim=discardable"
```

此处我们能看到 Paypal 已使用最严格的 DKIM 签名策略，并建议丢弃 DKIM 验证失败的消息。鉴于多种的电子邮件系统与多种邮件代理重写消息的方式，使用 ADSP 的声明目前是十分少见的。

18.12 与安全协议相关的攻击

有关安全协议的攻击与之前我们在其他章节中看到的协议攻击有些不同。其他章节讨论的攻击往往会利用协议在设计与执行上的一些漏洞，从而造成危害。这些协议其实并没有真正地进行安全设计。安全协议的攻击不仅会采用上述这些方式，而且会包含一些破坏安全所依赖的数学基础的加密攻击。攻击能够成功地破坏较差的算法、弱的或太短的密钥，或由多种组件构成却使得安全系统更弱的差劲组合（一个经典而有趣的例子是 VENONA 系统的密码分析 [VENONA]）。

为了理解一些针对安全协议的攻击，我们从最底层开始逐渐向上介绍。大量针对 802.11 与 EAP 的攻击已经出现。802.11（如 WEP 和 WPATKIP）中的早期安全性已被证明是容易破解的 [TWP07] [OM09]。虽然 WPA2-AES 算法选择的预共享密钥（PSK）会暴露出一个巨大的漏洞给字典攻击，但是从本质上看它是更具弹力的。

EAP 没有自己的身份认证方法，但是却继承了自己所依赖的身份认证方法的脆弱性。此外，那些使用密钥的基于 EAP 的系统，如果密钥是源于用户密码的（例如，EAP-GSS、EAP-LEAP、EAP-SIM），也容易受到字典攻击。802.1X/EAP 容易受到包含隧道身份验证协议的 MITM 攻击（参见 [ANN02]）。这一问题涉及在连接双方中只有一方通过身份认证之后如何派生出一个会话密钥。例如，如果服务器验证了一个客户端，并将这次交换作为基础通过一个派生的会话密钥来形成一个安全的隧道，而其他验证相反方向的协议将会在隧道内运行，那么一个扮演合法客户端的 MITM 攻击是有可能的。

已发布大量针对 IPsec 的攻击，包括利用无完整性保护加密的一类攻击 [PY06]。这是一个 IPsec 文档支持但不鼓励的配置选项。从本质上看，在不被发现的前提下使用位翻转攻击修改密文的能力，可以将加密数据报解密为那些通过可预测的方式损坏的数据报。例如，一
918 个正确设置了位翻转的处于隧道模式的 ESP 数据报可能会解码出一个数据报，该数据报通过人为地增长 Internet *头部长度*（HL）字段而使负载被当作（无效的）IP 选项处理，最终产生一条对攻击者有用的 ICMP 消息。

在传输层，SSL 2.0 被证明在*密码套件回滚攻击*中是脆弱的。在该攻击中，中间人能够使 SSL 连接的每一端都只包含一个具有弱加密能力的节点。这样就会使节点采用一个不安全

的密码套件，而攻击者可以利用这些密码套件。一个基于 SSL/TLS 的更复杂的攻击会利用在接收端的运行顺序：解密、删除填充数据、检查 MAC。如果填充长度或消息认证码 MAC 是不正确的，将会产生一条 SSL 错误消息。通过观察这些错误消息的时序，就能够发起一个 Padding Oracle 攻击（参见 [CHVV03]）从 OpenSSH 中恢复出明文。Padding Oracle 攻击能够分辨出明文是否用于创建一个具有有效填充量的密文。如前文所述，一个更新的攻击（TLS 1.2 的）涉及中间人攻击，该攻击将一个任意长度的前缀注入一个 TLS 关联中，当一个合法的客户端到达之后 [RD09]，该关联会被重新协商（但不会继续）。上述攻击的解决方法是将之前的信道参数绑定到使用 TLS 关联的子信道中。关于信道绑定与安全的问题在 [RFC5056] 中有详细的介绍。

保障 DNS 的安全已经提出很长时间，但是它的重要性通过第 11 章介绍的 Kaminsky 缓存位置攻击才得以重视。另一个提出较早的问题是可以利用 NSEC 记录发起*枚举攻击*，并且还可以利用 NSEC3 记录应对该攻击 [BM09]。2009 年年底，丹·伯恩斯坦在一次研讨会上提出了若干关于 DNSSEC 的问题 [B09]：它能够作为扩大 DoS 攻击的基础，即使在 NSEC3 中，它也会泄露区域数据，它的实现包含了可利用的错误与不能撤销的签名，加密可能会受到密码分析，一些 NS 与 A 记录会造成漏洞。在撰写本书时，根区域只在最近才被签名，而很少有组织会完整地采纳 DNSSEC。因此，在未来几年一些改进与修订可能会逐步实施。

18.13 总结

安全的主题是广泛而有趣的，本章只涉及了一些简单的内容。我们希望了解安全通信的几个重要属性，通常这些属性是由机密性、可认证性、完整性以及不可否认性组合构成的。加密是实现上述信息安全属性最重要的工具。它包含一套算法与密钥。两种重要的加密方式是对称或“密钥”加密技术与公钥（非对称密钥）加密技术。前者拥有良好的计算性能但要求密钥保密，而后者要求每一个个体都拥有一对密钥，并将其中之一作为公钥。公钥密码技术能够提供认证与保障机密性的功能，并且还可以与对称密钥加密技术结合使用，从而获得更好的性能。其他与加密技术相关的数学算法还包括用于建立对称密钥的 Diffie-Hellman 密钥协商协议，为密钥选择随机组件的伪随机函数，用于检验消息完整性的消息验证码（MAC）。使用随机数的协议试图保证消息的时新性，它通过要求请求与响应都维护一个最近生成的公共数值来抵御重放攻击。混淆值（在加密的意义上讲）用于干扰算法或算法的输出，从而使字典攻击更加难以实现。 919

在使用公钥时，通常希望公钥能够信任的实体或组织签名认证。包含一个或多个证书颁发机构的公钥基础设施（PKI）通常用于实现上述目标，此外信任网络模型也是一种可行的方法。维护 PKI 公钥（以及其他材料）的最常见格式是基于 PKI 与证书的 ITU-T X.509 标准。证书通常会被递归地签署，从而形成一棵树。整个过程以到达最高层的信任根（或信任锚点）为结束。为了保证信任链的正确性，证书必须经过验证，从而保证证书链没有断裂，并且每一个链节点也没有被撤销。证书的状态可以通过广泛分布的证书撤销列表（CRL）或在线协议（比如 OCSP）来评估。整个证书验证过程也可以通过 SCVP 协议授权给另一方。SCVP 是专为验证证书设计的协议。

有许多用于维护证书与密钥的文件格式。DER 或 CER 是一种基于 ASN.1 的二进制编码。PEM 格式以 ASCII 码形式将 DER 编码表示出来，因此对应的文件易于编辑和检查。PKCS#12（微软 PFX 的前身）格式能够同时维护证书和私钥，并且它通常会被加密以保护私钥材料。许多应用程序（比如 openssl）具有格式转换功能。

有些安全协议会针对某一个协议层，而有一些安全协议则会跨越多个协议层。虽然不会像 TCP/IP 协议那样被经常讨论，但是一些链路技术（包括它们自己的加密与认证协议）从第 2 层起就开始了保障安全的工作。在 TCP/IP 协议中，EAP 用于建立包含多种机制的身份验证，比如机器证书、用户证书、智能卡、密码等。EAP 常用于拥有后台认证或 AAA 服务器的企业设置。EAP 还可以用于其他协议的认证，比如 IPsec。

IPsec 是一个提供第 3 层安全的协议集合，其中包括 IKE、AH 以及 ESP。IKE 建立并管理双方之间的安全关联。安全关联涉及认证（AH）或加密（ESP），并且能够运行于传输或隧道模式。在传输模式中，会修改 IP 头部以进行认证或加密，而在隧道模式中，IP 数
920 据报会被完全放置在一个新的 IP 数据报中。ESP 是 IPsec 最流行的协议。所有的 IPsec 协议能够使用不同的算法与参数（加密套件）进行加密、完整性保护、DH 密钥协商以及身份认证。

沿协议栈向上查看，传输层安全（当前版本为 TLS 1.2）保护了两个应用程序之间的信息。它拥有自己的内部分层，包含一个记录层协议和三个信息交换协议：密码更改协议、警告协议、握手协议。此外，记录协议支持应用数据。记录层负责根据握手协议提供的参数加密数据并保障它们的完整性。密码更改协议用于将之前设定的挂起协议状态更改为活动协议状态。警告协议会指出错误或连接问题。与 TCP/IP 一起使用的 TLS 是使用最广泛的安全协议，并且它还支持加密的 Web 浏览器连接（HTTPS）。TLS 的一个变种称为 DTLS，它将 TLS 应用于数据报协议，比如 UDP 与 DCCP。

为了更好地保护主机名与 Web 的安全，DNSSEC 致力于为 DNS 提供安全保障。2010 年 7 月 15 日，Internet 的签名根区域投入运行，从而满足了全球部署的一个先决条件。DNSSEC 借助 DNS 中的几个新资源记录工作，其中包括 DNSKEY、DS、NSEC/NSEC3/NSEC3PARAM 以及 RRSIG。前两个资源记录用于指出并维护负责签名某一区域结构与内容的公钥。NSEC 或 NSEC3/NSEC3PARAM 记录有助于提供一个规范有序的名称和域名的类型列表。RRSIG 记录维护了其他记录中的签名与签署区域，区域中所有的权威资源记录必须有相关的 RRSIG 资源记录。一旦被设置，DNS 查询的安全性会被一个 DNS 验证解析器或请求一个信任锚点的名称服务器检查。这样的系统通过检查来保证数字签名与 DNS 提供的公钥相匹配。当发现一些记录不一致时，它允许生成错误，同时，它也能够抵御那种攻击者伪装成合法主机的域名劫持攻击。在一些情况下，DNS 交换也会受到安全保护。TSIG 与 SIG(0) 协议提供了一种信道认证形式，但只适用于 DNS 交换的范围。这些协议用于诸如 DNS 动态更新和区域转移之类的交换。

安全协议的攻击不仅包含了那些常见的利用实现漏洞和不安全的设计的攻击，还包含了数学危害以及用于发现秘密信息的“侧信道”攻击（例如，密钥的比特位）。多年来，在用于安全通信的密码技术中，满足灵活性的需求已经成为明确的共识，因此我们讨论的绝大多数协议都提供了加密套件。这些加密套件会随着计算能力的提高与额外经验的获取而不断发展。许多看似安全的协议，即便受到专家的广泛审查，也已经成为一帮精力充沛的分析者的“猎物”。这些分析者会寻找可以利用的错误，尤其是那些使中间人或其他主动攻击成为可能的错误。在设计新的安全协议及按照安全的方式运行现有协议时，需要格外
921 小心。

18.14 参考文献

[802.1X-2010] "IEEE Standard for Port-Based Network Access Control," IEEE Std 802.1X-2010, Feb. 2010.

[AKNT04] Y. Amir, Y. Kim, C. Nita-Rotaru, and G. Tsudik, "On the Performance of Group Key Agreement Protocols," *ACM Transactions on Information and System Security*, 7(3), Aug. 2004.

[ANN02] N. Asokan, V. Niemi, and K. Nyberg, "Man-in-the-Middle in Tunneled Authentication Protocols (Extended Abstract)," *Proc. 11th Security Protocols Workshop/LNCS 3364* (Springer, 2003).

[B06] M. Bellare, "New Proofs for NMAC and HMAC: Security without Collision-Resistance" (preliminary version in *CRYPTO 06*), June 2006.

[B09] D. Bernstein, "Breaking DNSSEC," keynote talk at Workshop on Offensive Technologies (WOOT), Aug. 2009.

[BCK96] M. Bellare, R. Canetti, and H. Krawczyk, "Keying Hash Functions for Message Authentication" (abridged version in *CRYPTO 96/LNCS 1109*), June 1996.

[BM09] J. Bau and J. Mitchell, "A Security Evaluation of DNSSEC with NSEC3," Network and Distributed System Security Symposium (NDSS), Feb.–Mar. 2010.

[BOPSW09] R. Biddle et al., "Browser Interfaces and Extended Validation SSL Certificates: An Empirical Study," *Proc. ACM Cloud Security Workshop*, Nov. 2009.

[CABF09] CA/Browser Forum, "Guidelines for the Issuance and Management of Extended Validation Certificates (v1.2)," 2009, http://www.cabforum.org/Guidelines_v1_2.pdf

[CHP] National Institute of Standards and Technology, Cryptographic Hash Project, *Computer Security Division—Computer Security Resource Center*, http://csrc.nist.gov/groups/ST/hash

[CHVV03] B. Canvel, A. Hiltgen, S. Vaudenay, and M. Vuagnoux, "Password Interception in a SSL/TLS Channel," *CRYPTO 2003/LNCS 2729*.

[DH76] W. Diffie and M. Hellman, "New Directions in Cryptography," *IEEE Transactions on Information Theory*, IT-22, Nov. 1976.

[DKPARAMS] http://www.iana.org/assignments/dkim-parameters

[DNSSECALG] http://www.iana.org/assignments/dns-sec-alg-numbers

[DOW92] W. Diffie, P. Oorschot, and M. Wiener, "Authentication and uthenticated Key Exchanges," *Designs, Codes and Cryptography*, 2, June 1992.

[DSRRTYPES] http://www.iana.org/assignments/ds-rr-types

[FIPS186-3] National Institute for Standards and Technology, "Digital Signature Standard (DSS)," FIPS PUB 186-3, June 2009.

[FIPS197] National Institute for Standards and Technology, "Advanced Encryption Standard (AES)," FIPS PUB 197, Nov. 2001.

[FIPS198] National Institute for Standards and Technology, "The Keyed-Hash Message Authentication Code (HMAC)," FIPS PUB 198, Mar. 2002.

[FIPS800-38B] National Institute for Standards and Technology, "Recommendation for Block Cipher Modes of Operation: The CMAC Mode for Authentication," NIST Special Publication 800-38B, May 2005.

[GGM86] O. Goldreich, S. Goldwasser, and S. Micali, "How to Construct Random Functions," *Journal of the ACM*, 33(4), Oct. 1986.

[IDDCIN] S. Weiler and D. Blacka, "Clarifications and Implementation Notes for DNSSECbis," Internet draft-ietf-dnsext-dnssec-bis-updates, work in progress, July 2011.

[IDDS2] B. Dickson, "DNSSEC Delegation Signature with Canonical Signer Name," Internet draft-dickson-dnsext-ds2 (expired), work in progress, Nov. 2010.

[IDDTLS] E. Rescorla and N. Modadugu, "Datagram Transport Layer Security Version 1.2," Internet draft-ietf-tls-rfc4347-bis, work in progress, July 2011.

[IEAP] http://www.iana.org/assignments/eap-numbers

[IK03] T. Iwata and K. Kurosawa, "OMAC: One-Key CBC MAC," *Proc. Fast Software Encryption*, Mar. 2003.

[IKEPARAMS] http://www.iana.org/assignments/ikev2-parameters

[IPANA] http://www.iana.org/assignments/pana-parameters

[ITUOID] http://www.itu.int/ITU-T/asn1

[IWESP] http://www.iana.org/assignments/wesp-flags

[K87] N. Koblitz, "Elliptic Curve Cryptosystems," *Mathematics of Computation*, 48, 1987.

[L01] C. Landwehr, "Computer Security," Springer-Verlag Online, July 2001.

[M85] V. Miller, "Uses of Elliptic Curves in Cryptography," *Advances in Cryptology: CRYPTO '85*, Lecture Notes in Computer Science, Volume 218 (Springer-Verlag, 1986).

[MSK09] S. McClure, J. Scambray, and G. Kurtz, *Hacking Exposed, Sixth Edition* (McGraw-Hill, 2009).

[MW99] U. Maurer and S. Wolf, "The Relationship between Breaking the Diffie-Hellman Protocol and Computing Discrete Logarithms," *Siam Journal on Computing*, 28(5), 1999.

[NAZ00] Network Associates and P. Zimmermann, *Introduction to Cryptography*, Part of PGP 7.0 Documentation, available from http://www.pgpi.org/doc/guide/7.0/en

[NIST800-38B] National Institute for Standards and Technology, "Recommendation for Block Cipher Modes of Operation: Galois/Counter Mode (GCM) and GMAC," NIST Special Publication 800-38D, Nov. 2005.

[NSEC3PARAMS] http://www.iana.org/assignments/dnssec-nsec3-parameters

[OM09] T. Ohigashi and M. Morii, "A Practical Message Falsification Attack on WPA," Joint Workshop on Information Security, Aug. 2009.

[PY06] K. Paterson and A. Yau, "Cryptography in Theory and Practice: The Case of Encryption in IPsec," *EUROCRYPT 2006/LNCS 4004*.

[RD09] M. Ray and S. Dispensa, "Renegotiating TLS," PhoneFactor Technical Report, Nov. 2009.

[RFC1321] R. Rivest, "The MD5 Message-Digest Algorithm," Internet RFC 1321 (informational), Apr. 1992.

[RFC2104] H. Krawczyk, M. Bellare, and R. Canetti, "HMAC: Keyed-Hashing for Message Authentication," Internet RFC 2104 (informational), Feb. 1997.

[RFC2403] C. Madson and R. Glenn, "The Use of HMAC-MD5-96 within ESP and AH," Internet RFC 2403, Nov. 1998.

[RFC2404] C. Madson and R. Glenn, "The Use of HMAC-SHA-1-96 within ESP and AH," Internet RFC 2404, Nov. 1998.

[RFC2409] D. Harkins and D. Carrel, "The Internet Key Exchange (IKE)," Internet RFC 2409 (obsolete), Nov. 1998.

[RFC2410] R. Glenn and S. Kent, "The NULL Encryption Algorithm and Its Use with IPsec," Internet RFC 2410, Nov. 1998.

[RFC2451] R. Pereira and R. Adams, "The ESP CBC-Mode Cipher Algorithms," Internet RFC 2451, Nov. 1998.

[RFC2560] M. Myers, R. Ankney, A. Malpani, S. Galperin, and C. Adams, "X.509 Internet Public Key Infrastructure Online Certificate Status Protocol—OCSP," Internet RFC 2560, June 1999.

[RFC2631] E. Rescorla, "Diffie-Hellman Key Agreement Method," Internet RFC 2631, June 1999.

[RFC2671] P. Vixie, "Extension Mechanisms for DNS (EDNS0)," Internet RFC 2671, Aug. 1999.

[RFC2845] P. Vixie, O. Gudmundsson, D. Eastlake 3rd, and B. Wellington, "Secret Key Transaction Authentication for DNS (TSIG)," Internet RFC 2845, May 2000.

[RFC2865] C. Rigney, S. Willens, A. Rubens, and W. Simpson, "Remote Authentication Dial In User Service (RADIUS)," Internet RFC 2865, June 2000.

[RFC2930] D. Eastlake 3rd, "Secret Key Establishment for DNS (TKEY RR)," Internet RFC 2930, Sept. 2000.

[RFC2931] D. Eastlake 3rd, "DNS Request and Transaction Signatures (SIG(0)s)," Internet RFC 2931, Sept. 2000.

[RFC3162] B. Aboba, G. Zorn, and D. Mitton, "RADIUS and IPv6," Internet RFC 3162, Aug. 2001.

[RFC3173] A. Shacham, B. Monsour, R. Pereira, and M. Thomas, "IP Payload Compression Protocol (IPComp)," Internet RFC 3173, Sept. 2001.

[RFC3193] B. Patel, B. Aboba, W. Dixon, G. Zorn, and S. Booth, "Securing L2TP Using IPsec," Internet RFC 3193, Nov. 2001.

[RFC3225] D. Conrad, "Indicating Resolver Support of DNSSEC," Internet RFC 3225, Dec. 2001.

[RFC3447] J. Jonsson and B. Kaliski, "Public-Key Cryptography Standards (PKCS) #1: RSA Cryptography Specifications Version 2.1," Internet RFC 3447 (informational), Feb. 2003.

[RFC3526] T. Kivinen and M. Kojo, "More Modular Exponential (MODP) Diffie-Hellman Groups for Internet Key Exchange (IKE)," Internet RFC 3526, May 2003.

[RFC3547] M. Baugher, B. Weis, T. Hardjono, and H. Harney, "The Group Domain of Interpretation," Internet RFC 3547, July 2003.

[RFC3566] S. Frankel and H. Herbert, "The AES-XCBC-MAC-96 Algorithm and Its Use with IPsec," Internet RFC 3566, Sept. 2003.

[RFC3588] P. Calhoun, J. Loughney, E. Guttman, G. Zorn, and J. Arkko, "Diameter Base Protocol," Internet RFC 3588, Sept. 2003.

[RFC3602] S. Frankel, R. Glenn, and S. Kelly, "The AES-CBC Cipher Algorithm and Its Use with IPsec," Internet RFC 3602, Sept. 2003.

[RFC3645] S. Kwan, P. Garg, J. Gilroy, L. Esibov, J. Westhead, and R. Hall, "Generic Security Service Algorithm for Secret Key Transaction Authentication for DNS (GSS-TSIG)," Internet RFC 3645, Oct. 2003.

[RFC3686] R. Housley, "Using Advanced Encryption Standard (AES) Counter Mode with IPsec Encapsulating Security Payload (ESP)," Internet RFC 3686, Jan. 2004.

[RFC3713] M. Matsui, J. Nakajima, and S. Moriai, "A Description of the Camellia Encryption Algorithm," Internet RFC 3713 (informational), Apr. 2004.

[RFC3715] B. Aboba and W. Dixon, "IPsec-Network Address Translation (NAT) Compatibility Requirements," Internet RFC 3715 (informational), Mar. 2001.

[RFC3740] T. Hardjono and B. Weis, "The Multicast Group Security Architecture," Internet RFC 3740 (informational), Mar. 2004.

[RFC3748] B. Aboba, L. Blunk, J. Vollbrecht, J. Carlson, and H. Levkowetz, ed., "Extensible Authentication Protocol (EAP)," June 2004.

[RFC3749] S. Hollenbeck, "Transport Layer Security Protocol Compression Methods," Internet RFC 3749, May 2004.

[RFC3947] T. Kivinen, B. Swander, A. Huttunen, and V. Volpe, "Negotiation of NAT-Traversal in the IKE," Internet RFC 3947, Jan. 2005.

[RFC3948] A. Huttunen, B. Swander, V. Volpe, L. DiBurro, and M. Stenberg, "UDP Encapsulation of IPsec ESP Packets," Internet RFC 3948, Jan. 2005.

[RFC4016] M. Parthasarathy, "Protocol for Carrying Authentication and Network Access (PANA) Threat Analysis and Security Requirements," Internet RFC 4016 (informational), Mar. 2005.

[RFC4033] R. Arends, R. Austein, M. Larson, D. Massey, and S. Rose, "DNS Security Introduction and Requirements," Internet RFC 4033, Mar. 2005.

[RFC4034] R. Arends, R. Austein, M. Larson, D. Massey, and S. Rose, "Resource Records for the DNS Security Extensions," Internet RFC 4034, Mar. 2005.

[RFC4035] R. Arends, R. Austein, M. Larson, D. Massey, and S. Rose, "Protocol Modifications for the DNS Security Extensions," Internet RFC 4035, Mar. 2005.

[RFC4058] A. Yegin, ed., Y. Ohba, R. Penno, G. Tsirtsis, and C. Wang, "Protocol for Carrying Authentication for Network Access (PANA) Requirements," Internet RFC 4058 (informational), May 2005.

[RFC4086] D. Eastlake 3rd, J. Schiller, and S. Crocker, "Randomness Requirements for Security," Internet RFC 4086/BCP 0106, June 2005.

[RFC4120] C. Neuman, T. Yu, S. Hartman, and K. Raeburn, "The Kerberos Network Authentication Service (V5)," Internet RFC 4120, July 2005.

[RFC4251] T. Ylonen and C. Lonvick, ed., "The Secure Shell (SSH) Protocol Architecture," Internet RFC 4251, Jan. 2006.

[RFC4301] S. Kent and K. Seo, "Security Architecture for the Internet Protocol," Internet RFC 4301, Dec. 2005.

[RFC4302] S. Kent, "IP Authentication Header," Internet RFC 4302, Dec. 2005.

[RFC4303] S. Kent, "IP Encapsulating Security Payload (ESP)," Internet RFC 4303, Dec. 2005.

[RFC4307] J. Schiller, "Cryptographic Algorithms for Use in the Internet Key Exchange Version 2 (IKEv2)," Internet RFC 4307, Dec. 2005.

[RFC4309] R. Housley, "Using Advanced Encryption Standard (AES) CCM Mode with IPsec Encapsulating Security Payload (ESP)," Internet RFC 4309, Dec. 2005.

[RFC4346] T. Dierks and E. Rescorla, "The Transport Layer Security (TLS) Protocol Version 1.1," Internet RFC 4346 (obsolete), Apr. 2006.

[RFC4347] E. Rescorla and N. Modadugu, "Datagram Transport Layer Security," Internet RFC 4347, Apr. 2006.

[RFC4398] S. Josefsson, "Storing Certificates in the Domain Name System (DNS)," Internet RFC 4398, Mar. 2006.

[RFC4431] M. Andrews and S. Weiler, "The DNSSEC Lookaside Validation (DLV) DNS Resource Record," Internet RFC 4431 (informational), Feb. 2006.

[RFC4434] P. Hoffman, "The AES-XCBC-PRF-128 Algorithm for the Internet Key Exchange Protocol (IKE)," Internet RFC 4434, Feb. 2006.

[RFC4492] S. Blake-Wilson, N. Bolyard, V. Gupta, C. Hawk, and B. Moeller, "Elliptic Curve Cryptography (ECC) Cipher Suites for Transport Layer Security (TLS)," Internet RFC 4492 (informational), May 2006.

[RFC4493] JH. Song, R. Poovendran, J. Lee, and T. Iwata, "The AES-CMAC Algorithm," Internet RFC 4493 (informational), June 2006.

[RFC4509] W. Hardaker, "Use of SHA-256 in DNSSEC Delegation Signer (DS) Resource Records (RRs)," Internet RFC 4509, May 2006.

[RFC4535] H. Harney, U. Meth, A. Colegrove, and G. Gross, "GSAKMP: Group Secure Association Key Management Protocol," Internet RFC 4535, June 2006.

[RFC4555] P. Eronen, "IKEv2 Mobility and Multihoming Protocol (MOBIKE)," Internet RFC 4555, June 2006.

[RFC4615] J. Song, R. Poovendran, J. Lee, and T. Iwata, "The Advanced Encryption Standard-Cipher-Based Message Authentication Code-Pseudo-Random Function-128 (AES-CMAC-PRF-128) Algorithm for the Internet Key Exchange Protocol (IKE)," Internet RFC 4615, Aug. 2006.

[RFC4635] D. Eastlake 3rd, "HMAC SHA (Hashed Message Authentication Code, Secure Hash Algorithm) TSIG Algorithm Identifiers," Internet RFC 4635, Aug. 2006.

[RFC4681] S. Santesson, A. Medvinsky, and J. Ball, "TLS User Mapping Extension," Internet RFC 4681, Oct. 2006.

[RFC4739] P. Eronen and J. Korhonen, "Multiple Authentication Exchanges in the Internet Key Exchange (IKEv2) Protocol," Internet RFC 4739 (experimental), Nov. 2006.

[RFC4754] D. Fu and J. Solinas, "IKE and IKEv2 Authentication Using the Elliptic Curve Digital Signature Algorithm (ECDSA)," Internet RFC 4754, Jan. 2007.

[RFC4835] V. Manral, "Cryptographic Algorithm Implementation Requirements for Encapsulating Security Payload (ESP) and Authentication Header (AH)," Internet RFC 4835, Apr. 2007.

[RFC4851] N. Cam-Winget, D. McGrew, J. Salowey, and H. Zhou, "The Flexible Authentication via Secure Tunneling Extensible Authentication Protocol Method (EAP-FAST)," Internet RFC 4851 (informational), May 2007.

[RFC4877] V. Devarapalli and F. Dupont, "Mobile IPv6 Operation with IKEv2 and the Revised IPsec Architecture," Internet RFC 4877, Apr. 2007.

[RFC4880] J. Callas, L. Donnerhacke, H. Finney, D. Shaw, and R. Thayer, "OpenPGP Message Format," Internet RFC 4880, Nov. 2007.

[RFC5011] M. StJohns, "Automated Updates of DNS Security (DNSSEC) Trust Anchors," Internet RFC 5011, Sep. 2007.

[RFC5054] D. Taylor, T. Wu, N. Mavrogiannopoulos, and T. Perrin, "Using the Secure Remote Password (SRP) Protocol for TLS Authentication," Internet RFC

5054 (informational), Nov. 2007.

[RFC5055] T. Freeman, R. Housley, A. Malpani, D. Cooper, and W. Polk, "Server-Based Certificate Validation Protocol (SCVP)," Internet RFC 5055, Dec. 2007.

[RFC5056] N. Williams, "On the Use of Channel Bindings to Secure Channels," Internet RFC 5056, Nov. 2007.

[RFC5077] J. Salowey, H. Zhou, P. Eronen, and H. Tschofenig, "Transport Layer Security (TLS) Session Resumption without Server-Side State," Internet RFC 5077, Jan. 2008.

[RFC5106] H. Tschofenig, D. Kroeselberg, A. Pashalidis, Y. Ohba, and F. Bersani, "The Extensible Authentication Protocol-Internet Key Exchange Protocol Version 2 (EAP-IKEv2) Method," Internet RFC 5106 (experimental), Feb. 2008.

[RFC5114] M. Lepinski and S. Kent, "Additional Diffie-Hellman Groups for Use with IETF Standards," Internet RFC 5114 (informational), Jan. 2008.

[RFC5116] D. McGrew, "An Interface and Algorithms for Authenticated Encryption," Internet RFC 5116, Jan. 2008.

[RFC5155] B. Laurie, G. Sisson, R. Arends, and D. Blacka, "DNS Security (DNSSEC) Hashed Authenticated Denial of Existence," Internet RFC 5155, Mar. 2008.

[RFC5191] D. Forsberg, Y. Ohba, ed., B. Patil, H. Tschofenig, and A. Yegin, "Protocol for Carrying Authentication for Network Access (PANA)," Internet RFC 5191, May 2008.

[RFC5193] P. Jayaraman, R. Lopez, Y. Ohba, ed., M. Parthasarathy, and A. Yegin, "Protocol for Carrying Authentication for Network Access (PANA) Framework," Internet RFC 5193 (informational), May 2008.

[RFC5216] D. Simon, B. Aboba, and R. Hurst, "The EAP-TLS Authentication Protocol," Internet RFC 5216, Mar. 2008.

[RFC5238] T. Phelan, "Datagram Transport Layer Security (DTLS) over the Datagram Congestion Control Protocol (DCCP)," Internet RFC 5238, May 2008.

[RFC5246] T. Dierks and E. Rescorla, "The Transport Layer Security (TLS) Protocol Version 1.2," Internet RFC 5246, Aug. 2008.

[RFC5247] B. Aboba, D. Simon, and P. Eronen, "Extensible Authentication Protocol (EAP) Key Management Framework," Internet RFC 5247, Aug. 2008.

[RFC5280] D. Cooper, S. Santesson, S. Farrell, S. Boeyen, R. Housley, and W. Polk, "Internet X.509 Public Key Infrastructure Certificate and Certificate Revocation List (CRL) Profile," Internet RFC 5280, May 2008.

[RFC5281] P. Funk and S. Blake-Wilson, "Extensible Authentication Protocol Tunneled Transport Layer Security Authenticated Protocol Version 0 (EAP-TTLSv0)," Internet RFC 5281 (informational), Aug. 2008.

[RFC5295] J. Salowey, L. Dondeti, V. Narayanan, and M. Nakhjiri, "Specification for the Derivation of Root Keys from an Extended Master Session Key (EMSK)," Internet RFC 5295, Aug. 2008.

[RFC5296] V. Narayanan and L. Dondeti, "EAP Extensions for EAP Re-authentication Protocol (ERP)," Internet RFC 5296, Aug. 2008.

[RFC5322] P. Resnick, ed., "Internet Message Format," Internet RFC 5322, Oct. 2008.

[RFC5374] B. Weis, G. Gross, and D. Ignjatic, "Multicast Extensions to the Security Architecture for the Internet Protocol," Internet RFC 5374, Nov. 2008.

[RFC5386] N. Williams and M. Richardson, "Better-than-Nothing Security: An Unauthenticated Mode of IPsec," Internet RFC 5386, Nov. 2008.

[RFC5387] J. Touch, D. Black, and Y. Wang, "Problem and Applicability Statement for Better-than-Nothing Security (BTNS)," Internet RFC 5387 (informational), Nov. 2008.

[RFC5406] S. Bellovin, "Guidelines for Specifying the Use of IPsec Version 2," Internet RFC 5406/BCP 0146, Feb. 2009.

[RFC5585] T. Hansen, D. Crocker, and P. Hallam-Baker, "DomainKeys Identified Mail (DKIM) Service Overview," Internet RFC 5585 (informational), July 2009.

[RFC5617] E. Allman, J. Fenton, M. Delany, and J. Levine, "DomainKeys Identified Mail (DKIM) Author Domain Signing Practices (ADSP)," Internet RFC 5617, Aug. 2009.

[RFC5652] R. Housley, "Cryptographic Message Syntax (CMS)," Internet RFC 5652/STD 0070, Sept. 2009.

[RFC5702] J. Jansen, "Use of SHA-2 Algorithms with RSA in DNSKEY and RRSIG Resource Records for DNSSEC," Internet RFC 5702, Oct. 2009.

[RFC5723] Y. Sheffer and H. Tschofenig, "Internet Key Exchange Protocol Version 2 (IKEv2) Session Resumption," Internet RFC 5723, Jan. 2010.

[RFC5739] P. Eronen, J. Laganier, and C. Madson, "IPv6 Configuration in Internet Key Exchange Protocol Version 2 (IKEv2)," Internet RFC 5739 (experimental), Feb. 2010.

[RFC5746] E. Rescorla, M. Ray, S. Dispensa, and N. Oskov, "Transport Layer Security (TLS) Renegotiation Indication Extension," Internet RFC 5746, Feb. 2010.

[RFC5753] S. Turner and D. Brown, "Use of Elliptic Curve Cryptography (ECC) Algorithms in Cryptographic Message Syntax (CMS)," Internet RFC 5753 (informational), Jan. 2010.

[RFC5755] S. Farrell, R. Housley, and S. Turner, "An Internet Attribute Certificate Profile for Authorization," Internet RFC 5755, Jan. 2010.

[RFC5764] D. McGrew and E. Rescorla, "Datagram Transport Layer Security (DTLS) Extension to Establish Keys for the Secure Real-Time Transport Protocol (SRTP)," Internet RFC 5764, May 2010.

[RFC5840] K. Grewal, G. Montenegro, and M. Bhatia, "Wrapped Encapsulating Security Payload (ESP) for Traffic Visibility," Internet RFC 5840, Apr. 2010.

[RFC5857] E. Ertekin, C. Christou, R. Jasani, T. Kivinen, and C. Bormann, "IKEv2 Extensions to Support Robust Header Compression over IPsec," Internet RFC 5857, May 2010.

[RFC5879] T. Kivinen and D. McDonald, "Heuristics for Detecting ESP-NULL Packets," Internet RFC 5879 (informational), May 2010.

[RFC5903] D. Fu and J. Solinas, "Elliptic Curve Groups Modulo a Prime (ECP Groups) for IKE and IKEv2," Internet RFC 5903 (informational), June 2010.

[RFC5933] V. Dolmatov, ed., A. Chuprina, and I. Ustinov, "Use of GOST Signature Algorithms in DNSKEY and RRSIG Resource Records for DNSSEC," Internet RFC 5933, July 2010.

[RFC5996] C. Kaufman, P. Hoffman, Y. Nir, and P. Eronen, "Internet Key Exchange Protocol Version 2 (IKEv2)," Internet RFC 5996, Sept. 2010.

[RFC5998] P. Eronen, H. Tschofenig, and Y. Sheffer, "An Extension for EAP-Only Authentication in IKEv2," Sept. 2010.

[RFC6024] R. Reddy and C. Wallace, "Trust Anchor Management Requirements," Internet RFC 6024 (informational), Oct. 2010.

[RFC6040] B. Briscoe, "Tunnelling of Explicit Congestion Notification," Internet RFC 6040, Nov. 2010.

[RFC6066] D. Eastlake 3rd, "Transport Layer Security (TLS) Extensions: Extension Definitions," Internet RFC 6066, Jan. 2011.

[RFC6071] S. Frankel and S. Krishnan, "IP Security (IPsec) and Internet Key Exchange (IKE) Document Roadmap," Internet RFC 6071 (informational), Feb. 2011.

[RFC6083] M. Tuexen, R. Seggelmann, and E. Rescorla, "Datagram Transport Layer Security (DTLS) for Stream Control Transmission Protocol (SCTP)," Internet RFC 6083, Jan. 2011.

[RFC6091] N. Mavrogiannopoulos and D. Gillmor, "Using OpenPGP Keys for Transport Layer Security (TLS) Authentication," Internet RFC 6091 (informational), Feb. 2011.

[RFC6101] A. Freier, P. Karlton, and P. Kocher, "The Secure Socket Layer (SSL) Protocol Version 3.0," Internet RFC 6101, Aug. 2011.

[RFC6147] M. Bagnulo, A. Sullivan, P. Matthews, and I. van Beijnum, "DN64: DNS Extensions for Network Address Translation from IPv6 Clients to IPv4 Servers," Internet RFC 6147, Apr. 2011.

[RFC6176] S. Turner and S. Polk, "Prohibiting Secure Sockets Layer (SSL) Version 2.0," Internet RFC 6176, Mar. 2011.

[RFC6234] D. Eastlake 3rd and T. Hansen, "US Secure Hash Algorithms (SHA and SHA-based HMAC and HKDF)," Internet RFC 6234 (informational), May 2011.

[RFC6345] P. Duffy, S. Chakrabarti, R. Cragie, Y. Ohba, ed., and A. Yegin, "Protocol for Carrying authentication for Network Access (PANA) Relay Element," Internet RFC 6345, Aug. 2011.

[RFC6376] D. Crocker, ed., T. Hansen, ed., M. Kucherawy, ed., "DomainKeys Identified Mail (DKIM) Signatures," Internet RFC 6376, Sep. 2011.

[RSA78] R. Rivest, A. Shamir, and L. Adleman, "A Method for Obtaining Digital Signatures and Public Key Cryptosystems," *Communications of the ACM*, 21(2), Feb. 1978.

[TLD-REPORT] http://stats.research.icann.org/dns/tld_report

[TLSEXT] http://www.iana.org/assignments/tls-extensiontype-values

[TLSPARAMS] http://www.iana.org/assignments/tls-parameters

[TNMOC] The National Museum of Computing, http://www.tnmoc.org

[TSIGALG] http://www.iana.org/assignments/tsig-algorithm-names

[TWP07] E. Tews, R. Weinmann, and A. Pyshkin, "Breaking 104 Bit WEP in Less than 60 Seconds," *Proc. 8th International Workshop on Information Security Applications* (Springer, 2007).

[VENONA] R. L. Benson, National Security Agency Center for Cryptologic History, "The VENONA Story," http://www.nsa.gov/public_info/declass/venona

[VK83] V. Voydock and S. Kent, "Security Mechanisms in High-Level Network Protocols," *ACM Computing Surveys*, 15, June 1983.

[WY05] X. Wang and H. Yu, "How to Break MD5 and Other Hash Functions," *EUROCRYPT*, May 2005.

[X9.62-2005] American National Standards Institute, "Public Key Cryptography for the Financial Services Industry: The Elliptic Curve Digital Signature Standard (ECDSA)," ANSI X9.62, 2005.

[Z97] Y. Zheng, "Digital Signcryption or How to Achieve Cost(Signature & Encryption) << Cost(Signature) + Cost(Encryption)," *Proc. CRYPTO*, Lecture Notes in Computer Science, Volume 1294 (Springer-Verlag, 1997). 922 ~ 932

缩略语

3GPP 第三代合作伙伴计划（针对 GSM、W-CDMA、LTE 等的蜂窝标准制定组织）

3GPP2 第三代合作伙伴计划 2（针对 CDMA2000、EV-DO 等的蜂窝标准制定组织）

6rd IPv6 快速部署（一种通过 IPv4 网络传输 IPv6 流量的过渡机制，它与 6to4 方法类似，但在单播地址分配的基础上对 IPv6 前缀进行分配）

6to4 IPv6 到 IPv4（在 IPv4 隧道中传输 IPv6 流量，目前已遇到一些运营挑战）

A 地址（IPv4）(在 DNS 资源记录中，描述一个 IPv4 地址）

AAA 认证、授权和计费（与某些访问协议相关的管理功能，例如 RADIUS 与 Diameter 协议）

AAAA 地址（IPv6）(在 DNS 资源记录中，描述一个 IPv6 地址）

ABC 适当字节计数（在 TCP 拥塞控制中，一种统计确认后的字节数的方法，用于代替执行 CWND 计算时的常数因子；它可以减轻由 ACK 延迟而引发的窗口缓慢增长问题）

AC 属性证书（一种认证类型，用于包含某些属性，例如授权的证书。该证书与 PKC 的不同之处在于它不包含公钥）

ACCM 异步控制字符映射（在 PPP 中，指出需要被转义的字节，以避免不期望的影响）

ACD 自动冲突检测（检测与避免 IP 地址分配冲突的程序）

ACFC 地址和控制字段压缩（在 PPP 中，压缩地址和控制字段以减少开销）

ACK 确认（一种表明数据已经成功到达接收端的提示，适用于协议栈的多个层次）

ACL 访问控制列表（一种流量过滤规则列表，例如是否允许通过防火墙）

933 ADSP 作者域签名实现（一种关于 DKIM 如何使用或部署于特定域中的策略状态）

AEAD 认证加密相关的数据（对输入的一部分进行加密和认证，对另一部分只进行认证的算法）

AES 高级加密标准（美国目前使用的新一代加密标准）

AF 保证转发（一种提供流量类优先级与类间优先次序的 PHB）

AFTR 地址族转换路由器（在 DS-Lite 中，一种将少量 IPv4 地址分享给多个用户的 SPNAT）

AH 认证头部（可选的 IPsec 协议对 IP 流量所提供的认证服务，包括头部信息，但它与 NAT 不兼容）

AIA 权威信息访问（X.509 证书的一种扩展，它在验证一个证书时指明可用的资源）

AIAD 和式增加，和式减少（TCP 中用于限制 CWND 的方法，在拥塞度较低时增加该数值，在拥塞度较高时减少该数值；但它并不是标准的 TCP 算法）

AIMD 和式增加，积式减少（TCP 中用于限制 CWND 的方法，在拥塞度较低时增加该数值，在拥塞度较高时将该数值乘以小于 1 的分数）

ALG 应用层网关（一种在应用层完成协议转换任务的代理，通常是软件）

A-MPDU 聚合的 MPDU（包含多个 MPDU 的帧，是 IEEE 802.11n 协议的一部分）

A-MSDU	聚合的 MSDU（包含多个 MSDU 的帧，是 IEEE 802.11n 协议的一部分）
ANDSF	接入网发现和选择功能（MoS 的一部分，用于指明影响网络切换与网络选择的信息）
AODV	无线自组网按需距离向量路由协议（早期使用距离向量的无线自组网按需路由协议）
AP	接入点（802.11 标准，通常用于连接无线和有线网络部分）
API	应用程序编程接口（被应用程序所调用的函数，一般用于实现某种功能，例如发送与接收网络流量）
APIPA	自动专用 IP 寻址（一种使网络节点在特定范围内自行配置其 IP 地址的机制，通常应用于 IPv4 节点） 934
APSD	自动省电交付模式（周期地对 802.11 帧进行批处理，以支持 PSM）
AQM	主动队列管理（应对流量动态变化的队列管理方法，但不包括 FCFS/FIFO 队列管理中典型的“丢弃队尾”方法）
ARP	地址解析协议（一种应用于链路层之上的协议，负责解决 IPv4 地址到 MAC 层地址的解析问题，并使用链路层广播地址）
ARQ	自动重复请求（在推断信息丢失后进行的重新传输）
AS	认证服务器（安装有 PANA 协议，负责认证检验的服务器）
AS	自治系统（ISP 之间的路由连接使用的 16 位或 32 位数字，用于标识网络前缀的集合与它们的所有者）
ASM	全源组播（组播的任何一方都可以发起通信）
ASN.1	抽象语法标记第 1 版（一种为信息定义抽象语法的 ISO 标准，但没有相应的编码格式；BER 和 DER 用于编码 ASN.1 信息）
AUS	应用独有的字符串（DDDS 算法的输入字符串）
AUTH	认证（与 IKE 一起，包含进行发送方认证所需信息的有效载荷）
AXFR	全区域传输（DNS 区域信息完全交换；采用 TCP 协议）
B4	桥接宽带单元（DS-Lite 中的一种路由器，在终止于 AFTR 的 IPv6 隧道末端封装 IPv4 流量，不支持 NAT 功能）
BACP	带宽分配控制协议（与 PPP 一起，一种用于配置 BoD 的协议）
BAP	带宽分配协议（在一个 MPPP 绑定中，一种用于配置链路的协议）
BCMCS	广播与组播服务控制器（在蜂窝网络中，用于管理组播）
BER	基本编码规则（一种符合 ITU 标准的编码语法；是 ASN.1 的一个子集）
BER	误码率（每传输一定比特数时预期出错的比特数）
BGP	边界网关协议（支持策略的域间路由协议）
BIND9	伯克利因特网名字域第 9 版（一种实现域名服务器的软件，流行于类 UNIX 系统）
BITS	栈中碰撞（在主机中实现 IPsec 协议的选项） 935
BITW	线中碰撞（在网络中实现 IPsec 协议的选项）
BL	大批量租约查询（在 DHCP 中，一种用于传输当前租约信息的请求 / 响应协议）
BoD	按需带宽（动态调整可用链路带宽的能力）
BOOTP	引导程序协议（DHCP 协议的前身；用于配置主机）
BPDU	网桥 PDU（由 STP 使用的 PDU；通过交换机与网桥进行交换）
BPSK	二进制相移键控（使用两个信号相位调制二进制数）

BSD 伯克利软件套件（加州大学伯克利分校的 UNIX 版本，包括首个广泛使用的 TCP/ IP 实现版本）

BSDP 引导服务器发现协议（由苹果公司开发的 DHCP 扩展，用于发现一个引导映像服务器）

BSS 基本服务集（IEEE 802.11 术语，包括一个接入点和相关站点）

BTNS “总比没有强”的安全（IPsec 的一个选项，使用不包含完整 PKI 的证书，易受到 MITM 攻击）

BU 绑定更新（在移动 IP 中，建立移动节点的转交地址与家乡地址之间的映射）

CA 证书颁发机构（负责生成、发行公钥 / 私钥对并签署和分发已签名的公钥与证书撤销列表的组织）

CALIPSO 通用体系结构标签 IPv6 安全选项（IP 数据包的安全标签；并未得到广泛使用）

CBC 密码块链接（一种利用 XOR 运算来链接已加密块的加密模式，用于抵御重排攻击）

CBCP 回叫控制协议（在 PPP 中建立一个回叫号码）

CCA 空闲信道评估（802.11 协议中物理层的一种机制，用于检测信道的可用性）

CCITT 国际电报电话咨询委员会（现在的国际电信联盟）

CCM 带 CBC 消息认证码的计数器模式（一种认证加密模式，结合了 CTR 模式加密和 CBC-MAC）

CCMP 带 CBC-MAC 协议的计数器模式（用于 WPA2 加密；源自 IEEE 802.11i 协议；是 WPA 的继承者）

936 CCP 压缩控制协议（在 PPP 中，建立使用的压缩方法）

ccTLD 国家代码顶级域名（基于 ISO3661-2 的国家代码列表的顶级域名）

CDP CRL 分发点（一个能够获得 CA 目前的证书撤销列表的位置）

CERT 证书（IKE 中包含证书的有效载荷）

CERT 计算机应急响应组（负责处理电脑安全事故的小组，包括卡内基 · 梅隆大学的首个 CERT 与美国政府的 US-CERT）

CERTREQ 证书请求（IKE 中的有效载荷，指明可接收证书的信任基准）

CGA 密码生成地址（利用基于公钥的散列算法生成的地址）

CHAP 查询 – 握手认证协议（协议要求每一次查询都对应一个响应；易受到中间人攻击）

CIA 机密性、完整性和可用性（信息安全的原则；又称“CIA 三元组”）

CIDR 无类域间路由（一种解决地址 ROAD 问题的步骤，通过移除 IP 地址的类边界实现，但要求域间路由使用一个关联的 CIDR 掩码）

CMAC 基于密码的消息认证码（一种将加密算法作为消息认证码的特殊方法）

CN 通信节点（在移动 IP 场景中一个移动节点的会话端）

CNAME 规范名称（DNS 资源记录为某个域名所提供的别名）

CoA 转交地址（在访问非家乡网络时，分配给移动节点的地址）

CoS 服务类（一种用于描述针对不同类别流量的不同服务的通用术语；是一个由差异化服务体系结构所支撑的概念）

CoT 转交测试（在一次资源记录检测中，消息经由转交地址发送给移动节点，使移动节点获得用于保障绑定更新安全的一部分密钥）

CoTI 转交测试初始化（在一次资源记录检测中，触发接收者发送一条转交测试消息）

CP 配置载荷（IKE 中用于传输配置参数的可扩展结构）

CPS 认证业务规则（认证中心关于证书如何发行与管理的策略说明）

CRC 循环冗余校验（用于检查位错误的数学函数）

CRL 证书撤销列表（由 CA 发行的无效证书列表） 937

CS 密码套件（TLS 中可供选择的加密算法套件）

CS 类选择器（IP 中的 DSCP 值，用于兼容已过时的“服务类型”和“流量类型”，通过设置 IP 头字段中的相关位实现）

CSMA/CA 带冲突（或称碰撞）避免的载波侦听多路访问（Wi-Fi 的 MAC 协议，包括链路空闲时发送与链路占用时退避）

CSMA/CD 带冲突（或称碰撞）检测的载波侦听多路访问（Ethernet 的典型 MAC 协议，包括链路空闲时发送与检测到冲突时退避）

CSPRNG 加密性强的伪随机数发生器（一个适用于加密的伪随机数产生器）

CSRG 计算机系统研究组（加州大学伯克利分校的 BSD UNIX 开发者）

CTCP 复合 TCP（现代 Windows 系统中实现的一种“可扩展”的 TCP 变体，结合了基于延迟与丢包的窗口调整算法）

CTR 计数器（一种加密模式，在并行地对多个块进行加密或解密时使用一个计数器的值来维护被加密块间的顺序）

CTS 清除发送（授权 RTS 发送者进行发送的消息）

CW 竞争窗口（802.11 站点在 DCF 状态时等待发送的时间范围）

CWND 拥塞窗口（TCP 协议关于发送者窗口大小的限制，用于避免或减少拥塞）

CWR 拥塞窗口减小（在 TCP 协议中，减少发送者可用的窗口大小）

CWV 拥塞窗口校验（在 TCP 协议中，一种在需要时检查和更新拥塞窗口当前数值的方法）

DAD 重复地址检测（在 IPv6 协议的邻居发现与无状态自动配置中，重复地址检测通过向指定地址发送一个邻居请求消息，协助确定一个 IPv6 候选地址是否已经使用）

DCCP 数据报拥塞控制协议（一种为应用程序提供尽力而为的数据报服务并控制拥塞的协议）

DCF 分布式协调功能（CSMA/CA 的介质访问控制方法，用于 802.11 网络）

DDDS 动态委托发现系统（一种支持字符串到数据延迟绑定的方法；通常与 DNS 一起用于发现各种应用协议的服务器） 938

DDoS 分布式拒绝服务（一种基于网络的攻击，通常由僵尸网络发起）

DER 唯一编码规则（一种 ITU 标准编码语法；ASN.1 基本编码规则的一个子集，要求对每个值都有唯一的标识）

DES 数据加密标准（美国使用的一种老的对称数据加密标准，采用 56 位密钥）

DF 不分片（一个表示不执行分片的 IPv4 头部位；对 PMTUD 重要）

DH Diffie-Hellman（在存在窃听者的情况下，在通信双方之间建立一个安全值的数学协议）

DHCP 动态主机配置协议（从 BOOTP 演变而来；使用配置信息来建立系统，例如租用的 IP 地址、默认路由器以及 DNS 服务器的 IP 地址）

DIFS DCF 帧间间隔（802.11 DCF 帧之间的时间）

DIX 代表 Digital、Intel、Xorex（以早期以太网标准制定者命名的标准）

DKIM 域名密钥识别邮件（一种将电子邮件发送域与相关的原始邮件服务器加密绑定的协议）

DLNA 数字生活网络联盟（一个致力于消费类媒体设备的互操作性与协议的工业组织，例如电视、DVD 播放机、录像机等）

DMZ 非军事区（组织内部防火墙之外的一个网段，通常用于服务于客户或公众的主机）

DNA 检测网络附件（检测连接状态变化的程序）

DNAME 非终端名称重定向（使用一个 DNS 子树的别名机制来支持生成多个 CNAME 记录的 DNS 资源记录）

DNS 域名系统（域名与 IP 地址之间的映射，也包括一些其他信息）

DNS64 IPv4/IPv6 的 DNS 转换（一种 IPv4/IPv6 的共存机制，将 IPv4 的 DNS 信息转换为 IPv6 可用的 DNS 信息）

DNSKEY DNS 密钥（DNSSEC 用来保存公钥的 DNS 资源记录）

DNSSEC DNS 安全（DNS 数据的来源认证及完整性保证）

DNSSL DNS 搜索列表（与 RA 一起使用，指明默认域的扩展列表）

DOI 数字对象标识符（一种命名内容对象并将其与信息记录关联的方法）

939 DoS 拒绝服务（一种耗尽资源的攻击类型）

DPD 委托路径发现（一种委托收集验证证书路径所需的所有信息的方法）

DPV 委托路径验证（一种委托整个证书验证过程的方法）

DS 授权签名者（在 DNS 中 DNSSEC 使用的用来保证委托安全的资源记录）

DS 区分服务（在 IP 流量管理中，为流量传输提供性能区分的方法）

DS 分布式服务（在 802.11 局域网中，用于互联接入点的网络或服务，通常是一个有线的 802.3 网络或以太网）

DSA 数字签名算法（一种基于离散对数问题的数字签名生成算法）

DSACK 重复选择确认（TCP 协议选择确认的一个变种，包括对已接收的重复报文段的描述）

DSCP 区分服务代码点（在数据包中指明某种特定转发行为的字段）

DSL 数字用户线（普通老式电话服务线路上的专用宽带数据链路）

DS-Lite 双栈精简版（一种 IPv6 服务提供商使用的框架，结合了 IPv4-in-IPv6 隧道与 NAT 技术，提供双栈或单栈客户机的访问）

DSRK 特定域根密钥（源于 EMSK 的密钥，由属于某个权威管理机构的系统使用）

DSS 数字签名标准（一种基于 DSA 的美国数字签名标准）

DSUSRK 特定域 USRK（一种结合 USRK 与 DSRK 使用策略的密钥）

DTLS 数据报 TLS（与数据报协议如 UDP 一同使用的 TLS 变种）

DUID DHCP 唯一标识符（DHCP 请求中与响应匹配的数值）

DUP 复制（用于多个上下文中，例如 DUP、ACK）

EAP 可扩展身份认证协议（支持各种身份认证方法的框架）

EAP-FAST 基于安全隧道的 EAP 灵活认证（Cisco 的 EAP 方法，使用 TLS 取代其早期的 LEAP EAP 方法）

EAPOL 基于局域网的 EAP（例如，IEEE 802.1X 中以太网上的 EAP）

940 EAP-TTLS EAP 隧道传输层安全（一种基于早期 TLS EAP 的 EAP 方法，但只要求服务器端获得证书）

EC2N　模 2 幂的椭圆曲线组（基于椭圆曲线的组，在抽象代数中，在 Galois 域 GF（2^N）上）

ECC　纠错码（添加到信息中用于纠正错误的冗余比特）

ECDSA　椭圆曲线数字签名算法（一种使用 ECC 的 DSA 变种）

ECE　ECN 回显（在采用 ECN 的 TCP 中，反馈给 TCP 发送方的 ECN 信息）

ECN　显式拥塞通知（指出拥塞的直接方法，例如通过路由器到主机）

ECP　模素数的椭圆曲线组（基于椭圆曲线的组，在抽象代数中，一个素数 P，位于 Galois 域 G（P）上）

ECT　支持 ECN 的传输（能解释 ECN 标识符的传输协议）

EDCA　增强型分布式信道访问（支持 QoS 的 802.11 协调功能，源自 802.11e 协议）

EDNS0　DNS 扩展机制（版本 0）（一种扩展 DNS 资源记录的方法，版本 0，供 DNSSEC 使用）

EF　加速转发（在未出现拥塞时，PHB 提供的一个服务类，通常表示其已处于最高优先级，并要求访问控制以避免超额）

EFO　扩展标志选项（在 DHCP 中，用于表明附加选项是否存在）

EIFS　扩展帧间间隔（在 802.11 DCF 中，当接收到无法识别的帧时所使用的扩展帧间间隔）

EMSK　扩展 MSK（由 EAP 在密钥导出后所生成的一个 MSK 之外的辅助密钥）

ENUM　E.164 到 URI 的 DDDS 应用（一种特殊 DDDS，用于 E.164 电话格式地址到 URI 的映射）

EP　执行点（在 PANA 中访问控制策略的执行位置）

EQM　平等调制（对不同的数据流同时使用相同的调制方案）

ERE　合格率估计（TCP Westwood+ 的一部分；用于估算一个连接能够使用的带宽数量）

ERP　EAP 重新认证协议（一种在重新建立身份认证时用于减少延迟的 EAP 扩展）　941

ESN　扩展序列号（在 IPsec 中定义的一个 64 位的扩展序列号，用于抵御重放攻击；正常的序列号是 32 位）

ESP　封装安全载荷（要求 IPsec 协议提供对流量的认证与 / 或保密）

ESSID　扩展服务集标识符（IEEE 802.11 网络名称）

EUI　扩展唯一标识符（IEEE 定义的 MAC 层地址前缀的格式，由 OUI 扩展而来）

EV　扩展验证（一种在发行前执行增强型身份认证的证书形式）

EV-DO　演化、数据优化（或唯一）（3GPP2 无线宽带标准，CDMA2000 的一个演化版本）

FACK　转发确认（在 TCP 中，比已知到达接收方的最大序列号大 1；由 SACK 确定）

FCFS　先到先服务（按顺序服务的调度原则；无优先）

FCS　帧校验序列（用于检查位错误的数据位的通称）

FEC　转发纠错（使用冗余位来纠正数据位中的错误）

FIFO　先进先出（按顺序服务的队列管理原则；无重新排列）

FIN　完成（在发送的 TCP 连接中，TCP 头部的最后一个段标识）

FMIP　移动 IP 快速切换（对 MIPv6 早期关于切换部分的修改）

FQDN　完全限定域名（一个包括全域扩展的域名）

F-RTO　转发 RTO（TCP 协议中的一种方法，用于判断一次重传是否伪造，以及避

免不必要的重传是否带来好处）

FTP 文件传输协议（一种基于 TCP 的文件传输协议，使用独立的控制与数据连接）

GCKS 组控制器 / 密钥服务器（在 IPsec 中，与 GKM 一同使用；为 GSA 持有并发布密钥）

GCM Galois/ 计数器模式（一种认证加密模式，结合了 CRT 加密模式与 Galois 认证模式）

GDOI 组解释域（在 IPsec 中，一组基于 ISAKMP 和 IKE 的密钥管理协议）

GENA 通用事件通知结构（一种基于 XML 的通知框架，在组播 UDP 上使用 HTTP 协议；与 UPnP 一同使用）

942 GI 保护间隔（在通信工程中，用于避免符号间干扰的传输之间的最短时间间隔）

GKM 组密钥管理（在 IPsec 中，一种基于组来分发密钥材料的方法，以支持组安全关联的形成）

GMAC Galois 消息认证码（一种对于 GCM 的唯一认证变种）

GMI 组成员区间（在 IGMP 和 MLD 中，组播路由器在确定没有特定的源或没有更多的组成员之前需要等待的时间；设置为 QRV*QI+QRI）

GMRP 通用组播注册协议（已被 MMRP 取代）

GPAD 组 PAD（与 IPsec 一起使用，包含所有 GCKS 实体认证数据的数据库抽象）

GRE 通用路由封装（在 IP 数据报中的通用封装）

GSA 组安全关联（在 IPsec 中，使用组播协议在组成员之间建立的安全关联）

GSAKMP 组安全关联密钥管理协议（一个框架，用于创建具有共同加密信息的组，支持分发策略、执行访问控制、生成组密钥以及根据组的动态变化进行恢复）

GSPD 组 SPD（在 IPsec 中，能够维持 SA 与 GSA 信息的 SPD）

GSS-API 通用安全服务 API（一个能够访问各种安全服务的 API，例如身份认证、保密等；通常与 Kerberos 认证系统一同使用）

gTLD 通用顶级域名（一种顶级域名，例如 COM、EDU、MIL，不基于国家代码）

GVRP 通用属性注册协议（已被 MRP 取代）

HA 家乡代理（能够为移动节点提供 MIP 服务的系统）

HAIO 家乡代理信息选项（在 ICMPv6 中，支持 MIPv6 标识一个 HA 地址的选项）

HCF 混合协调功能（同时支持优先级与基于竞争的 802.11 信道访问的协调功能）

HDLC 高级数据链路控制（一种流行的 ISO 数据链路协议标准，是大多数流行的 PPP 变种的基础）

HELD 启用 HTTP 的位置投递（一种通过 HTTP/TCP/IP 分发 LCI 的协议）

HIP 主机标识协议（一种致力于移动性与安全性的研究协议框架）

943 HMAC 基于散列的消息认证码（一种将散列算法作为 MAC 的特殊方法）

HoA 家乡地址（在 MIP 中，一个来自于移动节点家乡网络的地址）

HOPOPT IPv6 逐跳选项（一个 IPv6 选项类型，适用于路径上的每一跳步）

HoT 家乡测试（在一次资源记录检查中，发送给移动节点的消息经由家乡代理使得移动节点获得一部分用于安全绑定更新的密钥）

HoTI 家乡测试初始化（在一次资源记录检查中，触发接收者发送一条家乡测试消息）

HSPA 高速分组接入（3GPP 无线宽带标准；WCDMA 的一个演化版本）

HSTCP 高速 TCP（一个“可扩展的”TCP 变种，CWND 能够部分地基于当前值进行调整，以便在大容量环境中更高效地工作）

HT	高吞吐量（更高速度，与 IEEE 802.11n 标准相关）
HTML	超文本标记语言（WWW 的基本语言）
HTTP	超文本传输协议（WWW 的主要协议；经常用于传输 HTML）
HTTPMU	使用 UDP 的 HTTP（一种使用组播寻址在 UDP 上传输 HTTP 流量的方法；用于在 UPnP 中传输 SSDP 消息）
HTTPS	基于 SSL/TLS 的 HTTP（WWW 安全交换标准）
HWRP	混合无线路由协议（为 IEEE 802.11s 设计的路由协议）
IA	身份关联（在 DHCP 中，一个地址集合）
IAB	Internet 体系结构委员会（IETF 的一个管理机构，负责监督体系结构以及联络其他标准制定组织）
IAID	身份关联标识符（在 DHCP 中，与某个特定 IA 关联的标识符）
IANA	Internet 号码分配机构（维护协议编号与字段值）
IBSS	独立基本服务集（802.11 ad-hoc 网络）
ICANN	Internet 名称和号码分配机构（域名与相关策略的非营利性管理机构）
ICE	交互式连接建立（一个执行 NAT 穿越的框架，包括直接连接尝试、STUN 以及 TURN，能够在现存 NAT 的环境中进行通信）
ICMP	Internet 控制报文协议（一种信息与错误报告协议，被视为 IP 协议的一部分）
ICS	Internet 连接共享（NAT 的替代名称；用于 Microsoft Windows） 944
ICV	完整性校验值（用于检查一条消息完整性的数值，例如加密散列）
ID	标识符（在 IKE 中，表明发送方身份的载荷）
IDN	国际化域名（非 ASCII 字符编码的域名）
IEEE	电气与电子工程师学会（链路层协议以及更多协议的标准制定组织）
IESG	Internet 工程指导组（IETF 的管理机构，具有 RFC 官方审批权力）
IETF	Internet 工程任务组（Internet 标准的标准制定组织）
IGD,IGDCC	Internet 网关设备 / 发现与控制（一种 UPnP 协议，用于发现和配置网关设备，例如家乡 NAT）
IGMP	Internet 组消息协议（一种管理 IPv4 组播组的协议；用于路由器与终端主机）
IHL	Internet 头部长度（IPv4 头部的字段，以 32 位字为单位指明头部长度）
IID	接口标识符（基于 MAC 地址的数字标识符；在选择 IPv6 地址时使用，但是不能在隐私扩展生效时使用）
IKE	Internet 密钥交换（IPsec 的一部分；一种动态建立安全关联的协议，包括密钥与操作参数）
IMAP	Internet 消息访问协议（用于获取电子邮件头部和来自服务器的消息）
IMAPS	SSL/TLS 上的 IMAP（一种访问电子邮件的安全协议，被大多数的电子邮件程序支持）
IN	Internet（在 DNS 中，标识 Internet 信息的类名）
IND	反向邻居发现（为 IPv6 提供类似 RARP 的功能）
IP	Internet 协议（标准的尽力而为的 Internet 包协议，通过采用一种共同的抽象数据报而适用于任何链路层网络）
IPCP	IP 控制协议（在 PPP 中，一种用于配置 IPv4 网络链路的 NCP）
IPG	包间距（MAC 协议中的帧之间的最小间距）
IPsec	IP 安全（一种针对 IP 流量安全的协议，包括 IKE、AH 和 ESP 协议）
IPV6CP	IPv6 控制协议（在 PPP 中，一种用于配置 IPv6 网络链路的 NCP） 945

IRIS	Internet注册信息服务（包含有关地址范围、关联的AS号码、联系信息和域名服务器的数据库）
IRTF	Internet研究任务组（通过IAB隶属于IETF的研究组）
ISAKMP	Internet安全关联和密钥管理协议（在IPsec中，比IKE更早的安全关联建立协议）
ISATAP	站内自动隧道寻址协议（一种Microsoft支持的从IPv6到IPv4自动转换的隧道技术）
ISDN	综合业务数字网（结合电路/分组交换的数据服务）
IS-IS	中间系统到中间系统（ISO链路状态路由协议）
ISL	思科交换链路内协议（思科在交换机之间保持VLAN信息的协议）
ISM	工业、科学和医疗（世界上许多地区免许可证的频段，为Wi-Fi所用）
ISN	初始序列号（在TCP中，用于一次连接的首个序列号；分配给SYN）
ISO	国际标准化组织（一个标准制定组织，负责定义一些曾经被认为可用于替代TCP/IP的协议和编码）
ISOC	Internet协会（一个非营利性组织，是Internet标准的领导者）
ISP	Internet服务提供商（一个实体，通常是一个企业，负责分配地址、提供DNS与路由服务，以及协调与其他ISP的工作）
ITU	国际电信联盟（无线电和电话标准的标准制定组织）
ITU-T	ITU的电信标准化部门（原先的CCITT；ITU的三个“部门”之一，负责标准或“建议”，例如ASN.1、X.25、DSL）
IW	初始窗口（在TCP中，CWND的初始值）
IXFR	增量区域传送（DNS区域信息的增量交换，使用TCP）
KE	密钥交换（与IKE一同使用，用于建立密钥的有效载荷；通常使用DH）
946 KSK	密钥签名密钥（DNSSEC中用于签名其他密钥的密钥；通常由SEP位设置）
L2TP	第2层隧道协议（IETF标准的链路层隧道协议）
LACP	链路汇聚控制协议（IEEE 802.1AX中用于管理链路汇聚的部分）
LAG	链路汇聚组（一组链路共同形成一条虚拟的更高性能链路）
LAN	局域网（较小的地理区域内的网络，例如一个站点、办公室或家庭）
LCG	线性同余发生器（一个流行的确定性类型的PRNG，但不是CSPRNG）
LCI	位置配置信息（表明在所属系统中的地理或城市的位置数据）
LCI	逻辑信道标识符（在电路交换中，一条虚电路的标识符）
LCN	逻辑信道号（在电路交换中，一条虚电路的编号）
LCP	链路控制协议（在PPP中，用于建立一条链路）
LDAP	轻量级目录访问协议（一个基于ISO X.500 DAP协议的查询协议）
LDRA	轻量级DHCP中继代理（允许将第2层设备作为DHCP中继代理的机制）
LEAP	轻量级扩展验证协议（Cisco使用WEP或TKIP密钥的EAP方法，目前已证明其具有脆弱性）
LLA	链路层地址（在FMIPv6中，一个标识链路层地址的移动头部选项）
LLC	逻辑链路控制（MAC层中与链路控制相关的子层）
LLMNR	链路本地组播名称解析（在链路上使用的DNS的一个组播变种，与DNS相比可以运行在不同的端口上；用于本地服务与节点发现）
LMQI	最后成员查询间隔（在IGMP和MLD中，特定组查询消息间的时间间隔）
LMQT	最后成员查询时间（在IGMP和MLD中，发送最后一个成员查询消息与可

能的传输所花费的总时间；表示“离开延迟”）

LNP 本地网络保护（建议用于 IPv6 部署，使其不再需要 NAT 的技术集合）

LoST 位置到服务转换（一种提供基于位置服务的框架，例如指示最近的医院）

LQR 链路质量报告（在 PPP 中，关于链路质量的测量报告，包括接收、发送以及因错误而被拒绝接收的数据包数量） 947

LTE 长期演化（3GPP 无线宽带标准；HSPA 的一个演化版本）

LW-MLD 轻量级 MLD（具有更简单的加入 / 离开语义的 MLD 变种）

MAC 介质访问控制（对一个共享网络介质的访问控制；通常作为链路层协议的一部分）

MAC 消息认证码（一个用于协助验证消息完整性的数学函数）

MAN 城域网（一个覆盖中等地理范围的网络，例如一个城市或地区）

MCS 调制和编码方案（调制与编码的组合，802.11n 中有很多可用的组合）

MD 消息摘要算法（一种数学函数，能够为一条较长的消息提供一个较短的数字“指纹”）

mDNS 组播 DNS（由 Apple 公司开发的域名服务的本地变种）

MIH 介质无关切换（支持在异构网络之间切换网络连接点的机制；IEEE 802.21 标准涵盖的 MIH 包括 802.3、802.11、802.15、802.16、3GPP 和 3GPP2 网络类型）

MII 介质无关接口（在硬件中，MAC 层实现与 PHY 层实现之间的接口，独立于 PHY 层本身）

MIME 多用途 Internet 邮件扩展（在电子邮件中标记和编码各种对象类型的方法）

MIMO 多输入多输出（使用多个天线提供性能优于单个天线系统的无线天线方案，但同时也要求更复杂的信号处理）

MIP 移动 IP（IP 寻址与路由扩展，支持地址不变的网络连接点的移动）

MITM 中间人攻击（一种典型的 MSM 攻击类型，通过“插入者”来实现）

MLD 组播侦听者发现（IPv6 路由器用于发现链路上的组播接收者的协议；提供了与 IPv4 的 IGMP 类似的功能）

MLPP 多级优先与抢占（用于优先呼叫的电话方案，例如军事用途）

MMRP 多 MAC 注册协议（MRP 协议的一部分，用于注册组播参与者）

MN 移动节点（MIP 场景中的移动节点） 948

MOBIKE IKE 的移动版本（IKE 的增强版本，以支持移动和地址信息的改变）

MODP 模指数组（基于模运算的组，在抽象代数意义上，与密钥建立协议一同使用）

MoS 移动服务（IEEE 802.21 标准中支持介质无关切换服务的部分）

MP Mesh 点（在 IEEE 802.11s 中以 Mesh 方式进行配置的节点名称）

MP,MPPP,MLP,MLPPP 多链路 PPP（在多条链路上同时使用 PPP）

MPDU MAC 协议数据单元（802.11 标准中所使用的帧的名称）

MPE 曼彻斯特相位编码（一次电压变换表示一位的位编码方案）

MPLS 多协议标签交换（根据标签值而不是 IP 地址来交换帧的结构）

MPPC Microsoft 的点到点压缩（用于 PPP）

MPPE Microsoft 的点到点加密（用于 PPP）

MPV 最大填充值（在 PPP 中，填充字节的最大数目）

MRD 组播路由器发现（用于发现链路上相邻组播路由器的协议）

MRP 多注册协议（用于注册属性的 IEEE802.1ak 标准）

MRRU 多链路最大接收重构单元（多条 MP 链路重构之后的最大接收单元）

MRU 最大接收单元（接收方能够接收的最大数据包 / 消息的大小）

MS-CHAP Microsoft 的查询－握手认证协议（包含请求 / 重发和认证响应的身份验证协议，有两个版本：MS-CHAPv1 与 MS-CHAPv2）

MSDU MAC 服务数据单元（用于 MAC 层以上 802.11 帧类型）

MSK 主会话密钥（在一次 EAP 会话之后，用支持密钥派生方法生成的一个密钥）

MSL 最大段生存时间（在 TCP 中，一个段被确定为无效之前在网络中存在的最长时间）

949 MSM 信息流篡改（对消息的主动修改；通常是一种攻击类型）

MSS 最大段大小（在 TCP 中，接收方能够接收的最大段；通常由连接建立时的一个选项来提供）

MTU 最大传输单元（一个网络所能传输的最大帧大小）

MVRP 多 VLAN 注册协议（MRP 的一部分，用于注册 VLAN）

MX 邮件交换器（为采用 SMTP 交换邮件的主机指示优先顺序的 DNS 资源记录）

NAC 网络访问控制（用于决定一台设备是否能获得一个网络访问许可权的过程）

NACK 否定确认（表示未收到或不接受的标识）

NAP 网络访问保护（Microsoft 关于 NAC 的一个变种；首先用于 Windows Server 2008）

NAPT 支持端口转换的 NAT（支持端口重写的 NAT，最常见的 NAT 形式）

NAPTR 名称授权指针（与基于 DNS 的 DDDS 一同使用的 DNS 资源记录，用于保持重写规则）

NAR 新访问路由器（FMIPv6 中预计不久将会使用的路由器）

NAT 网络地址转换（在 IP 数据报中重写地址的机制；主要用于减少全球可路由 IP 地址的使用量；通常与私有 IP 地址共同使用；也支持防火墙功能）

NAT64 IPv6/IPv6 的 NAT（一种可以从 IPv4/ICMPv4 到 IPv6/ICMPv6 转换的 NAT，反之亦然；用于 IPv6/IPv4 互操作和共存）

NAT-PMP NAT 端口映射协议（Apple 公司为配置某些 NAT 设备而开发的 IGD 替代品；提供远程建立端口转发的能力）

NAT-PT 支持协议转换的 NAT（现已过时的 IPv4/IPv6 转换方法）

NAV 网络分配向量（在 802.11 DCF 中，由于其他站点使用信道而造成的发送时间延迟）

NBMA 非广播多路访问（缺乏广播功能的多用户网络）

NCoA 新移交地址（在 FMIPv6 中，从 NAR 获得的移交地址）

950 NCP 网络控制协议（在 PPP 中，用于建立网络层协议）

ND,NDP 邻居发现（用于发现同一链路上的邻居并获得其 MAC 地址的一种 IPv6 方法；工作原理与 ARP 类似；作为 ICMPv6 的一部分来实现）

NEMO 网络移动（一种路由器与网络改变接入点的移动）

NIC 网络接口卡（将计算机接入网络的设备）

NONCE 随机数（在许多加密协议中用于抵御重放攻击的随机数）

NPT66 IPv6 到 IPv6 的 NAPT（具有算法地址和端口转换的 NAT）

NRO 号码资源组织（ICANN 的地址支持组织）

NS 域名服务器（拥有其他域名服务器名称的 DNS 资源记录）

NS 邻居请求（IPv6 邻居发现的一部分；类似于 IPv4 的 ARP 请求，但是使用 IPv6 组播地址；采用 ICMPv6 来实现）

NSCD 名称服务缓存进程（为 DNS 以及 UNIX 系统上的其他解决方案提供高速缓存的进程）

NSEC 下一步安全（与 DNSSEC 一同使用的 DNS 资源记录，用于标明顺序列表中的下一条资源记录；用于否认存在的验证）

NSEC3 下一步安全（版本 3）（与 NESC 类似的 DNS 资源记录，但包含了用于防御域名枚举攻击的散列函数）

NSEC3PARAM NSEC 参数（与 DNSSEC 一同使用的 DNS 资源记录，负责持有 NSEC3 散列函数的参数）

NTN 非终端的 NAPTR（在 DNS 中，指向另一个记录域的名称授权指针）

NTP 网络时间协议（一种用于时钟同步的协议）

NUD 邻居不可达检测（在 IPv6 邻居发现中，用于确定一个邻居是否仍可到达）

OCSP 在线证书状态协议（一种用于检查证书有效性的协议；也是获得某个 CRL 的可选择方案）

OFDM 正交频分复用（一种复杂的调制方案，在某个指定的带宽下同时调制多个频率的载波，以实现高吞吐量；用于 DSL、802.11a/g/n、802.16e，以及包含 LTE 的高级蜂窝数据标准）

OID 对象标识符（一个数字对象的数值标识符；用于证书编码）

OLSR 优化链路状态路由（Ad-hoc 网络中一个标准的按需路由协议） 951

OOB 带外（在一条主通信信道之外传输的信息）

ORO 选项请求选项（在 DHCP 中，指出系统需要了解哪些选项已被支持的选项）

OSI 开放系统互连（ISO 为开放式系统定义的一个抽象参考模型，有助于形成协议分层设计的基础）

OUI 组织唯一标识符（IEEE 最初定义的 MAC 层地址前缀格式）

P2P 对等（系统中的所有参与者既是客户机又是服务器）

PA 供应商汇聚（供应商所提供给客户的前缀所包含的 IP 地址空间）

PAA PANA 认证代理（执行认证的 PANA 代理，例如一台 AAA 服务器）

PaC PANA 客户端（请求认证的 PANA 代理）

PAD 端点认证数据库（与 IPsec 一同使用，包含关于每个对等节点认证信息的数据库抽象，例如使用 IKE 或 PSK，以及相关认证数据）

PANA 网络接入认证信息承载协议（EAP 的 UDP/IP 载体）

PAP 密码认证协议（使用明文密码的协议；容易受到中间人攻击或窃听）

PAWS 防回绕序列号（在 TCP 中，借助 TSOPT 值来监控序列号回绕的方法）

PCF 点协调功能（针对 802.11，将内容无关和基于内容的 MAC 层协议相结合；未得到广泛使用）

PCO 分阶段共存操作（802.11 接入点切换信道宽度的一种方法，以减少对旧设备的负面影响）

PCoA 之前提供的移交地址（在 FMIPv6 中，从 PAR 获得的当前或之前的移交地址）

PCP 端口控制协议（IETF 用于配置包含 SPNAT 与 NAT64 的当前 NAT 协议草案）

PDU 协议数据单元（用于描述处于某协议层的消息；在非正式的情况下，有时与数据包、帧、数据报、报文段以及消息等名词通用）

PEAP 受保护的 EAP（一种在 TLS 中封装 EAP 的常用方法；与 EAP-TTLS 类似）

952 PEN 专用企业编号（由 IANA 分配的号码，企业可用其生成 OID）

PFC 协议字段压缩（在 PPP 中，删除了协议字段以减少开销）

PFS 完全正向保密（公钥加密的一种属性，一个密钥的损害至多造成其所加密数据的损害，而不会影响到其他密钥以及它们加密的数据）

PHB 每跳行为（在路由器端用于实现 DS 的抽象行为）

PHY 物理层（OSI 中的一层；通常描述连接器、频率、编码以及调制等概念）

PI 提供商无关（用户所拥有的 IP 地址空间；并非来自 ISP 的地址前缀）

PIM 协议无关组播（非本地组播路由协议，可利用单播路由协议的数据与操作）

PIO 前缀信息选项（在 ICMPv6 中，携带一个 IP 地址前缀的选项）

PKC 公钥证书（一个数字对象，包括了 CA 颁发的公钥和签名，以及各种使用准则和参数）

PKCS 公钥加密标准（用于编码与表示公钥及相关材料的方法）

PKI 公钥基础设施（负责管理和分发公钥的系统）

PLCP 物理层会聚程序（802.11 用于编码与决定帧类型及无线电参数的方法）

PMTU 路径 MTU（在发送方到接收方的路径上所经过链路的最小 MTU 值）

PMTUD 路径 MTU 发现（确定 PMTU 的过程；通常依赖于 ICMP PTB 消息）

PNAC 基于端口的网络访问控制（网络访问控制的一个版本，利用其中附带的物理端口信息做出授权决定）

PoE 以太网供电（通过以太网布线为设备供电）

POTS 普通老式电话业务（传统的模拟电话服务）

PPP 点对点协议（一个链路层配置与数据封装协议，能够承载多种网络层协议，并能够使用多种底层物理链路）

PPPoE 以太网上的 PPP（在以太网链路上建立一条 PPP 关联的方法）

953 PPTP 点对点隧道协议（Microsoft 的链路层隧道协议）

PRF 伪随机函数族（利用多项式时间算法不能与真随机函数区别的一组函数；在非正式情况下有时也表示一个此类型的函数）

PRNG,PRG 伪随机生成器（一个数学函数，用于计算一系列随机出现的数值）

PSK 预共享密钥（预先设置加密密钥；不使用动态密钥交换协议）

PSM 省电模式（802.11 的一种模式，设备在空闲时“睡眠”，延长从 AP 接收轮询信息的时间）

PSMP 省电多重轮询（APSD 的双向版本，802.11n 的一部分）

PTB 数据包太大（一个必需的 ICMP 目的地不可达分片，或一个指明 IPv6 数据包远大于下一跳 MTU 的大小的包太大消息）

QAM 正交幅度调制（相位和幅度调制的组合）

QBSS 基于 QoS 的 BSS（一种利用 802.11e 或 802.11n 的 QoS 功能增强的 802.11 基本服务集）

QI 查询间隔（在 IGMP 和 MLD 中，普通查询之间的时间间隔）

QoS 服务质量（描述如何处理流量的通用术语，通常基于不同的配置参数有更好或更坏的延迟或丢弃优先级）

QPSK 正交相移键控（一般利用四个信号相位对每个符号进行两位调制，在更高级的版本中每个符号可能对应更多位）

QQI 查询器查询间隔（在 IGMP 和 MLD 中，发送普通查询报文之间的时间，目

前非查询组播路由器采用最近接收到的 QQI 值作为其 QI 值）

QQIC　查询器查询间隔代码（在 IGMP 和 MLD 消息中，QQI 值的编码）

QRI　查询响应间隔（在 IGMP 和 MLD 中，允许接收方发送一个查询响应的最大时间）

QRV　查询器鲁棒性变量（在 IGMP 和 MLD 中，设置的重传次数）

QS　快速启动（TCP 协议中的实验性修改，为沿途设备的快速启动行为提供支持）

QSTA　基于 QoS 的 STA（一种支持 QoS 功能的 802.11 STA）

RA　路由器通告（指明链路上存在一个路由器邻居的消息；使用 ICMP） 954

RADIUS　远程认证拨入用户服务协议（一种承载 AAA 数据的常用协议）

RAIO　中继代理信息选项（在 DHCPv6 中，中继用来插入各种信息位的选项）

RARP　反向地址解析协议（提供网络层到 MAC 层地址映射的协议）

RAS　远程访问服务器（一台服务器，用于处理远程用户的身份认证、访问控制等）

RC4　Rivest 密码 4（一种流行的对称密钥加密方案，由 Ron Rivest 设计）

RD　路由器发现（定位一个近端路由器的过程；使用 ICMP）

RDATA　返回的数据（DNS 协议的一部分，用于保存返回的数据）

RDNSS　递归 DNS 服务器（在路由器通告中使用；指明 DNS 服务器地址）

RED　随机早期检测（一种主动队列管理方案，当持续的拥塞出现增长时，以更大的概率来标记或丢弃数据包）

RFC　征求意见（由 IETF 发布的文件；有些已成为标准）

RGMP　路由器端口组管理协议（Cisco 用于实现 IGMP 侦听的协议）

RH　路由头部（IPv6 用于改变流量传输路径的扩展头部）

RHBP　带界定参数的速率减半（在 TCP 中，FACK 算法的一个改进版本，在判断包丢失后协助重传更加均匀地分布于一个 RTT 周期中）

RIP　路由信息协议（小型组织的路由协议；原始版本并不支持子网掩码）

RIR　地区性 Internet 注册机构（为世界某些地区分配地址空间）

RO　路由优化（在简化的 MIP 中，通过间接的转折（dogleg）路径来改善路由）

ROAD　地址空间外运行（推动 IPv6 创建与导致开发 CIDR 方案的一个问题）

ROHC　鲁棒性报头部压缩（协议头部压缩的当前一代标准）

RP　会合点（与组播路由一同使用，负责交换组信息）

RPC　远程过程调用（支持远程处理程序过程调用的框架） 955

RPF　反向路径转发（为了避免环路，组播路由器发起的一次 RPF 检查，以确保一个组播数据报已到达能够抵达发送方的接口）

RPSL　路由策略规范语言（用于表达路由策略的一种语言，例如与 AS 对应的网络前缀）

RR　资源记录（一种典型的信息块，为一个域名所拥有，并通过 DNS 分发）

RRP,RR　返回路由程序（与 MIPv6 一同使用的检测，以保证移动节点是可信的，包含了一个家乡地址检测与一个移交地址检测）

RRset　资源记录集（具有相同域名所有者或类的 DNS 资源记录集合）

RRSIG　资源记录签名（采用 DNSSEC 的资源记录，持有一个资源记录集的签名）

RS　路由器请求（一个 ICMP 消息，包含一个路由器生成的响应）

RSA　Rabin，Shamir，Adelman（最流行的公钥加密算法）

RSN　强健安全网络（针对 IEEE 802.11i/WPA 的安全改进；已包含于 802.11 标准中）

RSNA RSN 关联（RSN 的完整利用 / 实施）

RST 重置（一个 TCP 头部位和段类型，能够导致一次 TCP 连接终止）

RSTP 快速生成树协议（STP 的减少延迟版本）

RTO 重传超时（从数据被认为丢失到重传的时间）

RTS 请求发送（表明希望发送后续消息的消息）

RTT 往返时间（从通信对方获得一个响应的最短时间）

RTTM 往返时间测量（对往返时间的一次瞬时估计）

RTTVAR 往返时间差异（在 TCP 中，一个连接的往返时间偏差的平均时间估计）

RTX 重传（重新发送数据）

RW 重启窗口（在 TCP 中，在经过一段空闲期后，TCP 重新开始发送时的拥塞窗口数值）

SA 安全关联（在 IPsec 中，对等方之间与状态相关的单向关联；包括协商的密
956 钥、算法等；一个安全关联可以被单播或组播）

SACK 选择性确认（在 TCP 中，表明正确接收序列外数据的选项）

SAD 安全关联数据库（在 IPsec 中，包含每个活动的安全关联信息的数据库抽象；通过 SPI 进行逻辑索引）

SAE 对等同时认证（与 802.11s 一同使用的认证形式）

SAP 会话通告协议（携带实验性的组播会话通告；参见 SDP）

SCSV 信号密码套件值（在 TLS 中，密码套件值指明不是一个密码套件，而是一组可选功能或选项的特殊集合）

SCTP 流控制传输协议（一种可代替 TCP 的可靠传输协议，它不执行严格的顺序，支持多个子流和端点的地址变更）

SCVP 基于服务器的证书验证协议（一种支持证书的委托路径发现与委托路径验证的协议）

SDID 签名域标识符（与 DKIM 一同使用，签名者域的名称）

SDLC 同步数据链路控制（HDLC 协议的前身，SNA 的链路层）

SDO 标准制定组织（包括 IEEE、IETF、ISO、ITU、3GPP、3GPP2）

SDP 会话描述协议（一种描述多媒体会话的协议）

SEND 安全邻居发现（一个使用 CGA 的邻居发现的安全变种）

SEP 安全入口点（在 DNSSEC 中，指明一条包含 KSK 的 DNSKEY 资源记录）

SFD 帧起始分隔符（在链路层协议数据单元中指明一个帧起始部分的位模式）

SG 安全网关（与 IPsec 一同使用，终止 IPsec 协议的系统，通常位于网络边缘）

SHA 安全散列算法（一种散列算法，适用于保证消息的完整性）

SIFS 短帧间间隔（802.11 帧与其 ACK 之间的最短时间间隔）

SIIT 无状态 IP/ICMP 转换（一种用于 IPv4 与 IPv6 转换的框架，包括针对 ICMP 转换、NAT64 以及 DNS64 的特殊规则）

SIP 会话发起协议（通用的信令协议；与 VoIP 一同使用）

SLAAC 无状态地址自动配置（一种节点能够自主地配置其 IP 地址的机制；通常应
957 用于 IPv6 节点）

SLLAO 源链路层地址选项（在 ICMPv6 中，用于携带发送方链路层地址的选项）

SMSS 发送方的 MSS（从发送方的角度评价一个连接的 MSS）

SMTP 简单邮件传输协议（在邮件传输代理之间传送电子邮件的协议）

SNA 系统网络体系结构（IBM 公司的网络体系结构）

SNAP	子网访问协议（针对 802.2 封装的 IEEE 术语，很少用于 TCP/IP 网络）
S-NAPTR	直接 NAPTR（简化的 NAPTR，将 AUS 直接映射到结果，未使用正则表达式替换）
SNMP	简单网络管理协议（网络设备的状态报告和配置设定；通常使用 UDP/IP）
SOA	授权启动（指明一个区域的元数据的 DNS 资源记录）
SOAP	简单对象访问协议（使用 XML 的 Web 服务应用程序协议，提供类似于 RPC 的功能；SOAP 已不再是一个缩写）
SPD	安全策略数据库（与 IPsec 一同使用，包含如何处理流量（例如丢弃、绕过或保护）的安全策略的数据库抽象）
SPI	安全参数索引（在 IPsec 中，SAD 的一条逻辑索引，指示 32 位或 64 位的安全参数）
SPNAT,CGN,LSN	服务提供商（“大规模”）NAT（一种 NAT 部署方案，由服务提供商代替客户执行地址转换）
SRP	安全远程口令（一种基于口令的强健密钥协商协议；得到各种安全协议的支持，例如 TLS 和 EAP）
SRTP	安全实时协议（一种基于 UDP/IP 实时协议的安全变种；通常用来承载多媒体信息）
SRTT	平滑的往返时间（在 TCP 中，对于一个连接 RTT 的平均时间估计）
SSDP	简单服务发现协议（一种由 IETF 指定的分布式服务发现协议，设计用于局域网与住宅网络，由 UPnP 使用）
SSH	安全外壳协议（安全的远程登录 / 执行协议；也支持其他协议的隧道）
SSID	服务集标识符（802.11 网络名称）
SSL	安全套接字层（TCP 之上的负责加密与完整性保护的层；TLS 的前身） 958
SSM	单源组播（只有一方能够向一个特定组发送流量的组播）
STA	站（一个接入点或相关无线主机的 IEEE 802.11 术语）
STP	生成树协议（网桥和交换机之间使用的协议，以避免产生环路）
STUN	NAT 会话穿越工具（一种客户机 / 服务器协议，当一个流量流穿越 NAT 时协助确定它的地址与端口号）
SWS	糊涂窗口综合征（在基于窗口的流量控制协议中，由于使用的窗口较小，仅能交换少量数据的不理想情况）
SYN	同步（一个 TCP 头部位，描述在 TCP 连接上发送的首个段类型）
TCP	传输控制协议（一种面向连接的无消息边界的可靠流协议，包括了流量与拥塞控制）
TCP-AO	TCP 认证选项（在 TCP 中，一种基于灵巧算法的机制，用于抵御 MSM 攻击）
TDES,3DES	三重 DES（执行三轮 DES 的加密，生成一个长度为 112 位的有效密钥）
TDM	时分多路复用（通过分配独立使用的时间片来实现共享）
TFC	流量机密性（IPSec 中伪造流量的方法，包括填充和生成虚假的包，甚至可以是加密的流量）
TFRC	TCP 友好速率控制（控制一个协议发送速率的方法，以避免在类似的工作环境中出现 TCP 流不公平竞争的情况）
TFTP	简单文件传输协议（基于 UDP/IP 的简单传输协议）
TKIP	临时密钥完整性协议（用 WPA 替换 WEP 加密算法）
TLD	顶级域名（一个顶级域名，例如 EDU、COM、UK、ZA）

TLS 传输层安全（基于由 Netscape 开发的 SSL 协议）

TLV 类型－长度－值（在协议中使用；表示一个类型、变长值的长度以及值）

ToS 服务类型（指示服务类型的 IPv4 头部字节的原有名称；已被 DS 字段和 ECN
959 位代替）

TS 流量选择器（与 IKE 一同使用，用于标识流量的规则，例如 IP 地址范围、端口号等）

TSER,TSecr 时间戳回显重试（在 TCP 中，用于向对方回送 TSV 值的 TSOPT 部分）

TSF 时间同步功能（在 802.11 BSS 中建立一个通用时间）

TSIG 事务签名（用于保障个人 DNS 事务安全的签名，并不从它的来源处获得内容）

TSOPT 时间戳选项（在 TCP 中，包括 TSV 与 TSER 值的选项）

TSPEC 流量规范（为 802.11 QoS 指明流量参数的一个结构）

TSV 时间戳值（在 TCP 中，用于识别发送方时间的 TSOPT 部分，也用于 RTTM 与 PAWS 中）

TTL 生存期（IPv4 头部字段，指明一个数据报被允许经过的剩余路由器数目）

TURN 利用 NAT 中继的穿越（通过第三方在两台主机之间中继信息的协议，否则由于一个或多个 NAT 存在而导致两台主机无法通信）

TWA 时间等待错误（在 TCP 中，由在 TIME-WAIT 状态下接收的某些字段造成的错误状态）

TXOP 传输机会（在 802.11 中，一种允许站点发送一个或多个帧的模式）

TXT 文本（DNS 资源记录所携带的描述性文字；被 DKIM 使用）

UBM 基于单播前缀的组播地址（基于分配的单播前缀派生的组播地址）

UDL 单向链路（只提供一个方向通信的链路）

UDP 用户数据报协议（一种尽力而为的消息协议，带有消息边界，不支持拥塞或流量控制）

UEQM 不平等调制（对不同的数据流同时使用不同的调制方案）

ULA 唯一本地 IPv6 单播地址（IPv6 使用的私有地址，从 FC00::/7 前缀分配）

U-NAPTR 启用 URI 的 NAPTR（简化的 NAPTR，允许使用有限的正则表达式）

960 U-NII 无须许可的国家信息基础设施（在世界大部分地区无须许可的无线电频谱）

UNSAF 单边的自地址确定（确定如何识别通过 NAT 的流量的启发式尝试；它是一个脆弱的过程，类似 ICE 技术，已被推荐成为其替代品）

UP 用户优先级（802.11 优先级；基于来自 802.1d 的相同术语）

UPnP 通用即插即用（一种针对家庭用户的设备与服务发现的协议框架；由 UPnP 研讨会标准化）

URG 紧急机制（在 TCP 中，标记和识别“紧急”信息的方法；不建议使用）

URI 统一资源标识符（标识 Internet 上的名称或资源的字符串，包括 URL 和 URN）

URL 统一资源定位器（一个非正式的“WWW 地址”）

URN 统一资源名称（使用 URN 方案的一个 URI，但并不意味着资源可用）

USRK 特定用途的根密钥（源于 EMSK 的密钥，用于特殊的目的）

UTC 世界协调时间（NTP 与其他协议使用的标准时间；可与 GMT 有效地互换，但存在一些技术差异）

UTO 用户超时（在 TCP 中，发送方在放弃一条连接之前等待尝试重传的最大时间）

VC	虚电路（一条模拟的专用通信路径）
VLAN	虚拟局域网（通常用于在共享的线路上模拟多个不同的局域网）
VLSM	可变长度子网掩码（在相同环境中近端使用的不同长度的子网掩码）
VoIP	IP 语音（在 IP 网络上传输语音，通常包含 SIP 信号）
VPN	虚拟专用网络（实际上隔离的网络；通常加密）
W3C	万维网联盟（负责制定 Web 标准的 SDO，例如 XML）
WAN	广域网（连接在地理上分散的站点的网络，通常包含多个管理机构）
WEP	有线等效加密（原始的 Wi-Fi 加密；被证实非常脆弱）
WESP	封装的 ESP（IPsec 中，在 ESP 前加入一个头部的方法，用于表明以下流量是否经过加密或认证；有利于中间件的检查） 961
Wi-Fi	无线保真（IEEE 802.11 无线局域网标准）
WiMAX	微波存取全球互通技术（IEEE 802.16 无线宽带标准）
WKP	知名前缀（一种基于校验和的中性 IPv6 前缀，64:ff9b::/ 96，用于 IPv4 与 IPv6 地址间的算法映射）
WLAN	无线局域网（一种无线局域网，例如 Wi-Fi）
WMM	Wi-Fi 多媒体（802.11e 协议 QoS 功能的子集，目前已用于 802.11n）
WoL	局域网唤醒（保持“睡眠”模式，直到接收到一个特殊数据包时唤醒的方法）
WPA	Wi-Fi 保护访问（802.11 的加密方法）
WPAD	Web 代理自动发现协议（一种用于发现邻近已存在的 WWW 代理的协议）
WRED	加权随机早期检测（一种早期随机检测，标记 / 丢弃的概率取决于流量类别与权值分配）
WSCALE,WOPT,WSOPT	窗口缩放选项（TCP 中的一个选项，指明应用于窗口大小字段的比例因子）
WWW	万维网（使用 HTTP/TCP/IP 协议集的网络数据环境）
X.25	ITU-T 建议 X.25（一个 ITU-T 标准化的分组交换网络标准，涵盖 OSI 的 1 至 3 层；在 TCP/IP 技术广泛使用前最流行的分组交换技术）
XML	可扩展标记语言（将文件编码成机器可读形式的规则集合；广泛用于 Web 服务）
XMPP	可扩展的报文和现场协议（一个开放的、可扩展的、基于 HTML 的协议，用于交换消息、联系人列表等信息）
ZSK	区域签名密钥（一个与 DNSSEC 一同使用的密钥，用于签名区域内容，通常用一个密钥签名密钥来进行签名） 962

推荐阅读

计算机网络：系统方法（原书第6版）

作者：Larry L. Peterson等 译者：王勇 等 ISBN：978-7-111-70567-3 定价：169.00元

经典教材全新升级，通过“系统方法”理解网络设计的重要原则！

第6版对云技术给予了极大的关注，并且讨论了与安全相关的信任、身份和区块链等问题。然而，如果回看第1版，你会发现其中的基本概念是相同的。本书正是网络这个故事的现代版本，包含众多与时俱进的新实例和新技术。

—— David D. Clark 麻省理工学院

无论是第一次向本科生介绍网络知识，还是为了扩大研究生的知识面，本书都是完美的选择。多年来，我一直信任第5版，现在很高兴将我的学生和他们即将创造的未来网络“托付”给第6版。

—— Christopher (Kit) Cischke 密歇根理工大学

本书不仅描述“怎么做”，而且解释“为什么”，以及同样重要的“为什么不”。这是一本能够帮助学生建立工程直觉的书，并且可以培养学生就设计或选择下一代系统做出正确决策的能力，在技术快速变革的时代，这一点至关重要。

—— Roch Guerin 宾夕法尼亚大学